动物源细菌耐药性与控制

沈建忠 等 编著

科学出版社

北京

内 容 简 介

本书对全球关注的细菌尤其是动物源细菌的耐药性问题进行了阐述，共分为五章，第一章总结了国内外食品动物养殖与抗菌药物使用现状，剖析了畜禽养殖使用抗菌药物带来的风险；第二章分析了国内外动物源细菌耐药性现状，阐明了其严重性及潜在威胁；第三章系统梳理了动物源细菌耐药性研究进展，并对未来研究方向进行了展望；第四章关注动物源细菌耐药性控制技术的研究热点及进展，介绍了国内外的最新研究成果和实践经验；第五章概述了国内外动物源细菌耐药性防控动态，基于我国实际情况提出了切实可行的建议。本书内容全面、结构清晰、观点鲜明，可为细菌耐药性的相关基础研究及防控提供重要的参考和指导。

本书可作为细菌耐药领域的研究人员、工程技术人员、科技管理人员的专业参考书，也可作为高等院校师生的教学和学习资料。同时，它还能为动物源细菌耐药性的宣传教育和科普工作提供有力的支撑。

图书在版编目（CIP）数据

动物源细菌耐药性与控制/沈建忠等编著. —北京：科学出版社，2024.6
ISBN 978-7-03-077582-5

Ⅰ.①动… Ⅱ.①沈… Ⅲ.①动物细菌病–抗药性 Ⅳ.①S855.1

中国国家版本馆 CIP 数据核字（2024）第 015169 号

责任编辑：李秀伟 刘 晶 / 责任校对：杨 赛
责任印制：肖 兴 / 封面设计：无极书装

科 学 出 版 社 出版
北京东黄城根北街 16 号
邮政编码：100717
http://www.sciencep.com
北京建宏印刷有限公司印刷
科学出版社发行 各地新华书店经销

*

2024 年 6 月第 一 版 开本：787×1092 1/16
2024 年 6 月第一次印刷 印张：43 3/4
字数：1 040 000
定价：**598.00** 元
（如有印装质量问题，我社负责调换）

《动物源细菌耐药性与控制》编著者名单

主要编著人员：

沈建忠　吴聪明　汪　洋　沈张奇

郝智慧　王少林　朱　奎　曹兴元

刘德俊　沈应博　孙城涛　宋玫蓉

付梦姣

其他编著人员：

王　瑶　王亚新　邓昭举　白日娜

刘　璐　李　倩　李一鸣　李凯远

李宗刚　杨思源　杨婷婷　陈　卓

姜晓彤　高雪嫣　曹婷婷　蒋君瑶

前　言

　　细菌耐药性问题已成为全球性的重大公共安全问题，其中动物源细菌耐药性的快速发展尤其令人担忧。我国作为畜禽与水产养殖大国，抗菌药物的产量与使用量均位居世界前列，其在防控动物疾病、保障规模化牧场正常生产以及维护公共卫生安全方面发挥着不可或缺的作用。然而，抗菌药物在养殖业的过度和不合理使用现象长期存在，这不仅加速了细菌耐药性的产生与传播，还严重制约了畜禽业的健康、可持续发展，并对公共卫生安全构成了巨大的潜在威胁。世界卫生组织等众多国际组织和各国政府已经意识到这一问题的严重性，纷纷呼吁在养殖过程中要审慎使用抗菌药物，并积极制定和执行相关法规与政策，以减缓细菌耐药性的蔓延。近年来，我国政府对这一问题给予了高度重视，将与之密切相关的"微生物耐药"写入《中华人民共和国生物安全法》，并相继颁布了《全国兽用抗菌药使用减量化行动方案（2021—2025 年）》、《遏制微生物耐药国家行动计划（2022—2025 年）》、《"十四五"全国畜牧兽医行业发展规划》等一系列重要文件。这些法律法规和行动计划的出台，旨在限制和规范抗菌药物在养殖业中的使用，体现了我国规范养殖业抗菌药物使用、遏制细菌耐药性的决心与信心。有理由相信，随着这些政策的深入实施和社会各界的共同努力，我国将在应对细菌耐药性问题上取得显著成效，为保障人民健康、促进畜牧业可持续发展和维护全球公共卫生安全做出积极贡献。

　　本书共分为五章，内容上围绕着动物源细菌耐药性层层递进。第一章详细分析了国内外食品动物养殖与抗菌药物使用现状，深入剖析了畜禽养殖中抗菌药物使用的风险。第二章聚焦于国内外动物源细菌耐药性的现状，特别设立一小节来探讨宠物源细菌耐药性的发展趋势。通过大量的数据，本章阐明了动物源细菌耐药性问题的严重性，以及其对人类健康和公共卫生安全的潜在威胁。第三章则系统总结了动物源细菌耐药性的研究进展，对具有重大公共卫生意义的耐药菌和动物重要病原菌的耐药性研究进行了全面的梳理。这一章不仅回顾了过去的研究成果，还对未来的研究方向进行了展望，希望可为相关研究者提供参考。第四章关注动物源细菌耐药性控制技术的研究热点及进展，包括新型药物的研发、合理用药技术的探索、抗菌药物替代物的研发等多个方面。通过介绍国内外的最新研究成果和实践经验，本章为细菌耐药性的防控提供了技术支持和解决方案。最后，第五章概述了国际组织、欧美等发达国家以及我国在动物源细菌耐药性防控方面的相关法律法规、防控策略和措施。通过对比分析不同国家和地区的做法，本章为动物源细菌耐药性的防控提供了经验和启示，有助于推动相关防控工作的深入开展。总体而言，本书内容全面、结构清晰、观点明确，为动物源细菌耐药性的防控、临床合理用药以及相关基础研究提供了重要的参考和指导。

　　我们团队长期致力于细菌耐药性研究，在全球范围内首次发现并深入阐释了多黏菌素等重要抗菌药物的耐药新机制，以及耐药菌和耐药基因在人、动物、环境中的传播规律。这些发现为我国乃至全球制定抗菌药物使用及耐药性防控政策提供了至关重要的科学依据，为我国在全球细菌耐药性研究领域的地位提升和话语权增强做出了重要贡献。

本书的编写和顺利出版，离不开全体编委的辛勤付出与不懈努力。他们在本书的研讨、编写及修订过程中倾注了大量心血，确保了本书内容的准确性、权威性与实用性。此外，我们还要特别感谢四川大学、华南农业大学、河南农业大学等院校相关老师给予的宝贵建议，他们的专业指导使本书内容更加完善、丰富。同时，我们也要向团队的研究生们表示衷心的感谢，他们不辞辛劳地查询文献资料，为本书的编写提供了重要的支持。尽管我们力求完美，但限于编著者水平，书中难免存在疏漏之处。在此，我们恳请广大读者在阅读过程中提出宝贵意见，帮助我们不断改进和完善本书。我们期待着与读者们一同进步，共同推动我国细菌耐药性研究领域的繁荣发展。

沈建忠 教授

中国工程院院士

2023 年 10 月 1 日

目　　录

第一章　食品动物养殖与抗菌药物使用现状

食品是人类赖以生存和发展的物质基础，是现代社会的基石，关系到人类健康、社会稳定和经济发展。联合国《世界人口展望 2022》报告称，相对于 20 世纪中期，当前世界人口总数翻了三倍，达到 80 亿（截至 2022 年年末）（United Nations, Department of Economic and Social Affairs，2022）。爆发式的人口增长极大地挑战着全球食品的供应。肉蛋奶等动物性食品是人类获取食物的重要途径，食品动物养殖则是保障动物性食品供应的高效方式，在全球食品供应中起着至关重要的作用。

近十年来，全球猪、牛及家禽等主要畜禽动物存栏量相对较为稳定。然而，得益于规模化养殖技术的推广、应用，畜禽生产效率不断提高，全球猪肉、牛肉及禽肉等主要肉类品种产量均有所提升。亚洲人口占世界人口的一半以上，亚洲猪、牛及家禽等主要畜禽动物存栏量及其肉蛋奶产量均居世界之最。作为人口大国，中国和印度的主要畜禽动物存栏量及肉蛋奶消费量较高。此外，美国虽然人口总数远不及中国和印度，但主要畜禽动物养殖规模及肉蛋奶产量也居世界前列。

规模化是现代养殖业的主要特征。规模化养殖场中畜禽数量多、养殖密度大，容易引发多种病原感染，导致畜禽发病率升高、病死率增加。其中，细菌感染性疾病在规模化养殖场暴发风险高、控制难度大（Duff and Galyean，2007；Wegener，2003），已成为制约畜禽养殖业发展的主要因素（Page and Gautier，2012；Vaarten，2012；Hogeveen et al.，2011；Duff and Galyean，2007）。在畜禽养殖规模化过程中，抗菌药物对于防治疾病、保障畜禽健康发挥了重要作用（Oliver et al.，2011），已成为现代规模化养殖生产系统的一个重要组成部分（Laxminarayan et al.，2015）。受畜禽养殖情况、兽用抗菌药物管理政策等影响，国内外兽用抗菌药物的使用现状各异。中国作为畜禽养殖大国，兽用抗菌药物使用量巨大，容易产生细菌耐药、抗菌药物残留及环境污染等公共卫生问题。

本章从国内外猪、牛、家禽等主要畜禽养殖及肉蛋奶生产现状出发，介绍了欧洲、美国以及中国畜禽养殖抗菌药物使用情况，阐述了畜禽养殖使用抗菌药物的风险。

第一节　全球主要食品动物养殖及肉蛋奶生产现状

近年来，欧洲、北美洲和大洋洲等地区高收入国家的肉蛋奶生产趋于平稳，亚洲、非洲和南美洲地区的肉蛋奶（尤其是肉类）生产增长较快。不断提高的肉蛋奶供给量保障了低收入和中等收入国家人民的饮食结构向高蛋白方向转变，这得益于食品动物养殖业的全球扩张。

一、主要食品动物养殖现状

1. 猪

联合国粮农组织数据（https://www.fao.org/faostat/en/#data，2022-3-20）显示，2011～2018年，全球生猪存栏量相对稳定，平均98 159.60万头左右，8年间平均年增长率较低（0.05%）。2019年，受非洲猪瘟疫情等影响，全球生猪存栏量较上年下降12.16%，为85 261.81万头。其中，亚洲生猪存栏量受疫情影响最大，较上年下降22.56%。尽管如此，亚洲一直是世界上生猪存栏量最高的地区，2018年前平均保持在58 252.89万头左右，2019年为42 912.53万头；其次是欧洲和美洲，两个地区的生猪存栏量相近，大约18 000.00万头；非洲生猪存栏量相对较少，不足5000万头；大洋洲地区则更少，约500万头（图1-1）。

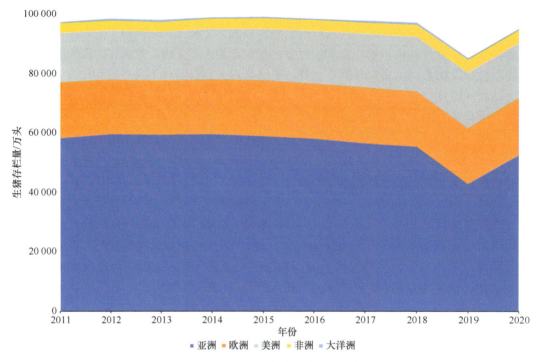

图1-1 2011～2020年全球各大洲生猪存栏量
数据来源：FAOSTAT；数据获取时间：2022-3-20

中国是世界上生猪存栏量最大的国家，2020年达41 201.65万头，占世界总量的43.25%，占亚洲总量的78.30%。其他生猪存栏主要集中在美国（7731.20万头）、巴西（4112.42万头）、西班牙（3279.61万头）、德国（2606.99万头）等国家（图1-2）。从单头猪的肉品生产效率来看，美洲及欧洲地区最高，分别达90 kg/头左右；亚洲地区稍低，达75.3 kg/头；大洋洲和非洲地区更低，分别为64.8 kg/头和49.8 kg/头（Ritchie，2017）。

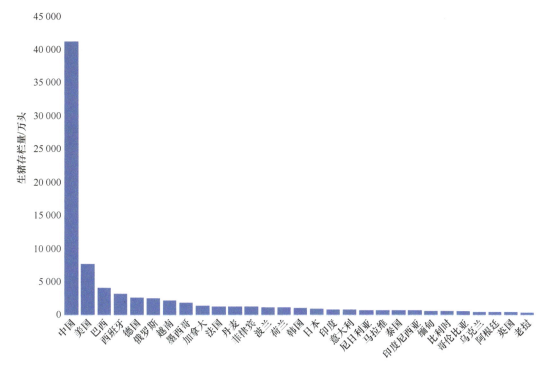

图 1-2　2020 年世界各国生猪存栏量

数据来源：FAOSTAT；数据获取时间：2022-3-20

2. 牛

联合国粮农组织数据（https://www.fao.org/faostat/en/#data，2022-3-20）显示，2011～2020 年，全球牛（包括水牛）存栏量也相对较为稳定，平均为 166 420.34 万头左右，年平均增长约 1184.70 万头，年平均增长率较低（0.71%）。2020 年，全球牛存栏量共计172 947.24 万头，相比 2011 年增加了 7.35%。亚洲得益于相对较高的水牛存栏量，牛存栏总量居各州之首，达 67 303.09 万头（38.92%）；其次是美洲（30.83%）和非洲（21.55%），分别达 53 319.73 万头和 37 263.17 万头；欧洲（6.74%）和大洋洲（1.97%）牛存栏量较少，分别为 11 655.61 万头和 3405.65 万头（图 1-3）。值得一提的是，亚洲水牛存栏量占世界总量的绝大部分，2020 年达 19 953.59 万头，占世界总量的 98.04%。其中，印度养殖水牛最多（10 971.90 万头），占亚洲总量的一半以上（54.99%）；巴基斯坦（4119.10 万头，20.64%）和中国（2722.34 万头，13.64%）也有一定的水牛存栏量，但相应占比远低于印度。

2020 年，得益于较高的水牛存栏量，印度是世界上牛存栏量最高的国家，达30 420.14 万头，占世界总量的 17.59%，占亚洲总量的 45.20%；其次是巴西，年存栏量达 21 965.28 万头，占世界总量的 12.70%，占美洲总量的 41.20%。美国（5.42%）、巴基斯坦（5.25%）和中国（5.11%）牛存栏量紧随其后，分别达 9379.33 万头、9081.50 万头和 8835.23 万头（图 1-4）。

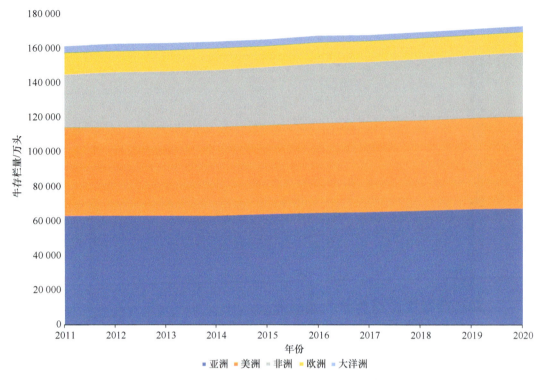

图 1-3　2011~2020 年全球各洲牛存栏量

数据来源：FAOSTAT；数据获取时间：2022-3-20

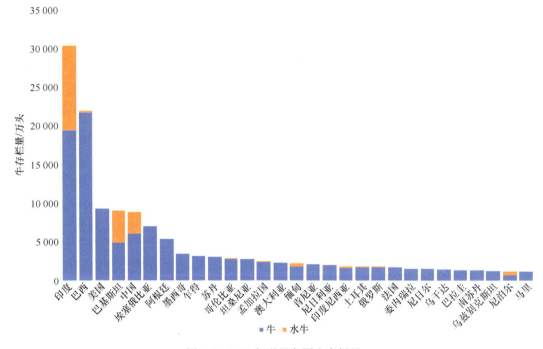

图 1-4　2020 年世界各国牛存栏量

数据来源：FAOSTAT；数据获取时间：2022-3-20

3. 羊

联合国粮农组织数据（https://www.fao.org/faostat/en/#data，2022-3-20）显示，2011～2020年，全球羊存栏量不断增长，平均存栏量约为2 206 389.72万只，年平均增长约3657.04万只，年平均增长率较低（1.67%）。亚洲和非洲地区羊存栏量呈现上升的趋势；美洲地区羊存栏量2011～2018年略有降低，2018年后上升；欧洲和大洋洲羊存栏量则出现依次递减的趋势。2020年，全球羊存栏量共计237 937.29万只，相比2011年增加了16.05%。数据显示，亚洲羊存栏量较多，占全球存栏量的47.22%，2020年存栏量达112 342.78万只；其次是非洲，羊存栏量达90 042.75万只（37.84%）；欧洲和美洲羊存栏量相当，分别为13 923.56万只和12 236.39万只，分别占全球存栏量的5.85%、5.14%；大洋洲羊存栏量相对较低，仅有9391.81万只，约为全球存栏量的3.95%（图1-5）。

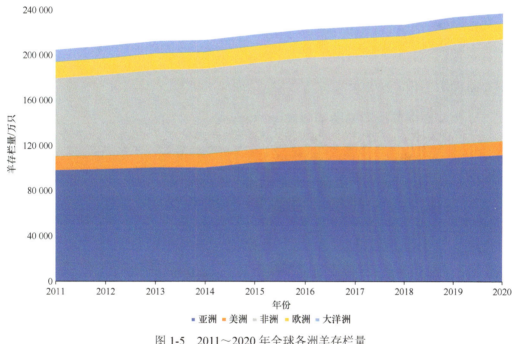

图 1-5　2011～2020 年全球各洲羊存栏量

数据来源：FAOSTAT；数据获取时间：2022-3-20

2020年，中国羊存栏量最多，约为30 667.93万只，约占亚洲羊存栏量的1/3（27.30%），占全球羊存栏量的12.89%；其次是印度，羊存栏量为22 622.70万只，占亚洲羊存栏量的20.13%，占全球羊存栏量的9.51%。羊存栏量排名第三的国家为新西兰，年存栏量达2614.56万只，占大洋洲羊存栏量的27.84%，占全球羊存栏量的1.11%。俄罗斯、阿富汗和哈萨克斯坦羊存栏量紧随其后，分别达2261.76万只、2152.49万只、2005.76万只，占全球羊存栏量分别为0.95%、0.90%和0.84%（图1-6）。

4. 家禽

联合国粮农组织数据（https://www.fao.org/faostat/en/#data，2022-3-20）显示，2011～

2020 年，全球禽类（包括鸡、鸭、火鸡、鹅和珍珠鸡）存栏量不断增长，平均每年增长 6.56 亿只，年平均增长率较低（2.30%）。2020 年，全球五大洲禽类存栏量共计 350.67 亿只。其中，亚洲禽类存栏量占世界总量的近一半（47.75%），达 167.44 亿只；其次是美洲，达 134.93 亿只（38.48%）；欧洲和非洲禽类存栏量不相上下，分别为 25.40 亿只和 21.48 亿只；大洋洲禽类存栏量相对最低，仅有 1.42 亿只，不足全球总量的 1%（图 1-7）。禽类动物中鸡的养殖存栏量占绝大多数，约占全球存栏量的 94.38%（图 1-8）。

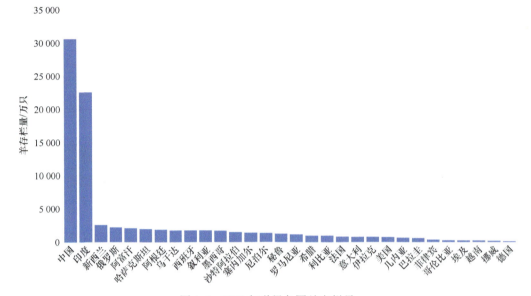

图 1-6　2020 年世界各国羊存栏量

数据来源：FAOSTAT；数据获取时间：2022-3-20

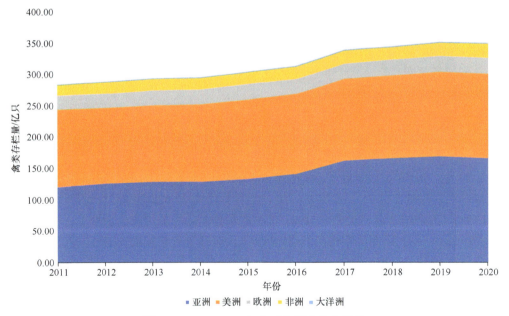

图 1-7　2011～2020 年全球各洲禽类存栏量

数据来源：FAOSTAT；数据获取时间：2022-3-20；禽类包括鸡、鸭、火鸡、鹅和珍珠鸡

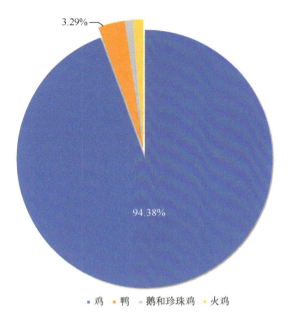

图 1-8　2020 年世界不同禽类存栏量占比情况
数据来源：FAOSTAT；数据获取时间：2022-3-20

2020 年数据显示，美国是世界上禽类存栏量最大的国家，达 94.54 亿只，占全球总量的 26.96%；其次是中国（58.57 亿只，16.70%）、印度尼西亚（36.18 亿只，10.32%）、巴西（15.14 亿只，4.32%）和巴基斯坦（14.47 亿只，4.13%）（图 1-9）。

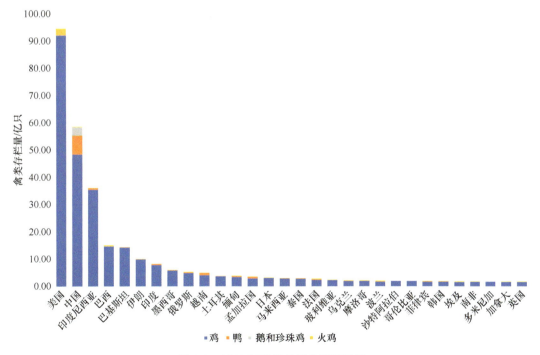

图 1-9　2020 年世界各国禽类存栏量
数据来源：FAOSTAT；数据获取时间：2022-3-20

二、肉蛋奶生产现状

1. 肉

联合国粮农组织数据（https://www.fao.org/faostat/en/#data，2022-3-20）显示，过去十年来，全球肉类产品产量年均增长量为 3877.98 万 t。相对于 2011 年，2020 年全球肉类产品产量整体提高约 13.00%，达 33 717.99 万 t（图 1-10）。亚洲一直是世界上最大的肉类产品生产地区，历年生产量占到全球肉类产品总产量的近一半。2020 年，亚洲肉类产品产量达 13 504.06 万 t（占世界总量 40.05%），其次是美洲（11 032.61 万 t，约 32.72%）和欧洲（6511.96 万 t，约 19.31%）。相对而言，非洲（1987.53 万 t，5.90%）和大洋洲（681.84 万 t，2.02%）肉类产品产量较少。然而，过去十年来，体量较小的非洲肉类产品产量正在飞速增长，增速达 20.92%；其次是美洲，增速达 17.25%；欧洲肉类产品产量增速（13.09%）与全球平均增速持平；相对而言，受到 2018 年非洲猪瘟疫情对亚洲养猪业的沉重打击，亚洲过去十年肉类产品产量增速整体最慢（8.58%），低于全球平均增速，但非洲猪瘟疫情之前，亚洲肉类产品产量增速一直较快。2011～2018 年，亚洲肉类产品产量增速高达 17.12%，远超美洲（13.04%）、欧洲（11.18%）、大洋洲（13.34%），与体量较小的非洲肉类产品产量增速（18.07%）基本持平。

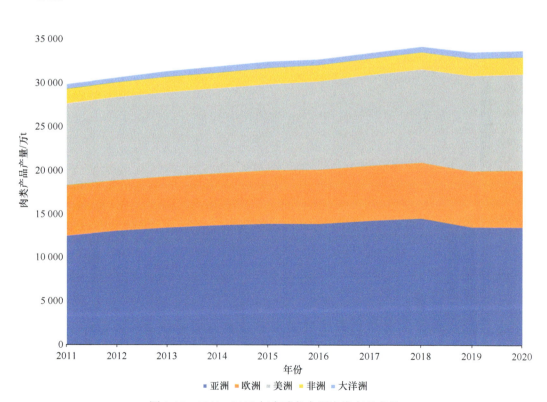

图 1-10　2011～2020 年全球各大洲肉类产品产量

数据来源：FAOSTAT；数据获取时间：202-3-20

从全球来看，猪肉、鸡肉及牛肉一直是最主要的畜禽肉类品种（图 1-11）。2020 年，三种肉类产品总产量占全球肉类总量的 88.15%，达 29 722.31 万 t。其中，猪肉和鸡肉产量不相上下，分别为 10 983.54 万 t（32.58%）和 11950.46 万 t（35.44%）；牛肉产量略低，为 6788.31 万 t（20.13%）。近十年来，全球三种主要肉类产品产量均有所提升，其中以禽肉产量增速最快，高达 31.46%；相对而言，猪肉、牛肉产量增速较为平稳。受非洲猪瘟等因素影响，2019 年全球猪肉产量出现近十年来的首次下跌，相比于 2018 年产量下降约 8.99%；2020 年，全球猪肉产量仍未回暖，与 2019 年持平。

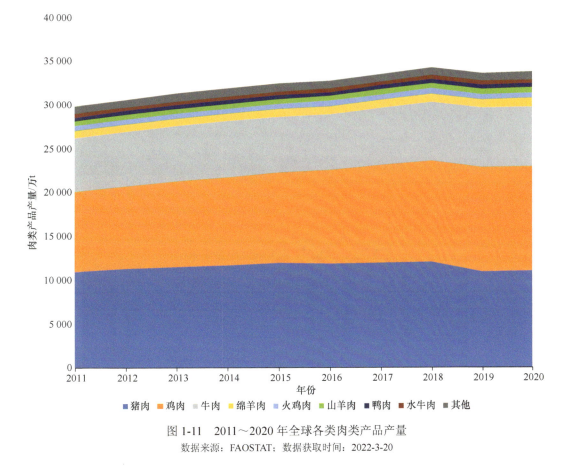

图 1-11　2011～2020 年全球各类肉类产品产量
数据来源：FAOSTAT；数据获取时间：2022-3-20

亚洲作为肉类产量最高的地区，2018 年之前肉类产量增速也较快，主要是由于鸡肉产量的迅猛增长（图 1-12）。相对于 2011 年，2020 年亚洲鸡肉产量增速高达 43.31%，牛肉产量也增长 17.50%。除主要肉类产品外，亚洲的绵羊肉（27.48%）、山羊肉（23.37%）、鸭肉（23.33%）、水牛肉（10.93%）与鹅肉（13.02%）也有不同程度的增长。

中国是世界上最大的猪肉与羊肉生产国，2020 年生产猪肉 4210.22 万 t，占世界猪肉总产量的 38.33%。相对而言，美国（1284.51 万 t）、德国（511.80 万 t）、西班牙（500.34 万 t）及巴西（448.20 万 t）等国家猪肉产量较低（表 1-1）。2020 年，中国羊肉总产量达 251.08 万 t，占世界羊肉总产量的 29.80%，远超澳大利亚（68.97 万 t）、新西兰（45.85 万 t）、阿尔及利亚（33.49 万 t）及英国（29.60 万 t）等国家。

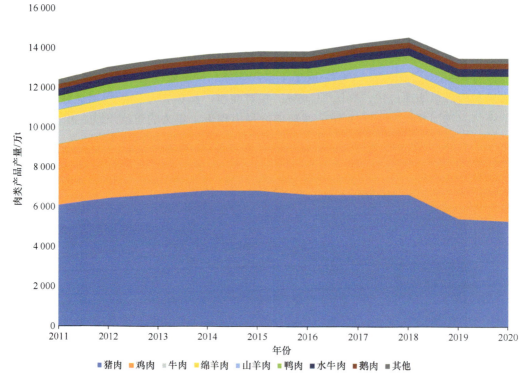

图 1-12　2011～2020 年亚洲地区各类肉类产量

数据来源：FAOSTAT；数据获取时间：2022-3-20

表 1-1　2020 年各类肉类产品主产国及其产量　　　　（单位：万 t）

肉类	国家	产量
猪肉	中国	4210.22
	美国	1284.51
	德国	511.80
	西班牙	500.34
	巴西	448.20
鸡肉	美国	2049.03
	中国	1582.37
	巴西	1378.75
	俄罗斯	457.67
	印度尼西亚	370.79
牛肉	美国	1238.85
	巴西	997.50
	中国	673.92
	阿根廷	316.85
	澳大利亚	237.16
羊肉	中国	251.08
	澳大利亚	68.97
	新西兰	45.85
	阿尔及利亚	33.49
	英国	29.60

数据来源：FAOSTAT；数据获取时间：2022-3-20。

美洲地区肉类产量整体较高，增速也较快，主要是由于猪肉和鸡肉产量的迅猛增长。相对于 2011 年，2020 年美洲地区鸡肉增长 20.27%，猪肉增长更是高达 27.10%；相对而言，牛肉的增长率较低（9.49%）。美国是世界上最大的鸡肉生产国，2020 年生产鸡肉 2049.03 万 t；紧随其后，中国与巴西产量分别为 1582.37 万 t 和 1378.75 万 t。欧盟各国鸡肉产量不高，但整体鸡肉产量仅次于巴西，约为 1103.69 万 t。此外，美国还是世界上最大的牛肉生产国，2020 年生产牛肉约 1238.85 万 t，其次是巴西（997.50 万 t）、中国（673.92 万 t）、阿根廷（316.85 万 t）及澳大利亚（237.16 万 t）（图 1-13，表 1-1）。

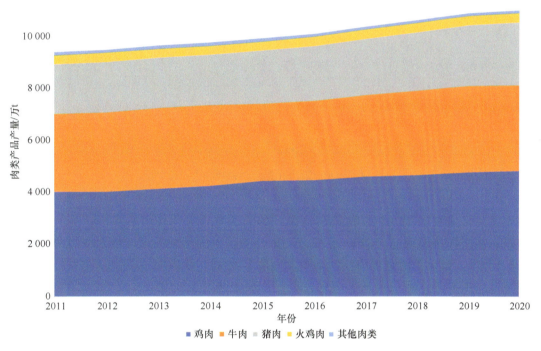

图 1-13　2011～2020 年美洲地区各类肉类产品产量
数据来源：FAOSTAT；数据获取时间：2022-3-20

过去几十年以来，相对于肉类产量的增长，全球人口也在急剧膨胀。主要肉类产品（包括猪肉、禽肉、牛肉和羊肉）的全球人均消费水平从 1990 年的 23.55 kg 增长到 2020 年的 33.71 kg，提示肉类产品产量增速快于人口增长（FAO，2022）。然而，不同肉类产品消费水平的增速存在差异。其中，禽肉的人均消费水平增幅较大，从 1990 年的 5.96 kg 增长到 2020 年的 14.88 kg（提升 149.66%）；目前，鸡肉已经超越猪肉成为人均消费水平最高的肉类产品。相对而言，猪肉的人均消费水平增长略慢，从 1990 年的 9.69 kg 增长到 2018 年的 12.33 kg（提升 27.24%）。从 2019 年开始，全球猪肉人均消费水平更是出现下降态势，2020 年全球猪肉人均消费水平仅为 10.68 kg。不同于禽肉和猪肉，牛肉和羊肉的全球人均消费水平近三十年来无明显变化（图 1-14）。

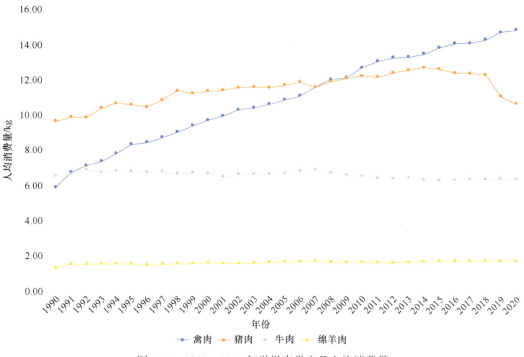

图 1-14　1990～2020 年世界肉类产品人均消费量
数据来源：OECD；数据获取时间：2022-7-1

当前，主要肉类（包括猪肉、禽肉、牛肉和羊肉）人均消费水平较高的国家多为收入水平较高的国家（Ritchie，2017）。其中，美国是世界上肉类人均消费水平最高的国家，2020 年消费量约 101.6 kg。尽管以色列、澳大利亚等国家肉类总产量相对较低，但肉类人均消费量仅次于美国，分别达 90.5 kg、89.3 kg。中国肉类整体产量较高，但人均消费量不足美国的一半，略高于全球平均水平（33.7 kg），达 44.4 kg（图 1-15）。

世界各国人均肉类消费水平的增速差异较大。经济合作与发展组织/联合国粮农组织（OECO/FAO）数据显示（FAO，2022），韩国人均肉类消费水平增速最快，前后（1990～2020 年）增长近 10 倍。与 1990 年相比，越南（314.36%）、秘鲁（209.90%）、智利（186.95%）及中国（184.65%）的人均肉类消费量增速也超过了全球平均水平（43.09%）。相对而言，日本（28.86%）、阿根廷（24.59%）、印度（21.45%）、英国（16.25%）、美国（14.29%）、泰国（13.94%）及加拿大（-1.12%）的增速则较慢。

2. 蛋

联合国粮农组织数据（https://www.fao.org/faostat/en/#data，2022-3-20）显示，过去十年来，全球蛋类产量也在持续增长，平均每年增长约 245.57 万 t。相比于 2011 年，2020 年全球蛋类产量整体增长 31.19%，达 9296.69 万 t。其中，亚洲地区蛋类产量增长最为迅速，10 年间增长高达 38.81%。目前，亚洲是世界上最大的蛋类生产地区，2020 年生产量占到全球蛋类总量的 64.71%，达 6016.04 万 t；其次是美洲和欧洲，分别达 1777.47 万 t（19.12%）和 1114.09 万 t（11.98%）。相对而言，非洲（3.83%，355.69 万 t）

和大洋洲（0.36%，33.40万t）蛋类总产量较低，两大洲蛋类总产量不足世界总量的5%（图1-16）。鸡蛋在全球禽蛋中占有绝对优势，占禽蛋总量的99.93%。

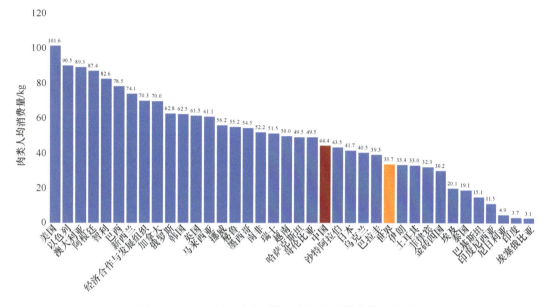

图 1-15　2020 年全球主要国家和组织肉类人均消费量

数据来源：OECD；数据获取时间：2022-7-1

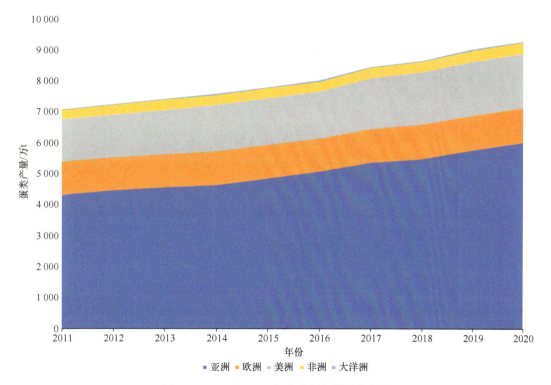

图 1-16　2011～2020 年全球各大洲蛋类产量

数据来源：FAOSTAT；数据获取时间：2022-3-20

中国是世界上最大的禽蛋生产国，2020 年蛋类年产量达 3512.85 万 t，占全球总产量的 37.79%，占亚洲蛋类总产量的 58.39%；其次是美国和印度，但产量远低于中国，分别为 660.77 万 t、629.20 万 t（图 1-17）。此外，中国也是世界上蛋类人均消费量较高的国家，2020 年达 23.5 kg，仅次于墨西哥（23.8 kg）。日本、阿根廷、马来西亚、俄罗斯紧随其后，达 17.9～21.7 kg（图 1-18）；北美（16.9 kg）、欧洲（14.6 kg）、拉丁美洲（14.3 kg）及亚洲（11.9 kg）蛋类人均消费水平均高于世界平均水平（10.9 kg），而大洋洲（8.2 kg）和非洲（2.2 kg）则低于世界平均水平。相对于发达国家蛋类人均消费水平（14.9 kg），发展中国家蛋类人均消费水平（10.00 kg）并未落后太多。

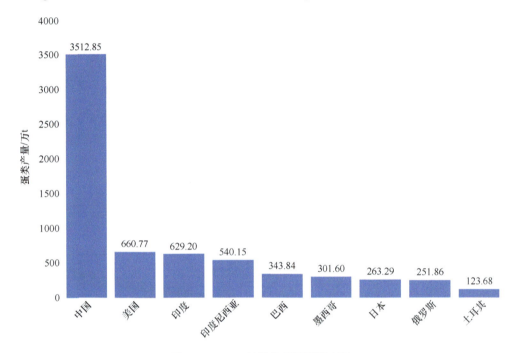

图 1-17 2020 年世界各国蛋类产量

数据来源：OECD；数据获取时间：2022-7-1

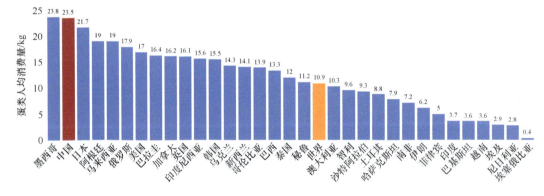

图 1-18 2020 年世界及各国蛋类人均消费量

数据来源：OECD；数据获取时间：2022-7-1

3. 奶

联合国粮农组织数据（https://www.fao.org/faostat/en/#data，2022-3-20）显示，近十年来，全球奶类产量也在不断增长，平均每年增长约 1606.20 万 t。2020 年，全球奶类总产量达 88 686.18 万 t，近十年增长 19.47%。其中，亚洲地区奶类产量增长最快，十年间增长 34.32%；相比之下，其他各大州奶类产量增长不大。2005 年，亚洲首次超越欧洲成为奶类产量最高的地区。至 2020 年，亚洲奶类产量达 37 407.58 万 t，占世界总产量的 42.00%；其次为欧洲和美洲，奶类产量分别达 23 436.83 万 t、19 664.52 万 t。非洲（5108.26 万 t）与大洋洲（3068.99 万 t）奶类产量相对较低（图 1-19）。

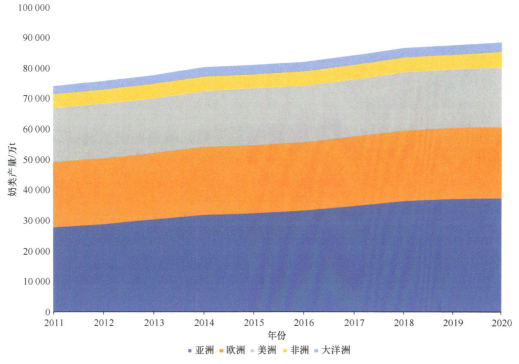

图 1-19　2011～2020 年全球各大洲奶类产量
数据来源：FAOSTAT；数据获取时间：2022-3-20

印度于 2000 年前后首次超越美国成为世界上最大的奶类生产国。2020 年，印度奶类年产量达 18 395.55 万 t，是美国奶类年产量（10 127.70 万 t）的近两倍，占世界总产量的 20.73%；除了印度、美国两个奶类年产量达到亿吨级国家外，巴基斯坦奶类年产量为 6077.00 万 t，占世界总量的 6.85%。中国、巴西、德国及俄罗斯等奶类年产量远低于印度和美国，为 3000 万～4000 万 t（图 1-20）。

尽管印度奶类总产量远超美国、巴基斯坦及中国等国家，但由于人口基数大，印度人均奶类（鲜奶、加工奶产品）消费量（22.1 kg）仍低于巴基斯坦（43.7 kg），欧盟（26.9 kg）与美国持平（22.1 kg），但印度人均鲜奶消费量（19.0 kg）超过美国（8.8 kg）、欧盟（11.0 kg）及世界水平（9.1 kg）。中国奶类（鲜奶、加工奶产品）人均消费量（4.4 kg）远低于世界平均水平（13.4 kg），其中鲜奶人均消费量（2.5 kg）甚至比撒哈拉以南非洲国家人均消费量还要低（3.0 kg）（图 1-21）。

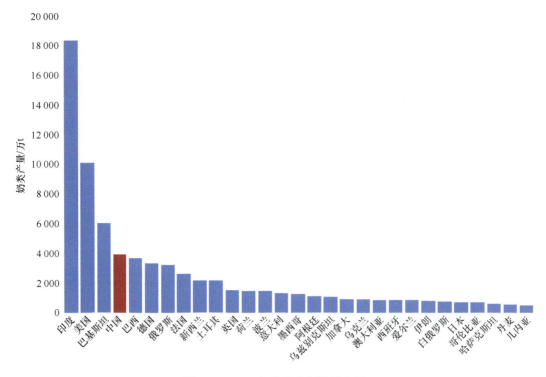

图 1-20　2020 年世界各国奶类产量

数据来源：FAOSTAT；数据获取时间：2022-3-20

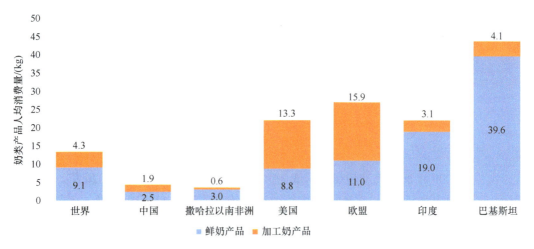

图 1-21　2019～2021 年全球部分地区奶类产品人均消费量

数据来源：OECD；数据获取时间：2022-7-1

第二节　我国主要食品动物养殖及肉蛋奶生产现状

我国是畜禽养殖大国和畜禽产品消费大国。近年来，我国畜禽养殖业发展迅速，规模化养殖所占比例逐年上升，不仅为国民提供了越来越丰富的肉蛋奶等动物性食品，而且是农业和农村经济的一个主导产业,成为农业发展、农民增收和乡村振兴的重要力量。

一、主要食品动物养殖现状

1. 猪

近年来,受限于生猪养殖的环保要求及非洲猪瘟疫情的影响,我国生猪存栏量总体呈下降趋势。2011 年,我国生猪存栏 4.71 亿头,至 2019 年年末,生猪存栏量大幅下降(下降 34.18%),为 3.10 亿头(图 1-22)。基于非洲猪瘟疫情对生猪产业造成的影响,2019 年 9 月国务院办公厅出台了《关于稳定生猪生产促进转型升级的意见》,多部门协同配合、多措并举,使非洲猪瘟疫情得到了有效防控,多地生猪养殖业得到逐步恢复,使得 2020 年生猪存栏量同比大幅度增长(增长 31.29%)(图 1-22)。非洲猪瘟等疫情对我国生猪生产造成了一定冲击,但并没有根本改变生猪生产恢复的向好态势。杨侗瑀等(2022)统计分析了我国 2021 年生猪产业发展情况,前 3 个季度我国生猪季度存栏量继续呈现上升的趋势,2 季度较 1 季度生猪存栏量增幅 5.57%;尽管第 3 季度的生猪存栏量略有下降,但较 2020 年同期增长 18.16%,显示 2021 年我国生猪产能得到了较好的恢复(图 1-23)。

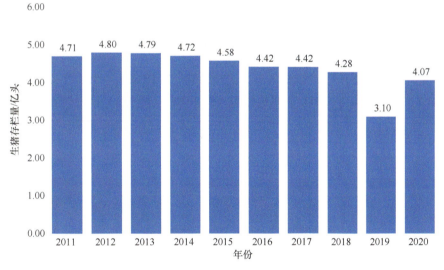

图 1-22　2011～2020 年我国生猪存栏量
数据来源:《中国畜牧兽医统计年鉴 2020》

受饲料资源、劳动力及消费市场导向的影响,我国生猪养殖主力军主要集中在沿江沿海地区,分布于长江沿线、华北沿海及部分粮食主产区。2020 年,河南(38.87 百万头)、四川(38.75 百万头)、湖南(37.35 百万头)、云南(31.20 百万头)及山东(29.34 百万头)是我国生猪存栏量排名前五的省份,合计存栏量占全国总存栏量的 43.12%。然而,作为传统农业的重要组成部分,我国生猪养殖业主要由中小散户构成,截至 2018 年年底,我国生猪散户养殖比例为 50.9%,所占比例大于规模化养殖(刘雪等,2022)。

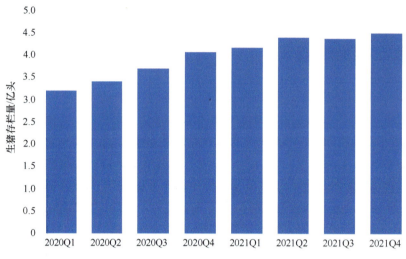

图 1-23 2020～2021 年各季度我国生猪存栏量

数据来源：国家统计局

近几年，受非洲猪瘟疫情的影响，一部分中小散户退出养猪市场，农村的养猪规模得以降低。国务院《关于稳定生猪生产促进转型升级的意见》提出，要增强猪肉供应保障能力，到 2025 年，产业素质明显提升，养殖规模化率达到 65% 以上。可以预见，国内的生猪养殖规模化和现代化是一个必然趋势。

2. 牛

近年来，我国牛整体存栏量变化不大。2020 年，我国肉牛、奶牛及役用牛合计存栏量为 9562.1 万头，相较于 2011 年增长较慢（约 1.9%）（图 1-24）。受饲料和劳动力价格

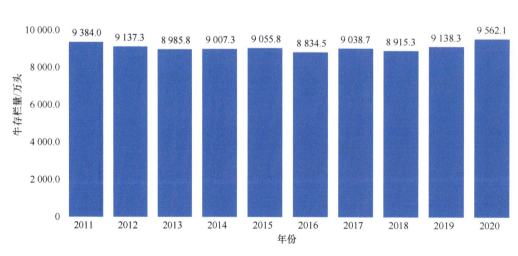

图 1-24 2011～2020 年我国牛存栏量

数据来源：《中国畜牧兽医统计年鉴 2020》

上涨等因素的影响，牛养殖业整体形势不容乐观。自 2010 年全国牛存栏量跌破 1 亿头以来，我国牛存栏量在 9000 万头上下波动。2011～2020 年，平均年存栏量变化约 0.19%。受 2019 年非洲猪瘟疫情影响，国内对牛肉的需求增加，导致牛存栏量有所增长。从牛存栏量和区域分布看，我国已形成了东北、西北、西南三个养牛优势地区。2020年，四川的牛存栏量最高，达 880.3 万头，占全国牛总存栏量的 9.21%；云南和内蒙古分列二、三位，牛存栏量分别为 858.8 万头和 671.1 万头，分别占全国总量的 8.98%和 7.02%；青海、西藏牛存栏量在 600 万头上下；贵州、新疆、黑龙江、甘肃牛存栏量在 500 万头左右。

相比于较高的存栏量，我国牛养殖规模化水平仍然较低。2020 年，我国奶牛养殖规模化（100 头以上）比例达到 70%，而肉牛养殖依然以农户家庭养殖（10 头以上）为主体（占 52.4%），100 头以上的适度规模养殖仅有 18.7%，年出栏在千头以上的牧场仅占 4.1%，有 70.4%的肉牛养殖户年出栏量小于 50 头（表 1-2）。不过，政府对奶牛养殖业的大力支持，以及良种补贴政策、优质粗饲料种植的推行等，促进了我国奶牛养殖业的稳步发展。

表 1-2　全国肉牛养殖规模化比例变化情况　　　　　　　　　　　　　（%）

项目	2020 年	2019 年
年出栏 1～9 头	47.6	50.9
年出栏 10 头以上	52.4	49.1
年出栏 50 头以上	29.6	27.4
年出栏 100 头以上	18.7	17.6
年出栏 500 头以上	7.6	7.6
年出栏 1000 头以上	4.1	4.3

数据来源：《中国畜牧兽医统计年鉴 2020》；此表比例指不同规模年出栏数占全部出栏数比例。

3. 羊

近年来，我国羊存栏量变化不大，2011～2020 年在 2.87 亿～3.07 亿只波动。与 2011 年相比，2020 年我国羊存栏量增长 6.97%，达 3.07 亿只（图 1-25）。从产能看，2021 年，我国肉羊生产继续向好，羊出栏量、存栏量和羊肉产量同比增长率均为近十年最高。从存栏量与出栏量看，随着散户加速退出和规模化养殖比例增加，存栏量稳定在 3 亿只上下。2021 年，我国羊出栏 3.30 亿只，创历史新高，比上年增加 0.11 亿只，增幅达 3.4%；2021 年年末羊存栏 3.20 亿只，比上年增加 0.13 亿只，增幅达 4.2%。从出栏率看，近 5 年羊出栏率都突破了 100%，2021 年达到历史最高的 107.8%，说明我国肉羊生产性能在不断提高（甘春艳等，2022）。此外，近年来我国养羊业规模化程度呈持续增长态势，受禁牧生态环保政策、从业人群短缺、养殖成本上涨、市场价格周期波动等因素影响，小规模散户养殖加速退出，年出栏 100 只以下的养殖规模比例自 2010 年到 2019 年十年间下降了 17.8%。2015 年后，规模化养殖模式逐渐形成，2016～2019 年出栏 3000 只以上的规模化养殖场从 2.7%增长到 5.2%（中国畜牧业协会羊业分会，2022）。到 2020 年，全国羊养殖综合规模化率达 43.1%，仅比 2015 年上升了 6.4%（潘丽莎和李军，2022）。从各省（自治区）羊存栏量来看，2020 年，内蒙古、新疆是我国最大的羊养殖地区，两地羊存栏量分别为 6670 万只和 3510 万只，两地存栏量合计占全国的 31.16%；其次，甘肃、河南、山东、四川、安徽、云南及河北地区羊存栏量均在 1000 万～2000 万只，是我国养羊省份的第二梯队。

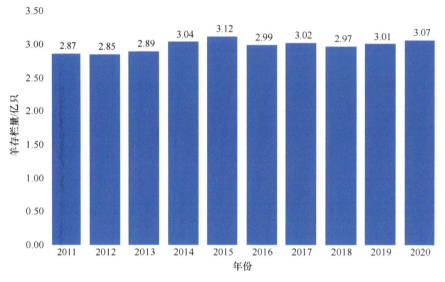

图 1-25　2011～2020 年我国羊存栏量

数据来源：《中国畜牧兽医统计年鉴 2020》

4. 家禽

近年来，我国家禽养殖业发展迅速，家禽出栏量与禽蛋产量已连续多年保持世界第一。2011～2020 年，家禽出栏量平均每年以 3.96 亿只的速度增长。2020 年，全国家禽出栏量为 155.70 亿只，相比于 2011 年增长 34.14%（图 1-26）。国家统计局数据显示，2021 年，全国家禽出栏 157.4 亿只，比上年增加 1.7 亿只，增长 1.1%；禽肉产量 2380 万 t，增加 19 万 t，增长 0.8%；禽蛋产量 3409 万 t，减少 59 万 t，下降 1.7%。2021 年年末，全国家禽存栏量 67.9 亿只，同比增长 0.1%。

2020 年，山东的家禽存栏量最高，达到 8.36 亿只；其次是河南，达 7.04 亿只。辽宁、河北、安徽、四川、广东、广西、湖北及湖南家禽存栏量均在 3 亿～4 亿只。从家禽种类上来看，肉鸡养殖是我国畜禽养殖中规模化养殖程度最高的产业，目前我国已成为全球第二大鸡肉生产国和消费国。联合国粮农组织数据显示，2010 年我国肉鸡存栏量、出栏量和鸡肉产量依次为 53.03 亿只、87.82 亿只和 1218.48 万 t，2020 年则分别为 48.52 亿只、96.87 亿只和 1582.37 万 t，相比十年前，存栏量略有下降（8.5%），出栏量和鸡肉产量有所增加，增长速率分别达到了 10.31% 和 29.86%。近年来，水禽市场逐渐走强，带动养殖户不断进入，2020 年我国水禽饲养量占世界总量的 75% 左右，我国水禽业的总产值达到 1000 亿元（赵静和张红凤，2020）。其中，鸭养殖占比最高。如今，我国已经成为世界上最大的鸭生产与消费国。2019 年，我国肉鸭出栏量达到 46.68 亿只，较上一年增长 46.5%，占世界总量的近 70%（王永彬和孔丽娟，2020）。

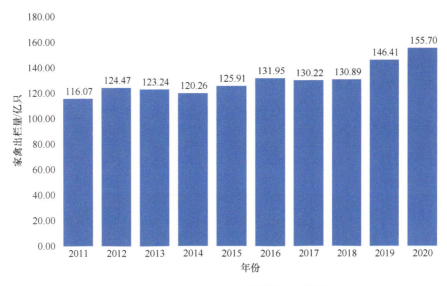

图 1-26　2011～2020 年我国家禽出栏量

数据来源：《中国畜牧兽医统计年鉴 2020》

二、肉蛋奶生产现状

1. 肉

作为肉类生产和消费大国，我国肉类总产量占世界总产量的 1/3 左右。2011～2020 年，我国肉类产量总体趋于稳定，为 7748.4 万～8746.9 万 t（图 1-27）。其中，2011～2014 年，肉类产量呈低速增长状态；2014～2018 年，处于稳定状态；2018 年～2020 年，受非洲猪瘟等疫情因素影响，肉类产量出现下滑，2019 年肉类总产量较 2018 年下降约 9.39%，主要表现在猪肉产量较 2018 年下降 21.25%。相对而言，猪肉之外的其他肉类产量均有不同程度增长，其中禽肉前后增长突出，达 12.28%（表 1-3）。相对而言，2020 年全国肉类总产量（7748.4 万 t）较 2019 年（7694.5 万 t）变化不大，提示疫情对肉类产量的影响持续存在。

表 1-3　2018～2019 年全国畜产品产量及变化情况　　　（单位：万 t）

项目	2019 年	2018 年	2019 年比 2018 年增长	
			绝对数	%
肉类总产量	7758.8	8563.2	−804.4	−9.39
猪肉	4255.3	5403.7	−1148.4	−21.25
牛肉	667.3	644.1	23.2	3.60
羊肉	487.5	475.1	12.4	2.61
禽肉	2238.6	1993.7	244.9	12.28

数据来源：《中国畜牧兽医统计年鉴 2020》。

猪肉和禽肉一直是我国主要的肉类生产品种，相对而言，牛肉和羊肉的产量占比较低。2020 年，全国 31 个省份共生产肉类 7748.4 万 t，其中猪肉产量占肉类总量的一半以上（53.08%），达 4113.3 万 t；其次是禽肉（30.47%），达 2361.1 万 t；牛肉（8.67%）与羊肉（6.35%）产量相对较低，分别为 672.4 万 t 和 492.3 万 t。从全国各省肉类总产量来看，2020 年山东居全国之首，达 728.0 万 t，占全国各肉类总产量的 9.40%；其次是四川（597.8 万 t，7.72%）、河南（544.1 万 t，7.02%）、湖南（455.0 万 t，5.87%）和河北（419.2 万 t，5.41%）。此外，云南、广东、安徽、广西、辽宁、湖北的各品种肉类总产量均可达到 300 万 t。

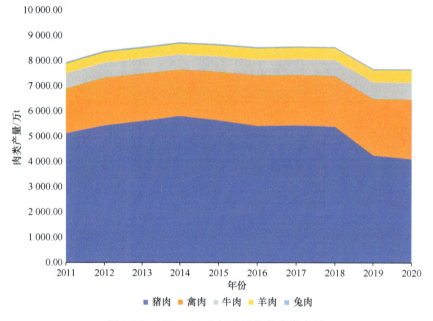

图 1-27　2011～2020 年我国各类肉类产量

数据来源：《中国畜牧兽医统计摘要 2020》

　　猪肉一直是我国国民餐桌上最常见的动物性食品，国人喜食猪肉的饮食习惯促使我国成为全球第一大生猪生产国及猪肉消费国，生猪出栏量及猪肉消费量均占全球一半以上的比例。2011～2018 年，我国猪肉产量总体趋于平稳状态。2018 年 8 月，我国部分省份养猪场出现非洲猪瘟疫情，导致我国 2019 年猪肉产量骤减到 4255.3 万 t，同比 2018 年减少 21.25%。2020 年，受到非洲猪瘟疫情的持续影响以及新冠疫情对畜牧业生产的影响，我国猪肉产量继续下滑到 4111.3 万 t，同比 2018 年减少 23.88%。

　　生猪养殖在我国分布比较广泛，其中华中、西南和华东地区是生猪主要养殖地区。四川是国内猪肉产量最高的省份，2020 年生产猪肉 394.8 万 t，占全国猪肉总产量的 9.6%；其次是湖南（337.7 万 t，8.2%）、河南（324.8 万 t，7.9%）、云南（291.6 万 t，7.1%）、山东（271.0 万 t，6.6%）（表 1-4）。此外，河北、湖北的猪肉产量也均超过了 200 万 t。2020 年，我国猪肉行业排名前三的省份猪肉产量占国内总产量的 25.7%，排名前五省份猪肉产量占总产量的 39.4%，排名前十省份猪肉产量占总产量的 63.5%，可见我国猪肉产业的分布区较为广泛。

表 1-4 2020 年我国各地区畜产品产量 （单位：万 t）

2020 年	肉类总产量		猪肉产量		牛肉产量		羊肉产量		禽肉产量		奶类总产量		牛奶产量		禽蛋产量	
	绝对数	位次	绝对数	位次	绝对数	位次	绝对数	位次	绝对数	位次	绝对数	位次	绝对数	位次	绝对数	位次
全国	7748.4		4113.3		672.4		492.3		2361.1		3529.6		3440.1		3467.8	
北京	3.5	31	1.4	30	0.4	30	0.2	31	1.4	28	24.2	21	24.2	21	9.7	27
天津	29.6	28	15.4	26	2.7	25	0.9	29	10.6	24	50.1	15	50.1	15	20.8	24
河北	419.2	5	226.9	6	55.6	3	31.3	4	102.0	10	488.3	3	483.4	3	389.7	3
山西	102.7	23	62.8	20	7.4	22	8.6	16	22.9	21	117.4	10	117.0	9	108.8	12
内蒙古	268.0	14	61.4	21	66.3	1	113.0	1	20.1	22	617.9	1	611.5	1	60.4	15
辽宁	378.2	10	183.5	9	31.0	10	6.9	17	154.6	5	137.1	9	136.7	8	331.9	4
吉林	237.4	17	105.0	17	38.7	7	5.2	21	87.1	11	39.4	17	39.3	17	122.0	9
黑龙江	253.2	16	143.9	14	48.3	4	13.4	11	46.4	16	501.0	2	500.2	2	117.4	11
上海	9.3	30	7.2	28	0.3	31	0.23	30	1.2	29	29.1	20	29.1	20	2.9	29
江苏	268.2	13	140.7	15	2.6	26	6.3	19	115.8	8	63.0	13	63.0	13	231.9	5
浙江	90.1	24	54.2	22	1.4	29	2.2	26	31.8	19	18.4	22	18.3	22	33.2	21
安徽	396.0	8	183.4	10	9.9	20	20.7	9	181.1	3	37.6	18	37.6	18	184.2	7
福建	259.4	15	103.8	18	2.5	27	2.3	25	146.6	6	17.5	23	16.9	23	53.7	16
江西	285.2	12	180.7	11	15.2	17	2.6	24	84.5	12	9.1	27	9.1	27	61.2	14
山东	728.0	1	271.0	5	59.7	2	34.0	3	357.1	1	241.6	4	241.4	4	480.9	1
河南	544.1	3	324.8	3	36.7	9	28.6	5	148.1	7	214.7	6	210.0	6	449.4	2
湖北	307.4	11	203.8	7	15.4	16	8.9	15	79.0	13	13.4	25	13.4	25	193.1	6
湖南	455.0	4	337.7	2	20.5	14	16.1	10	78.2	14	5.6	28	5.6	28	118.8	10
广东	401.0	7	192.4	8	4.2	24	1.9	27	195.3	2	15.2	24	15.1	24	44.6	18
广西	380.4	9	174.1	12	13.6	18	3.6	23	179.9	4	11.2	26	11.2	26	26.7	22
海南	58.4	25	20.9	25	2.3	28	1.2	28	33.1	18	0.3	31	0.3	31	4.8	28
重庆	161.2	20	108.8	16	7.4	23	6.8	18	35.1	17	3.2	30	3.2	30	45.7	17
四川	597.8	2	394.8	1	37.0	8	27.3	7	115.8	9	68.0	12	68.0	11	167.9	8
贵州	207.9	18	146.3	13	23.1	12	5.0	22	30.8	20	5.3	29	5.3	29	26.2	23
云南	417.4	6	291.6	4	40.9	6	20.8	8	62.8	15	73.1	11	67.3	12	41.7	19
西藏	28.3	29	0.9	31	21.2	13	5.7	20	0.2	31	49.2	16	44.9	16	0.7	31
陕西	107.1	22	77.7	19	8.7	21	9.7	14	10.3	25	161.5	8	108.7	10	64.2	13
甘肃	110.2	21	49.2	23	24.9	11	27.7	6	7.2	26	58.4	14	57.5	14	19.8	25
青海	37.0	26	3.7	29	19.2	15	13.3	12	0.4	30	36.9	19	36.6	19	1.4	30
宁夏	33.8	27	8.0	27	11.4	19	11.1	13	2.9	27	215.3	5	215.3	5	13.9	26
新疆	173.7	19	37.5	24	44.0	5	57.0	2	19.2	23	206.9	7	200.0	7	40.2	20

数据来源：《中国畜牧兽医统计年鉴 2020》。

除了家畜养殖业，家禽产业也是我国农村经济的重要支柱产业。禽肉是除猪肉外我国的第二大肉类消费品。近年来，随着我国居民生活水平的不断提高，膳食结构的改变促使人们对禽肉的需求不断增长。特别是 2018～2019 年，受非洲猪瘟疫情影响，国民对猪肉消费的需求在一定程度上向禽肉转移，使其消费量大幅增长。但近两年来，随着非洲猪瘟疫情影响的缓解，这一替代效应正在逐渐减弱，禽肉市场的增速也放缓。2011 年，全国禽肉产量 1751.2 万 t，至 2020 年增长至 2361.1 万 t，涨幅 34.75%，平均每年增长 60 余万 t。我国禽肉生产主要集中在华东地区、华南地区、华中地区、华北地区。其中，山东是全国最大的禽肉生产大省，2020 年生产禽肉 357.1 万 t，占全国禽肉总产量的 15.1%；其次为广东（195.3 万 t，8.3%）、安徽（181.1 万 t，7.7%）、广西（179.9 万 t，7.6%）、辽宁（154.6 万 t，6.5%）。此外，河南、福建、四川、江苏、河北的禽肉产量均超过 100 万 t（表 1-4）。2020 年我国禽肉行业排名前三的省份产量占总产量的 31.1%，排名前五的省份禽肉产量占总产量的 45.2%，排名前十的省份禽肉产量占总产量的 71.8%，可见我国禽肉产业的分布区较为集中。

近年来，除了猪肉和禽肉外，低脂肪、高蛋白的牛肉受到了越来越多的青睐。消费需求的不断增加推动了牛肉产业的迅速发展，我国牛肉产量逐渐攀升，尤其是在非洲猪瘟与新冠"双疫情"因素的影响下，牛肉产品的消费替代功能及营养价值功效逐渐显现。2011 年，全国牛肉产量 610.7 万 t，2020 年增至 672.4 万 t，增加了 10.10%，平均每年增长 6.9 万 t。我国牛肉生产主要集中在华北地区、西南地区，其次是东北地区、西北地区、华中地区、华东地区。内蒙古是国内最大的牛肉生产大省，2020 年生产牛肉 66.3 万 t，占全国牛肉总产量的 9.9%；其次是山东（59.7 万 t，8.9%）、河北（55.6 万 t，8.3%）、黑龙江（48.3 万 t，7.2%）、新疆（44.0 万 t，6.5%）。此外，云南、吉林、四川、河南、辽宁的牛肉产量均超过 30 万 t（表 1-4）。

此外，羊肉也是我国居民肉类消费多元化的重要组成部分，其独特的营养特性和丰富的营养价值广受欢迎及认可。我国是全球第一大羊肉生产国和消费国。近几年，我国羊肉产量持续增加，但是目前我国羊肉产量在牲畜肉类产量中的比例依然较小，长期在 6%～9% 范围内波动。2011 年全国羊肉产量 398.0 万 t，2020 年增至 492.3 万 t，增长 23.69%，平均每年增长 10.5 万 t（表 1-4）。影响我国羊肉产量的主要因素包括自然环境、区域布局、养殖规模、国家政策等。自然环境是肉羊养殖业的一个基础条件，目前我国肉羊养殖对自然资源的依赖性较强，各地气候资源条件对肉羊生产影响较大。气候、饲草资源等自然条件以及社会经济条件等方面的差异，使得我国各地羊肉产量存在较大差异，而这直接影响了养殖户的经济效益。内蒙古是我国羊肉主要供应地区，2020 年内蒙古羊肉产量位居全国第一，达到 113.0 万 t，占全国羊肉总产量的 23.0%，其次是新疆（57.0 万 t，11.6%）、山东（34.0 万 t，6.9%）、河北（31.3 万 t，6.4%）、河南（28.6 万 t，5.8%）。此外，甘肃、四川、云南、安徽的羊肉产量均超过 20 万 t（表 1-4）。总体来看，羊肉生产主要集中在北方牧区、半牧区这些具有规模优势和自然条件优势的地区。由于地域分布较为集中，造成了活羊交易上的制约，产生了较高的物流成本，不利于羊肉消费的进一步发展。随着养羊业的集约化转型进程，我国羊肉的消费正在从原来的季节性消费向日常食品消费转变，羊肉在餐饮业中的地位也越来越重要。

2. 蛋

禽蛋是各种可食用鸟类的蛋产品的统称，主要包括鸡蛋、鸭蛋、鹅蛋等鲜蛋及蛋类制品。禽蛋因其丰富的营养价值和口味变化而受到国人的喜爱，禽蛋产业已成为国民经济的支柱性产业之一。我国是禽蛋生产大国，过去十多年来，我国禽蛋产量总体呈现稳步增长态势,平均每年增长 63.74 万 t,2017 年受禽流感影响,禽蛋产量呈现小幅下降;随后几年禽蛋产量出现较大增幅,尤其是近两年,我国禽蛋产量增速都在 5% 左右。2020 年,全国 31 个省份生产禽蛋 3467.8 万 t,较 2019 年增长 4.8%,较 2011 年增长 22.5%(图 1-28)。目前我国禽蛋产量趋于稳定,已接近"十四五"行业发展规划的禽蛋产量目标,未来几年我国禽蛋产量增速或将放缓,保持基本自给。

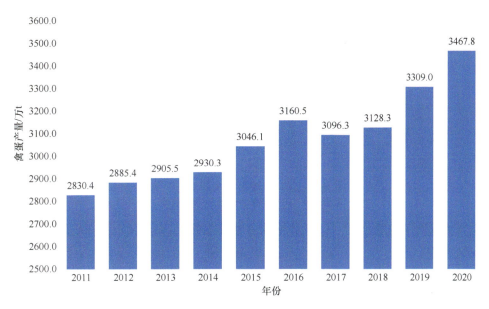

图 1-28 2011～2020 年全国禽蛋产量
数据来源:《中国畜牧兽医统计摘要 2020》

受到饲料、气候、养殖习惯、出口、加工等综合因素的影响,我国华东地区、华中地区、东北地区是禽蛋生产优势地区。其中,山东、河南、河北、辽宁、江苏、湖北、安徽、四川、吉林、湖南、黑龙江及山西是禽蛋生产大省,2020 年 12 省禽蛋产量均在100 万 t 以上,合计占全国禽蛋产量的 83.5%。2020 年,山东禽蛋产量居全国之首,达 480.9 万 t,占全国总量的 13.9%;其次是河南(449.4 万 t,13.0%)、河北(389.7万 t,11.3%)、辽宁(331.9 万 t,9.6%)和江苏(231.9 万 t,6.7%)(表 1-4)。

3. 奶

奶及奶制品是一类营养丰富、组成比例适宜、易消化吸收、营养价值高的天然食品,是优质蛋白质、B 族维生素,尤其是钙的良好来源。近年来,我国奶类产量相对稳定(图 1-29)。2011～2020 年,我国奶类年产量为 3118.9 万～3529.6 万 t,平均年产量为 3258.69 万 t。2020 年,全国 31 个省份共生产奶类 3529.6 万 t,同比 2019 年增长 7.04%,其中牛奶产量占绝大部分(97.46%),达 3440.1 万 t(表 1-4)。

得益于地理气候、牧场资源及养殖习惯等因素,我国奶牛养殖呈现明显的区域特征,主要分布在东北地区、西北地区、华北地区和中原地区及内蒙古。其中,内蒙古拥有

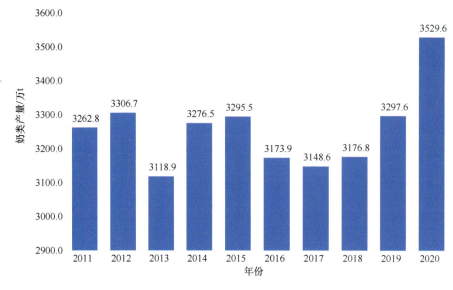

图 1-29　2011～2020 年全国奶类产量

数据来源:《中国畜牧兽医统计摘要 2020》

优越的地理条件和气候条件,13 亿亩天然草原和 3000 万亩人工草地使其成为国内最优质的奶源大省,拥有伊利、蒙牛等知名乳品企业。2020 年,内蒙古牛奶产量居全国之首,达 611.5 万 t,占全国牛奶产量的 17.8%;其次是黑龙江(500.2 万 t,14.5%)、河北(483.4 万 t,14.1%)、山东(241.4 万 t,7.0%)和宁夏(215.3 万 t,6.3%)(表 1-4)。

随着国内奶牛养殖规模化程度的扩大,奶及奶制品生产正在向高质、高产方向发展。然而,目前我国城乡居民奶及奶制品平均日摄入量还处于较低水平,仅为 25.9 g(国家卫生健康委疾病预防控制局,2022),远不及《中国居民膳食指南(2022)》推荐的每天饮奶 300 g 以上或相当量的奶制品,提示我国乳品消费市场潜力巨大,未来乳品产业仍有较大的发展空间。

第三节　食品动物养殖中抗菌药物使用现状及影响因素

抗菌药物在防治动物疫病、保障动物健康、提高动物生产效率的过程中发挥了重要作用(Oliver et al.,2011)。几十年来,抗菌药物的使用已成为现代化、规模化养殖生产系统的重要组成部分(Laxminarayan et al.,2015)。细菌感染性疾病是造成养殖业经济损失的重要原因之一。因此,在畜禽感染疾病综合防控措施中,抗菌药物不可或缺,其发挥的作用也无可替代。可以毫不夸张地说,没有抗菌药物的使用,就不可能有今天蓬勃发展的养殖业。

一、食品动物养殖中抗菌药物使用现状

尽管世界各国、不同机构以及学者在畜禽用抗菌药物数据收集和分析方面已做出了巨大努力,但人们对全球、区域、国家和养殖场层面抗菌药物使用情况的了解仍非常有

限。目前，关于全球范围内畜禽养殖使用抗菌药物的主要可用数据是 van Boeckel 等（2015）估计的数据。在国家层面，世界动物卫生组织（WOAH）的 180 个成员中只有不到 1/3 的国家收集了畜禽养殖抗菌药物使用数据（OIE，2015）；即使在收集数据的组织和国家（如欧盟、美国、中国等），也只能获得批准使用的抗菌药物种类、销售额等数据（Page and Gautier，2012）。欧盟正在努力收集养殖场层面有关抗菌药物使用量和使用动物种类的数据（ESVAC，2016），目前仅丹麦、德国、荷兰、瑞典等少数国家报道了相关数据（ASOAntibiotics，2016；Hellman et al.，2016；Bager et al.，2015；van Rennings et al.，2015）。为了加强兽用抗菌药物管理，近年来我国农业农村部也在努力收集畜禽抗菌药物使用数据，但也仅停留在批准使用种类、销售额层面，各种畜禽的使用量和使用种类、代表性养殖场的使用量和使用种类仍无具体数据，从而阻碍了研究分析抗菌药物使用与动物源细菌耐药性之间的联系，影响到抗菌药物合理使用策略的制定与效果评估。

1. 欧洲

欧洲国家较早意识到抗菌药物的过度使用会带来细菌耐药性的后果。因此，欧洲各国一直致力于抗菌药物的科学管理，对兽用抗菌药物的管理也较为严格。在全世界范围内，欧盟最早禁止动物促生长类抗菌药物的使用。1986 年，瑞典开创了禁止将抗菌药物作为饲料添加剂使用的先河。1997 年，丹麦效仿瑞典禁止将抗菌药物用作动物促生长剂（顾进华等，2021）；同年，欧洲药品管理局（European Medicines Agency，EMA）成立了抗菌药物耐药性特设工作组，其主要工作内容是以流行病学监测为基础，对欧盟成员国动物源细菌耐药性的流行及其对人类健康和疾病治疗的潜在影响进行科学评估（杨佳颖和张新瑞，2019）。1998 年，欧盟开始立法禁止将兽用抗菌药物作为饲料添加剂用于动物促生长（Kim et al.，2011）。随后，1999 年，欧盟公布了抗菌药物耐药性的第一份定性风险评估报告，该报告指出欧盟几乎所有的兽用抗菌药物都与用于人医临床治疗的抗菌药物相关，这有可能导致交叉耐药或联合耐药，该报告还提出动物和人都是耐药微生物有机体的贮库，因此建议在兽医领域也应慎用抗菌药物。2001 年，欧盟各相关机构制定并发布了一系列文件，包括《兽用抗菌药使用引起潜在耐药性的预审前研究指南》《兽用抗菌产品有效性证明指南》《抗菌产品特征概要指南》《用于食品动物的抗菌新兽药耐药性预审资料指南》等（杨佳颖和张新瑞，2019）。2004 年，EMA 下设了兽用药品委员会（Committee for Medicinal Products for Veterinary Use，CVMP），主要负责欧盟兽用抗菌药物耐药性管理工作。CVMP 下设有专门的小组进行更具体的工作，例如，抗菌药科学顾问组（Scientific Advisory Group on Antimicrobials，SAGAM）的主要职责是就兽用抗菌药的批准和使用问题向 CVMP 提出建议，尤其是制定抗菌药物耐药性的相关指南。SAGAM 主要由抗菌药物耐药性、抗菌药物使用和有效性以及分子生物学等方面的专家组成。2005 年，CVMP 提出了"2006～2010 年抗菌药战略计划"，就调整欧盟国家在兽药审批、注册、质量控制、有效性控制、耐药性评估、休药期制定、保护环境、上市后监督、药物供应和给药、广告控制、使用者培训、研究等方面进行了回顾，指出维持抗菌药物有效性和降低耐药性产生是兽药行业的重要任务之一（杨佳颖和张新瑞，2019）。2006 年，欧盟开始实行"全面禁抗"政策，禁止将任何抗菌药物作为饲料添加剂用于促生长，包括离子载体类抗菌药，抗菌药仅用于动物疾病治疗（Peeples，2012）。2007 年 1 月 1 日起，所有兽用抗菌药都作为处方药使用和管理，禁止养殖场在没有兽医处方的情况下擅自给家畜家禽喂食抗菌药物以预防疾病（顾进华等，2021）。"禁抗"初期，欧盟遇到了一系列问题：首先，饲料中突然停止添加抗菌药物后导致动物疫病增多，动物疫病的治疗导致抗菌药物的使用量显著上升，有数据显示，"禁抗"后的 2 年，欧盟兽用抗菌药物的销售量由 405t 降到 384t，但 2 年后兽用抗菌药物的销售量却增长了 14%（EMA，2013）；其次，"禁抗"后动物生长缓慢，饲料消耗量增多，造成养殖业饲料成本增高及环境严重污染；最后，"禁抗令"的实施还严重冲击了兽药的开发，原因是政府干预力度大、审查指标严和评估标准高，从而导致畜禽药物研发积极性受挫（顾欣等，2013）。但从长远来看，"禁抗"后的欧盟兽用抗菌药物的年使用量显著下降，成功实现了对抗菌药物使用量的控制，促进了养殖业的良性发展，保障了畜禽和人类的健康。直到今天，欧盟仍致力于兽用抗菌药物的严格管理，其相关决策及行动对全世界都具有重要的引领示范作用。

目前，EMA 批准了 14 大类（包括抗菌增效剂类）、53 种畜禽用抗菌药物在欧洲畜禽养殖中的使用。其中，猪用抗菌药物有 12 大类、36 种，给药方式多以口服为主（47.4%，36/76），注射和混饲给药次之［分别占 30.3%（23/76）和 18.4%（14/76）］，少许经皮肤喷涂用药（3.9%，3/76）；鸡用抗菌药物有 11 大类、24 种，给药方式也以口服为主（77.5%，31/40），其次为混饲给药（20%，8/40），较少通过肌肉、皮下注（2.5%，1/40）；牛用抗菌药物有 12 大类、45 种，给药方式多以注射为主（32.4%，23/71），其次是口服（26.8%，19/71）或乳房灌注（26.8%，19/71），而较少通过混饲（2.8%，2/71）、皮肤喷涂（5.6%，4/71）、眼用（2.8%，2/71）及子宫投入（2.8%，2/71）（表 1-5）。

表 1-5　EMA 批准用于食品动物（牛、猪、鸡）的抗菌药物种类与制剂

类别	品种	制剂	给药途径	靶动物
β-内酰胺类	阿莫西林	粉剂	口服	猪、鸡
		注射剂	皮下注、肌注	猪、牛
		注入剂	乳房灌注	牛
		预混剂	混饲	猪
		片剂	口服	牛
	氨苄西林	粉剂	口服	鸡
		注射剂	肌注、静注、皮下注	猪、牛
		片剂	口服	鸡
	氯唑西林	注入剂	乳房灌注	牛
		膏剂	眼用	牛
	喷沙西林	注射剂	肌注	牛
		注入剂	乳房灌注	牛
	青霉素 V	粉剂	口服	鸡
	头孢乙腈	注入剂	乳房灌注	牛
	头孢氨苄	注射剂	肌注	牛
		注入剂	乳房灌注	牛

续表

类别	品种	制剂	给药途径	靶动物
β-内酰胺类	头孢洛宁	注入剂	乳房灌注	牛
		膏剂	眼用	牛
	头孢匹林	注入剂	子宫注入	牛
		注入剂	乳房灌注	牛
	头孢唑林	注入剂	乳房灌注	牛
	头孢哌酮	注入剂	乳房灌注	牛
	头孢喹肟	注入剂	乳房灌注	牛
		注射剂	肌注	猪、牛
	头孢噻呋	注射剂	肌注、皮下注	牛、猪
大环内酯类	加米霉素	注射剂	皮下注、肌注	猪、牛
	泰地罗新	注射剂	肌注	猪、牛
	替米考星	溶液剂	口服	牛、猪、鸡
		预混剂	混饲	猪
		颗粒剂	口服	猪
		注射剂	皮下注	牛
	红霉素	粉剂	口服	鸡
	泰拉霉素	注射剂	肌注、皮下注	牛、猪
	泰乐菌素	注射剂	肌注	牛、猪
		预混剂	混饲	猪、鸡
		颗粒剂	口服	猪、牛、鸡
		粉剂	口服	猪、牛、鸡
	泰万菌素	预混剂	混饲	猪
		颗粒剂	口服	猪、鸡
		粉剂	口服	猪
	沃尼妙林	预混剂	混饲	鸡
	螺旋霉素	注射液	肌注	猪、牛
林可胺类	林可霉素	注入剂	乳房灌注	奶牛
		粉剂	口服	猪、鸡
		注射液	肌注	猪
		预混剂	混饲	猪
		片剂	口服	猪
	吡利霉素	注入剂	乳房灌注	牛
氨基糖苷类	安普霉素	预混剂	口服	猪
		粉剂	口服	猪、牛、鸡
	双氢链霉素	注射剂	肌注	猪、牛
		注入剂	乳房灌注	牛
	庆大霉素	注射剂	肌注	猪、牛
		粉剂	口服	鸡
	卡那霉素	注入剂	乳房灌注	奶牛

续表

类别	品种	制剂	给药途径	靶动物
氨基糖苷类	新霉素	注入剂	乳房灌注	牛
		注射剂	肌注	猪
		混悬剂	口服	牛
		粉剂	口服	猪、牛、鸡
	巴龙霉素	溶液剂	口服	猪、牛
	大观霉素	粉剂	口服	猪、鸡、犊牛
		预混剂	混饲	猪、鸡
	链霉素	注入剂	乳房灌注	牛
四环素类	金霉素	喷雾剂	皮肤喷涂	牛、猪
		颗粒剂	混饲	猪、鸡
		预混剂	混饲	猪、犊牛
		粉剂	口服	猪、鸡
	多西环素	粉剂	口服	猪、牛、鸡
		预混剂	混饲	猪
		溶液剂	口服	猪、鸡
		颗粒剂	口服	猪
	土霉素	注射剂	肌注、静注	猪、牛
		粉剂	口服	猪、鸡
		喷剂	皮肤喷涂	牛
	四环素	溶液	皮肤喷涂	牛、猪
		粉剂	口服	牛、鸡、猪
		片剂	子宫投入	牛
		预混剂	混饲	牛、猪、鸡
酰胺醇类	氟苯尼考	注射剂	肌内、皮下注	猪、牛、羊
		粉剂	口服	猪
		颗粒剂	口服	猪
		溶液剂	口服	猪
		预混剂	混饲	猪
	甲砜霉素	溶液剂	皮肤喷涂	牛、猪
截短侧耳素类	泰妙菌素	颗粒剂	口服	猪、鸡
		溶液剂	口服	猪、鸡
		预混剂	混饲	猪、鸡
		注射剂	注射	猪
	沃尼妙林	预混剂	口服	猪
利福霉素类	利福昔明	注入剂	乳房灌注	牛
多肽类	黏菌素	溶液剂	口服	猪、牛、鸡
		粉剂	口服	猪、牛、鸡
寡糖类	阿维拉霉素	预混剂	口服	猪、鸡、仔猪
香豆素类	新生霉素	注入剂	乳房灌注	牛

续表

类别	品种	制剂	给药途径	靶动物
喹诺酮类	达氟沙星	注射剂	肌注、静注	猪、牛
	二氟沙星	溶液剂	口服	鸡
		注射剂	皮下注	牛
	恩诺沙星	注射剂	肌注、皮下注、静注	猪、牛、鸡
		溶液剂	口服	猪、牛、鸡
	马波沙星	注射液	肌注	猪、牛
		片剂	口服	牛
磺胺类	磺胺嘧啶	片剂	口服	牛
		预混剂	混饲	猪、鸡
		注射液	肌注、静注	猪、牛
		溶液剂	口服	猪、鸡
		粉剂	口服	猪、鸡
	磺胺甲噁唑	溶液剂	口服	猪、鸡
抗菌增效剂类	巴喹普林	丸剂	口服	牛、猪
		注射剂	注射	猪
	克拉维酸 （与阿莫西林制成复方）	片剂	口服	牛
		注入剂	乳房灌注	牛
		注射剂	肌注	猪、牛
	甲氧苄啶 （与磺胺类制成复方）	注射剂	肌注、静注	牛、猪
		预混剂	混饲	猪、鸡
		粉剂	口服	猪、鸡
		溶液剂	口服	猪、鸡
		片剂	口服	牛

　　欧盟国家从 1998 年就开始一直在建立和完善兽用抗菌药物监测系统，包括创建了细菌耐药性监测系统（EARSS）、开发了抗菌药物使用量监测网（ESAC）等，并设立专门的抗菌药物管理委员会，进行明确的分工协作。自 1999 年以来，该委员会已投入超过 13 亿欧元用于细菌耐药研究，使欧洲成为这一领域的领导者（杨佳颖和张新瑞，2019）。2009 年，欧洲兽用抗菌药物使用监测计划（European Surveillance of Veterinary Antimicrobial Consumption，ESVAC）启动，要求参加的国家不得增加抗菌药物的用量，并于每年检测并报告兽用抗菌药物使用情况。2021 年 11 月，ESVAC 发布了最新的报告，这是该计划启动以来发布的第 11 份报告，介绍了 31 个欧洲国家在 2019 年和 2020 年兽用抗菌药物的使用情况及 2010～2020 年的变化情况（EMA，2021）。

　　2021 年发布的 ESVAC 报告（EMA，2021）显示，欧盟食品动物的兽用抗菌药物整体使用量为 89.0 mg/PCU（调查年份 2020 年）。PCU（population correction unit）是 EMA 于 2009 年提出的一种理论计量单位，综合某国年内动物产量及抗菌药物使用量。参与调查的 31 个欧洲国家间畜禽抗菌药物使用量差异较大，其中，挪威使用量最低，为 2.3 mg/PCU；塞浦路斯使用量最高，达 393.9 mg/PCU；斯洛伐克使用量为中位数，为

51.9 mg/PCU（表 1-6）。

表 1-6　2020 年欧洲各国用于食品动物的抗菌药物销售量　（单位：mg/PCU）

国家	四环素类	酰胺醇类	青霉素类	一、二代头孢菌素	三、四代头孢菌素	磺胺类	甲氧苄氨嘧啶	大环内酯类	林可霉素类	氟喹诺酮类	其他喹诺酮类	氨基糖苷类	多黏菌素类	截短侧耳素类	其他	总计
奥地利	23.5	0.4	9.9	0.0	0.2	3.7	0.7	3.7	0.1	0.5	0.0	1.4	1.6	0.4	0.1	46.3
比利时	20.5	1.9	42.5	0.3	0.1	16.6	3.3	7.5	2.7	0.3	0.5	1.6	1.6	0.3	3.7	103.4
保加利亚	65.9	1.0	22.3	0.0	0.1	6.8	0.8	44.4	7.7	3.7	0.0	4.3	5.4	3.0	0.5	166.0
克罗地亚	24.8	1.5	23.1	0.0	0.2	5.4	1.1	4.0	0.1	2.1	0.3	2.5	2.7	0.6	0.2	68.6
塞浦路斯	132.0	1.2	79.4	0.0	0.4	56.8	11.3	18.9	51.1	2.2	0.4	5.1	15.9	18.3	0.7	393.9
捷克	15.5	0.6	18.3	0.1	0.5	8.6	1.0	3.1	0.2	1.9	0.0	2.5	0.6	3.0	0.3	56.3
丹麦	6.0	0.8	12.0	0.0	<0.01	3.1	0.6	5.5	0.9	<0.01	0.2	3.9	<0.01	3.2	1.0	37.2
爱沙尼亚	13.5	0.4	13.4	0.1	0.7	4.2	0.8	1.6	0.3	1.1	0.0	3.7	0.3	8.6	0.5	49.2
芬兰	3.7	0.2	8.4	<0.01	<0.01	2.8	0.6	0.4	0.1	0.1	0.0	0.1	0.0	<0.01	0.0	16.2
法国	18.4	0.8	8.7	0.2	0.0	12.3	2.0	4.2	0.4	0.1	0.3	6.7	1.4	0.5	0.0	56.6
德国	18.1	0.8	33.3	0.1	0.2	7.8	1.1	7.3	1.5	0.8	0.0	2.9	7.3	1.3	1.4	83.8
希腊	43.9	1.1	15.7	0.0	0.2	8.1	1.0	3.5	0.5	2.0	1.1	8.6	1.9	0.8	0.6	89.1
匈牙利	57.4	2.5	51.6	0.1	0.5	7.0	1.5	8.9	2.2	11.6	0.0	3.3	7.5	14.6	1.2	169.9
冰岛	0.3	0.0	2.8	0.0	<0.01	0.1	0.0	0.0	0.0	<0.01	0.0	0.6	0.0	0.0	0.0	3.8
爱尔兰	19.6	1.7	12.4	0.5	0.2	4.6		2.4	0.9	0.4	0.0	3.2			0.6	47.0
意大利	49.0	4.9	61.1	0.1	0.2	26.7	2.6	8.7	11.7	1.2	0.8	7.5	0.7	5.0	1.7	181.8
拉脱维亚	7.0	0.2	6.6	0.3	0.5	1.3	0.3	6.2	0.2	1.5	0.0	4.1	0.8	1.5	0.2	30.8
立陶宛	2.6	0.4	6.3	0.1	0.2	4.1	0.6	2.3	0.2	1.3	0.0	0.5	<0.01	1.4	0.3	20.5
卢森堡	11.4	1.0	6.6	0.1	0.5	2.9	0.6	0.6	0.6	0.8	0.0	3.0	0.4	0.0	0.4	29.0
马耳他	43.9	2.3	9.5	0.1	0.3	18.2	3.2	14.5	0.6	4.4		6.4	0.5	5.5	6.8	116.1
荷兰	16.6	1.5	12.6	0.0	<0.01	8.3	1.5	7.6	0.1	0.1	0.8	0.6	0.5	0.1	0.0	50.2
挪威	0.1	0.1	1.4	0.0	<0.01	0.6	0.1	<0.01	<0.01	<0.01	0.1	0.1	0.0	0.0	<0.01	2.3
波兰	45.3	2.2	61.1	0.2	0.4	8.1	1.6	24.8	2.3	12.9	0.0	7.2	9.1	10.4	2.2	187.9
葡萄牙	60.4	4.4	38.9	0.0	0.4	7.2	1.4	20.0	6.0	7.3	0.0	5.0	11.7	12.7	0.4	175.8
罗马尼亚	15.4	2.4	13.7	<0.01	0.2	1.9	0.3	7.6	1.7	5.7	0.1	4.7	2.2	1.1	0.7	57.8
斯洛伐克	14.0	0.3	10.2	0.1	0.5	6.4	0.9	1.5	0.4	3.4	0.0	3.9	2.0	7.0	1.2	51.9
斯洛文尼亚	7.6	1.1	15.7	0.1	0.2	2.4	0.6	0.3	0.1	1.0	<0.01	3.6	0.1	0.7	0.0	33.3
西班牙	34.7	6.4	52.7	0.1	0.4	12.1	2.1	11.0	15.4	3.7	0.0	10.9	4.0	2.8	1.5	154.3
瑞典	0.8		6.8		<0.01	1.9	0.4	0.4		0.1		0.5			0.2	11.1
瑞士	8.4	0.7	11.0	0.1	0.1	8.3	0.7	1.3		0.2	0.0	3.1	0.2		0.1	34.3
英国	10.2	0.6	8.0	0.1	0.1	2.9	0.6	2.9	0.7	0.1	0.1	2.5	<0.01	1.0	0.6	30.1
31 国总销量（mg/PCU）	23.8	2.1	27.7	0.1	0.2	8.8	1.4	7.8	3.7	2.3	0.2	4.9	2.5	2.6	1.0	89.0
31 国销量中位数（mg/PCU）	16.6	1.0	12.6	0.1	0.2	6.4	0.9	4.1	0.5	1.1	0.1	3.3	0.8	1.1	0.5	51.9

数据来源：EMA，2021。

2020 年，在 31 个欧洲国家用于食品动物的抗菌药物总销售量中，占比最大的是青霉素类（31.1%），其次是四环素类（26.7%）和磺胺类（9.9%），这是首次青霉素类药品销售量高于四环素类药品销售量占比。到 2020 年，这三类产品占 31 个国家总销量的 67.7%。"其他"类别的抗菌药物中，第一代和第二代头孢菌素占 0.1%，第三代和第四代头孢菌素占 0.2%，酰胺醇类占 2.3%，其他喹诺酮类占 0.2%（图 1-30）。

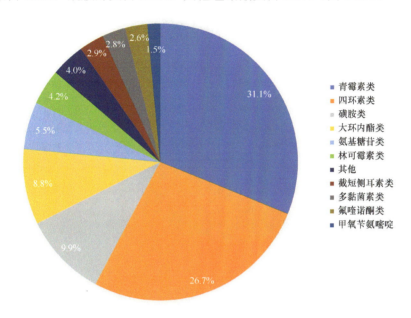

图 1-30　2020 年欧洲各类抗菌药物销售量占比

数据来源：EMA，2021

按抗菌药物剂型分类，欧洲绝大多数国家食品动物用抗菌药物主要以口服溶液为主（57.0%）；其次是预混剂（22.5%）、注射剂（12.0%）、口服粉剂（7.4%）、乳房灌注剂（0.7%）及其他剂型（包括口服糊剂、丸剂、子宫灌注剂，0.4%）（图 1-31）。

根据 2011～2020 年 25 个欧盟国家的数据（表 1-7），欧盟各国用于食品动物的抗菌药物的总销售量比 2011 年下降了 43%（从 2011 年的 161.4 mg/PCU 下降到 2020 年的 91.6 mg/PCU）（图 1-32）。2011～2020 年，在 25 个国家中，有 19 个国家的销售量下降超过 5%（从 11.7%下降到 60.4%）。同一时期，在 25 个国家中，有 4 个国家销售量增长了 5%以上（从 8.6%增长到 79.3%）（图 1-32）。

2011～2020 年，除酰胺醇类抗菌药物外，其他类别的抗菌药物的销售量都在下降。三类最畅销的抗菌药物，四环素类、青霉素类和磺胺类的降幅分别为 59.5%、20.3%和51.0%（图 1-33）。

2011～2020 年，重要人用抗菌药物在食品动物中的销售量显著下降，2020 年仅占总销量的 6%。特别是，第三代和第四代头孢菌素的销售量下降了 33.3%（从 0.24 mg/PCU 到 0.16 mg/PCU），多黏菌素下降了 76.5%（从 10.98 mg/PCU 到 2.58 mg/PCU），氟喹诺酮类药物下降了 12.6%（从 2.53 mg/PCU 到 2.21 mg/PCU），其他喹诺酮类药物的销量下降了 85.0%（从 1.07 mg/PCU 到 0.16 mg/PCU）（图 1-32）。这些类别包括用于治疗人类严重细菌感染的抗菌药物，这些致病细菌对大多数其他抗菌药物治疗已产生耐药性，应限制它们在食品动物生产中的使用，以保持其有效性，降低公共卫生风险。

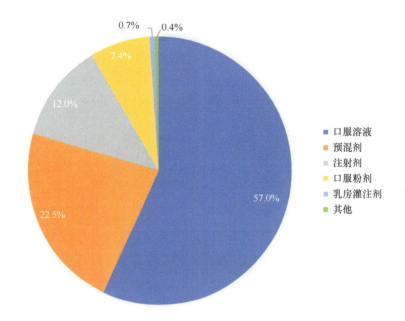

图 1-31　2020 年欧洲不同剂型抗菌药物销售量占比

数据来源：EMA，2021

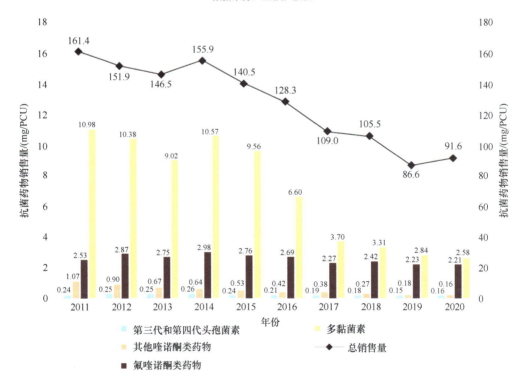

图 1-32　2011～2020 年欧盟 25 国用于食品动物的四类抗菌药物销售量变化情况

数据来源：EMA，2021

表 1-7 2010~2020 年欧洲各国用于食品动物的抗菌药物销售量（单位：mg/PCU）

国家	2011 年	2012 年	2013 年	2014 年	2015 年	2016 年	2017 年	2018 年	2019 年	2020 年
奥地利	54.4	54.8	57.2	56.3	50.7	46.1	46.7	50.2	42.6	46.3
比利时	175.1	162.9	156.4	158.1	149.9	139.9	131.1	113.0	101.9	103.4
保加利亚	92.6	98.9	116.1	82.9	121.8	155.2	129.8	119.6	112.7	166.0
克罗地亚				103.5	90.5	83.6	68.0	70.8	62.8	68.6
塞浦路斯	407.5	396.4	425.7	391.3	434.1	453.3	423.0	466.5	399.7	393.9
捷克	83.0	79.8	82.2	79.8	68.0	61.2	63.5	57.0	53.8	56.3
丹麦	42.1	43.7	44.5	43.8	41.8	40.4	38.9	37.8	37.1	37.2
爱沙尼亚	70.5	62.7	70.1	76.8	64.9	63.7	56.3	52.9	53.5	49.2
芬兰	21.3	21.3	21.8	21.8	19.9	18.1	18.9	18.2	19.1	16.2
法国	114.3	101.1	93.9	105.8	69.4	71.2	68.0	64.2	58.3	56.6
德国	211.5	204.8	179.7	149.3	98.2	89.2	89.1	88.4	78.6	83.8
希腊					57.4	63.6	94.2	91.2	83.2	89.1
匈牙利	192.5	245.7	230.6	193.0	211.4	187.0	190.9	180.5	189.7	169.9
冰岛	6.0	5.4	4.9	4.8	4.7	4.5	4.4	4.8	3.5	3.8
爱尔兰	46.4	54.8	55.7	47.5	50.8	52.0	46.5	45.9	40.8	47.0
意大利	371.0	340.9	301.5	332.3	321.9	294.7	273.7	244.0	191.1	181.8
拉脱维亚	36.7	41.5	37.6	36.6	37.6	29.9	33.2	35.9	41.1	30.8
立陶宛	41.1	39.1	29.0	35.5	35.0	37.4	34.2	32.7	20.8	20.5
卢森堡		43.2	52.1	40.6	34.5	35.4	35.1	33.6	29.0	29.0
马耳他								129.3	153.4	110.3	116.1
荷兰	113.7	74.8	69.9	68.4	64.4	52.7	56.2	57.4	48.2	50.2
挪威	3.5	3.7	3.5	3.0	2.8	2.8	3.0	2.9	2.3	2.3
波兰	126.3	134.1	150.3	139.5	137.9	128.4	163.9	168.3	185.2	187.9
葡萄牙	161.8	157.2	187.2	201.7	170.3	208.0	134.2	186.6	146.6	175.8
罗马尼亚				109.0	100.5	85.2	90.1	82.7	53.9	57.8
斯洛伐克	43.6	43.3	59.2	65.6	50.8	50.3	61.8	49.2	42.3	51.9
斯洛文尼亚	46.0	36.9	22.3	33.3	26.3	30.3	36.6	43.2	44.9	33.3
西班牙	335.8	302.3	317.0	418.8	402.0	362.4	230.3	219.0	126.7	154.3
瑞典	13.1	13.0	12.2	11.1	11.4	11.7	11.3	12.1	11.1	11.1
瑞士				56.8	50.6	46.6	40.1	40.2	35.7	34.3
英国	51.0	66.2	62.5	62.3	56.5	39.0	32.1	29.0	30.5	30.1

数据来源：EMA，2021。

2. 美国

美国对于兽用抗菌药物引发的细菌耐药性风险的认识和管理要晚于欧盟。1996 年，出于对公共卫生风险的考虑，美国出台的 *Animal Drug Availability Act* 首次提出"Veterinary Feed Directive"兽药原则，规定饲料中添加兽药须执业兽医师允许。为了减少医用重要抗生素类药物（medically important antibiotics，MIA）的使用，美国食品药品监督管理局（Food and Drug Administration，FDA）曾经公布过一份行业指导性文件（FDA，2013a），计划从 2014 年起，用 3 年时间禁止在畜禽饲料中使用预防性抗生素，从而最大限度地避免食用畜禽产品的消费者出现对抗生素耐药性问题。2017 年 1 月 1 日，美国 FDA 发布《兽医饲用药物指南》（FDA，2017），正式宣布美国在畜禽饲料中的全面限抗。从这一年开始，猪场中重要抗菌药物的使用量下降到了历史最低点。

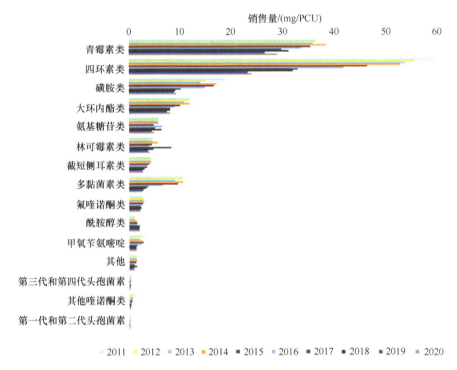

图 1-33　2011～2020 年欧洲各类用于食品动物的抗菌药物销售量变化情况

数据来源：EMA，2021

　　将抗菌药物作为动物抗菌促生长剂添加于饲料中在美国由来已久，而这一历史离不开第二次世界大战的影响。第二次世界大战后，许多欧洲国家丧失生产能力，美国作为供给国需要提供大量的动物源性食品。迫切的供给需求使动物养殖业走上了工业化转型的道路。最初，抗菌药物在畜牧业中仅作为治疗使用；然而，1948 年，从事动物科学研究的专业人员发现抗菌药物的促生长作用后，抗菌药物在美国畜牧养殖业中的使用量便逐年上升。兽用抗菌药物使用量的不断攀升也引发了美国公众对畜牧养殖业滥用抗生素问题的关注。从美国畜牧业将抗菌药物作为促生长剂的实践兴起时，科技工作者便对滥用抗菌药物可能产生的后果有所担忧，且认识的程度随着时间的推移逐步加深（施雾和梅雪芹，2013）。自 20 世纪 50 年代开始，抗菌药物在美国畜牧养殖业中的滥用已造成了公共卫生问题。20 世纪 60 年代以来，要求更科学或者谨慎使用抗生素的呼声不断升高。美国联邦政府的相关机构开始针对畜牧业滥用抗生素问题进行调查研究，并发布了一些调查报告。这些报告除了提供较为翔实的数据和论证之外，还着重对畜牧养殖业使用抗生素开展风险评估，并据此提出政策建议。然而，1978 年，美国众议院农业委员会以有可能增加农业生产成本及缺乏足够的证据为由，反对美国 FDA 要求在农业中限制使用抗生素的建议，并要求通过进一步的证据证明在养殖业滥用抗生素与人类健康风险之间确实存在明确的因果联系（Eskridge，1978）。2004 年，美国审计总局的报告《抗生素耐药性：联邦机构需要更好地集中力量转向研究兽用抗生素对人类的威胁》中，公开承认"在美国和世界范围内，抗生素耐药性是一个公共卫生问题"。除了"可能对人类健康造成威胁"的观点以外，这份报告还提出"在动物中使用抗生素可能在未来成为影响美国贸易磋商的一个因素"，且"欧盟可能反对美国把抗生素用作促进生长的目的，因其成员国正在废止这种使用"，从而将畜牧养殖业的抗生素滥用问题与国际贸易问题挂钩（United States General Accounting Office，2004）。与医疗和相关科学研究并行的是，环境专家也对抗生素问题投入了关注，《美国环境史百科全书》（Brosnan，2011）将抗生素的环境影响分为"宏观环境"和"个体环境"两个方面，并指出畜牧养殖业滥用抗生素已经对宏观环境和个体环境造成了双重危害。

美国 FDA 一直承担着联邦政府对兽药和抗生素饲料添加剂的监管工作，而它与作为美国联邦政府实权部门之一的美国农业部缺乏必要的合作，给监管工作造成了一定的困扰。由于职权与责任的不符，加上缺乏与其他机构的实质性合作，FDA 在对抗生素进行监管的尝试中多处于被动地位。这一情况自从美国政府设立了国家抗菌药物耐药性监测系统（National Antimicrobial Resistance Monitoring System，NARMS）以来有所好转，这为更好地进行监控和立法打下了基础。目前，NARMS 已经积累了较为丰富的研究成果。这些成果主要呈现两个方面的特点：第一，从科学认知到风险评估，再到人文反思，美国人对畜牧养殖业滥用抗生素的认识在逐步深入；第二，不同的研究群体对于抗生素与工业化农业的关系、相关责任主体，以及滥用抗生素的后果和对策等方面问题的共同关注，形成了几个明确的研究焦点，体现出研究者的现实关怀。

2008 年，美国国会通过立法要求国内抗菌药物生产商每年向美国 FDA 汇报所生产抗菌药物的相关信息。基于此数据，FDA 每年发布美国食品动物用抗菌药物年报。至 2019 年，FDA 发布第十份抗菌药物年报（FDA，2020a），介绍了美国各类兽用抗菌药物每年的销售和使用情况及历史年度内抗菌药物的使用变化情况。相比于 2018 年，2019 年美国国内畜禽抗菌药物总体使用量稍有下降（0.82%），达 11 468.36t（人医临床重要抗菌药物 6189.26 t，非人医临床重要抗菌药物 5279.10 t），但远低于历史最高点时的 15 577.94 t（2015 年，下降 26.38%），且相比于 2010 年，2019 年抗菌药物总体使用量也下降了 14.33%（图 1-34）。与欧洲类似，2019 年，美国猪、牛用抗菌药物使用量最大，分别达 2582t 和 2529t，其次是火鸡（644t）、鸡（192t）及其他各类畜禽动物（239t）。

目前，美国 FDA 批准了 13 大类、51 种药物用于美国食品动物（牛、猪、鸡）的养殖。其中，猪用抗菌药物有 11 大类、30 种，主要通过口服给药（47.1%，24/51），其次通过混饲（33.3%，17/51）或注射（19.6%，10/51）给药；鸡用抗菌药物 9 大类、29 种，给药方式与猪类似，也主要通过口服给药（50.0%，24/48），其次是混饲（35.4%，17/48）或注射（14.6%，6/48）给药；牛用抗菌药物 10 大类、38 种。不同于猪、鸡，牛的给药方式较多，但也主要经口服（36.8%，25/68）、注射（32.4%，22/68），相对较少经混饲给药（14.7%，10/68），此外，还存在乳房灌注（10.3%，7/68）、眼用（4.4%，3/68）及皮下植入（1.5%，1/68）等方式（表 1-8）。

图 1-34　2010~2019 年美国兽用抗菌药物使用量

数据来源：《2019 年美国食品动物抗菌药物使用总结报告》

表 1-8　美国 FDA 批准用于食品动物（牛、猪、鸡）的抗菌药物种类与制剂

类别	品种	制剂	给药途径	靶动物
β-内酰胺类	氯唑西林	乳房注入剂	乳房灌注	牛
	海他西林	乳房注入剂	乳房灌注	牛
	头孢噻呋	注射剂	肌注、皮下注	猪、牛、鸡
	头孢匹林	乳房注入剂	乳房灌注	牛
	青霉素 G	注射剂	肌注、皮下注	牛、猪
		粉剂	口服	鸡
		溶液剂	口服	鸡
		乳房注入剂	乳房灌注	牛
	阿莫西林	溶液剂	口服	猪
		丸剂	口服	牛
		溶液剂	口服	牛
		溶液剂	肌注	牛
	氨苄西林	溶液剂	肌注	牛
		注射剂	肌注	牛、猪
		丸剂	口服	牛
大环内酯类	红霉素	注射剂	肌注	牛
		溶液剂	口服	鸡
		预混剂	混饲	鸡
	硫氰酸红霉素	预混剂	混饲	鸡
	加米霉素	注射剂	皮下注	牛

续表

类别	品种	制剂	给药途径	靶动物
大环内酯类	泰拉霉素	注射剂	肌注、皮下注	牛、猪
	卡波霉素	粉剂	口服	鸡
	泰乐菌素	注射剂	肌注	牛、猪
		预混剂	混饲	牛、猪
		粉剂	口服	鸡、猪
		颗粒剂	口服	猪
		植入颗粒剂	皮下植入	牛
	泰地罗新	注射剂	皮下注	牛
	替米考星	溶液剂	口服	猪
		预混剂	口服	猪、牛
		注射剂	皮下注	牛
	泰万菌素	预混剂	混饲	猪
林可胺类	林可霉素	预混剂	混饲	猪、鸡
		注射剂	肌注	猪、鸡
		粉剂	口服	猪、鸡
		溶液剂	口服	猪、鸡
	吡利霉素	乳房注入剂	乳房灌注	牛
氨基糖苷类	庆大霉素	溶液剂	口服	猪
		注射剂	肌注、皮下注	鸡、猪
		喷雾剂	局部眼用	牛
		粉剂	口服	猪
	潮霉素 B	预混剂	混饲	猪、鸡
	新霉素	粉剂	口服	猪、牛、鸡
		膏剂	局部眼用	牛
		预混剂	混饲	猪、牛、鸡
		溶液剂	口服	猪、牛、鸡
	新生霉素	预混剂	混饲	鸡
		乳房注入剂	乳房灌注	牛
	大观霉素	粉剂	口服	鸡
		溶液剂	口服	猪、鸡
		注射剂	皮下注	牛、鸡
	链霉素	溶液剂	口服	猪、牛、鸡
	双氢链霉素	乳房注入剂	乳房灌注	牛
		注射剂	肌注	牛、猪
	安普霉素	粉剂	口服	猪
		预混剂	混饲	猪
四环素类	金霉素	预混剂	混饲	猪、牛、鸡
		粉剂	口服	牛、鸡、猪
		丸剂	口服	牛
		溶液剂	口服	猪、牛、鸡

续表

类别	品种	制剂	给药途径	靶动物
四环素类	土霉素	预混剂	混饲	猪、牛、鸡
		注射剂	静注、肌注、皮下注	猪、牛
		硅胶植入物	皮下注	牛
		粉剂	口服	猪、牛、鸡
		膏剂	眼用	牛
		片剂	口服	牛
		丸剂	口服	牛
	四环素	注射剂	肌注	猪、牛
		丸剂	口服	牛
		膏剂	外用	未知
		粉剂	口服	猪、牛、鸡
		溶液剂	口服	猪、牛、鸡
酰胺醇类	氟苯尼考	注射剂	肌肉、皮下注	牛
		溶液剂	口服	猪
		预混剂	混饲	猪
		溶液剂	口服	猪
截短侧耳素类	泰妙菌素	溶液剂	口服	猪
		预混剂	混饲	猪
多肽类	杆菌肽	预混剂	混饲	鸡、猪、牛
	杆菌肽锌	预混剂	混饲	鸡、猪、牛
		溶液剂	口服	鸡
	亚甲基水杨酸杆菌肽	预混剂	混饲	鸡、猪、牛
	维吉尼亚霉素	预混剂	混饲	猪、鸡、牛
	多黏菌素 B	膏剂	局部眼用	牛
	磺粘菌素	注射剂	皮下注	鸡
多糖类	黄霉素	预混剂	混饲	猪、鸡、牛
	阿维拉霉素	预混剂	混饲	猪、鸡
聚醚类	来洛霉素	预混剂	混饲	牛
喹噁啉类	卡巴氧	预混剂	混饲	猪
喹诺酮类	达氟沙星	注射剂	皮下注	牛
	恩诺沙星	注射剂	肌注、皮下注	猪、牛
	磺胺二甲嘧啶	粉剂	口服	猪、鸡、牛
	磺胺溴甲烷嗪	丸剂	口服	牛
	磺胺氯吡嗪	丸剂	口服	牛
		注射剂	静注	牛
		溶液剂	口服	猪
	磺胺二甲氧嘧啶	溶液剂	口服	鸡、牛
		丸剂	口服	牛
		预混剂	混饲	鸡
		注射液	静注	鸡、牛
		粉剂	口服	鸡、牛

续表

类别	品种	制剂	给药途径	靶动物
喹诺酮类	磺胺乙氧基哒嗪	溶液剂	口服	猪、牛
		片剂	口服	牛
		注射液	静注	牛
	磺胺甲基嘧啶	粉剂	口服	鸡
	磺胺喹噁啉	预混剂	混饲	鸡
		溶液剂	口服	牛、鸡
		粉剂	口服	牛、鸡
抗菌增效剂	奥美普林	预混剂	混饲	鸡

2019 年，四环素类药物在美国畜禽养殖中使用量最高，达 4117t；其次是青霉素类（716t）、大环内酯类（488t）、氨基糖苷类（307t）及磺胺类（304t）等药物。其中，81% 头孢菌素类、65%磺胺类、45%氨基糖苷类及 42%四环素类药物用于牛；85%林可霉素类、40%大环内酯类药物用于猪；青霉素类药物主要（66%）用于火鸡。

2021 年报告显示（FDA，2021a），2019～2020 年期间被批准用于食用动物的医用重要抗生素类药物在美国的销售量下降了 3%，对比 2015 年高峰销售量更是下降了 38%。这表明，在食品动物中不断地实施和推行审慎使用抗菌药物的举措正在产生良性影响。虽然食品动物的抗菌药物销售量数据不一定反映出这些抗菌药物在生产实际中的使用情况，但逐年的销量变化可以作为指示抗菌药物市场变化趋势的重要参考。

3. 中国

与欧洲和美国类似，近年来我国农业农村部也于每年发布《中国兽用抗菌药使用情况报告》（中华人民共和国农业农村部，2021）。报告基于国内兽药生产企业销售和出口、外国企业进口、水产养殖的兽用抗菌药物销售量数据进行了统计分析。

基于《中华人民共和国兽药典》（2020 年版），我国用于畜禽养殖的抗菌药物总共有 13 大类、64 种，超过欧洲（53 种）或美国（51 种）畜禽养殖用抗菌药物种类。其中，猪用抗菌药物有 12 大类、51 种，远超欧洲（36 种）或美国（30 种）猪用抗菌药物种类；鸡用抗菌药物有 12 大类、41 种，也超过欧洲（26 种）或美国（29 种）鸡用抗菌药物种类；牛用抗菌药物 9 大类、36 种，较欧洲（45 种）或美国（38 种）牛用抗菌药物种类稍少。在各类药物的靶动物给药方式上，我国猪用抗菌药物的给药方式与欧洲、美国略有差异，而牛用、鸡用抗菌药物给药方式大体相似。我国猪用抗菌药物主要以注射给药（49.35%，38/77），其次是口服（35.06%，27/77）或混饲（15.58%，12/77）；而欧洲、美国猪用抗菌药物多用口服给药。不同于猪用抗菌药物，我国鸡用抗菌药物主要以口服为主（76.81%，53/69），注射（11.59%，8/69）和混饲（11.58%，8/69）给药为辅。牛用抗菌药物相对不存在混饲给药方式，多通过注射给药（51.02%，25/49），其次是口服（22.45%，11/49）、乳房或子宫灌注（26.53%，13/49）给药（表 1-9）。

数据显示，2020 年全国境内使用的兽用抗菌药总量为 32 776.3t，其中国内兽药企业生产销售 32 543.5t，占比 99.3%；进口总量 232.8t，占比 0.7%。按兽用抗菌药类别计，使用量排名前三位的依次为：四环素类，10 002.7t，占比 30.5%；磺胺类及增效剂，4287.9t，占比 13.1%；β-内酰胺类及抑制剂，4112.6t，占比 12.6%。使用量最少的是安沙霉素类（0.1t）（图 1-35）。

表 1-9　我国批准用于食品动物（猪、牛、鸡）的抗菌药物种类与制剂（中国兽药典委员会，2016）

类别	品种	制剂	给药途径	靶动物
β-内酰胺类	青霉素	注射剂	肌注	猪、牛
	普鲁卡因青霉素	注射剂	肌注	猪、牛
	苄星青霉素	注射剂	肌注	猪、牛
	氨苄西林	注射剂	肌注、静注	猪、牛
		粉剂	口服	鸡
		注入剂	乳房灌注	牛
	阿莫西林	注射剂	肌注	猪、牛
		注入剂	乳房灌注	牛
		粉剂	口服	鸡
	苯唑西林	注射剂	肌注	猪、牛
	氯唑西林	注射剂	肌注	牛
	苄星氯唑西林	注射剂	肌注	牛
		注入剂	乳房灌注	牛
	海他西林	粉剂	口服	鸡
	头孢氨苄	注入剂	乳房灌注	牛
	头孢洛宁	注入剂	乳房灌注	牛
	头孢噻呋	注入剂	乳房灌注	牛
		注射剂	肌注	猪、牛、鸡
	头孢喹肟	注射剂	肌注	猪
		注入剂	乳房灌注	牛
大环内酯类	乳糖酸红霉素	注射剂	静注	猪、牛
	硫氰酸红霉素	泡腾片	口服	鸡
		粉剂	口服	鸡
	吉他霉素	片剂	口服	猪、鸡
		预混剂	混饲	猪、鸡
		粉剂	口服	鸡
	泰乐菌素	注射剂	肌注、皮下注	猪
		预混剂	混饲	猪、鸡
		粉剂	口服	鸡
	泰万菌素	粉剂	混饲	猪
		预混剂	混饲	猪
	替米考星	预混剂	混饲	猪
		溶液剂	口服	鸡
		注射剂	皮下注	牛
	泰拉霉素	注射剂	肌注、皮下注	猪、牛
	加米霉素	注射剂	肌注、皮下注	猪、牛
	泰地罗新	注射剂	肌注	猪、牛

续表

类别	品种	制剂	给药途径	靶动物
林可胺类	林可霉素	片剂	口服	猪
		粉剂	口服	猪、鸡
		预混剂	口服	猪、鸡
		注射剂	肌注	猪
		注入剂	乳房灌注	牛
	吡利霉素	注入剂	乳房灌注	牛
氨基糖苷类	链霉素	注射剂	肌注	猪、鸡
	双氢链霉素	注射剂	肌注	猪、鸡
	卡那霉素	注射剂	肌注	猪
		粉剂	口服	鸡
	庆大霉素	注射剂	肌注	猪
		粉剂	口服	鸡
	新霉素	预混剂	混饲	猪、鸡
		粉剂	口服	鸡
		注入剂	乳房灌注	牛
	庆大小诺霉素	注射剂	肌注	猪、鸡
	安普霉素	粉剂	口服	猪、鸡
		预混剂	混饲	猪
	大观霉素	粉剂	口服	鸡
四环素类	土霉素	片剂	口服	猪、鸡
		注射剂	肌注、静注	猪
		粉剂	口服	鸡
	四环素	片剂	口服	猪、鸡
		注射剂	静注	猪
	多西环素	片剂	口服	猪、鸡
		粉剂	口服	鸡
	金霉素	粉剂	口服	鸡
酰胺醇类	甲砜霉素	片剂	口服	猪、鸡
		粉剂	口服	猪、鸡
	氟苯尼考	粉剂	口服	猪、鸡
		预混剂	混饲	猪
		注射剂	肌注	猪、鸡
		注入剂	子宫灌注	牛
		溶液	混饮	鸡
截短侧耳素类	泰妙菌素	注射剂	肌注	猪
		预混剂	混饲	猪
		粉剂	口服	猪、鸡
	沃尼妙林	预混剂	口服	猪
多肽类	黏菌素	粉剂	口服	猪、鸡
		预混剂	混饲	猪

续表

类别	品种	制剂	给药途径	靶动物
利福霉素类	利福昔明	注入剂	乳房灌注	牛
多糖类	阿维拉霉素	预混剂	混饲	猪、鸡
喹诺酮类	马波沙星	注射剂	肌注	猪
	恩诺沙星	注射剂	肌注	猪、牛
		片剂	口服	鸡
		粉剂	口服	鸡
		溶液剂	口服	鸡
	环丙沙星	注射剂	肌注	猪、牛、鸡
		粉剂	口服	鸡
	达氟沙星	注射剂	肌注	猪、牛
		粉剂	口服	鸡
		溶液剂	口服	鸡
	二氟沙星	注射剂	肌注	猪
		片剂	口服	鸡
		粉剂	口服	鸡
		溶液剂	口服	鸡
	沙拉沙星	注射剂	肌注	猪
		片剂	口服	鸡
		粉剂	口服	鸡
		溶液剂	口服	鸡
	氟甲喹	粉剂	口服	牛、鸡
磺胺类	磺胺嘧啶	片剂	口服	猪、牛
		注射剂	静注	猪、牛、鸡
		预混剂	混饲	猪、鸡
		混悬液	口服	鸡
	磺胺噻唑	片剂	口服	猪、牛
		注射剂	静注	猪、牛
	磺胺二甲嘧啶	片剂	口服	猪、牛
		注射剂	静注	猪、牛
		溶液剂	口服	鸡
		粉剂	口服	鸡
	磺胺甲噁唑	片剂	口服	猪、牛
		注射剂	肌注	猪、牛
	磺胺对甲氧嘧啶	片剂	口服	猪、牛、鸡
		注射剂	肌注	猪
		预混剂	混饲	鸡
	磺胺间甲氧嘧啶	注射剂	静注	猪、牛
		片剂	口服	猪、牛
		粉剂	口服	鸡
		预混剂	混饲	鸡

续表

类别	品种	制剂	给药途径	靶动物
磺胺类	磺胺氯达嗪	粉剂	口服	猪、鸡
	磺胺氯吡嗪	粉剂	口服	鸡
	磺胺甲氧达嗪	片剂	口服	猪、牛
		注射剂	肌注	猪、牛
	磺胺脒	片剂	口服	猪、牛
	酞磺胺噻唑	片剂	口服	猪、牛
抗菌增效剂	克拉维酸 （与阿莫西林制成复方）	注射剂	肌注	猪、牛
		注入剂	乳房灌注	牛
		粉剂	口服	鸡
	甲氧苄啶 （与磺胺类制成复方）	片剂	口服	猪、牛、鸡
		注射剂	肌注、静注	猪、牛、鸡
		预混剂	口服	猪、鸡
		粉剂	口服	鸡
		溶液剂	口服	鸡
	二甲氧苄啶 （与磺胺类制成复方）	片剂	口服	猪
		预混剂	口服	鸡

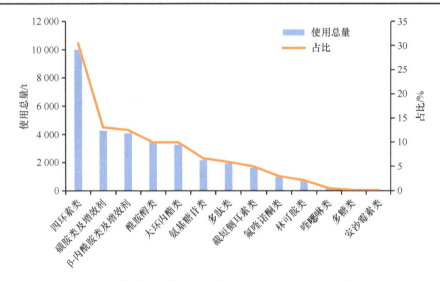

图 1-35　2020 年中国各类兽用抗菌药的使用量及占比（中华人民共和国农业农村部，2021）

使用途径主要包括混饲、饮水、注射等。2020 年兽用抗菌药通过混饲途径的使用总量为 13 184.7t，占比 40.2%；饮水途径使用总量为 11 208.2t，占比 34.2%；注射途径使用总量为 3572.5t，占比 10.9%；其他途径使用总量为 4810.8t，占比 14.7%。

2020 年治疗用兽用抗菌药销量占比 71.3%；促生长作用兽用抗菌药使用量为 9403.2t，占比 28.7%，其中金霉素使用量 7428.5t，为使用量最大的抗菌促生长用兽用抗菌药，详见表 1-10。

表 1-10　促生长用兽用抗菌药使用量与占比

促生长用兽用抗菌药	使用量/t	占比/%
金霉素	7428.5	22.7
杆菌肽	1351.6	4.1
土霉素	367.7	1.1
吉他霉素	163.9	0.5
恩拉霉素	37.7	0.1
黄霉素	25.9	0.1
那西肽	24.9	0.1
阿维拉霉素	3.0	0.0
合计	9403.2	28.7

数据来源：2020 年中国兽用抗生素使用情况的报告。

按使用目的来看，2020 年我国动物养殖中使用的抗生素可分为促生长和治疗两大类，其中，促生长使用方式以预混剂给药方式为主，用量为 9403.2t，占全部使用的兽用抗生素比例达 28.7%。在促生长抗生素中，使用量超过 1000t 的排名依次为金霉素和杆菌肽，其余品种的药物使用量及占总抗生素使用量的比例详见表 1-10。

与 2019 年相比，2020 年我国促生长抗生素使用量减少了 5468t，降幅为 36.8%。其中，除金霉素的使用量增加了 2036t、增幅为 37.8%，其余制剂品种用量大幅度下降。土霉素的使用量减少了 4135t，降幅为 91.8%；杆菌肽使用量减少了 1485t，降幅为 52.4%；吉他霉素的使用量减少了 1005t，降幅为 86.0%；恩拉霉素的使用量减少了 209t，降幅为 84.7%；黄霉素的使用量减少了 140t，降幅为 84.4%；那西肽的使用量减少了 112t，降幅为 81.8%；阿维拉霉素的使用量减少了 50t，降幅为 94.3%。

根据我国畜牧兽医年鉴和水产统计年报，2020 年我国畜禽肉类产量 7639 万 t，蛋类产量 3468 万 t，奶类产量 3530 万 t，水产品产量 5224 万 t，总计 19 861 万 t。2020 年各类抗菌药使用总量 32 776t，据此粗略测算每吨动物产品兽用抗菌药使用量约为 165g（165 mg/PCU），高于欧洲 31 国兽用抗菌药物使用量（2020 年，89.0 mg/PCU）（EMA，2021）。

二、食品动物养殖中影响抗菌药物使用的因素

在全球层面，限于数据来源、统计方法等差异，不同区域、不同国家间的畜禽养殖抗菌药物使用情况较难直接比较。van Boeckel 等（2015）曾估计，2010 年全球畜禽使用抗菌药物量最大的五个国家是中国（23%）、美国（13%）、巴西（9%）、印度（3%）和德国（3%），这五个国家为畜禽养殖大国，其畜禽使用抗菌药物量占全球畜禽使用总量的一半以上。在养殖畜禽种类中，单胃动物（猪和家禽）使用的抗菌药物种类最广泛，其次是育肥牛，奶牛、羊的使用有限。例如，在英国，2015 年 87%的抗菌药物用于猪和（或）家禽生产，其中 61%同时用于猪和家禽、15%仅用于猪、11%仅用于家禽，只有 13%用于其他养殖动物（UK-VARSS，2017）；而在丹麦，养猪使用抗菌药物量占畜禽使用总量的 76%（Bager et al.，2015）。在国家层面，抗菌药物使用总量与畜禽养殖数量和抗菌药物使用强度有关。例如，2020 年欧盟各国畜禽使用抗菌药物强度（PCU，

每生产 1kg 肉使用抗菌药物活性成分的重量），从最高的塞浦路斯（393.9 mg/PCU）到最低的挪威（2.3mg/PCU）不等（ESVAC，2017）。不同畜禽使用抗菌药物强度也存在差异，2010 年全球牛、鸡和猪平均分别为 45mg/PCU、148mg/PCU 和 172mg/PCU（WU，2018）。

畜禽使用抗菌药物种类因国家和地区的养殖物种而异（Page and Gautier，2012）。通过销售额估计，欧洲 2014 年畜禽使用量最大的抗菌药物依次是四环素类（33%）、青霉素类（26%）和磺胺类（11%）（ESVAC，2017）；美国 2015 年使用量最大的抗菌药物依次是四环素类（44%）、离子载体（30%）和青霉素类（6%）（FDA，2020b）；据中国动保协会统计，中国 2018 年畜禽使用量最大的抗菌药物依次是四环素类（61%）、酰胺醇类（10%）和 β-内酰胺类（7%）。

畜禽养殖中使用抗菌药物的时段：美国主要用于哺乳母猪、断奶仔猪及育肥猪的呼吸道疾病和腹泻；而在肉鸡生产中主要用于种蛋孵化期和雏鸡感染，也用于生长期疾病预防和促生长（Sneeringer et al.，2015）。欧洲除不用于促生长外，其他的使用模式类似（Murphy et al.，2017）。我国的使用模式也大致相仿。

畜禽养殖中使用抗菌药物的途径：2014 年欧洲销售的抗菌药物 92% 为口服制剂，7.6% 为注射制剂，0.5% 的为乳房灌注（ESVAC，2017）。其他国家畜禽养殖使用抗菌药物的途径也主要为口服，例如，我国 2020 年销售的兽用抗菌药物，通过混饲给药的剂型占制剂总销量的 40.23%，通过混饮给药的剂型占制剂总销量的 34.20%（中华人民共和国农业农村部，2021）。

畜禽养殖使用抗菌药物的数量和方案还取决于监管法规与措施。为了遏制细菌耐药性，目前 WHO、WOAH 等国际组织及各个国家主要从两个方面开展畜禽养殖使用抗菌药物监管：一是严格限制使用"对人医临床极为重要的抗菌药物（CIA）"；二是禁止或限制将抗菌药物作为畜禽促生长剂使用。大环内酯类、氟喹诺酮类和第三/第四代头孢菌素类等被 WHO 列为对人医临床高度重要的品种（HP-CIA）（WHO，2012），要求各国在畜禽养殖中谨慎使用。2014 年，欧洲用于畜禽养殖的 CIA（包括第三代/四代头孢菌素类、氟喹诺酮类和大环内酯类）的销售额约占总销售额的 10%（ESVAC，2017）；2015 年，英国畜禽养殖的 CIA 使用量占畜禽抗菌药物使用总量的 1.1%（UK-VARSS，2017）；美国畜禽养殖的 CIA 使用量从 2009 年的 7687t 增加到 2015 年的 9702t，占畜禽抗菌药物使用总量的比例从 61% 增加到 62%（FDA，2021b）。我国至今未见畜禽养殖的 CIA 使用数据。自 2006 年以来，欧洲已禁止在畜禽饲料中添加抗菌药物用于促生长（Aarestrup et al.，2010；Casewell et al.，2003）；美国从 2017 年开始，在动物饲料中逐步停止使用对人医临床极为重要的抗菌药物（CIA）（FDA，2013b）。我国为了遏制细菌耐药性，从 2016 年 1 月起禁止诺氟沙星、培氟沙星、洛美沙星、氧氟沙星 4 种喹诺酮类药物在食品动物中的使用；从 2017 年 4 月起禁止黏菌素作为促生长剂使用；从 2019 年 5 月起停用喹乙醇等喹噁啉类药物；从 2021 年 1 月起停用所有抗菌促生长剂。基于保护人类和动物健康的重要性以及替代品的可用性，WHO 和 OIE 还制定了人类和动物 CIA 清单（Murphy et al.，2017；FDA，2013b；WHO，2012；OIE，2007）。

第四节 食品动物养殖中使用抗菌药物的风险

食品动物的规模化养殖离不开抗菌药物的保驾护航，但养殖场长期、广泛使用抗菌药物，尤其是将其作为促生长剂添加到饲料中持续使用带来了细菌耐药性、药物残留、环境污染等风险。我国是养殖大国，也是兽用抗菌药物使用大国，抗菌药物的不合理使用，如超量、超范围、超适应证使用，加剧了上述风险的产生。因此，加强相关研究，制定有力措施控制畜禽养殖中广泛使用抗菌药物带来的问题，已成为保障我国养殖业健康持续发展、维护公共卫生安全的迫切需求。

一、细菌耐药性

1. 食品动物养殖与细菌耐药

虽然抗菌药物耐药性是细菌进化适应的必然结果，但近几十年来耐药性的快速发展主要是人类大量生产和过度使用抗菌药物所致。规模化畜禽养殖场频繁、广泛地使用抗菌药物甚至将其作为促生长剂添加到饲料中持续使用，造成了养殖生境尤其是畜禽肠道内耐药菌/耐药基因的大量出现与广泛传播，使畜禽成为耐药菌/耐药基因的重要贮库，养殖场则成了耐药菌/耐药基因的主要来源地之一。

目前，已有大量文献报道畜禽养殖使用抗菌药物促进细菌耐药性发展。第一类文献是生态学研究，即在畜禽养殖场使用抗菌药物前后，跟踪其耐药菌/耐药基因的出现与流行情况；第二类文献是横断面研究，即调查使用抗菌药物的养殖场内畜禽、圈舍、粪便、堆肥、污水、媒介生物，以及与之有密切接触的特定人群（养殖工人及其家庭成员）是否存在耐药菌/耐药基因；第三类文献是队列研究，即对比研究使用和不使用抗菌药物养殖场生产的肉蛋奶被人群消费食用后其药菌/耐药基因的流行率。上述三类研究尽管存在一些局限性，但获得的丰富数据足以证明养殖场使用抗菌药物与畜禽、畜禽产品、环境、人体分离菌耐药性风险增加之间存在相关性。

养殖场是否使用抗菌药物，影响畜禽及其产品中耐药菌的检出率。有调查发现，耐药大肠杆菌在传统养殖场中的检出率高于有机农场（Sato et al.，2005）。传统生产（使用抗菌药物）的肉类比有机生产（不使用抗菌药物）的肉类更有可能携带耐药菌（Luangtongkum et al.，2006；Price et al.，2005）。

养殖场持续使用抗菌药物，促进了耐药菌的时空传播与流行。监测数据显示，由于畜禽养殖经常性使用四环素类、磺胺类和青霉素类药物，从畜禽、畜禽产品、养殖环境分离的代表菌总是对它们表现出高耐药率（van Boeckel et al.，2017）。中国农业大学沈建忠团队检测了我国1970～2007年从全国各地分离保存的鸡源大肠杆菌对常用抗菌药物的敏感性，结果发现20世纪70～80年代的分离株对大多数抗菌药物敏感，喹诺酮类和一代头孢耐药株出现在90年代后，2003年开始出现第三代头孢耐药株（Li et al.，2010）。荷兰van den Bogaard和Stobberingh（2000）调查发现，养猪生产中使用维吉尼霉素导致了人粪便中耐药肠球菌流行率的增加。1993年西班牙将氟喹诺酮类药物用于家禽生产后，人源弯曲菌分离株的耐药率迅速上升至80%以上（Nachamkin，2000），挪威（Norstrom et al.，2006）和荷兰（Endtz et al.，1991）对禽源及人源弯曲菌分离株的监测也获得类似结果。美国的调查结果表明，人医临床分离弯曲菌的环丙沙星耐药率急剧上升与1990年将氟喹诺酮类药物（恩诺沙星）用于畜禽养殖有关（Collignon，2005；Gupta et al.，2004）。相比之下，澳大利亚未批准氟喹诺酮类药物用于畜禽养殖，因此该国弯曲菌临床分离株对该类药物的耐药率较低（Unicomb et al.，2006）。Shen等（2016）回溯性调查了我国1970～2014年从8省份分离保存的鸡源大肠杆菌的黏菌素耐药率和 *mcr-1* 基因耐药率，结果发现黏菌素耐药率的增加和 *mcr-1* 基因检出率的上升发生于2009年大量使用黏菌素之后，*mcr-1* 阳性菌株从2009年的5.2%上升到2014年的30.0%，与多黏菌素耐药率的增加相对应。

畜禽养殖使用抗菌药物影响耐药菌传播与流行的最有力证据来自于禁止使用抗菌促生长剂前后耐药性的监测数据。欧盟于2006年禁止使用所有抗菌促生长剂，丹麦的监测结果表明，随着抗菌药物使用量的减少，猪、肉鸡中耐药肠球菌的流行率在迅速下降（Aarestrup et al.，2001），同期人群中的耐药肠球菌的流行率也在下降（Klare et al.，1999）。我国于2017年停止将黏菌素作为动物促生长剂使用，Wang等（2020c）对该政策实施前后我国23个省份的猪源和鸡源黏菌素耐药大肠杆菌的流行率进行调查，结果发现2017年后我国黏菌素的生产、使用量明显下降，猪源和鸡源黏菌素耐药大肠杆菌的分离率分别从2015～2016年的34.0%和18.1%显著下降至2017～2018年的5.1%和5.0%（*P*<0.0001），健康人群肠道中 *mcr-1* 阳性大肠杆菌的携带率从2016年的14.3%显著下降至2019年的6.3%（*P*<0.0001），临床患者大肠杆菌感染样本中黏菌素耐药率从2015～2016年的1.7%显著下降至2018～2019年的1.3%（*P*<0.0001）。

2. 细菌耐药性的危害

耐药性的出现和蔓延已产生了严重后果。因为耐药性缘故，已有的一些抗菌药物不再推荐作为抗细菌感染的一线药物，如自20世纪50年代以来用于治疗金黄色葡萄球菌引起牛乳腺炎的青霉素现在已不是首选药物（Oliver and Murinda，2012）。由于某些地区存在青霉素、四环素耐药性，多杀性巴氏杆菌和溶血性曼氏杆菌已导致犊牛肺炎使用这些抗菌药物的治疗效果严重下降（Catry et al.，2005；Portis et al.，2012）。同样，引起仔猪肠炎的大肠杆菌耐药性已使许多地区排除了将磺胺药作为第一治疗选择（Aarestrup et al.，2008）。

耐药性问题使得抗菌药物的有效性不断下降，导致某些感染性疾病几乎无药可用。例如，各地养猪场常发生危害严重的猪痢疾（由螺旋体感染引起），以前用于防治使用的泰乐菌素和林可霉素的耐药性现在已很普遍，目前推荐使用截短侧耳素类药物（Aarestrup et al.，2008）。然而已有报道截短侧耳素类也出现了耐药性，导致猪痢疾防治变得越来越困难（Hidalgo et al.，2011；Aarestrup et al.，2008）。另一个例子是甲氧西林耐药金黄色葡萄球菌（MRSA），有报道表明奶牛乳腺中存在MRSA且与乳腺炎有关（Unnerstad et al.，2013；Fessler et al.，2012；Tavakol et al.，2012；Nam et al.，2011；Vanderhaeghen et al.，2010）。MRSA不仅对β-内酰胺类药物耐药，而且多数情况下对大环内酯类、四环素类等其他药物也耐药（Fessler et al.，2012；Tavakol et al.，2012），这意味着如果 MRSA 成为奶牛乳腺炎的一个常见病原菌，常用兽用抗菌药物对该病的治疗将变得比较困难（Oliver and Murinda，2012）。

由于耐药性问题，人们不得不使用新型抗菌药物防治畜禽细菌感染。然而，新药比老药昂贵且增加了养殖成本；更为重要的是，新药比大多数老药的抗菌活性更强、抗菌谱更广，因此对细菌耐药性的产生与传播施加了更广泛的选择压力（Vaarten，2012）。例如，氟喹诺酮类、第三/第四代头孢菌素类、新型大环内酯类药物是目前治疗细菌性感染的主要药物，如将这些药物替代青霉素、四环素、磺胺类药物用于畜禽养殖，引起的耐药性问题可能严重威胁公共卫生（Laxminarayan et al.，2013；Marshall and Levy，2011；Aarestrup et al.，2008）。

人和动物共用同类甚至同种抗菌药物，加之人体病原菌 60%以上来自于动物（Jones et al.，2008），因此畜禽养殖使用抗菌药物带来越来越多的耐药病原菌和共生菌，一方面可通过食品、环境和直接接触感染人，另一方面可以将耐药基因转移给致病菌而危害人类健康。

近年来，有大量文献报道动物源性食品中普遍存在耐药病原菌。美国 FDA 多次报告食品中分离出的致病菌对常用抗菌药物存在较高的耐药率，欧盟也报告了类似结果（Johnson et al.，2005；Emborg et al.，2003）。美国 2002 年（Simjee et al.，2002）对家禽产品进行了一次全面调查，发现超过 80%的肠球菌对链阳菌素类药物（奎奴普丁、达福普汀）耐药，而且对青霉素、四环素和红霉素的耐药率也很高；对非家禽肉品的调查也获得相似结果（Hayes et al.，2003）。有研究发现，从美国畜禽、肉品和人群分离的奎奴普丁、达福普汀耐药屎肠球菌分离株之间存在关联性（Donabedian et al.，2006）。Smith 等（1999）对美国明尼苏达州的氟喹诺酮耐药空肠弯曲菌进行了调查，发现人源喹诺酮耐药空肠弯曲菌的比例从 1992 年的 1.3%上升到 1998 年的 10.2%（$P<0.001$），主要原因是 1995 年开始在家禽中使用氟喹诺酮类药物（恩诺沙星），造成了家禽源空肠弯曲菌耐药，致使鸡肉消费者产生了获得性感染。家禽、猪、牛等是食源性致病菌沙门菌的主要宿主（WHO，2018），有研究证明，从肉、蛋产品中分离出的耐药沙门菌来源于畜禽粪便污染（FAO et al.，2003）。一些人体分离的沙门菌对第三代头孢菌素表现出耐药性，可能源于畜禽养殖过程中使用了这类药物（Collignon and McEwen，2019）。

典型的例子是畜禽养殖使用黏菌素作为抗菌促生长剂引起的耐药性。黏菌素被列为人医临床至关重要的抗菌药物，是治疗多重耐药革兰氏阴性杆菌严重感染的"最后一道防线"，但该类药物多年来被用于畜禽促生长。之前的研究认为黏菌素耐药主要由细菌染色体二元调控系统的碱基突变引起，耐药发展缓慢且不易传播扩散。然而，He 等（2016）发现细菌存在着质粒介导的可转移黏菌素耐药基因 mcr-1 及其多种变异体，其中 mcr-1 已在畜禽源大肠杆菌中广泛传播流行，引起黏菌素耐药率快速上升。更让人担心的是，mcr-1 及其携带菌可通过食物链或环境媒介传播，增加人感染黏菌素耐药菌的风险（Shen et al.，2017）。

畜禽源耐药菌的非食品接触暴露问题也令人关注。Fey 等（2000）报道了一名农场儿童遭受头孢曲松耐药沙门菌感染的病例。Huijsdens 等（2006）报道了荷兰一个大型养猪场工作或生活的 7 个人（包括 1 名婴儿）遭受甲氧西林耐药金黄色葡萄球菌感染，分子分型证实人和猪的分离株为同一克隆。van den Bogaard 和 Stobberingh（1999）报道，与城市居民相比，家禽养殖户携带耐药肠球菌的风险大大增加；Price 等（2007）发现，与社区人群相比，家禽饲养工人携带庆大霉素耐药大肠杆菌的可能性高出 32 倍。养殖场工人接触耐药菌对公众健康的影响更为广泛，因为这些接触会转化为社区风险，特别是通过人与人之间的接触（Saenz et al.，2006）。

畜禽养殖使用抗菌药物造成的耐药菌还会从养殖场释放到空气、水和土壤中。在我国，2012 年首次从鸡源鲁氏不动杆菌中发现了介导碳青霉烯类耐药的 bla_{NDM-1} 基因（Wang et al.，2012），该耐药基因已在我国部分地区的养殖场中长期持留并在肠杆菌科细菌（大肠杆菌、克雷伯菌等）中广泛流行（Zhai et al.，2020），且发现其可沿鸡肉生产链传播（Wang et al.，2017c），但不确定其对人类健康的风险；2015 年首次从多种畜禽源细菌（葡萄球菌、肠球菌等）中发现了可介导利奈唑胺等五类十几种抗菌药物耐药的新基因 optrA（Wang et al.，2015c），若携带菌流行并感染人体，将导致人医临床相关病原菌（MRSA、VRE 等）感染无药可治；2014 年、2016 年先后从畜禽源弯曲菌中发现了可介导高水平耐药的 ermB 基因和 RE-cmeABC（Yao et al.，2016；Qin et al.，2014），有使携带菌发展成为"超级细菌"的可能性；2016 年首次从畜禽源大肠杆菌中发现了质粒介导的黏菌素耐药基因 mcr-1（Liu et al.，2016），该基因及其携带菌株可通过食物链、环境扩散，威胁医学临床作为抵抗耐碳青霉烯肠杆菌科细菌（CRE）感染"最后一道防线"药物（黏菌素）的有效性（Wang et al.，2017c）。2019 年、2020 年先后从畜禽源肠杆菌科细菌中发现了质粒介导的 tet(X)耐药基因（He et al.，2019；Sun et al.，2019）和 RND 类外排泵基因 tmexCD-toprJ（Lv et al.，2020），可引起替加环素耐药，该类耐药基因及其携带菌株可沿食物链传播，威胁人医临床用药安全。

二、药物残留

1. 食品动物养殖与抗菌药物残留

畜禽养殖离不开兽药（包括抗菌药、抗寄生虫药、繁殖性能调节药等）。进入畜禽体内的原型药物及其活性代谢物，一定时间内会持留在机体组织器官，一些药物甚至有蓄积作用。畜禽体内药物未尽消除（通过代谢和/或排泄）期间的产品（蛋、奶）或屠宰的肉及可食性组织可能残留一定量的原型药物及其活性代谢物，如果肉、蛋、奶中的药物残留超过一定限度，人食用后可能对健康造成危害。因此，兽药残留问题一直受到食品法典委员会（CAC）等国际性组织的高度重视。为防止动物性食品中可能存在的药物残留损害人体健康，1984 年在 CAC 的倡导下，FAO 和 WHO 联合发起组织成立了"食品中兽药残留立法委员会"（CCRVDF）。CCRVDF 的主要任务是：筛选并建立适用于全球的兽药残留分析方法和取样方法；对兽药残留进行毒理学评价；按程序制定动物组织及产品中兽药的最大残留量（MRL）。另外，CCRVDF 还讨论了与控制食品中兽药残留有关的兽药管理和其他方面的问题，如兽药概要、兽药注册规范、兽药良好生产规范、兽药使用中良好兽医实施规范、控制兽药使用规范、兽药对水生生物使用规范、兽药的安全性毒理学评价、控制兽药在食品中残留立法程序、饮食中兽药残留摄入量调查等。

为了防控肉蛋奶等动物性食品中的药物残留，各国已制定了系统的法规体系和控制技术措施。例如，禁止畜禽养殖使用高残留、高毒性药物，严格遵守休药期（从停止给药到许可畜禽屠宰或它们的产品上市的间隔时间）等。但是，畜禽养殖过程中难以杜绝药物滥用情况，如违法使用（使用禁用药、人用药、原料药等）、标签外用（改变用药对象、改变给药途径、延长给药时间、超剂量使用等）、不遵守休药期等，因此，目前各国生产的肉蛋奶产品仍时有微量药物残留检出，甚至出现一定比例 MRL 的现象。

感染性疾病是规模化畜禽养殖需要重点应对的问题，为了保障畜禽养殖的正常生产，饲养者不得不使用抗菌药物治疗和预防细菌感染以避免或减少畜禽的发病率和死淘率，甚至在饲料中添加一些抗菌药物促进畜禽生长及提高饲料转化率。因此，抗菌药物是肉蛋奶产品中常见的残留物（Nisha，2009）。

近年来，阿尔及利亚（Baazize-Ammi et al.，2019）、土耳其（Er et al.，2013）、约旦（Basha et al.，2013）、伊朗（Tavakoli et al.，2015）、尼泊尔（Khanal et al.，2018）、马来西亚（Chuah et al.，2018）、越南（Yamaguchi et al.，2015；Yamaguchi et al.，2017）等许多国家均报道从肉蛋奶中检出抗菌药物残留。常检出的药物种类有 β-内酰胺类、四环素类、氨基糖苷类、大环内酯类、磺胺类、喹诺酮类等，其中，磺胺类和四环素类药物在肉品中的检出频率及检出浓度均高于喹诺酮类药物，而氨基糖苷类和 β-内酰胺类药物在肉品中也普遍存在。部分国家的残留超标率和残留浓度较高。例如，Baazize-Ammi 等（2019）调查发现，阿尔及利亚的鸡肉有 32.39% 的样品残留超标（主要为氨基糖苷类、磺胺类、β-内酰胺类、四环素类和大环内酯类药物），牛奶有 12.6% 的样品超标（主要为 β-内酰胺类和四环素类药物）。Khanal 等（2018）发现，尼泊尔的牛奶中青霉素浓度高达 353 μg/kg。Alaboudi 等（2013）检测发现，约旦鸡蛋的蛋清和蛋黄中金霉素的浓度分别高达 8589 μg/kg 和 808 μg/kg；Yamaguchi 等（2017）监测越南鸡蛋的药物残留发现，恩诺沙星的浓度高达 1485 μg/kg。

我国肉蛋奶中抗菌药物残留情况近年来也有不少检测报道。Zheng 等（2013）对我国 10 个省的生乳进行抽样和抗菌药物残留分析，结果发现 3 种氟喹诺酮类药物和 18 种磺胺类药物的平均浓度分别为 8.52 μg/kg 和 7.64 μg/kg，从广东抽取的样本中检测到的浓度最高，其次是天津。Zhang 等（2014）检测了我国 94 份超高温（UHT）灭菌奶制品和 26 份巴氏杀菌奶制品中四环素类、磺胺类、磺胺类和喹诺酮类药物的残留情况，结果发现超高温灭菌奶制品中四环素类、磺胺类、磺胺类和喹诺酮类的检出率分别为 0%、20.2%、7.4% 和 95.7%，巴氏灭菌奶制品中四环素类、磺胺类、磺胺类和喹诺酮类的检出率分别为 7.7%、15.4%、0% 和 61.5%。所有液态奶样品中四环素类、磺胺类、磺胺类和喹诺酮类药物的最高浓度分别为 47.7 μg/kg、20.24 μg/kg、14.62 μg/kg 和 20.49 μg/kg，但均未超过中国、欧盟和 CAC 规定的最高残留水平。Wang 等（2017a）对上海市新鲜肉、奶类及水产品进行 20 种抗菌药物（3 种四环素类、4 种氟喹诺酮类、3 种大环内酯类、3 种 β-内酰胺类、4 种磺胺类、3 种苯尼考类）残留筛查，结果检出 15 种抗菌药物（总检出率为 39.2%），其中畜禽肉中抗菌药物检出率为 28.6%（猪肉为 35.3%，鸡肉为

22.2%)，牛奶检出率为 10.6%，水产品检出率为 52.1%。

一些国家也批准某些抗菌药物（如四环素类、酰胺醇类、氟喹诺酮类等）用于水产养殖，加之畜禽使用抗菌药物随粪尿排出的原型药及其活性代谢物也常进入养殖水体，因此鱼虾产品也常存在抗菌药物残留（Serrano，2005）。近年来，意大利（Chiesa et al.，2018）、印度（Swapna et al.，2012）、韩国（Won et al.，2011）、越南（Uchida et al.，2016）、中国（He et al.，2016b；Song et al.，2016）的水产品均检测到抗菌药物残留，其中喹诺酮类和磺胺类抗菌药物是鱼虾中检出最多的抗菌药物。比较而言，我国生产的鱼虾抗菌药物残留污染（平均浓度：0.1～120.58 μg/kg 鲜重）情况与越南（0.02～47.23 μg/kg）和意大利（0.55～3.59 μg/kg）大致相似。

与发达国家相比，我国畜禽养殖用药规范性仍有差距，因此兽药残留问题较为突出，其中最常见的就是抗菌药物残留。例如，2003 年发生的广西猪肉氯霉素残留事件，以及山东出口瑞典禽肉呋吗唑酮和呋喃唑酮残留事件；2006 年发生的上海多宝鱼氯霉素和硝基呋喃残留事件；2008 年发生的出口日本禽产品硝基呋喃代谢物残留事件；2016 年"新型瘦肉精"（喹乙醇残留）事件；等等。近年来，我国加强了兽药残留监管，抗菌药物残留问题明显改观，每年监测结果仅少数批次的畜禽产品存在残留超标现象。2021 年 1 月，农业农村部通报了我国 2020 年动物及动物产品兽药残留监测结果，共监测了 6683 批畜禽产品，合格率（未检出药物残留或虽有检出但未超过 MRL）为 99.49%。有 34 批不合格产品，其中，猪肉 8 批，残留超标的药物为磺胺二甲嘧啶（292～354 μg/kg）、恩诺沙星与环丙沙星（609 μg/kg）、氧氟沙星（65.8 μg/kg）、替米考星（193 μg/kg）；鸡蛋 26 批，残留超标的药物为环丙沙星（18.6～27.4 μg/kg）、恩诺沙星（106 μg/kg）、氯羟吡啶（34.0～1070 μg/kg）。

2. 抗菌药物残留的危害

抗菌药物残留对人体健康的潜在危害有两个方面：一是对人体的直接危害（如过敏、急/慢性毒性及胎儿毒性等）；二是对人体肠道微生物影响导致的间接危害（Nisha，2009）。目前，已制定了绝大多数抗菌药物残留的 ADI 和 MRL，但多基于传统毒理学试验结果，虽然一些抗菌药物也参考了人体肠道微生物影响阈值，然而对肠道菌群的影响及其后果尚未得到充分评估。

已有的文献记录只有少数抗菌药物能致敏易感个体，如 β-内酰胺类、磺胺类、四环素类、氨基糖苷类药物等。抗菌药物残留所致的过敏，在人所发生的食物源性疾病中所占比例很小。流行病学资料表明，在 MRL 范围内，青霉素只对人群中的极少数个体引起过敏。某些人在饮用了含有微量（0.03 IU/mL）青霉素的牛奶后，可引起广泛性瘙痒、红疹等过敏反应。四环素类药物引起的过敏比青霉素更少。氨基糖苷类药物残留能耐受很高的温度，因此烹饪不能成为避免其引起过敏的有效措施。磺胺类药物过敏的表现形式不同，可造成皮肤和黏膜损伤，一般真皮损伤的发生率为 1.5%～2.0%。

抗菌药物残留通过饮食进入人体对肠道菌群的影响及其后果近年来特别引人关注（Jin et al.，2017）。人体胃肠道大约有 800～1000 种细菌存在，因此通过饮食摄入微量抗菌药物势必对肠道菌群产生影响（Jernberg et al.，2010）。可能发生的情况是敏感菌被清除，耐药菌大量繁殖（Blaser，2016）。由此产生的后果是肠道菌群扰动，有害菌数量增加，机会致病菌定植。有研究表明，人类肠道菌在微量抗菌药物作用下不仅逐渐获得了耐药性，而且数量在不断增加，甚至有产生超级细菌的可能，从而对人群构成健康风险（Ben et al.，2019）。

临床和食品风险评估结果表明，食品中存在抗菌药物有助于人体肠道菌耐药性的选择（Subirats et al.，2019；Gullberg et al.，2011；Yim et al.，2006）。传统观点认为耐药性选择多发生在高水平抗菌药物作用下，但有证据表明远低于最小抑菌浓度（minimum inhibikory concentration，MIC）的抗菌药物也可使敏感菌突变为耐药菌（Wistrand-Yuen et al.，2018；Liu et al.，2011；Szczepanowski et al.，2009）。耐药菌选择的抗菌药物水平可以远低于敏感菌的 MIC（Gullberg et al.，2014；Gullberg et al.，2011）。Liu 等（2011）研究发现，当抗菌药物浓度低于作用菌的 1/230 MIC 时，不仅可选择出新的耐药突变体，而且可提高原有的耐药水平。已证实许多抗菌药物（β-内酰胺类、氟喹诺酮类、氨基糖苷类等）可在低于 MIC 浓度下增加突变率（Thi et al.，2011）。因此，低水平抗菌药物对微生物突变有多方面作用，可增加多重耐药的可能性。与高水平抗菌药物选择的耐药突变体相比，低水平抗菌药物选择的突变体具有更强的适应性（Sandegren，2014），因此饮食摄入抗菌药物残留在肠道菌群中选择耐药突变体的问题值得重视（Hughes and Andersson，2012）。

低水平的抗菌药物除了直接选择耐药变异外，还可以筛选接合子、增加同源重组率、激活遗传元件整合（Lopez et al.，2007；Bahl et al.，2004），间接促进耐药性的产生。已有证据表明，微量抗菌药物可以促进肠道微生物组中细菌之间的水平基因转移（Langdon et al.，2016；Schjorring and Krogfelt，2011）。例如，微量浓度的抗菌药物残留可以促进质粒 DNA 水平转移到细菌细胞（McMahon et al.，2007）；亚抑菌浓度抗菌药物可促进耐药基因的接合转移（Jutkina et al.，2018）。有试验发现，使用低于受体菌 1/150 MIC 浓度的四环素，仍然可以触发水平基因转移传播可移动耐药元件（Jutkina et al.，2016）。有研究表明，低水平的抗菌药物可以诱导细菌 SOS 反应，促进耐药基因的水平转移（Maiques et al.，2006；Ubeda et al.，2005）。对于低水平抗菌药物触发人体肠道菌间的耐药基因水平转移的安全水平目前尚未建立（Andersson and Hughes，2014），因此，抗菌药物残留的风险可能被低估。

除了耐药性之外，抗菌药物还是干扰肠道微生物群的最重要因素之一，如改变肠道微生物组的结构和功能，减少细菌多样性等，进而导致肠道功能失调（Ianiro et al.，2016；Lange et al.，2016）。一项在我国开展的患者暴露于抗菌药物残留的研究显示，其与耐药基因总丰度呈正相关、与细菌群落和耐药基因多样性呈负相关，证实抗菌药物塑造了个体肠道的细菌群落（Duan et al.，2020）。还有研究发现，持续摄入微量抗菌药物影响肠道微生物组，可能会间接影响宿主防御肽的反应，从而损害机体对病原体的防御行动（Steinstraesser et al.，2011）。有试验和流行病学研究表明，抗菌药物可能会在个体中累积，而人类微生物组暴露存在跨代累积（Sonnenburg et al.，2016）。然而，通过膳食的抗菌药物长期暴露及其与机体的相互作用还没有足够的案例研究或模型。基于微量抗菌药物对人体肠道微生物组影响的深入了解，人们对抗菌药物残留安全的看法可能会发生巨大变化。

通过膳食摄入抗菌药物的风险一直存在，然而到目前为止，对其风险的定量评估只有很少的模型（Ben et al.，2019），而且大多数风险评估研究没有建立模型以评估儿童、老年人、孕妇和免疫力低下等高度脆弱人群的风险。另外，针对单一残留的风险评估结果，往往有异于多残留（混合残留）的风险评估结果（Christiansen et al.，2009；Pomati et al.，2008）。因此，抗菌药物残留风险评估模型应以各种变量为基础，将这些变量作为混杂因素开展研究，而且需要针对不同人群。

近年来，抗菌药物残留对人体健康的影响越来越引起人们的关注。据报道，暴露于特定抗菌药物与肥胖（Bailey et al.，2014；Ajslev et al.，2011；Thuny et al.，2010）和由葡萄糖稳态紊乱引起的 2 型糖尿病（Chou et al.，2013）有关。抗菌药物能干扰人体肠道微生物组，并在某些个体中引起显著改变（Dethlefsen and Relman，2011；Jakobsson et al.，2010；Jernberg et al.，2010）。儿童比成人更容易受到抗菌药物的侵害（Bailey et al.，2014；Schug et al.，2011）。在小鼠体内开展的试验发现，生命早期低浓度的抗菌药物暴露会影响新陈代谢、肠道微生物组和脂肪生成，从而导致肥胖和糖尿病（Cox and Blaser，2015；Cox et al.，2014；Cho et al.，2012）。流行病学研究还发现，早期接触抗菌药物与儿童肥胖的风险呈正相关（Azad et al.，2014；Bailey et al.，2014；Murphy et al.，2014；Trasande et al.，2013）。抗菌药物在发育期的这些有害影响可能发生在比那些被认为对成人有害的剂量低得多的剂量下。生命早期的健康影响很重要，因为成人的健康和疾病可能起源于产前和产后早期环境（Hanson and Gluckman，2011）。即便低剂量的抗菌药物暴露也可能影响儿童健康（Li et al.，2012a；Tao et al.，2012；Yiruhan et al.，2010；Cai et al.，2008）。许多研究表明，儿童通过饮食摄入广泛接触低剂量的抗菌药物（Wang et al.，2017a；Ji et al.，2010a；Ji et al.，2010b）。最近的一项研究显示，上海学龄儿童接触某些主要来源于食物的兽用抗菌药物后，会产生脂肪，导致肥胖（Wang et al.，2016）。另一项对中国东部超过 1000 名学龄儿童尿液中的抗菌药物分析发现，他们身体的抗菌药物负担很重，近六成检出 1 种抗菌药物，1/4 检出 2 种以上抗菌药物，有些甚至检出 6 种抗菌药物（Wang et al.，2015b）。中国香港也开展了一项研究，对 31 名学龄前儿童和小学生的尿样进行 13 种常见兽药残留分析，结果发现77.4%的尿液样本检出1～4 种抗菌药物，浓度达 0.36 ng/mL，其中诺氟沙星和青霉素的检出率最高（分别为48.4%和35.5%），中位浓度分别为 0.037 ng/mL 和 0.13 ng/mL。同时，对儿童摄入的生熟猪肉、鸡肉、鱼、牛奶和饮用水样本进行分析，发现生熟食品中检出最多的是恩诺沙星、青霉素和红霉素，传统烹调工艺不能完全消除生熟食品中的抗菌药物（Li et al.，2017）。

总之，肉蛋奶等动物源性食品中的抗菌药物残留对人体健康的影响是一个需要重视的风险。在畜禽养殖过程中，不仅需要鼓励使用低残留的抗菌药物，更需要规范用药（如严格遵守休药期），以避免和减少抗菌药物残留。另外，通过膳食长期摄入微量抗菌药物对肠道菌群的影响目前仍知之甚少，导致对抗菌药物残留的潜在健康风险评估可能不够准确。未来应加强抗菌药物残留（包括原型物、代谢物、混合物等）对人体肠道菌群影响的研究，以指导开展更加科学、全面的抗菌药物残留风险评估。

三、环境污染

1. 食品动物养殖与环境抗菌药物/耐药基因污染

抗菌药物是近年来日益受到关注的一类环境污染物，其可能来源于城市污水处理厂废水（Aga et al.，2016）、抗菌药物生产厂和医院处理废水（Zhou et al.，2013；Larsson et al.，2007）、畜禽养殖场废水和粪便（Zhou et al.，2011），其中畜禽养殖场广泛使用抗菌药物被认为是增加环境负担的主要因素之一。

养殖场畜禽使用抗菌药物后，有 30%～90% 的原型物通过粪便和尿液排泄到环境（Sarmah et al.，2006）。动物粪便中常能检测到多种高浓度的抗菌药物。奥地利的养鸡和养鸭场能检测到 91 mg/kg 的磺胺嘧啶（Martinez-Carballo et al.，2007）。伊朗的畜禽饲养场检测到土霉素浓度高达 13.77 mg/kg（Alavi et al.，2015）。在比利时，Rasschaert 等（2020）在猪粪中检测到 12 种抗菌药物，其中多西环素、磺胺嘧啶和林可霉素最为常见。我国是兽用抗菌药物使用量最大的国家之一，畜禽粪便抗菌药物污染也是一个重要问题（Wei et al.，2019；Wang et al.，2017b；Qian et al.，2016）。Pan 等（2011）调查发现我国山东某猪场猪粪中含有四环素类、大环内酯类、磺胺类 9 种抗菌药物，其中四环素的检出率为 84.9%～96.8%，金霉素的检出浓度高达 764.4 mg/kg；Zhu 等（2013）在中国 36 个养猪场的粪便中检出 14 种抗菌药物，浓度为 0～15.2 mg/kg。Zhou 等（2020）对江苏的畜禽粪便开展 3 类、32 种（磺胺类 15 种、氟喹诺酮类 13 种、四环素类 4 种）抗菌药物残留调查，结果表明，除磺胺多辛外均有检出，其中绝大多数品种几乎存在于所有粪便样品中，且磺胺二甲嘧啶和四环素浓度分别高达 5650 μg/kg 和 1920 μg/kg。不同粪便样品中检出 31 种抗菌药物的百分率依次为鸡粪（93.8%）>鸭粪（90.6%）>猪粪（84.4%）>牛粪（78.1%）；不同粪便样品中检出抗菌药物浓度高低顺序为鸡粪>猪粪>鸭粪>牛粪。

畜禽粪便进入土地是一项重要的粪污处置方式。我国的畜禽粪便年产量达到 38 亿 t，被广泛用作农业肥料（Wang et al.，2019b）。堆肥被认为是去除动物粪便中抗菌药物的适宜工艺（Ho et al.，2013；Selvam et al.，2012；Arikan et al.，2007），然而 Zhou 等（2020）发现，残留 31 种抗菌药物的畜禽粪便经过堆肥处理后，仍能检出 22 种，包括 7 种磺胺类、11 种氟喹诺酮类和 4 种四环素类，浓度范围为 0～1922 mg/kg（平均浓度为 0～678.76 mg/kg）。Zhang 等（2019a）和 Qian 等（2016）也报道了类似情况。

综上可见，随着畜禽养殖业的快速发展，以及抗菌药物在规模化养殖场的广泛使用，含有原型药物及活性代谢物的大量畜禽粪尿通过直接排放、堆肥使用排入环境，可使环境抗菌药物污染加重。

抗菌药物耐药基因是近年来新出现的一种环境污染物，由人类和动物使用抗菌药物引起，其中规模化养殖使用抗菌药物被认为是造成耐药基因环境污染的主要原因之一（Knapp et al.，2010）。畜禽养殖场长期、广泛使用抗菌药物，引起耐药菌/耐药基因的大量出现，使畜禽粪便成为巨大的耐药基因库。动物粪便中含有多种耐药菌和耐药基因（Wang et al.，2020a；He et al.，2016a）。He 等（2016a）调查了中国南方地区 3 个猪场粪便耐药基因的含量，结果几乎所有样品都检测到了 22 种耐药基因，并且丰度较高。

Petrin 等（2019）对意大利两个猪场的耐药基因进行跟踪监测，在养殖阶段的猪体及其粪便中发现了 ermB 和 tet(A)基因，而且绝对丰度和相对丰度均最高。Wang 等（2020b）调查了我国辽宁、陕西、贵州和湖南地区 157 个养殖场（76 个猪场、15 个奶牛场、18 个肉牛场、27 个肉鸡场和 21 个蛋鸡场）粪便中 cfr、optrA、poxtA 耐药基因的污染情况，结果显示 140 个养殖场畜禽粪便样品的耐药基因检测呈阳性，阳性率高达 89.17%，optrA 是相对丰度最高的耐药基因，其中禽、猪粪便耐药基因的多样性和丰富度均高于牛场。

即使经过堆肥和厌氧消化等特殊工艺处理，动物粪便仍可能含有耐药基因（Zhang et al.，2020；Zhang et al.，2019b；Sui et al.，2016）。不少研究证实施用畜禽粪肥会显著增加土壤中的耐药基因丰度和耐药菌数量（Wang et al.，2020b；He et al.，2016a；Su et al.，2015；Zhu et al.，2013；Holzel et al.，2010）。Zhao 等（2016）调查了河南 6 个猪场周边土壤（经常施用猪场废水及粪肥）中氟苯尼考耐药基因（包括 floR、fexA、fexB、cfr、optrA、pexA 等）的存在情况，结果发现均存在程度不一的氟苯尼考耐药基因污染，其中 6 个猪场均有 optrA 检出、5 个猪场有 cfr 检出，这两个基因均可介导噁唑烷酮类药物耐药，而远离猪场（上游>5 km）的土壤未检测到任何 FRG。同时发现，被调查猪场近年来均在使用氟苯尼考，其 FRG 污染水平随着猪场使用氟苯尼考的年限及年均使用量增加而上升。因此，推测猪场使用氟苯尼考造成了其周边土壤 FRG 污染。宏基因组测序发现，土壤样品中 FRG 的丰度与一些转座酶基因（如 IS6100、IS26、IS256、ISEnfa5、ISEnfa4、IS1216 等）的丰度呈显著正相关，推测 FRG 可能通过这些可转移元件的协助在猪场环境土壤中进行水平传播。Ruuskanen 等（2016）研究了芬兰两个牛场和两个猪场粪肥储存及田间施用对耐药基因丰度的影响，结果发现，与新鲜粪便相比，储存粪便中耐药基因的相对丰度增加了约 5 倍；土壤施用储存粪便后，其中耐药基因的相对丰度增加了约 4 倍。此研究结果表明，家畜粪便中的耐药基因可通过粪肥施用而传播。

1）水体中的抗菌药物和耐药基因

规模化畜禽养殖场排放经过处理或未经处理的污水是造成水体抗菌药物及耐药基因污染的重要原因。Lyu 等（2020）研究发现，我国地表水中的抗菌药物浓度与畜禽养殖数量和产量、淡水养殖数量呈显著正相关。天津海河地区检测到相对高浓度的四环素类、大环内酯类、喹诺酮类、磺胺类药物，该地区分布有许多养猪场和鱼塘，表明畜禽养殖与水产养殖用药对该地区抗菌药物残留的贡献很大（Gao et al.，2012；Luo et al.，2011）。Xu 等（2009）检测了珠江涨水季和退水季兽药用抗菌药物（包括氧氟沙星、诺氟沙星、阿莫西林等 9 种抗菌药物）的含量，结果检出了除阿莫西林外的 8 种抗菌药物，涨水季的浓度为 11～67 ng/L，退水季的浓度达到了 66～460 ng/L。Li 等（2012a）检测了河北省部分地区畜禽养殖场排出污水及养殖场附近河水中 10 种抗菌药物的含量，结果表明，养殖场排出污水和附近河水中均能检测到除多西环素外的 9 种抗菌药物，浓度范围分别为 0.44～169 μg/L 和 0.46～4.66 μg/L。在黄河及其支流中也检测到了兽用抗菌药物的存在，如氧氟沙星、诺氟沙星、罗红霉素、红霉素及磺胺甲噁唑，它们在黄河水中的平均浓度为 25～152 ng/L，在黄河某些支流的浓度达到了 44～240 ng/L（Xu et al.，2009）。除了在河水中检测到抗菌药物外，在湖泊水中也检测到了抗菌药物残留。

Li 等（2012a）从白洋淀湖水中检测到氧氟沙星、恩诺沙星等 17 种抗菌药物。此外，在使用畜禽粪肥的蔬菜大棚地下水中也检测到了抗菌药物（Hu et al.，2010）。另外，在海水中也能检测到抗菌药物（Nodler et al.，2014；Minh et al.，2009）。由此可见，我国水体受抗菌药物污染的情况不容小视。

除抗菌药物外，河流中还检测到大量的耐药基因。例如，天津海河中磺胺类耐药基因（sul1 和 sul2）的检出率为 100%，且其丰度较高（Luo et al.，2010）；珠江水体中存在 tet(A)和 tet(B)两种四环素类耐药基因，其检出率为分别为 43%和 40%（Tao et al.，2010）。Jiang 等（2013）检测了上海黄浦江和上海饮用水库中的耐药基因，结果检测到了 2 种磺胺类耐药基因、9 种四环素类耐药基因和 1 种 β-内酰胺类耐药基因。

2）土壤中的抗菌药物和耐药基因

已有不少研究表明，土壤中抗菌药物污染的主要来源之一是畜禽养殖用药（Jjemba，2002）。Lyu 等（2020）研究发现，我国土壤中的多种抗菌药物浓度与畜禽养殖数量有关联性，其中四环素类、大环内酯类、磺胺类与其呈显著正相关。养殖场周边或施用畜禽粪肥的土壤中一般都能检测到较高浓度的抗菌药物。Ji 等（2012）研究了上海猪场、牛场及鸡场附近农田土壤中抗菌药物的含量，发现四环素和土霉素的浓度为 1.87～4.24 mg/kg，磺胺嘧啶、磺胺甲嘧啶和磺胺甲噁唑的浓度为 1.29～2.45 mg/kg。Hu 等（2010）调查了天津 4 个不同地区用鸭粪和猪粪作为有机肥种植有机蔬菜的土壤中抗菌药物的含量，发现在冬季土壤中检测到所研究的 11 种抗菌药物（包括四环素类、磺胺类及喹诺酮类等），其中土霉素含量最高，达 2.68 mg/kg；在夏季土壤中检测到 6 种抗菌药物，其中四环素含量最高，达到了 2.5 μg/kg。河流的底泥也常常受到抗菌药物的污染。Zhou 等（2011）调查了黄河、海河和辽河底泥中 17 种抗菌药物的含量，结果表明，诺氟沙星、恩诺沙星、环丙沙星和土霉素是检出率较高的几种抗菌药物，其含量分别达到了 5770 ng/g、1290 ng/g、653 ng/g 和 652 ng/g。

土壤中含有大量的微生物，有些微生物基因组中携带耐药基因（Davies，1996）。在低浓度抗菌药物作用下，这些存在于微生物基因组中的耐药基因被激活而表达，并且会转移到质粒中（Wright，2007；Kruse and Sorum，1994）。Gillings 和 Stokes（2012）指出，土壤中的抗菌药物会增加耐药基因的水平转移频率，使不携带耐药基因的微生物获得耐药基因，甚至出现多重耐药菌，并且动物粪便中的重金属（如铜、锌、铬等）也会促进土壤微生物耐药基因的水平转移（Ji et al.，2012）。另外，畜禽粪肥施用于土壤后，其携带的耐药基因也会水平转移给土壤微生物，从而显著增加土壤中耐药菌的数量（Heuer et al.，2011）。

3）植物中的抗菌药物和耐药基因

植物能从施用动物粪便的土壤中吸收抗菌药物。Hu 等（2010）检测了天津不同地区 4 个大棚中用鸭粪和猪粪作为有机肥种植的萝卜、油菜、芹菜、香菜中 11 种抗菌药物的含量，结果在萝卜中检测出 10 种抗菌药物（0.1～57 μg/kg），在油菜中检测出 8 种抗菌药物（0.1～187 μg/kg），在芹菜中检测出 7 种抗菌药物（0.1～20 μg/kg），在香菜中检测出 7 种抗菌药物（0.1～532 µg/kg）。除常见蔬菜外，施用畜禽粪肥后的牧草、玉米、小麦及花生中也能检测到抗菌药物的存在（Zhao et al.，2019；Conde-Cid et al.，2018）。

土壤中的微生物也能转移到植物中，这些转移到植物中的微生物阶段性或一直生活在植物的各种组织、器官的细胞间隙或细胞内成为植物内生菌（Wang et al.，2015a）。土壤中很多微生物都携带耐药基因，这些携带耐药基因的微生物转移到植物组织后，会使植物间接携带耐药基因。Yang 等（2014a）发现施用鸡粪种植的芹菜、小白菜、黄瓜内生菌普遍存在耐药性，并且对头孢氨苄的耐药率最高。Marti 等（2013）检测了施用牛粪和猪粪的番茄、黄瓜、辣椒、萝卜、胡萝卜、生菜内生菌携带耐药基因情况，与未施用动物粪便的对照组相比，施用动物粪便的处理组能检测出更多种类的耐药基因。

2. 环境抗菌药物/耐药基因污染的危害

1）促进环境耐药菌的出现与传播

虽然自然界细菌耐药性的发展十分缓慢（D'Costa et al.，2011），但环境抗菌药物污染可加速其出现和传播（Yang et al.，2014b；Heuer et al.，2011）。环境微生物可以通过抗菌药物选择压力和水平基因转移（horizontal gene transfer，HGT）获得对抗菌药物的耐药性（Tsukayama et al.，2018；Yan et al.，2018）。研究发现，蔬菜生产过程中反复施用含有抗菌药物的粪肥和污水，可以促进抗菌药物在蔬菜中的积累，并可促进 HGT 和耐药基因的转移，导致耐药菌的增加（Boxall et al.，2003）。Gao 等（2020）在广东博白县调查发现，农民使用未经处理的猪粪和废水作为蔬菜种植的肥料，结果造成了土壤中抗菌药物和耐药基因的双重污染，在施用猪粪和废水的土壤中检测到了多种四环素及其相关耐药基因，在种植的蔬菜中也检出抗菌药物和耐药基因，蔬菜中普遍存在与耐药基因呈正相关的细胞内寄生菌立克次体，表明食用受污染蔬菜存在健康风险，提示未经处理的猪粪不仅会对农业土壤造成不良影响，还会对蔬菜产生不良影响。

环境中同时存在抗菌药物、耐药菌、耐药基因污染，然而目前尚不清楚环境中耐药基因丰度的增加是由于残留抗菌药物的选择压力引起，还是仅仅由粪便等排泄物中的耐药菌污染所致。Karkman 等（2019）研究发现，环境中的耐药基因在很大程度上来自于粪便污染，由压力选择带来的现象很有限，但高浓度的抗菌药物污染环境是明显的。

2）影响环境微生物群落

施用含抗菌药物和耐药基因的粪肥不仅对土壤微生物耐药性有影响，还可能影响土壤微生物群落（Li et al.，2020；Johnson et al.，2016）。Urra 等（2019）研究发现，施用新鲜粪便或废水均可增加土壤中的微生物生物量、活性、耐药基因和介导 HGT 可移动元件的丰度。Zhang 等（2018）研究了施用牛粪肥对土壤微生物群落组成的影响，发现施肥增加了厚壁菌、γ-蛋白杆菌和宝石藻的相对丰度，但显著降低了酸杆菌的相对丰度。另外，施用牛粪肥还可降低真菌与革兰氏阴性菌的比例，增加革兰氏阳性菌的丰度（Wei et al.，2017）。施用畜禽粪便和废水除了影响土壤微生物群落外，还有可能影响施肥土壤生长植物的微生物群落（Wang et al.，2019a）。有研究发现，施用畜禽粪便可以增加作物内生菌的数量和根系内生菌中耐药基因的丰度,且耐药基因谱与内生细菌群落有关联性(Zhang et al.,2019b;Zhang et al.,2013)。此外,还有人发现施用含抗菌药物和耐药基因的粪肥可促进蔬菜耐药内生菌的流行,其中大部分为多重耐药拟杆菌,其主要种类与人类病原体有关(Yang et al.,2014b)。然而,到目前为止,对于施用含抗菌药物和耐药基因的粪肥对作物内生菌耐药性的影响以及人类食用作物产品后的相关风险仍不甚了解。

3)作物的毒性效应和生物累积

有不少研究证实,微量抗菌药物对种子萌发、生长和发育有不利影响,其作用效果因抗菌药物种类和植物种类不同而异(Pan and Chu,2016;Du and Liu,2012;Grote et al.,2007)。Pan 和 Chu(2017)研究发现,再生水灌溉温室和实际农田中的蔬菜对13 种抗菌药物有生物累积效应。Wu 等(2013)发现,田间使用含磺胺类药物的再生水灌溉可引起药物在黄瓜和胡椒根中的累积。Pan 等(2014)研究了珠江三角洲地区使用鱼塘水或生活污水灌溉的萝卜、菠菜和大白菜对抗菌药物的累积作用,发现喹诺酮类药物的累积量最高,其次是氯霉素和四环素。抗菌药物被根系吸收后,可被转移到茎、叶和果实中。Gudda 等(2020)认为,目前有必要加强对残留蓄积在蔬菜中的微量抗菌药物给人体健康造成的风险的评估。

总之,由于规模化养殖场广泛使用抗菌药物,通过畜禽粪尿排放造成的抗菌药物和耐药基因环境污染已成为了全球性的公共卫生问题,养殖业大国尤为严重。目前针对环境中抗菌药物和耐药基因的来源、污染现状已做了许多研究,但对于环境中存在抗菌药物和耐药基因的命运转归、潜在危害(对环境生态和人类健康的影响)仍知之甚少,未来特别需要加强相关研究,以促进开展科学、全面的风险评估并制定有力的防控措施。

参 考 文 献

甘春艳, 李军, 金海. 2022. 2021 年我国肉羊产业发展概况、未来发展趋势及建议[J]. 中国畜牧杂志, 58(3): 258-263.

顾进华, 安肖, 徐士新, 等. 2021. 中美欧兽用抗菌药与细菌耐药性管理政策对比研究[J]. 中国兽药杂志, 55(6): 61-66.

顾欣, 张鑫, 李丹妮, 等. 2013. 我国兽用抗菌药物使用现况及"无抗"饲养的探讨[J]. 中国兽药杂志, 47(8): 54-57.

国家卫生健康委疾病预防控制局. 2022. 中国居民营养与慢性病状况报告(2020年)[M]. 北京: 人民卫生出版社.

李胜利. 2022. 奶业发展形势、挑战和供需判断[J]. 今日畜牧兽医: 奶牛, (3): 12-16.

刘雪, 刘宁波, 邢露梅, 等. 2022. 非洲猪瘟对我国生猪养殖业的深远影响及对策[J]. 猪业科学, 39(4): 3.

潘丽莎, 李军. 2022. 我国肉羊产业"十三五"时期发展回顾及"十四五"趋势展望[J]. 中国畜牧杂志, 58(1): 6.

施雾, 梅雪芹. 2013. 美国畜牧养殖业滥用抗生素相关研究的历史考察[J]. 辽宁大学学报: 哲学社会科学版, 41(3): 7.

王永彬, 孔丽娟. 2020. 刍议商品肉鸭养殖关键技术[J]. 家禽科学, (12): 38-40.

杨恫瑀, 王祖力, 刘小红, 等. 2022. 2021 年世界生猪产业发展情况及 2022 年的趋势[J]. 猪业科学, 39(2):

34-38.

杨佳颖, 张新瑞. 2019. 国外兽用抗菌药管理机制[J]. 中国动物保健, 21(10): 8-11.

赵静, 张红凤. 2020. 我国家禽养殖现状与发展趋势研究[J]. 现代畜牧科技, (12): 21-22.

中国兽药典委员会. 2016. 中华人民共和国兽药典: 2015 年版[M]. 北京: 中国农业出版社.

中国畜牧业协会羊业分会. 2022-3-2. 2021 年羊业发展报告与 2022 年发展预测[EB/OL]. https://mp.weixin. qq.com/s?__biz=MzAxMDI5NTgzNw==&mid=2650451218&idx=1&sn=581b886adeb0a169715ad9ed b226739e. [2023-5-9]

中国营养学会. 2022. 中国居民膳食指南(2022)[M]. 北京: 人民卫生出版社.

中华人民共和国农业农村部. 2021. 2020 年中国兽用抗菌药使用情况报告[EB/OL]. http://www.moa.gov.cn/ gk/sygb/202111/P020211104353940540082.pdf.[2023-5-9]

Aarestrup F M, Jensen V F, Emborg H D, et al. 2010. Changes in the use of antimicrobials and the effects on productivity of swine farms in Denmark[J]. Am J Vet Res, 71(7): 726-733.

Aarestrup F M, Oliver D C, Burch D G. 2008. Antimicrobial resistance in swine production[J]. Anim Health Res Rev, 9(2): 135-148.

Aarestrup F M, Seyfarth A M, Emborg H D, et al. 2001. Effect of abolishment of the use of antimicrobial agents for growth promotion on occurrence of antimicrobial resistance in fecal *enterococci* from food animals in Denmark[J]. Antimicrob Agents Chemother, 45(7): 2054-2059.

Aga D S, Lenczewski M, Snow D, et al. 2016. Challenges in the measurement of antibiotics and in evaluating their impacts in agroecosystems: a critical review[J]. J Environ Qual, 45(2): 407-419.

Ajslev T A, Andersen C S, Gamborg M, et al. 2011. Childhood overweight after establishment of the gut microbiota: the role of delivery mode, pre-pregnancy weight and early administration of antibiotics[J]. Int J Obes (Lond), 35(4): 522-529.

Alaboudi A, Basha E A, Musallam I. 2013. Chlortetracycline and sulfanilamide residues in table eggs: Prevalence, distribution between yolk and white and effect of refrigeration and heat treatment[J]. Food Control, 33(1): 281-286.

Alavi N, Babaei A A, Shirmardi M, et al. 2015. Assessment of oxytetracycline and tetracycline antibiotics in manure samples in different cities of Khuzestan Province, Iran[J]. Environ Sci Pollut Res Int, 22(22): 17948-17954.

Andersson D I, Hughes D. 2014. Microbiological effects of sublethal levels of antibiotics[J]. Nat Rev Microbiol, 12(7): 465-478.

Arikan O A, Sikora L J, Mulbry W, et al. 2007. Composting rapidly reduces levels of extractable oxytetracycline in manure from therapeutically treated beef calves[J]. Bioresour Technol, 98(1): 169-176.

ASOAntibiotics. 2016-12-11. Farm antibiotic use in the Netherlands[EB/OL]. https://www.saveourantibiotics. org/media/1751/farm-antibiotic-use-in-the-netherlands.pdf. [2023-5-6]

Azad M B, Bridgman S L, Becker A B, et al. 2014. Infant antibiotic exposure and the development of childhood overweight and central adiposity[J]. Int J Obes (Lond), 38(10): 1290-1298.

Baazize-Ammi D, Dechicha A S, Tassist A, et al. 2019. Screening and quantification of antibiotic residues in broiler chicken meat and milk in the central region of Algeria[J]. Rev Sci Tech, 38(3): 863-877.

Bager F, Birk T, Høg B B, et al. 2015. DANMAP 2014: use of antimicrobial agents and occurrence of antimicrobial resistance in bacteria from food animals, food and humans in Denmark[Z]. DANMAP.

Bahl M I, Sorensen S J, Hansen L H, et al. 2004. Effect of tetracycline on transfer and establishment of the tetracycline-inducible conjugative transposon Tn*916* in the guts of gnotobiotic rats[J]. Appl Environ Microbiol, 70(2): 758-764.

Bailey L C, Forrest C B, Zhang P, et al. 2014. Association of antibiotics in infancy with early childhood obesity[J]. Jama Pediatr, 168(11): 1063-1069.

Basha E A, Alaboudi A, Musallam I. 2013. Chlortetracycline and sulfanilamide residues in table eggs: prevalence, distribution between yolk and white and effect of refrigeration and heat treatment[J]. Food Control, 33(1): 281-286.

Ben Y, Fu C, Hu M, et al. 2019. Human health risk assessment of antibiotic resistance associated with antibiotic residues in the environment: a review[J]. Environ Res, 169: 483-493.

Blaser M J. 2016. Antibiotic use and its consequences for the normal microbiome[J]. Science, 352(6285): 544-545.

Boxall A B, Kolpin D W, Halling-Sorensen B, et al. 2003. Are veterinary medicines causing environmental risks?[J]. Environ Sci Technol, 37(15): 286A-294A.

Brosnan K A. 2011. Encyclopedia of American Environmental History[M]. New York: Facts on File.

Cai Z, Zhang Y, Pan H, et al. 2008. Simultaneous determination of 24 sulfonamide residues in meat by ultra-performance liquid chromatography tandem mass spectrometry[J]. J Chromatogr A, 1200(2): 144-155.

Casewell M, Friis C, Marco E, et al. 2003. The European ban on growth-promoting antibiotics and emerging consequences for human and animal health[J]. J Antimicrob Chemother, 52(2): 159-161.

Catry B, Haesebrouck F, Vliegher S D, et al. 2005. Variability in acquired resistance of *Pasteurella* and *Mannheimia* isolates from the nasopharynx of calves, with particular reference to different herd types[J]. Microb Drug Resist, 11(4): 387-394.

Chiesa L M, Nobile M, Malandra R, et al. 2018. Occurrence of antibiotics in mussels and clams from various FAO areas[J]. Food Chem, 240: 16-23.

Cho I, Yamanishi S, Cox L, et al. 2012. Antibiotics in early life alter the murine colonic microbiome and adiposity[J]. Nature, 488(7413): 621-626.

Chou H W, Wang J L, Chang C H, et al. 2013. Risk of severe dysglycemia among diabetic patients receiving levofloxacin, ciprofloxacin, or moxifloxacin in Taiwan[J]. Clin Infect Dis, 57(7): 971-980.

Christiansen S, Scholze M, Dalgaard M, et al. 2009. Synergistic disruption of external male sex organ development by a mixture of four antiandrogens[J]. Environ Health Perspect, 117(12): 1839-1846.

Chuah L O, Shamila S A, Mohamad S I, et al. 2018. Genetic relatedness, antimicrobial resistance and biofilm formation of *Salmonella* isolated from naturally contaminated poultry and their processing environment in northern Malaysia[J]. Food Res Int, 105(4): 743-751.

Collignon P J, McEwen S A. 2019. One health-Its importance in helping to better control antimicrobial resistance[J]. Trop Med Infect Dis, 4(1): 22.

Collignon P. 2005. Fluoroquinolone use in food animals[J]. Emerg Infect Dis, 11(11): 1789-1790.

Conde-Cid M, Álvarez-Esmorís C, Paradelo-Núñez R, et al. 2018. Occurrence of tetracyclines and sulfonamides in manures, agricultural soils and crops from different areas in Galicia (NW Spain)[J]. J Clean Prod, 197(197): 491-500.

Cox L M, Blaser M J. 2015. Antibiotics in early life and obesity[J]. Nat Rev Endocrinol, 11(3): 182-190.

Cox L M, Yamanishi S, Sohn J, et al. 2014. Altering the intestinal microbiota during a critical developmental window has lasting metabolic consequences[J]. Cell, 158(4): 705-721.

D'Costa V M, King C E, Kalan L, et al. 2011. Antibiotic resistance is ancient[J]. Nature, 477(7365): 457-461.

Davies J. 1996. Origins and evolution of antibiotic resistance[J]. Microbiologia, 12(1): 9-16.

Dethlefsen L, Relman D A. 2011. Incomplete recovery and individualized responses of the human distal gut microbiota to repeated antibiotic perturbation[J]. Proc Natl Acad Sci USA, 108 Suppl 1(Suppl 1): 4554-4561.

Donabedian S M, Perri M B, Vager D, et al. 2006. Quinupristin-dalfopristin resistance in *Enterococcus faecium* isolates from humans, farm animals, and grocery store meat in the United States[J]. J Clin Microbiol, 44(9): 3361-3365.

Du L, Liu W. 2012. Occurrence, fate, and ecotoxicity of antibiotics in agro-ecosystems. A review[J]. Agron Sustain Dev, 32(2): 309-327.

Duan Y, Chen Z, Tan L, et al. 2020. Gut resistomes, microbiota and antibiotic residues in Chinese patients undergoing antibiotic administration and healthy individuals[J]. Sci Total Environ, 705: 135674.

Duff G C, Galyean M L. 2007. Board-invited review: recent advances in management of highly stressed, newly received feedlot cattle[J]. J Anim Sci, 85(3): 823-840.

EMA. 2013-9-15. Sales of veterinary antimicrobial agents in 25 EU/EEA countries in 2011[EB/OL]. https://www.ema.europa.eu/en/documents/report/sales-veterinary-antimicrobial-agents-25-european-union/european-economic-area-countries-2011-third-european-surveillance-veterinary-antimicrobial_en.pdf.[2023-5-6]

EMA. 2021. European Surveillance of Veterinary Antimicrobial Consumption (2021). Sales of veterinary antimicrobial agents in 31 European countries in 2019 and 2020. (EMA/58183/2021)[Z].

Emborg H D, Andersen J S, Seyfarth A M, et al. 2003. Relations between the occurrence of resistance to antimicrobial growth promoters among *Enterococcus faecium* isolated from broilers and broiler meat[J]. Int J Food Microbiol, 84(3): 273-284.

Endtz H P, Ruijs G J, van Klingeren B, et al. 1991. Quinolone resistance in *Campylobacter* isolated from man and poultry following the introduction of fluoroquinolones in veterinary medicine[J]. J Antimicrob Chemother, 27(2): 199-208.

Er B, Onurdag F K, Demirhan B, et al. 2013. Screening of quinolone antibiotic residues in chicken meat and beef sold in the markets of Ankara, Turkey[J]. Poult Sci, 92(8): 2212-2215.

Eskridge N K. 1978. Congress stops FDA from restricting use of antibiotics[J]. Bioscience, (9): 557-559.

ESVAC. 2016. ESVAC strategy 2016-2020[Z]. London: Veterinary Medicines Division, European Medicines Agency.

ESVAC. 2017. Sales of veterinary antimicrobial agents in 26 EU/EEA countries[R]. European Surveillance of Veterinary Antimicrobial Consumption (ESVAC), 2016 and 2017.

FAO, OIE, WHO. 2003. Joint FAO/OIE/WHO expert workshop on non-human antimicrobial usage and antimicrobial resistance: scientific assessment[Z]. WHO: Geneva, Switzerland.

FAO. 2022-6-29. OECD-FAO Agricultural Outlook 2022-2031[EB/OL]. https://doi.org/10.1787/f1b0b29c-en. [2023-5-9]

FDA. 2013a. CVM GFI #213 new animal drugs and new animal drug combination products administered in or on medicated feed or drinking water of food-producing animals: recommendations for drug sponsors for voluntarily aligning product use conditions with GFI #209[Z].

FDA. 2013b. Guidance for industry No 213[Z]. Center for Drug Evaluation and Research (CDER), USA: FDA. https://www.fda.gov/media/83488/download.[2024-5-13]

FDA. 2017. Veterinary feed directive[R].

FDA. 2020a. 2019 Summary report on antimicrobials sold or distributed for use in food-producing animals[R].

FDA. 2020b. Summary report on antimicrobials sold or distributed for use in food-producing animals[R]. US Food and Drug Administration, Department of Health and Human Services, USA.

FDA. 2021a. 2020 summary report on antimicrobials sold or distributed for use in food-producing animals[R].

FDA. 2021b. Summary report on antimicrobials sold or distributed for use in food-producing animals.US Food and Drug Administration[R]. Department of Health and Human Services, USA.

Fessler A T, Olde R R, Rothkamp A, et al. 2012. Characterization of methicillin-resistant *Staphylococcus aureus* CC398 obtained from humans and animals on dairy farms[J]. Vet Microbiol, 160(1-2): 77-84.

Fey P D, Safranek T J, Rupp M E, et al. 2000. Ceftriaxone-resistant *salmonella* infection acquired by a child from cattle[J]. N Engl J Med, 342(17): 1242-1249.

Gao F Z, He L Y, He L X, et al. 2020. Untreated swine wastes changed antibiotic resistance and microbial community in the soils and impacted abundances of antibiotic resistance genes in the vegetables[J]. Sci Total Environ, 741: 140482.

Gao L, Shi Y, Li W, et al. 2012. Occurrence, distribution and bioaccumulation of antibiotics in the Haihe River in China[J]. J Environ Monit, 14(4): 1248-1255.

Gillings M R, Stokes H W. 2012. Are humans increasing bacterial evolvability?[J]. Trends Ecol Evol, 27(6): 346-352.

Grote M, Schwake-Anduschus C, Reinhard M, et al. 2007. Incorporation of veterinary antibiotics into crops from manured soil[J]. Landbauforschung Vökenrode, (57): 25-32.

Gudda F O, Waigi M G, Odinga E S, et al. 2020. Antibiotic-contaminated wastewater irrigated vegetables pose resistance selection risks to the gut microbiome[J]. Environ Pollut, 264: 114752.

Gullberg E, Albrecht L M, Karlsson C, et al. 2014. Selection of a multidrug resistance plasmid by sublethal levels of antibiotics and heavy metals[J]. Mbio, 5(5): e1914-e1918.

Gullberg E, Cao S, Berg O G, et al. 2011. Selection of resistant bacteria at very low antibiotic concentrations[J]. Plos Pathog, 7(7): e1002158.

Gupta A, Nelson J M, Barrett T J, et al. 2004. Antimicrobial resistance among *Campylobacter* strains, United States, 1997-2001[J]. Emerg Infect Dis, 10(6): 1102-1109.

Hanson M, Gluckman P. 2011. Developmental origins of noncommunicable disease: population and public health implications[J]. Am J Clin Nutr, 94(6 Suppl): 1754S-1758S.

Hayes J R, English L L, Carter P J, et al. 2003. Prevalence and antimicrobial resistance of *enterococcus* species isolated from retail meats[J]. Appl Environ Microbiol, 69(12): 7153-7160.

He L Y, Ying G G, Liu Y S, et al. 2016a. Discharge of swine wastes risks water quality and food safety: Antibiotics and antibiotic resistance genes from swine sources to the receiving environments[J]. Environ Int, 92-93: 210-219.

He T, Wang R, Liu D, et al. 2019. Emergence of plasmid-mediated high-level tigecycline resistance genes in animals and humans[J]. Nat Microbiol, 4(9): 1450-1456.

He X, Deng M, Wang Q, et al. 2016b. Residues and health risk assessment of quinolones and sulfonamides in cultured fish from Pearl River Delta, China[J]. Aquaculture, 458: 38-46.

Hellman J, Olsson-Liljequist B, Bengtsson B, et al. 2016. SWEDRESSVARM 2014: use of antimicrobials and occurrence of antimicrobial resistance in Sweden[R]. Solna/Uppsala: Swedish Institute for Communicable Disease Control and National Veterinary Institute.

Heuer H, Schmitt H, Smalla K. 2011. Antibiotic resistance gene spread due to manure application on agricultural fields[J]. Curr Opin Microbiol, 14(3): 236-243.

Hidalgo A, Carvajal A, Vester B, et al. 2011. Trends towards lower antimicrobial susceptibility and characterization of acquired resistance among clinical isolates of *Brachyspira hyodysenteriae* in Spain[J]. Antimicrob Agents Chemother, 55(7): 3330-3337.

Ho Y B, Zakaria M P, Latif P A, et al. 2013. Degradation of veterinary antibiotics and hormone during broiler manure composting[J]. Bioresour Technol, 131: 476-484.

Hogeveen H, Huijps K, Lam T J. 2011. Economic aspects of mastitis: new developments[J]. N Z Vet J, 59(1): 16-23.

Holzel C S, Schwaiger K, Harms K, et al. 2010. Sewage sludge and liquid pig manure as possible sources of antibiotic resistant bacteria[J]. Environ Res, 110(4): 318-326.

Hu X, Zhou Q, Luo Y. 2010. Occurrence and source analysis of typical veterinary antibiotics in manure, soil, vegetables and groundwater from organic vegetable bases, northern China[J]. Environ Pollut, 158(9): 2992-2998.

Hughes D, Andersson D I. 2012. Selection of resistance at lethal and non-lethal antibiotic concentrations[J]. Curr Opin Microbiol, 15(5): 555-560.

Huijsdens X W, van Dijke B J, Spalburg E, et al. 2006. Community-acquired MRSA and pig-farming[J]. Ann Clin Microbiol Antimicrob, 5(1): 26.

Ianiro G, Tilg H, Gasbarrini A. 2016. Antibiotics as deep modulators of gut microbiota: between good and evil[J]. Gut, 65(11): 1906-1915.

Jakobsson H E, Jernberg C, Andersson A F, et al. 2010. Short-term antibiotic treatment has differing long-term impacts on the human throat and gut microbiome[J]. PLoS One, 5(3): e9836.

Jernberg C, Lofmark S, Edlund C, et al. 2010. Long-term impacts of antibiotic exposure on the human intestinal microbiota[J]. Microbiology, 156(Pt 11): 3216-3223.

Ji K, Kho Y, Park C, et al. 2010a. Influence of water and food consumption on inadvertent antibiotics intake among general population[J]. Environ Res, 110(7): 641-649.

Ji K, Lim K Y, Park Y, et al. 2010b. Influence of a five-day vegetarian diet on urinary levels of antibiotics and phthalate metabolites: a pilot study with "Temple Stay" participants[J]. Environ Res, 110(4): 375-382.

Ji X, Shen Q, Liu F, et al. 2012. Antibiotic resistance gene abundances associated with antibiotics and heavy metals in animal manures and agricultural soils adjacent to feedlots in Shanghai; China[J]. J Hazard Mater, 235-236: 178-185.

Jiang L, Hu X, Xu T, et al. 2013. Prevalence of antibiotic resistance genes and their relationship with antibiotics in the Huangpu River and the drinking water sources, Shanghai, China[J]. Sci Total Environ, 458-460: 267-272.

Jin Y, Wu S, Zeng Z, et al. 2017. Effects of environmental pollutants on gut microbiota[J]. Environ Pollut,

222: 1-9.

Jjemba P K. 2002. The potential impact of veterinary and human therapeutic agents in manure and biosolids on plants grown on arable land: A review[J]. Agriculture, Ecosystems & Environment, 93(1): 267-278.

Johnson J R, Delavari P, O'Bryan T T, et al. 2005. Contamination of retail foods, particularly turkey, from community markets (Minnesota, 1999-2000) with antimicrobial-resistant and extraintestinal pathogenic *Escherichia coli*[J]. Foodborne Pathog Dis, 2(1): 38-49.

Johnson T A, Stedtfeld R D, Wang Q, et al. 2016. Clusters of antibiotic resistance genes enriched together stay together in swine agriculture[J]. Mbio, 7(2): e2214-e2215.

Jones K E, Patel N G, Levy M A, et al. 2008. Global trends in emerging infectious diseases[J]. Nature, 451(7181): 990-993.

Jutkina J, Marathe N P, Flach C F, et al. 2018. Antibiotics and common antibacterial biocides stimulate horizontal transfer of resistance at low concentrations[J]. Sci Total Environ, 616-617: 172-178.

Jutkina J, Rutgersson C, Flach C F, et al. 2016. An assay for determining minimal concentrations of antibiotics that drive horizontal transfer of resistance[J]. Sci Total Environ, 548-549: 131-138.

Karkman A, Parnanen K, Larsson D. 2019. Fecal pollution can explain antibiotic resistance gene abundances in anthropogenically impacted environments[J]. Nat Commun, 10(1): 80.

Khanal B, Sadiq M B, Singh M, et al. 2018. Screening of antibiotic residues in fresh milk of Kathmandu Valley, Nepal[J]. J Environ Sci Health B, 53(1): 57-86.

Kim K, Owens G, Kwon S, et al. 2011. Occurrence and environmental fate of veterinary antibiotics in the terrestrial environment[J]. Water Air Soil Poll, 214(1-4): 163-174.

Klare I, Badstubner D, Konstabel C, et al. 1999. Decreased incidence of VanA-type vancomycin-resistant *enterococci* isolated from poultry meat and from fecal samples of humans in the community after discontinuation of avoparcin usage in animal husbandry[J]. Microb Drug Resist, 5(1): 45-52.

Knapp C W, Dolfing J, Ehlert P A, et al. 2010. Evidence of increasing antibiotic resistance gene abundances in archived soils since 1940[J]. Environ Sci Technol, 44(2): 580-587.

Kruse H, Sorum H. 1994. Transfer of multiple drug resistance plasmids between bacteria of diverse origins in natural microenvironments[J]. Appl Environ Microbiol, 60(11): 4015-4021.

Langdon A, Crook N, Dantas G. 2016. The effects of antibiotics on the microbiome throughout development and alternative approaches for therapeutic modulation[J]. Genome Med, 8(1): 39.

Lange K, Buerger M, Stallmach A, et al. 2016. Effects of antibiotics on gut microbiota[J]. Dig Dis, 34(3): 260-268.

Larsson D G, de Pedro C, Paxeus N. 2007. Effluent from drug manufactures contains extremely high levels of pharmaceuticals[J]. J Hazard Mater, 148(3): 751-755.

Laxminarayan R, Duse A, Wattal C, et al. 2013. Antibiotic resistance-the need for global solutions[J]. Lancet Infect Dis, 13(12): 1057-1098.

Laxminarayan R, Van Boeckel T, Teillant A. 2015. The economic costs of withdrawing antimicrobial growth promoters from the livestock sector[J]. OECD Food, Agriculture and Fisheries Papers, No. 78, OECD Publishing, Paris. https://doi.org/10.1787/5js64kst5wvl-en.[2024-6-14]

Li L, Jiang Z G, Xia L N, et al. 2010. Characterization of antimicrobial resistance and molecular determinants of beta-lactamase in *Escherichia coli* isolated from chickens in China during 1970-2007[J]. Vet Microbiol, 144(3-4): 505-510.

Li N, Ho K, Ying G G, et al. 2017. Veterinary antibiotics in food, drinking water, and the urine of preschool children in Hong Kong[J]. Environ Int, 108: 246-252.

Li P, Liu M, Ma X, et al. 2020. Responses of microbial communities to a gradient of pig manure amendment in red paddy soils[J]. Sci Total Environ, 705: 135884.

Li W, Shi Y, Gao L, et al. 2012a. Occurrence of antibiotics in water, sediments, aquatic plants, and animals from Baiyangdian Lake in North China[J]. Chemosphere, 89(11): 1307-1315.

Li Y, Xu J, Wang F, et al. 2012b. Overprescribing in China, driven by financial incentives, results in very high use of antibiotics, injections, and corticosteroids[J]. Health Aff (Millwood), 31(5): 1075-1082.

Liu A, Fong A, Becket E, et al. 2011. Selective advantage of resistant strains at trace levels of antibiotics: a simple and ultrasensitive color test for detection of antibiotics and genotoxic agents[J]. Antimicrob Agents Chemother, 55(3): 1204-1210.

Liu Y Y, Wang Y, Walsh T R, et al. 2016. Emergence of plasmid-mediated colistin resistance mechanism *MCR-1* in animals and human beings in China: a microbiological and molecular biological study[J]. Lancet Infect Dis, 16(2): 161-168.

Lopez E, Elez M, Matic I, et al. 2007. Antibiotic-mediated recombination: ciprofloxacin stimulates SOS-independent recombination of divergent sequences in *Escherichia coli*[J]. Mol Microbiol, 64(1): 83-93.

Luangtongkum T, Morishita T Y, Ison A J, et al. 2006. Effect of conventional and organic production practices on the prevalence and antimicrobial resistance of *Campylobacter* spp. in poultry[J]. Appl Environ Microbiol, 72(5): 3600-3607.

Luo Y, Mao D, Rysz M, et al. 2010. Trends in antibiotic resistance genes occurrence in the Haihe River, China[J]. Environ Sci Technol, 44(19): 7220-7225.

Luo Y, Xu L, Rysz M, et al. 2011. Occurrence and transport of tetracycline, sulfonamide, quinolone, and macrolide antibiotics in the Haihe River Basin, China[J]. Environ Sci Technol, 45(5): 1827-1833.

Lv L, Wan M, Wang C, et al. 2020. Emergence of a plasmid-encoded resistance-nodulation-division efflux pump conferring resistance to multiple drugs, including tigecycline, in klebsiella pneumoniae[J]. Mbio, 11(2): eo2930-19.

Lyu J, Yang L, Zhang L, et al. 2020. Antibiotics in soil and water in China-a systematic review and source analysis[J]. Environ Pollut, 266(Pt 1): 115147.

Maiques E, Ubeda C, Campoy S, et al. 2006. beta-lactam antibiotics induce the SOS response and horizontal transfer of virulence factors in *Staphylococcus aureus*[J]. J Bacteriol, 188(7): 2726-2729.

Marshall B M, Levy S B. 2011. Food animals and antimicrobials: impacts on human health[J]. Clin Microbiol Rev, 24(4): 718-733.

Marti R, Scott A, Tien Y C, et al. 2013. Impact of manure fertilization on the abundance of antibiotic-resistant bacteria and frequency of detection of antibiotic resistance genes in soil and on vegetables at harvest[J]. Appl Environ Microbiol, 79(18): 5701-5709.

Martinez-Carballo E, Gonzalez-Barreiro C, Scharf S, et al. 2007. Environmental monitoring study of selected veterinary antibiotics in animal manure and soils in Austria[J]. Environ Pollut, 148(2): 570-579.

McMahon M A, Xu J, Moore J E, et al. 2007. Environmental stress and antibiotic resistance in food-related pathogens[J]. Appl Environ Microbiol, 73(1): 211-217.

Minh T B, Leung H W, Loi I H, et al. 2009. Antibiotics in the Hong Kong metropolitan area: Ubiquitous distribution and fate in Victoria Harbour[J]. Mar Pollut Bull, 58(7): 1052-1062.

Murphy D, Ricci A, Auce Z, et al. 2017. EMA and EFSA Joint Scientific Opinion on measures to reduce the need to use antimicrobial agents in animal husbandry in the European Union, and the resulting impacts on food safety (RONAFA)[J]. EFSA J, 15(1): e4666.

Murphy R, Stewart A W, Braithwaite I, et al. 2014. Antibiotic treatment during infancy and increased body mass index in boys: an international cross-sectional study[J]. Int J Obes (Lond), 38(8): 1115-1119.

Nachamkin I. 2000. *Campylobacter*[M]. Washington, DC: ASM Press.

Nam H M, Lee A L, Jung S C, et al. 2011. Antimicrobial susceptibility of *Staphylococcus aureus* and characterization of methicillin-resistant *Staphylococcus aureus* isolated from bovine mastitis in Korea[J]. Foodborne Pathog Dis, 8(2): 231-238.

Nisha A R. 2009. Antibiotic residues-a global health hazard[J]. Vet World, 2(2): 375-377.

Nodler K, Voutsa D, Licha T. 2014. Polar organic micropollutants in the coastal environment of different marine systems[J]. Mar Pollut Bull, 85(1): 50-59.

Norstrom M, Hofshagen M, Stavnes T, et al. 2006. Antimicrobial resistance in *Campylobacter jejuni* from humans and broilers in Norway[J]. Epidemiol Infect, 134(1): 127-130.

OIE. 2007. OIE list of antimicrobials of veterinary importance[Z]. Geneva: World Organisation for Animal Health.

OIE. 2015. Fact sheets: antimicrobial resistance[Z]. Geneva: World Animal Health Organisation.

Oliver S P, Murinda S E. 2012. Antimicrobial resistance of mastitis pathogens[J]. Vet Clin North Am Food

Anim Pract, 28(2): 165-185.

Oliver S P, Murinda S E, Jayarao B M. 2011. Impact of antibiotic use in adult dairy cows on antimicrobial resistance of veterinary and human pathogens: a comprehensive review[J]. Foodborne Pathog Dis, 8(3): 337-355.

Page S W, Gautier P. 2012. Use of antimicrobial agents in livestock[J]. Rev Sci Tech, 31(1): 145-188.

Pan M, Chu L M. 2016. Phytotoxicity of veterinary antibiotics to seed germination and root elongation of crops[J]. Ecotoxicol Environ Saf, 126: 228-237.

Pan M, Chu L M. 2017. Fate of antibiotics in soil and their uptake by edible crops[J]. Sci Total Environ, 599-600: 500-512.

Pan M, Wong C K, Chu L M. 2014. Distribution of antibiotics in wastewater-irrigated soils and their accumulation in vegetable crops in the Pearl River Delta, southern China[J]. J Agric Food Chem, 62(46): 11062-11069.

Pan X, Qiang Z, Ben W, et al. 2011. Residual veterinary antibiotics in swine manure from concentrated animal feeding operations in Shandong Province, China[J]. Chemosphere, 84(5): 695-700.

Peeples L. 2012. FDA to address antibiotics over use in livestock, protect public health[Z].

Petrin S, Patuzzi I, Di Cesare A, et al. 2019. Evaluation and quantification of antimicrobial residues and antimicrobial resistance genes in two Italian swine farms[J]. Environ Pollut, 255(Pt 1): 113183.

Pomati F, Orlandi C, Clerici M, et al. 2008. Effects and interactions in an environmentally relevant mixture of pharmaceuticals[J]. Toxicol Sci, 102(1): 129-137.

Portis E, Lindeman C, Johansen L, et al. 2012. A ten-year (2000—2009) study of antimicrobial susceptibility of bacteria that cause bovine respiratory disease complex—*Mannheimia haemolytica*, *Pasteurella multocida*, and *Histophilus somni*—in the United States and Canada[J]. J Vet Diagn Invest, 24(5): 932-944.

Price L B, Graham J P, Lackey L G, et al. 2007. Elevated risk of carrying gentamicin-resistant *Escherichia coli* among U.S. poultry workers[J]. Environ Health Perspect, 115(12): 1738-1742.

Price L B, Johnson E, Vailes R, et al. 2005. Fluoroquinolone-resistant *Campylobacter* isolates from conventional and antibiotic-free chicken products[J]. Environ Health Perspect, 113(5): 557-560.

Qian M, Wu H, Wang J, et al. 2016. Occurrence of trace elements and antibiotics in manure-based fertilizers from the Zhejiang Province of China[J]. Sci Total Environ, 559: 174-181.

Qin S, Wang Y, Zhang Q, et al. 2014. Report of ribosomal RNA methylase gene *erm*(B) in multidrug-resistant *Campylobacter coli*[J]. J Antimicrob Chemother, 69(4): 964-968.

Rasschaert G, Elst D V, Colson L, et al. 2020. Antibiotic residues and antibiotic-resistant bacteria in pig slurry used to fertilize agricultural fields[J]. Antibiotics-Basel, 9(1): 34.

Ritchie H. 2017. Meat and dairy production[R]. https://ourworldindata.org/meat-production.[2022-7-1]

Ruuskanen M, Muurinen J, Meierjohan A, et al. 2016. Fertilizing with animal manure disseminates antibiotic resistance genes to the farm environment[J]. J Environ Qual, 45(2): 488-493.

Saenz R A, Hethcote H W, Gray G C. 2006. Confined animal feeding operations as amplifiers of influenza[J]. Vector Borne Zoonotic Dis, 6(4): 338-346.

Sandegren L. 2014. Selection of antibiotic resistance at very low antibiotic concentrations[J]. Ups J Med Sci, 119(2): 103-107.

Sarmah A K, Meyer M T, Boxall A B. 2006. A global perspective on the use, sales, exposure pathways, occurrence, fate and effects of veterinary antibiotics (VAs) in the environment[J]. Chemosphere, 65(5): 725-759.

Sato K, Bartlett P C, Saeed M A. 2005. Antimicrobial susceptibility of *Escherichia coli* isolates from dairy farms using organic versus conventional production methods[J]. J Am Vet Med Assoc, 226(4): 589-594.

Schjorring S, Krogfelt K A. 2011. Assessment of bacterial antibiotic resistance transfer in the gut[J]. Int J Microbiol, 2011: 312956.

Schug T T, Janesick A, Blumberg B, et al. 2011. Endocrine disrupting chemicals and disease susceptibility[J]. J Steroid Biochem Mol Biol, 127(3-5): 204-215.

Selvam A, Xu D, Zhao Z, et al. 2012. Fate of tetracycline, sulfonamide and fluoroquinolone resistance genes and the changes in bacterial diversity during composting of swine manure[J]. Bioresour Technol, 126:

383-390.

Serrano P H. 2005. FAO Fisheries Technical Paper. No. 469[M]. Rome: Food and Agriculture Organization of the United Nations: 469-497.

Shen Y, Zhou H, Xu J, et al. 2018. Authropogenic and environmetal factors associated with high incidence of *mcr-1* cavriage in humans across China[J]. Nat Microbial, 3: 1054-1062.

Shen Z, Wang Y, Shen Y, et al. 2016. Early emergence of *mcr-1* in *Escherichia coli* from food-producing animals[J]. Lancet Infect Dis, 16(3): 293.

Simjee S, White D G, Meng J, et al. 2002. Prevalence of streptogramin resistance genes among *Enterococcus* isolates recovered from retail meats in the Greater Washington DC area[J]. J Antimicrob Chemother, 50(6): 877-882.

Smith K E, Besser J M, Hedberg C W, et al. 1999. Quinolone-resistant *Campylobacter jejuni* infections in Minnesota, 1992-1998. Investigation Team[J]. N Engl J Med, 340(20): 1525-1532.

Sneeringer S, Macdonald J, Key N, et al. 2015. Economics of antibiotic use in U.S. livestock production[J]. Social Science Electronic Publishing, 51(6): 4424-4432.

Song C, Zhang C, Fan L, et al. 2016. Occurrence of antibiotics and their impacts to primary productivity in fishponds around Tai Lake, China[J]. Chemosphere, 161: 127-135.

Sonnenburg E D, Smits S A, Tikhonov M, et al. 2016. Diet-induced extinctions in the gut microbiota compound over generations[J]. Nature, 529(7585): 212-215.

Steinstraesser L, Kraneburg U, Jacobsen F, et al. 2011. Host defense peptides and their antimicrobial-immunomodulatory duality[J]. Immunobiology, 216(3): 322-333.

Su J Q, Wei B, Ou-Yang W Y, et al. 2015. Antibiotic resistome and its association with bacterial communities during sewage sludge composting[J]. Environ Sci Technol, 49(12): 7356-7363.

Subirats J, Domingues A, Topp E. 2019. Does dietary consumption of antibiotics by humans promote antibiotic resistance in the gut microbiome?[J]. J Food Prot, 82(10): 1636-1642.

Sui Q, Zhang J, Chen M, et al. 2016. Distribution of antibiotic resistance genes (ARGs) in anaerobic digestion and land application of swine wastewater[J]. Environ Pollut, 213: 751-759.

Sun J, Chen C, Cui C Y, et al. 2019. Plasmid-encoded tet(X) genes that confer high-level tigecycline resistance in *Escherichia coli*[J]. Nat Microbiol, 4(9): 1457-1464.

Swapna K M, Rajesh R, Lakshmanan P T. 2012. Incidence of antibiotic residues in farmed shrimps from the southern states of India[J]. Indian J Geo-Mar Sci, 41(4): 344-347.

Szczepanowski R, Linke B, Krahn I, et al. 2009. Detection of 140 clinically relevant antibiotic-resistance genes in the plasmid metagenome of wastewater treatment plant bacteria showing reduced susceptibility to selected antibiotics[J]. Microbiology (Reading), 155(Pt 7): 2306-2319.

Tao R, Ying G G, Su H C, et al. 2010. Detection of antibiotic resistance and tetracycline resistance genes in Enterobacteriaceae isolated from the Pearl rivers in South China[J]. Environ Pollut, 158(6): 2101-2109.

Tao Y, Chen D, Yu H, et al. 2012. Simultaneous determination of 15 aminoglycoside(s) residues in animal derived foods by automated solid-phase extraction and liquid chromatography-tandem mass spectrometry[J]. Food Chem, 135(2): 676-683.

Tavakol M, Riekerink R G, Sampimon O C, et al. 2012. Bovine-associated MRSA ST398 in the Netherlands[J]. Acta Vet Scand, 54(1): 28.

Tavakoli H R, Firouzabadi M S S, Afsharfarnia S, et al. 2015. Detecting antibiotic residues by HPLC method in chicken and calves meat in diet of a military center in Tehran[J]. Acta Medica Mediterr, 31(7): 1427-1433.

Thi T D, Lopez E, Rodriguez-Rojas A, et al. 2011. Effect of *recA* inactivation on mutagenesis of *Escherichia coli* exposed to sublethal concentrations of antimicrobials[J]. J Antimicrob Chemother, 66(3): 531-538.

Thuny F, Richet H, Casalta J P, et al. 2010. Vancomycin treatment of infective endocarditis is linked with recently acquired obesity[J]. PLoS One, 5(2): e9074.

Trasande L, Blustein J, Liu M, et al. 2013. Infant antibiotic exposures and early-life body mass[J]. Int J Obes (Lond), 37(1): 16-23.

Tsukayama P, Pehrsson E, Patel S, et al. 2018. Transmission dynamics of antibiotic resistance genes in human and environmental microbiomes in Lima, Peru[J]. Int J Infect Dis, 73: 6.

Ubeda C, Maiques E, Knecht E, et al. 2005. Antibiotic-induced SOS response promotes horizontal dissemination of pathogenicity island-encoded virulence factors in *Staphylococci*[J]. Mol Microbiol, 56(3): 836-844.

Uchida K, Konishi Y, Harada K, et al. 2016. Monitoring of antibiotic residues in aquatic products in urban and rural areas of vietnam[J]. J Agric Food Chem, 64(31): 6133-6138.

UK-VARSS. 2017. UK veterinary antibiotic resistance and sales surveillance 2016[Z]. Veterinary Medicines Directorate.

Unicomb L E, Ferguson J, Stafford R J, et al. 2006. Low-level fluoroquinolone resistance among *Campylobacter jejuni* isolates in Australia[J]. Clin Infect Dis, 42(10): 1368-1374.

United Nations, Department of Economic and Social Affairs. 2022. World Population Prospects 2020[R]. https://www.un.org/development/desa/pd/sites/www.un.org.development.desa.pd/files/wpp2022_summary_of_res ults.pdf.[2024-6-14]

United States General Accounting Office. 2004. Antibiotic resistance: federal agencies need to better focus efforts to address risk to humans from antibiotic use in animals[R].

Unnerstad H E, Bengtsson B, Horn A R M, et al. 2013. Methicillin-resistant *Staphylococcus aureus* containing *mecC* in Swedish dairy cows[J]. Acta Vet Scand, 55(1): 6.

Urra J, Alkorta I, Lanzén A, et al. 2019. The application of fresh and composted horse and chicken manure affects soil quality, microbial composition and antibiotic resistance[J]. Appl Soil Ecol, 135: 73-84.

Vaarten J. 2012. Clinical impact of antimicrobial resistance in animals[J]. Rev Sci Tech, 31(1): 221-229.

van Boeckel T P, Brower C, Gilbert M, et al. 2015. Global trends in antimicrobial use in food animals[J]. P Natl Acad Sci USA, 112(18): 5649-5654.

van Boeckel T P, Glennon E E, Chen D, et al. 2017. Reducing antimicrobial use in food animals[J]. Science, 357(6358): 1350-1352.

van den Bogaard A E, Stobberingh E E. 1999. Antibiotic usage in animals: impact on bacterial resistance and public health[J]. Drugs, 58(4): 589-607.

van den Bogaard A E, Stobberingh E E. 2000. Epidemiology of resistance to antibiotics. Links between animals and humans[J]. Int J Antimicrob Agents, 14(4): 327-335.

van Rennings L, von Munchhausen C, Ottilie H, et al. 2015. Cross-sectional study on antibiotic usage in pigs in Germany[J]. PLoS One, 10(3): e119114.

Vanderhaeghen W, Cerpentier T, Adriaensen C, et al. 2010. Methicillin-resistant *Staphylococcus aureus* (MRSA) ST398 associated with clinical and subclinical mastitis in Belgian cows[J]. Vet Microbiol, 144(1-2): 166-171.

Wang F H, Qiao M, Chen Z, et al. 2015a. Antibiotic resistance genes in manure-amended soil and vegetables at harvest[J]. J Hazard Mater, 299: 215-221.

Wang F, Han W, Chen S, et al. 2020a. Fifteen-year application of manure and chemical fertilizers differently impacts soil ARGs and microbial community structure[J]. Front Microbiol, 11: 62.

Wang H, Ren L, Yu X, et al. 2017a. Antibiotic residues in meat, milk and aquatic products in Shanghai and human exposure assessment[J]. Food Control, 80: 217-225.

Wang H, Wang B, Zhao Q, et al. 2015b. Antibiotic body burden of Chinese school children: a multisite biomonitoring-based study[J]. Environ Sci Technol, 49(8): 5070-5079.

Wang H, Wang N, Wang B, et al. 2016. Antibiotics detected in urines and adipogenesis in school children[J]. Environ Int, 89-90: 204-211.

Wang J, Zhang X, Ling W, et al. 2017b. Contamination and health risk assessment of PAHs in soils and crops in industrial areas of the Yangtze River Delta region, China[J]. Chemosphere, 168: 976-987.

Wang S S, Liu J M, Sun J, et al. 2019a. Diversity of culture-independent bacteria and antimicrobial activity of culturable endophytic bacteria isolated from different Dendrobium stems[J]. Sci Rep, 9(1): 10389.

Wang Y, Li X, Fu Y, et al. 2020b. Association of florfenicol residues with the abundance of oxazolidinone resistance genes in livestock manures[J]. J Hazard Mater, 399: 123059.

Wang Y, Liu S, Xue W, et al. 2019b. The characteristics of carbon, nitrogen and sulfur transformation during cattle manure composting-based on different aeration strategies[J]. Int J Environ Res Public Health, 16(20): 3930.

Wang Y, Lv Y, Cai J, et al. 2015c. A novel gene, *optrA*, that confers transferable resistance to oxazolidinones and phenicols and its presence in *Enterococcus faecalis* and *Enterococcus faecium* of human and animal origin[J]. J Antimicrob Chemother, 70(8): 2182-2190.

Wang Y, Wu C, Zhang Q, et al. 2012. Identification of New Delhi metallo-beta-lactamase 1 in *Acinetobacter lwoffii* of food animal origin[J]. PLoS One, 7(5): e37152.

Wang Y, Xu C, Zhang R, et al. 2020c. Changes in colistin resistance and *mcr-1* abundance in *Escherichia coli* of animal and human origins following the ban of colistin-positive additives in China: an epidemiological comparative study[J]. Lancet Infect Dis, 20(10): 1161-1171.

Wang Y, Zhang R, Li J, et al. 2017c. Comprehensive resistome analysis reveals the prevalence of *NDM* and *MCR-1* in Chinese poultry production[J]. Nat Microbiol, 2(4): 16260.

Wegener H C. 2003. Antibiotics in animal feed and their role in resistance development[J]. Curr Opin Microbiol, 6(5): 439-445.

Wei M, Hu G, Wang H, et al. 2017. 35 years of manure and chemical fertilizer application alters soil microbial community composition in a Fluvo-aquic soil in Northern China[J]. Eur J Soil Biol, 82: 27-34.

Wei R, He T, Zhang S, et al. 2019. Occurrence of seventeen veterinary antibiotics and resistant bacterias in manure-fertilized vegetable farm soil in four provinces of China[J]. Chemosphere, 215: 234-240.

WHO. 2012. Critically important antimicrobials for human medicine, 3rd Revision[Z]. https://iris.who.int/bitstream/handle/10665/77376/9789241504485_eng.pdf?sequence=1. [2024-6-14]

WHO. 2018. Salmonella (non-typhoidal), https://www.who.int/news-room/fact-sheets/detail/salmonella-(non-typhoidal).[2024-6-14]

Wistrand-Yuen E, Knopp M, Hjort K, et al. 2018. Evolution of high-level resistance during low-level antibiotic exposure[J]. Nat Commun, 9(1): 1599.

Won S Y, Lee C H, Chang H S, et al. 2011. Monitoring of 14 sulfonamide antibiotic residues in marine products using HPLC-PDA and LC-MS/MS[J]. Food Control, 22(7): 1101-1107.

Wright G D. 2007. The antibiotic resistome: the nexus of chemical and genetic diversity[J]. Nat Rev Microbiol, 5(3): 175-186.

Wu X, Ernst F, Conkle J L, et al. 2013. Comparative uptake and translocation of pharmaceutical and personal care products (PPCPs) by common vegetables[J]. Environ Int, 60: 15-22.

Wu Z P. 2018. Antimicrobial use in food animal production: situation analysis and contributing factors[J]. Frontiers of Agricultural Science and Engineering, 5(3): 301-311.

Xu W, Zhang G, Zou S, et al. 2009. A preliminary investigation on the occurrence and distribution of antibiotics in the Yellow River and its tributaries, China[J]. Water Environ Res, 81(3): 248-254.

Yamaguchi T, Okihashi M, Harada K, et al. 2015. Antibiotic residue monitoring results for pork, chicken, and beef samples in Vietnam in 2012-2013[J]. J Agric Food Chem, 63(21): 5141-5145.

Yamaguchi T, Okihashi M, Harada K, et al. 2017. Detection of antibiotics in chicken eggs obtained from supermarkets in Ho Chi Minh City, Vietnam[J]. J Environ Sci Health B, 52(6): 430-433.

Yan Q, Li X, Ma B, et al. 2018. Different concentrations of doxycycline in swine manure affect the microbiome and degradation of doxycycline residue in soil[J]. Front Microbiol, 9: 3129.

Yang Q, Ren S, Niu T, et al. 2014a. Distribution of antibiotic-resistant bacteria in chicken manure and manure-fertilized vegetables[J]. Environ Sci Pollut Res Int, 21(2): 1231-1241.

Yang Y, Li B, Zou S, et al. 2014b. Fate of antibiotic resistance genes in sewage treatment plant revealed by metagenomic approach[J]. Water Res, 62: 97-106.

Yao H, Shen Z, Wang Y, et al. 2016. Emergence of a potent multidrug efflux pump variant that enhances *Campylobacter* resistance to multiple antibiotics[J]. mBio, 7(5): e1516-e1543.

Yim G, de la Cruz F, Spiegelman G B, et al. 2006. Transcription modulation of *Salmonella enterica* serovar Typhimurium promoters by sub-MIC levels of rifampin[J]. J Bacteriol, 188(22): 7988-7991.

Yiruhan, Wang Q J, Mo C H, et al. 2010. Determination of four fluoroquinolone antibiotics in tap water in Guangzhou and Macao[J]. Environ Pollut, 158(7): 2350-2358.

Zhai R, Fu B, Shi X, et al. 2020. Contaminated in-house environment contributes to the persistence and transmission of NDM-producing bacteria in a Chinese poultry farm[J]. Environ Int, 139: 105715.

Zhang M, He L Y, Liu Y S, et al. 2019a. Fate of veterinary antibiotics during animal manure composting[J]. Sci Total Environ, 650(Pt 1): 1363-1370.

Zhang M, He L Y, Liu Y S, et al. 2020. Variation of antibiotic resistome during commercial livestock manure composting[J]. Environ Int, 136: 105458.

Zhang X X, Gao J S, Cao Y H, et al. 2013. Long-term rice and green manure rotation alters the endophytic bacterial communities of the rice root[J]. Microb Ecol, 66(4): 917-926.

Zhang Y D, Zheng N, Han R W, et al. 2014. Occurrence of tetracyclines, sulfonamides, sulfamethazine and quinolones in pasteurized milk and UHT milk in China's market[J]. Food Control, 36(1): 238-242.

Zhang Y J, Hu H W, Chen Q L, et al. 2019b. Transfer of antibiotic resistance from manure-amended soils to vegetable microbiomes[J]. Environ Int, 130: 104912.

Zhang Y, Hao X, Alexander T W, et al. 2018. Long-term and legacy effects of manure application on soil microbial community composition[J]. Biol Fert Soils, 54(2): 269-283.

Zhao F, Yang L, Chen L, et al. 2019. Bioaccumulation of antibiotics in crops under long-term manure application: occurrence, biomass response and human exposure[J]. Chemosphere, 219: 882-895.

Zhao Q, Wang Y, Wang S, et al. 2016. Prevalence and abundance of florfenicol and linezolid resistance genes in soils adjacent to swine feedlots[J]. Sci Rep, 6(1): 32192.

Zheng N, Wang J, Han R, et al. 2013. Occurrence of several main antibiotic residues in raw milk in 10 provinces of China[J]. Food Addit Contam Part B Surveill, 6(2): 84-89.

Zhou L J, Ying G G, Liu S, et al. 2013. Occurrence and fate of eleven classes of antibiotics in two typical wastewater treatment plants in South China[J]. Sci Total Environ, 452-453: 365-376.

Zhou L J, Ying G G, Zhao J L, et al. 2011. Trends in the occurrence of human and veterinary antibiotics in the sediments of the Yellow River, Hai River and Liao River in northern China[J]. Environ Pollut, 159(7): 1877-1885.

Zhou X, Wang J, Lu C, et al. 2020. Antibiotics in animal manure and manure-based fertilizers: occurrence and ecological risk assessment[J]. Chemosphere, 255: 127006.

Zhu Y G, Johnson T A, Su J Q, et al. 2013. Diverse and abundant antibiotic resistance genes in Chinese swine farms[J]. Proc Natl Acad Sci USA, 110(9): 3435-3440.

第二章 动物源细菌耐药性现状

规模化、集约化养殖业的持续发展离不开抗菌药物,然而,抗菌药物在养殖业的过度及不合理使用也引起了动物源细菌耐药性的日益加重与广泛传播。动物源耐药菌的流行不仅加大了畜禽疫病的防控难度、给养殖业造成了巨大损失,而且动物源耐药菌还可通过食物链感染人体或将耐药基因转移至人体病原菌,给食品安全和人体健康带来潜在危害。

本章重点阐述国内外动物源细菌耐药性现状,首先介绍了细菌耐药性的概念、判定标准及检测监测方法,然后通过系统查询国内外文献、总结欧美等国家耐药性监测系统及国际组织的数据,较为全面地展示了常见动物源细菌(共栖指示菌、食源性致病菌、动物病原菌等)的耐药现状,包括大肠杆菌、肠球菌、沙门菌、弯曲菌、金黄色葡萄球菌、肺炎克雷伯菌、链球菌、副猪嗜血杆菌、胸膜肺炎放线杆菌、产气荚膜梭菌、支原体等18类细菌。细菌耐药性现状数据涉及的抗菌药物不仅包括现有批准使用的兽用抗菌药物、过去批准使用的药物(包括促生长药物),还包括医学临床上的重要抗菌药物(未在动物上批准使用的药物),如美罗培南、替加环素、万古霉素、利奈唑胺等。此外,由于宠物行业发展迅速,且宠物与人类接触较为频繁,其对人类健康与公共卫生具有重大意义,因此本章中专门有一节内容阐述了宠物源大肠杆菌、肺炎克雷伯菌、葡萄球菌及肠球菌的耐药现状和发展趋势。

第一节 细菌耐药性及检测与监测

一、细菌耐药性概述

(一)细菌耐药性

细菌耐药性又称抗药性,是指细菌对某些抗菌药物作用的耐受性。根据产生的原因,细菌耐药性可分为固有耐药性和获得耐药性。固有耐药性是指细菌对某些抗菌药物天然不敏感,其耐药相关基因来自亲代,存在于其染色体上,具有种属特异性,亦称为天然耐药性;获得耐药性是指细菌基因组 DNA 的改变导致其获得了耐药表型,其耐药性来源于基因突变,或经接合、转导、转化等方式获得耐药基因。长期使用抗菌药物后,不耐药的敏感菌株不断被杀灭,耐药菌株取代敏感菌株存活下来,从而使细菌对该种药物的耐药率不断升高。细菌对某种药物耐药后,对于结构相近或作用机制相同的药物也可显示耐药性,称为交叉耐药,根据程度的不同,又可分为完全交叉耐药和部分交叉耐药。随着抗菌药物应用的日益广泛,细菌对结构完全不同、作用机制各异的不同类抗菌药同时表现耐药时,称为共同耐药。细菌对三类(如氨基糖苷类、大环内酯类、β-内酰胺类）或三类以上抗菌药物同时耐药，称为多重耐药；细菌对几乎所有大类抗菌药物均表现为耐药，称为泛耐药。

（二）动物源细菌耐药性监测概况

动物源细菌耐药不仅可以危害畜禽养殖业，还可以潜在危害人类健康。世界卫生组织（WHO）、世界动物卫生组织（WOAH 或 OIE）和联合国粮食及农业组织（FAO）等国际组织高度关注动物源细菌耐药性，均建议各国特别是发展中国家，尽快建立切实可行的检测监测方法，开展细菌耐药性调查，建立国家监测网，控制以期消除细菌耐药性的问题，从而保证食品安全和人类健康。

20 世纪 90 年代中期，欧美地区的发达国家意识到细菌耐药性的潜在危害，丹麦（DANMAP，1995）、芬兰（FINRES，1995）、美国（NARMS，1996）、西班牙（VAV，1996）、法国（ONERBA，1997）、挪威（NORM，2000）、瑞典（SVARM，2000）、澳大利亚（DAFF，2000）、加拿大（CIPARS，2002）、荷兰（MARAN，2002）、意大利（ITAVARM，2003）等先后成立了国家耐药性监测系统，分别监测动物、食品和人体内分离的食源性病原菌耐药性，并定期发布耐药性监测年度报告。亚洲地区的韩国（KONSAR，1997）和日本（JVARM，1999）也较早地建立了耐药性监测系统。

为更好地服务于我国养殖业，促进养殖环节科学合理用药，保障动物源性食品安全和公共卫生安全，我国农业部（现农业农村部）在 2008 年成立了国家兽药安全评价（耐药性监测）实验室，并发布耐药性监测计划，开始开展对动物源细菌的耐药性监测工作。农业农村部兽医局负责组织开展全国动物源细菌耐药性监测工作，制定并发布监测计划，分析和应用监测结果。中国兽医药品监察所负责全国动物源细菌耐药性监测的技术指导、数据库建设与维护、药敏试验板的设计与质量控制、监测结果的汇总分析工作。省级畜牧兽医行政管理部门负责协助完成国家监测计划相关任务，协助监测任务承担单位做好采样工作。有条件的省份应积极争取财政支持，制定并组织实施本辖区动物源细菌耐药性监测计划。监测任务承担单位为农业农村部部属有关单位及可承接政府购买服务的高等院校、科研院所、省级兽药检验机构和第三方检测机构等，这些单位共同承担动物源细菌耐药性监测任务，负责实施耐药性监测工作。通过十多年的发展，目前监测范围覆盖全国 30 个省（自治区、直辖市），监测的细菌种类主要有大肠杆菌、沙门菌、肠球菌、金黄色葡萄球菌、弯曲菌等，样品主要来自鸡、鸭、猪、羊、牛等养殖场及其屠宰场。不同细菌监测抗菌药物的种类有所不同，其中，大肠杆菌和沙门菌监测 16 种抗菌药物的耐药性；肠球菌、金黄色葡萄球菌、产气荚膜梭菌等监测 18 种抗菌药物的耐药性；弯曲菌监测 9 种抗菌药物的耐药性。

二、细菌耐药性检测与监测

细菌耐药性的有效监测是实现耐药性控制的前提条件，根据 WOAH 的定义，监测是指：①基于科学的调查（包括基于统计学的计划）；②农场、市场和屠宰场动物的常规采样与检测；③一个有组织的前哨计划，对家畜、家禽、传播媒介采样或收集兽医临床上的药敏诊断结果；④储藏生物样品以便回顾性研究；⑤兽医临床实验室记录的分析。被动监测是指来源于计划外的样品被递交给实验室进行检测。主动监测则是通过主动设计采样方案以满足监测计划的目的。由于被动监测的样本来源缺乏代表性，一般应进行主动监测，而被动监测可补充提供相关信息。监测计划的目的是检测动物源细菌耐药性发展的趋势，应包括动物种类、细菌种类、抗菌药物等内容，同时应考虑基于统计学的采样方法、数据收集、记录、耐药性检测方法、评价和数据使用等方面。本节简要介绍动物源样品的采集、细菌的分离培养及鉴定、细菌药物敏感性测定及耐药性判定。

（一）样品的采集

采样时应考虑动物的分类，包括牛、羊、猪、肉鸡、蛋鸡和养殖鱼等，同时还应考虑动物使用抗菌药物的区域性情况、季节性因素及环境等；此外，还应考虑动物源性食品。我国动物源细菌耐药性监测计划要求，各监测任务承担单位要按照相关规定，从全国各地的养殖场（包括养鸡场、养鸭场、养猪场、养羊场、奶牛场）或屠宰场采样，并做好养殖场用药情况和饲料来源调查，填写"采样记录表"。采样类型包括泄殖腔/肛拭子、盲肠或其内容物、牛奶、扁桃体拭子、病料组织等。

采样方法必须基于统计学基础，应该确保样本对所关注动物种群的代表性和样本量的达标难易程度。采样应考虑以下方面的内容：样品量、样品来源（动物、食品、饲料）、动物品种、种内动物的类别及层次（年龄组、养殖模式）、动物的健康状况（健康、患病）、随机采样（针对性和系统性）、样本类型（粪便、胴体、加工食品）。采样策略应该基于监测计划的具体目标。样品特定代表了一个特殊动物群体或所关注的种群，由于我国畜牧业生产具有多样性的特点，采样方案应针对不同的动物种类、动物品种、气候区域和生产管理模式，随机地、系统地或分层次地采集。

通常，家畜采集粪便样品，家禽采集整个盲肠。从牛和猪的粪便样品中分离所需细菌，一般 5～50 g 的样品数量较为合适。和小样本数量相比，大样本数量可保证所需菌株的分离数量。同一样品可同时用于分离病原菌和共栖菌。不同样品应分开包装、妥善密封，避免样品泄漏和交叉污染。用于分离弯曲菌、产气荚膜梭菌等培养条件特殊的样品，应排除包装袋中的空气，置相应产气包，保持微需氧/厌氧环境。样品应在 2～8℃保存运输，时间不宜超过 72 h；用于分离弯曲菌、产气荚膜梭菌和副猪嗜血杆菌等的样品，不宜超过 24 h。

（二）细菌的分离培养及鉴定

常见动物源细菌如大肠杆菌、肠球菌、沙门菌、金黄色葡萄球菌、弯曲菌等的分离鉴定采用选择性培养基，用生化试验、聚合酶链反应（PCR）技术或血清学方法对分离物进行鉴定。分离到的菌株在–20℃以下加甘油保护剂冷冻保存或用其他合适方法保存，以便后续研究。具体方法见表 2-1。

表 2-1　细菌的分离培养及鉴定方法

监测细菌	主要选择性培养基	主要试剂	菌落形态	培养条件
大肠杆菌	麦康凯琼脂培养基	营养肉汤或脑心浸液肉汤（BHI）	粉红色、边缘光滑菌落	（36±1）℃，培养 18～24h
肠球菌	肠球菌显色培养基	营养肉汤或 BHI	红色至紫红色菌落	（36±1）℃，培养 18～24h
沙门菌	沙门菌显色培养基	亚硒酸盐胱氨酸增菌液（SC）、四硫磺酸盐增菌液（TTB）	紫色菌落	（36±1）℃，培养 22～24h
弯曲菌	弯曲菌选择性（CCD）培养基	哥伦比亚血琼脂培养基	灰色、湿润、凸起、光滑圆润、边缘整齐菌落	（42±1）℃，微需氧条件下培养 24～48h
金黄色葡萄球菌	金黄色葡萄球菌显色培养基	7.5%氯化钠肉汤、10%氯化钠胰酪胨大豆肉汤	粉红色-紫红色边缘整齐菌落	（36±1）℃，培养 24～48h
单增李斯特菌	PALCAM 培养基	李斯特菌显色培养基、LB_1 和 LB_2 增菌液、TSA-YE 培养基	小而圆，灰绿色，周围有棕黑色水解圈，有些菌落有黑色凹陷	（36±1）℃，培养 24～48h
副溶血性弧菌	TCBS 培养基	3%氯化钠碱性蛋白胨水、3%氯化钠碱性蛋白胨大豆琼脂培养基	圆形、半透明、表面光滑的绿色菌落，用接种环轻触，有类似口香糖的质感	（36±1）℃，培养 18～24h
肺炎克雷伯菌	尿道菌显色培养基	脑心浸液琼脂培养基（BHA）	蓝色菌落	（36±1）℃，培养 18～24h
副猪嗜血杆菌	胰蛋白胨大豆琼脂（TSA）培养基	胰蛋白胨大豆肉汤（TSB）、无支原体胎牛血清、烟酰胺腺嘌呤二核苷酸（NAD）	半透明、边缘光滑菌落	（36±1）℃，培养 36～48h
胸膜肺炎放线杆菌	巧克力琼脂培养基	绵羊血琼脂培养基、NAD、葡萄球菌	折光性、"卫星现象"	（36±1）℃，培养 24～48h
假单胞杆菌	CN 琼脂培养基	金氏 B（King's B）培养基	显蓝色或绿色（绿脓色素）菌落	（36±1）℃，培养 24～48h
产气荚膜梭菌	胰胨-亚硫酸盐-环丝氨酸（TSC）琼脂培养基	液体硫乙醇酸盐培养基（FTG）、P-15B D-环丝氨酸、绵羊血琼脂培养基	黑色且有乳白色晕圈菌落	（36±1）℃，厌氧培养 20～24 h
鸭疫里默氏杆菌	血清琼脂培养基	麦康凯琼脂培养基	湿润、呈滴露样、圆形隆起、表面光滑、边缘整齐的灰白色菌落	（36±1）℃，含 5%～10% CO_2，培养 24～48 h

（三）细菌药物敏感性测定及耐药性判定

细菌耐药表型的检测方法主要采用美国临床和实验室标准协会（Clinical and Laboratory Standards Institute，CLSI）和欧洲药敏试验委员会（European Committee on Antimicrobial Susceptibility Testing，EUCAST）推荐的琼脂稀释法、微量肉汤稀释法和纸片法。这些检测方法的优点是：操作简单，流程规范，有成熟的检测标准和耐药折点，结果可靠，能够相对准确地指导临床用药。

琼脂稀释法和微量肉汤稀释法是实验室常用的细菌药物敏感性定量检测方法。其主要过程是将一定浓度的药物在琼脂培养基或肉汤培养基中进行梯度稀释，然后将菌株接种于准备好的琼脂或肉汤培养基中。根据菌株特点，选择合适的培养条件进行培养。最后，观察其生长状况获得菌株的最小抑菌浓度（MIC）。纸片法一般有 E-Test 纸片法和 K-B 纸片法。E-Test 纸片法中所用到的 E-Test 纸条是将一系列浓度的药物固定于一张纸条上，将纸条贴置于涂布了待测细菌的琼脂培养基上，细菌在不同药物浓度的纸片周围会形成不同抑菌圈，最后呈现一个倒置水滴样抑菌圈，读取抑菌圈与纸条汇合处数值，即为该药物 MIC。K-B 纸片法是将含有定量抗菌药物的纸片贴在已接种待检菌的琼脂平板上。由于纸片上的药物向周围的琼脂中扩散，从而形成浓度梯度，纸片周围会形成透明抑菌圈，抑菌圈的大小即可反映检测菌对测定药物的敏感程度。由于该方法具有操作简便、成本较低和可灵活选择待测抗菌药物等优势，被广泛用于临床和实验室的定性研究，以及指导临床用药；缺点是难以通过抑菌圈获得准确的 MIC 值。

细菌耐药性通过抗菌药物耐药性折点（breakpoint）判定，耐药性折点判断标准是综合野生型细菌 MIC 分布情况和药物的药代/药效学参数而制定的。目前细菌耐药性折点判断标准应用最多的是美国 CLSI 标准和欧盟 EUCAST 标准。CLSI 是一个综合性的非营利性国际标准方法开发和教育组织，它的许多临床试验标准和实践被认为是黄金标准。EUCAST 主要致力于协调欧洲药敏试验方法和耐药性判定标准的开发过程，使其能够规范适用于尽可能多的国家。中国耐药性判定标准的研究起步较晚，主要借鉴美国 CLSI 所设立的耐药性判定标准。2017 年，在欧洲临床微生物和传染病学会、EUCAST 的支持下，中国成立了华人抗菌药物敏感性试验委员会。近年来，在中国兽医药品监察所的带领下，各研究机构人员在动物源细菌耐药性判定标准及耐药性监测方面也取得了突破性的进展，为控制中国抗菌药物耐药性的发展奠定了坚实的基础。然而由于多方面的原因，尚未制定符合我国兽用抗菌药物特色和耐药流行现状的敏感性折点判定标准。兽用抗菌药物的敏感性折点多是参考美国 CLSI 抗菌药物敏感性标准或 CLSI-VET 的少数标准。目前国际社会（包括 CLSI-VET 和 VetCAST）关于兽用抗菌药物对畜禽病原菌的敏感性评价标准尚不完善。研究制定细菌对药物的敏感性折点是开展病原菌耐药性监测的基础，也是临床合理用药的根本依据。因此，我国尚需开展深入系统的研究工作，制定符合国情的兽用抗菌药对畜禽病原菌的敏感性评价标准。

第二节　重要动物源细菌耐药性

一、共栖指示菌耐药性

由于大肠杆菌和肠球菌来源广泛且容易获得，因此对这些共栖指示菌进行药物敏感性监测，可以分析抗菌药物使用对相关细菌群体的选择压力，进而可能对畜禽中耐药性的出现以及传播到动物源性食品进行早期预警。此外，大肠杆菌和肠球菌与其他共生细菌可以成为耐药基因的储存库，这些基因可以在不同细菌菌种之间转移。这些指示细菌可以更准确地评估抗菌药物的使用效果和食品动物细菌中耐药性的流行趋势。因此，畜禽源、食品源、环境源大肠杆菌和肠球菌的耐药性调查监测，可以为养殖场中相应抗菌药物的合理使用提供数据支持，减少耐药菌的产生与传播。

（一）大肠杆菌

大肠杆菌（*Escherichia coli*）又称大肠埃希菌，是人和动物肠道中的正常菌群，广泛存在于人、畜禽、经济动物、伴侣动物及环境中。其在一定条件下可致病，引起人和多种动物的腹泻、败血症等多种局部组织器官感染。随着养殖业的规模化发展，养殖动物处于高营养、高密度的饲养环境中，自身免疫力低，加上各种应激反应和疫苗保护不完善，极易发生细菌感染，对养殖业产生重大危害。大肠杆菌也可以与其他细菌或病毒共同感染养殖动物，导致这些动物的发病率和死亡率增加，给整个畜牧业造成巨大的经济损失。

1. 动物源大肠杆菌耐药现状

近年来的研究数据表明，中国、亚洲其他地区和非洲动物源大肠杆菌的耐药水平整体高于欧洲和北美地区，且呈现先逐渐上升、后趋于平稳的趋势，而欧洲和北美洲近三十年的动物源大肠杆菌的耐药率相对稳定，并伴随有缓慢下降趋势。一直以来，动物源大肠杆菌对氨苄西林和四环素类抗菌药物的耐药性最为严重，除北欧的某些国家外，世界其他地区分离株的耐药率均可达 60%以上，其中四环素的耐药率在中国、东南亚和美国部分地区超过 90%。本部分内容通过对全球大肠杆菌耐药性数据进行收集与分析，阐述了世界多个地区动物源大肠杆菌耐药性的基本情况与变化趋势。

1）欧洲

在世界范围内，欧洲是较早启动对动物源大肠杆菌耐药性监测的地区。欧盟委员会在 1998 年建立了欧洲抗菌药物耐药性监测网（European Antimicrobial Resistance Surveillance Network，EARS-Net），该监测网络的出现提高了欧洲监测数据的质量，提供了大量有关抗菌药物耐药性的参考数据。而欧盟食品安全局（European Food Safety Authority，EFSA）则对该地区各个国家的耐药数据进行了汇总与分析。

欧洲国家较多，药物使用及管理政策有较大差异，因此，大肠杆菌的耐药水平在各国之间存在很大的差异。EFSA 的数据显示，在 2004～2007 年，法国、希腊、荷兰、意大利及西班牙等中欧和西欧地区的动物源大肠杆菌的耐药率要远高于丹麦、芬兰和挪威等北欧国家，且对青霉素类、四环素类和磺胺类药物的耐药情况最为严重，其中鸡源大肠杆菌耐药情况见表 2-2。

表 2-2　2004～2007 年欧洲地区鸡源大肠杆菌耐药率（EFSA，2010a）　　　（%）

地区	氨苄西林	四环素类	磺胺类	氯霉素	头孢类
奥地利	19～25	14～27	28～30	5	0～2
丹麦	11～18	7～11	9～18	0	0～2
芬兰	16	17	13	0～17	0
法国	37～48	73～78	92	4～8	2
希腊	50	70	—	50	—
德国	43～64	38～57	24～52	2	0～28
意大利	60～83	68～71	58～69	24～39	11
荷兰	60～66	53～61	63～72	16～19	14～21
波兰	54～55	47～57	32～43	5～9	—
西班牙	58	68～76	49～54	17～27	18～24
瑞典	4～5	3～6	6～9	0	0～1
挪威	13～17	4～5	9～14	0	0～1
瑞士	14～16	34～39	40～41	4	0～1

注："—"表示无数据。

由 EFSA 提供的 2008 年度欧洲各国动物源大肠杆菌耐药监测报告（EFSA，2010b）可以看出，欧洲大肠杆菌分离株对四环素类、青霉素类、磺胺类、链霉素和喹诺酮类药物耐药率在地区间差异很大，对四环素的耐药最为普遍，且整体耐药率水平较高。欧盟成员国动物源大肠杆菌对四环素类、青霉素类及磺胺类的整体耐药率分别为 40%、42%和 37%，其中芬兰（6%）和丹麦（11%）对四环素的耐药率最低，其他国家的四环素耐药率在 26%（奥地利）至 73%（西班牙和法国）之间；欧盟成员国的分离株对环丙沙星和萘啶酸的整体耐药率分别为 45%和 46%，其中丹麦分离株对环丙沙星耐药率最低（12%），西班牙分离株对环丙沙星耐药率最高（88%），奥地利、荷兰、芬兰和法国分离株对环丙沙星的耐药率为 21%～69%。此外，除丹麦和瑞士未检测到头孢噻肟耐药株外，有 6 个欧盟成员国测定了分离株对头孢噻肟的耐药情况，平均耐药率为 9%，不同国家分离株对头孢噻肟的耐药率为 1%～30%。

大肠杆菌耐药率的差异不仅表现在国家之间，也体现在不同动物之间（肉鸡、火鸡、猪和犊牛等）。在一些国家，四种动物来源的大肠杆菌均表现出极高水平的耐药率，而另一些国家的动物源大肠杆菌的耐药率则较低。半数以上的国家存在对环丙沙星、萘啶酸耐药的大肠杆菌，且以肉鸡和火鸡来源的菌株为主，猪和犊牛来源的菌株相对较少。在所有动物类别中，大肠杆菌分离株对氯霉素的耐药率处于较低或中等水平，但在个别国家耐药率偏高；对庆大霉素、头孢噻肟、头孢他啶、多黏菌素或阿奇霉素的耐药率较低，只有少数国家的耐药率较高；所有国家均未发现对美罗培南耐药的大肠杆菌；替加环素耐药菌仅分离到 3 株，分别来自比利时肉鸡（2 株）和猪（1 株）。肉鸡源大肠杆菌分离株对环丙沙星（73.5%）和萘啶酸（64.1%）耐药率较高，相比之下，火鸡源大肠杆菌对该类抗菌药物的耐药率略低（环丙沙星 34.8%，萘啶酸 56.5%）。在不同动物源大肠杆菌分离株中，对第三代头孢类药物（头孢噻肟或头孢他啶）耐药的数据较为缺乏（EFSA，2010b）。

多重耐药大肠杆菌在四种动物中的比率也存在差异。总体而言，肉鸡和火鸡源多重耐药大肠杆菌的比率要高于猪和犊牛源，其中火鸡源最高（可达 43.5%），肉鸡源次之（为 42.2%），猪和犊牛源分别是 34.9%和 27.7%。这些多重耐药大肠杆菌分离株呈现多种耐药谱型，猪和犊牛源分离株最常见的耐药谱型是四环素-氨苄西林-磺胺甲噁唑-甲氧苄啶耐药，约有一半的猪（48.5%）和犊牛（54.5%）源多重耐药大肠杆菌对这四种抗菌药物都具有耐药性，该耐药谱型在肉鸡和火鸡源分离株中也很常见，占比分别为 43.4%和 45.7%。此外，禽源多重耐药分离株中喹诺酮类药物耐药现象较为普遍（肉鸡为 78.9%，火鸡为 71.7%），而猪（24.8%）和犊牛（28.9%）源多重耐药分离株对喹诺酮类抗菌药物的耐药率较低。多黏菌素和第三代头孢类药物的耐药性在四种来源动物的多重耐药分离株中均不常见，耐药率分别是：猪源为 0.5%和 3.3%，犊牛源为 2.3%和 3.6%，肉鸡源为 1.3%和 6.2%，火鸡源为 6.5%和 4.3%。总体而言，多重耐药分离株在肉鸡和火鸡中较猪和犊牛中更为常见，不同国家、不同动物来源的分离株耐药性均存在差异（EFSA，2010b）。

根据 EFSA 发布的《2019—2020 年欧盟国家人、动物和食品源人兽共患病原菌及指示细菌抗菌药物耐药性总结报告》显示，欧洲地区猪源大肠杆菌对四环素的耐药情况最为严重，其耐药率在波兰、斯洛伐克和冰岛呈逐渐上升的趋势，在丹麦、保加利亚、芬兰、希腊、葡萄牙、瑞典和瑞士保持平稳，而在奥地利、比利时、法国、西班牙、捷克、德国、拉脱维亚、罗马尼亚、英国和荷兰整体呈缓慢下降趋势；对氨苄西林的耐药率在奥地利、比利时、丹麦、法国、波兰、西班牙、希腊、匈牙利、爱尔兰、意大利、拉脱维亚和斯洛伐克呈现逐步升高的趋势，在德国、立陶宛、荷兰和挪威表现为下降趋势，在比利时、克罗地亚、塞浦路斯、葡萄牙、罗马尼亚、斯洛文尼亚和冰岛波动较大，其余国家均维持平稳。欧洲猪源大肠杆菌对环丙沙星和头孢噻肟的耐药率整体较低，西班牙、克罗地亚、希腊、意大利、拉脱维亚、立陶宛、马耳他、波兰、葡萄牙、罗马尼亚和斯洛伐克分离株的耐药率略有上升，保加利亚明显下降，其他国家较平稳。

相比之下，2009～2020 年，欧洲地区禽源大肠杆菌对四环素和氨苄西林的耐药情况好于猪源大肠杆菌，这两种药物的耐药率仅在比利时、斯洛伐克、马耳他观察到明显的上升趋势，在保加利亚、爱沙尼亚、法国、德国、爱尔兰、意大利、拉脱维亚、荷兰、葡萄牙、罗马尼亚、西班牙和英国的耐药率稍有下降，而其他国家禽源大肠杆菌对这两种药的耐药情况无明显变化。值得关注的是，与猪源大肠杆菌不同，欧洲大部分地区的禽源大肠杆菌对环丙沙星的耐药现象较为严重，其中在塞浦路斯、捷克、丹麦、德国、匈牙利有逐渐上升的趋势，这可能是由于禽和猪养殖过程中用药不同造成的。此外，欧洲各国禽源大肠杆菌对三代头孢类药物头孢噻肟的整体耐药率较低，且没有明显上升的趋势。

欧洲各国禽源大肠杆菌对青霉素类、四环素类、磺胺类和喹诺酮类药物的耐药率差异较大（表 2-3）。2018 年欧洲地区禽源大肠杆菌耐药数据显示，欧洲分离株对多种药物具有较高的耐药率，氨苄西林的耐药率为 70%，环丙沙星、磺胺甲噁唑、四环素和萘啶酸的耐药率约为 60%。总体来说，东欧和南欧地区的耐药率相对较高，其中环丙沙星耐药率可达 92%，北欧国家（瑞典、挪威、芬兰、丹麦、冰岛）耐药率较低（<20%）（EFSA and ECDC，2020）。

表 2-3 2018 年欧洲地区禽源大肠杆菌耐药率（EFSA and ECDC，2020）　（%）

地区	青霉素类	四环素类	磺胺类	喹诺酮类
英国	46.4	26.8	40.4	15.8
北欧	4.0～89.0	2.2～53.8	1.4～69.9	1.3～80.6
西欧	25.7～84.2	15.9～55.5	22.4～75.3	5.3～53.4
东欧	40.0～85.6	20.1～76.2	33.5～82.4	73.5～91.8
南欧	50.0～81.8	50.6～74.7	23.8～65.3	52.9～90.6
欧洲	52.1	40.3	43.7	55.9

2019～2020 年，欧洲畜禽源大肠杆菌对氨苄西林、磺胺甲噁唑/甲氧苄啶和四环素的耐药率较高；禽源大肠杆菌对喹诺酮类药物耐药较为普遍，对萘啶酸、环丙沙星耐药率中位数分别达到 51.8%和 60.7%。各国之间的耐药水平存在较大差异，其中北欧报告的耐药性水平普遍较低。多重耐药谱中最常出现的抗菌药物种类包括四环素、氨苄西林、

磺胺甲噁唑/甲氧苄啶,禽源大肠杆菌还常具有喹诺酮类药物耐药表型(EFSA and ECDC,2022)。

综上,欧洲不同国家和不同动物来源的大肠杆菌对青霉素类、四环素类、磺胺类和喹诺酮类药物的耐药率及多重耐药率差异很大,对氨苄西林、四环素、磺胺类、喹诺酮类药物耐药水平普遍较高,北欧国家情况好于欧洲其他国家。整体上,欧洲地区近年来禽源大肠杆菌对多种抗菌药物的耐药水平有明显降低趋势。在多重耐药大肠杆菌方面,肉鸡、火鸡源大肠杆菌多重耐药率高于猪、牛源大肠杆菌。

2)美洲

美国于 1996 年成立了美国国家抗菌药物耐药性监测系统(National Antimicrobial Resistance Monitoring System,NARMS),该系统监测零售肉及食品动物源细菌的抗菌药物耐药性。下面提到的美国动物源大肠杆菌对几种重要抗菌药物的耐药数据均来自NARMS。

整体而言,禽源大肠杆菌对青霉素类、磺胺类及喹诺酮类抗菌药物的耐药率相对较低,但对四环素的耐药率一直保持在较高水平(表 2-4)。从 2000 年到 2020 年,分离株对四环素的耐药率呈波动状态,2000~2012 年有所降低,但在 2013 年后呈上升趋势,在 2015~2017 年接近 100%,2017~2020 年间又逐渐降低至 50%以下。2001~2010 年,对链霉素的耐药率从 78%下降到 46%(Roth et al.,2019)。NARMS 的数据显示,2021~2022 年美国禽源大肠杆菌对链霉素耐药率已降到 26.3%~26.5%(FDA,2022),对庆大霉素(经批准使用)和氨苄西林(未经批准,但青霉素 G 被批准)的耐药率分别为 40%和 20%左右。另外,大肠杆菌多重耐药率约为 50%。总体而言,美国禽源大肠杆菌的耐药水平整体相对稳定,对部分药物的耐药率有所下降。

表 2-4　1980~2022 年美国禽源大肠杆菌耐药率(FDA,2022)　　　　(%)

年份	青霉素类	四环素	磺胺类	喹诺酮类	链霉素
1980~2000	10.8~18.8	47.5~54.3	28.4~35.7	—	—
2001~2010	11.7~18.5	53.1~85.4	20.3~34.9	3.5~10.2	46.4~77.5
2011~2020	10.3~21.4	47.7~99.9	8.9~22.4	2.0~12.6	31.8~52.4
2021~2022	—	19.3~31.7	0~24.6	0~8.7	26.3~26.5

注:"—"表示无数据。

火鸡是美国重要的食品动物之一,因此 NARMS 也对火鸡源大肠杆菌的耐药情况进行了监测。数据显示,与 2008~2014 年相比,火鸡源大肠杆菌在 2015~2022 年的整体耐药水平呈略微下降的趋势。相对于其他类抗菌药物,火鸡源大肠杆菌对青霉素类药物的耐药率高于其他动物来源的分离株。另外,监测数据表明,美国猪源大肠杆菌对四环素、链霉素、青霉素类和磺胺类这四类抗菌药物的耐药情况好于火鸡源分离菌。相比于 2008~2014 年,2015~2020 年大肠杆菌对这四类药物的耐药率均有所上升,详见表 2-5。

综上,美国动物源大肠杆菌的整体耐药率在世界处于中等水平,低于中国、亚洲及欧洲部分地区,但远高于北欧部分国家。家禽源大肠杆菌对青霉素类及喹诺酮类抗菌药物的耐药率相对较低，但对四环素的耐药率一直保持在较高水平；火鸡源大肠杆菌对青霉素类药物的耐药率远高于其他动物来源的分离株；鸡和火鸡源大肠杆菌的耐药率相对稳定且有下降趋势，但猪源大肠杆菌的耐药率却呈现上升趋势。

表 2-5　2008～2022 年美国猪源和火鸡源大肠杆菌耐药率（FDA，2022）　　（%）

来源	年份	青霉素类	四环素	磺胺类	链霉素
火鸡	2008～2014	51.6～58.0	69.4～85.7	44.7～56.8	47.7～67.0
	2015～2020	48.7～58.2	67.0～78.1	30.9～47.4	37.8～58.2
	2021～2022	—	57.0～66.2	28.7～36.4	35.5～39.2
猪	2008～2014	11.7～19.3	39.1～60.3	6.8～16.4	13.0～19.5
	2015～2020	15.0～36.9	56.7～67.9	14.0～26.1	19.3～39.7
	2021～2022	—	59.6～70.5	13.4～26.6	34.0～34.5

注："—"表示无数据。

加拿大于 2002 年建立了细菌耐药性监测系统（Canadian Integrated Program for Antimicrobial Resistance Surveillance，CIPARS），该系统提供多种细菌的耐药数据，并以年度报告的形式发布。如表 2-6 所示，CIPARS（2011）提供的数据显示，加拿大动物源大肠杆菌对多种药物的耐药率整体略低于美国。2003 年，加拿大肉鸡源大肠杆菌分离株对四环素的耐药率为 69%，在 2008 年降低至 51%后趋于稳定。监测期间，肉鸡源大肠杆菌对青霉素类药物的耐药率保持稳定，对磺胺类及氨基糖苷类的耐药率均呈小幅上升趋势。火鸡源大肠杆菌的耐药率与肉鸡源相当，而猪源和牛源大肠杆菌的耐药率要远低于肉鸡源分离株。目前，加拿大颁布的有关重要抗菌药物的新政策法规限制了肉鸡场和养猪场中抗菌药物的使用（禁止用于促进生长，并且仅凭处方供应）。对 2013～2019 年肉鸡源大肠杆菌耐药性的监测显示，除了庆大霉素和萘啶酸的耐药率略有上升，其他药物包括四环素、氨苄西林、头孢曲松、头孢西丁和阿莫西林/克拉维酸钾的耐药率均呈逐年下降趋势（Huber et al.，2021）。

表 2-6　2003～2019 年加拿大动物源大肠杆菌耐药率　　　　（%）

年份/来源	青霉素类	四环素	磺胺类	氨基糖苷类	链霉素	参考文献
2003～2008/肉鸡	36～43	51～69	4～15	8～15	33～52	（CIPARS，2011）
2007～2008/牛	11.5	15.93	<10	<10	17.7	（Majumder et al.，2021）
2009～2013/肉鸡	37～53	48～57	9～21	10～22	45～60	（CIPARS，2018）
2012～2016/猪	8～36	17～69	0～16	0～7	8～48	（CIPARS，2018）
2012～2016/火鸡	23.0～36	42～70	0～15	7～31	30～56	（CIPARS，2018）
2007～2016/牛	1～6	14～36	0～5	0～3	5～18	（CIPARS，2018）
2013～2019/肉鸡	38.9～42.1	45.2～48.4	37.8～41.0	17.2～19.7	44.7～47.9	（Huber et al.，2021）

总体来看，肉鸡源大肠杆菌耐药性最高，其次是火鸡源大肠杆菌，猪源、牛源大肠杆菌耐药率远低于禽源（包括肉鸡、火鸡）。

3）亚洲

亚洲地区，除日本、韩国等国家外，其他国家普遍缺乏统一的动物源细菌耐药性监

测系统。本节中大肠杆菌的耐药数据多数来源于期刊文献，数据较为零散。通过对比
2000～2010 年、2011～2020 年两个时间段的耐药数据，可以看出亚洲各国动物源大肠
杆菌对抗菌药物的耐药率呈现上升的趋势。

2010～2020 年对韩国鸡、猪、牛源大肠杆菌耐药性监测的数据显示，各种来源的大
肠杆菌对常用抗菌药物的耐药率呈现平稳但略有波动的趋势（Song et al.，2022）；2007～
2017 年对韩国腹泻猪源大肠杆菌的耐药性调查显示，在抗菌药物被禁止作为生长促进剂
后，庆大霉素（从 68.6%降至 39.0%）、环丙沙星（从 49.5%降至 39.6%）、诺氟沙星（从
46.8%降至 37.3%）和阿莫西林/克拉维酸（从 40.8%降至 23.5%）的耐药率与禁用前相
比有所下降，头孢菌素（从 51.4%升至 66.5%）、头孢吡肟（从 0%升至 2.4%）和多黏菌
素（从 7.3%升至 11.0%）的耐药率有所增加（Kyung et al.，2020）。青霉素类和四环素
类仍是亚洲地区大肠杆菌耐药率最高的两类抗菌药物，整体均超过 50%；其次是磺胺类
和喹诺酮类药物。在多重耐药方面，韩国较日本严重，日本的多重耐药率为 19.8%，而
韩国则达到了 96.6%（表 2-7）。亚洲地区动物源大肠杆菌的抗菌药物耐药率普遍高于欧
美地区。近 20 年来，日韩地区动物源大肠杆菌对青霉素类药物耐药率存在上升趋势，
对四环素类、喹诺酮类、磺胺类抗菌药物耐药率较稳定且近年来存在下降趋势，整体多
重耐药情况较为严重。

表 2-7　2000～2020 年亚洲地区动物源大肠杆菌耐药率　　　　　　（%）

年份	地区	来源	青霉素类	四环素类	磺胺类	喹诺酮类	多重耐药率	参考文献
2002	泰国	鸡、猪	61.6	91.5	—	12.5～67.4	—	（Hanson et al.，2002）
2000～2016	泰国、越南	鸡、猪等	70～90	70～95	30～85	20～75	—	（Nhung et al.，2016）
2000～2005	日本	鸡、猪	22～35	60～75	—	—	—	（Harada and Asai，2010）
2011～2017	日本	鸡	36.3～59.5	57～65.5	23.9～39.6	14.9～41.6	19.8	（Nishino et al.，2019）
2006～2008	韩国	鸡、猪	37.5～72.9	76.6～91.7	48.6～63.8	1.6～33	—	（Unno et al.，2010）
2007～2011	韩国	猪	40.8	92.2	61.0	58.2	95.0	（Song et al.，2022）
2012～2017	韩国	猪	84.1	84.1	60.8	42.8	96.6	
2017～2019	韩国	鸡、鸭	69.1	64	75.7	—	87.9	（Kim et al.，2020b）
2010～2020	韩国	牛	0.6	41.4	6.4	2.7～8.2	17.1	
		猪	1.2	74.0	38.6	12.7～26.7	73.7	（Kyung et al.，2020）
		鸡	3.3	73.9	42.2	76.1～88.6	87.1	

注："—"表示无数据。

4）其他地区

非洲地区对动物源大肠杆菌耐药性的监测数据较少，大部分耐药数据来自于文献报
道。非洲地区动物源大肠杆菌耐药率数据统计（表 2-8）表明，非洲不同地区、不同来源
的大肠杆菌耐药水平存在较大差异。总体来说，非洲国家的动物源大肠杆菌对四环素、
磺胺类和青霉素类药物耐药情况比较严重，未见到耐药率下降趋势。

南美洲地区的巴西是世界上第二大禽肉生产国和世界上最大的禽肉出口国，自 1998 年
以来，巴西已禁止多种药物用于动物促生长。目前缺乏权威机构提供巴西在动物生产中

表 2-8　2004～2021 年非洲地区动物源大肠杆菌耐药率　　　　　（%）

年份	地区	来源	青霉素类	四环素类	磺胺类	喹诺酮类	多重耐药率	参考文献
2004～2005	突尼斯（北非）	牛、羊、猪、鸡	32	43	39	33	—	（Jouini et al.，2009）
2015		牛、鸡、兔	64.6	44.6	36.9	27.6	—	（Badi et al.，2018）
2019	摩洛哥（北非）	野鸟	11	92	12	24～40	—	（Barguigua et al.，2019）
2012	津巴布韦（南非）	水牛、羊	61.5	—	80.7	—	—	（Mercat et al.，2015）
2015～2016	埃塞俄比亚（东非）	牛奶	68.7	50	50	—	68.7	（Messele et al.，2019）
2012～2018	乌干达（东非）	鸡	88.4	86.0	69.8	—	88.4	（Kakooza et al.，2021）
未知至2019	阿尔及利亚（北非）	禽	47～100	82～87	42～73.8	31～90.3	22.7～95.9	（Benklaouz et al.，2020；Hammoudi，2008）
2021	坦桑尼亚（东非）	鸡	49.5～50.5	—	42.2～47.1	33.8～34.8	86.76	（Kiiti et al.，2021）
未知	坦桑尼亚（东非）	鸡	39.0	38.5～51.3	35.9	28.5～47.3	—	（Kimera et al.，2021）
		猪	46.4	39.0～51.3	47.7	28.6～38.0	—	

注："—"表示无数据。

抗菌药物的具体使用量，同时也缺乏对该国动物源大肠杆菌耐药性的系统监测，因此，巴西动物源细菌的耐药性数据均收集自发表的文献（Rabello et al.，2020）。如表 2-9 所示，巴西大肠杆菌分离株对青霉素、四环素、喹诺酮类、磺胺类和氨基糖苷类药物普遍耐药。对青霉素的耐药率从 0%（Gazal et al.，2015）到 100%（Gonalves et al.，2016）不等，对第一代头孢类药物的耐药率较高（Borzi et al.，2018；Lima et al.，2013），对第二代和第三代头孢类药物的耐药率较低（头孢噻呋除外）（Borzi et al.，2018；Braga et al.，2016）。多数研究中的分离株对四环素和磺胺类药物呈现高耐药率，对氨基糖苷类药物的耐药率差异较大（Borzi et al.，2018；Vaz et al.，2017；Stella et al.，2016；Lima et al.，2013）。此外，多个报道显示巴西动物源大肠杆菌存在多重耐药性。在巴西东北部分离的菌株中，多重耐药率高达 94%，且大多数菌株对至少 4 类抗菌药物耐药（Barros et al.，2012）。有研究报道，耐 4～11 种抗菌药物的大肠杆菌菌株占比 92.6%，其中 40.7%的菌株同时对链霉素、左氧氟沙星、环丙沙星和四环素耐药，而对 8 种及以上抗菌药物耐药的菌株比例达到 22.2%（Lima et al.，2013）。在 2015～2018 年的报道中，均检测到多重耐药分离株，占比为 22.2%～100%不等（Borzi et al.，2018；Maciel et al.，2017；Vaz et al.，2017；Braga et al.，2016；Carvalho et al.，2015）。根据现有巴西动物源大肠杆菌耐药性的相关报道，大肠杆菌对四环素类药物耐药率较高，对碳青霉烯类、氯霉素和多黏菌素的耐药率较低，多重耐药率平均为 90%左右；近十年来，巴西禽源大肠杆菌对青霉素类、喹诺酮类、磺胺类、氨基糖苷类抗菌药物耐药率呈上升趋势，对四环素类药物耐药率呈下降趋势。

表 2-9　2011～2018 年巴西动物源大肠杆菌耐药率　　　　　　　　（%）

采样年份	来源	青霉素类	头孢类	四环素类	喹诺酮类	磺胺类	氨基糖苷类	氯霉素	多重耐药率	参考文献
未知	鸡	65.7	25.7	77.1	40.0～45.7	65.7	—	—	94	（Barros et al.，2012）
2013	禽	33.3～81.5	14.8～88.8	75.0～100	44.4～51.8	—	1.1～100	18.5	22.2～92.6	（Lima et al.，2013）
2011～2012	禽	0～25.3	0	35.9	0	12.5	17.1	0	—	（Gazal et al.，2015）
2011～2012	鸡	55	—	75	35～80	50.0～70.0	25～30	20	—	（Carvalho et al.，2015）
2014～2015	鸡	87.3	42.5	95.4	91.4	100	27.5	51.1	—	（Gonalves et al.，2016）
2012～2014	禽	12.0～73.3	8～53	33.0	40～68	33.0	8.0～20.0	6.7	73	（Braga et al.，2016）
2017～2018	牛	99.1	3.5～6.1	—	0.9～5.2	1.8	0	—	98.2	（Guerra et al.，2020）
未知	鸡	80.3～100	73.7～100	13.3～77.6	6.7～27.6	64.5～86.7	6.7～100	—	—	（Stella et al.，2016）
未知	禽	100	—	100	100	100	100	—	100	（Maciel et al.，2017）
未知	禽	15.9～19.1	8.5～21.3	44.7	21.3	—	21.3～84	0	48	（Vaz et al.，2017）

注："—"表示无数据。

5）中国

　　我国对动物源大肠杆菌耐药性的研究始于 20 世纪 90 年代，数据显示，动物源大肠杆菌耐药性呈现一个快速上升的趋势，近十年耐药性整体相对稳定且维持在较高水平，部分药物耐药率呈现下降趋势。当前用于防治畜禽大肠杆菌病的抗菌药物有青霉素类（阿莫西林、氨苄西林等）、头孢类（头孢噻呋）、氨基糖苷类、四环素类、酰胺醇类、磺胺类和氟喹诺酮类等。

　　全国动物源细菌耐药性数据及部分相关文献中的数据显示（图 2-1，图 2-2，表 2-10），2001～2020 年，大肠杆菌对四环素耐药最为严重，连续 20 年的耐药率均在 80% 以上；其次为磺胺异噁唑、复方新诺明、氨苄西林和氟苯尼考，耐药率均在 50% 以上。2008～2015 年，Zhang 等（2017）分析了中国 7 个省份来源的 15 130 株大肠杆菌，包括 7568 株鸡源分离株（每年 779～1154 株）和 7562 株猪源分离株（每年 543～1176 株）。在所有猪源和鸡源大肠杆菌中，氨苄西林、四环素和磺胺异噁唑耐药现象较为普遍。在 2004～2017 年，禽源大肠杆菌对磺胺类药物和四环素类药物的耐药率约为 80%，对氯霉素类药物的耐药率约为 40%，对喹诺酮类、青霉素、氨基糖苷类及头孢类药物的耐药率分别为 50%～100%、30%～80%、20%～70% 和 4%～45%。Yang 等（2022）收集了中国 20 世纪 70 年代至 2019 年的 982 份动物源大肠杆菌，药敏试验显示氨苄西林和阿莫西林/克拉维酸耐药率在 20 世纪 70～80 年代较低（分别为 24.39% 和 13.41%），但在 90 年代迅速上升（分别为 67.86% 和 71.43%），并在近十年保持较高水平（分别为 72.86% 和

53.77%）。头孢菌素和氨曲南耐药率随着时间的推移而增加，分别从 1.22%和 1.22%
增加到 52.24%和 34.17%；美罗培南耐药率近十年最高达到 1.01%。

Du 等（2020）系统分析了 2000～2018 年国内猪源大肠杆菌对氯霉素的耐药情况。
猪源大肠杆菌对氯霉素的总体耐药率为 72.3%，自 2002 年我国禁止兽医使用氯霉素后，
猪源大肠杆菌对该药的耐药率仍呈现上升趋势，直至 2013 年开始呈显著下降趋势。而
在这二十年间，氟苯尼考的总体耐药率为 58.6%，且相对稳定。我国大肠杆菌分离株
对酰胺醇类药物的耐药率存在地区性差异。西北地区分离株对氯霉素耐药率为
35.9%，低于国内其他地区（如南部、东部和中部）；华北地区氟苯尼考耐药率最低

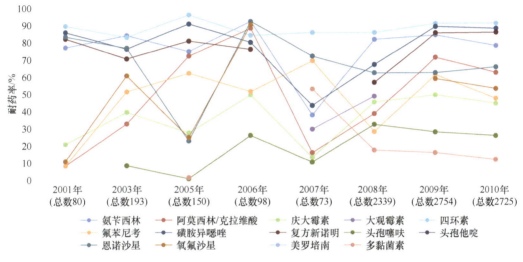

图 2-1　2001～2010 年中国动物源大肠杆菌耐药趋势

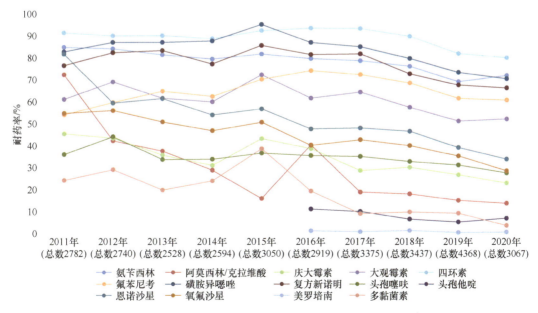

图 2-2　2011～2020 年中国动物源大肠杆菌耐药趋势

表2-10 2000~2020年中国部分省份动物源大肠杆菌耐药率 （%）

年份	区域	来源	类别								多重耐药率	参考文献
			β-内酰胺类	喹诺酮类	氨基糖苷类	大环内酯类	四环素类	酰胺醇类	多肽类	磺胺类		
未知至2006	台湾	猪	1.6~98.4	70.5~95.1	82.0~100	—	100	—	—	88.5~96.7	—	(Hsu et al., 2006)
2010~2016	四川	鸡、猪	0~97.3	52.7~99.7	61.0	—	93.2	66.4	2.5	73.4	—	(杨承森等, 2020)
2015~2017	山东、安徽、山西	鸡	4.9~87.1	36.3~77.1	8.9~60.7	—	0~89.3	69.1	17.0	—	—	(Zou et al., 2021)
2018	新疆	猪	23.5	48.0~92.0	4.9~99.0	—	99.0~100.0	75.0	15.8	—	99.8	(孙慧琴等, 2021)
2018~2019	全国	猪	2.3~29.6		81.6	—	37.3~96.3	82.0	3.8	80.4	90.5	(Peng et al., 2022)
2018~2019	河北	鸡	0~94.6	58.9~80.4	—	—	98.0	—	—	—	100	(Zhang et al., 2020c)
2019	安徽、河北、陕西、山西	猪	0~68.2	21.1~23.9	17.4~58.0	48.5	73.5~75.8	56.1	—	67.2~71.6	—	
2019	湖南	鸡	0~85.0	29.4~34.3	22.6~50.0	—	87.7	67.1	0.7	75.3~78.1	—	(唐标等, 2021)
		鸭	0~90.0	5.0~15.0	20.0~50.0	—	85.0	65.0	0	65.0~85.0	—	
		猪	0~81.1	2.7~18.9	8.1~67.6	—	97.3	67.6	0	62.2~67.6	—	
2019	四川	鸡	4.8~97.6	92.3	24.1~27.7	—	100	—	100	0	100	(袁敬知等, 2021)
2016~2020	山东	禽	54.8~100	64.5~88.6	20.4~71.0	13.33	94.6	82.4	35.4	—	94.6	(姜春芝等, 2021)
2019~2020	新疆	牛	25.0~85.4	29.2	29.2	12.5	37.5	27	—	20.8	100	(刘肖利等, 2022)
未知	山西	鸡	0~16.5	9.3~11.3	0~100	—	—	0	—	—	—	(王国艳等, 2022)
		猪	21.4~67.9	76.8~91.1	8.9~100	—	—	71.4	—	—	—	
		牛	0~41.9	0~53.5	0~100	—	—	0	—	—	—	

注：“—”表示无数据。

（35.82%）。此外，氯霉素的耐药率总体高于氟苯尼考，特别是华北地区（80.4% vs 35.8%）。而另一项研究则显示，2008～2015 年，大肠杆菌分离株对氟苯尼考的耐药率呈现显著增加的趋势，禽源大肠杆菌对氟苯尼考的耐药率从 10.2% 增至 66.3%，猪源则从 14.8% 增至 63.0%（Zhang et al.，2017）。上述两项研究均显示出我国禽源和猪源大肠杆菌对氟苯尼考具有较高的耐药率。

随着我国养殖业中抗菌药物使用政策收紧且日益规范，自 2016 年起，我国动物源大肠杆菌对 14 种抗菌药物的耐药率呈现下降趋势，尤其是对阿莫西林/克拉维酸的耐药率大幅下降，从 2011 年的 72.5% 下降至 2020 年的 13.9%。2016～2020 年，畜禽源大肠杆菌的耐药情况有一定差异：鸡源大肠杆菌对青霉素类、喹诺酮类、四环素类药物耐药水平相对较高（均超过 50%），对部分青霉素类药物耐药率普遍超过 85%，对部分喹诺酮类药物耐药率普遍超过 50%，对部分四环素类药物耐药率普遍超过 87%；猪源大肠杆菌整体耐药情况略好于鸡源大肠杆菌。总体而言，分离株对喹诺酮类、氨基糖苷类、四环素类、酰胺醇类的耐药率均较高，部分地区猪源大肠杆菌对喹诺酮类耐药率达 70% 以上，对部分氨基糖苷类药物耐药率达 67% 以上，对部分四环素类药物耐药率达到 70% 以上，对部分酰胺醇类药物耐药率达 65% 以上。随时间推移，氨基糖苷类、四环素类、多肽类等药物的耐药率都有所降低；牛源大肠杆菌耐药情况总体较好，除对青霉素类、氨基糖苷类药物耐药水平较高外，对其他药物耐药水平大多低于 40%（刘肖利等，2022；王国艳等，2022；秦春芝等，2021；孙慧琴等，2021；唐标等，2021；袁敬知等，2021；张立伟，2021；Zou et al.，2021；Zhang et al.，2020c）。

2016～2020 年，大肠杆菌分离株耐药率在 30% 以下的药物有 5 种，分别是多黏菌素、美罗培南、头孢他啶、阿莫西林/克拉维酸和庆大霉素，其中对头孢他啶、美罗培南和多黏菌素耐药率均低于 12%。我国动物源大肠杆菌对多黏菌素的耐药率从 2013 年的 19.9% 升高至 2015 年的 38.7%，在 2020 年降为 3.8%。2008～2015 年，国内猪源分离株对多黏菌素的耐药率明显高于禽源分离株（25.6% vs 11.2%）（Zhang et al.，2017）。

值得关注的是，尽管碳青霉烯类药物暂未批准用于动物，但近十年来有关动物源碳青霉烯耐药菌的报道不断出现。自 2013 年，国内首次报道了动物源碳青霉烯耐药鲁氏不动杆菌以来，国内动物源大肠杆菌对碳青霉烯耐药的耐药性呈现一个快速上升的趋势。2014～2015 年，张荣民（2017）从山东某地肉鸡产业链中共分离到 731 株大肠杆菌，其中 161 株（22%）为碳青霉烯耐药大肠杆菌。2015～2017 年，杨润时（2019）从全国 21 个省份共采集动物源样品 6302 份，分离到碳青霉烯不敏感菌株 2255 株，来自 1791 份样品，样品阳性率为 28.4%（1791/6302）；通过改良型 Carba NP 实验检测碳青霉烯不敏感菌株产碳青霉烯酶的能力，结果显示能够产碳青霉烯酶的菌株为 1002 株，对应分离自 850 份样品，分离率为 13.5%（850/6302）。其他地区的研究数据表明，动物源碳青霉烯耐药大肠杆菌的分离率普遍为 10%～40%，其中个别地区养殖场的分离率达到 50% 以上。因此，有关碳青霉烯耐药大肠杆菌的监测需要进一步加强。

综合全国的耐药性数据来看，我国动物源大肠杆菌的多重耐药情况较为严峻。全国动物源细菌耐药性数据显示，2006～2020 年，耐 1 类、2 类和 3 类抗菌药物的菌株比例在 10% 以下，耐 4 类以上抗菌药物的菌株比例整体呈上升趋势。进一步分析发现，自

2016 年开始多重耐药菌有所下降,在 2011～2016 年,耐药菌株主要为 5～8 重耐药(图 2-3,图 2-4);而在 2017～2020 年间,耐药菌株主要为 4～7 重耐药。有报道显示,2015～2020年,有多个文献报道显示我国畜禽源大肠杆菌的多重耐药率均在 90% 以上(刘肖利等,2022;王国艳等,2022;秦春芝等,2021;孙慧琴等,2021;袁敬知等,2021;张立伟,2021;Zhang et al.,2017)。Zhang 等(2017)分析了不同省份鸡源和猪源大肠杆菌的多重耐药情况,数据显示,89.2%(6751/7568)的鸡源和 90.0%(6806/7562)的猪源大肠杆菌具有多重耐药表型。不同省份的多重耐药大肠杆菌分离株比例存在差异,其中内蒙古猪源大肠杆菌分离率最低,为 57.5%。自 2016 年起,国内动物源大肠杆菌多重耐药率有所下降,但多重耐药大肠杆菌仍较为普遍。

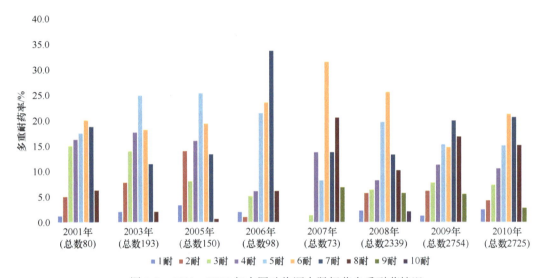

图 2-3 2001～2010 年中国动物源大肠杆菌多重耐药情况

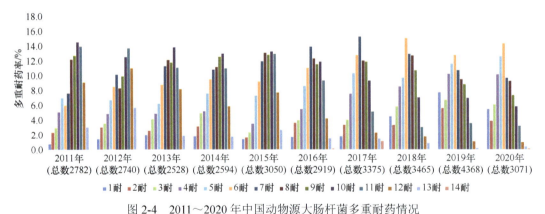

图 2-4 2011～2020 年中国动物源大肠杆菌多重耐药情况

6)小结

世界不同国家/地区动物源大肠杆菌的耐药性较为复杂,且对部分药物的耐药率保持在较高水平。在动物源分离株中,禽源大肠杆菌的耐药性最为严重,其中对四环素的耐药率最高,总体水平为 50%～70%,在中国及亚洲部分地区耐药率可达到 80%～90%;

其次是氨苄西林，对该药的耐药率为 30%～50%；而禽源大肠杆菌对磺胺类、萘啶酸、环丙沙星和链霉素等药物的耐药率大部分低于 40%且相对稳定。相比之下，其他来源（如牛源和猪源）大肠杆菌分离株的耐药率稍低。

总体而言，亚洲地区大肠杆菌耐药率高于北美洲和欧洲部分地区。相比之下，北欧部分国家（挪威和瑞典等）的动物源大肠杆菌耐药性情况较好，对四环素和氨苄西林的耐药率均低于 10%，且无明显上升趋势。我国动物源大肠杆菌的多重耐药率及单药耐药率在世界上处于较高水平，随着近些年我国"减抗替抗"政策的实行，整体耐药性情况有所好转，但仍需加强监测。

2. 食品源大肠杆菌耐药现状

目前，国内外对耐药大肠杆菌的研究多集中于动物源及人源大肠杆菌，食品源大肠杆菌的耐药数据相对分散。美国设有相对完善的耐药性监测网络，可获得全面、系统的耐药数据；欧洲主要监测食品源大肠杆菌产 ESBL、AmpC 酶与碳青霉烯酶的情况；大洋洲、亚洲等地区缺少系统的监测数据，获得的数据相对较少。表 2-11 及表 2-12 统计了国内外食源性大肠杆菌的分离率及耐药情况，由表可知，大肠杆菌在动物源性食品中的分离率较高，其中肉类食品中大肠杆菌分离率最高，澳大利亚鸡肉分离率高达 77.5%，日本为 51.1%～99.7%，中国为 66.7%～100%；乳类食品大肠杆菌分离率与不同地区、不同奶牛场间的生产管理水平有关，相互之间差异很大，我国分离率较低，约 10%左右，但近年来有上升趋势；水产品来源大肠杆菌分离率高，可能与采样部位为动物肠道有关。

现有数据表明世界不同地区食品源大肠杆菌的耐药率存在差异。亚洲国家分离株的耐药率高于欧洲和北美洲；美洲食品源大肠杆菌的耐药率较为稳定，对四环素的耐药率最高，氨基糖苷类和磺胺类药物次之，其中禽肉源大肠杆菌对各类抗菌药物的耐药率最高；大洋洲食品源大肠杆菌对四环素的耐药率最高，磺胺类药物次之，猪肉来源的大肠杆菌耐药最为严重。亚洲地区，日本食品源大肠杆菌对四环素耐药率最高，其中禽肉源大肠杆菌对各类抗菌药物的耐药率最高；韩国食品源大肠杆菌对四环素耐药率最高；我国食品源大肠杆菌对 β-内酰胺类、喹诺酮类、四环素和磺胺类药物有较高的耐药率，其中禽肉源大肠杆菌对各类抗菌药物耐药率最高。近年来，禽肉源大肠杆菌对以上几类抗菌药物耐药率有所降低，猪肉、牛肉源大肠杆菌耐药水平保持稳定。

过去的二十年中，多重耐药细菌的出现频率大幅增加。澳大利亚猪肉源大肠杆菌多重耐药率超过 70%，日本 2011～2017 年禽肉源大肠杆菌多重耐药率也达到 69.9%。我国禽肉源大肠杆菌多重耐药率为 50.0%～94.2%；其他肉类源大肠杆菌多重耐药率相对较低，为 25.8%～49.7%；乳源大肠杆菌的多重耐药率受不同地区、奶牛场管理水平的影响大，差异显著。

由于食品源大肠杆菌耐药的数据较为分散，本节重点讲述欧洲、美洲、亚洲、大洋洲的情况。

1）欧洲

EFSA 及 ECDC 汇总欧洲各国家与地区的细菌耐药数据并发布年度报告。细菌对青

表 2-11 2000～2021 年国外部分国家/地区食品源大肠杆菌分离率及耐药率 (%)

年份	地区	国家	来源	分离率	β-内酰胺类	喹诺酮类	氨基糖苷类	大环内酯类	四环素类	酰胺醇类	多肽类	磺胺类	多重耐药率	参考文献
2001～2010	美洲	美国	禽肉	—	0.3~13.6	0~11.7	5.4~58.0	—	38.9~85.7	0~4.0	—	2.2~53.9	—	(FDA, 2022)
			牛肉	—	0~3.8	0~1.5	0~14.2	—	16.5~30.8	0.8~3.9	—	0.3~13.0	—	
			猪肉	—	0~6.8	0~1.5	0~22.3	—	44.3~56.0	1.6~6.6	—	1.1~20.3	—	
2011～2015			禽肉	—	4.4~26.4	0~3.6	5.6~67.0	0~0.8	39.4~79.9	0~5.9	—	2.3~56.8	—	
			牛肉	—	0~2.2	0~1.5	0~10.0	0~0.9	17.7~22.5	0.5~4.0	—	0.4~7.9	—	
			猪肉	—	0~3.1	0~0.6	0~17.8	0	39.1~51.4	1.2~3.7	—	1.2~10.3	—	
2016～2020			禽肉	—	0~6.2	0~4.2	9.0~54.1	0~0.6	31.1~75.5	0.4~3.7	—	2.2~43.8	—	
			牛肉	—	0~1.2	0~1.8	0~6.3	0	20.0~23.6	2.4~5.2	—	0.4~9.8	—	
			猪肉	—	0~6.7	0~3.9	1.3~32.1	0~1.6	40.1~57.9	0.8~6.2	—	2.3~13.9	—	
2021			禽肉	—	0~10.3	0.7~5.3	5.7~21.7	—	34.0	0.3	—	3.0~22.7	—	
			牛肉	—	0~5.1	0.4~1.2	0.8~13.7	—	20.3	2.7	—	2.0~8.2	—	
2012～2013		加拿大	屠宰场鸡胴体	—(N=1135)	29.6~51.2	0.2~6.9	13.5~51.6	0.1	46.1	5.3	—	16~57.3	68	(Romero et al., 2020)
2010～2013	欧洲	捷克	牛奶生鲜乳	92.4 (n=263)	0.4~0.7	0.7~1.5	0.4~30.4	—	13.0	1.9	0	3.3~4.1	5.5	(Skočková et al., 2015)
2014～2015		爱尔兰	牛奶生鲜乳	19.7 (n=1007)	0~0.5	5	0.5~15	—	0~15	8	0.5	7~15	13.1	(Lahuerta et al., 2017)
2015～2016		欧洲8国	乳腺炎生鲜乳	—(N=225)	2.7~24.0	—	0.0	—	14.3	—	—	—	—	(El Garch et al., 2020)
未知		奥地利	肉	—(N=313)	23.64~28.4	—	9.0~16.0	—	73.5	—	—	—	15.5	(Sacher et al., 2021)
2018		西班牙	蛋	7 (n=500)	3.5~70.6	0~34.5	0~17.2	—	20~51.7	0~17.2	—	—	—	(Fenollar et al., 2019)
2012～2013	大洋洲	澳大利亚	禽肉	—	0~6.3	0	0~21.9	—	75.0	0~3.1	—	37.5	33.0	(Abraham et al., 2015)
			畜肉	—	0~8.3	0	0~39.1	—	29.0~33.3	0~11.1	—	11.1~23.1	26.7	
			猪肉	—	0~24.6	0.88	0~71.1	—	88.6	26.3~44.7	—	67.5	79.0	
2018			禽肉	77.5 (n=306)	0~27.4	1.8~4.8	2.7	—	39.0	—	—	16.8	—	(Vangchhia et al., 2018)
2017～2018			蛋	19.8 (n=181)	0	0~2.0	0~36.0	0	1.0~49.0	0	0	18.0	22.0	(Sodagari et al., 2021)
2011～2017	亚洲	日本	禽肉	99.7 (n=298)	0~23.7	11.7~48.4	0~56.7	—	51.2~59.1	11.2~24.7	—	28.9~32.1	69.6	(Nishino et al., 2019)
			牛肉	51.1 (n=178)	0~1.2	0~6.0	0~18.1	—	13.0~24.1	6.0~7.2	—	4.8~7.2	18.4	
			猪肉	51.7 (n=207)	0	0~6.5	0~40.9	—	29.8~51.6	12.8~24.7	—	11.7~29.0	38.0	
2010～2011		韩国	肉	2 (n=4330)	0~9.4	4.2~9.4	0~12.5	—	15.6	4.2	—	3.1	15.5	(Kim et al., 2020a)
2012～2015			牛奶生鲜乳	—	0.8~5.9	4.8~7.0	7.0~17.1	—	23.3	4.0~5.6	0.5	11.2	—	(Tark et al., 2017)

注："—"表示无数据；n 表示样品数量；N 表示大肠杆菌数量。

表2-12 2009~2020年国内部分区域食品源大肠杆菌分离率及耐药率

(%)

年份	区域	来源	分离率	药物类别								多重耐药率	参考文献
				β-内酰胺类	喹诺酮类	氨基糖苷类	大环内酯类	四环素类	酰胺醇类	多肽类	磺胺类		
2009~2013	四川	鸡肉	84.8 (n=59)	2.0~60.0	12.0	4~34	—	62.0	—	—	58.0	54.0	(闫雪梅等, 2014)
		猪肉	79.3 (n=203)	2.5~44.7	13.7	20.5~25.5	—	64.6	—	—	71.4	49.7	
		牛肉	66.7 (n=66)	4.6~47.7	20.5	11.4~15.9	—	47.7	—	—	29.6	43.2	
2010	全国	鸡肉	69.1 (n=576)	7.8~30.2	8.0~71.4	12.6~71.1	—	84.4	43.7	—	68.8	83.9	(Wu et al., 2014a)
2011	北京	鸡肉	—	0~79.2	43.7~47.9	20.8~54.2	—	79.2	95.8	—	—	83.3	(宋学红, 2016)
	上海	鸡肉	—	8.33~77.1	37.5~47.9	8.3~62.5	—	79.2	62.5	—	—	75.0	
	河南	鸡肉	—	1.92~90.4	36.5~59.6	15.4~69.2	—	82.7	76.9	—	—	92.3	
	广东	鸡肉	—	8.0~52.0	10.0~26.0	6.0~38.0	—	56.0	28.0	—	—	50.0	
2012~2013	四川	肉	11.1 (n=750)	2.8~48.2	14.5	11.4~22.4	—	61.2	—	—	—	49.4	(Zhang et al., 2016a)
2014	河南	鸡肉	100 (n=55)	15.1~77.6	67.1~87.5	16.4~79.6	—	99.3	65.1	—	—	85.5	(袁敏等, 2014)
		猪牛羊肉	100 (n=30)	3.7~37.8	4.9~23.1	0~31.7	—	89.0	7.3	—	—	35.4	
2014~2016	新疆	肉	26.0 (n=431)	0~42.0	11.0~32.0	9.0~21.0	11.0	52.0	27.0	2.0	37.0	54.5	(Li et al., 2020)
2015~2018	甘肃	牦牛奶生鲜乳	2.4 (n=2245)	9.4	0	0~5.6	—	28.3	0	—	0	3.8	(王姜等, 2020)
2015	全国	克氏鳌虾	54.0 (n=198)	0~100	60.8~65.4	11.2~36.5	—	93.5	78.5	—	80.4	89.7	(贾敏等, 2016)
2015~2020		各类食品	(N=1962)	0.6~100	2.5~100	1.5~100	98.2(2018)	20.8~100	5.4~78.2	—	75.3~98.6	—	(夏飞等, 2021)
2015	陕西	牛奶生鲜乳	34.4 (n=195)	11.9~46.3	1.5	4.5~7.5	4.5	13.4	—	—	13.4	19.3	(Liu et al., 2021b)
2016	中国北方	鸽肉	52.0 (n=200)	1.0~90.4	55.8~80.8	25.0~62.5	—	0~97.1	74.0	9.6	84.6	94.2	(谢冠东等, 2019)
	北京	牛奶生鲜乳	11.1 (n=750)	6.0~100	4.8	0~13.3	2.4~100	12.0~13.3	10.8	—	22.9~53.0	100	(Yu et al., 2020a)
2017	全国	牛奶生鲜乳	32.3 (n=303)	6.2~81.6	7.1~85.7	2.1~51.0	2.1~21.4	34.7	14.3	8.2	32.7	77.6	(余茂林和姜棋, 2018)
	浙江	对虾	91.0 (n=200)	1.1~79.1	4.4~6.0	4.9~22.5	—	18.7~31.3	8.2~12.1	1.6	17.0~26.4	28.6	(Cheng et al., 2019)

续表

| 年份 | 区域 | 来源 | 分离率 | 药物类别 | | | | | | | | 多重耐药率 | 参考文献 |
				β-内酰胺类	喹诺酮类	氨基糖苷类	大环内酯类	四环素类	酰胺醇类	多肽类	磺胺类		
2017~2018	辽宁	鸡肉	70.4 (n=152)	31.2~80.7	78.7	28.0~77.7	—	76.0~82.7	74.2	63.6	76.4	—	(于庆华, 2019)
		猪肉	72.0 (n=54)	25.3~94.3	69.6	11.3~79.2	—	2.8~3.5	85.5	63.1	81.2	—	
		牛肉	76.2 (n=16)	10.7~74.6	31.5	0~53.3	—	39.4~74.1	75.4	21.6	85.6	—	
2018~2019	全国	牛肉	14.8 (n=535)	19.5~28.0	23.2	—	—	28.0	25.6	—	24.4	26.83	(Hu et al., 2021a)
	广州	畜禽肉	75.23 (n=323)	0~27.0	6.64~7.88	2.49~63.1	—	0~47.7	36.1	0.41	43.2	—	(马振根等, 2021)
2019	新疆	鸡肉	66.7 (n=90)	0~40.0	5.0~8.3	3.3~16.7	—	48.3	31.7	0	15.0	—	(唐雪林等, 2021)
		猪肉	72.6 (n=95)	0~60.8	4.3~5.8	0~17.4	—	79.7	36.2	1.4	52.1	—	
		牛羊肉	71.1 (n=173)	0~32.7	5.9~12.7	0~29.1	—	32.3~34.5	17.6~20.0	0~1.5	23.6~29.4	—	
	山东	牛奶生鲜乳	42.9 (n=98)	2.4~21.4	30.9	47.6	—	47.6	—	—	40.5~45.2	50	(邬元娟等, 2020)
	山东	牛奶生鲜乳	31.3 (n=227)	5.7~39.4	1.4	0~26.8	—	19.8	8.5	52.2	—	35.2	(苑晓萌等, 2021)
2020	北京	猪肉	42.9 (n=91)	0~7.7	12.8~18.0	0~18.0	—	5.1~43.6	—	2.6	92.3	—	(Li et al., 2021a)
		鸡肉	73.9 (n=199)	1.5~31.6	12.5~29.4	3.7~33.1	—	1.5~29.4	—	15.4~16.2	86.0	—	

注："—"表示无数据；n 表示样品数量，N 表示大肠杆菌数量。

霉素类药物的耐药表型与基因型一致性较高，欧洲对肉源大肠杆菌的监测主要检测细菌中产 ESBL、AmpC 酶及碳青霉烯酶的比率。2015 年，研究人员在 5350 株猪肉源大肠杆菌与 5329 株牛肉源大肠杆菌中分别检测出 2.3%产 ESBL、0.4%产 AmpC 酶、7.9%产 ESBL、1.1%产 AmpC 酶的大肠杆菌。2016 年，研究人员在 6241 株鸡肉源大肠杆菌中检出 32.5%产 ESBL、26.8%产 AmpC 酶、2%同时产 ESBL 和 AmpC 酶的大肠杆菌，并在塞浦路斯检出 8 株碳青霉烯耐药大肠杆菌。2017 年，研究人员在 6803 株猪肉源大肠杆菌中检出 4.7%产 ESBL、1.6%产 AmpC 酶、0.3%同时产 ESBL 和 AmpC 酶的大肠杆菌；在 6621 株牛肉源大肠杆菌中检出 3.9%产 ESBL、1.1%产 AmpC 酶、0.1%同时产 ESBL 和 AmpC 酶的大肠杆菌；在 7424 株鸡肉源大肠杆菌中检出 25.7%产 ESBL、16.1%产 AmpC 酶、1.9%同时产 ESBL 和 AmpC 酶的大肠杆菌。同时，欧盟报告指出，不同国家肉源大肠杆菌对第三代头孢类药物的耐药率存在较大的差异。2019 年，研究人员在 6487 株猪肉源大肠杆菌中检出 5.5%产 ESBL、1.5%产 AmpC 酶、0.2%同时产 ESBL 和 AmpC 酶的大肠杆菌；在 6308 株牛肉源大肠杆菌中检出 4.3%产 ESBL、0.7%产 AmpC 酶、0.1%同时产 ESBL 和 AmpC 酶的大肠杆菌；2020 年，在 6242 株鸡肉源大肠杆菌中检出 23.4%产 ESBL、9.3%产 AmpC 酶、1.3%同时产 ESBL 和 AmpC 酶的大肠杆菌。上述数据显示，产 ESBL 及产 AmpC 酶的大肠杆菌比例较为稳定；鸡肉源产 ESBL、产 AmpC 酶大肠杆菌的比例显著高于其他来源菌株，且不同国家差别较大，从 0.3%（芬兰）到 100.0%（马耳他）不等；猪肉、牛肉源产 ESBL、产 AmpC 酶大肠杆菌的数量较少，且各国差异较小（EFSA and ECDC，2022；2021；2020；2019；2018；2017）。

此外，有部分欧洲国家报道了蛋源、牛奶生鲜乳源和肉源大肠杆菌耐药的情况。Fenollar 等（2019）在西班牙收集了 500 组鸡蛋样品，大肠杆菌分离率为 7%，对 β-内酰胺类药物的耐药率最高（为 3.5%～70.6%），对氨基糖苷类药物、磺胺类药物的耐药率相对较低（为 0～17.2%），多重耐药率达到 15.5%。Skočková 等（2015）和 Lahuerta 等（2017）分别收集了 2010～2013 年捷克的 263 份牛奶生鲜乳样以及 2014～2015 年爱尔兰的 1007 份牛奶生鲜乳样，大肠杆菌分离率分别为 92.4%、19.7%，两地分离的牛奶生鲜乳源大肠杆菌对氨基糖苷类、四环素类药物的耐药率较高，对 β-内酰胺类、多肽类药物的耐药率均低于 1%，多重耐药率分别达到 5.5%、13.1%。El Garch 等（2020）对 2015～2016 年 8 个欧洲国家临床急性乳腺炎奶牛奶样分离的 255 株大肠杆菌进行药敏试验，结果显示分离株对 β-内酰胺类药物的耐药率相对较高，达到 2.7%～24.0%，对四环素的耐药率为 14.3%。Sacher 等（2021）在奥地利超市、屠宰场、肉店及市场的猪肉、鸡肉、牛肉、火鸡肉等样品中分离的 313 株大肠杆菌对四环素的耐药率最高（达到 73.48%），对氨基糖苷类药物的耐药率相对较低（为 8.95%～15.97%）。

总体来说，欧洲来源的大肠杆菌主要监测项目为 ESBL 和碳青霉烯酶，不同年份产 ESBL 及产 AmpC 酶大肠杆菌比例较稳定，鸡肉源大肠杆菌携带率高于其他来源大肠杆菌，不同国家差别较大。不同欧洲国家的蛋奶源大肠杆菌对氨基糖苷类、四环素类、多肽类等抗菌药物耐药率差别较大。

2）美洲

NARMS 追踪了近二十年间肉源大肠杆菌的耐药情况（表 2-11）。美国肉源大肠杆菌对 β-内酰胺类、喹诺酮类、大环内酯类和酰胺醇类药物的耐药率均低于 30%，对氨基糖苷类、磺胺类药物的耐药率较高（最高可达 67.0%），对四环素类的耐药率最高（为 85.7%）。2001～2015 年，禽肉源大肠杆菌对多数抗菌药物的耐药率显著高于其他来源大肠杆菌，此情况在 2016～2021 年有所好转，但对氨基糖苷类、四环素类和磺胺类药物的耐药率仍高于其他来源大肠杆菌。总体来说，近 20 年来，禽肉源大肠杆菌对 β-内酰胺类、氨基糖苷类药物耐药率先上升后下降，对喹诺酮类药物耐药率先下降后保持稳定，对大环内酯类、酰胺醇类药物耐药率保持稳定，对四环素类、磺胺类药物耐药率下降。牛肉源大肠杆菌对 β-内酰胺类、氨基糖苷类、四环素类药物耐药率总体呈下降趋势（其中 β-内酰胺类药物 2021 年存在短暂上升），对喹诺酮类、酰胺醇类药物耐药率稳定，对磺胺类药物耐药率呈先下降后上升趋势。猪肉源大肠杆菌对 β-内酰胺类、喹诺酮类、酰胺醇类、磺胺类抗菌药物的耐药率在 2016 年前呈下降趋势，但近 5 年来存在普遍上升的趋势（FDA，2022）。

3）亚洲

日本食源性大肠杆菌耐药数据主要来自 Nishino 等（2019）对 2011～2017 年东京各类市售肉源大肠杆菌的研究（表 2-11）。禽肉、牛肉、猪肉中大肠杆菌分离率分别为 99.7%、51.1%和 51.7%。三种来源的大肠杆菌对四环素类药物的耐药率最高，可能与四环素类药物是日本兽医领域最常用的抗菌药物有关。禽肉源大肠杆菌对各类抗菌药物的耐药率显著高于其他来源大肠杆菌，对四环素类药物的耐药率最高（51.2%～59.1%），对氨基糖苷类、喹诺酮类药物的耐药率分别为 56.7%、48.4%，对 β-内酰胺类药物的耐药率最低（为 0～23.7%），多重耐药率达 69.6%。猪肉源大肠杆菌对四环素类药物的耐药率最高（达 29.8%～51.6%），对 β-内酰胺类药物均敏感，多重耐药率达 38.0%。牛肉源大肠杆菌对四环素类药物的耐药率最高（为 13.0%～24.1%），对氨基糖苷类药物的耐药率最高可达 18.1%，对其他受试药物的耐药率均低于 10%，多重耐药率为 18.4%。

综上，日本食源性大肠杆菌对四环素耐药情况严重，禽肉源大肠杆菌耐药率显著高于其他来源大肠杆菌，多重耐药现象较严重。

韩国肉源大肠杆菌的文献大多是关于特定耐药菌株或多重耐药菌株的报道。Kim 等（2020a）对 2015～2018 年韩国各种生肉中分离的 51 株多黏菌素耐药大肠杆菌进行药敏试验，发现其对四环素类药物的耐药率最高（51.0%），对氨基糖苷类药物的耐药率为 15.7%～49.0%，对酰胺醇类药物的耐药率为 37.3%，对喹诺酮类药物的耐药率为 31.6%～37.3%，对 β-内酰胺类药物的耐药率为 17.6%～29.4%，对磺胺类药物的耐药率为 26.8%，多重耐药率为 66.7%。由此可见，韩国肉源多黏菌素耐药大肠杆菌的多重耐药问题较为严重。此外，Tark 等（2017）对 2012～2015 年分离自韩国的奶牛乳腺炎患牛乳样中的大肠杆菌进行了药敏试验，发现分离株对四环素的耐药率最高（23.3%），其次是磺胺类药物（11.2%），对多肽类药物的耐药率最低（0.5%），多重耐药率为 15.5%。Ryu 等（2012）

于 2011~2012 年从韩国各地收集了共 4330 份市售冷食,其大肠杆菌的分离率为 2%,分离株对四环素耐药率最高(15.6%),对磺胺类药物耐药率较低(3%)。

综上,韩国食源性大肠杆菌对四环素耐药率最高,对磺胺类药物耐药率普遍较低,多重耐药问题较为严重。

4)大洋洲

大洋洲缺乏系统的细菌耐药监测系统,因此数据主要来源于文献。在各类肉中,鸡肉是澳大利亚消费最多的肉类,人均年消费量达 46.2kg(Vangchhia et al.,2018)。Abraham 等(2015)于 2012~2013 年对澳大利亚的禽肉、牛羊肉、猪肉中分离的 324 株大肠杆菌进行药敏试验,发现猪肉源大肠杆菌对各类抗菌药物的耐药率普遍高于其他来源菌株,对四环素类药物的耐药率最高(88.6%),对磺胺类药物的耐药率达到 67.5%,对喹诺酮类药物的耐药率较低(0.88%)。鸡肉源、牛羊肉源大肠杆菌对四环素、磺胺类药物的耐药率较高,对喹诺酮类药物均敏感,三种来源大肠杆菌多重耐药率分别为 33.0%、26.7% 和 79.0%。Vangchhia 等(2018)于 2018 年收集了 306 份市售鸡肉,其大肠杆菌分离率为 77.5%,分离株对四环素的耐药率最高(39.0%),对磺胺类药物耐药率为 16.8%,对氨基糖苷类药物的耐药率较低(2.7%)。此外,Sodagari 等(2021)于 2017~2018 年收集了 181 组鸡蛋样品,其大肠杆菌分离率为 19.8%,对四环素的耐药率最高(49.0%),对氨基糖苷类药物耐药率为 36%,对磺胺类药物耐药率为 18%,对 β-内酰胺类、大环内酯类、酰胺醇类及多肽类药物均敏感,多重耐药率达 22.0%。

综上,澳大利亚的猪肉源大肠杆菌对各类抗菌药物耐药率普遍高于其他来源菌株,对四环素类、磺胺类抗菌药物耐药情况严重,对喹诺酮类药物耐药率很低;鸡肉源、牛羊肉源大肠杆菌对四环素、磺胺类药物耐药率较高,对喹诺酮类药物敏感。澳大利亚食品源大肠杆菌对不同抗菌药物的耐药率普遍高于美国。

5)中国

自 20 世纪 70 年代以来,抗菌药物在我国畜禽养殖中常被用于防治畜禽细菌性疾病与促进生长。抗菌药物的长期大量使用增加了耐药细菌的选择压力,促进了动物源性食品中细菌抗菌药物耐药性的发展。2009~2022 年我国食品源大肠杆菌分离率与耐药率情况如表 2-12 所示。由表可知,肉类、水产品中的大肠杆菌分离率普遍高于牛奶生鲜乳,而鸡肉、牛羊肉、猪肉的大肠杆菌分离率为 11.1%~100%,这提示生肉细菌污染的情况较为严重。

我国牛奶生鲜乳中大肠杆菌的分离率较低,近年来有所上升,2016 年和 2017 年的分离率均超过了 10%。相较于肉源大肠杆菌,牛奶生鲜乳源大肠杆菌对各类抗菌药物的耐药率相对较低,但某些牛场分离到的牛奶生鲜乳源大肠杆菌和售卖的乳制品源大肠杆菌对氨基糖苷类药物的耐药率可高达 100%,对喹诺酮类药物的耐药率可高达 85.7%,对磺胺类药物的耐药率可高达 75.5%。

有关我国水产源大肠杆菌耐药性的报道较少。一项研究显示克氏螯虾源大肠杆菌对各类药物的耐药率很高,对四环素类药物的耐药率高达 93.5%,对酰胺醇类和磺胺类药物的耐药率均超过 75%,多重耐药率高达 98.7%;虾源大肠杆菌的耐药率相对较低,大都低于 30%,但对部分 β-内酰胺类药物的耐药率可达 79.1%,多重耐药率为 28.6%。对不同来源大肠杆菌多重耐药率的分析显示,禽肉源大肠杆菌多重耐药率明显高于其他来源大肠杆菌,为 50.0%~94.2%,牛羊肉和猪肉多重耐药率集中在 25.8%~49.7%,牛奶生鲜乳源大肠杆菌多重耐药率在不同地区、牛场来源之间差别较大,在 3.8%~100%的范围内均有分布。

综上,我国食品源大肠杆菌对养殖中常用的抗菌药物耐药率近年来有所下降,但仍保持在较高水平;肉类、水产品类食品中大肠杆菌分离率高于牛奶生鲜乳;肉源大肠杆菌对 β-内酰胺类、喹诺酮类、四环素和磺胺类药物的耐药率较高,其中鸡肉源大肠杆菌耐药率显著高于其他来源。近年来,鸡肉源大肠杆菌对 β-内酰胺类、喹诺酮类、氨基糖苷类、四环素类、酰胺醇类、多肽类抗菌药物耐药率有下降趋势;猪肉源、牛肉源大肠杆菌耐药率相对较稳定;牛奶生鲜乳来源大肠杆菌耐药率在不同牛场间的情况差别较大;水产品来源大肠杆菌中,克氏螯虾源大肠杆菌对 β-内酰胺类、喹诺酮类、四环素类、酰胺醇类、磺胺类抗菌药物的耐药率很高,虾源大肠杆菌的耐药率相对较低。在多重耐药方面,禽肉源大肠杆菌多重耐药率明显高于其他来源大肠杆菌。

6)小结

整体来看,大肠杆菌在动物源性食品,尤其是肉类食品中分离率高,且近年来部分研究数据表明食品中大肠杆菌的分离率有上升的趋势,需要加强食品卫生管控。世界各地的大肠杆菌耐药情况存在差异,欧洲、美洲、大洋洲、亚洲食源性大肠杆菌分离率显示,蛋源大肠杆菌分离率显著低于肉源、奶源大肠杆菌。不同地区食源性大肠杆菌对不同抗菌药物耐药情况差别较大,对四环素耐药情况较严重,大洋洲、亚洲肉源性大肠杆菌对多种抗菌药物耐药率普遍高于美洲。总体来说,各地区肉类食品源大肠杆菌的耐药性差异较小,且对各类抗菌药物的耐药率均高于其他来源大肠杆菌;乳类食品源大肠杆菌的耐药数据较少,受管理水平影响较大,差异较大;有限的研究数据显示,水产品源大肠杆菌耐药率较高。我国食品源大肠杆菌对各类抗菌药物的耐药率普遍高于欧美国家,但近年来鸡肉源大肠杆菌对 β-内酰胺类、喹诺酮类、氨基糖苷类、四环素类、酰胺醇类、多肽类抗菌药物耐药率有下降趋势,猪肉源、牛肉源大肠杆菌耐药率相对较稳定。

从世界范围看,食品源大肠杆菌的耐药率与动物源大肠杆菌的耐药率较为接近,多重耐药谱也较为相似,提示食品源耐药大肠杆菌的主要来源仍然是食品动物。

3. 环境大肠杆菌耐药现状

大肠杆菌多是动物肠道内的自然寄居者,通过粪便沉积释放到环境中,可以在肠道外存活很长时间,并在热带、亚热带和温带气候的土壤、沙子和沉积物中繁殖(Roth et al.,2019)。一些大肠杆菌还可以在这些环境中归化,成为本地微生物群落的一部分(Ishii and Sadowsky,2008)。许多研究都在自然环境如水、土壤和废水处理厂中发现了多种耐药大肠杆菌菌株(Dhanji et al.,2011;Jang et al.,2011;Walsh et al.,2011)。人、动物与环境的直接接触或通过食物链的间接接触会导致耐药大肠杆菌在三者之间交换,可能使人类面临健康风险，对公共卫生构成威胁。

1）国外

目前有关环境中大肠杆菌耐药性的研究相对较少，由于大肠杆菌可以通过动物粪便污染水源，常被作为水中微生物污染情况的指示菌，因此报道多集中于水源大肠杆菌。表 2-13 汇总了国外文献报道的环境源大肠杆菌耐药数据，可见世界各国分离的环境源耐药大肠杆菌的流行率从<10%到100%不等，可能是由于国家间抗菌药物使用情况或影响水源的粪便污染源不同所致。整体上，水源大肠杆菌对磺胺类（磺胺甲噁唑、磺胺甲噁唑/甲氧苄啶）、β-内酰胺类（青霉素、氨苄西林和阿莫西林）和四环素类的耐药性较为普遍，且部分地表水源大肠杆菌对第三代头孢类药物耐药。不同地区环境源大肠杆菌耐药水平存在差异，总体来说，欧美国家的耐药水平低于亚洲及非洲国家（Cho et al.，2018；Chen et al.，2017；Lyimo et al.，2016；Titilawo et al.，2015）。此外，也可以观察到2017～2021 年加拿大牛场分离的环境源大肠杆菌对四环素类、磺胺类、头孢类、链霉素等抗菌药物的耐药率整体呈下降趋势（de Lagarde et al.，2022）。

表 2-13　2010～2021 年国外部分国家环境源大肠杆菌耐药率　　　　（%）

年份	国家/来源	青霉素类	四环素类	磺胺类	头孢类	链霉素	参考文献
2011～2012	比利时/生菜场	7	4.2	3.0	—	—	（Holvoet et al.，2013）
2011～2012	尼日利亚/水	57～59	18～28	100	29～48	16	（Titilawo et al.，2015）
2012～2013	加拿大/水	14	15.1	12.9	—	12.9	（Bondo et al.，2016）
2014～2015	美国/环境	15	27	—	95	—	（Mukherjee et al.，2020）
2015～2016	美国/水	32.4	76.5	23.5	—	23.5	（Cho et al.，2018）
2017～2018	新西兰/牛场	—	0～11.4	—	0～36.9	—	（Oya et al.，2021）
2017	加拿大/牛场	—	25.6	12.3～22.6	2.4～3.2	19.4	（Massé et al.，2021）
2017～2021	加拿大/牛场	—	21.2	0～0.6	2.5～2.7	15.3	（de Lagarde et al.，2022）
2018	韩国/鸡场	21.1	37.4	13.7	0.7～56.2	—	（Kim et al.，2022）
2019	巴西/水	16.7～41.7	25～66.7	—	—	—	（Américo-Pinheiro et al.，2021）
2013～2014	孟加拉国/牛场	66.7	78.9～89.4	—	—	—	（Ercumen et al.，2017）

注："—"表示无数据。

2）国内

根据已报道的相关数据（表 2-14）可以看出，近几年我国养殖场环境中不同来源的大肠杆菌分离菌耐药率差异较大，总体上对青霉素类、四环素类、磺胺类、头孢类、链霉素类药物的耐药率均比较高，且与动物源大肠杆菌的耐药情况相似（冯世文等，2020；

表 2-14　2002～2019 年中国部分地区环境源大肠杆菌耐药率　　　　（%）

年份	来源	青霉素类	四环素类	磺胺类	头孢类	链霉素	参考文献
2002～2017	猪场	62.0～95.1	83.1～96.7	—	—	—	（Li et al.，2022）
2016	猪舍	56～100	81.7～95	100	5～51.7	50～70	（冯世文等，2020）
未知～2016	猪舍	36～74.4	91.1～96.6	60～93	12.5～96.6	55.2～92.9	（张晓彤，2015）
2016～2017	鸡场	40～100	30～98.5	26.7～94.8	0～74.5	10～94.4	（郭保卫，2017）

年份	来源	青霉素类	四环素类	磺胺类	头孢类	链霉素	参考文献
2018	河道	40	42.7	39.1	4.6~14.6	—	（王小垒等，2020）
2018~2019	鸡场	26.7~28.9	—	53.5~66.7	0~28.9	—	（韩庆彦等，2021）
未知	水产养殖场	82.22~90.00	32.22	80.0~90.0	27.8~34.4	12.22	（Liao et al.，2021）
未知	农场	76.14	100	96.59	3.41~7.95	—	（Peng et al.，2021）

注："—"表示无数据。

郭保卫，2017；张晓彤，2015），这可能与经济动物粪便的排放以及不同来源大肠杆菌的耐药基因水平转移有关。此外，近5年来，鸡场环境源大肠杆菌对青霉素类、磺胺类、头孢类药物耐药率存在下降趋势，与鸡源大肠杆菌耐药水平变化趋势相似。

综上，世界各个国家和地区的环境源大肠杆菌对磺胺类、β-内酰胺类和四环素耐药性较普遍，不同地区环境源大肠杆菌耐药水平存在差异，总体来说，欧美国家的耐药水平低于亚洲及非洲国家。养殖场中分离的环境源大肠杆菌耐药情况与动物源大肠杆菌的耐药水平接近，说明养殖场中抗菌药物的使用可能会直接影响到周边生态环境中大肠杆菌的耐药性。

4. 小结

大肠杆菌作为人、动物的共生菌，其耐药水平受到抗菌药物使用的影响，不同国家和地区经济动物源、动物性食品源及养殖场环境源大肠杆菌耐药情况及耐药率变化趋势与该地区对养殖中抗菌药物的使用情况相关。世界不同国家和地区来源的大肠杆菌耐药情况有较大差异，亚洲、大洋洲报告的大肠杆菌耐药率普遍高于欧美，其中北欧分离的大肠杆菌对各类抗菌药物耐药率最低。

总体来说，养殖动物、动物食品及环境源大肠杆菌对四环素类耐药率普遍较高，除大洋洲猪肉源大肠杆菌耐药水平高于其他食品来源大肠杆菌外，世界大部分地区鸡源、鸡肉源大肠杆菌耐药水平普遍高于其他动物及食品来源的大肠杆菌，多重耐药情况普遍存在。在我国，由于经济动物养殖中 β-内酰胺类、喹诺酮类、四环素类和磺胺类药物的使用，动物源及肉源大肠杆菌对这几类药物的耐药情况均较严重，多重耐药现象较为普遍。

从耐药水平变化趋势来看，美国、欧洲多个国家分离的动物源、食品源大肠杆菌对氨苄西林等药物的耐药率及多重耐药率近年来存在下降趋势，但部分地区（如美国）分离的猪源大肠杆菌也存在耐药率逐渐上升的趋势。我国动物源大肠杆菌近年来对常用抗菌药物的耐药率均呈下降趋势，但氨苄西林、大观霉素、头孢他啶在2019~2020年出现上升趋势；禽肉源大肠杆菌对β-内酰胺类、喹诺酮类、氨基糖苷类、四环素类、酰胺醇类、多肽类抗菌药物耐药率有下降趋势；猪肉源、牛肉源大肠杆菌耐药率相对较稳定；环境源大肠杆菌耐药情况受周边动物影响较大，不同地区差异较大。

（二）肠球菌

肠球菌属于革兰氏阳性球菌，是人和动物肠道内的正常菌群。肠球菌可作为益生菌，抑制动物肠道病原菌，调节肠道微生态平衡，维护机体肠道健康，同时能促进动物生长及提高宿主的免疫力；部分种属肠球菌还可产生肠球菌素，是一种天然的防腐剂，可被用于食品生产。

肠球菌的治疗用药在犬、猫上主要为利福平，而其他的经济动物没有专门的肠球菌治疗用药，多用一些能治疗大多数革兰氏阳性菌感染的抗菌药物，主要包括青霉素类、大环内酯类、林可酰胺类及杆菌肽类，此外还有广谱抗菌药物，包括四环素类和酰胺醇类等。在公共卫生层面上，利奈唑胺、阿莫西林/克拉维酸、万古霉素等均可用于肠球菌的感染治疗。除了临床治疗用药外，部分抗菌药物包括吉他霉素、黄霉素、恩拉霉素、那西肽、维吉尼亚霉素、杆菌肽等，曾作为抗菌药物饲料添加剂在饲料中长期添加使用，也对肠球菌产生了一定的影响。

由于肠球菌对头孢类、复方磺胺、克林霉素和低水平氨基糖苷类药物呈天然耐药，因此用于治疗肠球菌感染的可选药物种类有限。同时，肠球菌可通过多种途径获得外源耐药基因，这种现象必然会导致将来出现无药可用的局面。随着规模化养殖场中抗菌药物的大量使用，肠球菌耐药情况日益突出，给临床治疗带来困难，多重耐药现象的出现增加了糖肽类、酰胺醇类、林可酰胺类、四环素类、噁唑烷酮类和大环内酯类抗菌药物治疗的难度。动物源肠球菌是耐药基因的重要"储库"之一，携带多种耐药基因的肠球菌可能通过养殖链、动物性食品传播到人，增加耐药肠球菌随食物链扩散传播的风险，从而威胁人类健康，并可能给临床治疗带来严峻挑战。目前，国内外学者已开展了动物源肠球菌耐药性的监测工作，为动物源肠球菌的防控提供了数据支持和科学依据。

1. 欧洲

阿伏帕星（avoparcin）是一种糖肽类抗菌药物，曾被欧洲联盟批准添加在猪、牛和家禽的饲料中，用作畜禽的生长促进剂。1997年，欧盟全面禁止将阿伏帕星作为生长促进剂使用；2006年，欧盟禁止在牲畜中使用所有抗菌药物作为生长促进剂。禁用阿伏帕星后的第一年（1998～1999年）及第二年（1999～2000年）内，分离自法国、荷兰、瑞典、英国的肠球菌对阿伏帕星的敏感性恢复至较高水平。鸡源肠球菌和猪源肠球菌的耐药情况大致相似，不同的是，前者对阿维拉霉素的耐药较为常见。在第一年到第二年期间，杆菌肽、螺旋霉素、泰乐菌素和维吉尼亚霉素的禁用导致肠球菌对其中三种化合物（螺旋霉素、泰乐菌素和维吉尼亚霉素）的抗药性显著下降，而对杆菌肽的耐药性没有明显变化（Bywater et al.，2005）。

20世纪90年代，在欧洲和其他国家的食品动物、健康人、食品和环境样本中出现了携带vanA基因的耐万古霉素屎肠球菌，这种情况的出现被认为与阿伏帕星作为动物生长促进剂有关。多数调查报告显示，万古霉素耐药的肠球菌大多为获得性耐药，普遍携带万古霉素耐药基因。文献报道，匈牙利家禽源和法国牛源的海氏肠球菌以及意大利马源和猪源的海氏肠球菌均对万古霉素耐药（Haenni et al.，2009；Ghidán et al.，2008；de Niederhäusern et al.，2007）。在捷克家禽中检测到携带万古霉素耐药基因的屎肠球菌和粪肠球菌（Kolar et al.，2005），在西班牙的猪源肠球菌中检测到携带万古霉素耐药基因的屎肠球菌。相比较而言，丹麦分离株对利奈唑胺的耐药率偏低，丹麦抗菌药物耐药性监测和研究综合计划（DANMAP）对2003～2015年期间收集的食品及动物中分离的

12 650 株肠球菌进行利奈唑胺药敏试验，发现仅有 5 株对利奈唑胺耐药（0.04%）（Cavaco et al.，2017）。

欧洲动物抗菌药物敏感性监测（European Antimicrobial Susceptibility Surveillance in Animals，EASSA）项目是一个正在进行的泛欧计划，旨在监测屠宰场健康食品动物（牛、猪和鸡）源沙门菌、弯曲菌、大肠杆菌和肠球菌的药物敏感性。2004～2014 年，EASSA 针对屠宰场健康食品动物中的肠球菌的药物敏感性展开了三次研究（2004～2005 年，EASSA I；2008～2009 年，EASSA II；2013～14，EASSA III），在此期间共分离肠球菌 5334 株（屎肠球菌 2435 株，粪肠球菌 1389 株，其他肠球菌共 1510 株），详细数据见表 2-15～表 2-19。总体而言，肠球菌对利奈唑胺、达托霉素、万古霉素、替加环素、氨苄西林和庆大霉素的耐药率较低，屎肠球菌对奎奴普丁/达福普汀的耐药率相对较高（2.2%～33.6%），而猪源和鸡源的粪肠球菌、屎肠球菌对四环素（67.4%～79.1%）和红霉素（27.1%～57.0%）的耐药率非常高。同时，在海氏肠球菌（N=935）、铅黄肠球菌（N=286）和鹑鸡肠球菌（N=154）中观察到类似的结果，即对四环素及红霉素有较高耐药率，而对利奈唑胺、替加环素和万古霉素的耐药率很低（de Jong et al.，2019）。

表 2-15 EASSA I/II/III 报告中的屎肠球菌耐药率（de Jong et al.，2019）　　（%）

来源	年份	药物名称								
		氨苄西林	达托霉素	红霉素	庆大霉素	利奈唑胺	奎奴普丁/达福普汀	四环素	替加环素	万古霉素
牛	2004～2005	0.7	—	—	0.0	0.0	3.0	—	—	0.0
	2008～2009	0	—	3.3	0.0	0.0	3.3	16.4	0.0	0.0
	2013～2014	0	0	9.0	0.0	0.0	2.2	5.2	0.0	0.0
猪	2004～2005	0.8	—	—	0.0	0.0	33.6	—	—	0.4
	2008～2009	0.7	—	42.3	0.0	0.0	26.0	74.7	0.7	1.0
	2013～2014	1.2	0.3	27.1	0.3	0.9	2.4	67.4	0.0	0.0
鸡	2004～2005	2.8	—	—	0.7	0.0	29.2	—	—	0.0
	2008～2009	6.6	—	56.3	0.8	0.0	24.3	80.2	0.0	0.5
	2013～2014	7.6	0.0	57.0	1.6	0.0	12.0	80.3	0.0	0.4

注："—"表示无数据。

表 2-16 EASSA I/II/III 报告中的粪肠球菌耐药率（de Jong et al.，2019）　　（%）

来源	年份	药物名称						
		氨苄西林	红霉素	庆大霉素	利奈唑胺	四环素	替加环素	万古霉素
牛	2004～2005	0.0	—	—	0.0	—	—	0.0
	2008～2009	0.0	0.0	0.0	0.0	32.1	0.0	0.0
	2013～2014	0.0	10.4	0.9	0.0	30.4	0.0	0.0
猪	2004～2005	0.0	—	6.8	0.0	—	—	0.0
	2008～2009	0.0	48.3	2.2	0.0	88.8	0.0	0.0
	2013～2014	0.0	47.2	5.1	2.3	76.1	0.0	0.0
鸡	2004～2005	0.0	—	9.1	0.0	—	—	0.0
	2008～2009	0.0	50.9	0.9	0.0	80.3	0.0	0.0
	2013～2014	0.2	56.6	0.8	0.0	78.3	0.0	0.0

注："—"表示无数据。

表 2-17 EASSA I/II/III 报告中的海氏肠球菌耐药率（de Jong et al.，2019） （%）

来源	年份	药物名称							
		氨苄西林	红霉素	庆大霉素	利奈唑胺	奎奴普丁/达福普汀	四环素	替加环素	万古霉素
牛	2004～2005	0.0	—	0.0	0.0	17.9	—	—	0.0
	2008～2009	0.0	0.5	0.0	0.0	44.3	4.5	0.0	0.0
	2013～2014	0.0	0.12	0.0	0.0	79.9	2.6	0.0	1.3
猪	2004～2005	0.0	—	0.0	0.0	47.1	—	—	0.0
	2008～2009	0.0	29.3	0.0	0.0	46.3	72.0	2.4	1.2
	2013～2014	4.2	30.1	0.3	0.0	83.2	68.2	0.0	0.3
鸡	2013～2014	7.3	34.1	4.9	0.0	82.9	68.3	0.0	0.0

注："—"表示无数据。

表 2-18 EASSA I/II/III 报告中的耐久肠球菌耐药率（de Jong et al.，2019） （%）

来源	药物名称							
	氨苄西林	红霉素	庆大霉素	利奈唑胺	奎奴普丁/达福普汀	四环素	替加环素	万古霉素
牛	0.0	0.0	0.0	0.0	78.2	2	0.0	5.3
猪	7.7	0.0	0.0	0.0	69.2	25.6	0.0	23.1
鸡	0.0	12.5	0.0	0.0	87.5	—	37.5	0.0

注："—"表示无数据。

表 2-19 EASSA I/II/III 报告中的铅黄肠球菌耐药率（de Jong et al.，2019） （%）

来源	药物名称							
	氨苄西林	红霉素	庆大霉素	利奈唑胺	奎奴普丁/达福普汀	四环素	替加环素	万古霉素
牛	0.0	0.0	0.0	0.0	78.2	2	0.0	5.3
猪	7.7	0.0	0.0	0.0	69.2	25.6	0.0	23.1
鸡	0.0	12.5	0.0	0.0	87.5	—	37.5	0.0

注："—"表示无数据。

2. 美洲

美国抗菌药物耐药性监测系统针对 2002～2014 年的零售鸡肉、火鸡肉馅、牛肉肉馅和猪排产品进行了肠球菌的耐药性监测。四种来源的肠球菌对万古霉素均不耐药，对利奈唑胺、达托霉素及替加环素的耐药率均低于 1%；猪排与火鸡肉馅的分离株对四环素的耐药率相对较高，均高于 80%。奎奴普丁是一种临床上重要的链霉素联合药物，1999 年被美国食品药品监督管理局（FDA）批准用于治疗万古霉素耐药的屎肠球菌，四种来源的屎肠球菌对奎奴普丁/达福普汀的耐药率由高至低依次为火鸡肉馅（42.9%）>零售鸡肉（34.7%）>猪排（20.4%）>牛肉馅（12.7%），这可能是由于链霉素和维吉尼霉素已经在美国兽医中使用了几十年，从而导致这些肉类商品中的肠球菌存在更普遍的耐药性。粪肠球菌对青霉素保持较高的敏感性，仅有 0.1%菌株具有抗性。总体而言，2002～2014 年，肠球菌耐药率的波动不大，但对青霉素耐药率呈现出下降的趋势（Tyson et al.，2018）。

2003 年，为了监测万古霉素耐药肠球菌（vancomycin-resistant *Enterococcus*，VRE）的抗菌药物敏感性趋势，Deshpande 等（2007）对北美（26 个监测点，839 株）及欧洲（10 个监测点，56 株）临床分离的 VRE 进行了药敏试验。结果显示，155 株菌株表现出相似的多药耐药谱，且具有时间相关性。在 VRE 中，*VanA* 基因型在北美（76.0%）比欧洲（40.0%）更为普遍，所有菌株对其他抗菌药物的耐药率都有所升高。北美及欧洲分离株之间的抗菌药物耐药率具有显著差异，具体表现在以下 5 个方面：①北美粪肠球菌对氯霉素的耐药率高于欧洲（28.6% vs 7.1%），但欧洲屎肠球菌对氯霉素的耐药率低于北美（0.5% vs 15.0%）；②在北美，粪肠球菌与屎肠球菌对环丙沙星的耐药率均大于99%，在欧洲，该数据分别为 85.7% 和 87.5%；③由于 G2576U 核糖体突变，在北美出现罕见的利奈唑胺耐药性（0.8%～1.8%）；④欧洲屎肠杆菌株对奎奴普丁/达福普汀的耐药率较北美更高（10.0% vs 0.6%）；⑤欧洲粪肠球菌对利福平的耐药率较高（21.4% vs 5.4%）。另外，研究人员在 21 个北美及 2 个欧洲医疗中心发现了 35 个多重耐药（MDR）流行群，表明克隆传播似乎是多重耐药 VRE 在两大洲传播的主要因素。

2018 年，NARMS 在美国 9 个州零售网点收集的 226 份小牛肉中分离得到 121 株肠球菌，大约 74% 的肠球菌对至少一种抗菌药物有耐药性，14.1% 为多重耐药；对四环素的耐药性最为严重（60.3%），其次是链霉素（19.0%）、红霉素（14.9%）和氯霉素（8.3%），约 3% 的肠球菌对环丙沙星耐药，对庆大霉素和氨苄西林耐药的肠球菌占比均小于 1%，所有肠球菌均对万古霉素、替加环素、达托霉素和利奈唑胺敏感（Tate et al.，2021）。

3. 亚洲

针对东南亚地区的越南（111 株）、印度尼西亚（116 株）及泰国（70 株）禽源肠球菌耐药性的监测显示，所有禽源肠球菌均对万古霉素敏感，印度尼西亚与泰国禽源肠球菌均对氨苄西林敏感，而越南的分离株对氨苄西林的耐药率（15.4%）显著高于其他两个国家。红霉素、林可霉素和土霉素耐药现象在三个国家中均较为普遍（越南：91.0%、89.2%、91%；印度尼西亚：64.7%、73.3%、80.2%；泰国：71.4%、74.3%、75.8%）。越南分离株对恩诺沙星的耐药率为 76.6%，高于印度尼西亚（44.0%）和泰国（48.6%），卡那霉素耐药率在三个国家中差别较小，分别为 55.9%、55.9%、52.8%。总体而言，越南禽源肠球菌分离株的耐药率要高于印度尼西亚及泰国，且多重耐药情况更为严重（Usui et al.，2014）。

韩国某研究团队在 2003 年 3～11 月采集的 2726 份家禽、牛肉、猪肉、粪便和生牛奶样品中分离出 208 株 VRE，分离率为 7.6%，其中万古霉素耐药的屎肠球菌有 51 株，均携带 vanA 基因，对庆大霉素高度耐药的占 4%，对氨苄西林高度耐药的占 11%（Jung et al.，2007）。

利奈唑胺耐药性在肠球菌中相对不常见，但近年来在人类和动物分离株中出现（Novais et al.，2005）。韩国进行的一项研究对 2003～2014 年农场和屠宰场的健康牛、猪、鸡的粪便及胴体样本中获得的 11 659 株肠球菌（粪肠球菌和屎肠球菌）进行了利奈唑胺耐药性检测，检测出的耐药率为 0.33%，主要归因于耐药菌株携带 optrA（Tamang et al.，2017）。

4. 其他地区

Barlow 等（2017）对澳大利亚屠宰场的 910 头肉牛、290 头奶牛和 300 头小牛的粪便中分离得到的 216 株肠球菌进行了 16 种抗菌药物的敏感性检测，结果显示分离株对卡那霉素、链霉素和替加环素耐药率较低（1.0%、1.0%、2.3%），对达托霉素、红霉素和四环素的耐药率也相对较低（4.6%、9.2%、9.7%），而对黄霉素和林可霉素的耐药率较高（分别为 80.2% 和 90.3%），对替拉考宁、万古霉素、利奈唑胺、氨苄西林、青霉素、氯霉素、维吉霉素及高水平庆大霉素均不耐药。

5. 中国

肠球菌是我国临床分离率排名第二位的革兰氏阳性球菌（张露丹等，2021）。当前我国医学临床分离的肠球菌对糖肽类药物耐药率始终保持在较高水平，对万古霉素的耐药率相对较低。肠球菌对庆大霉素耐药率比较显著，但是近年来其耐药率呈现出降低的趋势。目前，国内众多学者包括本单位研究人员也对动物源肠球菌进行了大量研究，补充了近年来国内的肠球菌耐药性研究数据（表 2-20）。

表 2-20 2009～2017 年国内部分省份畜禽源肠球菌耐药率 （%）

省份	年份	来源	四环素类	氯霉素	万古霉素	β-内酰胺类	喹诺酮类	大环内酯类	氟苯尼考	氨基糖苷类	参考文献
福建	2009	猪	99.4	79.1	0	1.2	59.6	100	—	—	（郑远鹏，2009）
		鸡	100	69.2	3.8	7.7	84.6	100	—	—	
	2017	猪	99.5	69.9	3.3	6.8	47.8	98.1	—	—	（卓鸿璘，2017）
		鸡	96.8	63.4	3.2	5.4	52.7	91.4	—	—	
北京	2009	猪	96.6	51.7	0	10.2～16.1	26.3	73.7	50.0	50.8～77.1	（刘洋，2013）
河南	2015	猪	60.5	7.0	0	0	0	44.2	0	7.0	（李金磊等，2018）
西藏	2012	猪	64.3	—	0	6.0	3.6	48.8	17.9	1.2	（李鹏，2015）
新疆	2012	猪	—	—	—	63.6	27.3	—	—	—	（王熙楚等，2012）
		牛				46.4	20.2	25.0	82.1		
		鸡				80.0	74.3	91.4	100.0		
		羊				55.6	2.8	13.9	61.1		
广东	2011	猪	87.5	—	25.0	12.5	75.0	100	100		（牟迪等，2014）
上海	2013	猪	97.0	77.4	3.0	—	50.4	99.3	—	48.1～51.1	（董栋等，2015）

注："—"表示无数据。

中国农业大学沈建忠院士团队在 2019～2021 年开展了动物源肠球菌耐药性监测工作，对华北地区（河北、北京、内蒙古、山西）的 30 个养殖场（包括 7 个牛场、12 个鸡场、9 个猪场、2 个鸭场）进行了畜禽源粪肠球菌和屎肠球菌流行情况及耐药情况的调查研究。畜禽源的粪肠球菌和屎肠球菌分离率分别为 34.77% 和 11.03%，其中猪源粪肠球菌和屎肠球菌的分离率分别为 28.51% 和 13.51%，鸡源粪肠球菌和屎肠球菌的分离率分别为 38.56% 和 9.79%，牛源粪肠球菌和屎肠球菌的分离率分别为 16.81% 和 32.26%，鸭源粪肠球菌和屎肠球菌的分离率分别为 33.33%和 0%。从年份来看，肠球菌的分离趋势也比较稳定，其中粪肠球菌 2019～2021 年的分离率为 37.74%、30.10%、32.89%，屎肠球菌为 9.89%、12.82%、9.25%。

将分离株对青霉素类（青霉素、苯唑西林）、β-内酰胺及其抑制剂类（阿莫西林/克拉维酸）、四环素类（四环素、多西环素）、氯霉素类（氟苯尼考）、大环内酯类（红霉素）、氟喹诺酮类（恩诺沙星、氧氟沙星）、截短侧耳素类（泰妙菌素）等 7 类用于疾病预防和治疗的抗菌药物，对糖肽类（万古霉素）和噁唑烷酮类（利奈唑胺）两类公共卫生相关抗菌药物，对多肽类（杆菌肽、恩拉霉素、那西肽）、多糖类（黄霉素）、大环内酯类（吉他霉素）、寡聚糖类（阿维拉霉素）、大环内酯类与多肽类（维吉尼亚霉素）等 7 类用于促生长的抗菌药物进行药敏试验，结果发现，粪肠球菌和屎肠球菌的耐药情况存在差异。粪肠球菌对红霉素、氧氟沙星、泰妙菌素呈现高耐药率（耐药率≥70%），对万古霉素、阿莫西林、青霉素呈现较低耐药率（耐药率≤20%）；屎肠球菌对红霉素、氧氟沙星、泰妙菌素、苯唑西林呈现高耐药率（耐药率≥70%），对万古霉素、阿莫西林呈现较低耐药率（耐药率≤20%）。总的来说，肠球菌对大环内酯类、林可酰胺类和截短侧耳素类药物具有高耐药性，对 β-内酰胺类耐药性较低，并且所有肠球菌分离株均为多重耐药菌，耐药重数多集中在 12～15 种药品种数，最多高达 18 种药物。

通过 2019～2021 年的连续监测发现，粪肠球菌和屎肠球菌的耐药性趋势变化也不同。粪肠球菌对大环内酯类（红霉素）、氯霉素类（氟苯尼考）、截短侧耳素类（泰妙菌素）、氟喹诺酮类（恩诺沙星）药物的耐药性整体有上升趋势，对四环素类（四环素和多西环素）药物的耐药性有下降趋势。屎肠球菌对大环内酯类、氯霉素类、噁唑烷酮类和截短侧耳素类药物的耐药性有上升趋势，对四环素类药物的耐药性有下降趋势。

此外，吉他霉素、黄霉素、恩拉霉素、那西肽、维吉尼亚霉素、杆菌肽等在国内曾被允许作为饲料添加剂在饲料中长期添加使用，但是抗菌促生长剂的广泛使用尤其是不合理应用加重了细菌耐药性发展。肠球菌作为一种环境适应性极广的革兰氏阳性球菌，在自然界中分布广泛，而养殖业中饲用抗菌促生长剂的广泛使用使得肠球菌具有获得耐药性的更强驱动力。为进一步了解 2020 年全面禁止饲用抗菌促生长剂后肠球菌的耐药情况变化，中国农业大学沈建忠院士团队基于 CLSI-VET 中关于兽用耐药性判定标准的制定方法，建立了动物源肠球菌对 7 种饲用抗菌促生长剂的流行病学临界值，最终制定的动物源肠球菌对阿维拉霉素、恩拉霉素、杆菌肽、黄霉素、吉他霉素、那西肽、维吉尼亚霉素的流行病学临界值分别为 8μg/mL、8μg/mL、32μg/mL、8μg/mL、8μg/mL、0.25μg/mL 和 8μg/mL。该研究结果填补了国内肠球菌对饲用抗菌促生长剂流行病学临界值的空白，对开展肠球菌耐药表型的监测具有重要参考意义。

华东地区分离自动物源的肠球菌对土霉素及红霉素的耐药最为严重，总体耐药率高达 95%以上，对氯霉素及环丙沙星次之（耐药率约为 50%），对万古霉素及氨苄西林保持较高敏感性。一项对福建省动物源肠球菌的研究显示，该地区猪源肠球菌对土霉素、红霉素、氯霉素和环丙沙星存在不同程度的耐药，耐药率分别为 99.5%、98.1%、70.7%和 47.8%，对万古霉素、氨苄西林较为敏感（卓鸿璘，2017）。另有研究人员收集了福建省不同地区 3 个猪场的猪源肠球菌以及 1 个鸡场不同年份的鸡源肠球菌，通过筛选试验对分离出的高水平庆大霉素耐药（high level gentamicin resistance，HLGR）肠球菌进行抗菌药物的耐药性调查。总体而言，猪源与鸡源肠球菌对氯霉素、土霉素、红霉素及环丙沙星的耐药率都很高，对万古霉素和氨苄西林相对敏感。对猪源肠球菌而言，不同地区新旧猪场分离株的耐药率差别不大，且不同年份分离于鸡场的肠球菌的耐药率差别较小（郑远鹏，2009）。对上海的 6 区（县）、10 个规模化养猪场肠球菌的调查显示，分离株对林可霉素、红霉素、泰乐菌素、四环素、氯霉素、链霉素、庆大霉素、利福平和环丙沙星耐药均十分严重，其中林可霉素、红霉素、泰乐菌素与四环素的耐药率均高于97.0%，氯霉素的耐药率也高达 77.4%，链霉素、庆大霉素、利福平和环丙沙星的耐药率均在 50% 左右，而对万古霉素保持很高的敏感性（敏感率高于 95%），可见上海地区猪源肠球菌呈现多药耐药特征，万古霉素仍然是治疗此类耐药菌感染最有效的抗菌药物（董栋等，2015）。

在华北地区，对北京通州、怀柔、昌平和密云 4 个猪场的猪源肠球菌，以及北京和山东鸡源肠球菌耐药状况的调查显示，猪源肠球菌对四环素（96.6%）、阿米卡星（77.1%）、红霉素（73.7%）、链霉素（77.1%）、利福平（61.9%）、氯霉素（51.7%）、庆大霉素（50.8%）及氟苯尼考（50.0%）耐药均十分严重，对恩诺沙星（26.3%）、青霉素（16.1%）及氨苄西林（10.2%）表现出中等程度耐药。335 株鸡源肠球菌的耐药趋势与猪源肠球菌大致相同，对阿米卡星与四环素的耐药率基本一致，但对其他药物的耐药率相较于猪源肠球菌偏低；所有养殖场均未分离到万古霉素耐药的菌株。该研究还发现，猪源和鸡源肠球菌多重耐药现象均较为严重：在 118 株猪源分离菌中，108 株（91.5%）呈现多重耐药特征；在 335 株鸡源肠球菌中，305 株（91.0%）呈现多重耐药特征（刘洋，2013）。

在华中地区，一项针对河南采集的人源、鸡源及猪源肠球菌的耐药性调查显示，所有肠球菌对万古霉素和替考拉宁均表现为敏感，相对于鸡源和猪源肠球菌，人源肠球菌对红霉素（69.35%）、环丙沙星（37.10%）、氨苄西林（19.35%）等抗菌药物的耐药率更高；而鸡源肠球菌对四环素（88.24%）、氟苯尼考（11.76%）、氯霉素（21.57%）等抗菌药物的耐药率较其他来源的肠球菌要高；猪源肠球菌对四环素的耐药率最高，为 60.5%，对庆大霉素、氯霉素敏感率高，未发现对环丙沙星、氟苯尼考耐药的菌株，对受试抗菌药物的耐药率总体较低，且其多药耐药率（7.84%）也低于人源（35.48%）及鸡源肠球菌（30.19%）（刘佳等，2014）。

王送林等（2015）从湖南省病死猪样本分离了 42 株肠球菌，并进行了 11 种药物的敏感性检测。结果显示，所有分离株均呈现四环素耐药表型，对其他几种抗菌药物的耐药性由高到低依次为氯霉素（92.9%）、苯唑青霉素（88.1%）、红霉素（83.35%）、米诺霉素（81.0%）、左氧氟沙星（57.1%）、高浓度庆大霉素（52.4%）、高浓度链霉素（47.6%）、环丙沙星（45.2%）、万古霉素（31.0%）和青霉素 G（11.9%）；对氯霉素、苯唑青霉素、红霉素、米诺霉素耐药严重（>80%），对青霉素最为敏感。需要注意的是，该地区 VRE 耐药率较高，达到 31.0%，迫切需要加强对 VRE 的检测和监测。

　　李金磊等（2018）从河南省 4 个不同地区猪、鸡规模化养殖场分离出 254 株肠球菌，分离菌株对头孢西丁、克林霉素、泰妙菌素、磺胺异噁唑、红霉素、替米考星及头孢噻呋等耐药严重，耐药率均在 90% 以上；对多西环素、青霉素耐药相对严重，耐药率均在 80%～90%；对万古霉素敏感。其中，猪源粪肠球菌对头孢西丁、克林霉素、泰妙菌素、头孢噻呋、磺胺异噁唑、红霉素、替米考星和强力霉素耐药严重，耐药率均在 89% 以上，90% 以上的菌株对 7 类及 7 类以上的抗菌药物耐药。该研究表明，河南省猪、鸡源粪肠球菌耐药情况严重，食品动物的环境卫生有待进一步改善，以防止耐药菌的扩散和蔓延。

　　在西南地区，李鹏（2015）对 2012 年在西藏采集的 232 份猪源样品进行肠球菌的分离鉴定，并对 84 株肠球菌分离株进行 12 种抗菌药物的敏感性测试。结果表明，肠球菌对苯唑西林（92.8%）和红霉素（48.8%）表现出高水平耐药，对四环素（64.3%）的耐药率较高，对氟苯尼考（17.9%）表现出中等水平耐药，对青霉素（6.0%）和环丙沙星（3.6%）的耐药率则比较低，对氨苄西林、左氧氟沙星及氨基糖苷类药物的耐药率很低，未发现对阿莫西林/克拉维酸或万古霉素耐药的肠球菌菌株。

　　在西北地区，王熙楚等（2012）对新疆不同动物来源的肠球菌进行了耐药性分析，结果发现不同来源的肠球菌对青霉素等 8 种药物的敏感性差异较大。猪源肠球菌对青霉素的耐药率最高（63.6%），其次为头孢唑林（59.1%）；牛源肠球菌对氟苯尼考的耐药率最高（82.1%），其次为头孢唑林（53.6%）和青霉素（46.4%）；羊源肠球菌对头孢唑林的耐药率最高（66.7%），其次为氟苯尼考（61.1%）和青霉素（55.6%）；鸡源肠球菌对氟苯尼考的耐药率最高（100%），其次为红霉素（91.4%）。4 种动物源肠球菌对抗菌药物耐药率的差异比较明显，总体上来看，鸡源肠球菌的耐药率普遍高于其他动物源肠球菌（头孢唑林除外）。

　　王蒙蒙等（2018）对自新疆采集的 49 株猪源肠球菌进行了耐药性分析，结果发现 49 株粪肠球菌中 98% 的菌株呈现多重耐药，对链霉素的耐药率最高（100%），其次是青霉素（95.92%）、红霉素（95.92%）和四环素（95.92%），对阿莫西林和环丙沙星的耐药率分别为 71.43% 和 38.78%。

　　在华南地区，牟迪等（2014）对在广东采集的 1800 份猪源粪便和鼻腔拭子样品进行氟苯尼考低敏感肠球菌的分离，共获得 79 株氟苯尼考低敏感菌株。在 79 株肠球菌中，共检测到 *cfr* 阳性菌株 28 株，包括粪肠球菌 8 株、屎肠球菌 4 株、铅黄肠球菌 6 株和鹑鸡肠球菌 10 株。所有菌株对氟苯尼考、阿米卡星、庆大霉素和红霉素均耐药，对氨苄西林、环丙沙星、四环素和万古霉素的耐药率分别为 12.5%、75.0%、87.5% 和 25.0%。

　　纵观国内现有的监测数据可以看出，各地区畜禽源肠球菌对四环素、红霉素及氯霉素耐药严重，且多重耐药现象普遍，大部分地区肠球菌对万古霉素保持较高的敏感性。据我国细菌耐药监测数据显示，在 2013～2020 年，肠球菌除对青霉素的耐药率有明显下降外，对其他药物的耐药率基本保持稳定，整体耐药水平较高，多重耐药形势依然严峻，具体耐药情况见图 2-5～图 2-8。

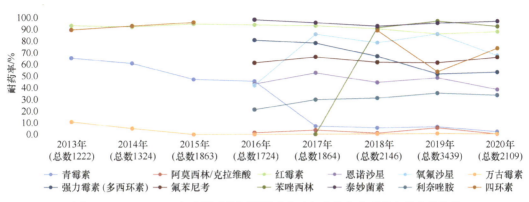

图 2-5　2013～2020 年中国动物源粪肠球菌对各种抗菌药耐药率的变化趋势

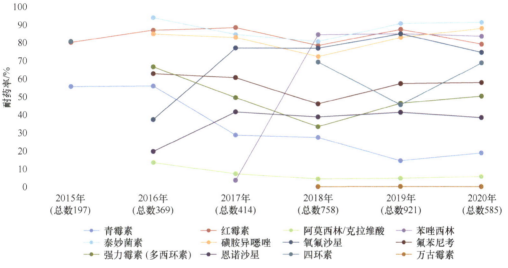

图 2-6　2015～2020 年中国动物源屎肠球菌对各种抗菌药耐药率的变化趋势

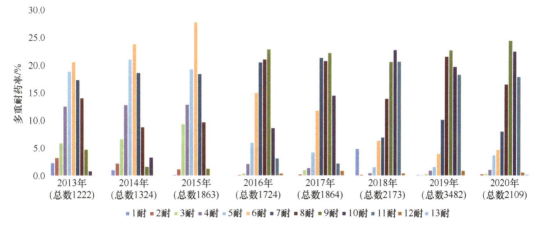

图 2-7　2013～2020 年中国动物源粪肠球菌多重耐药情况

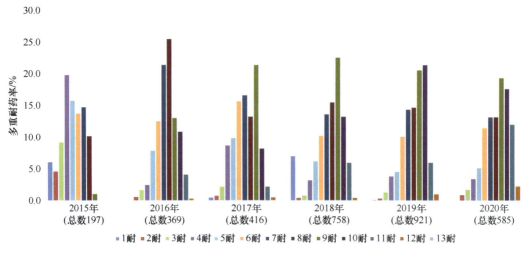

图 2-8　2015～2020 年中国动物源屎肠球菌多重耐药情况

6. 小结

综合来看，肠球菌对青霉素、阿莫西林/克拉维酸、四环素、多西环素、氟苯尼考、红霉素、恩诺沙星、氧氟沙星、泰妙菌素等几种常规的预防和治疗药物均表现出不同程度的耐药，且存在多重耐药的现象。其中，肠球菌对四环素、红霉素、苯唑西林等几种抗菌药物的耐药率较高，而对青霉素、替加环素、万古霉素、利奈唑胺等几种抗菌药物的耐药率则较低。近年来，肠球菌对部分抗菌药物的耐药率表现出逐年下降的趋势。

国内、国外研究数据表明，国内畜禽源肠球菌对以上几种抗菌药物的耐药情况相对严重，但并不存在对人医临床重要的万古霉素的耐药情况，而国外存在对万古霉素耐药的肠球菌。

二、食源性致病菌耐药性

食源性致病菌是引起人类患食源性疾病的重要因素，食品原料污染、存储不当、生熟交叉污染等是人类感染食源性致病菌的主要原因。其中，沙门菌、弯曲菌、致病性大肠埃希菌、金黄色葡萄球菌、单增李斯特菌和副溶血性弧菌作为重要的食源性致病菌受到广泛关注。

沙门菌和弯曲菌是全球引起人类腹泻最主要的食源性致病菌，家禽和家畜是其重要的宿主。致病性大肠埃希菌广泛存在于多种环境、人和动物肠道内，通过粪-口途径传播。金黄色葡萄球菌和单增李斯特菌是环境中常见的致病菌，其中金黄色葡萄球菌产生金葡肠毒素导致人类患肠胃炎，而单增李斯特菌感染的临床表现为败血症、脑膜炎、流产、死胎等。由于金黄色葡萄球菌需要产生肠毒素才能致病，而单增李斯特菌潜伏期长且患者感染后也不是在肠道门诊就诊，因此，虽然这两种细菌在食品中的检出率高于沙门菌和弯曲菌，但在疾病监测中病例数却较少。副溶血性弧菌的宿主是虾、蟹和鱼等海产品，因此在沿海地区经常发生由副溶血性弧菌导致的食源性疾病的暴发事件。本部分主要阐述上述 6 种重要的食源性致病菌的耐药现状。

（一）沙门菌

沙门菌（*Salmonella*）是一种无芽孢、无荚膜的革兰氏阴性肠杆菌，广泛存在于自然界（Gallati et al.，2013）。沙门菌主要感染人类和温血动物（Hendriksen et al.，2011），是导致食源性疾病的主要病原之一，根据世界卫生组织估计，全世界每年有超过十万人死于沙门菌感染（Gallati et al.，2013）。根据细菌脂多糖、鞭毛和荚膜多糖的不同，采用 Kauffmann-White 方案可将沙门菌分为 2600 多种不同的血清型，其中，伤寒沙门菌和副伤寒沙门菌只感染人，其余血清型统称为非伤寒沙门菌。非伤寒沙门菌大多宿主范围较广，是重要的人兽共患病原菌，其中肠炎、鼠伤寒及鼠伤寒单相变种流行最为广泛。非伤寒沙门菌主要通过受粪便污染的食品而沿着食物链传播，感染后会导致胃肠炎，但不同血清型之间的临床症状存在显著差异，一些非伤寒沙门菌感染有时也是致命的。Angulo 等（1997）认为肠炎、鼠伤寒及其鼠伤寒单相变种引起侵袭性疾病的可能性不大，而其他非伤寒沙门菌血清型（如海德堡、都柏林和霍乱）比伤寒血清型更容易导致侵袭性疾病。与伤寒沙门菌相比，另一些血清型（如纽波特），病死率相对较低（Angulo et al.，1997）。近年来，沙门菌导致的食源性疾病频繁暴发（Gallati et al.，2013），开展沙门菌耐药性监测对食品安全和耐药性的防控具有重要意义。

抗菌药物是治疗和控制沙门菌病的主要手段，然而，近年来，随着抗菌药物的大量且不合理使用，耐药沙门菌的出现及流行常导致治疗失败（Vinueza-Burgos et al.，2019）。现有研究表明，具有多重耐药性的沙门菌主要对氨苄西林、磺胺类和四环素等抗菌药物具有耐药性。在欧洲，动物源沙门菌的常见宿主为猪、鸡和牛，流行的沙门菌血清型主要为德尔卑和鼠伤寒，该地区的多重耐药沙门菌对氨苄西林、磺胺类和四环素耐药率较高。而美国动物源性沙门菌的耐药情况整体好于欧洲地区。亚洲（日本）食品动物源沙门菌的主要流行血清型为婴儿和施瓦岑格伦德，对四环素、氨苄西林和磺胺类药物具有耐药性。相比之下，由于非洲某些地区卫生条件较差，沙门菌污染较为严重，其主要流行血清型为伊斯坦布尔、布朗卡斯特和肯塔基，对四环素和磺胺类药物的耐药性率很高。在我国，禽源沙门菌耐药较为严重，其主要流行血清型为鼠伤寒、印第安纳和肠炎，与国外的流行血清型有一定差异。我国沙门菌对氨苄西林、磺胺类和四环素的耐药率较高，这与国外报道基本一致。

1. 欧洲

自 2004 年开始，EFSA 每年都会与 ECDC 联合发布一份《欧盟国家人、动物和食品源人兽共患病原菌及指示细菌抗菌药物耐药性总结报告》。

2012 年，比利时的鸡源肠炎沙门菌对氨苄西林、环丙沙星、萘啶酸和磺胺类的耐药率分别达到 23.5%、17.3%、16.0% 和 16.0%；英国的鸡源肠炎沙门菌对磺胺类和四环素的耐药率偏高，分别达到了 57.0% 和 48.0%，见表 2-21。相比之下，欧洲各个地区不同来源（鸡、猪、牛）的鼠伤寒沙门菌耐药情况严重，对氨苄西林、磺胺类和四环素的耐药率最高。早在 2009 年，意大利的猪源鼠伤寒沙门菌对上述 3 种抗菌药物的耐药率就已经高达 100%，相反，欧洲各地区鼠伤寒沙门菌对第三代头孢类药物（头孢噻肟）的耐药率连续多年处于较低水平，见表 2-22。

表 2-21　2009～2013 年欧洲地区鸡源肠炎沙门菌耐药率　　　　　　　（%）

年份	地区	氨苄西林	头孢噻肟	氯霉素	环丙沙星	庆大霉素	萘啶酸	磺胺类	四环素	参考文献
2009	法国	3.0	0	0	2.0	3.0	2.0	8.0	8.0	（EFSA and ECDC，2011）
	德国	0.4	0	0	0.4	0.4	0	0.4	0	
	意大利	7.0	0	0	11.0	0	11.0	2.0	2.0	
	拉脱维亚	0	0	0	0	0	0	0	0	
	英国	0	0	0	0	0	0	0	0	
2010	法国	0	0	0	0	0	0	0	0	（EFSA and ECDC，2012）
	德国	1.0	0	0	2.0	0	1.0	0	0	
	意大利	3.0	0	0	3.0	0	3.0	14.0	3.0	
	拉脱维亚	3.0	0	0	3.0	0	3.0	0	0	
	英国	17.0	0	4.0	0	0	4.0	57.0	48.0	
2011	法国	0	0	0	2.4	0	2.4	0	0	（EFSA and ECDC，2013）
	德国	0	0	0	0	0	0	0	0	
	意大利	20	0	0	6.3	0	6.7	13.3	20	
2012	比利时	23.5	14.8	6.2	17.3	2.5	16.0	16.0	11.1	（EFSA and ECDC，2014）
	德国	0	0	0	0	0	0	0	0	
	意大利	3.2	0	0	12.9	0	12.9	3.2	6.5	
	拉脱维亚	9.1	0	0	0	0	0	0	9.1	
2013	法国	0	0	0	0	0	0	0	0	（EFSA and ECDC，2015）
	德国	0	0	0	1.6	0	1.6	0	0	
	意大利	11.8	0	0	5.9	5.9	0	5.9	5.9	

表 2-22　2009～2013 年欧洲地区动物源鼠伤寒沙门菌耐药率　　　　　　（%）

年份	地区	来源	氨苄西林	头孢噻肟	氯霉素	环丙沙星	庆大霉素	萘啶酸	磺胺类	四环素	参考文献
2009	法国	鸡	39.0	4.0	32.0	4.0	0	4.0	61.0	50.0	（EFSA and ECDC，2011）
	德国	鸡	37.0	0	21.0	5.0	0	5.0	37.0	37.0	
	意大利	鸡	33.0	0	17.0	17.0	0	17.0	33.0	33.0	
	英国	鸡	15.0	0	4.0	0	0	0	23.0	23.0	
	荷兰	猪	55.0	0	21.0	3.0	0	3.0	57.0	82.0	
	德国	猪	83.0	1.0	41.0	1.0	3.0	0.6	83.0	76.0	
	意大利	猪	100	0	46.0	0	0	0	100.0	100.0	
	丹麦	猪	41.0	0	8.0	0.3	2.0	0.3	51.0	39.0	
	荷兰	牛	58.0	0	25.0	8.0	0	8.0	58.0	50.0	
	德国	牛	44.0	0	30.0	10.0	0	10.0	54.0	48.0	
	瑞典	牛	0	0	0	0	0	0	0	0	
2010	法国	鸡	50.0	0	47.0	7.0	0	3.0	60.0	53.0	（EFSA and ECDC，2012）
	德国	鸡	8.0	0	8.0	0	0	0	8.0	17.0	
	西班牙	鸡	21.0	0	21.0	0	0	—	21.0	21.0	
	瑞典	鸡	0	0	0	0	0	0	0	0	
	英国	鸡	46.0	0	15.0	0	8.0	0	69.0	69.0	
	爱尔兰	猪	87.0	0	53.0	20.0	20.0	20.0	87.0	80.0	
	德国	猪	80.0	0.6	44.0	2.0	9.0	1.0	85.0	81.0	
	西班牙	猪	82.0	0	24.0	12.0	6.0	12.0	82.0	82.0	

年份	地区	来源	氨苄西林	头孢噻肟	氯霉素	环丙沙星	庆大霉素	萘啶酸	磺胺类	四环素	参考文献
2010	丹麦	猪	49.0	0	9.0	0.2	2.0	0	53.0	48.0	(EFSA and ECDC, 2012)
	荷兰	牛	50.0	0	57.0	7.0	0	7.0	93.0	64.0	
	德国	牛	55.0	2.0	42.0	5.0	0	5.0	62.0	60.0	
	瑞典	牛	8.0	0	0	0	0	0	25.0	17.0	
2011	法国	鸡	36.4	0	15.2	0	0	0	39.4	36.4	(EFSA and ECDC, 2013)
	德国	鸡	17.2	0	13.8	0	0	6.9	34.5	13.8	
	英国	鸡	30.0	0	10	0	0	0	30.0	30.0	
	爱尔兰	猪	88.2	0	76.5	23.5	23.5	17.6	88.2	94.1	
	德国	猪	88.2	0	39.2	3.8	7.2	3.4	90.7	83.1	
2011	西班牙	猪	89.5	5.3	26.3	26.3	5.3	21.1	89.5	89.5	(EFSA and ECDC, 2013)
	丹麦	猪	36.6	0	7.6	0	1.5	0	41.2	37.4	
	荷兰	牛	37.5	0	20.8	0	0	0	70.8	70.8	
	德国	牛	62.2	0	18.9	2.7	2.7	2.7	56.8	51.4	
	瑞典	牛	10.0	0	0	0	0	0	40.0	10.0	
2012	比利时	鸡	63.8	10.6	14.9	25.5	2.1	23.4	68.1	53.2	(EFSA and ECDC, 2014)
	德国	鸡	7.1	0	7.1	0	0	47.6	19.0	7.1	
	荷兰	猪	85.5	0	14.5	0	0	0	76.4	74.5	
	德国	猪	82.8	1.1	37.7	6.6	5.1	5.5	86.1	79.5	
	丹麦	猪	41.3	0	17.5	0	1.6	0	46.0	36.5	
	荷兰	牛	41.7	0	12.5	0	0	0	91.7	86.3	
	德国	牛	11.4	0	8.6	0	2.9	0	11.4	28.6	
	瑞典	牛	25.0	0	16.7	0	0	0	25.0	16.7	
2013	荷兰	猪	57.7	0	11.5	3.8	0	3.8	50.0	53.8	(EFSA and ECDC, 2015)
	德国	猪	82.5	1.3	27.8	8.1	4.0	3.6	83.9	82.1	
	丹麦	猪	26.9	0	7.7	0	0	0	38.5	38.5	
	英国	猪	83.9	0	51.6	0	19.4	0	87.1	83.9	

注："—"表示无数据。

  自 2014 年开始，EFSA 对欧洲各地区的耐药性监测从 8 种抗菌药物增加至 13 种，增加的抗菌药物包括：阿奇霉素、头孢他啶、替加环素、甲氧苄啶和多黏菌素。欧洲各地区沙门菌对氨苄西林和萘啶酸耐药率较高，而对第三代头孢类药物（头孢噻肟、头孢他啶）的耐药率较低。总体来说，欧洲地区的沙门菌分离株对多黏菌素的耐药率较低，但是在捷克、匈牙利和荷兰等地，鸡肉源肠炎沙门菌对多黏菌素的耐药率较高，分别为 55.1%、45.5%和 69.2%（EFSA and ECDC，2016）。2015 年，欧洲各地区的沙门菌对氨苄西林和萘啶酸的耐药率呈下降趋势；相反，猪和牛源沙门菌分离株对磺胺甲噁唑和四环素的耐药率呈上升趋势（EFSA and ECDC，2017）。2016 年，EFSA 的耐药监测又增加了美罗培南，发现 2016～2017 年欧洲各地区沙门菌一直保持对美罗培南的敏感性（EFSA and ECDC，2019；2018）。

  《欧盟 2017～2018 年人、动物和食品源人兽共患病原菌及指示细菌抗菌药物耐药性总结报告》显示，在对 2017 年沙门菌分离株进行血清型分布评估时发现，猪源分离株有 6 种血清型检测到 ESBL 或 AmpC 表型，包括德尔卑、布雷迪尼、里森、卡彭巴、鼠伤寒及其单相变种。其中，6 株猪源沙门菌分离株携带 *ESBL* 基因（包括 1 株德国的德尔卑沙门菌、1 株西班牙的里森沙门菌、1 株意大利的卡彭巴沙门菌、1 株鼠伤寒沙门菌的单相变种分离株、1 株来自西班牙的里森沙门菌、1 株鼠伤寒单相变种沙门菌）、4 株分离菌株携带 *AmpC* 基因（包括来自立陶宛、葡萄牙和西班牙的布雷迪尼沙门菌及来自意大利的鼠伤寒单相分离株）（EFSA and ECDC，2020）。

2017 年，EFSA 的监测报告显示，猪肉和牛肉中多黏菌素耐药沙门菌株检出率均为 1.3%，在育肥猪肉中，多种血清型沙门菌对多黏菌素耐药，其中主要为鼠伤寒单相变种沙门菌（EFSA and ECDC，2019）。猪和犊牛源沙门菌对氨苄西林、磺胺甲噁唑和四环素药物耐药水平最高。而 2018 年的统计数据显示，欧盟新鲜零售肉鸡中沙门菌检出率约为 12%（EFSA and ECDC，2020）。其中，禽源沙门菌对氨苄西林、磺胺甲噁唑和四环素的总体耐药率处于中等以上水平。肉鸡和火鸡源沙门菌对氨苄西林的耐药率处于中等水平（分别为 13.7%和 16.5%）；肉鸡源沙门菌对磺胺甲噁唑的耐药率偏高（33.9%），而火鸡源沙门菌的耐药率则处于中等水平（13.7%）；此外，肉鸡源和火鸡源沙门菌对四环素的耐药率较高（分别为 35.5%和 57.3%）。

《欧盟 2017～2018 年人、动物和食品源人兽共患病原菌及指示细菌抗菌药物耐药性总结报告》显示，大多沙门菌具有多重耐药表型（图 2-9），其中猪、肉鸡和犊牛源沙门菌的多重耐药率处于中等水平（15.1%）。在斯洛伐克、匈牙利和马耳他，猪源分离株中多重耐药菌株分别占比 10.5%、15.8%和 17.6%，而西班牙多重耐药率相对较高（75.6%）。西班牙和法国的犊牛源多重耐药沙门菌分别占比 13.6%和 18.8%。英国的监测数据表明，未在肉鸡中检出多重耐药沙门菌，但奥地利和斯洛文尼亚监测数据显示，肉鸡源多重耐药沙门菌检出率较高（分别为 87.3%和 90.9%）。

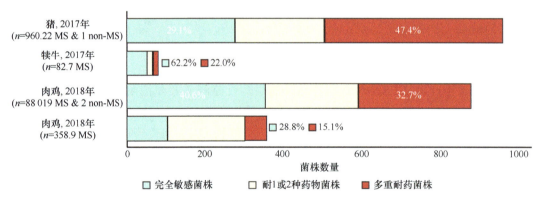

图 2-9 2017～2018 年欧盟地区不同来源的 MDR 沙门菌分离数量（EFSA and ECDC，2020）
MS，欧盟成员国；non-MS，非欧盟成员国

EFSA 在其 2018～2019 年报告中表示，大多成员国动物源食品中耐四环素类和磺胺类药物沙门菌检出率较高，氨苄西林的耐药水平与前两者相似或略低于前两者，猪和火鸡源沙门菌分离株对这三种抗菌药物的总体耐药水平最高。此外，动物源性食品如肉鸡

与火鸡，对环丙沙星和萘啶酸耐药水平较高，肉鸡分别为 51.8% 和 48.8%，火鸡分别为 42.7% 和 33.7%；而犊牛和猪对环丙沙星、萘啶酸耐药水平较低（12.5% 和 7.8%）。大多数成员国动物源性食品对头孢噻肟和头孢他啶的耐药水平很低，但意大利肉鸡源沙门菌对头孢噻肟和头孢他啶具有耐药性；此外，意大利火鸡源沙门菌对第三代头孢类药物的耐药率也很高，为 26.5%（EFSA and ECDC，2021）。

2019 年，丹麦关于食品动物、食物和人体中抗菌药物的使用情况与细菌耐药性的报告显示，1120 例实验室确诊的沙门菌病例（每 10 万居民中 19.3 例）中，最常见的血清型是肠炎和鼠伤寒（包括鼠伤寒单相变种），分别为每 10 万居民中有 5.3 例和 4.7 例。在丹麦，来自食品动物和人的鼠伤寒沙门菌通常对氨苄西林、磺胺类和四环素（ASuT）具有耐药性，但这些抗菌药物并未用于沙门菌病的治疗。因此，一些极重要的抗菌药物（如用于人医临床的大环内酯类和氟喹诺酮类药物）的使用或许对动物源沙门菌耐药性的产生具有潜在影响。自 2014 年以来，丹麦持续监测了猪源和旅行相关病例中人源鼠伤寒沙门菌的耐药情况，发现大多数分离菌株对一种或多种抗菌药物具有耐药性，其中不超过 13% 的猪源和猪肉源分离株以及 14% 的人源分离株对所有测试的抗菌药物均保持敏感，而旅行相关病例中完全敏感的分离株占比为 31%（表 2-23）。

表 2-23 2019 年丹麦猪、猪肉和人源鼠伤寒沙门菌分离株耐药率
（Korsgaard et al.，2020）

抗菌药	猪源/%	猪肉源/%	人源/%		
			国内病例	国外旅游病例	总计
氨苄西林	76	78	77	63	73
阿奇霉素	0	3	2	0	<1
头孢噻肟	0	0	0	2	<1
头孢他啶	0	0	0	2	<1
氯霉素	11	12	8	12	7
环丙沙星	0	0	4	14	6
黏菌素	0	0	2	5	2
庆大霉素	16	7	3	6	2
美罗培南	0	0	0	0	0
萘啶酸	0	0	3	3	2
磺胺	80	83	73	55	66
四环素	80	73	75	57	70
替加环素	0	0	4	0	2
甲氧苄啶	18	12	12	12	9
完全敏感率/%	13	12	14	31	21
分离株数/株	45	59	97	65	271

该报告还指出，猪源德尔卑沙门菌最为常见，但在人类病例中德尔卑沙门菌检出率不高。在猪源分离菌株中，对受试抗菌药物完全敏感的菌株分离率从 2018 年的 70% 下降到 2019 年的 55%（表 2-24）。研究表明，无论是单独用药还是联合用药，大多数沙门菌对四环素、磺胺类、甲氧苄啶和氨苄西林均具有耐药性，对庆大霉素较敏感，仅 1%～2% 的菌株有耐药表型，未检测到对环丙沙星、阿奇霉素等抗菌药物的耐药表型。

表 2-24　2019 年丹麦生猪与猪肉源德尔卑沙门菌耐药率（Korsgaard et al.，2020）

抗菌药	猪源/%	猪肉源/%
氨苄西林	13	16
阿奇霉素	0	0
头孢噻肟	0	0
头孢他啶	0	0
氯霉素	4	2
环丙沙星	0	0
黏菌素	0	0
庆大霉素	1	2
美罗培南	0	0
萘啶酸	0	0
磺胺	21	25
四环素	31	21
替加环素	0	0
甲氧苄啶	21	23
完全敏感率/%	55	64
分离株数/株	67	56

综上所述，在欧洲最流行的沙门菌血清型主要为德尔卑和鼠伤寒，鼠伤寒沙门菌具有多重耐药性；动物源沙门菌的常见宿主为猪、鸡和牛，不同动物性食品源沙门菌耐药率不同；多重耐药沙门菌主要对氨苄西林、磺胺类和四环素药物具有耐药性。

2. 北美洲

1）美国

据美国疾病预防控制中心调查显示，2009～2015 年，由鸡蛋、鸡肉和猪肉引起的食源性沙门菌感染分别为 2422 例、1941 例和 1536 例。此外，在美国的 177 起多个州暴发的沙门菌疫情中，最大的一次是由肠炎沙门菌污染蛋引起的（Dewey-Mattia et al.，2018）。美国抗微生物药物耐药性监测系统报告表明，2018 年鸡肉相关食品中沙门菌的分离率比 2017 年增加了 3%～7%（FDA，2020）。

根据 NARMS 得到的近 40 年不同动物来源（鸡、火鸡、猪、牛）沙门菌对 8 种抗菌药物的耐药数据显示，美国动物源沙门菌对环丙沙星敏感性较好，在 2020 年仅达到 1.8%；另外，动物源分离株对氨苄西林和萘啶酸的耐药率也处于较低水平。美国动物源沙门菌在过去的 40 年间，对四环素和链霉素的耐药率保持稳定，始终控制在 25.0%～47.0%，整体耐药情况好于欧洲地区，详见表 2-25。

表 2-25　1980～2020 年美国动物源沙门菌耐药率（FDA，2020）　　　　　　（%）

年份	氨苄西林	头孢曲松	氯霉素	环丙沙星	庆大霉素	萘啶酸	四环素	磺胺甲噁唑	链霉素
1980～2000	12.0～16.4	1.1～7.0	5.0～9.6	0～0.1	6.7～13.4	0.3～1.2	32.3～36.0	22.2～29.8	26.1～29.0
2001～2010	13.9～29.3	6.0～16.2	5.3～9.2	0～0.1	5.5～8.6	0.3～1.0	33.0～46.2	16.8～23.9	24.6～31.6
2011～2020	8.9～20.7	5.7～14.3	2.7～9.5	0～1.8	3.4～12.3	0.4～18.0	29.6～43.6	18.0～26.1	25.1～42.7

2002 年和 2007 年，NARMS 对乳制品进行了调查，对牛奶中分离得到的沙门菌进行了抗菌药物敏感性试验，结果表明沙门菌具有多重耐药表型，对氨苄西林（13.1%）、氯霉素（13.1%）、链霉素（15.3%）、磺胺甲噁唑（14.2%）和四环素（15.3%）普遍耐药。其中检测到 26 种血清型，主要耐药血清型为都柏林、纽波特和鼠伤寒。

2014 年美国农业部食品安全监督服务局（Food Safety and Inspection Service，FSIS）的报告显示，34.4% 的沙门菌（34.4%，370/1077）对一种或多种抗菌药物具有耐药性，如图 2-10 所示。其中，链霉素（17.9%，193/1077）和四环素（28.8%，310/1077）分别被归类为临床重要抗菌药物和极重要抗菌药物，但两种药物的耐药率均超过了 15%；不超过 5% 的沙门菌对临床重要抗菌药物具有耐药性，不到 1% 的沙门菌分离株对阿奇霉素具有耐药性（0.6%，7/1077）。

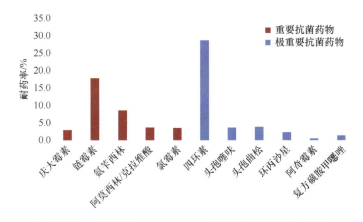

图 2-10　2014 年美国沙门菌分离株（N=1077）对多种抗菌药物的耐药率（FSIS，2014）

2014 年《美国 FSIS 沙门菌抗菌药物耐药性监测报告》统计了在美国最为流行的前 10 位血清型，以及沙门菌对单一药物或多种药物耐药的比例（表 2-26）。其中主要血清型为：塞罗（77.8%，70/90）、德尔卑（62.8%，49/78）、约翰内斯堡（58.3%，42/72）、婴儿（59.0%，36/61）和蒙得维的亚（63.3%，38/60）。该报告显示，多药耐药沙门菌中比例最高的血清型为鼠伤寒及其单相变体（多重耐药率分别为 51.6% 和 68.4%）（表 2-27）。

表 2-26　美国动物盲肠样品中前 10 位耐药沙门菌血清型分布（FSIS，2014）

血清型	分离株数量 （总分离株§百分率）	耐药分离株数量* （血清型百分率）	MDR 分离株数量 （血清型百分率）	原始来源 （分离株数量，血清型分布）
鸭	142（13.2%）	58（40.8%）	0（0%）	母猪（68，47.9%）
塞罗	90（8.4%）	5（5.6%）	0（0%）	乳制品（70，77.8%）
德尔卑	78（7.2%）	52（66.7%）	30（38.5%）	市售猪（49，62.8%）
约翰内斯堡	72（6.7%）	9（12.5%）	2（2.8%）	母猪（42，58.3%）
鼠伤寒	62（5.8%）	53（85.5%）	32（51.6%）	鸡（27，43.5%）
婴儿	61（5.7%）	3（4.9%）	2（3.3%）	母猪（36，59.0%）
蒙得维的亚	60（5.6%）	10（16.7%）	2（3.3%）	乳制品（38，63.3%）

续表

血清型	分离株数量 （总分离株§百分率）	耐药分离株数量* （血清型百分率）	MDR 分离株数量 （血清型百分率）	原始来源 （分离株数量，血清型分布）
安哥拉	50（4.6%）	24（48.0%）	13（26.0%）	市售猪（17，34.0%）
肯塔基	41（3.8%）	25（61.0%）	6（14.6%）	鸡（27，65.9%）
慕尼黑	23（2.1%）	12（52.2%）	0（0%）	母猪（9，39.1%）

§总分离株：*N*=1077；*包括 MDR 分离株。

表 2-27　美国沙门菌多重耐药血清型分布（FSIS，2014）

血清型	分离株数量 （总分离株§百分率）	耐药分离株数量* （血清型百分率）	MDR 分离株数量 （血清型百分率）	原始来源 （分离株数量，血清型分布）
鼠伤寒单相变种	19（1.8%）	17（89.4%）	13（68.4%）	母猪（10，52.6%）
鼠伤寒	62（5.8%）	53（85.5%）	32（51.6%）	鸡（27，43.5%）
纽波特菌	22（2.0%）	10（45.5%）	9（40.9%）	乳制品（15，68.2%）
德尔卑	78（7.2%）	52（66.7%）	30（38.5%）	市售猪（49，62.8%）
哈达尔	11（1.0%）	10（90.9%）	4（36.4%）	火鸡（7，36.7%）
海德堡	10（0.9%）	3（30%）	3（30%）	鸡（7，70%）
安哥拉	50（4.6%）	24（48.0%）	13（26.0%）	市售猪（17，34.0%）
里氏	14（1.3%）	6（42.9%）	3（21.4%）	火鸡（6，42.9%）
圣保罗	22（2.0%）	8（36.4%）	4（18.2%）	市售猪（9，40.9%）
施瓦岑格伦德	17（1.6%）	12（70.6%）	3（17.6%）	鸡（8，47.1%）

§总分离株：*N*=1077；*包括 MDR 分离株。

2014 年，NARMS 在鸡胸肉中发现了一种并不常见的多重耐药婴儿沙门菌。这种耐药菌株传播迅速，2018 年时，它已占人群中婴儿沙门菌感染的 25%。流行病学调查显示这些感染者均与食用鸡肉相关；与此同时，NARMS 的监测数据显示这种菌株在鸡肉样本中的比例增加（FDA，2020）。Brown 等（2018）的研究表明该菌株可能由旅行人员从南美带回。

2017 年，NARMS 报告，耐环丙沙星的伤寒沙门菌感染占比 74%，耐环丙沙星的非伤寒沙门菌感染率也呈上升趋势，且已接近 10%。2019 年，FoodNet 报告了 25 866 例细菌感染病例，其中 8856 例由沙门菌导致，28%沙门菌感染者入院治疗。Tack 等（2020）通过血清型分析，发现 6 种最常见的血清型分别是肠炎、纽波特、鼠伤寒、贾瓦纳、鼠伤寒单相变种和婴儿。与 2016～2018 年相比，鼠伤寒沙门菌的发病率下降为 13%、鼠伤寒单相变种下降为 28%，婴儿沙门菌则明显较高（增至 69%），婴儿沙门菌从 1996～1998 年的沙门感染者中的第九位血清型上升到 2019 年的第六位，而鼠伤寒沙门菌则从 1996～1998 年最常见的血清型下降至 2019 年的第三位，海德堡沙门菌从 1996～1998 年第三常见的血清型到现在退出前 20 名之列。这可能与部分鸡接种鼠伤寒沙门菌疫苗有关，而鼠伤寒沙门菌与海德堡沙门菌有共同的抗原（Dorea et al.，2010）。

2）加拿大

D'Aoust 等（1992）在 1986～1989 年对来自加拿大农产品（家禽和猪）的沙门菌分离株进行了耐药性监测（表 2-28），研究期间，所有分离株对抗菌药物耐药率逐年增加，家禽源和猪源分离株对四环素（24.3%～37.8%）和链霉素（27.1%～48.7%）的耐药率处于较高水平。Poppe 等（2001）调查了 1994～1997 年不同动物源沙门菌分离株的耐药情况，发现总耐药率从 1994 年的 9.2% 下降到 1997 年的 8.1%，沙门菌分离株对四环素（25.5%～29.8%）和链霉素（26.5%～36.7%）的耐药率最高，但耐药率在研究期间呈现逐年下降趋势；相反，对氨苄西林和氯霉素的耐药率在研究期间有所上升。值得注意的是，在研究期间并未分离到对环丙沙星具有耐药性的菌株。

表 2-28　1986～2018 年加拿大动物源沙门菌耐药率　　　　　　（%）

年份	来源	氨苄西林	头孢曲松	氯霉素	环丙沙星	庆大霉素	萘啶酸	四环素	磺胺甲噁唑	链霉素	参考文献
1986～1989	家禽	3.4	—	0.4	—	5.0	—	37.8	—	48.7	（D'Aoust et al., 1992）
	猪	11.4	—	4.3	—	0	—	24.3	—	27.1	
1994～1997	鸡、火鸡、猪、牛	8.4～15.9	0～0.3	4.3～8.7	0	6.8～12.1	1.6～6.1	25.5～29.8	—	26.5～36.7	（Poppe et al., 2001）
2004～2014	鸡	14.0～32.0	9.5～30.8	—	—	0～2.8	0～0.8	13.6～38.9	—	13.0～38.1	（CARSS, 2016）
	猪	11.8～32.0	0～4.8	—	—	0～3.8	0～0.8	40～60.6	—	25.8～40.3	
2014～2018	鸡	7.1～21.3	6.0～21.0	0～0.8	0	1.1～4.2	0～1.4	18.7～40.2	0～2.4	19.0～44.1	（CARSS, 2020）
	火鸡	8.9～18.7	1.8～10.4	0～19.8	0	7.1～19.1	0～1.0	20.5～29.7	0～1.8	25.9～38.2	

注："—"表示无数据。

加拿大抗菌药物耐药性监测系统（Canadian Integrated Program for Antimicrobial Resistance Surveillance，CIPARS）自 2002 年成立以来，每年都会监测人、动物和食源性动物中细菌的耐药情况。CIPARS 的报告显示，2004～2018 年，沙门菌分离株对四环素和链霉素的耐药率依旧保持在较高水平，对氨苄西林和头孢曲松的耐药率也呈上升趋势；自监测开始以来，并未观察到耐环丙沙星的分离株，对萘啶酸的耐药率也处于非常低的水平。2021 年的一项研究表明，在 2013～2018 年期间，加拿大肉鸡源沙门菌中血清型排名前三的分别是：肯塔基 36%、肠炎 20% 和海德堡 8%，其中，肯塔基沙门菌（27%～22%）和海德堡沙门菌（19%～14%）对头孢曲松的耐药率均呈下降趋势（Caffrey et al.，2021）。

Huber 等（2021）对加拿大不列颠哥伦比亚省、艾伯塔省、萨斯喀彻温省、安大略省和魁北克省肉鸡源沙门菌的耐药情况进行了统计，发现 2018 年沙门菌耐药的种类为 2013 年的 10%；然而，2019 年沙门菌耐药类别却比 2013 年高 1.6 倍。各省沙门菌耐药类别差距较大，以阿尔伯塔省分离沙门菌耐药类别数量为标准，魁北克省高出 3.8 倍，萨斯喀彻温省高出 1.9 倍。此外，2013～2019 年，魁北克省的沙门菌分离株耐药类别的平均值也显著高于不列颠哥伦比亚省和安大略省。加拿大五省沙门菌对四环素的耐药率为 44.7%，对链霉素的耐药率为 43.6%。2013～2019 年，沙门菌除对链霉素和四环素耐药率有所增加外，对头孢西丁、阿莫西林/克拉维酸、氨苄西林等平均耐药率均显著下降。

3. 亚洲

沙门菌是亚洲地区最重要的食源性病原体之一。沙门菌主要通过食用生的和未煮熟的肉类，尤其是家禽肉感染（Furukawa et al., 2017）。相关研究表明，亚洲食品动物源沙门菌主要流行的血清型为婴儿和施瓦岑格伦德，对四环素、氨苄西林和磺胺类药物耐药率较高。

据报道，日本调查了2006～2011年6年内鸡肉样品中沙门菌的流行情况，发现沙门菌的流行率在逐年增加，从2006年的34.8%上升到2011年的56.5%（Iwabuchi et al., 2011）。Mori 等（2018）对分离得到243株沙门菌进行了抗菌药物敏感性检测，发现对四环素（婴儿沙门菌80.9%和施瓦岑格伦德沙门菌83.9%）、链霉素（婴儿沙门菌53.4%和施瓦岑格伦德沙门菌76.8%）和卡那霉素（婴儿沙门菌33.6%和施瓦岑格伦德沙门菌82.1%）的耐药率很高。在这些分离株中，86株（65.6%）婴儿沙门菌和96株（85.7%）施瓦岑格伦德沙门菌分离株对两种及两种以上抗菌药物同时耐药，包括第三代头孢类药物（头孢噻肟）。

Shimojima 等（2020）报道称，2009～2017年日本东京零售鸡肉中沙门菌分离率为41.6%，猪肉中沙门菌分离率为1.4%，牛肉中沙门菌分离率为0.2%，鸡内脏中沙门菌分离率为75.0%，猪内脏中沙门菌分离率为30.3%，牛内脏中沙门菌分离率为2%；其中，婴儿沙门菌是最常见的血清型，其次是从鸡肉中分离出来的胥伐成格隆血清型，前者感染率逐年下降，而后者则逐年上升。此外，所有肉样中沙门菌分离株都对四环素具有耐药性，普遍对碳青霉烯类和氟喹诺酮类抗菌药物保持敏感；但鸡肉源的14株沙门菌分离株对头孢噻肟具有耐药性，还有7株鸡肉源产超广谱β-内酰胺酶分离株、23株鸡肉源产 AmpC 分离株。另有报道称，2012年日本零售禽肉中沙门菌的流行率为54.0%，从286个阳性样品中总共获得了311株沙门菌分离株（表2-29）。共鉴定出9种不同的血清型：婴儿（42.2%，131/311）是最常见的血清型，其次是施瓦岑格伦德（36.0%，112/311）、曼哈顿（17.4%，54/311）、鼠伤寒（1.3%，4/311）、阿贡纳（1.0%，3/311）、布洛克利（2/311，0.6%）、鸭（1/311，0.3%）、古巴（0.3%，1/311）和蒙得维的亚（0.3%，1/311）（Sasaki et al., 2012）。

表 2-29　日本禽肉中沙门菌分离株血清型分布（Sasaki et al., 2012）

血清型	分离株数		
	零售	家禽加工厂	总计（占比/%）
婴儿	113	18	131（42.2）
施瓦岑格伦德	63	49	112（36.0）
曼哈顿	25	29	54（17.4）
鼠伤寒	4	0	4（1.3）
阿贡纳	3	0	3（1.0）
布洛克利	2	0	2（0.6）
鸭	1	0	1（0.3）
古巴	1	0	1（0.3）
蒙得维的亚	1	0	1（0.3）
不明	1	1	2（0.6）
共计	214	97	311（100）

《2016—2017 年日本兽医细菌耐药性监测系统报告》显示，检测的 216 株鸡源沙门菌中，主要血清型为施瓦岑格伦德（69.0%）、婴儿（17.1%）和鼠伤寒（8.3%）。对沙门菌菌株进行药物敏感性试验发现，四环素耐药率最高（77.7%～82.7%），其次是卡那霉素（72.1%～73.2%）、链霉素（60.7%～77.9%）、磺胺甲噁唑/甲氧苄啶（55.4%～56.7%）和萘啶酸（12.5%～17.0%），而分离株对头孢噻肟和氯霉素的耐药率较低，均在 5% 以下。此外，2017 年沙门菌分离株对链霉素的耐药率明显低于 2014 年、2015 年和 2016 年（表 2-30）（Shimazaki at al.，2020）。

表 2-30　2014～2017 年日本禽肉中沙门菌分离株耐药率（Shimazaki at al.，2020）　（%）

抗菌药物	2014 年	2015 年	2016 年	2017 年
氨苄西林	17.2	13.0	13.5	8.0
头孢唑林	3.1	1.6	7.7	3.6
头孢噻肟	2.3	1.6	1.9	1.8
链霉素	85.9	76.4	77.9	60.7[abc]
庆大霉素	0	0	0	0
卡那霉素	57.8	69.1	72.1	73.2
四环素	85.2	83.7	82.7	77.7
萘啶酸	17.2	15.4	12.5	17.0
环丙沙星	0	0	0	0
多黏菌素	0	0	0	0
氯霉素	1.6	1.6	0	0.9
磺胺甲噁唑/甲氧苄啶	51.6	57.7	56.7	55.4

[a] 与 2014 年相比有显著差异；[b] 与 2015 年相比有显著差异；[c] 与 2016 年相比有显著差异。

Sasaki 等（2012）对 243 株肉鸡源沙门菌进行药物敏感性试验（131 株婴儿沙门菌和 112 株施瓦岑格伦德沙门菌；表 2-31，表 2-32），发现分离株对四环素（婴儿沙门菌为 80.9%，施瓦岑格伦德沙门菌为 83.9%）、链霉素（婴儿沙门菌为 53.4%，施瓦岑格伦德沙门菌为 76.8%）和卡那霉素（婴儿沙门菌为 33.6%，施瓦岑格伦德沙门菌 82.1%）的耐药率较高。在 243 株分离株中，有 86 株（65.6%）婴儿沙门菌和 96 株（85.7%）施瓦岑格伦德沙门菌对两种及两种以上抗菌药物具有耐药性，包括第三代头孢类药物（头孢噻肟）。在婴儿沙门菌分离株中最常见的耐药谱是链霉素-四环素（32 株），其次是链霉素-卡那霉素-四环素（20 株）；在施瓦岑格伦德沙门菌中，最常见的耐药谱是链霉素-卡那霉素-四环素-磺胺甲噁唑/甲氧苄啶（43 株），其次是链霉素-卡那霉素-四环素（17 株）。该研究结果说明，日本家禽肉中的沙门菌分离株对四环素和链霉素的耐药率很高，这与以前的报道一致（Iwabuchi et al.，2011）。另外，在这项研究中，研究人员发现了对第三代头孢类药物（头孢噻肟）具有耐药性的多重耐药婴儿沙门菌。这些结果表明，多重耐药婴儿沙门菌和施瓦岑格伦德沙门菌在日本家禽肉中广泛流行，而这些禽肉可能是沙门菌的重要传播媒介。

表 2-31 日本禽源婴儿沙门菌（*N*=131）和施瓦岑格伦德沙门菌（*N*=112）的耐药情况（Sasaki et al., 2012）

血清型	抗菌药物 *N*（耐药率/%）											
	ABPC	CEZ	CTX	SM	GM	KM	TC	CP	CL	NA	CPFX	ST
婴儿	16（12.2）	11（8.4）	7（5.3）	70（53.4）	0（0）	44（33.6）	106（80.9）	0（0）	0（0）	14（10.7）	0（0）	3（2.3）
施瓦岑格伦德	2（1.8）	0（0）	0（0）	86（76.8）	2（1.8）	92（82.1）	94（83.9）	1（0.9）	0（0）	6（5.4）	0（0）	57（50.9）

注：*N*，菌株数量；ABPC，氨苄西林；CEZ，头孢唑林；CTX，头孢噻肟；SM，链霉素；GM，庆大霉素；KM，卡那霉素；TC，四环素；CP，氯霉素；CL，多黏菌素；NA，萘啶酸；CPFX，环丙沙星；ST，磺胺甲噁唑/甲氧苄啶。

表 2-32 日本禽源婴儿沙门菌（*N*=131）和施瓦岑格伦德沙门菌（*N*=112）的抗菌药物耐药谱（Sasaki et al., 2012）

血清型	抗菌药数量	抗菌药物耐药谱（*N*）
婴儿	6	ABPC-CEZ-CTX-SM-KM-TC（2），ABPC-CEZ-TX-SM-TC-NA（1）
	5	ABPC-CEZ-CTX-SM-TC（3），ABPC-CEZ-CTX-TC-NA（1），ABPC-SM-KM-TC-ST（1）
	4	ABPC-CEZ-SM-TC（3），SM-KM-TC-NA（3），ABPC-CEZ-KM-TC（1），ABPC-SM-KM-TC（1），KM-TC-NA-ST（1）
	3	SM-KM-TC（20），SM-TC-NA（3），ABPC-SM-ST（1），KM-TC-NA（1）
	2	SM-TC（32），KM-TC（8），ABPC-KM（2），KM-NA（1），TC-NA（1）
	1	TC（24），KM（3），NA（2）
		敏感（16）
施瓦岑格伦德	7	ABPC-SM-GM-KM-TC-CP-ST（1）
	5	ABPC-SM-KM-TC-ST（1），SM-KM-TC-NA-ST（3）
	4	SM-KM-TC-ST（43），SM-KM-TC-NA（1）
	3	SM-KM-TC（17），KM-TC-ST（5），SM-TC-ST（4），SM-GM-KM（1），KM-TC-NA（1）
	2	SM-TC（13），KM-TC（4），SM-KM（1），KM-NA（1）
	1	KM（13），SM（1），TC（1）
		敏感（1）

注：*N*，菌株数量；ABPC，氨苄西林；CEZ，头孢唑林；CTX，头孢噻肟；SM，链霉素；GM，庆大霉素；KM，卡那霉素；TC，四环素；CP，氯霉素；CL，多黏菌素；NA，萘啶酸；CPFX，环丙沙星；ST，磺胺甲噁唑/甲氧苄啶。

韩国兽医抗菌药物实验室 Mechesso 等（2020）对 2010~2018 年韩国食品动物中分离得到的沙门菌进行血清型分型和耐药性分析，共计 3018 株沙门菌（牛源 179 株、猪源 959 株和鸡源 1880 株），共鉴定出 78 种不同血清型，在牛、猪和鸡中分别鉴定出 17 种、45 种和 64 种。在牛中最流行的血清型是鼠伤寒（40.8%）、鼠伤寒单相变种（21.8%）和施瓦岑格伦德（11.2%）（表 2-33）；在猪中最普遍的血清型为鼠伤寒（34.7%）、里森（23.4%）和鼠伤寒单相变种（14.5%）（表 2-34）；牛和猪中三种最常见的血清型占各自动物物种中分离的总血清型的 70% 以上，与前三年的比例（约 4%）相比，牛和猪中鼠伤寒单相变种的比例分别增加至 46.5% 和 19.3%。另外，该研究还表明，2016~2018 年，在牛和猪中发现了大量的阿贡纳沙门菌，且鼠伤寒单相变种（在牛中）和慕尼黑沙门菌的流行率呈上升趋势；相反，在两种动物中，鼠伤寒沙门菌、施瓦岑格伦德沙门菌和里森沙门菌的相对流行率有所降低。另外，该实验室从鸡样品中分离鉴定出 64 种沙门菌血清型，而 70 株分离株未鉴定出型别（表 2-35）。其主要血清型为肠炎（16.6%）、奥尔巴尼（14.3%）、维尔豪（14.3%）和蒙得维的亚（10.5%），占总鸡分离株总数的 56%。与 2010～2012 年（26.3%）相比，2013～2018 年肠炎沙门菌的比例约下降了一半。

从韩国牛、猪和鸡获得的分离株中，抗菌药物耐药率变化趋势各不相同（表 2-36）。尽管耐药率存在差异，但牛源和鸡源分离株对氨苄西林、氯霉素和磺胺甲噁唑/甲氧苄啶的耐药率均呈上升趋势，而且鸡源分离株对四环素和萘啶酸的耐药率呈上升趋势。除头孢噻呋、庆大霉素和四环素外，猪源沙门菌对大部分抗菌药物的耐药率相对稳定，牛源和猪源分离株对头孢噻呋的耐药率随时间增加。在所有动物源分离株中，环丙沙星和头孢西丁的耐药率均很低。

表 2-33 2010～2018 年韩国牛源沙门菌血清型分布（Mechesso et al.，2020）

血清型	占比/%（菌株数）			小计	P 值
	2010～2012 年	2013～2015 年	2016～2018 年		
鼠伤寒	48（36）	47.5（29）	18.6（8）	40.8（73）	0.3239
鼠伤寒单相变种	2.7（2）	27.9（17）	46.5（20）	21.8（39）	0.552
施瓦岑格伦德	25.3（19）	0（0）	2.3（1）	11.2（20）	0.3857
里森	6.7（5）	6.6（4）	0（0）	5（9）	0.325
阿贡纳	1.3（1）	1.6（1）	14（6）	4.5（8）	0.3202
英菲蒂斯	6.7（5）	0（0）	0（0）	2.8（5）	0.3333
肠炎	2.7（2）	1.6（1）	2.3（1）	2.2（4）	0.7661
蒙得维的亚	1.3（1）	0（0）	4.7（2）	1.7（3）	0.5059
维尔豪	0（0）	3.3（2）	0（0）	1.1（2）	1
纽波特	1.3（1）	1.6（1）	0（0）	1.1（2）	0.4462
其他	2.7（2）	8.2（5）	9.3（4）	6.1（11）	0.2339
不明	1.3（1）	1.6（1）	2.3（1）	1.7（3）	0.1445
总计	75	61	43	179	

注：P<0.05 表示血清型分布趋势有显著变化。

表 2-34 2010～2018 年韩国猪源沙门菌血清型分布（Mechesso et al.，2020）

血清型	占比/%（菌株数）			小计	P 值
	2010～2012 年	2013～2015 年	2016～2018 年		
鼠伤寒	40.3（123）	36.2（130）	27.1（80）	34.7（333）	0.1371
里森	29.2（89）	20.9（75）	20.3（60）	23.4（224）	0.2949
鼠伤寒单相变种	3.9（12）	19.5（70）	19.3（57）	14.5（139）	0.3404
阿贡纳	0（0）	3.1（11）	10.8（32）	4.5（43）	0.1535
英菲蒂斯	0.7（2）	4.7（17）	1.7（5）	2.5（24）	0.8456
德尔卑	3.3（10）	2.8（10）	1（3）	2.4（23）	0.2008
伦敦	5.9（18）	0.6（2）	0（0）	2.1（20）	0.2744
巴拿马	0（0）	3.9（14）	2（6）	2.1（20）	0.6572
慕尼黑	0（0）	0（0）	3.4（10）	1（10）	0.3333
施瓦岑格伦德	2.6（8）	0（0）	0（0）	0.8（8）	0.3333
其他	5.6（17）	5（18）	7.8（23）	6（58）	0.4638
不明	8.5（26）	3.3（12）	6.4（19）	5.9（57）	0.7371
总计	305	359	295	959	

注：P<0.05 表示血清型分布趋势有显著变化。

表 2-35 2010～2018 年韩国鸡源沙门菌血清型分布（Mechesso et al., 2020）

血清型	占比/%（菌株数）			小计	P 值
	2010～2012 年	2013～2015 年	2016～2018 年		
肠炎	26.3（146）	12.5（79）	12.6（87）	16.6（312）	0.3373
奥尔巴尼	0（0）	3.6（23）	35.4（245）	14.3（268）	0.2744
维尔豪	9.9（55）	25.3（160）	7.7（53）	14.3（268）	0.9268
蒙得维的亚	14.4（80）	7（44）	10.5（73）	10.5（197）	0.6468
加利纳鲁姆	13.2（73）	5.1（32）	2.6（18）	6.4（121）	0.1885
鼠伤寒	5.2（29）	11.1（70）	1（7）	5.6（106）	0.7283
西安普敦	0.2（1）	8.1（51）	3.8（26）	4.1（78）	0.6992
森夫滕贝格	7.2（40）	1.1（7）	2（14）	3.2（61）	0.4206
里森	1.6（9）	5.2（33）	1.4（10）	2.8（52）	0.9702
英菲蒂斯	2.7（15）	1.6（10）	3.8（26）	2.7（51）	0.6667
其他	15.1（84）	16.7（106）	15（104）	15.7（296）	0.9666
不明	4.1（23）	2.8（18）	4.2（29）	3.7（70）	0.9592
总计	555	633	692	1880	

注：P<0.05 表示血清型分布趋势有显著变化。

表 2-36 2010～2018 年韩国牛、猪和鸡源沙门菌血清型耐药率（Mechesso et al., 2020）

抗菌药	耐药率/%（分离株数量）							
	牛				猪			
	2010～2012 年（N=75）	2013～2015 年（N=61）	2016～2018 年（N=43）	总计（N=179）	2010～2012 年（N=305）	2013～2015 年（N=359）	2016～2018 年（N=295）	总计（N=959）
阿莫西林/克拉维酸	1.3（1）	1.6（1）	2.3（1）	1.7（3）	1（3）	1.1（4）	1.4（4）	1.1（11）
氨苄西林	53.3（40）	59（36）	67.4（29）	58.7（105）	47.2（144）	52.4（188）	51.5（152）	50.5（484）
头孢西丁	0（0）	1.6（1）	2.3（1）	1.1（2）	2（6）	2.2（8）	1.4（4）	1.9（18）
头孢噻呋	0（0）	4.9（3）	34.9（15）	10.1（18）	1.3（4）	3.1（11）	6.4（19）	3.5（34）
氯霉素	10.7（8）	34.4（21）	46.5（20）	27.4（49）	32.8（100）	27.6（99）	29.2（86）	29.7（285）
环丙沙星	4（3）	6.6（4）	0（0）	3.9（7）	1（3）	0.6（2）	1.4（4）	0.9（9）
庆大霉素	17.3（13）	19.7（12）	25.6（11）	20.1（36）	25.6（78）	20.3（73）	12.2（36）	19.5（187）
萘啶酸	40（30）	41（25）	18.6（8）	35.2（63）	28.5（87）	23.7（85）	24.4（72）	25.4（244）
链霉素	73.3（55）	60.7（37）	62.8（27）	66.5（119）	48.5（148）	48.7（175）	44.1（130）	47.2（453）
四环素	81.3（61）	72.1（44）	55.8（24）	72.1（129）	67.9（207）	63.2（227）	49.2（145）	60.4（579）
磺胺甲噁唑/甲氧苄啶	4（3）	18（11）	37.2（16）	16.8（30）	16.4（50）	12（43）	12.9（38）	13.7（131）
多重耐药	49.3（37）	68.9（42）	62.8（27）	59.2（106）	54.1（165）	53.8（193）	52.2（154）	53.4（512）

抗菌药	耐药率/%（分离株数量）							
	鸡				总计			
	2010～2012 年（N=555）	2013～2015 年（N=633）	2016～2018 年（N=692）	总计（N=1880）	2010～2012 年（N=935）	2013～2015 年（N=1053）	2016～2018 年（N=1030）	总计（N=3018）
阿莫西林/克拉维酸	0.4（2）	4.1（26）	2.5（17）	2.4（45）	0.6（6）	2.9（31）	2.1（22）	2（59）
氨苄西林	30.6（170）	40.9（259）	49（339）	40.9（768）	37.9（354）	45.9（483）	50.5（520）	45（1357）

续表

抗菌药	耐药率/%（分离株数量）							
	鸡				总计			
	2010～2012 年（N=555）	2013～2015 年（N=633）	2016～2018 年（N=692）	总计（N=1880）	2010～2012 年（N=935）	2013～2015 年（N=1053）	2016～2018 年（N=1030）	总计（N=3018）
头孢西丁	0.7（4）	4.1（26）	2.6（18）	2.6（48）	1.1（10）	3.3（35）	2.2（23）	2.3（68）
头孢噻呋	17.5（97）	25.9（164）	8.7（60）	17.1（321）	10.8（101）	16.9（178）	9.1（94）	12.4（373）
氯霉素	6.5（36）	16.3（103）	33.7（233）	19.8（372）	15.4（144）	21.2（223）	32.9（339）	23.4（706）
环丙沙星	7.2（40）	4.4（28）	1.4（10）	4.1（78）	4.9（46）	3.2（34）	1.4（14）	3.1（94）
庆大霉素	20.4（113）	22.9（145）	4.5（31）	15.4（289）	21.8（204）	21.8（230）	7.6（78）	17（512）
萘啶酸	73.3（407）	80.7（511）	81.9（567）	79（1485）	56（524）	59（621）	62.8（647）	59.4（1792）
链霉素	37.5（208）	45.5（288）	20.2（140）	33.8（636）	44（411）	47.5（500）	28.8（297）	40（1208）
四环素	25.6（142）	46.8（296）	49.3（341）	41.4（779）	43.9（410）	53.8（567）	49.5（510）	49.3（1487）
磺胺甲噁唑/甲氧苄啶	0.9（5）	12.5（79）	35.7（247）	17.6（331）	6.2（58）	12.6（133）	29.2（301）	16.3（492）
多重耐药	35.3（196）	47.9（303）	52.0（360）	45.7（859）	42.6（398）	51.1（538）	52.5（541）	49.8（1477）

在东南亚国家中，Phongaran 等（2019）报道了泰国不同省份屠宰场和零售市场中猪及猪肉制品、鸡肉、新鲜蔬菜等不同食物和动物中非伤寒沙门菌的流行情况。其中，鼠伤寒沙门菌占比为 4%～22%。Trongjit 等（2017）的研究表明，鼠伤寒沙门菌是猪和猪胴体中的主要病原体（18.6%），但在鸡肉中则是科瓦利斯沙门菌占主导地位（8.2%）。

Yen 等（2020）调查了越南胡志明市零售虾中非伤寒沙门菌的流行情况，发现非伤寒沙门菌检出率为 75%、其中 58.9% 具有多重耐药表型。同时，Aung 等（2019）发现鸡和鸡肉产品中肠炎沙门菌的流行率为 28.5%、鼠伤寒沙门菌的流行率 9.4%，而鼠伤寒沙门菌在猪肉及猪肉制品（35.2%）、牛肉/羊肉（15.8%）和火鸡（21%）中的流行率最高。

4. 其他地区

致病性沙门菌在撒哈拉以南的非洲广泛流行。在卫生条件受限的非洲地区，主要流行的沙门菌血清型为伊斯坦布尔、布朗卡斯特和肯塔基，它们对四环素和磺胺类药物的耐药率均较高。

在摩洛哥，肉制品的消费量近年来急剧增加，然而这些产品中通常携带沙门菌，这加剧了沙门菌对公众健康的威胁（Ed-Dra et al.，2017）。2014～2015 年，Ed-Dra 等（2017）调查了零售手工香肠中沙门菌的流行情况，发现"Merguez"手工香肠沙门菌污染最为严重（30.6%），其次是土耳其香肠（23.3%）和牛肉香肠（15.0%），其主要血清型为肯塔基。通过对其进行耐药性分析发现，所有沙门菌至少对一种抗菌药物具有耐药性，85.3%的沙门菌对两种及两种以上抗菌药物具有耐药性，44.1%的沙门菌对三种及三种以上抗菌药物具有耐药性。肯塔基沙门菌主要对氟喹诺酮类药物具有耐药性，鼠伤寒沙门菌对四环素、磺胺类、链霉素、氯霉素和氨苄西林具有耐药性。

2016 年，Ejo 等（2016）报道了埃塞俄比亚餐馆、超市和零售店动物源食品（生鸡蛋、牛奶、生肉以及熟食制品）中沙门菌的流行情况。在这项研究中，384 个样本中有

21 个样本被检出沙门菌，药敏数据显示，47.6%的菌株对一种及一种以上抗菌药物耐药，23.8%的分离株对所有测试的抗菌药物均敏感。检测的沙门菌数据显示 42.6%、28.6%和4.3%的沙门菌分离株对四环素、磺胺甲噁唑/甲氧苄啶和氨苄西林具有耐药性，而 9.5%～19%的分离株对四环素、阿莫西林和氨苄西林具有中等耐药性。

2019 年，Fall-Niang 等（2019）对塞内加尔达喀尔地区市场、农场、屠宰场和零售市场中的鸡进行了调研。研究表明，78%的肉鸡被沙门菌污染（表 2-37）；对获得的 273株沙门菌分离株进行血清分型，结果鉴定出 22 种血清型，其中伊斯坦布尔（28%）、布朗卡斯特（19%）和肯塔基（13%）沙门菌的流行率最高。

表 2-37　达喀尔地区鸡的养殖和销售情况（Fall-Niang et al.，2019）

分布	健康与环境			起源			饲养区域		沙门菌数量/株
	NS	A	S	IF	TF	STF	U	R	
M1									
B	2	5	6	—	13	—	1	12	13
CP	—	—	2	—	2	—	—	2	2
M2									
LH	2	—	—	—	—	2	2	—	2
B	7	14	—	16	—	5	5	15	21
CP	8	13	—	17	—	4	13	8	21
M3									
B	—	—	5	5	—	—	—	—	5
M4									
LH	—	5	—	—	—	5	—	5	5
B	—	4	—	4	—	—	4	—	4
CP	—	8	2	2	—	8	—	10	10
M5									
B	—	5	—	3	2	—	—	5	5
CP	—	4	—	1	3	—	—	4	4
M6									
LH	—	7	—	7	—	—	4	3	7
B	—	8	—	8	—	—	—	8	8
CP	—	10	—	10	—	—	—	10	10
M7									
LH	—	5	—	5	—	—	4	1	5
B	—	4	5	9	—	—	7	2	9
CP	—	8	—	8	—	—	4	4	8
M8									
LH	—	1	—	1	—	—	1	—	1
B	—	4	9	13	3	—	16	—	16
CP	—	5	—	5	—	—	3	2	5

注："—"表示无数据；M1～M8，销售市场；NS，不合格；A，可接受；S，满意；IF，工业化农场；TF，传统农场；STF，半传统农场；U，城市；R，农村；CP，鸡舍；B，肉鸡；LH，蛋鸡。

大约75%的沙门菌分离株对抗菌药物具有耐药性（图2-11）。在273株沙门菌中，四环素和磺胺类药物的耐药性流行率最高，均高于45%；其次是喹诺酮类抗菌药物（22%）；而第三代头孢类药物（头孢噻肟和头孢他啶）及亚胺培南的耐药率极低。

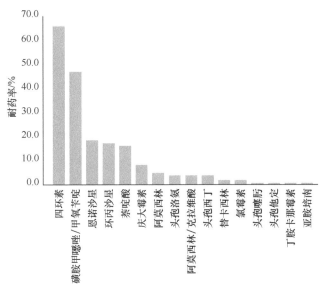

图2-11　达喀尔地区沙门菌分离株的抗菌药物耐药率

此外，Alsayeqh等（2021）的研究表明，在囊括了埃及、伊朗、伊拉克、约旦、沙特阿拉伯、黎巴嫩、巴勒斯坦、土耳其等众多中东国家的研究后，从不同的食物样本分离出4247株沙门菌，发现土耳其食物中分离的沙门菌对四环素的耐药率为92.45%，埃及则为89.2%；土耳其分离株的萘啶酸耐药率为89.2%，约旦分离株为80%；埃及分离株（80%）和伊拉克分离株（80%）也表现出对氨苄西林的高耐药性；此外，埃及分离株对阿莫西林/克拉维酸同样具有高耐药性（83.8%）。

5. 中国

在我国，食品源沙门菌的污染一直较为严重，但是尚未引起足够的重视。由于多种养殖模式并存，我国沙门菌的血清型较为丰富（表2-38），多重耐药沙门菌的日益流行更是备受关注。1984～2016年，中国报道了5种普遍流行的沙门菌血清型，主要为印第安纳、肠炎、鼠伤寒、德尔卑和阿贡纳（图2-12）。2020年，动物源细菌耐药数据库的数据表明，我国占主导地位的血清型有鼠伤寒（19.00%）、肠炎（13.70%）和里森（11.34%）（图2-13）。鸡源沙门菌中占主导地位的血清型有肠炎（24.87%）、肯塔基（8.82%）、鼠伤寒（5.08%）和阿贡纳（5.08%）（图2-14）。猪源沙门菌中占主导地位的血清型有鼠伤寒（34.60%）、里森（23.18%）和德尔卑（16.26%）（图2-15）。

2015～2018年，Chen等（2019）调查了我国兰州食品业和零售业2182份样本中沙门菌的流行情况，发现沙门菌检出率为1.9%（41/2182）。不同年份沙门菌的年度总流行率存在显著差异，每年变化在0.9%～2.5%。在949份食品样本中，生肉制品沙门菌的4年总体流行率为3.5%；在536份熟肉样本中，沙门菌的4年总体流行率为0.5%。生

鸡蛋、生猪肉、生牛肉、生羊肉、生鸡肉、烤肉和酱肉中沙门菌的流行率分别为2.3%、

表 2-38 中国部分省份食品源沙门菌分离情况

地点	样品来源场所	样品来源物	分离率/%	年份	主要血清型	参考文献
安徽	连锁超市及露天市场	猪肉	13.3	—	肠炎、鼠伤寒	（Wang et al.，2021a）
		鸡肉				
		鸭肉				
新疆	市场	羊及羊肉	16.58	2016～2019	阿贡纳	（Liu et al.，2021b）
		牛及牛肉	11.22			
上海	市场	猪肉	32.2	2016～2017	肠炎、鼠伤寒	（Yang et al.，2020b）
		鸡肉	27.5			
		牛肉	24.2			
		鸭肉	24.0			
广东	市场	鸭肉	41.4	2017～2019	科瓦利斯、肯塔基、阿贡纳	（Chen et al.，2020）
广西	超市、露天市场	猪肉	31.08	2015～2016	阿贡纳、德尔卑、肠炎	（Xu et al.，2020）
		鸡肉	19.21			
		鸭肉	13.39			
		牛肉	21.03			
河北	超市及市场	猪肉	65.7	2018	德尔卑、伦敦、汤卜逊	（Wang et al.，2022b）
		鸡肉	53.3			
北京	超市及市场	猪肉	52.38	2021～2022	伦敦、肠炎、里森	沈建忠院士团队检测数据
		鸡肉	43.8			
		牛肉	26.76			
		羊肉	23.08			
		卤制鸡肉	8.7			

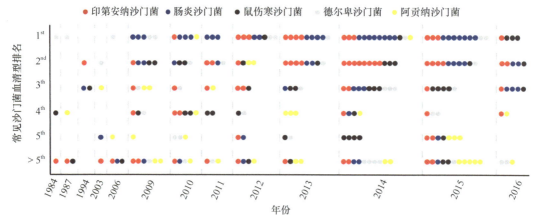

图 2-12 1984～2016 年中国 5 种最常见沙门菌（Gong et al.，2017）

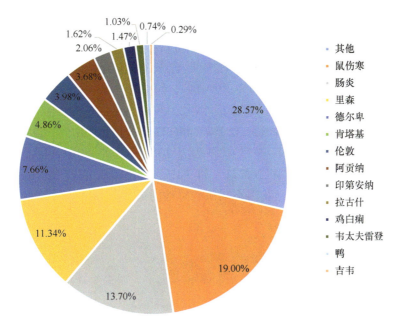

图 2-13 2020 年中国动物源沙门菌总体血清型占比

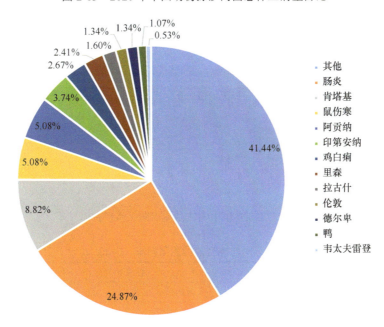

图 2-14 2020 年中国鸡源沙门菌血清型占比

3.6%、2.7%、2.9%、4.4%、1.2%和 0.5%。2015～2018 年，香肠、酸奶和生奶中未检出沙门菌。在此研究中，分离到的 41 株菌可分为 10 种沙门菌血清型，德尔卓（26.8%）、阿纳姆（17.1%）、肠炎（17.1%）、鼠伤寒（12.2%）和森夫滕贝格（12.2%）占主导地位。肠炎和阿纳姆是鸡样本中最流行的血清型，森夫滕贝格是猪肉样品中流行的血清型，而无法分型的血清型则是从羊肉样品中分离出来的。Yu 等（2014）的一项研究报告称，河南省熟肉制品中常见的血清型为森夫滕贝格和阿纳姆，德尔卓和肠炎也被检测到。2016 年 3 月至 2017 年 2 月，Yang 等（2020b）从上海市 8 个区的市场共采集了 1035 份零售食品样品，样本包括 361 份鲜肉、243 份新鲜农产品、221 份即食食品和 210 份冷冻方便食品，其中沙门菌流行率为 14.2%（147/1035），共鉴定出 9 个血清型，包括肠炎（N=68）、鼠伤寒（N=48）、德尔卑（N=10）、纽波特（N=6）、阿贡纳（N=4）、猪霍乱（N=4）、森夫滕贝格（N=3）、阿伯丁（N=2）和汤卜逊（N=2）。鲜肉中沙门菌流行率为 28.0%（101/361），其中猪肉为 32.2%（46/143）、鸡肉为 27.5%（28/102）、牛肉为 24.2%（16/66）、鸭肉为 24.0%（6/25）、羊肉为 20.0%（5/25），即食食品和冷冻方便食品中沙门菌流行率分别为 9.0%（20/221）和 7.1%（15/210），新鲜农产品中沙门菌的流行率最低，为 4.5%（11/243）。我国不同血清型沙门菌耐药情况见表 2-39。

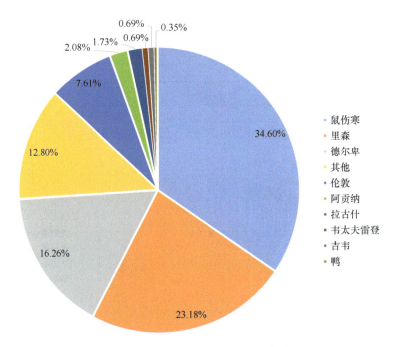

图 2-15　2020 年中国猪源沙门菌血清型占比

表 2-39　中国不同血清型沙门菌耐药率（Gong et al.，2017）　（%）

药物	血清型			
	肠炎	鼠伤寒	德尔卑	阿贡纳
氨苄西林	44.6（372/835）	79.9（321/402）	22.4（36/161）	36.4（12/33）
阿莫西林/克拉维酸	14.1（99/700）	23.7（32/135）	0（0/46）	0（0/6）
头孢曲松	0.9（1/106）	38.2（71/186）	3.7（4/108）	11.1（3/27）
头孢噻呋	4.3（22/513）	45.9（90/196）	0（0/49）	—
头孢他啶	4.2（9/216）	19.0（40/210）	0（0/4）	0（0/6）
链霉素	27.5（155/563）	75.7（187/247）	48.0（47/98）	16.7（1/6）
庆大霉素	10（87/871）	64.7（260/402）	13.0（21/161）	21.2（7/33）
卡那霉素	6.3（37/584）	53.2（108/203）	17.2（23/134）	28（7/25）
阿米卡星	3.1（18/584）	4.5（7/155）	1.3（1/77）	0（0/2）

续表

药物	血清型			
	肠炎	鼠伤寒	德尔卑	阿贡纳
四环素	31.8（277/871）	79.1（318/402）	71.4（115/161）	33.3（11/33）
萘啶酸	98.5（858/871）	77.1（309/401）	20.9（33/158）	35.5（11/31）
环丙沙星	4.5（39/871）	37.6（151/402）	11.8（19/161）	0（0/33）
磺胺异噁唑	53.7（343/639）	91.9（204/222）	77.6（66/85）	16.7（1/6）
复方新诺明	21.1（118/558）	71.9（133/185）	38.5（42/109）	27.3（9/33）
氯霉素	7.7（67/871）	67.2（270/402）	37.9（61/161）	24.2（8/33）

注：括号中数字表示"耐药分离株数/检测的分离株数"的百分比；"—"表示无数据。

在我国，肠炎沙门菌和阿贡纳沙门菌对萘啶酸耐药率较高（分别为 98.5%和 35.5%），鼠伤寒沙门菌对磺胺类药物耐药率较高（91.9%），而德尔卑沙门菌对四环素耐药率较高（71.4%）。

不同来源沙门菌耐药情况不同，但所有沙门菌对氨苄西林的耐药率均较高。《2017 年CHINET 中国细菌耐药性监测》报告显示，沙门菌对氨苄西林的耐药率均超过 50%，其中伤寒沙门菌和副伤寒沙门菌对环丙沙星和氯霉素的耐药率均高于其他血清型。沙门菌对碳青霉烯类和头孢哌酮/舒巴坦的敏感率最高，超过 90%（表 2-40）。动物源细菌耐药数据库的数据显示（图 2-16），2008～2014 年，沙门菌对常见抗菌药物的耐药率较低，2014 年除了对多黏菌素的耐药率有所下降以外，对其他药物的耐药率均呈上升趋势，直至 2020 年趋于稳定。其中，动物源沙门菌对恩诺沙星、四环素、氨苄西林和复方新诺明药物的耐药率较高，而对美罗培南、头孢他啶、氧氟沙星和头孢噻呋耐药率较低。同时，我国沙门菌的多重耐药情况也较为严重，2016 年出现了对 10 类抗菌药物耐药的沙门菌，沙门菌多重耐药数平均达到 7 耐，这说明中国动物源沙门菌多重耐药情况比较严重（图 2-17）。

表 2-40　中国沙门菌属对抗菌药物的耐药率和敏感率（胡付品等，2018）　（%）

抗菌药物	鼠伤寒沙门菌（N=362）		肠炎沙门菌（N=214）		伤寒/副伤寒沙门菌（N=95）	
	R	S	R	S	R	S
氨苄西林	82.1	17.4	75.9	23.6	51.6	48.4
氨苄西林/舒巴坦	24.4	56.5	36.3	36.3	30	53.3
阿莫西林/克拉维酸	24.4	48.3	21.3	21.3	11.5	59.6
头孢哌酮/舒巴坦	1.7	93.4	1.0	1.0	0	89.7
头孢曲松	26.0	72.2	13.2	13.2	7.1	91.4
环丙沙星	13.6	52.5	7.5	7.5	22.7	39.4
复方新诺明	38.0	61.4	8.1	8.1	17.4	82.6
氯霉素	45.5	53.7	1.5	1.5	45.9	54.1
亚胺培南	0	100	0	0	3.3	96.7
美罗培南	—	—	0	0	2.1	97.9

注："—"表示无数据。

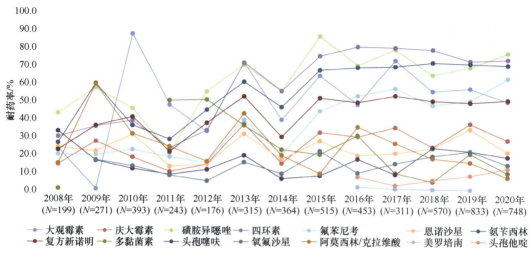

图 2-16　2008～2020 年中国动物源沙门菌对不同抗菌药物耐药率的变化趋势

N 表示分离株数量

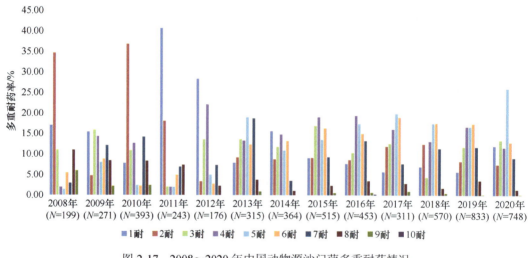

图 2-17　2008～2020 年中国动物源沙门菌多重耐药情况

N 表示分离株数量

　　对不同来源的沙门菌的耐药性监测发现，禽源沙门菌的耐药情况最为严重，其中沙门菌对氨苄西林、四环素和萘啶酸耐药率较高（>50%）。在赵建梅等（2019）的报道中，71 株禽源沙门菌对氨苄西林和磺胺异噁唑的耐药率最高（分别为 78.9% 和 77.5%），其次为大观霉素、复方新诺明、四环素和多西环素（耐药率均在 54% 以上），而庆大霉素、头孢噻呋、恩诺沙星和氧氟沙星的耐药率较低（均低于 30%），头孢他啶的耐药率最低（仅为 4.23%）。2020 年，刘英玉等（2020）的研究表明，牛、羊源沙门菌对 17 种抗菌药物耐药率不同，从 2.13% 到 59.57% 不等，其中对氨苄西林和头孢噻吩的耐药率较高，分别为 36.17% 和 34.4%（图 2-18）。

　　食品源沙门菌耐药情况也很严重。Yang 等（2020b）从 1035 份食品中分离得到 147 株沙门菌，药敏结果显示，其对磺胺异噁唑（93.9%）耐药率最高，对磺胺甲噁唑/甲氧苄啶（61.2%，90/147）、萘啶酸（49.7%，73/147）、链霉素（46.3%，68/147）、氨苄西林（42.9%，63/147）的耐药率较高，对四环素（25.9%，38/147）、环丙沙星（25.2%，37/147）、氯霉素（21.8%，32/147）、庆大霉素（18.4%，27/147）、卡那霉素（18.4%，27/147）、氧氟沙星（15.6%，23/147）和磷霉素（2.0%，3/147）的耐药率较低，对头孢吡肟、头孢曲松、阿米卡星和亚胺培南的耐药率均为0；其中47.6%为多重耐药菌株，31株对至少五类抗菌药物具有耐药性，最常见多重耐药谱是肠炎沙门菌中的氨苄西林-链霉素-磺胺类-萘啶酸-复方新诺明（N=21）和鼠伤寒沙门菌中的氨苄西林-氯霉素-链霉素-磺胺类-四环素-庆大霉素-卡那霉素-萘啶酸-氧氟沙星-环丙沙星-复方新诺明（N=9）。

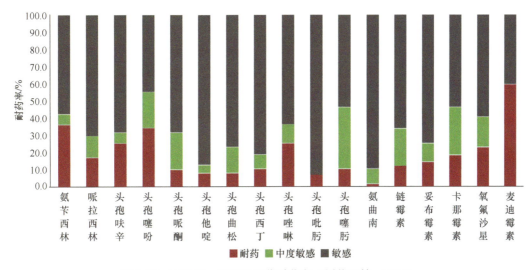

图 2-18　中国牛、羊源沙门菌耐药率（刘英玉等，2020）

2017年5月至2019年4月，Chen等（2020）研究调查了广东省零售市场鲜鸭肉样本中沙门菌的流行情况，发现88.1%（133/151）分离株为多重耐药菌株，86.1%（130/151）分离株携带7类毒力相关基因。

2018年6~10月，Wang等（2022b）从河北省超市和市场采集了210份零售肉类样本（105份生鸡肉和105份生猪肉），发现89.6%（112/125）沙门菌分离株对四环素具有耐药性，84.0%（105/125）分离株对多西环素或吉米沙星具有耐药性，且超过80%的分离株具有多重耐药表型。

同时，通过抗菌药物敏感性试验，Cui等（2009b）研究发现熟肉源沙门菌分离株对喹诺酮类药物的耐药率低于其他样品，而鸡肉源和鸡蛋源沙门菌对喹诺酮类的耐药率高于其他样品。鼠伤寒沙门菌、德尔卑沙门菌和肠炎沙门菌分离株对环丙沙星、萘啶酸、恩诺沙星和左氧氟沙星具有耐药性。这些菌株具有特殊的临床意义，因为喹诺酮类药物是治疗沙门菌病的首选药物。这一发现表明，常用抗菌药物无法治疗这些菌株所致感染，这是人类健康的隐患。Mayrhofer等（2004）的研究表明，沙门菌主要存在于鸡中，并且自2000年以来一直对喹诺酮类药物具有耐药性。

Hu等（2021b）分析了2016年中国26个省份755种食源性沙门菌耐药谱和*mcr-1*基因的流行率，结果发现，72.6%分离株至少对一种抗菌药物具有耐药性，10%为多重耐药菌，并且发现两个携带 *mcr-1* 的沙门菌分离株，分别为德尔卑沙门菌 CFSA231 和鼠伤寒沙门菌 CFSA629。

2021～2022 年，李慧敏等从北京市的大型农贸市场和大型超市采集 583 份鲜肉样本及 23 份卤制鸡肉样本，分离得到 257 株沙门菌，分离率 42.41%。其中，鲜肉样本分离到 252 株沙门菌，分离率 43.22%；农贸市场鲜肉样本中沙门菌分离率 48.32%，超市分离率 36.88%。猪肉中沙门菌分离率 52.38%（121/231），鸡肉中沙门菌分离率 43.80%（106/242），牛肉中沙门菌分离率 26.76%（19/71），羊肉中沙门菌分离率 23.08%（9/39），卤制鸡肉中沙门菌分离率 8.70%（2/23）。猪肉、鸡肉中分离的沙门菌对磺胺异噁唑（74.58%）、氨苄西林（68.64%）、四环素（68.64%）耐药率最高。上述来源的沙门菌分离株多重耐药率为 64.41%，其中 6 重耐药占比最多（15.25%），源于新鲜鸡肉的沙门菌耐药重数较高，存在 11 重、12 重、13 重耐药情况。在所有分离的沙门菌中有 20 株产超广谱 β-内酰胺酶菌株，其中有 8 株沙门菌还同时对喹诺酮类抗生素、阿奇霉素耐药。所有测序菌株（*N*=153）中，血清型占比前五分别为伦敦、肠炎、里森、肯塔基和德尔卑；其中 12 重、13 重耐药沙门菌的 4 株沙门菌分别属于肯塔基、圣保罗、姆班达卡和印第安纳血清型。

6. 小结

沙门菌的血清型复杂。在我国，动物源沙门菌主要流行的血清型为肠炎、鼠伤寒、鼠伤寒单相变种、里森、肯塔基、德尔卑、阿贡纳等，并且鼠伤寒沙门菌变种有上升的趋势。我国沙门菌的流行血清型与国外有一定差异，不同地区、不同食品来源、不同动物来源沙门菌的优势血清型也不同。沙门菌的耐药情况严重，氟喹诺酮类耐药沙门菌被 WHO 列为抗菌药物耐药的重点关注病原体。不同地区、不同来源、不同血清型菌株的耐药性存在差异。沙门菌对四环素、萘啶酸、氨苄西林、磺胺类药物的耐药性较高，可能与抗菌药物在临床抗感染治疗中的大量使用和在畜禽养殖业中作为促生长剂的广泛使用有关。多黏菌素是人类使用的重要抗菌药物品种，携带 *mcr-1* 基因的沙门菌在我国的食品、动物和人体中都有检出。随着多黏菌素在畜禽饲料中作为促生长剂使用的禁止，沙门菌对多黏菌素的耐药率有所下降，但沙门菌的多重耐药情况仍比较严重，甚至有对十几种抗菌药物都耐药的菌株出现。因此，应加强对沙门菌的耐药监测，调整监管措施，减少耐药沙门菌通过食物链出现和传播。

（二）弯曲菌

弯曲菌（*Campylobacter*）是一种人兽共患病原菌，其中，空肠弯曲菌和结肠弯曲菌是最常见的病原菌。EFSA 指出，空肠弯曲菌是欧盟多年来细菌性食源性疾病的主要致病菌之一（EFSA and ECDC，2020）。美国疾病预防控制中心对美国食源性致病微生物数量的统计结果表明，空肠弯曲菌引起的腹泻病例数排名最高。弯曲菌作为重要的食源性致病菌，通常定植在动物的肠道中，家禽被认为是弯曲菌的主要宿主，此外，牛、猪、犬等其他家畜及野生动物均可携带弯曲菌。食品生产加工企业在屠宰动物的过程中如发生肠道内容物的泄漏，则会直接导致弯曲菌污染肉类食品。与动物相比，食品中弯曲菌的检出率较低，主要是受屠宰流程、销售环节中的冷冻保鲜及实验室分离方法的影响。因此，随着世界范围内肉类食品消费量的稳步增长及实验室检测水平的提高，动物源和食品源弯曲菌的耐药研究正在逐步受到重视。

通常弯曲菌感染引起的肠炎是自限性的，不需要抗菌药物的治疗，但对于一些病症较重的患者、儿童、老人和免疫低下者，抗菌药物治疗是必需且有效的。在临床上，治疗由弯曲菌引起的肠炎通常使用大环内酯类药物和氟喹诺酮类药物，有时严重的全身感染需要使用氨基糖苷类药物，如庆大霉素（de Vries et al.，2018；Shen et al.，2018）。发达国家和发展中国家分离的弯曲菌菌株均对多种抗菌药物具有耐药性，包括氟喹诺酮类、大环内酯类和四环素类（Reddy and Zishiri，2017；Shobo et al.，2016；Abdi-Hachesoo et al.，2014；Ge et al.，2013；Ruiz，2007；Padungton and Kaneene，2003），其中，对氟喹诺酮类药物耐药的弯曲菌在世界各国尤为常见。鉴于当前弯曲菌较为严峻的耐药现状，世界卫生组织在 2017 年将弯曲菌列为高度优先需要新型抗菌药物的耐药病原菌之一。

1. 欧洲

20 世纪 80 年代，氟喹诺酮类药物首次被引入临床治疗和动物生产，氟喹诺酮类耐药的弯曲菌最早于 20 世纪 80 年代末在欧洲被报道（Endtz et al.，1991）。此后，在世界范围内，耐氟喹诺酮弯曲菌的流行率急剧上升（Woźniak-Biel et al.，2018；Sierra et al.，2016）。荷兰的 Endtz 等（1991）发现，1982～1989 年，家禽源弯曲菌分离株对环丙沙星耐药率从 0 上升到 14%；爱尔兰的 Lucey 等（2002）报道称，1996～1998 年，家禽源弯曲菌分离株对环丙沙星的耐药率仅为 3.1%，但到 2000 年，其耐药率已增加到 30%；1991 年，德国禽源空肠弯曲菌对环丙沙星的耐药率为 30.8%～34.1%，在 10 年后，德国禽源空肠弯曲菌对环丙沙星的耐药率为 29.0%～42.0%，禽源结肠弯曲菌对环丙沙星的耐药率为 50.0%～70.6%（Luber et al.，2003）；2002 年，英国猪源弯曲菌对环丙沙星的耐药率为 54.0%～86.0%（Taylor et al.，2009）；2000～2001 年，意大利禽源空肠弯曲菌对环丙沙星耐药率为 42.2%～52.8%，禽源结肠弯曲菌对环丙沙星的耐药率为 75.0%～78.6%（Pezzotti et al.，2003）；2002～2006 年，法国牛源空肠弯曲菌对环丙沙星的耐药率为 70.4%（Châtre et al.，2010）。2010 年以后，欧洲地区动物来源弯曲菌对氟喹诺酮类药物的耐药率进一步上升。波兰研究人员 Wysok 等（2020）报道了 2016～2017 年禽源弯曲菌的耐药情况，表明空肠弯曲菌和结肠弯曲菌对环丙沙星的耐药率分别为 92.3% 和 95%，对萘啶酸的耐药率分别为 89.5% 和 85%；2016 年，瑞典 Hansson 等（2020）研究显示禽源弯曲菌对环丙沙星的耐药率为 46.0%；法国国家细菌耐药性流行病学监测系统（ONERBA）2017 年的报告称，动物来源的弯曲菌对环丙沙星的耐药率为 58.7%；瑞士学者 Moser 等（2020）于 2015～2018 年从犬、猫和牛中分离的空肠弯曲菌对环丙沙星的耐药率分别为 38.5%、33.3% 和 61.1%，对萘啶酸的耐药率分别为 41.0%、33.3% 和 61.1%；西班牙学者 Nafarrate 等（2020）在 2016～2018 年从动物源样品分离的弯曲菌对环丙沙星的耐药率为 93.5%；爱尔兰学者 Lynch 等（2020）调查发现 2017～2018 年禽源弯曲菌对环丙沙星和萘啶酸的耐药率均为 28.3%；俄罗斯 Efimochkina 等（2017）研究发现禽源空肠弯曲菌对环丙沙星和萘啶酸的耐药率分别为 96.3% 和 89.0%；2019 年，丹麦抗菌药物耐药性监测和研究综合计划（DANMAP）显示，禽源空肠弯曲菌对氟喹诺酮类药物的耐药率达到 43.0%～45.0%（Korsgaard et al.，2020）。

与氟喹诺酮类药物一样，大环内酯类抗菌药物也常被用在食品动物生产过程中，但弯曲菌（特别是空肠弯曲菌）对大环内酯类的耐药率通常比氟喹诺酮类要低得多。从瑞士、瑞典、丹麦和克罗地亚分离的菌株中均未发现对红霉素耐药的菌株（Hansson et al.，2020；Jurinović et al.，2020；Moser et al.，2020）。德国 1991 年禽源空肠弯曲菌和结肠弯曲菌对红霉素的耐药率分别为 2.5%～3.8%和 5.6%，10 年后增长为 0.8%和 5.9%～12.5%（Luber et al.，2003）。法国 ONERBA 在 2017 年的报告显示，动物源弯曲菌对红霉素的耐药率为 3.2%（ONERBA，2017）；爱尔兰 2000 年禽源弯曲菌对红霉素耐药率为 4.4%（Lucey et al.，2002），2017～2018 年爱尔兰的另一项研究显示结肠弯曲菌对红霉素的耐药率为 9.3%（Lynch et al.，2020）；波兰 2016～2017 年禽源空肠弯曲菌对红霉素敏感，结肠弯曲菌对红霉素的耐药率为 5.0%（Wysok et al.，2020）；西班牙 2016～2018 年动物源弯曲菌对红霉素的耐药率为 12.0%～32.4%（Nafarrate et al.，2020）；俄罗斯禽源空肠弯曲菌对红霉素的耐药率为 34.0%（Efimochkina et al.，2017）。

广谱四环素类药物是治疗全身弯曲菌感染的替代药物（Luangtongkum et al.，2009），一直作为兽药被广泛使用，因此许多监测报告和研究报道了不同来源的弯曲菌对该药物存在中等或高水平耐药现象。瑞士学者 Moser 等（2020）于 2015～2018 年从犬、猫和牛中分离的空肠弯曲菌对四环素的耐药率分别为 23.1%、11.1%和 33.3%；爱尔兰 2000 年禽源弯曲菌对四环素耐药率为 24.4%（Lucey et al.，2002），2017～2018 年增长至 34.0%；2019 年 DANMAP 的数据显示，丹麦禽源空肠弯曲菌对四环素的耐药率达到 39.0%（Korsgaard et al.，2020）；法国 2002～2006 年牛源空肠弯曲菌和结肠弯曲菌对四环素的耐药率分别为 52.8%和 88.1%（Châtre et al.，2010），2017 年 ONERBA 的报告显示，动物来源的弯曲菌对四环素耐药率为 54.1%（ONERBA，2017）；Wysok 等（2020）对波兰 2016～2017 年的禽源弯曲菌耐药研究发现，空肠弯曲菌和结肠弯曲菌对四环素的耐药率分别为 29.7%和 80.0%；俄罗斯禽源空肠弯曲菌对四环素的耐药率为 88.6%（Efimochkina et al.，2017）；希腊 Papadopoulos 等（2021）的研究显示，猪源空肠弯曲菌和结肠弯曲菌对四环素的耐药率分别为 79.0%和 88.0%。详见表 2-41 和图 2-19。

表 2-41　1980～2020 年欧洲地区动物来源弯曲菌耐药率　　　　　　　　　（%）

年份	地区	来源	氟喹诺酮类	大环内酯类	四环素类	多重耐药率	参考文献
1980～2000	荷兰	禽	0～14.0	—	—	—	（Luber et al.，2003；Lucey et al.，2002；Endtz et al.，1991）
	爱尔兰	禽	3.1～30.0	4.4	24.4	—	
	德国	禽	CJ：30.8～31.4	CJ：2.5～3.8 CC：5.6			
2001～2010	意大利	禽	CJ：42.2～52.8 CC：75.0～78.6	—	—	—	（Châtre et al.，2010；Taylor et al.，2009；Luber et al.，2003；Pezzotti et al.，2003）
	法国	牛	CJ：70.4	CJ：1.7 CC：17.9	CJ：52.8 CC：88.1	—	
	英国	猪	54.0～86.0	—	—	—	
	德国	禽	CJ：29.0～42.0 CC：50.0～70.6	CJ：0.8 CC：5.9～12.5	—	—	

年份	地区	来源	氟喹诺酮类	大环内酯类	四环素类	多重耐药率	参考文献
2011～2020	中欧	禽	CJ: 89.5～92.3 CC: 85.0～95.0	CJ: 0 CC: 5.0	CJ: 29.7 CC: 80.0	60.5	(Efimochkina et al., 2017; Papadopoulos et al., 2021; Korsgaard et al., 2020; ONERBA, 2017; Hansson et al., 2020; Jurinović et al., 2020; Lynch et al., 2020; Moser et al., 2020; Nafarrate et al., 2020; Wysok et al., 2020)
		犬、猫、牛	CJ: 33.3～61.1	—	CJ: 11.1～33.3	—	
	北欧	禽	46.0 CJ: 43.0～45.0	0	CJ: 39.0	0	
	西欧	动物	58.7	3.2	54.1	CJ: 0 CC: 0.06	
		禽	28.3	CJ: 0 CC: 9.3	34.0	—	
	南欧	动物	93.5	12.0～32.4	76.5～88.0	35.3	
	东欧	禽	CJ: 89.0～96.3	CJ: 34.0	CJ: 88.6	CJ: 40.0	

注："—"表示无数据；CJ，空肠弯曲菌；CC，结肠弯曲菌。

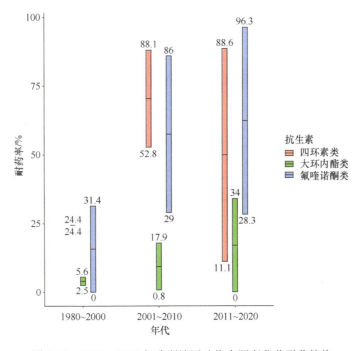

图 2-19　1980～2020 年欧洲地区动物来源弯曲菌耐药趋势

2. 北美洲

1）美国

20 世纪 90 年代初期，美国人源弯曲菌分离株对氟喹诺酮类药物的耐药率较低（Gupta et al., 2004; Endtz et al., 1991）。美国 Gupta 等（2004）研究显示，1990 年在 297 株弯曲菌中没有发现耐环丙沙星的菌株，然而，到 90 年代中后期，氟喹诺酮类药物的耐药率开始出现上升趋势。明尼苏达州 Smith 等（1999）的研究表明，空肠弯曲菌对萘啶酸的耐药率在 1992～1998 年期间从 1% 增长到 10%，并认为耐药率增加的原因可能与最近在家禽生产中使用沙拉沙星和恩诺沙星有关；直到 2001 年以后，禽源弯曲菌对环丙沙星的耐药率波动才趋于平缓（FDA，2020），2001 年美国国家耐药性监测系统发现有 20.3% 的空肠弯曲菌对环丙沙星耐药，这一数字在 2022 年为 22.2%（FDA，2022）。在大多数研究报告中，结肠弯曲菌对大环内酯类药物的耐药率比空肠弯曲菌高，详见图 2-20 和图 2-21。在美国，除氟喹诺酮类和四环素外，弯曲菌分离菌株一般对其他药物敏感，如大环内酯类、氟苯尼考、庆大霉素和泰利霉素（Benoit et al.，2014；Ricotta et al.，2014）。

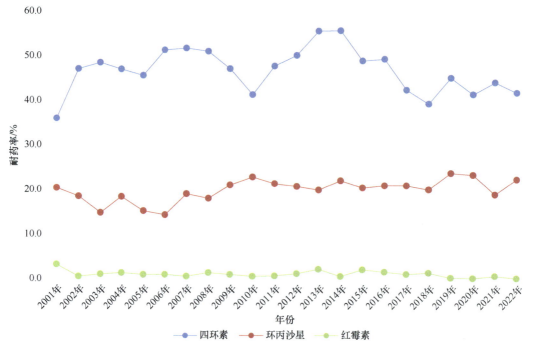

图 2-20　2001～2022 年美国鸡源空肠弯曲菌耐药趋势（FDA，2022）
2019～2022 为基因型耐药数据，即菌株存在已知的基因和突变，使其对抗菌药物产生抗性

2）加拿大

位于北美洲的加拿大近年来也相继报道了弯曲菌对不同抗菌药物的耐药情况。2004 年，Gibreel 等（2004）的报道指出，1999～2002 年期间位于加拿大西南部的亚伯达人群中暴发了弯曲菌病，数据显示 37% 的菌株具有四环素抗性，而其中 67% 的耐药菌携带四环素耐药基因质粒；同一时期，Kos 等（2006）研究表明家禽源弯曲菌对四环素耐药率为 69.2%，对萘啶酸和环丙沙星的耐药率分别为 10.6% 和 7.7%，且多重耐药率为8.7%；2009 年，Rosengren 等（2009）的研究显示该地区育成猪源弯曲菌对克林霉素耐药率为 71.3%，对阿奇霉素和红霉素的耐药率均为 70.5%，对四环素的耐药率为 35.1%，对环丙沙星和萘啶酸的耐药率分别为 10.1% 和 14.3%。

Varga 等（2019）调查发现，2015～2017 年期间加拿大安大略省家禽源弯曲菌对四环素的耐药率为 56.3%，对环丙沙星的耐药率为 8.5%，对泰利霉素、克林霉素和红霉素的耐药率均为 4.0%，对萘啶酸的耐药率为 7.4%，对阿奇霉素的耐药率为 4.6%。Scott 等（2012）探究了 51 个羊群 275 个粪便样品中空肠弯曲菌和结肠弯曲菌的耐药情况，分析发现，四环素耐药情况最为严重，空肠弯曲菌为 39.4%，结肠弯曲菌为 78.9%；空肠弯曲菌和结肠弯曲菌对环丙沙星、萘啶酸、泰利霉素、阿奇霉素、克林霉素和红霉素的敏感性也不同：空肠弯曲菌对阿奇霉素、克林霉素和红霉素敏感，对环丙沙星和萘啶酸的耐药率为 4.2%，对泰利霉素的耐药率为 0.7%；结肠弯曲菌对环丙沙星和萘啶酸敏感，对泰利霉素、阿奇霉素、克林霉素和红霉素的耐药率均为 5.3%。加拿大多个地区不同年份、不同动物来源的弯曲菌对四环素、环丙沙星、萘啶酸耐药率及多重耐药情况如表 2-42 所示。

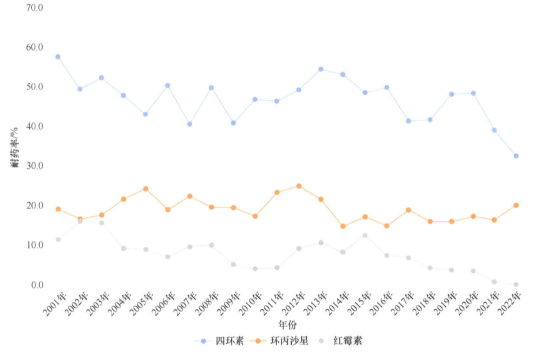

图 2-21　2001～2022 年美国鸡源结肠弯曲菌耐药趋势（FDA，2022）

2019～2022 为基因型耐药数据，即菌株存在已知的基因和突变，使其对抗菌药物产生抗性

表 2-42　加拿大各地区不同动物源弯曲菌耐药率　　　　（%）

年份	地区	来源	氟喹诺酮类	大环内酯类	四环素类	多重耐药	参考文献
2001	亚伯达	禽	CJ：7.7～10.6	—	CJ：69.2	CJ：8.7	（Kos et al.，2006）
2009		猪	10.1～14.3	70.5	35.1	—	（Rosengren et al.，2009）
2015～2017	安大略	禽	7.4～8.5	4.0	56.3	—	（Varga et al.，2019）
2012		羊	CJ：4.2	CJ：0	CJ：39.4	—	（Scott et al.，2012）
			CC：0	CC：5.3	CC：78.9	—	
2013～2019	不列颠哥伦比亚、艾伯塔、萨斯喀彻温、安大略和魁北克省	禽	16.4～16.5	—	38.8	—	（Huber et al.，2021）

注："—"表示无数据；CJ，空肠弯曲菌；CC，结肠弯曲菌。

3. 亚洲

在一些亚洲国家，尤其是东南亚地区，氟喹诺酮类药物在没有处方的情况下被广泛使用。Mukherjee 等（2013）对印度禽源弯曲菌进行药敏试验发现，97%的弯曲菌对氟喹诺酮类药物耐药；在日本，Whitehouse 等（2018）研究表明空肠弯曲菌对氟喹诺酮类药物耐药率仅为 16%~25%；Alam 等（2020）调查发现孟加拉国 2017 年的禽源空肠弯曲菌和结肠弯曲菌对环丙沙星的耐药率分别为 11.1%和 10.0%；伊朗 Torkan 等（2018）对 2015~2016 年期间在犬和猫分离出的弯曲菌进行药敏试验，发现其中空肠弯曲菌对环丙沙星和萘啶酸的耐药率分别为 75.0%和 62.5%，结肠弯曲菌对环丙沙星和萘啶酸的耐药率分别为 45.5%和 54.5%；日本的 Sasaki 等（2020）研究称，在牛胆汁中分离出的空肠弯曲菌对环丙沙星的耐药率为 44.4%。

在亚洲地区，弯曲菌对大环内酯类药物的耐药率同样低于氟喹诺酮类，且结肠弯曲菌对大环内酯类药物的耐药率远高于空肠弯曲菌。伊朗的 Torkan 等（2018）在 2015~2016 年对从犬和猫分离出的弯曲菌进行药敏试验发现，空肠弯曲菌和结肠弯曲菌对红霉素的耐药率分别为 12.5%和 72.7%。伊拉克的 Almashhadany（2021）对 2019 年从牛、羊生乳中分离出的弯曲菌进行药敏试验，发现分离株对红霉素的耐药率为 11.4%。

部分国家动物源弯曲菌多重耐药率相当高，如泰国。Thomrongsuwannakij 等（2017）的一项研究表明，在禽源弯曲菌中，100%的空肠弯曲菌和 98.9%的结肠弯曲菌为多重耐药菌株；另有研究表明，弯曲菌中最常见的多重耐药类型为同时对氟喹诺酮类、大环内酯类、四环素类和甲氧苄啶耐药。

近 20 年来，亚洲地区弯曲菌的耐药性变化如表 2-43 所示，受弯曲菌分离方法较为

表 2-43 2001~2020 年亚洲地区动物来源弯曲菌耐药率 （%）

年代	地区	来源	氟喹诺酮类	大环内酯类	四环素类	多重耐药率	参考文献
2001~2012	印度	禽	97.0	—	—	—	（Whitehouse et al.，2018；Mukherjee et al.，2013）
	日本	禽	CJ：16.0~25.0	—	—	—	
2011~2020	南亚	不同来源	CJ：11.1~82.0 CC：10.0	CJ：22.2~34.9 CC：23.3~36.7	CJ：36.5 CC：36.7	—	（Almashhadany，2021；Byambajav et al.，2021；Choi et al.，2021；Alam et al.，2020；Sasaki et al.，2020；Noreen et al.，2020；Divsalar et al.，2019；Torkan et al.，2018；Thomrongsuwannakij et al.，2017）
	西亚	犬、猫	CJ：62.5~75.0 CC：45.5~54.5	CJ：12.5 CC：72.7	—	—	
		禽	CJ：82.5~100	CJ：7.5	CJ：100	—	
		生牛羊乳	31.8	11.4	0	—	
	日本	牛胆汁	CJ：44.4	—	CJ：63.3	—	
		禽	26.6~57.4	0~1.5	28.7~46.3	—	
		猪	47.7~61.5	26.2~43.0	80.6~89.7	—	
		牛	40.8~50.8	0~1.3	49.2~72.2	—	
	蒙古	禽	CJ：50.0 CC：66.7	CJ：0 CC：50.0	CJ：100 CC：100	—	
	泰国	禽	—	0	CJ：55.6 CC：97.9	CJ：100 CC：98.9	
	韩国	禽	CC：98.6~98.8	CC：15.8~16.3	CC：80.9		
		猪	CC：87.9~88.8	CC：39.2~39.7	CC：78.4		

注："—"表示无数据；CJ，空肠弯曲菌；CC，结肠弯曲菌。

烦琐的影响，2012 年之前的数据较少，整体对氟喹诺酮类、大环内酯类和四环素类药物的耐药情况普遍较为严重，且亚洲地区弯曲菌对大环内酯类药物的耐药率高于欧美地区。

4. 其他地区

Es-Soucratti 等（2020）调查显示，非洲国家摩洛哥 2017 年鸡源空肠弯曲菌对环丙沙星和萘啶酸的耐药率分别为 77.0%和 46.2%；Baali 等（2020）发现阿尔及利亚 2016～2018 年禽源弯曲菌对环丙沙星的耐药率为 46.7%。另外，有研究显示了弯曲菌对氟喹诺酮类药物的低耐药水平，例如，南非的一项研究表明，从牛粪便中分离的空肠弯曲菌和结肠弯曲菌对环丙沙星的耐药率分别为 6.5%和 8.3%，对萘啶酸的耐药率分别为 19.5%和 25.0%（Karama et al.，2020）。

Baali 等（2020）对一些非洲国家的研究显示出弯曲菌对大环内酯类药物的高耐药率，如阿尔及利亚 2016～2018 年禽源弯曲菌对红霉素的耐药率为 83.3%；Es-Soucratti 等（2020）研究发现摩洛哥 2017 年鸡源空肠弯曲菌对红霉素的耐药率为 85.0%；Gharbi 等（2022）研究表明突尼斯 2017～2018 年鸡源空肠弯曲菌对红霉素的耐药率为 100.0%。

Kouglenou 等（2020）发表的一项研究称，从贝宁禽肉中分离的空肠弯曲菌和结肠弯曲菌对四环素的耐药率分别为 65.6%和 93.8%，对环丙沙星的耐药率分别为 68.9%和 87.5%，对红霉素的耐药率分别为 4.9%和 37.5%。莫桑比克 Matsimbe 等（2021）的一项研究称，超市禽肉源弯曲菌对四环素、强力霉素、红霉素、链霉素、复方新诺明的耐药率均达 100%，对青霉素的耐药率为 87.5%，对庆大霉素和磺胺甲噁唑的耐药率为 75%；非超市禽肉源弯曲菌对四环素的耐药率为 100%，对强力霉素和青霉素的耐药率均为 87.5%，对红霉素的耐药率为 75%。

表 2-44 列出了近年来非洲地区动物源弯曲菌耐药情况，总体来说，禽源弯曲菌的整体耐药程度高于牛源，并且弯曲菌对大环内酯类药物的耐药率比欧洲、北美洲和亚洲的耐药率高，摩洛哥、阿尔及利亚、突尼斯和莫桑比克禽源弯曲菌对大环内酯类药物的耐药率均超过了 75%。

表 2-44 近年来非洲地区动物源弯曲菌耐药率 　　　　　　　　　　（%）

年代	地区	来源	氟喹诺酮类	大环内酯类	四环素类	多重耐药率	参考文献
2017	摩洛哥	鸡	CJ：46.2～77.0	CJ：85.0	CJ：100	—	（Es-Soucratti et al.，2020）
2016～2018	阿尔及利亚	禽	46.7	83.3	66.2	99.7	（Baali et al.，2020）
2017～2018	突尼斯	禽	100	100	100	100	（Gharbi et al.，2022）
2020	南非	牛粪便	CJ：6.5～19.5 CC：8.3～25.0	CJ：15.2 CC：20.8	CJ：17.3 CC：25.0	CJ：36.9 CC：33.3	（Karama et al.，2020）
2020	贝宁	禽肉	CJ：68.9 CC：87.5	CJ：4.9 CC：37.5	CJ：65.6 CC：98.3		（Kouglenou et al.，2020）
2021	莫桑比克	禽肉	—	75～100	100	—	（Matsimbe et al.，2021）

注："—"表示无数据；CJ，空肠弯曲菌；CC，结肠弯曲菌。

Abraham 等（2020）测定澳大利亚 2016 年禽源空肠弯曲菌和结肠弯曲菌对环丙沙星的耐药率分别为 14.8%和 5.2%，对萘啶酸的耐药率分别为 22.2%和 3.1%，对大环内酯类药物的耐药率分别为 0.9%和 5.2%，澳大利亚宣称没有在食品动物生产过程中使用氟喹诺酮类药物（Abraham et al.，2020；Wallace et al.，2020）。Schreyer 等（2022）测定 2015 年阿根廷禽源空肠弯曲菌对环丙沙星、红霉素和四环素的耐药率分别81.0%、17.0%和74.0%，禽源结肠弯曲菌对环丙沙星、红霉素和四环素的耐药率分别100.0%、95.0%和95.0%。另外，巴西的一项研究对2016~2017年分离的禽源弯曲菌进行了药敏试验，发现分离株对环丙沙星、红霉素和四环素的耐药率分别为98.6%、15.7%和27.1%（Dias et al.，2021）。

5. 中国

在我国，弯曲菌耐药情况也比较严重。Wang 等（2016）研究发现结肠弯曲菌中存在多耐药基因岛，导致耐药性的增加并推动结肠弯曲菌取代空肠弯曲菌成为家禽中弯曲菌属的优势菌种。

我国弯曲菌对氟喹诺酮类药物耐药情况最为严重，研究发现，几乎 100%的鸡源和猪源空肠弯曲菌及结肠弯曲菌对氟喹诺酮类药物均具有耐药性（Wang et al.，2016；Qin et al.，2011）。我国弯曲菌对大环内酯类药物的耐药性同样低于氟喹诺酮类药物，且空肠弯曲菌的耐药情况优于结肠弯曲菌，但国内弯曲菌对大环内酯类药物的耐药率较国外高。有报道显示，我国不同地区、不同来源结肠弯曲菌对大环内酯类药物的耐药率均达到100%（陈艳等，2010；Tang et al.，2020；Li et al.，2017a），Qin 等（2014）认为这与弯曲菌中携带 *ermB* 有关。弯曲菌对四环素的耐药情况也相当严重，多项研究均表明，动物源弯曲菌对四环素的耐药率整体已接近100%（Du et al.，2018；Ju et al.，2018；Ma et al.，2014）。我国弯曲菌对各类药物的高耐药水平，使我们不能忽视多重耐药弯曲菌的流行（Li et al.，2017a；Wang et al.，2016；Ma et al.，2014）。中国不同区域动物源弯曲菌耐药情况见表 2-45。

表 2-45　中国不同区域动物源弯曲菌耐药率　　　　　　　　（%）

年份	地区	来源	氟喹诺酮类	大环内酯类	四环素类	多重耐药率	参考文献
2008~2019	北方	禽	CJ: 94.7~100 CC: 100	CJ: 0~26.7 CC: 33.3~100	CJ: 67.7~100 CC: 93.5~100	CJ: 41.9~100 CC: 93.5~100	（余峰玲等，2020；李颖等，2019；陈艳等，2010；马慧，2017；Qin et al.，2011）
		猪	CC: 60.0~99.0	CC: 35.8~54.7	CC: 95.8~99.0	CC: 76.8	
2012~2019	南方	禽	CJ: 66.7~100 CC: 92.0~100	CJ: 2.4~62.2 CC: 64.0~97.0	CJ: 71.1~100 CC: 88.0~98.0	CJ: 71.1~88.1 CC: 97.6~98.0	（Tang et al.，2020；Li et al.，2017a；Ma et al.，2014）
		猪	CC: 21.7~65.2	CC: 82.6~100	CC: 43.5		

注：CJ，空肠弯曲菌；CC，结肠弯曲菌。

北方地区包括：北京市，天津市，江苏省徐州市，山东省济南市、诸城市、邹平市、临沂市、蓬莱市、龙口市、莒县，宁夏回族自治区银川市、灵武市、中卫市。南方地区包括：上海市，江苏省盐城市、扬州市、常州市、南通市。

此外，全国动物源细菌耐药性数据显示，近十年动物源弯曲菌耐药率变化趋于平缓，结肠弯曲菌的多重耐药率高于空肠弯曲菌，空肠弯曲菌对阿奇霉素、环丙沙星、萘啶酸和四环素的耐药率分别为 1.85%~70.4%、74.3%~100%、71.5%~100%和76.74%~100%；结肠弯曲菌对阿奇霉素、环丙沙星、萘啶酸和四环素的耐药率分别为 26.3%~

100%、81.2%～100%、78.0%～100%和73.7%～100%；空肠弯曲菌同时耐5种抗菌药物的比例最高，为30.8%，而结肠弯曲菌为64.8%，详见图2-22～图2-25。

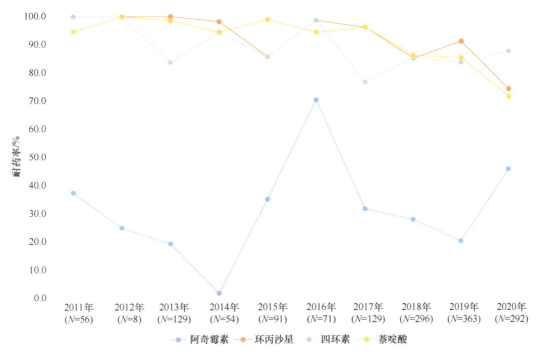

图 2-22　2011～2020 年中国动物源空肠弯曲菌耐药趋势

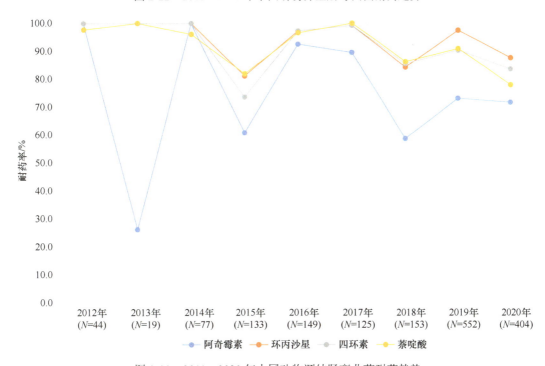

图 2-23　2011～2020 年中国动物源结肠弯曲菌耐药趋势

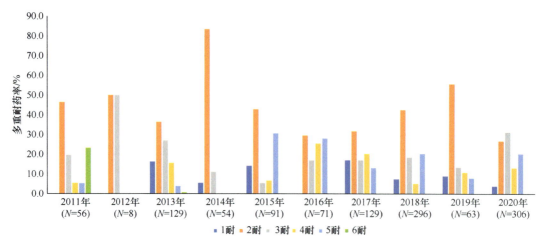

图 2-24　2011～2020 年中国动物源空肠弯曲菌多重耐药情况

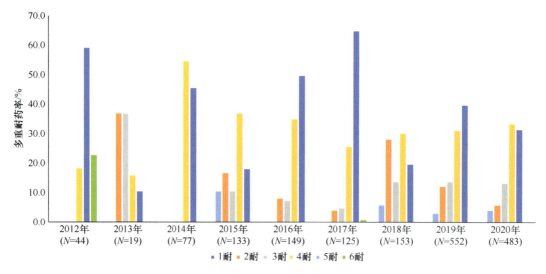

图 2-25　2012～2020 年中国动物源结肠弯曲菌多重耐药情况

6. 小结

在过去的几十年里，大环内酯类、酰胺醇类、氟喹诺酮类和四环素类等药物被广泛用于畜禽养殖业，导致人类和动物体内多重耐药弯曲菌的迅速出现，给兽医和人医临床带来了巨大的挑战。现有的研究和监测数据表明，全球动物源弯曲菌对氟喹诺酮类和四环素类药物耐药情况均十分严重，对大环内酯类药物的耐药率呈上升趋势。从地区来看，我国动物源弯曲菌对大环内酯类药物的耐药率高于欧美和亚洲其他国家，且多重耐药情况比较严重。空肠弯曲菌和结肠弯曲菌是导致肠道疾病的两种重要弯曲菌菌种，结肠弯曲菌在世界范围内的耐药率整体高于空肠弯曲菌。此外，我国结肠弯曲菌已取代空肠弯曲菌成为家禽中的优势菌种，并且由结肠弯曲菌导致的人类弯曲菌病在我国亦有增加。因此，我国应加强对耐药结肠弯曲菌的重视，调整监测和监管措施，以最大限度地减少耐药结肠弯曲菌通过食物链出现和传播。

（三）金黄色葡萄球菌

金黄色葡萄球菌（*Staphylococcus aureus*，SA）是一种常见的食源性致病菌，广泛存在于自然环境、人群和动物中。金黄色葡萄球菌也是奶牛临床乳腺炎最重要的病原体之一，会导致牛奶产量和质量下降，给奶业造成了重大的经济损失。生牛乳及其他动物源食品中的金黄色葡萄球菌是食品污染的风险源，因此食品中金黄色葡萄球菌的流行特征和耐药现状在世界各国都颇受关注。

β-内酰胺类抗菌药物曾是人医和兽医临床常用于治疗金黄色葡萄球菌感染的药物，但耐甲氧西林金黄色葡萄球菌（meticillin-resistant *Staphylococcus aureus*，MRSA）的出现对该类抗菌药物的治疗效果构成威胁，也使得可用于这类感染的药物更加有限。动物是 MRSA 的重要储存库之一，也是 MRSA 的重要传播源头之一。动物源 MRSA 最早于 1972 年从奶牛乳腺炎病例中被发现（Fluit，2012），但在此后近 30 年时间里仅有零星报道记录了 MRSA 从动物中的检出，因此并未引起人们的注意。2000 年以后，针对动物源 MRSA 的相关报道越来越多，特别是与动物有密集接触的人群也检测到 MRSA 的存在（Smith and Pearson，2011）。2005 年，首例猪源 MRSA 感染人的病例在荷兰被报道（Agnoletti et al.，2014），人们逐渐认识到动物源 MRSA 是一类重要的人兽共患耐药病原菌，称之为家畜相关性 MRSA（LA-MRSA），此后，LA-MRSA 引起的感染在北美洲、大洋洲、非洲、亚洲等地区时有发生。

1. 欧洲

自大量研究相继报道了 LA-MRSA 在欧洲各国动物甚至人群中被检出以后，EFSA 于 2008 年启动了对欧盟成员国及部分非成员国养猪场 MRSA 流行情况的基线调查及风险评估（EFSA，2010c；2009）。调查范围覆盖欧盟 24 个成员国以及挪威和瑞士 2 个非成员国，调查对象涉及上述国家 1600 个繁育猪群和 3473 个生产猪群。基线调查结果显示 LA-MRSA 在欧洲各国猪群中流行情况各异，其中一半欧盟成员国繁育猪群中检测出 MRSA，其他 12 个成员国及挪威和瑞士则未检测出。EFSA 基线调研之后，除各国研究人员的零星调查报道之外，EFSA 联合欧洲疾病预防控制中心（ECDC）每年都会发布《欧盟国家人、动物和食品源人兽共患病原菌及指示细菌抗菌药物耐药性总结报告》，内容涉及欧洲各国历年针对本国各类动物及食品中 MRSA 携带情况的自愿性检测及上报结果。统计 2010～2016 年历年报告中涉及的猪群 MRSA 检出情况，结果提示近年来欧洲各国猪群 MRSA 流行情况依旧严峻，主要流行克隆型 CC398 遍布欧洲各国，见表 2-46。

表 2-46 2010～2016 年欧洲各国猪场和屠宰场 MRSA 分离及检出情况

年份	国家	样品类型	采样单位	检测数目	MRSA 阳性样品数/检出率/%	参考文献
2010	芬兰	猪拭子，猪场	猪舍	74	11/15	（EFSA and ECDC，2012）
	匈牙利	未知	猪	14	11/79	
	爱尔兰	临床样本	猪	327	0/0	

续表

年份	国家	样品类型	采样单位	检测数目	MRSA 阳性样品数/检出率/%	参考文献
2010	西班牙	育肥猪，屠宰场	屠宰批次	276	159/58	(EFSA and ECDC, 2012)
	瑞典	鼻腔拭子，屠宰场	屠宰批次	191	1/0.5	
	瑞士	育肥猪鼻腔拭子，屠宰场	猪	392	23/6	
2011	荷兰	育肥猪鼻腔拭子，屠宰场	猪群（10头/群）	110	88/88	(EFSA and ECDC 2013)
	西班牙	育肥猪鼻腔拭子，屠宰场	屠宰批次	227	191/84.1	
	瑞士	育肥猪鼻腔拭子，屠宰场	猪	392	22/5.6	
2012	匈牙利	猪场	猪舍	11	0/0	(EFSA and ECDC, 2014)
	荷兰	未知	猪	11	6/54.5	
	斯洛伐克	育肥猪，猪场	猪	7	0/0	
	匈牙利	猪场	猪	35	16/45.7	
	爱尔兰	育肥猪，猪场	猪	789	0/0	
	斯洛伐克	猪场	猪	1	0/0	
2013	比利时	鼻腔拭子，屠宰场	屠宰批次	327	216/66.1	(EFSA and ECDC, 2015)
	荷兰	鼻腔拭子，屠宰场	猪群	93	91/97.8	
	瑞士	鼻腔拭子，屠宰场	猪	351	73/20.8	
2014	冰岛	育肥猪，屠宰场	屠宰批次	24	0/0	(EFSA and ECDC, 2016)
	荷兰	育肥猪，猪场	猪	5	3/60	
	挪威	猪场	猪群	986	1/0.1	
	瑞士	育肥猪，屠宰场	猪	298	79/26.5	
2015	德国	繁育猪，猪场	猪群	342	90/26.3	(EFSA and ECDC, 2017)
	德国	育肥猪，猪场	猪群	332	137/41.3	
	挪威	猪场	猪群	821	4/0.5	
	西班牙	育肥猪，屠宰场	屠宰批次	383	350/91.4	
	瑞士	育肥猪，屠宰场	猪	300	77/25.7	
2016	比利时	繁育猪	猪群	153	74/48.4	(EFSA and ECDC, 2018)
	比利时	育肥猪	猪群	177	101/57.1	
	丹麦	繁育猪	猪群	6	6/100.0	
	丹麦	育肥猪	猪群	57	50/87.7	
	爱尔兰	繁育猪	猪	12	0/0	
	爱尔兰	育肥猪	猪	545	0/0	
	挪威	未知	猪	872	1/0.1	

LA-MRSA 在欧洲国家各类动物，尤其是猪群中流行情况严重，主要流行克隆为 MRSA CC398。欧洲各国针对 LA-MRSA 的流行病学研究比较密集，通常具有国家层面的 LA-MRSA 监控措施，所涉及的监控范围全面（猪群等各类动物、人群以及动物源食品），监控技术策略统一，监控结果具有代表性。然而，LA-MRSA 的流行并不仅仅局限于欧洲各国，在亚洲（Chuang and Huang，2015）、美洲（Molla et al.，2012）、非洲（Chairat et al.，2015）及大洋洲（Groves et al.，2014）等世界范围内其他国家均有 LA-MRSA 的检出报道，且流行特征各异，主要流行克隆呈明显的地域特异性。除猪外，欧洲多地

奶牛场牛群及生乳中也检测到 LA-MRSA 的存在。Aslantas 和 Demir（2016）研究表明 2008～2010 年，金黄色葡萄球菌在土耳其南部 26 个家庭农场的 330 头亚临床乳腺炎奶牛样品中的分离率达 33.9%（112/330），其中 5 株（4.5%）为 MRSA。金黄色葡萄球菌分离株对青霉素（45.5%）、氨苄西林（39.3%）、四环素（33%）及红霉素（26.8%）表现出较高的耐药率，但对磺胺甲恶唑/甲氧苄啶（5.4%）、恩诺沙星（0.9%）和阿莫西林/克拉维酸（0.9%）相对敏感，所有分离株均对万古霉素和庆大霉素敏感。2016 年，Cortimiglia 等（2016）研究报道了意大利北部伦巴第地区奶牛散装罐奶中金黄色葡萄球菌和 MRSA 的流行情况，该研究在 844 个散装罐奶样品分离到了 398 株（47.2%）金黄色葡萄球菌和 32 株（3.8%）MRSA。MLST 显示多数（28/32）MRSA 分离株属于 ST398、ST9 和 ST1。药敏试验结果显示，除对 β-内酰胺类药物耐药外，多数 MRSA 菌株对四环素（93.7%，30/32）、红霉素（43.7%，14/32）及克林霉素（46.9%，15/32）具有较高的耐药率。2020 年，Bolte 等（2020）在采集自 12 个德国奶牛场和 8 个丹麦奶牛场的乳腺炎样品中分别分离到 85 株和 93 株金黄色葡萄球菌，并对其进行了药敏试验，测试的抗菌药物是德国和丹麦奶牛场最常用的 β-内酰胺类药物，结果显示，对于大多数 β-内酰胺类药物，丹麦金黄色葡萄球菌分离株的 MIC_{90} 值比从德国奶牛场分离的金黄色葡萄球菌低。*mecA* 基因检测显示 3 个德国奶牛场的 6 株金黄色葡萄球菌为 MRSA。2020 年，Hoekstra 等（2020）从来自 11 个不同欧洲国家的 254 个牛群的乳腺炎样品中获得了 276 个金黄色葡萄球菌分离株，临床乳腺炎（45%，125/276）和亚临床乳腺炎（55%，151/276）分离株的分布大致均匀。通过基因组注释后发现，不同 CC 型金黄色葡萄球菌的 AMR 基因携带率有所差异，其中 CC398 型相比其他 CC 型金黄色葡萄球菌具有更高的 *blaZ*（42%，8/19）、*tet*(M)（100%，19/19）和 *mecA*（58%，11/19）携带率。

2. 北美洲

北美地区通常被认为是欧洲之外 LA-MRSA CC398 的主要流行区域，但相对于欧洲各国，北美地区有关 LA-MRSA 的研究报道并不密集，特别是加拿大动物源 LA-MRSA 的报道比较缺乏。最早关于 LA-MRSA 在北美地区养殖场存在的调查可追溯到 2008 年。Kittl 等（2020）调查显示加拿大安大略省部分养猪场猪群及养殖工人 MRSA 的携带率较高，分别为 24.9%（71/285）和 20.0%（5/25），其中多数（59.2%）菌株属于 CC398，这些 CC398 菌株均携带 *blaZ*（100%）和 *mecA*（100%）基因。然而，不同于 LA-MRSA CC398 在欧洲各国人群中的较高检出率，加拿大普通人群携带 LA-MRSA CC398 的情况并不多见。针对马尼托巴省和萨斯喀彻温省普通人群中 MRSA 携带情况的调查显示，3687 株人源 MRSA 分离株中仅有 5 株（0.14%）属于 LA-MRSA CC398，其中 4 株对四环素耐药，但对其他 12 种抗菌药物敏感（Golding et al.，2010）。Bernier-Lachance 等（2020）调查了加拿大魁北克省零售鸡肉和肉鸡中 LA-MRSA 的流行情况，在肉鸡样本中未检测到 LA-MRSA，但从 309 个鸡肉样品的 4 个样本中（1.3%）中分离到 15 株 LA-MRSA，属于 ST398-MRSA-V 和 ST8-MRSA-IVa 谱系，仅在 ST398 分离株中观察到对四环素（90%）和妥布霉素（10%）的耐药性。

与猪源 MRSA 流行特征不同，加拿大奶牛乳腺炎金黄色葡萄球菌流行克隆具有多样性。Naushad 等（2020）利用全基因组测序技术分析了 119 株分离自加拿大牛奶样品的金黄色葡萄球菌。结果显示，乳腺炎奶样金黄色葡萄球菌株分属于 8 个 MLST 型（ST151、ST352、ST351、ST2187、ST2270、ST126、ST133 和 ST8）、18 个 spa 类别。不同于欧洲各类动物源金黄色葡萄球菌株对抗菌药物的较高耐药率，分析的 119 株 SA 菌株除对 β-内酰胺类药物耐药率较高（19%）外，对磺胺类药物（7%）、吡利霉素（3%）、四环素（3%）、头孢噻呋（3%）、红霉素（2%）、青霉素/新生霉素组合（2%）的耐药率均比较低。

研究数据表明，金黄色葡萄球菌也存在于美国生乳样本中。Haran 等（2012）从美国明尼苏达州 50 个农场的 150 个散装罐装牛奶样品中分离到了 93 株（62%）甲氧西林敏感金黄色葡萄球菌（meticillin-sensitive *Staphylococcus aureus*，MSSA）和 2 株（1.3%）MRSA。药敏试验显示，2 株 MRSA 分离株对 β-内酰胺类、头孢类和林可酰胺类药物表现出耐药，并且具有多重耐药性。spa 分型鉴定显示，一株 MRSA 为 t121，另一株未知，菌株常见 t529 和 t034 型。墨西哥奶牛乳腺炎奶样中也有分离到金黄色葡萄球菌的报道。Guzman-Rodriguez 等（2020）从墨西哥奶牛场的 194 份乳腺炎奶样中分离到了 92 株（47.4%）金黄色葡萄球菌，对随机挑选的 30 株分离株进行了药敏试验，所筛选出的 30 株金黄色葡萄球菌对所测试的抗菌药物均表现出高耐药率（50%～91.7%）。

3. 亚洲

相对于欧洲国家，亚洲地区各国针对 LA-MRSA 的研究起步较晚，特别是一些发展中国家，对于 LA-MRSA 流行情况及分子流行特征的相关报道较少，一些发展较为落后的国家或地区更是缺乏。目前，亚洲地区猪源 LA-MRSA 的报道主要集中在中国、韩国、马来西亚、印度等国家和中国台湾地区，见表 2-47。不同于广泛流行于欧美等西方国家的 LA-MRSA CC398，多数亚洲国家猪源 LA-MRSA 主要流行克隆属于 CC9，尽管也存在包括 ST398 在内的其他 ST 型菌株的检出。对于牛源的 LA-MRSA 流行特征研究较猪源少，牛源 MRSA 在亚洲的流行克隆主要属于 CC97。

表 2-47 亚洲部分地区动物源/食品源金黄色葡萄球菌耐药率 （%）

国家/地区	研究时间	MRSA 主要分子分型	β-内酰胺类	四环素类	大环内酯类	氨基糖苷类	氟喹诺酮类	参考文献
韩国	1997～2004	ST398	3.2～90.5	9.4～23.8	8.8～57.1	0～47.6	—	（Moon et al.，2007）
马来西亚	—	ST398	70～100	100	—	0～100	—	（van Den Broek et al.，2009）
尼泊尔	2018～2019	—	13.6～100	88.1～89.7	37.3～48.3	57.6～93	42.4～69.0	（Shrestha et al.，2021）
印度	2014～2015	—	7.5～95.0	—	20	92.5	15.0	（Yadav et al.，2018）
伊朗	2013	—	17～75.6	97.56	34.14	29.6～31.7	28.04	（Momtaz et al.，2013）
中国新疆	2020	CC81	58.5	18.5	44.6	4.6～12.3	4.6～6.2	（Ren et al.，2020）
中国新疆	2018～2019	—	98.4	67.2	69.5	—	—	（Liu et al.，2021c）
中国西藏	—	CC1	3.7～81.5	11.1	37.0	11.1	0	（Zhang et al.，2021a）
中国新疆、北京、山西、山东、内蒙古、浙江	2010～2013	ST97 和 ST398	90.4	70.3～74.4	79.9	54.8	45.2	（Wang et al.，2015）
中国台湾	2009～2010	—	42.5	99.4	83.7	99.4	98.8	（Lo et al.，2012）

注："—"表示无数据。

猪源 MRSA 可以沿猪肉生产链条从养殖场传播到屠宰场和猪肉销售市场。Back 等（2020）对韩国猪肉生产链各环节 LA-MRSA 的调查显示，养殖场（3.4%）、屠宰场（0.6%）及猪肉零售超市（0.4%）均可检出 LA-MRSA，对氨苄西林、头孢西丁的耐药率高达 100%，对利福平、万古霉素、替考拉宁和替加环素敏感。与此前报道类似，这些 LA-MRSA 主要以 ST398（25/40）为主，所有 ST398 均具有多重耐药表型，对四环素耐药率高达 100%。金黄色葡萄球菌及 LA-MRSA 在韩国牛群中也广泛存在，1997~2004 年，Moon 等（2007）从韩国 8 个省份的 153 个奶牛场收集了 3047 份乳腺炎奶样，分离出金黄色葡萄球菌 835 株（27.4%），其中 21 株（2.5%）MRSA。进一步研究发现，MRSA 对青霉素（90.5%）、氨苄西林（90.5%）和红霉素（57.1%）的耐药情况最为严重，MSSA 对青霉素（80.7%）、氨苄西林（61.1%）和卡那霉素（22.4%）的耐药情况较为严重。Hammad 等（2012）从日本广岛零售生鱼片中检出 SA，分离率为 90.0%（180/200），其中 MRSA 检出率为 5.0%（10/200），135 株金黄色葡萄球菌对所有检测的抗菌药物均敏感，25 株对一种抗菌药物耐药，3 株对两种抗菌药物耐药，12 株对三种及以上抗菌药物耐药，大多数 MDR-SA 分离株对大环内酯类、氨基糖苷类和青霉素具有耐药性。

韩国是亚洲首个报道 LA-MRSA CC398 在猪群中广泛流行的国家（Lim et al.，2012）。韩国 Eom 等（2019）的一项研究发现，养猪生产链的 MSSA 总体流行率不高（2.58%），主要流行的克隆谱系是 ST398（N=15，37%）和 ST5（N=13，32%）。所有菌株均表现出对氨苄西林（100%）抗性，对氯霉素和红霉素的耐药率大于 50%，对利福平敏感。相对于韩国，日本猪群中 LA-MRSA 流行率更低，Baba 等（2010）在日本东部地区 23 个养猪场中仅分离到 1 株 MRSA（0.9%，1/115），分离株属于 ST221-t002，对氨苄西林、甲氧西林和二氢链霉素具有抗性，但对头孢唑啉、头孢噻呋、亚胺培南、庆大霉素、卡那霉素、氯霉素、土霉素、红霉素、阿奇霉素、泰乐菌素、万古霉素、恩诺沙星和甲氧苄啶敏感。

相对于以上国家，东南亚地区多数国家缺乏 LA-MRSA 的监测数据，目前仅马来西亚、新加坡、泰国、印度、伊朗及尼泊尔有相关报道。在马来西亚的猪及相关工作人员中 MRSA 检出率分别为 1.4%（5/360）和 5.6%（5/90），所有 MRSA 分离株对红霉素、头孢曲松、头孢西丁、环丙沙星、庆大霉素、四环素、磺胺甲噁唑/甲氧苄啶、克林霉素和奎奴普丁/达福普汀的耐药率均为 100%，对替加环素（80%）、头孢氨苄（70%）和夫西地酸（20%）的耐药率也较高（Neela et al.，2009）。MRSA 也广泛存在于泰国市售猪肉中（44.8%，52/116），且多数属于 ST9 和 ST398，所有 MRSA 分离株均具有 MDR 特征，其中氨苄西林-苯唑西林-头孢西丁-克林霉素-四环素的耐药模式检出率最高（23.9%，16/67）（Tanomsridachchai et al.，2021）。

2018 年 2 月至 2019 年 9 月，Shrestha 等（2021）在尼泊尔的主要产奶区之一奇旺进行了一项横断面研究，在 191 个乳腺炎阳性牛奶样本中，分离得到 29 株金黄色葡萄球菌，其中 2 株含有 *mecA* 基因，75.9%（22/29）和 48.3%（14/29）的分离株分别对头孢唑林和四环素敏感，而 100% 的菌株对氨苄西林耐药，96.6%（28/29）具有 MDR 表型。2014 年 8 月至 2015 年 7 月，Yadav 等（2018）在印度收集了共 100 个牛（N=21）、水牛（N=63）和犬（N=16）的化脓性感染创口样本，发现金黄色葡萄球菌的分离率具有物种差异性，牛和水牛的分离率为 38.1%，犬的分离率为 50.0%；共分离到 40 株金黄色葡萄球菌，其中 23 株（57.5%）为 MRSA；这些分离株对阿莫西林耐药率最高（95.0%），其次是青霉素（82.5%）。印度是养牛大国，SA 及 LA-MRSA 在印度牛群中广泛流行且耐药情况严峻。Hamid 等（2017）从 160 份印度奶牛乳腺炎样品中分离到 36 株（22.5%）金黄色葡萄球菌，其中 MRSA 6 株。药敏试验显示，分离株对青霉素、氨苄西林、阿莫西林/舒巴坦、恩诺沙星及头孢曲松的耐药率分别高达 94.4%、83.3%、77.7%、66.6% 和 50%，其中有 16.6% 的分离株对所有测试的抗菌药物耐药，仅有 5.5% 的分离株对所有抗菌药物均敏感。Shah 等（2019）的研究结果也显示，印度地区牛源金黄色葡萄球菌流行情况严峻，超过半数（53.33%，80/150）奶牛乳腺炎奶样中可分离出金黄色葡萄球菌，其中 25% 为 MRSA，MRSA 分离株对甲氧西林及青霉素类抗菌药物完全耐药。此外，伊朗市售动物产品中也有污染金黄色葡萄球菌的报道。Momtaz 等（2013）调查了 360 份伊朗伊斯法罕市市售鸡肉产品，82 份（22.77%）检出金黄色葡萄球菌，分离株对四环素（97.6%）、甲氧西林（75.6%）表现出较高的耐药率，对链霉素（31.7%）、磺胺甲噁唑/甲氧苄啶（31.7%）、庆大霉素（29.3%）、恩诺沙星（28.0%）、氨苄西林（26.8%）、氯霉素（20.7%）及头孢噻吩（17.1%）也有一定的耐药性。

尽管 LA-MRSA CC9 广泛流行于亚洲各国猪群，但相比于 LA-MRSA ST398 所引发的大量人群感染，LA-MRSA ST9 所造成的感染病例并不常见，目前仅在荷兰（van Loo et al.，2007）、泰国（Lulitanond et al.，2013），以及中国的广州（Liu et al.，2009）和天津（张怡滨等，2004）人医临床菌株中分离出 MRSA ST9。此外，在中国台湾耐药性病原菌监控过程中，Wan 等（2013）发现有 5 株人医临床 MRSA 分离株为 ST9 型，分别分离自 1998 年（1 株）、2004 年（1 株）、2006 年（2 株）和 2010 年（1 株）。进一步分析发现，这 5 株人医临床 MRSA ST9 分离株与猪源 LA-MRSA ST9 分离株不仅具有相同的系统发育关系，还均携带相同的 XIc 亚型凝固酶，提示新发的 MRSA ST9-SCXIc 在猪和人之间出现跨宿主传播的现象。MRSA ST9-SCC*mec* IX 在泰国临床患者和医疗中心工作人员中也有分离出，并被认为是向泰国社区传播的新型社区获得性 MRSA（CA-MRSA）流行克隆（Lulitanond et al.，2013）。

4. 其他地区

南美地区各国针对动物源 LA-MRSA 流行情况的相关报道更为少见。到目前为止，仅有几例 CC398 MRSA 在动物或人病例中检出。例如，MRSA CC398 曾在巴西国内的圣保罗奶牛场、囊肿性纤维化患者（Lima et al.，2017）及多个无动物接触的患病儿童（André et al.，2017）中检出，也有在哥伦比亚患病人群的报道（Jimenez et al.，2011）。秘鲁养殖场动物中检出的 ST398-t571 型 MRSA 分离株对克林霉素、红霉素、氯霉素、环丙沙星、米诺环素和四环素耐药（Arriola et al.，2011）。

非洲国家针对 LA-MRSA 的报道相对较少。目前仅有 12 个国家报道了各国动物源 LA-MRSA 的检出情况，其中科特迪瓦、埃及、尼日利亚、塞内加尔、南非、苏丹及突尼斯等 6 个国家有检出 LA-MRSA（Lozano et al.，2016）。据统计，MRSA 分离株除了对甲氧西林耐药外，还对其他非 β-内酰胺类药物表现出耐药性，而 MSSA 分离株对大多数测试的抗菌药物敏感，偶尔对青霉素的耐药率很高。受试 MRSA 分离株对四环素（5%～84%）、红霉素（1.7%～100%）、克林霉素（9%～97%）、磺胺甲噁唑/甲氧苄啶（1.9%～78%）、妥布霉素（0～36%）、环丙沙星（0～42%）或万古霉素（9%～46%）的耐药率不同。2019 年 12 月至 2020 年 5 月，Lemma 等（2021）对埃塞俄比亚的牛奶和传统加工乳制品进行了一项横断面研究，从 255 个乳制品样本中共分离得到 52 株金黄色葡萄球菌，仅检出一株 MRSA，其中 94.2%（49/52）对氨苄西林耐药，80.8%（42/52）对阿莫西林/克拉维酸耐药。总体上，非洲各国动物源 MRSA 的检出率比较低（0～3%），仅尼日利亚牛群中 MRSA 检出率较高（16.8%）。这些报道中能够提供 LA-MRSA 分子流行特征等的研究更少，仅有三项研究提及猪和羊中主要流行克隆为 CC5（Fall et al.，2012）、CC80（Gharsa et al.，2012）及 CC88（Schaumburg et al.，2015；Fall et al.，2012）。值得注意的是，这三个 MRSA 流行克隆均为非洲人群临床 MRSA 菌株中常见的流行克隆（Abdulgader et al.，2015；Schaumburg et al.，2015）。

澳大利亚首个有关 LA-MRSA 的报道出现于 2009 年，通过对全国范围内多数兽医工作人员鼻腔拭子 MRSA 携带情况的调查发现，MRSA 在兽医工作人员体内携带率为5.8%（45/771），其中一名猪兽医体内鉴定出 MRSA ST398（Groves et al.，2016；Jordan et al.，2011），而 MRSA CC8 与马兽医密切相关，通常表现对庆大霉素和利福平耐药。澳大利亚境内多个养猪场也曾有 LA-MRSA CC398 的检出，但总检出率较低（0.9%，3/324）。调查还发现，除 LA-MRSA ST398 外，高毒力的 CA-MRSA ST93-IV 也存在于澳大利亚养猪场猪群中（Hoekstra et al.，2020）。研究发现，抗菌药物耐药表型和克隆型有一定的关联。除了 β-内酰胺类，ST93 和 ST398 对氯霉素、克林霉素、红霉素、新霉素和四环素也具有一定耐药性。在 ST398 中还检测到奎奴普丁/达福普汀和利奈唑胺耐药。ST30 分离株仅对 β-内酰胺类和四环素具有耐药性。在新西兰，Williamson 等（2014）也曾报道从临床患者体内检出 LA-MRSA CC398，且部分患者居住于农场或曾接触过猪胴体，所有 MRSA 分离株均对青霉素、苯唑西林和四环素耐药。

5. 中国

针对我国猪养殖场及屠宰场 LA-MRSA 携带情况的报道可追溯到 2008 年。Cui 等（2009a）对陕西、河北、四川和湖北 4 个省份部分养猪场及屠宰场的猪群、养殖工作人员进行的调查显示，多个养猪场和屠宰场猪群及养殖工作人员均携带有 MRSA，各省间 LA-MRSA 分离率存在差异（1.6%～25.0%），MRSA 分离株多重耐药现象比国外猪源 LA-MRSA 严重；分离株的分子分型不同于广泛流行于欧洲和北美等西方国家的 LA-MRSA CC398，而属于 CC9-t899（ST9，或其变体 ST1376、ST1297）。所有 MRSA 分离株（N=60）均对头孢西丁、环丙沙星、克林霉素和四环素耐药，对利奈唑胺、呋喃妥因、替考拉宁、替加环素、磺胺甲噁唑/甲氧苄啶和万古霉素敏感，最为流行的 MDR 特征是环丙沙星-克林霉素-红霉素-头孢西丁-庆大霉素-四环素-氯霉素耐药性。Wagenaar 等（2009）对四川省内 9 个养猪场中的尘土样品的调查显示，5 个（56%）养猪场检出有 MRSA，90%的受试 MRSA 分离株对阿米卡星、环丙沙星、克林霉素、红霉素、庆大霉素、新霉素和四环素具有耐药性，但对夫西地酸、利奈唑胺、莫匹罗星、利福平和磺胺甲噁唑/甲氧苄啶敏感。Li 等（2017b）对上海、河南、宁夏及山东地区养殖场及屠宰场大量样本的检测显示，MRSA 在猪中检出率为 11.2%（270/2420），所有分离株均对苯唑西林、头孢西丁、克林霉素、氯霉素、氟苯尼考、环丙沙星和沃尼妙林耐药，超过 80.0%的分离株对四环素、红霉素、奎奴普丁/达福普汀及庆大霉素耐药，少量分离株对利福平（9 株）及利奈唑胺（3 株）耐药，分离株均携带 mecA 基因（介导 β-内酰胺类耐药）和 lsa(E)基因（介导截短侧耳素类-林可酰胺类-链阳菌素 A 类耐药），99.0%的分离株携带 fexA 基因（介导酰胺醇类耐药），3 株含有 cfr 基因（介导利奈唑胺耐药）。

Yan 等（2014）从黑龙江两个猪屠宰场中也分离到 MRSA ST9，MRSA 最流行的 MDR 耐药模式为青霉素-头孢西丁-四环素-金霉素-环丙沙星-氯霉素-红霉素-克林霉素-庆大霉素-奎奴普丁/达福普汀（39.5%）。2017 年，Li 等（2018）对广东、上海及山东地区养猪场和生猪销售市场猪鼻腔金黄色葡萄球菌（4.7%，141/2997）及 MRSA（3.5%，104/2997）携带情况的调查发现，除主要 LA-MRSA 流行克隆 CC9（96.2%，100/104）之外，还检出 4 株 LA-MRSA ST398-t034/t571，这是广泛流行于欧美国家猪群中的 LA-MRSA CC398 在我国养猪场中的首次检出。与其他国家的研究结果相似，MRSA 分离株的抗菌药物耐药性比 MSSA 分离株的耐药性更严重。但几乎所有的 SA 分离株都对利奈唑胺、利福平和万古霉素敏感。2018 年，Xu 等（2021）对湖北的育肥猪进行了金黄色葡萄球菌流行情况的调查，在 20 个农场的 814 份鼻拭子样本中，金黄色葡萄球菌总检出率为 28.26%，分离株对苯唑西林的耐药率达到 16.54%。Liu 等（2021c）调查了新疆的农场和农贸市场肉类样品，金黄色葡萄球菌阳性率为 9.7%（128/1324），其中 MRSA 阳性样本 26 份（2.0%），金黄色葡萄球菌对青霉素（98.4%）、克拉霉素（69.5%）、红霉素（69.5%）、万古霉素（68.8%）和四环素（67.2%）耐药，80.4%的分离株具有 MDR 特征。Zhang 等（2021a）从西藏的零售店中收集了 218 份牦牛油样本，其中 27 个（12.4%）样本检出金黄色葡萄球菌，5 个样本检出 MRSA，CC1-ST1-t559（55.6%）是最主要的分子分型。分离株对磺胺甲噁唑普遍耐药（100.0%，27/27），其次是甲氧苄啶（96.3%，26/27）、氨苄西林（81.5%，22/27）、红霉素（37.0%，10/27）、青霉素（25.9%，7/27）、头孢西丁（18.5%，5/27）、四环素类、阿莫西林/克拉维酸和庆大霉素（各 11.1%，3/27）、苯唑西林和头孢哌酮（3.7%，1/27）；对氯霉素、环丙沙星、利福平、万古霉素、阿米卡星和利奈唑胺敏感。

2010～2013 年，Wang 等（2015）对新疆、北京、内蒙古、山西、山东及浙江 6 个地区的奶牛乳腺炎病例进行了金黄色葡萄球菌流行情况调查，共分离出 219 株，其中 MRSA 有 34 株（15.5%）。MLST 显示这些 SA 菌株主要属于 CC5、CC97、CC398、CC121 和 CC50，特别是 ST97 和 ST398。药敏试验结果显示，分离株对青霉素（90.4%）和磺胺甲噁唑/甲氧苄啶（91.8%）的耐药率最高，其次是红霉素（79.9%）、克林霉素（77.2%）、土霉素（74.4%）、多西环素（70.3%）、庆大霉素（54.8%）、氯霉素（52.1%）和环丙沙星（45.2%）。

近年来，更大范围的奶牛乳腺炎流行病学调查显示，我国各地牧场奶牛乳腺炎金黄色葡萄球分离率各异，为 10.1%～77.3%。2013～2016 年，Zhang 等（2018a）从我国 9

个省份 19 个奶牛场收集的 1021 份临床乳腺炎样本中分离到 103 株（10.1%）金黄色葡萄球菌，并且发现 ST97 是我国奶牛乳腺炎金黄色葡萄球菌的优势型。2017～2018 年，Song 等（2020）从我国 12 个省份的 15 个大型奶牛场中收集了 1153 份乳腺炎牛奶样品，分离到 128 株金黄色葡萄球菌（11.1%）。Yang 等（2020a）于 2013～2018 年从 19 个省份 102 个牧场 3136 例亚临床乳腺炎奶样中分离出 498 株金黄色葡萄球菌（15.8%），其中 73 株（14.7%）MRSA。MRSA 分离株对青霉素（100.0%）、庆大霉素（100.0%）和四环素（98.6%）表现出高耐药率。所有 MRSA 分离株均含有 *blaZ*、*aacA/aphD* 和 *tet*(M)[或与 *tet*(K)组合]。此外，新疆作为我国奶牛主要养殖区之一，金黄色葡萄球菌在乳腺炎奶样中的检出率较高。2018 年，Dan 等（2019）从新疆 15 座规模化奶牛场收集了 337 份临床样本（186 份临床乳腺炎牛奶样本和 151 份子宫内膜炎拭子样本），分离出 155 株（46.0%）金黄色葡萄球菌，其中 22 株（14.2%）为 MRSA。ST9-t1939-agrI 是 MSSA 的主要基因型，而 ST1-SCC*mec*I-t1939-agrI 则是 MRSA 的主要基因型。Ren 等（2020）调查了新疆南部奶牛场的 84 个亚临床乳腺炎样品，分离到 65 株（77.3%）金黄色葡萄球菌，分离株表现出对青霉素（58.5%）、红霉素（44.6%）及克林霉素（40.0%）较高的耐药率，对四环素（18.5%）、庆大霉素（12.3%）、利福平（9.2%）、奎奴普丁/达福普汀（6.2%）、环丙沙星（4.6%）、诺氟沙星（4.6%）及氯霉素（1.5%）的耐药率则相对较低。值得注意的是，部分分离株（6.2%）出现对人医临床重要抗菌药物利奈唑胺耐药的情况。Wu 等（2015）在宁夏地区乳腺炎奶牛的牛奶样本中分离获得一株 MRSA ST9-t899，但不同于先前报道，该菌株携带有新型染色体 *mec* 基因盒，并命名为 SCC*mec* XII，该基因盒中含有新型的重组酶基因 *ccrC2*。随后的调查发现，*ccrC2* 广泛存在于凝固酶阴性葡萄球菌（coagulase-negative Staphylococci，CoNS），以及一些甲氧西林耐药或敏感菌株中。通过与 NCBI GenBank 中数据比对发现，该新型重组酶还出现于美国、德国、法国等国家的金黄色葡萄球菌及表皮葡萄球菌中。

　　我国各地食品中也时有检出金黄色葡萄球菌和 MRSA 的报道。索玉娟等（2008）调查了河北保定各类食品（生牛乳、生鲜肉、肉制品、水产品、速冻食品、果蔬、豆制品）510 份，金黄色葡萄球菌检出率为 21.2%（108/510），不同食品来源的金黄色葡萄球菌分离率存在差异，生牛乳检出率最高（38.3%），其次为速冻食品（34.0%）、肉制品（30.0%）、生鲜肉（21.0%）、果蔬（10.0%）、水产品（8.0%）和豆制品（4.0%）。徐继达（2013）对河北保定地区各类食品开展金黄色葡萄球菌检测，同样发现金黄色葡萄球菌在生鲜肉制品中检出率最高（52.5%），其次为生牛奶（36%）、速冻食品（35%）及豆制品（6.7%）。沈伟伟等（2011）报道了浙江台州食物中金黄色葡萄球菌的分离情况，检出率为 12.4%（47/380），其中即食食品检出率最高为 13.2%，生肉类为 11.7%，豆制品为 7.7%，其中一半以上金黄色葡萄球菌株携带多种毒素基因。2017～2018 年，李兵兵等（2019）对淮安市各大超市和农贸市场畜禽源金黄色葡萄球菌进行分离鉴定和耐药分析，发现不同禽畜肉源中检出率由高到低依次为鸭肉（22.5%）、鸡肉（18.0%）、牛肉（15.4%）、猪肉（12.9%）和羊肉（10.0%），总的 MRSA 检出率为 23.33%（14/60）。金黄色葡萄球菌的耐药率分别为：苯唑西林（23.33%）、克林霉素（71.67%）、红霉素（68.33%）、青霉素（63.33%）、左氧氟沙星（31.67%）、复方新诺明（8.33%）、四环素

（13.33%）、头孢西丁（20%）、庆大霉素（23.33%），所有菌株均对万古霉素敏感，且多重耐药现象严重，对 3 种及 3 种以上抗菌药物耐药的多重耐药菌株占 63.33%，有的菌株甚至可耐 7 种抗菌药物。张鹏飞等（2020）报道了上海市食品源金黄色葡萄球菌的耐药情况，共收集来自 2011～2016 年食源性金黄色葡萄球菌 184 株，其中 9 株为 MRSA，检出率为 4.9%（9/184），所有的 MRSA 菌株共涵盖 6 种分子型，主要分子型为 ST59-t437（3/9）和 ST88-t14340（2/9），其次为 ST398-t034、ST63-t4549、ST5-t002 和 ST4495-t10738（1/9），且所有的 MRSA 菌株均表现为多重耐药。其中，对氨苄西林和青霉素的耐药最为普遍（100.0%），其次为头孢西丁和磺胺甲噁唑/甲氧苄啶（88.9%）、红霉素（55.6%）、阿莫西林/克拉维酸（33.3%）、四环素和苯唑西林（22.2%）和环丙沙星（11.1%）。

Guardabassi 等（2009）研究表明，中国香港地区猪群中也有 LA-MRSA 的检出，分离率为 16.0%，多数菌株具有 MDR 表型，最多的 MDR 模式（75%）为苯唑西林-青霉素-四环素-氯霉素-庆大霉素-克林霉素-红霉素-环丙沙星-复方新诺明耐药。中国台湾针对猪群 LA-MRSA 的报道最早始于 2011 年，Tsai 等（2012）调查发现 LA-MRSA 在少数地方性养猪场和屠宰场中的检出率较低，为 4.0%（5/126），并且都表现出相同的抗菌谱，对红霉素、克林霉素和庆大霉素具有耐药性（100%）。但是 Lo 等（2012）针对中国台湾西部地区 11 个县区 150 个养猪场猪群的较大规模调查显示，养猪场阳性率高达 48.7%（73/150），MRSA 在猪中检出率也高达 42.5%（127/299），所有 MRSA 具有多重耐药表型。所有分离株均对克林霉素耐药（100%），对万古霉素敏感。超过 80% 的分离株对庆大霉素（99.4%）、四环素（99.4%）、环丙沙星（98.8%）、磺胺甲噁唑/甲氧苄啶（90%）和红霉素（83.7%）耐药，低于 50% 的分离株对氯霉素（42.2%）和利福平（13.3%）耐药。随后，Fang 等（2014）针对覆盖整个台湾地区的 22 个养猪场及 2 个生猪交易市场的更大范围的调研证实了 LA-MRSA CC9 在台湾猪群中的广泛存在，猪中检出率达 14.4%，相关工作人员中检出率达 13.0%，所有 102 株 MRSA 分离株对万古霉素、替考拉宁、利奈唑胺和夫西地酸敏感，并对青霉素耐药（100%）。

此外，我国动物源细菌耐药性数据显示，2011～2020 年我国猪、鸡源金黄色葡萄球菌多重耐药情况比较严峻。十多年间，金黄色葡萄球菌对 3 种药物的耐药率在 8.25%～30.77% 范围内波动，平均为 15.89%，在 2014 年达到最高（30.77%），近年来有逐步下降的趋势。相比于 3 耐菌株，金黄色葡萄球菌对三种以上药物的耐药率相对较低。

十年间，我国猪、鸡源金黄色葡萄球菌对青霉素的耐药率一直保持较高水平（57.69%～98%），平均达 90.61%；但金黄色葡萄球菌对头孢西丁和头孢噻呋相对较为敏感，对头孢西丁的耐药率为 3.21%～34.06%，平均达 10.84%；对头孢噻呋的耐药率则为 3.21%～42.03%，平均达 10.37%。相比之下，金黄色葡萄球菌对红霉素（平均 48.28%）、磺胺异噁唑（平均 43.46%）及氧氟沙星（平均 31.05%）等药物的耐药率较高。值得注意的是，近年来我国猪、鸡源金黄色葡萄球菌出现少数对万古霉素及利奈唑胺耐药的菌株（图 2-26）。

6. 小结

综上所述，各国猪群中金黄色葡萄球菌的检出率和流行率要高于其他养殖动物，

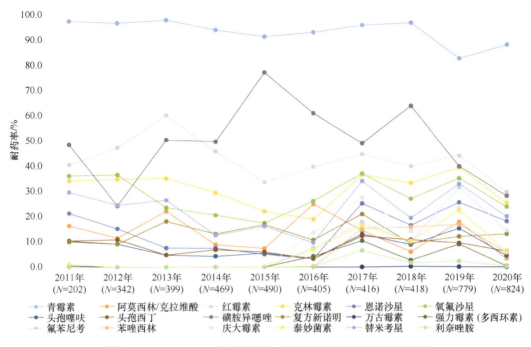

图 2-26　2011~2020 年我国猪、鸡源金黄色葡萄球菌耐药趋势

MRSA 菌株一般呈现比 MSSA 更严重的多重耐药表型。欧美国家流行的猪源 MRSA 主要分属 CC398 型，是明显的优势克隆型，该克隆型也易引发人群感染。报道中检出的金黄色葡萄球菌菌株除对甲氧西林的耐药情况值得关注外，对青霉素和四环素耐药也较为严重。亚洲地区多重耐药的 MRSA 流行较为严重，且流行的 MRSA 克隆型不统一，主要流行的猪源 MRSA 为 ST9 和 ST398，相关报道中的金黄色葡萄球菌对青霉素和氨苄西林的耐药情况也较为严重。我国对 LA-MRSA 的流行关注起步较欧美略晚，各地猪、奶牛和鸡等养殖动物中均普遍存在 LA-MRSA 定植感染的情况，多重耐药情况较为严重，尤其对青霉素、红霉素、环丙沙星和四环素的耐药较为常见。我国猪源 MRSA 主要流行的克隆型分属 CC9 型，且已出现跨宿主定植感染饲养人员、污染养殖环境、随产业链传播污染猪肉产品等迹象，应当引起足够的重视并加强监管。

（四）李斯特菌

李斯特菌属主要包括 10 个种，其中能威胁人类健康的主要是单核细胞增生李斯特菌（*Listeria monocytogenes*，LM），又称单增李斯特菌。单增李斯特菌是重要的食源性人兽共患病原菌，尤其对免疫力低下的人群危害严重，感染人群易发生脑膜炎、败血症、流产等，死亡率高于其他食源性病原菌（Ranjbar and Halaji，2018）。单增李斯特菌广泛分布于自然界，形成的生物被膜使其对环境的抵抗力增强，可在食品加工、运输和保存过程中生存，严重威胁食品安全（Oloketuyi and Khan，2017）。近年来，病原菌的耐药情况随着抗菌药物大量使用逐渐恶化，为临床治疗带来困难。单增李斯特菌是四大重要食源性致病菌之一，世界各国对不同来源的单增李斯特菌的耐药情况进行了持续监测。

自 1988 年首次发现耐四环素的单增李斯特菌以来（Poyart-Salmeron et al.，1990），研究人员陆续从食品、环境或临床病例中分离出各种耐药类型的菌株。世界卫生组织将李斯特菌病列为全球最重要的人兽共患病之一（Mpundu et al.，2021），因此了解各国单增李斯特菌的耐药情况是治疗人类李斯特菌病的关键，有助于指导人们在兽医和人医临床合理使用抗菌药物。

1. 欧洲

单增李斯特菌对 β-内酰胺类药物敏感，因此氨苄西林和苯唑西林常用于治疗李斯特菌病，也可联合氨基糖苷类（庆大霉素）药物进行治疗（Koluman and Dikici，2013）。值得注意的是，单增李斯特菌对目前使用的第三代头孢类药物具有天然耐药性。近年来，人们逐渐认识到畜牧业、水产养殖中单增李斯特菌耐药情况严重，其可通过获取可移动基因元件（如质粒和接合转座子）对多种抗菌药物产生耐药性（Conter et al.，2009），并随食品生产过程的加工步骤进入食物链（Stonsaovapak and Boonyaratanakornkit，2010）。

1995 年，法国从环境中分离到第一株耐甲氧苄啶的单增李斯特菌（Charpentier and Courualin，1997），随后 Granier 等（2011）调查了法国 1996～2006 年食品源和环境源 202 株单增李斯特菌的耐药情况，发现有 4 株对红霉素、四环素-米诺环素和甲氧苄啶具有耐药性（表 2-48）。Walsh 等（2001）从爱尔兰大都柏林地区的零售食品中分离到的李斯特菌对四环素、青霉素和氨苄西林的耐药率分别为 6.3%、3.73% 和 1.98%。Caruso 等（2020）调查发现 1998～2009 年意大利食品源、人源和环境源的 317 株单增李斯特菌对氨苄西林、青霉素、庆大霉素和复方新诺明的耐药率高达 100%，与 1998～2006 年相比，2007～2009 年的菌株耐药率有所增加。

表 2-48　1993～2021 年欧洲地区单增李斯特菌耐药率　　　　　（%）

年份	地区	样品来源	青霉素	氨苄西林	庆大霉素	四环素	克林霉素	红霉素	环丙沙星	复方新诺明	参考文献
1993	西班牙	禽	—	0.0	0.0	—	25.6	—	25.6	—	（Alonso-Hernando et al.，2012）
2006			—	0.0	12.0	—	52.0	—	52.0	—	
1996～2006	法国	食物环境	—	—	—	1.0	—	1.0	—	—	（Granier et al.，2011）
1998～2009	意大利	食品、人、环境	0.0	24.0（苯唑西林）	0.0	1.0	0.0	0.0	1.0	0.0	（Caruso et al.，2020）
2009～2012	西班牙	肉制品环境	0.0	100.0（苯唑西林）	—	0.5	35.0	—	0.0	—	（Gómez et al.，2014）
2013～2014	波兰	鱼加工厂		40.0				80.0		80.0	（Skowron et al.，2018）
2014～2015	意大利	猪	—	35.7	—	3.1	57.1	2.04	42.9	3.1	（Rugna et al.，2021）
1950～2021	俄罗斯	动物、人、食品	3.0	<1.0	—	<1.0	35.5	4.0	2.5	3.0	（Andriyanov et al.，2021）

注："—"表示无数据。

Alonso-Hernando 等（2012）研究比较了西班牙 1993 年和 2006 年禽源单增李斯特菌耐药率的变化情况。1993 年和 2006 年分别有 37.2% 和 96.0% 的菌株对至少一种抗菌药物具有耐药性，多重耐药率从 18.6%上升到 84.0%，对庆大霉素、链霉素、新霉素、恩诺沙星、环丙沙星和呋喃唑酮 6 种药物的耐药率显著增加。2009～2012 年，Gómez 等（2014）从西班牙即食肉制品和肉制品加工环境中分离得到 206 株单增李斯特菌，对苯唑西林耐药率最高（100%），其次是克林霉素，对四环素耐药率较低（0.5%），此外有 6 株单增李斯特菌具有多重耐药性。

2. 北美洲

李斯特菌病发病率低、死亡率高，其所致死亡率在美国食源性致病菌中居第三位（Hurley et al.，2019）。在美国，每年约有 1600 人感染单增李斯特菌，约 260 人死亡（Hanes and Huang，2022）。多项研究表明美国单增李斯特菌的耐药率逐年增加，尽管单增李斯特菌对临床一线药物的耐药情况尚未在人医临床广泛报道，但随着动物源耐药菌株的出现，需要加强对单增李斯特菌的耐药监测。

北美地区 2002～2021 年单增李斯特菌耐药率见表 2-49。其中 2000～2003 年，有学者从田纳西州 4 个奶牛场分离到 38 株单增李斯特菌，发现所有分离株都对头孢类药物、链霉素和甲氧苄啶具有耐药性，大多数分离株对氨苄西林（92%）、利福平（84%）和氟苯尼考（66%）具有耐药性（Srinivasan et al.，2005）。除了食品污染外，Lyautey 等（2007）从加拿大地表水中分离出的单增李斯特菌药敏结果显示，所有分离株均对氨苄西林、头孢类药物和萘啶酸均具有耐药性，大部分分离株对氯霉素和林可霉素具有耐药性，部分菌株对环丙沙星、红霉素、庆大霉素、卡那霉素、青霉素、利福平、萘啶酸和四环素具有耐药性。一项加拿大的研究显示，2010 年从即食肉和鱼肉中分离的单增李斯特菌株对头孢西丁、萘啶酸、克林霉素、链霉素和阿米卡星具有耐药性，对人医临床治疗药物敏感（Kovaevi et al.，2012）。

表 2-49　2002～2021 年北美地区单增李斯特菌耐药率　（%）

年份	地区	样品来源	青霉素	氨苄西林	庆大霉素	四环素	万古霉素	红霉素	环丙沙星	参考文献
2002～2003	田纳西州	牛	40.0	92.0	0.0	100.0	0.0	0.0	—	（Li et al.，2007a）
—	—	牛	0.0	0.0	0.0	18.6	0.0	1.2	2.3	
2005	佐治亚州	禽	—	—	—	3.0	—	—	3.0	（Lyon et al.，2008）
2006	佛罗里达州	即食食品	0.0	0.0	0.0	16.0	—	—	1.1	（Shen et al.，2006）
2007	加拿大	水	4.0	100.0	26.7	6.7	—	5.3	22.7	（Lyautey et al.，2007）
2010	加拿大	即食肉鱼	—	—	—	—	—	—	100	（Kovaevi et al.，2012）
2004～2011	美国	各种食品	—	5.7	5.7	2.9	0.0	0.0	—	（Bae et al.，2014）
2012	底特律	牛禽	0.0	0.0	2.1	27.1	—	2.1	0.0	（Da et al.，2012）
2016～2020	俄亥俄州	牛禽	47.7	89.5	77.6	34.3	67.0	37.3	70.0	（Hailu et al.，2021）
2021	威斯康星州	牛	—	84.0	20.5	—	—	—	—	（Chow et al.，2021）

注："—"表示无数据。

由于四环素在食品动物生产过程中的广泛使用，耐四环素单增李斯特菌较为常见。

Da 等（2012）从底特律牛肉、鸡肉和火鸡肉中分离到 44 株单增李斯特菌，对四环素的耐药率相对较高（27.1%），耐红霉素和耐庆大霉素的菌株各有 1 株。Hailu 等（2021）从美国俄亥俄州东北部奶牛和家禽粪便中分离的食源性致病菌中，单增李斯特菌的分离率位居第二，所有单增李斯特菌分离株至少对一种抗菌药物具有耐药性，67 株单增李斯特菌中 89.5%的菌株对氨苄西林具有耐药性，47.7%的菌株对青霉素具有耐药性。Schlech（2019）研究表明，单增李斯特菌对氨苄西林耐药现象普遍，但这些耐药菌株对庆大霉素和磺胺甲噁唑/甲氧苄啶普遍敏感。红霉素可用于治疗患李斯特菌病的孕妇（Jones and Macgaoan，1995），但 Roberts 等（1996）的报道表明李斯特菌可通过与肠球菌菌株之间接合转移获得红霉素耐药性。

3. 亚洲

2001～2020 年亚洲部分国家食品中单增李斯特菌耐药率见表 2-50。不同国家单增李斯特菌耐药情况具有差异性。在土耳其，Siriken 等（2014）在 2008～2009 年从 116 个鸡肉样品分离出 51 株单增李斯特菌，其中 11%～17%的菌株对青霉素、氨苄西林、四环素、链霉素具有耐药性，有 4 株对万古霉素具有耐药性，1 株对庆大霉素具有耐药性。约旦学者 Osaili 等（2014）在 2009 年从即食鸡肉、牛肉中分离到单增李斯特菌，药物敏感性试验显示，95%和 90%的分离株分别对磷霉素和苯唑西林具有耐药性，62%的分离株对克林霉素或夫西地酸具有耐药性。此外，多重耐药情况比较严重，57%、14.3%、19%、4.8%和 4.8%分离株分别对 3 种、4 种、5 种、6 种和 8 种抗菌药物具有耐药性。2012～2014 年，Jamali 等（2015）从伊朗采集的生鱼及露天鱼市环境样本分离到 43 株单增李斯特菌，分离株对四环素（27.9%）、氨苄西林（20.9%）、头孢噻吩（16.3%）、青霉素（16.3%）和链霉素（16.3%）具有耐药性。印度学者 Negi 等（2015）从印度不同地区人类临床病例、动物临床病例及动物源性食品中分离出 36 株单增李斯特菌，只有 1 株分离株对复方新诺明具有耐药性。

表 2-50　2001～2020 年亚洲部分地区单增李斯特菌耐药率　　　　　　（%）

年份	地区	来源	四环素	青霉素	氨苄西林	苯唑西林	万古霉素	磷霉素	多重耐药率	参考文献
2008～2013	土耳其	鸡肉	13.7	11.8	—	1.9	7.8		27.5	（Terzi et al.，2020；Siriken et al.，2014）
		奶制品	38.0	84.0	—	92.0		100.0	—	
2012～2014	伊朗	鱼肉市场	27.9	16.3	20.9	—	7.0	—	14	（Jamali et al.，2015）
2008～2016	伊朗	食品、动物、人	47.7	75.0	45.4	—			43.2	（Heidarlo et al.，2021）
2012～2017	日本	鸡肉	0.0	—	—	72.0	0.0	57.3	46.7	（Maung et al.，2019）
		鸡肉	0.0	—	—	82.6	0.0	95.7	82.6	
2015～2016	约旦	牛肉	94.3	100.0	100.0	—	75.5	—	98.1	（Obaidat，2020）
2015～2018	印度	鱼肉	100.0	100.0	100.0		9.0		—	（Basha et al.，2019；Negi et al.，2015）
2019～2020	韩国	牛肉及屠宰场	13.3	53.3	—	—	—		0.0	（Jang et al.，2021）

注："—"表示无数据。

由于青霉素药物的交叉耐药性，在某些国家，即使没有使用甲氧西林和苯唑西林来治疗动物，分离株对苯唑西林的耐药率仍然较高（84%）。2012~2013年，土耳其学者Terzi等（2020）从生水牛奶及奶制品中分离到13株单增李斯特菌，分离株对磷霉素的耐药率为100%，对苯唑西林、青霉素和红霉素的耐药率分别为92%、84%和69%，其中11株是多重耐药菌株。与其他国家相比，分离自日本的分离株多重耐药率较低，但也呈现上升的趋势。日本学者Maung等（2019）对比2012年与2017年单增李斯特菌的耐药情况，发现分离株对头孢西丁、磷霉素、苯唑西林、利奈唑胺和克林霉素的耐药率呈上升趋势，多重耐药菌株从2012年的46.7%（35/75）增长到2017年的82.6%（19/23）。其他国家分离株对四环素耐药率较高，日本因较少使用四环素，2012年与2017年分离株均对四环素菌保持敏感。由于青霉素类是韩国畜牧场2009~2018年使用最多的抗菌药物，韩国屠宰场环境中超过93.3%的单增李斯特菌对青霉素具有耐药性。

4. 其他地区

由于地理位置不同及人医临床与兽医临床药物的使用差异，不同国家单增李斯特菌耐药情况不尽相同。Agostinho等（2021）研究发现巴西分离株对氨苄青霉素和氯霉素敏感，这可能与巴西自2003年以来禁止养殖业使用氯霉素有关；此外，该批分离株对环丙沙星（42.8%）、红霉素（35.7%）和庆大霉素（35.7%）耐药率较高。Camargo等（2015）从巴西各州的肉类加工环境、牛肉产品和临床病例中分离到单增李斯特菌，分离株对克林霉素（88.3%）和苯唑西林（73.7%）具有耐药性。

与其他国家相比，分离自非洲的单增李斯特菌耐药情况较为严重，分离株对氨基糖苷类和四环素类等抗菌药物的耐药率较高。Elsayed等（2022）从埃及三个农场的动物、环境和挤奶设备中分离了137株单增李斯特菌，药物敏感性试验表明，动物样本中分离株对阿莫西林（94.2%，80/84）和氯唑西林（92.9%，78/84）耐药率较高（表2-51），环境样本中分离株对头孢噻肟耐药率为86.95%（20/23），所有菌株均具有多重耐药表型。Kayode和Okoh（2022）发表的一项东开普省研究从奶及奶制品分离到单增李斯特菌，药物敏感性试验结果显示，分离株对磺胺甲噁唑（71.4%）、甲氧苄啶（52.9%）、红霉素（42.9%）、头孢替坦（42.9%）和土霉素（42.9%）耐药率较高。Ishola等（2016）调查发现尼日利亚鸡源分离株对大多数常用抗菌药物耐药率较高，对氨苄西林、氯唑西林和头孢呋辛的耐药率均为100%，对阿莫西林/克拉维酸的耐药率较低（13.9%）。

表2-51 2016~2022年其他地区单增李斯特菌耐药率统计 （%）

年份	地区	来源	四环素	青霉素	阿莫西林	红霉素	庆大霉素	万古霉素	链霉素	多重耐药率	参考文献
2006	墨西哥	鱼类海水	6.4	22.5	—	12.1	2.3	—	—	6.0	(Kayode and Okoh, 2022; Rodas-Suarez et al., 2006)
	东开普省	奶及奶制品	—	9.5	23.8	42.9	23.8	42.9	—	38.1	
2016	尼日利亚	鸡	—	—	13.9	83.3	72.2	—	75.0	—	(Ishola et al., 2016)
2021	巴西	鸡	14.3	—	—	35.7	35.7	—	—	—	(Agostinho et al., 2021)
2022	埃及	牛环境	53.3	100.0	94.2	82.5	53.3	0.0	50.4	100.0	(Elsayed et al., 2022)

注："—"表示无数据。

5. 中国

自 2000 年开始，我国的食品污染监测工作就将单增李斯特菌纳入其中，大量的调查研究表明，在我国多个城市多种食品中均能检出单增李斯特菌，表明单增李斯特菌是危害我国人群健康的潜在病原菌。中国多地监测结果表明，食品中的单增李斯特菌污染与食品类别密切相关，其中肉与肉制品中检出率较高，应成为重点监测食品之一（王丽等，2022）。在我国同样存在单增李斯特菌耐药问题，不同地区来源的单增李斯特菌的耐药情况差异明显。

临床治疗李斯特菌病的首选药是青霉素或氨苄西林（van de Beek et al.，2016），与氨基糖苷类药物庆大霉素联合使用可降低复发概率（Shimbo et al.，2018），复方新诺明、红霉素与万古霉素或庆大霉素联合使用也有治疗作用。单增李斯特菌胞膜存在多种青霉素结合蛋白，但无头孢类药物结合位点，从而表现为对头孢类药物天然耐药（Pagliano et al.，2017）。

单增李斯特菌具有耐药性的抗菌药物以四环素类为主，近年来单增李斯特菌分离株对环丙沙星、红霉素等二线药物以及一线治疗药物的耐药问题逐渐出现，为临床感染病例治疗带来一定困难。2013～2021 年我国单增李斯特菌耐药情况见表 2-52。国内研究最早可追溯到 2000 年。2000～2004 年，金建潮等（2005）在福建随机抽取 6 类 410 份样品，检出 14 株单增李斯特菌，药敏试验结果表明分离株对复方新诺明、红霉素、万古霉素、青霉素具有耐药性。2005～2007 年，Yan 等（2010）调查北方 9 个城市的单增李斯特菌耐药情况表明，分离株对环丙沙星、四环素、链霉素的耐药率为 12%～18%。张淑红等（2014）对 2005～2013 年河北即食食品中单增李斯特菌的耐药情况进行调查，发现耐药率逐年增长，136 株菌对氯霉素耐药情况最为严重，其次为四环素和复方新诺明，氯霉素、左氧氟沙星及环丙沙星的 MIC 值呈逐年增加趋势。2012～2015 年，霍哲等（2017）在北京分离了 50 株食源性和人源性单增李斯特菌，药物敏感性试验结果表明，分离株对二线药物红霉素、环丙沙星的耐药率逐年上升。在食品生产过程中，耐药基因可能在特定菌株之间传递整合，导致多重耐药菌株的出现及传播。2016～2020 年，刘洋等（2022）在江西采集的熟肉制品中分离出 32 株单增李斯特菌，耐药研究结果显示分离株对苯唑西林（93.75%）与环丙沙星（68.75%）耐药率较高，且多重耐药菌株比例较高（96.88%）。姚琳等（2017）从辽宁、河北、山东三省的贝类样品分离出 4 株单增李斯特菌，药敏试验结果表明，有 2 株菌同时对复方新诺明和四环素具有耐药性，有 1 株菌对复方新诺明和氧氟沙星具有耐药性。2018 年，涂闻君等（2022）从重庆部分超市鸡肉中分离的 24 株单增李斯特菌对一线药物氨苄西林和青霉素具有耐药性，多重耐药率为 29.2%，而且发现 1 株对 11 种抗菌药物耐药的超级耐药菌。2020～2021 年，张园园等（2022）从江苏南京生鲜猪肉中分离出 77 株单增李斯特菌，药物敏感性分析表明，多重耐药菌株比例为 19.5%，对苯唑西林、氨苄西林和头孢噻肟具有耐药性的菌株分别占 88.3%、59.7% 和 58.4%。氨苄西林是人医临床治疗李斯特菌感染的常用抗菌药物，耐氨苄西林的菌株比例逐年增高，大大增加了疾病的治愈难度。Wang 等（2006）认为虽然四环素极少用于治疗李斯特菌病，但由于其在养殖业的广泛应用，使耐药基因通过食物链传递给病原菌，造成单增李斯特菌对四环素类的耐药情况日趋严重。

表 2-52 2013～2021 年中国部分地区单增李斯特菌耐药率 （%）

年份	地区	苯唑西林	氨苄西林	青霉素	红霉素	万古霉素	氯霉素	链霉素	四环素	参考文献
2020～2021	江苏	88.3	59.7	1.3	5.2	0	2.6	5.2	2.6	（张园园等，2022）
2019～2021	河南	—	0	0	—	—	—	—	0	（王丽等，2022）
	上海	20.0	0	2.9	8.8	—	0	—	11.4	（陈培超等，2022）
2016～2020	江西	93.8	0	0	3.1	0	3.1	3.1	3.1	（刘洋等，2022）
2015～2020	吉林	—	0	0.6	2.5	—	—	—	16.6	（柴瑞宇，2022）
2017～2019	上海	—	2.5	2.5	1.2	—	3.7	—	16.1	（王筱等，2021）
2013～2019	新疆	100	100	100	0	0	—	—	11.1	（康立超等，2021）
2018	重庆	96.0	12.5	8.3	4.2	4.2	4.2	4.2	4.2	（涂闻君等，2022）
	上海	—	5.3	—	—	—	2.6	0	15.8	（涂春田等，2021）
2016～2018	北京	—	4.9	4.9	4.9	—	—	—	—	（郝民等，2022）
2013～2016	山东	—	0	0	2.1	0	—	—	7.9	（侯配斌等，2020）

注："—"表示无数据。

6. 小结

整体来看，单增李斯特菌对四环素耐药普遍存在，由于细菌对青霉素类药物具有交叉耐药性，耐青霉素、氨苄西林的单增李斯特菌流行率偏高，近年来也发现李斯特菌对复方新诺明、红霉素、庆大霉素具有耐药性，耐美罗培南和万古霉素的菌株鲜有报道。虽然各地区单增李斯特菌的耐药情况有差异，但其对临床治疗药物的耐药率及多重耐药率呈逐年升高的趋势，耐治疗药物菌株的出现会降低临床治疗的效果，因此在人医、兽医、养殖等各个环节需要加强监测和管理力度，合理使用抗菌药物。

（五）致病性大肠杆菌

大肠杆菌按其遗传组成和相关临床症状分为三个群：共生群、致泻群和肠外群（Russo and Johnson，2020）。其中，共生大肠杆菌存在于哺乳动物结肠黏膜层，与宿主保持共生关系，只有在宿主免疫系统受损或正常胃肠屏障遭到破坏的情况下才可能引发疾病。致病大肠杆菌分为肠道致病性大肠杆菌（intestinal pathogenic *Escherichia coli*，IPEC）和肠道外致病性大肠杆菌（extraintestinal pathogenic *Escherichia coli*，ExPEC）。感染致病大肠杆菌通常会导致三种常见临床症状：腹泻、尿路感染、脓毒症或脑膜炎（Kaper et al.，2004）。

肠道致病性大肠杆菌是由共生大肠杆菌通过基因水平转移获得的一组毒力决定因子进化而来的，多为机会致病菌，可以导致腹泻，又被称为致泻性大肠杆菌（diarrheagenic *Escherichia coli*，DEC）。该类大肠杆菌在婴儿及免疫力低下人群中发病率、死亡率均较高，在发展中国家引发了严重的公共卫生问题（Javadi et al.，2020）。根据血清类别、毒力因子以及导致的症状可将其分为 6 种，即肠源性大肠杆菌（enteropathogenic *E. coli*，EPEC）、肠出血性大肠杆菌（enterohaemorrhagic *E. coli*，EHEC）、产肠毒素大肠杆菌

（enterotoxigenic *E. coli*，ETEC）、肠聚集性大肠杆菌（enteroaggregative *E. coli*，EAEC）、侵袭性大肠杆菌（enteroinvasive *E. coli*，EIEC）和弥漫性黏附性大肠杆菌（diffusely adherent *E. coli*，DAEC）。其中，肠出血性大肠杆菌以 O157:H7 血清型为代表菌株，是全球报道最多、引起疾病最严重的致病性大肠杆菌。本章主要对此类菌株耐药情况进行整理。

在人医临床中，致病性大肠杆菌引发的轻症主要靠调整肠道菌群治疗，重症患者在临床上首选喹诺酮类药物，如诺氟沙星、司氟沙星（司帕沙星）或小檗碱，同时使用甲氧苄啶（TMP），或口服庆大霉素或肌注妥布霉素等抗菌药物。虽然临床观察显示口服多黏菌素 B 及多黏菌素 E 的效果最佳，但由于毒性问题并不常用。此外，国外对于 DAEC 等食源性致病菌引发的旅行者腹泻，常用氨苄西林、复方新诺明、多西环素和喹诺酮类药物进行治疗（Jenkins，2018）。

1. 国外

近年来，国外致泻性大肠杆菌耐药率呈上升趋势（表 2-53）。美国 2009～2016 年入院就诊者分离出的 EIEC 药敏试验显示感染率不断上升，以及 EIEC 对超广谱头孢类药物耐药性的增加（Begier et al.，2021）；Rubab 和 Oh（2020）对美国 2020 年分离的 40 余株产志贺毒素大肠杆菌（Shiga toxin-producing *E. coli*，STEC）的药敏试验显示所有菌株对甲氧西林、青霉素、红霉素、万古霉素耐药，且 98%菌株对庆大霉素耐药；1993～1996 年从英国胃肠炎或感染性肠道疾病患者中分离的 160 株 EAEC 中，超过 50%对 8 种抗菌药物中的一种或多种具有耐药性，19%菌株有 4 种及以上抗菌药物具有耐药性（Chattaway et al.，2013）。值得注意的是，与其他食源性 DEC 相比，世界各地研究结果显示 EAEC 对抗菌药物的耐药性发生较高，Jenkins（2018）认为这可能与 EAEC 获得和维持 AMR 编码质粒的先天倾向差异或抗菌药物选择压力有关。

表 2-53　国外食源性致泻性大肠杆菌耐药率　（%）

年份	地区	种类	青霉素类	头孢类	喹诺酮类	氨基糖苷类	四环素类	磺胺类	参考文献
2018～2019	伊朗	DAEC	71.4～100	50～78.6	35.7～50	14.3	—	78.6	（Javadi et al.，2020）
2009～2016	美国	EIEC	—	5.46～12.97	26.85～30.00	—	—	—	（Begier et al.，2021）
2010～2022	亚洲	DEC	8.4～80.9	17.6～80.2	30.7～58.2	10.9～48.7	40.1～54.7	50.0	（Salleh et al.，2022）
2020	美国	STEC	72.54～100	—	1.96～33.33	76.47～98.03	13.72～43.13	—	（Rubab and Oh，2020）

注："—"表示无数据。

在亚洲，Javadi 等（2020）研究表明伊朗南部某医院 2018～2019 年在 66.9%腹泻患者的粪便中检出 DAEC，均呈氨苄西林耐药，92.8%菌株对亚胺培南敏感。Salleh 等（2022）对亚洲地区 2010～2022 年发表的 DEC 耐药性研究的整理显示，亚洲腹泻患者 DEC 感染率为 22.8%，青霉素类抗菌药物耐药率最高，氟喹诺酮类药物萘啶酸的平均耐药率达到 58.2%，碳青霉烯类药物的耐药率最低，多重耐药率达到 66.3%。

产志贺毒素 O157:H7 大肠杆菌在世界范围内具有广泛的多重耐药性，在 20 世纪就已经在多个国家的牲畜、食品、人群中发现对 β-内酰胺类、氨基糖苷类、碳青霉烯类、头孢类、红霉素和酚类药物耐药的情况（卢丽英和詹丽杏，2021）。对国外 O157:H7 大肠杆菌的耐药情况统计见表 2-54。Solomakos 等（2009）调查显示，2002～2005 年希腊的牛乳源 O157:H7 大肠杆菌对青霉素类、头孢类、氨基糖苷类药物高度耐药，对青霉素类、氨基糖苷类药物耐药率超过 95%。Srinivasan 等（2007）发现从美国奶牛场的工作人员、生鲜乳和肉制品中检出的菌株具有多重耐药性，主要对氨曲南、氨苄西林、头孢噻吩、西诺沙星、萘啶酸、磷霉素、环丙沙星、庆大霉素、四环素耐药。在非洲地区，Gambushe 等（2022）发表的一篇产志贺毒素 O157:H7 大肠杆菌的研究综述阐述了在埃及、南非及尼日利亚从动物或腹泻患者中分离到耐多药 O157:H7 大肠杆菌，且出现对非治疗 O157:H7 的抗菌药物耐药的情况。非洲地区食源性 O157:H7 主要来源于牛肉、牛奶生鲜乳及牛乳制品，普遍对青霉素类、氨基糖苷类、四环素类药物有较高的耐药性（Dejene et al.，2022；Gugsa et al.，2022；Haile et al.，2022；Fayemi et al.，2021；Ayodele et al.，2020；Disassa et al.，2017；Ahmed and Shimamoto，2015），不同地区牛场中 O157:H7 大肠杆菌耐药性存在差异。在埃塞俄比亚某地区牛奶生鲜乳中分离的 O157:H7 大肠杆菌对青霉素类、头孢类药物耐药率达到 100%，对磺胺类药物的耐药率低于其他地区（Disassa et al.，2017）。Loiko 等（2016）对 2010～2012 年巴西牛胴体中分离的 O157:H7 大肠杆菌进行药敏试验，结果显示分离株对克林霉素具有 100% 的耐药性，对萘啶酸耐药率超过 20%，对其他抗菌药物耐药水平低于 20%，对环丙沙星、阿米卡星、庆大霉素、亚胺培南等药物敏感，多重耐药率超过 30%。

表 2-54　国外食源性 O157:H7 大肠杆菌耐药率　　　　　　　　　　（%）

年份	地区	来源	青霉素类	头孢类	喹诺酮类	氨基糖苷类	四环素类	磺胺类	参考文献
2002～2005	希腊	牛羊生鲜乳	75.86～100	24.14～79.31	—	10.34～96.55	6.90	51.72	（Solomakos et al.，2009）
2007	美国	牛源食品	21.7～93	1.6～96.9	3.9～87.6	3.1～37.2	3.1	62	（Srinivasan et al.，2007）
2010	埃及	动物源性食品	90.3	—	—	87.1～96.8	80.6	—	（Ahmed and Shimamoto，2015）
2014～2015	埃塞俄比亚	牛源食品	91.7～95.8	—	—	—	41.7～50.0	20.8	（Disassa et al.，2017）
2014～2015	埃塞俄比亚	牛奶生鲜乳	—	54.5	54.5	36.4～81.8	81.8	27.3	（Disassa et al.，2017）
2019	尼日利亚	牛肉	80.6	—	25.0～33.3	72.2	83.3	—	（Fayemi et al.，2021）
未知	埃塞俄比亚	牛奶生鲜乳	100	100	0	25.93～70.37	37.04～59.26	14.81	（Dejene et al.，2022）
未知	尼日利亚	肉/鱼	12.5～37.5	12.5	0～25.0	25.0	—	—	（Ayodele et al.，2020）
未知	埃塞俄比亚	牛肉	21.4～92.8	0～7.14	0	0～14.2	50.0	7.14	（Haile et al.，2022）

注："—"表示无数据。

2. 国内

我国部分地区食源性致泻性大肠杆菌耐药情况见表 2-55。从我国食源性致泻性大肠杆菌的耐药数据分析可以发现，不同地区 DEC 耐药率有一定区别。总体来说，对临床常用抗菌药物均有不同程度耐药，耐药率相对较高的包括青霉素类药物中的氨苄西林（最高达 71.63%）、氟喹诺酮类药物中的萘啶酸（最高达 84.62%）、一代头孢类药物头孢唑林（最高达 57.60%）、四环素（最高达 92.3%）、磺胺类药物（最高达 88.46%）；多重耐药情况较严重，部分有报道的省份分离的 DEC 多重耐药率超过 50%；部分省份的 DEC 对于头孢类药物及喹诺酮类药物的耐药率呈逐年递增趋势，为重症 DEC 的临床治疗带来了困难。

表 2-55　中国部分地区食源性致泻性大肠杆菌耐药率　　　　　　　（%）

年份	地区	青霉素类	头孢类	氟喹诺酮类	氨基糖苷类	四环素类	磺胺类	多重耐药率	参考文献
2011～2015	深圳	4.2～40.0	4.2～13.7	4.2～69.5	1.1～18.9	34.7	27.4～28.4	—	（白江涛等，2017）
2015～2019	安徽	23.2～71.6	7.7～41.3	14.2～57.1	25.7	54.4	48.5	45.8	（李春等，2020）
2016～2021	北京	22.1～67.2	1.5～44.6	63.1	10.8	44.1	44.1	54.4	（白婧等，2022）
2016	吉林	53.9～61.5	11.5～57.6	42.3～84.6	30.8	92.3	88.5	—	（石奔等，2020）
2017	江苏	26.9～100.0	0～66.7	2.5～67.9	5.6～35.0	22.8～66.7	14.8～66.7	—	（震唐等，2018）
2017～2019	新疆	0～72.2	20.6～37.3	27.0	27.0	26.2	23.8	—	（张裕祥等，2020）

注："—"表示无数据。

我国食源性产志贺毒素 O157:H7 大肠杆菌的相关研究相对较少，但现有研究显示 O157:H7 大肠杆菌的耐药情况严重。白莉等（2014）对 2005～2010 年全国各类生肉来源的 O157:H7 大肠杆菌进行药敏试验，结果显示猪肉、禽肉来源的菌株耐药水平普遍高于羊肉、牛肉来源的菌株，各类来源的菌株对青霉素类、喹诺酮类、四环素、磺胺类药物耐药水平相对较高，猪肉来源菌株对这四种药物耐药率超过 50%，禽肉来源菌株超过 40%。2012～2016 年，Zhang 等（2022）发现中国 13 个省各类肉中分离的 O157:H7 大肠杆菌对各类抗菌药物耐药水平上升，对青霉素类、头孢类、四环素类、磺胺类药物耐药率均超过 80%，对磺胺类药物及氨苄西林耐药率达到 100%，对喹诺酮类药物最高耐药率也达到 88.57%。钟巧贤等（2021）调查发现广州 2018～2019 年分离的猪肉源 O157:H7 菌株对阿莫西林、氨苄西林、青霉素、氯霉素、恩诺沙星耐药率均为 100%，对头孢哌酮耐药率较低（5.26%），对其余常用抗菌药物耐药率为 31.58%～84.21%，多重耐药率达到 100%。

对 2005～2010 年及 2012～2016 年分离的食源性 O157:H7 大肠杆菌耐药数据进行对比，可观察到明显的耐药水平上升趋势（表 2-56）。

表 2-56　国内食源性 O157:H7 大肠杆菌耐药率　　　　　　　（%）

年份	地区	来源	青霉素类	头孢类	喹诺酮类	氨基糖苷类	四环素类	磺胺类	参考文献
2005~2010	中国	羊肉	16.7	0	19.0	2.4~7.1	28.6	19.0~21.4	（白莉等，2014）
		猪肉	50.0	4.5	63.6	0~9.1	63.6	50.0~54.5	
		牛肉	11.1	0	11.1	0	11.1	11.1~16.7	
		禽肉	50.0	0~10.0	50.0	0~20.0	40.0	40.0	
2006	吉林	肉	0~40.0	0~15.0	35.0	0~35.0	60.0	100	（Li et al.，2011）
2012~2016	中国	肉	94.3~100	82.9	54.3~88.6	11.4~45.7	91.4	100	（Zhang et al.，2022）
2018~2019	广州	猪肉	100	5.3~79.0	100	31.6~68.4	42.1	73.7	（钟巧贤等，2021）

3. 小结

近年来国内外的食源性致病性大肠杆菌对常用抗菌药物普遍存在较高的耐药率，对青霉素类、一代头孢类药物、氟喹诺酮类药物萘啶酸、磺胺类药物耐药率普遍高于其他药物，部分地区食源性致病性大肠杆菌的青霉素类药物耐药率高达 100%，且对于上述药物存在耐药率逐年递增的趋势。世界各地食源性 O157:H7 大肠杆菌耐药性有地区差异，国外研究多以牛肉、牛奶生鲜乳和牛乳制品为样本来源。总体来说，分离株对青霉素类、氨基糖苷类和四环素类药物耐药水平高，部分国家和地区的分离株对青霉素类药物耐药率可超过 90%，对氨基糖苷类、四环素类部分药物耐药率超过 80%。国内食源性 O157:H7 来源相对更加广泛，包括猪肉、牛羊肉、禽肉等，猪肉、禽肉源分离株对各类常用药物耐药率显著高于牛羊肉源，对青霉素类、喹诺酮类、四环素类、磺胺类药物耐药水平高于其他类抗菌药物，存在耐药水平上升趋势。此外，多重耐药致病性大肠杆菌在世界范围内普遍存在，为世界范围内致病性大肠杆菌的治疗带来了困难。

（六）副溶血性弧菌

副溶血性弧菌（*Vibrio parahaemolyticus*）是一种嗜盐的革兰氏阴性菌，主要分布于海洋环境中，亦可在海鲜与即食食品中存活（Xie et al.，2020）。副溶血性弧菌可感染诸多水产品，给水产养殖业造成巨大的经济损失（孙明玉，2018），同时该菌还是导致包括中国在内的众多沿海国家和地区食源性疾病的主要病原菌之一（Elmahdi et al.，2016；Xu et al.，2016）。人们因食用未煮熟的水产品或直接经由暴露的伤口可感染副溶血性弧菌，轻者引起胃肠炎，出现腹痛、呕吐和发烧等症状，重者可导致败血症甚至引起死亡（Heilpern and Borg，2006）。对于副溶血性弧菌病的治疗，轻症病患不需要药物干预，仅进行补液、止泻等支持疗法及对症疗法即可，重症病例则需选用合适的抗菌药物进行治疗。通常认为副溶血性弧菌对临床大多数抗菌药物保持良好的敏感性（Wang et al.，2017a；Pazhani et al.，2014），但近期研究显示其耐药性有所增加。目前国内外关于副溶血性弧菌的临床用药数据较少，多数情况下仍然使用弧菌属共用的推荐抗菌药物进行治疗，包括四环素类（强力霉素、四环素）、氟喹诺酮类（环丙沙星、左氧氟沙星）、第三代头孢类（头孢噻肟、头孢他啶、头孢曲松）和磺胺类（复方新诺明）等药物（Daniels and Shafaie，2000）。

副溶血性弧菌导致的食源性疾病具有显著的地域性、季节性等特点，即在沿海地区及夏秋高温季节多发（Martinez-Urtaza et al.，2010）。然而，随着生鲜运输产业的快速发展及全球气候变暖等因素，副溶血性弧菌疾病的风险区域和季节亦在逐步地扩大（Lopatek et al.，2018）。更令人担忧的是，在过去的几十年间，快速发展的集约化水产养殖模式过度地使用抗菌药物，导致副溶血性弧菌对许多治疗推荐药物如四环素类和喹诺酮类药物开始具有耐药性，并在全球范围内不断扩散，对公共卫生安全及水产养殖业的发展造成了严峻的威胁。因此，副溶血性弧菌及其耐药性问题应得到更为广泛的关注。

1. 国外

近些年来，气候变暖和人们对海鲜消费的增加促进了副溶血性弧菌临床病例的增长。伴随着公共卫生安全意识的提升及全球对抗菌药物耐药性的空前重视，世界各国和地区对副溶血性弧菌的耐药性监测工作亦逐渐跟上脚步。

Lopatek 等（2018）在 2009~2015 年于波兰一家海鲜市场购买了 595 份来自欧洲10 个不同国家的贝类及海鱼样本，从中分离到 104 株副溶血性弧菌，药敏结果显示 75%及 68.3%的菌株分别对氨苄西林和链霉素具有耐药性，强调了海鲜中副溶血性弧菌的高污染率和高耐药率（表 2-57）。Shaw 等（2014）首次对美国切萨皮克湾海水样品中的副溶血性弧菌耐药性进行研究，结果发现 68%的分离菌株对青霉素具有耐药性，96%的菌株对氯霉素具有耐药性。Ottaviani 等（2013）分析了欧洲贝类样品，以及欧洲、日本临床样本中的副溶血性弧菌分离株，发现所有菌株均对氨苄西林和青霉素具有耐药性，对四环素（11.2%）、土霉素（8.4%）和磺胺甲噁唑/甲氧苄啶（3.7%）耐药率较低，并且62%的菌株具有多重耐药表型。de Melo 等（2011）调查了 2005~2007 年巴西水产品市场中副溶血性弧菌耐药情况，发现所分离的菌株对氨苄西林和阿米卡星的耐药率分别为90%和 60%，具有多重耐药表型菌株占比高达 50%。Parthasarathy 等（2021）发表的一项对印度沿海地区水产品中副溶血性弧菌的耐药性研究结果显示，分离株对头孢泊肟酯的耐药率最高（100%），其次为氨苄西林（90%）、头孢噻肟（90%）、四环素（50%）、环丙沙星（10%）和萘啶酸（10%），环丙沙星耐药菌株的出现应当引起足够的重视，因为环丙沙星通常作为副溶血性弧菌临床治疗的一线药物。无独有偶，在马来西亚，Dewi等（2022）的一项研究除了报道副溶血性弧菌对氨苄西林和链霉素具有耐药性之外，还指出了少数菌株对环丙沙星和红霉素具有耐药性。Vu 等（2022）在 2020 年对越南河内零售海鲜市场的水产品进行采样，副溶血性弧菌的检出率为 58.33%，85.71%的分离株对至少一种抗菌药物具有耐药性；其中，对氨苄西林耐药率达到 81.43%，其次为头孢噻肟和头孢他啶（均为 11.43%）、磺胺甲噁唑/甲氧苄啶（8.57%）和四环素（2.86%），类似的耐药情况在韩国和日本等诸多国家和地区均可见相关报道（Nishino et al.，2021；Ryu et al.，2019；Ottaviani et al.，2013）。Elmahdi 等（2016）分析了美国、意大利、中国、澳大利亚等国家副溶血性弧菌的耐药情况，发现环境分离株和临床样品分离株表现出相似的耐药谱，且各个国家分离株都对氨苄西林、青霉素和四环素具有耐药性。然而，Mok 等（2021）于 2018 年对韩国主要水产养殖场进行副溶血性弧菌的耐药情况调查发现，副溶血性弧菌对多黏菌素的耐药率较高。多黏菌素作为治疗多重耐药革兰氏阴性菌的最后一道防线，具有极其重要的公共卫生意义，耐多黏菌素副溶血性弧菌在水产品中的出现无疑会给副溶血性弧菌的治疗带来巨大挑战，应当引起各国政府部门和卫生机构的广泛关注。除此之外，马来西亚的另一项研究从水产品中分离出了 19 株质粒介导的亚胺培南耐药副溶血性弧菌菌株，其中 70% 分离株对多种药物具有耐药性（Lee et al.，2018）。与耐多黏菌素副溶血性弧菌相似，多重耐药及耐碳青霉烯类抗菌药物的副溶血性弧菌对公共卫生安全提出了严峻的挑战，可能导致未来临床治疗副溶血性弧菌及其他病原菌感染的失败。

表 2-57 国外部分地区副溶血性弧菌的耐药率 （%）

年份	地区	来源	β-内酰胺类	氨基糖苷类	四环素类	磺胺类	喹诺酮类	参考文献
1979～1996 2007～2011	意大利	水产品、临床样本	AMP（100）、PG（100）		TET*（11.2）	SXT*（3.7）		（Ottaviani et al.，2013）
2005～2007	巴西	水产品	AMP（90）	AMK（60）	TET*（40）	SXT*（10）	CIP*（90）	（de Melo et al.，2011）
2009～2012	波兰	水产品	AMP（87.5）	SM（70.3）、GEN（10.9）	—	TMPa（22.8）TMPb（42.6）	—	（Lopatek et al.，2015）
2014～2015	印度	水产品	AMP（90）		TET（50）		CIP（10）	（Parthasarathy et al.，2021）
2016	韩国	水产品 a、环境水样 b	AMPa（80.3）AMPb（80.3）CFZa（63）CFZb（78.7）	SMa（58.5）SMb（78.7）	—	TMPa（22.8）TMPb（42.6）	—	（Ryu et al.，2019）
2019	马来西亚	水产品 a、环境水样 b	AMPa（96.5）AMPb（100）	SMa（95.1）、SMb（88.9）	—			（Dewi et al.，2022）
2020	越南	水产品	AMP（81.4）、CTX（11.4）	—	TET（2.9）	SXT（8.6）	—	（Vu et al.，2022）

注：AMP，氨苄西林；PG，青霉素；CFZ，头孢唑林；CTX，头孢噻肟；AMK，阿米卡星；SM，链霉素；GEN，庆大霉素；TET，四环素；SXT，磺胺甲噁唑/甲氧苄啶；TMP，甲氧苄啶；CIP，环丙沙星。
a 代表水产品来源；b 代表环境水样来源；"—"代表无相关数据；"*"代表中介耐药。

综上所述，副溶血性弧菌在世界范围内广泛流行，尤其是沿海国家和地区，水产品、环境水样和临床粪便样本是主要的来源。该菌分离株的耐药率普遍较高，耐药情况严重且多为广谱耐药，最为普遍的耐药谱是 β-内酰胺类（氨苄西林）及氨基糖苷类药物（链霉素），这与二者的广泛应用有密切关系。同时，副溶血性弧菌对四环素类（四环素）、磺胺类（复方新诺明）及喹诺酮类（环丙沙星）等推荐治疗药物逐渐具有耐药性（Daniels and Shafaie，2000）。更令人担忧的是，多重耐药及耐多黏菌素和碳青霉烯类药物（亚胺培南）的副溶血性弧菌的出现与传播俨然将成为严峻的公共卫生问题，应当引起足够的重视。

2. 国内

近年来，副溶血性弧菌逐渐成为我国食源性细菌中毒的主要病原菌之一（陈艳等，2010；Wu et al.，2014b）。我国多个省份陆续开展了对副溶血性弧菌耐药性的调查与监测工作，发现副溶血性弧菌的耐药情况日益严重。Jiang 等（2019b）从黄海及渤海的水产品中分离到 90 株副溶血性弧菌，耐药性分析结果显示大多数菌株对氨苄西林（95.6%，86/90）和头孢唑林（83.3%，75/90）具有耐药性，部分菌株对阿米卡星（30%，27/90）、头孢呋辛钠（20%，18/90）、四环素（17.8%，16/90）、磺胺甲噁唑/甲氧苄啶（17.8%，16/90）和链霉素（14.4%，13/90）具有耐药性（表 2-58）；此外，有 40 株（44.4%）对至少 3 类抗菌药物具有多重耐药性。Xu 等（2016）对我国华北地区水产品中的副溶血性弧菌的流行情况进行调查发现，夏季副溶血性弧菌的检出率（50.0%）显著高于冬季（22.7%）；菌株药敏结果显示分离株对链霉素耐药率最高（86.2%），其次为氨苄西林（49.6%）、头孢唑林（43.5%）、头孢噻吩（35.9%）和卡那霉素（22.1%），此外还有少量菌株对环丙沙星、庆大霉素、萘啶酸和四环素耐药。Zhou 等（2022）对南京零售水产品中的副溶血性弧菌进行耐药性调查，发现分离株的耐药模式主要为氨苄西林（100%）、头孢菌素（99.2%）、复方新诺明（38.2%）和四环素（16.0%），多重耐药率同样令人担忧，高达 46.6%。

表 2-58　国内部分地区副溶血性弧菌的耐药率　　　　　　　　　　　　（%）

年份	地区	来源	β-内酰胺类	氨基糖苷类	四环素类	磺胺类	喹诺酮类	参考文献
2009～2016	渤海、黄海	水产品	AMP（95.6）、CFZ（83.3）	AMK（30）、SM（14.4）	TET（17.8）	SMX（17.18）	—	（Jiang et al.，2019b）
2012～2013	华北	水产品	AMP（49.6）、CFZ（43.5）	SM（86.2）、KAN（22.1）	—	SMX（11.7）	CIP（2.1）	（Xu et al.，2016）
2014～2015	中国[a]	食品	AMP（82.21）	GEN（19.63）	TET（14.11）	—	CIP（4.91）	（Lei et al.，2020）
—	上海	水产品	PG（100）、AMP（82.98）	KAN（91.49）	—	SMX（34.04）	CIP（44.68）	（卢奕等，2016）
2017～2019	广州	即食食品	AMP（58.42）	SM（91.09）、KAN（50.50）	TET（3.96）	—	CIP（4.95）	（Xie et al.，2020）
2021	南京	水产品	AMP（100）	—	TET（16）	SMX（38.2）	—	（Zhou et al.，2022）

注：AMP，氨苄西林；PG，青霉素；CFZ，头孢唑林；KAN，卡那霉素；AMK，阿米卡星；SM，链霉素；GEN，庆大霉素；TET，四环素；SXT，磺胺甲噁唑/甲氧苄啶；CIP，环丙沙星。

"—"表示无相关数据；a 代表 12 座城市：沈阳、乌鲁木齐、呼和浩特、西宁、银川、石家庄、郑州、南京、杭州、贵阳、长沙及澳门。

卢奕等（2016）对上海市售水产品（虾）中副溶血性弧菌的耐药性分析显示，100%菌株对青霉素具有耐药性，90%以上的分离株对新霉素和卡那霉素具有耐药性，85%的菌株对多黏菌素耐药，45%的菌株对喹诺酮类耐药。Lei 等（2020）从我国不同地区 12 个城市的 784 个食品源样品中分离到 163 株副溶血性弧菌，耐药性检测显示，82.21%的分离株对氨苄西林耐药，19.63%对庆大霉素耐药，14.11%对四环素耐药；对环丙沙星、左氧氟沙星和氯霉素的耐药率较低，分别为 4.91%、4.91%和 4.29%。Han 等（2021）于 2016～2020 年收集了全国 6 个省的腹泻患者粪便样品，分离到 2871 株副溶血性弧菌，其中 2731 株（95.1%）对所检测的 12 种抗菌药物中的至少一种具有耐药性，2711 株（94.4%）及 861 株（37.0%）副溶血性弧菌分别对头孢唑林和氨苄西林具有耐药性，还有少量菌株对庆大霉素、氯霉素、环丙沙星、复方新诺明及亚胺培南等药物具有耐药性；在 2871 株副溶血性弧菌中，94 株（3.3%）为多重耐药菌，共有 47 种耐药谱。

综上可知，近些年我国副溶血性弧菌的耐药性问题趋于严重。与其他国家和地区的耐药情况相似，我国副溶血性弧菌对β-内酰胺类（氨苄西林、头孢类）和氨基糖苷类（链霉素）的耐药率较高，对四环素类与磺胺类（复方新诺明）耐药率次之，而对喹诺酮类（环丙沙星）和氯霉素类药物最为敏感。同时，我国分离出的部分菌株对有着"最后一道防线"之称的多黏菌素和碳青霉烯类药物具有耐药性，其中质粒介导的耐药性菌株的出现应当引起人们的广泛关注，因为携带耐药基因的质粒具有在不同宿主间进行传播的潜力。相较于国外一些国家和地区，我国的副溶血性弧菌亦存在一些不同的耐药模式，如对氯霉素、美罗培南和利福平等药物具有耐药性的菌株出现，可能与不同国家和地区常用抗菌药物及药敏试验所选择的抗菌药物存在一定的差异有关。

3. 小结

副溶血性弧菌作为水生环境的"原住民"，已逐渐成为中国及其他沿海国家和地区的食源性胃肠炎疾病的主要威胁。为预防和控制副溶血性弧菌病的传播，消费者应尽量少食未煮熟的水产品，并避免外伤时长时间接触水域环境。对于严重的副溶血性弧菌病感染，四环素类、氟喹诺酮类和头孢类等抗菌药物治疗通常是有效的。然而，近年来抗菌药物的滥用已导致副溶血性弧菌对多种抗菌药物具有耐药性。对我国及其他国家与地区的副溶血性弧菌的耐药性调查发现，大多分离株对氨苄西林、头孢类药物、链霉素具有耐药性，且多重耐药率较高；对四环素、环丙沙星和复方新诺明等推荐治疗药物亦具有了不可忽视的耐药性，可导致治疗失败。此外，质粒介导的多黏菌素与碳青霉烯类耐药的副溶血性弧菌的出现赋予了该菌重大的公共卫生意义。鉴于副溶血性弧菌严峻的耐药现状，在临床设计副溶血性弧菌病的给药方案时，需根据当地流行菌株的药敏试验结果，综合考虑药物的禁忌证及毒副作用，谨慎用药。

需要注意的是，目前国内外对于副溶血性弧菌耐药性监测的许多研究尚存在样本量小、覆盖地区少和监测持续时间短等问题，部分研究报道的耐药结果代表性不强，不具有可比性。为了更好地了解不同地区副溶血性弧菌的耐药模式，以便科学地指导临床和水产养殖生产实际用药，各国家和地区仍需持续加强对副溶血性弧菌的耐药性监测工作。此外，对于公共卫生意义重大的质粒介导的多黏菌素和碳青霉烯类耐药副溶血性弧菌，需要对其进行溯源和机制研究以阐明相关耐药性是如何产生、传播的，并积极采取合理的防治措施，尽量扼制此类菌株的进一步扩散。

三、畜禽源病原菌耐药性

目前，动物源细菌耐药性关注的重点是常见的共栖菌大肠杆菌与肠球菌，以及重要的食源性病原菌沙门菌、弯曲菌、金黄色葡萄球菌等；而对动物健康影响较大的病原菌反而受到的关注较少，如链球菌、副猪嗜血杆菌、产气荚膜梭菌、支原体等病原菌。这一类细菌一般多为苛养菌，需要特殊的培养基与培养环境（微需氧、厌氧等）。发病动物样本收集困难，且大部分监测机构的人员也不具备相应的理论知识、实验技能及经验。这些细菌在不同国家、不同地区甚至不同宿主动物中的流行和分布都有较大的差别，从而造成相关耐药性监测数据较少，为临床治疗带来巨大挑战。加强畜禽源病原菌耐药现状的监测对有效防治畜禽细菌性疾病非常重要。本部分主要阐述了对动物健康影响较大的 10 类细菌病原的耐药现状。

（一）链球菌

1. 猪链球菌

猪链球菌（*Streptococcus suis*）为兼性厌氧革兰氏阳性菌，是一种重要的人兽共患病原菌，可引起猪的脑膜炎、败血症、关节炎和心内膜炎等疾病，也可感染人类，导致脑膜炎及中毒性休克样综合征等，给养殖业和人类健康带来了巨大的危害。

猪链球菌存在多种血清型，但现有疫苗不能提供有效的交叉保护，因此抗菌药物仍然是目前预防和治疗猪链球菌感染的首选（Zhang et al.，2015；Varela et al.，2013）。目前常用的抗菌药物包括 β-内酰胺类（青霉素、阿莫西林/克拉维酸、头孢噻呋）、林可酰胺类（林可霉素、克林霉素）、大环内酯类（替米考星、泰乐菌素）、氨基糖苷类（链霉素、庆大霉素）、四环素类（四环素、多西环素）、酰胺醇类（氟苯尼考）、截短侧耳素类（沃尼妙林）等（Gurung et al.，2015；Zhang et al.，2008）。然而，随着抗菌药物的长期使用，猪链球菌的耐药性在逐年上升，抗菌药物的治疗效果不断降低，并且在过去几十年中，有关猪链球菌的耐药情况并未得到足够重视，文献报道相对较少，世界范围内缺少对该细菌耐药性的系统监测（Haenni et al.，2018）。本文根据现有的文献系统地回顾和分析了近年来世界各地猪链球菌的耐药现状，以期为猪链球菌耐药性的防控提供科学依据。

1）欧洲

1980 年，英国首次报道了耐青霉素的猪链球菌（Shneerson et al.，1980），之后耐青霉素的猪链球菌便在世界各地不断出现（Callens et al.，2013；Zhang et al.，2008），表 2-59 汇总了欧洲近 30 年来有关猪链球菌的耐药性数据及变化趋势。丹麦 Aarestrup

表 2-59　欧洲部分地区猪链球菌耐药率　　　　　　　　　（%）

年份	地区	四环素类	大环内酯类	喹诺酮类	磺胺类	青霉素类	参考文献
1987～1997	比利时、英国、法国、意大利、德国、西班牙、荷兰	75.1	55.3	0	6.0	0	（Wisselink et al.，2006）
1989～2002	丹麦	24.3	40.8	0	98.1	0	（Tian et al.，2004）
2002～2004	英国、西班牙、荷兰、瑞典、葡萄牙、波兰	48.0～92.0	29.1～75.0	—	3.0～51.5	0.9～13.0	（Hendriksen et al.，2008）
2009～2014	英国	90.9	47.6	1.0	12.0	0	（Hernandez-Garcia et al.，2017）
2010	比利时	95.0	66.0	0.3	—	1.0	（Callens et al.，2013）
2013～2015	荷兰	78.4	—	0.6	3.0	0.5	（van Hout et al.，2016）
2018～2019	瑞典	88.4	—	5.3	11.5	3.8	（Werinder et al.，2020）
2016～2020	奥地利	66.0	58.0	0.3	—	0.3	（Renzhammer et al.，2020a）
2019～2020	西班牙	93.2	84.5～86.4	46.6～61.2	34.9～94.2	2.9～26.2	（Petrocchi-Rilo et al.，2021）

注："—"表示无数据。

等（1998）通过对过去 15 年的猪链球菌分离株的药敏数据分析发现，猪链球菌对林可酰胺类和大环内酯类抗菌药物的耐药率上升了 20%，而在 1986 年就开始禁用抗菌药物的瑞典，药敏结果显示猪链球菌分离株对这两类抗菌药物的耐药率呈现下降趋势（Aarestrup et al.，1998）。Marie 等（2002）监测了法国 1996～2000 年猪源和人源猪链球菌的耐药情况，发现几乎所有菌株都对青霉素、阿莫西林、头孢噻呋、氟苯尼考、庆大霉素和杆菌肽敏感，仅少数菌株对链霉素和卡那霉素耐药。与此同时，分离自 1989～2002 年丹麦病猪的 103 株猪链球菌儿乎都对磺胺甲噁唑耐药，对红霉素（41%）、四环素（24%）和链霉素（28%）的耐药率较高，大多数分离株对头孢噻呋、氯霉素、氟苯尼考、青霉素、环丙沙星和甲氧苄啶敏感（Tian et al.，2004）。Wisselink 等（2006）报告了从 7 个欧洲国家的病猪中分离的不同血清型猪链球菌（来自于 1987～1997 年）的药物敏感性数据，结果显示，所有菌株对头孢噻呋、氟苯尼考、恩诺沙星和青霉素敏感，MIC_{90} 分别为 ≤0.03 μg/mL、0.5 μg/mL、2 μg/mL 和 ≤0.13 μg/mL，对庆大霉素（1.3%）、壮观霉素（3.6%）和磺胺甲噁唑/甲氧苄啶（6.0%）的耐药率较低，对四环素的耐药率（75.1%）较高。

欧洲的抗菌药物耐药监测项目，如 ARBAO-II（Hendriksen et al.，2008）和 VetPath（de Jong et al.，2014）相继公布了欧洲一些国家的猪链球菌耐药监测数据，ARBAO-II 监测了 2002～2004 年期间欧洲 6 个国家的猪链球菌耐药情况，2553 株猪链球菌的药敏结果显示，所有国家分离株对四环素（48.0%～92.0%）和红霉素（29.1%～75.0%）的耐药率均较高，而对环丙沙星和青霉素的耐药率在不同国家之间存在较大差异，如英国、法国和荷兰的分离株都对青霉素敏感，而波兰和葡萄牙分离株对环丙沙星的耐药率为 12.6%～79.0%（2004 年），对青霉素的耐药率为 8.1%～13.0%（2004 年）。除此之外，部分国家的猪链球菌分离株对甲氧苄啶的耐药率有所下降，法国分离株的耐药率从 2002 年的 22.4%（2002 年）下降到了 2004 年的 13.3%（2004 年），波兰分离株的耐药率从 2002 年的 30.0%（2002 年）下降到了 2004 年的 14.4%（2004 年），英国（3.0%～8.0%）和荷兰（8.0%）分离株与 2004 年法国和波兰分离株的耐药水平相当。VetPath 的一项研究涵盖了 2009～2012 年的分离株，包括来自 10 个不同国家的 182 株猪链球菌，其中包括来自荷兰的分离株，与 ARBAO-II 相比，这次监测中分离株对四环素的耐药率达到了 81.8%，而对磺胺甲噁啶的耐药率仅为 6%（El Garch et al.，2016）。

Hernandez-Garcia 等（2017）对 2009～2011 年和 2013～2014 年分离自英国的 405 株猪链球菌进行 17 种抗菌药物的药物敏感性测定，结果发现，与 2009～2011 年相比，2013～2014 年临床分离株对多种抗菌药物（包括氨基糖苷类、头孢类、氟喹诺酮类、截短侧耳素类、磺胺类和四环素类）的耐药水平均有所上升，91%的菌株表现出对四环素耐药，46%的菌株表现出对红霉素耐药，而对其他大部分抗菌药物的耐药率均不超过 12%，见表 2-59（Hernandez-Garcia et al.，2017）。2012 年，比利时的猪链球菌耐药性监测数据表明，临床分离株对四环素（95%）、红霉素（66%）、泰乐菌素（66%）的耐药率较高，对氟苯尼考（0.3%）和恩诺沙星（0.3%）的耐药率仍保持较低水平。除此之外，与之前的报道相比，尽管青霉素对猪链球菌的感染仍有治疗效果，但对该药物的耐药率在逐年升高（Callens et al.，2013）。2013～2015 年，van Hout 等（2016）对分离自荷兰 623 个农场的 1163 株猪链球菌进行药敏试验，结果表明，有 78.4% 的菌株对四环素耐药，48.1% 的菌株对克林霉素耐药，对 β-内酰胺类及氟苯尼考的耐药率均低于 5%。2016～2020 年，奥地利研究人员从猪临床样本中分离到 297 株猪链球菌，大多数菌株对四环素（66%）、克林霉素（62%）和红霉素（58%）耐药，关节样本中分离的猪链球菌耐药率较高。该研究发现，猪链球菌的四环素耐药表型与红霉素和克林霉素耐药表型密切相关，为临床治疗的药物选择提供了一定的指导意义（Renzhammer et al., 2020a）。据研究报道，许多国家的猪链球菌对某些抗菌药物（如大环内酯类、林可酰胺类、四环素类和磺胺类）的耐药性水平相对较高，而对青霉素类药物的耐药率仍保持较低水平（Varela et al., 2013）。2020 年，一项瑞典猪链球菌耐药性监测项目报道了该菌对四环素的高水平耐药率（88.4%），并首次报道该国猪链球菌对青霉素的耐药率（3.8%）仍然维持在一个较低的水平（Werinder et al., 2020）。在西班牙，超过 87% 的猪链球菌分离株对四环素、土霉素、磺胺二甲氧嘧啶、磺胺噻唑、红霉素、泰乐菌素和克林霉素具有耐药性，是欧洲国家中耐药性最为严重的（Vela et al., 2005）。另一项来自西班牙的耐药监测数据显示，分离自 2019～2020 年的 103 株猪链球菌，有一半以上对所测试的 9 种抗菌药物具有抗性，对四环素、新霉素、达氟沙星、克林霉素、磺胺二甲氧嘧啶和三种大环内酯类的耐药率均高于 60%；相比之下，耐药率较低的是氨苄西林，其次是壮观霉素，分别为 2.9% 和 11.6%（Petrocchi-Rilo et al., 2021）。

综上所述，欧洲地区对四环素类和大环内酯类药物耐药率较高，且呈现逐年升高的趋势；大部分国家对喹诺酮类耐药率较低，但西班牙分离株对喹诺酮类却呈现出较高的耐药水平，可能与当地用药情况等密切相关。从欧洲整体情况来看，青霉素类始终保持着很低的耐药率，在一些国家和地区对青霉素耐药率连续多年为零，仍然可作为猪链球菌感染治疗的首选药物。

2）北美洲

20 世纪 90 年代，加拿大的一项研究结果显示，北部地区高达 91% 和 82% 的 2 型猪链球菌分离株分别对克林霉素和红霉素具有耐药性；而西部地区的耐药率较低，分别有 40% 和 27% 的 2 型猪链球菌分离株对克林霉素和红霉素产生了耐药性，表现出较为明显的地区差异（Cantin et al., 1992）。在美国，一项为期 4 年（1985～1989 年）的回顾性研究显示，不同血清型猪链球菌对药物的敏感性存在较大差异，对青霉素的耐药率从 0～87.5% 不等。除此之外，美国一项为期 10 年（2006～2016 年）的流行病学研究显示，6500 多株猪链球菌对 5 种抗菌药物（氨苄西林、头孢噻呋、恩诺沙星、氟苯尼考和磺胺甲噁唑/甲氧苄啶）的总体耐药率较低，均为 0～3%，其中头孢噻呋的耐药率从 2006 年的 0.59% 增加到 2016 年的 2.54%，对氟苯尼考的耐药率由 2006 年的 1.42% 下降至 2016 年的 0.51%；青霉素耐药猪链球菌的总体流行率为 7.0%，2006～2009 年期间耐药率为 5.3%，2013～2016 年期间耐药率则为 9.7%；猪链球菌对土霉素和金霉素的耐药水平一直很高，多年来均在 93%～97%；除此之外，10 年内猪链球菌对庆大霉素耐药率的上升风险每年增加 11%～17%；对于磺胺二甲氧嘧啶，其 MIC 大于 256 μg/mL 的细菌比率每年有轻微下降（4%）（Hayer et al., 2020），这些结果与欧洲的一些监测结果相似（Callens et al.，2013）。综上所述，近十年来北美部分地区猪链球菌对四环素类和大环内酯类药物的耐药情况较为严重，对喹诺酮类抗菌药物耐药率较低。整体耐药情况见表 2-60。

表 2-60　北美部分地区猪链球菌耐药率　　　　　　　　　　（%）

年份	地区	四环素类	大环内酯类	喹诺酮类	磺胺类	青霉素类	参考文献
1992	加拿大	82.6	27.0～82.0	—	41.3	2.2～5.4	（Cantin et al.，1992）
1985～1989	美国	66.7～100.0	33.3～82.8	—		0～87.5	（Reams et al.，1993）
2006～2016	美国	95.4	—	1.4	—	6.9	（Hayer et al.，2020）

注："—"表示无数据。

3）亚洲

Gurung 等（2015）对分离自韩国病猪和健康猪中的 227 株猪链球菌进行药敏试验发现，分离株对克林霉素（95.6%）、替米考星（94.7%）、泰乐菌素（93.8%）、土霉素（89.4%）、金霉素（86.8%）、泰妙菌素（72.7%）、新霉素（70.0%）、恩诺沙星（56.4%）、青霉素（56.4%）、头孢噻呋（55.9%）和庆大霉素（55.1%）均表现出较高的耐药率。其中，分离自病猪和健康猪的菌株的耐药水平有较大的差别，例如，健康猪分离株对青霉素、头孢噻呋和恩诺沙星的耐药率分别是 62.6%、64.9%和 64.9%，而病猪分离株对这三类抗菌药物的耐药率分别为 37.5%、28.6%和 30.4%。越南 2018 年鸡源猪链球菌的相关数据显示，分离株对四环素（100%）、克林霉素（100%）和红霉素（95%）的耐药率较高，对青霉素（35%）和头孢曲松（15%）的耐药率中等，但所有分离株对氨苄西林、头孢噻肟、左氧氟沙星、利奈唑胺和万古霉素敏感（Nhung et al.，2020）。2006～2007 年和 2012～2015 年在泰国分离到的 262 株猪链球菌，有 99.3%（260/262）的猪链球菌菌株对至少一种抗菌药物产生了耐药性，其中对四环素类的耐药率达到了 92.4%，对大环内酯类的耐药率达到了 80.9%，对磺胺类药物的耐药率达到了 59.9%，临床分离的猪链球菌对四环素、红霉素和恩诺沙星保持着较高的耐药率（≥87.4%）（Yongkiettrakul et al.，2019）。

日本 1987～1996 年的一项猪链球菌的流行病学调查发现，在 689 个分离株中，没有一株对阿莫西林、氯霉素及磺胺甲噁唑耐药，且均表现出了高敏感性，但是分离株对四环素类的耐药率为 85.8%～90.2%，对链霉素的耐药率也有 30%左右（Kataoka et al.，2000）。另外一项有关日本两个时间段的研究表明，对四环素（80.7%）、克林霉素（65.8%）、红霉素（56.1%）、克拉霉素（56.1%）的耐药率较高；对于氯霉素和磺胺甲噁唑/甲氧苄啶，第一期（2004～2007 年）和第二期（2014～2016 年）的耐药率均有增加的趋势（Ichikawa et al.，2020）。印度的研究人员自 2012 年 10 月至 2014 年 4 月收集的 497 个样本中分离了猪链球菌，其中健康猪分离株 67 株，病猪分离株 230 株，药物敏感性测试表明所有分离株对庆大霉素、阿米卡星、红霉素敏感，对青霉素（85.7%）、恩诺沙星（85.7%）、头孢曲松（71.4%）、盐酸多西环素（71.4%）、氧氟沙星（85.71%）和氯霉素（71.4%）的敏感率均较高，有 42.9%的分离株对卡那霉素、克林霉素和复方新诺明敏感，对头孢氨苄、四环素和链霉素的敏感性较低（28.6%）；临床健康猪分离株中包含的 5 株对青霉素、阿莫西林、盐酸多西环素、庆大霉素、阿米卡星和红霉素均敏感的猪链球菌，其中 4 株菌对氨苄西林、恩诺沙星和氧氟沙星敏感，3 株菌对头孢曲松、卡那霉素和氯霉素敏感，2 株菌对头孢氨苄、四环素、克林霉素和复方新诺明敏感，仅 1 株分离株对链霉素敏感，病猪样本中分离的猪链球菌对氨苄西林、头孢曲松、庆大霉素、阿米卡星、恩诺沙星、红霉素和克林霉素均敏感，而对头孢氨苄、四环素、盐酸多西环素和卡那霉素有耐药性，除此之外，在该研究的所有分离株中共观察到 5 种不同的多重耐药类型（Devi et al.，2017）。综上所述，亚洲地区分离的猪链球菌对不同抗菌药物的耐药性呈现多样性，总体而言，对四环素类和大环内酯类药物耐药率较高。除此之外，日本的分离株总体耐药程度较轻；韩国分离株耐药性整体较为严重，对喹诺酮类和青霉素类药物同样呈现高耐药率，与其他地区存在明显的差异（表 2-61）。

表 2-61　亚洲部分地区猪链球菌耐药率 （%）

年份	地区	四环素类	大环内酯类	喹诺酮类	磺胺类	青霉素类	参考文献
2006～2007	泰国	92.4	80.9	20.6～47.3	59.9	17.2～21.4	（Yongkiettrakul et al.，2019）
2012～2015							
1987～1996	日本	85.8～90.2	—	0～0.3	0	0.6～0.9	（Kataoka et al.，2000）
2004～2016		80.7	56.1	0	—	0	（Ichikawa et al.，2020）
2009～2010	韩国	86.8～89.4	93.8～94.7	56.4	—	56.4	（Gurung et al.，2015）
1997～2008	越南	88.6	22.2	—	—	0	（Hoa et al.，2011）
2018	越南	100	95	—	—	0	（Nhung et al.，2020）
2012～2014	印度	28.6～71.4	0	14.3～28.6	42.9	14.3	（Devi et al.，2017）

注："—"表示无数据。

4）其他地区

除欧美及亚洲部分国家外，其他国家或地区可用的猪链球菌的耐药数据比较少，我们从文献中获得了南美洲的巴西、大洋洲的新西兰和澳大利亚部分猪链球菌耐药数据（表 2-62）。其中，巴西猪链球菌 2001～2016 年耐药性研究数据表明，分离株对四环素、大环内酯类、克林霉素和磺胺甲噁唑的耐药率较高，对庆大霉素和新霉素耐药的菌株占 30%以上，对大观霉素的敏感性（92.1%）较高，而较为敏感的抗菌药物是 β-内酰胺类、氟喹诺酮类、泰妙菌素和氟苯尼考，多重耐药率为 72.1%（155/215）；对比发现，2001～2003 年敏感菌株比例较高，自 2009 年起耐药菌株所占的比例逐渐增加，多重耐药情况愈发严峻，实际上，在 2001～2003 年，对 3～5 类抗菌药物具有耐药性的菌株的比例已经很高（Matajira et al.，2019）。Soares 等（2014）对巴西的 260 株猪链球菌进行药敏试验，发现所有菌株均对磺胺异噁唑耐药，97.7%的菌株对四环素耐药，林可霉素及氟喹诺酮类抗菌药物的耐药率均大于 40%，且多重耐药问题严重；值得注意的是，约 18%的菌株具有青霉素耐药表型，33%的菌株达到了青霉素耐药中介值。除此之外，新西兰一项猪链球菌的研究显示，43 株猪链球菌均对四环素耐药，33.3%的分离株对红霉素耐药，50%的分离株对磺胺类药物耐药，多重药耐药率达到了 75%。澳大利亚的研究显示，

2010～2017 年分离的 148 株猪链球菌对四环素、红霉素、氟苯尼考、青霉素及磺胺甲噁唑都表现出一定程度的耐药。其中，四环素和红霉素是耐药率较高的两种药物，分别达到了 99.3%和 83.8%；相反，氨苄西林和磺胺甲噁唑的耐药率较低，仅为 0.7%。除此之外，15.6%的菌株呈现多重耐药的现象，对至少两种抗菌药物具有耐药性的猪链球菌约为 73.7%，这其中有 67.6%的分离株同时对大环内酯类和四环素类药物具有耐药性（O'Dea et al.，2018）。

表 2-62 巴西、澳大利亚及新西兰猪链球菌耐药率 （%）

年份	地区	四环素类	大环内酯类	林可酰胺类	磺胺类	青霉素类	参考文献
2009～2010	巴西	97.7	—	84.6	100	18.1	（Soares et al.，2014）
2001～2016		74.0	66.5	—	60.9	1.4	（Matajira et al.，2019）
2003～2016	新西兰	100	33.3	—	50	50	（Riley et al.，2020；Oliveira et al.，2015）
2010～2017	澳大利亚	99.3	83.8	—	0.7	0.7～8.1	（O'Dea et al.，2018）

注："—"表示无数据。

5）中国

Zhang 等（2008）对分离自健康母猪的 421 株猪链球菌进行药敏试验发现，菌株对四环素、红霉素、磺胺异噁唑、替米考星和克林霉素的耐药率（>60%）较高，9.5%的菌株对青霉素耐药，22.1%的菌株对头孢噻呋耐药。黄金虎等（2013）对 46 株猪链球菌进行药敏试验，结果显示所有菌株均对四环素耐药，对头孢喹肟、红霉素、泰乐菌素、替米考星、阿奇霉素和氨苄西林的耐药率分别为 43.38%、34.78%、26.09%、23.91%、15.22%和 2.17%，所有猪链球菌对氟苯尼考的 MIC 值处于敏感或中介。Zhang 等（2015）对我国 96 株猪链球菌进行药敏试验（62 株来自健康母猪，34 株来自病猪），发现菌株对磺胺类（66.7%）、大环内酯类（38.5%）、林可酰胺类（38.5%）及四环素类（88.5%）抗菌药物的耐药率较高，但对泰妙菌素（7.3%）、青霉素（2.1%）和头孢噻呋（3.1%）比较敏感。中国广东分离到的猪链球菌分离株对克林霉素（98.1%）、红霉素（95.0%）、氯霉素（88.7%）、替米考星（84.9%）和四环素（83.0%）的耐药率较高，其次是左氧氟沙星（67.3%）、青霉素（66.0%）、卡那霉素（61.6%）和头孢噻呋（56.0%）；此外，98.7%的分离株对至少一种抗菌药物耐药，98.7%的分离株为多重耐药（至少对三种不同种类的抗菌药物耐药）。值得注意的是，兽医临床禁止使用氯霉素，在这项研究中发现氯霉素耐药率很高，这种对氯霉素高耐药率的现象在其他国家较为罕见（Li et al.，2012）。除此之外，在对中国 6 个省份 2016～2018 年猪链球菌耐药性的监测中发现，所有菌株（223 株）对至少一类抗菌药物具有耐药性，其中，98.7%的分离株对 3 种以上的抗菌药物具有耐药性；对克林霉素（98.7%）、四环素（97.8%）、红霉素（96.9%）、庆大霉素（92.8%）和磺胺异噁唑（69.5%）的耐药率较高，对恩诺沙星（28.8%）、氟苯尼考（15.6%）和青霉素（13%）也存在一定程度的耐药，对头孢噻呋的耐药率为 97.3%；相比之下，对噁唑烷酮类抗菌药物，仅有 9 株菌对利奈唑胺耐药（4%），而所有菌株均对泰地唑利敏感（Zhang et al.，2020a）。2021 年，对我国江西分离的猪链球菌的药敏监测显示，对四环素类和大环内酯类抗菌药物的耐药率分别为 92.5%和 67.3%（Tan et al.，2021）。2004～2017 年，从上海分离得到的 150 株猪链球菌的药敏结果显示：46%的菌株为多重耐药分离株，对红霉素和四环素的耐药率较高，分别为 82.7%和 90.0%；其次是环丙沙星、氧氟沙星和氟苯尼考，耐药率分别为 42.0%、42.0%和 24.7%；耐药率最低的是氨苄西林（16.7%）和青霉素（19.3%）（王晓旭等，2018）。综上所述，我国部分地区的猪链球菌分离株耐药性因地区而异，四环素类和大环内酯类药物的耐药率普遍较高，对青霉素类药物的耐药率呈现升高的趋势，甚至部分区域的耐药率高于亚洲的其他地区，需引起重视（表 2-63）。

表 2-63　中国部分地区猪链球菌耐药率　　　　　　　　　（%）

年份	地区	四环素类	大环内酯类	喹诺酮类	青霉素类	磺胺类	参考文献
2005～2007	广西、广东、安徽、江西、山东、辽宁、北京、河南、河北	91.7	66.7～67.2	—	4.0～9.5	59.1～86.7	（Zhang et al.，2008）
2005～2010	江苏、江西、四川、河北	100	23.9～34.8	—	—	—	（黄金虎等，2013）
2008～2010	广东	83.0	95.0	67.3	66.0	—	（Li et al.，2012）
2016～2018	北京、河南、河北、四川、重庆、山东	97.8	96.9	28.8	13.0	69.5	（Zhang et al.，2020a）
2017～2019	江西	92.5	67.3	63.6	3.7	—	（Tan et al.，2021）
2003～2007	香港	100	21.2	—	—	—	（Chu et al.，2009）
2004～2017	上海	90.0	82.7	42.0	16.7～19.3	—	（王晓旭等，2018）

注："—"表示无数据。

6）小结

从目前不同国家和地区猪链球菌的耐药性研究结果可以看出，猪链球菌对四环素类、大环内酯类等药物的耐药率普遍较高，对青霉素的耐药率因国家不同而有所差异，但总体耐药率较低，提示青霉素仍可以作为猪链球菌病治疗的首选药物。欧洲地区的猪链球菌对多种抗菌药物的耐药率普遍低于其他地区，而我国猪链球菌的抗菌药物耐药率相对较高，尤其是四环素类的耐药率均高于 80%，中国香港地区分离株的耐药率甚至高达 100%，远高于日本、印度及欧洲的一些国家；而且，我国部分省份的分离株对大环内酯类抗菌药物的敏感性较低。喹诺酮类抗菌药物的耐药率在不同国家和地区间存在较大的差异。各国应该加强对猪链球菌耐药性的监测，从而为临床治疗药物的选择提供及时可靠的数据支持和指导。

2. 乳腺炎链球菌

奶牛乳腺炎是乳腺组织受到病原微生物感染和理化因素刺激等发生的炎症反应，对牧场造成巨大经济损失，严重制约着奶业的发展，是威胁奶牛养殖业的头号疾病（王晋鹏等，2021）。据世界奶牛协会统计，全世界 2 亿多在栏奶牛中约有 30%患有各类乳腺炎疾病，直接经济损失高达 300 多亿元（金振华等，2020；尹欣悦等，2020）。引起奶牛乳腺炎的常见链球菌为无乳链球菌、停乳链球菌和乳房链球菌。奶牛感染链球菌后多数表现为亚临床症状，该症状通常隐蔽性强，早期不易被发现，常导致发病率持续增加，不易防治，给奶牛产业的健康发展造成巨大的影响（王雯雯，2021）。

无乳链球菌是高度传染性细菌，在牛群中传播速度较快，曾被认为专性寄生于奶牛乳腺组织、乳头及生殖道内，后在奶牛体内及养殖环境中（如奶牛粪便、水槽、料槽、卧床、挤奶厅等）也分离出无乳链球菌（秦平伟等，2021）。停乳链球菌的环境性或传染性分类尚不清楚，一般被认为是一种中间病原体，在奶牛乳腺、口腔、皮肤、生殖道及养殖环境等处均能检测到（Wente and Kromker，2020）。停乳链球菌可以对人原代角质细胞进行入侵及内化，具有感染人畜的能力（Alves-Barroco et al.，2019）。乳腺炎链球菌作为重要的环境性致病菌之一，能侵入并在奶牛乳腺组织中定植且不断繁殖，引发宿主免疫应答反应，由该菌引起的乳腺炎通常难以治疗，进一步恶化可导致新生胎儿出现败血性疾病（Bradley，2002）。针对链球菌引起的乳腺炎感染，奶牛场普遍使用一些常见的抗菌药物进行治疗，但是由于抗菌药物的不合理使用，导致抗菌药物在牛奶中残留及诱导耐药菌株的产生，进而可能危害食品安全与人类健康。因此，对于奶牛乳腺炎链球菌耐药现状的监测具有重要意义。本节根据现有的文献，系统地综述了近年来世界各地乳腺炎链球菌的耐药现状，以期为乳腺炎链球菌病的防控与治疗提供理论依据。

1）欧洲和北美洲

1994～2000 年，美国一项研究对奶牛乳腺炎链球菌耐药性进行了持续监测。总体来说，无乳链球菌对氨苄西林的耐药率为 2.6%，红霉素的耐药率为 15.4%，庆大霉素的耐药率为 76.9%，青霉素的耐药率为 3.9%，吡利霉素的耐药率为 7.1%，磺胺甲氧苄啶的耐药率为 50.5%，四环素的耐药率为 36.2%；停乳链球菌对氨苄西林的耐药率为 0.8%，红霉素的耐药率为 18%，庆大霉素的耐药率为 3.2%，青霉素的耐药率为 5.5%，吡利霉素的耐药率为 11%，磺胺甲氧苄啶的耐药率为 3.5%，四环素的耐药率为 60.2%；乳房链球菌对氨苄西林的耐药率为 2.1%，红霉素的耐药率为 31.9%，庆大霉素的耐药率为 34.2%，青霉素的耐药率为 5.5%，吡利霉素的耐药率为 20.1%，磺胺甲氧苄啶的耐药率为 4.4%，四环素的耐药率为 45.2%（Erskine et al.，2002）。1999～2000 年，法国分离的 8 株无乳链球菌中，37.5%对四环素耐药，25%对链霉素耐药；42 株停乳链球菌中，90.5%对四环素耐药，16.7%对红霉素耐药，11.9%对林可霉素耐药，4.8%对链霉素耐药，4.8%对卡那霉素耐药；50 株乳房链球菌中，22%对四环素耐药，28%对红霉素耐药，36%对林可霉素耐药，18%对链霉素耐药，10%对卡那霉素耐药（Guerin-Faublee et al.，2002）。加拿大一项回顾性研究调查了 1994～2013 年奶牛乳腺炎链球菌抗菌药物敏感性情况，56 株无乳链球菌，317 株停乳链球菌和 1171 株乳房链球菌对头孢噻呋、头孢氨苄、氯唑西林和磺胺甲噁唑/甲氧苄啶较敏感，耐药率为 0.3%～4.9%，对土霉素耐药率较高（14.3%～24.9%）（Awosile et al.，2018a）。2001 年，芬兰分离的 132 株乳房链球菌分离株均对青霉素、头孢噻吩和克林霉素敏感，40.6%对土霉素耐药，15.6%对红霉素耐药，14.1%对四环素耐药（Pitkala et al.，2008）。2002～2006 年，欧洲多个国家分离的 282

株乳房链球菌中，大约 19%的菌株对红霉素耐药，28.7%对四环素耐药（Thomas et al.，2015）。2006～2007 年，从新西兰和美国分离的 89 株停乳链球菌中，林可霉素的耐药率为 10.1%，新霉素的耐药率为 98.9%，链霉素的耐药率为 1.1%，土霉素的耐药率为 27%，四环素的耐药率为 30.3%；101 株乳房链球菌中，氯唑西林的耐药率为 0.8%，青霉素的耐药率为 0.8%，新霉素的耐药率为 41%（Petrovski et al.，2015）。2007～2008 年，加拿大分离的 28 株停乳链球菌，青霉素的耐药率为 7.1%，四环素的耐药率为 82.2%；70 株乳房链球菌对青霉素的耐药率较高（77.1%），其次为四环素（40%）、氨苄西林（28.6%）、吡利霉素（21.4%）、红霉素（14.3%）、头孢噻呋（1.5%）和头孢噻吩（1.4%）（Cameron et al.，2016）。2009～2012 年，欧洲多国分离的 188 株乳房链球菌和 95 株停乳链球菌对红霉素的耐药率分别为 20.2%和 13.7%，对四环素的耐药率分别为 36.7%和 56.8%（de Jong et al.，2018a）。2012～2013 年，比利时分离的 444 株停乳链球菌对氨苄西林（99.3%）、阿莫西林/克拉维酸（99.8%）、红霉素（80.5%）、麻保沙星（70.3%）和磺胺甲氧苄啶（98.6%）的耐药率很高，对四环素（6.8%）的耐药率较低；939 株乳房链球菌同样对氨苄西林（98.4%）、阿莫西林/克拉维酸（99.9%）、红霉素（69.6%）、麻保沙星（80%）和磺胺甲氧苄啶（97.5%）的耐药率很高，对四环素的耐药率为 59.2%（Supre et al.，2014）。2013～2015 年，波兰一项研究从奶牛乳腺炎临床病例中分离出 135 株链球菌（27 株无乳链球菌、41 株停乳链球菌、53 株乳房链球菌以及 14 株其他链球菌），药敏结果显示对庆大霉素、卡那霉素和四环素耐药率较高（34%～100%），对红霉素和麻保沙星耐药率较为敏感（2%～7%）（Kaczorek et al.，2017）。VetPath 在 2015～2016 年期间从 8 个欧洲国家患有急性临床乳腺炎的奶牛中获得了非重复分离株（$n=1244$），并进行了药敏试验，在 44 株无乳链球菌中，大多数 β-内酰胺类抗菌药物 MIC≤0.25 µg/mL，对红霉素和吡利霉素的耐药率均为 27.3%；132 株停乳链球菌中，10.6%对红霉素耐药，43.2%对四环素耐药，7.6%对吡利霉素耐药；208 株乳房链球菌中，绝大多数分离株对氨苄西林和青霉素敏感，约 24%的分离株对红霉素耐药，37.5%对四环素耐药，18%对于泰乐菌素的 MIC 值较高（≥32 µg/mL）（El Garch et al.，2020）。2016～2018 年，乌克兰一项研究对 112 株无乳链球菌的一部分进行了抗菌药物敏感性测试，结果显示对头孢噻呋的耐药率为 25.58%（11/43），对氧氟沙星的耐药率为 17.65%（3/17），对四环素的耐药率为 80%（8/10）（Elias et al.，2020）。2018 年，意大利分离的 103 株牛源无乳链球菌中，1%的分离株对磺胺甲氧苄啶耐药，10.7%的分离株对红霉素耐药，8.7%的分离株对吡利霉素耐药，31.1%的分离株对四环素耐药，对卡那霉素的耐药率达到 100%（Carra et al.，2021）。2019～2020 年，从意大利分离的 71 株乳房链球菌，对林可霉素（93%）和四环素（85.9%）的耐药率较高；大多数分离株对两种（57.7%）或三种及以上（25.4%）抗菌药物具有耐药性（Monistero et al.，2021）。2020～2021 年，捷克农场 124 株乳房链球菌分离株中，四环素的耐药率为 58.9%，链霉素的耐药率为 30.6%，克林霉素的耐药率为 30.6%，吡利霉素的耐药率为 5.6%，红霉素的耐药率为 5.6%（Zouharova et al.，2022）。综上，近十几年来，欧美部分地区对 β-内酰胺类、大环内酯类、氨基糖苷类及四环素类的耐药情况较为严重，对林可酰胺类和喹诺酮类仍较为敏感（表 2-64）。

表 2-64 欧美部分地区奶牛乳腺炎链球菌耐药率 （%）

链球菌种类	年份	地区	β-内酰胺类	林可酰胺类	喹诺酮类	大环内酯类	氨基糖苷类	四环素类	磺胺类	参考文献
无乳链球菌	1994~2000	美国	2.6~3.9	7.1	—	15.4	76.9	46.2	50.5	（Erskine et al.，2002）
	1999~2000	法国	0	0	—	0	0~25	37.5	—	（Guerin-Faublee et al.，2002）
	1994~2013	加拿大	1.8~3.6	3.6	—	—		14.3	0	（Awosile et al.，2018a）
	2013~2015	波兰	0	—	0~4	7	96~100	44	—	（Kaczorek et al.，2017）
	2015~2016	欧洲多国	—	27.3	—	27.3	—	—	—	（El Garch et al.，2020）
	2016~2018	乌克兰	25.58	—	17.65	—	—	80	—	（Elias et al.，2020）
	2018	意大利	0	8.7	—	10.7	100	31.1	1~22.3	（Carra et al.，2021）
停乳链球菌	1994~2000	美国	0~5.5	11	—	18	3.2	60.2	3.5	（Erskine et al.，2002）
	1999~2000	法国	0	11.9	—	16.7	4.8	90.5	—	（Guerin-Faublee et al.，2002）
	1994~2013	加拿大	0~0.4	7.9	—	—		24.9	0.3	（Awosile et al.，2018a）
	2013~2015	波兰	0	—	5	22	51~68	61	—	（Kaczorek et al.，2017）
	2015~2016	欧洲多国	—	7.6	—	10.6	—	43.2	—	（El et al.，2020）
	2006~2007	新西兰、美国	0	10.1	0	0	1.1~98.9	27~30.3	—	（Petrovski et al.，2015）
	2007~2008	加拿大	0~7.1	0	—	0		82.2	—	（Cameron et al.，2016）
	2009~2012	欧洲多国	0	—	—	13.7	—	56.8	—	（de Jong et al.，2018a）
	2012~2013	比利时	99.3~99.8	—	70.3	80.5		6.8	98.6	（Supre et al.，2014）
乳房链球菌	1994~2000	美国	0~5.5	20.1	—	31.9	34.2	45.2	4.4	（Erskine et al.，2002）
	1999~2000	法国	0	36	—	28	10~18	22	—	（Guerin-Faublee et al.，2002）
	1994~2013	加拿大	0.8~2.4	17.9	—	—		18.7	4.9	（Awosile et al.，2018a）
	2013~2015	波兰	0	—	0~2	6	83~96	34	—	（Kaczorek et al.，2017）
	2015~2016	欧洲多国	—	15.9	—	24	—	34.5	—	（El et al.，2020）
	2006~2007	新西兰、美国	0~0.8	0	0	0	0~41	0	—	（Petrovski et al.，2015）
	2007~2008	加拿大	1.5~77.1	21.4	—	14.3		40	—	（Cameron et al.，2016）
	2009~2012	欧洲多国	—	—	—	20.2		36.7	—	（de Jong et al.，2018a）
	2012~2013	比利时	98.4~99.9	—	80	69.6		52.9	97.5	（Supre et al.，2014）
	2001	芬兰	0	0	—	15.6	—	14.1~40.6	—	（Pitkala et al.，2008）
	2002~2006	欧洲多国	—	—	—	19		28.7	—	（Thomas et al.，2015）
	2019~2020	意大利	1.4~2.8	81.7	1.4	5.6	—	83.1	1.4	（Monistero et al.，2021）
	2020~2021	捷克	—	5.6~30.6	—	5.6	30.6	58.9	—	（Zouharova et al.，2022）

注："—"表示无数据。

2）亚洲

2003 年，韩国分离的 46 株乳房链球菌对阿米卡星（82.6%）、卡那霉素（56.5%）、链霉素（91.3%）、四环素（84.8%）、新霉素（69.6%）耐药率较高，对氨苄西林（2.2%）、头孢噻吩（4.4%）、氯霉素（26.1%）的耐药率较低（Lee et al., 2007）。2004～2008 年，韩国国家兽医研究和检疫局乳腺炎诊断实验室从患有乳腺炎奶牛的乳样中收集了 178 株分离株，其中乳房链球菌 99 株、无乳链球菌 5 株，对分离株进行耐药性检测后发现，乳房链球菌对头孢噻吩、苯唑西林、庆大霉素、青霉素、四环素、林可霉素、红霉素的耐药率分别为 1.0%、33.3%、42.4%、8.1%、57.6%、41.4%、34.3%；无乳链球菌对以上抗生素的耐药率分别为 0、40%、20%、20%、60%、60%、0。此外，有 41.4%的乳房链球菌和 40%的无乳链球菌为多重耐药菌株（Nam et al., 2009）。2010～2017 年，一项对泰国 228 株乳房链球菌的调查发现，大多数受试菌株对四环素耐药（187/228，82.0%），其次是头孢噻呋（44/228，19.3%）和红霉素（19/228，8.3%），所有菌株均对青霉素和庆大霉素敏感，并且对四环素和头孢噻呋的耐药性显著增加（$P<0.05$），此外，受试菌株中共有 53 株分离株（23.3%）为多重耐药菌株（Zhang et al., 2021b）。2012～2016 年，韩国和日本的停乳链球菌药敏试验结果显示，韩国分离株对红霉素、克林霉素和米诺环素的耐药率分别为 34.8%、17.4%和 30.4%；日本分离株的耐药率分别为 28.2%、14.1%和 21.4%（Kim et al., 2018）。2017 年 11 月到 2018 年 4 月，在印度一项研究中，Vatalia 等（2020）从患有乳腺炎的奶牛中分离出 16 株无乳链球菌，分离株对头孢曲松钠（6.2%）、恩诺沙星（6.2%）和庆大霉素（6.2%）较敏感，其次为阿米卡星（18.7%）、链霉素（18.7%）、四环素（37.5%）、环丙沙星（43.7%）和青霉素（56.2%），对氨苄西林（62.5%）、红霉素（62.5%）、磺胺嘧啶（75.0%）、新霉素（87.5%）的耐药率较高，且所有分离株均对黏菌素耐药。该研究还发现所有的分离株都呈现多重耐药表型，其中，4 株菌对 2 种抗菌药物耐药，2 株菌对 3 种抗菌药物耐药，4 株菌对 4 种抗菌药物耐药，4 株菌对 5 种抗菌药物耐药，2 株菌株对 6 种抗菌药物耐药。2018 年，一项来自马来西亚的研究从患有乳腺炎的奶牛中分离出 6 株无乳链球菌，通过药敏试验发现部分分离株对青霉素（33.3%）耐药，所有受试菌株对万古霉素、四环素、克林霉素、氯霉素均敏感（Ariffin et al., 2019）。综上，亚洲部分地区奶牛乳腺炎链球菌对四环素类和大环内酯类药物的耐药情况较为普遍（表 2-65）。

表 2-65 亚洲部分地区奶牛乳腺炎链球菌耐药率 （%）

菌株种类	年份	地区	四环素类	大环内酯类	喹诺酮类	磺胺类	青霉素类	参考文献
停乳链球菌	2012～2016	韩国	30.4	34.8	—	—	—	（Kim et al., 2018）
	2012～2016	日本	21.4	28.2	—	—	—	
乳房链球菌	2010～2017	泰国	82.0	8.3	—	—	0	（Zhang et al., 2021b）
	2003	韩国	84.8	—	—	—	2.2	（Lee et al., 2007）
	2004～2008	韩国	57.6	34.3	—	—	8.1	（Nam et al., 2009）
无乳链球菌	2017～2018	印度	37.5	62.5	6.2～43.7	75	56.2	（Vatalia et al., 2020）
	2018	马来西亚	0	—	—	—	33.3	（Ariffin et al., 2019）

注："—"代表示数据。

3）中国

2012年，一项研究从患有乳腺炎的奶牛中分离出115株无乳链球菌，对其进行药敏检测发现，受试菌株对青霉素（80.9%）、氨苄西林（76.5%）、链霉素（62.2%）、恩诺沙星（53.0%）、阿莫西林/克拉维酸（61.7%）和复方新诺明（85.2%）耐药情况较为严重（李宏胜等，2012）。在2014~2016年，从我国14个省份分离出的88株停乳链球菌的药敏结果显示，93.2%的分离株对一种以上的抗菌药表现出耐药，其中对卡那霉素（89.8%）、磺胺类（83%）和链霉素（58.0%）的耐药率较高，对头孢氨苄（34.1%）、头孢曲松钠（13.6%）、红霉素（47.7%）、诺氟沙星（18.2%）、四环素（33%）的耐药率相对较低（Zhang et al.，2018）。2016~2019年，Shen等（2021）对从中国西北地区分离出的60株停乳链球菌进行耐药性监测，结果显示受试菌株对四环素（100%）的耐药率较高，其次是氨基糖苷类药物（>70%），对氯霉素（33.3%）、红霉素（36.7%）、磺胺甲噁唑（18.3%）、左氧氟沙星（13.3%）、万古霉素（46.7%）、利奈唑胺（20%）、头孢噻肟（45%）、头孢吡肟（11.7%）耐药率较低。另外，受试菌株中有81.7%的菌株具有多重耐药性，其中有2株分离株对高达12种受试药物耐药。2017~2019年，从四川分离得到的105株无乳链球菌的药敏结果显示，除了70.5%对链霉素敏感外，所有分离株均对其他氨基糖苷类药物（卡那霉素、庆大霉素、新霉素和妥布霉素）保持敏感，对β-内酰胺类药物（青霉素、阿莫西林、头孢他啶和头孢曲松）耐药情况不容乐观，耐药率高达98.1%（Han et al.，2022）。2020年，Zhang等（2020b）在中国西北地区分离出的16株乳房链球菌对四环素（81.3%）和克林霉素（62.5%）具有较高的耐药率，对青霉素（31.2%）、红霉素（31.2%）、左氧氟沙星（6.3%）、氯霉素（37.5%）和万古霉素（12.5%）的耐药率较低，对氨苄西林和头孢噻呋敏感。2022年，一项研究从甘肃省5个牧场分离出18株乳房链球菌，药敏试验结果显示，受试菌株对四环素（77.8%）、克林霉素（77.8%）、头孢噻呋（66.7%）、庆大霉素（72.2%）耐药率较高，对红霉素（38.9%）、左氧氟沙星（11.1%）耐药率较低，对利福平和氨苄西林敏感（杨洁等，2022）。同年，在海南分离得到的29株乳房链球菌对复方新诺明、氧氟沙星、青霉素、阿莫西林、红霉素的耐药率均为0；对诺氟沙星、头孢噻呋、利福平和四环素的耐药率分别为3.4%、12.5%、79.3%和31%；对氨基糖苷类药物阿米卡星、庆大霉素、链霉素、大观霉素的耐药率分别为6.9%、17.2%、55.2%、48.3%，其中72.4%的分离株至少对两种抗生素耐药（Zeng et al.，2022）。从宁夏三个大型奶牛场收集的临床型乳腺炎乳样中分离出的8株无乳链球菌，药敏结果显示受试菌株对青霉素（87.5%）、复方新诺明（87.5%）、克拉霉素（75%）、克林霉素（62.5%）、万古霉素（75%）、红霉素（75%）、庆大霉素（62.5%）的耐药率较高，对四环素和卡那霉素的耐药率均为50%，对环丙沙星敏感（宋倩等，2022）。综上，中国部分地区奶牛乳腺炎链球菌对四环素类和大环内酯类药物的耐药情况较为严重（表2-66）。

4）小结

综合以上多个国家和地区对奶牛乳腺炎链球菌的耐药性研究结果可以看出，三种奶牛乳腺炎链球菌耐药率之间无明显差异。整体来说，奶牛乳腺炎链球菌对四环素类的耐

表 2-66　中国部分地区奶牛乳腺炎链球菌耐药率　　　　　　　　（%）

菌株种类	年份	地区	四环素类	大环内酯类	喹诺酮	青霉素类	磺胺类	参考文献
停乳链球菌	2014~2016	黑龙江、吉林、辽宁、上海、广东、安徽、山东、山西、陕西、河南、河北、北京、天津、内蒙古	33.0	47.7	18.2	—	83.0	(Zhang et al., 2018b)
	2016~2019	宁夏、甘肃、陕西、新疆	100	36.7	18.3	—	13.3	(Shen et al., 2021)
乳房链球菌	2008~2010	中国西北地区	81.3	31.2	6.3	31.2	—	(Zhang et al., 2020b)
	2018~2019	甘肃	31.0	0~12.5	0~3.4	0	0	(杨洁等, 2022)
	2017~2019	海南	77.8	38.9	11.1	0	0	(Zeng et al., 2022)
无乳链球菌	2012	兰州、宁夏、陕西、天津、重庆、青岛	100	18.1	53.0	76.5~80.9	85.2	(李宏胜等, 2012)
	2022	宁夏	50.0	75.0	0	87.5	87.5	(宋倩等, 2022)

注: "—" 表示无数据。

药率普遍较高,部分国家分离株的耐药率可达 80% 以上,我国部分地区甚至可达 100% 耐药,提示四环素类耐药较为严重;对喹诺酮类药物相对敏感,只有欧洲地区的比利时等国家的分离株对喹诺酮类药物耐药率较高。中国等亚洲国家的奶牛乳腺炎链球菌对大环内酯类和磺胺类药物的耐药率整体高于欧美国家,中国奶牛乳腺炎链球菌对林可酰胺类药物的耐药率普遍高于其他国家,但多种药物的耐药率因国家不同甚至地区不同而表现出较大差异。

3. 马链球菌

马链球菌(*Streptococcus equi*)为革兰氏阳性条件致病菌,兰氏分群为 C 群,包括马链球菌兽疫亚种(*Streptococcus equi* subsp. *zooepidemicus*,SEZ)和马链球菌马亚种(*Streptococcus equi* subsp. *equi*,SEE)两个不同的亚种(Fulde and Valentin-Weigand,2013)。菌体呈球形或椭圆形,无芽孢,但能形成荚膜。该菌在添加 5% 的绵羊血琼脂培养基上呈典型的 β 溶血,是一种引起马属动物马腺疫(一种急性接触性传染病,三类动物疫病)、乳腺炎、出血性紫癜、流产和继发性肺炎等疾病的重要病原体。该菌对外界环境的抵抗力较强,在冬季潮湿的马厩中可存活长达 34 天,在水中可存活 4~6 周(Durham et al.,2018),但对一般的消毒剂都有较高的敏感性,煮沸后即可将其杀灭。

目前国内市场上已有多种预防马链球菌病的疫苗(如马链球菌兽疫亚种+猪链球菌 2 型灭活疫苗、马腺疫灭活苗等),但其免疫保护效果一般。β-内酰胺类药物是目前兽医临床公认的治疗马链球菌感染的首选药物,尤其是青霉素(Boyle et al.,2018),其他临床常用抗菌药物还有青霉素/头孢类(阿莫西林、头孢噻呋)、四环素类(米诺环素、多西环素、四环素)、大环内酯类(红霉素、替米考星、泰乐菌素)、糖肽类(万古霉素、替考拉宁)、林克酰胺类(林可霉素、克林霉素)以及其他合成抗菌药(磺胺甲噁唑/甲氧苄啶)等(刘延麟,2019;王宁,2020;王雨朦,2017)。然而,马链球菌的流行病学调查和研究没有得到足够的重视,随着该菌的广泛流行与传播(Jaramillo-Morales et al.，2022；McGlennon et al.，2021），其抗菌药物耐药性问题日益严重，部分抗菌药物的治疗效果欠佳。本节根据已有的文献，系统地回顾了近年来世界各地研究人员对马链球菌耐药现状的调查，以期对马链球菌病的防治和耐药性控制提供一定的理论依据。

1）欧洲

2006 年，一项来自西班牙的研究显示，高达 98.5%的母马（患有子宫内膜炎）子宫拭子马链球菌兽疫亚种分离株对新霉素和阿米卡星耐药，对氨苄西林、恩诺沙星、磺胺甲噁唑/甲氧苄啶和庆大霉素敏感性较好（Luque et al.，2006）。而在意大利，Pisello 等（2019）在 2010～2017 年对患有生殖道疾病的母马进行子宫拭子采集，共分离到 791 株马链球菌兽疫亚种，发现分离株对阿米卡星、庆大霉素、头孢唑林、头孢噻呋、甲砜霉素、恩诺沙星和马波沙星的耐药水平没有发生明显变化，敏感性较好，而对氨苄西林、头孢喹肟和青霉素的耐药情况不容乐观，药物敏感性随着时间推移显著下降，8 年平均耐药率分别为 83.8%、51.7%和 62.2%。另一项关于 2018 年意大利那不勒斯地区 196 份患病母马子宫拭子分离株（共分离出 23 株马链球菌兽疫亚种）的药物敏感性试验表明，分离株对阿米卡星（95.6%）具有较高的耐药率，其次是卡那霉素（82.6%）、链霉素（78.2%）、氨苄西林（73.9%）、四环素（69.5%）和恩诺沙星（52.1%），对头孢噻呋、头孢曲松和美罗培南的敏感性较好，高达 82.6%的分离株显示出对超过 3 种抗菌药物的多重耐药性（Nocera et al.，2021），与上述 Pisello 等（2019）的研究存在一定程度的差异。Fonseca 等（2020）从英国 2002～2012 年收集的 91 份马下呼吸道样品和 468 份马上呼吸道样品中分离了马链球菌，其中绝大多数的马链球菌马亚种（66 株，94.3%）和马链球菌兽疫亚种（107 株，82.3%）分离株来自于上呼吸道，且观察到绝大多数的分离株对庆大霉素（86%～100%）、链霉素（92.6%～100%）和四环素（33.3%～92.9%）耐药率较高。此外，来自不同分离部位的马链球菌对磺胺甲噁唑/甲氧苄啶、四环素和利福平的耐药率存在一定的差异性。

2）北美洲

一个来自加拿大的临床兽医团队对其 20 年间（1994～2013 年）收集的 72 株马链球菌马亚种和 549 株马链球菌兽疫亚种进行了 8 种抗菌药物的药物敏感性测试，结果表明，除 47.5%的马链球菌兽疫亚种分离株对四环素耐药外，其他分离株均对受试药物具有较好的敏感性（Awosile et al.，2018b）。另一个来自加拿大的团队同样报告了其在 2007～2013 年期间所收集到的马链球菌兽疫亚种分离株对四环素表现高水平耐药（86%），但相较于 1986～1988 年和 1996～1998 年的分离株，没有观察到马链球菌兽疫亚种的耐药性增加，也没有发现任何菌株对青霉素耐药（Malo et al.，2016）。Davis 等（2013）于 2003 年 1 月至 2008 年 12 月期间收集的来自美国佛罗里达州 8296 份母马子宫拭子、灌洗液或活检样本中分离出马链球菌兽疫亚种，共获得了 733 株马链球菌兽疫亚种分离株，并对其中的 596 株进行了 9 种临床常用抗菌药物的药物敏感性测定，结果发现所有分离株对氨苄西林（81%）、头孢唑林（90%）、头孢噻呋（91%）、庆大霉素（85%）、替卡西林（91%）、替卡西林/克拉维酸（94%）的敏感性较好，而有 51%、47%、29%的分离株分别对土霉素、恩诺沙星和青霉素耐药。来自美国田纳西州和肯塔基州的研究人员对其从 2012～2017 年分离自马呼吸道样品中的 247 株马链球菌兽疫亚种进行药敏试验发现，几乎所有（99.6%）分离株都表现出对至少 1 种抗菌药物耐药，且有 53.3% 的分离株表现出多重耐药，恩诺沙星（96.2%）和四环素（85.3%）的耐药情况较为严重，其次是氯霉素（44.5%）及多西环素（33.3%），还观察到了 6.9% 的分离株对青霉素具有耐药性，且分离株中多重耐药的比率逐年上升（Lord et al.，2022）。

3）中国

相较于欧洲与北美洲，我国马链球菌分离株的耐药情况总体处于较低水平。2018 年 7 月至 2019 年 8 月，刘延麟（2019）在山东、河北、山西等 9 个省份分离到 7 个序列型共 133 株驴源马链球菌，青霉素和头孢噻呋药物敏感性试验表明，在 133 株马链球菌中未出现耐药菌株。在一项关于 8 匹患子宫内膜炎母马的病原菌耐药情况调查中，分离到的所有马链球菌兽疫亚种只对氨苄西林有一定程度的耐药，对青霉素、红霉素、头孢类及左氧氟沙星等均敏感（丁渲攀等，2022）。杜宇等（2022）对 2019～2022 年分离自新疆的 7 株马链球菌马亚种和 3 株马链球菌兽疫亚种进行 21 种抗菌药物的药物敏感性测定，结果发现 10 株分离株均表现出对青霉素耐药，5 株马链球菌马亚种和 2 株马链球菌兽疫亚种表现出头孢呋辛耐药特征，另有部分菌株对氨苄西林（4 株）、磺胺嘧啶钠（4 株）、恩诺沙星（2 株）和克拉霉素（2 株）耐药，上述分离株对半数以上的试验药物表现出高敏感性，总体耐药率偏低。

4）小结

总体而言，目前世界各国对于马链球菌的耐药性研究与流行病学调查还不够深入和全面，从现有的研究结果来看，我国马链球菌的总体耐药率偏低，但需注意遏制和防范青霉素耐药菌株的传播与流行；来自北美洲的马链球菌分离株较多表现出对四环素的高水平耐药，且来自呼吸道的分离株相较于子宫分离株的耐药情况更为严重；欧洲地区不同国家马链球菌的耐药情况差异较大，但多项研究显示，马链球菌对于 β-内酰胺类药物、氨基糖苷类药物和四环素类药物的敏感性呈现出逐年下降的趋势。

（二）副猪嗜血杆菌

副猪嗜血杆菌（*Haemophilus parasuis*，HPS）是健康猪上呼吸道的常在菌，也是猪格拉瑟病（Glässer's disease）的病原。该菌主要危害断奶仔猪和膘情良好的育肥猪，感染后往往导致仔猪生长缓慢或育肥猪的迅速死亡，给养猪业带来巨大的经济损失。临床上常使用抗菌药物预防和治疗副猪嗜血杆菌引起的感染，目前常使用的药物包括：大环内酯类的替米考星和泰乐菌素，酰胺醇类的氟苯尼考，四环素类的多西环素和四环素，氟喹诺酮类的恩诺沙星，β-内酰胺类的头孢噻呋，磺胺类的磺胺异噁唑/甲氧苄啶。目前，副猪嗜血杆菌相关的耐药判定标准尚未建立，临床上主要参考 CLSI 公布的嗜血杆菌属或胸膜肺炎放线杆菌的相关标准，国际上倾向于使用 MIC_{50}、MIC_{90} 及 MIC 分布来描述副猪嗜血杆菌的 MIC 结果。近年来，国内建立了副猪嗜血杆菌对部分抗菌药物的流行病学临界值，有助于指导临床合理使用抗菌药物。表 2-67 汇总了近年来国内外副猪嗜血杆菌耐药情况。

1. 国外

副猪嗜血杆菌对多种抗菌药物较为敏感，但近几年，对部分药物的敏感性有所降低。欧盟的一项监测结果显示（2009～2012 年），副猪嗜血杆菌对大部分药物均较为敏感（$MIC_{90} \leqslant 2$ μg/mL），而对泰乐菌素、林可霉素和大观霉素的敏感性较低，其 MIC_{90} 分别为 16 μg/mL、8 μg/mL 和 8 μg/mL（El Garch et al.，2016）。德国的一项调查显示，分离自 2013～2016 年的副猪嗜血杆菌对阿莫西林/克拉维酸、头孢噻呋、氟苯尼考和恩诺沙星较为敏感，其 MIC_{90} 分别为 0.25 μg/mL、0.06 μg/mL、0.5 μg/mL 和 0.015 μg/mL，但分离株对氨苄西林、青霉素、泰妙菌素、四环素和磺胺甲噁唑/甲氧苄啶的敏感性较低，MIC_{90} 均 $\geqslant 8$ μg/mL，同时也出现了替米考星和大观霉素 MIC 较高的菌株（MIC 分别为 64 μg/mL 和 512 μg/mL）（Brogden et al.，2018）。

Hayer 等（2020）对 2010～2016 年分离自美国的 1615 株副猪嗜血杆菌进行药物敏感性测定，结果显示：副猪嗜血杆菌对头孢噻呋、氟苯尼考和恩诺沙星较为敏感，其 MIC_{90} 分别为 1 μg/mL、0.5 μg/mL 和 $\leqslant 0.12$ μg/mL；而对氨苄西林、青霉素、庆大霉素、土霉素、泰妙菌素和泰乐菌素的敏感性较低，其 MIC_{90} 均 $\geqslant 8$ μg/mL。值得注意的是，副猪嗜血杆菌对泰拉霉素具有较高的 MIC_{90} 值（32 μg/mL）。尽管分离株对氟苯尼考的 MIC_{90} 只有 0.5 μg/mL，但其 MIC 有逐年升高的趋势。

在澳大利亚，副猪嗜血杆菌对氨苄西林、头孢噻呋和氟苯尼考的敏感性较高，但对大环内酯类药物的敏感性相对较低，对红霉素、泰拉霉素和替米考星的 MIC_{90} 分别为 8 μg/mL、8 μg/mL 和 32 μg/mL（Dayao et al.，2014）。

2. 国内

我国早期（2007～2008 年）分离的副猪嗜血杆菌对氨苄西林、头孢噻呋、四环素、氟苯尼考和替米考星的敏感性较高，其 MIC_{90} 分别为 2 μg/mL、0.5 μg/mL、2 μg/mL、1 μg/mL 和 2 μg/mL；对恩诺沙星的敏感性较低，MIC_{90} 为 8 μg/mL（Zhou et al.，2010）。近期（2016～2017 年）分离的副猪嗜血杆菌对头孢噻呋依然较为敏感，MIC_{90} 为 0.25 μg/mL，但对四环素的敏感性降低，MIC_{90} 为 16 μg/mL。尽管氟苯尼考的 MIC_{90} 为 1 μg/mL，但也存在多株 MIC 值较高的菌株（MIC=32 μg/mL）。值得注意的是，和澳大利亚类似，我国近期分离的副猪嗜血杆菌对大环内酯类药物的敏感性较低，红霉素和替米考星的 MIC_{90} 分别为 16 μg/mL 和 64 μg/mL（Zhang et al.，2019b）。

3. 小结

不同国家副猪嗜血杆菌分离株的耐药情况不同，尽管欧美地区的分离株对大多数药物相对敏感，但其敏感性有降低的趋势。参考中国建立的氨苄西林（1 μg/mL）、青霉素（1 μg/mL）、庆大霉素（4 μg/mL）和替米考星（16 μg/mL）的流行病学折点可知，欧美地区的副猪嗜血杆菌对上述药物显示出了较为明显的耐药性；对 β-内酰胺类药物头孢噻呋（0.5 μg/mL）的敏感性也开始显现出轻微下降趋势（陈超群等，2021；陈佳莉等，2021；

周萱仪等，2022）。与国外相比，我国副猪嗜血杆菌对药物的敏感性相对较低（表2-67），且近年来菌株对多数药物的敏感性明显下降，尤其是对临床上最常用于防治副猪嗜血杆菌病的大环内酯类药物，出现了多株MIC值较高的菌株，值得我们关注。

表2-67 不同国家副猪嗜血杆菌的MIC值 （单位：μg/mL）

药物	MIC	国外			国内	
		美国	澳大利亚	欧盟	2007～2008年	2016～2017年
氨苄西林	MIC$_{50}$	0.5	≤0.12	—	0.5	—
	MIC$_{90}$	>16	0.5	—	2	—
头孢噻呋	MIC$_{50}$	≤0.25	≤0.12	0.06	0.12	<0.015
	MIC$_{90}$	1	≤0.12	0.25	0.5	0.25
恩诺沙星	MIC$_{50}$	≤0.12	—	0.008	2	0.25
	MIC$_{90}$	≤0.12	—	0.06	8	2
红霉素	MIC$_{50}$	—	2	—	0.5	2
	MIC$_{90}$	—	8	—	2	16
泰乐菌素	MIC$_{50}$	—	—	2	16	—
	MIC$_{90}$	—	—	16	32	—
替米考星	MIC$_{50}$	—	2	1	1	4
	MIC$_{90}$	—	32	2	2	64
拖拉菌素	MIC$_{50}$	4	1	—	—	—
	MIC$_{90}$	16	8	—	—	—
氟苯尼考	MIC$_{50}$	—	0.25	0.25	0.5	0.5
	MIC$_{90}$	—	0.5	0.5	1	1
四环素	MIC$_{50}$	—	0.5	0.5	0.5	1
	MIC$_{90}$	—	8	1	2	16
磺胺甲噁唑/甲氧苄啶	MIC$_{50}$	—	—	0.5	2	—
	MIC$_{90}$	—	—	1	16	—
参考文献		（Hayer et al., 2020）（Dayao et al., 2014）（El Garch et al., 2016）（Zhou et al., 2010）（Zhang et al., 2019b）				

注："—"表示无数据。

（三）胸膜肺炎放线杆菌

胸膜肺炎放线杆菌（*Actinobacillus pleuropneumoniae*，APP）是猪传染性胸膜肺炎的病原菌，该病是猪呼吸系统的一种严重的接触性传染性疾病，急性型病死率高，且容易引起继发感染；慢性型则导致猪生长缓慢，降低饲料回报率。胸膜肺炎放线杆菌是引起猪肺部感染的主要病原菌之一，其传播难以控制，造成的污染难以清除（Stringer et al., 2022）。目前，该病已在世界各地广泛流行，且一直呈现增长趋势，严重威胁着各个国家养猪业的发展。该病发生多为急性型，病程迅速难以救治；若在发生该病早期及时发现，则常应用氟苯尼考、环丙沙星、庆大霉素、卡那霉素或头孢类抗菌药物进行治疗。

根据文献报道，全球范围内有关胸膜肺炎放线杆菌耐药性的报道主要集中在亚洲和北美洲，欧洲有少量报道，南美洲、大洋洲和非洲的数据较为匮乏；国内则是呈现各地散发的情况，西南地区、华南地区耐药状况较为严重，东北地区和西北地区未见耐药报道。目前，胸膜肺炎放线杆菌的耐药主要集中在青霉素与四环素，但也出现了胸膜肺炎放线杆菌对磺胺类、氨基糖苷类和喹诺酮类药物耐药的报道。本节主要介绍现阶段胸膜肺炎放线杆菌的耐药情况，以期为胸膜肺炎放线杆菌病的用药提供指导。表 2-68 和表 2-69汇总了国外和国内部分地区胸膜肺炎放线杆菌的耐药情况。

表 2-68　1994～2013 年国外部分地区猪源胸膜肺炎放线杆菌耐药率　　　　（%）

年份	地区	来源	青霉素类	一代头孢	磺胺类	大环内酯类	氨基糖苷类	喹诺酮类	四环素类	参考文献
1994～2009	意大利	猪	11.1～82.6	16.4～23.8	11.5～32.7	28.6～51.3	63.6～92.1	2.0～16.7	—	（Vanni et al.，2012）
2007～2009	捷克	猪	0.8～3.3	—	—	1.2	—	—	23.9	（Kucerova et al.，2011）
2012	加拿大	猪	20.9	—	—	—	—	11.6	88.4～90.7	（Archambault et al.，2012）
2010～2013	韩国	猪	10.8～21.5	3.1	—	—	6～18.5	20	95.4	（Boram et al.，2016）
2006～2011	日本	猪	12.5～25	—	37.5	—	—	0	39.6	（Shunsuke et al.，2016）
2006～2020	德国	猪	51.5	0.18	—	2.4	3.6～30.9	2.7	78.2	（Hennig-Pauka et al.，2021）

注："—"表示无数据。

表 2-69　2002～2021 年中国部分地区猪源胸膜肺炎放线杆菌耐药率　　　　（%）

年份	地区	来源	青霉素类	一代头孢	磺胺类	氯霉素类	氨基糖苷类	喹诺酮类	四环素类	参考文献
2002～2007	台湾	猪肺	43.1～44.1	4.3	—	6.6	93.4	2.0～16.7	52.6～88.2	（Yang et al.，2011）
2010	华东	猪肺	53.6	32.1	—	0	78.6	64.3	64.3	（刘英龙等，2010）
2017	西南	猪肺	100	26.8	100	—	100	64.5	100	（余波等，2017）
2019	华中、华南	猪肺	3.85～20.9	—	51.92	18.27	—	18.27	6.73～75.0	（罗行炜等，2019）
2020	华中	猪肺	—	—	—	—	37.6～68.2	—	22.3～76.5	（李海利等，2021；李海利等，2020）
2019～2021	华南	猪肺	30～85	0～20	30～100	55	25～60	10～20	55～100	（徐民生等，2022）

注："—"表示无数据。

1. 国外

Vanni 等（2012）分析了 1994～2009 年在意大利分离出的胸膜肺炎放线杆菌对多种抗菌药物的耐药率和耐药趋势。在整个研究期间，分离株对部分抗菌药物的耐药率均呈大幅度上升趋势，其中阿莫西林的耐药率从 11.1%增至 82.6%，氨苄西林的耐药率从14.8%增至 69.2%，青霉素的耐药率从 18.5%增至 72.7%，头孢喹啉的耐药率从 16.4%增至 23.8%，复方新诺明的耐药率从 11.5%增至 32.7%，阿莫西林/克拉维酸的耐药率从完全敏感增至 8.9%，替米考星的耐药率从 28.6%增至 51.3%。但随着时间的推移，部分抗菌药物的耐药率出现显著下降，庆大霉素的耐药率从 92.1%降低至 63.6%，马波沙星的耐药率从 16.7%降至 2%，而头孢噻呋、头孢氨苄、多西环素、四环素、恩诺沙星、达诺沙星、氟美喹啉、林可霉素、泰拉霉素、甲氧苄啶、氟苯尼考、链霉素和卡那霉素的耐药率未见明显变化。

Kucerova 等（2011）调查了 2007～2009 年在捷克病猪中分离的胸膜肺炎放线杆菌的耐药情况。采用微量肉汤稀释法检测 242 株菌株对 16 种抗菌药物的敏感性，结果显示胸膜肺炎放线杆菌对氟苯尼考和阿莫西林/克拉维酸的耐药率均为 0.8%，替米考星、泰妙菌素和氨苄西林的耐药率均较低（分别为 1.2%、1.7%和 3.3%），而对四环素的耐药率较高（为 23.9%）。

2012 年，Archambault 等（2012）对在加拿大分离的 43 株胸膜肺炎放线杆菌进行药物敏感性测试，所有分离株均对头孢噻呋、氟苯尼考、恩诺沙星、红霉素、克林霉素、磺胺甲噁唑/甲氧苄啶和替米考星敏感，对泰妙菌素（7%），青霉素（20.9%）、氨苄西林（20.9%）及达氟沙星（11.6%）有较低的耐药率，对金霉素（88.4%）和土霉素（90.7%）有较高耐药率（其中四环素耐药分离株至少包含 tet(B)、tet(O)、tet(H)或 tet(C)中的一种耐药基因），5 株分离株同时对青霉素（bla$_{ROB-1}$）、链霉素（strA）、磺胺类药物（sul2）和四环素 [tet(O)] 具有耐药性，3 株分离株对链霉素（strA）、磺酰胺类（sul2）和四环素类 [tet(B)、tet(O)或 tet(B)/tet(H)] 同时耐药。

Boram 等（2016）对 2010～2013 年采集自韩国的 65 株胸膜肺炎放线杆菌临床分离株进行药物敏感性试验，结果显示所有分离株均对阿米卡星敏感，对庆大霉素（18.5%）、卡那霉素（15.4%）、新霉素（6%）、多黏菌素（13.8%）、磺胺甲噁唑/甲氧苄啶（20%）、阿莫西林/克拉维酸（10.8%）、头孢噻呋（3.1%）、青霉素（21.5%）和氨苄西林（21.5%）有较低的耐药率，分离株对四环素耐药率较高（为 95.4%），有 43.1%的菌株对氟苯尼考耐药；62 株对四环素耐药的分离株中有 53 株带有 1～5 个四环素耐药基因，包括 tet(B)、tet(A)、tet(H)、tet(M)/tet(O)、tet(C)、tet(G)和（或）tet(L-1)标志基因；26.6%的菌株对 3 种或更多种抗菌药物有抗性，9%的菌株对 10 种药物均具有耐药性。

Shunsuke 等（2016）对 2006～2011 年采集自日本的 48 株胸膜肺炎放线杆菌临床分离株进行药物敏感性试验，结果显示所有分离株均对诺氟沙星敏感，对氨苄西林（12.5%）和氯霉素（18.8%）有较低水平的耐药率，对青霉素（25%）、磺胺类（37.5%）和土霉素（39.6%）具有一定的耐药性。相比于 1989～2008 年的统计数据，氨苄西林的耐药率从 2%增长至 12.5%，青霉素的耐药率从 13.6%增长至 25%，土霉素依然保持着较高的耐药率（45%～39.6%），但磺胺类的耐药率有所下降（从 82.1%降低至 37.5%）。

Hennig-Pauka 等（2021）对 2006～2020 年采集自德国的 1680 株胸膜肺炎放线杆菌临床分离株进行药物敏感性试验，结果显示德国地区分离到的胸膜肺炎放线杆菌对四环素（78.2%）和青霉素（51.5%）的耐药较为严重，其次是庆大霉素（30.9%），对壮观霉素（3.6%）、恩诺沙星（2.7%）、泰妙菌素（2.4%）及替米考星（2.4%）的耐药率较低，对氟苯尼考（0.24%）、头孢噻呋和头孢噻呋（0.18%）保持敏感。

2. 中国

Yang 等（2011）对 2002～2007 年在我国台湾地区分离的 211 株胸膜肺炎放线杆菌

进行药物敏感性试验。结果表明，所有分离株均对头孢噻呋敏感，对头孢类药物（4.3%）、氯霉素（6.6%）和呋喃妥因（10.4%）的耐药率较低，对阿莫西林（43.1%）、氨苄西林（44.1%）和土霉素（52.6%）有中等耐药率，耐药率高的抗菌药物包括多西环素（88.2%）、庆大霉素（94.3%）和利高霉素（97.6%）。

2010 年，刘英龙等（2010）从山东分离到 28 株猪传染性胸膜肺炎放线杆菌，药敏结果显示，分离株对氟苯尼考敏感，对环丙沙星（28.6%）、阿米卡星（28.6%）、氧氟沙星（32.1%）、头孢噻肟（32.1%）和头孢克洛（35.7%）具有一定的耐药性，对克拉霉素（53.6%）、氨苄西林（53.6%）、恩诺沙星（64.3%）、利福平（64.3%）、四环素（64.3%）和庆大霉素（78.6%）有较高的耐药率。

2017 年，余波等（2017）从贵州分离到 31 株猪传染性胸膜肺炎放线杆菌，药敏结果显示，分离株对青霉素、氨苄西林、链霉素、庆大霉素、强力霉素、红霉素、利福平、卡那霉素、土霉素和磺胺二甲嘧啶钠均耐药（100%），对恩诺沙星和林可霉素的耐药率均为 64.5%，对诺氟沙星和泰乐菌素的耐药率均为 54.8%，对头孢类药物（26.8%）和氟苯尼考（22.5%）的耐药率较低。

2019 年，罗行炜等（2019）从河南、湖北、湖南、安徽、山西、江西、陕西共 7 个省份分离到 104 株猪传染性胸膜肺炎放线杆菌，药敏结果显示，分离株对土霉素、多西环素、氟苯尼考、恩诺沙星、磺胺间甲氧嘧啶和阿莫西林的耐药率分别为 75.0%、6.73%、18.3%、18.3%、51.9% 和 3.85%，并检测出包括 tet(B)、tet(M)、tet(L)、tet(O)、flo(R) 和 bla_{ROB-16} 在内的 6 种耐药基因，检出率分别为 67.3%、6.73%、6.73%、6.73%、46.2% 和 3.85%。

李海利等（2021，2020）对从河南及周边地区分离到的 85 株猪传染性胸膜肺炎放线杆菌进行了氨基糖苷类和四环素类抗菌药物耐药情况的检测，结果显示对氨基糖苷类抗菌药物中的大观霉素（68.2%）和链霉素（60.0%）的耐药率较高，其次是卡那霉素（57.6%）、庆大霉素（55.3%）、新霉素（45.9%）、安普霉素（43.5%）、小诺霉素（37.6%）；对四环素类药物的耐药率从高到低依次为四环素（76.5%）、土霉素（28.2%）、金霉素（54.1%）、多西环素（45.9%）、美他环素（48.2%）、米诺霉素（25.9%）和替加环素（22.3%）。

2019～2021 年，徐民生等（2022）对从广州分离到的 20 株猪传染性胸膜肺炎放线杆菌进行了 β-内酰胺类、氨基糖苷类、大环内酯类、磺胺类、四环素类、喹诺酮类、氯霉素类与林克酰胺类抗菌药物耐药情况的检测。结果显示，该菌对青霉素（85%）、克拉霉素（70%）、磺胺异噁唑（100%）、四环素（100%）和林可霉素（100%）的耐药率较高；对氨苄西林（30%）、庆大霉素（30%）、链霉素（60%）、复方新诺明（30%）、多西环素（55%）和氟苯尼考（55%）的耐药率次之；对头孢拉定（20%）、阿莫西林/克拉维酸（20%）、头孢噻肟（15%）、卡那霉素（25%）、红霉素（25%）、环丙沙星（10%）和恩诺沙星（20%）的耐药率较低；对头孢唑啉与阿奇霉素敏感。综上，我国部分地区猪源胸膜肺炎放线杆菌对青霉素类、磺胺类、氨基糖苷类、四环素类药物的耐药情况较为严重（表 2-69）。

3. 小结

全球范围内有关胸膜肺炎杆菌的耐药报道均指出，胸膜肺炎放线杆菌对青霉素类和四环素类抗菌药物产生了较高的耐药性。基于已报道数据，部分国家如捷克与日本，胸膜肺炎放线杆菌的耐药情况比较稳定，稍好于其他地区；国内耐药情况较为严重，尤其是西南地区 2017 年报道了可以同时耐受青霉素、磺胺类药物、氨基糖苷类药物和四环素类药物的多重耐药菌；华南地区 2021 年报道了 7 株十重耐药菌。目前胸膜肺炎放线杆菌对头孢类、喹诺酮类抗菌药物的耐药情况较少，但对部分 β-内酰胺类、磺胺类、四环素类抗菌药物的耐药情况依然严重。

（四）多杀性巴氏杆菌

多杀性巴氏杆菌（*Pasteurella multocida*）简称巴氏杆菌，是巴氏杆菌属（*Pasteurella*）中一类重要的动物源条件致病菌，宿主十分广泛，正常情况下存在于多种健康动物口腔和咽部的黏膜，一定条件下可引起牛、羊、猪、禽、兔等多种动物的巴氏杆菌病（曾称"出血性败血症"）（Capitini et al., 2002）。目前，巴氏杆菌在国内外广泛流行，给养殖业造成巨大损失。由于巴氏杆菌分型复杂，不同血清型之间抗原性、免疫原性差异较大，使得疫苗免疫效果较差，暂无有效的疫苗可以预防所有荚膜血清型的巴氏杆菌感染，因此通常采用抗菌药物进行治疗。目前比较常用的抗菌药物有 β-内酰胺类（头孢氨苄）、四环素类（土霉素）、磺胺类（磺胺嘧啶、磺胺噻唑）、酰胺醇类（氟苯尼考）、氨基糖苷类（阿米卡星、庆大霉素、链霉素、阿米卡星）等，最为优先的药物有大环内酯类（红霉素）、氟喹诺酮类（环丙沙星、恩诺沙星）和第三代头孢类药物。近年来，随着抗菌药物的大量使用和滥用，多杀性巴氏杆菌的耐药情况日益严重，导致可用的抗菌药物种类越来越少，然而该菌的耐药性问题并未受到足够的重视，且很少有国家或地区较为系统地监测多杀性巴氏杆菌对常用抗菌药物的耐药性变化趋势。根据现有的相关报道，本文梳理了国内外近三十年来巴氏杆菌耐药性的相关数据，从时间、空间和宿主三个维度梳理了该菌的耐药情况。

1. 欧洲

与其他地区相比，欧洲猪源巴氏杆菌耐药性相关的参考数据较多，且主要集中于中欧和南欧地区。

在中欧地区，一项在捷克的流行病学调查显示，2008～2011 年分离的巴氏杆菌对多种常用抗菌药物具有耐药性，其中，对四环素（32.2%，107/332）和泰妙菌素（18.1%，60/332）的耐药率偏高，对其他多种抗菌药物的耐药率低于 10%（Nedbalcová and Kučerová, 2013）。另一项德国的流行病学调查数据显示，2015～2020 年，牛源分离株对壮观霉素的耐药率从 88.89%（48/54）下降到 67.82%（59/87），而对泰拉霉素和四环素的耐药率均有所升高，分别从 5.56%（3/54）升至 26.44%（23/87）、从 18.52%（10/54）升至 57.47%（50/87）（Melchner et al., 2021）。与中欧地区相比，南欧地区分离株的耐药谱较窄，但整体的耐药率比较高。西班牙 2017～2018 年的数据表明，分离株对氨苄西林、四环素、红霉素、克林霉素和磺胺类药物普遍耐药，其中分离株对磺胺类药物和克林霉素的耐药率高达 68.7%（22/32）和 96.9%（31/32），且 84.4%（27/32）的分离株对两种及以上抗菌药物具有耐药性（Petrocchi-Rilo et al., 2019）。与此同时，Sellyei 等

（2017）报道了 2005～2010 年匈牙利 218 株巴氏杆菌的耐药情况，该研究发现，此期间分离株对 1 种或 2 种抗菌药物的耐药率保持稳定，但多重耐药率呈现显著下降趋势。

从时间层面分析，1987～2018 年，以西班牙为代表的南欧地区猪源巴氏杆菌的耐药情况不断变化。Lizarazo 等（2006）报道了 1987～1988 年和 2003～2004 年西班牙猪源分离株的耐药情况，Petrocchi-Rilo 等（2019；2020）报道了 2017～2018 年及 2019 年分离株的耐药情况。综合以上数据，1987～2019 年，南欧地区分离株对头孢噻呋、恩诺沙星、氟苯尼考、替米考星和庆大霉素的耐药率一直维持在较低水平，但对氨苄西林、红霉素、磺胺类药物的耐药率呈逐渐上升趋势；2018 年，分离株对氨苄西林的耐药率上升为 40.6%（13/32），对磺胺类药物的耐药率上升为 68.7%（22/32）；1987～2018 年，分离株对红霉素的耐药率由 11.6%上升至 12.5%（4/32）。综上所述，中欧和南欧地区巴氏杆菌的耐药情况普遍较为严重，多数分离株对 β-内酰胺类、氨基糖苷类和四环素类药物的耐药率呈现上升趋势（表 2-70）。

表 2-70 1987～2019 年欧洲猪源巴氏杆菌耐药率 （%）

抗菌药物	中欧	南欧			
	2008～2011 年（N=332）	1987～1988 年（N=63）	2003～2004 年（N=132）	2017～2018 年（N=32）	2017～2019 年（N=48）
氨苄西林	6.0	1.6	3.8	40.6	—
克拉维酸	4.5	—	—	—	—
头孢噻肟	—	—	—	0.0	—
头孢噻呋	0.6	0.0	0.0	0.0	0.0
恩诺沙星	1.5	0.0	0.0	0.0	2.1
氟苯尼考	1.5	0.0	0.0	—	0.0
四环素	32.2	—	—	18.8	68.7
替米考星	3.9	1.6	0.0	—	2.1
泰拉霉素	2.4	—	—	—	0
泰妙菌素	18.1	—	—	—	25.0
庆大霉素	1.2	0.0	0.0	—	—
红霉素	—	1.6	3.8	12.5	—
氯霉素	—	—	—	0.0	—
磺胺类	—	1.6～15.9	41.7～81.8	68.7	43.7
克林霉素	—	—	—	96.9	—
参考文献	（Nedbalcová and Kučerová，2013）	（Lizarazo et al.，2006）	（Lizarazo et al.，2006）	（Petrocchi-Rilo et al.，2019）	（Petrocchi-Rilo et al.，2020）

注："—"表示无数据。

2. 北美洲

与欧洲相比，北美洲巴氏杆菌的耐药率较低。近二十年的数据显示，多数常用抗菌药物均可治疗由巴氏杆菌引起的感染。2012 年，Portis 等（2012）的报道显示，2000～2009 年牛源分离株对青霉素、达氟沙星、恩诺沙星、氟苯尼考和泰拉霉素的敏感率在

80%（2632/3291）以上，而对四环素的敏感率较低。随后，Sweeney 等（2017）报道了
2011～2015 年猪源分离株对抗菌药物的敏感情况，发现分离株对头孢噻呋、恩诺沙星、
氟苯尼考、氨苄西林、青霉素、替米考星的敏感率较高，其中对头孢噻呋的敏感率一直
保持在 100%（855/855），但分离株对四环素的敏感性较低（22.3%～35.3%，N=855）。
根据 Portis（2013）和 Sweeney（2017）等的报道，不论是牛源还是猪源巴氏杆菌，其
对四环素的敏感性均较低，但与 2001～2010 年相比，2011～2015 年的猪源分离株对四
环素的敏感率呈现升高趋势（表 2-71）。

表 2-71　2000～2020 年北美洲巴氏杆菌的抗菌药物敏感率　　　　　　　　　（%）

抗菌药物	2000～2009 年 牛（N=3291）	2001～2010 年 猪（N=2389）	2011～2015 年 猪（N=855）
青霉素	86.1～94.9	—	97.6～99.4
氨苄西林	—	—	97.6～98.6
头孢噻呋	100	100	100
达氟沙星	86.9～91.5	—	—
恩诺沙星	88.2～100	98.8～100	100
氟苯尼考	79.1～91.0	99.2～100	100
四环素	52.3～67.8	13.4～46.5	22.3～35.3
替米考星	—	93.7～100	97.5～100
泰拉霉素	89.5～96.0	99.6～100	98.8～100
参考文献	(Portis et al.，2012)	(Portis et al.，2013)	(Sweeney et al.，2017)

注："—"表示无数据。

近年来，威斯康星兽医诊断实验室调查了 2008～2017 年美国巴氏杆菌的耐药情况，
发现 10% 的分离株至少对一种抗菌药物具有耐药性，同时，该研究发现，与 2008～2012
年相比，2013～2017 年分离株对抗菌药物的耐药率整体呈下降趋势（Holschbach et al.，
2020）。还有研究报道了 2011～2016 年北美部分地区分离株的耐药情况，发现 83.0%
（58/70）的分离株对 7 种及以上抗菌药物具有耐药性，其中，对磺胺类、新霉素、克林
霉素、土霉素、大观霉素、泰乐菌素、替米考星和红霉素普遍耐药（Klima et al.，2020）。
2021 年，加拿大的一篇报道显示，牛源巴氏杆菌对土霉素耐药现象较为普遍，高达 90%
（N=515）（Andrés-Lasheras et al.，2021）。

3. 亚洲

与欧美地区相比，亚洲地区的耐药性监测数据较少，相关报道主要集中在日本、韩
国、伊朗和印度等国家。2000 年，Nakaya 等（2000）的报道表明，1994～1995 年日本
牛源分离株对氨苄西林、头孢唑啉、土霉素和氯霉素具有耐药性，且 36.0%（27/75）的
分离株具有多重耐药性。Oh 等（2018）的报道显示，2010～2016 年韩国猪源分离株对
磺胺二甲氧嘧啶的耐药率较高（76.0%，345/454），其次是土霉素（66.5%，302/454）和
氟苯尼考（18.5%，84/454）（表 2-72）。

从时间层面，Güler 等（2013）分析了 2001～2012 年西亚地区（土耳其）不同动物

源分离株的耐药情况，多数分离株对头孢噻呋、恩诺沙星、氟苯尼考和磺胺甲噁唑/甲氧苄啶耐药，且在分离出的 11 株耐药菌株中，7 株为多重耐药菌株。2014 年，伊朗牛源分离株的药敏试验结果表明，该地区最常见的是耐青霉素（43/141）和链霉素（31/141）的分离株（Jamali et al.，2014）。同年，有研究报道了水牛源分离株的药敏试验结果，发现分离株对阿米卡星的耐药率较高，为 72.73%（8/11）；对磺胺嘧啶的耐药率次之，为 67.64%（7/11）；对恩诺沙星（0%，0/11）和氯霉素（9.09%，1/11）的耐药率较低（Kamran et al.，2014）。2017 年，Gharibi 等（2017）的研究表明，伊朗牛源分离株对泰乐菌素的耐药率较高（90.9%，206/227），对氨苄西林（27.3%，62/227）、红霉素（13.6%，31/227）和青霉素（9.1%，21/227）的耐药率稍低。

表 2-72　1990～2020 年亚洲部分地区巴氏杆菌的耐药率　　　　　　　　（%）

抗菌药物	日韩		西亚		东南亚
	牛 1994～1995 年 (N=75)	猪 2010～2016 年 (N=454)	多种动物 2001～2012 年 (N=50)	牛 2017 年 (N=227)	牛、羊 2000～2010 年 (N=88)
青霉素	—	—	—	9.1	—
氨苄西林	8.0	48.0	—	27.3	38.6
头孢噻肟	—	—	—	—	11.3
头孢噻呋	—	0.2	—	—	—
头孢唑啉	13.3	—	—	—	—
恩诺沙星	—	2.6	—	0.0	0.0
氟苯尼考	—	18.5	—	0.0	—
四环素	—	36.8～66.5	12.0	—	6.8
替米考星	—	26.0	6.0	—	—
泰拉霉素	—	0.0	—	—	—
泰妙菌素	—	—	—	90.9	—
庆大霉素	—	—	—	—	2.3
阿莫西林	—	—	—	—	22.7
红霉素	—	—	6.0	13.6	15.9
卡那霉素	22.7	—	—	—	6.8
氯霉素	22.7	—	—	—	0.0
土霉素	42.7	66.5	—	0.0	—
磺胺二甲氧嘧啶	—	76.0	—	—	—
参考文献	(Nakaya et al.，2000)	(Oh et al.，2018)	(Güler et al.，2013)	(Gharibi et al.，2017)	(Sarangi et al.，2015)

注："—"表示无数据。

有关东南亚地区动物源巴氏杆菌耐药性的报道主要集中在印度和孟加拉国等地。2010 年，有研究报道了近十年来印度小反刍动物源分离株的耐药情况，大多数分离株对恩诺沙星和氯霉素敏感，其中羊源分离株对恩诺沙星和氯霉素的敏感性较高，对四环素、庆大霉素、环丙沙星、氧氟沙星和复方新诺明的敏感性次之，对氨苄西林、阿莫西林和红霉素的耐药现象较为普遍，多重耐药菌株的比例可达 17.04%（5/27）（Önat et al.，2014）。

2015 年，Sarangi 等（2015）报道了印度牛、羊源巴氏杆菌分离株的耐药情况，该研究表明，分离株对氨苄西林的耐药率较高，为 38.6%（34/88）；对阿莫西林的耐药率次之，为 22.7%（20/88）；对恩诺沙星和氯霉素的耐药率均为 0%（0/88）。Ahmed 等（2019）的研究表明，孟加拉国萨瓦尔地区鸡源巴氏杆菌的分离率为 12.4%（12/97），分离株对青霉素、阿莫西林、泰乐菌素和多西环素的耐药率均高达 100%（12/12）。

综上，日韩地区和西亚地区分离株对泰乐菌素、氨苄西林、四环素及红霉素的耐药率较高，对磺胺类、喹诺酮类、氯霉素类及头孢类抗菌药物的耐药率较低；东南亚地区分离株除对上述药物具有抗性外，对阿莫西林的耐药率也较高，相比日韩地区和西亚地区，东南亚地区分离株的耐药谱更广，多重耐药现象更为严重。

4. 其他地区

在南美洲，Amaral 等（2019）比较了 1981～1997 年和 2011～2012 年两个时间段内猪源巴氏杆菌分离株对抗菌药物的敏感情况，发现分离株对氟苯尼考的敏感率较高，分别为 100.0%（44/44）和 94.0%（47/50）；对阿莫西林的敏感率较低，分别为 34.1%（15/44）和 60.0%（30/50）。Furian 等（2016）报道了巴西禽源和猪源分离株对抗菌药物的敏感情况，发现两种来源的分离株对不同抗菌药物的敏感性整体差异不大，其中对庆大霉素和阿莫西林的敏感性较高，可达 97%（93/96）以上，76.8%（43/56）的禽源和 85.0%（34/40）的猪源分离株对磺胺类药物敏感，见表 2-73。Cuevas 等（2020）从巴西的病猪和病牛中分离出 76 株巴氏杆菌，检测了分离株对 10 种常用抗菌药物的敏感性，结果表明牛源及猪源分离株对林可霉素的敏感率较低，分别为 5.6%（1/18）和 0%（0/58）；但对头孢噻呋敏感率较高，分别为 100.0%（18/18）和 98.3%（57/58）。

表 2-73　1980～2019 年其他地区巴氏杆菌敏感率　　　　　（%）

抗菌药物	南美洲				澳大利亚	埃及
	1981～1997 年 猪（N=44）	2011～2012 年 猪（N=50）	2016 年 禽（N=56）	2016 年 猪（N=40）	2016 年 猪（N=20）	2017 年 牛（N=20）
阿莫西林	34.1	60.0	98.2	100.0	—	30.0
头孢噻呋	—	—	98.2	77.5	—	90.0*
恩诺沙星	100.0	66.0	76.8	77.5	—	70.0
氟苯尼考	100.0	94.0	—	—	—	—
四环素	77.3	56.0	87.5	60.0	30.0	10.0#
红霉素	—	—	94.6	94.6	65.0	—
庆大霉素	—	—	98.2	97.5	—	—
磺胺甲噁唑/甲氧苄啶	—	—	76.8	85.0	—	—
磺胺喹噁啉	—	—	23.2	15.0	—	—
参考文献	（Amaral et al.， 2019）	（Amaral et al.， 2019）	（Furian et al.， 2016）	（Furian et al.， 2016）	（Dayao et al.， 2016）	（Abed et al.， 2020）

注："—"表示无数据；*头孢喹肟；#土霉素。

2016 年，有研究报道了澳大利亚猪源巴氏杆菌对常用抗菌药物的耐药情况，发现猪源巴氏杆菌对四环素的敏感性较低，为 30.0%（7/20），这与前文南美洲地区猪源分离株

对抗菌药物的敏感情况类似；此外，澳大利亚分离株对红霉素的敏感性较低，为 65.0%
（13/20）；但对替米考星和泰拉霉素敏感率均高达 100.0%（20/20）（Dayao et al.，2016）。

　　在埃及，Abed 等（2020）研究报道了 2017 年该地区牛源分离株对常用抗菌药物的
敏感情况。该地区分离株对四环素类药物的敏感情况与其他地区类似：对土霉素和阿莫
西林的敏感率较低，分别为 10.0%（2/20）和 30.0%（6/20）；对头孢喹肟和恩诺沙星敏
感率较高，分别为 90.0%（18/20）和 70.0%（14/20）。

　　综上所述，不同动物源分离株对三、四代头孢类药物和喹诺酮类药物的敏感率均较
高，而对四环素的敏感率较低（表 2-73）。

5. 中国

　　我国有关巴氏杆菌的耐药数据主要集中于猪源分离株，牛源及其他动物源分离株的
相关数据较少。与国外相比，我国分离株的耐药问题较为严重（表 2-74）。

表 2-74　2000～2020 年中国猪源巴氏杆菌耐药率　　　　　　　　　　（%）

抗菌药物	2003～2007 年 （N=233）	2013 年 （N=29）	2014 年 （N=42）	2015 年 （N=43）	2016 年 （N=18）	2017 年 （N=55）
头孢拉定	—	0.0	0.0	4.7	56.0	3.6
头孢曲松	—	31.0	31.0	25.6	38.9	40.0
阿莫西林	80.3	10.3	14.3	14.0	16.7	21.8
氨苄西林	—	6.9	9.5	7.0	27.8	29.1
链霉素	—	24.1	9.0	20.9	33.3	43.6
庆大霉素	2.6	20.7	57.1	55.8	61.1	50.9
大观霉素	—	10.3	14.3	14.0	27.8	25.5
卡那霉素	13.7	6.9	26.2	27.9	55.6	52.7
阿米卡星	28.3	55.2	52.4	51.2	77.8	63.6
新霉素	14.2	69.0	66.7	58.1	77.8	87.3
螺旋霉素	—	75.9	81.0	72.1	94.4	98.2
阿奇霉素	—	0.0	7.1	7.0	5.6	5.5
林可霉素	85.4	89.7	90.5	88.4	77.8	83.6
克林霉素	74.2	96.6	95.2	95.3	77.8	90.9
多西环素	—	27.6	28.6	30.2	61.1	63.6
氧氟沙星	—	3.4	7.1	11.6	5.6	10.9
环丙沙星	12.0	17.2	14.3	18.6	11.1	10.9
恩诺沙星	—	6.9	9.5	9.3	11.1	16.4
多黏菌素	13.7	3.4	7.1	11.6	16.7	21.8
甲氧苄啶	—	44.8	59.5	65.1	88.9	65.5
参考文献		（Zhang et al.，2019a；Tang et al.，2009）				

注："—"表示无数据。

　　Tang 等（2009）报道了 2003～2007 年我国猪源巴氏杆菌的耐药情况，有 93.1%
（217/233）的分离株为多重耐药菌株，且对 7 种以上抗菌药物的耐药率从 2003 年的 16.2%

（38/233）上升到 2007 年的 62.8%（146/233）；同时，耐药性分析表明，分离株对头孢类药物、酰胺醇类和氟喹诺酮类药物耐药率均为 0（0/233）。Zhang 等（2019a）报道了 2013～2017 年我国 16 个养猪大省猪源巴氏杆菌的耐药情况，发现除林可霉素和喹诺酮类外，分离株对其他抗菌药物的耐药率均呈上升趋势。

6. 小结

综上，欧洲地区分离株对 β-内酰胺类、氨基糖苷类和四环素类药物的耐药率呈现上升趋势；美洲地区分离株对四环素的耐药率较高；亚洲地区分离株对泰乐菌素、氨苄西林、四环素及红霉素的耐药率较高。总体而言，不同时间、不同地区、不同动物源的巴氏杆菌的耐药情况存在一定的相似性，即大多分离株对氨苄西林、四环素、泰妙菌素和磺胺类药物耐药率较高，对头孢类、酰胺醇类和喹诺酮类的耐药率较低。

（五）产气荚膜梭菌

产气荚膜梭菌（*Clostridium perfringens*）又称魏氏梭菌，是一种革兰氏阳性厌氧芽孢杆菌。这种细菌是条件致病菌，在正常情况下不导致机体发病，但当生长环境突然发生改变时，菌体会大量增殖并附着于肠道黏膜，分泌大量毒素和具有侵袭力的酶，进而导致肠道黏膜损伤，引起相关病变。根据其编码毒素（α、β、ε、ι、CPE、NetB）的毒力基因的不同（*cpa*、*cpb*、*etx*、*itx*、*cpe*、*netB*），可将产气荚膜梭菌分为 A、B、C、D、E、F、G 七种不同的毒力型（表 2-75），每种毒力型菌株均存在 *cpa* 基因（Rood et al.，2018）。产气荚膜梭菌不仅能导致鸡坏死性肠炎、猪梭菌性肠炎，还能引起人的气性坏疽，约 95% 的临床气性坏疽病例中能分离出产气荚膜梭菌。

表 2-75 产气荚膜梭菌分型情况

菌型	毒力基因					
	cpa	*cpb*	*etx*	*itx*	*cpe*	*netB*
A	+	−	−	−	−	−
B	+	+	+	−	−	−
C	+	+	−	−	+/−	−
D	+	−	+	−	+/−	−
E	+	−	−	+	+/−	−
F	+	−	−	−	+	−
G	+	−	−	−	−	+

近年来，食品安全问题备受关注，产气荚膜梭菌是引起食源性疾病的主要病原菌之一，其形成的芽孢能在环境胁迫条件下（如低温、干燥或者营养缺乏等）具有极强的抗逆性，不易被杀死，且能在适宜条件下复苏并产生毒性，因此对公共卫生安全构成严重威胁（任宏荣等，2020）。但产气荚膜梭菌受关注程度远低于其他常见人兽共患病原菌，大部分国家缺少对产气荚膜梭菌抗菌药物耐药性的监测数据，制约了梭菌的有效防控。目前，CLSI 仅提供了产气荚膜梭菌对青霉素、克林霉素、甲硝唑等药物敏感性折点标准（表 2-76），而在食品动物中使用的多种药物均没有相关折点标准，这给全球产气荚膜梭菌耐药监测带来了一系列的困难和挑战。根据现有产气荚膜梭菌耐药情况的相关

报道，本节整理了该菌近年来在各国家、地区的耐药情况，以期为治疗产气荚膜梭菌引发的疾病提供理论依据。

表 2-76 CLSI 中厌氧菌药物敏感折点

抗菌药物	MIC/（μg/mL）		
	S	I	R
青霉素	≤0.5	1	≥2
阿莫西林/克拉维酸	≤4/2	8/4	≥16/8
头孢西丁	≤16	32	≥64
四环素	≤4	8	≥16
克林霉素	≤2	4	≥8
杆菌肽	≤4	8	≥16
甲硝唑	≤8	16	≥32

1. 欧洲

一项 2012 年西班牙马德里动物园水源分离株的研究发现，多数分离菌株对甲硝唑中度敏感（57.1%，MIC≥16 μg/mL），5.7%的菌株耐药（MIC≥32 μg/mL），部分菌株对红霉素和利奈唑胺的 MIC 值较高，未发现对其他抗菌药物耐药（Gobeli et al.，2012）。水中出现产气荚膜梭菌通常被认为是粪便污染的一个重要指标（Gad et al.，2012）。产气荚膜梭菌通常不会在水中繁殖，但是产气荚膜梭菌的芽孢对不利的环境条件有较强的抗性，如紫外线照射、温度和酸碱度等。因此，接触污染产气荚膜梭菌芽孢的水源，也可能是动物和人感染的原因之一。2012 年瑞士（Gobeli et al.，2012）和 2014 年意大利（Massacci et al.，2014）的报道均表明，四环素耐药产气荚膜梭菌的情况比较常见，亚洲地区的菌株也表现出类似的耐药情况。此外，在 2012~2020 年，法国和德国还报道了具有克林霉素（Derongs et al.，2020）、大观霉素、新霉素和多黏菌素（Gad et al.，2012）耐药表型的产气荚膜梭菌。常用于治疗厌氧菌感染的甲硝唑，也出现敏感性下降的趋势（Gobeli et al.，2012）。

2. 美洲

产气荚膜梭菌对大环内酯类、氨基糖苷类和林可酰胺类药物的耐药性相对较为严重，加拿大（Slavic et al.，2011）和巴西（Silva et al.，2014）的两项研究报道了林可霉素和克林霉素的高耐药率，相似的报告还出现在哥斯达黎加（Gamboa-Coronado et al.，2011）。此外，在 2019 年美国的一项针对肉鸡源产气荚膜梭菌的耐药性研究发现，对链霉素和庆大霉素的耐药率分别为 98% 和 73%，对红霉素的耐药率也达到了 67%（Mwangi et al.，2019）。但是多数报告表明大部分菌株对 β-内酰胺类/β-内酰胺酶抑制剂复合物依旧保持敏感（Mwangi et al.，2019；Llanco et al.，2012；Salvarani et al.，2012），具体药物耐药情况可见表 2-77。

3. 亚非地区

2019 年伊朗的一篇文献报道了产气荚膜梭菌已经对杆菌肽产生了严重的耐药性，

表 2-77　1986～2016 年欧美部分地区动物源产气荚膜梭菌耐药率　　　　　　（%）

年份	地区	来源	β-内酰胺类	氨基糖苷类	氟喹诺酮类	四环素类	大环内酯类	多肽类	林可酰胺类	参考文献
1986～2007	比利时	禽	0	—	0	66.6	0	0	—	（Gholamiandehkordi et al.，2009；Johansson et al.，2004）
	瑞典	禽	—	—	—	76	—	—	—	
	挪威	禽	—	—	—	29	—	—	—	
	丹麦	禽	—	—	—	10	—	—	—	
2008～2016	德国	禽	0	94	—	0	17.4	100	—	（Mwangi et al.，2019；Silva et al.，2014；Gobeli et al.，2012；Gad et al.，2011）
	瑞士	犬	0	—	—	18	—	—	—	
	美国	禽	41	42～98	8	53	67	65	—	
	巴西	禽	0	—	—	27.8	22.2	0	—	
	哥斯达斯加	—	20	—	30	—	—	—	70	

注："—"表示无数据。

耐药率达到了 89.1%（Khademi and Sahebkar，2019），类似的情况在中国也有发现（Xiu et al.，2020）。2020 年一篇文献报道了韩国在颁布抗菌药物促生长剂（antimicrobial growth promoter，AGP）禁令后鸡源产气荚膜梭菌的药物敏感性的变化趋势，研究发现，该举措并没有导致产气荚膜梭菌耐药性的明显下降，9 种抗菌药物（青霉素、四环素、泰乐菌素、红霉素、氟苯尼考、恩诺沙星、莫能霉素、盐霉素和马杜霉素）的 MIC_{50} 和 MIC_{90} 值反而高于颁布 AGP 禁令之前的数值（Wei et al.，2020）。

根据多项来自亚洲、非洲的报告，大多数地区分离菌株对 β-内酰胺类抗菌药物的耐药性较低。同样，在 2010～2021 年，印度（Anju et al.，2021；Milton et al.，2020）、韩国（Park et al.，2015）、巴基斯坦（Khan et al.，2015）和约旦（Gharaibeh et al.，2010）等国家也有类似结论的报告。产气荚膜梭菌除了对四环素类耐药率较高，各地菌株对庆大霉素、磺胺类药物、林可酰胺类药物、杆菌肽也呈现较高的耐药水平。具体药物耐药情况可见表 2-78。

表 2-78　1980～2020 年亚非部分地区动物源产气荚膜梭菌耐药率　　　　　　（%）

年份	地区	来源	β-内酰胺类	氨基糖苷类	氟喹诺酮类	四环素类	大环内酯类	多肽类	甲硝唑	参考文献
—	泰国	猪	—	—	—	77.8	—	—	—	（Tansuphasiri et al.，2005）
—	印度	禽	—	100	7.7～13.4	30	—	—	—	（Agarwal et al.，2009）
2002～2016	伊朗	多种动物	19.3～45.6	45.4	52.5	19.5	32.9	40～89.1	—	（Khademi and Sahebkar，2019）
2010～2016	韩国	鸡	2.1	88.7	18.6	66.7	18.6	16.5	—	（Wei et al.，2020）
—	印度	多种动物	—	44	—	—	40	40	—	（Anju et al.，2021）
2018	埃及	骆驼	72.2～84.6	—	49.0	46.0	62.4	—	24.7	（Fayez et al.，2020）
—	巴基斯坦	羊	21.74～60.87	34.78～56.52	30.43～43.48	0	17.39	—	0	（Khan et al.，2019）
2013	泰国	猪	0.8～31.1	—	40.2	3.2～4.1	13.1～54.9	3.2	—	（Ngamwongsatit B et al.，2016）

注："—"表示无相关数据。

4. 中国

我国关于产气荚膜梭菌抗菌药物耐药性的研究主要针对北方地区。中国农业大学细菌耐药性团队在 2018～2021 年对山西、河北、陕西、北京、内蒙古进行了产气荚膜梭菌细菌耐药性监测，分离得到 405 株菌株，包括鸡源、牛源及猪源分离株，通过药物敏感性实验发现，大部分菌株对磺胺类药物和大环内酯类药物耐药率较高，最敏感的为 β-内酰胺类/β-内酰胺酶抑制剂复合物。但是由于 CLSI 中厌氧菌的药物敏感性折点较少，该研究团队使用 2018～2021 年 582 株产气荚膜梭菌 MIC 值对流行病学折点（即 ECOFF 值）进行了计算，详见表 2-79。根据相应的 ECOFF 值统计 2019～2021 年产气荚膜梭菌对 24 种抗菌药物的耐药率情况，详见图 2-27。此外，该团队还首次在产气荚膜梭菌中发现了多重耐药基因 *cfr*(C)，该耐药基因可介导酰胺醇类、林可酰胺类、截短侧耳素类、链阳霉素类 A 类和噁唑烷酮类 5 类抗菌药物的耐药。部分牛源菌株还同时携带噁唑烷酮类耐药基因 *optrA* 与多重耐药基因 *cfr*(C)（张仕泓和王少林，2021）。

表 2-79　产气荚膜梭菌对抗菌药物的 ECOFF 值

分类	抗菌药物	ECOFF 值/（μg/mL）
β-内酰胺类	阿莫西林/克拉维酸	0.06
	青霉素	0.25
	头孢西丁	2
	头孢噻呋	16
	苯唑西林	2
喹诺酮类	恩诺沙星	0.5
	氧氟沙星	2
喹噁啉类	喹烯酮	16
多肽类	杆菌肽	8
	万古霉素	0.5
	那西肽	0.5
	恩拉霉素	2
大环内酯类	维吉尼亚霉素	2
	吉他霉素	8
	替米考星	16
	红霉素	8
四环素	四环素	8
	多西环素	16
氨基糖苷类	庆大霉素	256
多糖类	黄霉素	512
氯霉素	氟苯尼考	8
双萜烯类	泰妙菌素	4
寡聚糖类	阿维拉霉素	4
噁唑烷酮类	利奈唑胺	4

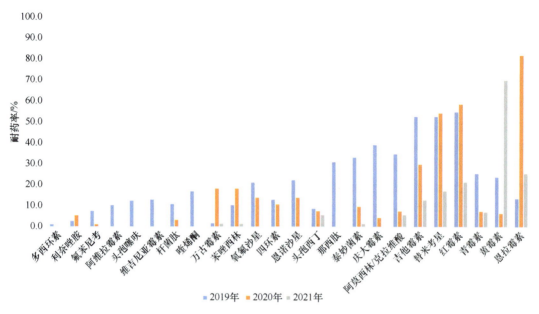

图 2-27　2019～2021 年动物源产气荚膜梭菌对 24 种抗菌药物的耐药率变化

据报道，2013 年新疆（蒋曙光等，2013）和 2016 年台湾（Fan et al., 2016）两地分离的羊源和鸡源产气荚膜梭菌，除了常见的对四环素类药物耐药之外，对林可酰胺类药物（如林可霉素、克林霉素）也高度耐药。

多项研究结果表明，在山东各地分离的菌株中，均有较大比例的多重耐药产气荚膜梭菌，2019 年甚至有局部地区出现 6 重耐药菌株，且占比达到了 25.9%（21/81）（刘煜，2019）；而在 2020 年山东泰安进行的鸭源产气荚膜梭菌的一项研究发现，多重耐药菌占比高达 90.1%（73/81）（Liu et al., 2020b）。此外，在山东分离的产气荚膜梭菌对庆大霉素、林可霉素、四环素和杆菌肽的耐药性较为严重，但对青霉素及头孢类药物仍较为敏感（Liu et al., 2020b；Xiu et al., 2020；刘煜，2019；张汇宁，2019；吕长辉，2013）。Xiu 等（2020）对位于山东泰安、聊城和潍坊的 4 个鸭场进行流行病学调查，发现在分离的 402 株鸭源产气荚膜梭菌菌株中，庆大霉素的耐药率达到了 95.72%。

在 2017～2021 年，北京（Li et al., 2021b）、山西（Li et al., 2021b）、陕西（张娜，2019；姜艳芬等，2017）、宁夏与青海（张娜，2019）等地区分离的产气荚膜梭菌对磺胺类药物（如磺胺异噁唑和三甲氧苄啶磺胺甲噁唑）的耐药率较高，部分地区能达到 91%（Xiu et al., 2020）。此外，部分地区的分离株对喹诺酮类药物也表现出较严重的耐药性，2018 年一项对中国中部地区鸡源产气荚膜梭菌的研究发现，分离菌株对恩诺沙星耐药率为 56.6%，对环丙沙星耐药率为 63.7%（Zhang et al., 2018c），湖北（曹忠君，2020）和辽宁（艾地云等，2014）也有类似报道。2019～2021 年，江苏大学与西北农林科技大学合作采集了来自河南、山东、江苏和陕西的畜禽养殖场样品，并分离出 52 株产气荚膜梭菌。药敏结果显示，分离到的产气荚膜梭菌对克林霉素（42.31%）和四环素（40.38%）的耐药率较高，对青霉素、氯霉素、氨苄西林、甲硝唑、万古霉素、美罗培南、莫西沙星、头孢曲松的耐药率处于中等水平（11.54%～25.00%）（吴立婷等，2023）。

5. 小结

产气荚膜梭菌会引发一系列疾病，如气性坏疽、坏死性肠炎、肠毒血症等。由于产气荚膜梭菌引发的部分疾病发病快、病死率高，预防及治疗该菌引起的各种疾病主要将青霉素、链霉素作为首选药物。综合国内、国外各项报道可知，国内除了部分地区分离的产气荚膜梭菌对 β-内酰胺类/β-内酰胺酶抑制剂复合物表现中等水平耐药之外（王艳红等，2014；郑晓丽，2009），其他地区分离菌株对这类药物都很敏感。此外，该菌对四环素类药物、氨基糖苷类药物、氟喹诺酮类药物、磺胺类药物、林可胺类药物和杆菌肽等也呈现高度耐药，这与亚非地区的报告是一致的。综合欧美地区的药物敏感性报告，我们发现产气荚膜梭菌对氨基糖苷类药物、大环内酯类药物和四环素类药物的耐药情况也较为严重。该菌对常用于治疗厌氧菌感染的甲硝唑总体上较为敏感，且耐药性出现了下降的趋势。大部分菌株虽对 β-内酰胺类/β-内酰胺酶抑制剂复合物有部分耐药性，但总体而言维持在较好的敏感水平，这和亚洲地区的报告也是一致的。

（六）鸭疫里默氏杆菌

鸭疫里默氏杆菌（*Riemerella anatipestifer*，RA）是革兰氏阴性、不活动、不形成孢子的杆状细菌，可感染家鸭、鹅、火鸡和其他鸟类。在鸭中，它会引起传染性浆膜炎、气囊炎、脑膜炎、输卵管炎或败血症，致死率很高（Sarver and Nersessian，2005）。鸭疫里默氏杆菌病在世界范围内流行，抗菌药物是治疗该病的主要手段；然而，随着近年来抗菌药物的大量使用和滥用，鸭疫里默氏杆菌分离株对越来越多的抗菌药物产生耐药性，导致可用的抗菌药物种类越来越少。然而，有关该菌的耐药性问题并未得到足够的重视，国内外对其耐药性监测的数据仍有待继续完善，目前较为详尽的研究主要集中在印度（Ryll et al.，2010）、韩国（Se-Yeoun et al.，2015）、德国（Sarver and Nersessian，2005）、匈牙利（Gyuris et al.，2017），以及我国南方地区如华南（Sun et al.，2012）、华西（Chong et al.，2009）及台湾（Zhu et al.，2019）等地区。

1. 国外

国外仅个别地区有关于鸭疫里默氏杆菌的报道。Gyuris 等（2017）报道了匈牙利地区 2000～2014 年分离株的耐药情况，发现分离株从 2000 年开始对红霉素、氟苯尼考、壮观霉素和链霉素的耐药率呈上升趋势，从 2004 年开始对磺胺类的耐药率呈上升趋势，从 2009 年开始对多西环素的耐药率呈上升趋势（表 2-80）。Se-Yeoun 等（2015）调查了 2011～2012 年韩国分离株的耐药情况，发现分离株对卡那霉素（100.0%，32/32）、庆大霉素（94.0%，30/32）、阿米卡星（91.0%，29/32）、新霉素（88.0%，28/32）和链霉素（82.0%，26/32）等氨基糖苷类药物的耐药率较高（表 2-81）。

2. 中国

与国外相比，近三十年来我国鸭疫里默氏杆菌的耐药情况较为突出。1998～2018 年韩国及我国部分地区分离株的耐药情况见表 2-81。从表中可以看出，我国华西地区分离株对青霉素、头孢吡肟、头孢哌酮的耐药率明显高于韩国。

表 2-80　2000～2014 年匈牙利鸭疫里默氏杆菌的耐药率（Gyuris et al., 2017）　（%）

抗菌药物	2000 年 (N=8)	2004～2006 年 (N=15)	2009～2010 年 (N=31)	2011 年 (N=24)	2012 年 (N=33)	2013 年 (N=36)	2014 年 (N=38)
青霉素	0	0	29	8.3	6.1	0	0
氨苄西林	0	0	22.6	8.3	0	0	0
庆大霉素	75.0	6.7	83.9	83.4	15.2	52.8	73.7
链霉素	0	6.7	87.2	79.2	90.9	80.6	68.4
大观霉素	0	0	0	0	15.2	13.9	7.9
恩诺沙星	25.0	13.3	51.6	37.5	18.2	16.7	18.4
氟甲喹	100.0	80.0	100.0	91.7	93.9	94.5	94.7
四环素	100.0	80.0	90.3	75.0	100.0	91.7	94.7
多西环素	87.5	80.0	13.0	29.2	69.7	75	76.3
红霉素	0	73.3	83.9	62.5	78.8	94.4	71.0
磺酰胺类化合物	62.5	6.7	25.8	12.5	12.1	22.2	55.3
磺胺甲噁唑/甲氧苄啶	12.5	13.3	0	0	0	5.5	7.9
氟苯尼考	0	0	0	4.1	3.0	2.8	0

表 2-81　1998～2018 年韩国及我国部分地区鸭疫里默氏杆菌的耐药率　（%）

抗菌药物	韩国 2011～2012 年 (N=32)	中国华西地区 1998～2005 年 (N=224)	中国台湾 2013～2018 年 (N=162)	中国江苏 2018～2019 年 (N=30)
氨曲南	—	87.8	—	—
青霉素	0.0	86.9	—	—
头孢吡肟	0.0	64.3	—	—
头孢他啶	—	75.9	—	—
头孢哌酮	0.0	7.2	—	—
亚胺培南	—	3.2	—	—
苯唑西林	—	88.6	—	—
磺胺甲噁唑/甲氧苄啶	—	79.2	—	90.0
阿米卡星	—	9.5	—	—
新霉素	29.0	9.5	—	43.4
萘啶酸	—	—	61.7	—
环丙沙星	0.0	—	60.4	—
恩诺沙星	—	—	61.3	—
氧氟沙星	0.0	—	60.4	—
四环素	0.0	—	—	—
庆大霉素	—	—	—	86.7
克林霉素	—	—	—	56.7
参考文献	(Se-Yeoun et al., 2015)	(Chong et al., 2009)	(Zhu et al., 2019)	(王卓昊等, 2019)

注："—"表示无数据。

国内的相关报道主要集中在华西、华南及台湾等地。Chong 等（2009）分析了 1998～2005 年分离株对 36 种抗菌药物的耐药情况，发现分离株对氨苄西林、头孢他啶、氨曲南、头孢唑林、头孢吡肟、头孢呋辛、苯唑西林、青霉素、利福平和磺胺甲噁唑/甲氧苄啶呈现不同程度的耐药，其中分离株对氨曲南（87.8%，196/224）、头孢吡肟（64.3%，144/224）、苯唑西林（88.6%，198/224）、青霉素（86.9%，194/224）、头孢他啶（75.9%，170/224）和磺胺甲噁唑/甲氧苄啶（79.2%，177/224）的耐药率较高，对阿米卡星（9.5%，21/224）、头孢哌酮（7.2%，16/224）、亚胺培南（3.2%，7/224）和新霉素（9.5%，21/224）的耐药率较低。值得注意的是，有 4 株分离株对 29 种抗菌药物同时产生耐药性；同时该研究还表明，不同年份的分离株对大多数抗菌药物的耐药情况不同，但对头孢哌酮、哌拉西林、大观霉素和氨曲南的耐药率一直保持稳定。随后，Sun 等（2012）采用琼脂稀释法，对 2008～2010 年华南地区分离株进行了药敏试验，发现链霉素、卡那霉素、安普霉素、阿米卡星、新霉素、萘啶酸、磺胺二甲嘧啶的耐药率较高，MIC_{50} 均达到 128 μg/mL 以上，但对氨苄西林和氟苯尼考的 MIC_{90} 值相对较低，为 8 μg/mL。另有研究报道了 2013～2018 年台湾地区分离株的耐药情况，发现多数分离菌株对萘啶酸（61.7%，100/162）、环丙沙星（60.4%，98/162）、恩诺沙星（61.3%，99/162）和氧氟沙星（60.4%，98/162）具有耐药性，对喹诺酮类药物的耐药性问题较为严重（Zhu et al.，2019），这与 2003 年 Chang 等（2003）的调查结果相一致，Chang 等（2003）根据 MIC_{90} 值对有效药物进行排序，也间接说明了分离株对喹诺酮类药物的耐药较为严重。

除上述地区外，国内其他地区也有少数针对该菌耐药性的相关报道。程冰花等（2019）从安徽省分离了鸭疫里默氏杆菌，药敏试验结果表明，分离株对头孢类药物（70.0%～93.0%，26～34/37）、喹诺酮类（73.0%～97.0%，27～36/37）、氯霉素类（90.0%～93.0%，33～34/37）、利福霉素类（67.0%，25/37）敏感率较高，对青霉素类（10.0%～33.0%，4～12/37）、四环素类（37.0%，14/37）敏感率较低，对氨基糖苷类（0～3.0%，0～1/37）、多肽类（0%，0/37）敏感率较低。王卓昊等（2019）分析了苏北及周边地区分离株的耐药情况，发现所有分离株均对多黏菌素 B 耐药，对磺胺甲噁唑/甲氧苄啶（90.0%，27/30）、庆大霉素（86.7%，26/30）、克林霉素（56.7%，17/30）、新霉素（43.3%，13/30）也呈现出不同程度的耐药率。

3. 小结

目前虽有一些鸭疫里默氏杆菌的疫苗，但因该菌血清型众多，彼此之间无交叉保护，因此现阶段抗菌药物仍是治疗防控鸭疫里默氏杆菌的主要手段。抗菌药物的使用导致临床上鸭疫里默氏杆菌耐药现象十分严重。目前常用的比较敏感的药物有氨基糖苷类药物（阿米卡星）、氯霉素类药物（氟苯尼考）、氟喹诺酮类药物（恩诺沙星）、β-内酰胺类药物（头孢噻呋）。用药之前最好通过药敏试验选用合适的药物进行治疗。从上面的分析来看，不同时间、不同地点鸭疫里默氏杆菌的耐药情况有些许差异，但多数分离株对常用抗菌药物的耐药率均呈现上升趋势，且存在多重耐药现象。

（七）支原体

支原体（*Mycoplasma*）种类繁多，广泛存在于动物、植物和环境中，但仅有少部分对人和动物有致病性。养殖业中的致病性支原体可引起多种动物呼吸系统疾病、关节炎、乳腺炎和生殖系统疾病等，且容易造成动物继发细菌或病毒感染，给养殖业带来巨大损失，主要包括：家禽的鸡毒支原体（*M. gallisepticum*，MG）和鸡滑液囊支原体（*M. synoviae*，MS），猪的猪肺炎支原体（*M. hyopneumoniae*，Mhp）、猪鼻支原体（*M. hyorhinis*，Mhr）和猪滑液支原体（*M. hyosynoviae*，Mhs），反刍动物的丝状支原体类（*M. mycoides*）、牛支原体（*M. bovis*，Mb）、绵羊肺炎支原体（*M. ovipneunoniae*，Mo）和无乳支原体（*M. agalactiae*，Ma）等。

由于支原体种类繁多、体外培养条件苛刻，以及药物敏感性的测量方法很难标准化，因此目前尚无公认的动物支原体药敏试验标准方法和 MIC 折点，难以判定其对抗菌药物的体外敏感程度（敏感、中介和耐药）。虽然 CLSI 于 2011 年发布了人类支原体的药敏试验标准指南 M43-A，但是由于不同支原体的营养需求、代谢活动和适应性有所不同，该指南不完全适用于动物支原体。此外，不同实验室确定 MIC 折点的方法也存在差异，且参照的解释标准不同，因此难以对不同实验室的结果进行比较。总体而言，上述差异并不影响所观察到的耐药性趋势，动物支原体对兽医临床使用频率较高的抗菌药物耐药率较高，且呈上升趋势。由于不同国家和地区在动物治疗及饲养过程中使用的抗菌药物的种类与用量不同，支原体的药物敏感性存在一定的地域性差异。此外，由于不同动物的常用抗菌药物不尽相同，使得不同种类的动物支原体之间的药物敏感性也有所不同。

1. 反刍动物

1）国外

牛的致病性支原体主要是丝状支原体丝状亚种小菌落型（*M. mycoides* subsp. *mycoides* SC，MmmSC）和牛支原体（*M. bovis*，Mb）。MmmSC 是人类历史上分离的第一个支原体种，可引起牛传染性胸膜肺炎（即牛肺疫），该病是世界动物卫生组织（WOAH）规定必须上报的动物传染病之一，目前主要在非洲国家流行。Mb 的致病性仅次于 MmmSC，是引起牛乳腺炎最常见的支原体，还可导致牛肺炎、关节炎、结膜炎、生殖系统疾病等，目前无可用的商业化疫苗，主要通过抗菌药物来进行治疗。羊的致病性支原体主要是丝状支原体山羊亚种（*M. mycoides* subsp. *capri*，Mmc）、丝状支原体丝状亚种大菌落型（*M. mycoides* subsp. *mycoides*，MmmLC）、山羊支原体山羊肺炎亚种（*M. capricolum* subsp. *capripneumoniae*，Mccp）、山羊支原体山羊亚种（*M. capricolum* subsp. *capri*，Mcc）、绵羊肺炎支原体（*M. ovipneumoniae*，Mo）及无乳支原体（*M. agalactiae*，Ma）等。目前，国外关于反刍动物支原体药物敏感性的研究主要集中在牛支原体和无乳支原体，其他支原体药物敏感性的报道较少。

多项研究表明，牛支原体和无乳支原体对多种抗菌药物的耐药性呈逐年上升趋势。Ayling 等（2014）对 2004～2009 年从英国收集的 45 株牛支原体进行 MIC 值测定，结果发现氯霉素、氟苯尼考、土霉素、达氟沙星、恩诺沙星和马波沙星的 MIC_{50} 值逐年升高，其中土霉素的增幅较高，从 1 μg/mL 增至 32 μg/mL；达氟沙星、恩诺沙星和马波沙星的 MIC_{90} 值从 2004 年的 0.25 μg/mL、0.25 μg/mL 和 1 μg/mL 增加到 2009 年的 8 μg/mL、

>32 μg/mL 和 32 μg/mL；而林可霉素和克林霉素的 MIC_{50} 从 8 μg/mL 和>32 μg/mL 降低至 1 μg/mL 和 0.25 μg/mL。Klein 等（2019；2017）对 2014～2016 年从法国、英国、匈牙利、意大利和西班牙等地区收集的 232 株牛支原体进行 MIC 值测定，并与 2010～2012 年的 156 株分离株的 MIC 值进行比较，发现恩诺沙星、螺旋霉素、泰乐菌素、氟苯尼考和土霉素的 MIC_{50} 增加了一倍，其中恩诺沙星和氟苯尼考的 MIC_{90} 也增加了一倍。Poumarat 等（2016）通过比较 1980～1990 年和 2008～2012 年从同一地区收集菌株的 MIC 值，研究了法国无乳支原体在过去 25 年的抗菌药物敏感性演变，发现不同时期的分离株对大环内酯类和氟苯尼考的 MIC 值存在显著差异，MIC_{50} 随着时间推移分别增加了 2 倍和 8～16 倍，而恩诺沙星和壮观霉素未见变化。法国的另一项研究显示，与 1978～1979 年的牛支原体分离株相比，2009～2012 年的牛支原体分离株对除氟喹诺酮类以外的大部分抗菌药物的敏感性均有所下降，其中泰乐菌素、替米考星、壮观霉素和泰拉霉素的 MIC_{50} 分别从 2 μg/mL 升至> 64 μg/mL、从 2 μg/mL 升至> 128 μg/mL、从 4 μg/mL 升至>64 μg/mL、从 16 μg/mL 升至 128 μg/mL，恩诺沙星和达氟沙星的 MIC_{50} 从 0.25 μg/mL 升至 0.5 μg/mL（Gautier-Bouchardon et al.，2014）。Cai 等（2019）测定了加拿大 1978～2009 年 210 株牛支原体对不同种类抗菌药的 MIC 值，结果显示在这三十年间，恩诺沙星和达氟沙星的 MIC_{50} 一直保持在较低水平（0.25 μg/mL），而金霉素、土霉素、替米考星和泰乐菌素的 MIC_{50} 在 1978～1990 年较低，分别为 2 μg/mL、2 μg/mL、2 μg/mL 和 0.5 μg/mL，但从 1991 年开始，金霉素和土霉素的 MIC_{50} 升至 4 μg/mL，替米考星的 MIC_{50} 升至 32 μg/mL，泰乐菌素的 MIC_{50} 升至 16 μg/mL，并且 1991～2009 年一直保持在该水平。

目前对于从不同地区分离到的牛支原体和无乳支原体，大环内酯类药物的 MIC 值均较高，尤其是泰乐菌素和替米考星，而氟喹诺酮类药物的 MIC 值较低。

在欧洲，Barberio 等（2016）对比利时、德国和意大利的 73 株牛支原体进行体外药敏试验测定，结果发现替米考星和泰乐菌素的 MIC_{90} 高于 32 μg/mL，而恩诺沙星和泰妙菌素的 MIC_{90} 分别为 2 μg/mL 和 0.5 μg/mL。Heuvelink 等（2016）测定了荷兰 2008～2014 年分离的 95 株牛支原体的 MIC 值，发现大环内酯类药物红霉素、替米考星、泰拉霉素和泰乐菌素的 MIC_{90} 高于 256 μg/mL，其中替米考星的 MIC_{90} 高达 1024 μg/mL，MIC_{50} 也高达 512 μg/mL，而氟喹诺酮类药物恩诺沙星的 MIC_{90} 和 MIC_{50} 分别为 2 μg/mL 和 0.25μg/mL。Filioussis 等（2014）使用 E-test 试纸条测定了希腊 30 株无乳支原体的 MIC 值，发现红霉素的 MIC_{50} 和 MIC_{90} 分别为 128 μg/mL 和 256 μg/mL，同为大环内酯类的螺旋霉素的 MIC_{50} 和 MIC_{90} 分别为 1 μg/mL 和 1.5 μg/mL，而环丙沙星和恩诺沙星的 MIC_{50} 和 MIC_{90} 分别为 0.19 μg/mL 和 0.38 μg/mL。Garcia-Galan 等（2020）测定了西班牙牛支原体的 MIC 值，发现大环内酯类药物和林可霉素的 MIC_{90} 高于 128 μg/mL。Paterna 等（2013）从西班牙不同的牛群、羊群和鹿群分离到 28 株无乳支原体并测定其对 14 种抗菌药的 MIC 值，发现红霉素和链霉素的 MIC_{90} 分别为 128 μg/mL 和 32 μg/mL，而恩诺沙星和环丙沙星的 MIC_{90} 低于 1 μg/mL。de Garnica 等（2013）测定了西班牙 13 株无乳支原体的 MIC，发现红霉素的 MIC_{50} 和 MIC_{90} 均高于 32 μg/mL；泰乐菌素和替米考星的 MIC_{50} 均为 1 μg/mL，MIC_{90} 分别为 2 μg/mL 和 8 μg/mL；达氟沙星和恩诺沙星的 MIC_{50} 和 MIC_{90} 分别为 0.25 μg/mL 和 0.5 μg/mL。Antunes 等（2008）测定了西班牙 28 株无乳支原体的 MIC，发现泰乐菌素、恩诺沙星、环丙沙星和多西环素的 MIC 较低（MIC_{90}=0.25 µg/mL），土霉素的 MIC 也较低（MIC_{90}=0.5 µg/mL），而链霉素的 MIC 较高（MIC_{90}=16 µg/mL）。Rifatbegovic 等（2021）对波黑 24 株牛支原体进行 MIC 值测定，发现截短侧耳素类药物泰妙菌素的 MIC_{50} 和 MIC_{90} 均较低（分别为<0.03 µg/mL、0.5 µg/mL）；氟喹诺酮类药物恩诺沙星和环丙沙星的 MIC_{50}（0.25 µg/mL、0.5 µg/mL）和 MIC_{90}（1 µg/mL、2 µg/mL）也较低；大环内酯类药物泰乐菌素的 MIC_{50} 为 4 µg/mL，MIC_{90} 高于 128 µg/mL。

　　其他地区关于牛支原体和无乳支原体的报道较少。在美国，Soehnlen 等（2011）测定了 2007～2008 年宾夕法尼亚州动物诊断实验室的牛支原体的 MIC 值，发现红霉素的 MIC_{50}>3.2 µg/mL，恩诺沙星的 MIC_{50} 为 0.2 µg/mL，壮观霉素的 MIC_{50}>256 µg/mL（Soehnlen et al.，2011）。在亚洲，Hata 等（2019）对 2003～2018 年从日本收集的 203 株牛支原体进行 MIC 测定，发现红霉素和替米考星的 MIC_{50} 高达 256 µg/mL，MIC_{90} 高达 512 µg/mL；恩诺沙星、达氟沙星和马波沙星的 MIC_{50} 均为 0.25 µg/mL，MIC_{90} 均为 8 µg/mL。综上，国外不同地区牛支原体整体上对大环内酯类药物的 MIC 值较高，尤其是泰乐菌素和替米考星，各地区牛支原体 MIC 值详见表 2-82。

表 2-82　2000～2020 年国外不同地区牛支原体 MIC 值　（单位：µg/mL）

抗菌药物	MIC	欧洲		北美		亚洲	
		2000～2010 年	2011～2020 年	2000～2010 年	2011～2020 年	2000～2010 年	2011～2020 年
泰乐菌素	MIC_{50}	4～8	64	16	32	128	32
	MIC_{90}	>32	>64	16	64	128	128
替米考星	MIC_{50}	>32	>64	32	64	512	258
	MIC_{90}	>32	>64	32	64	512	512
泰拉霉素	MIC_{50}	2	8	4	64	—	—
	MIC_{90}	>128	16	32	64	—	—
金霉素	MIC_{50}	—	—	4	—	—	16
	MIC_{90}	—	—	4	—	—	32
土霉素	MIC_{50}	4～8	8	4	8	—	16
	MIC_{90}	32	32	4	8	—	32
壮观霉素	MIC_{50}	1～8	—	4	8	2	2
	MIC_{90}	>32	—	8	16	8	4
恩诺沙星	MIC_{50}	0.5～1	0.5	0.25	0.25	0.25	0.25
	MIC_{90}	4～32	8	0.25	0.5	1	8
达氟沙星	MIC_{50}	0.25～0.5	0.25	0.25	0.25	0.5	0.25
	MIC_{90}	2～8	1	0.5	1	2	8
林可霉素	MIC_{50}	4～>32	—	—	—	4	1
	MIC_{90}	>32	—	—	—	8	2
泰妙菌素	MIC_{50}	0.25	0.06	0.5	1	—	0.125
	MIC_{90}	4	0.25	0.5	8	—	0.5
氟苯尼考	MIC_{50}	8	0.5～4	4	4	—	8
	MIC_{90}	32	1～8	4	8	—	16
参考文献		(Klein et al.，2019；Klein et al.，2017；Ayling et al.，2014)		(Cai et al.，2019；Anholt et al.，2017)		(Hata et al.，2019；Uemura et al.，2010)	

注："—"表示相关文献公布的数据无法计算 MIC_{50} 和 MIC_{90}。

2）国内

我国已于 2011 年通过 WOAH 无牛肺疫国家认证，MmmSC 在我国境内已基本绝迹，目前国内关于反刍动物支原体药物敏感性的研究主要集中在牛支原体和绵羊肺炎支原体。

Kong 等（2016）检测了来自我国 8 个省份的牛支原体的 MIC，发现大环内酯类药物的 MIC 较高，其中红霉素、替米考星和泰乐菌素的 MIC_{50} 分别为 32 μg/mL、16 μg/mL 和 32 μg/mL；红霉素和阿奇霉素的 MIC_{90} 高达≥256 μg/mL；氟喹诺酮类药物恩诺沙星的 MIC 较低，MIC_{50} 和 MIC_{90} 分别为 0.125 μg/mL 和 0.5 μg/mL（表 2-83）。高铎（2015）对分离到的牛支原体进行药物敏感性检测，结果显示，泰乐菌素、红霉素和阿奇霉素的 MIC 较高（分别为≥64 μg/mL、≥256 μg/mL、≥256 μg/mL），多西环素、环丙沙星及恩诺沙星的 MIC 较低（≤2 μg/mL、≤0.5 μg/mL 和≤0.5 μg/mL）。Liu 等（2020c）从我国 10 个省份收集的 476 份乳腺炎牛奶样本中分离出 50 株牛支原体并测定 MIC，发现恩诺沙星的 MIC_{90} 较低（0.5 μg/mL），大环内酯类药物的 MIC_{90} 较高，其中红霉素和泰乐菌素的 MIC_{90} 分别为 64 μg/mL 和 128 μg/mL。我国牛支原体整体上对泰乐菌素、替米考星和红霉素的 MIC 值较高。

表 2-83　2010～2020 年国内牛支原体 MIC 值（Liu et al.，2020c；Kong et al.，2016）

（单位：μg/mL）

	泰乐菌素	替米考星	红霉素	多西环素	壮观霉素	恩诺沙星	林可霉素	泰妙菌素	氟苯尼考
MIC_{50}	32～64	16	32	0.5～2	4	0.125	0.5～16	0.5	2～8
MIC_{90}	128	128	64～256	1～8	64	0.25～0.5	32～128	0.5	4～32

注：统计地域为西北、东北、华北、华东地区。

相比牛支原体，国内关于绵羊肺炎支原体的报道较少。宋勤叶等（2011）测定了 18 种常用抗菌药物对绵羊肺炎支原体分离株 HD1-goat 和丝状支原体分离株 XT1-goat 的 MIC 值，结果发现环丙沙星、氧氟沙星、恩诺沙星和多西环素对绵羊肺炎支原体分离株 HD1-goat 的 MIC 较低（0.0043～0.0167 μg/mL），泰妙菌素、红霉素、泰乐菌素、恩诺沙星、氧氟沙星、环丙沙星对丝状支原体分离株 XT1-goat 的 MIC 较低（0.0043～0.2083 μg/mL）。覃岚（2015）从贵州分离到 2 株山羊源绵羊肺炎支原体并测定 12 种抗菌药的 MIC，发现氟喹诺酮类药物环丙沙星和恩诺沙星的 MIC 较低（0.0167～0.0915 μg/mL），而氨基糖苷类药物链霉素和庆大霉素的 MIC 较高（4.167 μg/mL）。

2. 禽

1）国外

鸡毒支原体可引起鸡慢性呼吸道疾病，鸡滑液囊支原体可引起亚临床呼吸道感染和传染性滑膜炎，也可导致产蛋量下降。与反刍动物支原体不同，禽支原体对大环内酯类药物的 MIC 较低，而对氟喹诺酮类药物的 MIC 较高。对于鸡毒支原体，Gerchman 等（2011）的研究发现，以色列不同时期的鸡毒支原体分离株对恩诺沙星和达氟沙星的敏感性随时间的推移明显下降。Gharaibeh 和 Al-Rashdan（2011）比较了约旦同一地理区域内两组鸡毒支原体分离株对抗菌药物的敏感性随时间的变化特征，将 2004～2005 年的分离株与 2007～2008 年的分离株进行比较，发现包括环丙沙星、恩诺沙星在内的多种抗菌药的 MIC 值在统计学上显著增加。对于鸡滑液囊支原体，Beko 等（2020）测定了来自欧洲、亚洲和美洲 18 个国家的鸡滑液囊支原体分离株的 MIC 值，发现与过去研究发表的数据相比，鸡滑液囊支原体分离株对测定的 14 种抗菌药的敏感性均下降。Lysnyansky 等（2013）从以色列和欧洲收集到 73 株鸡滑液囊支原体分离株并进行体外药敏测定，发现替米考星的 MIC_{50} 和 MIC_{90} 分别为 0.5 μg/mL 和 ≥8 μg/mL，泰乐菌素的 MIC_{50} 和 MIC_{90} 分别为 0.125 μg/mL 和 2 μg/mL，而同为大环内酯类的红霉素 MIC_{50} 和 MIC_{90} 高达 64 μg/mL 和 >128 μg/mL。

禽支原体对不同种类抗菌药物的敏感性存在一定的地域性差异，整体耐药情况好于牛支原体，详见表 2-84。在欧洲，Kreizinger 等（2017）在 2002～2016 年从中欧和东欧（包括匈牙利、奥地利、捷克、斯洛文尼亚、乌克兰、俄罗斯和塞尔维亚）收集到 41 株鸡滑液囊支原体分离株并测定 MIC 值，发现大部分菌株对四环素类、大环内酯类和截短侧耳素类药物的 MIC 较低，其中多西环素、土霉素和金霉素的 MIC_{50} 分别为 0.078 μg/mL、≤0.25 μg/mL 和 0.5 μg/mL，泰万菌素、泰乐菌素和替米考星的 MIC_{50}≤0.25 μg/mL，泰妙菌素的 MIC_{50} 为 0.078 μg/mL；而新霉素的 MIC 相对较高，MIC_{50} 为 32 μg/mL。Landman 等（2008）在荷兰观察到类似的结果，泰乐菌素和替米考星对 17 株鸡滑液囊支原体分离株的 MIC 均处于较低范围内（≤0.015～0.5 μg/mL），部分分离株对恩诺沙星的 MIC 较高（8～16 μg/mL）。Catania 等（2019）评估了 2012～2017 年在意大利收集的鸡滑液囊支原体分离株的 MIC 值，发现恩诺沙星的 MIC_{90}≥16 μg/mL，红霉素的 MIC_{90}≥8 μg/mL。在墨西哥，Petrone-Garcia 等（2020）测定了 123 株鸡滑液囊支原体和 28 株鸡毒支原体的 MIC 并计算 MIC_{100} 的平均值，发现氟苯尼考对鸡滑液囊支原体和鸡毒支原体的平均 MIC_{100} 分别为 2.23 μg/mL 和 2.5 μg/mL，泰乐菌素的平均 MIC_{100} 分别为 0.92 μg/mL 和 0.07 μg/mL。而在埃及，禽支原体对大部分药物较为敏感，Emam 等（2020）对 5 株鸡毒支原体和 3 株鸡滑液囊支原体测定替米考星、四环素、林可霉素、螺旋霉素等药物的 MIC，所有分离株的 MIC 值均处于较低的范围内（0.0625～0.5 μg/mL）。Abd El-Hamid 等（2019）研究了埃及不同鸡群 4 种代表性支原体田间分离株（3 株鸡毒支原体和 1 株鸡滑液囊支原体）对 8 种抗菌药物的体外敏感性，发现大环内酯类药物的 MIC 范围为 0.015～0.25 μg/mL，金霉素的 MIC 范围为 0.5～16 μg/mL，恩诺沙星的 MIC 范围为 0.25～2 μg/mL。在亚洲，Morrow 等（2020）从中国、印度、印度尼西亚、马来西亚、菲律宾、韩国和泰国分离到 11 株鸡毒支原体和 26 株鸡滑液囊支原体并测定 MIC 值，在鸡毒支原体和鸡滑液囊支原体分离株中均观察到替米考星的 MIC 较高（MIC_{90}≥64 μg/mL），而四环素、泰妙菌素和泰万菌素的 MIC 较低（MIC_{90}≤0.625 μg/mL）。Khatoon 等（2018）在巴基斯坦观察到的情况有所不同，鸡毒支原体分离株对替米考星的 MIC 较低，MIC_{50} 和 MIC_{90} 分别为 3.12 μg/mL 和 6.25 μg/mL；泰乐菌素、红霉素和恩诺沙星的 MIC_{50} 和 MIC_{90} 分别为 6.25 μg/mL 和 12.5 μg/mL；而四环素类药物土霉素和金霉素的 MIC 值较高，MIC_{50} 和 MIC_{90} 分别为 50 μg/mL 和 100 μg/mL。

表 2-84　2000～2020 年国外不同地区禽支原体 MIC 值　　（单位：μg/mL）

抗菌药物		欧洲			亚洲			
		2000～2010 年	2011～2020 年		2000～2010 年		2011～2020 年	
		鸡滑液囊支原体	鸡毒支原体	鸡滑液囊支原体	鸡毒支原体	鸡滑液囊支原体	鸡毒支原体	鸡滑液囊支原体
泰乐菌素	MIC$_{50}$	0.125	0.062	≤0.25	≤0.031	0.25	1	≤0.25
	MIC$_{90}$	1	4	≤0.25	≤0.031	2	2	2
替米考星	MIC$_{50}$	0.5	0.008	0.062	≤0.031	1	16	1
	MIC$_{90}$	>8	32	2	≤0.031	>8	64	>64
金霉素	MIC$_{50}$	—	—	0.5	1	—	0.5	1
	MIC$_{90}$	—	—	2	2	—	2	2
土霉素	MIC$_{50}$	—	0.5	0.25	0.062	—	≤0.25	≤0.25
	MIC$_{90}$	—	4	1	0.125	—	1	1
多西环素	MIC$_{50}$	—	0.12	0.078	≤0.031	—	0.039	0.156
	MIC$_{90}$	—	0.5	1	≤0.031	—	0.078	0.625
壮观霉素	MIC$_{50}$	—	—	2	0.5	—	1	1
	MIC$_{90}$	—	—	4	1	—	2	2
恩诺沙星	MIC$_{50}$	—	2	8	≤0.031	—	2.5	10
	MIC$_{90}$	—	8	16	≤0.031	—	5	>10
达氟沙星	MIC$_{50}$	—	—	2.5	—	—	2.5	5
	MIC$_{90}$	—	—	>10	—	—	2.5	>10
林可霉素	MIC$_{50}$	0.5	—	0.5	—	1	2	0.5
	MIC$_{90}$	>8	—	1	—	>8	16	64
泰妙菌素	MIC$_{50}$	—	0.008	0.078	≤0.031	—	≤0.039	0.156
	MIC$_{90}$	—	0.062	0.312	≤0.031	—	≤0.039	0.312
氟苯尼考	MIC$_{50}$	—	—	4	1	—	2	2
	MIC$_{90}$	—	—	8	2	—	2	4
参考文献		（Beko et al.，2020；Kreizinger et al.，2017；Landman et al.，2008；Catania et al.，2019）			（Morrow et al.，2020；Lysnyansky et al.，2015；Gharaibeh and Al-Rashdan，2011）			

注："—"表示相关文献公布的数据无法计算 MIC$_{50}$ 和 MIC$_{90}$。

　　此外，不同国家禽支原体的耐药程度也有差异。de Jong 等（2020）在 2014～2016 年从法国、德国、英国、匈牙利、意大利和西班牙收集到 82 株鸡毒支原体和 130 株鸡滑液囊支原体，测定 7 种抗菌药的 MIC 值并比较不同国家之间的差异。对于鸡毒支原体，与其他国家分离株相比，西班牙分离株的 MIC$_{50}$ 和 MIC$_{90}$ 处于较高水平，意大利分离株的 MIC$_{90}$ 高于英国分离株。对于鸡滑液囊支原体，其 MIC 在法国、匈牙利、意大利和西班牙之间的差异并不明显，但匈牙利分离株的 MIC$_{50}$ 和 MIC$_{90}$ 普遍高于其他三个国家的分离株。

　　2）国内

　　孔意端等（2008）从广东、四川和北京分离了 51 株鸡毒支原体并测定了常用抗菌药的 MIC。结果发现，泰乐菌素 MIC 较低，MIC$_{50}$ 为 0.25μg/mL；林可霉素和庆大霉素

的 MIC_{50} 分别为 4 μg/mL 和 2 μg/mL。丁美娟等（2015）从河南、江苏、安徽、河北和广东五省分离到 20 株鸡滑液囊支原体，每省随机取 1 株进行了 12 种常用抗菌药物的敏感性测定，结果发现泰乐菌素的 MIC 较低（0.035 μg/mL），替米考星、林可霉素、氟苯尼考、土霉素和庆大霉素的 MIC 为 0.035～0.176 μg/mL，金霉素、红霉素、卡那霉素的 MIC 为 0.176～0.88 μg/mL，恩诺沙星、氧氟沙星、环丙沙星的 MIC 为 0.88～4.4 μg/mL。招丽婵等（2019）从广东、广西、江苏、浙江、福建等地分离到 96 株鸡滑液囊支原体田间流行株，各地区随机取 1 株进行 10 种常用抗菌药物的敏感性测定，结果发现 10 株临床分离株对截短侧耳素类泰妙菌素、大环内酯类泰万菌素和泰乐菌素的 MIC 较低（MIC_{50} 分别为 0.24 μg/mL、0.15 μg/mL 和 0.49 μg/mL），而氟喹诺酮类药物环丙沙星、沙拉沙星的 MIC 较高（MIC_{50} 分别为 62.5 μg/mL 和 125 μg/mL）。石晓磊等（2018）从宁夏分离得到 13 株鸡滑液囊支原体，在每个地区的分离株中随机挑选 1 株进行了抗菌药物的敏感性试验，结果表明 3 株鸡滑液囊支原体对泰万菌素、泰妙菌素、泰乐菌素 MIC 较低（MIC 分别为 0.03～0.06 μg/mL、0.22 μg/mL 和 0.12 μg/mL），对氟苯尼考和恩诺沙星 MIC 较高（MIC 分别为 15.63～31.25 μg/mL、7.81～15.62 μg/mL）。隋兆峰等（2020）对山东 12 株鸡滑液囊支原体分离株的药敏试验结果显示，泰妙菌素和多西环素的 MIC 较低（平均值分别为 0.008 μg/mL 和 0.17 μg/mL），替米考星、恩诺沙星、左氧氟沙星、氟苯尼考的 MIC 平均值分别为 2.22 μg/mL、2.0 μg/mL、2.86 μg/mL 和 3.33 μg/mL；而对山东 12 株鸡毒支原体分离株的药敏试验结果显示，沃尼妙林、泰妙菌素和多西环素的 MIC 平均值分别为 0.028 μg/mL、0.167 μg/mL 和 0.29 μg/mL，恩诺沙星、诺氟沙星、氧氟沙星的 MIC 平均值分别为 6.56 μg/mL、36.04 μg/mL 和 5.31 μg/mL。

在我国，牛支原体分离株大多对大环内酯类药物的 MIC 较高，对氟喹诺酮类药物的 MIC 较低；绵羊肺炎支原体对氟喹诺酮类药物的 MIC 较低；禽支原体大多对氟喹诺酮类药物耐药，对泰乐菌素、泰妙菌素和多西环素等药物相对敏感，详见表 2-85。

表 2-85　2000～2020 年国内部分地区禽支原体 MIC 值　　（单位：μg/mL）

类型	地区	年份	MIC	泰乐菌素	替米考星	红霉素	多西环素	壮观霉素	恩诺沙星	达氟沙星	环丙沙星	林可霉素	泰妙菌素	参考文献
鸡毒支原体	北京等地	2004～2006	MIC_{50}	0.25	0.03	1	0.5	1	0.25	0.5	—	—	—	（林居纯等，2008）
			MIC_{90}	2	0.25	16	16	16	2	8	—	—	—	
	湖北	—	MIC_{50}	0.0625	—	1	0.5		1		—	0.25	—	（郭伟娜等，2008）
			MIC_{90}	0.0625	—	4	4		4		—	1	—	
鸡滑液囊支原体	广东等地	2015～2017	MIC_{50}	0.49	23.5		1.46				62.5	6.25	0.24	（招丽婵等，2019）
			MIC_{90}	0.98	375		1.46				125	12.5	0.96	

注：北京等地包括北京、四川、广东；广东等地包括广东、广西、江苏、浙江、福建；"—"表示相关文献公布的数据无法计算 MIC_{50} 和 MIC_{90}。

3. 猪

国内关于动物源支原体药物敏感性的报道相对较少，主要集中在反刍动物支原体和禽支原体，目前尚无关于猪支原体药物敏感性的报道。

致病性猪支原体对养猪业影响较大，猪肺炎支原体是引起猪呼吸系统疾病的主要病原之一，而猪滑液支原体和猪鼻支原体可引起多发性浆膜炎和关节炎。近年来报道的猪支原体大部分对多种抗菌药 MIC 较低，但对个别药物的 MIC 较高。

在欧洲，Tavio 等（2014）从西班牙分离到 20 株猪肺炎支原体并测定了 20 种抗菌药的 MIC，大环内酯类药物泰乐菌素、替米考星、泰万菌素、螺旋霉素的 MIC_{50} 分别为 0.06 μg/mL、1 μg/mL、0.016 μg/mL 和 0.25 μg/mL，氟喹诺酮类药物恩诺沙星的 MIC_{50} 和 MIC_{90} 分别为 0.125 μg/mL 和 1 μg/mL，而同为氟喹诺酮类药物的萘啶酸 MIC_{50} 和 MIC_{90} 则高达 128 μg/mL 和 256 μg/mL。Felde 等（2018）在 2015～2016 年从匈牙利及其周边国家分离到 44 株猪肺炎支原体并测定 15 种抗菌药物的 MIC，发现大部分菌株的 MIC 较低，也有观察到个别菌株对氟喹诺酮类、大环内酯类药物或林可霉素的 MIC 较高（高于 64 μg/mL）。Beko 等（2019）在 2014～2017 年从匈牙利收集到 38 株猪鼻支原体并测定 15 种抗菌药物的 MIC，发现大部分分离株对林可霉素和大环内酯类药物（泰乐菌素、替米考星、泰拉霉素、加米霉素）的 MIC 值较高（MIC_{90} 高于 64 μg/mL），而对四环素类和截短侧耳素类药物的 MIC 值较低（低于 0.25 μg/mL），个别菌株的壮观霉素 MIC 较高（高于 64 μg/mL）。Rosales 等（2020）在 2013～2018 年从意大利、葡萄牙和西班牙分离到 27 株猪肺炎支原体、48 株猪鼻支原体和 40 株猪滑液支原体，并测定 6 种关键抗菌药物（泰乐菌素、替米考星、泰万菌素、林可霉素、泰妙菌素和沃尼妙林）的 MIC，结果发现在测定的大环内酯类药物中，泰万菌素对 3 种猪支原体的 MIC 均较低（MIC_{90} 为 0.06～0.125 μg/mL），泰乐菌素和替米考星的 MIC_{90} 为 1～2 μg/mL，林可霉素对三种猪支原体的 MIC 较高，MIC_{90} 为 16 μg/mL。

美洲关于猪支原体药物敏感性的报道较少。Schultz 等（2012）测定了 1997～2011 年美国 23 株猪滑液支原体的 MIC，结果发现克林霉素、泰妙菌素和泰乐菌素的 MIC 较低（MIC_{50} 分别为 ≤0.12 μg/mL、≤0.25 μg/mL 和 ≤0.25 μg/mL），而泰拉霉素的 MIC 较高（MIC_{50} ≤16 μg/mL）。Gonzaga 等（2020）测定了巴西 16 株猪肺炎支原体的 MIC，结果发现恩诺沙星和泰妙菌素的 MIC 为 <0.001～0.125 μg/mL，泰乐菌素和螺旋霉素的 MIC 为 <0.001～16 μg/mL。

在亚洲，Jang 等（2016）测定了韩国 2009～2011 年间猪肺炎支原体和猪鼻支原体分离株的 MIC，发现两种分离株对泰万菌素的 MIC 均较低（MIC_{90} 为 0.06～0.12 μg/mL），而金霉素的 MIC 较高（MIC_{90} 均为 64 μg/mL）。Jin 等（2014）测定了韩国 10 株猪鼻支原体的 MIC，发现林可霉素和泰乐菌素的 MIC 较低（MIC_{90} ≤1.0 μg/mL），而红霉素、大观霉素和链霉素的 MIC 较高（MIC_{90} 高于 64 μg/mL）。Thongkamkoon 等（2013）测定了泰国 2006～2011 年 156 株猪肺炎支原体的 MIC，发现金霉素和红霉素的 MIC 较高（MIC_{90} 分别为 50 μg/mL 和 200 μg/mL），泰妙菌素的 MIC 较低（MIC_{90} 为 0.1 μg/mL）。各地区猪支原体 MIC 值整体偏低，详见表 2-86。

4. 小结

由于支原体特殊的结构和代谢特点，使其对多种抗菌药物天然耐药。在临床治疗和预防过程中，由于支原体没有细胞壁和脂多糖，因此对 β-内酰胺类、糖肽类、磷霉素和多黏菌素均不敏感；支原体不合成叶酸，因此对磺胺类药物不敏感；支原体 RNA 聚合酶 β 亚基的 *rpoB* 基因存在天然突变，阻止了利福平与其靶位点的结合，因此对利福平不敏感。目前可用于治疗动物支原体感染的抗菌药物包括大环内酯类、四环素类、氟喹诺酮类和截短侧耳素类。

表 2-86　2000～2020 年国外部分地区猪支原体 MIC 值　　（单位：μg/mL）

抗菌药物	MIC	欧洲			美洲			亚洲		
		猪肺炎支原体	猪滑液支原体	猪鼻支原体	猪肺炎支原体	猪滑液支原体	猪鼻支原体	猪肺炎支原体	猪滑液支原体	猪鼻支原体
泰乐菌素	MIC$_{50}$	0.25～0.5	0.5	0.25～0.5	0.125	≤0.25	—	0.1	—	—
	MIC$_{90}$	0.25～1	1	2～>64	16	0.5	—	0.39	—	—
替米考星	MIC$_{50}$	0.5～2	1	0.5～2	—	≤2	—	1	—	2
	MIC$_{90}$	1～4	2	2～>64	—	8	—	4	—	4
金霉素	MIC$_{50}$	—	—	—	—	≤2	—	16	—	64
	MIC$_{90}$	—	—	—	—	4	—	64	—	64
土霉素	MIC$_{50}$	≤0.25	—	≤0.25	—	≤2	—	6.25	—	—
	MIC$_{90}$	2	—	1	—	2	—	6.25	—	—
多西环素	MIC$_{50}$	0.078	—	0.078	—	—	—	3.12	—	—
	MIC$_{90}$	0.312	—	0.312	—	—	—	6.25	—	—
壮观霉素	MIC$_{50}$	2	—	4	—	4	—	—	—	—
	MIC$_{90}$	2	—	4	—	4	—	—	—	—
恩诺沙星	MIC$_{50}$	≤0.039	—	—	0.03	0.25	—	1.56	—	—
	MIC$_{90}$	1.25	—	—	0.125	0.5	—	6.25	—	—
达氟沙星	MIC$_{50}$	—	—	—	—	0.5	—	—	—	—
	MIC$_{90}$	—	—	—	—	0.5	—	—	—	—
林可霉素	MIC$_{50}$	0.25	0.5	0.5	—	—	—	0.25	—	1
	MIC$_{90}$	4	1	16	—	—	—	0.5	—	1
泰妙菌素	MIC$_{50}$	0.125	0.125	0.125	0.001	≤0.25	—	0.05	—	0.12
	MIC$_{90}$	0.5	0.5	0.5	0.125	0.25	—	0.1	—	0.25
氟苯尼考	MIC$_{50}$	1	—	2	—	≤1	—	1.56	—	—
	MIC$_{90}$	2	—	2	—	1	—	1.56	—	—
参考文献		（Rosales et al.，2020；Beko et al.，2019；Felde et al.，2018）			（Gonzaga et al.，2020；Schultz et al.，2012）			（Jang et al.，2016；Thongkamkoon et al.，2013）		

注："—"表示相关文献公布的数据无法计算 MIC$_{50}$ 和 MIC$_{90}$。

　　随着时间的推移，动物支原体对多种抗菌药物都有产生抗性的趋势。从支原体种类来看，大环内酯类药物对大部分动物支原体的 MIC 较高，但在禽支原体中，氟喹诺酮类药物的 MIC 较高，大环内酯类药物的 MIC 较低；从地区来看，亚洲地区不同抗菌药物的 MIC 值总体高于欧洲和美洲，而欧洲和美洲的 MIC 水平较为相似；从年份来看，自 2000 年以来，动物支原体对多种抗菌药物的 MIC 值均有不同程度的升高，表明动物支原体的耐药性呈上升趋势。

　　目前世界范围内关于动物支原体药物敏感性的研究主要集中在欧洲，上述 7 种动物支原体在欧洲皆有大范围的采样并测定了MIC值，但2010年之前的采样主要集中在欧洲的某个国家，临床分离株的地理来源较为单一，仅能反映采样地区的情况，导致不同国家之间的数据存在一定差异。而2010年之后的研究大部分从多个国家采样，测得的MIC值受地理来源影响较小，能在一定程度上反映欧洲动物支原体对抗菌药物敏感性的整体情况，因此上文（表2-84）中欧洲2000～2010年的部分数据高于2011～2020年的数据，主要是由于样本来源的差异。亚洲和北美洲地区对动物支原体药物敏感性的研究较少，相关数据并不能很好地反映不同地区的实际情况。国内关于动物支原体MIC值的报道也较少，很少有大范围采样并进行MIC值测定的研究；从最近发表的两篇牛支原体多省份采样的文献数据来看，我国牛支原体的MIC水平与以色列、欧洲等地相似，仅有个别药物的MIC值高于欧洲个别发达国家（Liu et al.，2020c；Kong et al.，2016）；同时国内报道的禽支原体MIC值数据过少，不能很好地反映国内外耐药现状的差异，需要进行更广泛的MIC值测定和药物敏感性研究。

（八）葡萄球菌

凝固酶阴性葡萄球菌（coagulase-negative *Staphylococci*，CoNS）是一种重要的奶牛乳腺炎病原菌，同时也是重要的人兽共患病原菌之一。最常见的奶牛乳腺炎CoNS病原菌包括产色葡萄球菌和表皮葡萄球菌等。

1. 欧洲

瑞士的一项研究从195个奶牛场的乳腺炎患病牛中分离到417株CoNS菌株，共有19种葡萄球菌，其中木糖葡萄球菌较为普遍，占分离株的36%，分析其耐药性发现分离株对苯唑西林（47%）耐药性较高；对夫西地酸、泰妙菌素、青霉素和四环素的耐药性中等，耐药率分别为33.8%、31.9%、23.3%、15.8%；对链霉素（9.6%）、红霉素（7%）、磺胺甲噁唑（5%）、甲氧苄啶（4.3%）、克林霉素（3.4%）、氯霉素（3.1%）、庆大霉素（2.4%）和卡那霉素（2.4%）均敏感；对奎奴普丁、利福平、环丙沙星、莫匹罗星未出现耐药（Frey et al.，2013）。芬兰一项研究从牛奶中收集到318株CoNS菌株，并对乳腺炎样本中收集到的88株CoNS菌株进行了鉴定和药敏分析，共鉴定出400株CoNS菌株，含有16种葡萄球菌，其中模拟葡萄球菌和表皮葡萄球菌最为普遍，分别占总分离菌株的27%和26.3%。CoNS分离株对青霉素和苯唑西林的耐药最为严重，耐药率分别为41.8%和34%；对四环素（16.5%）耐药率较低；对头孢噻吩（0.8%）、链霉素（7.5%）、庆大霉素（0.8%）、红霉素（6.3%）、氯霉素（0.5%）和磺胺甲噁唑/甲氧苄啶（5.3%）较为敏感（Taponen et al.，2016）。土耳其一项研究对奶牛养殖区的隐性乳腺炎奶牛进行细菌学检查，共分离鉴定到100株CoNS菌株，含有10种葡萄球菌，其中分离最多的为溶血性葡萄球菌（27%）和模拟葡萄球菌（24%），这些菌株对青霉素和氨苄西林的耐药最为严重，耐药率分别为58%和48%；对新霉素（20%）的耐药性相对较低；对氯霉素（1%）、链霉素（1%）、卡那霉素（9%）、红霉素（2%）、四环素（7%）和克林霉素（8%）较为敏感（Bal et al.，2010）。Mehmeti等（2016）在2013～2014年收集了塞尔维亚科索沃地区的临床乳腺炎牛奶样本，共获得58株CoNS，包括有6种葡萄球菌，其中表皮葡萄球菌（43.1%）为优势种。分离株对青霉素（94.8%）、氨苄西林（75.9%）和四环素（67%）耐药最为严重；对氯霉素（31%）和链霉素（25.9%）耐药也较为严重；对苯唑西林（13.8%）、卡那霉素（12.1%）和红霉素（5.2%）耐药较轻；未发现对万古霉素耐药菌株。

另外一项较为综合的研究在 2015～2016 年收集了比利时、捷克、法国、德国、意大利、荷兰、瑞士和英国共 8 个国家的乳腺炎奶牛的牛奶样本，共获得 189 株 CoNS 菌株，含有 16 种葡萄球菌，其中木糖葡萄球菌（23.8%）和产色葡萄球菌（20.1%）流行率较高。分离株对青霉素（29.1%）、苯唑西林（43.9%）耐药较为严重；对红霉素（14.3%）、四环素（18%）耐药率较低。检测发现林可霉素和林可霉素/大观霉素的 MIC_{90} 较高，分别为 128 μg/mL 和 64 μg/mL；其余药物如阿莫西林、头孢氨苄、恩诺沙星、卡那霉素和利福平等 MIC_{90} 都较低，为 0.25～2 μg/mL（El Garch et al.，2020）。欧洲地区奶牛乳腺炎来源 CoNS 耐药情况总结见表 2-87。

表 2-87　近年来欧洲部分地区奶牛乳腺炎来源 CoNS 耐药率　　　　　　（%）

年份	地区	主要葡萄球菌种类	β-内酰胺类	四环素类	酰胺醇类	大环内酯类	氨基糖苷类	链阳霉素类	参考文献
2013	瑞士	木糖葡萄球菌	23.3～47	15.8	3.1	7.0	2.4	0～9.6	（Frey et al.，2013）
2001、2010～2012	芬兰	模拟葡萄球菌	0.8～41.8	16.4	0.5	6.3	0.8	7.5	（Taponen et al.，2016）
2010	土耳其	溶血性葡萄球菌	48～58	7.0	1.0	2～14	9～20	1.0	（Bal et al.，2010）
2013～2014	塞尔维亚	表皮葡萄球菌	13.8～94.8	67.0	31.0	5.2	12.1	25.9	（Mehmeti et al.，2016）
2015～2016	欧洲多国	木糖葡萄球菌	29.1～43.9	18.0	—	14.3	—	—	（El Garch et al.，2020）

注："—"表示无数据。

2. 美洲

Crespi 等（2022）对阿根廷 2016～2017 年从乳腺炎病牛分离到的主要细菌进行鉴定，共获得 154 株 CoNS 菌株，包含 4 种葡萄球菌，以表皮葡萄球菌（59.8%）为优势种。药敏试验显示，24.6%分离株对青霉素耐药，14.9%对红霉素耐药，17.5%对克林霉素耐药，6.5%对头孢西丁和苯唑西林耐药。一项研究对巴西里约热内卢地区的奶牛场进行病原学检测，共分离到 100 株 CoNS 菌株，包含 5 种葡萄球菌，其中木糖葡萄球菌（70%）较为常见。这些菌株对青霉素和氨苄西林耐药较为严重，耐药率均为 79%；对四环素耐药水平次之，耐药率为 64%；对苯唑西林（29%）和庆大霉素（15%）耐药中等；对头孢噻吩（7%）和恩诺沙星（2%）较为敏感；未检测到对氨苄西林/舒巴坦、万古霉素和磺胺甲噁唑/三甲氧嘧啶耐药（Soares et al.，2012）。一项研究对加拿大 6 个地区 2007～2008 年的牛奶样本进行了分离鉴定，共获得 1687 株 CoNS 菌株，其中产色葡萄球菌（45.9%）分离率较高，CoNS 分离株对青霉素（10.1%）和四环素（10%）耐药中等，对红霉素（6%）、氨苄西林（5%）、氯霉素（4%）、克林霉素（3%）、吡利霉素（3%）、奎奴普丁/达福普汀（2%）和新生霉素（1%）较为敏感（Nobrega et al.，2018）。从表 2-88 可以看出，美洲部分地区 CoNS 分离株对 β-内酰胺类和四环素类药物的耐药较为严重。

表 2-88　近年来美洲部分地区奶牛乳腺炎来源 CoNS 耐药率　　　　（%）

年份	地区	主要葡萄球菌种类	β-内酰胺类	四环素类	酰胺醇类	大环内酯类	氨基糖苷类	林可酰胺类	参考文献
2016～2017	阿根廷	表皮葡萄球菌	6.5～24.6	—	—	14.9	—	17.5	（Crespi et al.，2022）
2012	巴西	木糖葡萄球菌	7～79	64.0	—	—	15.0	—	（Soares et al.，2012）
2007～2008	加拿大	产色葡萄球菌	5～10.1	10.0	4.0	6.0	—	3.0	（Nobrega et al.，2018）

注："—"表示无数据。

3. 亚洲和其他地区

韩国一项研究检测了 2013～2017 年 81 个牧场的 CoNS 菌株流行情况,共分离到 311 个 CoNS 菌株,包含 14 种葡萄球菌,主要为产色葡萄球菌。对分离到的 CoNS 菌株进行耐药性分析发现,这些菌株总体耐药性较好,其中耐药率较高的是苯唑西林(21.2%);其次为青霉素、四环素、氨苄西林、嘌呤霉素、红霉素、头孢噻呋、磺胺二甲氧嘧啶和青霉素/新生霉素,耐药率分别为 13.5%、10.3%、8.4%、6.8%、4.5%、1%、0.3%、0.3%;未发现对头孢噻吩耐药的 CoNS 菌株(Kim et al.,2019)。印度一项研究从三个不同区域的患临床乳腺炎奶牛的牛奶样本中分离获得 62 株 CoNS 菌株,共含有 10 种葡萄球菌,其中松鼠葡萄球菌为主要菌株,占总 CoNS 菌株的 32.3%。对其进行耐药分析发现,分离株对苯唑西林(83.9%)和头孢西丁(83.9%)呈现出较高耐药性;对利福平(37.1%)、克林霉素(32.3%)、红霉素(25.8%)、四环素(20.9%)呈现出中等耐药性;对环丙沙星(11.3%)、庆大霉素(9.7%)的耐药性较低;所有菌株均对万古霉素、利奈唑胺、替考拉宁敏感(Mahato et al.,2017)。一项研究对 2002～2006 年约旦北部患乳腺炎奶牛的牛奶样本进行了分离鉴定,获得 12 株 CoNS 菌株,其中耐药率较高的是多西环素(100%)、磺胺甲噁唑/甲氧嘧啶(100%)、四环素(100%)和链霉素(100%);青霉素(92%)、红霉素(92%)、氨苄西林(82%)和新霉素(71%)次之;对环丙沙星(30%)、恩诺沙星(25%)和庆大霉素(17%)较为敏感(Alekish et al.,2013)。2021 年,Ibrahim 等(2022)从埃及亚临床乳腺炎奶牛的牛奶中共分离到 15 株 CoNS 菌株,药敏试验发现分离株对苯唑西林和青霉素的耐药率较高,均为 40%;对克林霉素(33.3%)、四环素(20%)耐药率中等;对氯霉素(13.3%)、万古霉素(13.3%)、阿莫西林(13.3%)、红霉素(13.3%)、环丙沙星(6.6%)和庆大霉素(6.6%)耐药率较低。

在肯尼亚,Mbindyo 等(2021)对 2018～2019 年收集的患病奶牛的牛奶样本进行细菌分离鉴定,共获得 92 株 CoNS 菌株,这些菌株对氨苄西林(57.6%)耐药较为严重;对四环素(22.8%)、链霉素(20%)、磺胺甲噁唑/甲氧苄啶(17.3%)和红霉素(15.2%)耐药率中等;对头孢西丁(10.8)、氯霉素(7.6%)、庆大霉素(4.3%)、环丙沙星(3%)和诺氟沙星(3%)较为敏感。Phophi 等(2019)从南非各地收集患亚临床乳腺炎奶牛的牛奶样本,并从中分离得到 142 株 CoNS 菌株,含有 8 种葡萄球菌,其中产色葡萄球菌(70%)占比较高。这些菌株对青霉素(63%)和氨苄西林(63%)耐药较为严重;对红霉素(49%)和链霉素(30%)中等耐药;对氯唑西林(16%)、克林霉素(11%)、土霉素(11%)、万古霉素(9%)、头孢西丁(9%)、环丙沙星(8%)和氯霉素(6%)

较为敏感。南非另一项研究从奶牛中分离到 102 株 CoNS 菌株，其中主要为产色葡萄球菌（78.4%），分离株对青霉素（37.3%）和氨苄西林（36.3%）的耐药较为严重；对四环素（8.8%）和磺胺甲噁唑/甲氧苄啶（1%）较为敏感；对阿莫西林/克拉维酸钾、头孢西丁、头孢噻吩、莫西沙星、克林霉素、红霉素、庆大霉素、链霉素、夫西地酸和利奈唑胺完全敏感（Schmidt et al.，2015）。综上所述，亚洲及其他地区奶牛乳腺炎来源 CoNS 对 β-内酰胺类、四环素类、大环内酯类的耐药情况较为严重（表 2-89）。

表 2-89　近年来亚洲及其他地区奶牛乳腺炎来源 CoNS 耐药率　　　（%）

年份	地区	主要葡萄球菌种类	β-内酰胺类	四环素类	大环内酯类	氨基糖苷类	喹诺酮类	林可酰胺类	参考文献
2013～2017	韩国	产色葡萄球菌	1～21.2	10.3	8.4	6.8	—	—	（Kim et al.，2019）
2017	印度	松鼠葡萄球菌	83.9	20.9	25.8	9.7	11.3	32.3	（Mahato et al.，2017）
2002～2006	约旦	—	82～92	100.0	92.0	17～71	25～30	—	（Alekish et al.，2013）
2021	埃及	—	13.3～40	20.0	13.3	6.6	6.6	33.3	（Ibrahim et al.，2022）
2018～2019	肯尼亚	—	10.8～57.6	22.8	15.2	4.3	3.0	—	（Mbindyo et al.，2021）
2017、2013～2015	南非	产色葡萄球菌	0～63	8.8～11	0～49	0.0	0～3	—	（Phophi et al.，2019；Schmidt et al.，2015）

注："—"表示无数据。

4. 中国

Xu 等（2015）对 2012～2014 年江苏某奶牛场葡萄球菌的流行病学进行调查研究，共分离到 76 株 CoNS，包含 13 种葡萄球菌。该地区 CoNS 菌株对青霉素耐药较为严重，耐药率达 86.8%；对红霉素、链霉素和四环素耐药率分别为 48.7%、46.1% 和 39.5%；大多数 CoNS 菌株对于庆大霉素和妥布霉素敏感，敏感率为 86.8%；同时，多重耐药情况严重，对两种以上抗菌药物耐药的多重耐药菌株占比达 79.4%。林伟东等（2015）对江苏 2012～2014 年奶牛乳腺炎的病原菌进行分离鉴定，共获得 217 株 CoNS，其中大部分 CoNS 对万古霉素、头孢曲松、复方新诺明、克拉霉素、左氧氟沙星、诺氟沙星、氯霉素、环丙沙星、磷霉素、呋喃妥因、米诺霉素和克林霉素敏感，耐药率均低于 20%；对红霉素、四环素、苯唑西林、头孢他啶和多黏菌素 B 中等耐药，耐药率为 23.96%～41.94%；对青霉素和大观霉素耐药率较高，分别为 77.8% 和 58.6%。张行（2020）从我国部分地区的 15 个奶牛场中分离鉴定出 75 株 CoNS 菌株，占病原检出率的 25.2%，包含 9 种葡萄球菌，主要为产色葡萄球菌，占 53.3%。75 株 CoNS 菌株对青霉素和苯唑西林的耐药率较高，分别为 56% 和 45.3%；对庆大霉素、卡那霉素和四环素的耐药率均为 20%；对氯霉素（1.3%）、呋喃妥因（2.7%）和利奈唑胺（2.7%）敏感。

孙垚等（2017）对广东部分地区奶牛乳腺炎 CoNS 进行了流行病学调查，共分离到 40 株 CoNS，分离率为 36.4%；包含 11 种葡萄球菌，其中溶血葡萄球菌检出率较高，为 45%。分离株对链霉素（50%）、红霉素（47.5%）和青霉素（42.5%）耐药率较高；对环丙沙星和庆大霉素耐药率均为 32.5%；对苯唑西林、头孢曲松、头孢唑啉较为敏感，耐药率分别为 17.5%、15% 和 7.5%。刘冬霞等（2021）对 2018～2019 年陕西 16 个奶牛场奶牛乳腺炎 CoNS 进行流行病学调查，共分离鉴定到 29 株 CoNS，分离株对氨苄西林

（55.2%）、阿莫西林（65.5%）、万古霉素（65.5%）、复方新诺明（69%）、磺胺异噁唑（82.8%）、克拉霉素（86.2%）、青霉素（86.2%）和林可霉素（100%）耐药较为严重；对链霉素（34.5%）、庆大霉素（34.5%）和卡那霉素（41.4%）中等耐药；对诺氟沙星（6.9%）、头孢曲松（17.2%）、头孢噻肟（17.2%）、环丙沙星（17.2%）、多西环素（17.2%）、四环素（17.2%）、氟苯尼考（17.2%）和多黏菌素（24.1%）耐药率相对较低。

李文杰（2017）对甘肃 2 个奶牛场奶牛乳腺炎 CoNS 菌株进行流行病学调查，共分离到 36 株 CoNS 菌株，包括 8 种葡萄球菌，其中施氏葡萄球菌分离率较高，占比 47.22%。对 CoNS 进行耐药分析发现，分离株对青霉素耐药率为 30.56%；对阿莫西林（8.3%）、泰利霉素（8.3%）、四环素（11.11%）、红霉素（11.11%）、磺胺甲噁唑（11.11%）、庆大霉素（13.88%）、克林霉素（13.88%）和大西地酸（19.44%）耐药率相对较低；对头孢西丁、苯唑西林、头孢吡肟、利福平、万古霉素、利奈唑胺、奎奴普丁、呋喃妥因、美罗培南、环丙沙星和氯霉素敏感。许女等（2016）对山西 14 个牛场进行流行病学调查，共分离到 25 株 CoNS，包含 5 种葡萄球菌，主要为表皮葡萄球菌，占 48%。耐药分析发现分离株对青霉素、罗红霉素的耐药率高达 100%；对苯唑西林（92%）、克林霉素（92%）、红霉素（84%）、螺旋霉素（60%）、头孢噻吩（56%）、替米考星（52%）、四环素（60%）、环丙沙星（60%）和氯霉素（60%）耐药也较为严重。郝俊玺等（2017）对内蒙古呼伦贝尔的 3 个牧场进行了病原学检测，共分离获得 60 株 CoNS 菌株，分离率为 34.5%，包含 9 种葡萄球菌，主要为溶血葡萄球菌，占 CoNS 分离株的 28.3%。药敏试验显示，分离株对林可霉素和青霉素的耐药率相对较高，分别为 50% 和 40%；对红霉素耐药率为 21.7%；对苯唑西林、卡那霉素、四环素和头孢噻呋较为敏感，耐药率分别为 1.3%、1.7%、5% 和 6.7%。近年来，中国部分省份奶牛乳腺炎来源 CoNS 对 β-内酰胺类、四环素类、大环内酯类、氨基糖苷类、喹诺酮类的耐药情况较为严峻（表 2-90）。

表 2-90　近年来中国部分省份奶牛乳腺炎来源 CoNS 耐药率　　　　（%）

年份	地区	主要葡萄球菌种类	β-内酰胺类	四环素类	酰胺醇类	大环内酯类	氨基糖苷类	喹诺酮类	林可酰胺类	参考文献
2012~2014	江苏	阿尔莱特葡萄球菌	6.91~86.8	36.87~39.5	11.5	16.39~48.7	13.2~58.6	11.98~18.89	16.4	（林伟东等，2015；Xu et al., 2015）
2018~2019	甘肃、宁夏、陕西等	产色葡萄球菌	45.3~56	20.0	1.3	18.7	20.0	8.0	14.7	（张行，2020）
2017	广东	溶血葡萄球菌	7.5~42.5	—	—	47.5	32.5	32.5	—	（孙垚等，2017）
2019~2020	陕西	—	17.2~86.2	17.2	17.2	86.2	34.5	6.9~17.2	100.0	（刘冬霞等，2021）
2017	甘肃	施氏葡萄球菌	0~30.56	11.1	0.0	11.11~13.88	13.9	0.0	13.9	（李文杰，2017）
2016	山西	表皮葡萄球菌	56~100	>60	>60	36~100	—	>60	92.0	（许女等，2016）
2015	内蒙古	溶血葡萄球菌	1.3~40	5.0	—	21.7	1.7	—	50.0	（郝俊玺等，2017）

注："—"表示无数据。

5. 小结

综上，国内外奶牛乳腺炎来源的葡萄球菌存在种类及耐药情况的差异。总体来说，欧美来源的菌株优势种多为表皮葡萄球菌、木糖葡萄球菌和产色葡萄球菌，亚洲地区的菌株优势种为产色葡萄球菌，国内不同地区葡萄球菌优势种不同。国内外奶牛乳腺炎来源 CoNS 对 β-内酰胺类抗菌药物普遍具有耐药性，同时欧美地区耐药水平普遍低于亚洲地区，亚洲及其他地区奶牛乳腺炎来源 CoNS 对 β-内酰胺类、四环素类、大环内酯类的耐药情况较为严重。与国外相比，我国分离株对氨基糖苷类和喹诺酮类药物的耐药水平普遍较高。

（九）致病性大肠杆菌

致病性大肠杆菌分为肠道致病性大肠杆菌（intestinal pathogenic *Escherichia coli*，IPEC）和肠道外致病性大肠杆菌（extraintestinal pathogenic *Escherichia coli*，ExPEC）。感染致病性大肠杆菌通常会导致三种常见临床症状：腹泻、尿路感染、脓毒症或脑膜炎（Kaper et al.，2004）。

在动物养殖中，禽致病性大肠杆菌（avian pathogenic *Escherichia Coli*，APEC）主要感染家禽，可引发家禽呼吸道感染、心包炎和家禽败血症，是危害家禽产业的主要传染病之一（王利勤，2012）。DEC 可造成猪、牛、羊、兔等动物的腹泻，尤其引发仔猪和犊牛的腹泻；乳腺致病性大肠杆菌（mammary pathogenic *E.coli*，MPEC）及 STEC 可以引发奶牛乳腺炎。动物源耐药致病性大肠杆菌可以通过食物链传播给人类，造成耐药菌感染或耐药基因的水平传播。

对于禽致病性大肠杆菌，阿莫西林、新霉素、庆大霉素、氟喹诺酮类药物的治疗效果通常较好（杨为强等，2021）。仔猪腹泻大肠杆菌和犊牛腹泻大肠杆菌的防治与不同地区的管理有关，一般要求分离菌株进行药敏试验，用敏感药物进行治疗。有文献提到对严重腹泻的仔猪可以阿莫西林和恩诺沙星联合用药，或硫酸黏杆菌素、强力霉素和恩诺沙星联合用药（王淑金，2018）。对腹泻犊牛常用青霉素类、头孢类、氨基糖苷类药物进行治疗，具体药物也需经药敏试验筛选（李丹等，2022）。

1. 国外

目前，世界各地均报道了禽致病性大肠杆菌携带多种耐药基因，且对该地区重要抗菌药物普遍具有耐药性。在非洲，塞内加尔分离到的 APEC 对多黏菌素耐药率为 2.2%。在亚洲，越南的分离株对多黏菌素耐药率为 7.8%，且所有耐多黏菌素菌株均存在多重耐药。约旦分离的 APEC 对磺胺甲氧嘧啶、氟苯尼考、阿莫西林、强力霉素和庆大霉素的耐药率分别高达 95.5%、93.7%、93.3%、92.2% 和 92.2%。葡萄牙 2009～2018 年分离的 APEC 对青霉素类耐药率高达 73.5%～78%，对四环素类（56.4%～63.3%）、磺胺类（47.7%）、氟喹诺酮类（46.6%）和氨基糖苷类（34.5%）耐药水平均较高（Hu et al.，2022）。

世界范围内引发奶牛乳腺炎的大肠杆菌的耐药数据显示，其几乎对所有的抗菌药物具有耐药性。巴西分离的 MPEC 对四环素和链霉素的耐药率高达 92.2% 和 90.4%；伊朗牛乳腺炎样本中分离的 MPEC 多重耐药率达 79.48%（Zaatout，2022）。STEC 的耐药性呈明显地区差异，且随着抗菌药物的普及，STEC 的耐药率和多重耐药率均呈上升趋势。20 世纪末到 21 世纪初美洲分离的 STEC 菌株对链霉素、四环素有一定耐药性，但很少有多重耐药菌株；2007 年美国奶牛场相关环境、人员、奶牛以及牛奶中检出的大肠杆菌 O157:H7 均有多重耐药性，主要对氨曲南、头孢类、氟喹诺酮类、青霉素类和磺胺类药物耐药（Srinivasan et al.，2007）；在亚洲，中东地区分离的 STEC 普遍存在多重耐药，但对恩诺沙星均敏感；伊拉克分离的 10 株 STEC 对氨苄西林、四环素耐药率高达 100%，对磺胺类药物耐药率为 66.6%、氯霉素为 55.5%，对亚胺培南敏感（Murinda et al.，2019）；在 2018～2019 年，从约旦奶牛场、屠宰场分离的大肠杆菌 O157:H7 多重耐药现象较为严重，且超过 50%菌株对氨苄西林、头孢类、萘啶酸、卡那霉素、氯霉素、环丙沙星、链霉素、阿莫西林/克拉维酸和四环素均耐药；在非洲，从尼日利亚乳腺炎患牛牛奶中分离的大肠杆菌 O157:H7 对氨苄西林和四环素均耐药，对环丙沙星和新霉素敏感，且存在多重耐药菌株；埃塞俄比亚屠宰场、肉制品中检出的分离株对头孢噻肟、头孢曲松、庆大霉素、卡那霉素、萘啶酸敏感；在欧洲，研究人员发现牛中分离的大肠杆菌 O157:H7 主要对链霉素、磺胺异噁唑和氨苄西林耐药（Kramarenko et al.，2016）。

国外不同地区牛源腹泻大肠杆菌对常用抗菌药物的耐药情况存在差异。北美洲缺乏近年来的数据，21 世纪初的数据显示犊牛腹泻大肠杆菌对氨基糖苷类、四环素类、磺胺类药物耐药水平较高（Beier et al.，2013；Hariharan et al.，2004）；北欧地区犊牛腹泻大肠杆菌对常用抗菌药物耐药水平较低，但对四环素耐药水平也达到了 31.6%（de Verdier et al.，2012）；欧洲其他地区对青霉素类、四环素类、磺胺类药物耐药水平普遍较高（Boireau et al.，2018；Cheney et al.，2015；Botrel et al.，2010）；日韩地区，犊牛腹泻大肠杆菌对四环素类耐药率超过 70%，对青霉素类、氨基糖苷类、磺胺类部分药物耐药率超过 30%，最高可达 80.7%（Lim et al.，2010；Harada et al.，2005）；非洲、拉美地区不同牛场分离的致泻性大肠杆菌耐药情况差异大，可能与不同牛场用药差异有关，但普遍对氨基糖苷类、四环素类和磺胺类药物耐药（Algammal et al.，2020；Bumunang et al.，2019；Souto et al.，2017；Iweriebor et al.，2015；Shahrani et al.，2014；Osaili et al.，2013）。综合来说，北欧和北美的犊牛腹泻大肠杆菌耐药水平要低于亚非拉地区，但由于数据量问题，不易观察到不同地区耐药趋势的变化。

国外仔猪腹泻大肠杆菌对青霉素类、四环素类和磺胺类药物耐药水平普遍较高。北美洲的猪源腹泻大肠杆菌对青霉素（100%）和四环素类药物（94.5%）耐药率较高（Hayer et al.，2020；Jiang et al.，2019a；Hariharan et al.，2004）；欧洲的仔猪腹泻大肠杆菌对青霉素类、氨基糖苷类、四环素类和磺胺类药物耐药水平较高（García-Meniño et al.，2021；Renzhammer et al.，2020b；García-Meniño et al.，2018；Curcio et al.，2017），其中，意大利来源的菌株对四环素耐药率高达 96.1%，对磺胺类药物耐药率高达 86.5%（Curcio et al.，2017）；亚洲的仔猪腹泻大肠杆菌对青霉素类、喹诺酮类、氨基糖苷类、四环素类和磺胺类药物耐药水平普遍较高，其中对青霉素类和四环素类药物耐药率超过 80%，且对头孢类药物耐药率高于欧洲、澳大利亚和非洲（Nguyet et al.，2022；Kyung et al.，2020）；大洋洲来源的菌株对四环素类和磺胺类药物的耐药水平较高，超过 65%（Abraham et al.，

2014）；南美洲来源的菌株对青霉素类药物的耐药率高达 100%（Galarce et al.，2020）。

综上，国外不同地区和动物来源的致病性大肠杆菌的耐药水平存在差异，这可能与不同地区抗菌药物的使用差异有关。总体来说，动物源致病性大肠杆菌对青霉素类、四环素类、磺胺类药物的耐药情况要比其他药物更严重，北欧、北美洲来源菌株的耐药水平普遍低于亚非拉地区，亚非多个地区菌株对头孢类和氨基糖苷类药物的耐药率高于其他地区（表 2-91）。

2. 国内

2012～2017 年,分离自我国东部地区某鸡场的致病性大肠杆菌对各类常用抗菌药物的耐药性较为严重,对头孢类药物耐药率达 60.2%～71.5%，对四环素类和磺胺类药物耐药率超过 70%（Wang et al.，2021b）。2019 年，分离自广西的 69 株 APEC 对氨苄西林、四环素耐药率超过 90%，对氟苯尼考耐药率高达 79.7%，对喹诺酮类药物耐药率为 56.5%～69.6%，对头孢噻肟和庆大霉素耐药率低于 40%，对美罗培南、阿米卡星、呋喃妥因等敏感（胡紫萌等，2020）。

不同时间和地区来源的猪源致泻性大肠杆菌对抗菌药物的耐药情况有差异,但总体来说，对青霉素、喹诺酮类、氨基糖苷类、磺胺类药物的耐药水平高。2016 年，华东地区的猪源致病性大肠杆菌对各类抗菌药物的耐药水平普遍较高,对头孢曲松耐药率达 100%，对庆大霉素和磺胺甲噁唑耐药率超过 90%，对阿米卡星耐药率为 88.06%，对氟苯尼考和氯霉素耐药率超过 70%，对磷霉素、多西环素和多黏菌素均敏感（Li et al.，2021c）。

2012～2013 年北京地区乳腺炎患牛的牛乳中分离的 MPEC 药敏试验显示，大多数菌株对链霉素（32.9%）、卡那霉素（37.1%）和氨苄西林（47.1%）耐药，但对氯霉素、环丙沙星和磺胺类药物较为敏感 （Liu et al.，2014）。

不同地区犊牛腹泻大肠杆菌的耐药水平差异大，耐药谱不同，这可能与不同地区防治大肠杆菌病的抗菌药物种类不同有关。总体来说，多个地区的牛源大肠杆菌对青霉素类、四环素类和磺胺类药物耐药水平较高，且耐药性呈上升的趋势；多重耐药现象严重，部分地区多重耐药率超过 90%（刘勃兴等，2020；高海慧等，2019）。

如表 2-92 所示，国内动物源大肠杆菌对青霉素、喹诺酮类、四环素类和磺胺类药物耐药水平普遍较高，耐药率存在一定的上升趋势，鸡源、猪源致病性大肠杆菌耐药水平较牛源致病性大肠杆菌更高，犊牛腹泻大肠杆菌耐药情况与不同地区抗菌药物使用情况有关。

3. 小结

综上，国内外动物源致病性大肠杆菌的耐药情况存在地区和动物来源的差异，这可能与不同地区和养殖场抗菌药物的使用有关。总体来说，北欧、北美洲来源的菌株耐药水平普遍低于亚非拉地区。各地动物源致病性大肠杆菌对青霉素、四环素类和磺胺类药物等常用抗菌药物普遍具有耐药性，对氨苄西林、头孢类、四环素类和磺胺类药物耐药性普遍较高。亚非地区对头孢类、氨基糖苷类药物耐药水平高于欧美。和国外相比，我国喹诺酮类药物耐药水平普遍较高，多重耐药现象普遍存在。

表 2-91 国外部分地区动物源致病性大肠杆菌耐药率

(%)

年份	地区	来源	种类	青霉素类	头孢类	喹诺酮类	氨基糖苷类	四环素类	磺胺类	参考文献
2009~2018	葡萄牙	鸡	APEC	73.5~78.0	—	46.6	34.5	68.2	47.7	(Hu et al., 2022)
2019	约旦	鸡	APEC	93.3	3.3~87.7	63.9~84.4	54.6~92.2	—	95.5	(Zaatout, 2022)
2007	美国	奶牛	STEC	21.7~93	1.6~96.9	3.9~12.4	2.3~37.2	3.1	62	(Beier et al., 2013)
2011~2013	欧洲	奶牛	STEC	16.7	0	0	3.3~6.7	3.3	33.3	(Kramarenko et al., 2016)
2016~2017	伊朗	奶牛	MPEC	100	20	20	40	60	40	(Zaatout, 2022)
1990~2002	加拿大	牛	ETEC	—	4~8	—	0~64	75~81	42~48	(Hariharan et al., 2004)
2001~2005	美国	牛	O157:H7	1.2~2.6	0~2.3	0~0.3	0~1.2	9.9	0.6	(卢丽英和詹丽杏, 2021)
2002~2015	法国	牛	未知	75.7	5.3	25.0	77.6	73.2	63.0	(Boireau et al., 2018)
2002~2006	法国	牛	DEC	70.8	3.2~4.9	21.9~45.1	23.1~89.9	87.1	40.7	(Cheney et al., 2015)
2004~2005	瑞典	牛	DEC	27.4	0	13.7	0~5.3	31.6	5.3	(de Verdier et al., 2012)
2005~2007	英国	牛	VTEC	4.4~34.8	0	0~4.4	0	47.8	13.0~52.2	(Botrel et al., 2010)
2001~2004	日本	牛	IPEC	58.6	15.5	29.3	8.6~37.9	72.4	31.6	(Harada et al., 2005)
2003~2004	韩国	牛	DEC	64.8	0~11.4	22.7	1.7~80.7	88.6	35.8	(Lim et al., 2010)
2010	巴西	牛	DEC	63.93	8.19	21.31~54.09	16.39~75.41	91.8	67.21	(Souto et al., 2017)
2010	非洲	牛	O157:H7	0	—	0	5~100	0	—	(Osaili et al., 2013)
2010~2011	伊朗	牛	DEC	71.11~100	52.06	60.31~61.42	79.68	98.09	90.31	(Shahrani et al., 2014)
2014	南非	牛	O157:H7	84.2~94.7	32~94.7	7.4~12.6	5.3~80.2	94.7~96.8	80.2	(Iweriebor et al., 2015)
2015~2017	南非	牛	STEC	1.3~5	—	1.3	—	20	5	(Bumunang et al., 2019)
2018~2019	埃及	牛	ETEC/STEC	21.5	—	6.3	93.7~96.2	—	36.7	(Algammal et al., 2020)
1990~2002	加拿大	猪	ETEC	—	0~2	—	7~67	81~82	32~35	(Hariharan et al., 2004)
2006~2016	美国	猪	DEC	68.1	34.1	8.5	23.9~40.5	82~92.8	22~71.6	(Hayer et al., 2020)
2013~2014	美国	猪	ETEC	89.1~100	25.5	0~58.2	32.7~49.1	80.0~94.5	30.9~61.8	(Jiang et al., 2019a)

续表

年份	地区	来源	种类	青霉素类	头孢类	喹诺酮类	氨基糖苷类	四环素类	磺胺类	参考文献
2002~2015	法国	猪	未知	58.3	3.2	11.8	42.6	80.2	35.1	（Boireau et al.，2018）
2005~2017	西班牙	猪	ETEC/STEC	29.6~76.3	4.3~9.1	48.4~82.3	52.2~55.9	47.8~58.1	58.6	（Garcia-Meniño et al.，2021）
2006~2016	西班牙	猪	DEC	64.61~75.4	1.5~10.8	10.8~60.0	47.7	41.5	72.3	（Garcia-Meniño et al.，2018）
2015~2016	意大利	猪	DEC	—	9.8	54.9	76.5	96.1	80.4	（Curcio et al.，2017）
2016~2018	奥地利	猪	DEC	71.9	5.9	16.4	0~7.7	67.7	49.5	（Renzhammer et al.，2020b）
2007~2012	韩国	猪	DEC	86.7	0~51.4	46.8~74.8	68.8~84.9	92.2	61.0	（Kyung et al.，2020）
2012~2017	韩国	猪	DEC	84.9	1.4~63.8	40.3~70.3	48.4~85.4	86.7	60.9	（Kyung et al.，2020）
2018~2019	泰国	猪	DEC	81.1~100	35.1~64.9	89.2	75.7	91.9	86.5	（Nguyet et al.，2022）
1999~2005	澳大利亚	猪	ETEC	11.4~50.0	7.0~14.3	2.9	24.3~44.3	67.1	72.9	（Abraham et al.，2014）

注："—"表示无数据。

表 2-92 国内部分地区动物源致病性大肠杆菌耐药率

(%)

年份	地区	来源	种类	青霉素类	头孢类	喹诺酮类	氨基糖苷类	四环素类	磺胺类	参考文献
2012~2017	东部地区	鸡	APEC	24.1~98	60.2~70.8	80~90	38.7	70~80	70~80	(Wang et al., 2021b)
2002~2008	广东	猪	ETEC	—	26~45	82	26~50	63~100	100	(Wang et al., 2010)
2005~2008	未知	猪	DEC	50	0~22	66	27~89	73	100	(张俊丰等, 2010)
2008~2012	重庆、江苏	猪	DEC	100	21	88	85~100	85	100	(黄东璋等, 2013)
2012~2016	台湾	猪	DEC	93.8~97.9	43.8~93.7	37.7~76.4	49.6~61.5	78.1~86.1	90.6~95.1	(Liu et al., 2020a)
2016	华东地区	猪	EPEC	55.22	32.83~100	17.91~31.34	88.6~97.02	0	92.54	(Li et al., 2021c)
2012~2013	北京	奶牛	MPEC	48.8~56.0	39.0~44.0	8.0~51.2	24.0~65.9	46.3~48.0	16.0~24.4	(Liu et al., 2014)
2013	北方	犊牛	DEC	8.82~17.65	3.68~70.59	20.58~34.29	0~38.89	0~11.76	0~20.59	(张伟等, 2016)
2018	宁夏	犊牛	DEC	95.16~100	69.23~96.15	69.23~84.61	20	100	—	(高海慧等, 2019)
2018~2019	宁夏	犊牛	DEC	96.77~98.39	87.10~90.32	58.06~91.94	11.29~75.80	100	95.16	(高海慧等, 2021)
2018~2019	河北	犊牛	DEC	52~58	70	32~46	12~20	0~50	0	(刘勃兴等, 2020)
2018~2020	河南	犊牛	DEC	95.4~98.9	9.2~10.3	25.3~26.4	51.7~65.5	95.4	83.9	(赵明宽, 2022)
2019	四川	犊牛	DEC	92.0~94.0	14.0~26.0	28.0~52.0	44.0~78.0	72	84.0	(韩和祥, 2019)
2020~2021	京津冀	犊牛	DEC	0~35.21	26.06	69.72~71.83	59.86~61.27	44.37~58.45	14.79	(贾晌等, 2022)
2020~2021	新疆	犊牛	STEC	20.25~100	34.18	37.97	55.70	69.62	—	(吴静等, 2022)

注:"—"表示无数据。

（十）肺炎克雷伯菌

肺炎克雷伯菌广泛分布于人和动物的皮肤、呼吸道、消化道及自然环境中，当机体抵抗力降低时，可引起多种动物和人的败血症、脑膜炎、肺炎、支气管炎、泌尿系统及创伤感染等，已成为继大肠埃希菌之后的第二大条件致病菌（王晓明，2019）。近年来，随着抗菌药物大量甚至不合理的使用，肺炎克雷伯菌对多种抗菌药物的耐药情况愈发严重，并被认为是世界范围内抗菌药物耐药性的主要来源和载体之一（Navon-Venezia et al.，2017）。其中，产超广谱 β-内酰胺酶（ESBL、CRKP）及多黏菌素耐药肺炎克雷伯菌的出现和流行是全球共同面临的公共卫生问题，严重威胁动物养殖业的健康发展。与人医临床相比，动物源肺炎克雷伯菌的耐药性尚未被足够重视。目前，国内外对动物源肺炎克雷伯菌耐药性的研究主要集中在重要耐药基因的检测上，包括 ESBL 基因、碳青霉烯酶基因和可移动多黏菌素耐药基因等，而对动物源肺炎克雷伯菌耐药谱的研究较为匮乏（Chen et al.，2019），且大部分研究都面临采样范围局限、分离菌株数量较少、受检抗菌药物范围小等诸多问题，所产生的耐药性数据代表性不强。因此，对动物源肺炎克雷伯菌及其他克雷伯菌属的一些致病菌也应该开展相应的耐药性监测。

1. 欧洲

有多项针对欧洲地区动物源耐药肺炎克雷伯菌的研究，均关注其在各种零售肉类样品中的情况。土耳其的一项有关零售肉类样品中肺炎克雷伯菌的研究数据显示，所有分离株均对碳青霉烯类抗菌药物敏感，对氨曲南耐药率较高（29%），对第三代、第四代头孢类药物耐药率为14%～24%，对环丙沙星、复方新诺明及庆大霉素耐药率均在20%以下（分别为19%、14%和14%）（Gundogan et al.，2011）。荷兰的一项研究表明，该国零售鸡肉样品中产 ESBL 肺炎克雷伯菌占所有肠杆菌科分离株的5.1%，bla_{SHV-2}是主要基因型（64%），药物敏感性测试结果显示，对复方新诺明和环丙沙星的耐药率较高（分别为73%和64%），对诺氟沙星耐药率为45%，而对妥布霉素和庆大霉素耐药率仅为1%；另外，所有分离株对美罗培南、亚胺培南或多黏菌素均敏感（Huizinga et al.，2019）。捷克的研究人员对零售市场中来自捷克、波兰、匈牙利、德国、斯洛伐克、法国、奥地利、西班牙、荷兰、比利时、英国、巴西和中国的各种肉类（猪肉、牛肉、鸡肉和火鸡肉）进行筛查，发现 *mcr-1* 阳性肺炎克雷伯菌的检出率为6.98%（6/86）（Gelbíčová et al.，2019）。

另有研究关注了动物临床及养殖场中肺炎克雷伯菌的耐药现状。Brisse 和 Duijkeren（2005）收集了1993～2001年在荷兰动物医院病例中分离到的肺炎克雷伯菌，有43%的分离株对头孢氨苄耐药，但对其他抗菌药物的耐药率较低：头孢他啶和头孢呋辛均为2%，庆大霉素为4%，恩诺沙星为5%，复方新诺明和阿莫西林/克拉维酸均为7%，四环素为11%，多重耐药菌株占比为13%。Timofte 等（2014）从英国奶牛乳腺炎中分离出的3株肺炎克雷伯菌的耐药谱基本一致，对碳青霉烯类抗菌药物敏感，对头孢唑啉、头孢噻肟及庆大霉素耐药，ESBL 基因型均为 bla_{SHV-12}。肺炎克雷伯菌 ST25 被认为是引起英国英格兰地区 2011～2014 年猪败血症暴发的元凶。为了解暴发菌株的药物敏感性特征，研究人员选取 22 株代表性菌株进行了纸片扩散法药敏试验，结果显示，所有菌株均对氨苄西林耐药，绝大多数分离株对安普霉素和大观霉素耐药，有 4 株菌株表现出对多西环素-四环素-链霉素耐药（Bidewell et al.，2018）。葡萄牙猪场中多黏菌素耐药肺炎克雷伯菌的分离率为 17%，并且分离株表现出多重耐药表型（Kieffer et al.，2017）。2020 年德国的一项研究表明，屠宰场污水中 20.6% 的肺炎克雷伯菌携带 *mcr-1.1* 基因，并对多黏菌素表现高水平耐药（Savin et al.，2020）。另有一项关于德国南部宠物鸟、动物园饲养鸟及猎鹰源肺炎克雷伯菌耐药情况的研究显示，分离株对多西环素（31.6%）、哌拉西林/他唑巴坦（27.5%）及磺胺类抗菌药物（26.6%）的耐药率较高，对恩诺沙星（11.6%）、阿莫西林/克拉维酸（10.2%）和复方新诺明（9.1%）的耐药率较低（Steger et al.，2020）。

此外，动物源肺炎克雷伯菌对四环素药物的耐药性也被经常报道。根据瑞典一个研究小组 2008 年的数据，奶牛源肺炎克雷伯菌对四环素的耐药率为 7.1%（Bengtsson et al.，2009）；泛欧抗菌药物敏感性监测项目 VetPath 的一项抗菌药物敏感性测试结果显示，2009～2012 年收集自欧洲 9 个国家的临床奶牛乳腺炎病例中的肺炎克雷伯菌对四环素具有中等耐药率（19.5%），对几种 β-内酰胺类抗菌药物的耐药率较低（0～6.9%）（de Jong et al.，2018a）。

2. 北美洲

Yang 等（2019c）调查了从美国纽约 4 家大型牧场的临床奶牛乳腺炎病例中分离的 143 株肺炎克雷伯菌的耐药性，发现 40% 的菌株至少对一种抗菌药物耐药，其中对链霉素（29.4%，42/143）的耐药率较高，其次是四环素（5.6%，8/143）和庆大霉素（4.2%，6/143）；耐药基因分析发现，磷霉素耐药基因 *fosA*、喹诺酮类耐药基因 *oqxAB*、β-内酰胺酶基因 *bla*$_{AmpH}$ 和 *bla*$_{SHV}$ 分离株中常见。值得注意的是，该研究中有 4 株肺炎克雷伯菌对头孢噻呋高度耐药，MIC 值达 512 μg/mL，而头孢噻呋是美国成年和幼年奶牛中最常用的抗菌药物之一，高耐药表型菌株的出现无疑会降低该药在奶牛养殖过程中的使用效果。Massé 等（2020）分析了加拿大临床奶牛乳腺炎病例中分离的肺炎克雷伯菌耐药性，发现分离株对链霉素耐药率较高（40%），对四环素、大观霉素及磺胺异噁唑的耐药率较低（分别为 23%、13% 和 13%），2.5% 的菌株为多重耐药菌株。

分离自美国西南部亚利桑那州的零售鸡肉和猪肉样品的肺炎克雷伯菌的多重耐药率达 32%，对四环素耐药率较高（接近 40%），对头孢西丁、头孢曲松钠、头孢他啶、头孢噻肟、环丙沙星及复方新诺明的耐药率很低（在 15% 以下），未发现对阿米卡星和亚胺培南耐药的菌株（Davis et al.，2015）。另一项关于美国中南部俄克拉荷马州的养殖场和零售肉制品的研究指出，所有肺炎克雷伯菌分离株均对四环素和氨基糖苷类抗菌药物耐药，有 5 株（3.8%）同时表达 SHV-11 和 TEM-1 的菌株对多数 β-内酰胺类抗菌药物耐药，而火鸡养殖场和火鸡肉是这种多重耐药肺炎克雷伯菌的主要检出源（Kim et al.，2005）。

Poudel 等（2019）从美国南部某小镇的牛棚、家禽舍、犬舍、垃圾运输车及市区收集苍蝇样本 493 份，共获得 37 株肺炎克雷伯菌，其中 10.8% 的分离株至少对一种抗菌药物耐药；所有肺炎克雷伯菌分离株均对氨苄西林耐药，对庆大霉素、四环素、多西环素和磺胺甲噁唑/甲氧苄啶的耐药率也较高，有 2 株菌表现多重耐药表型，还有 1 株为携带多种耐药基因的 $bla_{CTX-M-1}$ 阳性菌株。

3. 亚洲

亚洲的数据主要来源于东南亚国家。2011 年的一项研究调查了柬埔寨农村牲畜（反刍动物、猪和鸡）中产超广谱头孢菌素酶肺炎克雷伯菌的携带情况，仅在家禽中检出，检出率为 2%，分离株均表现多重耐药表型，对复方新诺明、四环素、环丙沙星及氯霉素的耐药率为 80%～100%，对哌拉西林/他唑巴坦、庆大霉素中等耐药（耐药率分别为 20% 和 40%），所有分离株都对美罗培南敏感（Atterby et al.，2019）。Fukuda 等（2018）在 2014～2015 年从泰国猪场苍蝇样本中分离了携带 bla/mcr 基因的肺炎克雷伯菌，药物敏感性测试显示所有菌株对头孢唑啉、头孢噻肟和四环素耐药，对头孢他啶和氯霉素耐药率较高（均为 85%），对环丙沙星（38%）和庆大霉素（31%）耐药率处于中等水平，有 23% 的分离株呈现多黏菌素耐药表型。2020 年，印度的一项研究发现，阿萨姆邦零售市场食用鱼中存在产 ESBL 肺炎克雷伯菌（12/79），分离株对头孢噻肟（100%）、头孢他啶（67%）和头孢吡肟（75%）的耐药率较高，$bla_{CTX-M-15}$ 基因在 12 株肺炎克雷伯菌中均有检出，且所有产 ESBL 肺炎克雷伯菌均显示多重耐药表型（Sivaraman et al.，2020）。2021 年发表的一项研究分析了印度南部卡纳塔克邦健康肉鸡中肺炎克雷伯菌的耐药表型，发现 90% 的分离株对氨苄西林耐药，80% 的分离株对环丙沙星和左氧氟沙星耐药，40% 的分离株对四环素耐药，对其他受试抗菌药物的耐药率均低于 20%，包括 β-内酰胺酶抑制剂、β-内酰胺类、阿米卡星、氯霉素、替加环素及复方新诺明等，未发现对碳青霉烯类抗菌药物耐药的分离株（Bhardwaj et al.，2021）。

肺炎克雷伯菌是奶牛乳腺炎的重要病原菌之一，牛奶中 ESBL 耐药基因/耐药菌的检测也是人们的关注点之一。2015 年的一项研究结果显示，印度尼西亚牛奶样品中产 ESBL 肺炎克雷伯菌分离率为 8.75%，主要基因型为 bla_{SHV}，对三、四代头孢类药物耐药率较高（可达 75%），但对美罗培南敏感率（97%）较高（Sudarwanto et al.，2015）。黎巴嫩生牛乳中产 $bla_{CTX-M-15}$ 肺炎克雷伯菌的分离率达到了 30.2%（Diab et al.，2017）。印度东北部牛奶样品中分离出的肺炎克雷伯菌的 ESBL 基因检出率为 1.5%，其中 bla_{CTX-M} 是主要基因型，占比 82.6%；分离株对头孢曲松、头孢他啶和头孢噻肟均 100% 耐药，对庆大霉素、四环素和复方新诺明的耐药率在 70% 左右，对头孢吡肟、环丙沙星、加替沙星和哌拉西林/他唑巴坦的耐药率中等，对氯霉素和亚胺培南的耐药率均为 22%（Koovapra et al.，2016）。

Mobasseri 等（2019a）对 2013～2015 年分离自马来西亚猪场的 50 株肺炎克雷伯菌进行药敏测试，发现分离株对四环素耐药较为严重（达 86%），对亚胺培南耐药率较低（6%），但对美罗培南耐药率却达到 30%，对多黏菌素、头孢哌酮和环丙沙星耐药率也相对较低（分别为 14%、14% 和 18%），对其他抗菌药物包括氨曲南、头孢他啶、头孢噻肟、阿米卡星和庆大霉素的耐药率均在 28%～38%。该团队另一项关于马来西亚猪场中多黏菌素耐药肺炎克雷伯菌的研究表明，在多重耐药菌株（41.3%）中，有 28.3% 的分离株同时对多黏菌素和 β-内酰胺类抗菌药物具有耐药性（Mobasseri et al.，2019b）。

总体而言，东南亚及南亚地区的畜禽源肺炎克雷伯菌对四环素表现出较高耐药率，对碳青霉烯类敏感性较高，对多黏菌素耐药率在 20%左右，对氨基糖苷类和喹诺酮类抗菌药物耐药率处于中等水平。

4. 其他地区

在一项发表于 2021 年的研究中，研究人员探究了巴西奶牛源肺炎克雷伯菌对奶牛乳腺炎常用抗菌药物（庆大霉素、头孢类药物、磺胺甲噁唑/甲氧苄啶、四环素）及临床重要抗菌药物（美罗培南、头孢他啶、氟喹诺酮类）的耐药情况，结果表明，分离株对四环素（22.5%）、链霉素（20.7%）和磺胺甲噁唑/甲氧苄啶（9.5%）的耐药现象较为普遍（Nobrega et al.，2021）。

有研究检测了分离自澳大利亚猪败血症样本中的肺炎克雷伯菌的药物敏感性，发现所有分离株对安普霉素和头孢呋辛敏感，对新霉素和磺胺类抗菌药物的耐药率为 25%～40%（Bowring et al.，2017）。

相比之下，非洲地区近年来有关动物源肺炎克雷伯菌耐药情况的研究较多。研究人员在 2014～2015 年从南非西北省的 2 个商品牛场及生肉零售点采集了 151 份牛源样本，包括 55 份粪便样本和 96 份生牛肉样本，共分离出 82 株肺炎克雷伯菌，其中 35 株菌携带 ESBL 基因，bla_{CTX-M} 和 bla_{OXA} 为主要基因型，分别占比 40%和 42.9%（Montso et al.，2019）。2018 年的一项研究表明，喀麦隆养殖场猪中产 ESBL 肺炎克雷伯菌的检出率为 21.52%，其中携带 $bla_{CTX-M-1}$、bla_{TEM-1B}、bla_{SHV-11}、bla_{SCO-1} 的 ST14 型和携带 $bla_{CTX-M-15}$、$bla_{TEM-116}$、bla_{SHV-28} 的 ST39 型肺炎克雷伯菌为优势克隆，所有菌株均对头孢类及磺胺类耐药，但对碳青霉烯类敏感，对环丙沙星和阿米卡星的耐药率均为 14.3%，对庆大霉素耐药率是 71.4%（Founou et al.，2018）。Hamza 等（2016）采集了埃及某鸡场中有呼吸道症状的鸡样本，其中，碳青霉烯耐药肺炎克雷伯菌在总分离株中占比 43%，并有部分菌株同时携带 bla_{KPC}、bla_{OXA-48} 和 bla_{NDM} 基因。相比之下，Akinbami 等（2018）从尼日利亚的多家家禽养殖场分离得到的肺炎克雷伯菌的耐药情况略好，分离株对碳青霉烯类抗菌药物及阿米卡星敏感，对替加环素和多黏菌素耐药率均为 3.3%，对喹诺酮类及磺胺类抗菌药物的耐药率较高（但最高也不超过 40%）。

从奶牛乳腺炎分离的肺炎克雷伯菌通常也对多种抗菌药物具有耐药性。2017 年苏丹的一项研究表明，生牛乳样品中 ESBL 肺炎克雷伯菌检出率为 37.1%(26/70)，编码 ESBL 的基因中 bla_{CTX-M} 占比最大（61%），其次为 bla_{SHV}（23%）和 bla_{TEM}（16%），对环丙沙星、阿米卡星耐药率均在 80%以上；64%的分离株对庆大霉素耐药，约有一半菌株对亚胺培南耐药（Badri et al.，2017）。Osman 等（2014）从埃及牛奶样品中分离到 45 株肺炎克雷伯菌，分离株对氯霉素、多黏菌素、红霉素及链霉素的耐药率均在 80%以上。

研究人员在加纳的 75 家超市冷冻禽肉中分离出 35 株产 ESBL 肺炎克雷伯菌，86%的分离株携带 $bla_{CTX-M-15}$，对环丙沙星（83%）和复方新诺明（91%）耐药率较高，庆大霉素耐药株占比 49%，对亚胺培南和美罗培南的耐药率均为 0，多重耐药率达 40%（Eibach et al.，2018）。

对比亚洲和非洲部分国家动物源产 ESBL 肺炎克雷伯菌的耐药情况（表 2-93 和表 2-94），我们发现两个地区有相似的耐药特征，例如，分离株对头孢类、氨基糖苷类、喹诺酮类及磺胺类抗菌药物的耐药率普遍较高，且都在牛奶样品中检测到碳青霉烯耐药菌株。当然，即使处在同一大洲甚至是同一国家，肺炎克雷伯菌对某种抗菌药物的耐药率

表 2-93　亚洲和非洲部分地区动物源产 ESBL 肺炎克雷伯菌耐药率　　　　（%）

抗菌药物	亚洲				非洲		
	柬埔寨	印度		泰国	喀麦隆	苏丹	加纳
	2011	2016	2020	2014~2015	2018	2017	2015
	家禽	牛奶	鱼	猪场苍蝇	猪	牛奶	零售禽肉
三/四代头孢类	—	61.0~100	67.0~100	84.6~100	0~100	92.0	—
氨曲南	—		83.0	—	—		
碳青霉烯类	0	0~22.0	—	—	0	49.4	0
黏菌素类	—		—	23.1	0		
四环素类	80.0	74.0	42.0	100.0	0*	—	
氨基糖苷类	40.0	78.0	8.0	0~31.0	14.3~71.4	46.0~82.5	49.0
喹诺酮类	80.0	40.0~52.0	17.0~67.0	23.1~38.5	14.3	89.2	83.0
氯霉素类	80.0	22.0	8.0	84.6	—	—	
磺胺类	100	70.0	50.0	—	100	—	91.0
大环内酯类	—		17.0	—	—		
多重耐药率	100	—	100	100	71.4	—	40.0
参考文献	（Sivaraman et al.，2020；Atterby et al.，2019；Fukuda et al.，2018；Koovapra et al.，2016）				（Eibach et al.，2018；Founou et al.，2018；Badri et al.，2017）		

注："—"表示无数据。*该数据为分离株对替加环素的耐药率。

表 2-94　国内外部分地区动物源肺炎克雷伯菌耐药率　　　　（%）

抗菌药物	亚洲		欧洲		北美		非洲	
	马来西亚	中国	荷兰	土耳其	加拿大	美国	尼日利亚	埃及
	2013~2015	2007~2018	1993~2001	2007~2008	未知	2012	2015~2016	未知
	猪	多种动物	多种动物	零售鸡肉	乳腺炎病牛	零售肉	禽	生牛乳
头孢类	14.0~41.3	38.7~100.0	2	14~24	—	2.3~9.1	4.3~34.8	0
氨曲南	34.0~37.0	53.3	—	29	—		100	
碳青霉烯类	6.0~32.6	0~9.3	—	0	—	0	0	
黏菌素类	14.0~28.3	25.5~46.6	—				8.7	82.6
四环素类	86.0~91.3	63.0*~100	11	—	22.5	31.8	3.3*	
氨基糖苷类	28.0~37.0	44.8~100	4	5~14	0~40.0	0~13.6	100	0~82.6
喹诺酮类	15.2~32.0	16.8~100	5	19	—	2.3~4.5	21.7~30.4	—
氯霉素类	—	92.2~100	—				—	82.6
磺胺类	—	96.7~100	7	14	12.5	4.5	100	17.4
多重耐药率	41.3~44.0	78.1~96.7	13	—	2.5	34.1	—	
参考文献	（Liu et al.，2019；Mobasseri et al.，2019b）		（Gundogan et al.，2011；Brisse and Duijkeren，2005）		（Massé et al.，2020；Davis et al.，2015）		（Akinbami et al.，2018；Osman et al.，2014）	

注："—"表示无数据。*该数据为分离株对替加环素的耐药率。

也会因样品来源不同而有较大差异，例如，在印度牛奶和鱼中分离的产 ESBL 肺炎克雷伯菌对氨基糖苷类、氯霉素类和四环素类抗菌药物的耐药率差异较大。对比全世界不同地区肺炎克雷伯菌耐药情况可以发现，亚洲及非洲国家动物源肺炎克雷伯菌对多种抗菌药物的耐药率明显高于欧美地区，但造成这种差异的原因是来自多方面，包括抗菌药物使用政策、养殖场用药习惯、样品来源及地域差异等。

5. 中国

国内关于动物源肺炎克雷伯菌耐药性的研究主要集中在养殖业比较发达的省份，如山东、河南、四川、重庆及广东等，其中奶牛乳腺炎病例中肺炎克雷伯菌的耐药情况颇受关注。

目前，质粒介导的多黏菌素耐药基因 *mcr-1*、*-3*、*-7* 和-8 均在我国动物源肺炎克雷伯菌中检出（Wang et al.，2018b；Xiang et al.，2018；Yang et al.，2018；Liu et al.，2016b），且动物源肺炎克雷伯菌中 *mcr* 基因的检出率高于人源。Yang 等（2018）对自中国 13 个省的鸡来源样本中分离得到的肺炎克雷伯菌进行 *mcr-1* 筛查，发现鸡源肺炎克雷伯菌中 *mcr-1* 的携带率为 4.37%，多黏菌素耐药率为 5.46%。Wang 等（2017b）对 2013 年分离自山东某养鸡场的肺炎克雷伯菌研究发现，分离株对多黏菌素耐药率为 23.4%，并有相当比例菌株同时也对替加环素和碳青霉烯类抗菌药物耐药。2016 年的一项研究显示，我国 4 个农业大省（山东、吉林、河南和广东）的农场中鸡、猪、牛来源的肺炎克雷伯菌对多黏菌素的总体耐药率为 33.3%，对比发现，山东分离株对多黏菌素、替加环素和美罗培南的耐药率均高于其他省，分别是 46.6%、80% 和 25%（Wang et al.，2018b）。有研究称，2017~2018 年在四川畜禽养殖场病猪和鸡粪便中分离得到的肺炎克雷伯菌，多黏菌素耐药株占比达到了 47%，这些分离株同时对多种药物耐药，包括四环素、复方新诺明、庆大霉素、环丙沙星及氯霉素等（Liu et al.，2019）。另一项研究显示，2017 年在山东采集的鸡源肺炎克雷伯菌中 *mcr-8* 的携带率为 9.83%，部分菌株的多黏菌素 MIC 超过 128 μg/mL；*mcr-8* 阳性菌株除对美罗培南敏感外，对其他受试药物如四环素、庆大霉素、氟苯尼考和环丙沙星等均耐药（Wu et al.，2020）。王瑶（2022）对山东 2018~2019 年健康禽来源的肺炎克雷伯菌进行了耐药性研究，结果显示分离株对多黏菌素耐药率高达 45.9%，*mcr* 基因携带率为 25.8%，仅检出 *mcr-8* 和 *mcr-1* 两种亚型，其中 *mcr-8* 携带率高达 17.9%。综合最近的研究，我们推测肺炎克雷伯菌似乎是 *mcr-8* 的优势细菌宿主，该基因目前只在肺炎克雷伯菌及其亲缘关系较近的菌中检出（Wang et al.，2019；Yang et al.，2019a；Wang et al.，2018b）。

尽管在兽医领域不允许使用碳青霉烯类抗菌药物，但仍有关于动物源碳青霉烯耐药肺炎克雷伯菌（CRKP）的报道。其中，一项研究从江苏 3 个奶牛场分离到 10 株携带 bla_{NDM-5} 的 CRKP，分离株对美罗培南和亚胺培南均耐药，分别有 10%、20% 和 30% 的菌株对替加环素、环丙沙星和多黏菌素耐药（He et al.，2017）。另有一项关于青海湖候鸟中 CRE 的研究显示，分离到的 350 株产碳青霉烯酶的菌株中，有 233 株肺炎克雷伯菌均携带 bla_{NDM-5}（Liao et al.，2019）。Wang 等（2018b）对 4 个省份养殖场中耐药菌的调查研究表明，河南、吉林、广东养殖场中分离到的肺炎克雷伯菌均对美罗培南敏感，而山东养殖场的肺炎克雷伯菌分离株中有 25%对美罗培南耐药，且 CRKP 均携带 $bla_{\text{NDM-5}}$；重要的是，这些 CRKP 均分离自健康动物和农场环境中。一项对广州市食品市场零售肉中 CRE 流行病学的研究显示，2016～2018 年，产碳青霉烯酶的肠杆菌科细菌增长迅速，且分离到的所有 CRKP 均携带 bla_{NDM}（Zhang et al.，2019c）。Bai 等（2022）在海南某鹅场的 326 份样品中分离出 33 株 CRKP，所有 CRKP 均携带 $bla_{\text{NDM-5}}$。

与环境中的肺炎克雷伯菌相比，养殖场中患病动物体内分离的肺炎克雷伯菌对于指导临床用药更有意义。Zou 等（2011）收集了 2007～2009 年我国西南地区（四川、河南、重庆和云南）呼吸道感染的猪体内分离得到的肺炎克雷伯菌 58 株，经测定，分离株对 β-内酰胺类抗菌药物的耐药率为 75.86%～100%，其中分离株对氨苄西林、阿莫西林、氧苄西林、头孢氨苄和头孢羟氨苄表现高水平耐药（MIC 值≥512 μg/mL），对氟喹诺酮类药物的耐药率为 62.0%～68.97%，对氨基糖苷类药物的耐药率为 44.83%～46.55%，对 β-内酰胺酶抑制剂最为敏感（耐药率为 8.62%～17.24%）。管中斌等（2012）研究了 2008～2011 年我国西南地区（四川、重庆、云南）病死猪样品中肺炎克雷伯菌的耐药性，对 69 株分离株进行了 9 种氨基糖苷类药物和 9 种 β-内酰胺类药物的 MIC 值测定，结果表明：对阿莫西林、苯唑西林、氨苄西林和头孢羟氨苄耐药率为 100%；对卡那霉素、妥布霉素和庆大霉素的耐药率分别为 85.51%、81.16%和 78.26%；对头孢噻呋、氨苄西林/舒巴坦、阿莫西林/克拉维酸和阿米卡星较为敏感，耐药率分别为 14.8%、17.2%、17.2%和 30.43%。通过对比上述两项研究，可以看出我国西南地区病猪源肺炎克雷伯菌耐药较为严重，对常用 β-内酰胺类药物的耐药率最高可达 100%，后者研究中的分离株对氨基糖苷类的耐药率几乎是前者的两倍，但由于采样地区、采样部位及病猪类型等影响因素较多，无法准确分析导致这种差异的具体原因。韩坤等（2018）于 2015 年在山东某地区肺炎发病水貂的肺组织中分离出 10 株肺炎克雷伯菌，药敏结果显示，在 β-内酰胺类抗菌药物中，大部分分离株对头孢类抗菌药物耐药；在氨基糖苷类抗菌药物中，90%以上的分离株对庆大霉素、卡那霉素及链霉素耐药，70%的分离株对阿米卡星耐药，70%的分离株对喹诺酮类药物（环丙沙星和左氧氟沙星）耐药。此外，分离株对四环素、磺胺甲噁唑/甲氧苄啶、氯霉素及氨苄西林的耐药率均为 100%，但对亚胺培南及多黏菌素敏感。

由于肺炎克雷伯菌是引起奶牛乳腺炎的重要病原菌之一，所以有多项研究聚焦于奶牛养殖中该菌的耐药情况。Cheng 等（2019）收集了 2014～2017 年我国十大省份 45 个大型奶牛群的乳腺炎病例中分离的肺炎克雷伯菌，分离株对阿莫西林/克拉维酸的耐药率较高（38%），其次为四环素（32%），对多黏菌素、头孢噻呋、卡那霉素及头孢喹肟的耐药率分别为 24%、21%、15%和 10%，而对恩诺沙星和亚胺培南的耐药率较低（分别为 2%和 1%），有 19%的分离株具有多重耐药表型。张颖欣等（2018）在 2015～2016 年国内 13 个省份的 77 个大型牧场收集到的奶样中分离肺炎克雷伯菌，其中产 ESBL 肺炎克雷伯菌的流行率约为 13.7%。张超（2018）于 2016 年 12 月至 2017 年 1 月分离了宁夏某牧场的奶牛乳腺炎病死牛样品中的肺炎克雷伯菌 14 株，并对其进行药物敏感性测试，结果表明，分离株对庆大霉素、强力霉素、氨苄西林及磺胺异噁唑均耐药，对四环素和头孢曲松的耐药率分别为 92.9%和 85.7%，但对阿米卡星、诺氟沙星、氧氟沙星、头孢他啶、大观霉素和环丙沙星敏感。石玉祥等（2020）于 2017～2018 年在河北某大型奶牛养殖场 245 份临床型奶牛乳腺炎牛奶样品中分离出 45 株肺炎克雷伯菌，药敏试验结果表明，肺炎克雷伯菌对青霉素、四环素、庆大霉素、克林霉素、氨苄西林、复方新诺明、氯霉素、链霉素、头孢噻肟、卡那霉素和头孢曲松的耐药率分别为 73.3%、53.3%、48.9%、46.6%、44.4%、37.8%、33.3%、28.9%、22.2%、20.0% 和 17.8%。何文娟（2020）对 2018 年和 2019 年黑龙江、山东和河北 3 个大型牧场中奶牛临床乳腺炎中分离的肺炎克雷伯菌进行耐药表型研究，发现分离菌株对复方新诺明的耐药率很高（97.2%），对多西环素的耐药率稍低（20.2%），对庆大霉素、氟苯尼考、环丙沙星、头孢曲松、替加环素、阿莫西林/克拉维酸钾和卡那霉素的耐药率较低（0.5%～13.7%），对美罗培南和多黏菌素敏感，而且不同场及同场不同年份分离株的耐药率和耐药谱存在一定差异。就头孢曲松、头孢噻呋和多西环素而言，2018 年分离株的耐药率要高于 2019 年，而 2019 年分离株对氟苯尼考的耐药率更高；对比该研究中不同地区肺炎克雷伯菌的耐药谱差异，发现河北分离株对头孢曲松的耐药率高于其他省份，而对庆大霉素、卡那霉素和环丙沙星敏感；黑龙江分离株对多西环素的耐药率较高，对环丙沙星、替加环素和阿莫西林/克拉维酸钾敏感；山东分离株除头孢噻呋耐药率高于黑龙江和河北外，对其他抗菌药物的耐药率均低于该两省。

此外，养殖环境中的肺炎克雷伯菌也应受到关注。杨硕（2015）于 2013～2014 年从山东某肉禽养殖场的种鸡、商品鸡表面及屠宰场污水中采集样品，分离出 75 株肺炎克雷伯菌，药敏试验显示分离株对临床常用的氨苄西林的耐药率达 100%，对头孢他啶、卡那霉素、氯霉素、环丙沙星、四环素及头孢吡肟的耐药率也很高（分别为 84.0%、92.0%、93.33%、84.0%、78.67% 和 74.67%），对头孢哌酮的耐药率稍低（48.0%），可见该地区肺炎克雷伯菌的耐药性较为严重，对多种药物都具有耐药性，表现为多重耐药现象，除头孢哌酮略低外，其余受试药物的耐药率均高于 70%。中国农业大学沈建忠院士团队对 2018～2019 年山东多家规模化禽类养殖场环境源肺炎克雷伯菌耐药性监测数据显示，分离株对氟苯尼考的耐药率较高（98.0%），其次是氯霉素、复方新诺明、环丙沙星和四环素（耐药率分别为 96.0%、93.0%、91.0% 和 90.0%），对头孢噻肟（74.0%）、氨曲南（61.0%）、头孢他啶（55.0%）、庆大霉素（60.0%）和多黏菌素（50.0%）的耐药率均超过 50%，对阿米卡星表现出中等耐药率（37.0%），20% 的分离株对替加环素耐药、14.0% 的菌株对头孢哌酮/舒巴坦耐药，分离株对美罗培南和头孢他啶/阿维巴坦最为敏感（敏感率分别为 93.0% 和 97.0%，耐药率均为 3.0%）（王瑶，2022）。

值得关注的是，动物源肺炎克雷伯菌的多重耐药现象也比较严重。Wu 等（2016）对 2013 年分离自山东某肉鸡屠宰场的 90 株肺炎克雷伯菌进行了耐药性调查，分离株对三、四代头孢类药物的耐药率偏高，可达 100%；对氯霉素、卡那霉素、环丙沙星及四环素的耐药率均高于 80%，而且多重耐药率达到了 96.7%；87 株菌为产 ESBL 分离株，其中 bla_{TEM}（76.7%）、bla_{SHV}（88.9%）和 bla_{CTX-M}（75.6%）检出率较高。Yang 等（2019a）于 2017 年在河南大型农场动物（包括牛、羊、猪、鸡）中分离了 137 株肺炎克雷伯菌，药敏结果显示总体多重耐药率为 78.1%，其中猪源和鸡源分离株多重耐药率分别为 93.6% 和 88.9%，显著高于牛源（52.0%）和羊源（50.0%），绝大多数受试药物的耐药率亦是如此。另有研究表明，多重耐药的肺炎克雷伯菌在鸡和猪中较为普遍，并且耐药性的产生与药物使用频率有极大的关系，不同动物来源的肺炎克雷伯菌对抗菌药物的耐药性存在明显差异，鸡源与猪源肺炎克雷伯菌的耐药率明显高于牛源、羊源、兔源和犬源菌株（Yang et al.，2019a；杨帆等，2016）。

Yan 等（2021）于 2020 年在我国四川大熊猫基地的 94 只健康大熊猫样品中分离出 186 株肺炎克雷伯菌，16.5%的肺炎克雷伯菌分离株表现出多重耐药表型，主要对阿莫西林（100.0%）、强力霉素（86.7%）、氯霉素（60.0%）、复方新诺明（60.0%）和甲氧苄啶（56.7%）耐药。

总体而言，分离自山东和四川的动物源肺炎克雷伯菌对多种抗菌药物的耐药率要高于其他地区；生牛乳样品来源的分离株耐药率普遍较低，仅对磺胺类抗菌药物耐药率高达 97%；在宁夏病死牛样品中分离的肺炎克雷伯菌相较于其他样品来源的分离株耐药更为严重，详见表 2-95。

表 2-95　中国部分地区动物源肺炎克雷伯菌耐药率　　　　（%）

抗菌药物	2007～2011	2013	2016	2016	2017～2018	2018～2019
	西南地区	山东、河南	山东、吉林、河南、广东	宁夏	四川	东北、华北
	病猪	鸡、猪、牛、羊	鸡	病死牛	猪、鸡	生牛乳
三、四代头孢类	14.8～65.5	38.7～100	—	0～85.7	80.0	4.4～19.6
碳青霉烯类	—	1.5～2.2	9.3		0	0
黏菌素类	—	—	25.9		46.6	0
四环素类	—	67.9～78.9	63.0[*]	92.9～100	100	1.1～25.0
氨基糖苷类	30.4～85.5	50.4～91.0		0～100	66.7～100	1.1～3.3
喹诺酮类	62.0～69.0	16.8～80.0		0	100	0～1.1
氯霉素类		92.2			100	3.3～7.7
磺胺类				100	100	96.7～97.8
参考文献	（管中斌等，2012；Zou et al.，2011）	（Wu et al.，2016）	（Wang et al.，2018b）	（张超，2018）	（Liu et al.，2019）	（何文娟，2020）

注："—"表示无数据。*该数据为分离株对替加环素的耐药率。

6. 小结

肺炎克雷伯菌可引起奶牛乳腺炎，养殖场兽医常应用头孢噻呋、庆大霉素或阿莫西林/克拉维酸钾等药物进行治疗。各地区的监测数据表明，动物源肺炎克雷伯菌对常用药物如三、四代头孢类药物、氨基糖苷类及喹诺酮类抗菌药物均表现出不同程度的耐药，耐药率最高可达 100%。相比之下，亚洲和非洲国家的动物源肺炎克雷伯菌的耐药情况较北美洲和欧洲严重；我国分离株的耐药较为严重，对多种抗菌药物的耐药率最高可达 100%，在受试药物中仅对碳青霉烯类抗菌药物的敏感率较高。值得注意的是，我国分离株对"最后防线"药物多黏菌素呈中等耐药率，这或许与之前该药在畜禽养殖中的广泛应用有关。一直以来，人们较为关注肺炎克雷伯菌在社区获得性肺炎和院内感染中的作用，但忽略了动物源肺炎克雷伯菌作为耐药基因储库及在动物和人之间传播的可能性。尽管近几年国内外开始重视动物源肺炎克雷伯菌的耐药现状，但所获得的数据量仍然较少，因此需要考虑在日常监测工作中加入对肺炎克雷伯菌的监测。

四、宠物源细菌耐药性

由于伴侣动物特殊的生存环境、生活方式及食物来源，其携带的细菌性病原的丰度与分布、毒力与致病性、耐药基因与表型，不仅与伴侣动物自身的生存质量和生活福利密切相关，更与其共同生活的人类健康和疾病控制存在密切联系，从而对其他动物与人类健康产生威胁。越来越多的证据表明，耐药细菌和耐药决定因子（antimicrobial resistance determinants）可在伴侣动物与人之间双向传播（Platell et al.，2011；Johnson et al.，2008；Sidjabat et al.，2006）。相较于食品动物源性病原菌，宠物源性病原菌的传播和耐药特征受到的关注度较低，且宠物临床病原菌耐药现状与流行病学相关信息较为缺乏。因具备广谱抗菌、易于口服、安全性高和良好的药代动力学等特点，β-内酰胺类抗生素是目前国内外小动物临床的一线用药，其中最常使用的为阿莫西林/克拉维酸（Rubin and Pitout，2014），其治疗疾病范围包括下泌尿道感染、膀胱炎、肾盂肾炎、细菌性鼻炎、支气管炎、肺炎和胸膜肺炎等，而阿莫西林也是国际伴侣动物传染病协会（International Society for Companion Animals on Infectious Diseases，ISCAID）推荐用于宠物临床的一线药物。通常，头孢菌素是犬猫泌尿系统感染的常用治疗药物，氨苄西林则是治疗大肠杆菌引起的犬猫尿路感染的首选药物（Smee et al.，2013），其他可供选择的替换药物主要为氨基糖苷类和氟喹诺酮类，如庆大霉素、恩诺沙星和多西环素等；在马的临床治疗中，最常使用的药物治疗方案为头孢菌素、青霉素或配合氨基糖苷类药物（Rubin and Pitout，2014）。除此之外，一代头孢菌素在动物临床治疗方案中也较为常见，具体的用药情况根据具体地区用药政策等因素的不同有所差异，而相关的细菌耐药现状也有所不同。此外，部分研究数据表明，碳青霉烯类药物在小动物临床的平均使用疗程显著长于人医临床（Smith et al.，2019），菌株的平均敏感率在90%以上。国内宠物临床关于以大肠杆菌和肺炎克雷伯菌为代表的肠杆菌科细菌的相关报道较多，但关于肺炎克雷伯菌耐药性的独立研究数量有限，且信息不够完善，而宠物源葡萄球菌和肠球菌的相关研究资料更为缺乏。目前，虽然有少量关于宠物源耐甲氧西林金黄色葡萄球菌（methicillin-resistant *Staphylococcus aureus*，MRSA）、耐甲氧西林假中间葡萄球菌（methicillin-resistant *Staphylococcus pseudintermedius*，MRSP）、耐甲氧西林中间葡萄球菌（methicillin-resistant *Staphylococcus intermedius*，MRSI）及肠球菌流行性和耐药性的研究，但欠缺有关葡萄球菌和肠球菌耐药表型及耐药机制的整体性研究，其研究深度与广度均达不到总结性分析的要求，而经验性治疗在小动物临床较为常见，因此，相关数据的匮乏导致无法为小动物临床用药提供参考依据。相比之下，国外关于宠物源大肠杆菌、肺炎克雷伯菌、葡萄球菌和肠球菌的监测时间跨度较为长久，资料较为完善，但由于药物应用、时空跨度不同等因素，与国内宠物源细菌的耐药情况存在一定的差异。总体来说，以犬、猫为代表的伴侣动物，犬源病原菌的平均耐药率和多重耐药率普遍高于猫源菌株。对细菌耐药基因和耐药机制的关注点主要以公共卫生意义为导向，例如：

肠杆菌科中超广谱 β-内酰胺类酶/产 AmpC 头孢菌素酶耐药基因 bla_{CTX-M}、bla_{DHA-1}，以及碳青霉烯酶耐药基因 bla_{KPC}、bla_{NDM}、bla_{OXA-48} 等；介导氟喹诺酮耐药的喹诺酮耐药决定区域（quinolone resistance determining region，QRDR）突变、质粒介导的氟喹诺酮耐药（plasmid-mediated quinolone resistance，PMQR）及外排泵相关基因（如 $oqxA/oqxB$）；"最后防线"抗生素相关耐药基因 mcr、tet(X3)/tet(X4)/tet(X5)；葡萄球菌属 β-内酰胺耐药基因 $mecA$、$blaZ$ 等；有关肠球菌耐药机制的研究主要集中于 β-内酰胺类、糖肽类（万古霉素）、噁唑烷酮（cfr、$optrA$）和氨基糖苷类抗菌药物。

（一）大肠杆菌

大肠杆菌是伴侣动物临床分离的常见机会致病菌，常来源于尿路感染、呼吸道感染、子宫蓄脓、软组织感染、消化道炎症和耳部感染等疾病，其中尿路感染病例的分离率最高（30%～65%）（Marques et al.，2018；Karkaba et al.，2017）。尿路感染是小动物临床进行抗生素给药的主要原因之一，风险性分析显示，尿源性大肠杆菌的多重耐药通常由持续性感染、复发性病例的抗生素治疗导致，该来源的大肠杆菌也比其他部位来源的大肠杆菌更可能发展出多重耐药表型（Cummings et al.，2015）。大肠杆菌在小动物临床中越来越多地作为一种致病菌被分离到，表明小动物临床大肠杆菌耐药性监测和控制极为重要。

1. 国外

国外关于宠物源大肠杆菌的研究资料较为丰富，监测时间跨度较长，研究涉及范围较广。宠物源多重耐药大肠杆菌最初在美国和欧洲等地区有所发现和研究，不同地区和时间分离株的耐药情况虽然有所差异，但整体上呈现出对以阿莫西林/克拉维酸为代表的 β-内酰胺类药物的高耐药率；对美国东北部地区犬源大肠杆菌长达 8 年的研究表明，氨苄西林是耐药率最高的受试药物，头孢菌素类的耐药率一直处于较高水平，而阿米卡星则具有良好的敏感性。虽然尿源性菌株的耐药性并没有显示出明显的上升趋势，但非尿源性菌株显示出了对恩诺沙星、四环素类及头孢菌素类耐药率上升（2009～2010 年总体耐药率最高）（Cummings et al.，2015）；从美国整体来看，犬源大肠杆菌对恩诺沙星的耐药率已经从 20 世纪末期的 2%～8%上升到了近十年的约 20%。加拿大对 1994～2013 年从犬、猫分离得到的病原菌进行了耐药性研究，数据显示，大肠杆菌等其他革兰氏阴性菌表现出对头孢菌素敏感性的持续下降，同时大部分犬源菌株表现出对恩诺沙星耐药性的持续上升，而对磺胺类/抗菌增效剂和氨基糖苷类抗菌药物耐药率的下降可能是由于过去十年新型广谱头孢菌素、氟喹诺酮类和多西环素的使用增加所致（Awosile et al.，2018c）。新西兰的一项研究显示，大肠杆菌对阿莫西林/克拉维酸的耐药率最高（达 82%），四环素（64%）次之（Karkaba et al.，2017）。葡萄牙一项对于犬、猫尿源性病原的跨度 16 年的回顾性调查显示，作为主要病原的大肠杆菌对各类药物的耐药率及多重耐药率均呈逐年上升趋势，庆大霉素、阿莫西林和三代头孢为监测初期耐药率最低的三种药物，其中阿莫西林的耐药率上升幅度最大（1999 年：5%；2014 年：39%）（Marques et al.，2018）。一项针对阿根廷城市地区尿源分离株 7 年的回顾性研究显示，尿源分离株具有较高的多重耐药率，作为总体分离率排名第二（18.3%）的大肠杆菌呈现出仅对头孢他啶耐药率的逐年下降，分离株对头孢噻肟耐药率最高（37%），其次为氟喹诺酮类（36%）和磺胺甲噁唑/甲氧苄啶（33%），而对氨基糖苷类和呋喃妥因仍具有较好的敏感性，其耐药谱、耐药率与同地区人源株极为相近（Rumi et al.，2021）。多项研究表明，猫源大肠杆菌对药物的敏感性普遍高于犬源大肠杆菌（Darwich et al.，2021；Rumi et al.，2021）。西班牙一项为期 2 年、涉及 17 个地区的宠物源尿路感染病原耐药性研究结果显示，占比最多的大肠杆菌表现出对头孢噻吩（50%～70%）、氨苄西林（45%）、氟喹诺酮类（30%～40%）及多西环素（30%）较高的耐药率，犬源菌株中有约 8.5%的多重耐药菌株，在猫源菌株中则为 7.9%。犬、猫源菌株主要在头孢吡肟（犬：10%；猫：40%）和头孢噻吩（犬：70%；猫：50%）两种药物上呈现出耐药率的显著差异（Darwich et al.，2021），而猫源大肠杆菌总体上呈现出较低的耐药率，推测可能与其对尿路感染的低敏性以及常见非病原性因素（结石、特发性膀胱炎、肿瘤）有关。泰国从 2012 年开始为期 4 年的犬、猫尿源细菌性病原调查结果显示，总分离率排名第二的大肠杆菌对氨苄西林和克林霉素的耐药率高达 100%，对磺胺甲噁唑/甲氧苄啶（80%）、诺氟沙星（75%）和恩诺沙星（60%）的耐药率均超过了 50%，4 年期间耐药率呈现对上述药物逐年下降的趋势（Amphaiphan et al.，2021）。

　　不同样本来源的菌株可能呈现不同的耐药表型。美国一项研究表明，尿源性大肠杆菌对头孢菌素类的耐药率（54.1%～69.7%）远高于其他来源菌株；而氨苄西林耐药菌株则主要源于呼吸道、肠道和皮肤（41.5%～49%）（Cummings et al.，2015）。另一项美国 4 个地区的药敏调查显示，不同组织来源的大肠杆菌对氨苄西林的耐药率由高到低依次为呼吸道、尿道、皮肤和耳道（Boothe et al.，2012）；不同病例来源的菌株可能表现出不同的耐药表型。在关于欧洲中部地区健康犬和腹泻犬大肠杆菌的对比研究中，健康犬来源的大肠杆菌相较于腹泻来源组表现出了对四环素（34.21%，13/38）、氨苄西林（31.57%，12/38）、环丙沙星（15.78%，6/38）、磺胺甲噁唑/甲氧苄啶（13.15%，5/38）更高的耐药率，腹泻犬来源的大肠杆菌对抗菌药物的耐药率较低，甚至对氨苄西林完全敏感（0%），仅对四环素（31.11%，14/45）和环丙沙星（26.66%，12/45）耐药率相对较高，但仍低于健康犬组（Karahutová et al.，2021）。同样，关于健康犬和疾病犬来源大肠杆菌的比对研究显示，2017 年从葡萄牙不同城市收集的健康犬和疾病犬源大肠杆菌的耐药率并不存在显著差异。不同地域来源大肠杆菌的耐药情况也存在差异，意大利、荷兰和比利时三个欧洲国家的犬、猫粪便来源大肠杆菌的研究显示，意大利具有最高比例的耐药株（41%），总体来看，氨苄西林（18%）、磺胺甲噁唑（15%）和四环素（14%）的耐药现象最为普遍，多重耐药率为 13%（Sato et al.，2021）。另一项包含 14 个国家的欧洲宠物源尿源细菌研究显示，南部国家（葡萄牙、西班牙和意大利）总体上呈现出比北部国家（瑞典、丹麦和比利时）更高的单一药物耐药率和更高的多重耐药大肠杆菌检出率。例如，阿莫西林的耐药率在南部国家达到了 48%，而在丹麦和比利时分别仅有 2.88%和 4.29%，对三代头孢的耐药率在南部国家达到了 21%～31%，而在瑞典仅<1%，在荷兰和瑞士则观察到分离株对阿莫西林/克拉维酸耐药率随时间上升的趋势（Joosten et al.，2020）。在多重耐药大肠杆菌携带率方面，英国（15.56%）和法国（11%）高于其他国家（<10%）。另一项有关欧洲地区 10 个国家的尿路感染来源细菌的研究显示，

犬源大肠杆菌对阿莫西林/克拉维酸和氨苄西林仍具有较好的敏感性（Moyaert et al.，2019）。结合以上研究结果，不同地区的宠物源大肠杆菌耐药情况复杂，难以进行横向比较。从世界范围来看，大肠杆菌总体呈现对 β-内酰胺类（阿莫西林、氨苄西林）的高耐药率，欧洲与美国宠物源性耐药率总体较低（表 2-96）。

表 2-96　国外部分地区宠物源性大肠杆菌耐药率　（%）

年份	地区	来源	阿莫西林/克拉维酸	氨苄西林	氨基糖苷类	三代头孢	氟喹诺酮	多重耐药率	参考文献
2008～2010	欧洲	犬/猫	2/100	22/28.7	—	—	3/7	2.5/8.4	（Moyaert et al.，2019）
2019	比利时、意大利、荷兰	犬/猫	27	—	1	8	8	17	（Joosten et al.，2020）
2012～2016	泰国	犬/猫	43.1/38.5	—	—	74.5/38.5	84.3/30.8	72	（Amphaiphan et al.，2021）
2013～2014	瑞士	犬/猫/马	45.5/100/7.5	44.2/26.7/50	1.6/1.5/10.7	10.1/5.6/32.1	9.1/3.2/25	16.4	（Joosten et al.，2020）
2018	瑞士	犬/猫	—	100	26	82～98	64～92	6.5	（Dazio et al.，2021）
2013～2017	澳大利亚	犬	41	—	—	—	15	—	（Saputra et al.，2017a）
2004～2011	美国（东北部）	犬	15.7	34.3	15.5	22.9	18.1	38.8	（Cummings et al.，2015）
2013～2017	美国（中西部）	犬	8	47	—	3～4	9～10	—	（KuKanich et al.，2020）
2011～2017	阿根廷	犬/猫	26	—	13	14	36	—	（de Jong et al.，2018b）
1994～2013	加拿大	犬/猫	14.9/12.1	28.5/26.3	6.2/6.1	8.8/5.6	4.5/2.4	14.5/13.3	（Awosile et al.，2018c）
2014	瑞典	犬	12.7	12.1	5.1	0.2	2.1	4	（Moyaert et al.，2019）
2016～2018	西班牙	犬/猫	28/20	48/42	10/8	13/15	28/30	8.3	（Darwich et al.，2021）
2017	日本	犬/猫	—	55.3/64	14.1/12.5	26.1/33.8	43.2/39.0	—	（Shimazaki et al.，2020）

注："—"表示无数据。

对于以大肠杆菌为代表的肠杆菌科细菌，有关其耐药机制的研究集中在 ESBL、产 AmpC 头孢菌素酶和产碳青霉烯酶，其次为氟喹诺酮类。ESBL 基因型以 bla_{CTX-M} 分布最为广泛（Rubin and Pitout，2014），主要流行的多位点序列分型（multi-loci sequence type，MLST）为 ST131 型，该分型也是尿源致病性大肠杆菌的主要分型。犬源产 CTX-M 大肠杆菌，早期在葡萄牙和意大利等地（CTX-M-1）报道（Carattoli et al.，2005；Costa et al.，2004），此后携带 bla_{CTX-M} 的大肠杆菌陆续在小动物临床发现，来源包括泌尿系统、伤口、呼吸系统及骨组织，并以泌尿系统来源最为常见，阳性率集中在 0.37%～7.3%（Dierikx et al.，2012；O'Keefe et al.，2010）。在宠物源大肠杆菌中，以 $bla_{CTX-M-15}$ 型 ESBL 基因分布最为广泛，在产 ESBL 菌株中占比 35%～68%，与 ST131 型密切相关，并与人源株分型存在高度相似性。除此之外，$bla_{CTX-M-14}$、$bla_{CTX-M-1}$ 及 $bla_{CTX-M-55}$ 等也有广泛分布，bla_{CMY-2} 是占比最高的 AmpC 头孢菌素酶基因型，在伴侣动物中首次发现于美国犬源株（Li et al.，2007b），其流行率低于 ESBL，一般占总样本的 1%～5%，部分可达 20%以上（Rubin and Pitout，2014）。某研究团队于 2017 年从葡萄牙的 361 份犬粪便样本中分离到 47 株（13.01%）产 ESBL 大肠杆菌，ESBL 优势基因亚型为 $bla_{CTX-M-15}$

（55.31%，26/47）和 *bla*CTX-M-1（21.27%，10/47）（Carvalho et al.，2021）。一项关于犬、猫源产 ESBL 大肠杆菌的大数据分析显示，ESBL 基因（犬/猫）的总阳性携带率分别为：大洋洲 0.5%/0、非洲 16.56%/7.64%、美国 6.79%/ 8.15%、亚洲 7.77%/16.82%、欧洲 6.21%/2.48%，*bla*CTX-M-15、*bla*SHV-2 和 ST131、ST38 分别是分布最为广泛的两种 ESBL 亚型和 MLST 分型，ESBL 基因分布在犬、猫之间没有显著差异（Salgado-Caxito et al.，2021）。

犬、猫源产碳青霉烯酶大肠杆菌中主要流行基因型为 *bla*NDM-1 和 *bla*OXA-48，阿尔及利亚犬源和猫源碳青霉烯耐药大肠杆菌的流行率分别为 1.5%～2.6% 和 2.4%～4%，法国犬源碳青霉烯耐药大肠杆菌的流行率约为 0.6%；美国于 2009 年从 994 例临床样本中筛选出了 5 株 *bla*NDM-1 阳性大肠杆菌（0.5%）（Shaheen et al.，2013），同地区另一项从 2009 年开始的为期 5 年的监测筛选到了 13 株 *bla*OXA-48 阳性大肠杆菌（0.5%）（Liu et al.，2016a）。韩国的一项研究从犬尿液和耳拭子样本中分离到 3 株 *bla*NDM-5 大肠杆菌（1.24%），均属于 ST410（Kyung et al.，2022）。

氟喹诺酮类耐药大肠杆菌在宠物临床也备受关注。一项关于欧洲氟喹诺酮耐药肠杆菌科的研究表明，恩诺沙星耐药肠杆菌科细菌中质粒介导的氟喹诺酮耐药（PMQR）基因携带率约为 20%，在大肠杆菌中主要为 *qnrB*，其次为 *oqxAB* 和 *aac(6′)-Ib-cr*。相比之下，人源分离株中较为常见的基因为 *aac(6′)-Ib-cr*，相关耐药基因的检出主要集中在大肠杆菌（de Jong et al.，2018b）。东亚地区和日本报道的氨基糖苷类耐药基因 *rmtB* 和 *armA* 在大肠杆菌中的流行率约为 0.5%（Usui et al.，2019）。

值得注意的是，自 2016 年中国首次报道多黏菌素耐药基因 *mcr-1* 以来，宠物源性 *mcr-1* 阳性菌株在世界各地陆续被发现，韩国于 2020 年发现了该地区第一例犬源 *mcr-1* 阳性大肠杆菌（Moon et al.，2020）。*mcr-1* 与其他耐药基因的共存更加限制了临床治疗效果，增加了人兽共患的风险与耐药基因传播的压力，其中关注较多的是编码超广谱 β-内酰胺酶、质粒介导的产 AmpC 酶，以及产碳青霉烯酶基因与 *mcr-1* 介导的协同耐药现象（Ortega-Paredes et al.，2019；Rumi et al.，2019）。

2. 国内

国内关于宠物源大肠杆菌的报道主要集中在北京、广东等地区。早在 1997 年，中国已有关于 O157:H7 型大肠杆菌在伴侣犬和与其共同生活的人之间相互传播的报道。目前国内小动物临床较为常用的抗生素主要包括 β-内酰胺类（氨苄西林、阿莫西林/克拉维酸、头孢菌素类）、氟喹诺酮类（恩诺沙星、马波沙星、诺氟沙星、左氧氟沙星）、氨基糖苷类（新霉素、庆大霉素、阿米卡星）、四环素类（多西环素）、大环内酯类（泰乐菌素、阿奇霉素）、酰胺醇类（氟苯尼考）、磺胺及其抗菌增效剂（磺胺甲噁唑/甲氧苄啶）。以北京地区为例，使用频率最高的药物依次为阿莫西林/克拉维酸、多西环素、氨苄西林和恩诺沙星。目前国内关于宠物源性大肠杆菌的报道由于时间与地区的不同存在较大的差异（表 2-97），难以进行纵向或横向对比。中国南方地区涉及多种来源大肠杆菌的一项研究表明，与其他动物源性大肠杆菌相比，宠物源大肠杆菌总体呈现出较低的耐药率，但对头孢菌素（42.6%～56.2%）、阿米卡星（28.5%）的耐药率在动物源性大肠杆菌中呈现出相对于其他来源大肠杆菌较高的特点：食品源动物头孢菌素耐药率为 1.7%～6.5%，阿米卡星耐药率为 19%（Lei et al., 2010），而犬、猫源大肠杆菌对氨苄西林（100%）、磺胺甲噁唑/甲氧苄啶（84%/77.6%）、萘啶酸（76.4%/74.1%）及四环素（75.4%/60.3%）已产生了高耐药率，犬源分离株还对庆大霉素（64.7%）和头孢唑啉（60.2%）呈现出较高的耐药率。北京地区一项为期 5 年的关于宠物临床研究的时间线性追踪调查发现，宠物源大肠杆菌的多重耐药率具有随时间上升的趋势，并在 2015 年达到峰值（85.71%）（Chen et al., 2019c）。此外，该项研究将 bla_{CTX} 阳性和阴性大肠杆菌进行对比发现，在单个药物的耐药率和菌株总体多重耐药率方面，该耐药基因阳性菌均高于阴性菌，常见的多重耐药谱为：β-内酰胺/头孢菌素-氨基糖苷-氟喹诺酮-四环素/氯霉素-磺胺类及抗菌增效剂，这些耐药表型特征可能与相应的抗生素在宠物临床使用越来越广泛有关。同样的研究结果也体现在河南的一项关于 $oqxAB$ 阳性/阴性犬、猫及人源大肠杆菌的对比研究中：阳性菌株对单个药物的耐药率高于阴性菌株，阴性菌株对四环素（72.7%/80%）、头孢曲松（63.6%/70%）、头孢噻呋（72.7%/80%）和氟苯尼考（63.6%/40%）呈现出高耐药率，而该研究中人源大肠杆菌耐药率高于犬、猫源大肠杆菌（Liu et al., 2018）。关于北京地区犬、猫尿源性细菌耐药性的研究显示，分离株对头孢他啶（59.52%）、氨苄西林（40.48%）、氟苯尼考（42.86%）和阿莫西林/克拉维酸（38.10%）的耐药率较高（Yu et al., 2020b）；另一项同地区犬、猫临床大肠杆菌的研究记录了近三年耐药性的变化，其中克林霉素和红霉素的耐药率呈现出明显的上升趋势（图 2-28）。总体来看，猫源大肠杆菌的耐药率低于犬源大肠杆菌。

表 2-97　国内部分地区宠物源性大肠杆菌耐药率　　　　　　　（%）

省份	年份	来源	阿莫西林/克拉维酸	氨苄西林	一代头孢	三代头孢	氟喹诺酮	多重耐药率	参考文献
广东	2007～2008	犬/猫	—	100/100	60.2/43.1	46.1/30.0	48～56/31.0～45.6	—	（Lei et al., 2010）
河南	2012～2014	犬/猫	—	—	—	60/62.5	65/58	—	（Liu et al., 2018）
北京	2012～2017	犬/猫	10～27	68～92.86	43～86	37～73	53～57	67～75	（Chen et al., 2019c）
	2016～2018	犬	38.1	40.48	—	19.05～59.52	21.43～23.81	39.5	（Yu et al., 2020b）

注："—"表示无数据。

图 2-28　北京地区犬、猫源大肠杆菌耐药情况（未发表数据）

整体而言，国内犬、猫源大肠杆菌对"最后防线"的抗生素（多黏菌素、替加环素、美罗培南）仍具有较好的敏感性。即便如此，一项为期 4 年的研究表明，mcr-1 阳性肠杆菌科细菌在犬、猫来源肠杆菌科细菌中的流行率达到了 8.7%（2012～2016 年），4 年内的检出率为 6.1%～14.3%；同地区为期 5 年（2012～2017 年）的另一项研究表明大肠杆菌中 mcr-1 携带率为 2.4%。2016 年，广东犬、猫源大肠杆菌 mcr-1 阳性率为 6.25%，主要优势分型为 ST93（Wang et al.，2018a；Lei et al.，2010）。广东地区已有报告表明，人源 mcr-1 阳性大肠杆菌的 ST 分型与同地区犬、猫源 mcr-1 阳性大肠杆菌相同（ST345），可能在伴侣动物及其宿主之间传播（Zhang et al.，2016b）。而 2017 年的一项有关北京地区同家庭人源大肠杆菌和犬源大肠杆菌的关联研究指出，研究人员从 307 只犬中分离到了 49 株（16.0%）、从 299 个人中分离到了 21 株（7%）mcr-1 阳性大肠杆菌，受试家庭中仅有一对犬/饲主大肠杆菌发现了分子遗传相似性（Lei et al.，2021）。作为治疗多重耐药革兰氏阴性菌感染的最后一道防线，碳青霉烯类药物在小动物临床具有比医学临床更长的使用周期（Smith et al.，2019），常见的耐药基因包括 bla_{NDM}、bla_{KPC} 和 bla_{OXA-48}（Rubin and Pitout，2014）。2017 年北京地区一项回顾性调查在犬源大肠杆菌中发现了 bla_{NDM-5}（2.36%）（Chen et al.，2019c），多位点序列分型隶属 ST101 和 ST105；同时期广东报道了从 257 例犬样本中分离到的 3 株 bla_{NDM-5} 阳性大肠杆菌，均属 ST410 分型（Wang et al.，2018a）。2022 年，研究人员从广东 359 例犬和饲主的样本中分离到 33 株 bla_{NDM} 阳性大肠杆菌（9.19%，33/359，以 NDM-5 为主），其中 ST405（8/33）、ST453（6/33）、ST457（6/33）和 ST410（5/33）为主要的 ST 分型，系统进化树分析显示 NDM 阳性 ST453 在犬和人之间存在克隆传播现象（Wang et al.，2022a）。2018 年，某研究团队首次在国内伴侣犬中发现了携带 bla_{NDM-1} 的大肠杆菌，多位点序列分型属于 ST167，而 ST167 是世界范围内产广谱 β-内酰胺类酶基因 bla_{CTX-M} 的主要流行克隆系之一（Cui et al.，2018）。最近发现的质粒介导的高水平替加环素耐药基因 tet(X3)/tet(X4) 及其突变体 tet(X5)尚未在国内宠物源性细菌中被报道。

宠物源性大肠杆菌中其他重点关注的耐药基因的出现使其在公共卫生学领域的意义尤为重要。在宠物临床，大肠杆菌中常见的 ESBL 基因为 bla_{CTX-M}（34.7%）（Chen et al.，2019c），与世界范围内主要流行的超广谱 β-内酰胺酶基因类型一致。我国一项宠物源临床多重耐药大肠杆菌回顾性调查显示，$bla_{CTX-M-65}$（15%，19/78）和 $bla_{CTX-M-15}$（14.17%，18/78）为主要流行的 CTX-M 基因亚型，包含了 ST405（15.9%）、ST131（6.8%）、ST73、ST101、ST372 和 ST827 等共 28 种 ST 分型（Chen et al.，2019c）。2007 年，研究人员从 307 例犬样本中分离到 126 例 bla_{CTX-M} 阳性大肠杆菌（41.0%），其中有 16 例发现其同家庭成员（人）分离得到的大肠杆菌也携带 bla_{CTX-M}（Johnson et al.，2008）。氟喹诺酮类是小动物临床的常用药之一，其耐药往往由 DNA 旋转酶点突变、拓扑异构酶 IV 靶位修饰、调节蛋白编码基因突变及药物外排泵中的一种或多种共同介导。河南的一项专注于氟喹诺酮类药物外排泵主要耐药基因 oqxAB 在宠物源和人源大肠杆菌中的流行和丰度调查显示，其流行率（犬 58.5%；猫 56.3%）高于同期同地区人源大肠杆菌（42%），同时也远高于其他国家和地区的人源大肠杆菌（Liu et al.，2018）。QRDR 相应的 DNA 旋转酶基因和拓扑异构酶 IV 的点突变在氟喹诺酮耐药大肠杆菌中具有高检出率。现有报道中，耐药表型株中主要发现的点突变基因分别为 *gyrA*（约 100%）和 *parC*（>80%）（Liu et al.，2012），但一般单个 *gyrA* 83 位丝氨酸-亮氨酸突变不引起高水平耐药，仅导致最小抑菌浓度的增加，一般呈现氟喹诺酮耐药表型的大肠杆菌的耐药机制可由 QRDR 突变、PMQR 调节蛋白编码基因 *qnr* 和 *aac(6')-Ib-cr* 及增加的药物外排泵活性共同介导。PMQR 编码的耐药基因在犬、猫源菌株中主要的流行类型根据地区和时间的不同而有所差异，例如，北京地区为 *qnrB*（93.7%，117/129），西安地区为 *qnrS*（51.85%，14/27）（Chen et al.，2019c；Liu et al.，2012）。另一项包括了全国 10 个省份 353 株伴侣动物源的大肠杆菌氟喹诺酮 PRQR 基因和耐药表型研究显示，*aac(6')-Ib-cr* 流行率为 7.08%（25/353），其次为 *qnrS*（5.38%，19/353）和 *qnrB*（3.40%，12/353）（Yang et al.，2014）。多重耐药菌株中多种药物耐药基因的并存与基因环境同样在宠物源性大肠杆菌中备受关注，例如，介导磷霉素的耐药基因 *fosA3*、*bla*$_{CTX-M}$ 和介导氨基糖苷类耐药的 16S 甲基化酶基因 *rmtB* 在质粒上的共存（Hou et al.，2012）；β-内酰胺酶基因 *bla*$_{CTX-M}$、介导多黏菌素耐药的 *mcr-1* 基因、介导氟苯尼考的耐药基因 *floR* 和 *fosA3* 在可转移质粒上的共存，*rmtB* 与氟喹诺酮类药物外排泵基因 *qepA* 在可转移质粒上的共存（Deng et al.，2011；Costa et al.，2004）。

（二）肺炎克雷伯菌

作为肠杆菌科细菌的另一代表性成员，肺炎克雷伯菌在宠物病例中同样具有重要的地位，在耐药率与耐药基因携带种类方面与大肠杆菌相似。肺炎克雷伯菌作为医院获得性感染和社区获得性感染的机会致病菌，可定植于黏膜表面（肠道、呼吸道），常见于宠物尿路感染、呼吸道感染、败血症、子宫蓄脓等临床病例（0.98%~12%），多分离于犬猫尿液、粪便等样本。

1. 国外

由于肺炎克雷伯菌分离率较其他肠杆菌科细菌相对较低，国外宠物源肺炎克雷伯菌的调查一般合并在肠杆菌科或其他克雷伯菌的研究中（表 2-98）。葡萄牙一项研究显示，犬、猫源肺炎克雷伯菌对氟喹诺酮类（环丙沙星 84%、恩诺沙星 80%）产生了极高的耐药率，并对四环素（68%）、阿莫西林/克拉维酸（64%）和磺胺甲噁唑/甲氧苄啶（64%）产生了较高的耐药率（Marques et al.，2019）；同地区另一项关于尿路感染病原的为期 16 年的回顾性调查显示，肠杆菌科的耐药水平整体呈逐年上升的趋势，虽然未将肺炎克雷伯菌单独作为研究对象，但在一定程度上反映出了肺炎克雷伯菌的耐药情况（Marques et al.，2018）。一项西班牙和葡萄牙的宠物细菌流行病学调查显示，总样本中占比约 2% 的肺炎克雷伯菌对氨苄西林产生了接近 100% 的耐药率，其次为头孢泊肟（40%/60%）、头孢氨苄（38%/56%）和环丙沙星（34%/52%），对哌拉西林（28%/52%）、磺胺甲噁唑/甲氧苄啶（31%/44%）和阿米卡星（3%/0%）的耐药情况在犬、猫源菌株之间存在显著差异，该研究中猫源株耐药率总体高于犬源株（Li et al.，2021d）。2016~2018 年从西班牙 4943 例尿液样本中分离得到的肺炎克雷伯菌的药敏结果显示，分离株对氟喹诺酮类、多西环素、呋喃妥因和阿莫西林显示了高耐药率（>50%），而犬、猫源菌株对头孢呋辛（39%/70%）、头孢维星（39%/72%）和四种氟喹诺酮药物的耐药率呈现出显著性差异（Darwich et al.，2021），总体上猫源菌株的耐药率高于犬源菌株。

表 2-98　国外部分地区宠物源性肺炎克雷伯菌耐药率　　　　　　　　（%）

年份	地区	来源	阿莫西林/克拉维酸	氨苄西林*	氨基糖苷类	三代头孢	氟喹诺酮	多重耐药率	参考文献
2014	瑞典	犬	29.3	100	9.1	0	9.1	4	（Kock et al.，2018）
2013~2015	意大利	犬/猫	91.7/100	—	83.3/77.8	—	91.7/100	—	
2003~2015	日本	犬/猫	97.5	16.8	35.9	39.7	42	—	（Harada et al.，2016）
2017			—	—	29.0/62.5	48.4/87.5	48.4/87.5	—	（Taniguchi et al.，2017）
2016~2017	巴西	犬	55	65	15~35	20~25	10~25	65	（de Menezes et al.，2021）
2016~2018	葡萄牙/西班牙	犬/猫	—	96/100	5~28/0~25	28~40/32~59	31~33/52~55		（Li et al.，2021d）
2016~2018	西班牙	犬/猫	41/50	—	20/25	25/40	50/85	2.9	（Darwich et al.，2021）
2018	葡萄牙	犬	32	100	24~60	72	44~60	80	（Marques et al.，2019）
2018	瑞士	犬/猫		100	69.2	88/5~96.2	100	3.5	（Dazio et al.，2021）
2019	韩国	犬/猫		85.7	50	39.3~50	53.6	—	（Lee et al.，2021）

注："—"表示无数据。*肺炎克雷伯菌对氨苄西林固有耐药，通常敏感株比例<5%。

南美洲地区，在阿根廷，主要来源于尿液和耳部样本的肺炎克雷伯菌属细菌显示了对头孢噻吩较高的耐药率（64%）。虽然对氨苄西林存在天然耐药，但氨苄西林/舒巴坦的联合用药有效降低了体外试验的耐药率（49%）（Rumi et al.，2021）。对巴西犬源肺炎克雷伯菌的回顾性研究显示，在多重耐药肺炎克雷伯菌（65%）中，约有50%来自尿道分离样本，其次为骨骼肌（22%）和呼吸道（8%）；对阿莫西林耐药率最高（为80%），其次为一代头孢（65%~70%）和氨苄西林（65%）（de Menezes et al.，2021）。

亚洲地区，一项针对分离自韩国的犬、猫源克雷伯菌属细菌的调查显示，肺炎克雷伯菌是占比最高的菌种，粪便样本分离率最高（25.6%），对头孢噻吩耐药率高达64.3%，其次为头孢唑啉（57.1%）和环丙沙星（53.6%），对头孢吡肟和碳青霉烯类仍具有较好的敏感性（Lee et al.，2021）。日本一项研究对比了产广谱β-内酰胺酶基因阳性/阴性肺炎克雷伯菌的耐药情况，除头孢美唑外，阳性株对受试药物的耐药率均高于阴性株；阴性株对氨苄西林的耐药率高达96%，对氯霉素（25%）、四环素（17%）和氟喹诺酮类（15%）产生了中等耐药率（Harada et al.，2016）。一篇涵盖了98项研究的对犬、猫源细菌性病原耐药性的综述表明，肺炎克雷伯菌的耐药情况较为复杂，不同研究之间存在较大差异，数据汇总显示，该菌对阿莫西林/克拉维酸、氟喹诺酮类、磺胺甲噁唑/甲氧苄啶的平均耐药率分别为76.6%、49.8%、64.2%，不同研究的分离株对同种药物的耐药率差值可为0~100%（EFSA and ECDC，2021）。

猫尿源产 CTM-M-15 的肺炎克雷伯菌在法国被初次报道（Rubin and Pitout，2014）。在具备相应 β-内酰胺类耐药表型的肺炎克雷伯菌株中，bla_{CTX-M} 的携带率可达80%以上。产 AmpC 酶菌株的主要流行基因型为 bla_{DHA-1} 和 bla_{CMY-2}。2017~2019 年，研究人员从韩国住院犬中分离到的 17 株产 ESBL 的肺炎克雷伯菌，其中 9 株（52.94%，9/17）携

带了 bla_{CTX-M} 基因、5 株为 $bla_{CTX-M-15}$ 亚型,均属于 ST275 亚型(Shin et al.,2021);2017 年从同地区犬猫中分离到 29 株产 ESBL 肺炎克雷伯菌(7.45%,29/389),其中 $bla_{CTX-M-15}$(58.62%,17/26)为占比最高的 ESBL 基因型,bla_{DHA-1}(46.15%,12/26)为占比最高的 AmpC 基因型(Hong et al.,2019)。在伴侣动物源肺炎克雷伯菌中,主要的碳青霉烯酶基因型为 bla_{NDM-5} 和 bla_{OXA-48}(Kock et al.,2018),欧洲地区产碳青霉烯酶菌株在伴侣动物源肺炎克雷伯菌中的分离率低于 1%。韩国的一项研究从 241 个犬病例中分离到了 2 株 bla_{NDM-5} 肺炎克雷伯菌(0.83%),均属于 ST378 分型(Rubin and Pitout,2014)。

在宠物源性肺炎克雷伯菌中,对氟喹诺酮类的耐药机制也受到关注。印度地区的氟喹诺酮耐药表型菌株主要由 QRDR 点突变介导,$gyrA$、$parC$、$gyrB$、$parE$ 均有检出(阳性率均大于 60%),PMQR 中 $aac(6')$-Ib-cr 的携带率为 89%,而 $qnrB$ 的携带率仅占 13%,其次为 $oqxAB$ 和 $qnrS$。此结果与伊朗的一项研究结果较为一致,但与东亚地区(韩国)报道的 $qnrS$ 高携带率有所差别。日本的 PMQR 主要流行基因为 $qnrB$(21.3%),且在产 ESBL 的肺炎克雷伯菌中具有更高的流行率(Harada et al.,2016)。

在氨基糖苷类耐药机制中,对 16S rRNA 甲基转移酶的检测是人们关注的重点。在西班牙宠物源肺炎克雷伯菌中检出 $armA$ 基因,菌株分型为 ST11 型(Hidalgo et al.,2013);日本地区 $rmtB$ 和 $armA$ 在肺炎克雷伯菌中的流行率约为 1%,菌株属于 ST37 型。

$mgrB$ 突变是介导肺炎克雷伯菌对多黏菌素耐药的重要机制,但国外有关宠物源肺炎克雷伯菌中该基因的研究较少。2017 年巴西分离的一株具有多黏菌素耐药表型的肺炎克雷伯菌,根据全基因组测序显示其耐药性可能由 $mgrB$ 突变造成(Sartori et al.,2020)。2010 年西班牙报道了 2 例犬尿源性替加环素耐药肺炎克雷伯菌,分别隶属于人源流行致病性克隆系 ST11 和 ST147,然而该研究并没有给出可用于解释高水平替加环素耐药表型的机制(Hong et al.,2019)。2017 年日本的一项报道阐明了一株同时具有替加环素和多黏菌素耐药表型的犬源肺炎克雷伯菌的耐药是由 $mgrB$ 和 $ramR$ 突变导致的药物外排泵的高水平表达所致(Ovejero et al.,2017)。

2. 国内

2019 年一项关于北京地区宠物源肺炎克雷伯菌的研究显示,犬、猫源肺炎克雷伯菌对阿莫西林/克拉维酸的耐药率最高(74.3%),对多西环素、磺胺甲噁唑/甲氧苄啶显示出较高的耐药率(>50%);相较于犬源株,猫源株显示出更高的 MIC_{50}、MIC_{90} 及多重耐药率,总多重耐药率在三年的回顾性研究期间有逐年下降趋势(Zhang et al.,2021c)。2017 年同地区另一项关于产超广谱 β-内酰胺酶和产 AmpC 酶肺炎克雷伯菌与阴性株的对比研究表明,阴性株对阿莫西林的耐药率高达 93%,所有菌株对磺胺甲噁唑/甲氧苄啶、头孢菌素和四环素的耐药率达 50% 以上(Liu et al.,2017)。还有一项连续三年的耐药性研究显示分离株对氨苄西林、头孢氨苄和磺胺甲噁唑/甲氧苄啶的耐药率较高,对克林霉素、阿奇霉素和四环素类的耐药率在三年间呈现明显上升趋势(邹之宇等,2019)(图 2-29 和表 2-99)。人们对多重耐药的关注集中在超广谱 β-内酰胺类与其他类药物耐药机制的共存上。已有资料显示,常见的多重耐药谱为 β-内酰胺类(三代头孢/氨苄西林)-氨基糖苷类(卡那霉素、阿米卡星、庆大霉素)-磺胺类及抗菌增效剂(复方新诺明)。

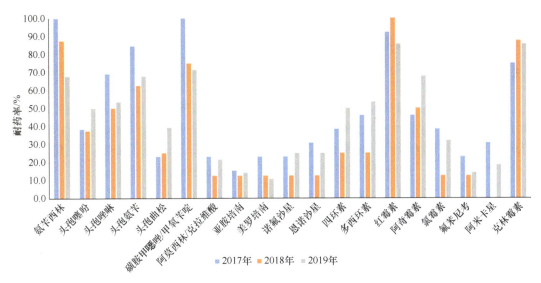

图 2-29　北京犬猫源肺炎克雷伯菌耐药情况

表 2-99　国内部分地区宠物源性肺炎克雷伯菌耐药率　　　　　　　　（%）

地区	年份	来源	阿莫西林/克拉维酸	氨苄西林	三代头孢	四环素类	氟喹诺酮	氨基糖苷	多重耐药率	参考文献
北京	2017	犬/猫	100	—	100	—	57	42.7	71.4	（邹之宇等，2019）
	2015～2016	犬	21	91	15～53	53	27～32	—	—	（Liu et al.，2017）
	2019	犬	62.5	68.7	13～19	25	12.5	18.75	—	（Yu et al.，2020b）
	2017～2019	犬/猫	70.6/90	—	32.9～40/60～70	48.2/70	37.6/60～75	18.8～38.8/35～60	57.1	（Zhang et al.，2021c）

注："—"表示无数据。

　　一直以来，产超广谱β-内酰胺酶和碳青霉烯耐药肺炎克雷伯菌备受关注，这与头孢菌素在宠物临床的广泛应用有关。目前主要流行的 ESBL 基因型为 bla_{CTX-M}，北京地区分离株以携带 $bla_{CTX-M-14}$/$bla_{CTX-M-3}$ 为主，阳性菌株 ST 分型多样但多集中在 ST7（邹之宇等，2019），广东地区则以 $bla_{CTX-M-55}$ 为主（75%）。另一项 2017 年的研究表明，广东地区宠物源性肺炎克雷伯菌携带的 ESBL 基因型以 $bla_{CTX-M-9}$ 为主，AmpC 主要流行基因型为 bla_{DHA-1}。氨基糖苷类耐药主要由 16S 甲基化酶基因 $rmtB$（36.7%）介导，主要存在于 ST37 型分离株中，上述两类药物主要耐药基因在质粒上的共存常导致多重耐药的传播。氟喹诺酮耐药机制中，突出特点是介导药物外排泵基因 $oqxAB$ 在肺炎克雷伯菌中的高检出率（>90%），一般介导中到低水平的耐药，相关报道集中在研究由 $aac(6')$-Ib-cr 介导的药物乙酰化和 qnr 介导的氟喹诺酮耐药情况（Ma et al.，2009）。

　　目前关于"最后防线"药物重要的耐药机制及相关基因在中国宠物源肺炎克雷伯菌中的报道较国外相对丰富。一项为期 4 年的 mcr 监测报告显示，mcr-1 阳性肺炎克雷伯菌的分离率仅有 0.36%（Lei et al.，2017）。北京地区 2017～2019 年犬、猫源肺炎克雷伯菌中 mcr 的携带率为 1.9%（2/105），该研究同时分离到 $bla_{OXA-181}$（0.09%，1/105）和 bla_{NDM-5}（3.8%，4/105）阳性携带株（Zhang et al.，2021c）。

与大肠杆菌相比，国内关于宠物源性肺炎克雷伯菌的资料相对缺乏，宠物常被认为是耐药基因传播的重要储存库，因此其相应的耐药情况有待进一步探索与调查。

（三）葡萄球菌

在各种样本来源的临床病例中，葡萄球菌具有高于大肠杆菌或与大肠杆菌相近的分离率，葡萄球菌常见于小动物临床皮肤、耳部、伤口、眼部感染、尿路感染及子宫蓄脓等病例，其中皮肤来源的分离率最高，约为45%（Bierowiec et al.，2019）。在葡萄球菌的耐药性研究中，一般将凝固酶阴性葡萄球菌（coagulase negative *Staphylococci*，CoNS）和凝固酶阳性葡萄球菌（coagulase posit *Staphylococci*，CoPS）进行分类分析，伴侣动物中葡萄球菌分离株主要为假中间葡萄球菌（50%～70%）（Feng et al.，2012；Kadlec and Schwarz，2012），小动物临床葡萄球菌关注重点包括耐甲氧西林金黄色葡萄球菌（MRSA）、耐甲氧西林假中间葡萄球菌（MRSP）和耐甲氧西林中间葡萄球菌（MRSI）。不同的研究表明，伴侣动物源性MRSA与人源分离株之间存在相似性，因此极可能存在相互传播（Epstein et al.，2009）。在临床用药方面，由于世界范围内葡萄球菌对氨苄西林和青霉素的耐药性广泛存在，因此这两种药物不被推荐用于治疗犬、猫复杂性的葡萄球菌感染（Awosile et al.，2018c）。

1. 国外

国外最早于1988年报道了猫源耐甲氧西林金黄色葡萄球菌，同时伴随猫-人跨物种传播感染的暴发（Scott et al.，1988）。早在20世纪80～90年代，宠物源葡萄球菌耐药性上升的趋势已有所显现，英国该时期一项持续16年的对皮肤和黏膜来源的葡萄球菌调查显示，该菌对青霉素的耐药率从69%上升到了89%，在1987～1989年，对红霉素（17%）、林可霉素（20%）和磺胺甲噁唑/甲氧苄啶（15%）的耐药率达到了最高，对土霉素的耐药率一直保持在40%左右（Lloyd et al.，1996）。另一项在葡萄牙里斯本地区同样持续16年的宠物源葡萄球菌研究显示，假中间葡萄球菌是占比最多的葡萄球菌，主要来源于耳炎病例，从整体来看，其多重耐药率为34%，对氨苄西林（58.7%）和青霉素（58.7%）的耐药率最高，磺胺甲噁唑/甲氧苄啶（46.8%）和四环素（34.8%）次之，而这几种药物同样在假中间葡萄球菌中具有高耐药率（44%～64%），所有受试药物和多重耐药率在调查期间显示出了逐年上升的特点，上升幅度较大的有苯唑西林（1998：0%；2014：70%）、头孢西丁（1998：0%；2014：55%）、头孢维星（1998：0%；2014：55%）和氟喹诺酮类（1998：0%；2014：55%）（Couto et al.，2016）。犬源耐甲氧西林假中间葡萄球菌在2005年被首次报道（Devriese et al.，2005），此后宠物源性耐甲氧西林假中间葡萄球菌及中间葡萄球菌等菌种相继在世界各地被报道（表2-100）。

一项研究发现患有临床感染的成年犬（N=214）和患有生殖障碍的母犬（N=36）中，76.8%的样本（N=192）呈葡萄球菌阳性，51株为假中间葡萄球菌，其中15株为MRSP。所有的假中间葡萄球菌分离株均对万古霉素、达托霉素和利奈唑胺敏感，3.9%对利福平耐药，对氟喹诺酮类药物的耐药率25.5%（加替沙星）～31.4%（环丙沙星），对青霉素

表2-100 国外部分地区宠物源性葡萄球菌耐药率

(%)

年份	地区	病原	来源	苯唑西林	林可酰胺类	阿莫西林/克拉维酸	氨基糖苷类	四环素类	氟喹诺酮类	磺胺甲噁唑/甲氧苄啶	参考文献
1994~2013	加拿大	凝固酶阳性葡萄球菌	犬/猫	—	59.1/6.3	—/3.4	46.4/4.2	33.2/2.1	57.1/8.4	54.9/5.4	(Awosile et al., 2018c)
1999~2014	葡萄牙	葡萄球菌	犬/猫	8.7	17.1	7.8	7.6	34.8	10.1~12.7	46.8	(Couto et al., 2016)
2013~2014	澳大利亚	凝固酶阴性葡萄球菌	犬/猫	12.7/23.1	12.7/7.7	45.1/53.8	1.1/0	22.7/15.4	8.5/0	37.3/30.8	(Saputra et al., 2017b)
2008~2009	英国	凝固酶阴性葡萄球菌/假中间葡萄球菌	犬	—	—	—	10.0/17.3	27.5/29.6	37.5/4.9	22.5/14.8	(Wedley et al., 2014)
2014~2016	英国	耐甲氧西林假中间葡萄球菌	犬	84.2	68.4	47.4	42.1	72.7	52.6	68.4	(Hritcu et al., 2020)
2014~2016	罗马尼亚	耐甲氧西林假中间葡萄球菌	犬	85.7	100.0	14.3	71.4	100.0	28.6	71.4	(Hritcu et al., 2020)
2019	罗马尼亚	葡萄球菌	犬	18.6	7.0	—	69.8~86.0	86.0	—	62.8	(Janos et al., 2021)
2016	立陶宛	假中间葡萄球菌	犬	29.4	72.5	—	37.6	64.7	25.5~31.4	—	(Ruzauskas et al., 2016)
2008~2010	欧洲	假中间葡萄球菌	犬/猫	6.9/10.2	25.2/—	4.7/10.2	25.2/0	—	19.6/22.4	—	(Ludwig et al., 2016)
2016~2017	巴西	凝固酶阳性葡萄球菌/凝固酶阴性葡萄球菌	犬	28.2/36.1	46.9/33.3	30.8/44.6	110.3~25.6/33.9~35.4	76.9/49.2	2.6~41/10.8~33.9	61.5/47.7	(de Menezes et al., 2021)
2018~2020		凝固酶阳性葡萄球菌/凝固酶阴性葡萄球菌	犬/猫	27.4/45.5	—	3.9/4.6	19.5/31.9	—	44.1/83.4	51.4/45.0	(Martins et al., 2022)
2014~2016	日本	中间葡萄球菌	犬/猫	—	86.2	67.9	82.6	0	81.5~100.0	51.9	(Tsuyuki et al., 2018)
2017		假中间葡萄球菌	犬/猫	58.2/68.6	—	—	26/13.7	62.3/52.9	64.8/88.2	—	(Shimazaki et al., 2020)
未知	韩国	葡萄球菌	犬	100.0	50.0	—	—	58.3	—	69.4	(Jang et al., 2014)
2010~2016	韩国	假中间葡萄球菌	犬	66.4	71.8	—	43.6	87.3	47.3	74.5	(Park et al., 2018)
2015~2017	泰国	葡萄球菌	犬	21.4	21.4	23.2	5.4	—	21.4	30.4	(Chanayat et al., 2021)
2018~2019	韩国	凝固酶阳性葡萄球菌/凝固酶阴性葡萄球菌	犬	47/41	47/8	20/13	26/19	77/21	38~41/15~20	—	(Jung et al., 2020)
2020	马来西亚	金黄色葡萄球菌	犬/猫/人	60.6	30.3	66.7	0	15.2	6.1	0	(Chai et al., 2021)
2020	北非	葡萄球菌	犬/猫	34.2	7.8	34.2	5.2	90.0	2.6	2.1	(Elnageh et al., 2021)

注："—"表示无数据。

（94.1%）、四环素（64.7%）和大环内酯类（68.7%）的耐药率较高（Ruzauskas et al.，2016）。一项针对欧洲 2008～2010 年患病犬、猫源病原体的抗菌药物敏感性检测研究（Ludwig et al.，2016）发现，犬源样本分离得到的病原菌主要由假中间葡萄球菌（47.0%）、金黄色葡萄球菌（3.8%）及少量其他 CoNS（2.5%）组成。其中，假中间葡萄球菌对青霉素、克林霉素和氯霉素的耐药率为 19.6%～25.2%，对氨苄青霉素的耐药率为 9.2%，对阿莫西林/克拉维酸、庆大霉素、恩诺沙星、马保沙星、奥比沙星和普多沙星的耐药率较低（为 4.3%～5.9%）；金黄色葡萄球菌对氨苄西林和青霉素的耐药率较高（为 42.2%～51.1%），对阿莫西林/克拉维酸的耐药率为 26.7%。其他 CoNS 对青霉素的耐药率为40.0%。而猫源样本中分离到的葡萄球菌主要是金黄色葡萄球菌（12.8%），CoNS（9.7%）主要是猪葡萄球菌和猫葡萄球菌。其中，假中间葡萄球菌对青霉素、庆大霉素和氯霉素的耐药率为 16.3%～22.4%，对阿莫西林/克拉维酸、恩诺沙星、马保沙星、奥比沙星和普拉沙星的耐药率为 8.2%～10.2%。猫源假中间葡萄球菌对庆大霉素的耐药率显著高于犬；而猫源金黄色葡萄球菌对青霉素的耐药率为 62.1%，对阿莫西林/克拉维酸的耐药率为 27.6%，但对氯霉素、庆大霉素、恩诺沙星、马保沙星、奥比沙星和普多沙星的耐药率较低（0.0%～3.4%）；猫源 CoNS 对青霉素和阿莫西林/克拉维酸钾的耐药率为 9.1%，而对恩诺沙星、马波沙星和奥比沙星未发现耐药。罗马尼亚一项研究（Janos et al.，2021）收集了 78 份流浪犬的皮肤病样，其中 43 份（55.12%）样本呈葡萄球菌阳性，假中间葡萄球菌占比高达 48.83%（21/43），中间葡萄球菌占 27.90%（12/43），金黄色葡萄球菌占 11.62%（5/43），表皮葡萄球菌占 9.01%（3/43），还有 1 株猪葡萄球菌（2.32%，1/43）和 1 株溶血葡萄球菌（2.32%，1/43）。这些葡萄球菌均对氨苄西林、恩诺沙星、马波沙星和莫匹罗星敏感，但对红霉素（88.37%，38/43）、苄青霉素、卡那霉素、四环素（耐药率均为 86.04%，37/43）、庆大霉素（69.76%，30/43）、氯霉素（67.44%，29/43）、磺胺甲噁唑/甲氧苄啶（62.79%，27/43）、氨苄青霉素（60.46%，26/43）、利福平（58.13%，25/43）、亚胺培南（32.55%，14/43）、呋喃妥因（25.58%，11/43）、苯唑西林（18.60%，8/43）、万古霉素（9.30%，4/43）、克林霉素和夫西地酸（6.97%，3/43）有耐药现象。

有学者评估了 1980～2013 年 27 个国家的犬源假中间葡萄球菌的耐药性变化，结果发现甲氧西林敏感假中间葡萄球菌（MSSP）分离株对青霉素和氨苄青霉素的耐药性呈现显著的上升趋势，但对氨基糖苷类（阿米卡星和庆大霉素）、苯酚类（氯霉素）、氟喹诺酮类（环丙沙星和恩诺沙星）、大环内酯类（红霉素）、林可酰胺类（克林霉素）、四环素和甲氧苄啶/磺胺类药物无耐药性增加的趋势。然而也有少数研究报告 MSSP 对阿米卡星、庆大霉素和恩诺沙星有较高水平的耐药性（Moodley et al.，2014）。但是这类研究的精度难以保证，例如，不同的抗菌药物敏感性试验方法和折点标准的采用都会对比较结果产生较大的影响，如果能以更加统一的方法来实现更大区域内对伴侣动物病原体药物敏感性的评估和比较，就能更加精确地比较和监督具有人兽共患潜力病原体的药物敏感性变化。

美国的一项研究（Davis et al.，2014）调查了伴侣动物的耐甲氧西林葡萄球菌携带情况，对 276 只健康犬和猫进行了耐药葡萄球菌属的检测，其中 5%（14/276）的动物携带葡萄球菌，金黄色葡萄球菌最多（N=11），其次是松鼠葡萄球菌（N=6）、假中间葡萄球菌（*N*=4）、模拟葡萄球菌（*N*=1）和沃氏葡萄球菌（*N*=1）。78%（18/23）的葡萄球菌对苯唑西林具有耐药性，并且还具有多重耐药性。所有的金黄色葡萄球菌分离株均携带 *mecA* 和 *blaZ* 基因，属于 ST5-SCC*mec* II-*spa* t002 型，假中间葡萄球菌属于 ST170-*spa* t06 型、SCC*mec* IV 型或 V 型，并且其中 2 株携带 *pvl* 基因。加拿大地区对于宠物源细菌的调查发现，凝固酶阳性葡萄球菌对氨苄西林和青霉素显示了高耐药率（51%），而对其他临床常用药物如阿莫西林仍具有较好的敏感性（Awosile et al.，2018c）。对欧洲地区十几个国家分离自呼吸道疾病犬、猫细菌的研究显示，中间葡萄球菌是占比最多的病原菌（34.3%），主要分离自犬源样本，在受试药物中显示出对四环素最高的耐药率（45%），其次为青霉素（20%），而金黄色葡萄球菌对该药物的耐药率高达 65.2%（Moyaert et al.，2019）。一项澳大利亚关于伴侣动物源性（犬、猫、马）葡萄球菌的短期研究表明，中间葡萄球菌和金黄色葡萄球菌在耐甲氧西林葡萄球菌总分离株中分别占 11.8% 和 12.8%，两者均表现出氟喹诺酮耐药表型；所有种类的葡萄球菌分离株都表现出对阿莫西林的高耐药率，其次为磺胺甲噁唑/甲氧苄啶（Saputra et al.，2017b）。另一项在澳大利亚昆士兰包含 1460 例犬猫病例、持续 14 年的大样本研究共分离到 81 株（1.75%）MRSP，其中的健康动物分离株（72 株）表现出对磺胺甲噁唑/甲氧苄啶（68%）、恩诺沙星（69%）、红霉素（70%）和四环素（72%）的高耐药率，而对庆大霉素（4%）和阿米卡星（0%）仍具有良好的敏感性，多重耐药率为 73%，9 株临床分离株则表现出了对红霉素和克林霉素 100% 的耐药率且全部鉴定为多重耐药株；ST496 和 ST749 为两种主要的 ST 分型，前者的研究地区分布广泛而后者主要集中于部分城市地区，同时 ST496 的耐药基因携带率显著高于 ST749（Rynhoud et al.，2021）。对分离自地中海南部地区健康犬、猫和临床样本的葡萄球菌属的调查显示，分离株对氨苄西林和青霉素的耐药率高达 86.8%，对亚胺培南、阿莫西林/克拉维酸的耐药率均在 30% 以上。此项研究中，健康猫的葡萄球菌携带率和甲氧西林耐药葡萄球菌阳性率均高于健康犬（Elnageh et al.，2021）。

日本一项对比浅表脓皮病患部和鼻拭子样本葡萄球菌耐药性的研究显示，两种样本中分离得到的菌种均以假中间葡萄球菌为主，两种来源的菌株在耐药性方面并不存在显著差异，而无论是否对甲氧西林耐药，分离株对左氧氟沙星（90%/24%）、红霉素（90%/40%）均显示出较高的耐药率，但对庆大霉素（50%/7.4%）和氯霉素（60%/15%）的敏感性有较大差异（Hartantyo et al.，2018）；另一项关于日本血液样本分离株的研究发现，样本分离株以中间葡萄球菌为主，中间葡萄球菌对氨苄西林、左氧氟沙星和氯霉素三种药物全部耐药，对克拉霉素、红霉素、克林霉素和庆大霉素的耐药率均达 80% 以上（Tsuyuki et al.，2018）。Onuma 等对 2000～2002 年和 2009 年的健康犬与脓皮病患犬源假中间葡萄球菌进行药物敏感性测试，并分析了两种不同来源菌株的耐药性随时间变化的特征。研究发现，健康犬中分离出的所有菌株均对头孢氨苄、其他头孢菌素和苯唑西林敏感，但对氟喹诺酮的耐药率从 2000～2002 年的敏感上升到 2009 年 30% 耐药率。脓皮病患犬来源的假中间葡萄球菌则对上述四种药物的耐药性都呈现逐年上升的现象，1999～2000 年的患犬源菌株尚且对头孢氨苄、其他头孢菌素、苯唑西林和氟喹诺酮敏感，但 2009 年的患犬源菌株对头孢菌素和苯唑西林分别有 7.1%～12.5% 和 11.4% 的耐药率，对氟喹诺酮的耐药率达到50%，并且21株MRSP分离株中有11株携带V型SCC*mec*、10株携带II-III型混合SCC*mec*。韩国一项研究（Jang et al.，2014）调查了犬源MRS菌株的流行情况，样品来源于动物医院、动物收容所和宠物博览会。共有22.9%（36/157）的葡萄球菌被归类为MRS，包括1株MRSA、4株耐甲氧西林表皮葡萄球菌、2株耐甲氧西林溶血性葡萄球菌和29株其他MRS。这36株MRS菌株，对苯唑西林和青霉素100%耐药，对磺胺甲噁唑/甲氧苄啶（69.4%）、红霉素（63.9%）、四环素（58.3%）、头孢西丁（55.6%）、克林霉素（50.0%）或吡利霉素（50.0%）耐药率也较高。此外，94.4%（34/36）MRS分离株携带*mecA*，其中15株属于SCC*mec* V型，6株属于I型，4株属于IIIb型，1株属于IVa型，1株属于IV型，1株MRSA属于ST72-*spa* t148型。莫匹罗星是临床治疗MRS局部感染的常用药物，包括MRSP感染的治疗。韩国另一项研究（Park et al.，2018）专门调查了脓皮病患犬的假中间葡萄球菌对莫匹罗星的耐药率和耐药基因类型。MRSP的检出率为62.7%（69/110），并且在一株高水平莫匹罗星耐药MRSP中检出*ileS-2*基因。

巴西的一项宠物临床细菌病原调查显示，作为分离率最高的葡萄球菌，耐甲氧西林葡萄球菌占比33%，凝固酶阳性/阴性菌对四环素（77%/50%）、磺胺甲噁唑/甲氧苄啶（61%/48%）、青霉素（64%/48%）、阿莫西林（49%/54%）、氨苄西林（54%/46%）的耐药率较高（de Menezes et al.，2021）。同地区的一项研究报道了分离自2018～2020年犬猫耳拭子葡萄球菌的耐药情况，葡萄球菌阳性培养占样本总量的39%（49/126），其中凝固酶阳性葡萄球菌占分离所得细菌的40.2%（78/194），凝固酶阴性葡萄球菌占分离所得细菌的11.3%（22/194），两者对青霉素（63.9%/87.5%）、恩诺沙星（44.1%/83.4%）和磺胺甲噁唑/甲氧苄啶（51.4%/45%）呈现出了较高的耐药率，总体上CoPS的耐药率高于CoNS，而前者中多重耐药率为41%，CoNS中多重耐药率为55%（Martins et al.，2022）。在马来西亚地区关于犬、猫及其饲主的金黄色葡萄球菌研究中，三个群体的金黄色葡萄球菌来源及占比分别为：人28.5%（20/70），犬17.5%（7/40），猫20%（6/30），其中有1株MRSA为人源、2株为犬源。三个来源金黄色葡萄球菌的整体耐药情况表现为：对青霉素（72.7%）、阿莫西林/克拉维酸（66.7%）和苯唑西林（60.6%）具有高耐药率，而对磺胺甲噁唑/甲氧苄啶、阿米卡星、庆大霉素和环丙沙星具有良好的敏感性（Chai et al.，2021）。泰国北部地区一项对分离自犬浅表脓皮病葡萄球菌的调查显示，60%以上的菌株显示出对青霉素和氨苄西林的耐药性，30%的菌株显示出对磺胺甲噁唑/甲氧苄啶的耐药性，而对头孢菌素类、阿莫西林/克拉维酸和环丙沙星的耐药率在20%左右，其中12株（21%）为MRSI且均为多重耐药株（Chanayat et al.，2021）。总体上，各地区不同来源的葡萄球菌显示出对青霉素和常用β-内酰胺类的高耐药率。葡萄球菌在伴侣动物和人之间的相互传播同样受到重视，目前已有关于宠物源性MRSA分离株与人源分离株存在同源性的报道，澳大利亚报道了从宠物犬身上分离出一种主要的临床源性MRSA（ST239-III）（Malik et al.，2006）。此外，也有耐甲氧西林中间葡萄球菌与甲氧西林敏感型葡萄球菌从犬到人的传播链的报道；英国、葡萄牙和德国均有研究从犬身上分离出了当地主要的临床源金黄色葡萄球菌相关菌株（Wedley et al.，2014；Coelho et al.，2011；van Duijkeren et al.，2008；Strommenger et al.，2006）。

宠物源性葡萄球菌中备受关注的耐药机制包括：由 *mecA* 和窄谱 β-内酰胺酶基因 *blaZ* 等介导的 β-内酰胺类耐药（甲氧西林）（Kadlec and Schwarz，2012），*tet*(K)、*tet*(L)、*tet*(O)、*tet*(M)等介导的四环素类耐药，*ermB* 等介导的大环内酯类耐药，*vanA* 等介导的"最后防线"药物万古霉素耐药。不同研究中的耐药基因检出率具有较大浮动：*mecA* 在伴侣宠物源葡萄球菌总体样本中的阳性率为 10%～70%（Chai et al.，2021），MRSA 中可达 100%，*tet*(M)/*tet*(K)流行率为 1%～50%，在金黄色葡萄球菌中可达 100%，*ermB* 则为 7%～35%。一项涉及 592 株葡萄球菌、范围覆盖美国和加拿大的全基因组测序研究显示，氟喹诺酮耐药机制中，最常见的为 *gyrA*（29.9%，177/592）和 *grlA*（30.6%，214/592）介导的 DNA 旋转酶和拓扑酶突变，四环素耐药机制中分别检出 267 株（45.1%）*tet*(M)和 11 株（1.9%）*tet*(K)阳性菌株，β-内酰胺酶中 *blaZ*（74.8%，443/592）和 *mecA*（32.3%，191/592）为两个占比最多的基因，大环内酯类耐药基因 *ermB*（34.6%，205/592）阳性株占比最多，*ermA*（0.2%，1/592）和 *ermC*（0.3%，2/592）也有检出（Tyson et al.，2021）。

2. 国内

目前国内常用于治疗小动物临床葡萄球菌感染的药物，除常用的广谱抗生素外，部分头孢菌素类（头孢喹肟、头孢维星）和林可胺类（林可霉素）药物也用于以革兰氏阳性菌感染为主的病例。在国内，宠物源性葡萄球菌的分离率为 25%～34%，但缺乏对菌种丰度及人兽共患性病原传播的系统性报告（Yu et al.，2020b）。地区性主要的分子分型目前也无法用于预测主要流行株系（中国北部：ST71、ST75；中国南部：ST4、ST5、ST95）。根据不同研究报道，较为常见的犬猫分离株包括中间葡萄球菌、假中间葡萄球菌及金黄色葡萄球菌，常见于脓皮病、耳炎、子宫蓄脓和尿路感染等疾病病例。其中，耐甲氧西林葡萄球菌受到较为广泛的关注，且有几项研究涉及与人源分离株及其他源分离株的对比分析。北京地区分离自犬、猫尿源性的葡萄球菌显示其对红霉素（61%）、青霉素（45%）及磺胺甲噁唑/甲氧苄啶（55%）产生了较高的耐药率，而对多西环素和万古霉素仍具有较好的敏感性（耐药率<10%）（Yu et al.，2020b）。另一项同地区研究中的菌株则表现出对氟苯尼考、阿米卡星、阿莫西林/克拉维酸较好的敏感性（图 2-30）。张海霞等（2021）研究了犬源假中间葡萄球菌的耐药性和分子特征，75 株假中间葡萄球菌中包括 42 株（56%）MRSP 和 33 株（44%）MSSP。所有菌株均对青霉素、阿奇霉素、克林霉素、多西环素、环丙沙星、恩诺沙星、苯唑西林和氯霉素高度耐药，对利奈唑胺、万古霉素、阿米卡星和利福平敏感，多重耐药率达 90.7%，并且所有 MRSP 均具有多重耐药性，*blaZ* 和 *aac(6')-aph(2″)* 检出率最高，均为 92%（69/75），其中 23 株（54.7%）MRSP 为 SCC*mec* V 型。

有研究对比了中国南方地区犬、猫源中间葡萄球菌和耐甲氧西林假中间葡萄球菌的耐药现状（表 2-101），结果显示两者均对青霉素（70%/100%）、阿奇霉素、克林霉素和四环素产生了极高的耐药率（>80%/>90%）（Feng et al.，2012）。扬州地区分离自犬、猫皮肤黏膜患部和唾液的中间葡萄球菌对磺胺甲噁唑/甲氧苄啶的耐药率（87.5%）最高，其次是多西环素（69%）和阿莫西林（69%），而对阿米卡星和氟苯尼考极其敏感，敏感率分别为 96.88%和 93.75%（王果帅等，2021）；青海地区分离自犬、猫呼吸道拭子的葡萄球菌属

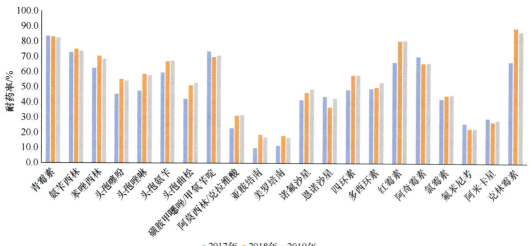

图 2-30 北京地区犬、猫源葡萄球菌耐药情况（未发表数据）

表 2-101 国内部分地区宠物源性葡萄球菌耐药率 （%）

年份	地区	病原	来源	苯唑西林	青霉素	阿莫西林	红霉素	四环素类	氨基糖苷类	氟喹诺酮	参考文献
2008～2010	北京/青岛	耐甲氧西林假中间葡萄球菌	犬	100	—	—	100	100	36	58	（Wang et al.，2012）
2016～2018	北京	葡萄球菌	犬	18	45.5		60.61	9	30	24～40	（Yu et al.，2020b）
2017～2018	扬州	假中间葡萄球菌	犬/猫	—	—	69	—	69	0～66	25～56	（王果帅等，2021）
2019	广东	金黄色葡萄球菌	犬/猫	0	65	10	41	—	—	—	（Chen et al.，2020）
2007～2009		假中间葡萄球菌	犬/猫	42.4	70		84	87		53.5～56	（Feng et al.，2012）

注："—"表示无数据。

包括缓慢葡萄球菌（17.4%）、假中间葡萄球菌（14.5%）、松鼠葡萄球菌（13%），其中假中间葡萄球菌对磺胺异噁唑和阿奇霉素几乎完全耐药（张丽芳等，2020）。有研究发现，在呼吸道症状病犬中，假中间葡萄球菌是最常分离出的病原体（37.50%），其次是金黄色葡萄球菌（18.75%）、施莱菲葡萄球菌（9.37%）、中间葡萄球菌（6.25%）、科氏葡萄球菌（4.71%）和人葡萄球菌（3.12%）。假中间葡萄球菌对庆大霉素（70.83%）和四环素（50%）的耐药性较为常见（Kalhoro et al.，2019）。传统的细菌培养分离方法能分到的细菌有限，因此一项研究对 10 只被咬犬的伤口样品和周边皮肤样品进行了高通量测序分析并对这两类样品的菌群结构进行比较。咬伤伤口的菌群主要由巴氏杆菌、拟杆菌等厌氧菌组成，咬伤伤口及其周围皮肤的共同优势菌有葡萄球菌、克雷伯菌、奈瑟菌、莫拉菌、大肠埃希菌等，咬伤伤口和周边皮肤的菌群组成大体相似（关珊等，2022）。

一项关于犬、猫源耐甲氧西林金黄色葡萄球菌（0.6%～1.5%）的研究表明，mecA 阳性分离株表现出相似的多重耐药谱（青霉素-甲氧西林-阿奇霉素-头孢曲松）（Zhang et al.，2011）。耐甲氧西林中间葡萄球菌（MRSI）是获得性耐药的主要传染源，中国的一项研究显示,犬源耐甲氧西林中间葡萄球的分离率高达 17%,远高于其他研究中平均 0～

2%的分离率（Epstein et al.，2009）。该研究分离所得的 MRSI 并未表现出多重耐药，对万古霉素、庆大霉素和复方新诺明表现出了敏感性。另外一项关于宠物源性耐甲氧西林假中间葡萄球菌（MRSP）的研究中，有高达 47.9%的假中间葡萄球菌被鉴定为 MRSP 并同时表现出多重耐药表型，对红霉素、克林霉素、泰乐菌素和阿奇霉素均呈现出高于69%的耐药率（Feng et al.，2012）。中国北部犬源耐甲氧西林假中间葡萄球菌 12.7%的分离率高于同期德国和加拿大 MRSP 的分离率（Wang et al.，2012）。除了以上重点关注的耐药表型与耐药基因，也有研究调查了截短侧耳素-林可胺类-链球菌素相关耐药基因在宠物源性葡萄球菌属中的分布及基因环境，共计从 300 例临床犬、猫样本中分离到了 11 株携带 *salA* 的葡萄球菌，并且具有相似的基因环境（Deng et al.，2017）；介导利奈唑胺等噁唑烷酮类耐药的 *poxtA*（苯丙醇、四环素类耐药）、*cfr*（氯霉素类、林可胺类、截短侧耳素类、链阳菌素 A）和 *optrA*（苯丙醇类）在宠物源葡萄球菌中也有相应研究。在对生肉饲养犬只来源的耐氟苯尼考葡萄球菌（2.6%）的研究中，所有耐药菌株均检测到了 *optrA*，并且对大环内酯类耐药（Wu et al.，2019）。云南地区一项对比了包含宠物医院来源在内不同来源的金黄色葡萄球菌结果显示，所有分离株均对氨苄西林和恩诺沙星耐药，且在宠物医院分离株中，*ermB* 和 *tet*(M)基因的检出率最高（均为 93.75%），其次是 *rpoB*（81.25%）和 *blaZ* 基因（62.50%）（明杨等，2020）。另一项广东的研究表明，金黄色葡萄球菌中 *ermC*（25.5%）和 *ermB*（11.8%）是检出率最高的两个基因（Chen et al.，2020）。

（四）肠球菌

作为人与动物肠道的常在菌及条件致病菌，肠球菌易污染食物并进入食物链进行传播，在动物临床以粪肠球菌和屎肠球菌为主，约占分离肠球菌总数的80%。一项长期犬猫尿源性病原调查显示，虽然尿路感染以单病原感染为主，但屎肠球菌与大肠杆菌的混合感染在肠球菌混合感染病例中最为常见（Marques et al.，2018）。肠球菌对头孢菌素类具有固有耐药性，且获得性耐药机制同样使其在小动物临床治疗中受到关注。作为仅次于葡萄球菌的第二大革兰氏阳性菌病原，肠球菌通常可分离于犬猫粪便、尿液、生殖道炎症分泌物及创口感染等。

1. 国外

在英国，约有71%的病犬腹泻病例会被首先给予抗生素治疗（German et al.，2010），而腹泻病例是分离病原性肠球菌的主要样本来源，这导致对本身存在固有耐药性的肠球菌的治疗选择更为有限。目前，国外普遍采用口服氨苄西林和阿莫西林来治疗非复杂性的肠球菌尿路感染，而对于难以转愈的病例，通常结合氨基糖苷类进行给药。

肠球菌的耐药表型及耐药率根据时间和地域的不同而发生变化（表 2-102）。除已列出的信息外，2014 年，以日本和韩国为代表的东亚地区从住院收治犬中分离所得的肠球菌属分别表现出了对四环素类（15%～66.7%）、大环内酯类（28%～50%）、氟喹诺酮类（8%～55.6%）和庆大霉素（7.1%～38%）较高的耐药率。在韩国，屎肠球菌对庆大霉素和氟喹诺酮表现出更高的耐药率；而在日本，屎肠球菌对上述四种抗生素均表现出了远低于粪肠球菌的耐药率（Kataoka et al.，2014）。加拿大宠物源性肠球菌对氨苄西林（4.3%）和阿莫西林/克拉维酸（4.5%）的敏感情况与葡萄牙相近（Awosile et al.，2018c）。西班牙包含 17 个行政区的猫源尿路感染肠球菌显示出了高达 22% 的多重耐药率，而犬源尿路感染肠球菌多重耐药率仅为 9.4%，总多重耐药率为 17%；两种来源的肠球菌均对头孢噻吩（75%/93%）、头孢维星（77%/90%）、阿米卡星（71%/90%）和氟喹诺酮类（>50%）具有较高的耐药率，且前三种药物在犬源与猫源之间存在显著差异（Darwich et al.，2021）。另一项包含葡萄牙和西班牙的研究显示，肠球菌常见于伤口和皮炎样本，相较于同研究的其他病原菌（如大肠杆菌、葡萄球菌）具有较高的整体耐药率，对头孢西丁、阿米卡星、克林霉素、多黏菌素和磷霉素的耐药率超过 90%，对苯唑西林的耐药率接近 100%（Li et al.，2021d）。阿根廷一项 7 年的回顾性研究分析了主要分离自尿液样本肠球菌的耐药性，发现其对四环素耐药率（47%）最高，对环丙沙星、恩诺沙星和青霉素的耐药率稍低（均为 22%）（Rumi et al.，2021）。

表 2-102　国外部分地区宠物源性肠球菌耐药率　　　　　（%）

年份	地区	菌种	来源	β-内酰胺类	苯丙醇	四环素类	大环内酯	氟喹诺酮类	噁唑烷酮	万古霉素	参考文献
1994～2013	加拿大	肠球菌属	犬/猫	4	21.7	23	—	—	—	—	（Awosile et al.，2018c）
2006	丹麦	粪肠球菌/屎肠球菌	犬	0/20	0/0	31/0	8/30	0/30	0/0	0/0	（Damborg et al.，2009）
2007	美国	粪肠球菌/屎肠球菌	犬	—	85/0	19/19	51/18	0/90			（Jackson et al.，2009）
			猫	—	10/5	12/6	27/4	0/10			
2013～2015	意大利	粪肠球菌	犬/猫	35/57.9	—	75/84.22	—	90/100			（Iseppi et al.，2015）
2020	意大利	粪肠球菌/屎肠球菌	犬	12.5/25	—	0/12.5	25/25	0/12.5		0/12.5	（Iseppi et al.，2020）
			猫	62.5/28.8	—	33.3/33.3	20.8/20	41.7/41.7	—	25/21.1	
2011～2017	阿根廷	肠球菌属	犬/猫	10～22	—	—	—	22		—	（Rumi et al.，2021）
2017	日本	粪肠球菌/屎肠球菌	犬	1.1/93.1	24.4/6.9	70/51.7	53.3/79.3	18.9/100		—	（Shimazaki et al.，2020）
		粪肠球菌/屎肠球菌	猫	1.4/84.2	23.6/5.3	72.2/57.9	36.1/63.2	18.1/94.7		—	
2016～2018	西班牙	肠球菌	犬/猫	19/21	38/55	55/70	75/80	62/65		30/22	（Darwich et al.，2021）

注："—"表示无数据。

肠球菌耐药机制相关研究主要集中在 β-内酰胺类、糖肽类、以利奈唑胺为代表的噁唑烷酮类和"最后防线"药物万古霉素。肠球菌对氨苄西林的获得性耐药不常见，美国犬、猫源粪肠球菌耐药株占比分别是 63% 和 37%（Jackson et al.，2009）；葡萄牙的肠球菌对氨苄西林耐药率仅为 3%；英国和丹麦的两项长期监测数据分别报道了肠球菌对氨苄西林 23% 和 76% 的耐药率（Damborg et al.，2009；Damborg et al.，2008）。万古霉素和氨苄西林是治疗肠球菌感染的首选药物，但万古霉素尚未应用于宠物临床，即便如此，宠物源性肠球菌也出现了万古霉素耐药肠球菌（vancomycin-resistant *Enterococci*，VRE），最早可以追溯到 1996 年，主要流行基因为 *vanA*。阿伏帕辛作为糖肽类的重要成员，曾作为促生长剂被多个国家广泛使用，被认为可能是万古霉素耐药肠球菌出现的重要原因。在 1997 年欧盟禁止其作为促生长剂之前，欧洲地区报道了犬（48%）和猫（16%）极高的 VRE 携带率（van Belkum et al., 1996），2005 年之前 VRE 的流行率为 2.6%～22.7%（Torres et al., 2003），此后检出率急速下降。一项 2007～2008 年葡萄牙的研究报道显示，非犬、猫来源伴侣动物中 VRE 的流行率约为 4.4%（Poeta et al.，2005）。以美国为代表的北美洲地区，由于阿伏帕辛从未被应用于动物行业，因此相较于欧洲国家流行率较低（German et al.，2010）。一项大数据分析显示，VRE 在犬中的流行率约为 18.2%（CI：9.4%～32.5%），在猫中的流行率约为 12.3%（CI：3.8%～33.1%）。主要报道地区为欧洲、大洋洲和北美洲等国家，土耳其、泰国、荷兰、意大利的相关研究较为丰富；单个研究中，印度的犬、猫 VRE 分离率达到了 80.1%，英国（3.4%）、日本（5.2%）、巴西（5.6%）、土耳其（7.2%）和比利时（8.6%）均在 10% 以下。研究显示，这些 *vanA* 及其变体阳性的犬、猫此前并没有接受过万古霉素治疗（Sacramento et al.，2022）。

万古霉素耐药细菌的出现使得各国开始寻求其他替代的治疗方案，噁唑烷酮类被批准用于由耐甲氧西林金黄色葡萄球菌和耐万古霉素肠球菌引起的感染的治疗。目前尚未在国外宠物源肠球菌中发现可转移噁唑烷酮类耐药机制——*cfr* 编码的 rRNA 甲基转移酶和 *optrA* 编码的 ABC 转座子。

2. 国内

根据国内已有的研究报道，不同样本来源肠球菌的分离率差异较大，例如，尿液样本的分离率仅有 3.9%，鼻咽拭子和肛门拭子的分离率可达 41%～80%（Wu et al., 2019），但相关的耐药数据较少（表 2-103）。对北京宠物源性肠球菌连续三年的耐药性研究显示，2018 年的分离株具有最高的耐药率；常用药物中，分离株对阿莫西林/克拉维酸和氟苯尼考仍具有较好的敏感性（图 2-31）。天津、西藏犬源粪肠球菌研究仅涉及了单株细菌性状研究（王俊书等，2019；陆璐等，2018）。其他研究显示国内犬源肠球菌主要流行的 MLST 分型为 ST16（李金鑫等，2020）。

表 2-103　国内部分地区宠物源性肠球菌耐药率　　　　　　　　　（%）

地区	年份	来源	四环素类	苯丙醇	万古霉素	β-内酰胺类	氟喹诺酮类	大环内酯类	多重耐药率	参考文献
福建	2011	犬	86.5	27.1	2.1	5.2	22.9	72.9	33.3	（俞道进等，2011）
北京	2019	犬	76.6	27.2	0	10.4	77.9	40.2	84.4	（李金鑫等，2020）

不同地区、不同时间的用药差异导致了肠球菌药敏试验结果的不同，总体来说，国内肠球菌对四环素类、苯丙醇类（氯霉素）、大环内酯类（红霉素）和氟喹诺酮类（米诺环素、环丙沙星）的耐药率较高，常见的多重耐药谱为四环素类-苯丙醇类-氟喹诺酮类-大环内酯类。卓鸿璘（2017）从福建某宠物医院采集的样本中分离到 96 株粪肠球菌，药敏结果显示，粪肠球菌分离株对土霉素、红霉素、氯霉素和环丙沙星的耐药率分别为

86.5%、72.9%、27.1%和22.9%，对万古霉素、氨苄西林最敏感（耐药率分别为2.1%和5.2%）。

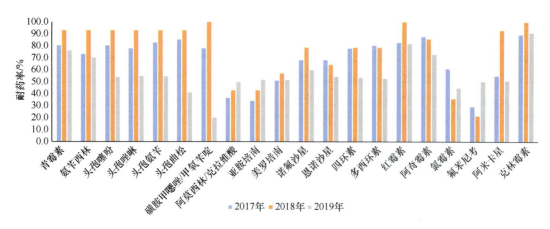

图 2-31　北京地区犬、猫源肠球菌耐药情况（未发表数据）

*cfr*在中国最初于奶牛源粪肠球菌中发现，*optrA*最初在人源临床肠球菌中发现，此后多项研究对食品动物源肠球菌进行了大量回顾性调查（Cui et al.，2016）。然而，近年来关注重点逐渐涉及宠物源性肠球菌。一项关于犬源肠球菌中*optrA*、*cfr*和*poxtA*基因的调查显示，约13%的肠球菌对氟苯尼考耐药，全部携带*optrA*基因；同时，耐药菌株均呈现出了对米诺环素、庆大霉素和环丙沙星较高的耐药率（Wu et al.，2019）。因此，亟须对国内宠物源性肠球菌耐药机制与耐药基因进行更加深入和系统的研究。

总体来看，耐药性的上升与相应药物在临床的使用情况密不可分。鉴于伴侣动物与人的密切接触，人-动物之间病原及耐药基因的传播扩散具有重要的公共卫生学意义。宠物临床细菌病原逐年上升的耐药率以及"最后防线"药物高水平耐药基因在宠物源分离细菌的发现，证明了伴侣动物作为"耐药储存库"对人和动物健康构成潜在的威胁，许多宠物临床药物对医学临床也极为重要，如恩诺沙星、阿莫西林/克拉维酸。目前，宠物源性药物敏感试验的参考标准包括CLSI（Clinical and Laboratory Standards Institute）和EUCAST（The European Committee on Antimicrobial Susceptibility Testing），但对部分宠物临床药物的耐药性及折点尚缺乏数据支持和解释，不利于不同地区和时间研究的纵向与横向对比分析。另外，体外药敏试验通常与临床实际用药形式和用药种类存在差异，因此试验结果对临床实践的指导意义存在一定的局限性，例如，药敏试验结果显示某些头孢菌素对尿路感染病原抑菌作用有限，但由于这类药物可以在尿液中达到高浓度，所以并不一定会导致临床治疗的失败。基于"One Health"理念，制定宠物源性病原菌相关药物药敏试验标准和监测控制宠物源细菌耐药性，对保障人类健康和改善动物福利具有重要意义。

（五）假单胞杆菌

假单胞菌属是革兰氏阴性菌，可以在人、动物、植物和土壤多种环境中普遍存在（O'Brien et al.，2011；Silby et al.，2011），主要包括铜绿假单胞菌、荧光假单胞菌、恶臭假单胞菌、斯氏假单胞菌、门多萨假单胞菌、类产碱假单胞菌、产碱假单胞菌、维罗纳假单胞菌、蒙太利假单胞菌和摩西假单胞菌等。铜绿假单胞菌是最为常见的一种致病菌，因此，本节将主要介绍铜绿假单胞菌的抗菌药物耐药性。

铜绿假单胞菌（*Pseudomonas aeruginosa*）又称绿脓杆菌，可以在人、动物和环境间传播，不仅影响养殖业的发展，而且严重危害人类健康（Folic et al.，2021；Gupta and Devi，2020）。铜绿假单胞菌的耐药性一直是临床上棘手且高度关注的问题（卢斌等，2021；Maunders et al.，2020；Saleem and Bokhari，2020）。目前，碳青霉烯类抗菌药物如亚胺培南、美罗培南等是临床对抗铜绿假单胞菌的最后一道有效防线，但已经出现铜绿假单胞菌对这些药物产生耐药性的报道（Jahan et al.，2020；Merradi et al.，2019）。

目前，铜绿假单胞菌的相关耐药性报道多来源于医学临床，来自动物源的耐药性报道较少，多集中于宠物源的报道，且国外的相关耐药性报道相对多于国内。铜绿假单胞菌是引起犬、猫外耳炎和中耳炎的重要病原体，相关研究较食品动物多（Mekic et al.，2011；Rubin et al.，2008；Hariharan et al.，2006；Petersen et al.，2002）。除了具有形成生物膜的能力，铜绿假单胞菌对许多抗菌药物具有固有耐药性，包括β-内酰胺类、卡那霉素、四环素、氯霉素和甲氧苄啶等抗菌药物。铜绿假单胞菌能够感染水貂、貉子、狐狸、猫等多种动物（Zhao et al.，2018；Nikolaisen et al.，2017），甚至有证据表明多重耐药的铜绿假单胞菌菌株能在人、动物、环境中传播，严重危害人类健康与公共卫生安全（Fernandes et al.，2018）。

1. 国外

除了引起犬、猫外耳炎和中耳炎外，铜绿假单胞菌也会引起皮肤感染（Hillier et al.，2006；Petersen et al.，2002；Done，1974），临床上通常使用氟喹诺酮类、氨基糖苷类或多黏菌素等药物治疗。环丙沙星被认为是对铜绿假单胞菌最有效的氟喹诺酮类药物（Oliphant and Green，2002）。尽管环丙沙星禁止作为兽用药物，但作为动物专用兽药恩诺沙星的代谢产物，其耐药性的监测仍然很重要。国外相关研究表明，动物源性铜绿假单胞菌对该类药物的耐药率差异较大（表 2-104）。在犬源铜绿假单胞菌的耐药性相关研究中，不同地区对环丙沙星的耐药率不同。1998～2000 年，克罗地亚的一项研究显示，犬源铜绿假单胞菌对环丙沙星的耐药率为 3.8%（Seol et al.，2002）；而在 2007～2009 年克罗地亚的另一项研究显示，犬源铜绿假单胞菌对环丙沙星的耐药率为 8.7%（Mekic et al.，2011）。2003～2006 年，对加拿大的犬源铜绿假单胞菌耐药性研究显示，环丙沙星耐药率为 16%（Rubin et al.，2008）。此外，巴西的一项研究从患有外耳炎（N=93）和脓皮病（N=11）的犬中分离出 104 株铜绿假单胞菌，其耐药性检测结果显示，分离株对环丙沙星的耐药率为 7.7%（Arais et al.，2016）。来自美国的相关研究则显示铜绿假单胞菌分离株对环丙沙星耐药率达 21%（Oliphant and Green，2002）。2008～2011 年，法国的犬源铜绿假单胞菌对环丙沙星耐药率达到 63%（Haenni et al.，2015）。

此外，在动物处方的三种主要氟喹诺酮类药物（恩诺沙星、马波沙星和普拉沙星）中，铜绿假单胞菌对最常监测的恩诺沙星耐药率更高。在欧洲，整体有 18.2%的分离株对恩诺沙星耐药（其中 81.8%表现为中度耐药），德国为 24%（其中 49%为中度耐药），

表 2-104 国外部分地区铜绿假单胞菌对氟喹诺酮类和氨基糖苷类药物耐药率

国家	年份	动物来源	分离菌株数	耐药率[b]/%				参考文献
				CIP	ENR	GEN	AMI	
美国	1998~2003	犬/猫	319	—	38.0	15.0	11.0	(Hariharan et al., 2006)
美国	1992~2005	犬	20	25.0	40.0	5.0	5.0	(Hillier et al., 2006)
欧洲[a]	2008~2010	犬	160	—	16.9	18.8	—	(Ludwig et al., 2016)
		猫	11	—	18.2	9.0	—	
克罗地亚	2007~2009	犬	104	8.7	51.9	43.3	—	(Mekic et al., 2011)
克罗地亚	1998~2000	犬	183	3.8	26.2	10.9	7.6	(Seol et al., 2002)
加拿大	2003~2006	犬	106	16.0	31.0	7.0	3.0	(Rubin et al., 2008)
德国	2004~2006	犬/猫	71	—	24.0	27.0	—	(Werckenthin et al., 2007)
法国	2008~2011	犬	46	63	—	56.5	15.2	(Haenni et al., 2015)
		马	10	0	—	10	0	
		牛	12	0	—	8.4	0	
巴西	2010~2012	犬	104	4.8	26	4.8	2.9	(Arais et al., 2016)
日本	—	栗鼠	22	4.5	81	0	0	(Hirakawa et al., 2010)
丹麦	2002~2005	水貂	39	—	5.1	0	—	(Pedersen et al., 2009)

a. 捷克、法国、德国、匈牙利、意大利、荷兰、波兰、西班牙、瑞典和英国。

b. CIP, 环丙沙星; ENR, 恩诺沙星; GEN, 庆大霉素; AMI, 阿米卡星。

注: "—"表示无数据。

克罗地亚为 26.2%, 加拿大两项研究分别为 31% 和 38%, 美国为 49%, 巴西两项研究分别为 26.0% 和 70%（Arais et al., 2016; Leigue et al., 2016; Ludwig et al., 2016; Colombini et al., 2010; Rubin et al., 2008; Werckenthin et al., 2007; Hariharan et al., 2006; Seol et al., 2002）。

除喹诺酮类抗菌药物外, 多黏菌素也是治疗犬、猫中耳炎和眼部感染的一线抗菌药物之一（Jeannot et al., 2017）。通过现有的数据发现, 多黏菌素是治疗铜绿假单胞菌感染最有效的抗菌药物, 在美国（Hillier et al., 2006）和加拿大（Hariharan et al., 2006）均未发现耐药分离株。但在德国, 有研究报道了对多黏菌素耐药的兽医临床分离株, 其中 4 株（5.6%, 4/71）来自软组织感染, 2 株（7.1%, 2/28）来自泌尿/生殖道感染, 对多黏菌素的 MIC 高于 2 mg/L（Werckenthin et al., 2007）。在巴西, 30% 来自眼部感染的铜绿假单胞菌分离株对多黏菌素耐药（Leigue et al., 2016）。

由于禁止在兽药中使用碳青霉烯类药物（包括伴侣动物）, 耐碳青霉烯类药物的病原体在动物中少有报道。2014 年, 在对碳青霉烯耐药的常规监测中, 在一只犬身上检测到一株产生 IMP-45 的铜绿假单胞菌（王茂起等, 2014）。2017 年, 法国对 30 株犬、猫分离株（包括 1 株牛分离株）进行的一项研究显示, 分离株对亚胺培南和（或）美罗培南的敏感性降低（Haenni et al., 2017）。

铜绿假单胞菌是水貂出血性肺炎的主要病原体之一（Farrell et al., 1958）。在丹麦, 青霉素类、氨基糖苷类和大环内酯类抗菌药物是用于治疗毛皮动物的主要抗病原体药物, 它们的使用量在 2001~2012 年逐年增长（Jensen et al., 2016）。然而, 出血性肺炎相关的铜绿假单胞菌耐药性数据在国外仅有少数报道，其中，2000～2005 年在丹麦收集的 39 株分离株耐药性检测结果显示，铜绿假单胞菌分离株对庆大霉素和多黏菌素敏感，5.1%的分离株对恩诺沙星耐药（Ludwig et al.，2016）。此外，2014～2016 年，在丹麦采集的分离株仍对庆大霉素和环丙沙星保持敏感，17%的分离株对黏菌素耐药（Nikolaisen et al.，2017）。

铜绿假单胞菌也是龙猫感染的主要病原体之一。其中一项来自日本的研究显示，在 67 只龙猫中（23 只作为宠物饲养、21 只作为实验动物饲养）共分离鉴定出 22 株铜绿假单胞菌，耐药性检测未观察到分离株对氨基糖苷类药物的耐药表型，但其中有 9 株对庆大霉素、1 株对阿米卡星的敏感性较低，1 株对环丙沙星耐药，并且恩诺沙星的 MIC 值显著高于环丙沙星，6 株对头孢他啶中度耐药，5 株对亚胺培南中度耐药（Hirakawa et al.，2010）。

此外，分别来自法国和巴西的两项研究报道了马源铜绿假单胞菌分离株的耐药性（Leigue et al.，2016；Haenni et al.，2015）。在法国，未发现耐多药马源铜绿假单胞菌株，但分离株普遍对磷霉素耐药（6/10，60%）。在巴西，3 株铜绿假单胞菌分离株中有 2 株对氟喹诺酮类和氨基糖苷类药物具有多重耐药性。

2. 国内

在国内，铜绿假单胞菌的相关研究主要集中在人医临床，动物源的相关报道相对较少。赵修龙等（2015）对山东文登某养殖场送检的 20 只水貂进行细菌分离，均分离到铜绿假单胞菌，药敏试验结果显示 36 株铜绿假单胞菌分离株的耐药水平普遍较高，且耐药谱较广。分离株对链霉素高度耐药，对环丙沙星和新霉素较为敏感，对阿米卡星、恩诺沙星、庆大霉素高度敏感。张明亮等（2019）为了解貂源铜绿假单胞菌流行株基本特性，对分离的 20 株铜绿假单胞菌进行药物敏感性试验，结果表明，铜绿假单胞菌分离株对妥布霉素敏感率为 95%。张庆勋等（2021）对 2020 年河北某水貂养殖场送检的 3 只疑似患有出血性肺炎的死亡水貂进行了病理诊断和细菌分析鉴定，并对分离的铜绿假单胞菌进行了药物敏感性试验，结果显示分离的 3 株铜绿假单胞菌对左氧氟沙星、庆大霉素、阿米卡星、多黏菌素 B 等药物敏感，对氨基糖苷类、大环内酯类、喹诺酮类等抗菌药物具有耐药性。

高一丁等（2021）为了解北京地区犬、猫感染的铜绿假单胞菌的耐药情况，从就诊的犬、猫中分离到 52 株铜绿假单胞菌，应用琼脂稀释法检测菌株对各药物的最小抑菌浓度，结果显示分离株对头孢他啶耐药率为 3.8%（2/52），对头孢吡肟、美罗培南耐药率均为 1.9%（1/52），对恩诺沙星、马波沙星、左氧氟沙星的耐药率为 20%～30%，对氨基糖苷类药物和亚胺培南耐药率为 50%。

国内宠物源铜绿假单胞菌的耐药研究相对较少，但整体对 β-内酰胺类、四环素类药物的耐药率高于其他抗菌药物，耐药率普遍较低的喹诺酮类药物仍可作为临床强有力的治疗药物。国外铜绿假单胞菌分离株的耐药程度低于国内，但较为一致的是均对 β-内酰胺类及四环素类抗菌药物普遍耐药，而对喹诺酮类抗菌药物耐药率较低。同时，国内外同样存在碳青霉烯类抗菌药物耐药情况。总体而言，氟喹诺酮类抗菌药物及多黏菌素仍然是兽医临床有效的治疗药物，但仍需加强监测。

第三节 存在的问题与思考

一、细菌耐药性检测存在的问题

（一）缺少动物源细菌的检测与鉴定方法

医学临床细菌的检测与鉴定已经相对比较成熟，但是动物源细菌，尤其是病原菌缺少相应的分离、检测与鉴定方法及标准，部分细菌属于苛养菌，不易分离，培养要求比较严格，需要特定培养基与培养条件，如副猪嗜血杆菌、胸膜肺炎放线杆菌、支原体等。目前医学临床的病原菌基本都可以通过质谱鉴定，具备了相对完善的病原质谱数据库；但是很多动物源致病菌的质谱数据较少，尚缺少相应质谱数据库，一般需要依赖16S rRNA 与特定的靶标基因鉴定，给细菌的分离、培养与鉴定带来诸多不便，且需要较长的时间。因此，迫切需要建立动物病原菌相应的质谱数据库，为细菌的检测与鉴定提供快速准确的方法。

（二）缺少快速简便的耐药性检测方法

细菌耐药性的检测根据 CLSI 与 EUCAST 标准的推荐方法，主要是微量肉汤稀释法与琼脂稀释法，但是微量肉汤法与琼脂稀释法的操作较为烦琐，花费的时间也比较长，一般需要 12～16h，对试验人员操作要求较高，对于试验结果的判定也需要一定的经验，对实验室的设备环境要求也比较高，而一般的养殖场均不具备相应的实验室条件与操作人员。目前虽然有一些自动化的药敏检测设备，如梅里埃生物公司的 Vitek2 等，但是这些设备往往价格昂贵，而且单次测试的成本较高，在动物源细菌耐药性的检测应用也很少。近年来有一些新的快速检测技术，如微流控、酶动力、抗原抗体胶体金检测等技术在耐药性检测中开始应用，但是检测的靶标相对有限，不适用于全面的细菌耐药性检测与评估。综上所述，检测方法与标准的缺失、设备与操作人员的缺乏等因素都大大制约了细菌耐药性检测在动物临床诊断中的广泛应用，不能及时为养殖场的兽医提供用药指导。

（三）思考与应对

准确率高、灵敏度好、特异性强的细菌耐药性检测技术是开展细菌耐药性基础与应用研究及细菌耐药性监测的前提。《遏制微生物耐药国家行动计划（2022—2025 年）》明确鼓励研发耐药菌感染快速诊断设备和试剂，支持开发价廉、易推广的药物浓度监测技术，并将"研发新型微生物诊断仪器设备和试剂 5～10 项"列为 2025 年需完成的主要指标之一。耐药性检测技术主要针对耐药细菌与耐药基因，其最终目的是获取细菌的种属及其对药物的敏感情况，以指导临床用药。国标法是最传统的检测方法，虽然可确保准确率，但存在步骤烦琐、耗时长、严重依赖实验室仪器与设备等缺陷。当前，已有基于微流控、分子技术、免疫层析技术、比色法、成像法、比浊法、MALDI-TOF 质谱、流式细胞术、化学发光和生物发光、微流体和细菌裂解等原理建立的多种细菌耐药性检测技术,各种方法均具有商业化广泛应用的前景,但多数方法仍存在普适性差、成本高、依赖设备仪器、产业化困难及无法快速检测等缺点。未来应继续补齐现有检测技术的短板,鼓励尝试运用新原理、新方法探索细菌耐药性检测技术;同时,对于先进、成熟的检测技术,应尽快制定相应的国家标准以用于细菌耐药性研究与监测。

此外,在某些特定场景,如兽医或医学临床上发生急性细菌感染需要尽快采取抗菌药物治疗时,若采用常规的耐药性检测手段可能会错过最佳的治疗时机,严重影响治疗效果。因此,细菌耐药性快速检测技术也成为当前研究的热点。然而,由于细菌菌属及耐药机制的复杂性,细菌耐药性快速检测技术一直是全球面临的一大技术难题。其技术难点主要在于目标菌株的识别、提纯、培养与鉴定,上文提到的检测方法均不能达到快速检测的要求。因此,未来在研发耐药性快速检测技术过程中,应探寻能加速或略过菌株培养环节的方法:一是微流控芯片检测技术,能够把细菌的培养时间缩短至 1～2h,同时结合更加灵敏的光学组件及荧光标记物,可以大大缩短细菌耐药表型的检测时间;二是纳米孔单分子测序技术,能够快速、直接地获取样本的全基因序列,而后通过数据分析获悉可能的感染致病菌及相关的耐药基因,大大提高疾病的诊断治疗效率,具有一定的应用前景,是今后发展的方向之一。未来国家应进一步鼓励对耐药性快速检测技术原创性的探索研究,创新快速检测技术方法并优化细节、降低成本,以实现商业化的广泛应用。

二、细菌耐药性监测存在的问题

(一)缺少动物源细菌耐药性的监测方法与标准

与医学临床细菌耐药性的监测不同,很多动物源的细菌,尤其是致病菌缺少相应的检测方法、基因组与质谱数据库,制约了动物源细菌耐药性监测工作的开展,因此急需建立相应的分离、培养与鉴定标准。目前动物源细菌耐药性的监测主要面临以下常见的问题:①不规范的细菌分离鉴定方法;②不规范地制备药敏平板,大部分实验室的药敏平板都是临时在实验室徒手随意浇制的药敏平板;③不规范的培养时间和培养环境;④不规范地选择抗菌药物;⑤不规范地阅读药敏试验结果,缺少对试验结果的二次复核;⑥对一些不常见的药敏结果,未重新鉴定细菌和重复药敏试验并送参考实验室进一步验证;⑦药敏数据资料输入不完整,不利于统计分析和追踪;⑧未使用统一的 WHONET 统计软件,或随意改动抗菌药物的缩写符号和增加统计项目,给统计工作带来困难;⑨资料管理不规范,没有专人负责输入核对和保管;⑩未及时总结资料和定期反馈给养殖场兽医参考。与此同时,在药敏试验过程中需要有相应的参考菌株,而参考菌株的保藏、使用代次也缺乏统一标准化的管理,造成不同单位之间药敏试验结果差异较大,缺少可比性。因此,针对以上问题,动物源细菌耐药性的监测也需要建立相应的标准与 SOP 操作规程,以及耐药性菌株、参考菌种库及标本库。

（二）缺少动物源细菌耐药性的判定标准

目前，细菌耐药性的判定标准主要是参考美国的 CLSI 和欧盟的 EUCAST 的标准，但是动物病原菌及兽用抗菌药物与医学临床的病原菌和抗菌药物有很大的差别，大多数的动物病原菌（如副猪嗜血杆菌、产气荚膜梭菌等细菌）缺少兽医临床药物的耐药性的判定折点标准；此外，由于过去监测的数据较少，缺少足够的数据开展流行病学临界值（如野生型临界值、PK/PD 临界值和临床临界值）的分析，给兽医的临床用药指导带来了很大的困难，兽医只能根据经验判断用药，导致药物残留及耐药性等一系列问题。

（三）缺少对从业人员的继续教育与培训

目前从事动物源细菌耐药性监测工作的人员主要为高校、研究所、动物疾病预防控制中心、兽药监察所等机构，从业人员水平参差不齐，流动性较大，导致药敏结果准确性不高，监测不稳定、不连续；同时，由于缺少相应固定的经费支持，也给动物源细菌耐药性的监测带来很大的困难。我国国情复杂，后院养殖与规模化养殖并存，一线监测人员人力有限，很难开展区域内全面的耐药性监测工作；养殖场一线的临床兽医工作者在日常的临床工作中也缺少相应耐药性监测的经费、条件与技术保障，是耐药性监测工作在一线基层开展的主要制约因素。

（四）思考与应对

农业农村部《全国遏制动物源细菌耐药行动计划（2017—2020 年）》的行动目标明确提出需要完善兽用抗菌药物监测体系，即建立健全兽用抗菌药物应用和细菌耐药性监测技术标准及考核体系，形成覆盖全国、布局合理、运行顺畅的监测网络。细菌耐药性监测技术标准和考核体系是开展细菌耐药性监测的重要基础；在能力建设方面提出提升标准化能力，建立动物源细菌耐药性监测标准体系，针对细菌分离和鉴定方法、最小抑菌浓度测定方法、药物耐药性判定等制定统一的检测标准，开展实验室能力比对；收集、鉴定、保藏各种表型及基因型耐药性菌种，建立菌种库和标本库，实现各级实验室标准化管理。

2022 年 10 月 25 日，国家卫生健康委、教育部、科技部、工业和信息化部、财政部、生态环境部、农业农村部等 14 部委发布了《遏制微生物耐药国家行动计划（2022—2025 年）》。在这一计划中提出"建立健全动物诊疗、养殖领域监测网络。推动建立健全兽用抗微生物药物应用监测网和动物源微生物耐药监测网，完善动物源细菌耐药监测网，监测面逐步覆盖养殖场、动物医院、动物诊所、畜禽屠宰场所，获得兽用抗微生物药物使用数据和动物源微生物耐药数据。积极开展普遍监测、主动监测和目标监测工作，关注动物重点病原体、人畜共生和相关共生分离菌，加强监测实验室质量控制"，对动物源细菌耐药性监测病原种类、监测场所及监测方式提出了更加明确的要求。

综上所述，动物源细菌耐药性的检测与监测面临的诸多问题亟须解决：①投入经费研发耐药性的快速检测技术；②制定动物源细菌耐药性的检测与监测方法及标准；③建立细菌耐药性监测的相对固定的团队，积极开展耐药性监测人员的继续教育与培训，同时提供稳定经费支持，为开展耐药性的监测提供一个稳定的基础。

参 考 文 献

艾地云, 邵华斌, 张腾飞, 等. 2014. 鸡产气荚膜梭菌的分离鉴定及药敏试验[J]. 动物医学进展, 35(6): 149-152.

白江涛, 杨慧, 陈应坚, 等. 2017. 2011~2015 年深圳市龙岗区致泻性大肠埃希菌的感染状况及耐药性分析[J]. 黑龙江医药科学, 40(2): 56-60, 63.

白婧, 韩思媛, 刘伟, 等. 2022. 2016—2021 年北京市海淀区腹泻患者致泻大肠埃希菌耐药结果分析[J]. 中国卫生监督杂志, 29(1): 57-62.

白莉, 郭云昌, 董银苹, 等. 2014. 我国食品中大肠埃希菌 O157 耐药及 PFGE 分子分型特征分析[J]. 中国食品卫生杂志, 26(5): 422-428.

曹忠君. 2020. 某鸡场鸡产气荚膜梭菌的耐药性试验[J]. 畜牧业环境, (7): 89.

柴瑞宇. 2022. 2015-2020 年吉林省食品中单核细胞增生性李斯特菌污染现状及耐药性分析[D]. 长春: 吉林大学硕士学位论文.

陈超群, 陈佳莉, 周萱仪, 等. 2021. β-内酰胺类药物对副猪嗜血杆菌流行病学临界值的建立及耐药性的测定[J]. 畜牧兽医学报, 52(11): 3234-3245.

陈佳莉, 陈超群, 吴雪, 等. 2021. 副猪嗜血杆菌对喹诺酮类药物流行病学临界值的建立[J]. 中国畜牧兽医, 48(11): 4292-4301.

陈培超, 黄强, 孙攀, 等. 2022. 2019 年—2021 年上海市嘉定区市售禽肉中单核细胞增生李斯特菌的污染状况及耐药性分析[J]. 中国卫生检验杂志, 32(13): 1635-1638.

陈艳, 郭云昌, 王竹天, 等. 2010. 2006 年中国食源性疾病暴发的监测资料分析[J]. 卫生研究, 39(3): 331-334.

程冰花, 郝东敏, 钟洪义, 等. 2019. 安徽地区鸭疫里默氏杆菌的分离鉴定及药物筛选[J]. 当代畜牧, (9): 12-15.

丁美娟, 卢凤英, 严鹏, 等. 2015. 鸡滑液囊支原体不同地区分离株对常用抗菌药物的敏感性试验[J]. 中国兽药杂志, 49(10): 52-55.

丁渲攀, 崔晓, 张西君, 等. 2022. 马子宫内膜炎病原分离鉴定及致病性与耐药性检测[J]. 动物医学进展, 43(12): 25-30.

董栋, 商军, 钱晓璐, 等. 2015. 猪源粪肠球菌的基因型及耐药性分析[J]. 中国兽药杂志, 49(2): 13-17.

杜宇, 蒲小峰, 陈晓萌, 等. 2022. 新疆地区 3 株驴源马链球菌马亚种新 SeM 基因型的鉴定与进化分析[J]. 畜牧兽医学报, 53(1): 231-240.

冯凯, 王浩, 周婷婷, 等. 2019. 马源马链球菌兽疫亚种新疆株的分离鉴定及遗传特性分析[J]. 中国畜牧兽医, 46(1): 231-238.

冯世文, 李军, 潘艳, 等. 2020. 广西不同养殖模式猪源大肠杆菌耐药表型差异性分析[J]. 湖北农业科学, 59(1): 114-118, 122.

高铎. 2015. 牛支原体的分离鉴定及对大环内酯类抗生素耐药机制研究[D]. 长春: 吉林农业大学硕士学位论文.

高海慧, 高小斐, 冯卫平, 等. 2019. 宁夏地区犊牛腹泻源大肠杆菌的分离鉴定[J]. 畜牧与兽医, 51(11): 114-117.

高海慧, 王建东, 高小斐, 等. 2021. 奶牛犊牛腹泻源大肠埃希氏菌耐药情况及 LEE 相关基因的检测[J]. 动物医学进展, 42(6): 19-23.

高一丁, 张伟伟, 邓晓昆, 等. 2021. 犬猫铜绿假单胞菌耐药性研究[J]. 中国兽医杂志, 57(2): 82-86, 89.

关珊, 王少林, 吴聪明. 2022. 高通量测序比较分析被咬犬伤口及其周边皮肤的菌群特征[J]. 中国兽医杂志, 58(7): 111-115.

管中斌, 王红宁, 曾博, 等. 2012. 规模化猪场猪感染肺炎克雷伯菌的分离鉴定及耐药性调查[C]. 中国畜牧兽医学会动物传染病学分会. 中国畜牧兽医学会动物传染病学分会第十二次人兽共患病学术研讨会暨第六届第十四次教学专业委员会论文集: 511-514.

郭保卫. 2017. 广东某鸡场及其周边环境大肠杆菌耐药性和耐药基因流行特征[D]. 广州: 华南农业大学硕士学位论文.

郭伟娜, 毕丁仁, 郭锐, 等. 2008. 6 种常用抗菌药物对鸡毒支原体的药物敏感性试验[J]. 中国兽医杂志, (10): 64-65.

韩和祥. 2019. 四川省部分规模化肉牛养殖场致犊牛腹泻大肠杆菌的血清型鉴定与耐药性分析[J]. 黑龙江畜牧兽医, 568(4): 107-109.

韩坤, 白雪, 闫喜军, 等. 2018. 貂源肺炎克雷伯氏菌的分离及毒力和耐药性的分析[J]. 中国兽医科学, 48(8): 1019-1023.

韩庆彦, 王会生, 张佩, 等. 2021. 禁抗前后规模鸡场环境中金黄色葡萄球菌和大肠杆菌对 15 种抗菌药的敏感性比较[J]. 中国动物检疫, 38(1): 115-119.

郝俊玺, 董志民, 王秋东, 等. 2017. 高寒地区奶牛乳房炎凝固酶阴性致病葡萄球菌的分离鉴定及耐药性分析[J]. 中国预防兽医学报, 39(10): 848-851.

郝民, 阮明捷, 王恒伟, 等. 2022. 北京市朝阳区单核细胞增生李斯特菌关键毒力基因缺失与致病性关联性研究[J]. 中国食品卫生杂志, 34(1): 75-81.

何文娟. 2020. 我国奶牛主产区临床乳房炎调查、经济损失分析及肺炎克雷伯菌耐药性与流行特征研究[D]. 北京: 中国农业大学博士学位论文.

何雪梅, 郭莉娟, 吴国艳, 等. 2014. 动物性食品源大肠杆菌对抗生素与消毒剂耐药性及 PFGE 分型研究[C]. 中国食品科学技术学会. 中国食品科学技术学会第十一届年会论文摘要集: 52-53.

侯配斌, 陈玉贞, 李心朋, 等. 2020. 2013-2016 年山东省食品中单核细胞增生李斯特菌的血清型、耐药性及分子分型分析[J]. 中华疾病控制杂志, 24(2): 160-163, 169.

胡付品, 郭燕, 朱德妹, 等. 2018. 2017 年 CHINET 中国细菌耐药性监测[J]. 中国感染与化疗杂志, 18(3): 241-251.

胡紫萌, 周庆安, 陈伟叶, 等. 2020. 广西地区禽致病性大肠杆菌的耐药性分析[J]. 畜牧与兽医, 52(5): 46-50.

黄东璋, 陈琳, 魏冬霞, 等. 2013. 猪腹泻大肠埃希菌的分离鉴定及耐药性分析[J]. 江苏农业科学, 41(10): 176-180.

黄金虎, 刘民星, 商可心, 等. 2013. 46 株猪链球菌对大环内酯类抗生素的耐药性及 PFGE 分型[J]. 南京农业大学学报, 36(4): 105-110.

霍哲, 王晨, 徐俊, 等. 2017. 2012—2015 年北京市西城区单核细胞增生李斯特菌多位点序列分型及耐药研究[J]. 中国食品卫生杂志, 29(3): 289-293.

贾垌, 张迪, 张兆天, 等. 2022. 京津冀部分地区致犊牛腹泻大肠杆菌毒力基因、耐药基因检测及药物敏感性分析[J]. 中国畜牧兽医, 49(12): 4820-4831.

贾敏, 周伟, 韩一啸, 等. 2016. 克氏原螯虾产 ESBLs 大肠杆菌的分离鉴定与耐药研究[J]. 中国兽药杂志, 50(4): 6-10.

姜艳芬, 郭抗抗, 张彦明. 2017. 陕西关中地区零售肉品中产气荚膜梭菌的检测定型及药物敏感性检测[C]// 中国毒理学会兽医毒理学委员会, 中国畜牧兽医学会兽医食品卫生学分会. 中国毒理学会兽医毒理学委员会与中国畜牧兽医学会兽医食品卫生学分会联合学术研讨会暨中国毒理学会兽医毒理学委员会第 5 次全国会员代表大会会议论文集: 222.

蒋曙光, 李娜, 李建军. 2013. 羊源性产气荚膜梭菌的药物敏感性检测[J]. 草食家畜, (4): 46-48.

金建潮, 袁丹茅, 刘素意, 等. 2005. 2000～2004 年龙岩市部分市售食品中单核细胞增生李斯特菌监测[J]. 预防医学论坛, (6): 70-71.

金振华, 张莹, 张备, 等. 2020. 奶牛乳房炎的治疗及预防[J]. 现代畜牧科技, (12): 163-164.

康立超, 钱晶, 杜冬冬, 等. 2021. 新疆食源性单增李斯特菌MLST分型及耐药性分析[J]. 食品安全质量检测学报, 12(15): 6255-6261.

孔意端, 林居纯, 陈继荣, 等. 2008. 鸡毒支原体不同地区分离株对常用抗菌药物的敏感性试验[J]. 动物医学进展, (6): 35-38.

李兵兵, 刘靓, 李双姝, 等. 2019. 淮安市禽畜肉中金黄色葡萄球菌污染及其病原学特征分析[J]. 中国食品卫生杂志, 31(3): 217-221.

李春, 陈国平, 孟昭倩, 等. 2020. 2015-2019年安徽省致泻性大肠埃希菌分型及耐药性分析[J]. 中华疾病控制杂志, 24(10): 1154-1159.

李丹, 陈亮, 兰世捷, 等. 2022. 犊牛腹泻的发病原因、诊断与治疗[J]. 山东畜牧兽医, 43(12): 64-67.

李海利, 冯丽丽, 王英华, 等. 2020. 猪传染性胸膜肺炎放线杆菌氨基糖苷类抗生素耐药基因的检测[J]. 河南农业科学, 49(11): 141-146.

李海利, 朱文豪, 张青娴, 等. 2021. 胸膜肺炎放线杆菌对四环素类抗生素的耐药分析及相关基因检测[J]. 畜牧与兽医, 53(1): 121-124.

李宏胜, 罗金印, 王旭荣, 等. 2012. 我国奶牛乳房炎无乳链球菌抗生素耐药性研究[J]. 中兽医医药杂志, 31(6): 5-7.

李金磊, 董鹏, 狄元冉, 等. 2018. 河南省部分地区猪和鸡源粪肠球菌的分离鉴定与耐药性分析[J]. 动物医学进展, 39(4): 122-127.

李金鑫, 高一丁, 娄银莹, 等. 2020. 北京地区腹泻犬、健康犬粪便肠球菌耐药性、毒力基因及多位点序列分型研究[J]. 中国兽医杂志, 56(5): 11-15, 133.

李鹏. 2015. 藏猪源大肠杆菌和肠球菌耐药性调查及其耐药机制的研究[D]. 北京: 中国农业大学博士学位论文.

李文杰. 2017. 奶牛乳房炎凝固酶阴性葡萄球菌的分离鉴定与耐药性分析[D]. 杨凌: 西北农林科技大学硕士学位论文.

李颖, 梁昊, 王苗, 等. 2019. 北京市顺义区零售鸡胴体中弯曲菌分布与分子特征研究[J]. 中国食品卫生杂志, 31(4): 351-355.

林居纯, 曾振灵, 吴聪明. 2008. 鸡毒支原体的耐药性调查[J]. 中国兽医杂志, (8): 40-41.

林伟东, 宰栩生, 于恩琪, 等. 2015. 江苏地区奶牛乳房炎凝固酶阴性葡萄球菌耐药基因分析[J]. 中国兽医学报, 35(7): 1130-1135.

刘勃兴, 赵安奇, 柳翠翠, 等. 2020. 河北省犊牛腹泻大肠杆菌致病性及耐药性分析[J]. 中国预防兽医学报, 42(2): 133-138.

刘冬霞, 张潇, 李尧, 等. 2021. 陕西省奶牛乳房炎乳中凝固酶阴性葡萄球菌的分离及耐药分析[J]. 动物医学进展, 42(10): 134-138.

刘佳, 陈霞, 赵爱兰, 等. 2014. 河南省某地区健康人源及动物源肠球菌种属分布及耐药性差异研究[J]. 中国畜牧兽医, 41(12): 172-177.

刘肖利, 刘璐瑶, 李锛罡, 等. 2022. 奶牛乳房炎源大肠埃希氏菌的耐药性分析和毒力基因检测[J]. 动物医学进展, 43(1): 46-51.

刘延麟. 2019. 驴源马链球菌马亚种新基因型感染的流行病学与规模化驴场腺疫的临床防治研究[D]. 长春: 吉林大学博士学位论文.

刘洋, 周厚德, 游兴勇, 等. 2022. 2016—2020年江西省市售熟肉制品中单增李斯特菌污染情况调查及耐药研究[J]. 现代预防医学, 49(2): 236-240.

刘洋. 2013. 多药耐药基因*cfr*在动物源肠球菌中的传播机制[D]. 北京: 中国农业大学博士学位论文.

刘英龙, 张洪波, 孙霞, 等. 2010. 山东地区猪传染性胸膜肺炎放线杆菌耐药性现状研究[J]. 黑龙江畜牧兽医, (17): 125-126.

刘英玉, 郑晓风, 李睿鹏, 等. 2020. 牛羊源沙门氏菌在某定点屠宰场和农贸市场的污染分布与耐药性调查[J]. 新疆农业科学, 57(2): 326-332.

刘煜. 2019. 山东省泰安市零售鸭产品中产气荚膜梭菌的分离鉴定、基因分型及耐药性研究[D]. 泰安: 山东农业大学硕士学位论文.

卢斌, 姚燕, 陆英, 等. 2021. 某二甲医院铜绿假单胞菌标本来源、病区分布及耐药性分析[J]. 浙江医学, 43(6): 653-655.

卢丽英, 詹丽杏. 2021. 大肠埃希菌 O157:H7 抗生素耐药性研究进展[J]. 预防医学, 33(11): 1117-1121.

卢奕, 陈玮祎, 刘海泉, 等. 2016. 上海市售水产品中副溶血性弧菌耐药性分析[J]. 食品工业科技, 37(19): 271-275.

陆璐, 张希墨, 刘燕霏, 等. 2018. 犬源粪肠球菌的分离与鉴定[J]. 天津农学院学报, 25(2): 47-50.

吕长辉. 2013. 青岛地区规模化兔场产气荚膜梭菌流行株毒素型、遗传多样性和耐药性调查研究[D]. 泰安: 山东农业大学硕士学位论文.

罗行炜, 孙华润, 刘小康, 等. 2019. 猪传染性胸膜肺炎放线杆菌临床分离株耐药性及 PFGE 分析[C]// 中国畜牧兽医学会兽医药理毒理学分会. 中国畜牧兽医学会兽医药理毒理学分会第十五次学术讨论会论文集: 239-240.

马慧. 2017. 天津市零售鸡肉中空肠弯曲菌分布及特征分析[D]. 天津: 天津科技大学硕士学位论文.

马振报, 潘晔君, 许钦怡, 等. 2021. 市售畜禽肉产 CTX-M 酶大肠杆菌的流行病学调查[J]. 微生物学报, 61(2): 398-405.

明杨, 邱雨, 周杰珑, 等. 2020. 不同动物源金黄色葡萄球菌的分离鉴定与耐药性分析[J]. 黑龙江畜牧兽医, (19): 101-106, 172.

牟迪, 王秀梅, 初胜波, 等. 2014. 多重耐药基因 cfr 在广东地区猪源肠球菌中的流行特点[J]. 中国预防兽医学报, 36(11): 859-862.

秦春芝, 徐怀英, 黄迪海, 等. 2021. 山东省禽源致病性大肠杆菌流行病学监测及耐药模式分析[J]. 中国动物检疫, 38(8): 16-21, 62.

秦平伟, 张艳, 黄宝银, 等. 2021. 奶牛无乳链球菌乳房炎研究进展[J]. 畜牧兽医杂志, 40(6): 105-108.

任宏荣, 李苗云, 朱瑶迪, 等. 2020. 产气荚膜梭菌在食品中的危害及其控制研究进展[J]. 食品科学, 42(7): 352-359.

沈伟伟, 裘丹红, 徐佳, 等. 2011. 台州市食源性金黄色葡萄球菌的主动监测及肠毒素基因分布研究[J]. 中国卫生检验杂志, 21(11): 2674-2676.

石奔, 赵薇, 孙景昱, 等. 2020. 吉林省致泻大肠埃希氏菌分子分型与耐药性研究[J]. 中国实验诊断学, 24(10): 1697-1702.

石晓磊, 齐田苗, 边海霞, 等. 2018. 宁夏地区鸡滑液囊支原体的分离鉴定与药敏试验[J]. 动物医学进展, 39(11): 134-136.

石玉祥, 赵文鹏, 刘洋, 等. 2020. 奶牛乳房炎源性肺炎克雷伯杆菌的分离鉴定和耐药性分析[J]. 中国兽医杂志, 56(3): 95-98, 136.

宋倩, 达举云, 李怡娜, 等. 2022. 宁夏吴忠地区奶牛临床型乳房炎主要病原菌的分离鉴定及耐药性分析[J]. 动物医学进展, 43(2): 70-75.

宋勤叶, 张英杰, 刘月琴, 等. 2011. 18 种抗菌药物对绵羊肺炎支原体和丝状支原体分离株的抗菌活性[J]. 动物医学进展, 32(6): 14-18.

宋学红. 2016. 鸡肉源大肠杆菌群体感应基因分布、耐药性及生物膜等特性的研究[D]. 杨凌: 西北农林科技大学硕士学位论文.

隋兆峰, 张侃吉, 徐建义, 等. 2016. 山东地区鸡毒支原体分离鉴定及耐药性监测[J]. 中国家禽, 38(14): 51-54.

隋兆峰, 朱俊平, 迟灵芝. 2020. 山东地区鸡毒支原体分离鉴定及耐药性监测[J]. 中国家禽, 42(2): 117-120.

孙慧琴, 轩慧勇, 买占海, 等. 2021. 猪源大肠杆菌耐药性及相关耐药基因检测[J]. 新疆农业科学, 58(1): 190-196.

孙明玉. 2018. 引起急性肝胰腺坏死病的副溶血性弧菌MLST及耐药性研究[D]. 上海: 上海海洋大学硕士学位论文.

孙垚, 贾坤, 平晓坤, 等. 2017. 广东省部分地区奶牛乳房炎凝固酶阴性葡萄球菌的毒力基因和耐药性分析[J]. 中国兽医学报, 37(8): 1495-1500.

索玉娟, 于宏伟, 凌巍, 等. 2008. 食品中金黄色葡萄球菌污染状况研究[J]. 中国食品学报, (3): 88-93.

覃岚. 2015. 山羊源Mo贵州株药物敏感性分析与基因疫苗研究[D]. 贵阳: 贵州大学硕士学位论文.

唐标, 陈怡飞, 陈聪, 等. 2021. 2019年湖南省部分地区鸡、鸭、猪源大肠杆菌耐药性调查[J]. 畜牧与兽医, 53(4): 54-60.

唐雪林, 佟盼盼, 张萌萌, 等. 2021. 乌鲁木齐市售畜禽肉源大肠杆菌的耐药性分析[J]. 西北农林科技大学学报(自然科学版), 49(10): 15-23.

唐震, 沈赟, 秦思, 等. 2018. 2017年江苏省食源性疾病中致泻大肠埃希氏菌的感染状况及耐药性分析[J]. 南京医科大学学报, 38(10): 1371-1375.

涂春田, 陈兆国, 汪洋, 等. 2021. 上海市鸡源单增李斯特菌株分子流行病学调查[J]. 中国动物传染病学报, 29(3): 22-28.

涂闻君, 曾政, 赵明, 等. 2022. 重庆市部分超市鸡肉中单增李斯特菌的耐药性与分子特征分析[J]. 西南大学学报(自然科学版), 44(10): 65-73.

王斐, 王彩莲, 宋淑珍, 等. 2020. 牦牛隐性乳房炎主要病原菌及耐药和毒力基因分布情况[J]. 中国畜牧兽医, 47(1): 229-239.

王国艳, 张国权, 范建强, 等. 2022. 山西省部分地区不同来源大肠杆菌耐药性调查分析[J]. 现代畜牧兽医, (1): 12-15.

王果帅, 彭时龙, 刘晓虎, 等. 2021. 犬、猫源中间型葡萄球菌的分离、鉴定及耐药性分析[J]. 黑龙江畜牧兽医, (7): 86-89.

王晋鹏, 罗仍卓么, 王兴平, 等. 2021. 奶牛乳腺炎治疗及抗炎分子机制的研究进展[J]. 生物技术通报, 37(12): 212-219.

王俊书, 徐进强, 金红岩, 等. 2019. 犬粪肠球菌的分离鉴定及耐药性分析[J]. 黑龙江畜牧兽医, (2): 158-161, 182.

王丽, 钱国双, 吴霖. 2022. 2019—2021年南阳市食品中单核细胞增生李斯特菌的污染情况分析[J]. 河南医学研究, 31(14): 2621-2624.

王利勤. 2012. 鸡源致病性大肠埃希菌耐药基因及毒力基因检测研究[D]. 杨凌: 西北农林科技大学硕士学位论文.

王茂起, 冉陆, 王竹天, 等. 2004. 2001年中国食源性致病菌及其耐药性主动监测研究[J]. 卫生研究, 33(1): 49-54.

王蒙蒙, 张子荣, 欧都·吾吐那生, 等. 2018. 新疆北疆地区猪源粪肠球菌的耐药性分析[J]. 中国畜牧兽医, 45(5): 1374-1381.

王宁. 2020. 马链球菌马亚种感染模型的建立及其噬菌体的分离鉴定[D]. 北京: 中国农业科学院硕士学位论文.

王淑金. 2018. 猪大肠杆菌病的诊断与防治措施[J]. 福建畜牧兽医, 40(5): 42-43.

王送林, 李芸芳, 刘秋菊, 等. 2015. 湖南省猪源粪肠球菌耐药性分析[J]. 中国动物传染病学报, 23(2): 41-46.

王雯雯. 2021. 无乳链球菌、停乳链球菌及乳房链球菌可视化LAMP检测方法的建立[D]. 银川: 宁夏大学硕士学位论文.

王熙楚, 王世旗, 王波臻, 等. 2012. 不同动物来源肠球菌的分离·鉴定及耐药性研究[J]. 安徽农业科学, 40(23): 11688-11690.

王小垒, 何家乐, 刘言, 等. 2020. 污水河道污泥中大肠杆菌抗生素抗性与金属耐受性的耦合分析[J]. 环境科学学报, 40(5): 1734-1744.

王晓明. 2019. 多黏菌素耐药新机制及其耐药菌的控制研究[D]. 北京: 中国农业大学博士学位论文.

王晓旭, 宁昆, 徐锋, 等. 2018. 上海市 150 株猪链球菌对 8 种常见抗菌药物的耐药情况[J]. 中国动物检疫, 35(9): 27-31, 35.

王筱, 王闻卿, 丁锦, 等. 2021. 2017 年-2019 年上海市浦东新区单核细胞增生李斯特菌分子流行特征分析[J]. 中国卫生检验杂志, 31(10): 1160-1164.

王艳红, 李昊宇, 韩立君, 等. 2014. 肉类熟食品中产气荚膜梭菌污染及耐药状况调查[J]. 中国卫生检验杂志, 24(20): 2993-2994.

王瑶. 2022. 禽源肺炎克雷伯菌耐药遗传特征的研究[D]. 北京: 中国农业大学博士学位论文.

王雨朦. 2017. 马链球菌马亚种的分离鉴定、致病性检测和抗菌药物筛选[D]. 乌鲁木齐: 新疆农业大学硕士学位论文.

王月虎, 李瑛, 李焕荣, 等. 2011. 猛禽源绿脓杆菌分离鉴定及药敏试验[J]. 中国兽医杂志, 47(1): 83-84.

王卓昊, 胡紫萌, 吴坤, 等. 2019. 苏北及周边地区鸭疫里氏杆菌分离鉴定与药敏试验[J]. 畜牧与兽医, 51(12): 70-75.

邬元娟, 张树秋, 王文博, 等. 2020. 奶牛乳房炎病畜生鲜乳中大肠杆菌污染状况及耐药性分析[J]. 山东农业科学, 52(3): 121-124.

吴静, 刘涵棋, 白婷, 等. 2022. 新疆部分地区犊牛腹泻主要病原调查及分离菌耐药性分析[J]. 黑龙江畜牧兽医, (20): 86-92, 143.

吴立婷, 田源, 王娟, 等. 2023. 不同畜禽来源产气荚膜梭菌的耐药性分析[J].中国动物传染病学报, 1-14.

夏飞, 郑雪, 吴静, 等. 2021. 陕西省常见食源性致病菌耐药性研究进展[J]. 食品与生物技术学报, 40(7): 10-18.

谢冠东, 骆海朋, 任秀, 等. 2019. 北京市售鸽肉中大肠杆菌和沙门氏菌分离鉴定及耐药性分析[J]. 食品安全质量检测学报, 10(1): 48-53.

徐继达. 2013. 食源性金黄色葡萄球菌及其肠毒素基因分布研究[D]. 保定: 河北农业大学硕士学位论文.

徐民生, 柯海意, 施科达, 等. 2022. 广东省猪传染性胸膜肺炎放线杆菌分离鉴定及耐药表型和耐药基因检测与分析[J]. 中国畜牧兽医, 49(8): 3212-3225.

许女, 史改玲, 陈旭峰, 等. 2016. 乳源凝固酶阴性葡萄球菌的 PFGE 分型及耐药性研究[J]. 中国食品学报, 16(9): 33-41.

杨承霖, 舒刚, 赵小玲, 等. 2020. 2010-2016 年四川省食品动物源大肠杆菌的耐药性研究[J]. 西北农林科技大学学(自然科学版), 48(9): 24-30, 36.

杨帆, 魏纪东, 李敏, 等. 2016. 动物源肺炎克雷伯菌耐药性及 MLST 分析[J]. 中国预防兽医学报, 38(10): 776-780.

杨洁, 蒋威, 沈文祥, 等. 2022. 奶牛源乳房链球菌毒力与耐药性分析[J]. 动物医学进展, 43(1): 12-18.

杨润时. 2019. 动物源肠杆菌中碳青霉烯耐药基因 bla_{NDM} 的流行分布及分子传播机制研究[D]. 广州: 华南农业大学博士学位论文.

杨硕. 2015. 宰杀肉鸡中肺炎克雷伯菌耐药基因的检测和传播分析[D]. 济南: 山东大学硕士学位论文.

杨为强, 特蕾莎·阿古列斯, 王淑娟. 2021. 鸡大肠杆菌病的诱因、危害与防治[J]. 中国畜禽种业, 17(8): 188-189.

姚琳, 江艳华, 李风铃, 等. 2017. 鲜活贝类中单核细胞增生李斯特菌的分离鉴定及毒力基因与耐药性分析[J]. 中国食品卫生杂志, 29(1): 5-8.

尹欣悦, 吴鹏, 马忠臣, 等. 2020. 一株无乳链球菌的分离鉴定与耐药性分析[J]. 黑龙江畜牧兽医, (22): 99-101, 168.

于庆华. 2019. 不同动物源食品中大肠杆菌分离鉴定与耐药性分析[J]. 饲料研究, 42(2): 50-52.

余波, 杨莉, 王芳, 等. 2017. 贵州省猪传染性胸膜肺炎放线杆菌核酸检测及其耐药性调查[J]. 黑龙江畜牧兽医, 522(6): 128-130.

余峰玲, 许艳平, 童晶, 等. 2020. 徐州市禽源弯曲菌的分离鉴定及耐药性分析[J]. 食品安全质量检测学报, 11(18): 6628-6632.

余茂林, 姜中其. 2018. 杭州奶牛场乳源大肠杆菌的耐药性分析[J]. 当代畜牧, (12): 40-43.

俞道进, 卓鸿璘, 易秀丽, 等. 2011. 宠物犬粪肠球菌耐药性流行病学调查[J]. 福建农林大学学报(自然科学版), 40(6): 628-631.

袁敬知, 杨莉瑶, 陈思宇, 等. 2021. 活禽产业链中大肠杆菌耐药性及耐药基因调查[J]. 中国畜牧兽医, 48(7): 10.

袁敏, 李忠, 赵欣, 等. 2014. 河南省南阳地区食源性大肠杆菌分离株对常用抗生素的耐药性和多重耐药情况[J]. 世界华人消化杂志, 22(23): 3459-3463.

苑晓萌, 赵效南, 李璐璐, 等. 2021. 山东地区乳房炎牛奶中大肠杆菌的分离鉴定及耐药性分析[J]. 中国畜牧兽医, 48(1): 312-323.

张超. 2018. 宁夏地区牛源肺炎克雷伯氏菌分离鉴定及部分毒力基因与耐药基因分析[D]. 银川: 宁夏大学硕士学位论文.

张海霞, 张振彪, 代禾根, 等. 2021. 中国部分地区犬源伪中间葡萄球菌的流行特征分析[J]. 畜牧兽医学报, 52(9): 2561-2568.

张欢, 张泽华, 吕芬芬, 等. 2022. 马腺疫链球菌新疆株 2 种新 SeM 基因型的鉴定及其遗传变异分析[J]. 西北农业学报, 31(7): 805-814.

张汇宁. 2019. 山东省泰安市不同来源的鸡产气荚膜梭菌分离鉴定、耐药性及基因分型研究[D]. 泰安: 山东农业大学硕士学位论文.

张俊丰, 陈琳, 魏冬霞, 等. 2010. 92 株猪腹泻大肠杆菌的耐药性分析[J]. 中国畜牧兽医, 37(11): 153-156.

张立伟. 2021. 河北地区鸡源致病性大肠杆菌分离鉴定及耐药性研究[D]. 邯郸: 河北工程大学硕士学位论文.

张丽芳, 解秀梅, 牛玉丰, 等. 2020. 正常宠物犬呼吸道菌群种类及药敏性研究[J]. 畜牧兽医科学, (17): 17-18.

张露丹, 周丹, 刘宝, 等. 2021. 2015—2019 年贵州省某三甲医院分离细菌的分布及对常用抗菌药物的耐药率变化[J]. 贵州医科大学学报, 46(5): 545-554.

张明亮, 张森丹, 闫新武, 等. 2019. 貂源铜绿假单胞菌耐药性及生物学特性[J]. 河南农业科学, 48(5): 122-129.

张娜. 2019. 羊源产气荚膜梭菌的分离鉴定及耐药性分析[D]. 杨凌: 西北农林科技大学硕士学位论文.

张鹏飞, 张杰, 刘心雨, 等. 2020. 上海市食源性耐甲氧西林金黄色葡萄球菌的分子特征及耐药性[J]. 食品科学, 41(20): 285-291.

张庆勋, 景胜凡, 韩姝伊, 等. 2021. 水貂源铜绿假单胞菌的分离鉴定、耐药性及毒力基因检测[J]. 中国畜牧兽医, 48(6): 2230-2237.

张荣民. 2017. 肉鸡产业链 NDM 和 MCR-1 阳性大肠杆菌分子流行病学研究[D]. 北京: 中国农业大学博士学位论文.

张仕泓, 王少林. 2021. 动物源产气荚膜梭菌耐药性研究进展[J]. 畜牧兽医学报, 52(10): 2762-2771.

张淑红, 侯凤伶, 关文英, 等. 2014. 2005—2013 年河北省即食食品中单增李斯特菌污染及耐药特征研究[J]. 中国食品卫生杂志, 26(6): 596-599.

张伟, 崔冰冰, 孙武文, 等. 2016. 北方不同地区犊牛腹泻大肠杆菌耐药性和耐药基因携带率的检测分析[J]. 黑龙江畜牧兽医, (21): 162-165.

张晓彤. 2015. 猪舍环境大肠杆菌耐药性及其向周边环境传播的研究[D]. 泰安: 山东农业大学硕士学位论文.

张行. 2020. 奶牛乳房炎凝固酶阴性葡萄球菌耐药性及其相关基因研究[D]. 北京: 中国农业科学院硕士学位论文.

张怡滨, 宋诗铎, 祁伟, 等. 2004. 天津地区 4 株金黄色葡萄球菌多位点测序分型[J]. 天津医药, (10): 627-

629.

张颖欣, 陈友涵, 李树梅, 等. 2018. 奶牛乳房炎源性肺炎克雷伯菌 ESBLs 基因型分布特征[J]. 中国兽医杂志, 54(11): 3.

张裕祥, 姜雯, 梁静, 等. 2020. 2017-2019 年新疆乌鲁木齐地区急性感染性腹泻常见病原菌分布及其耐药性分析[J]. 实用药物与临床, 23(7): 641-645.

张园园, 赵子驭, 张晏宁, 等. 2022. 后疫情时代下市售生鲜猪肉中单增李斯特菌的污染评估[J]. 微生物学通报, 49(8): 3220-3231.

张泽华, 张欢, 江丽, 等. 2021. 马源马链球菌兽疫亚种 3 株新疆分离株基因型的鉴定及 MLST 分析[J]. 微生物学通报, 48(12): 4742-4755.

招丽婵, 覃健萍, 王占新, 等. 2019. 鸡滑液囊支原体的流行调查及不同地区分离株药物敏感性分析[J]. 中国兽医杂志, 55(6): 5.

赵建梅, 李月华, 张青青, 等. 2019. 2008—2017 年我国部分地区禽源沙门氏菌流行状况及耐药分析[[J]. 中国动物检疫, 36(8): 27-35.

赵朋宽. 2022. 河南省濮阳市犊牛腹泻大肠杆菌分离鉴定及生物学特性分析[J]. 中国动物检疫, 39(12): 26-30.

赵修龙, 刘焕奇, 姜彩峰, 等. 2015. 水貂绿脓杆菌的分离鉴定与耐药性分析[J]. 畜牧与兽医, 47(7): 148-149.

郑晓丽. 2009. 规模化鸡场健康鸡群产气荚膜梭菌的分离, 鉴定及遗传多样性研究[D]. 成都: 四川农业大学硕士学位论文.

郑远鹏. 2009. 动物源性高水平庆大霉素耐药肠球菌流行病学研究[D]. 福州: 福建农林大学硕士学位论文.

钟巧贤, 袁淑英, 梁秋燕, 等. 2021. 屠宰场分离大肠埃希氏菌 O157:H7 药敏试验及耐药基因分析[J]. 动物医学进展, 42(6): 140-144.

周婷婷, 冯凯, 汪丽, 等. 2019. 马链球菌马亚种新疆分离株的分离及耐药性和进化分析[J]. 中国兽医科学, 49(6): 738-745.

周萱仪, 陆友龙, 陈超群, 等. 2022. 氨基糖苷类药物对副猪嗜血杆菌的流行折点[J]. 中国抗生素杂志, 47(12): 1312-1319.

卓鸿璘. 2017. 猪场粪肠球菌耐药性流行病学调查与分析[J]. 中国畜牧兽医文摘, 33(11): 61-63.

邹之宇, 雷蕾, 何俊佳, 等. 2019. 北京地区宠物犬源 bla(CTX-M) 基因阳性肺炎克雷伯菌的耐药表型和分子特征研究[J]. 中国畜牧兽医, 46(11): 3432-3439.

Aarestrup F M, Jorsal S E, Jensen N E. 1998. Serological characterization and antimicrobial susceptibility of *Streptococcus suis* isolates from diagnostic samples in Denmark during 1995 and 1996[J]. Vet Microbiol, 60(1): 59-66.

Abd El-Hamid M I, Awad N F S, Hashem Y M, et al. 2019. In vitro evaluation of various antimicrobials against field *Mycoplasma gallisepticum* and *Mycoplasma synoviae* isolates in Egypt[J]. Poult Sci, 98(12): 6281-6288.

Abdi-Hachesoo B, Khoshbakht R, Sharifiyazdi H, et al. 2014. Tetracycline resistance genes in *Campylobacter jejuni* and *C. coli* isolated from poultry carcasses[J]. Jundishapur J Microbiol, 7(9): e12129.

Abdulgader S M, Shittu A O, Nicol M P, et al. 2015. Molecular epidemiology of methicillin-resistant *Staphylococcus aureus* in Africa: a systematic review[J]. Front Microbiol, 6: 348.

Abed A H, El-Seedy F R, Hassan H M, et al. 2020. Serotyping, genotyping and virulence genes characterization of *Pasteurella multocida* and *Mannheimia haemolytica* isolates recovered from pneumonic cattle calves in north upper Egypt[J]. Vet Sci, 7(4): 174.

Abraham S, Jordan D, Wong H S, et al. 2015. First detection of extended-spectrum cephalosporin- and fluoroquinolone-resistant *Escherichia coli* in Australian food-producing animals[J]. J Glob Antimicrob Resis, 3(4): 273-277.

Abraham S, Sahibzada S, Hewson K, et al. 2020. Emergence of fluoroquinolone-resistant *Campylobacter jejuni* and *Campylobacter coli* among Australian chickens in the absence of fluoroquinolone use[J]. Appl Environ Microbiol, 86: 8.

Abraham S, Trott D J, Jordan D, et al. 2014. Phylogenetic and molecular insights into the evolution of multidrug-resistant porcine enterotoxigenic *Escherichia coli* in Australia[J]. Int J Antimicrob Agents, 44(2): 105-111.

Agarwal A, Narang G, Rakha N K, et al. 2009. In vitro lecithinase activity and antibiogram of *Clostridium perfringens* isolated from broiler chickens[J]. Haryana Vet, 48: 81-84.

Agnoletti F, Mazzolini E, Bacchin C, et al. 2014. First reporting of methicillin-resistant *Staphylococcus aureus* (MRSA) ST398 in an industrial rabbit holding and in farm-related people[J]. Vet Microbiol, 170(1-2): 172-177.

Agostinho D E, Dos S R, Castro V, et al. 2021. Molecular characterization of *Salmonella* spp. and *Listeria monocytogenes* strains from biofilms in cattle and poultry slaughterhouses located in the federal District and State of Goiás, Brazil[J]. PLoS One, 16(11): e0259687.

Ahmed A M, Shimamoto T. 2015. Molecular analysis of multidrug resistance in shiga toxin-producing *Escherichia coli* O157: H7 isolated from meat and dairy products[J]. Int J Food Microbiol, 193: 68-73.

Ahmed S J, Hasan M A, Islam M R, et al. 2019. Incidence and antibiotic susceptibility profile of *Pasteurella maltocida* isolates isolated from goats in Savar Area of Bangladesh[J]. Agricultural Science Digest-A Research Journal, 39: 4.

Akinbami O R, Olofinsae S, Ayeni F A. 2018. Prevalence of extended spectrum beta lactamase and plasmid mediated quinolone resistant genes in strains of *Klebsiella pneumonia*, *Morganella morganii*, *Leclercia adecarboxylata* and *Citrobacter freundii* isolated from poultry in South Western Nigeria[J]. Peer J, 6: e5053.

Alam B, Uddin M N, Mridha D, et al. 2020. Occurrence of *Campylobacter* spp. in selected small scale commercial broiler farms of Bangladesh related to good farm practices[J]. Microorganisms, 8(11): 1778.

Alekish M O, Al-Qudah K M, Al-Saleh A. 2013. Prevalence of antimicrobial resistance among bacterial pathogens isolated from bovine mastitis in northern Jordan[J]. Revue de Médecine Vétérinaire, 164(6): 319-326.

Algammal A M, El-Kholy A W, Riad E M, et al. 2020. Genes encoding the virulence and the antimicrobial resistance in enterotoxigenic and shiga-toxigenic *Eshcherichia coli* isolated from diarrheic calves[J]. Toxins (Basel), 12(6): 383.

Almashhadany D A. 2021. Isolation, biotyping and antimicrobial susceptibility of *Campylobacter* isolates from raw milk in Erbil city, Iraq[J]. Ital J Food Saf, 10(1): 8589.

Alonso-Hernando A, Prieto M, García-Fernández C, et al. 2012. Increase over time in the prevalence of multiple antibiotic resistance among isolates of *Listeria monocytogenes* from poultry in Spain[J]. Food Control, 23(1): 37-41.

Alsayeqh A F, Baz A, Darwish W S. 2021. Antimicrobial-resistant foodborne pathogens in the Middle East: a systematic review[J]. Environ Sci Pollut Res Int, 28(48): 68111-68133.

Alves-Barroco C, Roma-Rodrigues C, Raposo L R, et al. 2019. *Streptococcus dysgalactiae* subsp. *dysgalactiae* isolated from milk of the bovine udder as emerging pathogens: In vitro and in vivo infection of human cells and zebrafish as biological models[J]. Microbiologyopen, 8(1): e00623.

Amaral A F, Rebelatto R, Klein C S, et al. 2019. Antimicrobial susceptibility profile of historical and recent Brazilian pig isolates of *Pasteurella multocida*[J]. Pesquisa Vet Brasil, 39(2): 107-111.

Américo-Pinheiro J, Bellatto L C, Mansano C, et al. 2021. Monitoring microbial contamination of antibiotic resistant *Escherichia coli* isolated from the surface water of urban park in southeastern Brazil[J]. Environmental Nanotechnology Monitoring & Management, 15: 100438.

Amphaiphan C, Yano T, Som-In M, et al. 2021. Antimicrobial drug resistance profile of isolated bacteria in dogs and cats with urologic problems at Chiang Mai University Veterinary Teaching Hospital, Thailand (2012–2016)[J]. Zoonoses Public Hlth, 68(5): 452-463.

André E N, Pereira R, Snyder R E, et al. 2017. Emergence of methicillin-resistant *Staphylococcus aureus* from clonal complex 398 with no livestock association in Brazil[J]. Mem Inst Oswaldo Cruz, 112(9): 647-649.

Andrés-Lasheras S, Ha R, Zaheer R, et al. 2021. Prevalence and risk factors associated with antimicrobial resistance in bacteria related to bovine respiratory disease-a broad cross-sectional study of beef cattle at entry into Canadian feedlots[J]. Front Vet Sci, 8: 692646.

Andriyanov P A, Zhurilov P A, Liskova E A, et al. 2021. Antimicrobial resistance of *Listeria monocytogenes* strains isolated from humans, animals, and food products in Russia in 1950-1980, 2000-2005, and 2018-2021[J]. Antibiotics (Basel), 10(10): 1206.

Angulo F J, Tippen S, Sharp D J, et al. 1997. A community waterborne outbreak of *Salmonellosis* and the effectiveness of a boil water order[J]. Am J Public Health, 87(4): 580-584.

Anholt R M, Klima C, Allan N, et al. 2017. Antimicrobial susceptibility of bacteria that cause bovine respiratory disease complex in Alberta, Canada[J]. Front Vet Sci, 4: 207.

Anju K, Karthik K, Divya V, et al. 2021. Toxinotyping and molecular characterization of antimicrobial resistance in *Clostridium perfringens* isolated from different sources of livestock and poultry[J]. Anaerobe, 67: 102298.

Antunes N, Tavio M, Assuncao P, et al. 2008. In vitro susceptibilities of field isolates of *Mycoplasma agalactiae*[J]. Vet J, 177(3): 436-438.

Arais L R, Barbosa A V, Carvalho C A, et al. 2016. Antimicrobial resistance, integron carriage, and *gyrA* and *gyrB* mutations in *Pseudomonas aeruginosa* isolated from dogs with otitis externa and pyoderma in Brazil[J]. Vet Dermatol, 27(2): 113-7e31.

Archambault M, Harel J, Gouré J, et al. 2012. Antimicrobial susceptibilities and resistance genes of Canadian isolates of *Actinobacillus pleuropneumoniae*[J]. Microb Drug Resist, 18(2): 198-206.

Argyris, Michalopoulos, Matthew, et al. 2010. Treatment of Acinetobacter infections[J]. Expert Opin Pharmaco, 11(5): 779-788.

Ariffin S M Z, Hasmadi N, Syawari N M, et al. 2019. Prevalence and antibiotic susceptibility pattern of *Staphylococcus aureus*, *Streptococcus agalactiae* and *Escherichia coli* in dairy goats with clinical and subclinical mastitis[J]. Journal of Animal Health and Production, 7(1): 32-37.

Arriola C S, Güere M E, Larsen J, et al. 2011. Presence of methicillin-resistant *Staphylococcus aureus* in pigs in Peru[J]. PLoS One, 6(12): e28529.

Aslantas O, Demir C. 2016. Investigation of the antibiotic resistance and biofilm-forming ability of *Staphylococcus aureus* from subclinical bovine mastitis cases[J]. J Dairy Sci, 99(11): 8607-8613.

Atterby C, Osbjer K, Tepper V, et al. 2019. Carriage of carbapenemase- and extended-spectrum cephalosporinase-producing *Escherichia coli* and *Klebsiella pneumoniae* in humans and livestock in rural Cambodia; gender and age differences and detection of *bla* $_{OXA-48}$ in humans[J]. Zoonoses Public Health, 66(6): 603-617.

Aung K T, Chen H J, Chau M L, et al. 2019. *Salmonella* in retail food and wild birds in Singapore-prevalence, antimicrobial resistance, and sequence types[J]. Int J Environ Res Public Health, 16: 21.

Awosile B B, Heider L C, Saab M E, et al. 2018a. Antimicrobial resistance in mastitis, respiratory and enteric bacteria isolated from ruminant animals from the Atlantic Provinces of Canada from 1994-2013[J]. Can Vet J, 59(10): 1099-1104.

Awosile B B, Heider L C, Saab M E, et al. 2018b. Antimicrobial resistance in bacteria isolated from horses from the Atlantic Provinces, Canada (1994 to 2013) [J]. Can Vet J, 59(9): 951-957.

Awosile B B, Mcclure J T, Saab M E, et al. 2018c. Antimicrobial resistance in bacteria isolated from cats and dogs from the Atlantic Provinces, Canada from 1994-2013[J]. Can Vet J, 59(8): 885-893.

Ayling R D, Rosales R S, Barden G, et al. 2014. Changes in antimicrobial susceptibility of *Mycoplasma bovis* isolates from Great Britain[J]. Vet Rec, 175(19): 486.

Ayodele O A, Deji-Agboola A M, Akinduti P A, et al. 2020. Phylo-diversity of prevalent human *E. coli* O157:H7 with strains from retailed meat and fish in selected markets in Ibadan Nigeria[J]. J Immunoassay Immunochem, 41(2): 117-131.

Baali M, Lounis M, Amir H, et al. 2020. Prevalence, seasonality, and antimicrobial resistance of thermotolerant *Campylobacter* isolated from broiler farms and slaughterhouses in East Algeria[J]. Vet World, 13(6): 1221-1228.

Baba K, Ishihara K, Ozawa M, et al. 2010. Isolation of meticillin-resistant *Staphylococcus aureus* (MRSA) from swine in Japan[J]. Int J Antimicrob Agents, 36(4): 352-354.

Back S H, Eom H S, Lee H H, et al. 2020. Livestock-associated methicillin-resistant *Staphylococcus aureus* in Korea: antimicrobial resistance and molecular characteristics of LA-MRSA strains isolated from pigs, pig farmers, and farm environment[J]. J Vet Sci, 21(1): e2.

Badi S, Cremonesi P, Abbassi M S, et al. 2018. Antibiotic resistance phenotypes and virulence-associated genes in *Escherichia coli* isolated from animals and animal food products in Tunisia[J]. FEMS Microbiol Lett, 365(10).

Badri A M, Ibrahim I T, Mohamed S G, et al. 2017. Prevalence of extended spectrum beta lactamase (ESBL) producing *Escherichia coli* and *Klebsiella pneumoniae* isolated from raw milk[J]. Mol Biol: Open Access, 7(1): 1000201.

Bae D, Mezal E H, Smiley R D, et al. 2014. The sub-species characterization and antimicrobial resistance of *Listeria monocytogenes* isolated from domestic and imported food products from 2004 to 2011[J]. Food Res Int, 64: 656-663.

Bai S, Yu Y, Kuang X, et al. 2022. Molecular characteristics of antimicrobial resistance and virulence in *Klebsiella pneumoniae* strains isolated from goose farms in Hainan, China[J]. Appl Environ Microbiol, 88(8): e0245721.

Bal E B, Bayar S, Bal M A. 2010. Antimicrobial susceptibilities of coagulase-negative *staphylococci* (CNS) and *streptococci* from bovine subclinical mastitis cases[J]. J Microbiol, 48(3): 267-274.

Barberio A, Flaminio B, De Vliegher S, et al. 2016. Short communication: In vitro antimicrobial susceptibility of *Mycoplasma bovis* isolates identified in milk from dairy cattle in Belgium, Germany, and Italy[J]. J Dairy Sci, 99(8): 6578-6584.

Barguigua A, Rguibi Idrissi H, Nayme K, et al. 2019. Virulence and antibiotic resistance patterns in *E. coli*, Morocco[J]. EcoHealth, 16(3): 570-575.

Barlow R S, Mcmillan K E, Duffy L L, et al. 2017. Antimicrobial resistance status of *Enterococcus* from Australian cattle populations at slaughter[J]. PLoS One, 12(5): e0177728.

Barros M R, Silveira W D D, de Araújo J M, et al. 2012. Resistência antimicrobiana e perfil plasmidial de *Escherichia coli* isolada de frangos de corte e poedeiras comerciais no Estado de Pernambuco[J]. Pesq Vet Bras, 32(5): 405-410.

Basha K A, Kumar N R, Das V, et al. 2019. Prevalence, molecular characterization, genetic heterogeneity and antimicrobial resistance of *Listeria monocytogenes* associated with fish and fishery environment in Kerala, India[J]. Lett Appl Microbiol, 69(4): 286-293.

Begier E, Rosenthal N A, Gurtman A, et al. 2021. Epidemiology of invasive *Escherichia coli* infection and antibiotic resistance status among patients treated in US hospitals: 2009-2016[J]. Clin Infect Dis, 73(4): 565-574.

Beier R C, Poole T L, Brichta-Harhay D M, et al. 2013. Disinfectant and antibiotic susceptibility profiles of *Escherichia coli* O157: H7 strains from cattle carcasses, feces, and hides and ground beef from the United States[J]. J Food Prot, 76(1): 6-17.

Beko K, Felde O, Sulyok K, et al. 2019. Antibiotic susceptibility profiles of *Mycoplasma hyorhinis* strains isolated from swine in Hungary[J]. Vet Microbiol, 228: 196-201.

Beko K, Kreizinger Z, Kovacs A B, et al. 2020. Mutations potentially associated with decreased susceptibility to fluoroquinolones, macrolides and lincomycin in *Mycoplasma synoviae*[J]. Vet Microbiol, 248: 108818.

Bengtsson B, Unnerstad H E, Ekman T, et al. 2009. Antimicrobial susceptibility of udder pathogens from cases of acute clinical mastitis in dairy cows[J]. Vet Microbiol, 136(1-2): 142-149.

Benklaouz M B, Aggad H, Benameur Q. 2020. Resistance to multiple first-line antibiotics among *Escherichia coli* from poultry in Western Algeria[J]. Vet World, 13(2): 290-295.

Benoit S R, Lopez B, Arvelo W, et al. 2014. Burden of laboratory-confirmed *Campylobacter* infections in Guatemala 2008-2012: results from a facility-based surveillance system[J]. J Epidemiol Glob Health, 4(1): 51-59.

Bernier-Lachance J, Arsenault J, Usongo V, et al. 2020. Prevalence and characteristics of livestock-associated methicillin-resistant *Staphylococcus aureus* (LA-MRSA) isolated from chicken meat in the province of Quebec, Canada[J]. PLoS One, 15(1): e0227183.

Bhardwaj K, Shenoy M S, Baliga S B U, et al. 2021. Research note: Characterization of antibiotic resistant phenotypes and linked genes of *Escherichia coli* and *Klebsiella pneumoniae* from healthy broiler chickens, Karnataka, India[J]. Poult Sci, 100(6): 101094-101094.

Bidewell C A, Williamson S M, Rogers J, et al. 2018. Emergence of *Klebsiella pneumoniae* subspecies pneumoniae as a cause of septicaemia in pigs in England[J]. PLoS One, 13(2): e0191958.

Bierowiec K, Miszczak M, Biskupska M, et al. 2019. Prevalence of *Staphylococcus pseudintermedius* in cats population in Poland[J]. Int J Infect Dis, 79: 70-71.

Boireau C, Morignat É, Cazeau G, et al. 2018. Antimicrobial resistance trends in *Escherichia coli* isolated from diseased food-producing animals in France: A 14-year period time-series study[J]. Zoonoses Public Health, 65(1): e86-e94.

Bolte J, Zhang Y, Wente N, et al. 2020. Comparison of phenotypic and genotypic antimicrobial resistance patterns associated with *Staphylococcus aureus* mastitis in German and Danish dairy cows[J]. J Dairy Sci, 103(4): 3554-3564.

Bondo K J, Pearl D L, Janecko N, et al. 2016. Epidemiology of antimicrobial resistance in *Escherichia coli* isolates[J] from raccoons (*Procyon lotor*) and the environment on swine farms and conservation areas in Southern Ontario[J]. PLoS One, 11(11): e0165303.

Boothe D, Smaha T, Carpenter D M, et al. 2012. Antimicrobial resistance and pharmacodynamics of canine and feline pathogenic *E. coli* in the United States[J]. J Am Anim Hosp Assoc, 48(6): 379-389.

Boram K, Jin H, Ji Y, et al. 2016. Molecular serotyping and antimicrobial resistance profiles of *Actinobacillus pleuropneumoniae* isolated from pigs in South Korea[J]. Vet Q, 36(3): 137-144.

Borzi M M, Cardozo M V, Oliveira E S D, et al. 2018. Characterization of avian pathogenic *Escherichia coli* isolated from free-range helmeted guineafowl[J]. Braz J Microbiol, 49(Suppl 1): 107-112.

Botrel M, Morignat E, Meunier D, et al. 2010. Identifying antimicrobial multiresistance patterns of *Escherichia coli* sampled from diarrhoeic calves by cluster analysis techniques: a way to guide research on multiresistance mechanisms[J]. Zoonoses Public Health, 57(3): 204-210.

Bowring B G, Fahy V A, Morris A, et al. 2017. An unusual culprit: *Klebsiella pneumoniae* causing septicaemia outbreaks in neonatal pigs[J]. Vet Microbiol, 203: 267-270.

Boyle A G, Timoney J F, Newton J R, et al. 2018. *Streptococcus equi* infections in horses: Guidelines for treatment, control, and prevention of strangles-revised consensus statement[J]. J Vet Intern Med, 32(2): 633-647.

Bradley A. 2002. Bovine mastitis: an evolving disease[J]. Vet J, 164(2): 116-128.

Braga J F V, Chanteloup N K, Trotereau A, et al. 2016. Diversity of *Escherichia coli* strains involved in vertebral osteomyelitis and arthritis in broilers in Brazil[J]. BMC Vet Res, 12(1): 140.

Brisse S, Duijkeren E. 2005. Identification and antimicrobial susceptibility of 100 *Klebsiella* animal clinical isolates[J]. Vet Microbiol, 105(3-4): 307-312.

Brogden S, Pavlović A, Tegeler R, et al. 2018. Antimicrobial susceptibility of *Haemophilus parasuis* isolates from Germany by use of a proposed standard method for harmonized testing[J]. Vet Microbiol, 217: 32-35.

Brown A C, Chen J C, Watkins L, et al. 2018. CTX-M-65 extended-spectrum beta-lactamase-producing *Salmonella enterica* serotype infantis, United States[J]. Emerg Infect Dis, 24(12): 2284-2291.

Bumunang E W, Mcallister T A, Zaheer R, et al. 2019. Characterization of non-O157 *Escherichia coli* from cattle faecal samples in the north-west province of South Africa[J]. Microorganisms, 7(8): 272.

Byambajav Z, Bulgan E, Hirai Y, et al. 2021. Research note: Antimicrobial resistance of *Campylobacter* species isolated from chickens near Ulaanbaatar city, Mongolia[J]. Poult Sci, 100(3): 100916.

Bywater R, Mcconville M, Phillips I, et al. 2005. The susceptibility to growth-promoting antibiotics of *Enterococcus faecium* isolates from pigs and chickens in Europe[J]. J Antimicrob Chemother, 56(3): 538-543.

Caffrey N, Agunos A, Gow S, et al. 2021. *Salmonella* spp. prevalence and antimicrobial resistance in broiler chicken and turkey flocks in Canada from 2013 to 2018[J]. Zoonoses Public Health, 68(7): 719-736.

Cai H Y, Mcdowall R, Parker L, et al. 2019. Changes in antimicrobial susceptibility profiles of *Mycoplasma bovis* over time[J]. Can J Vet Res, 83(1): 34-41.

Callens B F, Haesebrouck F, Maes D, et al. 2013. Clinical resistance and decreased susceptibility in *Streptococcus suis* isolates from clinically healthy fattening pigs[J]. Microb Drug Resist, 19(2): 146-151.

Camargo A C, de Castilho N P, Da S D, et al. 2015. Antibiotic resistance of *Listeria monocytogenes* isolated from meat-processing environments, beef products, and clinical cases in Brazil[J]. Microb Drug Resist, 21(4): 458-462.

Cameron M, Saab M, Heider L, et al. 2016. Antimicrobial susceptibility patterns of environmental streptococci recovered from bovine milk samples in the maritime provinces of Canada[J]. Front Vet Sci, 3: 79.

Cantin M, Harel J, Higgins R, et al. 1992. Antimicrobial resistance patterns and plasmid profiles of *Streptococcus suis* isolates[J]. J Vet Diagn Invest, 4(2): 170-174.

Capitini C M, Herrero I A, Patel R, et al. 2002. Wound infection with *Neisseria weaveri* and a novel subspecies of *Pasteurella multocida* in a child who sustained a tiger bite[J]. Clin Infect Dis, 34(12): E74-76.

Carattoli A, Lovari S, Franco A, et al. 2005. Extended-spectrum β-lactamases in *Escherichia coli* isolated from dogs and cats in Rome, Italy, from 2001 to 2003[J]. Antimicrob Agents Chemother, 49(2): 833-835.

Carra E, Russo S, Micheli A, et al. 2021. Evidence of common isolates of *Streptococcus agalactiae* in bovines and humans in Emilia Romagna region (Northern Italy) [J]. Front Microbiol, 12: 673126.

CARSS. 2016-09-12. Canadian Antimicrobial Resistance Surveillance System Report[R]. https://www.canada.ca/en/public-health/services/publications/drugs-health-products/canadian-antimicrobial-resistance-surveillance-system-report-2016.html.[2021-12-21]

CARSS. 2020-06-29. Canadian Antimicrobial Resistance Surveillance System Report[R]. https://www.canada.ca/en/public-health/services/publications/drugs-health-products/canadian-antimicrobial-resistance-surveillance-system-2020-report.html.[2021-12-21]

Caruso M, Fraccalvieri R, Pasquali F, et al. 2020. Antimicrobial susceptibility and multilocus sequence typing of *Listeria monocytogenes* isolated over 11 years from food, humans, and the environment in Italy[J]. Foodborne Pathog Dis, 17(4): 284-294.

Carvalho D, Finkler F, Grassotti T T, et al. 2015. Antimicrobial susceptibility and pathogenicity of *Escherichia coli* strains of environmental origin[J]. Ciência Rural, 45(7): 1249-1255.

Carvalho I, Cunha R, Martins C, et al. 2021. Antimicrobial resistance genes and diversity of clones among faecal ESBL-producing *Escherichia coli* isolated from healthy and sick dogs living in Portugal[J]. Antibiotics (Basel), 10(8): 1013.

Catania S, Bottinelli M, Fincato A, et al. 2019. Evaluation of minimum inhibitory concentrations for 154 *Mycoplasma synoviae* isolates from Italy collected during 2012-2017[J]. PLoS One, 14(11): e0224903.

Cavaco L M, Korsgaard H, Kaas R S, et al. 2017. First detection of linezolid resistance due to the *optrA* gene in *enterococci* isolated from food products in Denmark[J]. J Glob Antimicrob Resis, 9: 128-129.

Chai M H, Sukiman M Z, Liew Y W, et al. 2021. Detection, molecular characterization, and antibiogram of multi-drug resistant and methicillin-resistant *Staphylococcus aureus* (MRSA) isolated from pets and pet owners in Malaysia[J]. Iran J Vet Res, 22(4): 277-287.

Chairat S, Gharsa H, Lozano C, et al. 2015. Characterization of *Staphylococcus aureus* from raw meat samples in Tunisia: Detection of clonal lineage ST398 from the African continent[J]. Foodborne Pathog Dis, 12(8): 686-692.

Chanayat Y, Akatvipat A, Bender J B, et al. 2021. The SCCmec types and antimicrobial resistance among methicillin-resistant *Staphylococcus* species isolated from dogs with superficial pyoderma[J]. Vet Sci, 8(5): 85.

Chang C F, Lin W H, Yeh T M, et al. 2003. Antimicrobial susceptibility of *Riemerella anatipestifer* isolated from ducks and the efficacy of ceftiofur treatment[J]. J Vet Diagn Invest, 15(1): 26-29.

Charpentier E, Courvalin P. 1997. Emergence of the trimethoprim resistance gene *dfrD* in *Listeria monocytogenes* BM4293[J]. Antimicrob Agents Chemother, 41(5): 1134-1136.

Châtre P, Haenni M, Meunier D, et al. 2010. Prevalence and antimicrobial resistance of *Campylobacter jejuni* and *Campylobacter coli* isolated from cattle between 2002 and 2006 in France[J]. J Food Prot, 73(5):

825-831.

Chattaway M A, Harris R, Jenkins C, et al. 2013. Investigating the link between the presence of enteroaggregative *Escherichia coli* and infectious intestinal disease in the United Kingdom, 1993 to 1996 and 2008 to 2009[J]. Euro Surveill, 18(37): 20582.

Chen F, Zhang W, Schwarz S, et al. 2019a. Genetic characterization of an MDR/virulence genomic element carrying two T6SS gene clusters in a clinical *Klebsiella pneumoniae* isolate of swine origin[J]. J Antimicrob Chemother, 74(6): 1539-1544.

Chen L, Tang Z Y, Cui S Y, et al. 2020. Biofilm production ability, virulence and antimicrobial resistance genes in *Staphylococcus aureus* from various veterinary hospitals[J]. Pathogens (Basel, Switzerland), 9(4): 264.

Chen Q, Gong X, Zheng F, et al. 2019b. Prevalence and characteristics of quinolone resistance in *Salmonella* isolated from retail foods in Lanzhou, China[J]. J Food Prot, 82(9): 1591-1597.

Chen X, Naren G W, Wu C M, et al. 2010. Prevalence and antimicrobial resistance of *Campylobacter* isolates in broilers from China[J]. Vet Microbiol, 144(1-2): 133-139.

Chen Y, Liu Z, Zhang Y, et al. 2019c. Increasing prevalence of ESBL-producing multidrug resistance *Escherichia coli* from diseased pets in Beijing, China from 2012 to 2017[J]. Front Microbiol, 10: 2852.

Chen Z, Bai J, Wang S, et al. 2020. Prevalence, antimicrobial resistance, virulence genes and genetic diversity of *Salmonella* isolated from retail duck meat in Southern China[J]. Microorganisms, 8(3): 144.

Chen Z, Yu D, He S, et al. 2017. Prevalence of antibiotic-resistant *Escherichia coli* in drinking water sources in Hangzhou City[J]. Front Microbiol, 8: 1133.

Cheney T E A, Smith R P, Hutchinson J P, et al. 2015. Cross-sectional survey of antibiotic resistance in *Escherichia coli* isolated from diseased farm livestock in England and Wales[J]. Epidemiol Infect, 143(12): 2653-2659.

Cheng H, Jiang H, Fang J, et al. 2019. Antibiotic resistance and characteristics of integrons in *Escherichia coli* isolated from *Penaeus vannamei* at a freshwater shrimp farm in Zhejiang Province, China[J]. J Food Prot, 82(3): 470-478.

Cheng J, Qu W, Barkema H W, et al. 2019. Antimicrobial resistance profiles of 5 common bovine mastitis pathogens in large Chinese dairy herds[J]. J Dairy Sci, 102(3): 2416-2426.

Cho S, Hiott L M, Barrett J B, et al. 2018. Prevalence and characterization of *Escherichia coli* isolated from the Upper Oconee Watershed in Northeast Georgia[J]. PLoS One, 13(5): e0197005.

Choi J, Moon D C, Mechesso A F, et al. 2021. Antimicrobial resistance profiles and macrolide resistance mechanisms of *Campylobacter coli* isolated from pigs and chickens[J]. Microorganisms, 9(5): 1077.

Chong Y Z, An C C, Ming S W, et al. 2009. Antibiotic susceptibility of *Riemerella anatipestifer* field isolates[J]. Avian Dis, 53(4): 601-607.

Chow J, Gall A R, Johnson A K, et al. 2021. Characterization of *Listeria monocytogenes* isolates from lactating dairy cows in a Wisconsin farm: Antibiotic resistance, mammalian cell infection, and effects on the fecal microbiota[J]. J Dairy Sci, 104(4): 4561-4574.

Chu Y W, Cheung T K, Chu M Y, et al. 2009. Resistance to tetracycline, erythromycin and clindamycin in *Streptococcus suis* serotype 2 in Hong Kong[J]. Int J Antimicrob Agents, 34(2): 181-182.

Chuang Y Y, Huang Y C. 2015. Livestock-associated meticillin-resistant *Staphylococcus aureus* in Asia: an emerging issue[J]. Int J Antimicrob Agents, 45(4): 334-340.

CIPARS (Canadian Integrated Program for Antimicrobial Resistance Surveillance). 2018. Canadian Integrated Program for Antimicrobial Resistance Surveillance (CIPARS)–2016 Annual Report[R]. https://publications. gc.ca/collections/collection_2018/aspc-phac/HP2-4-2016-eng.pdf.[2021-12-16]

CIPARS (Canadian Integrated Program for Antimicrobial Resistance Surveillance). 2011. Canadian Integrated Program for Antimicrobial Resistance Surveillance (CIPARS) 2008[R]. https://publications.gc.ca/collections/ collection_2012/aspc-phac/HP2-4-2008-eng.pdf.[2021-12-16]

Coelho C, Torres C, Radhouani H, et al. 2011. Molecular detection and characterization of methicillin-resistant *Staphylococcus aureus* (MRSA) isolates from dogs in Portugal[J]. Microb Drug Resist, 17(2): 333-337.

Colombini S, Merchant S R, Hosgood G. 2010. Microbial flora and antimicrobial susceptibility patterns from dogs with otitis media[J]. Vet Dermatol, 11(4): 235-239.

Conter M, Paludi D, Zanardi E, et al. 2009. Characterization of antimicrobial resistance of foodborne *Listeria monocytogenes*[J]. Int J Food Microbiol, 128(3): 497-500.

Cortimiglia C, Luini M, Bianchini V, et al. 2016. Prevalence of *Staphylococcus aureus* and of methicillin-resistant *S. aureus* clonal complexes in bulk tank milk from dairy cattle herds in Lombardy Region (Northern Italy) [J]. Epidemiol Infect, 144(14): 3046-3051.

Costa D, Poeta P, Briñas L, et al. 2004. Detection of CTX-M-1 and TEM-52 β-lactamases in *Escherichia coli* strains from healthy pets in Portugal[J]. J Antimicrob Chemother, 54(5): 960-961.

Couto N, Monchique C, Belas A, et al. 2016. Trends and molecular mechanisms of antimicrobial resistance in clinical *Staphylococci* isolated from companion animals over a 16 year period[J]. J Antimicrob Chemother, 71(6): 1479-1487.

Crespi E, Pereyra A M, Puigdevall T, et al. 2022. Antimicrobial resistance studies in *Staphylococci* and *Streptococci* isolated from cows with mastitis in Argentina[J]. J Vet Sci, 23(6): e12.

Cuevas I, Carbonero A, Cano D, et al. 2020. Antimicrobial resistance of *Pasteurella multocida* type B isolates associated with acute septicemia in pigs and cattle in Spain[J]. BMC Vet Res, 16(1): 222.

Cui L, Lei L, Lv Y, et al. 2018. *bla*$_{NDM-1}$-producing multidrug-resistant *Escherichia coli* isolated from a companion dog in China[J]. J Glob Antimicrob Resist, 13: 24-27.

Cui L, Wang Y, Lv Y, et al. 2016. Nationwide surveillance of novel oxazolidinone resistance gene *optrA* in *Enterococcus* isolates in China from 2004 to 2014[J]. Antimicrob Agents Chemother, 60(12): 7490-7493.

Cui S, Li J, Hu C, et al. 2009a. Isolation and characterization of methicillin-resistant *Staphylococcus aureus* from swine and workers in China[J]. J Antimicrob Chemother, 64(4): 680-683.

Cui S, Li J, Sun Z, et al. 2009b. Characterization of *Salmonella enterica* isolates from infants and toddlers in Wuhan, China[J]. J Antimicrob Chemother, 63(1): 87-94.

Cummings K J, Aprea V A, Altier C. 2015. Antimicrobial resistance trends among canine *Escherichia coli* isolates obtained from clinical samples in the northeastern USA, 2004-2011[J]. Can Vet J, 56(4): 393-398.

Curcio L, Luppi A, Bonilauri P, et al. 2017. Detection of the colistin resistance gene mcr-1 in pathogenic *Escherichia coli* from pigs affected by post-weaning diarrhoea in Italy[J]. J Glob Antimicrob Resist, 10: 80-83.

Da R L, Gunathilaka G U, Zhang Y. 2012. Antimicrobial-resistant *Listeria* species from retail meat in metro Detroit[J]. J Food Prot, 75(12): 2136-2141.

Damborg P, Sørensen A H, Guardabassi L. 2008. Monitoring of antimicrobial resistance in healthy dogs: first report of canine ampicillin-resistant *Enterococcus faecium* clonal complex 17[J]. Vet Microbiol, 132(1-2): 190-196.

Damborg P, Top J, Hendrickx A P, et al. 2009. Dogs are a reservoir of ampicillin-resistant *Enterococcus faecium* lineages associated with human infections[J]. Appl Environ Microbiol, 75(8): 2360-2365.

Dan M, Yehui W, Qingling M, et al. 2019. Antimicrobial resistance, virulence gene profile and molecular typing of *Staphylococcus aureus* isolates from dairy cows in Xinjiang Province, northwest China[J]. J Glob Antimicrob Resist, 16: 98-104.

Daniels N A, Shafaie A. 2000. A review of pathogenic *Vibrio* infections for clinicians[J]. Infect Med, 17(10): 665-685.

D'Aoust J Y, Sewell A M, Daley E, et al. 1992. Antibiotic resistance of agricultural and foodborne *Salmonella* isolates in Canada: 1986-1989[J]. J Food Prot, 55(6): 428-434.

Darwich L, Seminati C, Burballa A, et al. 2021. Antimicrobial susceptibility of bacterial isolates from urinary tract infections in companion animals in Spain[J]. Vet Rec, 188(9): e60.

Davis G S, Waits K, Nordstrom L, et al. 2015. Intermingled *Klebsiella pneumoniae* populations between retail meats and human urinary tract infections[J]. Clin Infect Dis, 61(6): 892-899.

Davis H A, Stanton M B, Thungrat K, et al. 2013. Uterine bacterial isolates from mares and their resistance to antimicrobials: 8,296 cases (2003-2008)[J]. J Am Vet Med Assoc, 242(7): 977-983.

Davis J A, Jackson C R, Fedorka-Cray P J, et al. 2014. Carriage of methicillin-resistant *staphylococci* by healthy companion animals in the US[J]. Lett Appl Microbiol, 59(1): 1-8.

Dayao D A E, Kienzle M, Gibson J S, et al. 2014. Use of a proposed antimicrobial susceptibility testing method for *Haemophilus parasuis*[J]. Vet Microbiol, 172(3-4): 586-589.

Dayao D, Gibson J S, Blackall P J, et al. 2016. Antimicrobial resistance genes in *Actinobacillus pleuropneumoniae*, *Haemophilus parasuis* and *Pasteurella multocida* isolated from Australian pigs[J]. Aust Vet J, 94(7): 227-231.

Dazio V, Nigg A, Schmidt J S, et al. 2021. Acquisition and carriage of multidrug-resistant organisms in dogs and cats presented to small animal practices and clinics in Switzerland[J]. J Vet Intern Med, 35(2): 970-979.

de Garnica M L, Rosales R S, Gonzalo C, et al. 2013. Isolation, molecular characterization and antimicrobial susceptibilities of isolates of *Mycoplasma agalactiae* from bulk tank milk in an endemic area of Spain[J]. J Appl Microbiol, 114(6): 1575-1581.

de Jong A, Garch F E, Simjee S, et al. 2018a. Monitoring of antimicrobial susceptibility of udder pathogens recovered from cases of clinical mastitis in dairy cows across Europe: VetPath results[J]. Vet Microbiol, 213: 73-81.

de Jong A, Muggeo A, El Garch F, et al. 2018b. Characterization of quinolone resistance mechanisms in *Enterobacteriaceae* isolated from companion animals in Europe (ComPath II study)[J]. Vet Microbiol, 216: 159-167.

de Jong A, Simjee S, Rose M, et al. 2019. Antimicrobial resistance monitoring in commensal enterococci from healthy cattle, pigs and chickens across Europe during 2004-14 (EASSA Study)[J]. J Antimicrob Chemother, 74(4): 921-930.

de Jong A, Thomas V, Simjee S, et al. 2014. Antimicrobial susceptibility monitoring of respiratory tract pathogens isolated from diseased cattle and pigs across Europe: the VetPath study[J]. Vet Microbiol, 172(1-2): 202-215.

de Jong A, Youala M, Klein U, et al. 2020. Antimicrobial susceptibility monitoring of *Mycoplasma hyopneumoniae* isolated from seven European countries during 2015-2016[J]. Vet Microbiol, 253: 108973.

de Jong A, Youala M, Klein U, et al. 2021. Minimal inhibitory concentration of seven antimicrobials to *Mycoplasma gallisepticum* and *Mycoplasma synoviae* isolates from six European countries[J]. Avian Pathol, 50(2): 161-173.

de Lagarde M, Fairbrother J M, Archambault M, et al. 2022. Impact of a regulation restricting critical antimicrobial usage on prevalence of antimicrobial resistance in *Escherichia coli* isolates from fecal and manure pit samples on dairy farms in Québec, Canada[J]. Front Vet Sci, 9: 838498.

de Melo L M, Almeida D, Hofer E, et al. 2011. Antibiotic resistance of *Vibrio parahaemolyticus* isolated from pond-reared *Litopenaeus vannamei* marketed in natal, brazil[J]. Braz J Microbiol, 42(4): 1463-1469.

de Menezes M P, Facin A C, Cardozo M V, et al. 2021. Evaluation of the resistance profile of bacteria obtained from infected sites of dogs in a veterinary teaching hospital in Brazil: a retrospective study[J]. Top Companion Anim Med, 42: 100489.

de Niederhäusern S, Sabia C, Messi P, et al. 2007. VanA-type vancomycin-resistant *enterococci* in equine and swine rectal swabs and in human clinical samples[J]. Curr Microbiol, 55(3): 240-246.

de Verdier K, Nyman A, Greko C, et al. 2012. Antimicrobial resistance and virulence factors in *Escherichia coli* from Swedish dairy calves[J]. Acta Vet Scand, 54(1): 2.

de Vries S P W, Vurayai M, Holmes M, et al. 2018. Phylogenetic analyses and antimicrobial resistance profiles of *Campylobacter* spp. from diarrhoeal patients and chickens in Botswana[J]. PLoS One, 13(3): e0194481.

Dejene H, Abunna F, Tuffa A C, et al. 2022. Epidemiology and antimicrobial susceptibility pattern of *E. coli* O157: H7 along dairy milk supply chain in central Ethiopia[J]. Vet Med (Auckl), 13: 131-142.

Deng F, Wang H, Liao Y, et al. 2017. Detection and genetic environment of pleuromutilin-lincosamide-streptogramin a resistance genes in *Staphylococci* isolated from pets[J]. Front Microbiol, 8: 234.

Deng Y, He L, Chen S, et al. 2011. F33: A-: B- and F2: A-: B- plasmids mediate dissemination of rmtB-blaCTX-M-9 group genes and rmtB-qepA in *Enterobacteriaceae* isolates from pets in China[J]. Antimicrob

Agents Chemother, 55(10): 4926-4929.

Derongs L, Druilhe C, Ziebal C, et al. 2020. Characterization of *Clostridium perfringens* isolates collected from three agricultural biogas plants over a one-year period[J]. Int J Environ Res Public Health, 17: 545015.

Deshpande L M, Fritsche T R, Moet G J, et al. 2007. Antimicrobial resistance and molecular epidemiology of vancomycin-resistant *Enterococci* from North America and Europe: a report from the SENTRY antimicrobial surveillance program[J]. Diagn Microbiol Infect Dis, 58(2): 163-170.

Devi M, Dutta J B, Rajkhowa S, et al. 2017. Prevalence of multiple drug resistant *Streptococcus suis* in and around Guwahati, India[J]. Vet World, 10(5): 556-561.

Devriese L A, Vancanneyt M, Baele M, et al. 2005. *Staphylococcus pseudintermedius* sp. nov., a coagulase-positive species from animals[J]. Int J Syst Evol Microbiol, 55(4): 1569-1573.

Dewey-Mattia D, Manikonda K, Hall A J, et al. 2018. Surveillance for foodborne disease outbreaks-United States, 2009-2015[J]. MMWR Surveill Summ, 67(10): 1-11.

Dewi R R, Hassan L, Daud H M, et al. 2022. Prevalence and antimicrobial resistance of *Escherichia coli*, *Salmonella* and *Vibrio* derived from farm-raised red hybrid tilapia (*Oreochromis* spp.) and Asian sea bass (*Lates calcarifer*, Bloch 1970) on the west coast of Peninsular Malaysia[J]. Antibiotics (Basel), 11(2): 136.

Dhanji H, Murphy N M, Akhigbe C, et al. 2011. Isolation of fluoroquinolone-resistant O25b: H4-ST131 *Escherichia coli* with CTX-M-14 extended-spectrum β-lactamase from UK river water[J]. J Antimicrob Chemother, 66(3): 512-516.

Diab M, Hamze M, Bonnet R, et al. 2017. OXA-48 and CTX-M-15 extended-spectrum beta-lactamases in raw milk in Lebanon: epidemic spread of dominant *Klebsiella pneumoniae* clones[J]. J Med Microbiol, 66(11): 1688-1691.

Dias T S, Nascimento R J, Machado L S, et al. 2021. Comparison of antimicrobial resistance in thermophilic *Campylobacter* strains isolated from conventional production and backyard poultry flocks[J]. Br Poult Sci, 62(2): 188-192.

Dierikx C M, van Duijkeren E, Schoormans A H W. 2012. Occurrence and characteristics of extended-spectrum-β-lactamase- and AmpC-producing clinical isolates derived from companion animals and horses[J]. J Antimicrob Chemother, 67(6): 1368-1374.

Disassa N, Sibhat B, Mengistu S, et al. 2017. Prevalence and antimicrobial susceptibility pattern of *E. coli* O157:H7 isolated from traditionally marketed raw cow milk in and around Asosa town, Western Ethiopia[J]. Vet Med Int, 2017: 7581531.

Divsalar G, Kaboosi H, Khoshbakht R, et al. 2019. Antimicrobial resistances, and molecular typing of *Campylobacter jejuni* isolates, separated from food-producing animals and diarrhea patients in Iran[J]. Comp Immunol Microbiol Infect Dis, 65: 194-200.

Done S H. 1974. *Pseudomonas aeruginosa* infection in the skin of a dog: a case report[J]. Br Vet J, 130(4): lxviii-lxix.

Dorea F C, Cole D J, Hofacre C, et al. 2010. Effect of Salmonella vaccination of breeder chickens on contamination of broiler chicken carcasses in integrated poultry operations[J]. Appl Environ Microbiol, 76(23): 7820-7825.

Du Y, Wang C, Ye Y, et al. 2018. Molecular identification of multidrug-resistant *Campylobacter* species from diarrheal patients and poultry meat in Shanghai, China[J]. Front Microbiol, 9: 1642.

Durham A E, Hall Y S, Kulp L, et al. 2018. A study of the environmental survival of *Streptococcus equi* subspecies equi[J]. Equine Vet J, 50(6): 861-864.

Ed-Dra A, Filali F R, Karraouan B, et al. 2017. Prevalence, molecular and antimicrobial resistance of *Salmonella* isolated from sausages in Meknes, Morocco[J]. Microb Pathog, 105: 340-345.

Efimochkina N R, Korotkevich Y V, Stetsenko V V, et al. 2017. Antibiotic resistance of *Campylobacter jejuni* strains isolated from food products[J]. Vopr Pitan, 86(1): 17-27.

EFSA (European Food Safety Authority). 2009. Analysis of the baseline survey on the prevalence of methicillin-resistant Staphylococcus aureus (MRSA) in holdings with breeding pigs, in the EU, 2008. Part A: MRSA prevalence estimates; on request from the European Commission. [J]. EFSA J, 7(11): 1376.

EFSA (European Food Safety Authority). 2010a.The Community Summary Report on antimicrobial resistance in zoonotic and indicator bacteria from animals and food in the European Union in 2004–2007[J]. EFSA J, 8(4): 1309.

EFSA (European Food Safety Authority). 2010b.The Community Summary Report on antimicrobial resistance in zoonotic and indicator bacteria from animals and food in the European Union in 2008[J]. EFSA J, 8(7): 1685.

EFSA (European Food Safety Authority). 2010c. Analysis of the baseline survey on the prevalence of methicillin-resistant Staphylococcus aureus (MRSA) in holdings with breeding pigs, in the EU, 2008, Part B: factors associated with MRSA contamination of holdings; on request from the European Commission[J]. EFSA J, 8(6): 1597.

EFSA (European Food Safety Authority), ECDC (European Centre for Disease Prevention and Control). 2011. The European Union Summary Report on antimicrobial resistance in zoonotic and indicator bacteria from humans, animals and food in the European Union in 2009[J]. EFSA J, 9(7): 2154.

EFSA (European Food Safety Authority), ECDC (European Centre for Disease Prevention and Control). 2012. The European Union Summary Report on antimicrobial resistance in zoonotic and indicator bacteria from humans, animals and food in 2010[J]. EFSA J, 10(3): 2598.

EFSA (European Food Safety Authority), ECDC (European Centre for Disease Prevention and Control). 2013. The European Union Summary Report on antimicrobial resistance in zoonotic and indicator bacteria from humans, animals and food in 2011[J]. EFSA J, 11(5): 3196.

EFSA (European Food Safety Authority), ECDC (European Centre for Disease Prevention and Control). 2014. The European Union Summary Report on Trends and Sources of Zoonoses, Zoonotic Agents and Food-borne Outbreaks in 2012[J]. EFSA J, 12(2): 3547.

EFSA (European Food Safety Authority), ECDC (European Centre for Disease Prevention and Control). 2015. EU Summary Report on antimicrobial resistance in zoonotic and indicator bacteria from humans, animals and food in 2013[J]. EFSA J, 13(2): 4036.

EFSA (European Food Safety Authority), ECDC (European Centre for Disease Prevention and Control). 2016. The European Union summary report on antimicrobial resistance in zoonotic and indicator bacteria from humans, animals and food in 2014[J]. EFSA J, 14(2): 4380.

EFSA (European Food Safety Authority), ECDC (European Centre for Disease Prevention and Control). 2017. The European Union summary report on antimicrobial resistance in zoonotic and indicator bacteria from humans, animals and food in 2015[J]. EFSA J, 15(2): 4694.

EFSA (European Food Safety Authority), ECDC (European Centre for Disease Prevention and Control). 2018. The European Union summary report on antimicrobial resistance in zoonotic and indicator bacteria from humans, animals and food in 2016[J]. EFSA J, 16(2): 5182.

EFSA (European Food Safety Authority), ECDC (European Centre for Disease Prevention and Control). 2019. The European Union summary report on antimicrobial resistance in zoonotic and indicator bacteria from humans, animals and food in 2017[J]. EFSA J, 17(2): 5598.

EFSA (European Food Safety Authority), ECDC (European Centre for Disease Prevention and Control). 2020. The European Union Summary Report on Antimicrobial Resistance in zoonotic and indicator bacteria from humans, animals and food in 2017/2018[J]. EFSA J, 18(3): 6007.

EFSA (European Food Safety Authority), ECDC (European Centre for Disease Prevention and Control). 2021. The European Union Summary Report on Antimicrobial Resistance in zoonotic and indicator bacteria from humans, animals and food in 2018/2019[J]. EFSA J, 19(4): 6490.

EFSA (European Food Safety Authority), ECDC (European Centre for Disease Prevention and Control). 2022. The European Union Summary Report on Antimicrobial Resistance in zoonotic and indicator bacteria from humans, animals and food in 2019–2020[J]. EFSA J, 20 (3): 7209.

Eibach D, Dekker D, Gyau B K, et al. 2018. Extended-spectrum beta-lactamase-producing Escherichia coli and Klebsiella pneumoniae in local and imported poultry meat in Ghana[J]. Vet Microbiol, 217: 7-12.

Ejo M, Garedew L, Alebachew Z, et al. 2016. Prevalence and antimicrobial resistance of Salmonella isolated from animal-origin food items in Gondar, Ethiopia[J]. Biomed Res Int, 2016: 4290506.

El Allaoui A, Rhazi Filali F, Ameur N, et al. 2017. Contamination of broiler turkey farms by *Salmonella* spp. in Morocco: prevalence, antimicrobial resistance and associated risk factors[J]. Rev Sci Tech, 36(3): 935-946.

El Garch F, de Jong A, Simjee S, et al. 2016. Monitoring of antimicrobial susceptibility of respiratory tract pathogens isolated from diseased cattle and pigs across Europe, 2009-2012: VetPath results[J]. Vet Microbiol, 194: 11-22.

El Garch F, Youala M, Simjee S, et al. 2020. Antimicrobial susceptibility of nine udder pathogens recovered from bovine clinical mastitis milk in Europe 2015-2016: VetPath results[J]. Vet Microbiol, 245: 108644.

Elias L, Balasubramanyam A S, Ayshpur O Y, et al. 2020. Antimicrobial susceptibility of *Staphylococcus aureus*, *Streptococcus agalactiae*, and *Escherichia coli* isolated from mastitic dairy cattle in Ukraine[J]. Antibiotics (Basel), 9(8): 469.

Elmahdi S, Dasilva L V, Parveen S. 2016. Antibiotic resistance of *Vibrio parahaemolyticus* and *Vibrio vulnificus* in various countries: A review[J]. Food Microbiol, 57: 128-134.

Elnageh H R, Hiblu M A, Abbassi M S, et al. 2021. Prevalence and antimicrobial resistance of *Staphylococcus* species isolated from cats and dogs[J]. Open Vet J, 10(4): 452-456.

Elsayed M M, Elkenany R M, Zakaria A I, et al. 2022. Epidemiological study on *Listeria* monocytogenes in Egyptian dairy cattle farms' insights into genetic diversity of multi-antibiotic-resistant strains by ERIC-PCR[J]. Environ Sci Pollut Res Int, 29(36): 54359-54377.

Emam M, Hashem Y M, El-Hariri M, et al. 2020. Detection and antibiotic resistance of *Mycoplasma gallisepticum* and *Mycoplasma synoviae* among chicken flocks in Egypt[J]. Vet World, 13(7): 1410-1416.

Endtz H P, Ruijs G J, van Klingeren B, et al. 1991. Quinolone resistance in *Campylobacter* isolated from man and poultry following the introduction of fluoroquinolones in veterinary medicine[J]. J Antimicrob Chemother, 27(2): 199-208.

Eom H S, Back S H, Lee H H, et al. 2019. Prevalence and characteristics of livestock-associated methicillin-susceptible *Staphylococcus aureus* in the pork production chain in Korea[J]. J Vet Sci, 20(6): e69.

Epstein C R, Yam W C, Peiris J S M, et al. 2009. Methicillin-resistant commensal *Staphylococci* in healthy dogs as a potential zoonotic reservoir for community-acquired antibiotic resistance[J]. Infect, Genet Evol, 9(2): 283-285.

Ercumen A, Pickering A J, Kwong L H, et al. 2017. Animal feces contribute to domestic fecal contamination: Evidence from *E. coli* measured in water, hands, food, flies, and soil in Bangladesh[J]. Environ Sci Technol, 51(15): 8725-8734.

Erskine R J, Walker R D, Bolin C A, et al. 2002. Trends in antibacterial susceptibility of mastitis pathogens during a seven-year period[J]. J Dairy Sci, 85(5): 1111-1118.

Es-Soucratti K, Hammoumi A, Bouchrif B, et al. 2020. Occurrence and antimicrobial resistance of *Campylobacter jejuni* isolates from poultry in Casablanca-Settat, Morocco[J]. Ital J Food Saf, 9(1): 8692.

Fall C, Seck A, Richard V, et al. 2012. Epidemiology of Staphylococcus aureus in pigs and farmers in the largest farm in Dakar, Senegal[J]. Foodborne Pathog Dis, 9(10): 962-965.

Fall-Niang N K, Sambe-Ba B, Seck A, et al. 2019. Antimicrobial resistance profile of *Salmonella* isolates in chicken carcasses in Dakar, Senegal[J]. Foodborne Pathog Dis, 16(2): 130-136.

Fan Y C, Wang C L, Wang C, et al. 2016. Incidence and antimicrobial susceptibility to *Clostridium perfringens* in premarket broilers in Taiwan[J]. Avian Dis, 60(2): 444-449.

Fang H W, Chiang P H, Huang Y C. 2014. Livestock-associated methicillin-resistant *Staphylococcus aureus* ST9 in pigs and related personnel in Taiwan[J]. PLoS One, 9(2): e88826.

Farrell R K, Leader R W, Gorham J R. 1958. An outbreak of hemorrhagic pneumonia in mink; a case report[J]. Cornell Vet, 48(4): 378-384.

Fayemi O E, Akanni G B, Elegbeleye J A, et al. 2021. Prevalence, characterization and antibiotic resistance of Shiga toxigenic *Escherichia coli* serogroups isolated from fresh beef and locally processed ready-to-eat meat products in Lagos, Nigeria[J]. Int J Food Microbiol, 347: 109191.

Fayez M, Elsohaby I, Al-Marri T, et al. 2020. Genotyping and antimicrobial susceptibility of *Clostridium perfringens* isolated from dromedary camels, pastures and herders[J]. Comp Immunol Microbiol Infect

Dis, 70: 101460.

FDA (Food and Drug Administration). 2022. NARMS Now: Integrated Data. Rockville, MD: U.S. Department of Health and Human Services[OL]. https://www.fda.gov/animal-veterinary/national-antimicrobial-resistance-monitoring-system/narms-now-integrated-data. [2022-04-15]

Felde O, Kreizinger Z, Sulyok K, et al. 2018. Antibiotic susceptibility testing of *Mycoplasma hyopneumoniae* field isolates from Central Europe for fifteen antibiotics by microbroth dilution method[J]. PLoS One, 13(12): e0209030.

Feng Y, Tian W, Lin D, et al. 2012. Prevalence and characterization of methicillin-resistant *Staphylococcus pseudintermedius* in pets from South China[J]. Vet Microbiol, 160(3-4): 517-524.

Fenollar A, Doménech E, Ferrús M A, et al. 2019. Risk characterization of antibiotic resistance in bacteria isolated from backyard, organic, and regular commercial eggs[J]. J Food Prot, 82(3): 422-428.

Fernandes M R, Sellera F P, Moura Q, et al. 2018. Zooanthroponotic transmission of drug-resistant *Pseudomonas aeruginosa*, Brazil[J]. Emerg Infect Dis, 24(6): 1160-1162.

Filioussis G, Petridou E, Giadinis N, et al. 2014. In vitro susceptibilities of caprine *Mycoplasma agalactiae* field isolates to six antimicrobial agents using the E test methodology[J]. Vet J, 202(3): 654-656.

Fluit A C. 2012. Livestock-associated *Staphylococcus aureus*[J]. Clin Microbiol Infect, 18(8): 735-744.

Folic M M, Djordjevic Z, Folic N, et al. 2021. Epidemiology and risk factors for healthcare-associated infections caused by *Pseudomonas aeruginosa*[J]. J Chemother, 33(5): 294-301.

Fonseca J D, Mavrides D E, Morgan A L, et al. 2020. Antibiotic resistance in bacteria associated with equine respiratory disease in the United Kingdom[J]. Vet Rec, 187(5): 189.

Founou L L, Founou R C, Allam M, et al. 2018. Genome sequencing of extended-spectrum β-lactamase (ESBL)-producing *Klebsiella pneumoniae* isolated from pigs and abattoir workers in Cameroon[J]. Front Microbiol, 9: 188.

Frey Y, Rodriguez J P, Thomann A, et al. 2013. Genetic characterization of antimicrobial resistance in coagulase-negative *Staphylococci* from bovine mastitis milk[J]. J Dairy Sci, 96(4): 2247-2257.

FSIS (Food Safety and Inspection Service). 2014. National Antimicrobial Resistance Monitoring System Cecal Sampling Program, Salmonella Report. https: //www.fsis.usda.gov/node/1974.[2022-4-7]

Fukuda A, Usui M, Okubo T, et al. 2018. Co-harboring of cephalosporin (*bla*)/colistin (*mcr*) resistance genes among *Enterobacteriaceae* from flies in Thailand[J]. FEMS Microbiol Lett, 365(16): fny178.

Fulde M, Valentin-Weigand P. 2013. Epidemiology and pathogenicity of zoonotic streptococci[J]. Curr Top Microbiol Immunol, 368: 49-81.

Furian T Q, Borges K A, Laviniki V, et al. 2016. Virulence genes and antimicrobial resistance of *Pasteurella multocida* isolated from poultry and swine[J]. Braz J Microbiol, 47(1): 210-216.

Furukawa I, Ishihara T, Teranishi H, et al. 2017. Prevalence and characteristics of *Salmonella* and *Campylobacter* in retail poultry meat in Japan[J]. Jpn J Infect Dis, 70(3): 239-247.

Gad W, Hauck R, Krüger M, et al. 2012. In vitro determination of antibiotic sensitivities of *Clostridium perfringens* isolates from layer flocks in Germany[J]. Arch Geflugelkd, 76(4): 234-238.

Gad W, Hauck R, Krüger M. 2011. Determination of antibiotic sensitivities of *Clostridium perfringens* isolates from commercial Turkeys in Germany in vitro[J]. Arch Geflugelkd, 75(2): 80-83.

Galarce N, Sánchez F, Fuenzalida V, et al. 2020. Phenotypic and genotypic antimicrobial resistance in non-O157 Shiga toxin-producing *Escherichia coli* isolated from cattle and swine in Chile[J]. Front Vet Sci, 7: 367.

Gallati C, Stephan R, Hächler H, et al. 2013. Characterization of *Salmonella* enterica serovar 4,[5],12:i:-clones isolated from human and other sources in Switzerland between 2007 and 2011[J]. Foodborne Pathog Dis, 10(6): 549-554.

Gamboa-Coronado M M, Mau-Inchaustegui S, Rodriguez-Cavallini E. 2011. Molecular characterization and antimicrobial resistance of *Clostridium perfringens* isolates of different origins from Costa Rica[J]. Rev Biol Trop, 59(4): 1479-1485.

Gambushe S M, Zishiri O T, El Z M. 2022. Review of *Escherichia coli* O157:H7 prevalence, pathogenicity, heavy metal and antimicrobial resistance, African perspective[J]. Infect Drug Resist, 15: 4645-4673.

Garcia-Galan A, Nouvel L, Baranowski E, et al. 2020. *Mycoplasma bovis* in Spanish cattle herds: two groups of multiresistant isolates predominate, with one remaining susceptible to fluoroquinolones[J]. Pathogens, 9(7): 545.

García-Meniño I, García V, Alonso M P, et al. 2021. Clones of enterotoxigenic and Shiga toxin-producing *Escherichia coli* implicated in swine enteric colibacillosis in Spain and rates of antibiotic resistance[J]. Vet Microbiol, 252: 108924.

García-Meniño I, García V, Mora A, et al. 2018. Swine enteric colibacillosis in Spain: pathogenic potential of ST10 and ST131 *Eshcherichia coli* isolates[J]. Front Microbiol, 9: 2659.

Gautier-Bouchardon A V, Ferre S, Le Grand D, et al. 2014. Overall decrease in the susceptibility of *Mycoplasma bovis* to antimicrobials over the past 30 years in France[J]. PLoS One, 9(2): e87672.

Gazal L E S, Puño-Sarmiento J J, Medeiros L P, et al. 2015. Presence of pathogenicity islands and virulence genes of extraintestinal pathogenic *Escherichia coli* (ExPEC) in isolates from avian organic fertilizer[J]. Poult Sci, 94(12): 3025-3033.

Ge B, Wang F, Sjölund-Karlsson M, et al. 2013. Antimicrobial resistance in *Campylobacter*: susceptibility testing methods and resistance trends[J]. J Microbiol Methods, 95(1): 57-67.

Gelbíčová T, Baráková A, Florianová M, et al. 2019. Dissemination and comparison of genetic determinants of mcr-mediated colistin resistance in *Enterobacteriaceae* via retailed raw meat products[J]. Front Microbiol, 10: 2824.

Gerchman I, Levisohn S, Mikula I, et al. 2011. Characterization of in vivo-acquired resistance to macrolides of *Mycoplasma gallisepticum* strains isolated from poultry[J]. Vet Res, 42(1): 90.

German A J, Halladay L J, Noble P M. 2010. First-choice therapy for dogs presenting with diarrhoea in clinical practice[J]. Vet Rec, 167(21): 810-814.

Gharaibeh S, Al Rifai R, Al-Majali A. 2010. Molecular typing and antimicrobial susceptibility of *Clostridium perfringens* from broiler chickens[J]. Anaerobe, 16(6): 586-589.

Gharaibeh S, Al-Rashdan M. 2011. Change in antimicrobial susceptibility of *Mycoplasma gallisepticum* field isolates[J]. Vet Microbiol, 150(3-4): 379-383.

Gharbi M, Béjaoui A, Ben Hamda C, et al. 2022. *Campylobacter* spp. in eggs and laying hens in the north-east of Tunisia: high prevalence and multidrug-resistance phenotypes[J]. Vet Sci, 9(3): 108.

Gharibi D, Hajikolaei M, Ghorbanpour M, et al. 2017. Isolation, molecular characterization and antibiotic susceptibility pattern of *Pasteurella multocida* isolated from cattle and buffalo from Ahwaz, Iran[J]. Arch Razi Inst, 72(2): 93-100.

Gharsa H, Ben S K, Lozano C, et al. 2012. Prevalence, antibiotic resistance, virulence traits and genetic lineages of *Staphylococcus aureus* in healthy sheep in Tunisia[J]. Vet Microbiol, 156(3-4): 367-373.

Ghidán A, Kaszanyitzky E J, Dobay O, et al. 2008. Distribution and genetic relatedness of vancomycin-resistant enterococci (VRE) isolated from healthy slaughtered chickens in Hungary from 2001 to 2004[J]. Acta Vet Hung, 56(1): 13-25.

Gholamiandehkordi A, Eeckhaut V, Lanckriet A, et al. 2009. Antimicrobial resistance in *Clostridium perfringens* isolates from broilers in Belgium[J]. Vet Res Commun, 33: 1031-1037.

Gibreel A, Tracz D M, Nonaka L, et al. 2004. Incidence of antibiotic resistance in *Campylobacter jejuni* isolated in Alberta, Canada, from 1999 to 2002, with special reference to tet(O)-mediated tetracycline resistance[J]. Antimicrob Agents Chemother, 48(9): 3442-3450.

Gobeli S, Berset C, Burgener A I, et al. 2012. Antimicrobial susceptibility of canine *Clostridium perfringens* strains from Switzerland[J]. Schweiz Arch Tierheilkd, 154(6): 247-250.

Golding G R, Bryden L, Levett P N, et al. 2010. Livestock-associated methicillin-resistant *Staphylococcus aureus* sequence type 398 in humans, Canada[J]. Emerg Infect Dis, 16(4): 587-594.

Gómez D, Azón E, Marco N, et al. 2014. Antimicrobial resistance of *Listeria monocytogenes* and *Listeria innocua* from meat products and meat-processing environment[J]. Food Microbiol, 42: 61-65.

Gonalves W, Bezerra A, Silva I, et al. 2016. Isolation and antimicrobial resistance of *Escherichia coli* and *Salmonella enterica* subsp. *enterica* (O:6, 8) in broiler chickens[J]. Acta Sci Vet, 44(1): 1364.

Gong J, Kelly P, Wang C. 2017. Prevalence and antimicrobial resistance of *Salmonella enterica* serovar Indiana in China (1984-2016)[J]. Zoonoses Public Health, 64(4): 239-251.

Gonzaga N, de Souza L, Santos M, et al. 2020. Antimicrobial susceptibility and genetic profile of *Mycoplasma hyopneumoniae* isolates from Brazil[J]. Braz J Microbiol, 51(1): 377-384.

Granier S A, Moubareck C, Colaneri C, et al. 2011. Antimicrobial resistance of *Listeria monocytogenes* isolates from food and the environment in France over a 10-year period[J]. Appl Environ Microbiol, 77(8): 2788-2790.

Groves M D, Crouch B, Coombs G W, et al. 2016. Molecular epidemiology of methicillin-resistant *Staphylococcus aureus* isolated from Australian veterinarians[J]. PLoS One, 11(1): e0146034.

Groves M D, O'Sullivan M V, Brouwers H J, et al. 2014. *Staphylococcus aureus* ST398 detected in pigs in Australia[J]. J Antimicrob Chemother, 69(5): 1426-1428.

Guardabassi L, O'Donoghue M, Moodley A, et al. 2009. Novel lineage of methicillin-resistant *Staphylococcus aureus*, Hong Kong[J]. Emerg Infect Dis, 15(12): 1998-2000.

Guerin-Faublee V, Tardy F, Bouveron C, et al. 2002. Antimicrobial susceptibility of *Streptococcus* species isolated from clinical mastitis in dairy cows[J]. Int J Antimicrob Agents, 19(3): 219-226.

Guerra S T, Orsi H, Joaquim S F, et al. 2020. Short communication: Investigation of extra-intestinal pathogenic *Escherichia coli* virulence genes, bacterial motility, and multidrug resistance pattern of strains isolated from dairy cows with different severity scores of clinical mastitis[J]. J Dairy Sci, 103(4): 3606-3614.

Gugsa G, Weldeselassie M, Tsegaye Y, et al. 2022. Isolation, characterization, and antimicrobial susceptibility pattern of *Escherichia coli* O157: H7 from foods of bovine origin in Mekelle, Tigray, Ethiopia[J]. Front Vet Sci, 9: 924736.

Güler L, Gündüz K, Sari Ah N A S. 2013. Capsular typing and antimicrobial susceptibility of *Pasteurella multocida* isolated from different hosts[J]. Kafkas Univ Vet Fak, 19(5): 843-849.

Gundogan N, Citak S, Yalcin E. 2011. Virulence properties of extended spectrum β-lactamase-producing *Klebsiella* species in meat samples[J]. J Food Prot, 74(4): 559-564.

Gupta A, Nelson J M, Barrett T J, et al. 2004. Antimicrobial resistance among *Campylobacter* strains, United States, 1997-2001[J]. Emerg Infect Dis, 10(6): 1102-1109.

Gupta K K, Devi D. 2020. Characteristics investigation on biofilm formation and biodegradation activities of *Pseudomonas aeruginosa* strain ISJ14 colonizing low density polyethylene (LDPE) surface[J]. Heliyon, 6(7): e04398.

Gurung M, Tamang M D, Moon D C, et al. 2015. Molecular basis of resistance to selected antimicrobial agents in the emerging zoonotic pathogen *Streptococcus suis*[J]. J Clin Microbiol, 53(7): 2332-2336.

Guzman-Rodriguez J J, Leon-Galvan M F, Barboza-Corona J E, et al. 2020. Analysis of virulence traits of *Staphylococcus aureus* isolated from bovine mastitis in semi-intensive and family dairy farms[J]. J Vet Sci, 21(5): e77.

Gyuris É, Wehmann E, Czeibert K, et al. 2017. Antimicrobial susceptibility of *Riemerella anatipestifer* strains isolated from geese and ducks in Hungary[J]. Acta Veterinaria Hungarica, 65(2): 153-165.

Haenni M, Bour M, Chatre P, et al. 2017. Resistance of animal strains of *Pseudomonas aeruginosa* to carbapenems[J]. Front Microbiol, 8: 1847.

Haenni M, Hocquet D, Ponsin C, et al. 2015. Population structure and antimicrobial susceptibility of *Pseudomonas aeruginosa* from animal infections in France[J]. BMC Vet Res, 11: 9.

Haenni M, Lupo A, Madec J Y. 2018. Antimicrobial resistance in *Streptococcus* spp[J]. Microbiol Spectr, 6(2).

Haenni M, Saras E, Châtre P, et al. 2009. vanA in *Enterococcus faecium*, *Enterococcus faecalis*, and *Enterococcus casseliflavus* detected in French cattle[J]. Foodborne Pathog Dis, 6(9): 1107-1111.

Haile A F, Alonso S, Berhe N, et al. 2022. Prevalence, antibiogram, and multidrug-resistant profile of *E. coli* O157: H7 in retail raw beef in Addis Ababa, Ethiopia[J]. Front Vet Sci, 9: 734896.

Hailu W, Helmy Y A, Carney-Knisely G, et al. 2021. Prevalence and antimicrobial resistance profiles of foodborne pathogens isolated from dairy cattle and poultry manure amended farms in northeastern Ohio, the United States[J]. Antibiotics (Basel), 10(12): 1450.

Hamid S, Bhat M A, Mir I A, et al. 2017. Phenotypic and genotypic characterization of methicillin-resistant *Staphylococcus aureus* from bovine mastitis[J]. Vet World, 10(3): 363-367.

Hammad A M, Watanabe W, Fujii T, et al. 2012. Occurrence and characteristics of methicillin-resistant and - susceptible *Staphylococcus aureus* and methicillin-resistant coagulase-negative *staphylococci* from Japanese retail ready-to-eat raw fish[J]. Int J Food Microbiol, 156(3): 286-289.

Hammoudi A. 2008. Antibioresistance of *Escherichia coli* strains isolated from chicken colibacillosis in western Algeria[J]. Turk J Vet Anim Sci, 32(2): 123-126.

Hamza E, Dorgham S M, Hamza D A. 2016. Carbapenemase-producing *Klebsiella pneumoniae* in broiler poultry farming in Egypt[J]. J Glob Antimicrob Resist, 7: 8-10.

Han G, Zhang B, Luo Z, et al. 2022. Molecular typing and prevalence of antibiotic resistance and virulence genes in *Streptococcus agalactiae* isolated from Chinese dairy cows with clinical mastitis[J]. PLoS One, 17(5): e0268262.

Han H, Pires S M, Ellis-Iversen J, et al. 2021. Prevalence of antimicrobial resistant of *Vibrio parahaemolyticus* isolated from diarrheal patients-six PLADs, China, 2016-2020[J]. China CDC Wkly, 3(29): 615-619.

Hanes R M, Huang Z. 2022. Investigation of antimicrobial resistance genes in *Listeria monocytogenes* from 2010 through to 2021[J]. Int J Environ Res Public Health, 19(9): 5506.

Hanson R, Kaneene J B, Padungtod P, et al. 2002. Prevalence of *Salmonella* and *E. coli,* and their resistance to antimicrobial agents, in farming communities in northern Thailand[J]. Southeast Asian J Trop Med Public Health, 33 Suppl 3: 120-126.

Hansson I, Tamminen L M, Frosth S, et al. 2020. Occurrence of *Campylobacter* spp. in Swedish calves, common sequence types and antibiotic resistance patterns[J]. J Appl Microbiol, 130(6): 2111-2122.

Harada K, Asai T, Kojima A, et al. 2005. Antimicrobial susceptibility of pathogenic *Escherichia coli* isolated from sick cattle and pigs in Japan[J]. J Vet Med Sci. 67(10): 999-1003.

Harada K, Asai T. 2010. Role of antimicrobial selective pressure and secondary factors on antimicrobial resistance prevalence in *Escherichia coli* from food-producing animals in Japan[J]. J Biomed Biotechnol, 180682.

Harada K, Shimizu T, Mukai Y, et al. 2016. Phenotypic and molecular characterization of antimicrobial resistance in *Klebsiella* spp. isolates from companion animals in Japan: clonal dissemination of multidrug-resistant extended-spectrum β-lactamase-producing *Klebsiella pneumoniae*[J]. Front Microbiol, 7: 1021.

Haran K P, Godden S M, Boxrud D, et al. 2012. Prevalence and characterization of *Staphylococcus aureus*, including methicillin-resistant *Staphylococcus aureus*, isolated from bulk tank milk from Minnesota dairy farms[J]. J Clin Microbiol, 50(3): 688-695.

Hariharan H, Coles M, Poole D, et al. 2004. Antibiotic resistance among enterotoxigenic *Escherichia coli* from piglets and calves with diarrhea[J]. Can Vet J, 45(7): 605-606.

Hariharan H, Coles M, Poole D, et al. 2006. Update on antimicrobial susceptibilities of bacterial isolates from canine and feline otitis externa[J]. Can Vet J, 47(3): 253-255.

Hartantyo S H P, Chau M L, Fillon L, et al. 2018. Sick pets as potential reservoirs of antibiotic-resistant bacteria in Singapore[J]. Antimicrob Resist Infect Control, 7: 106.

Hata E, Harada T, Itoh M. 2019. Relationship between antimicrobial susceptibility and multilocus sequence type of *Mycoplasma bovis* isolates and development of a method for rapid detection of point mutations involved in decreased susceptibility to macrolides, lincosamides, tetracyclines, and spectinomycin[J]. Appl Environ Microbiol, 85(13): e00575-19.

Hayer S S, Rovira A, Olsen K, et al. 2020. Prevalence and time trend analysis of antimicrobial resistance in respiratory bacterial pathogens collected from diseased pigs in USA between 2006-2016[J]. Res Vet Sci, 128: 135-144.

He T, Wang Y, Sun L, et al. 2017. Occurrence and characterization of blaNDM-5-positive *Klebsiella pneumoniae* isolates from dairy cows in Jiangsu, China[J]. J Antimicrob Chemother, 72(1): 90-94.

Heidarlo M N, Lotfollahi L, Yousefi S, et al. 2021. Analysis of virulence genes and molecular typing of *Listeria monocytogenes* isolates from human, food, and livestock from 2008 to 2016 in Iran[J]. Trop Anim Health Prod, 53(1): 127.

Heilpern K L, Borg K. 2006. Update on emerging infections: news from the Centers for Disease Control and Prevention. Vibrio illness after Hurricane Katrina—multiple states, August-September 2005[J]. Ann Emerg Med, 47(3): 255-258.

Hendriksen R S, Mevius D J, Schroeter A, et al. 2008. Occurrence of antimicrobial resistance among bacterial pathogens and indicator bacteria in pigs in different European countries from year 2002-2004: the ARBAO-II study[J]. Acta Vet Scand, 50: 19.

Hendriksen R S, Vieira A R, Karlsmose S, et al. 2011. Global monitoring of *Salmonella* serovar distribution from the World Health Organization Global Foodborne Infections Network Country Data Bank: results of quality assured laboratories from 2001 to 2007[J]. Foodborne Pathog Dis, 8(8): 887-900.

Hennig-Pauka I, Hartmann M, Merkel J, et al. 2021. Coinfections and phenotypic antimicrobial resistance in *Actinobacillus pleuropneumoniae* strains isolated from diseased swine in north western Germany-temporal patterns in samples from routine laboratory practice from 2006 to 2020[J]. Front Vet Sci, 8: 802570.

Hernandez-Garcia J, Wang J, Restif O, et al. 2017. Patterns of antimicrobial resistance in *Streptococcus suis* isolates from pigs with or without streptococcal disease in England between 2009 and 2014[J]. Vet Microbiol, 207: 117-124.

Heuvelink A, Reugebrink C, Mars J. 2016. Antimicrobial susceptibility of *Mycoplasma bovis* isolates from veal calves and dairy cattle in the Netherlands[J]. Vet Microbiol, 189: 1-7.

Hidalgo L, Gutierrez B, Ovejero C M, et al. 2013. *Klebsiella pneumoniae* sequence type 11 from companion animals bearing ArmA methyltransferase, DHA-1 β-lactamase, and QnrB4[J]. Antimicrob Agents Chemother, 57(9): 4532-4534.

Hillier A, Alcorn J R, Cole L K, et al. 2006. Pyoderma caused by *Pseudomonas aeruginosa* infection in dogs: 20 cases[J]. Vet Dermatol, 17(6): 432-439.

Hirakawa Y, Sasaki H, Kawamoto E, et al. 2010. Prevalence and analysis of *Pseudomonas aeruginosa* in chinchillas[J]. BMC Vet Res, 6: 52.

Hoa N T, Chieu T T, Nghia H D, et al. 2011. The antimicrobial resistance patterns and associated determinants in *Streptococcus suis* isolated from humans in southern Vietnam, 1997-2008[J]. BMC Infect Dis, 11: 6.

Hoekstra J, Zomer A L, Rutten V, et al. 2020. Genomic analysis of European bovine *Staphylococcus aureus* from clinical versus subclinical mastitis[J]. Sci Rep, 10(1): 18172.

Holschbach C L, Aulik N, Poulsen K, et al. 2020. Prevalence and temporal trends in antimicrobial resistance of bovine respiratory disease pathogen isolates submitted to the Wisconsin Veterinary Diagnostic Laboratory: 2008-2017[J]. J Dairy Sci, 103(10): 9464-9472.

Holvoet K, Sampers I, Callens B, et al. 2013. Moderate prevalence of antimicrobial resistance in *Escherichia coli* isolates from lettuce, irrigation water, and soil[J]. Appl Environ Microbiol, 79(21): 6677-6683.

Hong J S, Song W, Park H, et al. 2019. Clonal spread of extended-spectrum cephalosporin-resistant Enterobacteriaceae between companion animals and humans in South Korea[J]. Front Microbiol, 10: 1371-1371.

Hou J, Huang X, Deng Y, et al. 2012. Dissemination of the fosfomycin resistance gene *fosA3* with CTX-M β-lactamase genes and *rmtB* carried on IncFII plasmids among *Escherichia coli* isolates from pets in China[J]. Antimicrob Agents Chemother, 56(4): 2135-2138.

Hritcu O M, Schmidt V M, Salem S E, et al. 2020. Geographical variations in virulence factors and antimicrobial resistance amongst *Staphylococci* isolated from dogs from the United Kingdom and Romania[J]. Front Vet Sci, 7: 414.

Hsu S C, Chiu T H, Pang J C, et al. 2006. Characterisation of antimicrobial resistance patterns and class 1 integrons among *Escherichia coli* and *Salmonella enterica* serovar Choleraesuis strains isolated from humans and swine in Taiwan[J]. Int J Antimicrob Agents, 27(5): 383-391.

Hu J, Afayibo D J A, Zhang B, et al. 2022. Characteristics, pathogenic mechanism, zoonotic potential, drug resistance, and prevention of avian pathogenic *Escherichia coli* (APEC)[J]. Front Microbiol, 13: 1049391.

Hu Y, Cui G, Fan Y, et al. 2021a. Isolation and Characterization of Shiga toxin-producing *Escherichia coli* from retail beef samples from eight provinces in China[J]. Foodborne Pathog Dis, 18(8): 616-625.

Hu Y, Nguyen S V, Wang W, et al. 2021b. Antimicrobial resistance and genomic characterization of two mcr-1-harboring foodborne *Salmonella* isolates recovered in China, 2016[J]. Front Microbiol, 12: 636284.

Huber L, Agunos A, Gow S P, et al. 2021. Reduction in antimicrobial use and resistance to *Salmonella*, *Campylobacter*, and *Escherichia coli* in broiler chickens, Canada, 2013-2019[J]. Emerg Infect Dis, 27(9): 2434-2444.

Huizinga P, Kluytmans-Van D B M, Rossen J W, et al. 2019. Decreasing prevalence of contamination with extended-spectrum beta-lactamase-producing *Enterobacteriaceae* (ESBL-E) in retail chicken meat in the Netherlands[J]. PLoS One, 14(12): e0226828.

Hurley D, Luque-Sastre L, Parker C T, et al. 2019. Whole-genome sequencing-based characterization of 100 *Listeria monocytogenes isolates* collected from food processing environments over a four-year period[J]. mSphere, 4(4): e00252-19.

Ibrahim E S, Dorgham S M, Mansour A S, et al. 2022. Genotypic characterization of mecA gene and antibiogram profile of coagulase-negative *Staphylococci* in subclinical mastitic cows[J]. Vet World, 15(9): 2186-2191.

Ichikawa T, Oshima M, Yamagishi J, et al. 2020. Changes in antimicrobial resistance phenotypes and genotypes in *Streptococcus suis* strains isolated from pigs in the Tokai area of Japan[J]. J Vet Med Sci, 82(1): 9-13.

Iseppi R, Di Cerbo A, Messi P, et al. 2020. Antibiotic resistance and virulence traits in vancomycin-resistant *Enterococci* (VRE) and extended-spectrum beta-lactamase/AmpC-producing (ESBL/AmpC) Enterobacteriaceae from humans and pets[J]. Antibiotics (Basel), 9(4): 152.

Iseppi R, Messi P, Anacarso I, et al. 2015. Antimicrobial resistance and virulence traits in *Enterococcus* strains isolated from dogs and cats[J]. New Microbiol, 38(3): 369-378.

Ishii S, Sadowsky M J. 2008. *Escherichia coli* in the Environment: Implications for Water Quality and Human Health[J]. Microbes Environ, 23(2): 101-108.

Ishola O O, Mosugu J I, Adesokan H K. 2016. Prevalence and antibiotic susceptibility profiles of *Listeria* monocytogenes contamination of chicken flocks and meat in Oyo State, south-western Nigeria: Public health implications[J]. J Prev Med Hyg, 57(3): E157-E163.

Iwabuchi E, Yamamoto S, Endo Y, et al. 2011. Prevalence of *Salmonella* isolates and antimicrobial resistance patterns in chicken meat throughout Japan[J]. J Food Prot, 74(2): 270-273.

Iweriebor B C, Iwu C J, Obi L C, et al. 2015. Multiple antibiotic resistances among Shiga toxin producing *Escherichia coli* O157 in feces of dairy cattle farms in Eastern Cape of South Africa[J]. BMC Microbiol, 15: 213.

Jackson C R, Fedorka Cray P J, Davis J A, et al. 2009. Prevalence, species distribution and antimicrobial resistance of *Enterococci* isolated from dogs and cats in the United States[J]. J Appl Microbiol, 107(4): 1269-1278.

Jacobmeyer L, Stamm I, Semmler T, et al. 2021. First report of NDM-1 in an *Acinetobacter baumannii* strain from a pet animal in Europe[J]. J Glob Antimicrob Resist, 26: 128-129.

Jahan M I, Rahaman M M, Hossain M A, et al. 2020. Occurrence of intI1-associated VIM-5 carbapenemase and co-existence of all four classes of beta-lactamase in carbapenem-resistant clinical *Pseudomonas aeruginosa* DMC-27b[J]. J Antimicrob Chemother, 75(1): 86-91.

Jamali H, Paydar M, Ismail S, et al. 2015. Prevalence, antimicrobial susceptibility and virulotyping of *Listeria species* and *Listeria monocytogenes* isolated from open-air fish markets[J]. BMC Microbiol, 15: 144.

Jamali H, Rezagholipour M, Fallah S, et al. 2014. Prevalence, characterization and antibiotic resistance of *Pasteurella multocida* isolated from bovine respiratory infection[J]. Vet J, 202(2): 381-383.

Jang J, Kim K, Park S, et al. 2016. In vitro antibiotic susceptibility of field isolates of *Mycoplasma hyopneumoniae* and *Mycoplasma hyorhinis* from Korea[J]. Korean J Vet Res, 56(2): 109-111.

Jang J, Unno T, Lee S W, et al. 2011. Prevalence of season-specific *Escherichia coli* strains in the Yeongsan River Basin of South Korea[J]. Environ Microbiol, 13(12): 3103-3113.

Jang Y S, Moon J S, Kang H J, et al. 2021. Prevalence, characterization, and antimicrobial susceptibility of *Listeria monocytogenes* from raw beef and slaughterhouse environments in Korea[J]. Foodborne Pathog Dis, 18(6): 419-425.

Jang Y, Bae D H, Cho J, et al. 2014. Characterization of methicillin-resistant *Staphylococcus* spp. isolated from dogs in Korea[J]. Jpn J Vet Res, 62(4): 163-170.

Janos D, Viorel H, Ionica I, et al. 2021. Carriage of multidrug resistance *Staphylococci* in shelter dogs in Timisoara, Romania[J]. Antibiotics (Basel), 10(7): 801.

Jaramillo Morales C, Gomez D E, Renaud D, et al. 2022. *Streptococcus equi* culture prevalence, associated risk factors and antimicrobial susceptibility in a horse population from Colombia[J]. J Equine Vet Sci,

111: 103890.

Javadi K, Mohebi S, Motamedifar M, et al. 2020. Characterization and antibiotic resistance pattern of diffusely adherent *Escherichia coli* (DAEC), isolated from paediatric diarrhoea in Shiraz, southern Iran[J]. New Microbes New Infect, 38: 100780.

Jeannot K, Bolard A, Plesiat P. 2017. Resistance to polymyxins in Gram-negative organisms[J]. Int J Antimicrob Agents, 49(5): 526-535.

Jenkins C. 2018. Enteroaggregative *Escherichia coli*[J]. Curr Top Microbiol Immunol, 416: 27-50.

Jensen V F, Sommer H M, Struve T, et al. 2016. Factors associated with usage of antimicrobials in commercial mink (*Neovison vison*) production in Denmark[J]. Prev Vet Med, 126: 170-182.

Jiang F, Wu Z, Zheng Y, et al. 2019a. Genotypes and antimicrobial susceptibility profiles of hemolytic *Escherichia coli* from diarrheic piglets[J]. Foodborne Pathog Dis, 16(2): 94-103.

Jiang Y, Chu Y, Xie G, et al. 2019b. Antimicrobial resistance, virulence and genetic relationship of *Vibrio parahaemolyticus* in seafood from coasts of Bohai Sea and Yellow Sea, China[J]. Int J Food Microbiol, 290: 116-124.

Jimenez J N, Velez L A, Mediavilla J R, et al. 2011. Livestock-associated methicillin-susceptible *Staphylococcus aureus* ST398 infection in woman, Colombia[J]. Emerg Infect Dis, 17(10): 1970-1971.

Jin L, Hyoung Joon M, Bo Kyu K, et al. 2014. In vitro antimicrobial susceptibility of *Mycoplasma hyorhinis* field isolates collected from swine lung specimens in Korea[J]. J Swine Health Prod, 22(4): 193-196.

Johansson A, C Greko B E, Engströmc, et al. 2004. Antimicrobial susceptibility of Swedish, Norwegian and Danish isolates of *Clostridium perfringens* from poultry, and distribution of tetracycline resistance genes[J]. Vet Microbiol, 3-4(99): 251-257.

Johnson J R, Clabots C, Kuskowski M A. 2008. Multiple-host sharing, long-term persistence, and virulence of *Escherichia coli* clones from human and animal household members[J]. J Clin Microbiol, 46(12): 4078-4082.

Jones E M, Macgowan A P. 1995. Antimicrobial chemotherapy of human infection due to *Listeria monocytogenes*[J]. Eur J Clin Microbiol Infect Dis, 14(3): 165-175.

Joosten P, Ceccarelli D, Odent E, et al. 2020. Antimicrobial usage and resistance in companion animals: a cross-sectional study in three European countries[J]. Antibiotics (Basel), 9(2): 87.

Jordan D, Simon J, Fury S, et al. 2011. Carriage of methicillin-resistant *Staphylococcus aureus* by veterinarians in Australia[J]. Aust Vet J, 89(5): 152-159.

Jouini A, Ben Slama K, Sáenz Y, et al. 2009. Detection of multiple-antimicrobial resistance and characterization of the implicated genes in *Escherichia coli* isolates from foods of animal origin in Tunis[J]. J Food Prot, 72(5): 1082-1088.

Ju C Y, Zhang M J, Ma Y P, et al. 2018. Genetic and antibiotic resistance characteristics of *Campylobacter jejuni* isolated from diarrheal patients, poultry and cattle in Shenzhen[J]. Biomed Environ Sci, 31(8): 579-585.

Jung W K, Lim J Y, Kwon N H, et al. 2007. Vancomycin-resistant enterococci from animal sources in Korea[J]. Int J Food Microbiol, 113(1): 102-107.

Jung W K, Shin S, Park, Y K, et al. 2020. Distribution and antimicrobial resistance profiles of bacterial species in stray dogs, hospital-admitted dogs, and veterinary staff in South Korea[J]. Prev Vet Med, 184: 105151.

Jurinović L, Duvnjak S, Kompes G, et al. 2020. Occurrence of *Campylobacter jejuni* in gulls feeding on zagreb rubbish tip, Croatia; their diversity and antimicrobial susceptibility in perspective with human and broiler isolates[J]. Pathogens, 9(9): 695.

Kaczorek E, Malaczewska J, Wojcik R, et al. 2017. Phenotypic and genotypic antimicrobial susceptibility pattern of *Streptococcus* spp. isolated from cases of clinical mastitis in dairy cattle in Poland[J]. J Dairy Sci, 100(8): 6442-6453.

Kadlec K, Schwarz S. 2012. Antimicrobial resistance of *Staphylococcus pseudintermedius*[J]. Vet Dermatol, 23(4): 276-e55.

Kakooza S, Muwonge A, Nabatta E, et al. 2021. A retrospective analysis of antimicrobial resistance in pathogenic *Escherichia coli* and *Salmonella* spp. isolates from poultry in Uganda[J]. Int J Vet Sci Med, 9(1): 11-21.

Kalhoro D H, Kalhoro M S, Mangi M H, et al. 2019. Antimicrobial resistance of *Staphylococci* and *Streptococci* isolated from dogs[J]. Trop Biomed, 36(2): 468-474.

Kamran M, Ahmad M, Anjum A A, et al. 2014. Studies on the antibiotic sensitivity pattern of isolates of *P. multocida* from buffaloes[J]. J Anim Plant Sci, 24(5): 1565-1568.

Kaper J B, Nataro J P, Mobley H L. 2004. Pathogenic *Escherichia coli*[J]. Nat Rev Microbiol, 2(2): 123-140.

Karahutová L, Mandelík R, Bujňáková D. 2021. Antibiotic resistant and biofilm-associated *Escherichia coli* isolates from diarrheic and healthy dogs[J]. Microorganisms, 9(6): 1334.

Karama M, Kambuyi K, Cenci Goga B T, et al. 2020. Occurrence and Antimicrobial Resistance Profiles of *Campylobacter jejuni*, *Campylobacter coli*, and *Campylobacter upsaliensis* in Beef Cattle on Cow-Calf Operations in South Africa[J]. Foodborne Pathog Dis, 17(7): 440-446.

Karkaba A, Grinberg A, Benschop J, et al. 2017. Characterisation of extended-spectrum β-lactamase and AmpC β-lactamase-producing *Enterobacteriaceae* isolated from companion animals in New Zealand[J]. N Z Vet J, 65(2): 105-112.

Kataoka Y, Umino Y, Ochi H, et al. 2014. Antimicrobial susceptibility of enterococcal species isolated from antibiotic-treated dogs and cats[J]. J Vet Med Sci, 76(10): 1399-1402.

Kataoka Y, Yoshida T, Sawada T. 2000. A 10-year survey of antimicrobial susceptibility of *Streptococcus suis* isolates from swine in Japan[J]. J Vet Med Sci, 62(10): 1053-1057.

Kayode A J, Okoh A I. 2022. Assessment of multidrug-resistant *Listeria monocytogenes* in milk and milk product and One Health perspective[J]. PLoS One, 17(7): e0270993.

Khademi F, Sahebkar A. 2019. The prevalence of antibiotic-resistant *Clostridium* species in Iran: a meta-analysis[J]. Pathog Glob Health, 113(2): 58-66.

Khan M A, Bahadar S, Ullah N, et al. 2019. Distribution and antimicrobial resistance patterns of *Clostridium perfringens* isolated from vaccinated and unvaccinated goats[J]. Small Rumin Res, 173: 70-73.

Khan M, Nazir J, Anjum A A, et al. 2015. Toxinotyping and antimicrobial susceptibility of enterotoxigenic *Clostridium perfringens* isolates from mutton, beef and chicken meat[J]. J Food Sci Technol, 52(8): 5323-5328.

Khatoon H, Afzal F, Tahir M F, et al. 2018. Prevalence of *Mycoplasmosis* and antibiotic susceptibility of *Mycoplasma gallisepticum* in commercial chicken flocks of Rawalpindi division, Pakistan[J]. Pak Vet J, 38(4): 446-448.

Kieffer N, Aires De Sousa M, Nordmann, et al. 2017. High Rate of MCR-1-Producing *Escherichia coli* and *Klebsiella pneumoniae* among Pigs, Portugal[J]. Emerg Infect Dis, 23(12): 2023-2029.

Kiiti R W, Komba E V, Msoffe P L, et al. 2021. Antimicrobial resistance profiles of *Escherichia coli* isolated from broiler and layer chickens in Arusha and Mwanza, Tanzania[J]. Int J Microbiol, 2021: 6759046.

Kim D G, Kim K, Bae S H, et al. 2022. Comparison of antimicrobial resistance and molecular characterization of *Escherichia coli* isolates from layer breeder farms in Korea[J]. Poult Sci, 101(1): 101571.

Kim S H, Wei C I, Tzou Y M, et al. 2005. Multidrug-resistant *Klebsiella pneumoniae* isolated from farm environments and retail products in Oklahoma[J]. J Food Prot, 68(10): 2022-2029.

Kim S J, Moon D C, Park S C, et al. 2019. Antimicrobial resistance and genetic characterization of coagulase-negative staphylococci from bovine mastitis milk samples in Korea[J]. J Dairy Sci, 102(12): 11439-11448.

Kim S, Byun J H, Park H, et al. 2018. Molecular epidemiological features and antibiotic susceptibility patterns of *Streptococcus dysgalactiae* subsp. *equisimilis* isolates from Korea and Japan[J]. Ann Lab Med, 38(3): 212-219.

Kim S, Kim H, Kang H, et al. 2020a. Prevalence and genetic characterization of *mcr-1*-positive *Escherichia coli* isolated from retail meats in South Korea[J]. J Microbiol Biotechnol, 30(12): 1862-1869.

Kim S, Kim H, Kim Y, et al. 2020b. Antimicrobial resistance of *Escherichia coli* from retail poultry meats in Korea[J]. J Food Prot, 83(10): 1673-1678.

Kimera Z I, Mgaya F X, Misinzo G, et al. 2021. Multidrug-resistant, including extended-spectrum beta lactamase-producing and quinolone-resistant, *Escherichia coli* isolated from poultry and domestic pigs in Dar es Salaam, Tanzania[J]. Antibiotics (Basel), 10(4): 406.

Kittl S, Brodard I, Heim D, et al. 2020. Methicillin-resistant *Staphylococcus aureus* strains in Swiss pigs and their relation to isolates from farmers and veterinarians[J]. Appl Environ Microbiol, 86(5): e01865-19.

Klein U, de Jong A, Moyaert H, et al. 2017. Antimicrobial susceptibility monitoring of *Mycoplasma hyopneumoniae* and *Mycoplasma bovis* isolated in Europe[J]. Vet Microbiol, 204: 188-193.

Klein U, de Jong A, Youala M, et al. 2019. New antimicrobial susceptibility data from monitoring of *Mycoplasma bovis* isolated in Europe[J]. Vet Microbiol, 238: 108432.

Klima C L, Holman D B, Cook S R, et al. 2020. Multidrug resistance in *Pasteurellaceae* associated with bovine respiratory disease mortalities in North America from 2011 to 2016[J]. Front Microbiol, 11: 606438.

Kock R, Daniels Haardt I, Becker K, et al. 2018. Carbapenem-resistant *Enterobacteriaceae* in wildlife, food-producing, and companion animals: a systematic review[J]. Clin Microbiol, 24(12): 1241-1250.

Kolar M, Pantucek R, Bardon J, et al. 2005. Occurrence of vancomycin-resistant enterococci in humans and animals in the Czech Republic between 2002 and 2004[J]. J. Med. Microbio, 54(Pt 10): 965-967.

Koluman A, Dikici A. 2013. Antimicrobial resistance of emerging foodborne pathogens: status quo and global trends[J]. Crit Rev Microbioly, 39(1): 57-69.

Kong L, Gao D, Jai B, et al. 2016. Antimicrobial susceptibility and molecular characterization of macrolide resistance of *Mycoplasma bovis* isolates from multiple provinces in China[J]. J Vet Med Sci, 78(2): 293-296.

Koovapra S, Bandyopadhyay S, Das G, et al. 2016. Molecular signature of extended spectrum β-lactamase producing *Klebsiella pneumoniae* isolated from bovine milk in eastern and north-eastern India[J]. Infect Genet Evol, 44: 395-402.

Korsgaard H B, Ellis-Iversen J, Hendriksen R S, et al. 2020. DANMAP 2019 - Use of antimicrobial agents and occurrence of antimicrobial resistance in bacteria from food animals, food and humans in Denmark[R]. Denmark: Statens Serum Institut, Technical University of Denmark.

Kos V N, Keelan M, Taylor D E. 2006. Antimicrobial susceptibilities of *Campylobacter jejuni* isolates from poultry from Alberta, Canada[J]. Antimicrob Agents Chemother, 50(2): 778-780.

Kouassi K A, Dadie A T, N'Guessan K F, et al. 2018. *Clostridium perfringens* and *Clostridium difficile* in cooked beef sold in Côte d'Ivoire and their antimicrobial susceptibility[J]. Anaerobe, 28: 90-94.

Kouglenou S D, Agbankpe A J, Dougnon V, et al. 2020. Prevalence and susceptibility to antibiotics from *Campylobacter jejuni* and *Campylobacter coli* isolated from chicken meat in southern Benin, West Africa[J]. BMC Res Notes, 13(1): 305.

Kovaevi J, Mesak L R, Allen K J. 2012. Occurrence and characterization of *Listeria* spp. in ready-to-eat retail foods from Vancouver, British Columbia[J]. Food Microbiol, 30(2): 372-378.

Kramarenko T, Roasto M, Mäesaar M, et al. 2016. Phenogenotypic characterization of *Escherichia coli* O157: H7 strains isolated from cattle at slaughter[J]. Vector Borne Zoonotic Dis, 16(11): 703-708.

Kreizinger Z, Grozner D, Sulyok K M, et al. 2017. Antibiotic susceptibility profiles of *Mycoplasma synoviae* strains originating from Central and Eastern Europe[J]. BMC Vet Res, 13(1): 342.

Kucerova Z, Hradecka H, Nechvatalova K, et al. 2011. Antimicrobial susceptibility of *Actinobacillus pleuropneumoniae* isolates from clinical outbreaks of porcine respiratory diseases[J]. Vet Microbiol, 150(1-2): 203-206.

Kukanich K, Lubbers B, Salgado B. 2020. Amoxicillin and amoxicillin-clavulanate resistance in urinary *Escherichia coli* antibiograms of cats and dogs from the Midwestern United States[J]. J Vet Intern Med, 34(1): 227-231.

Kyung Hyo D, Jae Won B, Wan Kyu L. 2020. Antimicrobial resistance profiles of *Escherichia coli* from diarrheic weaned piglets after the ban on antibiotic growth promoters in feed[J]. Antibiotics (Basel), 9(11): 755.

Kyung S M, Choi S, Lim J, et al. 2022. Comparative genomic analysis of plasmids encoding metallo-β-lactamase NDM-5 in Enterobacterales Korean isolates from companion dogs[J]. Sci Rep, 12(1): 1569.

Lahuerta Marin A, Muñoz Gomez V, Hartley H, et al. 2017. A survey on antimicrobial resistant *Escherichia coli* isolated from unpasteurised cows' milk in Northern Ireland[J]. Vet Rec, 180(17): 426.

Landman W J M, Mevius J, Veldman K T, et al. 2008. In vitro antibiotic susceptibility of Dutch *Mycoplasma synoviae* field isolates originating from joint lesions and the respiratory tract of commercial poultry[J].

Avian Pathol, 37(4): 415-420.

Lee D, Oh J Y, Sum S, et al. 2021. Prevalence and antimicrobial resistance of *Klebsiella* species isolated from clinically ill companion animals[J]. J Vet Sci, 22(2): e17.

Lee G, Kang H M, Chung CI, et al. 2007. Antimicrobial susceptibility and genetic characteristics of *Streptococcus uberis* isolated from bovine mastitis milk[J]. Korean J Vet Res, 47(1): 33-41.

Lee L H, Ab M N, Law J W, et al. 2018. Discovery on antibiotic resistance patterns of *Vibrio parahaemolyticus* in Selangor reveals carbapenemase producing *Vibrio parahaemolyticus* in marine and freshwater fish[J]. Front Microbiol, 9: 2513.

Lei L, Wang Y, He J, et al. 2021. Prevalence and risk analysis of mobile colistin resistance and extended-spectrum β-lactamase genes carriage in pet dogs and their owners: a population based cross-sectional study[J]. Emerg Microbes Infect, 10(1): 242-251.

Lei L, Wang Y, Schwarz S, et al. 2017. *mcr-1* in Enterobacteriaceae from companion animals, Beijing, China, 2012-2016[J]. Emerg Infect Dis, 23(4): 710-711.

Lei T, Jiang F, He M, et al. 2020. Prevalence, virulence, antimicrobial resistance, and molecular characterization of fluoroquinolone resistance of *Vibrio parahaemolyticus* from different types of food samples in China[J]. Int J Food Microbiol, 317: 108461.

Lei T, Tian W, He L, et al. 2010. Antimicrobial resistance in *Escherichia coli* isolates from food animals, animal food products and companion animals in China[J]. Vet Microbiol, 146(1): 85-89.

Leigue L, Montiani Ferreira F, Moore B A. 2016. Antimicrobial susceptibility and minimal inhibitory concentration of *Pseudomonas aeruginosa* isolated from septic ocular surface disease in different animal species[J]. Open Vet J, 6(3): 215-222.

Lemma F, Alemayehu H, Stringer A, et al. 2021. Prevalence and antimicrobial susceptibility profile of *Staphylococcus aureus* in milk and traditionally processed dairy products in Addis Ababa, Ethiopia[J]. Biomed Res Int, 2021: 5576873.

Li B, Ma L, Li Y, et al. 2017a. Antimicrobial resistance of *Campylobacter* Species isolated from broilers in live bird markets in Shanghai, China[J]. Foodborne Pathog Dis, 14(2): 96-102.

Li H, Liu Y, Yang L, et al. 2021a. Prevalence of *Escherichia coli* and antibiotic resistance in animal-derived food samples-six districts, Beijing, China, 2020[J]. China CDC Wkly, 3(47): 999-1004.

Li J, Jiang N, Ke Y, et al. 2017b. Characterization of pig-associated methicillin-resistant *Staphylococcus aureus*[J]. Vet Microbiol, 201: 183-187.

Li J, Zhou Y, Yang D, et al. 2021b. Prevalence and antimicrobial susceptibility of *Clostridium perfringens* in chickens and pigs from Beijing and Shanxi, China[J]. Vet Microbiol, 252: 108932.

Li L L, Liao X P, Sun J, et al. 2012. Antimicrobial resistance, serotypes, and virulence factors of *Streptococcus suis* isolates from diseased pigs[J]. Foodborne Pathog Dis, 9(7): 583-588.

Li M C, Wang F, Li F. 2011. Identification and molecular characterization of antimicrobial-resistant shiga toxin-producing *Escherichia coli* isolated from retail meat products[J]. Foodborne Pathog Dis, 8(4): 489-493.

Li M, Li Z, Zhong Q, et al. 2022. Antibiotic resistance of fecal carriage of *Escherichia coli* from pig farms in China: a meta-analysis[J]. Environ Sci Pollut Res, 29(16): 22989-23000.

Li Q, Sherwood J S, Logue C M. 2007a. Antimicrobial resistance of *Listeria* spp. recovered from processed bison[J]. Lett Appl Microbiol, 44(1): 86-91.

Li W, Liu J H, Zhang X F, et al. 2018. Emergence of methicillin-resistant *Staphylococcus aureus* ST398 in pigs in China[J]. Int J Antimicrob Agents, 51(2): 275-276.

Li X, Liu H, Cao S, et al. 2021c. Resistance detection and transmission risk analysis of pig-derived pathogenic *Escherichia coli* in East China[J]. Front Vet Sci, 30(8): 614651.

Li X, Mehrotra M, Ghimire S, et al. 2007b. β-Lactam resistance and β-lactamases in bacteria of animal origin[J]. Vet Microbiol, 121(3): 197-214.

Li Y, Fernández R, Durán I, et al. 2021d. Antimicrobial resistance in bacteria isolated from cats and dogs from the Iberian Peninsula[J]. Front Microbiol, 11: 621597.

Li Y, Zhang M, Luo J, et al. 2020. Antimicrobial resistance of *Escherichia coli* isolated from retail foods in northern Xinjiang, China[J]. Food Sci Nutr, 8(4): 2035-2051.

Liao C, Balasubramanian B, Peng J, et al. 2021. Antimicrobial resistance of *Escherichia coli* from aquaculture farms and their environment in Zhanjiang, China[J]. Front Vet Sci, 8: 806653.

Liao X, Yang R S, Xia J, et al. 2019. High colonization rate of a novel carbapenem-resistant *Klebsiella lineage* among migratory birds at Qinghai Lake, China[J]. J Antimicrob Chemother, 74(10): 2895-2903.

Lim S K, Nam H M, Jang G C, et al. 2012. The first detection of methicillin-resistant *Staphylococcus aureus* ST398 in pigs in Korea[J]. Vet Microbiol, 155(1): 88-92.

Lim S, Lim K, Lee H, et al. 2010. Prevalence and molecular characterization of fluoroquinolone-resistant *Escherichia coli* isolated from diarrheic cattle in Korea[J]. J Vet Med Sci, 72(5): 611-614.

Lima D F, Cohen R W, Rocha G A, et al. 2017. Genomic information on multidrug-resistant livestock-associated methicillin-resistant *Staphylococcus aureus* ST398 isolated from a Brazilian patient with cystic fibrosis[J]. Mem Inst Oswaldo Cruz, 112(1): 79-80.

Lima Filho J V, Martins L V, Nascimento D C D O, et al. 2013. Zoonotic potential of multidrug-resistant extraintestinal pathogenic *Escherichia coli* obtained from healthy poultry carcasses in Salvador, Brazil[J]. Braz J Infect Dis, 17(1): 54-61.

Liu B, Wu H, Zhai Y, et al. 2018. Prevalence and molecular characterization of *oqxAB* in clinical *Escherichia coli* isolates from companion animals and humans in Henan Province, China[J]. Antimicrob Resist Infect Control, 7: 18.

Liu D, Yang Y, Gu J, et al. 2019. The Yersinia high-pathogenicity island (HPI) carried by a new integrative and conjugative element (ICE) in a multidrug-resistant and hypervirulent *Klebsiella pneumoniae* strain SCsl1[J]. Vet Microbiol, 239: 108481.

Liu H, Meng L, Dong L, et al. 2021a. Prevalence, antimicrobial susceptibility, and molecular characterization of *Escherichia coli* isolated from raw milk in dairy herds in Northern China[J]. Front Microbiol, 12: 730656.

Liu J, Liao T, Huang W, et al. 2020a. Increased *mcr-1* in pathogenic *Escherichia coli* from diseased swine, Taiwan[J]. J Microbiol Immunol Infect, 53(5): 751-756.

Liu X, Boothe D M, Thungrat K, et al. 2012. Mechanisms accounting for fluoroquinolone multidrug resistance *Escherichia coli* isolated from companion animals[J]. Vet Microbiol, 161(1): 159-168.

Liu X, Thungrat K, Boothe D M. 2016a. Occurrence of OXA-48 carbapenemase and other β-lactamase genes in ESBL-producing multidrug resistant *Escherichia coli* from dogs and cats in the United States, 2009-2013[J]. Front Microbio, 7: 1057.

Liu Y Y, Wang Y, Walsh T R, et al. 2016b. Emergence of plasmid-mediated colistin resistance mechanism MCR-1 in animals and human beings in China: a microbiological and molecular biological study[J]. Lancet Infect Dis, 16(2): 161-168.

Liu Y, Jiang J, Ed Dra A, et al. 2021b. Prevalence and genomic investigation of *Salmonella* isolates recovered from animal food-chain in Xinjiang, China[J]. Food Res Int, 142: 110198.

Liu Y, Liu G, Liu W, et al. 2014. Phylogenetic group, virulence factors and antimicrobial resistance of *Escherichia coli* associated with bovine mastitis[J]. Res Microbiol, 165(4): 273-277.

Liu Y, Wang H, Du N, et al. 2009. Molecular evidence for spread of two major methicillin-resistant *Staphylococcus aureus* clones with a unique geographic distribution in Chinese hospitals[J]. Antimicrob Agents Chemother, 53(2): 512-518.

Liu Y, Xiu L, Miao Z, et al. 2020b. Occurrence and multilocus sequence typing of *Clostridium perfringens* isolated from retail duck products in Tai'an region, China[J]. Anaerobe, 62: 102102.

Liu Y, Xu S, Li M, et al. 2020c. Molecular characteristics and antibiotic susceptibility profiles of *Mycoplasma bovis* associated with mastitis on dairy farms in China[J]. Prev Vet Med, 182: 105106.

Liu Y, Yang Y, Chen Y, et al. 2017. Antimicrobial resistance profiles and genotypes of extended-spectrum β-lactamase- and AmpC β-lactamase-producing *Klebsiella pneumoniae* isolated from dogs in Beijing, China[J]. J Glob Antimicrob Resist, 10: 219-222.

Liu Y, Zheng X, Xu L, et al. 2021c. Prevalence, antimicrobial resistance, and molecular characterization of *Staphylococcus aureus* isolated from animals, meats, and market environments in Xinjiang, China[J].

Foodborne Pathog Dis, 18(10): 718-726.

Lizarazo Y A, Ferri E F, De La Fuente A J, et al. 2006. Evaluation of changes in antimicrobial susceptibility patterns of *Pasteurella multocida* subsp *multocida* isolates from pigs in Spain in 1987-1988 and 2003-2004[J]. Am J Vet Res, 67(4): 663-668.

Llanco L A, Nakano V, Ferreira A J P, et al. 2012. Toxinotyping and antimicrobial susceptibility of *Clostridium perfringens* isolated from broiler chickens with necrotic enteritis[J]. Int J Microbiol Res, 4(7): 290-294.

Lloyd D H, Lamport A I, Feeney C. 1996. Sensitivity to antibiotics amongst cutaneous and mucosal isolates of canine pathogenic staphylococci in the UK, 1980–96[J]. Vet Dermatol, 7(3): 171-175.

Lo Y P, Wan M T, Chen M M, et al. 2012. Molecular characterization and clonal genetic diversity of methicillin-resistant *Staphylococcus aureus* of pig origin in Taiwan[J]. Comp Immunol Microbiol Infect Dis, 35(6): 513-521.

Loiko M R, De Paula C M, Langone A C, et al. 2016. Genotypic and antimicrobial characterization of pathogenic bacteria at different stages of cattle slaughtering in southern Brazil[J]. Meat Sci, 116: 193-200.

Lopatek M, Wieczorek K, Osek J. 2015. Prevalence and antimicrobial resistance of *Vibrio parahaemolyticus* isolated from raw shellfish in Poland[J]. J Food Prot, 78(5): 1029-1033.

Lopatek M, Wieczorek K, Osek, J. 2018. Antimicrobial resistance, virulence factors, and genetic profiles of *Vibrio parahaemolyticus* from seafood[J]. Appl Environ Microbiol, 84(16): e00537-18.

Lord J, Carter C, Smith J, et al. 2022. Antimicrobial resistance among *Streptococcus equi* subspecies *zooepidemicus* and *Rhodococcus equi* isolated from equine specimens submitted to a diagnostic laboratory in Kentucky, USA[J]. Peer J, 10: e13682.

Lozano C, Gharsa H, Ben S K, et al. 2016. *Staphylococcus aureus* in animals and food: methicillin resistance, prevalence and population structure. a review in the African continent[J]. Microorganisms, 4(1): 12.

Luangtongkum T, Jeon B, Han J, et al. 2009. Antibiotic resistance in *Campylobacter*: emergence, transmission and persistence[J]. Future Microbiol, 4(2): 189-200.

Luber P, Wagner J, Hahn H, et al. 2003. Antimicrobial resistance in *Campylobacter jejuni* and *Campylobacter coli* strains isolated in 1991 and 2001-2002 from poultry and humans in Berlin, Germany[J]. Antimicrob Agents Chemother, 47(12): 3825-3830.

Lucey B, Cryan B, O'Halloran F, et al. 2002. Trends in antimicrobial susceptibility among isolates of *Campylobacter* species in Ireland and the emergence of resistance to ciprofloxacin[J]. Vet Rec, 151(11): 317-320.

Ludwig C, De Jong A, Moyaert H, et al. 2016. Antimicrobial susceptibility monitoring of dermatological bacterial pathogens isolated from diseased dogs and cats across Europe (ComPath results) [J]. J Appl Microbiol, 121(5): 1254-1267.

Lulitanond A, Ito T, Li S, et al. 2013. ST9 MRSA strains carrying a variant of type IX SCCmec identified in the Thai community[J]. BMC Infect Dis, 13: 214.

Luque I, Fernandez Garayzabal J F, Blume V, et al. 2006. Molecular typing and anti-microbial susceptibility of clinical isolates of *Streptococcus equi* ssp. *zooepidemicus* from equine bacterial endometritis[J]. J Vet Med B Infect Dis Vet Public Health, 53(9): 451-454.

Lyautey E, Lapen D R, Wilkes G, et al. 2007. Distribution and characteristics of *Listeria monocytogenes* isolates from surface waters of the South Nation River watershed, Ontario, Canada[J]. Appl Environ Microbiol, 73(17): 5401-5410.

Lyimo B, Buza J, Subbiah M, et al. 2016. Comparison of antibiotic resistant *Escherichia coli* obtained from drinking water sources in northern Tanzania: a cross-sectional study[J]. BMC Microbiol, 16(1): 254.

Lynch C T, Lynch H, Egan J, et al. 2020. Antimicrobial resistance of *Campylobacter* isolates recovered from broilers in the Republic of Ireland in 2017 and 2018: an update[J]. Br Poult Sci, 61(5): 550-556.

Lyon S A, Berrang M E, Fedorka Cray PJ, et al. 2008. Antimicrobial resistance of *Listeria monocytogenes* isolated from a poultry further processing plant[J]. Foodborne Pathog Dis, 5(3): 253-259.

Lysnyansky I, Gerchman I, Flaminio B, et al. 2015. Decreased susceptibility to *macrolide-lincosamide* in *Mycoplasma synoviae* is associated with mutations in 23S ribosomal RNA[J]. Microb Drug Resist, 21(6): 581-589.

Lysnyansky I, Gerchman I, Mikula I, et al. 2013. Molecular characterization of acquired enrofloxacin resistance in *Mycoplasma synoviae* field isolates[J]. Antimicrob Agents Chemother , 57(7): 3072-3077.

Ma J, Zeng Z, Chen Z, et al. 2009. High prevalence of plasmid-mediated quinolone resistance determinants *qnr*, *aac(6′)-Ib-cr*, and *qepA* among ceftiofur-resistant Enterobacteriaceae isolates from companion and food-producing animals[J]. Antimicrob Agents Chemother, 53(2): 519-524.

Ma L, Wang Y, Shen J, et al. 2014. Tracking *Campylobacter* contamination along a broiler chicken production chain from the farm level to retail in China[J]. Int J Food Microbiol, 181: 77-84.

Maciel J F, Matter L B, Trindade M M, et al. 2017. Virulence factors and antimicrobial susceptibility profile of extraintestinal *Escherichia coli* isolated from an avian colisepticemia outbreak[J]. Microb Pathog, 103: 119-122.

Mahato S, Mistry H U, Chakraborty S, et al. 2017. Identification of variable traits among the methicillin resistant and sensitive coagulase negative *Staphylococci* in milk samples from mastitic cows in India[J]. Front Microbiol, 8: 1446.

Majumder S, Jung D, Ronholm J, et al. 2021. Prevalence and mechanisms of antibiotic resistance in *Escherichia coli* isolated from mastitic dairy cattle in Canada[J]. BMC Microbiol, 21(1): 222.

Malik S, Coombs G W, O'Brien F G, et al. 2006. Molecular typing of methicillin-resistant staphylococci isolated from cats and dogs[J]. J Antimicrob Chemother, 58(2): 428-431.

Malo A, Cluzel C, Labrecque O, et al. 2016. Evolution of in vitro antimicrobial resistance in an equine hospital over 3 decades[J]. Can Vet J, 57(7): 747-751.

Marie J, Morvan H, Berthelot Herault F, et al. 2002. Antimicrobial susceptibility of *Streptococcus suis* isolated from swine in France and from humans in different countries between 1996 and 2000[J]. J Antimicrob Chemother, 50(2): 201-209.

Marques C, Belas A, Franco A, et al. 2018. Increase in antimicrobial resistance and emergence of major international high-risk clonal lineages in dogs and cats with urinary tract infection: 16-year retrospective study[J]. J Antimicrob Chemother, 73(2): 377-384.

Marques C, Menezes J, Belas A, et al. 2019. *Klebsiella pneumoniae* causing urinary tract infections in companion animals and humans: population structure, antimicrobial resistance and virulence genes[J]. J Antimicrob Chemother, 74(3): 594-602.

Martinez Urtaza J, Bowers J C, Trinanes J, et al. 2010. Climate anomalies and the increasing risk of *Vibrio parahaemolyticus* and *Vibrio vulnificus* illnesses[J]. Food Res Int, 43(7): 1780-1790.

Martins E, Maboni G, Battisti R, et al. 2022. High rates of multidrug resistance in bacteria associated with small animal otitis: A study of cumulative microbiological culture and antimicrobial susceptibility[J]. Microb Pathog, 165: 105399.

Massacci F R, Cucco L, Forti K, et al. 2014. Susceptibility to *Clostridium perfringens* antimicrobial agents, isolated from cattle with clostridial symptoms[J]. Sanita Pubblica Veterinaria, 15(82): 25-31.

Massé J, Dufour S, Archambault M. 2020. Characterization of *Klebsiella* isolates obtained from clinical mastitis cases in dairy cattle[J]. J Dairy Sci, 103(4): 3392-3400.

Massé J, Lardé H, Fairbrother J M, et al. 2021. Prevalence of antimicrobial resistance and characteristics of *Escherichia coli* isolates from fecal and manure pit samples on dairy farms in the province of Québec, Canada[J]. Front Vet Sci, 8: 654125.

Matajira C, Moreno L Z, Poor A P, et al. 2019. *Streptococcus suis* in Brazil: genotypic, virulence, and resistance profiling of strains isolated from pigs between 2001 and 2016[J]. Pathogens, 9(1): 31.

Matsimbe J J, Manhiça A J, Macuamule C J. 2021. Antimicrobial resistance of *Campylobacter* spp. isolates from broiler chicken meat supply chain in Maputo, Mozambique[J]. Foodborne Pathog Dis, 18(9): 683-685.

Maunders E A, Triniman R C, Western J, et al. 2020. Global reprogramming of virulence and antibiotic resistance in *Pseudomonas aeruginosa* by a single nucleotide polymorphism in elongation factor, *fusA1*[J]. J Biol Chem, 295(48): 16411-16426.

Maung A T, Mohammadi T N, Nakashima S, et al. 2019. Antimicrobial resistance profiles of *Listeria monocytogenes* isolated from chicken meat in Fukuoka, Japan[J]. Int J Food Microbiol, 304: 49-57.

Mayrhofer S, Paulsen P, Smulders FJ, et al. 2004. Antimicrobial resistance profile of five major food-borne pathogens isolated from beef, pork and poultry[J]. Int J Food Microbiol, 97(1): 23-29.

Mbindyo C M, Gitao G C, Plummer P J, et al. 2021. Antimicrobial resistance profiles and genes of *Staphylococci* isolated from mastitic cow's milk in Kenya[J]. Antibiotics (Basel), 10(7): 772.

Mcglennon A, Waller A, Verheyen K, et al. 2021. Surveillance of strangles in UK horses between 2015 and 2019 based on laboratory detection of *Streptococcus equi*[J]. Vet Rec, 189(12): e948.

Mechesso A F, Moon D C, Kim S J, et al. 2020. Nationwide surveillance on serotype distribution and antimicrobial resistance profiles of non-typhoidal *Salmonella* serovars isolated from food-producing animals in South Korea[J]. Int J Food Microbiol, 335: 108893.

Mehmeti I, Behluli B, Mestani M, et al. 2016. Antimicrobial resistance levels amongst staphylococci isolated from clinical cases of bovine mastitis in Kosovo[J]. J Infect Dev Ctries, 10(10): 1081-1087.

Mekic S, Matanovic K, Seol B. 2011. Antimicrobial susceptibility of *Pseudomonas aeruginosa* isolates from dogs with otitis externa[J]. Vet Rec, 169(5): 125.

Melchner A, Van De Berg S, Scuda N, et al. 2021. Antimicrobial resistance in isolates from cattle with bovine respiratory disease in Bavaria, Germany[J]. Antibiotics (Basel), 10(12): 1538.

Mercat M, Clermont O, Massot M, et al. 2015. *Escherichia coli* population structure and antibiotic resistance at a buffalo/cattle interface in Southern Africa[J]. Appl Environ Microbiol, 82(5): 1459-1467.

Merradi M, Kassah Laouar A, Ayachi A, et al. 2019. Occurrence of VIM-4 metallo-β-lactamase-producing *Pseudomonas aeruginosa* in an Algerian hospital[J]. J Infect Dev Ctries, 13(4): 284-290.

Messele Y E, Abdi R D, Tegegne D T, et al. 2019. Analysis of milk-derived isolates of *E. coli* indicating drug resistance in central Ethiopia[J]. T Trop Anim Health Prod, 51(3): 661-667.

Milton A A P, Sanjukta R, Gogoi A P, et al. 2020. Prevalence, molecular typing and antibiotic resistance of *Clostridium perfringens* in free range ducks in Northeast India[J]. Anaerobe, 64: 102242.

Mobasseri G, Teh C, Ooi P T, et al. 2019a. The emergence of colistin-resistant *Klebsiella pneumoniae* strains from swine in Malaysia[J]. J Glob Antimicrob Resist, 17: 227-232.

Mobasseri G, Teh C, Ooi P T, et al. 2019b. Molecular characterization of multidrug-resistant and extended-spectrum beta-lactamase-producing *Klebsiella pneumoniae* isolated from swine farms in Malaysia[J]. Microb Drug Resist, 25(7): 1087-1098.

Mok J S, Cho S R, Park Y, et al. 2021. Distribution and antimicrobial resistance of *Vibrio parahaemolyticus* isolated from fish and shrimp aquaculture farms along the Korean coast[J]. Mar Pollut Bull, 171: 112785.

Molla B, Byrne M, Abley M, et al. 2012. Epidemiology and genotypic characteristics of methicillin-resistant *Staphylococcus aureus* strains of porcine origin[J]. J Clin Microbiol, 50(11): 3687-3693.

Momtaz H, Dehkordi F S, Rahimi E, et al. 2013. Virulence genes and antimicrobial resistance profiles of *Staphylococcus aureus* isolated from chicken meat in Isfahan province, Iran[J]. J Appl Poult Res, 22(4): 913-921.

Monistero V, Barberio A, Cremonesi P, et al. 2021. Genotyping and antimicrobial susceptibility profiling of *Streptococcus uberis* isolated from a clinical bovine mastitis outbreak in a dairy farm[J]. Antibiotics (Basel), 10(6): 644.

Montso K P, Dlamini S B, Kumar A, et al. 2019. Antimicrobial resistance factors of extended-spectrum beta-lactamases producing *Escherichia coli* and *Klebsiella pneumoniae* isolated from cattle farms and raw beef in North-West Province, South Africa[J]. Biomed Res Int, 2019: 4318306.

Moodley A, Damborg P, Nielsen S S. 2014. Antimicrobial resistance in methicillin susceptible and methicillin resistant *Staphylococcus pseudintermedius* of canine origin: literature review from 1980 to 2013[J]. Vet Microbiol, 171(3-4): 337-341.

Moon D C, Mechesso A F, Kang H Y, et al. 2020. First report of an *Escherichia coli* strain carrying the colistin resistance determinant *mcr-1* from a dog in South Korea[J]. Antibiotics (Basel), 9(11): 768.

Moon J S, Lee A R, Kang H M, et al. 2007. Phenotypic and genetic antibiogram of methicillin-resistant staphylococci isolated from bovine mastitis in Korea[J]. J Dairy Sci, 90(3): 1176-1185.

Mori T, Okamura N, Kishino K, et al. 2018. Prevalence and antimicrobial resistance of *Salmonella* serotypes isolated from poultry meat in Japan[J]. Food Saf (Tokyo), 6(3): 126-129.

Morrow C J, Kreizinger Z, Achari R R, et al. 2020. Antimicrobial susceptibility of pathogenic mycoplasmas in chickens in Asia[J]. Vet Microbiol, 250: 108840.

Moser S, Seth Smith H, Egli A, et al. 2020. *Campylobacter jejuni* from canine and bovine cases of campylo-bacteriosis express high antimicrobial resistance rates against (fluoro) quinolones and tetracyclines[J]. Pathogens, 9(9): 691.

Moyaert H, De Jong A, Simjee S, et al. 2019. Survey of antimicrobial susceptibility of bacterial pathogens isolated from dogs and cats with respiratory tract infections in Europe: ComPath results[J]. J Appl Microbiol, 127(1): 29-46.

Mpundu P, Mbewe A R, Muma J B, et al. 2021. A global perspective of antibiotic-resistant *Listeria monocy-togenes* prevalence in assorted ready to eat foods: a systematic review[J]. Vet World, 14(8): 2219-2229.

Mukherjee M, Gentry T, Mjelde H, et al. 2020. *Escherichia coli* antimicrobial resistance variability in water runoff and soil from a remnant native prairie, an improved pasture, and a cultivated agricultural watershed[J]. Water, 12(5): 1251.

Mukherjee Piyali, Ramamurthy T, Bhattacharya Mihir K, et al. 2013. *Campylobacter jejuni* in hospitalized patients with diarrhea, Kolkata, India[J]. Emerg Infect Dis, 19(7): 1155-1156.

Murinda S E, Ibekwe A M, Rodriguez N G, et al. 2019. Shiga toxin-producing *Escherichia coli* in Mastitis: an international perspective[J]. Foodborne Pathog Dis, 16(4): 229-243.

Mwangi S, Timmons J, Fitz Coy S, et al. 2019. Characterization of *Clostridium perfringens* recovered from broiler chicken affected by necrotic enteritis[J]. Poult Sci, 98(1): 128-135.

Nafarrate I, Lasagabaster A, Sevillano E, et al. 2020. Prevalence, molecular typing and antimicrobial susceptibility of *Campylobacter* spp. isolates in northern Spain[J]. J Appl Microbiol, 130(4): 1368-1379.

Nakaya I, Ikeuchi T, Tomita K, et al. 2000. Antibiotic susceptibility of *Pasteurella multocida* serotype A and *Haemophilus somnus* strains isolated from pneumonic calf lungs[J]. J Jap Vet Med Assoc, 53(1): 7-11.

Nam H M, Lim S K, Kang H M, et al. 2009. Antimicrobial resistance of *Streptococci* isolated from mastitic bovine milk samples in Korea[J]. J Vet Diagn Invest, 21(5): 698-701.

Naushad S, Nobrega D B, Naqvi S A, et al. 2020. Genomic analysis of bovine *Staphylococcus aureus* isolates from milk to elucidate diversity and determine the distributions of antimicrobial and virulence genes and their association with mastitis[J]. mSystems, 5(4): e00063-20.

Navon-Venezia S, Kondratyeva K, Carattoli A. 2017. *Klebsiella pneumoniae*: a major worldwide source and shuttle for antibiotic resistance[J]. FEMS Microbiol Rev, 41(3): 252-275.

Nedbalcová K, Kučerová Z. 2013. Antimicrobial susceptibility of *Pasteurella multocida* and *Haemophilus parasuis* isolates associated with porcine pneumonia[J]. Acta Vet Brno, 82(1): 3-7.

Neela V, Mohd Zafrul A, Mariana NS, et al. 2009. Prevalence of ST9 methicillin-resistant *Staphylococcus aureus* among pigs and pig handlers in Malaysia[J]. J Clin Microbiol, 47(12): 4138-4140.

Negi M, Vergis J, Vijay D, et al. 2015. Genetic diversity, virulence potential and antimicrobial susceptibility of *Listeria monocytogenes* recovered from different sources in India[J]. Pathog Dis, 73(9): ftv093.

Ngamwongsatit B, Tanomsridachchai W, Suthienkul O, et al. 2016. Multidrug resistance in *Clostridium perfringens* isolated from diarrheal neonatal piglets in Thailand[J]. Anaerobe, 38: 88-93.

Nguyet LTY, Keeratikunakorn K, Kaeoket K, et al. 2022. Antibiotic resistant *Escherichia coli* from diarrheic piglets from pig farms in Thailand that harbor colistin-resistant *mcr* genes[J]. Sci Rep, 12(1): 9083.

Nhung N T, Cuong N V, Thwaites G, et al. 2016. Antimicrobial usage and antimicrobial resistance in animal production in Southeast Asia: A review[J]. Antibiotics (Basel), 5(4): 37.

Nhung N T, Yen N, Cuong N, et al. 2020. Carriage of the zoonotic organism *Streptococcus suis* in chicken flocks in Vietnam[J]. Zoonoses Public Health, 67(8): 843-848.

Nikolaisen N K, Lassen D, Chriel M, et al. 2017. Antimicrobial resistance among pathogenic bacteria from mink (*Neovison vison*) in Denmark[J]. Acta Vet Scand, 59(1): 60.

Nishino T, Suzuki H, Mizumoto S, et al. 2021. Antimicrobial drug-resistance profile of *Vibrio parahaemolyticus* isolated from Japanese Horse Mackerel (*Trachurus Japonicus*) [J]. Food Saf (Tokyo), 9(3): 75-80.

Nishino Y, Shimojima Y, Morita K, et al. 2019. Prevalence of antimicrobial resistance in *Escherichia coli* isolated from retail meat in Tokyo, Japan[J]. Shokuhin Eiseigaku Zasshi, 60(3): 45-51.

Nobrega D B, Calarga A P, Nascimento L C., et al. 2021. Molecular characterization of antimicrobial resistance in *Klebsiella pneumoniae* isolated from Brazilian dairy herds[J]. J Dairy Sci, 104(6): 7210-7224.

Nobrega D B, Naushad S, Naqvi S A, et al. 2018. Prevalence and genetic basis of antimicrobial resistance in non-*aureus Staphylococci* isolated from Canadian dairy herds[J]. Front Microbiol, 9: 256.

Nocera F P, Addante L, Capozzi L, et al. 2020. Detection of a novel clone of *Acinetobacter baumannii* isolated from a dog with otitis externa[J]. Comp Immunol Microbiol Infect Dis, 70: 101471.

Nocera F P, D'Eletto E, Ambrosio M, et al. 2021. Occurrence and antimicrobial susceptibility profiles of *Streptococcus equi* subsp. *zooepidemicus* strains isolated from mares with fertility problems[J]. Antibiotics (Basel), 11(1): 25.

Noreen Z, Siddiqui F, Javed S, et al. 2020. Transmission of multidrug-resistant *Campylobacter jejuni* to children from different sources in Pakistan[J]. J Glob Antimicrob Resist, 20: 219-224.

Novais C, Coque T M, Costa M J, et al. 2005. High occurrence and persistence of antibiotic-resistant enterococci in poultry food samples in Portugal[J]. J Antimicrob Chemother, 56(6): 1139-1143.

Obaidat M M. 2020. Prevalence and antimicrobial resistance of *Listeria monocytogenes*, *Salmonella enterica* and *Escherichia coli* O157:H7 in imported beef cattle in Jordan[J]. Comp Immunol Microbiol Infect Dis, 70: 101447.

O'Brien H E, Desveaux D, Guttman D S. 2011. Next-generation genomics of *Pseudomonas syringae*[J]. Curr Opin Microbiol, 14(1): 24-30.

O'Dea M A, Laird T, Abraham R, et al. 2018. Examination of Australian *Streptococcus suis* isolates from clinically affected pigs in a global context and the genomic characterisation of ST1 as a predictor of virulence[J]. Vet Microbiol, 226: 31-40.

Oh Y H, Moon D C, Lee Y J, et al. 2018. Antimicrobial resistance of *Pasteurella multocida* strains isolated from pigs between 2010 and 2016[J]. Vet Rec Open, 5(1): e000293.

O'Keefe A, Hutton T A, Schifferli D M, et al. 2010. First detection of CTX-M and SHV extended-spectrum beta-lactamases in *Escherichia coli* urinary tract isolates from dogs and cats in the United States[J]. Antimicrob Agents Chemother, 54(8): 3489-3492.

Oliphant C M, Green G M. 2002. Quinolones: a comprehensive review[J]. Am Fam Physician, 65(3): 455-464.

Oliveira D C, De Loreto E S, Mario D A, et al. 2015. *Sporothrix schenckii* complex: susceptibilities to combined antifungal agents and characterization of enzymatic profiles [J]. Rev Inst Med Trop Sao Paulo, 57(4): 289-294.

Oloketuyi S F, Khan F. 2017. Inhibition strategies of *Listeria monocytogenes* biofilms-current knowledge and future outlooks[J]. J Basic Microbiol, 57(9): 728-743.

Önat K, Kahya S, Çarlı K T. 2014. Frequency and antibiotic susceptibility of *Pasteurella multocida* and *Mannheimia haemolytica* isolates from nasal cavities of cattle[J]. Turkish J Vet Anim Sci, 34(1): 311-316.

ONERBA (Observatoire National de l'Epidémiologie de la Résistance Bactérienne aux Antibiotiques). 2017. Annual Report 2017[R]. http: //onerba.org/publications/rapports-onerba/.

Onuma K, Tanabe T, Sato H. 2012. Antimicrobial resistance of *Staphylococcus pseudintermedius* isolates from healthy dogs and dogs affected with pyoderma in Japan[J]. Vet Dermatol, 23(1): 17-e5.

Ortega-Paredes D, Haro M, Leoro Garzón P, et al. 2019. Multidrug-resistant *Escherichia coli* isolated from canine faeces in a public park in Quito, Ecuador[J]. J Glob Antimicrob Resist, 18: 263-268.

Osaili T M, Al Nabulsi A A, Shaker R R, et al. 2014. Prevalence of *Salmonella serovars*, *Listeria monocytogenes*, and *Escherichia coli* O157:H7 in Mediterranean ready-to-eat meat products in Jordan[J]. J Food Prot, 77(1): 106-111.

Osaili T M, Alaboudi A R, Rahahlah M. 2013. Prevalence and antimicrobial susceptibility of *Escherichia coli* O157: H7 on beef cattle slaughtered in Amman abattoir[J]. Meat Sci, 93(3): 463-468.

Osman K M, Hassan H M, Orabi A, et al. 2014. Phenotypic, antimicrobial susceptibility profile and virulence factors of *Klebsiella pneumoniae* isolated from buffalo and cow mastitic milk[J]. Pathog Glob Health, 108(4): 191-199.

Ottaviani D, Leoni F, Talevi G, et al. 2013. Extensive investigation of antimicrobial resistance in *Vibrio parahaemolyticus* from shellfish and clinical sources, Italy[J]. Int J Antimicrob Agents, 42(2): 191-193.

Ovejero C M, Escudero J A, Thomas Lopez D, et al. 2017. Highly tigecycline-resistant *Klebsiella pneumoniae* sequence type 11 (ST11) and ST147 isolates from companion animals[J]. Antimicrob Agents Chemother, 61(6): e02640-16.

Oya A, Vma B, Ej A, et al. 2021. Antibiotic resistance and phylogenetic profiling of *Escherichia coli* from dairy farm soils; organic versus conventional systems[J]. Curr Res Microb Sci, 3: 100088.

Padungton P, Kaneene J B. 2003. *Campylobacter* spp. in human, chickens, pigs and their antimicrobial resistance[J]. J Vet Med Sci, 65(2): 161-170.

Pagliano P, Arslan F, Ascione T. 2017. Epidemiology and treatment of the commonest form of listeriosis: meningitis and bacteraemia[J]. Infez Med, 25(3): 210-216.

Papadopoulos D, Petridou E, Papageorgiou K, et al. 2021. Phenotypic and molecular patterns of resistance among *Campylobacter coli* and *Campylobacter jejuni* isolates, from pig farms[J]. Animals, 11(8): 2394.

Park J H, Kang J H, Hyun J E, et al. 2018. Low prevalence of mupirocin resistance in *Staphylococcus pseudintermedius* isolates from canine pyoderma in Korea[J]. Vet Dermatol, 29(2): 95-e37.

Park J Y, Kim S, Oh J Y, et al. 2015. Characterization of *Clostridium perfringens* isolates obtained from 2010 to 2012 from chickens with necrotic enteritis in Korea[J]. Poult Sci, 94(6): 1158-1164.

Parthasarathy S, Das S C, Kumar A, et al. 2021. Molecular characterization and antibiotic resistance of *Vibrio parahaemolyticus* from Indian oyster and their probable implication in food chain[J]. World J Microbiol Biotechnol, 37(8): 145.

Paterna A, Sánchez A, Gómez Martín A, et al. 2013. Short communication: in vitro antimicrobial susceptibility of *Mycoplasma agalactiae* strains isolated from dairy goats[J]. J Dairy Sci, 96(11): 7073-7076.

Pazhani G P, Bhowmik S K, Ghosh S, et al. 2014. Trends in the epidemiology of pandemic and non-pandemic strains of *Vibrio parahaemolyticus* isolated from diarrheal patients in Kolkata, India[J]. PLoS Negl Trop Dis, 8(5): e2815.

Pedersen K, Hammer A S, Sørensen CM, et al. 2009. Usage of antimicrobials and occurrence of antimicrobial resistance among bacteria from mink[J]. Vet Microbiol, 133(1-2): 115-122.

Peng J, Balasubramanian B, Ming Y, et al. 2021. Identification of antimicrobial resistance genes and drug resistance analysis of *Escherichia coli* in the animal farm environment[J]. J Infect Public Health, 14(12): 1788-1795.

Petersen A, Robert D, Walker Bowman M M, et al. 2002. Frequency of isolation and antimicrobial susceptibility patterns of *Staphylococcus intermedius* and *Pseudomonas aeruginosa* isolates from canine skin and ear samples over a 6-year period[J]. J Am Anim Hosp Assoc, 38(5): 407-413.

Petrocchi Rilo M, Gutiérrez Martín C B, Méndez Hernández J I, et al. 2019. Antimicrobial resistance of *Pasteurella multocida* isolates recovered from swine pneumonia in Spain throughout 2017 and 2018[J]. Vet Anim Sci, 7: 100044.

Petrocchi Rilo M, Gutiérrez Martín C B, Pérez Fernández E, et al. 2020. Antimicrobial resistance genes in porcine *Pasteurella multocida* are not associated with its antimicrobial susceptibility pattern[J]. Antibiotics (Basel), 9(9): 614.

Petrocchi Rilo M, Martinez Martinez S, Aguaron Turrientes A, et al. 2021. Anatomical site, typing, virulence gene profiling, antimicrobial susceptibility and resistance genes of *Streptococcus suis* isolates recovered from pigs in Spain[J]. Antibiotics (Basel), 10(6): 707.

Petrone Garcia V M, Tellez Isaias G, Alba Hurtado F, et al. 2020. Isolation and antimicrobial sensitivy of *Mycoplasma synoviae* and *Mycoplasma gallisepticum* from vaccinated hens in Mexico[J]. Pathogens, 9(11): 924.

Petrovski K R, Grinberg A, Williamson N B, et al. 2015. Susceptibility to antimicrobials of mastitis-causing *Staphylococcus aureus*, *Streptococcus uberis* and *Str. dysgalactiae* from New Zealand and the USA as assessed by the disk diffusion test[J]. Aust Vet J, 93(7): 227-233.

Pezzotti G, Serafin A, Luzzi I, et al. 2003. Occurrence and resistance to antibiotics of *Campylobacter jejuni* and *Campylobacter coli* in animals and meat in northeastern Italy[J]. Int J Food Microbiol, 82(3): 281-287.

Phongaran D, Khang Air S, Angkititrakul S. 2019. Molecular epidemiology and antimicrobial resistance of

Salmonella isolates from broilers and pigs in Thailand[J]. Vet World, 12(8): 1311-1318.

Phophi L, Petzer I M, Qekwana D N. 2019. Antimicrobial resistance patterns and biofilm formation of coagulase-negative *Staphylococcus* species isolated from subclinical mastitis cow milk samples submitted to the Onderstepoort Milk Laboratory[J]. BMC Vet Res, 15(1): 420.

Pisello L, Rampacci E, Stefanetti V, et al. 2019. Temporal efficacy of antimicrobials against aerobic bacteria isolated from equine endometritis: an Italian retrospective analysis (2010-2017)[J]. Vet Rec, 185(19): 598.

Pitkala A, Koort J, Bjorkroth J. 2008. Identification and antimicrobial resistance of *Streptococcus uberis* and *Streptococcus parauberis* isolated from bovine milk samples[J]. J Dairy Sci, 91(10): 4075-4081.

Platell J L, Cobbold R N, Johnson J R, et al. 2011. Commonality among fluoroquinolone-resistant sequence type ST131 extraintestinal *Escherichia coli* isolates from humans and companion animals in Australia[J]. Antimicrob Agents Chemother, 55(8): 3782-3787.

Poeta P, Costa D, Rodrigues J, et al. 2005. Study of faecal colonization by *vanA*-containing *Enterococcus* strains in healthy humans, pets, poultry and wild animals in Portugal[J]. J Antimicrob Chemother, 55(2): 278-280.

Poppe C, Ayroud M, Ollis G, et al. 2001. Trends in antimicrobial resistance of *Salmonella* isolated from animals, foods of animal origin, and the environment of animal production in Canada 1994-1997[J]. Microb Drug Resist, 7(2): 197-212.

Portis E, Lindeman C, Johansen L, et al. 2012. A ten-year (2000-2009) study of antimicrobial susceptibility of bacteria that cause bovine respiratory disease complex--Mannheimia haemolytica, *Pasteurella multocida*, and *Histophilus somni*--in the United States and Canada[J]. J Vet Diagn Invest, 24(5): 932-944.

Portis E, Lindeman C, Johansen L, et al. 2013. Antimicrobial susceptibility of porcine *Pasteurella multocida*, *Streptococcus suis*, and *Actinobacillus pleuropneumoniae* from the United States and Canada, 2001 to 2010[J]. J Swine Health Prod, 21(1): 30-41.

Poudel A, Hathcock T, Butaye P, et al. 2019. Multidrug-resistant *Escherichia coli*, *Klebsiella pneumoniae* and *Staphylococcus* spp. in houseflies and blowflies from farms and their environmental settings[J]. Int J Environ Res Public Health, 16(19): 3583.

Poumarat F, Gautier Bouchardon A, Bergonier D, et al. 2016. Diversity and variation in antimicrobial susceptibility patterns over time in *Mycoplasma agalactiae* isolates collected from sheep and goats in France[J]. J Appl Microbiol, 120(5): 1208-1218.

Poyart Salmeron C, Carlier C, Trieu Cuot P, et al. 1990. Transferable plasmid-mediated antibiotic resistance in *Listeria monocytogenes*[J]. Lancet, 335(8703): 1422-1426.

Qin S, Wang Y, Zhang Q, et al. 2014. Report of ribosomal RNA methylase gene *erm*(B) in multidrug-resistant *Campylobacter coli*[J]. J Antimicrob Chemother, 69(4): 964-968.

Qin S, Wu C, Wang Y, et al. 2011. Antimicrobial resistance in *Campylobacter coli* isolated from pigs in two provinces of China[J]. Int J Food Microbiol, 146(1): 94-98.

Rabello R F, Bonelli R R, Penna B A, et al. 2020. Antimicrobial resistance in farm animals in Brazil: An Update Overview[J]. Animals (Basel), 10(4): 552.

Ranjbar R, Halaji M. 2018. Epidemiology of *Listeria monocytogenes* prevalence in foods, animals and human origin from Iran: a systematic review and meta-analysis[J]. BMC Public Health, 18(1): 1057.

Reams R Y, Glickman L T, Harrington D D, et al. 1993. *Streptococcus suis* infection in swine: a retrospective study of 256 cases. Part I. Epidemiologic factors and antibiotic susceptibility patterns[J]. J Vet Diagn Invest, 5(3): 363-367.

Reddy S, Zishiri O T. 2017. Detection and prevalence of antimicrobial resistance genes in *Campylobacter* spp. isolated from chickens and humans[J]. Onderstepoort J Vet Res, 84(1): e1-e6.

Ren Q, Liao G, Wu Z, et al. 2020. Prevalence and characterization of *Staphylococcus aureus* isolates from subclinical bovine mastitis in southern Xinjiang, China[J]. J Dairy Sci, 103(4): 3368-3380.

Renzhammer R, Loncaric I, Ladstätter M, et al. 2020a. Detection of various *Streptococcus* spp. and their antimicrobial resistance patterns in clinical specimens from Austrian swine stocks[J]. Antibiotics, 9(12):

893.

Renzhammer R, Loncaric I, Roch F, et al. 2020b. Prevalence of virulence genes and antimicrobial resistances in *Eshcherichia coli* associated with neonatal diarrhea, postweaning diarrhea, and edema disease in pigs from Austria[J]. Antibiotics (Basel), 9(4): 208.

Ricotta E E, Palmer A, Wymore K, et al. 2014. Epidemiology and antimicrobial resistance of international travel-associated *Campylobacter* infections in the United States, 2005-2011[J]. Am J Public Health, 104(7): e108-114.

Rifatbegovic M, Bacic A, Pasic S, et al. 2021. Antimicrobial susceptibility of *Mycoplasma bovis* isolates from Bosnia and Herzegovina[J]. Am J Vet Re, 69(1): 43-49.

Riley C B, Chidgey K L, Bridges J P, et al. 2020. Isolates, antimicrobial susceptibility profiles and multidrug resistance of bacteria cultured from pig submissions in New Zealand[J]. Animals (Basel), 10(8): 1427.

Roberts M C, Facinelli B, Giovanetti E, et al. 1996. Transferable erythromycin resistance in *Listeria* spp. isolated from food[J]. Appl Environ Microbiol, 62(1): 269-270.

Rodas Suarez O R, Flores Pedroche J F, Betancourt Rule J M, et al. 2006. Occurrence and antibiotic sensitivity of *Listeria monocytogenes* strains isolated from oysters, fish, and estuarine water[J]. Appl Environ Microbiol, 72(11): 7410-742.

Romero Barrios P, Deckert A, Parmley E J, et al. 2020. Antimicrobial resistance profiles of *Escherichia coli* and *Salmonella* isolates in Canadian broiler chickens and their products[J]. Foodborne Pathog Dis, 17(11): 672-678.

Rood J I, Adams V, Lacey J, et al. 2018. Expansion of the *Clostridium perfringens* toxin-based typing scheme[J]. Anaerobe, 53: 5-10.

Rosales R S, Ramirez A S, Tavio M M, et al. 2020. Antimicrobial susceptibility profiles of porcine *Mycoplasmas* isolated from samples collected in southern Europe[J]. BMC Vet Res, 16(1): 324.

Rosengren L B, Waldner C L, Reid Smith R J, et al. 2009. Associations between antimicrobial exposure and resistance in fecal *Campylobacter* spp. from grow-finish pigs on-farm in Alberta and Saskatchewan, Canada[J]. J Food Prot, 72(3): 482-489.

Roth N, Käsbohrer A, Mayrhofer S, et al. 2019. The application of antibiotics in broiler production and the resulting antibiotic resistance in *Escherichia coli*: a global overview[J]. Poult Sci, 98: 1791-1804.

Rubab M, Oh D H. 2020. Virulence characteristics and antibiotic resistance profiles of Shiga toxin-producing *Escherichia coli* isolates from diverse sources[J]. Antibiotics (Basel), 9(9): 587.

Rubin J E, Pitout J D D. 2014. Extended-spectrum β-lactamase, carbapenemase and AmpC producing Enterobacteriaceae in companion animals[J]. Vet Microbiol, 170(1): 10-18.

Rubin J, Walker R D, Blickenstaff K, et al. 2008. Antimicrobial resistance and genetic characterization of fluoroquinolone resistance of *Pseudomonas aeruginosa* isolated from canine infections[J]. Vet Microbiol, 131(1-2): 164-172.

Rugna G, Carra E, Bergamini F, et al. 2021. Distribution, virulence, genotypic characteristics and antibiotic resistance of *Listeria monocytogenes* isolated over one-year monitoring from two pig slaughterhouses and processing plants and their fresh hams[J]. Int J Food Microbiol, 336: 108912.

Ruiz Palacios G M. 2007. The health burden of *Campylobacter* infection and the impact of antimicrobial resistance: playing chicken[J]. Clin Infect Dis, 44(5): 701-703.

Rumi M V, Mas J, Elena A, et al. 2019. Co-occurrence of clinically relevant β-lactamases and MCR-1 encoding genes in *Escherichia coli* from companion animals in Argentina[J]. Vet Microbiol, 230: 228-234.

Rumi M V, Nuske E, Mas J, et al. 2021. Antimicrobial resistance in bacterial isolates from companion animals in Buenos Aires, Argentina: 2011-2017 retrospective study[J]. Zoonoses Public Health, 68(5): 516-526.

Russo T A, Johnson J R. 2020. Proposal for a new inclusive designation for extraintestinal pathogenic isolates of *Escherichia coli*: ExPEC[J]. J Infect Dis, 181(5): 1753-1754.

Ruzauskas M, Couto N, Pavilonis A, et al. 2016. Characterization of *Staphylococcus pseudintermedius* isolated from diseased dogs in Lithuania[J]. Pol J Vet Sci, 19(1): 7-14.

Ryll M, Christensen H, Bisgaard M, et al. 2010. Studies on the prevalence of *Riemerella anatipestifer* in the upper respiratory tract of clinically healthy ducklings and characterization of untypable strains[J]. J Vet Med B Infect Dis Vet Public Health, 48(7): 537-546.

Rynhoud H, Forde B M, Beatson S A, et al. 2021. Molecular epidemiology of clinical and colonizing methicillin-resistant *Staphylococcus* isolates in companion animals[J]. Front Vet Sci, 8: 620491.

Ryu A R, Mok J S, Lee D E, et al. 2019. Occurrence, virulence, and antimicrobial resistance of *Vibrio parahaemolyticus* isolated from bivalve shellfish farms along the southern coast of Korea[J]. Environ Sci Pollut Res Int, 26(20): 21034-21043.

Ryu S, Lee J, Park S, et al. 2012. Antimicrobial resistance profiles among *Escherichia coli* strains isolated from commercial and cooked foods[J]. Int J Food Microbiol, 159(3): 263-266.

Sacher Pirklbauer A, Klein Jöbstl D, Sofka D, et al. 2021. Phylogenetic groups and antimicrobial resistance genes in *Escherichia coli* from different meat species[J]. Antibiotics (Basel), 10(12): 1543.

Sacramento A G, D Andrade A C, Teotonio B N, et al. 2022. WHO critical priority van-type vancomycin-resistant *Enterococcus* in dogs and cats[J]. Prev Vet Med, 202: 105614.

Saleem S, Bokhari H. 2020. Resistance profile of genetically distinct clinical *Pseudomonas aeruginosa* isolates from public hospitals in central Pakistan[J]. J Infect Public Health, 13(4): 598-605.

Salgado-Caxito M, Benavides J A, Adell A D, et al. 2021. Global prevalence and molecular characterization of extended-spectrum β-lactamase producing-*Escherichia coli* in dogs and cats-A scoping review and meta-analysis[J]. One Health, 12: 100236.

Salleh M Z, Nik Zuraina N M N, Hajissa K, et al. 2022. Prevalence of multidrug-resistant diarrheagenic *Escherichia coli* in Asia: a systematic review and meta-analysis[J]. Antibiotics (Basel), 11(10): 1333.

Salvarani F M, Silveira Silva R O, Pires P S, et al. 2012. Antimicrobial susceptibility of *Clostridium perfringens* isolated from piglets with or without diarrhea in Brazil [J]. Braz J Microbiol, 43(3): 1030-1033.

Saputra S, Jordan D, Mitchell T, et al. 2017a. Antimicrobial resistance in clinical *Escherichia coli* isolated from companion animals in Australia[J]. Vet Microbiol, 211: 43-50.

Saputra S, Jordan D, Worthing K A, et al. 2017b. Antimicrobial resistance in coagulase-positive *Staphylococci* isolated from companion animals in Australia: a one year study[J]. PLoS One, 12(4): e0176379-e0176379.

Sarangi L N, Thomas P, Gupta S K, et al. 2015. Virulence gene profiling and antibiotic resistance pattern of Indian isolates of *Pasteurella multocida* of small ruminant origin[J]. Comp Immunol Microbiol Infect Dis, 38: 33-39.

Sartori L, Sellera F P, Moura Q, et al. 2020. Genomic features of a polymyxin-resistant *Klebsiella pneumoniae* ST491 isolate co-harbouring $bla_{CTX-M-8}$ and $qnrE1$ genes from a hospitalised cat in São Paulo, Brazil[J]. J Glob Antimicrob Resist, 21: 186-187.

Sarver C F, Nersessian M B. 2005. The effect of route of inoculation and challenge dosage on *Riemerella anatipestifer* infection in Pekin ducks (*Anas platyrhynchos*)[J]. Avian Dis, 49(1): 104-107.

Sasaki Y, Ikeda A, Ishikawa K, et al. 2012. Prevalence and antimicrobial susceptibility of *Salmonella* in Japanese broiler flocks[J]. Epidemiol Infect, 140(11): 2074-2081.

Sasaki Y, Iwata T, Uema M, et al. 2020. Prevalence and characterization of *Campylobacter* in bile from bovine gallbladders[J]. Shokuhin Eiseigaku Zasshi, 61(4): 126-131.

Sato T, Yokota S, Tachibana T, et al. 2021. Isolation of human lineage, fluoroquinolone-resistant and extended-β-lactamase-producing *Escherichia coli* isolates from companion animals in Japan[J]. Antibiotics (Basel), 10(12): 1463.

Savin M, Bierbaum G, Blau K, et al. 2020. Colistin-resistant *Enterobacteriaceae* isolated from process waters and wastewater from German poultry and pig slaughterhouses[J]. Front Microbiol, 11: 575391.

Schaumburg F, Pauly M, Anoh E, et al. 2015. *Staphylococcus aureus* complex from animals and humans in three remote African regions[J]. Clin Microbiol Infect, 21(4): 345.e1-8.

Schlech W F. 2019. Epidemiology and clinical manifestations of *Listeria monocytogenes* infection[J]. Microbiol Spectr, 7(3).

Schmidt T, Kock M M, Ehlers M M. 2015. Diversity and antimicrobial susceptibility profiling of *Staphylococci* isolated from bovine mastitis cases and close human contacts[J]. J Dairy Sci, 98(9): 6256-6269.

Schreyer M E, Olivero C R, Rossler E, et al. 2022. Prevalence and antimicrobial resistance of *Campylobacter jejuni* and *C. coli* identified in a slaughterhouse in Argentina[J]. Curr Res Food Sci, 5: 590-597.

Schultz K K, Strait E L, Erickson B Z, et al. 2012. Optimization of an antibiotic sensitivity assay for *Mycoplasma hyosynoviae* and susceptibility profiles of field isolates from 1997 to 2011[J]. Vet Microbiol, 158(1-2): 104-108.

Scott G M, Thomson R, Malone-Lee J, et al. 1988. Cross-infection between animals and man: possible feline transmission of *Staphylococcus aureus* infection in humans? [J]. J Hosp Infect, 12(1): 29-34.

Scott L, Menzies P, Reid Smith R J, et al. 2012. Antimicrobial resistance in *Campylobacter* spp. isolated from Ontario sheep flocks and associations between antimicrobial use and antimicrobial resistance[J]. Zoonoses Public Health, 59(4): 294-301.

Cha S Y, Seo H S, Wei B, et al. 2015. Surveillance and characterization of *Riemerella anatipestifer* from wild birds in South Korea[J]. J Wildl Dis, 51(2): 341-347.

Sellyei B, Thuma Á, Volokhov D, et al. 2017. Comparative analysis of *Pasteurella multocida* isolates from acute and chronic fowl cholera cases in hungary during the period 2005 through 2010[J]. Avian Dis, 61(4): 457-465.

Seol B, Naglic T, Madic J, et al. 2002. In vitro antimicrobial susceptibility of 183 *Pseudomonas aeruginosa* strains isolated from dogs to selected antipseudomonal agents[J]. J Vet Med B Infect Dis Vet Public Health, 49(4): 188-192.

Shah M S, Qureshi S, Kashoo Z, et al. 2019. Methicillin resistance genes and in vitro biofilm formation among *Staphylococcus aureus* isolates from bovine mastitis in India[J]. Comp Immunol Microbiol Infect Dis, 64: 117-124.

Shaheen B W, Nayak R, Boothe D M. 2013. Emergence of a New Delhi metallo-β-lactamase (NDM-1)-encoding gene in clinical *Escherichia coli* isolates recovered from companion animals in the United States[J]. Antimicrob Agents Chemother, 57(6): 2902-2903.

Shahrani M, Dehkordi F S, Momtaz H. 2014. Characterization of *Escherichia coli* virulence genes, pathotypes and antibiotic resistance properties in diarrheic calves in Iran[J]. Biol Res, 47(1): 28.

Shaw K S, Rosenberg G R, He X, et al. 2014. Antimicrobial susceptibility of *Vibrio vulnificus* and *Vibrio parahaemolyticus* recovered from recreational and commercial areas of Chesapeake Bay and Maryland Coastal Bays[J]. PLoS One, 9(2): e89616.

Shen J, Wu X, Yang Y, et al. 2021. Antimicrobial resistance and virulence factor of *Streptococcus dysgalactiae* isolated from clinical bovine mastitis cases in Northwest China[J]. Infect Drug Resist, 14: 3519-3530.

Shen Y, Liu Y, Zhang Y, et al. 2006. Isolation and characterization of *Listeria monocytogenes* isolates from ready-to-eat foods in Florida[J]. Appl Environ Microbiol, 72(7): 5073-5076.

Shen Z, Wang Y, Zhang Q, et al. 2018. Antimicrobial resistance in *Campylobacter* spp.[J]. Microbiol Spectr, 6(2).

Shimazaki Y, Ozawa M, Matsuda M, et al. 2020. Report on the Japanese Veterinary Antimicrobial Resistance Monitoring System 2016-2017[M]. Japan: National Veterinary Assay Laboratory Ministry of Agriculture, Forestry and Fisheries.

Shimbo A, Takasawa K, Nishioka M, et al. 2018. Complications of *Listeria* meningitis in two immunocompetent children[J]. Pediatr Int, 60(5): 491-492.

Shimojima Y, Nishino Y, Fukui R, et al. 2020. *Salmonella* serovars isolated from retail meats in Tokyo, Japan and their antimicrobial susceptibility[J]. Shokuhin Eiseigaku Zasshi, 61(6): 211-217.

Shin S R, Noh S M, Jung W K, et al. 2021. Characterization of extended-spectrum β-lactamase-producing and AmpC β-lactamase-producing *Enterobacterales* isolated from companion animals in Korea[J]. Antibiotics (Basel), 10(3): 249.

Shneerson J M, Chattopadhyay B, Murphy M F, et al. 1980. Permanent perceptive deafness due to *Streptococcus suis* type II infection[J]. J Laryngol Otol, 94(4): 425-427.

Shobo C O, Bester L A, Baijnath S, et al. 2016. Antibiotic resistance profiles of *Campylobacter* species in the South Africa private health care sector[J]. J Infect Dev Ctries, 10(11): 1214-1221.

Shrestha A, Bhattarai R K, Luitel H, et al. 2021. Prevalence of methicillin-resistant *Staphylococcus aureus* and pattern of antimicrobial resistance in mastitis milk of cattle in Chitwan, Nepal[J]. BMC Vet Res, 17(1): 239.

Shunsuke K, Toshiya S, Hiroya I. 2016. Serovar and antimicrobial resistance profiles of *Actinobacillus pleuropneumoniae* isolated in Japan from 2006 to 2011[J]. Jpn Agric Res Q, 50(1): 73-77.

Sidjabat H E, Townsend K M, Lorentzen M, et al. 2006. Emergence and spread of two distinct clonal groups of multidrug-resistant *Escherichia coli* in a veterinary teaching hospital in Australia[J]. J Med Microbiol, 55(8): 1125-1134.

Sierra Arguello Y M, Perdoncini G, Morgan R B, et al. 2016. Fluoroquinolone and macrolide resistance in *Campylobacter jejuni* isolated from broiler slaughterhouses in southern Brazil[J]. Avian Pathol, 45(1): 66-72.

Silby M W, Winstanley C, Godfrey S A, et al. 2011. *Pseudomonas* genomes: diverse and adaptable[J]. FEMS Microbiol Rev, 35(4): 652-680.

Silva R O, Junior F C, Marques M V R, et al. 2014. Genotyping and antimicrobial susceptibility of *Clostridium perfringens* isolated from Tinamidae, Cracidae and Ramphastidae species in Brazil[J]. Ciência Rural, 44(3): 486-491.

Siriken B, Ayaz N D, Erol I. 2014. *Listeria monocytogenes* in retailed raw chicken meat in Turkey[J]. Berl Munch Tierarztl Wochenschr, 127(1-2): 43-49.

Sivaraman G K, Sudha S, Muneeb K H, et al. 2020. Molecular assessment of antimicrobial resistance and virulence in multi drug resistant ESBL-producing *Escherichia coli* and *Klebsiella pneumoniae* from food fishes, Assam, India[J]. Microb Pathog, 149: 104581.

Skočková A, Bogdanovičoá K, Koláčková I, et al. 2015. Antimicrobial-resistant and extended-spectrum β-lactamase-producing *Escherichia coli* in raw cow's milk[J]. J Food Prot, 78(1): 72-77.

Skowron K, Kwiecińska Piróg J, Grudlewska K, et al. 2018. The occurrence, transmission, virulence and antibiotic resistance of *Listeria monocytogenes* in fish processing plant[J]. Int J Food Microbiol, 282: 71-83.

Slavic D, Boerlin P, Fabri M, et al. 2011. Antimicrobial susceptibility of *Clostridium perfringens* isolates of bovine, chicken, porcine, and turkey origin from Ontario[J]. Can J Vet Res, 75(2): 89-97.

Smee N, Loyd K, Grauer G F. 2013. UTIs in small animal patients: part 2: diagnosis, treatment, and complications[J]. J Am Anim Hosp Assoc, 49(2): 83-94.

Smith A, Wayne A S, Fellman C L, et al. 2019. Usage patterns of carbapenem antimicrobials in dogs and cats at a veterinary tertiary care hospital[J]. J Vet Int Med, 33(4): 1677-1685.

Smith K E, Besser J M, Hedberg C W, et al. 1999. Quinolone-resistant *Campylobacter jejuni* infections in Minnesota, 1992-1998. Investigation Team[J]. N Engl J Med, 340(20): 1525-1532.

Smith T C, Pearson N. 2011. The emergence of *Staphylococcus aureus* ST398[J]. Vector Borne Zoonotic Dis, 11(4): 327-339.

Soares L, Pereira I, Pribul B, et al. 2012. Antimicrobial resistance and detection of *mecA* and *blaZ* genes in coagulase-negative *Staphylococcus* isolated from bovine mastitis[J]. Pesq Vet Bras, 32(8): 692-696.

Soares T C, Paes A C, Megid J, et al. 2014. Antimicrobial susceptibility of *Streptococcus suis* isolated from clinically healthy swine in Brazil[J]. Can J Vet Res, 78(2): 145-149.

Sodagari H R, Wang P, Robertson I, et al. 2021. Antimicrobial resistance and genomic characterisation of *Escherichia coli* isolated from caged and non-caged retail table eggs in Western Australia[J]. Int J Food Microbiol, 340: 109054.

Soehnlen M K, Kunze M E, Karunathilake K E, et al. 2011. In vitro antimicrobial inhibition of *Mycoplasma bovis* isolates submitted to the Pennsylvania Animal Diagnostic Laboratory using flow cytometry and a broth microdilution method[J]. J Vet Diagn Invest, 23(3): 547-551.

Solomakos N, Govaris A, Angelidis A S, et al. 2009. Occurrence, virulence genes and antibiotic resistance of *Escherichia coli* O157 isolated from raw bovine, caprine and ovine milk in Greece[J]. Food Microbiol, 26(8): 865-871.

Song H, Kim S, Moon D C, et al. 2022. Antimicrobial resistance in *Escherichia coli* isolates from healthy food animals in South Korea, 2010-2020[J]. Microorganisms, 3(10): 524.

Song X, Huang X, Xu H, et al. 2020. The prevalence of pathogens causing bovine mastitis and their associated risk factors in 15 large dairy farms in China: an observational study[J]. Vet Microbiol, 247: 108757.

Souto M S M, Coura F M, Dorneles E M S, et al. 2017. Antimicrobial susceptibility and phylotyping profile of pathogenic *Escherichia coli* and *Salmonella enterica* isolates from calves and pigs in Minas Gerais, Brazil[J]. Trop Anim Health Prod, 49(1): 13-23.

Srinivasan V, Nam H M, Nguyen L T, et al. 2005. Prevalence of antimicrobial resistance genes in *Listeria monocytogenes* isolated from dairy farms[J]. Foodborne Pathog Dis, 2(3): 201-211.

Srinivasan V, Nguyen L T, Headrick S I, et al. 2007. Antimicrobial resistance patterns of Shiga toxin-producing *Escherichia coli* O157:H7 and O157:H7-from different origins[J]. Microb Drug Resist, 13(1): 44-51.

Steger L, Rinder M, Korbel R. 2020. Phenotypical antibiotic resistances of bacteriological isolates originating from pet, zoo and falconry birds[J]. Tierarztl Prax Ausg K Kleintiere Heimtiere, 48(4): 260-269.

Stella A E, Oliveira M C D, Fontana V L D D, et al. 2016. Characterization and antimicrobial resistance patterns of *Escherichia coli* isolated from feces of healthy broiler chickens[J]. Arq Inst Biol, 83: e0392014.

Stonsaovapak S, Boonyaratanakornkit M. 2010. Prevalence and antimicrobial resistance of *listeria* species in food products in Bangkok, Thailand [J]. J Food Saf, 30(1): 154-161.

Stringer O W, Li Y, Bossé J T, et al. 2022. JMM Profile: *Actinobacillus pleuropneumoniae*: a major cause of lung disease in pigs but difficult to control and eradicate[J]. J Med Microbiol, 71(3): 001483.

Strommenger B, Kehrenberg C, Kettlitz C, et al. 2006. Molecular characterization of methicillin-resistant *Staphylococcus aureus* strains from pet animals and their relationship to human isolates[J]. J Antimicrob Chemother, 57(3): 461-465.

Sudarwanto M, Akineden Ö, Odenthal S, et al. 2015. Extended-spectrum β-lactamase (ESBL)-producing *Klebsiella pneumoniae* in bulk tank milk from dairy farms in Indonesia[J]. Foodborne Pathog Dis, 12(7): 585-590.

Sun N, Liu J H, Yang F, et al. 2012. Molecular characterization of the antimicrobial resistance of *Riemerella anatipestifer* isolated from ducks[J]. Vet Microbiol, 158(3-4): 376-383.

Supre K, Lommelen K, De Meulemeester L. 2014. Antimicrobial susceptibility and distribution of inhibition zone diameters of bovine mastitis pathogens in Flanders, Belgium[J]. Vet Microbiol, 171(3-4): 374-381.

Sweeney M T, Lindeman C, Johansen L, et al. 2017. Antimicrobial susceptibility of *Actinobacillus pleuro-pneumoniae*, *Pasteurella multocida*, *Streptococcus suis*, and *Bordetella bronchiseptica* isolated from pigs in the United States and Canada, 2011 to 2015[J]. J Swine Health Prod, 25(3): 106-120.

Tack D M, Ray L, Griffin P M, et al. 2020. Preliminary incidence and trends of infections with pathogens transmitted commonly through food-foodborne diseases active surveillance network, 10 U.S. Sites, 2016-2019[J]. Morb Mortal Wkly Rep, 69(17): 509-514.

Tamang M D, Moon D C, Kim S, et al. 2017. Detection of novel oxazolidinone and phenicol resistance gene *optrA* in *Enterococcal* isolates from food animals and animal carcasses[J]. Vet Microbiol, 201: 252-256.

Tan M F, Tan J, Zeng Y B, et al. 2021. Antimicrobial resistance phenotypes and genotypes of *Streptococcus suis* isolated from clinically healthy pigs from 2017 to 2019 in Jiangxi Province, China[J]. J Appl Microbiol, 130(3): 797-806.

Tang M, Zhou Q, Zhang X, et al. 2020. Antibiotic resistance profiles and molecular mechanisms of *Campylobacter* from chicken and pig in China[J]. Front Microbiol, 11: 592496.

Tang X, Zhao Z, Hu J, et al. 2009. Isolation, antimicrobial resistance, and virulence genes of *Pasteurella multocida* strains from swine in China[J]. J Clin Microbiol, 47(4): 951.

Taniguchi Y, Maeyama Y, Ohsaki Y, et al. 2017. Co-resistance to colistin and tigecycline by disrupting *mgrB* and *ramR* with IS insertions in a canine *Klebsiella pneumoniae* ST37 isolate producing SHV-12, DHA-1 and FosA3[J]. Int J Antimicrob Agents, 50(5): 697-698.

Tanomsridachchai W, Changkaew K, Changkwanyeun R, et al. 2021. Antimicrobial resistance and molecular characterization of methicillin-resistant *Staphylococcus aureus* isolated from slaughtered pigs and pork in the central region of Thailand[J]. Antibiotics (Basel), 10(2): 206.

Tansuphasiri U, Matra W, Sangsuk L. 2005. Antimicrobial resistance among *Clostridium perfringens* isolated from various sources in Thailand[J]. Southeast Asian J Trop Med Public Health, 36(4): 954-961.

Taponen S, Nykasenoja S, Pohjanvirta T, et al. 2016. Species distribution and in vitro antimicrobial susceptibility of coagulase-negative *Staphylococci* isolated from bovine mastitic milk[J]. Acta Vet Scand, 58: 12.

Tark D, Moon D C, Kang H Y, et al. 2017. Antimicrobial susceptibility and characterization of extended-spectrum β-lactamases in *Escherichia coli* isolated from bovine mastitic milk in South Korea from 2012 to 2015[J]. J Dairy Sci, 100(5): 3463-3469.

Tate H, Li C, Nyirabahizi E, et al. 2021. A national antimicrobial resistance monitoring system survey of antimicrobial-resistant foodborne bacteria isolated from retail veal in the United States[J]. J Food Prot, 84(10): 1749-1759.

Tavio M M, Poveda C, Assuncao P, et al. 2014. In vitro activity of tylvalosin against Spanish field strains of *Mycoplasma hyopneumoniae*[J]. Vet Rec, 175(21): 538.

Taylor N M, Clifton Hadley F A, Wales A D, et al. 2009. Farm-level risk factors for fluoroquinolone resistance in *E. coli* and thermophilic *Campylobacter* spp. on finisher pig farms[J]. Epidemiol Infect, 137(8): 1121-1134.

Terzi G G, Gucukoglu A, Cadirci O, et al. 2020. Serotyping and antibiotic resistance of *Listeria monocytogenes* isolated from raw water buffalo milk and milk products[J]. J Food Sci, 85(9): 2889-2895.

Thomas V, De Jong A, Moyaert H, et al. 2015. Antimicrobial susceptibility monitoring of mastitis pathogens isolated from acute cases of clinical mastitis in dairy cows across Europe: VetPath results[J]. Int J Antimicrob Agents, 46(1): 13-20.

Thomrongsuwannakij T, Blackall P J, Chansiripornchai N. 2017. A study on *Campylobacter jejuni* and *Campylobacter coli* through commercial broiler production chains in Thailand: antimicrobial resistance, the characterization of DNA gyrase subunit A mutation, and genetic diversity by flagellin A gene restriction fragment length polymorphism[J]. Avian Dis, 61(2): 186-197.

Thongkamkoon P, Narongsak W, Kobayashi H, et al. 2013. In vitro susceptibility of *Mycoplasma hyopneumoniae* field isolates and occurrence of fluoroquinolone, macrolides and lincomycin resistance[J]. J Vet Med Sci, 75(8): 1067-1070.

Tian Y, Aarestrup F M, Lu C P. 2004. Characterization of *Streptococcus suis* serotype 7 isolates from diseased pigs in Denmark[J]. Vet Microbiol, 103(1-2): 55-62.

Timofte D, Maciuca I E, Evans N J, et al. 2014. Detection and molecular characterization of *Escherichia coli* CTX-M-15 and *Klebsiella pneumoniae* SHV-12 β-lactamases from bovine mastitis isolates in the United Kingdom[J]. Antimicrob Agents Chemother, 58(2): 789-794.

Titilawo Y, Obi L, Okoh A. 2015. Antimicrobial resistance determinants of *Escherichia coli* isolates recovered from some rivers in Osun State, South-western Nigeria: implications for public health[J]. Sci Total Environ, 523: 82-94.

Torkan S, Vazirian B, Khamesipour F, et al. 2018. Prevalence of thermotolerant *Campylobacter* species in dogs and cats in Iran[J]. Vet Med Sci, 4(4): 296-303.

Torres C, Tenorio C, Portillo A, et al. 2003. Intestinal colonization by *vanA*- or *vanB2*-containing enterococcal isolates of healthy animals in Spain[J]. Microb Drug, 9 Suppl 1: S47-52.

Trongjit S, Angkititrakul S, Tuttle R E, et al. 2017. Prevalence and antimicrobial resistance in *Salmonella enterica* isolated from broiler chickens, pigs and meat products in Thailand-Cambodia border provinces[J]. Microbiol Immunol, 61(1): 23-33.

Tsai H Y, Liao C H, Cheng A, et al. 2012. Isolation of meticillin-resistant *Staphylococcus aureus* sequence type 9 in pigs in Taiwan[J]. Int J Antimicrob Agents, 39(5): 449-451.

Tsuyuki Y, Kurita G, Murata Y, et al. 2018. Bacteria isolated from companion animals in Japan (2014–2016) by blood culture[J]. J Infect Chemother, 24(7): 583-587.

Tyson G H, Ceric O, Guag J, et al. 2021. Genomics accurately predicts antimicrobial resistance in *Staphylococcus pseudintermedius* collected as part of Vet-LIRN resistance monitoring[J]. Vet Microbiol, 254: 109006.

Tyson G H, Nyirabahizi E, Crarey E, et al. 2018. Prevalence and antimicrobial resistance of *Enterococci* isolated from retail meats in the United States, 2002 to 2014[J]. Appl Environ Microbiol, 84(1): e01902-17.

Uemura R, Sueyoshi M, Nagatomo H. 2010. Antimicrobial susceptibilities of four species of *Mycoplasma* isolated in 2008 and 2009 from cattle in Japan[J]. J Vet Med Sci, 72(12): 1661-1663.

Unno T, Han D, Jang J, et al. 2010. High diversity and abundance of antibiotic-resistant *Escherichia coli* isolated from humans and farm animal hosts in Jeonnam Province, South Korea[J]. Sci Total Environ, 408(17): 3499-3506.

Usui M, Kajino A, Kon M, et al. 2019. Prevalence of 16S rRNA methylases in Gram-negative bacteria derived from companion animals and livestock in Japan[J]. J Vet Med Sci, 81(6): 874-878.

Usui M, Ozawa S, Onozato H, et al. 2014. Antimicrobial susceptibility of indicator bacteria isolated from chickens in Southeast Asian countries (Vietnam, Indonesia and Thailand)[J]. J Vet Med Sci, 76(5): 685-692.

van Belkum A, van den Braak N, Thomassen R, et al. 1996. Vancomycin-resistant enterococci in cats and dogs[J]. Lancet, 348(9033): 1038-1039.

van de Beek D, Cabellos C, Dzupova O, et al. 2016. ESCMID guideline: diagnosis and treatment of acute bacterial meningitis[J]. Clin Microbiol Infect, 22 Suppl 3: S37-62.

van den Broek I V, van Cleef B A, Haenen A, et al. 2009. Methicillin-resistant *Staphylococcus aureus* in people living and working in pig farms[J]. Epidemiol Infect, 137(5): 700-708.

van Duijkeren E, Houwers D J, Schoormans A, et al. 2008. Transmission of methicillin-resistant *Staphylococcus intermedius* between humans and animals[J]. Vet Microbiol, 128(1): 213-215.

van Hout J, Heuvelink A, Gonggrijp M. 2016. Monitoring of antimicrobial susceptibility of *Streptococcus suis* in the Netherlands, 2013-2015[J]. Vet Microbiol, 194: 5-10.

van Loo I, Huijsdens X, Tiemersma E, et al. 2007. Emergence of methicillin-resistant *Staphylococcus aureus* of animal origin in humans[J]. Emerg Infect Dis, 13(12): 1834-1839.

Vangchhia B, Blyton M D J, Collignon P, et al. 2018. Factors affecting the presence, genetic diversity and antimicrobial sensitivity of *Escherichia coli* in poultry meat samples collected from Canberra, Australia[J]. Environ Microbiol, 20(4): 1350-1361.

Vanni M, Merenda M, Barigazzi G, et al. 2012. Antimicrobial resistance of *Actinobacillus pleuropneumoniae* isolated from swine[J]. Vet Microbiol, 156(1-2): 172-177.

Varela N P, Gadbois P, Thibault C, et al. 2013. Antimicrobial resistance and prudent drug use for *Streptococcus suis*[J]. Anim Health Res Rev, 14(1): 68-77.

Varga C, Guerin M T, Brash M L, et al. 2019. Antimicrobial resistance in *Campylobacter jejuni* and *Campylobacter coli* isolated from small poultry flocks in Ontario, Canada: A two-year surveillance study[J]. PLoS One, 14(8): e0221429.

Vatalia D J, Bhanderi B, Nimavat V, et al. 2020. Isolation, molecular identification and multidrug resistance profiling of bacteria causing clinical mastitis in cows[J]. Agric Sci Dig, doi: 10.18805/ag.D-5220.

Vaz R V, Gouveia G V, Andrade N M J, et al. 2017. Phylogenetic characterization of serum plus antibiotic-resistant extraintestinal *Escherichia coli* obtained from the liver of poultry carcasses in Pernambuco[J]. Pesqui Vet Bras, 37(10): 1069-1073.

Vela A I, Moreno M A, Cebolla J A, et al. 2005. Antimicrobial susceptibility of clinical strains of *Streptococcus suis* isolated from pigs in Spain[J]. Vet Microbiol, 105(2): 143-147.

Vinueza-Burgos C, Baquero M, Medina J, et al. 2019. Occurrence, genotypes and antimicrobial susceptibility of *Salmonella* collected from the broiler production chain within an integrated poultry company[J]. Int J Food Microbiol, 299: 1-7.

Vu T, Hoang T, Fleischmann S, et al. 2022. Quantification and antimicrobial resistance of *Vibrio parahaemolyticus* in retail seafood in Hanoi, Vietnam[J]. J Food Prot, 85(5): 786-791.

Wagenaar J A, Yue H, Pritchard J, et al. 2009. Unexpected sequence types in livestock associated methicillin-resistant *Staphylococcus aureus* (MRSA): MRSA ST9 and a single locus variant of ST9 in pig farming in China[J]. Vet Microbiol, 139(3-4): 405-409.

Wallace R L, Bulach D, Mclure A, et al. 2020. Antimicrobial resistance of *Campylobacter* spp. causing human infection in Australia: an international comparison[J]. Microb Drug Resist, doi: 10.1089/mdr.2020.0082.

Walsh D, Duffy G, Sheridan J J, et al. 2001. Antibiotic resistance among *Listeria*, including *Listeria monocytogenes*, in retail foods[J]. J Appl Microbiol, 90(4): 517-522.

Walsh T R, Weeks J, Livermore D M, et al. 2011. Dissemination of NDM-1 positive bacteria in the New Delhi environment and its implications for human health: an environmental point prevalence study[J]. Lancet Infect Dis, 11(5): 355-362.

Wan M T, Lauderdale T L, Chou C C, et al. 2013. Characteristics and virulence factors of livestock associated ST9 methicillin-resistant *Staphylococcus aureus* with a novel recombinant staphylocoagulase type[J]. Vet Microbiol, 162(2-4): 779-784.

Wang D, Wang Z, Yan Z, et al. 2015. Bovine mastitis *Staphylococcus aureus*: antibiotic susceptibility profile, resistance genes and molecular typing of methicillin-resistant and methicillin-sensitive strains in China[J]. Infect Genet Evol, 31: 9-16.

Wang H H, Manuzon M, Lehman M, et al. 2006. Food commensal microbes as a potentially important avenue in transmitting antibiotic resistance genes[J]. EMS Microbiol Lett, 254(2): 226-231.

Wang H, Tang X, Su Y C, et al. 2017a. Characterization of clinical *Vibrio parahaemolyticus* strains in Zhoushan, China, from 2013 to 2014[J]. PLoS One, 12(7): e0180335.

Wang J, Huang X, Xia Y, et al. 2018a. Clonal Spread of *Escherichia coli* ST93 Carrying *mcr-1*-Harboring IncN1-IncHI2/ST3 Plasmid among companion animals, China[J]. Front Microbiol, 9: 2989-2989.

Wang M, Fang C, Liu K, et al. 2022a. Transmission and molecular characteristics of bla_{NDM}-producing *Escherichia coli* between companion animals and their healthcare providers in Guangzhou, China[J]. J Antimicrob Chemother, 77(2): 351-355.

Wang M, Jiang M, Wang Z, et al. 2021b. Characterization of antimicrobial resistance in chicken-source phylogroup F *Escherichia coli*: similar populations and resistance spectrums between *E. coli* recovered from chicken colibacillosis tissues and retail raw meats in Eastern China[J]. Poult Sci, 100(9): 101370.

Wang R, Liu Y, Zhang Q, et al. 2018b. The prevalence of colistin resistance in *Escherichia coli* and *Klebsiella pneumoniae* isolated from food animals in China: coexistence of *mcr-1* and bla_{NDM} with low fitness cost[J]. Int J Antimicrob Agents, 51(5): 39-744.

Wang W, Chen J, Shao X, et al. 2021a. Occurrence and antimicrobial resistance of *Salmonella* isolated from retail meats in Anhui, China[J]. Food Sci Nutr, 9(9): 4701-4710.

Wang X, Jiang H, Liao X, et al. 2010. Antimicrobial resistance, virulence genes, and phylogenetic background in *Escherichia coli* isolates from diseased pigs[J]. FEMS Microbiol Lett, 306(1): 15-21.

Wang X, Liu Y, Qi X, et al. 2017b. Molecular epidemiology of colistin-resistant Enterobacteriaceae in inpatient and avian isolates from China: high prevalence of *mcr*-negative *Klebsiella pneumoniae*[J]. Int J Antimicrob Agents, 50(4): 536-541.

Wang X, Wang Y, Zhou Y, et al. 2019. Emergence of colistin resistance gene *mcr-8* and its variant in *Raoultella ornithinolytica*[J]. Front Microbiol, 10: 228.

Wang Y, Dong Y, Deng F, et al. 2016. Species shift and multidrug resistance of *Campylobacter* from chicken and swine, China, 2008-14[J]. J Antimicrob Chemother, 71(3): 666-669.

Wang Y, Wang X, Schwarz S, et al. 2014. IMP-45-producing multidrug-resistant *Pseudomonas aeruginosa* of canine origin[J]. J Antimicrob Chemother, 69(9): 2579-2581.

Wang Y, Yang J, Logue C M, et al. 2012. Methicillin-resistant *Staphylococcus pseudintermedius* isolated from canine pyoderma in North China[J]. J Appl Microbiol, 112(4): 623-630.

Wang Y, Zhang R, Li J, et al. 2017c. Comprehensive resistome analysis reveals the prevalence of NDM and MCR-1 in Chinese poultry production[J]. Nat Microbiol, 2: 16260.

Wang Z, Zhang J, Liu S, et al. 2022b. Prevalence, antimicrobial resistance, and genotype diversity of *Salmonella* isolates recovered from retail meat in Hebei Province, China[J]. Int J Food Microbiol, 364: 109515.

Wedley A L, Dawson S, Maddox T W, et al. 2014. Carriage of *Staphylococcus* species in the veterinary visiting dog population in mainland UK: Molecular characterisation of resistance and virulence[J]. Vet Microbiol,

170(1-2): 81-88.

Wei B, Cha S, Zhang J, et al. 2020. Antimicrobial susceptibility and association with toxin determinants in *Clostridium perfringens* isolates from chickens[J]. Microorganisms, 8(11): 1825.

Wente N, Kromker V. 2020. *Streptococcus dysgalactiae*-contagious or environmental? [J]. Animals (Basel), 10(11): 2185.

Werckenthin C, Alesik E, Grobbel M, et al. 2007. Antimicrobial susceptibility of *Pseudomonas aeruginosa* from dogs and cats as well as *Arcanobacterium pyogenes* from cattle and swine as determined in the BfT-GermVet monitoring program 2004-2006[J]. Berl Munch Tierarztl Wochenschr, 120(9-10): 412-422.

Werinder A, Aspan A, Backhans A, et al. 2020. *Streptococcus suis* in Swedish grower pigs: occurrence, serotypes, and antimicrobial susceptibility[J]. Acta Vet Scand, 62(1): 36.

Whitehouse C A, Zhao S, Tate H. 2018. Antimicrobial resistance in *Campylobacter* species: mechanisms and genomic epidemiology[J]. Adv Appl Microbiol, 103: 1-47.

Williamson D A, Bakker S, Coombs G W, et al. 2014. Emergence and molecular characterization of clonal complex 398 (CC398) methicillin-resistant *Staphylococcus aureus* (MRSA) in New Zealand[J]. J Antimicrob Chemother, 69(5): 1428-1430.

Wisselink H J, Veldman K T, Van den Eede C, et al. 2006. Quantitative susceptibility of *Streptococcus suis* strains isolated from diseased pigs in seven European countries to antimicrobial agents licensed in veterinary medicine[J]. Vet Microbiol, 113(1-2): 73-82.

Woźniak-Biel A, Bugla-Płoskońska G, Kielsznia A, et al. 2018. High prevalence of resistance to fluoroquinolones and tetracycline *Campylobacter* spp. isolated from poultry in Poland[J]. Microb Drug Resist, 24(3): 314-322.

Wu B, Wang Y, Ling Z, et al. 2020. Heterogeneity and diversity of *mcr-8* genetic context in chicken-associated *Klebsiella pneumoniae*[J]. Antimicrob Agents Chemother, 65(1): e01872-20.

Wu H, Wang M, Liu Y, et al. 2016. Characterization of antimicrobial resistance in *Klebsiella* species isolated from chicken broilers[J]. Int J Food Microbiol, 232: 95-102.

Wu Q, Xi M, Lv X, et al. 2014a. Presence and antimicrobial susceptibility of *Escherichia coli* recovered from retail chicken in China[J]. J Food Prot, 77(10): 1773-1777.

Wu Y, Fan R, Wang Y, et al. 2019. Analysis of combined resistance to oxazolidinones and phenicols among bacteria from dogs fed with raw meat/vegetables and the respective food items[J]. Sci Rep, 9(1): 15500.

Wu Y, Wen J, Ma Y, et al. 2014b. Epidemiology of foodborne disease outbreaks caused by *Vibrio parahae-molyticus*, China, 2003–2008[J]. Food Control, 46: 197-202.

Wu Z, Li F, Liu D, et al. 2015. Novel type XII staphylococcal cassette chromosome *mec* harboring a new cassette chromosome recombinase, CcrC2[J]. Antimicrob Agents Chemother, 59(12): 7597-7601.

Wysok B, Wojtacka J, Wiszniewska-łaszczych A, et al. 2020. Antimicrobial resistance and virulence properties of *Campylobacter* spp. originating from domestic geese in Poland[J]. Animals (Basel), 10(4): 742.

Xiang R, Ye X, Tuo H, et al. 2018. Co-occurrence of mcr-3 and bla_{NDM-5} genes in multidrug-resistant *Klebsiella pneumoniae* ST709 from a commercial chicken farm in China[J]. Int J Antimicrob Agents, 52(4): 519-520.

Xie T, Yu Q, Tang X, et al. 2020. Prevalence, antibiotic susceptibility and characterization of *Vibrio parahae-molyticus* isolates in China[J]. FEMS Microbiol Lett, 367(16): fnaa136.

Xiu L, Liu Y, Wu W, et al. 2020. Prevalence and multilocus sequence typing of *Clostridium perfringens* isolated from 4 duck farms in Shandong province, China[J]. Poult Sci, 99(10): 5105-5117.

Xu J, Tan X, Zhang X, et al. 2015. The diversities of *staphylococcal* species, virulence and antibiotic resistance genes in the subclinical mastitis milk from a single Chinese cow herd[J]. Microb Pathog, 88: 29-38.

Xu X, Cheng J, Wu Q, et al. 2016. Prevalence, characterization, and antibiotic susceptibility of *Vibrio parahae-molyticus* isolated from retail aquatic products in North China[J]. BMC Microbiol, 16: 32.

Xu Z, Chen X, Tan W, et al. 2021. Prevalence and antimicrobial resistance of *Salmonella* and *Staphylococcus aureus* in fattening pigs in Hubei Province, China[J]. Microb Drug Resist, 27(11): 1594-1602.

Xu Z, Wang M, Zhou C, et al. 2020. Prevalence and antimicrobial resistance of retail-meat-borne *Salmonella* in southern China during the years 2009-2016: The diversity of contamination and the resistance evolution of multidrug-resistant isolates[J]. Int J Food Microbiol, 333: 108790.

Yadav R, Kumar A, Singh V K, et al. 2018. Prevalence and antibiotyping of *Staphylococcus aureus* and methicillin-resistant *S. aureus* (MRSA) in domestic animals in India[J]. J Glob Antimicrob Resist, 15: 222-225.

Yan H, Neogi S B, Mo Z, et al. 2010. Prevalence and characterization of antimicrobial resistance of foodborne *Listeria monocytogenes* isolates in Hebei province of Northern China, 2005-2007[J]. Int J Food Microbiol, 144(2): 310-316.

Yan X, Su X, Ren Z, et al. 2021. High prevalence of antimicrobial resistance and integron gene cassettes in multi-drug-resistant *Klebsiella pneumoniae* isolates from captive giant pandas (*Ailuropoda melanoleuca*)[J]. Front Microbiol, 12: 801292.

Yan X, Yu X, Tao X, et al. 2014. *Staphylococcus aureus* ST398 from slaughter pigs in northeast China[J]. Int J Med Microbiol, 304(3-4): 379-383.

Yang C Y, Lin C N, Lin C F, et al. 2011. Serotypes, antimicrobial susceptibility, and minimal inhibitory concentrations of *Actionbacillus pleuropneumoniae* isolated from slaughter pigs in Taiwan (2002-2007)[J]. J Vet Med Sci, 73(2): 205-208.

Yang F, Deng B, Liao W, et al. 2019a. High rate of multiresistant *Klebsiella pneumoniae* from human and animal origin[J]. Infect Drug Resist, 12: 2729-2737.

Yang F, Zhang S, Shang X, et al. 2020a. Short communication: detection and molecular characterization of methicillin-resistant *Staphylococcus aureus* isolated from subclinical bovine mastitis cases in China[J]. J Dairy Sci, 103(1): 840-845.

Yang J, Zhang Z, Zhou X, et al. 2020b. Prevalence and characterization of antimicrobial resistance in *Salmonella enterica* isolates from retail foods in Shanghai, China[J]. Foodborne Pathog Dis, 17(1): 35-43.

Yang L, Shen Y, Jiang J. 2022. Distinct increase in antimicrobial resistance genes among *Escherichia coli* during 50 years of antimicrobial use in livestock production in China[J]. Nat Food, 3(3): 197-205.

Yang T, Zeng Z, Rao L, et al. 2014. The association between occurrence of plasmid-mediated quinolone resistance and ciprofloxacin resistance in *Escherichia coli* isolates of different origins[J]. Vet Microbiol, 170(1-2): 89-96.

Yang X, Liu L, Wang Z, et al. 2019b. Emergence of *mcr-8.2*-bearing *Klebsiella quasipneumoniae* of animal origin[J]. J Antimicrob Chemother, 74(9): 2814-2817.

Yang Y Q, Li Y X, Lei C W, et al. 2018. Novel plasmid-mediated colistin resistance gene *mcr-7.1* in *Klebsiella pneumoniae*[J]. J Antimicrob Chemother, 73(7): 1791-1795.

Yang Y, Higgins C H, Rehman I, et al. 2019c. Genomic diversity, virulence, and antimicrobial resistance of *Klebsiella pneumoniae* strains from cows and humans[J]. Appl Environ Microbiol, 85(6): e02654-18.

Yen N, Nhung N T, Van NTB, et al. 2020. Antimicrobial residues, non-typhoidal *Salmonella*, *Vibrio* spp. and associated microbiological hazards in retail shrimps purchased in Ho Chi Minh city (Vietnam)[J]. Food Control, 107: 106756.

Yongkiettrakul S, Maneerat K, Arechanajan B, et al. 2019. Antimicrobial susceptibility of *Streptococcus suis* isolated from diseased pigs, asymptomatic pigs, and human patients in Thailand[J]. BMC Vet Res, 15(1): 5.

Yu T, Jiang X, Zhou Q, et al. 2014. Antimicrobial resistance, class 1 integrons, and horizontal transfer in *Salmonella* isolated from retail food in Henan, China[J]. J Infect Dev Ctries, 8(6): 705-711.

Yu Z N, Wang J, Ho H, et al. 2020a. Prevalence and antimicrobial-resistance phenotypes and genotypes of *Escherichia coli* isolated from raw milk samples from mastitis cases in four regions of China[J]. J Glob Antimicrob Resist, 22: 94-101.

Yu Z, Wang Y, Chen Y, et al. 2020b. Antimicrobial resistance of bacterial pathogens isolated from canine urinary tract infections[J]. Vet Microbiol, 241: 108540.

Zaatout N. 2022. An overview on mastitis-associated *Escherichia coli*: Pathogenicity, host immunity and the use of alternative therapies[J]. Microbiol Res, 256: 126960.

Zeng J, Wang Y, Fan L, et al. 2022. Novel Streptococcus uberis sequence types causing bovine subclinical mastitis in Hainan, China[J]. J Appl Microbiol, 132(3): 1666-1674.

Zhang A, He X, Meng Y, et al. 2016a. Antibiotic and disinfectant resistance of *Escherichia coli* isolated from retail meats in Sichuan, China[J]. Microb Drug Resist, 22(1): 80-87.

Zhang B, Ku X, Yu X, et al. 2019a. Prevalence and antimicrobial susceptibilities of bacterial pathogens in Chinese pig farms from 2013 to 2017[J]. Sci Rep, 9(1): 9908.

Zhang C, Ning Y, Zhang Z, et al. 2008. In vitro antimicrobial susceptibility of *Streptococcus suis* strains isolated from clinically healthy sows in China[J]. Vet Microbiol, 131(3-4): 386-392.

Zhang C, Zhang P, Wang Y, et al. 2020a. Capsular serotypes, antimicrobial susceptibility, and the presence of transferable oxazolidinone resistance genes in *Streptococcus suis* isolated from healthy pigs in China[J]. Vet Microbiol, 247: 108750.

Zhang C, Zhang Z, Song L, et al. 2015. Antimicrobial resistance profile and genotypic characteristics of *Streptococcus suis* capsular type 2 isolated from clinical carrier sows and diseased pigs in China[J]. Biomed Res Int, 2015: 284303.

Zhang H, Yang F, Li X, et al. 2020b. Detection of antimicrobial resistance and virulence-related genes in *Streptococcus uberis* and *Streptococcus parauberis* isolated from clinical bovine mastitis cases in northwestern China[J]. J Integr Agric, 19(11): 2784-2791.

Zhang L, Gao J, Barkema H W, et al. 2018a. Virulence gene profiles: alpha-hemolysin and clonal diversity in *Staphylococcus aureus* isolates from bovine clinical mastitis in China[J]. BMC Vet Res, 14(1): 63.

Zhang P, Chaoyang Z, Virginia A, et al. 2019b. Investigation of *Haemophilus parasuis* from healthy pigs in China[J]. Vet Microbiol, 231: 40-44.

Zhang P, Liu X, Zhang J, et al. 2021a. Prevalence and characterization of *Staphylococcus aureus* and methicillin-resistant *Staphylococcus aureus* isolated from retail yak butter in Tibet, China[J]. J Dairy Sci, 104(9): 9596-9606.

Zhang P, Shen Z, Zhang C, et al. 2017. Surveillance of antimicrobial resistance among *Escherichia coli* from chicken and swine, China, 2008-2015[J]. Vet Microbiol, 203: 49-55.

Zhang Q, Lv L, Huang X, et al. 2019c. Rapid increase in carbapenemase-producing *Enterobacteriaceae* in retail meat driven by the spread of the bla_{NDM-5}-carrying IncX3 plasmid in China from 2016 to 2018[J]. Antimicrob Agents Chemother, 63(8): e00573-19.

Zhang S, Huang Y, Chen M, et al. 2022. Characterization of *Escherichia coli* O157: non-H7 isolated from retail food in China and first report of *mcr-1*/IncI2-carrying colistin-resistant *E. coli* O157:H26 and *E. coli* O157:H4[J]. Int J Food Microbiol, 378: 109805.

Zhang S, Piepers S, Shan R, et al. 2018b. Phenotypic and genotypic characterization of antimicrobial resistance profiles in *Streptococcus dysgalactiae* isolated from bovine clinical mastitis in 5 provinces of China[J]. J Dairy Sci, 101(4): 3344-3355.

Zhang T, Niu G, Boonyayatra S, et al. 2021b. Antimicrobial resistance profiles and genes in *Streptococcus uberis* associated with bovine mastitis in Thailand[J]. Front Vet Sci, 8: 705338.

Zhang T, Zhang W, Ai D, et al. 2018c. Prevalence and characterization of *Clostridium perfringens* in broiler chickens and retail chicken meat in central China[J]. Anaerobe, 54: 100-103.

Zhang W, Hao Z, Wang Y, et al. 2011. Molecular characterization of methicillin-resistant *Staphylococcus aureus* strains from pet animals and veterinary staff in China[J]. Vet J, 190(2): e125-e129.

Zhang X, Doi Y, Huang X, et al. 2016b. Possible transmission of *mcr-1*-harboring *Escherichia coli* between companion animals and human[J]. Emerg Infect Dis, 22(9): 1679-1681.

Zhang X, Li X, Wang W, et al. 2020c. Diverse gene cassette arrays prevail in commensal *Escherichia coli* from intensive farming swine in four Provinces of China[J]. Front Microbiol, 11: 565349.

Zhang Z, Lei L, Zhang H, et al. 2021c. Molecular Investigation of *Klebsiella pneumoniae* from Clinical Companion Animals in Beijing, China, 2017-2019[J]. Pathogens, 10(3): 271.

Zhao Y, Guo L, Li J, et al. 2018. Molecular epidemiology, antimicrobial susceptibility, and pulsed-field gel electrophoresis genotyping of *Pseudomonas aeruginosa* isolates from mink[J]. Can J Vet Res, 82(4): 256-263.

Zhou H, Liu X, Hu W, et al. 2022. Prevalence, antimicrobial resistance and genetic characterization of Vibrio *parahaemolyticus* isolated from retail aquatic products in Nanjing, China[J]. Food Res Int, 162(Pt A): 112026.

Zhou X, Xu X, Zhao Y, et al. 2010. Distribution of antimicrobial resistance among different serovars of *Haemophilus parasuis* isolates[J]. Vet Microbiol, 141(1-2): 168-173.

Zhu D, Zheng M, Xu J, et al. 2019. Prevalence of fluoroquinolone resistance and mutations in the *gyrA*, *parC* and *parE* genes of *Riemerella anatipestifer* isolated from ducks in China[J]. BMC Microbiol, 19(1): 271.

Zou L K, Wang H N, Zeng B, et al. 2011. Phenotypic and genotypic characterization of β-lactam resistance in *Klebsiella pneumoniae* isolated from swine[J]. Vet Microbiol, 149(1-2): 139-146.

Zou M, Ma P, Liu W, et al. 2021. Prevalence and antibiotic resistance characteristics of extraintestinal pathogenic *Escherichia coli* among healthy chickens from farms and live poultry markets in China[J]. Animals (Basel), 11(4): 1112.

Zouharova M, Nedbalcova K, Kralova N, et al. 2022. Multilocus sequence genotype heterogeneity in *Streptococcus uberis* isolated from bovine mastitis in the Czech Republic[J]. Animals (Basel), 12(18): 2327.

第三章　动物源细菌耐药性研究进展

细菌耐药性已成为危害全球公共卫生安全的重大问题之一。对细菌耐药性形成和传播机制的基础研究是制定细菌耐药性防控策略和研发控制技术的前提。本章从国内外动物源细菌耐药性研究开展情况、细菌耐药性产生和传播机制、重要动物源耐药菌/耐药基因流行与传播的研究进展、动物源细菌耐药性风险评估、存在问题与思考五个方面对动物源细菌耐药性研究进行了系统总结和展望。

在动物源细菌耐药性研究开展情况方面,本章对国内外耐药性研究计划/项目的资助情况进行了统计分析,对项目资助范围和研究内容以及相关的前沿热点问题进行了归纳总结,同时介绍了细菌耐药性相关的学术会议和期刊。在细菌耐药性产生和传播机制方面,总结了细菌主要耐药机制及最新研究进展,如由我国科学家发现的引发全球高度关注的可转移多黏菌素和替加环素耐药新机制。在重要动物源耐药菌/耐药基因流行与传播的研究进展方面,本章对具有重大公共卫生意义的耐药菌和动物重要病原菌的耐药性研究进展进行了梳理总结,主要阐述了产超广谱 β-内酰胺酶耐药菌、碳青霉烯耐药菌、多黏菌素耐药菌、替加环素耐药菌、万古霉素耐药菌及噁唑烷酮耐药菌等的全球流行特征。此外,本章还对养殖环境和食品链中耐药基因的流行与传播进行了总结,并探讨了耐药菌/耐药基因形成与流行的影响因素。在动物源细菌耐药性风险评估方面,本章详尽描述了风险评估相关概念、风险评估框架、风险评估流程、风险评估常用方法及相关实际示例,最后总结凝练了目前动物源细菌耐药性研究领域仍需解决的科学问题。

第一节　国内外动物源细菌耐药性研究开展情况

细菌耐药性是全球性问题,世界各国和国际组织均高度重视。科学研究是遏制细菌耐药性蔓延的重要环节之一,因此全球各国资助了众多细菌耐药性相关的研究项目,以保障细菌耐药性研究的顺利开展。然而,从统计数据可以看出,各国和组织间在研究计划/项目与资助、资助范围和研究内容等方面存在较大的差异。本节通过对比国内外细菌耐药性研究资助和开展情况,阐明我国与欧美发达国家之间在动物源细菌耐药性研究方面存在的差距。此外,本节还从国内外学术会议举办和相关期刊层面进行了讨论,以期从项目资助、学术会议交流及社会关注度等多个方面为遏制我国细菌耐药性发展建言献策。

一、研究计划/项目与资助

科学研究是细菌耐药性防控的前提。欧美等发达国家从 20 世纪末就开始提供大量的科研经费以资助细菌耐药性相关的研究。尤其是在 2000 年以后,美国和欧盟均加强了对细菌耐药性研究计划/项目的资助力度,与我国差距进一步拉大（图 3-1）。美国细菌耐药性相关研究计划/项目的主要资助机构是美国国立卫生研究院（National Institutes of Health，NIH），此外还包括美国疾病预防控制中心（Centers for Disease Control and Prevention，CDC）、美国食品药品监督管理局（Food and Drug Administration，FDA）和美国农业部（United States Department of Agriculture，USDA）等部门。欧盟的主要研究计划和资助来源是"研究、技术开发及示范框架计划"，简称"欧盟框架计划"。

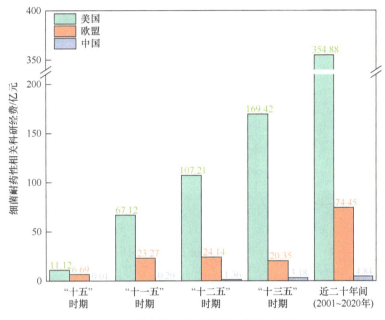

图 3-1　国内外细菌耐药性相关科研经费

数据来源：美国细菌耐药性相关科研经费统计数据来源于美国国立卫生研究院（NIH）资助项目经费，https://projectreporter.nih.gov/reporter.cfm，https://report.nih.gov/funding/categorical-spending#/；欧盟细菌耐药性相关科研经费统计数据来源于欧盟框架计划（FP5、FP6、FP7 和 Horizon 2020）资助项目经费，https://cordis.europa.eu/projects/en；中国细菌耐药性相关科研经费统计数据来源于中国国家科技计划资助项目经费，http://projects.cnki.net/（中国知网）、http://gsp.ckcest.cn/（中国工程科技知识中心）、http://project.llas.ac.cn/（中国科学院兰州文献情报中心）、https://www.medsci.cn/sci/nsfc.do（梅斯医学）。
统计结果基于已公开数据

　　我国是人口大国，也是养殖大国，无论是医学临床还是畜禽养殖业，细菌耐药性都是值得特别关注的问题。与发达国家相比，我国针对细菌耐药性的研究起步较晚，且研究的资助力度明显不足，经费资助主要来源于"国家科技计划"，包括国家自然科学基金、国家重点研发计划、"973"计划和国家科技支撑计划等。"十五"至"十三五"期间，我国细菌耐药性研究资助经费合计不超过 5 亿元人民币（国家级项目资助），而同时期欧盟仅框架计划（FP5、FP6、FP7 和 Horizon 2020）资助的科研经费总额就高达 74.5 亿元人民币，美国的资助力度更是高达 355 亿元人民币。因此，为确保我国细菌耐药性基础研究的顺利开展，增加细菌耐药性相关研究的资助力度迫在眉睫。

　　动物是耐药菌/耐药基因的重要来源和储库之一，动物源耐药细菌可通过食物链和环境传播至人群，严重威胁公共卫生安全。因此，对该环节的防控是遏制细菌耐药性的重要部分，需要大量的研究经费支撑。我国动物源细菌耐药性资助项目最早起始于 2006 年

"十一五"国家科技支撑计划，明显晚于医学临床的细菌耐药性研究项目（1997年国家自然科学基金）（图3-2）。虽然总体项目数量逐期增加，但增速和增量均小于非农业口（主要是医学口）细菌耐药性科研项目数。在动物源细菌耐药性研究资助方面，虽然"十三五"以来资助力度有所加强，但资助经费仍然不足，"十五"至"十三五"期间，动物源细菌耐药性的研究资助总额不超过2亿元人民币。此外，我国在细菌耐药性方面的研究存在小项目多但金额少、大项目少且金额不充裕的窘境；而欧美国家多以大项目为主、小项目为辅，且持续资助力度大。

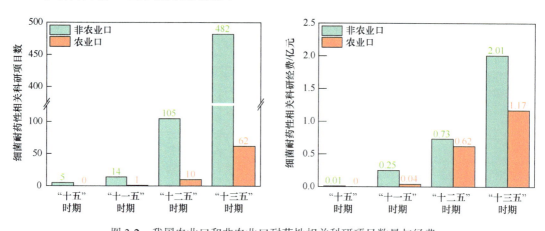

图3-2　我国农业口和非农业口耐药性相关科研项目数量与经费

数据来源：中国细菌耐药性相关科研项目和经费统计数据来源于中国国家科技计划资助项目和经费，http://projects.cnki.net/（中国知网）、http://gsp.ckcest.cn/（中国工程科技知识中心）、http://project.llas.ac.cn/（中国科学院兰州文献情报中心）、https://www.medsci.cn/sci/nsfc.do（梅斯医学）。统计结果基于已公开数据

二、资助范围和研究内容

美国对细菌耐药性研究的资助范围较广，涉及制药业、公共卫生、养殖、环境和食品等多个领域；研究内容也较丰富，包括细菌耐药性形成和传播机制方面的基础研究、耐药性防控技术和策略研究、畜牧业抗菌药物管理、人医抗菌药物合理使用、抗菌药物联合使用、细菌耐药性风险评估、耐药性监测、耐药菌感染的预防和治疗，以及新抗菌药物的研发等。以2016年美国总统预算为例，时任美国总统奥巴马拟在该年度投入12亿美元，约为2015年细菌耐药性资助经费的2倍。该预算包括向美国卫生和公众服务部（Department of Health and Human Services，HHS）投资10亿美元，其中6.5亿美元由美国国立卫生研究院（NIH）、美国生物医学高级研究与发展局（Biomedical Advanced Research and Development Authority，BARDA）进行资助，主要用于耐药菌快速诊断技术研发、基础科学研究和新抗菌药物研发等工作；2.8亿美元由美国疾病预防控制中心（CDC）进行资助，主要用于抗菌药物管理、疫情监测、抗菌药物使用和耐药性监测，以及应对抗菌药物耐药性防控策略和技术的研究；4700万美元由美国食品药品监督管理局（FDA）进行资助，主要用于新型抗菌药物的评估及畜牧业抗菌药物的管理；另外，向美国农业部（USDA）投入7700万美元，用于抗菌药物的研发和使用监测。此外，分别向美国退伍军人事务部（Department of Veterans Affairs，VA）和美国国防部（Department of Defense，DoD）投资 8500 万美元和 7500 万美元，以解决医疗康复机构中抗菌药物耐药性问题。

欧盟对细菌耐药性的研究资助范围同样较广，欧盟框架计划 FP5-FP7 合计投入约 6 亿欧元用于资助细菌耐药性研究。资助范围包括医疗和农业抗菌药物合理使用策略、抗菌药物耐药性形成和演化机制、新抗菌药物和替抗产品的研发、发展诊断技术服务、抗菌药物处方管理和细菌耐药性沿食物链传播的路径研究等。以细菌耐药性演化和传播项目（Evolution and Transfer of Antibiotic Resistance，EvoTAR）为例，该项目共投入 1600 万欧元，其中欧盟资助 1200 万欧元，用于细菌耐药性演化和传播机制研究，主要研究内容是采用新方法量化细菌耐药性的传播，通过数学模型预测耐药菌/耐药基因在不同储库间的传播动力学，预测未来细菌耐药性的演化趋势。欧盟正在实施的"地平线2020"计划（Horizon 2020）重点资助多方联合开展细菌耐药性的研究，主要研究内容倾向于解决细菌耐药性问题的策略和技术手段，包括新抗菌药物研发、耐药菌感染治疗、针对耐药菌的精准医疗和多重耐药细菌的快速检测等。

同欧美国家相比，我国针对细菌耐药性研究的资助范围和研究内容较为局限，主要资助医学领域耐药性研究，对动物养殖、食品和环境等领域的支持相对薄弱，且主要集中于基础研究领域。已公开的研究项目数据显示，我国最先在医学领域开展细菌耐药的基础研究，涉及耐药性的产生机制及其调控机理、传播规律和抗菌药物合成等；之后才逐渐扩大到动物养殖业，包括动物源耐药细菌的形成和传播机制、耐药菌/耐药基因的流行特征及抗菌药物残留等。然而，上述立项资助项目和研究内容主要集中在特定领域，缺乏跨学科和跨领域的综合性研究。以项目数量占比最多的国家自然科学基金项目为例，基本以中小项目为主（资助额度 100 万元人民币以下），导致项目成果缺乏系统性和全局性。尽管"十三五"和"十四五"国家重点研发计划支持了几项多单位参与的有关细菌耐药性形成机制、传播规律、耐药性检测和控制技术重点专项研究，但针对全国范围的全链条耐药性监测、耐药菌/耐药基因快速检测技术、新抗菌药物和新型替抗产品研发及耐药性防控策略干预手段等方面的研究仍较为匮乏。综上，目前我国对细菌耐药性的资助和研究存在资助范围有限、跨领域研究匮乏、研究内容涵盖少、基础研究薄弱、细菌耐药性防控策略和技术研发的资助力度及研究内容不足等问题，难以从根本上满足遏制细菌耐药性这一国家战略需求。2021 年，为积极应对严峻耐药形势，阻断耐药菌传播，提高我国耐药菌防控水平，维护人民群众健康，促进社会经济发展，国家自然科学基金委员会启动了"细菌耐药性形成、传播及控制研究"专项项目，基于"One Heath"理念，紧密围绕"动物-环境-人群"链条中重要耐药病原菌的形成、传播及干预控制等相关重大科学问题，开展基础性创新性研究。该专项是我国首次将耐药性问题单独立项，并鼓励学科交叉，用新的理念系统解决关键科学问题，为提高我国耐药菌防控水平提供理论及技术支撑。

三、前沿热点

上述科研项目主要针对全球耐药性研究的前沿热点开展，在研究对象方面主要围绕世界卫生组织所列的临床极为重要抗菌药物（critically important antimicrobials）及其耐药菌开展一系列相关研究（WHO, 2019）。其中，以治疗结核分枝杆菌感染的药物利福平和异烟肼，治疗多重耐药革兰氏阴性菌感染的重要药物如美罗培南、多黏菌素和替加环素，治疗革兰氏阳性菌感染的重要药物如万古霉素和利奈唑胺为主要研究对象（表 3-1）。尽管多数药物是医学临床专用药物，但动物养殖业中也出现了大量相关耐药菌，如碳青霉烯类耐药肠杆菌、替加环素耐药细菌、利奈唑胺耐药肠球菌和葡萄球菌等。此外，多黏菌素曾在动物养殖业中长期作为饲料添加剂使用，其相关耐药基因及耐药菌在动物养殖业中广泛流行并可传播至人类。因此，来自兽医学、环境科学、食品科学、临床医学的研究者们，基于"One Health"理念，围绕"动物-环境-人群"全链条开展了关于上述药物的耐药性产生、耐药菌传播和控制策略等相关前沿研究。

表 3-1 医学临床极为重要抗菌药物清单

抗微生物药物类别	举例
氨基糖苷类	庆大霉素
安莎霉素类	利福平
碳青霉烯类和其他青霉烯类	美罗培南
头孢菌素类（第三代、四代和五代）	头孢曲松、头孢吡肟、头孢洛林酯、头孢吡普
糖肽类	万古霉素
甘氨酰环素类	替加环素
脂肽类	达托霉素
大环内酯类和酮内酯类	阿奇霉素、红霉素、泰利霉素
单环 β-内酰胺类	氨曲南
噁唑烷酮类	利奈唑胺
青霉素类（抗假单胞菌）	哌拉西林
青霉素类（氨基青霉素类）	氨苄西林
青霉素类（含 β-内酰胺酶抑制剂的氨基青霉素类）	阿莫西林/克拉维酸
磷酸衍生物类	磷霉素
多黏菌素类	多黏菌素 E
喹诺酮类	环丙沙星
仅用于治疗结核病或其他分枝杆菌病的药物	异烟肼

耐药性研究可简单划分为细菌耐药性产生、传播和控制这三个方向。耐药性产生方向的前沿热点包括：针对上述重要药物的新耐药机制、耐受机制、持留机制的发现，耐药基因或蛋白质的调控机制，耐药菌及耐药基因的适应性演化机制，药物-细菌-宿主的互作机制等。耐药性传播方向的前沿热点主要关注耐药菌和耐药基因在"动物-环境-人群"全链条中传播的内因和外因，可细分为：耐药优势克隆和转移元件的形成及传播机制，耐药菌/耐药基因在单一介质（肠道、水、土壤等）中的传播机制，耐药菌/耐药基因在全链条中跨介质的传播规律，驱动耐药菌/耐药基因传播的因素，化学品（抗菌药物、

重金属和消毒剂）介导耐药菌/耐药基因传播的机制等。耐药性控制方向的前沿热点主要集中在新药研发，包括新靶点的发现、后续抗菌药物的发现或合成，以及安全性、有效性和耐药性评价。但由于新药研发的经费和时间成本较高、难度较大，因此从减抗替抗的角度寻找和研发抗菌药物替代物也是一个热点问题，其中包括新型抗菌药物、增效剂、中草药、天然植物活性成分、细菌疫苗、噬菌体等相关产品的研发。此外，环境中耐药菌/耐药基因的消减技术研发也是近年来的前沿热点。

四、学术会议和期刊

细菌耐药性是一个全球性的问题，除经费支持外，对其研究的深入也离不开全世界科学家的交流与合作，更无法脱离国际学术会议这一重要学术交流平台。目前，细菌耐药性研究方面的高水平学术交流主要集中于少数微生物和感染性疾病相关的国际学术会议，包括美国微生物学会（American Society for Microbiology，ASM）组织的年会、欧洲临床微生物和感染病学会（European Society of Clinical Microbiology and Infectious Diseases，ESCMID）组织的欧洲临床微生物与感染病学大会（European Congress of Clinical Microbiology and Infectious Diseases，ECCMID）等，这些学术会议具有规模大、影响力强、延续性好、学科交叉性强等特点，吸引了全球相关领域学者参会交流，极大地促进和推动了细菌耐药性领域的研究与发展。

美国微生物学会（ASM）成立于 1899 年，是世界上历史最悠久、规模最大的单一生命科学学会，旨在促进微生物科学的发展。ASM 由超过 43 000 名科学家和卫生专业人士组成，其中超过 1/3 的会员来自美国以外的国家和地区。ASM 年会每年吸引全球众多的微生物学家参与，也成为宣传细菌耐药性的重要舞台。例如，2018 年在亚特兰大举行的 ASM 年会，吸引了来自世界各国超过 10 000 名微生物与感染领域的专家学者参会，共同探讨当前微生物及感染性疾病相关的热点话题。该次会议涉及抗菌药物与耐药性、临床与公共安全微生物、临床感染与疫苗、宿主与微生物生物学等微生物前沿领域。来自各国政府、公共卫生机构和研究机构的学者，在会议上分享了他们关于细菌耐药性的最新研究成果，让学术界充分了解病原体相关耐药性的发展趋势，呼吁各界人士重视细菌耐药性问题并采取积极有效的防御措施。

欧洲临床微生物和感染病学会（ESCMID）成立于 1983 年，是一个致力于通过促进研究、教育、培训和医疗实践以提高感染相关疾病的诊断、治疗和预防水平的非营利组织，是欧洲领先的临床微生物学和感染病学会。ESCMID 目前在世界各地拥有 8000 多名个人会员、74 个附属学会组织和 30 000 多名附属会员，每年主办或联合举办超过 50 场教育及科学活动，每年给予超过 70 万欧元的资助。ESCMID 在春季举办的欧洲临床微生物与感染病学大会（ECCMID），是学术界、临床研究机构和业界公认的欧洲最大的、分析和讨论临床微生物学与感染病学研究的大会。ECCMID 最初每两年召开一次，1999 年起改为一年一度的盛会。同时，ECCMID 也是全球细菌耐药性问题研究成果交流的重要舞台之一。

ESCMID 除了每年定期举办年会外，还积极与其他单位合作举办各类细菌耐药性专题会议。2011 年，ESCMID 与《柳叶刀》杂志共同举办了 Lancet/ESCMID 医疗相关的感染和细菌耐药性会议，旨在探讨革兰氏阴性菌感染的控制策略和抗菌药物限制政策的成本效益。2013 年，ESCMID 与西班牙生物研究所在西班牙共同召开了 ESCMID/TROCAR 大会，讨论在欧洲传播的多重耐药高风险克隆细菌的监测、流行病学和分子特征，为建立耐药菌株或移动元件的早期预警系统提供理论基础。从 2016 年起，ASM 和 ESCMID 每年都会共同举办一次"ESCMID/ASM 药物开发以应对抗菌药物耐药性挑战"的国际会议，旨在讨论抗耐药菌药物开发的挑战、机遇和当前需求。2019 年，在 ESCMID 的支持下，由 ESCMID 的兽医微生物学研究小组（European College of Veterinary Microbiology，ESGVM）组织召开了 ICOHAR（International Conference on One Health Antimicrobial Resistance）会议，旨在通过促进医学和兽医微生物学相关专家在共同感兴趣的领域（即人兽共患病和细菌抗菌药物耐药性）之间的联合研究和合作，推进健康一体化。

动物和环境中的抗菌药物耐药性研讨会（Symposium on Antimicrobial Resistance in Animals and the Environment，ARAE）也是抗菌药物耐药性领域中最具代表性的学术会议之一，主要针对动物养殖业及其养殖环境中的细菌耐药性，旨在分享全球对抗菌药物耐药性的看法。该会议曾在法国、德国和比利时等多个国家召开，最近一次会议是 2019年 7 月在法国图尔召开的第八届 ARAE 会议，由法国农业科学院和图尔大学等单位联合承办，组委会成员有 Sylvie Baucheron、Axel Cloeckaert、Jean-Yves Madec 和 Stefan Schwarz 等细菌耐药性领域知名的专家学者，参会人员来自中国、法国、英国、挪威、俄罗斯和美国等多个国家。

空肠弯曲菌与幽门螺杆菌及相关食源性致病菌国际会议（Campylobacter, Helicobacter and Related Organisms，CHRO）于 1981 年在英国雷丁首次举办，之后每两年举办一次，已有 40 余年历史，会议举办地选址于世界各地，包括德国弗赖堡、丹麦奥胡斯、澳大利亚黄金海岸、荷兰鹿特丹和日本新潟等。CHRO 作为世界级的国际会议，致力于提高公众对空肠弯曲菌和幽门螺杆菌，以及其他与医学和经济相关细菌的认识，每次参会人员在 400 人以上。2019 年 9 月在北爱尔兰贝尔法斯特召开的第二十届 CHRO 国际会议，涉及空肠弯曲菌和幽门螺杆菌的耐药性、流行病学、毒力与遗传学、分类学、疾病预防与控制、动物模型与治疗等方面的内容。2022 年 11 月 14～19 日，由中国畜牧兽医学会、扬州大学、中国农业大学及中国疾病预防控制中心共同主办，北京博亚和讯文化传媒有限公司承办，深圳市中核海得威生物科技有限公司赞助的"第 21 届弯曲菌、螺杆菌及相关微生物国际研讨会"以线上方式成功召开，这也是我国首次作为 CHRO 主办方而精心筹办的一届会议。本届会议围绕弯曲菌、螺杆菌及相关微生物各领域最新研究进展，聚焦 13 个主题内容，涉及微生物的发病机制、基因组学/蛋白质组学/糖组学、感染免疫学、病理生理学、临床管理、公共卫生、食品安全、人类和动物生态学等。来自 12 个国家、在 CHRO 研究领域具有丰富经验的 21 位知名专家通过在线方式，与全球共同关注 CHRO 的研究者们分享了最新的研究成果。

中国是全球第二大经济体，细菌耐药性的监测数据和研究成果受到全世界科学家的关注。因此，各类大型的国际会议几乎都会邀请我国学者参加，并分享我国在细菌耐药性方向的研究成果。此外，一些国外组织的国际会议也会把会场设在中国，如 2011 年

ESCMID 与《柳叶刀》杂志共同举办的 Lancet/ESCMID 医疗相关感染和抗菌药物耐药性会议的会址就设在北京。我国学术机构也已举办了多次细菌耐药相关的国际会议，如 2016 年 11 月由中国农业大学、香港理工大学和中国国家食品安全风险评估中心合办的"环球食品安全及抗生素耐药性"国际会议在深圳召开，来自世界各国的高校、业界代表共 300 余人聚集一堂，其中包括 15 名 FDA 和世界卫生组织代表，就如何促进全球的食品安全和对抗细菌耐药性进行交流。2018 年 11 月，由中国国家食品安全风险评估中心、中国农业大学和国际生命科学学会中国办事处共同举办的"2018 年抗生素耐药性与全链条健康管理国际会议"（Antimicrobial Resistance and One Health via Whole Chain）在北京召开，来自英国、德国、法国、挪威和丹麦等国以及中国国家食品安全风险评估中心、中国农业大学、北京大学、复旦大学、中国科学院和中国疾病预防控制中心等国内外著名大学与科研机构的 400 余位专家学者，就全链条细菌耐药性与健康等问题进行了充分交流。2021 年 10 月在浙江桐乡召开了由中国工程院主办，中国农业大学、浙江省科学技术协会、桐乡市人民政府联合承办的国际工程科技战略高端论坛"细菌耐药性形成及防控策略国际高端论坛暨第一届细菌耐药青年学术论坛"。该次会议汇集了国内外众多专家，是目前在我国举办的规格最高的细菌耐药性国际学术会议。尽管如此，我国主办的细菌耐药性相关国际学术会议尚存在规模小、延续性差、主办单位号召力弱、媒体宣传率低和国际影响力低等诸多问题。因此，尽管中国科学家在细菌耐药性研究的部分领域具有重要的国际影响力，但我国至今仍无一个由中国本土学术机构主导、可以媲美美国 ASM 和欧洲 ESCMID 的细菌耐药性相关的国际学术会议，在国际舞台上的话语权还远不及西方国家。

　　除学术会议之外，学术期刊也是科研工作者之间、与公众之间交流的重要途径之一。国际上有许多以药物研究相关的期刊接收细菌耐药性方面的研究论文，例如：英国 Oxford 出版社的经典期刊 *Journal of Antimicrobial Chemotherapy* 及美国 ASM 协会旗下的经典期刊 *Antimicrobial Agents and Chemotherapy* 等；生物类相关期刊，如 *Cell*、*Nature Microbiology* 及 *mBio* 等；医学类相关期刊，如 *Lancet Infectious Diseases*、*Clinical Infectious Diseases* 及 *Emerging Infectious Diseases* 等。此外，还有少量专注于细菌耐药性的专业性期刊，除 *Drug Resistance Updates* 外，其他期刊诸如 *Antimicrobial Resistance and Infection Control*、*Journal of Global Antimicrobial Resistance*、*Infection and Drug Resistance* 及 *Microbial Drug Resistance* 的影响力均较小。2023 年，由中国农业大学主办，以"One Health"理念为指引，侧重于细菌耐药性及公共卫生的综合性期刊 *One Health Advances* 上线，有望在耐药性领域实现我国自主品牌期刊零的突破。近年来，我国也开始鼓励优秀论文在国内学术期刊发表，并大力支持提升国内学术期刊的学术质量及国际影响力。2019 年，由中国科协、财政部、教育部、科技部、国家新闻出版署、中国科学院和中国工程院联合实施的"中国科技期刊卓越行动计划"，旨在推动中国科技期刊高质量发展，服务科技强国建设。然而在众多卓越行动计划入选期刊中，仅《环境科学》《生物工程学报》《中国农业科学》《中华预防医学杂志》等少数期刊发表耐药性相关论文，该领域相关期刊的建设工作仍需进一步加强。

第二节　细菌耐药性产生和传播机制研究进展

一、细菌耐药性的产生机制

细菌耐药性是指细菌抵抗或躲避抗菌药物而不被杀灭的现象。细菌的耐药性分为固有耐药和获得性耐药。固有耐药又称天然耐药，是由于细菌某些特殊的结构或理化特性导致其对某类抗菌药物不敏感，由细菌染色体基因决定，具有种属特异性。获得性耐药是指细菌自身发生改变，或通过水平转移获得外源耐药基因，使其不被抗菌药物杀灭。细菌耐药性是一种自然现象，可以代代相传，其产生机制主要包括产生药物灭活酶或钝化酶、抗菌药物作用靶点的突变或修饰、细胞膜通透性的改变、外排泵主动外排、形成生物被膜及 SOS 应答系统激活等。

（一）产生灭活酶或钝化酶，水解或修饰抗菌药物

细菌通过产生灭活酶水解或钝化酶修饰抗菌药物，是其对抗药物的重要机制之一。主要的灭活酶有 β-内酰胺酶，修饰酶有四环素类药物修饰酶、氯霉素修饰酶和氨基糖苷修饰酶。

1. β-内酰胺酶

细菌产生的 β-内酰胺酶可通过水解（hydrolysis）和非水解（non-hydrolysis）两种方式介导对 β-内酰胺类抗菌药物耐药。其中，水解作用是指 β-内酰胺酶能水解并破坏 β-内酰胺类抗菌药物的 β-内酰胺环，使药物失活。非水解作用是指 β-内酰胺酶与碳青霉烯类等对 β-内酰胺酶高度稳定的抗菌药物形成无活性长期稳定的共价复合物，使药物无法到达青霉素结合蛋白（penicillin-binding protein，PBP）位点而失效。在青霉素应用于临床之前，研究人员就发现大肠杆菌中存在 β-内酰胺酶（Frere et al., 2016）。目前，已鉴定出约 2000 种天然存在的 β-内酰胺酶，每种都具有独特的氨基酸序列和特征性的水解作用（Bonomo，2017）。

β-内酰胺酶有两种主要的分类方法。①Ambler 分类法：根据 β-内酰胺酶分子结构中氨基酸序列的同源性，将 β-内酰胺酶分为 A、B、C 和 D 四大类，其中 A、C、D 类酶属于丝氨酸 β-内酰胺酶，B 类酶属于金属 β-内酰胺酶。②Bush-Jacoby 分类法：按照 β-内酰胺酶水解底物（青霉素、头孢菌素、广谱头孢菌素、碳青霉烯）和抑制剂（克拉维酸盐、他唑巴坦）的差异，将其在 Ambler 分类的基础上分为 16 个亚类（Byrne-Bailey et al., 2009）（表 3-2）。相关研究主要集中在窄谱 β-内酰胺酶、超广谱 β-内酰胺酶（extended spectrum β-lactamase，ESBL）、头孢菌素（AmpC）β-内酰胺酶和碳青霉烯酶，以下将分别简要论述这 4 种酶的作用机制和特点，其中重要产 β-内酰胺酶菌株的发现时间、种属及发现地区见表 3-3。

1）窄谱 β-内酰胺酶

窄谱 β-内酰胺酶的 Ambler 分类为 A 型，Bush-Jacoby 功能分类为 2a 和 2b 型。这类

酶传统上又称为青霉素酶或头孢菌素酶，出现时间较早，通常作用底物谱较窄，对人类和动物健康不构成重大威胁。

表 3-2　常见 β-内酰胺酶分类

Ambler 分类	Bush-Jacoby 分类	代表酶	β-内酰胺酶功能特点
A	2a	PC1	水解苄青霉素作用较强
	2b	TEM-1，SHV-1	水解青霉素和早期头孢菌素类药物
	2be	CTX-M	水解广谱头孢菌素和单环 β-内酰胺类药物
	2br	IRT，SHV-10	水解青霉素类药物，抑制剂无效
	2ber	TEM-10	水解广谱头孢菌素类药物，抑制剂无效
	2c	CARB-1	水解羧苄青霉素
	2ce	RTG-4	水解羧苄青霉素和头孢吡肟
	2e	CepA	水解超广谱头孢菌素类药物，对氨曲南敏感
	2f	KPC，SME，IMI	对碳青霉烯类药物、头霉素类水解能力强
B	3a	IMP，VIM，NDM	水解碳青霉烯类药物
	3b	CphA	水解碳青霉烯类药物
C	1	AmpC，CMY	水解头孢菌素、头霉素类药物作用强
	1e	GC1	对头孢他啶的水解作用增强
D	2d	OXA-1，OXA-10	对氯唑西林、苯唑西林水解能力强
	2de	OXA-11，OXA-15	水解超广谱头孢菌素类药物
	2df	OXA-23，OXA-48	水解碳青霉烯类药物、羧苄青霉素和头孢吡肟

表 3-3　重要产 β-内酰胺酶菌株发现时间、种属及发现地区

β-内酰胺酶	发现时间	细菌种属	地区	参考文献
青霉素酶（染色体 AmpC）	1940	大肠杆菌	英国	（Abraham and Chain，1988）
青霉素酶	1942	金黄色葡萄球菌	英国	（Rammelkamp and Maxon，1942）
OXA	1962	肠沙门菌 鼠伤寒沙门菌 大肠杆菌	英国	（Anderson and Datta，1965；Egawa et al.，1967）
TEM-1	1963	大肠杆菌	德国	（Datta and Kontomichalou，1965）
SHV-1	1972	肺炎克雷伯菌	未知	（Pitton，1972）
可转移 ESBL（SHV-2）	1983	肺炎克雷伯菌	德国	（Knothe et al.，1983）
丝氨酸（A 类，2f 组）	1982	黏质沙雷菌	英国	（Yang et al.，1990；Queenan et al.，2000）
碳青霉烯酶（SME-1）	1985		美国	
质粒 AmpC（MIR-1）	1988	肺炎克雷伯菌	美国	（Papanicolaou et al.，1990）
质粒 MBL（IMP-1）	1988	铜绿假单胞菌	日本	（Watanabe et al.，1991）
抑制剂耐药 TEM（TEM-30）	1991	大肠杆菌	法国	（Zhou et al.，1994）
KPC-1	1996	肺炎克雷伯菌	美国	（Yigit et al.，2001）
NDM-1	2008	肺炎克雷氏菌	印度	（Yong et al.，2009；Castanheira et al.，2011）

窄谱 β-内酰胺酶主要包括 TEM-1、TEM-2 和 SHV-1 型。TEM 型 β-内酰胺酶属于

Ambler A 类 β-内酰胺酶，Bush-Jacoby 功能分类为 2b 群，基因大小为 900bp 左右，最早于 1965 年从希腊一名叫 Temoniera 的患者血液大肠杆菌中鉴定而来，因此该酶根据患者名字前三个字母 TEM 得名（Datta and Kontomichalou，1965）。1969 年，英国研究人员报道了 TEM-2 酶，该酶是由 TEM-1 酶第 39 位的赖氨酸突变为丝氨酸而来，其等电点（isoelectric point，pI）由 5.4 变为 5.6，但水解底物未发生显著变化（Bedenic，2005）。TEM 型 β-内酰胺酶主要存在于肠杆菌科细菌中。目前，TEM-1 是国内最常见的 TEM 型窄谱 β-内酰胺酶，主要分布在大肠杆菌中。SHV 型 β-内酰胺酶属于 Ambler A 类 β-内酰胺酶，Bush 功能分类为 2b 群（Matthew et al.，1979），SHV 是巯基变量（sulfhydryl variable）的缩写，因 SHV 型 β-内酰胺酶具有水解头孢噻吩巯基的作用而得名。SHV-1 是 Matthew 等（1979）在肠杆菌中发现的一种由质粒介导的可水解青霉素、窄谱头孢菌素和磺胺类且不同于 TEM 型的 β-内酰胺酶。随后研究发现 SHV-1 与转座子上 PIT-2 酶的氨基酸序列同源性为 100%（Barthelemy et al.，1987），且在多种类型的质粒上均有发现（Chaves et al.，2001），表明该 β-内酰胺酶编码基因可通过质粒进行转移。

2）超广谱 β-内酰胺酶（ESBL）

ESBL 是一类介导细菌对青霉素类及第一、二、三代头孢菌素和氨曲南耐药，但对头霉素类和碳青霉烯类药物敏感的 β-内酰胺酶，此外其可被 β-内酰胺酶抑制剂抑制。ESBL 包括四个主要家族：TEM 型、SHV 型、CTX-M 型和 OXA 型。

TEM 型 ESBL 是由窄谱 TEM-1 和 TEM-2 酶发生 1～4 个氨基酸位点突变形成，酶的 pI 为 5.2～6.5，呈现弱酸性，能够水解青霉素、头孢菌素和氨曲南等 β-内酰胺类药物，但是对克拉维酸和舒巴坦等 β-内酰胺酶抑制剂敏感，是目前数量最多的一类 β-内酰胺酶。CTX-1（又称 TEM-3）是 1987 年法国科学家在肺炎克雷伯菌中发现对头孢噻肟耐药的第一个超广谱 β-内酰胺酶（Sirot et al.，1987）。与 TEM-1 相比，CTX-1 发生了 3 个氨基酸位点的替换，即 Glu39Lys、Glu104Lys 及 Glu238Ser，其中后两个氨基酸位点的突变赋予其有效水解超广谱头孢菌素的特征（Bush and Singer，1989）。该酶主要在大肠杆菌、肺炎克雷伯菌、志贺氏菌、阴沟肠杆菌、枸橼酸杆菌和沙门菌等肠杆菌科细菌及假单胞菌中被发现（Bonomo，2017）。

SHV 型 ESBL 是由窄谱的 SHV-1 酶发生 1～4 个氨基酸位点突变形成的一系列酶，突变位点集中在 8、35、43、238 和 240 位，该系列酶可有效水解青霉素类、氧亚氨基头孢菌素类及单酰胺类抗菌药物，对碳青霉烯类抗菌药物及 7-α-甲氧基头孢菌素敏感，可被 β-内酰胺酶抑制剂（如克拉维酸、舒巴坦和他唑巴坦）抑制（Bush and Jacoby，2010）。Knothe 等（1983）从临床分离的肺炎克雷伯菌、臭鼻克雷伯菌和黏质沙雷菌中首次发现能够水解头孢菌素类的 SHV 型超广谱 β-内酰胺酶，即 SHV-2。结构基因的序列对比显示，SHV-1 与 SHV-2 仅在第 238 位存在由 Gly 残基突变为 Ser 的差异，但 Gly238Ser 却增强了这类酶对第三代头孢类药物的水解活性（Huletsky et al.，1993）。目前全世界已经发现 100 多种 SHV 型 ESBL，大多存在于肠杆菌科细菌、铜绿假单胞菌和鲍曼不动杆菌中。

CTX-M 型酶（cefotaxime-munich，CTX-M）即头孢噻肟酶，具有水解头孢噻肟的能力，于 1989 年首次分离得到（Bauernfeind et al.，1990）。CTX-M 型酶属于 Ambler A 类 β-内酰胺酶，Bush 功能分类为 2b 群，相比其他类型超广谱 β-内酰胺酶，其主要特点是对头孢噻肟的水解能力明显高于头孢他啶（Bauernfeind et al.，1990）。自 1989 年在德国第一次发现 CTX-M-1 以来，CTX-M 现已成为全球流行最广的超广谱 β-内酰胺酶（Wienke et al.，2012）。根据氨基酸同源性对 CTX-M 型 ESBL 进行分类，可将其分为 CTX-M-1 群、CTX-M-2 群、CTX-M-8 群、CTX-M-9 群、CTX-M-25 群和 KLUC 群（Rocha et al.，2016）。CTX-M 型 ESBL 酶中氨基酸序列上第 232、237、238、240 和 276 位点是区别不同亚型酶的关键突变位点。其中，位于第 237 位的 Ser 存在于 CTX-M 酶的所有亚型中，是 CTX-M 型 ESBL 对头孢噻肟的水解活性强于头孢他啶的关键因素（Tzouvelekis et al.，2000）。CTX-M 型 ESBL 主要存在于肠杆菌科细菌中，以大肠杆菌最为常见，其次是肺炎克雷伯菌与沙门菌。

OXA（oxacillin-hydrolyzing enzyme）即苯唑西林水解酶，属于 Ambler D 类 β-内酰胺酶，Bush-Jacoby 功能分类为 2d 群，可强力水解苯唑西林和氯唑西林，主要在不动杆菌和假单胞菌中流行。OXA-1 于 1965 年从英国分离的一株鼠伤寒沙门菌中被发现并命名为 R1818 β-内酰胺酶（Datta and Kontomichalou 1965），随后改名为 R46（Meynell and Datta，1966），直至 1976 年才根据其亚型间等电点不同将其命名为 OXA-1、OXA-2 和 OXA-3 等（Sykes and Matthew，1976）。大多数 OXA 型 β-内酰胺酶由于不足以水解氧亚氨基-头孢菌素类，因此不属于 ESBL，但 OXA-10 及其衍生物（OXA-11、OXA-14、OXA-16 和 OXA-17）、OXA-13 及其衍生物（OXA-19 和 OXA-32）以及一些其他 OXA（OXA-18 和 OXA-45）却能不同程度地水解氧亚氨基-头孢菌素类抗菌药物，这些 OXA 主要存在于铜绿假单胞菌中，并被视为 ESBL（Malloy and Campos，2011）。OXA-23 是 1985 年英国学者 Paton 等在一株多重耐药不动杆菌中发现的第一个具有碳青霉烯酶活性的 OXA，其大小为 23 kDa，能水解青霉素、氨苄西林及亚胺培南，不能被 EDTA 及克拉维酸所抑制，因此被命名为 ARI-1（acinetobacter resistant to imipenem），后来根据氨基酸比对结果将其改名为 OXA-23（Paton et al.，1993）。OXA 中只有 OXA-23、OXA-24、OXA-48 家族、OXA-50 家族、OXA-51 家族、OXA-55、OXA-58 和 OXA-60 家族等部分酶具有碳青霉烯酶活性，可水解包括亚胺培南和美罗培南在内的碳青霉烯类，以及第三、四代头孢类和单环 β-内酰胺类药物（Walther-Rasmussen and Hoiby，2006）。其中，OXA-48 是最为流行的亚型，于 2004 年在土耳其一家医院分离的一株肺炎克雷伯菌中被发现，bla_{OXA-48} 基因位于质粒上，并在其基因上游发现了插入序列 IS*1999*，存在水平转移的风险（Poirel et al.，2004）。

3）头孢菌素（AmpC）β-内酰胺酶

AmpC 型 β-内酰胺酶又称头孢菌素酶，为 Ambler C 类，Bush-Jacoby 分类为 1 类，可水解头孢菌素类抗菌药物，且不被克拉维酸等 β-内酰胺酶抑制剂抑制。Abraham 和 Chain（1940）报道从大肠杆菌中鉴定出了一种破坏青霉素的酶，后被证明是 AmpC 型 β-内酰胺酶。染色体编码的 *ampC* 基因在阴沟肠杆菌、产气克雷伯菌和弗氏梭状芽孢杆菌等革兰氏阴性菌中被发现。Bauernfeind 等（1989）首次从肺炎克雷伯菌中鉴定出

CMY-1（cephamycinase）质粒型 AmpC 酶，该酶可介导包括头孢菌素在内的广谱 β-内酰胺药物耐药。随后，质粒介导的 C 类内酰胺酶在全世界范围内被发现，其中 CMY 型 AmpC 酶常存在于大肠杆菌中，DHA 型常存在于肺炎克雷伯菌中（Koren and Vaculikova，2006；Philippon and Arlet，2006）。携带编码 AmpC 酶基因的质粒通常还携带对氨基糖苷类、氯霉素、甲氧苄啶、磺胺类、四环素和喹诺酮类等多种抗菌药物耐药的基因。

4）碳青霉烯酶

碳青霉烯酶（carbapenemase）是一类能够水解碳青霉烯类药物的 β-内酰胺酶，属于 Ambler 分类的 A、B 和 D 型，Bush-Jacoby 功能组属于 2f、3a、3b 和 2df 组。A 型碳青霉烯酶为丝氨酸蛋白酶，主要包括 KPC（*Klebsiella pneumoniae* carbapenemase）、SME（*Serraia marcescens* enzyme）和 IMI 型，多存在于肠杆菌科细菌中，能被克拉维酸和他唑巴坦等 β-内酰胺酶抑制剂抑制（Ambler et al.，1991）。B 类碳青霉烯酶是金属 β-内酰胺酶（metallo-β-lactamase，MBL），包括 NDM（new delhi metallo-β-lactamase）、IMP（active on imipenem）、VIM（verona integron-encoded metallo-β-lactamase）和 GIM（german imipenemas）等 13 个亚型，这类酶的催化活性位点含有 Zn^{2+}，不受克拉维酸等抑制剂抑制，但对 EDTA、金属离子和氨曲南等敏感（Queenan and Bush，2007）。D 类为苯唑西林酶，即 OXA，主要见于不动杆菌，可被舒巴坦抑制，但不受克拉维酸抑制（Queenan and Bush，2007）。其中，KPC、VIM、IMP 和 NDM 流行最为广泛。

IMP 是最早发现的金属 β-内酰胺酶，首次于 1990 年从日本分离的铜绿假单胞菌中发现。该酶能够高效水解亚胺培南、青霉素和广谱头孢菌素等，但不能水解单环 β-内酰胺类（氨曲南），其活性可被 EDTA 抑制（Watanabe et al.，1991）。

KPC 是最常见的 A 类碳青霉烯酶，能够水解几乎所有 β-内酰胺类药物（包括碳青霉烯类），但其活性在一定程度上可被克拉维酸、他唑巴坦等 β-内酰胺酶抑制剂抑制。*bla*~KPC-1~ 基因于 1996 年从美国北卡罗来纳州分离的一株肺炎克雷伯菌中被发现，该基因由质粒介导，可在不同菌株间水平转移（Yigit et al.，2001）。国际上发现的 KPC 酶主要以 KPC-2、KPC-3 为主，而我国主要以 KPC-2 为主（Yang et al.，2010）。

VIM 是典型的金属 β-内酰胺酶，能够有效水解亚胺培南，最早于 1997 年在意大利分离的铜绿假单胞菌中被发现，在欧洲地区流行广泛（Lauretti et al.，1999）。VIM-1 能有效水解羧苄青霉素且对替莫西林具有高亲和力，但对氧亚氨基-头孢菌素（头孢噻肟和头孢他啶）和头孢西丁的催化效率较低。VIM-2 与 VIM-1 的氨基酸同源性为 93%，具有更广泛的底物，包括碳青霉烯类、哌拉西林、替卡西林、窄谱头孢菌素和头孢噻肟，但对头孢呋辛和头孢吡肟的水解效率低于 VIM-1，同时增加了对青霉素 G 和头孢他啶的水解活性。*bla*~VIM~ 基因通常位于质粒整合子上，较易发生水平转移，常在假单胞菌、鲍曼不动杆菌及肠杆菌科细菌中检出，其中在铜绿假单胞菌及恶臭假单胞菌中较为常见（Codjoe and Donkor，2017）。

2008 年，英国科学家 Timothy 教授团队首次从一名在印度住院后回国的瑞典患者体内分离出一株携带新型金属 β-内酰胺酶基因的肺炎克雷伯菌，并将其命名为 *bla*~NDM-1~

（Yong et al.，2009）。bla_{NDM-1}基因序列全长 813 bp，翻译成的蛋白质序列包括 269 个氨基酸残基，分子质量约为 28 kDa，其编码的新德里金属 β-内酰胺酶（NDM-1）对除氨曲南外的所有 β-内酰胺类抗菌药均有水解活性。NDM-1 的结构特征与其他金属 β-内酰胺酶结构类似，都是由 5 个 α 螺旋及 12 个 β 折叠构成 αβ/αβ 的"三明治夹心"结构，中间是 β 折叠，两翼是 α 螺旋。NDM-1 的水解机制是由活性中心的锌离子催化底物，与氢氧根离子结合作用于底物的羧基键，而 Zn^{2+} 与底物的酰胺环相互作用，从而将 β-内酰胺类药物的 β-内酰胺环水解（King and Strynadka，2011）。不同于其他可溶性金属 β-内酰胺酶蛋白，NDM-1 是一种可以通过外膜囊泡锚定在细胞外膜上的脂质蛋白，更有利于 NDM 稳定存在。Wu 等（2019a）统计分析了 GenBank 上含 NDM-1 的基因组及其 23 个变体（NDM-2 至 NDM-24），发现流行最广的基因亚型为 bla_{NDM-1}（58.3%），其次是 bla_{NDM-5}（26.5%）；其宿主菌的种属呈多样性，包括变形菌门的 11 科 60 多个菌种，其主要宿主是肠杆菌科细菌（其中肺炎克雷伯菌最多、大肠杆菌和阴沟肠杆菌次之）和不动杆菌属细菌，其中 bla_{NDM-1} 的宿主谱最广，涵盖 11 个细菌科，bla_{NDM-5} 在大肠杆菌中最常见。

2. 氨基糖苷修饰酶

氨基糖苷类（aminoglycosides）抗生素是一类对革兰氏阴性菌和部分革兰氏阳性菌均有抗菌活性的抗生素，可作用于细菌核糖体抑制蛋白质合成，影响细菌细胞膜通透性而具有抗菌活性。随着该类药物在临床上的广泛应用，其耐药性问题日趋严重。细菌产生的氨基糖苷修饰酶（aminoglycoside modifying enzyme，AME）对氨基糖苷类抗生素的化学修饰作用是介导细菌对该类抗生素耐药的主要机制。根据催化机制的不同，AME 主要分为三大类：氨基糖苷类乙酰转移酶（aminoglycoside acetyltransferases，AAC）、氨基糖苷类磷酸转移酶（aminoglycoside phosphotransferase，APH）和氨基糖苷类腺苷转移酶（aminoglycoside nucleotidyltransferase，ANT）（表 3-4）。这些修饰酶基因通常与

表 3-4　氨基糖苷类修饰酶种类、基因、基因定位和宿主菌（Ramirez and Tolmasky，2010）

氨基糖苷类修饰酶	基因	基因定位	细菌分布
氨基糖苷类乙酰转移酶（AAC）			
AAC(1)			
AAC(3)	*aac(3)-Ia*, *aac(3)-Ib*, *aac(3)-Ic*, *aac(3)-Id*, *aac(3)-Ie*, *aac(3)-IIa*, *aac(3)-IIb*, *aac(3)-IIc*, *aac(3)-IIIa*, *aac(3)-IIIb*, *aac(3)-IIIc*, *aac(3)-IVa*, *aac(3)-VIa*, *aac(3)-VIIa*, *aac(3)-VIIIa*, *aac(3)-IXa*, *aac(3)-Xa*	质粒、转座子、整合子、染色体	铜绿假单胞菌、大肠杆菌、弯曲菌、鲍曼不动杆菌、肺炎克雷伯菌和链霉菌属
AAC(2′)	*aac(2′)-Ia*, *aac(2′)-Ib*, *aac(2′)-Ic*, *aac(2′)-Id*, *aac(2′)-Ie*	染色体	斯图氏普罗维登斯菌、结核分枝杆菌和牛核分枝杆菌
AAC(6′)	*aac(6′)-Ia*, *aac(6′)-Ib*, *aac(6′)-Ic*, *aac(6′)-Ie*, *aac(6′)-If*, *aac(6′)-Ig*, *aac(6′)-Ih*, *aac(6′)-Ii*, *aac(6′)-Ij*, *aac(6′)-Ik*, *aac(6′)-Iae*, *aac(6′)-Iaf*	质粒、转座子、整合子、染色体	枸橼酸杆菌、大肠杆菌、肺炎克雷伯菌、金黄色葡萄球菌、粪肠球菌、不动杆菌和铜绿假单胞菌
氨基糖苷类磷酸转移酶（APH）			
APH(2″)	*aph(2″)-Ia*, *aph(2″)-IIa*, *aph(2″)-IIIa*, *aph(2″)-Iva*, *aph(2″)-Ie*	质粒、转座子、染色体	

续表

氨基糖苷类修饰酶	基因	基因定位	细菌分布
氨基糖苷类磷酸转移酶（APH）			
APH(3′)	*aph(3′)-Ia, aph(3′)-Ib, aphA, aph(3′)-Ic, aph(3′)-IIb, aph(3′)-IIc, aph(3′)-IIIa, aph(3′)-IVa, aph(3′)-Va, aph(3′)-Vb, aph(3′)-Vc, aph(3′)-VIa, aph(3′)-VIb, aph(3′)-VIIa*	质粒、转座子、染色体	金黄色葡萄球菌、肠球菌、芽孢杆菌、链霉菌、鲍曼不动杆菌、肺炎克雷伯菌和空肠弯曲菌
APH(3″)	*aph(3″)-Ia, aph(3″)-Ib, aph(3″)-Ic*	质粒、转座子、染色体	链霉菌、肠杆菌和假单胞菌
APH(4)	*aph(4)-Ia, hph, aph(4)-Ib, hyg*	质粒、染色体	大肠杆菌、链霉菌
APH(6)	*aph(6)-Ia, aphD, strA, aph(6)-Ib, sph, aph(6)-Ic, str, aph(6)-Id, strB, orf1*	质粒、染色体、转座子	链霉菌、肺炎链球菌、沙门菌、大肠杆菌、假单胞菌和假单胞菌
APH(7″)	*aph(7″)-Ia*	染色体	吸水链霉菌
APH(9)	*aph(9)-Ia, aph(9)-Ib, spcN*	染色体	嗜肺军团菌
氨基糖苷类腺苷转移酶（ANT）			
ANT(2″)	*ant(2″)-Ia*	质粒、整合子	大肠杆菌、铜绿假单胞菌和肺炎克雷伯菌
ANT(3″)	*ant(3″)-Ia, aadA, aadA1, aad(3″), aadA2, aadA3, aadA4, aadA5, aadA6, aadA7, aadA8, aadA9, aadA10, aadA11, aadA12, aadA13, aadA14, aadA15, aadA16, aadA17, aadA21, aadA22, aadA23, aadA24*	质粒、转座子、整合子、染色体	肺炎克雷伯菌、沙门菌、鲍曼不动杆菌、大肠杆菌、铜绿假单胞菌、小肠结肠炎耶尔森氏菌、霍乱弧菌和阴沟肠杆菌
ANT(4′)	*ant(4′)-Ia, ant(4′)-IIa, ant(4′)-IIb*	质粒、转座子	金黄色葡萄球菌、粪肠球菌、芽孢杆菌和铜绿假单胞菌
ANT(6)	*ant(6)-Ia, ant(6)-Ib*	质粒、转座子、整合子、染色体、可转移致病性岛	金黄色葡萄球菌、空肠弯曲菌、链球菌和粪肠球菌
ANT(9)	*ant(9)-Ia, ant(9)-Ib*	质粒、转座子	金黄色葡萄球菌、粪肠球菌

质粒、整合子和转座子有关，有利于该类耐药基因的水平转移（沙代提古力·米吉提，2018）。近年还发现一些双功能复合酶如 AAC-APH 和 AAC-ANT 等，使细菌获得更加广谱的耐药性（Smith et al., 2014）。

三类修饰酶对抗菌药物的催化都需要辅因子的协助。AAC 属于与 GCN5 相关的 *N*-乙酰基转移酶（GCN5-related N-acetyltransferase, GNAT）蛋白超家族，以辅酶 A（coenzyme A，CoA）为辅因子，将 CoA 上的乙酰基转移到氨基糖苷类抗生素特定的氨基上，导致抗生素发生乙酰化而失效（Vetting et al., 2002）。根据修饰的氨基不同，AAC 可分为 AAC(1)、AAC(3)、AAC(2′)和 AAC(6′) 4 种同工酶。目前在细菌中已发现 20 多种亚型（Adams et al., 2008），例如，在大肠杆菌和放线菌中发现了 AAC(1)；在肠杆菌科和其他革兰氏阴性菌中发现了 AAC(3)；在部分革兰氏阴性菌和分枝杆菌中发现了 AAC(2′)；研究发现 AAC(6′)分布最广，编码该酶的基因可存在于革兰氏阴性和革兰氏阳性菌株的质粒及染色体上。

APH 可利用 ATP 将 ATP 上的 γ-磷酸转移到氨基糖苷类抗生素特定的羟基上，导致抗生素被磷酸化而失效。目前，已报道了 APH(3′)、APH(4)、APH(6)、APH(9)、APH(2″)、APH(3″)和 APH(7″) 7 种氨基糖苷类磷酸转移酶（Wright and Thompson，1999）。APH(3′)-I 主要存在于革兰氏阴性菌的质粒和转座子中。APH(3′)-II 亚类包括三种同工酶，可介导细菌对卡那霉素、新霉素、丁松素、巴洛霉素和核糖霉素耐药。其中，APH(3′)-IIIa 在革兰氏阳性菌中广泛存在；APH(3′)-IVa 主要发现于圆形芽孢杆菌中，APH(3′)-Va-c 主要发现于放线菌中，其编码基因均定位于染色体。Alekseeva 等（2019）从链霉菌亚种中鉴定出新型 *aph(3″)-Id* 基因。APH(4)分为 APH(4)-Ia、APH(4)-Ib 两大亚类，可灭活潮霉素。APH(6)分为 4 种酶，介导细菌对链霉素的抗性。基因 *aph(6)-Ia*，也称为 *aphD* 和 *strA*，最初出现于灰链霉菌的染色体中；*aph(6)-Ib* 基因也被命名为 *sph*；编码 APH(6)-Ic 的基因则是在革兰氏阴性菌转座子 Tn5 中发现；*aph(6)-Id* 基因(也称为 *strB*)首次从质粒 RSF1010 中被鉴定出，可在大多数革兰氏阴性菌和放线菌中复制。*aph(9)-Ia* 基因最先在嗜肺军团菌中被发现。APH(2″)主要介导革兰氏阳性菌对庆大霉素的耐药。APH(3″)酶亚类介导对链霉素的抗性，*aph(3″)-Ia* 和 *aph(3″)-Ic* 编码基因分别在灰色链霉菌和偶然分枝杆菌的染色体中被发现，*aph(3″)-Ia* 基因也称为 *aphE* 或 *aphD2*。APH(3″)-Ib 酶最初在质粒 RSF1010 中发现，随后又在大量质粒、转座子、整合元件和染色体中发现。

ANT 需要 ATP 的辅助，ATP 上 α-β 之间的磷酸键断裂，腺苷 AMP 转移到氨基糖苷类抗生素特定的羟基上，主要为 2″、3″、4′、6 和 9 位羟基，故其有 5 种同工酶：ANT(2″)、ANT(3″)、ANT(4′)、ANT(6)和 ANT(9)（Ramirez and Tolmasky，2010）。ANT(2″)仅含 ANT(2″)-Ia 一种酶，常被发现于 1 类和 2 类整合子中，由 *aadB* 编码。ANT(3″)是最常见的 ANT 酶，主要介导细菌对壮观霉素和链霉素的耐药，其最常见编码基因为 *aadA*。ANT(4′)-Ia 在葡萄球菌、肠球菌和芽孢杆菌等革兰氏阳性菌的质粒中被发现，其编码基因被命名为 *aadD*、*aadD2* 和 *ant(4′，4″)-I*；假单胞菌、肠杆菌科细菌的质粒和铜绿假单胞菌的转座子中分别鉴定出了 ANT(4′-IIa)和 ANT(4′)-IIb 酶。编码 ANT(6)酶的基因被命名为 *ant(6)-Ia*、*ant6*、*ant(6)* 和 *aadE*，它们都具有相同的底物谱（对链霉素的抗性），因此属于同一亚类，主要分布于革兰氏阳性菌。ANT(9)分为 ANT(9)-Ia 和 ANT(9)-Ib，都可介导对大观霉素的抗性。ANT(9)-Ia 首次发现于金黄色葡萄球菌中，随后在屎肠球菌和粪肠球菌中均有报道，且均作为 Tn*554* 的一部分。

3. 氯霉素修饰酶

氯霉素乙酰转移酶（chloramphenicol acetyltransferase，CAT）可催化乙酰辅酶 A（acetyl-CoA）的乙酰基转移至氯霉素的 3-羟基上，产生的乙酰化氯霉素无法与细菌核糖体结合而导致药物失效。氯霉素乙酰转移酶分为 A 型和 B 型。A 型 CAT 酶可分为 16 类，即 Type A-1 至 A-16（Schwarz et al.，2004）。*catA1*（Type A-1）即 *cat I* 基因，最初在大肠杆菌的转座子 Tn9 中被发现，随后在不动杆菌属的耐药质粒上检出。*catA2* 基因（Type A-2）主要存在于流感嗜血杆菌的质粒上。*catA3* 基因（Type A-3）通常存在于肠杆菌科和巴氏杆菌科的质粒上，这些质粒大多数携带 1 个或多个其他耐药基因。Type A-4、A-5 和 A-6 类（*cat，cat86*）位于奇异变形菌、阿克里霉素链霉菌（*Streptomyces Acrimycini*）或短小变形杆菌的染色体 DNA 上。Type A-7、A-8 和 A-9 类（*cat*$_{pC221}$、*cat*$_{pC223}$ 和 *cat*$_{pC194}$）通常位于葡萄球菌、链球菌和肠球菌的质粒上，部分质粒上同时存在链霉素或大环内酯类耐药性基因。Type A-10 仅存在于益生菌 *B. clausii* 的染色体 DNA 上。Type A-11 包含 2 种 *cat* 基因（*catP* 和 *catD*），其中产气荚膜梭菌的 *catP* 基因被鉴定为氯霉素抗性转座子 Tn*4451* 的一部分，该转座子可整合到质粒和染色体 DNA 中；从艰难梭菌中鉴定出的同源基因，被命名为 *catD*。Type A-12（*catS*）分布于化脓性链球菌。Type A-13 位于弯曲菌质粒 pNR9589 上，该质粒同时携带卡那霉素耐药基因 *aphA3*。Type A-14 分布于气单胞菌、李斯特菌和变形杆菌中。Type A-15 和 A-16（*catB* 和 *catQ*）均位于梭菌属细菌的染色体 DNA 上。

B 型 CAT 酶，通常被称为异源乙酰转移酶，是由含 209～212 个氨基酸的单体组成的同源三聚体，至少分为 5 类：Type B-1 至 Type B-5（Schwarz et al.，2004）。*catB1*（Type B-1）是从农杆菌染色体上发现的第一个 B 型 CAT 基因；*catB2* 基因（Type B-2）最初被发现存在于大肠杆菌的多重耐药转座子 Tn*2424* 上，在肠炎链球菌、多杀性巴氏杆菌中也被检出。*catB3-catB6* 和 *catB8* 基因（Type B-3）通常与多耐药转座子相关，如摩根菌的 Tn*840* 转座子或质粒携带的多耐药整合子，并已在多种肠杆菌、铜绿假单胞菌中被检出。代表 B-4 群的 *cat B7* 基因位于铜绿假单胞菌的染色体上，而代表 B-5 群的 *catB9* 基因位于霍乱弧菌的染色体中。

4. 四环素类药物修饰酶

四环素类药物（tetracyclines）是一类广谱抗生素，对革兰氏阳性菌、革兰氏阴性菌、衣原体、支原体和恶性疟原虫等均有较好的抑菌作用，也是我国畜禽养殖业中使用量最大的一类抗生素。四环素类抗生素根据作用机制不同主要分为 3 类：①核糖体保护基因 *tet*(M)、*tet*(O)、*tet*(S) 和 *otr*(A) 等；②外排泵基因 *tet*(A)、*tet*(B)、*tet*(C)、*tet*(D)、*tet*(E)、*tet*(G)、*tet*(H)、*tet*(J) 和 *otr*(B) 等；③酶修饰基因 *tet*(X)（Roberts，2005）。本节主要论述酶修饰基因，另两类机制分别见下文（二）和（四）。

目前，已报道具有修饰作用的耐药基因为 *tet*(X) 和 *tet*(34)，其编码的氧化还原酶可以对四环素进行化学修饰使其失活。*tet*(X) 基因编码一个含有 388 个氨基酸、分子质量为 43.7 kDa 的蛋白质 TetX，其 N 端氨基酸序列与许多依赖 NAD(P) 的氧化还原酶相似（Speer and Salyers，1988）。TetX 是黄素腺嘌呤二核苷酸（flavin adenine dinucleotide，FAD）依赖的单加氧酶，外源添加 FAD 可增加 TetX 的稳定性；TetX 需在厌氧条件下合成，但只有在 NADPH 和氧气同时存在时才表现出对四环素的修饰特性，且在 pH 8.5 时该酶的活性最高；TetX 通过对四环素的芳基-β-二酮载色体区域 C11α 位置加入一个氧原子进行羟基化，生成不稳定的修饰产物，并进一步发生非酶促的降解，最终使四环素类药物失效（Yang et al.，2004）。

Whittle 等（2001）在拟杆菌属的结合转座子 CTnDOT 上发现了 *tet*(X) 的两个同源基因 *tet*(X1) 和 *tet*(X2)，二者编码蛋白的氨基酸序列与 TetX 之间的同源性分别为 66% 和 99%。TetX1 仅含有 359 个氨基酸（TetX 有 388 个），缺失的氨基酸主要存在于氨基端（N 端），由于 FAD 结合点位在 N 端，因此 TetX1 可能是一种无四环素修饰活性的蛋白质（Yang et al.，2004）。2019 年我国科学家发现了 *tet*(X) 的两个变异体，分别命名为 *tet*(X3) 和 *tet*(X4)，其编码的蛋白质 TetX3 和 TetX4 与 TetX 的氨基酸相似性分别为 85.1% 和 93.8%。这两类变异体不仅可介导野生菌株对替加环素的高水平耐药，还可介导对美国食品药品监督管理局新近批准的两个四环素类新药——Eravacycline 和 Omadacycline

的高水平耐药（He et al.，2019；Sun et al.，2019c）。随后发现的 *tet*(X5)基因编码的 TetX5
与 TetX3 及 TetX4 氨基酸相似性分别为 84.5% 和 90.5%，但是 TetX5 与 TetX3 和 TetX4
对四环素结合位点的亲和力相同。TetX6 的氨基酸序列与已报道的 TetX、TetX2、TetX3、
TetX4 和 TetX5 的相似性分别为 87.8%、87.6%、79.4%、90.2% 和 92.1%，它可以使大肠
杆菌对替加环素的耐药水平提高 2～4 倍。

　　tet(34)是另一种被认为具有四环素灭活作用的耐药基因，最早于黄尾金枪鱼肠道内
一种弧菌的染色体上被发现，其编码的蛋白质 Tet34 含有 154 个氨基酸，与多种菌中的
黄嘌呤-鸟嘌呤磷酸核糖基转移酶具有较高的同源性（Nonaka and Suzuki，2002）。然而，
Tet34 介导细菌耐药的机制有别于 TetX：它通过催化鸟嘌呤、黄嘌呤和次黄嘌呤等合成
对应的核苷一磷酸（NMP），增加了蛋白质合成过程中嘌呤核苷酸的含量，而过量供给
的鸟苷三磷酸（GTP）可促进氨酰转运 RNA（aminoacyl-tRNA）和延伸因子 Tu（EF-Tu）
的结合，从而促进 EF-Tu·GTP·tRNA 复合物与核糖体的结合，保证肽链的正常合成。
该过程通过竞争性结合作用减弱了四环素对细菌蛋白质合成的抑制作用，从而导致
tet(34)的宿主菌对四环素耐药。

（二）改变药物作用靶位，降低药物与靶位的亲和力

　　靶位点的突变或修饰导致其与药物的亲和力下降，甚至消失，是细菌对抗菌药物产
生耐药的重要机制之一（表 3-5）。

表 3-5　常见靶位点突变介导的耐药菌耐药机制

基因	耐药机制	耐药表型
mcr-1	编码的磷酸乙醇胺转移酶可将磷酸乙醇胺从细胞内转移到细菌外膜，修饰脂质 A 改变细菌细胞膜电位	多黏菌素类（Liu et al.，2016c）
cfr	编码甲基化酶对细菌核糖体 23S rRNA 的 A2503 位点进行甲基化，降低药物与靶点的亲和性	酰胺醇、林可酰胺、噁唑烷酮、截短侧耳素和链阳菌素 A 类（Ubukata et al.，1989；Long et al.，2006）
mecA	编码青霉素结合蛋白 2a	β-内酰胺类（Ubukata et al.，1989）
23S rRNA	A2058G、A2057G 或 A2057C 的点突变	大环内酯类（Zhang et al.，2016a）
erm56	编码的核糖体甲基化酶对 50S 亚基 23S rRNA 的 2074 位点进行甲基化	大环内酯、林可酰胺、链阳菌素 B 类（Weisblum，1995；Roberts，2004）
rplD，*rplV*	*rplD* 基因的 K63E 突变，或 *rplV* 中 Met-82、Lys-83 和 Glu-84 的三氨基酸缺失	大环内酯类（Wittmann et al.，1973；Chittum and Champney，1994）
gyrA，*gyrB*	DNA 回旋酶 A、B 两个亚基的喹诺酮抗性决定区发生突变	喹诺酮类（Corbett et al.，2005）
parC，*parE*	拓扑异构酶 IV 的 C 亚基和 E 亚基发生突变	喹诺酮类（Bagel et al.，1999）
rpsJ	编码核糖体 S10 亚基的 *rpsJ* 基因 53～60 区缺失	四环素类（Hu et al.，2005）
tet(M)，*tet*(O)，*tet*(P)，*tet*(Q)，*tet*(S)，*tet*(T)	核糖体保护蛋白	四环素类（Connell et al.，2003a；Warburton et al.，2016）
vanA，*vanB*，*vanD*，*vanM*	编码 D-丙氨酰-D-乳酸连接酶，肽聚糖前体五肽 C 端变成 D-丙氨酰-D-乳酸	万古霉素（Chen and Xu，2015）
vanC，*vanE*，*vanG*，*vanL*，*vanN*	编码 D-丙氨酰-D-丝氨酸连接酶，肽聚糖前体五肽 C 端变成 D-丙氨酰-D-丝氨酸	万古霉素（Chen and Xu，2015）

青霉素结合蛋白（penicillin binding protein，PBP）是一组位于细菌内膜，且具有催化作用的酶，具有参与细菌细胞壁的合成、形态维持和糖肽结构调整等功能。PBP 是 β-内酰胺类抗生素的作用靶点，β-内酰胺类抗生素与 PBP 结合，酰化其活性丝氨酸位点，形成稳定的酰基化结构基团抑制其活性，从而干扰细菌细胞壁的合成，达到杀灭细菌的作用。多项研究表明，PBP 表达量降低或者被修饰，均会降低其对 β-内酰胺类抗生素的亲和力，导致细菌耐药。这种耐药机制主要存在于革兰氏阳性菌，如 MRSA 菌株即是因其获得外源基因 *mecA*，可编码与 β-内酰胺类抗生素亲和力较低的青霉素结合蛋白 2a（PBP2a），替代固有 PBP 而发挥作用，从而导致细菌对 β-内酰胺类抗生素耐药（Hartman and Tomasz，1984）。屎肠球菌中高表达低亲和力的 PBP5 是导致菌株对 β-内酰胺类抗生素产生耐药的主要原因（Fontana et al.，1994）。另有研究发现编码 PBP5 蛋白的基因突变，也可导致 β-内酰胺类抗生素对突变蛋白亲和力下降，造成细菌的高水平耐药。肺炎链球菌对 β-内酰胺类抗生素耐药是因其 A 族或 B 族的 PBP 发生突变所致（Hakenbeck et al.，1980）。

万古霉素是治疗临床革兰氏阳性菌感染的重要药物之一，其作用机制是与肽聚糖前体五肽 C 端的 D-丙氨酰-D-丙氨酸残基结合，形成非共价键结合的稳定复合物，阻断转糖基酶、转肽酶和 D,D-羧肽酶在肽聚糖合成中的作用，进而阻止细胞壁的合成，导致细菌死亡。四种编码 D-丙氨酰-D-乳酸连接酶（D-Ala-D-Lac）操纵子的基因 *vanA*、*vanB*、*vanD* 和 *vanM*，以及另五种编码 D-丙氨酰-D-丝氨酸（D-Ala-D-Ser）操纵子的基因 *vanC*、*vanE*、*vanG*、*vanL* 和 *vanN*，可分别使细菌的肽聚糖前体五肽 C 端变成 D-丙氨酰-D-乳酸和 D-丙氨酰-D-丝氨酸，导致万古霉素无法与靶位结合而产生高水平耐药（Gardete and Tomasz，2014）。

多黏菌素是阳离子多肽类抗生素，可与革兰氏阴性菌细胞外膜上带负电荷的脂质 A（lipid A）结合，从而破坏细胞外膜的脂多糖（lipopolysaccharides，LPS）结构，使外膜膨胀，借助"自促摄取"机制穿过外膜，使细菌细胞膜破裂而起杀菌作用。细菌对多黏菌素类抗生素耐药的主要机制是通过在脂质 A 上添加 4-氨基-4-脱氧-L-阿拉伯糖（L-Ara4N）或磷酸乙醇胺（pEtN）阳离子基团，导致 LPS 的净负电荷减少，极大地降低带正电荷的多黏菌素与外膜的亲和力而导致耐药。二元调控系统 PhoP/Q、PmrA/B 及其负调控因子 *mgrB* 的突变均可介导细菌对多黏菌素类抗生素耐药（van Duijkeren et al.，2018）。此外，可转移的多黏菌素耐药基因 *mcr*，通过编码磷酸乙醇胺转移酶对 LPS 上的脂质 A 进行修饰，导致细菌外膜 LPS 的净负电荷减少而对多黏菌素产生耐药（Liu et al.，2016c）。

酰胺醇类药物是一类广谱抗菌药，对大多数革兰氏阳性菌和革兰氏阴性菌均有效，主要包括氯霉素、氟苯尼考及甲砜霉素。该类抗菌药可与细菌核糖体 50S 亚基的肽酰转移酶活性中心结合抑制肽键的形成，阻碍细菌蛋白质的合成产生抑菌作用。*cfr* 基因编码的甲基化酶（Cfr）可将细菌核糖体 23S rRNA 的 A2503 位点甲基化，致使酰胺醇类药物无法与细菌核糖体的转肽酶核心区结合，导致细菌耐药（Schwarz et al.，2000）。由于截短侧耳素类、链阳菌素类、林可酰胺类及噁唑烷酮类抗菌药的作用靶位与酰胺醇类药物类似，因此 Cfr 可同时介导细菌对上述药物耐药（Long et al.，2006）。

大环内酯类药物是一类对革兰氏阳性菌有较强抑菌作用的抗生素，通过与细菌保守的 23S rRNA V 域序列中的核苷残基结合并发生相互作用，阻碍肽酰 tRNA 的转移，阻止蛋白质合成而抑制细菌生长。作用靶位的突变和修饰是细菌对大环内酯类抗生素产生耐药的重要机制。其中，点突变主要包括核糖体 23S rRNA 碱基突变及核蛋白 L4 和 L22 的突变。弯曲菌 23S rRNA 中的 2074 和 2075 是大环内酯类药物作用的重要靶点，A2058G、A2059G 或 A2059C 的点突变会介导弯曲菌对红霉素产生高水平的耐药（>512 μg/mL）（Vester and Douthwaite，2001）。大肠杆菌 L4 蛋白（RplD）的 *K63E* 突变，以及 L22 蛋白（RplV）的 Met-82、Lys-83 和 Glu-84 三个氨基酸缺失能导致菌株对大环内酯类抗生素耐药（Wittmann et al.，1973；Chittum and Champney，1994）。此外，核糖体甲基化酶 ErmB 能将弯曲菌核糖体 50S 亚基 23S rRNA 的 2074 位点（对大肠杆菌而言为 A2085 位点）的腺苷酸甲基化为 N^6,N^6-二甲基氨基嘌呤。由于 2074 位点是大环内酯类（macrolides）、林可胺类（lincosamides）和链阳菌素 B（streptogramin B）（MLS$_B$）的共同作用靶位，该位点的甲基化能显著降低其与上述药物的亲和力，导致细菌同时对以上 3 类抗生素耐药（Roberts，2004）。

四环素类药物与细菌核糖体 30S 亚基中高度保守的 16S rRNA 的结合，阻碍核糖体与氨酰转移 RNA 的结合，干扰肽链的延伸过程，导致细菌蛋白质无法正常合成，从而发挥抑菌作用。目前已发现多种四环素类药物的耐药机制，其中靶位突变和核糖体保护机制广泛存在于各类细菌中，如幽门螺杆菌核糖体 h31 环发生 A965T、G966T、A967C 的突变，以及核糖体 G942 的缺失，都能导致细菌对四环素耐药（Trieber and Taylor，2002）。而编码 30S 核糖体 S10 亚基的 *rpsJ* 基因的 53～60 区域的突变或缺失，会导致多种细菌对四环素甚至替加环素耐药（Beabout et al.，2015）。此外，核糖体保护蛋白（ribosomal protective protein，RPP），如 Tet(O)和 Tet(M)，能直接与四环素类分子发生相互作用，使药物分子从结合位点上脱离下来，导致细菌耐药（Connell et al.，2003b；Donhofer et al.，2012）。

尽管林可酰胺类、链阳菌素、酰胺醇类和截短侧耳素类抗菌药物（lincosamides，streptogramins，phenicols，pleuromutilins，LSPP）的分子结构有较大差异，但这四类药物的抑菌作用机制十分类似，作用靶点都位于细菌核糖体 23S RNA 保守的 V 区。药物分子通过与肽基转移酶中心结合，抑制蛋白质的合成产生抑菌作用。正是由于作用靶点有重叠这一特性，细菌 23S RNA 基因的一些关键位点发生突变时，如核糖体 23S rRNA 腺嘌呤 N^6-二甲基化修饰可介导细菌对多种药物产生交叉耐药（Douthwaite，1992；Long et al.，2009）。

喹诺酮类药物作用于细菌的 DNA 促旋酶和拓扑异构酶 IV，从而干扰细菌 DNA 复制和转录的过程，达到抗菌效果。因此，该靶位点的突变是该类药物的重要耐药机制。常见的耐药突变有两类：一类是 DNA 促旋酶 A 亚基和 B 亚基的编码基因 *gyrA* 和 *gyrB* 发生突变，另一类是拓扑异构酶 C 亚基和 E 亚基的编码基因 *parC* 和 *parE* 发生突变。DNA 促旋酶 GyrA 的 Ala67-Gln106 和 GyrB 的 Asp426-Lys447 区域称为喹诺酮抗性决定区（quinolone resistance determining region，QRDR），该区域的氨基酸取代可能会改变喹诺酮类药物与 DNA 促旋酶的结合，从而降低喹诺酮类药物的敏感性（Corbett et al.，2005），突变最常出现在第 83 和 87 位密码子处。*parC* 或 *parE* 突变不会产生高水平的喹诺酮耐药，但是当 *gyrA* 发生突变并伴随着 *parC* 或 *parE* 发生突变，则可以产生高水平的喹诺酮耐药（Bagel et al.，1999）。此外，质粒介导的喹诺酮耐药（plasmid-mediated quinolone resistance，PMQR）基因，如 *qnrA* 基因编码蛋白不仅可以降低促旋酶及拓扑异构酶 IV 与 DNA 的结合能力，以此降低与喹诺酮类药物作用靶点结合的可能（Xiong et al.，2011），还能通过与促旋酶和拓扑异构酶 IV 结合，阻碍药物分子进入酶的活性中心，产生耐药性（Tran et al.，2005）。

（三）改变胞膜通透性，减少药物进入菌体

革兰氏阴性菌含有独特的不对称双层结构外膜，由内小叶中的磷脂和外小叶中的脂多糖组成。外膜中脂质 A 和 O 抗原链的存在，对许多两亲性化合物（包括抗菌药物）的转运产生较大影响。脂质 A 的脂肪酸链的羧基可与相邻脂多糖分子的磷酸基一起作用形成复合二价阳离子，使脂多糖分子之间进一步交联；这些结构特征导致产生低流动性凝胶状膜，因此疏水化合物只能缓慢扩散至细菌体内。该结构限制了疏水性抗菌药物进入胞内，导致氨基糖苷类（庆大霉素、卡那霉素）、大环内酯类（红霉素）、利福霉素、夫西地酸和阳离子肽等疏水性抗菌药物不能在靶点处达到有效的药物浓度。

革兰氏阴性菌这种复杂的双层细胞膜结构不利于细菌从外界获得营养，因此细菌具有一些称为孔蛋白（porins）的 β-桶状蛋白来运输多种营养物质和小分子物质（糖、药物和小分子肽）（汪德会等，2020）。大肠杆菌通常产生三种典型的三聚体孔蛋白，即 OmpF、OmpC 和 PhoE。细菌主要通过两种机制来影响孔蛋白，从而介导细菌耐药：减少孔蛋白的表达或形成较小通道的其他孔蛋白来替代它们；孔蛋白基因发生突变以改变孔蛋白通道通透性。例如，喹诺酮类药物敏感性降低与特异性孔蛋白（大肠杆菌中的 OmpF、铜绿假单胞菌中的 D2）缺乏和突变导致孔蛋白通道狭窄有关（Masi and Pages，2013）；OmpF/OmpC 表达平衡变化会使产气肠杆菌产生对亚胺培南的耐药性（Lavigne et al.，2013；Philippe et al.，2015）；PhoE 孔蛋白的表达与碳青霉烯类药物敏感性有关等（Kaczmarek et al.，2006）。

（四）主动外排，降低药物在菌体内积聚

药物外排泵是一种膜转运蛋白，可将细菌细胞内的多种底物（包括几乎所有种类的抗菌药物）泵出至外部环境中，是细菌产生多重耐药的重要机制之一。驱动这种膜转运蛋白发挥功能的能量主要来源于 ATP 水解释放的自由能或跨膜质子移动产生的驱动能。目前，根据氨基酸序列同源性和底物特异性，可将细菌中与抗菌药物相关的外排泵分为五大类：ATP 结合盒超家族（ATP-binding cassette superfamily，ABC）、主要易化子超家族（major facilitator superfamily，MFS）、小多重耐药转运分子家族（small multidrug resistance family，SMR）、耐药结节化细胞分化家族（resistance-nodulation cell division family，RND）、多药及毒性化合物外排分子家族（multidrug and toxic compound extrusion family，MATE）（图 3-3）（Kourtesi et al.，2013）。

ABC 家族蛋白单体具有 4 个相似的结构域：2 个疏水跨膜结构域（transmembrane domain，TMD），通常各由 6 个跨膜的 α 螺旋构成；2 个亲水性的细胞质核苷酸结合结构域（nucleotide-binding domain，NBD），其具有能够结合和水解 ATP 的保守基序（Kourtesi et al.，2013）。该家族通过 NBD 水解 ATP，为细胞跨膜转运供能，而 TMD 与

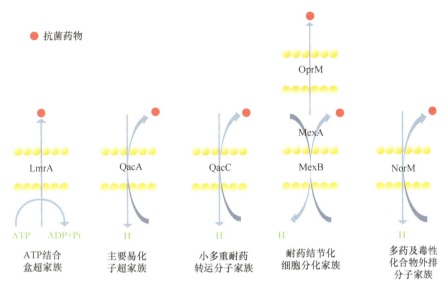

图 3-3　五类外排泵的简单模式图

底物特异性结合形成中间产物，从而通过构象的改变将底物转运至细胞膜外（Ford and Beis，2019）。该家族中介导细菌耐药的蛋白质有 VgaA、VgaB、VgaC、MsrA 和 MsrD，这些蛋白质多特异性地介导细菌对某一类或几类抗菌药物的耐药，其中，VgaA、VgaB 和 VgaC 介导葡萄球菌对林可酰胺类、截短侧耳素类和链阳霉素 A 类药物耐药（Fessler et al.，2018）；MsrA 和 MsrD 介导葡萄球菌对大环内酯类和链阳霉素 B 类药物的外排（Ross et al.，1990；Daly et al.，2004）。目前，这几类蛋白质已被归为 ABC-F 家族蛋白，与 ABC 家族蛋白具有同源性，但无外排作用。

MFS 家族为跨膜质子能驱动型外排系统，含 12 个或 14 个跨膜的 α 螺旋结构。12 碳跨膜蛋白是由一个编码两个 6 碳跨膜结构域的基因分别在膜内、外以轴对称方式进行表达分布而形成的蛋白质。两个 6 碳跨膜 α 螺旋分别被称为 N、C 蛋白结构域。该结构域中的多个带电荷氨基酸残基能够与质子结合，利用胞内外的质子浓度梯度提供的化学势能为跨膜转运供能，实现底物从胞内至胞外的转运（顾觉奋，2020）。MFS 家族中与耐药性相关的蛋白质也多属于底物特异性的外排泵，如 MefA、MefB 和 MefC 蛋白主要介导对大环内酯类药物的外排，MefB 和 MefC 分别在埃希菌属和发光杆菌/弧菌属中流行，而 MefA 自首次在链球菌中被发现后，相继在多种革兰氏阴性菌和革兰氏阳性菌中发现其流行（van Duijkeren et al.，2018）。介导氯霉素和氟苯尼考耐药的 FloR 蛋白及其变异体广泛存在于发光杆菌属、弧菌属、沙门菌、埃希菌属和克雷伯菌属中（Cloeckaert et al.，2000；Cloeckaert et al.，2001；Hochhut et al.，2001）。另外，可介导氯霉素和氟苯尼考转运的 FexA 和 FexB 蛋白分别在葡萄球菌和肠球菌属中流行（Kehrenberg and Schwarz，2005；Liu et al.，2012a）。假单胞菌、沙门菌属和大肠杆菌中介导氯霉素药物外排的 CmlA 蛋白也属于 MFS 蛋白。介导四环素药物外排的蛋白质（TetA、B、C、D、E，TetG、H、J、K、L、V、Y、Z，Tet30、31、33、35、38、39、40、41、42、43、45、57、58、59、62、63、64，TetAP，TetAB46 和 60），都属于该超家族蛋白，在多种革兰氏阴性菌和革兰氏阳性菌中都有发现（http://faculty.washington.edu/marilynr/）（Alcock et al.，2020）。但在芽孢杆菌和葡萄球菌中发现的 Blt 和 NorA 蛋白属于多药耐药转运蛋白，可介导氯霉素和喹诺酮类药物的外排（Poole，2000）。此外，金黄色葡萄球菌的 QacA、肺炎链球菌的 PmrA、粪肠球菌的 EmeA 及大肠杆菌的 EmrB 等蛋白质也都属于 MFS 转运家族（Lee et al.，2003）。

SMR 家族是已知最小的外排蛋白系统，其底物包括多种季铵化合物和其他亲脂性阳离子。SMR 家族与 MFS 超家族蛋白相似，也通过电化学质子浓度梯度驱动药物外流（Beketskaia et al.，2014）。该家族仅存在于细菌中，典型外排蛋白包括金黄色葡萄球菌的 QacA 蛋白、铜绿假单胞菌和大肠杆菌的 EmrE 蛋白，其中 EmrE 蛋白属于多药耐药转运蛋白，可介导四环素的外排（Paulsen et al.，1996）。

RND 家族外排泵是由外膜通道蛋白（outer membrane protein，OMP）、内膜转运蛋白（inner membrane protein，IMP）和周质膜融合蛋白（periplasmic membrane fusion protein，MFP）三部分组成的复杂三联体结构，主要存在于革兰氏阴性菌中，以质子驱动力为能量。RND 家族的三类蛋白质对整个转运系统的外排功能都至关重要，缺失任一部分，都会导致整个化合物完全丧失功能。RND 家族外排泵广泛存在于革兰氏阴性菌中，外排底物广泛，是导致临床上革兰氏阴性菌对多种抗菌药物产生耐药性的主要原因。目前研究较多的有大肠杆菌的 AcrAB-TolC 转运蛋白、铜绿假单胞菌的 MexAB-OprM 转运蛋白及弯曲菌的 CmeABC 转运蛋白。大肠杆菌的 AcrAB-TolC 的外排底物广泛，包括四环素、大环内酯类、氯霉素、利福平、阿霉素和新生霉素等药物（Weston et al.，2018）。MexAB-OprM 是铜绿假单胞菌中发现的第一个 RND 型外排泵，其底物非常广泛，包括一些结构差异比较大的抗菌药物，如 β-内酰胺类、β-内酰胺酶抑制剂、某些碳青霉烯类（亚胺培南除外）、氨基糖苷类、四环素类和大环内酯类等（Li et al.，1995）。CmeABC 转运蛋白是弯曲菌中的主要外排系统，对多种抗菌药物都有作用（Lin et al.，2002），而其变异体 RE-CmeABC 不仅能赋予细菌更强的耐药性，而且能够通过水平转移增强其在细菌间的转移（Yao et al.，2016）。此外，空肠弯曲菌的 MexB 和淋病奈瑟氏菌的 MtrD 等外排蛋白也属于 RND 家族。

MATE 家族蛋白具有 10～12 个跨膜结构域，有一个较宽的中心底物结合腔，与 MFS 家族蛋白的膜拓扑结构相似，但是与 MFS 家族成员并不存在同源性。其作用机制是利用质子势能或钠离子浓度梯度提供能量将药物泵出胞外（Brown et al.，1999）。副溶血性弧菌的 NorM、大肠杆菌的 PmpM、铜绿假单胞菌的 PmpM、艰难梭状芽孢杆菌的 CdeA 和金黄色葡萄球菌的 MepA 等外排系统均属于 MATE 家族（Kuroda and Tsuchiya，2009）。

常见外排泵及相关编码基因见表 3-6（Alcock et al.，2020）。

（五）形成生物被膜，躲避抗菌药物作用

生物被膜由细胞外基质（extracellular matrix，ECM）包裹的细菌群落及其分泌物组成，该基质具有细菌分泌的聚合物，如胞外多糖（exopolysaccharide，EPS）、细胞外 DNA（extracellular DNA，exDNA）、蛋白质和淀粉样蛋白等。生物被膜的形成是受到严密调节的多步骤事件，其主要步骤如下：①分子（大分子和小分子）吸附于接触表面；②细

表 3-6 常见抗菌药物外排泵及其编码基因

转运家族	耐药基因	外排蛋白	作用底物	主要菌属
ABC	*vga*(A)，*vga*(C)，*vga*(E)	VgaA，VgaC，VgaE	林可酰胺类、截短侧耳素类和链阳霉素 A 类	葡萄球菌
ABC-F[#]	*msr*(A)，*msr*(D)	MsrA，MsrD	大环内酰类、链阳霉素 B 类	葡萄球菌
MFS	*mef*(A)	MefA	大环内酯类	链球菌、其他革兰氏阴性菌和革兰氏阳性菌
MFS	*mef*(B)	MefB	大环内酯类	埃希菌属
MFS	*mef*(C)	MefC	大环内酯类	发光杆菌和弧菌属
MFS	*floR*，*floRv*	FloR，FloRv	氯霉素、氟苯尼考	发光杆菌、弧菌属、沙门菌、大肠杆菌、克雷伯菌和嗜麦芽窄食单胞菌
MFS	*cmlA*	CmlA	氯霉素	假单胞菌、沙门菌和大肠杆菌
MFS	*fexA*	FexA	氯霉素、氟苯尼考	葡萄球菌
MFS	*fexB*	FexB	氯霉素、氟苯尼考	肠球菌
MFS	*tet*(A, B, C, D, E, G, H, J, K, L, V, Y, Z)，*tet*(30, 31, 33, 35, 38, 39, 40, 41, 42, 43, 45, 57, 58, 59, 62, 63, 64)，*tetA*(P)，*tetAB*(46, 60)	TetA, B, C, D, E, G, H, J, K, L, V, Y, Z, Tet30, 31, 33, 35, 38, 39, 40, 41, 42, 43, 45, 57, 58, 59, 62, 63, 64, TetAP, TetAB46, 60	四环素	多种革兰氏阴性菌和革兰氏阳性菌
MFS	*blt*，*norA*	Blt，NorA	氯霉素和喹诺酮类	芽孢杆菌和葡萄球菌
RND	*acrA-acrB-tolC*	AcrAB-TolC	四环素、大环内酯类、氯霉素、利福平、阿霉素和新生霉素	大肠杆菌
RND	*mexB-mexA-oprM*	MexAB-OprM	β-内酰胺类、β-内酰胺酶抑制剂和某些碳青霉烯类（亚胺培南除外）、氨基糖苷类、四环素类和大环内酯类等	铜绿假单胞菌
SMR	*emrE*	EmrE	四环素类	大肠杆菌

[#]ABC-F 家族蛋白，与 ABC 家族蛋白具有同源性，但无外排作用。

菌黏附于接触表面并释放细胞外聚合物质；③集落形成和生物被膜的成熟。生物被膜不仅可以保护微生物免受 pH 变化、渗透压、营养缺乏、机械力和剪切力的影响，而且可以阻止细菌群落接触抗菌药物和宿主的免疫细胞。因此，生物被膜基质赋予细菌额外的抵抗力，这使它们不仅能够耐受恶劣条件，而且还具有对抗抗菌药物的能力。生物被膜介导细菌耐药的机制如下。

1. 阻滞抗菌药物的渗透介导耐药

糖萼是生物被膜的组成成分，其厚度从 0.2 μm 到 1.0 μm 不等，可通过静电力、范德瓦耳斯力和氢键作用力促进生物被膜与固体表面的黏结与黏附，并有助于生物膜的成熟（Walters et al.，2003）。糖萼层会积聚多达其重量 25% 的抗菌药物从而限制抗菌药物的运输，这个机制减慢了抗菌药物接近被包裹在被膜中细菌的速率（Anderl et al.，2000）。金黄色葡萄球菌和表皮葡萄球菌生物被膜会导致苯甲异噁唑青霉素、头孢噻肟和万古霉素的渗透性显著降低，而阿米卡星和环丙沙星的渗透性不受其影响，抗菌药物被生物被膜吸附可能是造成这些药物失效的机制之一（Singh et al.，2016）。

2. 积累抗生素修饰酶介导耐药

Nichols 等（1989）通过数学模型预测发现，当染色体 β-内酰胺酶表达水平较低时，生物被膜无法抵御 β-内酰胺类抗生素渗透；当细菌高表达染色体 β-内酰胺酶时，该酶会在生物被膜多糖基质中不断蓄积，使 β-内酰胺抗生素在透过生物被膜的过程中失活，从而保护细菌。无独有偶，Anderl 等（2000）发现氨苄西林可以穿透由 β-内酰胺酶阴性肺炎克雷伯菌形成的生物被膜，但不能穿透由 β-内酰胺酶阳性野生型肺炎克雷伯菌形成的生物被膜。这种现象说明相比敏感菌，细菌可以通过在生物被膜中积累抗生素修饰酶从而产生耐药性。

3. 代谢和生长率的异质性耐药

细菌的生长率和代谢受生物被膜内养分及氧气利用率的影响。生物被膜外围区域的养分和氧气促进细菌的代谢活性，从而促进细菌的增殖。相反，由于营养物质的扩散较差，生态位内部的代谢潜力受到限制，导致生物被膜基质内的细菌生长缓慢。在铜绿假单胞菌中，当存在环丙沙星和妥布霉素抗菌药物压力时，好氧环境中的细菌被杀死，然而当细菌氧利用率降低时则会增强细菌的耐药性（Walters et al.，2003），表明生物膜内部的氧气限制和细菌的低代谢活性，都与铜绿假单胞菌生物膜系统的抗生素耐受性相关。

4. 逃逸宿主免疫系统攻击介导耐药

生物被膜的形成有助于细菌群体逃脱免疫系统的攻击，例如，生物被膜的基质部分能够减缓宿主免疫系统产生的抗菌肽类物质向内部渗透；抗体和抗菌肽对生物被膜内细菌的有效性降低；免疫细胞对生物被膜内部细菌吞噬摄取减少；生物被膜内部细菌对多形核白细胞（polymorphonuclear leukocyte，PMN）介导的杀伤敏感性降低等（Grant and Hung，2013）。某些细菌性病原体能够逃避宿主免疫系统并在人类宿主内持久存在，造成持续性感染。对于持续性感染的治疗，需要长时间或反复使用抗菌药物，从而容易引起细菌对其产生耐药性。

（六）其他

除上述几种常见的耐药机制外，细菌还能通过其独特的分裂方式、生理特性等对抗菌药物耐药，主要有异质性耐药、适应性耐药、固有耐药和 SOS 调控耐药，改变代谢途径五种方式，以下将逐一介绍其具体的耐药机制。

1. 固有耐药

固有耐药（也称天然耐药，intrinsic resistance）是指某个菌种的所有细菌对某一特定的抗菌药物普遍具有耐药性。固有耐药产生的原因较多。①某些菌种可能缺乏某些抗菌药物的靶位或药物难以到达靶位，故对抗菌药物不敏感。例如，无细胞壁的支原体对抑制细胞壁合成的 β-内酰胺和糖肽类抗生素天然耐药；革兰氏阴性菌的外膜可阻碍万古霉素进入菌体，因而对万古霉素天然耐药；铜绿假单胞菌细胞膜渗透性较低且可表达多药外排泵，导致抗菌药物的蓄积水平较低，故对多种抗菌药物天然耐药；氨基糖苷类抗生素的摄取机制依赖于功能性电子传递链，因此厌氧细菌（如拟杆菌和梭状芽孢杆菌）对氨基糖苷类药物具有先天耐药性。②某些细菌可产生物种特异性灭活酶。例如，某些肠杆菌科细菌天然表达 β-内酰胺酶 AmpC，故对部分 β-内酰胺类抗生素天然耐药；铜绿假单胞菌对靶向 FabI 酶（一种参与脂肪酸生物合成的酶）的生物杀灭剂三氯生具有固有耐药性，因为该菌拥有对三氯生耐药的同工酶。③某些细菌（如肠球菌）可以使用外源性叶酸，不依赖于功能性叶酸合成途径，因此其对叶酸途径抑制剂（如甲氧苄啶和磺胺类药物）天然耐药。

2. 异质性耐药

异质性耐药（heteroresistance）是指由某个单一的细菌分离株形成的菌群中存在对某种抗菌药物表现出不同敏感性的亚群。异质性耐药最早于 1947 年被发现（Alexander and Leidy，1947），目前在多种革兰氏阳性菌和革兰氏阴性菌中均发现异质性耐药的细菌，如金黄色葡萄球菌、粪肠球菌、鲍曼不动杆菌、铜绿假单胞菌、肺炎克雷伯菌、阴沟肠杆菌、大肠杆菌等，对包括 β-内酰胺类、多肽类、喹诺酮类、碳青霉烯类在内的多种抗菌药物产生异质性耐药。检测细菌异质性耐药的金标准是群体分析法（population analysis profiling，PAP），通过该方法，可以从基于最小抑菌浓度标准被分类为敏感型的细菌中检测到表现为耐药型的亚群，这部分耐药亚群可能是导致临床上抗菌药物治疗失败的原因之一（方云等，2019）。目前的研究多集中在对万古霉素异质性耐药的金黄色葡萄球菌、对甲氧西林异质性耐药的金黄色葡萄球菌、对碳青霉烯类药物异质性耐药的鲍曼不动杆菌和对多黏菌素异质性耐药的鲍曼不动杆菌。然而，关于各种异质性耐药机制的研究尚未深入且不明确。

3. 适应性耐药

适应性耐药（adaptive resistance）是细菌对某些特定诱发因素（如环境因素、抗菌药物的出现）的响应，是一种可逆的、无法遗传的耐药机制，通常表现为通过基因表达水平的改变而对一种或多种抗生素产生抗性。适应性耐药的现象早在几十年前就被人们注意到，但在 1971 年时由 Dean 首次提出。研究发现细菌与亚抑菌浓度的抗菌药物接触后，若再次接触同种抗菌药物则会产生抗性，甚至对其他类别的抗菌药物产生交叉抗性（Fernandez et al.，2011）。这种抗性变化不涉及外源耐药基因的获得，诱发因素消失后也随之恢复成初始状态，表现为瞬时变化，例如，亚抑菌浓度抗菌药物的作用可以诱导细菌对一些抗菌药物产生耐药，当药物压力撤销后这种耐药性也随即消失（Mawer and

Greenwood，1978）。到目前为止，除了抗菌药物（如氨基糖苷类、氟喹诺酮类、β-内酰胺类和多黏菌素等）以外，还有其他一些因素也可以诱发细菌产生适应性耐药，如环境因素（pH、无氧状态、阳离子水平和碳源等）和菌群活动（生物膜形成、群体迁移等）（孟鑫和尚德静，2016）。

4. SOS 调控耐药

SOS 应答系统普遍存在于细菌中，是受 RecA-LexA 调控的一种低保真度 DNA 修复方式。在正常状态下，阻遏蛋白 LexA 二聚体结合在细菌 SOS 应答基因的启动子区域，抑制下游的基因表达；当细菌处于应激状态，形成的单链 DNA 激活启动蛋白 RecA，解除 LexA 的阻遏，致使 SOS 应答系统控制的许多关键基因得以表达，产生一系列可以适应环境压力的突变和适应的反应。SOS 应答系统对细菌耐药性突变的产生至关重要，可通过提高基因的突变率以产生耐药性突变，如细菌在环丙沙星和利福平等药物诱导时，SOS 应答能够使突变率提高 1 万倍，导致喹诺酮抗性决定区 *gyrA* 和 *grlA* 基因突变的概率提高而产生耐药性（Singh et al.，2010）。SOS 应答也可通过诱导基因重组产生耐药性（Da Re et al.，2009），如 SOS 应答诱导整合重组蛋白的表达，这种蛋白质能重组整合子基因，激活沉默基因（包括耐药基因）的表达。SOS 应答广泛调节细菌的生理代谢，进而提高细菌的耐药性，如 SOS 应答能上调 *qnr* 基因表达，其编码的蛋白质能够直接结合到 DNA 回旋酶位点，阻碍了喹诺酮类抗菌药物与该位点结合；同时 SOS 应答还能调控生物被膜的形成以适应药物环境（Recacha et al.，2019）。

5. 改变代谢途径

近来有研究表明，与细菌能量代谢相关的基因发生突变（如 *sucA*）也与细菌耐药性增强有关（Lopatkin et al.，2021）。细菌对磺胺类药物产生抗药性的原因，除了与细菌产生较多二氢叶酸合成酶，或者二氢叶酸合成酶与磺胺类药物的亲和力降低有关外，还可能与细菌能够直接利用环境中的叶酸从而改变了细菌的代谢途径有关。另外，有研究表明细菌的三羧酸循环（TCA）、电子传递链和铁代谢等代谢网络的改变会影响其对抗生素的敏感性（Kohanski et al.，2010）。Proctor 等（2006）发现细胞呼吸链的改变与氨基糖苷类药物的活性有关，呼吸链的改变产生了生长缓慢的细菌突变体，降低了细菌对氨基糖苷类药物的敏感性。Girgis 等（2009）对大肠杆菌转座子标记的突变体文库进行分析发现，编码呼吸链元件和产生氧自由基相关的基因发生突变，与细菌对妥布霉素敏感性的变化有关。Yeom 等（2010）发现铁还原酶编码基因的缺失会导致假单胞菌对抗菌药物的耐药，而其过表达则会加速抗菌药物诱导的细菌死亡。Yeung 等（2011）还发现铜绿假单胞菌中调节碳氮利用的基因 *cbrA* 突变后会导致细菌对多黏菌素 B、环丙沙星和妥布霉素的耐药性增强。Ginsberg（2010）在研发抗结核病药物的过程中发现，结核分枝杆菌从有氧代谢到无氧代谢的转变导致其对抗厌氧菌的药物（如甲硝唑）敏感，这也说明细菌的耐药表型与代谢相关。最近，Lopatkin 等（2021）发现，与细菌能量代谢相关的基因 *sucA* 的突变与抗菌药物抗性增强也有关，代谢的改变导致细菌的基础呼吸降低，可以防止抗菌药物诱导的三羧酸循环的激活，从而避免了代谢毒物的伤害，也降低了药物杀伤作用。

二、细菌耐药性的传播机制

细菌耐药性具有可遗传和可传播的特点，其传播可通过垂直和水平两种方式进行。前者是细菌通过增殖分裂将其耐药基因或耐药突变位点传递给后代的一种机制，该方式具有一定的种属特异性和区域特异性。后者又称为基因水平转移，是细菌通过可移动遗传元件促使耐药基因在同一种属细菌甚至不同种属细菌间传播的一种机制，是细菌耐药性快速传播扩散的主要原因之一。细菌在传递耐药性时通常同时涉及以上两种方式。深入理解细菌耐药性的传播机制可为控制耐药性扩散提供科学依据。

（一）水平传播方式

基因水平转移（horizontal gene transfer，HGT）是耐药基因（antimicrobial resistance gene，ARG）传播的主要方式（图 3-4）。细菌之间的 HGT 主要有 4 种方式：转化（游离

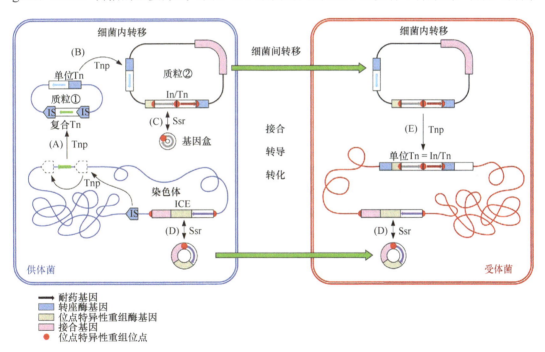

图 3-4　抗菌药物耐药基因在细菌内或细菌间转移的过程

图中代表了两个不同菌株或物种的细胞，其中一个为供体（细胞膜和染色体显示为蓝色；包含两个质粒），另一个为受体（显示为红色）。MGE（可移动遗传元件）各基因的功能如图所示进行了颜色标注。与各类 MGE 相关的不同耐药基因由各种颜色的小箭头表示。黑色细箭头表示细胞内过程，其中由转座酶蛋白介导标记为 Tnp，而由位点特异性重组酶蛋白介导标记为 Ssr。绿色粗箭头表示细胞间（水平）转移。在耐药基因的两侧连续插入相同的 IS 可能会使其被捕获并作为复合 Tn 的一部分移至另一个 DNA 分子（A）（如从染色体到质粒）；携带耐药基因的单位 Tn 可在质粒之间转座或从质粒转座至染色体（B），反之亦然；基因盒可通过环状中间体在 In（在此表示 1 类 In/Tn 结构）之间移动（C）；整合性接合元件（ICE）可以整合到染色体中或作为环状中间体被切除，然后接合至受体中，并在特定的重组位点（可逆地）整合到染色体中（D）；质粒可以通过接合来介导其自身在细胞间的转移，或者，如果它缺乏接合区，则可以被另一个含有接合区的质粒动员（或者通过噬菌体转导或转化水平转移）；Tn 和（或）In 及进入的质粒上的相关耐药基因可能会移动到受体细胞的染色体或其他质粒中并靶向目标 Tn（E）

DNA 的摄取）、转导（由噬菌体介导的基因转移）、接合（通过质粒或整合性接合元件等进行基因转移）和外膜囊泡（囊泡包裹转运）。可移动遗传元件主要有质粒、噬菌体、接合元件、转座子、插入序列、基因盒和基因岛等。

1. 耐药基因水平转移机制

1）转化

转化（transformation）是细菌从周围环境中直接摄取和掺入外源遗传物质（游离 DNA，如质粒）的过程。游离的 DNA 可以通过细胞膜进入细胞，并作为细菌的一个功能部分进行表达。为了完成自然转化，细菌需要具备自然转化的能力。几种临床相关的耐药菌均具有自然转化能力，包括不动杆菌、霍乱弧菌、嗜血杆菌、假单胞菌、葡萄球菌和链球菌等。同时，食品源性致病菌弯曲菌也具有自然转化能力，外排泵 RE-CmeABC、大环内酯耐药基因 *ermB* 及氟苯尼考耐药基因 *cfr* 等都可以通过自然转化在弯曲菌分离株之间进行转移（Qin et al., 2014；Liu et al., 2019a）。尽管大肠杆菌和肺炎克雷伯菌等肠杆菌科细菌均未在实验室中表现出自然转化，但研究者们认为它们在自然界中均具有自然转化的能力（Cameron and Redfield, 2006；Palchevskiy and Finkel, 2006）。值得注意的是，抗菌药物压力可以提高某些细菌的自然转化率（Charpentier et al., 2012），这表明抗菌药物的存在可以促进 HGT 和耐药基因的传播。有研究表明，将喹诺酮类药物添加到链球菌培养物中时，其转化相关功能基因表达量提高，转化率也随之提高（Prudhomme et al., 2006）。

2）转导

转导（transduction）也是细菌获取外源 DNA 的重要机制之一，主要通过噬菌体将基因从供体菌传递至受体菌。人们普遍认为转导是导致 ARG 传播的潜在因素，尤其是在同一菌种之间。当组装噬菌体颗粒时，宿主菌 DNA 被错误地包装到噬菌体中，宿主菌裂解释放的噬菌体颗粒在侵染新的宿主菌时，可能将前宿主菌传递过来的 DNA 和噬菌体本身的 DNA 整合到新宿主菌基因组中。大多数细菌基因组，如白喉杆菌、肉毒梭菌、化脓性链球菌、金黄色葡萄球菌和大肠杆菌等都包含噬菌体序列，表明细菌可以通过噬菌体获得毒力基因和耐药基因（Canchaya et al., 2003；Brussow et al., 2004）。研究发现，四环素和青霉素耐药基因可以通过噬菌体在金黄色葡萄球菌的分离株之间进行转导（Maslanova et al., 2016），在假单胞菌中也发现 ARG 可通过转导的方式在细菌间进行转移（Blahova et al., 2000）。噬菌体可以在不动杆菌之间介导 β-内酰胺酶类耐药基因的转导（Krahn et al., 2016）。还有研究表明噬菌体也可以转导较大 DNA 片段的质粒，但其转导率低于染色体上耐药基因的转导，如葡萄球菌属可通过噬菌体转导携带四环素和氨基糖苷类药物耐药基因的质粒（Zeman et al., 2017），沙雷菌和克鲁维拉菌之间可通过噬菌体转导含有卡那霉素耐药基因的质粒（Matilla and Salmond, 2014）。因此，染色体和质粒携带的 ARG 均可通过噬菌体的转导进行转移，从而促进耐药性在细菌间进行传播。

3）接 合

接合（conjugation）是指供体菌通过接合系统将 DNA（质粒或转座子）转移到受体菌的过程，是基因水平转移的主要方式之一。这一过程需要一套质粒编码的完整且复杂的接合转移系统来完成。接合转移系统由两部分遗传元件组成，包括用于处理和加工质粒 DNA 的 DNA 转移复制（DNA transfer and replication，DTR）组分，以及用于供体菌和受体菌交配对形成（mating pair formation，MPF）的组分。DTR 组分包括一个转移起始位点（oriT）、一段质粒转移所需的顺式短 DNA 序列、一个启动接合的松弛酶，以及将 DNA 复制和转移连接起来的 IV 型偶联蛋白。MPF 组分是由 IV 型分泌系统（type IV secretion system，T4SS）编码的复合蛋白。接合转移过程首先由一个携带接合质粒的供体菌产生菌毛锚定到受体菌的细胞膜上，菌毛收缩使供体和受体菌紧密聚集，然后通过 T4SS 编码偶联蛋白形成一个孔通道，然后形成交配对；偶联蛋白会将这一信号传递给松弛酶，对 oriT 处进行切割形成单链 DNA，之后传递给受体菌，随后松弛酶进行反向切割，使单链 DNA 重新环化并复制，完成整个接合转移（Llosa et al.，2002）。

接合质粒的转移已被证明可以在不同的环境中发生，其转移频率主要受供体菌的代谢状态影响（Alderliesten et al.，2020）。通常，接合的自发频率非常低，但是环境中的抗菌药物，尤其是低于最小抑菌浓度的药物压力将会作为接合过程的选择性驱动力（Andersson and Hughes，2014；Jutkina et al.，2016）。另外，非抗生素类药物同样可以促进耐药质粒的转移，例如，0.05 mg/L 的卡马西平可以使 RP4 质粒转移频率提高 4 倍；非甾体类抗炎药如 50 mg/mL 的布洛芬可以使 RP4 质粒转移频率提高至 8 倍以上（Wang et al.，2019c；2021b）。此外，研究报道环境中残留的消毒剂及防腐剂等污染物，均可促进耐药质粒 RP4 的传播，造成细菌耐药性的传播（Zhang et al.，2017d；Cen et al.，2020）。

4）外膜囊泡

除转化、转导和接合之外，细菌外膜囊泡（outer membrane vesicle，OMV）是一种新型耐药基因水平传播机制。有研究表明，环境因素会影响囊泡释放水平、V-DNA 含量、囊泡大小、表面特性和 OMV 介导的水平转移频率（Fulsundar et al.，2014）。细菌外膜囊泡是一种在不破坏细胞膜的情况下细菌正常分泌的球状小泡，其含有 DNA、RNA、周质蛋白、毒力因子、病原相关分子模式和其他外膜成分（程谦等，2019）。Rumbo 等（2011）发现鲍曼不动杆菌可通过释放 OMV 将携带碳青霉烯耐药基因 bla_{OXA-24} 的质粒传递到周围的鲍曼不动杆菌分离株中。Fulsundar 等（2014）发现，OMV 以 $10^{-8} \sim 10^{-6}$ 的转移频率将质粒水平转移至不动杆菌和大肠杆菌，转移效率分别约为 $10^3/\mu g$ DNA 或 $10^2/\mu g$ DNA。卡他莫拉菌的 OMV 可将 β-内酰胺酶蛋白转移到肺炎链球菌和流感嗜血杆菌，从而保护细菌在阿莫西林存在时能够存活（Schaar et al.，2011）。

2. 可移动遗传元件

耐药基因的水平转移主要通过插入序列、转座子、基因岛、质粒和噬菌体等可移动遗传元件（mobile genetic element，MGE）介导，可以在同种甚至不同种细菌间传递，从而使细菌耐药性快速传播。

1）插入序列

插入序列（insertion sequence，IS）是细菌染色体或质粒上一段可移动的 DNA 序列，其可以从原位上单独复制或断裂下来，通过切割、重新整合等过程从基因组的一个位点插入到另一个位点，此过程称为转座。IS 是最简单的可移动转座元件，大小一般为 0.6～2 kb，通常只携带一个编码转座酶（transposase）的基因和两端的重复序列。IS 可插入至细菌的染色体、质粒或噬菌体序列上，插入位点一般是随机的，先在 DNA 靶点插入处产生交错的切口，使 DNA 靶点产生两个突出的单链末端，然后 IS 同单链连接，单链末端留下的缺口通过 DNA 复制补平，最后在 IS 插入位置的两端产生两个长 5～9 bp 的宿主 DNA 正向重复，即靶序列。IS 的分类是根据转座酶活性位点中的关键氨基酸序列决定的，最常见的是 DDE（Asp、Asp 和 Glu）。ISfinder（https://www.is.biotoul.fr/）包含了完整的 IS 数据库（Siguier et al.，2006），为所有 IS 分配了对应的编号。多项研究表明，IS 可以介导耐药基因的转座，如 IS*CR2* 可能介导四环素耐药基因 *tet*(X4)的转座过程，为耐药基因的多态性传播提供帮助（Song et al.，2020）。IS26 和 IS15DI 可以通过与多黏菌素耐药基因 *mcr-3* 形成环状中间体转移至其他质粒及染色体上（Wang et al.，2018c）。

2）转座子

转座子（transposon，Tn）是一种复合型的转座因子，携带至少一种与转座无关但能改变细菌表型的基因，如耐药基因。转座子的两端是 IS，构成了转座子的"左臂"和"右臂"，这两个 IS 相同或高度同源，可以是正向重复，也可以是反向重复，并能作为 Tn 的一部分随同 Tn 一起转座。当 Tn 两端的两个 IS 完全相同时，每一个 IS 都可以使转座子转座；当两端是不同的 IS 时，转座取决于其中任意一个 IS。IS 插入到某个耐药基因的两端时可能产生转座子，转座子形成后，IS 就不能单独移动，只能作为复合体移动。转座子序列比 IS 要长很多，中间携带各种不同的耐药基因。在细菌中发现的转座子主要有 Tn5、Tn9、Tn*10*、Tn*903*、Tn*1525*、Tn*2350*、Tn*4001* 和 Tn*4033* 等。Tn 很容易在细菌染色体、噬菌体和质粒间发生转座，当其携带耐药基因时，可将耐药基因传递给其他细菌，是耐药基因水平转移的一个重要来源。

表 3-7 中列出了在革兰氏阴性菌和革兰氏阳性菌中一些介导耐药基因转移的 IS 及转座子。IS26、IS257 和 IS1216 都属于 IS6 家族，在耐药基因传播方面发挥了重要的作用，其中 IS26 主要存在于革兰氏阴性菌中，IS257 和 IS1216 主要存在于革兰氏阳性菌中，这类 IS 编码一个转座酶，通过复制转座移动（Partridge et al.，2018）。

3）基因盒

基因盒（gene cassette）是一个小的移动元件（0.5～1 kb），由单个基因（偶尔两个）组成，通常缺少启动子，但具有 *attC* 重组位点。基因盒可以以游离环状形式存在，但不具有复制性，通常在插入整合子中发现；整合子由一个 *intI* 基因、一个 *attI* 重组位点和

表 3-7　革兰氏阴性菌和阳性菌中常见的插入序列（IS）和转座子（Tn）
及其携带的耐药基因（Wang et al.，2018c）

菌属	IS	Tn	耐药基因	耐药表型
革兰氏阴性菌	IS*1*	Tn*9*	*catA1*	氯霉素
	IS*10*	Tn*10*	*tet*(B)	四环素
	IS*26*	Tn*4352*	*aphA1*	卡那霉素
		Tn*6020*	*aphA1*	卡那霉素
			tet(C)	四环素
			tet(D)	四环素
			catA2	氯霉素
		Tn*2003*	*bla*SHV	β-内酰胺
			cfr	氯霉素、林可酰胺类、噁唑烷酮类、截短侧耳素和链阳霉素 A
	IS*256*		*cfr*	氯霉素、林可酰胺类、噁唑烷酮类、截短侧耳素和链阳霉素 A
	IS*50*	Tn*5*	*aph(3')-IIa-ble-aph(6)-Ic*	卡那霉素、博来霉素和链霉素
	IS*903*	Tn*903*	*aphA1*	卡那霉素
	IS*1999*	Tn*1999*	*bla*OXA-48-like	碳青霉烯类
	IS*Apl1*	Tn*6330*	*mcr-1*	多黏菌素
	IS*Ec69*		*mcr-2*	多黏菌素
	IS*As2*		*bla*FOX-5	β-内酰胺/β-内酰胺酶抑制剂组合
	IS*Aba14*	Tn*aphA6*	*aphA6*	卡那霉素
	IS*Aba1*	Tn*2006*	*bla*OXA-23	碳青霉烯类
			*bla*OXA-237	碳青霉烯类
	IS*Aba125*	Tn*125*	*bla*NDM	碳青霉烯类
	IS*CR2*		*tet*(X4)	替加环素
革兰氏阳性菌	IS*16*	Tn*1547*	*vanB1*	万古霉素
	IS*256*		*cfr*	氯霉素、林可酰胺类、噁唑烷酮类、截短侧耳素和链阳霉素 A
		Tn*1547*	*vanB1*	万古霉素
		Tn*4001*	*aacA-aphD*	庆大霉素、卡那霉素和妥布霉素
		Tn*5281*	*aacA-aphD*	庆大霉素、卡那霉素和妥布霉素
		Tn*5384*	*aacA-aphD*	庆大霉素、卡那霉素和妥布霉素
		Tn*5384*	*ermB*	大环内酯类、林可酰胺类和链阳霉素 B
	IS*257*		*aadD*	卡那霉素、新霉素、巴龙霉素和妥布霉素
			aphA-3	卡那霉素、新霉素
			bcrAB	杆菌肽
			ble	博来霉素
			dfrK	甲氧苄氨嘧啶
			ermC	大环内酯类、林可酰胺类和链阳霉素 B
			fosB5	磷霉素
			fusB	夫西地酸
			vat(A)	链阳霉素 A

菌属	IS	Tn	耐药基因	耐药表型
革兰氏阳性菌			vgb(A)	链阳霉素 B
		Tn924、Tn6072	aacA-aphD	庆大霉素、卡那霉素和妥布霉素
		Tn4003	dfrA	甲氧苄氨嘧啶
	IS1182	Tn5405	aadE，aphA-3，sat4	链霉素、卡那霉素和妥布霉素
	IS1216		cfr	氯霉素、林可酰胺类、噁唑烷酮类、截短侧耳素和链阳霉素 A
		Tn5385	aacA-aphD	庆大霉素、卡那霉素和妥布霉素
		Tn5385	aadE	链霉素
		Tn5385	blaZ	青霉素
		Tn5385	ermB	大环内酯类、林可酰胺类和链阳霉素 B
		Tn5482	vanA	万古霉素
		Tn5506	vanA	万古霉素
	IS21-558		cfr	氯霉素、林可酰胺类、噁唑烷酮类、截短侧耳素和链阳霉素 A
			lsa(B)	林可酰胺类
	ISEnfa4		cfr	氯霉素、林可酰胺类、噁唑烷酮类、截短侧耳素和链阳霉素 A
	ISSau10		aadD	卡那霉素、新霉素、巴龙霉素和妥布霉素
			dfrK	甲氧苄氨嘧啶
			ermC	大环内酯类、林可酰胺类和链阳霉素 B
			ermT	大环内酯类、林可酰胺类和链阳霉素 B
			tet(L)	四环素

一个启动子组成。intI 编码一种非典型位点特异性酪氨酸重组酶，与该家族的其他成员相比，它具有一个额外的结构域，可催化整合子的 attI 位点与 attC 位点之间的重组。不同基因盒 attC 位点的顺序不同，但所有 attC 位点的外端都包括两对保守的 7 bp 或 8 bp 核心位点。它们被可变长度的区域隔开，该可变长度的区域通常显示出反向的重复性。尽管不同 attC 位点之间的序列相似性较低，但每个单链形式均形成一个保守的二级结构，具有两个或三个不成对的突出螺旋外碱基。这些位点被 IntI 重组酶识别，并将重组基因引导至底部链中，确保其插入仅在一个方向上发生。整合子根据 IntI 的序列分类为 IntI1、IntI2 和 IntI3 等（具有同源的 attI1、attI2 和 attI3 位点），其中 IntI1 在耐药的临床分离株中最常见（Escudero et al.，2015）。

4）质粒

质粒（plasmid）是革兰氏阴性菌和革兰氏阳性菌中携带其他 MGE 和耐药基因的重要载体，大小为 2.2～210 kb 不等，小质粒只有两三个基因，大质粒有 400 多个基因。质粒可进行自我复制，还具有接合转移的功能，编码这些功能的基因一起形成了质粒的"骨架"基因。此外，在质粒中还存在其他附加基因，以提高其适应性。在携带耐药基因的质粒中，这些附加区域通常由一个或多个水平转移元件（IS、Tn 和/或 Int）和耐药基因组成。同源性较高的质粒骨架可能含有不同的 MGE 和（或）耐药基因区域；相反，亲缘关系较远的质粒骨架也可能容纳相同的耐药基因和相关的移动元件。

PlasmidFinder（https://cge.food.dtu.dk/services/PlasmidFinder/）中列出了质粒的不同类型。通过细菌间直接的物理连接，接合型质粒可以从供体菌转移至受体菌中，是耐药基因重要的转移机制。质粒的接合转移具有泛宿主和窄宿主之分。窄宿主是指质粒转移限制在少量相似种属的细菌间，泛宿主则是指质粒可在不同种属的细菌间传播。

5）基因岛

基因岛（genomic island，GI）可通过水平转移获得大区域染色体序列，其侧翼是重复结构，包含用于染色体片段整合和切除的基因。基因岛可以根据其编码产物的功能进行分类，包含多个耐药基因的 GI 被称为耐药基因岛，包含毒力因子的 GI 通常被称为毒力岛。GI 包括具有转移功能的元件如整合性接合元件（integrative conjugative element，ICE）、需要辅助才能接合的可移动元件（integrative mobilizable element，IME），以及从染色体上切除并可能通过噬菌体转导的水平转移元件如葡萄球菌盒式染色体元件（*Staphylococcal* chromosome cassette *mec*，SCC*mec*）和金黄色葡萄球菌毒力岛（*Staphylococcal* pathogenicity island，SaPI）。目前，已发现许多细菌染色体上携带耐药基因岛，Qin 等（2012）发现结肠弯曲菌一个基因岛上携带 26 个氨基糖苷类药物耐药基因，并且能通过自然转化在菌株间进行转移。同时，大环内酯耐药基因 *ermB* 被发现与多重耐药基因岛（multidrug resistance genomic island，MDRGI）相关，目前已发现弯曲菌中有三种 MDRGI 携带 *ermB* 基因，并对多数治疗弯曲菌感染疾病的抗菌药物耐药（Liu et al.，2019b）。

（二）垂直传播方式

除水平传播外，细菌还可以直接通过分裂将耐药性传播至下一代，这种方式称为垂直传播。染色体介导的耐药性是细菌本身固有的或通过染色体基因突变产生的耐药机制，相关耐药机制已在上文中详细论述。另外，上述提到的可转移元件如转座子上的耐药基因也可以插入到染色体的一些特定区域，成为细菌染色体的一部分，然后通过细菌的分裂增殖垂直传播给子代。最后，位于质粒上的耐药基因除了通过接合转移在细菌之间进行水平传播外，也可以通过细菌的垂直传播方式传给子代。

第三节　重要动物源耐药菌/耐药基因流行与传播的研究进展

一、耐药基因检测技术

多种不同耐药机制的发现及耐药基因的水平传播，导致耐药菌尤其是多重耐药菌在人、动物、食品和环境中广泛流行，给畜牧养殖业造成巨大经济负担，并对人类健康造成潜在威胁。为保障健康绿色养殖及人类的健康，细菌耐药性监测工作势在必行。细菌耐药性检测技术是细菌耐药性监测体系的重要环节。目前，耐药菌相关检测技术主要包括耐药表型的检测和耐药基因型的检测，其中耐药表型检测技术已在第二章第一节中详细描述，本节主要阐述耐药基因检测技术相关研究进展。

（一）PCR 检测技术

1. 多重 PCR

多重 PCR 反应是基于单重 PCR 原理，使用多对引物和热循环介导 DNA 聚合酶同时扩增多个目的片段，从而实现一次性对多个靶标 DNA 进行检测。与单重 PCR 相比，多重 PCR 可节省数倍的试剂和时间，因此检测效率高、检测成本低。但该法的难点在于引物组设计必须经过优化，以确保所有引物对可以在相同的退火温度下正常工作。

Rebelo 等（2018）开发了一种用于快速检测肠杆菌科细菌中可转移多黏菌素耐药基因（*mcr-1* 到 *mcr-5* 及其变种）的多重 PCR 方法，该方法与全基因组测序数据完全一致。2019 年，李孟等（2019）建立了猪源大肠杆菌中氟苯尼考耐药基因 *floR*、β-酰胺类耐药基因 *bla*CTX-M 及多黏菌素耐药基因 *mcr-1* 的多重 PCR 检测方法，经验证其灵敏度为 1.46×10^5 CFU/mL，具有高度特异性、敏感性和可重复性。张耀东等（2020）建立了针对 β-内酰胺类、四环素类、氨基糖苷类、酰胺醇类和磺胺类抗菌药物共计 17 个药物的耐药基因的多重 PCR 方法，并证实该多重 PCR 方法可有效扩增出针对上述 17 种药物相关的耐药基因片段，与单重 PCR 检测结果的一致性为 99%～100%。

2. 实时荧光定量 PCR

实时荧光定量 PCR（real-time quantitative PCR，qPCR）通过在 PCR 反应体系中加入荧光染料或荧光标记的特异性探针，实时跟踪并标记 PCR 产物。在荧光信号指数扩增阶段，PCR 产物量的对数值与起始模板量之间存在线性关系，基于此原理可推断模板最初的含量而进行定量分析。应用实时荧光定量 PCR 技术可以对样品的核酸模板进行相对定量、绝对定量及定性分析。实时荧光定量可根据带荧光的物质不同分为两种，分别为荧光染料 SYBR Green I 法和荧光探针 TaqMan 法。SYBR Green I 是一种具有绿色激发波长的染料，可以和所有的 dsDNA 双螺旋小沟区域结合。在游离状态下，SYBR Green I 发出的荧光极其微弱，当其与双链 DNA 结合后，其荧光信号增强，且能准确反映 PCR 产物增量。该方法的缺点是无法区分特异性扩增的模板和其他非特异扩增片段，易产生假阳性，特异性低。荧光探针 TaqMan 法中的 TaqMan 荧光探针上携带报告基团与淬灭基团，当探针完整时，不发出荧光信号。当 PCR 扩增时，*Taq* 酶的 5′→3′外切酶活性将探针酶切降解，从而使报告基团与淬灭基团分离，显示荧光信号。由于荧光信号与扩增产物之间存在 1∶1 的量化关系，故可进行定量分析。该方法特异性高、重复性好，但价格高，只适合特定目标基因的检测。

曹堃等（2015）建立了一种检测沙门菌氟苯尼考耐药基因 *floR* 和复方磺胺甲噁唑耐药基因 *sul2* 的 SYBR Green I 实时荧光定量 PCR 方法，该方法简单、快速，具有很好的敏感性、特异性和重复性。Li 等（2017b）建立了能快速检测 3 种多黏菌素耐药基因（*mcr-1*、*mcr-2* 及 *mcr-3*）的 SYBR Green I 实时荧光定量 PCR 方法，结果显示该方法具有良好的特异性（无假阳性）和灵敏性（检测限为 10^2 CFU/g）。此外，该技术除了能从细菌培养样品中检测多种 *mcr* 基因外，在粪便及土壤样本的检测中也有良好的表现。

Fu 等（2020）通过 SYBR Green I 实时荧光定量 PCR 技术建立了可从不同样本（细菌、粪便和环境样本等）中快速、特异地检测 *tet*(X)基因［包括 *tet*(X)～*tet*(X5)］的 6 种变异体的 qPCR 检测方法。研究结果表明，每对引物对其目标基因均表现为高特异性扩增，熔解曲线表现为单峰，非目标基因均无任何扩增，且均具有良好的扩增效率（90%～110%）。同期，Li 等（2020c）建立了一种基于 TaqMan 探针的 RT-qPCR 方法，可在细菌、粪便和土壤样品中快速检测替加环素耐药基因 *tet*(X3)和 *tet*(X4)，结果未发现假阳性，该方法检测结果与测序结果 100%一致。2020 年，张石磊等（2020）使用高通量实时荧光定量 PCR 方法检测小檗碱对多重耐药大肠杆菌耐药基因的影响，显示小檗碱处理后共有 18 个耐药基因发生显著变化，其中 *acrR*、*mexE*、*sul2*、*mdtH*、*mdtL*、*cpxR*、*phoQ* 和 *pmrC* 显著下调，*mdtE*、*gyrA*、*gyrB*、*macA* 和 *macB* 显著上调，*bacA*、*acrE* 和 *emrK* 消失，新产生 *mdtA* 和 *baeR*。

多重 PCR 方法与实时荧光定量 PCR 技术相结合，能特异、准确地同时检测样本中多种耐药基因。袁慕云等（2014）建立了基于 TaqMan 探针的三重荧光 PCR 方法检测耐甲氧西林金黄色葡萄球菌，并对 69 株金黄色葡萄球菌分离株进行基因检测与耐药表型比较。实验结果表明，该方法特异性强、准确性高，可以为金黄色葡萄球菌的鉴定和耐药基因分析提供参考依据。黄国秋等（2017）基于 TaqMan 探针法建立了可同时检测水产动物源细菌对磺胺类耐药基因 *sul1*、*sul2* 和 *sul3* 的三重荧光定量 PCR，且证明该方法灵敏度高、特异性强、重复性好，具有快速及便捷的特点。屈素洁等（2020）成功建立了同时检测 *bla*NDM-1 基因和 *mcr-1* 基因的双重 TaqMan 荧光定量 PCR 方法，并证明该方法具有很强的特异性和敏感性，且重复性好。

近年来，实时荧光定量 PCR 仪器设备有了较大发展，检测通量进一步提高，例如，Quantstudio 同时支持 96 孔、384 孔和微流体芯片（最高可支持 3072 孔）等多种模块灵活快速更换，可满足不同通量、多种靶标的检测需求。此外，Fluidgim 设备具有独特的集成流体通路系统，进一步缩小了反应体系，使用 TaqMan 探针能够同时进行 9216 个实时 PCR 反应，可显著提高检测通量，为大批量耐药基因筛查提供可能。

3. 环介导等温扩增反应

环介导等温扩增反应（loop-mediated isothermal amplification，LAMP）是由日本学者 Notomi 于 2000 年公开的一种核酸体外等温扩增技术。其技术原理是：基于 DNA 的 6 个特异性片段，利用设计的 4 条特异性引物和 1 种有链置换特性的 BstDNA 聚合酶在 65℃条件下反应 30～60min，对目的基因进行快速、高效的扩增。由于其反应体系中含有 dNTP 和 Mg_2SO_4，前者产生的焦磷酸根离子与后者的 Mg^{2+} 结合，生成焦磷酸镁的乳白色沉淀，便于研究者通过直接观察的方式判断扩增反应是否进行。该技术对比变温核酸扩增技术，具有快速、简便、经济、灵敏度高及特异性强，且可与各种系统结合等优势（戴婷婷等，2015）。但该技术亦有诸多局限性，例如，靶序列长度要控制在 300 bp 以下，靶标选择和引物筛选较为烦琐，反应易产生假阳性，且不能对反应结果进行定量分析等，制约了该技术在临床检测中的应用。

4. PCR-ELISA

普通凝胶电泳只能进行粗略的相对定量，随着固相捕获技术的成熟和应用，研究人员提出了应用固相捕获来进行核酸定量的设想，即使用 PCR 扩增技术，结合酶联免疫吸附试验（ELISA），进行固相杂交实现定量，因此该项技术被称为 PCR-ELISA。其原理是：使用亲和素包被微孔板，再用生物素标记捕获探针 3′端，由于二者之间具有高亲和力的特性，故可利用二者牢固结合将捕获探针固定在微孔上，制成固相捕获系统。扩增时，使用被抗原标记的引物，获得带有抗原的扩增产物，在微孔中加入扩增产物，与捕获探针杂交，使靶序列被捕获；最后将辣根过氧化物酶标记的抗体加入微孔，使其与靶序列上的抗原结合，再加入底物显色，以实现精准定量。PCR-ELISA 具有特异性强、灵敏度高和高通量等特点，可以快速、准确地进行定量检测。

Zhou 等（2020b）报道了一种 PCR-ELISA 方法，用于检测利福平和异烟肼耐药结核分枝杆菌的耐药基因。与常规药物敏感性测试和 DNA 测序数据相比，该法检测利福平耐药基因的灵敏度为 93.7%、特异性为 100%，检测异烟肼耐药基因的灵敏度为 87.5%、特异性为 100%。结果证实，该法有助于快速诊断多重耐药结核分枝杆菌，指导合理用药，改善临床护理。

（二）DNA 微阵列（基因芯片）技术

DNA 微阵列技术中主流的基因芯片平台依靠小到中等片段的（20～80 nt）寡核苷酸检测探针，这一长度的探针容易满足 DNA 模板的合成要求，可以非常方便地固定在多种基质芯片上。目前，改良的显微镜玻片已经成为定制微阵列最广泛的形式，大多数科研机构都可以使用基因芯片点阵制备系统和扫描仪来制造并分析这些阵列。同时，这些设备的价格普遍较低，可以设计用于检测所有已知耐药基因序列的微阵列。由于基因芯片技术具有高通量、高效、快速和准确的特点，不仅可以反映样本携带某种耐药基因的情况，还可以同时检测多种耐药基因的携带情况，同时避免了多重 PCR 技术不同反应间的相互影响、彼此制约和引物探针设计困难等问题，在未知病原体鉴定、疾病因子筛查及细菌耐药基因检测等方面具有重要意义。

国内外众多研究都显示了基因芯片技术在细菌耐药检测领域中的重大优势和潜在应用价值。2010 年，美国国立卫生研究院的国家生物技术信息中心基于 GenBank 数据库中的耐药基因研制了一种基因芯片，可以覆盖 775 个耐药基因，并对完成全基因组测序的沙门菌进行了检测试验，采用已测序的伤寒沙门菌 LT2（敏感）和 CT18（多药耐药）进行验证，在 LT2 菌株中未检测到耐药基因，但在 CT18 菌株中检测到其所携带的 MDR 质粒 pHCM1 上的所有耐药基因；该芯片还测试了 MDR 肠炎沙门菌、大肠杆菌、弯曲菌、肠球菌、耐甲氧西林金黄色葡萄球菌、李斯特菌和艰难梭菌等多种细菌（Frye et al.，2010）。Lu 等（2014）应用基因芯片技术研发了可以覆盖 369 种耐药基因的 DNA 芯片来研究抗生素耐药基因多样性与人类年龄的关系。通过对 124 名健康志愿者（学龄前儿童、学龄儿童、高中生和成人）的粪便宏基因组 DNA 进行分析，发现 124 名个体的肠道菌群中携带高达 80 种不同的耐药基因。研究同时表明，人类肠道菌群中的耐药基因从儿童时期积累到成年，并随着年龄的增长变得更加复杂。

目前比较成功的商业化基因芯片系统主要有 Luminex 公司的 Verigene 和生物梅里埃公司的 FilmArray 两款。Verigene 革兰氏阴性菌血培养检测系统是一种类似 DNA 芯片的检测系统，可以直接从阳性血培养瓶中检测到 9 个属/种靶细菌和 ESBL 或碳青霉烯酶基因（CTX-M、KPC、NDM、OXA、VIM 和 IMP）（Lu et al.，2014）。Verigene 处理器自动执行核酸提取、纯化、芯片杂交和信号放大等操作，然后在 Verigene Reader 中进行数据分析，整个过程约 2h。所有这些分子检测方法都显示出极好的敏感性和特异性。FilmArray 技术安全快速，并且可同时检测多种基因，在 ESBL 的检测中得到广泛应用。例如，FilmArray®BCID 可检测 27 种微生物靶标，其中包括 24 种针对革兰氏阳性菌、革兰氏阴性菌和真菌的不同属、种特异性靶标，如甲氧西林耐药基因 *mecA*、万古霉素耐药基因 *vanA/B*、黏菌素耐药基因 *mcr*，以及碳青霉烯耐药基因 bla_{KPC}、bla_{IMP}、bla_{VIM}、bla_{NDM} 和 bla_{OXA-48}（Lu et al.，2014）。

（三）全基因组测序技术

全基因组测序技术（whole genome sequencing，WGS）和生物信息学分析（bioinformatics analysis）能够快速、详尽地得到耐药细菌的特征，为耐药性研究提供了有力的技术手段。该技术不仅可以获得单一菌落的基因组信息，同时还能获得混合基因组的信息（metagenomics，宏基因组），包括不可培养细菌 DNA 遗传信息。相较于 Sanger 测序（一代测序），基于二代测序技术的 WGS 无需针对不同的 DNA 片段或细菌种属设计特定引物，仅通过测序获得随机的序列后即可组装成相对完整的基因组。不同的平台对于每段序列的读取长度不尽相同，可能会导致测序结果存在差异。通过 WGS 不仅可获得近乎完全的细菌 DNA 遗传信息，包括种属特异性基因、耐药基因、毒力因子及转移元件等信息，还可对多个细菌间的基因组信息进行比较。因此，WGS 在耐药菌株的鉴定和传播机制的研究中有至关重要的作用。WGS 价格昂贵，因此该技术长期以来未能被广泛运用。近年来，各大测序平台不断发展，价格持续下降，使得该技术在基础和临床细菌耐药性研究领域运用得越来越多。WGS 技术在通量方面具有很大的优势，但是在测序读长（小于 600 bp）方面仍具有一定的局限性，无法获得细菌全基因序列完整的信息。三代测序技术（third-generation sequencing）则突破了 WGS 在读长方面的壁垒，平均读长可达 10 kb 甚至更长，可越过一些二代测序技术难以测通的重复序列（Choi，2016）。

基于二代测序的全基因组测序技术，其测序读长较短，需要进行拼接分析，拼接好的序列或者原始数据可用不同的软件与特定的数据库进行比对，从而获得该细菌的各类遗传信息，包括细菌的种属、耐药基因、毒力因子、插入序列、质粒类型和多位点序列分型等。目前，用于全基因组序列分析的软件可以按照操作方式划分为网页型（web-based tool）和命令型（command-line）。网页型的工具提供了更为直观的用户界面和更为简便的操作环境。KmerFinder 是一种常用的细菌种属鉴定工具，如果使用其命令版本处理拼接好的序列（contigs）只需要大概 9s 的时间，处理原始数据（raw reads）则需要大概 190s（Larsen et al.，2014）。该工具已在 Center for Genomic Epidemiology（CGE，http://www.genomicepidemiology.org）网站上开放使用。另一个网页型工具是 NCBI（National

Center for Biotechnology Information）提供的比对工具 BLAST（basic local alignment search tool，https://blast.ncbi.nlm.nih.gov/Blast.cgi）。BLAST 工具可使用 NCBI 上所有的数据库，信息较为全面，但解释结果时需要通过对各种参数和结果进行严格筛选并结合相应的背景知识去判断，故相对烦琐。另外一个使用较少的网页型工具是 RAST（rapid annotation using subsystem technology，http://rast.nmpdr.org），该系统可提供快速基因组信息注释结果，但由于参数的设置不同且算法的相对固定，导致结果的准确性有所下降。此外，在耐药基因、毒力因子、质粒分型及菌株分子分型等特征的鉴定方面，可分别使用 CGE 网站中的 ResFinder、VirulenceFinder、PlasmidFinder 和 MLST 等工具完成。该网站拥有方便快捷的独立数据分析工具，而且还有一个完整的批量数据分析流程（bacterial analysis pipeline）。但是有些工具的数据库并不全，例如，VirulenceFinder 中的数据库仅有李斯特菌（*Listeria* spp.）、金黄色葡萄球菌（*Staphylococcus aureus*）、大肠杆菌（*Escherichia coli*）和肠球菌（*Enterococcus* spp.）四个数据库。

目前全基因组测序在核酸提取、文库制备、测序反应和数据分析方面都已经非常完善，使得全基因组测序在细菌耐药性的研究中应用越来越广泛。美国 FDA 国家抗菌药物耐药性监测系统（NARMS）对所分离的食源性病原菌进行了全基因组测序，并在 NCBI 数据库中公开，方便所有研究人员使用。目前，全基因组测序不仅广泛应用于细菌耐药机制研究中，而且也逐渐应用于细菌耐药性监测（Schurch and Van Schaik，2017；Stubberfield et al.，2019）。然而，目前仍有诸多因素制约测序技术在耐药性检测中的应用，如仪器、检测成本与时效性；另外，即使检测到耐药基因的相关序列，也未必能够准确地预测耐药表型。欧洲抗菌药物药敏试验委员会成立了一个小组委员会，专门对基于 WGS 基因组数据的细菌抗生素药敏试验 WGS（AST）的发展状况进行审核，初步发现已发表的使用 WGS 基因组数据作为准确推断抗生素敏感性工具的科学证据不足或者尚无明确的支持，仍然需要进一步获得科学证据和扩展知识库（Ellington et al.，2017）。评估委员会认为评价 WGS 数据的基因型与表型一致性的主要比较指标应该改为流行病学的临界值，以便更好地区分野生型与非野生型分离株（具有获得性耐药），临床折点可以作为次要的比较指标。这项评估将揭示基因预测是否也可以用于指导临床决策。同时，尽快设立国际公认的分析原则和质量控制标准将有助于建立基于 WGS 的、预测 AST 的分析方法和解释标准（Stubberfield et al.，2019）。只有通过了公认质量控制标准的数据集才能用于 AST 预测。同时，为便于比较，应建立一个包含所有已知耐药基因位点的公共数据库，定期更新并严格管理，使用最低标准纳入耐药基因位点。

综上所述，目前细菌耐药性的检测技术发展非常迅速，传统的检测方法和新型的检测技术都在使用（表 3-8），尚无一种方法能够同时完成耐药细菌的分离鉴定、耐药表型和基因型的测定工作。细菌耐药性的分析仍然依赖于多种技术，耗时费力。因此，建立快速（8h 以内），尤其是适用于现场检测的方法迫在眉睫，检测方法应兼顾耐药菌株的分离鉴定，以及相关耐药基因与细菌药物敏感性相关性分析，才能对临床诊断和用药有极高的指导意义。另外，开发适用于现场检测的便携式细菌耐药性检测仪器也至关重要。

表 3-8 常用耐药基因检测技术的比较

细菌药物敏感性	样本类型	实验周期	通量	能否获得耐药表型	能否获得耐药基因	灵敏度	特异度	灵活性	操作性	经济成本
微流控芯片技术	病料、纯培养物或 DNA	1～4h	高（8～36 个样本）	+	+	高	高	高	易	设备昂贵，耗材适中
荧光定量 PCR	DNA	1～3h	非常高（384～1536 个样本）	−	+	高	单重高多重低	高	中等	设备较贵，耗材适中
多重 PCR	DNA	3～4h	高	−	+	低	低	高	中等	设备便宜，耗材便宜
LAMP/PCR-ELISA	DNA	1～5h	高	−	+	高	低	高	中等	成本较低
基因组测序技术	DNA	8～48h	中	−	+	高	高	高	难	设备昂贵[#]，耗材较贵

[#]基因组测序设备中二代测序平台价格昂贵；三代测序平台中 Pacbio 价格昂贵，但 Nanopore 平台有价格较低的型号可选择。

二、重要动物源耐药菌/耐药基因的流行特征

目前，越来越多的证据表明，养殖业已成为耐药菌/耐药基因的重要储库，并有传播至人群的风险。本部分也将重点阐述动物和医学临床高度关注的几种重要耐药细菌及其耐药基因在动物养殖业中的流行情况，以警惕其对人和动物可能造成的危害。

（一）产超广谱β-内酰胺酶大肠杆菌及其耐药基因

在医学临床和动物养殖业中，三代头孢类抗菌药物（头孢噻肟、头孢曲松、头孢他啶、头孢哌酮和头孢噻呋等）经常被用于治疗多重耐药肠杆菌科细菌，导致了产超广谱β-内酰胺酶（extended-spectrum β-lactamase，ESBL）肠杆菌科细菌，特别是产 ESBL 大肠杆菌（ESBL-Ec）的快速扩散和传播。近年来，产 ESBL 大肠杆菌（ESBL-Ec）先后在世界各地人群、动物和环境中被大量发现和报道，且被证实 ESBL-Ec 可以在人、动物和环境间相互传播。畜禽养殖动物作为 ESBL-Ec 耐药菌/耐药基因的重要储库，可以通过职业暴露接触直接传播给养殖场工作人员，或沿着食物链通过动物源性食品传播给人类。此外，很多研究表明宠物作为家庭成员之一，也能通过频繁的亲密接触将其携带的耐药菌传播给主人。因此，检测不同国家及地区的动物源 ESBL-Ec 流行情况，对指导畜牧养殖用药及耐药菌防控具有重要意义。

1. 国外动物源 ESBL-Ec 的流行现状

20 世纪 80 年代初，超广谱头孢菌素类药物在临床上使用，随即在医院发现了产 ESBL 的肠杆菌科细菌（Knothe et al.，1983）。随后，1988 年首次在日本的实验犬中发现动物源 ESBL-Ec（Matsumoto et al.，1988）。调查数据表明，在 1980～1990 年间，ESBL 编码基因多存在于克雷伯菌和肠杆菌属中，且以 SHV 和 TEM 型酶为主。目前，CTX-M 型酶已成为全球多数国家最流行的 ESBL，尤其是在大肠杆菌中广泛存在（Bevan et al.，2017）。研究表明，bla_{CTX-M} 基因可能起源于环境源克吕沃氏菌属，然后该基因从其染色体转移至一些比较适应大肠杆菌的质粒（Marcade et al.，2009）。

全球各地的研究结果显示，ESBL-Ec 在畜禽，特别是猪和鸡中广泛存在与流行。欧洲各国的研究结果显示，德国 56.3%（9/16）的繁育养猪场中检测有 ESBL-Ec 菌株，43.8%（7/16）的育肥猪场中也检测到 ESBL-Ec（Friese et al.，2013）；葡萄牙的猪场中 ESBL-Ec 的流行率可达 60.8%，最流行的 ESBL 耐药基因型是 $bla_{CTX-M-15}$（83.9%），其次是 $bla_{CTX-M-1}$（10.7%）（Fournier et al.，2020）；Geser 等（2012）报道 ESBL-Ec 在瑞士猪群中的流行率为 15.3%，相较其他国家低一些。亚洲各国的调查结果显示，日本猪群中 ESBL-Ec 的流行率较低，如 Hiroi 等（2012）报道部分猪场为 3.0%；Norizuki 等（2018）报道部分猪场 ESBL-Ec 的流行率是 4.6%，且主要的 ESBL 基因型是 $bla_{CTX-M-15}$（54.5%）和 $bla_{CTX-M-55}$（27.2%）。Gundran 等（2020）报道，在菲律宾养殖场猪群中 ESBL-Ec 的流行率较高（57.4%），最流行的 ESBL 基因是 $bla_{CTX-M-1}$。Sanjukta 等（2019）检测到印度猪群中 ESBL-Ec 的流行率是 17.8%（40/225），多数是 CTX-M 型 ESBL（占 61.9%）。黎巴嫩南部养猪场的 ESBL-Ec 检出率可高达 93.3%，主要流行的 ESBL 耐药基因也是 bla_{CTX-M}（Dandachi et al.，2019）。

相比于猪群，ESBL-Ec 在鸡群中的流行率普遍较高。对德国养鸡场的调查显示，在所调查的肉鸡场中（8/8，100%）均检测出有 ESBL-Ec 菌株（Friese et al.，2013）；而瑞士养殖场鸡群中 ESBL-Ec 的检出率为 63.4%（Geser et al.，2012）。日本肉鸡中 ESBL-Ec 的分离率也高达 60.0%，高于蛋鸡（5.9%）和其他动物源（牛 12.5%，猪 3.0%）（Hiroi et al.，2012）。除上述报道 ESBL 在德国、瑞士和日本养禽业具有较高的流行率外，ESBL 在印度养鸡场中也较流行，肉鸡场中 ESBL 的流行率（87.4%）显著高于蛋鸡场（42.1%），且在两种养殖模式——规模化和家庭养殖模式下，肉鸡场中 ESBL 阳性菌株的流行率相似，分别为 86.7% 和 87.8%，但规模化养殖模式下蛋鸡场中 ESBL 的检出率（48.9%）略高于家庭养殖模式下的蛋鸡场（38.0%）（Brower et al.，2017）。

鸭作为水禽动物，可能会通过粪便等直接向水体环境中排入耐药菌，增加向环境中传播耐药菌的风险。目前关于 ESBL 在鸭中的流行情况报道比较少，荷兰曾报道鸭源 ESBL-Ec 菌株中数量最多的 ESBL 基因是 $bla_{CTX-M-1}$（Ceccarelli et al.，2019）。Na 等（2019b）报道韩国鸭源大肠杆菌中 ESBL 的阳性率只有 4.1%，泰国散养模式下鸭群中 ESBL-Ec 的流行率稍高（36.6%），主要的 ESBL 基因型是 $bla_{CTX-M-55}$ 和 $bla_{CTX-M-14}$（Tansawai et al.，2019）。

ESBL-Ec 在反刍动物如牛和羊分离菌株中的流行率相对较低，且不同国家的优势 bla_{CTX-M} 基因型各不相同。Geser 等（2012）报道瑞士牛群中 ESBL-Ec 的检出率为 13.7%；Michael 等（2017）对德国 2008~2014 年间的 GERM-Vet 项目监测结果进行分析，结果显示 ESBL-Ec 在牛场中的流行率为 11.2%（324/2896），流行的 ESBL 基因型主要是 $bla_{CTX-M-1}$。英国和加拿大牛源 ESBL-Ec 的优势基因型与德国不同，分别是 $bla_{CTX-M-14}$ 和 $bla_{CTX-M-55}$（Horton et al.，2016；Cormier et al.，2019）。巴西养牛场中 ESBL-Ec 的流行率是 17.8%（34/191），其中最常见的 ESBL 基因型是 $bla_{CTX-M-8}$（Palmeira et al.，2020）。以色列 Lifshitz 等（2018）的研究结果显示 $bla_{CTX-M-15}$ 是牛源 ESBL-Ec 菌株中的优势基因型。美国牛奶源 ESBL-Ec 中最常见的基因型是 $bla_{CTX-M-15}$，其次是 $bla_{CTX-M-27}$（Afema et al.，2018）；Lee 等（2019）报道美国肉牛源中 ESBL-Ec 以 $bla_{CTX-M-1}$ 为优势基因型，

其次是 $bla_{CTX-M-27}$。ESBL-Ec 在羊中的流行情况仅在部分国家报道过，且流行率很低。Sghaier 等（2019）于 2013～2015 年在突尼斯不同农场羊群分离的菌株中检出 9 株 ESBL-Ec 菌株，流行率为 15.0%，流行的基因型主要是 $bla_{CTX-M-1}$（66.7%）。Hassen 等（2019）从羊奶样本分离的菌株中 ESBL-Ec 的检出率为 22.2%。尼日利亚羊场中 ESBL-Ec 的检出率也不高，为 15.1%，主要的基因型是 $bla_{CTX-M-15}$（Okpara et al.，2018）。ESBL-Ec 在瑞士羊群中的流行率只有 8.6%，主要流行基因型是 $bla_{CTX-M-14}$（Hiroi et al.，2012）。Conrad 等（2018）在加拿大动物园羊群中也检测到 ESBL-Ec，阳性率为 14.9%，主要的基因型是 $bla_{CTX-M-15}$。与之前报道不同，沙特阿拉伯羊群中主要的 bla_{CTX-M} 基因型是 $bla_{CTX-M-8}$ 和 $bla_{CTX-M-25}$（Shabana and Al-Enazi，2020）。

有关伴侣动物中存在 ESBL-Ec 的报道较多，主要在宠物犬和猫中检出，但不同国家间流行率存在较大差异。2001～2003 年，Carattoli 等（2005）在意大利采集的宠物犬和宠物猫样本中检测到 bla_{CTX-M} 阳性 ESBL-Ec，检出率为 5.4%。2004 年，有文献报道在葡萄牙宠物犬的粪便样本中分离到携带 bla_{CTX-M} 基因的 ESBL-Ec 菌株，检出率为 2.6%（Costa et al.，2004）。随后，在英国、瑞典、肯尼亚、突尼斯、德国、荷兰、意大利、美国、澳大利亚和智利等国家的健康宠物和患病宠物中均分离到携带 bla_{CTX-M} 的肠杆菌科细菌，其中以大肠杆菌最为常见（Ewers et al.，2012；Rubin and Pitout，2014）。Marques 等（2018）在一项对葡萄牙宠物长达 10 年（2004～2014 年）的研究中，检测到宠物犬尿道感染样本中 ESBL-Ec 的分离率为 2.9%。法国宠物中 ESBL-Ec 的调查显示，2006～2010 年法国宠物犬和猫的感染样本中 bla_{CTX-M} 阳性大肠杆菌的分离率为 2.7%；2013～2014 年间宠物犬粪便样本中 ESBL-Ec 的检出率为 5.6%（Dahmen et al.，2013）。ESBL-Ec 在瑞士、西班牙的宠物源临床样本中的分离率分别为 17.1%（Zogg et al.，2018）和 2.0%（Dupouy et al.，2019）；在德国、丹麦和土耳其宠物犬粪便样本中的分离率分别为 10.0%（Schaufler et al.，2015）、1.9%（Damborg et al.，2015）和 22.0%（Aslantas and Yilmaz，2017）。2008～2009 年，美国宠物犬、猫感染样本中 ESBL-Ec 的分离率为 5.0%（Shaheen et al.，2011），2009～2013 年为 2.0%（Liu et al.，2016b）。阿尔及利亚宠物源粪便样本中 ESBL-Ec 的分离率为 10.5%（Yousfi et al.，2016a）；突尼斯研究者于 2010 年在宠物犬、猫粪便样本中检出 CTX-M 型 ESBL-Ec，分离率为 16.3%（Sallem et al.，2013）。2010～2011 年，巴西研究者在宠物犬和宠物猫中均检出 ESBL-Ec，分离率分别为 9.7% 和 8.3%（Melo et al.，2018）。日本研究者于 2014～2017 年在宠物犬和猫粪便样本中检出 CTX-M 阳性大肠杆菌的比率分别为 5.3% 和 7.1%（Umeda et al.，2019）。巴基斯坦研究者于 2016 年在宠物犬粪便样本中检出 CTX-M 型 ESBL-Ec，检出率为 36.4%，宠物猫粪便样中的检出率为 21.7%（Abbas et al.，2019）。

由此可见，$bla_{CTX-M-14}$ 是亚洲家禽和伴侣动物中最普遍的 ESBL 基因型（30.0%～33.0%），牛和猪中较低（14.0%）；其在欧洲各国的家畜中检出率也较低（4.0%～7.0%）。$bla_{CTX-M-15}$ 在人群中的流行占主导地位，但在动物中的检出情况仅在少数欧盟国家报道过，主要是在伴侣动物（15.0%）和牛、猪（8.0%）中检出，家禽中较少流行（Ewers et al.，2012；Day et al.，2016）。欧洲牛和猪源 ESBL 主要流行的基因型是 $bla_{CTX-M-1}$，占所有 ESBL 菌株的 72.0%，且在家禽和伴侣动物中也很常见（Ewers et al.，2012；Valentin et al., 2014)。$bla_{CTX-M-1}$是非洲突尼斯家禽中的主要流行型，但在非洲其他地区，$bla_{CTX-M-15}$占主要地位（Maamar et al., 2016）。

2. 国内动物源 ESBL-Ec 的流行现状

ESBL-Ec 在国内规模化养猪场中的流行率差异比较大；即使在同省份不同年份的规模化养猪场内，ESBL-Ec 的检出率差异也较大。山东规模化养猪场中 ESBL-Ec 的流行率略有差异；2016 年，刘军河等（2016）检测到山东淄博规模化养猪场中 ESBL-Ec 的流行率是 39.8%（94/236）；同年，Zhang 等（2016b）报道山东其他 4 个养猪场中 ESBL-Ec 的流行率为 56.7%，这些 ESBL-Ec 均携带 bla_{CTX-M}，其中比较流行的基因型有 $bla_{CTX-M-55}$（32.4%）、$bla_{CTX-M-14}$（29.4%）和 $bla_{CTX-M-15}$（20.6%）。Gao 等（2015）也报道山东不同地区规模化养猪场中 ESBL-Ec 携带的最常见基因型为 $bla_{CTX-M-14}$ 和 $bla_{CTX-M-15}$。河南 2018 年规模化养猪场中 ESBL-Ec 的流行率为 42.9%（张青娴等，2018）。东北地区各规模化养猪场中 ESBL-Ec 的流行率较为一致，赵凤菊等（2017）报道辽宁 10 个不同地区的规模化养猪场中 ESBL-Ec 的阳性率平均为 30.8%；Xu 等（2015）报道黑龙江不同地区的 21 个规模化养猪场中 ESBL-Ec 的流行率为 43.2%，最常见的 ESBL 基因型是 $bla_{CTX-M-14}$，其次是 $bla_{CTX-M-55}$ 和 $bla_{CTX-M-65}$。西北地区养猪场中 ESBL-Ec 的流行率比较低，Liu 等（2018b）对 2018 年陕西和甘肃 10 个规模化养猪场中 ESBL 进行调查，ESBL-Ec 的流行率只有 9.6%（44/456），其中最常见的 ESBL 基因型均为 $bla_{CTX-M-14}$（60%），其次是 $bla_{CTX-M-15}$。南方地区养猪场中 ESBL-Ec 的流行率差异较大，贵州规模化养猪场中 ESBL-Ec 的流行率为 29.8%～93.5%，曹敏（2016）报道在贵州某规模化养猪场中 ESBL-Ec 的流行率高达 93.5%（451/482），流行的 ESBL 基因型主要为 $bla_{CTX-M-1}$，占比 32.6%；刘日昂（2017）在贵州某规模化养殖场猪群 ESBL-Ec 的检出率只有 29.8%（324/1087）；同年，杜安定等（2017）发现贵州猪源大肠杆菌中 ESBL-Ec 检出率更高，为 66.7%（72/108）。王豪举（2019）于 2018 年对重庆 4 个规模化养猪场进行了采样及分析，发现 ESBL-Ec 的检出率高达 100.0%。杨守深等（2019b）对 2014～2016 年福建规模化养猪场进行检测发现 ESBL-Ec 的流行率只有 32.7%，最流行的 ESBL 基因是 $bla_{CTX-M-14}$，其次是 $bla_{CTX-M-65}$ 和 $bla_{CTX-M-55}$。综上，尽管不同地区养猪场中 ESBL-Ec 的检出率差异较大，但菌株的 ESBL 基因主要为 $bla_{CTX-M-14}$；虽然 $bla_{CTX-M-15}$ 多在人群中流行，但是近几年也在猪群中呈现出流行趋势。此外，$bla_{CTX-M-14}$ 的变异体 $bla_{CTX-M-65}$ 及 $bla_{CTX-M-15}$ 的变异体 $bla_{CTX-M-55}$ 近几年在中国规模化养猪场中也逐渐开始流行。

近年来，ESBL-Ec 在我国养禽业中的流行越来越广泛。Wu 等（2018）对国内 2008～2014 年从养鸡场分离到的大肠杆菌进行研究显示，ESBL-Ec 在我国规模化养鸡场中的流行率从 2008 年的 23.8%增长到 2014 年的 57.0%；山东养鸡场中 ESBL-Ec 的流行率高于山西、上海、四川和广东，检测到的 ESBL-Ec 菌株中 bla_{CTX-M} 基因的携带率高达 92.7%，流行的基因型主要是 $bla_{CTX-M-55}$（34.3%）和 $bla_{CTX-M-65}$（17.9%）。对东北地区和江苏鸡源 ESBL-Ec 的研究表明，最流行的基因型是 $bla_{CTX-M-15}$，同时 $bla_{CTX-M-65}$、$bla_{CTX-M-55}$ 和 $bla_{CTX-M-14}$ 也广泛流行（Tong et al., 2015）。除对全国范围内养鸡场进行的大规模 ESBL-Ec 的调查外，不同省份还有很多局部的小规模报道，且 ESBL-Ec 在不同省份养鸡场中的差异也较大。杨承霖等（2020）报道2010～2016年四川规模化养殖场中ESBL-Ec的总检出率为42.2%；Li等（2016b）报道2014～2015年山东规模化养鸡场中ESBL-Ec的流行率达88.8%，主要流行的基因型有$bla_{CTX-M-15}$、$bla_{CTX-M-65}$和$bla_{CTX-M-55}$，$bla_{CTX-M-14}$次之。与国外养鸡场相似，山东规模化养鸡场中肉鸡源ESBL-Ec的检出率（49.2%）显著高于蛋鸡源中的检出率（21.6%）（王志浩等，2019）。2018年，吉林长春的规模化养鸡场中ESBL-Ec的流行率为57.5%（115/200）（杜金泽，2019）；2019年山西鸡源大肠杆菌中ESBL-Ec的比例高达83.8%（马馨等，2019）。尽管不同地区ESBL-Ec的流行率差异比较大，但 ESBL-Ec 在我国规模化养鸡场中的总体流行率正在逐年增高，且$bla_{CTX-M-65}$和$bla_{CTX-M-55}$在ESBL-Ec菌株中的占比也在逐渐增多。

我国规模化养鸭场中也有 ESBL-Ec 的流行。Liao 等（2013）报道广东养鸭场中ESBL-Ec 的流行率为35.1%（20/57），$bla_{CTX-M-27}$是优势基因型。Ma 等（2012）通过对我国南部养鸭场中ESBL-Ec分析发现bla_{CTX-M}的检出率为87.8%，其中最常见的bla_{CTX-M}亚型是$bla_{CTX-M-27}$，其次是$bla_{CTX-M-55}$和$bla_{CTX-M-24}$（$n=22$）。冯建昆（2013）对来自我国福建、四川、山东、辽宁和河南 5 个省份的鸭源 ESBL-Ec 研究表明，ESBL-Ec 的检出率为 64.2%，其中 91.2%的 ESBL-Ec 菌株携带 bla_{CTX-M} 基因，且以 $bla_{CTX-M-65}$ 和$bla_{CTX-M-55}$为主。

反刍动物中 ESBL-Ec 的报道比较少，仅有的几例报道也显示 ESBL-Ec 在反刍动物中的流行率远低于猪群和鸡群。Zheng 等（2012）报道黑龙江牛源大肠杆菌中 ESBL-Ec的检出率为 5.7%（5/88）。Liu 等（2020c）报道中国乳腺炎牛奶样品中 ESBL-Ec 的阳性率为 19.7%（49/249），其中优势基因型是$bla_{CTX-M-14}$、$bla_{CTX-M-55}$和$bla_{CTX-M-65}$。青藏高原牦牛中 ESBL-Ec 最流行的 ESBL 基因型是$bla_{CTX-M-15}$（Rehman，2018）。中国西北地区腹泻羊群中最常见的 ESBL 基因型是$bla_{CTX-M-55}$，其次是$bla_{CTX-M-15}$（Zhao et al.，2022）。

ESBL 在我国伴侣动物（宠物犬和猫）中也广泛流行，且分离率在不同省份间的差异较大，主要流行的bla_{CTX-M}基因亚型也不尽相同。ESBL-Ec 在山东宠物犬中的流行率比较低（2.5%～3.8%），主要的基因型是$bla_{CTX-M-15}$（Li et al.，2017d）；$bla_{CTX-M-15}$在陕西宠物犬源 ESBL-Ec（流行率是 24.2%）中也是优势基因型，其次是$bla_{CTX-M-14}$（Liu et al.，2016a）。ESBL-Ec 在东北地区宠物犬中的流行率比较高，达到 67.7%，主要的基因型是$bla_{CTX-M-55}$（赵相胜，2014）。广州宠物犬和猫源大肠杆菌对第三代头孢菌素头孢噻肟和头孢噻呋耐药率也很高，分别是 55.4%和 57.1%，其中主要流行的 ESBL 基因型有 $bla_{CTX-M-14}$、$bla_{CTX-M-55}$和$bla_{CTX-M-65}$（杨守深等，2019a）。$bla_{CTX-M-65}$和$bla_{CTX-M-15}$在北京伴侣动物源 ESBL-Ec 菌株中也较流行（Chen et al.，2019c）。目前，国内各地区对猪及鸡源 ESBL-Ec 的监测更加全面，猪源 ESBL-Ec 的流行率为 9.6%～100.0%，鸡源的流行率为 21.6%～92.7%。山东、贵州、四川及重庆等重要畜禽养殖地区 ESBL-Ec 的流行率较其他地区更高。对反刍动物及伴侣动物的监测相对较少，牛源 ESBL-Ec 流行率为 5.7%～19.7%，未见羊中分离到 ESBL-Ec 的相关报道，伴侣动物地区差异较大，为2.5%～67.7%。国内猪、鸡、反刍动物及伴侣动物中 ESBL-Ec 流行的基因型主要为$bla_{CTX-M-14}$、$bla_{CTX-M-15}$、$bla_{CTX-M-55}$和$bla_{CTX-M-65}$。鸭中优势流行基因型为$bla_{CTX-M-27}$，但亦有$bla_{CTX-M-55}$和$bla_{CTX-M-65}$检出。

ESBL-Ec 已在国内外不同畜禽养殖动物（猪、鸡、鸭、牛和羊）及伴侣动物中广泛流行。除了国内某些规模化养猪场中 ESBL-Ec 的流行率在 90.0% 以上，总体来讲，ESBL-Ec 在国内外鸡和鸭等禽类中的流行率（4.1%～88.8%）普遍高于猪中的流行率（3.3%～66.7%）；ESBL-Ec 在反刍动物牛和羊中的流行率普遍较低，为 5.7%～22.2%；ESBL-Ec 在伴侣动物犬和猫中也有流行，不同地区差异较大。主要流行的 ESBL 基因型多为 bla_{CTX-M} 及其各变异体，不同国家及地区优势基因型差异较大，具有明显的地区流行性。

通过比较国内外 ESBL-Ec 流行及监测情况发现，国外对宠物源 ESBL-Ec 的监测力度较大，且国外 ESBL-Ec 携带率也较国内稍高，这可能与国外宠物行业更加健全完善有关。国内宠物行业目前正处于初级发展阶段，宠物与主人接触密切，更易相互传播耐药菌株，应密切监测宠物源 ESBL-Ec 的流行，加大监管力度。此外，国外对猪、牛源 ESBL-Ec 的监测力度相较国内更大，而国内更注重猪及禽类的监测，这可能与不同地区肉类饮食差异相关。今后，国内在持续对猪及鸡源 ESBL-Ec 进行流行监测的同时，还应加大对牛羊产区如内蒙古及新疆等地 ESBL-Ec 流行情况的监测力度。

β-内酰胺类药物具有抗菌谱广、安全性高和实用性强等优点，是畜牧业养殖及医学临床上治疗革兰氏阴性菌感染最常选择的药物。然而，产 ESBl 耐药菌的广泛流行极大地限制了该类药物的使用。动物中广泛流行的 ESBL-Ec 耐药菌可能对养殖动物、宠物及人类健康造成巨大威胁，加大动物源 ESBL-Ec 的监控对耐药性防控具有重要意义。

（二）碳青霉烯类耐药肠杆菌科细菌及其耐药基因

碳青霉烯类抗菌药物（carbapenems）是医学临床十分重要的一类广谱抗菌药物，主要用于革兰氏阴性菌、部分革兰氏阳性菌和厌氧菌的感染治疗，被认为是治疗多重耐药革兰氏阴性菌感染的"最后一道防线"。尽管碳青霉烯类药物禁止应用于动物疾病的预防和治疗，但目前已在全球五大洲的动物（养殖动物、伴侣动物及野生动物）中发现了碳青霉烯耐药肠杆菌科细菌（carbapenem-resistant Enterobacteriaceae，CRE）。

1. 国外动物源 CRE 流行现状

一项基于 PubMed 上关于动物源碳青霉烯耐药菌的统计研究发现，动物源大肠杆菌（NDM、VIM、OXA 和 IMP）、肺炎克雷伯菌（NDM、KPC 和 OXA）、沙门菌（NDM、KPC 和 VIM）、产酸克雷伯菌（NDM、IMP）、柠檬酸菌（NDM、IMP）、摩根氏菌、变形杆菌及普罗维登斯菌（IMP）等均有携带碳青霉烯耐药基因的案例报道（Kock et al.，2018）。其中，大肠杆菌是携带碳青霉烯耐药基因最多的种属，其次是克雷伯菌属。

来自全球各地的不同动物中均有 CRE 的流行报道，且存在地域流行差异性（表 3-9）。国外 CRE 菌株携带的基因型较为分散，VIM、NDM、OXA 型均有。2011～2013 年，德国科学家 Roschanski 等（2017b）研究显示 58 家商业化养猪场 CRE 的分离率为 1.7%，其中有 6 株 CRE 未携带已知的碳青霉烯酶耐药基因。Fischer 等（2012）从德国的 1 个养猪场分离出一株携带 bla_{VIM-1} 的 ST88 大肠杆菌。德国另一项研究显示，从 2 个养猪场和 1 个肉鸡场中分离到 3 株 bla_{VIM-1} 阳性的 ST32 肠炎沙门菌，其携带的 bla_{VIM-1} 均位于

IncHI2 质粒的 I 类整合子上（Fischer et al.，2013）。bla_{VIM-1} 常常位于 I 类整合子上，故加速了其在不同细菌间的传播（Partridge et al.，2018）。2015～2016 年，德国动物卫生与传染病研究所在收集的 5 个国家养猪场的 2160 份患有猪腹泻和水肿病的猪粪便中发现 2 株 $bla_{OXA-181}$ 阳性菌，其中一株同时携带可转移黏菌素耐药基因 $mcr-1$（Pulss et al.，2017）。2013～2015 年，从荷兰的肉鸡场、猪屠宰场、奶牛场、肉牛场和观赏鱼中检测到携带 $bla_{OXA-48-like}$ 的希瓦氏菌（Shewanella spp.），但未检测到 CRE（Ceccarelli et al.，2017）。2014 年，在埃及肉鸡场的养殖人员、饮用水和患呼吸道疾病的鸡样品中均检测到同时携带 bla_{NDM}、bla_{KPC} 和 bla_{OXA-48} 的肺炎克雷伯菌，表明养殖人员、鸡和饮用水之间存在相互传播的情况。同年，在埃及 4 个奶牛场的奶牛样本中检测出 bla_{OXA-48} 和 $bla_{OXA-181}$ 型 CRE（Braun et al.，2016）。2014～2016 年，在印度政府管理的 10 个养猪场的 673 份样品中分离出 112 株大肠杆菌，其中 23 株为碳青霉烯耐药（8 株携带 bla_{NDM}），统计分析发现猪群携带 CRE 与其成长阶段无关，但与猪场所处的地理位置以及猪只的性别、健康状态和年龄有显著的关联性（Pruthvishree et al.，2017）。2015 年，在阿尔及利亚一家奶牛场的奶牛和牛奶样本中分离到携带 bla_{NDM-5} 且具有相同 PFGE 谱型的 bla_{NDM-5} 阳性大肠杆菌，这些菌株同时携带 $bla_{CTX-M-15}$、bla_{CMY-42} 等 β-内酰胺类耐药基因（Yaici et al.，2016）。

表 3-9　国外部分地区动物源 CRE 的流行情况

国家	动物	菌株类型	分离率/%	基因型	参考文献
阿尔及利亚	牛 犬、猫 野猪	大肠杆菌 肺炎克雷伯菌 大肠杆菌	11.8 2.5 1.8	bla_{NDM} bla_{OXA}	（Yaici et al.，2016；Yousfi et al.，2016b；Bachiri et al.，2018）
埃及	鸡 牛	大肠杆菌	11.32 2.26	bla_{NDM} bla_{OXA}	（Braun et al.，2016）
德国	猪 犬、猫	大肠杆菌 肺炎克雷伯菌 阴沟肠杆菌	16.1 2.2	bla_{VIM} bla_{OXA}	（Fischer et al.，2012；Schmiedel et al.，2014；Roschanski et al.，2017c）
印度	猪 海产品	大肠杆菌	7 0.9	bla_{NDM}	（Pruthvishree et al.，2017；Sanjit Singh et al.，2017）
英国	牛	大肠杆菌	3.7	bla_{OXA}	（Ibrahim et al.，2016）
美国	牛 猪 犬、猫	鲍曼不动杆菌 大肠杆菌 肺炎克雷伯菌	3.6 46 6	bla_{OXA} bla_{NDM}	（Shaheen et al.，2013；Webb et al.，2016；Mollenkopf et al.，2017）
加拿大	海产品	阴沟肠杆菌 肺炎克雷伯菌	3.3	bla_{NDM} bla_{OXA} bla_{IMP}	（Morrison and Rubin，2015；Janecko et al.，2016）
西班牙	犬	肺炎克雷伯菌	0.6	bla_{VIM}	（Gonzalez-Torralba et al.，2016）
澳大利亚	海鸥	大肠杆菌 肺炎克雷伯菌	14.1	bla_{IMP}	（Dolejska et al.，2016）
美国	犬、猫	大肠杆菌	0.6	bla_{NDM}	（Shaheen et al.，2013）
德国	犬、猫、豚鼠和兔子	肠杆菌科细菌	0.64	bla_{OXA-48}	（Pulss et al.，2018）
英国	犬	大肠杆菌	0.6	bla_{NDM}	（Reynolds et al.，2019）
巴西	犬	大肠杆菌	5.3	bla_{NDM}	（Ramadan et al.，2020）

　　除食品动物外，国外也有关于 CRE 在伴侣动物中流行的报道。2013 年，研究人员从来自德国的 6 只犬中分离出 8 株 bla_{OXA-48} 阳性菌，包括 5 株肺炎克雷伯菌和 3 株大肠杆菌，基因定位显示该基因位于 Tn1992.2 转座子中，进一步分析发现该病例属于院内感染（Stolle et al.，2013）。2014 年，德国科学家从犬、猫和马中分离出 19 株携带 bla_{OXA-48} 的厄他培南耐药肠杆菌科细菌（Schmiedel et al.，2014）。2018 年，研究人员在德国 3 株犬源产 ESBL 大肠杆菌中检出 bla_{VIM-1} 基因（Boehmer et al.，2018）。2018 年，在瑞士宠物犬的伤口样本中分离到 1 株碳青霉烯耐药的 ST167 型大肠杆菌，该菌株携带 bla_{NDM-5}，且基因定位于 IncFII-IncFIA-IncFIB 的质粒上（Peterhans et al.，2018）。2019 年，在瑞士一项针对住院动物的研究显示，住院前宠物犬、猫仅 0.75%携带碳青霉烯耐药大肠杆菌，但在出院时携带率上升至 21.6%，且在该研究中共分离到 24 株携带 $bla_{OXA-181}$-IncX3 的 ST410 型大肠杆菌（Nigg et al.，2019）。2018 年，从芬兰一个家庭的两只宠物犬中分离到携带 bla_{NDM-5} 的 ST167 型大肠杆菌，但同属一个克隆（Gronthal et al.，2018）。

　　此外，美国和澳大利亚也相继报道了犬和猫携带 bla_{OXA-48}、bla_{NDM-1} 和 bla_{IMP} 肠杆菌科细菌的案例（Shaheen et al.，2013；Liu et al.，2016b；Melo et al.，2017）。2013 年，美国研究人员在犬和猫的临床样本中分离到 6 株携带 bla_{NDM-1} 的大肠杆菌（Shaheen et al.，2013）。2016 年，美国研究人员亦从来源于犬猫的产 ESBL 多重耐药大肠杆菌中发现有 11 株携带 bla_{OXA-48}，ST 型分别为 ST1800、ST1088、ST405、ST648、ST131 和 ST12（Liu et al.，2016b）。同年，澳大利亚的一项研究显示，从猫的粪便中分离到 1 株 ST19 型鼠伤寒沙门菌，携带了 bla_{IMP-4} 基因并定位于 IncHI2 质粒上（Abraham et al.，2016）。2018 年，科研人员在美国俄亥俄州的 2 只患病犬身上分离到 ST171 型的香坊肠杆菌，其携带的 bla_{KPC-4} 基因位于 IncHI2 质粒的 Tn4401b 转座子中（Daniels et al.，2018）。同年，美国一项研究发现 6 株犬源和 1 株猫源的大肠杆菌携带 bla_{NDM-5}，其中 1 株为 ST167 型，基因定位于 IncFII 质粒上（Cole et al.，2020）。亚洲国家如韩国，其 CRE 菌株大多携带 NDM 型碳青霉烯酶，2019 年，韩国研究人员首次在宠物样本中发现携带 bla_{NDM-5} 的 ST410 型大肠杆菌，其 NDM-5 定位于 IncX3 质粒（Gronthal et al.，2018）。2020 年，韩国科学家又在 1 只宠物猫和 1 只宠物犬的肛拭子样本中分离到 2 株由 IncX3 型质粒携带 bla_{NDM-5} 的 ST410 型大肠杆菌（Hong et al.，2020）。非洲国家如阿尔及利亚和埃及也发现了携带 NDM 及 OXA 型酶的 CRE 菌株。2014～2015 年，研究人员从阿尔及利亚一家宠物医院的 200 个宠物犬粪便拭子分离出 5 株携带 bla_{OXA-48} 的大肠杆菌，其中一株同时携带 bla_{NDM-5}（Yousfi et al.，2016b）。2015～2016 年，阿尔及利亚又报道了不同地点的动物（宠物犬、宠物鸟和马）均可携带 bla_{OXA-48} 的 ST527 型阴沟肠杆菌，且这些菌株具有相同的 RAPD 型，表明这个地区可能存在 bla_{OXA-48} 菌株的克隆传播（Yousfi et al.，2018）。2020 年，埃及科学家在家庭宠物临床样本中发现 7 株携带 bla_{NDM-5} 的 ST410 型大肠杆菌（Ramadan et al.，2020）。2021 年，研究人员在南美洲国家巴西的患病宠物犬上发现了携带 bla_{KPC-2} 的黏液型肺炎克雷伯菌，质粒分型为 IncN-pST15（Sellera et al.，2021）。

　　尽管碳青霉烯类抗生素并未批准用于动物养殖业，但其耐药菌株已在世界范围内动物群体间广泛流行，且 CRE 基因型多样。由此可见，动物养殖业已成为碳青霉烯耐药菌的重要储库，且存在向人群传播的风险，因此，亟须建立完善的动物源 CRE 监控体系以掌握其流行规律，进而及时采取措施以降低其在人群和动物间传播的风险。

2. 国内动物源 CRE 流行现状

国内报道的动物源 CRE 菌株以 NDM 菌株最为流行，其流行有地域特异性（表 3-10）。目前，国内对鸡源 NDM 菌株的监测更充分，2012 年，中国农业大学沈建忠团队报道了第一株鸡源 bla_{NDM-1} 阳性鲁氏不动杆菌（Wang et al.，2012a），随后几年均有研究人员对鸡养殖场中 NDM 菌株流行情况进行深入监测。2014～2015 年，针对我国肉鸡产业链（孵化场-养鸡场-肉鸡屠宰场-超市）的调查研究显示，除孵化场未检测出 CRE 菌株外，其他环节的 NDM 阳性菌分离率为 10%～29.2%；除鸡源样本外，鸡场相关的饲养人员（50.0%）、犬（82.4%）、家燕（40.0%）和苍蝇（25.8%）等样本中均检测到碳青霉烯耐药大肠杆菌（Wang et al.，2017）。此外，从山东某大型养鸡场采集的具有腹泻症状的鸡粪便样本中分离出 78 株大肠杆菌，其中有 34 株携带 bla_{NDM} 基因，且 21 株同时携带 mcr-1，并有 1 株菌的 mcr-1 和 bla_{NDM-4} 基因同时位于 400 kb 大小的 IncHI2/ST3 型质粒上，提示存在共同传播的风险（Liu et al.，2017b）。研究人员从 2013～2017 年连续对安徽某养鸡场产 NDM 大肠杆菌进行流行病学调查，共分离到大肠杆菌 400 株，其中 2013～2014 年未检测到碳青霉烯类药物耐药菌株，2015～2017 年共检测到 18 株携带 bla_{NDM} 基因的亚胺培南耐药菌株（2 株 bla_{NDM-7} 和 16 株 bla_{NDM-5}），流行率为 4.5%（宋倩华，2018）。吕鲁超（2018）于 2013～2017 年采集的 14 个省份的猪、鸡样本中共分离出 12 489 株大肠杆菌，2015～2017 年的菌株中检测出 45 株为 bla_{NDM} 阳性（0.36%），其中，bla_{NDM-1} 型 36 株，bla_{NDM-5} 型 6 株，bla_{NDM-7}、bla_{NDM-9} 和 bla_{NDM-23} 各 1 株。

表 3-10　国内部分地区动物源 CRE 的流行情况

地区	动物	菌株类型	分离率/%	基因型	参考文献
山东	鸡、犬	大肠杆菌 肺炎克雷伯菌 阴沟肠杆菌	33.2	bla_{NDM}	（Wang et al.，2017；Li et al.，2019a）
江苏	牛	肺炎克雷伯菌 大肠杆菌	6.4	bla_{NDM}	（He et al.，2017b）
四川	猪	大肠杆菌	15.2	bla_{NDM}	（Kong et al.，2017）
广东	猪	大肠杆菌 鲍曼不动杆菌	1.8	bla_{NDM}	（Zhang et al.，2017e）
北京	犬、猫	大肠杆菌	4.4	bla_{NDM}	（Cui et al.，2018）

除对鸡源 NDM 菌株进行监测外，猪源及奶牛源菌株亦有监测。2013 年，我国学者从商品化养猪场的病猪肺脏中分离出 6 株携带 bla_{NDM-1} 菌株，包括 1 株乙酸钙不动杆菌、2 株鲍曼不动杆菌和 3 株大肠杆菌，全基因组测序显示 6 株菌株的 bla_{NDM-1} 基因侧翼序列与人源 bla_{NDM-1} 菌株的侧翼序列相似性高，提示 bla_{NDM-1} 在食品动物与人之间传播的可能性（Tijet et al.，2015）。2015 年，Kong 等（2017）在四川商品化养猪场分离到 16 株同时携带 bla_{NDM-5} 和 mcr-1 基因的大肠杆菌，这两个耐药基因分别位于 IncX3 型和 IncX4 型质粒上。同年，He 等（2017a）在江苏三个奶牛养殖场中分离到 10 株携带 bla_{NDM-5}

的肺炎克雷伯菌，且该基因均位于约 46 kb 大小的 IncX3 型质粒上。此外，从我国广东、河南和湖南出口香港的猪酮体中检测出 9 株携带 bla_{NDM-5} 的大肠杆菌，其中 4 株同时携带 $mcr-1$（Ho et al.，2018）。

在伴侣动物中也有 CRE 的报道。2013 年，Cui 等（2018）在宠物医院就诊的一只犬中分离出一株携带 bla_{NDM-1} 的 ST167 型大肠杆菌，药敏试验显示该菌对 β-内酰胺类等抗菌药物耐药。2015 年，Sun 等（2016）在重庆某宠物医院具有发热和腹泻症状的猫肛门拭子中分离出一株同时携带 bla_{NDM-5} 和 $mcr-1$ 的大肠杆菌，bla_{NDM-5} 和 $mcr-1$ 共存于同一个可转移的 IncX3-X4 型杂交质粒上。2015 年 7～11 月，研究人员从哈尔滨、扬州、重庆、武汉、成都和广州的宠物医院采得 129 份健康或患病的犬猫肛拭子样品，分离获得 6 株同时携带 bla_{NDM-5} 和 $mcr-1$ 的大肠杆菌，分离率为 4.7%，分别来自扬州（1 株）、重庆（3 株）、广州（2 株），质粒分型均为 IncX3 型，但 ST 型不同，扬州的 1 株为 ST2115，重庆的 3 株分别为 ST101、ST3902、ST156，广州的 2 株均为 ST1415（吕小月，2017）。2019 年，北京的一项研究在宠物临床样本中分离获得 3 株携带 bla_{NDM-5} 的大肠杆菌，分离率为 2.36%，菌株 ST 型为 ST101（2 株）和 ST405（1 株）（Chen et al.，2019c）。同年，另一项研究在感染的宠物犬中分离出 bla_{NDM-5} 阳性的肠杆菌科细菌，分离率为 4.4%，细菌种属包括大肠杆菌、肺炎克雷伯菌、霍氏肠杆菌和产气肠杆菌（何俊佳，2019）。随着伴侣动物数量的增加，人类与动物亲密接触的同时可能会增加耐药菌/耐药基因在宠物和人群间的传播概率，因此也需要加强耐药菌在宠物-人之间传播的控制。

动物源 VIM 流行菌株在我国也有相关报道。Qiao 等（2017）在调查零售鸡肉中产超广谱 β-内酰胺酶沙门菌的流行时发现，25% 的产超广谱 β-内酰胺酶的沙门菌携带 bla_{VIM} 基因。Zhang（2017b）从养鸡场及其环境源恶臭假单胞菌中发现并鉴定了 bla_{VIM} 变异体 bla_{VIM-48}，其中 818 份鸡源样品中共分离出 4 株 bla_{VIM-2} 及 bla_{VIM-48} 阳性菌株，分离率为 0.49%。

我国动物源 bla_{KPC} 阳性菌株报道较少，Qiao 等（2017）在调查零售鸡肉中产超广谱 β-内酰胺酶沙门菌的流行时发现，10% 的产超广谱 β-内酰胺酶沙门菌携带 bla_{KPC} 基因。Zhang 等（2019）对我国动物源碳青霉烯耐药肠杆菌科细菌进行流行病学研究时，在一头患肺炎的病猪体内分离到一株碳青霉烯耐药的 KpK15 菌株，该菌株同时携带 bla_{KPC-2} 和 $fosA3$ 基因，但定位于不同的质粒，bla_{KPC-2} 基因位于 180 kb 的 pK15-KPC 质粒，$fosA3$ 基因位于 115 kb 的 pK15-FOS 质粒。

综合上述流行病学调查研究，尽管碳青霉烯类药物暂未批准用于动物，但动物源耐药菌已广泛存在，耐药性问题较为严重。国内外动物源 CRE 以产 NDM 型碳青霉烯酶为主，且动物源 CRE 流行范围广、宿主谱多样化。我国动物源 CRE 主要集中于畜禽源，以携带 NDM 型酶为主，携带 KPC 和 VIM 型碳青霉烯酶的报道较少。畜禽源 CRE 的分离率较伴侣动物源更高，推测与兽用 β-内酰胺类抗菌药物的大量使用有关，尚待进一步证实。此外，值得警惕的是，NDM 及 VIM 型碳青霉烯酶在不断进化和变异，且产生的变异体正在朝着生物活性增强的方向发展。这将加剧病原菌碳青霉烯类耐药性问题的严重性，增加治疗成本。动物源 CRE 通过食物链传播和扩散，势必会给人类健康、畜禽产业发展及环境微生态平衡带来很大的威胁。因此，时刻监测动物源碳青霉烯类耐药新机制及其流行情况，对于提前制定监测方案、控制方法、应对策略，以及减缓或者避免其携带菌株的广泛流行十分重要。

（三）多黏菌素耐药革兰氏阴性菌及其耐药基因

阳离子多肽类的多黏菌素通过与革兰氏阴性菌细胞膜上带负电荷的脂质 A（lipid A）的磷酸基团结合，进而破坏细菌细胞膜，导致细菌裂解死亡。多黏菌素不仅作为饲料添加剂被长期用于畜禽养殖业，而且是医学临床治疗多重耐药革兰氏阴性菌感染的"最后一道防线"。革兰氏阴性菌对多黏菌素的耐药主要由可转移多黏菌素耐药（mobile colistin resistance，mcr）基因家族或二元调控系统相关基因突变介导。二元调控系统主要存在于细菌染色体上，故其介导的多黏菌素耐药通常为垂直传播，扩散速度及范围有限。2016 年，中国农业大学沈建忠团队联合华南农业大学刘健华团队报道了猪源大肠杆菌中质粒介导的可转移多黏菌素耐药基因 mcr-1，引起了全球各界的广泛关注，并开启了多黏菌素耐药性研究领域新篇章（Liu et al.，2016c）。mcr 基因家族常存在于质粒，可加速其在细菌间的水平传播速度，故已成为全球导致细菌对多黏菌素耐药的主要原因。此部分主要阐述 mcr 基因家族的流行现状。

1. mcr 基因家族宿主菌的种属类别

一项回溯性研究表明 mcr-1 最早在 20 世纪 80 年代中国鸡源大肠杆菌中出现，此后十几年间未见检出，直到 2004 年和 2006 年才又零星出现，在 2009～2014 年分离率逐年升高（5.2%～30%）（Shen et al.，2016）。自从 mcr-1 基因首次报道后，又有 9 种亚型（mcr-2 至 mcr-10）被陆续发现（Shen et al.，2020）。目前该基因家族已在全球范围内广泛流行，使多黏菌素的临床疗效受到严重挑战。MCR 家族蛋白序列的进化树分析（图 3-5）显示，MCR 主要分为三个亚群：MCR-1、MCR-2 和 MCR-6 同属一个亚群，MCR-3、MCR-4、MCR-7、MCR-8 和 MCR-9、MCR-10 属于一个亚群，而 MCR-5 独立于两个亚群之外（Shen et al.，2020）。对耐药菌株数据库（National Database of Antibiotic Resistant Organisms，NDARO）进行分析，发现携带 mcr 的宿主菌主要为肠杆菌科细菌，尤其是大肠杆菌、肠道沙门菌和肺炎克雷伯菌等，但是 mcr-1、mcr-2 和 mcr-6 均起源于（或发现于）莫拉菌属，mcr-3 在气单胞菌属中广泛存在，后者被认为是 mcr-3 的基因储库，与 mcr-3 亲缘关系相近的 mcr-7 也被认为起源于气单胞菌。mcr-8 的主要宿主是肺炎克雷伯菌（Ling et al.，2020）。

2. mcr 基因家族在全球食品动物中的流行现状

对耐药菌株数据库 NDARO 中包括动物源、人源和环境源在内的菌株进行统计及文献检索后发现，mcr-1 与 mcr-9 目前在全球分布范围最广，分别在 61 个和 40 个国家有分布；其次是 mcr-3 和 mcr-5，分别分布于 22 个和 15 个国家（Ling et al.，2020）。其他 mcr 基因（mcr-4、mcr-2、mcr-8 和 mcr-7）流行规模有限，mcr-6 目前只在英国发现。目前中国已监测到除 mcr-6 以外的所有 mcr 基因。另外，在德国、西班牙和英国已有 6 种 mcr 被报道，泰国、法国、意大利和巴西检测到 5 种 mcr（Ling et al.，2020）（表 3-11）。

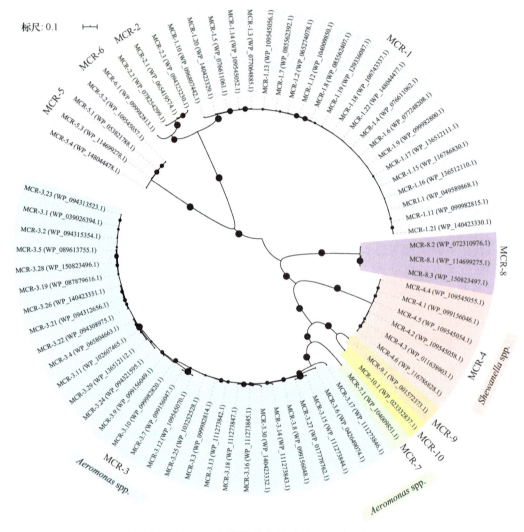

图 3-5　MCR 蛋白家族进化树（Shen et al.，2020）

表 3-11　*mcr* 基因主要分布情况

mcr 基因	主要宿主细菌	报道国家数量	变体情况	样本来源
mcr-1	大肠杆菌、肠道沙门菌和肺炎克雷伯菌	61	*mcr-1.1* 至 *mcr-1.30*	人、鸡、猪、犬、猫、牛、火鸡、银鸥、野生禽类、爬行动物、环境
mcr-2	大肠杆菌、富兰莫拉菌属	8	*mcr-2.1* 至 *mcr-2.7*	人、猪、鸡、牛、野生禽类
mcr-3	大肠杆菌、气单胞菌属、肠道沙门菌和肺炎克雷伯菌	22	*mcr-3.1* 至 *mcr-3.41*	人、猪、鸡、牛、鱼
mcr-4	鲍曼不动杆菌、大肠杆菌和肠道沙门菌	8	*mcr-4.1* 至 *mcr-4.6*	人、猪、禽类
mcr-5	大肠杆菌、肠道沙门菌	15	*mcr-5.1* 至 *mcr-5.4*	人、猪、禽类
mcr-6	富兰莫拉菌属	1	*mcr-6.1*	猪
mcr-7	肺炎克雷伯菌	2	*mcr-7.1*	鸡
mcr-8	克雷伯菌属	6	*mcr-8.1* 至 *mcr-8.3*	人、猪、鸡
mcr-9	大肠杆菌、肠道沙门菌和克雷伯菌属	40	*mcr-9.1* 至 *mcr-9.3*	人、马、环境

目前，中国多数的流调研究结果显示 *mcr-1* 在鸡源和猪源样本来源的菌株中的检出率分别为 5.1%~31.8%（Shen et al.，2016；Yang et al.，2017；Zhang et al.，2017a；Zhang et al.，2018a）和 3.3%~29.2%（Yi et al.，2017；Zhang et al.，2017a；Wang et al.，2018b；Ma et al.，2019；Yang et al.，2019b），仅有 2 例报道显示鸡源样本检出率高达 95.8%（Wang et al.，2017）、猪源为 79.2%（Zhang et al.，2018a）。此外，我国畜禽源样本中还发现了携带 *mcr-1* 基因的沙门菌（Yi et al.，2017）、弗氏枸橼酸杆菌（Li et al.，2017f）和坂崎肠杆菌（Liu et al.，2017a）。其中，Li 等（2016c）报道在动物源食品沙门菌中 *mcr-1* 的检出率为 1.8%，Yi 等（2017）报道猪源肠沙门菌 *mcr-1* 的检出率为 14.8%，这些携带 *mcr-1* 的沙门菌均为 ST34 型，且 *mcr-1* 基因位于 IncI2 与 IncHI2 质粒上。深圳地区零售肉类的一项研究发现，*mcr-1* 阳性大肠杆菌的分离率高达 27%（109/408），其中 35 株 *mcr-1* 阳性大肠杆菌可通过质粒接合转移传递耐药基因（Liu et al.，2017d）。另外，在亚洲其他国家如日本、韩国、越南及印度均有 *mcr-1* 阳性菌株检出。日本调查了 1991~2014 年共 684 株猪源大肠杆菌中多黏菌素的耐药性情况，发现 309 株（45%）属于多黏菌素耐药大肠杆菌，其中 90 株（13.2%）携带 *mcr-1* 基因（Kusumoto et al.，2016）；而韩国一项研究表明猪源大肠杆菌中 *mcr-1* 的阳性率为 1.1%（Do et al.，2020）。韩国 2014~2017 年报道了健康动物携带 *mcr-1* 基因的大肠杆菌检出率为 0.5%（Belaynehe et al.，2018）；越南 2012~2013 年在鸡粪中的 *mcr-1* 检出率较高，达 49.5%（Trung et al.，2017），随后 2013~2014 年猪场和鸡场 *mcr-1* 的检出率降至了 20.6%（Nguyen et al.，2016b）。印度在动物源性食品样品中分离出携带 *mcr-1* 的大肠杆菌，检出率为 2.7%（Ghafur et al.，2019）。

mcr-1 阳性肠杆菌科细菌不仅在亚洲地区流行，该类耐药菌在欧洲地区的流行同样广泛，尤其是南欧和西欧国家。有研究报道，德国、西班牙与英国的猪源样本或菌株中的 *mcr-1* 检出率分别为 9.9%（Roschanski et al.，2017a）、3.8%（Garcia-Menino et al.，2019）和 0.2%（Abuoun et al.，2018）；意大利、西班牙和比利时病猪的检测率较高，达 29.6%（Carattoli et al.，2017）。德国的研究显示，火鸡产业链中 *mcr-1* 阳性大肠杆菌流行率达 10.7%，其次是肉鸡产业链（5.6%）（Irrgang et al.，2016）。英国一项调查从 2.4 万个菌株全基因组数据筛查中发现有 2 株携带 *mcr-1* 基因的沙门菌（Doumith et al.，2016）。此外，英国学者报道从猪源大肠杆菌中分离得到 1 株 *mcr-1* 阳性大肠杆菌和 1 株 *mcr-1* 阳性沙门菌，并发现携带该基因的质粒与最初报道的 pNHSHP45 质粒类似（Anjum et al.，2016）。另外，一例流调显示葡萄牙猪拭子中多黏菌素耐药菌株中 *mcr-1* 阳性率达 98%（Kieffer et al.，2017）。德国、法国与西班牙的牛源样本中 *mcr-1* 分离率为 0.7%~0.8%（Brennan et al.，2016；Hernandez et al.，2017）。一项单独针对法国牛源 ESBL 大肠杆菌的调查显示，其 *mcr-1* 阳性率在 2006~2014 年从 4.8% 上升至 21.3%（Haenni et al.，2016）。荷兰超市零售鸡肉中的 *mcr-1* 基因分离率高达 24.8%（53/214）（Schrauwen et al.，2017）。在北美洲，加拿大猪粪样品中 *mcr-1* 基因检出率为 11.5%（Rhouma et al.，2019），鸡粪中未检出。从美国屠宰场动物源（包括肉牛、鸡、猪和火鸡）盲肠样本中（2003 份）分离到 2 株 *mcr-1* 阳性大肠杆菌，分离率为 0.1%（Meinersmann et al.，2017），与其他大洲动物源 *mcr-1* 肠杆菌科细菌的高流行率有所不同。巴西是南美洲发现携带 *mcr-1* 肠杆菌科细菌最多的国家，包括了人源、动物源、超市零售肉源及环境源细菌。有研究报道，

在巴西鸡肉样本中 *mcr-1* 检出率为 2.9%（Lentz et al.，2016）。非洲地区仅有 4 个国家报道了携带 *mcr-1* 基因的菌株，分别为突尼斯、阿尔及利亚、南非和埃及。阿尔及利亚、南非和埃及鸡源样本中 *mcr-1* 检出率分别为 1%（Chabou et al.，2016）、2.4%（Perreten et al.，2016）、8%（Lima Barbieri et al.，2017），突尼斯鸡源样本 *mcr-1* 基因检出率可达 55.8%（Grami et al.，2016）。大洋洲因其独特的地理位置形成了防御外界病原菌入侵的天然屏障，使得该区域的细菌耐药性问题一直处于较低的水平，目前尚未见动物源 *mcr-1* 基因流行的报道。

mcr-2 在我国鲜有报道，仅有 2018 年的一份研究报道我国猪源样本中 *mcr-2* 阳性率达 56.3%，鸡源样本中为 5.5%（Zhang et al.，2018a）。目前，日本健康食品动物中未检出 *mcr-2*（Kawanishi et al.，2017）。比利时的猪源和牛源样本中，多黏菌素耐药大肠杆菌检测到 11.4% 的 *mcr-2* 携带株，这些携带 *mcr-2* 基因的大肠杆菌的 ST 型为 ST10，*mcr-2* 基因均位于 IncX4 质粒上（Xavier et al.，2016）；比利时的动物源性食品样本中也曾检测到携带 *mcr-2* 的多黏菌素耐药菌沙门菌，检出率为 0.95%，且该基因位于 40kb 左右的 IncX4 质粒上（Garcia-Graells et al.，2018）。从意大利、西班牙和比利时的病猪中分离出了 125 株大肠杆菌，其中有 2.4% 的菌株携带 *mcr-2* 基因（Carattoli et al.，2017），德国猪源样本中未检出该基因（Roschanski et al.，2017a）。埃及鸟粪源分离得到的大肠杆菌中的 *mcr-2* 携带率为 1.6%，肺炎克雷伯菌与铜绿假单胞菌中的携带率分别为 3.2% 和 5.3%（Ahmed et al.，2019）。北美洲加拿大猪粪样本中也曾检出 *mcr-2*，检出率为 8.4%（Rhouma et al.，2019）。

mcr-3 在中国、日本和韩国的猪源样本或细菌中均有检出，分离率为 0.5%～18.7%（Zhang et al.，2018a）、8.3%（Fukuda et al.，2018）和 2.2%，均为大肠杆菌携带（Do et al.，2020）；而中国鸡源样本中阳性率可达 5.2%（Zhang et al.，2018a）。另外，越南的肉类和海产品中也分离到携带 *mcr-3* 的大肠杆菌（0.8%）（Yamaguchi et al.，2018），且该 *mcr-3* 基因位于 IncFII 质粒上。法国牛源 ESBL 大肠杆菌中的 *mcr-3* 携带率为 2.6%（Haenni et al.，2018）。西班牙牛粪、德国鱼类、意大利家禽及牲畜中的样本或菌株中 *mcr-3* 阳性率均<1%，其中在德国鱼类样品（自由活鱼、商业养殖鱼类和观赏鱼）的 465 株鱼类气单胞菌以及 14 株其他动物源气单胞菌中，*mcr-3* 基因的检出率为 0.84%。西班牙牛粪中分离得到的一株 *mcr-3* 阳性大肠杆菌中，该基因位于 IncHI2 质粒上；在意大利牛源的产 ESBL 大肠杆菌中分离得到了一株 *mcr-3* 阳性菌株（Hernandez et al.，2017；Alba et al.，2018；Eichhorn et al.，2018）。巴西报道曾在猪源样本中检测到一株 *mcr-3* 大肠杆菌（0.8%），该 *mcr-3* 基因位于 IncA/C$_2$ 质粒上（Kieffer et al.，2018）。

中国一项关于 *mcr-4* 的研究表明，在 1552 份猪拭子和 3343 份鸡拭子中，分别有 41.4% 和 11.5% 的菌株携带 *mcr-4*（Chen et al.，2018a）。另一项研究显示在 185 份猪源样本中，仅有 2.7% 的 *mcr-4* 为阳性，且从样本中分离得到了一株 *mcr-4* 阳性的鲍曼不动杆菌（Ma et al.，2019）。西班牙、意大利和比利时的猪源菌株中 3.2%～8.8% 含有 *mcr-4*；其中，分离得到的大肠杆菌与沙门菌中 *mcr-4* 基因的检出率分别为 2.4% 和 8.8%（Carattoli et al.，2017；Garcia-Menino et al.，2019）；西班牙的 ETEC（Enterotoxigenic *E. coli*）和 STEC（Shiga toxin-producing *E. coli*）中 *mcr-4* 的阳性率达 54.8%（Hernandez et al.，2017）。

关于其余 *mcr* 基因的较大规模流调研究较少。中国猪源样本检测出 *mcr-5*，阳性率可达 33.1%（Chen et al.，2018a）；日本携带 *mcr-5* 基因的大肠杆菌检出率为 28.3%（Fukuda et al.，2018）。另有研究报道，在中国农村地区采集的猪粪样品中分离得到一株携带 *mcr-5* 基因的嗜水气单胞菌，检出率为 0.3%，该基因位于一个 7915bp 的 ColE-like 质粒上（Ma et al.，2018）。另外，中国 5.6% 的家禽拭子样本（3343 份）携带 *mcr-5* 基因（Chen et al.，2018a）。西班牙猪源样本的 *mcr-5* 检出率为 0.4%（Garcia-Menino et al.，2019），但 ETEC 和 STEC 中的携带率为 2.7%（Hernandez et al.，2017）。对德国 5 个联邦州猪和猪肉分离的 315 株多黏菌素耐药沙门菌进行 *mcr-5* 基因检测，其中有 8 株携带 *mcr-5* 基因的沙门菌，检出率为 2.5%。2010～2017 年，德国从食品及食品动物中分离到的多黏菌素耐药菌中，携带 *mcr-5* 基因的大肠杆菌的检出率为 0.4%，该基因位于 ColE 质粒上（Hammerl et al.，2018）。2010～2015 年，从中国 13 个省份鸡场分离得到的肺炎克雷伯菌中，*mcr-7* 基因的携带率为 1.6%（Yang et al.，2018），而 *mcr-8* 基因在鸡与猪源样本中阳性率均 <1%，且 *mcr-8* 基因均由肺炎克雷伯菌和解鸟氨酸拉乌尔菌携带（Wang et al.，2019b；Yang et al.，2019b）。*mcr-6* 目前仅在英国被报道，为一株猪源莫拉菌属菌株，携带率为 0.2%（Abuoun et al.，2018）。尽管 *mcr-9* 基因在 NDARO 数据库中发现存在于 40 个不同的国家中，但相关报道文献很少，仅在瑞典马源产 ESBL 肠杆菌科细菌中报道了其分离率为 53.6%，主要有阴沟肠杆菌、大肠杆菌、产酸克雷伯菌及弗氏柠檬酸杆菌，其 ST 型呈现多样化，但携带 *mcr-9* 的质粒均为 IncHI2 型质粒（Börjesson et al.，2020）。

mcr-1 及其各变异体自 2016 年在中国首次被发现后便在世界范围内频繁检出，最流行的依然是 *mcr-1*，主要宿主菌为肠杆菌科细菌。目前，畜禽源 *mcr* 阳性菌株在世界范围内 60 多个国家广泛流行，这可能与多黏菌素之前在畜禽养殖中作为治疗和预防疾病的药物有关。除在集约化养殖中被用于治疗猪及禽类肠道感染外，多黏菌素还作为促生长剂在世界范围内广泛使用。2017 年 4 月，我国农业部禁止硫酸黏菌素作为饲料添加剂用于动物促生长（第 2428 号公告），随后的调查显示多黏菌素耐药性显著下降，由此可见二者之间具有较好的相关性。

3. *mcr* 基因家族在全球伴侣动物中的流行现状

多黏菌素耐药基因 *mcr* 在伴侣动物源病原菌中也有报道。Rumi 等（2019）在 2014 年从阿根廷临床宠物犬、猫源样本中分离出 54 株大肠杆菌，其中有一株 *mcr-1* 阳性 ST770 大肠杆菌，检出率为 1.9%，*mcr-1* 基因位于 IncI2 质粒上。在厄瓜多尔，宠物犬粪便源大肠杆菌中 *mcr-1* 基因检出率为 2%；*mcr-1* 阳性大肠杆菌的 ST 型为 ST2170，*mcr-1* 基因位于 IncI2 型质粒上（Ortega-Paredes et al.，2019）。在韩国，宠物源大肠杆菌中 *mcr-1* 的检出率远低于上述报道，Moon 等（2020）首次在 2018～2019 年分离到的一株犬粪便源 ST160 大肠杆菌中检测到位于 IncI2 质粒上的 *mcr-1* 基因。

国内也有伴侣动物源细菌中检测出 *mcr-1* 耐药基因的相关报道，检出率略高于国外相关报道。Lei 等（2017）对北京地区宠物犬、猫源肠杆菌科细菌检测发现，早在 2012 年分离的菌株中就检测出 *mcr-1* 基因，2012～2016 年北京地区宠物源肠杆菌科细菌中 *mcr-1* 基因的检出率为 6.1%～14.3%。另有研究表明，2015 年北京地区采集的 108 个宠物样本中，宠物犬、猫源粪便样本的 *mcr-1* 耐药基因阳性率为 7.4%（Chen et al.，2017）。此外，2016 年对广州 4 所不同宠物医院采集的 180 份猫和狗粪便样品中分离的大肠杆菌进行 *mcr-1* 基因的检测，发现 *mcr-1* 基因整体检出率为 6.25%，其中健康宠物的粪便样本中 *mcr-1* 基因检出率为 3.6%，患病宠物的感染样本中 *mcr-1* 基因检出率为 8.3%；同时，从这 180 份样本中分离到 21 株肺炎克雷伯菌和 4 株阴沟肠杆菌，但未检出 *mcr-1*（Wang et al.，2018a）。上述广州地区健康宠物犬、猫源 *mcr-1* 基因阳性大肠杆菌的 ST 型为 ST93，患病宠物源耐药菌株的 ST 型为 ST93、ST1011 和 ST3285，*mcr-1* 所在的质粒型为 IncN1 和 InHI2（Wang et al.，2018a）。Chen 等（2019c）从 2012～2017 年北京地区患病犬和猫中分离到的产 ESBL 大肠杆菌中检测到 *mcr-1* 阳性大肠杆菌，ST 型为 ST6316、ST405 和 ST46。2015 年，Sun 等（2016）从重庆地区一只宠物猫的样本中分离到一株 *mcr-1* 阳性大肠杆菌，该 *mcr-1* 基因位于 IncX3-IncX4 融合质粒上。

其他亚型的 *mcr* 基因在伴侣动物源中的流行情况鲜有报道。仅在 2017 年埃及报道从临床患病宠物犬和猫分离的 161 株革兰氏阴性菌中，检测出了 5 株产 VIM-4 酶的肠杆菌属细菌，且这 5 株霍氏肠杆菌均检测到由 IncHI2 质粒携带的 *mcr-9*，分离率为 3.1%（Khalifa et al.，2020）。

与国内相比，国外伴侣动物源 *mcr* 阳性菌株的报道较少，且国内的报道多集中在北京、广州等宠物行业较为健全完善的城市，对其他二、三线城市伴侣动物源 *mcr* 阳性菌株的监测较少。随着国内宠物行业的兴起，宠物与人的接触越来越密切，更应加强对伴侣动物源 *mcr* 阳性菌株流行情况的监测。国内外伴侣动物源样本中仅报道过 *mcr-1* 与 *mcr-9*，且 *mcr-1* 只在中国报道、*mcr-9* 仅在埃及报道，其他亚型的 *mcr* 在宠物中未见报道。

综上所述，*mcr* 基因家族 *mcr-1* 到 *mcr-9* 在畜禽养殖业中均有报道，伴侣动物源仅报道过 *mcr-1* 与 *mcr-9*，且在畜禽源细菌中的流行率普遍高于伴侣动物。*mcr-1* 是畜禽源多黏菌素耐药菌中最为流行的亚型，主要宿主菌为大肠杆菌，迄今已在全球 60 多个国家广泛流行，中国的流行率普遍高于其他国家（Ling et al.，2020）。畜禽源和伴侣动物源细菌对多黏菌素耐药性差异的原因推测与多黏菌素长期作为饲料添加剂促生长在畜禽养殖业中大量使用而宠物临床较少使用有关。目前，多黏菌素仍被批准作为治疗药物在畜禽养殖业中使用，故动物肠道及养殖环境中依旧会维持较低水平的抗菌药物压力（Wang et al.，2020）。因此，对动物源细菌的多黏菌素耐药性进行持续监测仍十分必要。

（四）替加环素耐药革兰氏阴性菌及其耐药基因

替加环素是在米诺环素的第 9 位添加叔丁基甘氨酰氨基后半合成的第三代四环素类药物，对革兰氏阴性菌和革兰氏阳性菌感染等均有良好的治疗效果，被批准应用于治疗成年患者复杂性腹腔内感染、皮肤及软组织感染和社区获得性肺炎。替加环素具有抗菌谱广、活性强的特点，其与作用靶点有很强的结合效率，且能克服传统的四环素类药物的耐药机制，尤其对 CRE、VRE、MRSA 等 MDR 菌株具有良好的抗菌能力。替加环素是首个被美国食品药品监督管理局（FDA）批准临床使用的甘氨酰环素类药物，2012 年年初在我国获批上市。近年来，随着碳青霉烯类药物和黏菌素耐药性的暴发，替加环素逐步成为人类面临 MDR 细菌感染的"最后一道防线"。2019 年，WHO 最新报告再次将替加环素列为医学临床至关重要的抗菌药物之一。

随着替加环素在医学临床中的使用，替加环素耐药菌株逐渐出现并增多。我国医学临床中发现对黏菌素耐药的肺炎克雷伯菌也能够产生替加环素耐药性，形成多重耐药的"超级细菌"（Zhang et al.，2018b）。耐药结节化细胞分化家族（RND）外排泵的过表达是染色体介导替加环素耐药的重要原因之一。RND 型外排泵主要存在于革兰氏阴性菌中，通常由内膜转运蛋白、膜融合蛋白和外膜通道蛋白组成，底物与内膜转运蛋白结合后，在膜融合蛋白的帮助下，由外膜通道蛋白排出细胞外。AcrAB-TolC 外排泵是肠杆菌科细菌中主要的 RND 型外排泵。OqxAB 于 2004 年在猪源大肠杆菌中首次被发现，是 RND 家族中第一个由质粒介导的外排泵（Hansen et al.，2004）。2020 年，华南农业大学刘健华团队新发现的可转移替加环素耐药外排泵 TMexCD1-TOprJ1 也是由质粒介导的 RND 家族外排泵（Lv et al.，2020）。黏质沙雷菌的多药外排泵 SdeXY 也与替加环素耐药相关（Chen et al.，2003）。

tet(A)属于主要易化子超家族（major facilitator superfamily，MFS）外排泵，研究发现高毒力耐碳青霉烯类药物的肺炎克雷伯菌 *tet*(A)突变可导致其对替加环素耐药（Yao et al.，2018；Zhang et al.，2018c）。体外诱导试验表明 *tet*(A)和 *tet*(K)外排泵基因发生突变也导致宿主菌对替加环素敏感性降低，但在不同程度上增强其对一、二代四环素类药物（如四环素、多西环素和米诺环素）的敏感性（Linkevicius et al.，2016）。

20 世纪 80 年代左右，国外研究人员首次在人源脆弱拟杆菌的 R 质粒上发现四环素类抗生素耐药基因*Tc'，后被命名为 *tet*(X)，编码四环素类抗生素的降解酶。在此之后，陆续发现并确定了其他的 *tet*(X)变体。2001 年，美国研究人员在同一株拟杆菌菌株的转座子中鉴定出 *tet*(X)的两个变体，即 *tet*(X1)和 *tet*(X2)，它们能催化四环素类抗生素的高效降解，但菌株对替加环素仅呈现低水平耐药（Whittle et al.，2001）。2019 年，中国农业大学沈建忠团队和华南农业大学刘雅红团队分别报道了 *tet*(X)编码蛋白高度同源的新型可转移变异体 *tet*(X3)和 *tet*(X4)，它们可介导对替加环素的高水平耐药，这也是首次发现可发生水平转移的高水平替加环素耐药基因（He et al.，2019；Sun et al.，2019c）。接合型质粒携带的 *tet*(X)变体能够通过接合转移的方式在不同种属细菌间进行水平传播，从而加剧了替加环素类药物耐药性的快速发展。目前，*tet*(X3)和 *tet*(X4)在中国不同地区、不同来源（动物、环境和临床样品）的不同菌种（大肠杆菌、拟杆菌和不动杆菌等）中均有报道，尤其在养殖业中比较流行。

He 等（2019）对 2017～2018 年在江苏、山东和广东等地收集的动物源和食品源样本中的 *tet*(X3)和 *tet*(X4)进行回溯性调查，发现 *tet*(X3)和 *tet*(X4)在我国动物源和食品源细菌中的平均检出率为 6.9%，局部地区的猪源大肠杆菌中检出率可高达 66.7%。另外，研究还发现有 5 株 *tet*(X3)阳性的牛源不动杆菌同时携带碳青霉烯耐药基因 *bla*NDM-1，2 株 *tet*(X4)阳性的猪源大肠杆菌同时携带黏菌素耐药基因 *mcr-1*。随后，Sun 等（2019c）在 2337 份猪源样本中检测出 30 株（1.3%）*tet*(X4)阳性大肠杆菌，在 1061 份鸡源样本中检出 8 株（0.8%），在 256 份土壤样本中检出 2 株（0.8%），在 232 份粉尘样本中检出 2 株（0.9%），分离的 *tet*(X4)阳性大肠杆菌分布于广东（*n*=12）、福建（*n*=11）、江苏（*n*=8）、江西（*n*=6）和广西（*n*=5），且部分 *tet*(X4)阳性菌株同时携带 *mcr-1*、*bla*TEM-1B、

$bla_{\text{CTX-M-65}}$、$bla_{\text{CTX-M-14}}$、$bla_{\text{CTX-M-17}}$、$aadA1$、$aadA2$、$aph(3'')$-Ib 和 $aph(6)$-Id 等多种耐药基因。Cui 等（2020）在我国养禽场及周围环境分离出 180 株携带 tet(X3)的不动杆菌，其中 18 株（10%）携带 $bla_{\text{NDM-1}}$ 耐药基因。一项回溯性研究分析了 2008～2018 年中国 6 个代表性省份收集的 2254 株来自猪和鸡的大肠杆菌，分别从 2016 年广东、2018 年四川和河南的 5 个猪源分离株中发现了 tet(X4)基因，但在 2016 年之前的分离株中均没有发现该基因，也未检测到 tet(X3)基因（Sun et al.，2019b）；Fang 等（2019）于 2017 年在江苏的一份猪粪便样本中发现了一株携带 tet(X4)基因的阳性大肠杆菌；Chen 等（2019b）于 2018 年在海南的一份牛粪便样品中分离到一株 tet(X4)阳性大肠杆菌；2019 年，Bai 等（2019）在山东和四川的 7 株猪源（零售猪肉样本）大肠杆菌中检测到质粒介导的高水平替加环素耐药基因 tet(X4)；Li（2020b）报道了在江苏养猪场采集的 147 份样本中检测到 3 株 tet(X4)阳性大肠杆菌（2.0%）。Ma 等（2020）从广西某养猪场采集的 116 个猪肛拭子样品中分离到 3 株耐替加环素的不动杆菌（25.9%），它们均含有携带 tet(X3)的质粒，并且都包含带有各种插入元件（IS）的 $bla_{\text{OXA-58}}$。Zhang 等（2020）从 296 头奶牛直肠拭子样本中分离到 47 株 tet(X3)阳性不动杆菌（15.9%）和 4 株 tet(X4)阳性大肠杆菌（1.4%），其中 9 株 tet(X3)阳性不动杆菌中还检测到碳青霉烯酶基因（包括 $bla_{\text{OXA-58}}$ 和 $bla_{\text{NDM-1}}$）。

Wang 等（2019a）从医院分离到 1 株携带有新的替加环素耐药基因 tet(X5)的鲍曼不动杆菌。2020 年，He 等（2020）报道了 1 株分离自肉源的携带替加环素耐药基因 tet(X6)的变形杆菌。但目前 tet(X5)和 tet(X6)仅零星出现，检出率远不及 tet(X3)和 tet(X4)。Liu 等（2020b）在山东和广东的鸡和猪样本中分离到 7 株 tet(X6)阳性株（7/80，8.8%），其中 4 株为变形杆菌，3 株为不动杆菌。Tang 等（2021）在浙江嘉兴一家养鸭场收集的 80 份鸭粪样品中分离到 1 株同时携带 tet(X5)和 $bla_{\text{NDM-3}}$ 的不动杆菌（1.3%）。同年，Chen 等（2021）在广东的病鸭、猪、鸡和鹅的 336 份粪便样本中筛选到 8 株（2.4%）携带 tet(X5)、2 株（0.6%）携带 tet(X6)的鲍曼不动杆菌。

迄今为止，tet(X)及其相似基因已经在世界范围内的多个菌属和多种来源的细菌中流行。但可转移 tet(X)变异体 tet(X3)、tet(X4)、tet(X5)和 tet(X6)仅在中国的畜牧养殖业中流行，在加强监测其流行情况的同时更应分析其出现的原因。替加环素仅用于医学临床，动物源菌株中 tet(X)的广泛传播可能与其他四环素类抗生素在畜禽养殖业中频繁使用有关。据报道，2013 年国内医学临床和畜禽养殖业中四环素类抗生素共消费 12 000 t（Zhang et al.，2015）。另外，也可能因 tet(X4)基因与其他耐药基因共存而存在共同选择的结果。研究发现，在未曾接触任何抗菌药物并具有季节迁徙习性的候鸟样本中也能检出 tet(X3)和 tet(X4)，表明野生动物可能是促进替加环素耐药基因在不同国家间传播的重要媒介（Chen et al.，2019a；Cao et al.，2020）。鉴于替加环素在医学临床中治疗混合感染性疾病的重要性，控制其耐药率的升高和耐药基因的进一步扩散对于保障公共健康及传染病防控具有重要意义，因此应加强监测动物源替加环素耐药菌及耐药基因的流行情况。另外，应严格控制四环素类抗生素在畜牧养殖业中的使用，做好养殖场的清洁和消毒工作，减轻其对抗菌药物的依赖性。

（五）耐甲氧西林金黄色葡萄球菌及其耐药基因

耐甲氧西林金黄色葡萄球菌（methicillin-resistant *Staphylococcus aureus*，MRSA）是指对 β-内酰胺类药物耐药的一类金黄色葡萄球菌，其携带的 *mecA* 基因能够编码青霉素结合蛋白 2a（PBP2a），该蛋白质与 β-内酰胺药物的亲和力较低，可替代固有的青霉素结合蛋白发挥作用，完成细胞壁的合成，从而使细菌能够正常繁殖生长。甲氧西林被用于治疗青霉素耐药金黄色葡萄球菌 2 年后，即在英国出现了首株 MRSA（Eriksen，1961）。动物中的首株 MRSA 于 1972 年从奶牛乳腺炎病例中发现（Devriese et al.，1972），此后近 30 年在动物中 MRSA 的检出情况仅有零星报道。2000 年后，动物源 MRSA 的相关报道逐渐增加，特别是与动物有过密集接触的人群也被检测出 MRSA（Aubry-Damon et al.，2004）。2005 年，荷兰首次报道猪源 MRSA 感染人的病例（Voss et al.，2005），证明动物源 MRSA 可以向人类传播，是一类重要的人兽共患耐药病原菌，这类病原菌又被称为家畜相关性 MRSA（livestock-associated MRSA，LA-MRSA）。MRSA 菌株造成的感染将加大临床治疗难度，是人类健康的重大威胁之一。因此，基于 "One Health" 理念，对 LA-MRSA 的监测、控制与耐药性传播的相关研究具有重要意义。

1. LA-MRSA 在国外的分布和流行现状

关于 LA-MRSA 的研究主要涉及猪及养殖工作人员。2008 年，欧洲食品安全局（European Food Safety Authority，EFSA）启动了对欧盟成员国及部分非成员国养猪场 MRSA 流行情况的基线调查及风险评估，调查了欧盟 24 个成员国及挪威和瑞士 1600 个种猪场和 3473 个育肥场。结果表明，一半欧盟成员国种猪场携带有 MRSA，其他 12 个成员国及挪威和瑞士则未检出。种猪场 MRSA 总体流行率为 14.0%，其中西班牙（46.0%）和德国（43.5%）的流行率最高；此外，16 个成员国及挪威育肥场中也检出 MRSA，欧盟成员国生产猪场总体 MRSA 携带率为 26.9%，其中流行率最高的仍是西班牙（51.2%）和德国（51.2%）；检测出的 MRSA 分离菌株绝大部分属于 ST398 型（92.5%）；欧洲主要流行国家如德国、荷兰和丹麦猪中分离的 MRSA ST398 最主要的 *spa* 类型和 SCC*mec* 类型分别为 t011/t034 和 SCC*mec*-IV（表 3-12）（Guardabassi et al.，2007；Alt et al.，2011；

表 3-12　世界各地区猪源 MRSA 主要流行克隆

流行区域	MLST 分型	*spa* 分型	SCC*mec* 分型	参考文献
欧洲	ST398	t011，t034	IV	（Guardabassi et al.，2007；Alt et al.，2011；Broens et al.，2011）
美国/加拿大	ST398	t011，t034，t571，t1197，t1250	IV	（Khanna et al.，2008；Garcia-Graells et al.，2012）
澳大利亚/新西兰	ST398	t011，t034，t571	IV	（Williamson et al.，2014）
非洲	ST398	t011，t034	IV	（Lozano et al.，2016）
	ST5	t311	IV	（Lozano et al.，2016）
	ST88	t084	III	（Lozano et al.，2016）
亚洲	ST9	t899，t337，t4558	III，IV，IX，XII	（Neela et al.，2009；Anukool et al.，2011；Larsen et al.，2012；Li et al.，2017a）
	ST398	t011，t034	IV，V	（Sergio et al.，2007；Lim et al.，2012）

Broens et al., 2011), 同时 MRSA ST398 也在兽医工作人员中检出 (Garcia-Graells et al., 2012)。

北美洲通常被认为是欧洲之外 MRSA ST398 的主要流行区域, 但相对于欧洲各国, 北美洲国家对 MRSA 的研究报道并不多。MRSA 在北美洲养殖场的流行最早可追溯到 2008 年, 研究显示加拿大部分育肥场猪群 MRSA 携带率较高, 达到 24.9% (71/285), 其中多数菌株属于 ST398 型 (59.2%) (表 3-12) (Khanna et al., 2008)。LA-MRSA 在美国各地区养猪场中检出率较高, 中西部的伊利诺伊州和艾奥瓦州部分养殖场猪群及养殖工作人员 MRSA 携带率分别达 45.0% (20/9) 和 49.2% (299/147), 分型均属于 CC398 (Smith et al., 2009)。除 CC398 外, 美国猪源 MRSA 分离株中还存在其他流行克隆。例如, 艾奥瓦州和俄亥俄州猪群广泛流行 LA-MRSA CC5、CC8 克隆谱系 (Smith, 2015)。南美洲 LA-MRSA 相关研究较少, 秘鲁在 2011 年首次从猪中分离到 MRSA CC398 菌株 (Arriola et al., 2011)。澳大利亚首个 LA-MRSA 的相关报道出现于 2009 年, 是在对全国范围内多数兽医工作人员鼻腔拭子 MRSA 携带情况进行调查时发现的, MRSA 在兽医工作人员体内携带率为 5.8% (45/771), 其中一个猪场兽医体内鉴定出 ST398 型 MRSA (Jordan et al., 2011; Groves et al., 2016)。澳大利亚境内多个养猪场也曾检出 LA-MRSA CC398, 但总检出率较低 (0.9%, 3/324), 除 LA-MRSA ST398 外, 澳大利亚养猪场猪群中也检出高毒力的 ST93-SCCmecIV 型 MRSA (Sahibzada et al., 2017)。新西兰也曾有从猪和猪肉接触者体内检测出 LA-MRSA CC398-t011/t034/t571 的报道 (表 3-12) (Williamson et al., 2014)。非洲仅有 12 个国家报道了各自国内动物源 LA-MRSA 的检出情况, 其中科特迪瓦、埃及、尼日利亚、塞内加尔、南非、苏丹及突尼斯等 7 个国家检出 LA-MRSA, 主要谱系为 CC5、CC80 和 CC88 (Lozano et al., 2016)。

目前, 亚洲地区猪源 LA-MRSA 的报道主要集中在韩国、日本、泰国、马来西亚、新加坡和中国等。2008～2009 年, 韩国境内 66 个养猪场中 LA-MRSA 的猪群和猪场阳性检出率分别为 3.2% (21/657) 和 22.7% (15/66), 其中 LA-MRSA 流行克隆株以 ST398-t034 (57.1%, 12/21) 为主, 此外还检出 ST54-t034 (23.8%, 5/21) 及少数 ST541 克隆谱系 (Lim et al., 2012)。日本东部地区 23 个养猪场中仅分离到 1 株 MRSA (0.9%, 1/115), 属于 ST221-t002 (Baba et al., 2010)。马来西亚猪及相关工作人员中的 MRSA 检出率分别为 1.4% (5/360) 和 5.6% (5/90), 所有分离株均属于 ST9-t4358 (Neela et al., 2009)。泰国研究人员从 4 个养猪场的猪鼻腔样本中分离出 4 株 MRSA, 属于 ST9-t337-SCCmecIX, 泰国其他研究也证实了 MRSA ST9-t337-SCCmecIX 在该国内养猪场 (20.0%, 3/15) 及猪肉样品 (50.0%, 5/10) 中存在 (表 3-12) (Anukool et al., 2011; Larsen et al., 2012)。2005 年, 新加坡分别从猪源和人源样品中分离出 2 株 ST22-SCCmec-IV 和 2 株 ST398-SCCmec-V (Sergio et al., 2007)。

金黄色葡萄球菌也是目前奶牛乳腺炎感染的主要病原菌之一, 牛源 MRSA 报道数量仅次于猪源 MRSA。比利时首次报道了在牛乳腺炎病例中检出 MRSA, 牛群中 MRSA 的检出率近 10.0%, 所有菌株均属于 ST398 型 (Vanderhaeghen et al., 2010)。在一项涉及 105 个荷兰犊牛的研究中, 检出了 ST398 型 MRSA 菌株, 检出率为 18.0%～31.0%

（Bos et al.，2012）；另一项涉及荷兰 51 个小牛场的研究显示约 38.0% 的农民和 16.0% 的家庭成员感染了 MRSA CC398 菌株（Graveland et al.，2011）。德国也报道了由 LA-MRSA CC398 引起的牛乳房感染病例（Fessler et al.，2010）。欧洲其他国家如意大利和西班牙也有牛源 MRSA 分离株的报道（Feltrin et al.，2016）。在南美洲，巴西报道了在牛场生活过的患者体内分离出 MRSA CC398（Lima et al.，2017）。非洲各国的动物源 MRSA 检出率较低（0～3.0%），但尼日利亚牛群 MRSA 检出率较高，达 21.8%（Mai-Siyama et al.，2014）。亚洲地区，韩国研究者从患乳腺炎牛乳汁中分离的 MRSA 中有 17 株属于 SCCmecIVa-t324- ST72 菌株（64.7%），其余菌株均属于 SCCmec IVa-t286-ST1 和 SCCmec IV-untypable-ST72（Nam et al.，2011）。2010 年，日本研究者从牛奶中检出了 MRSA，属于 ST89-t5266-SCCmecIIIa 和 ST5-t002/t375-SCCmecII，后者与人类分离的谱系相同或相似（Hata et al.，2010）。

　　MRSA 在家禽中也有检出。比利时的养殖场鸡群中也检测到 MRSA ST398（Nemati et al.，2008）；但鸡源 MRSA ST398-t011-SCCmecV 在种群中的检出率（0～28%）低于同一农场猪群中的检出率（82.0%～92.0%）（Pletinckx et al.，2011）。德国、英国和荷兰的鸡肉中也检测到 MRSA，德国以 MRSA CC398 克隆型为主（Vossenkuhl et al.，2014），英国和荷兰分别是 MRSA ST9-t1939 和 ST9-t1430 克隆型占优势（Mulders et al.，2010；Dhup et al.，2015）。

　　伴侣动物源 MRSA 的相关报道较少，主要见于欧美国家的报道，通常在感染宠物犬和猫中分离到，呈零星散发。研究发现伴侣动物源 MRSA 的流行克隆型与同一地区医院感染 MRSA 的克隆型密切相关，并且表现出与医院感染 MRSA（hospital-associated MRSA，HA-MRSA）相同的多重耐药表型。首株宠物源 MRSA 是 1972 年从尼日利亚的健康犬中分离到的，噬菌体分型表明该菌株与人源 MRSA 菌株密切相关，属于人类起源的菌株（Ola Ojo，1972）。此后，澳大利亚从感染的宠物犬中分离到 ST239-SCCmecIII 型 MRSA（Malik et al.，2006）。英国和葡萄牙研究者也从宠物犬中分离到 MRSA 菌株，并且发现其与同地区医院和社区流行的 EMRSA-15 和 ST22-IV 型 MRSA 菌株有很高的同源性（Coelho et al.，2011；Wedley et al.，2014）。对美国中西部和东北部的宠物医院调查发现，犬、猫和马中 MRSA 的检出率分别为 2.5%、12.5% 和 42.0%，主要流行克隆为 CC5 和 CC8（Lin et al.，2011）。最近，ST398 型 MRSA 在德国和奥地利的宠物中也被陆续发现（Witte et al.，2007；Loeffler et al.，2009）。MRSA 也可以感染马或在其体内定植，但与其他宠物（犬和猫）中分离到的 MRSA 不同，与医院和社区流行的 MRSA 菌株也不同。加拿大研究者发现 CC8（ST8-IV 和 ST254）型 MRSA 在加拿大马的定植和感染样本中有报道，而 ST1、ST22 和 ST254 型 MRSA 在欧洲马的分离株中有报道（Cuny et al.. 2008）。欧洲和加拿大的研究者也从感染的马中分离到 ST398 型 MRSA（Witte et al.，2007；Tokateloff et al.，2009）。值得注意的是，美国和欧洲的研究者从感染的犬、猫、兔和鹦鹉体内分离到许多携带 PVL（Panton-Valentine leucocidin）毒素基因的 MRSA 菌株，并且荷兰和德国研究者从健康宠物中也能分离到可导致人类皮肤和软组织感染的相关 MRSA 菌株（Vandenesch et al.，2003）。

2. LA-MRSA 在国内的分布和流行现状

不同于广泛流行于欧美地区的 LA-MRSA CC398，我国猪源 LA-MRSA 主要流行克隆属于 CC9。2008 年，对四川 9 个养猪场中尘土样品的调查显示，在 5 个养猪场检出 MRSA，其中绝大部分分离株为 ST9-t899，同时也存在 CC9 分离株（ST1376）（Wagenaar et al.，2009）。随后针对陕西、河北、四川和湖北 4 个省份的养猪场和屠宰场的调查显示，LA-MRSA 在猪、养殖工人及猪场中的分离率分别为 11.4%（58/509）、15.0%（2/13）和 41.9%（13/31），屠宰加工人员未检出；分离株主要流行克隆为 ST9-t899；此外，还检出少量 ST912/ST1297-t899 分离株，同属于 CC9（Cui et al.，2009）。上海、河南、宁夏及山东地区养殖场及屠宰场的检测显示，MRSA 在猪中检出率为 11.2%（270/2420），且所有 MRSA 分离株均属 ST9-t899（Li et al.，2017a）。2012 年，香港猪源 MRSA 的检出率为 21.3%（65/305），分离株均为 ST9-t899（Ho et al.，2012）。2011 年，台湾地区首次从猪中分离到 MRSA ST9，调查的 3 个养猪场和 1 个屠宰场中猪源 MRSA 流行率为 4.0%（5/126）（Tsai et al.，2012）。但调查台湾西部 11 个县（区）150 个养猪场发现，猪群中 MRSA 的检出率高达 42.5%（127/299），其中 ST9-t899 为主要流行克隆（Lo et al.，2012）。随后，针对覆盖整个台湾地区 22 个养猪场及 2 个生猪交易市场的调研证实了 LA-MRSA CC9 在台湾地区猪群中的广泛存在，猪群中检出率达 14.4%，相关工作人员中检出率达 13.0%，所有猪源 LA-MRSA 流行克隆均属于 CC9（Fang et al.，2014）。

MRSA 在我国牛群中也有报道，2009 年对新疆、浙江、山东、内蒙古和上海 5 个地区奶牛乳腺炎病例进行金黄色葡萄球菌携带情况调查，共分离获得 MRSA 菌株 6 株，除 ST97（3/6）、ST965（1/6）和 ST6（1/6）之外，也检测出 1 株 ST9 MRSA（王登峰等，2011）。此外，在西北地区的牛乳和牛奶样本中也有 MRSA 分离株的报道（Li et al.，2015d）。

相对于欧美国家，中国对于伴侣动物携带的 MRSA 研究较少。一项对中国多个地区宠物医院中宠物犬、猫和兽医工作人员的研究表明，中国大陆宠物和兽医中携带的 MRSA 常见克隆谱系为 ST59-t437-SCCmecV 和 ST239-t030-SCCmecIII（Zhang et al.，2011），这与中国台湾宠物和主人携带的 MRSA 谱系调查结果类似（Wan et al.，2012）。

总体而言，猪源和牛源 MRSA 分离率相对较高，宠物相关 MRSA 分离率较低，这说明未来仍需关注养殖动物源 MRSA 的流行情况。相较于欧美地区，亚洲地区的中国大陆（内地）、日本、马来西亚及韩国猪群的 MRSA 携带率较低，仅中国香港和台湾地区猪源 MRSA 的携带率较高，这可能与中国大陆（内地）对于猪源 MRSA 相关研究较少有关。除此之外，中国牛源和宠物源 MRSA 的流行性及耐药性相关研究也远低于欧美国家。因此，未来我国应加强关注猪、牛及宠物相关 MRSA 的耐药流行情况，以促进公共卫生发展，保障人类健康。

（六）万古霉素耐药肠球菌及其耐药基因

万古霉素（vancomycin）属于糖肽类抗生素，通过阻断细菌细胞壁的生物合成来治疗多种革兰氏阳性菌造成的感染，医学临床将其用于治疗耐药病原菌造成的严重感染，尤其是 MRSA 和肠球菌感染引起的皮肤脓肿、败血症、心内膜炎、骨关节感染及脑膜炎。万古霉素在 20 世纪 50 年代被发现并获得 FDA 许可，80 年代开始使用量增加，万古霉素耐药菌也随之产生。20 世纪 80 年代，万古霉素耐药肠球菌（VRE）在英国的人源样本中首次被发现（Uttley et al.，1988），之后在欧洲和美洲的多个国家迅速传播，并对大多数抗菌药物耐药，给临床治疗带来极大挑战。研究发现，糖肽类药物阿伏帕星（avoparcin）作为促生长剂在农场动物的广泛使用是导致 VRE 在全世界家畜中流行的原因。欧盟因此于 1997 年禁止阿伏帕星用于动物，随后 VRE 在动物中的流行率显著降低（Klare et al.，1999）。丹麦抗菌药物耐药性监测和研究综合计划数据表明，1997～2007 年丹麦猪、鸡源 VRE 降低了 90%（Kahn，2017）。欧洲食品安全局（EFSA）公布的欧洲各国动物源 VRE 耐药性监控数据显示，2010 年，法国、丹麦和荷兰猪源耐万古霉素屎肠球菌的分离率分别为 2.0%、1.0% 和 1.0%，荷兰牛源耐万古霉素粪肠球菌的分离率为 2%（Team，2012；Team，2013；Team，2015）。美国食品动物的养殖和加工环节中 VRE 的检出情况较少，仅有零星报道（Freitas et al.，2011）。非洲动物源 VRE 的相关报道也较少，2018 年，坦桑尼亚健康牛群中 VRE 的分离率为 3.6%（6/165），牛场粪便中 VRE 的分离率为 7.9%（3/38）（Madoshi et al.，2018）。

在我国，尹兵（2009）于 2008 年从 250 份猪源样本中分离出 30 株耐万古霉素肠球菌，分离率为 12.0%（30/250），包括 13 株屎肠球菌（5.2%）、5 株粪肠球菌（2.0%）、7 株鹑鸡肠球菌（2.8%）和 5 株铅黄色肠球菌（2.0%），其中，*vanA*、*vanB* 和 *vanC* 阳性的菌株分别有 2 株、12 株和 12 株。顾欣等（2017）于 2013～2014 年在上海的 10 个猪场样品中分离鉴定得到 4 株万古霉素耐药粪肠球菌，分离率为 3.0%（4/133），均为 *vanA* 阳性。商军等（2017）对 2015 年在上海地区获得的 17 株猪源粪肠球菌进行分离鉴定，其中有 4 株对万古霉素耐药，检出率 23.5%。李超（2017）在新疆石河子采集的 48 份正常及腹泻犊牛肛拭子中筛选出 23 株粪肠球菌，其中有 1 株 *vanC* 的菌株对万古霉素耐药，检出率为 4.3%。

综上所述，VRE 的流行率普遍不高。欧美国家对 VRE 的监控较为密切，虽然 VRE 首次在欧洲发现，但在欧盟禁用糖肽类促生长剂阿伏帕星后，猪源、鸡源和牛源肠球菌对万古霉素的耐药率显著降低。国内对 VRE 的研究较少，已报道的 VRE 分离率为 3.01%～12% 不等，其中猪源样本的报道较多。鉴于 VRE 可能通过食物链对人类公共卫生安全造成威胁，我国应加强对 VRE 的监测，从而对我国动物源 VRE 流行率形成更全面、更充分的了解，以便及时对 VRE 在动物及人群中的流行进行干预。

（七）噁唑烷酮类耐药革兰氏阳性球菌及其耐药基因

噁唑烷酮类药物是一种新型抗菌药物，主要通过作用于细菌 50S 核糖体亚基，抑制细菌蛋白质的合成，从而达到抗菌效果，常用于革兰氏阳性菌导致的严重感染，尤其对耐甲氧西林金黄色葡萄球菌（MRSA）和耐万古霉素肠球菌（VRE）等多重耐药菌导致的感染有较好的治疗效果。2000 年，FDA 批准上市的噁唑烷酮类新药利奈唑胺因其较强的抗菌活性，被誉为"最后一道防线"药物，但 2006 年首个可介导利奈唑胺耐药的可转移基因 *cfr*（chloramphenicol-florfenicol resistance）的发现，使得该道防线面临被攻破的风险（Schwarz et al.，2000）。噁唑烷酮类药物未批准用于动物，但近年来陆续在动物源细菌中发现了噁唑烷酮类耐药基因 *cfr* 和 *optrA*（oxazolidinone phenicol transferable resistance），并可在不同种属细菌间水平传播，对养殖业和公共卫生构成了严重威胁。

1. *cfr* 耐药基因在动物源葡萄球菌和肠球菌中的分布与流行现状

2000 年，首次在德国犊牛鼻腔拭子样本分离的松鼠葡萄球菌中发现 *cfr* 耐药基因（Schwarz et al.，2000）。该基因所编码的 Cfr 蛋白为细菌核糖体 23S rRNA 甲基转移酶，通过甲基化 23S rRNA 的 A2503 位，导致细菌对酰胺醇类、林可霉素类、噁唑烷酮类、截短侧耳素类和链阳菌素 A 五类抗菌药物的亲和力下降而产生耐药，并导致细菌对十六元环大环内酯类药物（如螺旋霉素和交沙霉素）的敏感性下降（Schwarz et al.，2000；Long et al.，2006）。2015 年，从美国人源 *Enterococcus faecalis* 中发现了定位于质粒的 *cfr* 的变异体基因 *cfr*(B)，其编码蛋白与 Cfr 存在 75%的氨基酸序列一致性，可介导细菌对利奈唑胺耐药（Deshpande et al.，2015）。随后，*cfr*(C)也从包括弯曲菌在内的动物源细菌中鉴定出。*cfr*(D)和 *cfr*(E)在人源肠球菌中存在，但均未在动物源肠球菌中检出（Vester，2018；Guerin et al.，2020）。

1）*cfr* 在动物源葡萄球菌中的流行现状

欧洲国家猪源葡萄球菌携带 *cfr* 的流行率为 0.5%～16.4%（Peeters et al.，2015；Cuny et al.，2017），流行情况的差异主要受采样个数及采样标准影响。从德国研究者 2004～2008 年收集的 ST398 金黄色葡萄球菌检测到 *cfr*，检出率为 3.5%（Argudin et al.，2011），而 *cfr* 在 2013 年分离的凝固酶阴性葡萄球菌中的检出率仅为 0.6%（Schoenfelder et al.，2017）。比利时研究者 2009 年针对牛源耐甲氧西林金黄色葡萄球菌（MRSA）的检测发现，*cfr* 的流行率为 5.2%（Argudin et al.，2015）；2013 年对猪源 MRSA 进行检测时发现，*cfr* 的流行率只有 0.5%（Peeters et al.，2015）。研究发现，抗菌药物的使用与 *cfr* 的检出率相关，德国一项研究显示，使用过氟苯尼考的猪场和牛场分离的葡萄球菌中 *cfr* 检出率较高，分别达到 16.4%和 23.1%（Cuny et al.，2017）。葡萄牙的研究者也发现，感染耐甲氧西林伪中间葡萄球菌的犬经过 3～6 个月氟苯尼考的治疗后，感染菌株转变为甲氧西林敏感的伪中间葡萄球菌，并由之前的 *cfr* 阴性变为阳性，提示药物压力可促进 *cfr* 的流行传播（Couto et al.，2016）。中东地区仅埃及曾报道 *cfr* 在健康火鸡源凝固酶阴性葡萄球菌中的流行率为 35.5%（Moawad et al.，2019），而在牛源葡萄球菌中流行率为 7.4%（Osman et al.，2016）。

亚洲地区关于 *cfr* 在葡萄球菌中的报道主要来自韩国、泰国和中国，韩国和泰国猪源葡萄球菌中 *cfr* 的流行率分别为 1.9%（Moon et al.，2015）和 8.3%（Chanchaithong et al.，2019）。中国猪源金黄色葡萄球菌中 *cfr* 的流行率为 7.2%～10.7%（Wang et al.，2012b；Guo et al.，2018），MRSA 中 *cfr* 的携带率为 3.5%（Li et al.，2015c）。韩国在 2010～2012 年对鸡、牛及猪胴体 MRSA 携带情况的检测发现，仅猪源 MRSA 中检测到 *cfr*（1.9%）（Moon et al.，2015）。对山东农村后院养殖模式中猪、鸡、犬和猫等动物的耐药性监测发现，*cfr* 仅在猪源葡萄球菌中检出，检出率为 9.7%（Sun et al.，2018）。另一研究在中国 10 个地区的猪、鸡和鸭分离 MRSA 菌株中检测到 *cfr*，检出率分别为 10.2%、2.3%和 0.8%（Li et al.，2018a）。Zeng 等（2014）调查了零售猪肉和鸡肉中 *cfr* 基因的流行情况，发现 *cfr* 阳性葡萄球菌的检出率为 18.6%。

2）*cfr* 在动物源肠球菌中的流行现状

cfr 在动物源肠球菌中亦有检出。2013 年，从巴西 7 个州的 31 家猪场中共分离出 5 株 *cfr* 阳性粪肠球菌，检出率为 2.0%（Filsner et al.，2017）。Liu 等（2012b）于 2009 年首次在中国牛源样本中分离到携带 *cfr* 的粪肠球菌，分离率为 0.2%，该报道中 *cfr* 基因定位于大小为 32 388 bp 的非接合转移型质粒上，*cfr* 可与其侧翼的两个正向重复插入序列 IS*1216* 形成复合转座子进行传播。2012 年，Liu 等（2014a）从北京、广州和山东的猪源样本中分离出 25 株 *cfr* 阳性肠球菌，检出率为 14.0%。同年，Liu 等（2013）在山东猪源肠球菌中也检出 *cfr*，检出率为 3.9%，该基因定位于质粒，可由其侧翼的两拷贝正向重复插入序列 IS*Enfa4* 携带形成简单转座子进行传播。此外，该研究团队在一株猪源粪肠球菌电转子中还发现了 *cfr* 基因的"无功能"现象，即菌株中的 *cfr* 基因虽可被转录、翻译并使 23S rRNA A2503 位甲基化，但却未表现出相应的耐药表型，该现象分离率为 0.3%（Liu et al.，2014b）。*cfr* 基因的"无功能"现象在其他文献中也有报道，一项流行病学调查结果显示 2012 年广东猪源 *cfr* 阳性粪肠球菌除对万古霉素和利奈唑胺敏感外，均表现出对红霉素、四环素、庆大霉素、卡那霉素和环丙沙星的多重耐药，并且 *cfr* 阳性率为 12.1%（Fang et al.，2018）。Chen 等（2020）报道 2016～2017 年从 16 株广东猪源肠球菌中发现 2 种噁唑烷酮耐药基因 *cfr* 和 *optrA* 共存，且分别位于两个不同的可转移质粒上。

2. *optrA* 和 *poxtA* 在国内外动物源葡萄球菌和肠球菌中的流行情况

噁唑烷酮类和酰胺醇类耐药基因 *optrA* 是 2015 年由中国农业大学沈建忠团队和北京大学医学院吕媛团队联合在人源粪肠球菌质粒 pE349 中首次发现，该基因能通过质粒转化及接合转移的方式进行水平传播（Wang et al.，2015）；随后在欧洲、美洲和亚洲各国的人源及食源性动物的屎肠球菌和粪肠球菌中均有报道，但该基因在葡萄球菌中检出较少，仅见中国零星报道。2018 年，在金黄色葡萄球菌中发现了酰胺醇类、噁唑烷酮类和四环素类的耐药基因 *poxtA*（phenicol oxazolidinone tetracycline resistance）（Antonelli et al.，2018）。OptrA、PoxtA 均属于 ATP 结合盒超家族蛋白（ATP-binding cassette，ABC）。关于 ABC-F 蛋白的耐药机制一直存在争议，直到 2016 年才证实 ABC-F 蛋白的耐药机制是核糖体修饰机制，而不是外排泵机制（Sharkey et al.，2016）。目前发现 *optrA* 和 *poxtA* 基因主要在葡萄球菌及肠球菌中流行。

1）*optrA* 和 *poxtA* 在国内外动物源葡萄球菌中的流行情况

2016 年，在 50 株猪源凝固酶阴性葡萄球菌中检测到 1 株由质粒 pWo28-3 携带的 *optrA* 阳性菌株（2%），该质粒同时携带 *cfr*，这是首次在肠球菌之外的细菌中检测到该基因，也是首个有关 *optrA* 和 *cfr* 共存的报道（Li et al.，2016a）。同年，对广东屠宰场猪源葡萄球菌进行了 *optrA* 的检测，在 475 株猪源凝固酶阴性葡萄球菌中检测到 33 株（6.9%）*optrA* 阳性菌（Fan et al.，2016）。随后，继续对广东、山东和上海猪源葡萄球菌中的 *optrA* 进行检测，在 507 株氟苯尼考耐药葡萄球菌中检出 20 株（3.9%）*optrA* 阳性菌株，均为松鼠葡萄球菌，其中 11 株同时携带 *cfr*（Fan et al.，2017）。2018 年，从中国农村猪、猫和犬等样本中分离到的 103 株氟苯尼考耐药葡萄球菌中检测到 9 株 *optrA* 阳性分离株（8.7%），高于之前屠宰场中阳性率（6.9%），其中 2 株为模仿葡萄球菌，这是首次在除松鼠葡萄球菌外的其他葡萄球菌属细菌中检出 *optrA*（Sun et al.，2018）。2019 年，在 161 份宠物源（犬）葡萄球菌中检测到 4 株 *optrA* 阳性分离株，阳性率为 2.5%（Wu et al.，2019b）。*poxtA* 为意大利研究者于 2018 年在人源 MRSA 分离株中发现，此后，在猪源粪肠球菌中也有检出（Antonelli et al.，2018；Brenciani et al.，2019；Elghaieb et al.，2019），至今动物源葡萄球菌中尚无该基因的报道。

2）*optrA* 和 *poxtA* 在国内外动物源肠球菌中的流行情况

研究显示，非洲突尼斯鸡源粪肠球菌和屎肠球菌中 *optrA* 的分离率达 5.0%（Elghaieb et al.，2019），埃及火鸡源粪肠球菌和屎肠球菌中 *optrA* 的分离率为 7.8%（Moawad et al.，2019）。南美洲哥伦比亚的研究者调查显示，*optrA* 在鸡源粪肠球菌和屎肠球菌中的分离率为 0.5%（Cavaco et al.，2017）。美国鸡源粪肠球菌和屎肠球菌中也有 *optrA* 的报道（Tyson et al.，2018）。亚洲国家也有相关报道，中国猪源粪肠球菌和屎肠球菌 *optrA* 的阳性率在 2015～2019 年由 24.8% 增至 63.2%，高于鸡源样本（6.4%）（He et al.，2016b；Kang et al.，2019）。在中国，关于宠物的调查结果显示，生肉饲喂的宠物中 *optrA* 阳性粪肠球菌的分离率为 10.1%，高于饲料饲喂宠物中的分离率（2.8%）（Wu et al.，2019b）。韩国报道的鸡源和鸭源粪肠球菌及屎肠球菌 *optrA* 的阳性率均为 0.6%（Kim et al.，2019；Na et al.，2019a）。

目前，关于 *poxtA* 的大规模流行病学调查较少。据报道，非洲国家突尼斯 85 份牛奶样本中有 6 株粪肠球菌和屎肠球菌携带 *poxtA*，检出率为 7.1%（Elghaieb et al.，2019）。中国鸡源的一份流行病学调查结果显示，150 份肛拭子中仅有 5 株 *poxtA* 阳性肠球菌，流行率为 3.3%（Lei et al.，2019），但是在猪源的 200 份肛拭子中分离出 66 株 *poxtA* 阳性肠球菌，检出率为 33.0%（Hao et al.，2019）。

综上所述，*cfr* 在国内外不同动物源葡萄球菌和肠球菌中均有检出，猪源菌株中的检出率较高，鸡和鸭中较低。*optrA* 在世界上多个国家的临床以及动物来源的肠球菌和葡萄球菌中相继被报道，其在肠球菌中检出率很高、葡萄球菌中检出较少。*optrA* 和 *cfr* 可共存于同一质粒并发生共转移，不仅会造成多重耐药菌产生，而且会导致多重耐药菌的水平扩散，给临床感染治疗带来更多困难。对于噁唑烷酮类耐药基因 *cfr*、*optrA* 及 *poxtA* 的流行监测仍需持续进行。

（八）多重耐药弯曲菌及其耐药基因

弯曲菌属细菌中，空肠弯曲菌（*Campylobacter jejuni*，*C. jejuni*）和结肠弯曲菌（*Campylobacter coli*，*C. coli*）是重要的食源性人兽共患致病菌，可广泛定植于畜禽肠道内，能引起绵羊和牛流产、幼雏（雏鸡、仔猪和犊牛）腹泻、火鸡肝炎和蓝冠病等畜禽疾病。弯曲菌可通过食物链传播给人，除导致人急性胃肠炎外，还能诱发一系列的全身性感染或免疫系统疾病，如菌血症、脑膜炎、关节炎和格林-巴利综合征（Guillain-Barré syndrome，GBS）等。

畜禽养殖业和临床中治疗弯曲菌的首选药物为大环内酯类和氟喹诺酮类抗菌药，但随着这些抗菌药物的广泛使用，弯曲菌对治疗药物的耐药情况也日趋严重，对公共卫生安全造成潜在威胁。近年来报道，核糖体甲基化酶 ErmB 和外排泵变异体 RE-CmeABC 是导致弯曲菌对上述两类药物耐药的重要机制。此外，耐药基因岛介导的细菌耐药性也引起了人们的关注。本节主要对 *ermB*、RE-*cmeABC* 外排泵和多重耐药基因岛在弯曲菌中的流行及传播等进行介绍。

1. *ermB* 基因在动物源弯曲菌中的流行情况

大环内酯类是具有 14、15 或 16 元大环内酯环的抗生素，可以透过细胞膜进入细菌体内，与核糖体 50S 大亚基结合，从而抑制细菌蛋白质的合成，发挥抑菌作用。大环内酯类抗生素是治疗弯曲菌感染的一线抗菌药物。近年来，弯曲菌对大环内酯类抗生素的耐药率也呈明显上升的趋势，且核糖体甲基化酶基因 *ermB* 在大环内酯类高耐弯曲菌中的出现，给弯曲菌的感染治疗带来很大的挑战。本部分主要综述动物源弯曲菌中 *ermB* 的流行情况。

ermB 基因是核糖体 rRNA 甲基化酶基因（*erm* 基因）的一种，其编码的甲基化酶利用 S-腺苷甲硫氨酸（S-adenosyl-L-methionine，SAM）作为甲基供体，能够将病原菌核糖体 50S 亚基 23S rRNA 的 2058 位点（相当于弯曲菌 2074 位点）腺苷酸甲基化为 N^6,N^6-二甲基腺嘌呤。2058 位点处于 23S rRNA 相对保守的 V 域，是大环内酯类、林可胺类和链阳菌素 B 类抗生素的共同作用靶点，若该位点发生甲基化，将大大降低其与上述药物的亲和力，导致病原菌对以上 3 类抗生素同时耐药（Roberts，2004）。自 2014 年首次在我国猪源结肠弯曲菌中发现 *ermB* 基因以来（Qin et al.，2014），在弯曲菌中总共发现了 8 种 *ermB* 遗传环境（Type I-VIII）。Type I-VII 型主要在国内动物源弯曲菌中被发现（刘德俊，2017），Type VIII 型在西班牙火鸡源弯曲菌中被发现（Florez- Cuadrado et al.，2017）。8 种 *ermB* 基因环境均位于染色体上，未发现转座子、整合子等可移动元件，但部分基因型的遗传环境与转座子相似，推测弯曲菌在重组其他细菌的 *ermB* 基因的片段时可能去除了对基因复制不稳定的部分，进而形成了新的遗传结构。通过对 *ermB* 遗传环境的研究发现，*ermB* 多位于多重耐药基因岛（multidrug resistance genomic island，MDRGI）上，该基因岛还携带介导氨基糖苷类（*aac*、*aacA-aphD*、*aad9*、*aadE* 和 *aphA-3*）、四环素类 [*tet*(O)和 Δ*tet*(O)]、链丝菌素（*sat4*）和磷霉素（*fosXCC*）等药物的多种耐药基因，发现 *tet*(O)、*aad9* 和 *aadE* 在所有基因型中均有存在，这在一定程度上可提高 *ermB* 基因在弯曲菌中的传播（刘德俊，2017）。

弯曲菌携带 *ermB* 后可将红霉素和克林霉素的最小抑菌浓度（MIC）分别提高 512 倍和 2048 倍，*ermB* 基因以 MDRGI 的形式整合在染色体基因组中，并通过自然转化实现水平传播（Qin et al.，2014）。对 2012 年之前中国动物源和人源弯曲菌进行 *ermB* 基因筛查，分离出 57 株 *ermB* 阳性的结肠弯曲菌和 1 株 *ermB* 阳性的空肠弯曲菌；大多数

菌株的 *ermB* 定位于染色体，并可以通过自然转化在弯曲菌中进行水平转移，虽然也发现少数菌株的 *ermB* 定位于质粒上，但未见通过接合方式进行弯曲菌不同菌株间的转移，推测与质粒过大[携带 *ermB* 质粒大多超过 70 kb]或者与弯曲菌遗传环境有关（Wang et al.，2014b）。Zhang 等（2016a）对 1994～2013 年中国部分地区分离的动物源和人源弯曲菌进行 *ermB* 检测，仅在结肠弯曲菌中检出（19.0%，表 3-13）。2013～2015 年，对山东、广东和上海的鸡源和猪源弯曲菌的筛查结果表明，*ermB* 也仅在结肠弯曲菌中检出（6.1%），其中 1 株分离自猪，其他均为鸡源菌株（表 3-13），主要流行 ST 型为 ST872、ST828 和 ST829。该项研究中还发现广东地区的 *ermB* 流行率较高，呈逐年上升趋势（3.8%～22.8%），并检出与 2011 年分离自人源菌株的 *ermB* 高度相似的谱型，推测优势克隆型已在动物源与人源之间进行跨地域、跨时间的克隆传播（Liu et al.，2017c）。Liu 等（2019b）调查了 2016 年中国猪源、鸡源弯曲菌中 *ermB* 的流行情况，发现该基因阳性率为 25.5%（表 3-13），且全部来自于鸡源弯曲菌，其中结肠弯曲菌数量仍远高于空肠弯曲菌；此外，还发现 3 株新型 *ermB* 阳性 MDRGI，其中 2 株携带 *ermB* 基因的空肠弯曲菌还含有氨基糖苷类耐药基因岛和 RE-*cmeABC*。Cheng 等（2020）报道 2015～2017 年中国中部地区鸡源 *ermB* 阳性弯曲菌分离率为 4.9%（表 3-13）。

表 3-13　*ermB* 耐药基因在国内外动物源弯曲菌中的流行情况

菌属	来源	分离年份	国家	阳性率/%	基因定位	参考文献
C. coli	猪	2014	中国	—	染色体	（Qin et al.，2014）
C. coli	猪	2008～2012	中国	2.1	染色体 质粒	（Wang et al.，2014b）
C. coli	鸡			0.8		
C. jejuni	鸭			0.1		
C. coli	猪、鸡	1994～2013	中国	19.0	染色体	（Zhang et al.，2016a）
C. coli	猪	2013～2015	中国	6.1	染色体 质粒	（Liu et al.，2017c）
C. jejuni						
C. coli	猪、鸡	2016	中国	25.5	染色体 质粒	（Liu et al.，2019b）
C. coli	鸡	2015～2017	中国	4.9	染色体	（Cheng et al.，2020）
C. coli	火鸡	2014	西班牙	—	质粒	（Florez-Cuadrado et al.，2017）

　　国外目前仅见 1 篇有关动物源弯曲菌 *ermB* 检出情况的报道。Florez-Cuadrado 等（2017）在 2014 年从西班牙火鸡样本中共分离出 3 株 *ermB* 阳性弯曲菌（2 株结肠弯曲菌和 1 株空肠弯曲菌），并发现了一种新型的 *ermB* 遗传环境，将其定义为 Type Ⅷ型，Type Ⅷ 型基因岛与 Type Ⅵ 型存在一定的同源性，但基因岛插入位点与其他型不同。

　　综上所述，*ermB* 阳性弯曲菌仅在西班牙和中国动物源样本中被检出。*ermB* 阳性弯曲菌在猪、鸡中均有流行并主要存在于结肠弯曲菌中，提示结肠弯曲菌比空肠弯曲菌在抗菌药物筛选压力下更具生存竞争力。*ermB* 阳性弯曲菌在中国不同地区的流行率不同，可能与气候、养殖、屠宰方式和用药情况有关。此外，*ermB* 阳性弯曲菌有可能通过食物链传播至人群，给人类健康和公共卫生造成威胁，需加以重视。

2. 多重耐药外排泵 CmeABC 在动物源弯曲菌中的流行情况

多重耐药外排泵 CmeABC（*Campylobacter* multidrug efflux ABC）属 RND 家族，由染色体基因编码的融合蛋白 CmeA、内膜蛋白 CmeB 和外膜蛋白 CmeC 组成跨膜结构发挥转运功能，能够介导弯曲菌对喹诺酮类、大环内酯类和 β-内酰胺类等多种药物的高水平耐药（刘耀川等，2015），给弯曲菌感染治疗带来巨大挑战。本部分主要阐述 RE-CmeABC 阳性弯曲菌的流行现状。

中国农业大学沈建忠团队在2016年报道了可水平转移的新型外排泵CmeABC的变体 RE-CmeABC（resistance-enhancing CmeABC），该 CmeABC 变体中最关键的跨膜蛋白 CmeB 氨基酸同源性仅为 81%，而 CmeA 和 CmeC 均>98%，该变体导致弯曲菌对氟喹诺酮类药物、酰胺醇类药物和大环内酯类药物等多种抗菌药物的耐药性增强（Yao et al.，2016）。该团队还对 2012~2014 年分离的鸡源和猪源弯曲菌（*n*=2002）进行 RE-cmeABC 筛查，发现其检出率呈逐年升高趋势（2012 年：7.0%；2013 年：9.8%；2014 年：19.9%），空肠弯曲菌中的检出率显著高于结肠弯曲菌（Yao et al.，2016）；随后又对 2014~2016 年山东、上海和广东等三个重点养殖区食品动物源 RE-cmeABC 阳性弯曲菌的流行与耐药性现状进行调查，在分离获得的 1088 株弯曲菌（931 株结肠弯曲菌与 157 株空肠弯曲菌）中共检测出 122 株（11.2%）RE-cmeABC 阳性菌株，空肠弯曲菌（70.7%）中的阳性率显著高于结肠弯曲菌（1.2%）（Liu et al.，2020c）。2020 年，Yao 等（2021）分析了河南弯曲菌分离株，并与 GenBank 数据库中 RE-cmeABC 阳性空肠弯曲菌序列进行比对，发现 ST 2109 为主要流行株，并发现分离自家禽的 2 株弯曲菌与来自美国临床感染的 1 株 RE-cmeABC 阳性弯曲菌具有高度同源性，表明菌株具有人兽共患传播的潜力。截至目前，国外尚无 RE-CmeABC 在动物源弯曲菌中流行的相关报道。

3. 耐药基因岛在弯曲菌中的流行情况

多重耐药基因岛（multidrug resistance genomic island，MDRGI）是编码细菌耐药基因簇较大的染色体 DNA 片段，其特点是岛两侧一般具有重复序列和插入元件，岛中含有潜在的可移动元件（如整合子、转座子等），且携带多种耐药基因，能介导 3 类或 3 类以上抗菌药物耐药。研究表明，耐药基因岛的 G+C 含量与宿主菌染色体 G+C 含量有明显差异，提示它是细菌在进化过程中从外源 DNA 获得的一种遗传元件（Vernikos and Parkhill，2006）。携带 MDRGI 的弯曲菌对多种抗菌药物耐药，这类菌若经食物链传播引起人感染，后果较为严重。

2012 年，首次在中国鸡源结肠弯曲菌染色体中发现了新型氨基糖苷耐药基因岛，该基因岛包含 3 个结构完整的氨基糖苷耐药基因（*aac*、*aacA-aphD* 和 *aadE*）和 1 个双重耐药基因簇（*addE-sat4-aphA-3*），编码的蛋白质涵盖了已知介导氨基糖苷类药物耐药的三大类钝化酶（AAC、ANT 和 APH），能够同时介导弯曲菌对几乎所有氨基糖苷类药物和链丝菌素耐药（Qin et al.，2012）。2014 年，首次在弯曲菌（结肠弯曲菌）中发现多重耐药基因 *ermB*，该基因与其他数种耐药基因形成多重耐药基因岛，上游为介导氨基糖苷类抗生素和链丝菌素耐药的基因簇 *aadE-sat4-aphA-3*，下游为介导四环素耐药的 *tet*(O) 的不完整序列，使弯曲菌变成"超级细菌"（Qin et al.，2014）。目前，弯曲菌中 *ermB* 基因所在的 MDRGI 包括耐氨基糖苷类药物（*aac*、*aacA-aphD*、*aad9*、*aadE* 和 *aphA-3*）、四环素类药物 [*tet*(O) 和 *Δtet*(O)]、链丝菌素（*sat4*）和磷霉素（*fosXCC*）等近 10 种耐药基因。

截至目前，在中国、西班牙和秘鲁的动物源弯曲菌中均发现了 *ermB* 基因和 MDRGI（Qin et al.，2014；Florez-Cuadrado et al.，2017；Anampa et al.，2020）。*ermB* 基因、MDRGI 和 ARGI 主要在中国畜禽源及人源弯曲菌中流行，均可跨弯曲菌亚种进行传播，且携带 MDRGI 的弯曲菌有通过食物链传播给人的潜在风险。弯曲菌中的氨基糖苷耐药基因岛、*ermB* 基因和 MDRGI 能够通过自然转化的方式完整地转移至敏感菌中使其产生多重耐药性。因此，加强耐药弯曲菌，尤其是携带 MDRGI 弯曲菌的调查和监控有重大意义。

（九）多重耐药沙门菌及其耐药基因

沙门菌（*Salmonella*）是肠杆菌科沙门菌属的兼性厌氧革兰氏阴性菌，是一种能在人和动物之间直接或间接传播的重要人兽共患病原菌，可引起动物胃肠炎、败血症及人的肠热症等。随着抗菌药物的不合理使用，沙门菌的耐药性不断出现，而且耐药率也在逐渐上升，成为全球严重的公共卫生问题。20 世纪 60 年代初，研究人员首次发现了氯霉素耐药沙门菌，随后多种耐药沙门菌，尤其是多重耐药沙门菌不断出现和流行。其中最引人关注的是沙门菌多重耐药基因岛，本部分主要阐述多重耐药基因岛在动物源沙门菌中的流行情况。

20 世纪 80 年代，英国科学家 Threlfall（2020）从海鸥体内分离出一株多重耐药的鼠伤寒沙门菌 DT104，该菌对氨苄西林（Ampicillin）、氯霉素（Chloramphenicol）、链霉素（Streptomycin）、磺胺类药物（Sulfonamides）和四环素（Tetracycline）五种抗菌药物均表现耐药（简称为 ACSSuT 耐药）。进一步研究发现，在沙门菌染色体 *thdf* 和前噬菌体 CP-4-like 整合酶基因（*int2*）之间 43kb 大小的区域决定了上述耐药表型，并将此区域命名为沙门基因岛 1（*Salmonella* genomic island 1，SGI1）（Boyd et al.，2000）。目前，已在不同沙门菌属中发现该多重耐药基因岛。至 20 世纪 90 年代，携带 SGI1 的沙门菌 DT104 成为英国牛源中的流行株，不仅给养殖业造成巨大经济损失，还可通过食物链传播给人类，严重威胁到公共卫生安全（Davies et al.，2004）。随后，SGI1 及其新型变异体在全世界多个地区动物源不同血清型的沙门菌中相继被发现。

Doublet 等（2003）报道了从泰国鱼源 *S. albany* 中分离出多重耐药基因岛的新型变异体 SGI1-F。同时，Vo 等（2010）从越南动物源沙门菌（牛：*n*=63；猪：*n*=111；禽：*n*=67）中分离出 1 株携带 SGI1 的鼠伤寒沙门菌、2 株携带 SGI1-C 的 *S. derby*、24 株携带 SGI1-J3 的 *S. emek*、3 株携带 SGI1-F 的 *S. albany* 和 2 株携带 SGI1-F 的 *S. tallahassee*。

欧美地区也有多重耐药沙门菌的流行。Doublet 等（2004）对比利时 1992～2002 年收集的至少对一种抗菌药物耐药的禽源 *S. agona* 进行检测，发现 SGI1 基因岛及其变异体的检出率为 55.0%，其中 SGI1-A 占比最高（85.0%）；此外，还鉴定出新型变异体 SGI1-G。

Vo 等（2007）从新西兰 1993~2005 年马源沙门菌中分离出 10 株 SGI1、1 株 SGI1-B、1 株 SGI1-C 阳性鼠伤寒沙门菌；此外，还发现了 1 株携带新型变异体 SGI1-M 的鼠伤寒沙门菌。2003 年，Ebner 等（2004）从美国动物源样本中分离出 1 株 SGI1 阳性火鸡沙门菌 *S. enterica* Meleagridis，其分离率为 9.6%。

中东地区多重耐药沙门菌的流行情况更为严峻。Ghoddusi 等（2019）从伊朗 2008~2014 年分离到的动物源和人源沙门菌（*n*=242）中均检测出 SGI1 及其变异体 SGI1-B、SGI1-C、SGI1-D、SGI1-F、SGI1-I、SGI1-J 和 SGI1-O，其中 SGI1 在鸡源、牛源和人源菌株中的检出率分别为 10.7%、12.8% 和 18.6%，这也是伊朗首次发现 SGI1 及其变异体。Cohen 等（2020）对 2010~2018 年以色列人源（*n*=27 489）、禽源（*n*=16 438）样本进行 SGI1 多重耐药基因岛的检测，发现 9 株 *S. kentucky* 携带有 SGI1 耐药基因岛。

我国关于 SGI1 及其变异体在动物源沙门菌的报道比较少。杨保伟（2010）从陕西地区 2007~2008 年分离到的鸡源沙门菌（*n*=359）中共检测出 49 株携带 SGI1 的菌株，检出率为 13.6%。

综上所述，全世界多个地区动物源沙门菌中均有 SGI1 被检出，且新型变异体也不断出现。SGI1 可存在于 *S. derby*、*S. agona*、*S. emek* 和 *S. albany* 等不同血清型的沙门菌中，且菌株主要为畜禽养殖动物来源（猪、鸡、鸭和牛），马和鱼来源仅为零星报道。SGI1 及其变异体在国外动物源沙门菌中较为流行，我国仅一篇文章报道了该基因岛的流行情况。SGI1 包含的重复序列、整合酶及切割酶暗示 SGI1 具有水平转移的潜力，提示 SGI1 在携带和传播细菌耐药基因方面发挥着重要作用，对沙门菌耐药性控制及公共卫生安全可造成潜在威胁，不容忽视。目前关于 SGI1 及其变异体的研究还很有限，许多问题有待解决，如 SGI1 是从哪里起源、在其他种属细菌中是否存在、是否能整合其他新的耐药基因等，这些问题都需要深入研究。

（十）重要动物病原菌携带耐药基因的流行现状

1. 猪链球菌

目前，用于治疗猪链球菌病的主要药物有大环内酯类、四环素类、酰胺醇类、β-内酰胺类和噁唑烷酮类等。但是，随着养殖业大量和不合理使用抗菌药物，导致猪链球菌耐药性的出现及广泛传播，严重威胁公共卫生安全。已有研究表明，不同国家、地区分离的猪链球菌具有不同的耐药表型（详见第二章第二节）。因此，本部分以药物分类为主线，针对猪链球菌常见的耐药基因进行阐述。

1）大环内酯类药物耐药基因

近年来，猪链球菌对大环内酯类抗生素的耐药率一直处于较高水平，其耐药机制主要包括以下三种：靶位突变或修饰（23S rRNA 突变和核糖体甲基化）、主动外排机制、核糖体蛋白（L4 和 L22）突变。目前，国内外报道最多的耐药基因主要是 *erm* 和 *mef/msrD*。*erm* 基因包括 *ermA*、*ermB*、*ermC* 等，其中最为常见的是 *ermB* 编码的甲基化酶介导的菌株高水平耐药（李晓云等，2008）。主动外排系统介导的耐药主要由位于染色体的 *mefA/E*（1218 bp）编码，其下游为 1464 bp 的 *msrD*（李英霞，2009），此类基因可编码能量依赖性蛋白，通过耗能过程将药物排出细菌外，从而阻碍药物作用于细菌，介导菌株的低水平耐药。Martel 等（2001）对 1999~2000 年比利时不同地区猪场分离的 87 株猪链球菌进行检测，其中 71%的菌株携带 ermB，但未检测到 mefA 基因。Ichikawa 等（2020）对日本东海地区 2004~2007 年（16 株）和 2014~2016 年（98 株）分离的 114 株猪源猪链球菌进行耐药性分析，结果表明猪链球菌对红霉素的耐药率为56.1%，且 ermB 基因检出率为 56.1%(64/114)，其中有一株同时还携带 ermB 和 mef(A/E)。

2006 年，姜成刚从河南、黑龙江、辽宁和广州等地采集疑似猪链球菌感染组织样本1500 余份，共分离猪链球菌 52 株，其中 27 株对大环内酯类药物耐药，77.8%耐药株携带 ermB，未检出 mefA/E。此外，21 株猪链球菌的 ermB 与 GenBank 中的肺炎链球菌、粪肠球菌等细菌的 ermB 具有高度同源性，提示猪链球菌与人源及其他动物源性细菌的ermB 可能存在广泛的交换。而且，ermB 的基因进化树表明，以下地区（上海、山东和河南，吉林和湖北，湖北和河南）检测的 ermB 基因序列具有较高的交互相似性，说明ermB 在全国范围内广泛存在，该基因是引起猪链球菌对大环内酯类药物产生耐药性的主要机制（姜成刚，2006）。随后，2017~2019 年，车瑞香（2020）在黑龙江的 7 个猪场进行猪链球菌的耐药性监测时发现，92.5%的猪链球菌对大环内酯类药物耐药，PCR检测发现 85%的菌株携带 ermB。蔡田等（2019）对我国 7 个省份（河南、湖北、江西、湖南、山西、安徽和陕西）不同养猪场中分离到的 165 株猪链球菌研究发现，猪链球菌对大环内酯类抗菌药物的的耐药率高达 98.1%，其中大环内酯类耐药基因的检出率为86.7%，且 ermB 的检出率最高，占所有检出耐药基因菌株的 94.4%（135/143），其他几类耐药基因 ermA、ermC、ermTR、mefA、mefE 和 msrD 的检出率分别为 5.4%、13.3%、6.6%、11.5%、7.2%和 5.4%。进一步分析发现不同省份 ermB 阳性菌株分离率有差异，其中山西最低、河南最高。综上，国内外研究表明猪链球菌对大环内酯类药物广泛耐药，大环内酯类耐药基因在猪链球菌中也广泛分布，以 ermB 介导的核糖体 23S rRNA甲基化耐药机制为主，由 mefA、mefE 和 msrD 介导的外排泵机制也存在于耐药菌株中。此外，erm 基因编码的甲基化酶对 23S rRNA 核糖体甲基化修饰除导致对大环内酯类耐药，还会介导对林可胺类和链阳霉素 B（MLS$_B$）耐药，所以在对猪链球菌耐药监测中尤其要加强 MLS$_B$ 多重药性的检测，从而指导合理用药，避免因其他抗菌药物的使用带来共选择压力。

2）四环素类药物耐药基因

四环素类抗菌药物自 20 世纪 40 年代发现以来，以其有效的杀菌作用及较小的毒副作用被作为广谱抗菌药物广泛用于治疗人和动物的细菌性感染（张卓然等，2007）。近年来，猪链球菌对四环素类抗菌药物耐药率不断上升。猪链球菌对四环素的耐药机制主要有核糖体保护蛋白机制 [tet(M)和 tet(O)]、外排泵机制 [tet(K)和 tet(L)]、钝化或灭活四环素酶机制 [tet(X)]，以及影响与四环素结合的 16S rRNA 基因位点突变等。目前，国内外研究表明猪链球菌对四环素的耐药机制主要为核糖体保护蛋白机制。Tet(M)和 Tet(O)蛋白是猪链球菌中最主要、研究最广泛的核糖体保护蛋白（RPP），二者氨基酸序列具有 75%的同源性，均为~71.43 kDa 的可溶性蛋白。1986 年，Wasteson

等（1994）在挪威的某猪屠宰厂分离到 21 株猪链球菌，有 15 株对四环素耐药，进一步检测发现有 8 株携带 *tet*(O)、5 株携带 *tet*(M)，但未发现其他基因［如 *tet*(K)、*tet*(P)等］。丹麦的 Tian 等（2004）对 1989～2002 年从患病猪中分离的 7 型猪链球菌进行分析，在 25 个四环素抗性分离株中有 11 株携带 *tet*(M)、6 株携带 *tet*(O)，并且均未检测到 *tet*(L) 和 *tet*(S)。但是，Palmieri 等（2011）及 Chander（2011）等发现，部分四环素耐药猪链球菌会携带介导核糖体保护机制的 *tet*(W) 和嵌合体 *tet*(O/W/32/O)，以及介导外排泵机制的 *tet*(K)、*tet*(L)、*tet*(B) 和 *tet*(40) 等。Ichikawa 等（2020）等对日本东海地区 2004～2007 年（16 株）和 2014～2016 年（98 株）分离的 114 株猪源猪链球菌进行耐药性分析，结果表明 2004～2007 年分离的 16 株猪链球菌对四环素的耐药率为 100%，*tet*(O) 基因检出率为 100%（16/16）；2014～2016 年分离的 98 株猪链球菌对四环素耐药率为 77.6%，*tet*(O) 基因检出率为 62.2%（61/98），并检出新型耐药基因 *tet*(M)（13.3%，13/98）。

谈忠鸣于 2015 年对 1998～2010 年分离自江苏的 27 株猪链球菌 2 型（SS2）菌株进行耐药性分析，发现所有菌株对四环素都耐药，多数菌株携带 *tet*(M)，只有 1 株菌携带 *tet*(O)。2005～2007 年，Zhang 等（2008）从我国 9 个不同地区收集样品，对分离的猪链球菌进行耐药性分析，结果表明，92.6% 的四环素耐药菌株携带 *tet*(M)，74.1% 的耐药菌株携带 *tet*(O)。闫清波等（2007）从 12 株猪链球菌四环素耐药株中检测到 *tet*(M)，未检测到 *tet*(O)，说明当时在东北地区对四环素的主要耐药机制为核糖体保护作用。有研究表明，当编码核糖体保护蛋白的 *tet*(M) 和编码外排泵蛋白的 *tet*(L) 联合发挥作用时，耐药机制强于核糖体保护蛋白单独产生的耐药作用，且同为编码核糖体保护蛋白的 *tet*(M)、*tet*(O) 单独存在时，*tet*(M) 介导的耐药水平高于 *tet*(O)（许晓燕，2011）。

3）酰胺醇类药物耐药基因

酰胺醇类药物是一种广谱抗菌药物，主要包括氯霉素、氟苯尼考等。自 2002 年氯霉素被禁止使用以来，氟苯尼考成为我国兽医临床最常用的酰胺醇类抗菌药物。细菌对酰胺醇类抗菌药物的耐药机制主要包括：核糖体突变；产生氯霉素灭活酶；外排泵机制（*floR*、*fexA* 和 *fexB* 等）；由多重耐药基因 *cfr* 介导的核糖体甲基化；由多重耐药基因 *optrA*、*poxtA* 介导的核糖体保护。Wang 等（2013）于 2012 年首次在北京一家猪场分离的猪链球菌 S10 菌株中发现质粒携带的多重耐药基因 *cfr*，位于一个约 100 kb 的质粒 pStrcfr 上，中间有两个新的插入序列 IS*Enfa5*，位于同一个方向，进一步通过反向 PCR 检测到含有 *cfr* 和 IS*Enfa5* 的扩增子，提示 IS*Enfa5* 可能在 *cfr* 的传播中起作用。Huang 等（2016）对 GenBank 数据库中的猪链球菌数据分析，发现 6 株 2011 年分离的猪链球菌中携带 *optrA* 基因。Huang 等（2019）对 2016～2017 年分离自江苏的 107 株猪链球菌进行检测，发现 38.3% 的菌株携带 *optrA*。Shang 等（2019）对 2010～2016 年分离自河南、山西和广东的 237 株猪链球菌检测发现，*optrA* 携带率为 11.8%（28/237）。2010～2016 年，商艳红（2019）从河南、山西和广东共分离鉴定了 237 株猪链球菌，其中 *optrA* 和 *lsa*(E) 检出率分别为 11.8%（28/237）和 14.3%（34/237），*optrA* 和 *lsa*(E) 共存的菌株有 6 株，占比 2.5%（6/237）。全基因组学分析表明，*optrA* 基因位于一个约 50 kb 的新型前噬菌体上，其侧翼区包含 IS*1216*，且具有两个同向重复序列。*Lsa*(E)基因位于约 79 kb 的 ICESa2603 型转座子上。

近些年，猪链球菌对林可霉素、氨基糖苷类和 β-内酰胺类抗菌药物也产生耐药。2015 年，Bojarska 等（2016）首次在波兰猪链球菌中发现林可霉素核苷酸转移酶基因 *lnu*(B)，且与 *lsa*(E)位于同一个基因簇。Palmieri 等（2011）在意大利猪链球菌中发现了 *aadE-sat4-aphA-3* 基因簇，可同时介导菌株对多种氨基糖苷类抗菌药物耐药。Gurung 等（2015）对韩国庆大霉素耐药的猪链球菌的研究发现，22.6%的菌株携带 *aph(3')-IIIa*，10.2%的菌株携带 *aac(6')-Ie-aph(2'')-Ia*，17.7%的菌株同时携带这两种基因。Huang 等（2016）对 20 株大观霉素耐药的猪链球菌检测发现，其中有 19 株携带 *aadE-spw-lsa*(E)-*lnu*(B)基因簇。Zhang 等（2022）在猪链球菌中发现了一个可同时介导链阳霉素 A、截短侧耳素和林可霉素耐药的新基因 *srpA*，该基因属于 ATP-binding cassette-F 家族，与 Vga(E)存在 36%的氨基酸同源性，并通过核糖体保护机制对药物耐药。

综上所述，猪链球菌的耐药性及多重耐药问题较为突出。目前国内外研究显示猪链球菌可携带多种耐药基因，如 *erm* 和 *mef*（大环内酯类）、*tet*(M)和 *tet*(O)（四环素类）、*cfr* 和 *optrA*（酰胺醇类和噁唑烷酮类）、*lsa*(E)、*plsA* 和 *srpA*（截短侧耳素类）等，且这些基因通常由可移动基因元件携带，形成一个耐药基因的集合簇，从而介导菌株同时对多种抗菌药物耐药，菌株可在健康猪呼吸道中长期存在，因此猪链球菌有可能是一个非常重要的耐药基因储库。另外，猪链球菌有较强的生物被膜形成能力，这也是猪链球菌表现多重耐药的主要原因之一（Yi et al.，2020）。猪链球菌是非常重要的人兽共患病原菌，人感染后可造成严重后果，但目前有关猪链球菌各种耐药基因的流行病学研究还不够系统和全面，仍需不断加强，这对预防和治疗猪链球菌病具有重要的意义。

2. 副猪嗜血杆菌

治疗副猪嗜血杆菌病主要有酰胺醇类、β-内酰胺类、氟喹诺酮类和大环内酯类等抗菌药物。近几年来，随着养猪业的快速发展和抗菌药物的大量使用，副猪嗜血杆菌的耐药性日益严重，但不同国家的耐药情况也不尽相同，其耐药表型在此前第二章第二节已详细描述，本部分以药物分类为主线，针对副猪嗜血杆菌常见的耐药基因进行阐述。

1）四环素类和酰胺醇类药物耐药基因

四环素类药物耐药是副猪嗜血杆菌中最常见的耐药表型。四环素耐药基因 *tet*(B) 在副猪嗜血杆菌中分布广泛，其主动外排作用可能是导致副猪嗜血杆菌对四环素耐药的主要机制。Dayao 等（2016a）对澳大利亚分离的 30 株副猪嗜血杆菌的四环素类耐药基因进行检测，结果表明 17 株菌携带 *tet*(B)并对四环素耐药。德国研究人员 Spaic 等（2019）首次在 2 株四环素耐药副猪嗜血杆菌中检测到 *tet*(O)。Lancashire 等（2005）发现 *tet*(B) 和 *mob*ABC 共存于一株四环素耐药副猪嗜血杆菌的质粒 pHS-Tet（5147 bp），且推测携带该质粒的耐药菌株可能存在克隆传播。杨守深等（2016b）从广东地区分离的 95 株副猪嗜血杆菌中检测到 *tet*(B)，检出率为 21.1%。徐成刚等（2011）在 2008~2010 年对华南地区副猪嗜血杆菌的耐药性进行监测时发现该地区副猪嗜血杆菌的耐药性呈逐年上升趋势，被检菌株对四环素耐药的耐药率为 25.22%，其中 62.07%的耐药株携带 *tet*(B)。

我国多项研究表明副猪嗜血杆菌已对氟苯尼考产生耐药。Li 等（2015b）在 2013～2014 年从上海和江苏病猪中共分离到 62 株副猪嗜血杆菌，耐药基因检测时发现部分菌株携带有 *floR*，位于大小约 6 kb 的 F1 质粒，该质粒成功转化至氟苯尼考敏感菌株后可出现氟苯尼考耐药表型，这是首次在副猪嗜血杆菌中报道 *floR*。此后，杨开杰（2018）也在华南和华北地区 2012～2016 年分离的菌株中检测到 *floR*，位于一个仅含 3 个开放阅读框的 5279 bp 的质粒上。

2）β-内酰胺类药物耐药基因

目前发现副猪嗜血杆菌对 β-内酰胺类抗菌药物产生耐药，主要由细菌携带的 *bla*ROB-1 和 *bla*TEM 引起（Guo et al.，2012）。西班牙研究人员 San 等（2007）在 β-内酰胺类耐药副猪链球菌中发现质粒 pB1000 可编码活性 β-内酰胺酶 ROB。随后，Moleres 等（2015）发现健康断奶仔猪体内分离的副猪嗜血杆菌携带新型 *bla*ROB-1 质粒 pJMA-1，且可在不同细菌间进行水平转移。2020 年，Van 等（2020）对越南中部地区分离的 56 株菌进行耐药性检测，测得菌株对阿莫西林的耐药率为 78.6%，且这些菌株中 *bla*TEM-1 的携带率为 94.6%。

杨守深等（2016a）对在对华南地区临床分离的 145 株副猪嗜血杆菌的研究中发现 1 株菌 QY431 携带有 *bla*ROB-1，位于全长 7777 bp 的 pQY431-1 质粒，其基因环境由潜在的移动和复制区、一个截断的 IS*Apl1* 插入序列、耐药基因 *aacA-aphD* 和 *bla*ROB-1 组成。此外，魏海林等（2018）在 2014～2016 年对四川 18 个地区疑似副猪嗜血杆菌感染的病猪进行疑似菌株的分离鉴定，并进行药敏试验和耐药基因的检测，结果获得 97 株副猪嗜血杆菌，其中对 β-内酰胺类耐药的菌株比例高达 86.6%，对氨苄西林、阿莫西林、青霉素、头孢噻肟和头孢唑啉的耐药率分别为 63.9%、56.7%、74.2%、37.1%和 29.9%，耐药基因 *bla*TEM、*bla*SHV、*bla*CTX、*bla*OXA 和 *bla*DHA 的检出率分别为 57.7%、33.0%、17.5%、19.6%和 2.1%，表明四川副猪嗜血杆菌分离株对 β-内酰胺类抗菌药物耐药主要由质粒携带的 β-内酰胺类耐药基因导致。上述研究表明除 *bla*ROB-1 和 *bla*TEM 基因外，*bla*SHV、*bla*CTX、*bla*OXA 和 *bla*DHA 等 β-内酰胺类耐药基因在副猪嗜血杆菌中也逐渐出现。

3）氟喹诺酮类药物耐药基因

兽医临床常用的氟喹诺酮类药物主要包括恩诺沙星、环丙沙星和诺氟沙星等。目前在副猪嗜血杆菌中已报道的氟喹诺酮类药物耐药机制主要是药物靶点的基因突变（*gyrA*、*parC* 等）。Zhao 等（2018a）的研究表明，副猪嗜血杆菌对氟喹诺酮类抗菌药物的耐药性较低且主要是因 *gyrA* 和 *parC* 突变导致。Guo 等（2011）从华南地区分离的 115 株副猪嗜血杆菌中检测到 *qnrA1*、*qnrB6* 和 *aac(6′)-Ib-cr*，检出率分别为 2.61%、0.87%和 2.61%，其中一株菌同时携带 *aac(6′)-Ib-cr* 和 *qnrA1*；喹诺酮耐药决定区的突变分析表明，耐药菌株的 GyrA 至少发生一个突变（第 83 或 87 位氨基酸），GyrB 未检测到突变。陈品（2011）也证明 GyrA 的 83 位和 87 位氨基酸突变是导致副猪嗜血杆菌对氟喹诺酮耐药的主要原因，其次是 ParC 突变导致耐药。张强（2015）对分离自 7 个省份的 138 株副猪嗜血杆菌进行耐药性分析，发现恩诺沙星的耐药率为 60.1%，左旋氧氟沙星的耐药率为 5.8%，所有恩诺沙星耐药菌株均在 GyrA87 位点发生突变。

4）大环内酯类药物耐药基因

目前报道的副猪嗜血杆菌对大环内酯类抗生素的耐药机制主要因甲基化酶对药物作用靶点的甲基化修饰及 23S rRNA 的点突变导致，尚未见其他机制报道。2016 年，Dayao 等（2016b）对澳大利亚猪源副猪嗜血杆菌的研究发现一株副猪嗜血杆菌在 6 个 23S rRNA 拷贝上均发生 A2059G 突变，该突变之前曾被报道与大环内酯类耐药相关，此菌株对红霉素和替米考星的 MIC 值分别为 64 μg/mL 和>128 μg/mL。Yang 等（2013）从 145 株副猪嗜血杆菌中检测到 1 株菌携带 *ermT*，该基因位于大小约为 7 kb 的质粒上，其编码蛋白与已报道的蛋白质同源性为 93.9%，携带 *ermT* 的菌株对红霉素的 MIC 值提高了 64 倍。Cao 等（2018）研究发现副猪嗜血杆菌的 CpxRA 系统可以导致菌株对大环内酯类抗生素耐药，转录调节因子 CpxR 可影响 RND 外排泵 HAPS_RS00160（AcrA）和多药外排转运蛋白 HAPS_RS09425 的表达。

综上所述，副猪嗜血杆菌对不同种类抗菌药物的耐药性也逐渐上升，且出现多重耐药菌。其中对四环素类药物耐药是最常见的耐药表型，主动外排蛋白 Tet(B) 是导致副猪嗜血杆菌对四环素耐药的主要机制，此外还检测到核糖体保护蛋白 Tet(O)。对酰胺醇类药物氟苯尼考耐药的基因主要是 *floR*，多位于染色体上，可能会通过质粒的水平转移进行传播。介导 β-内酰胺类抗菌药物耐药的主要是 bla_{ROB-1} 和 bla_{TEM} 基因；此外，bla_{SHV}、bla_{CTX}、bla_{OXA} 和 bla_{DHA} 等其他 β-内酰胺类耐药基因在副猪嗜血杆菌中也开始出现。副猪嗜血杆菌对氟喹诺酮类药物的耐药机制主要是药物靶点 *gyrA* 和 *parC* 的基因突变，在我国也检测到了喹诺酮类质粒介导喹诺酮耐药基因 *qnrA1*、*qnrB6* 和 *aac(6′)-Ib-cr*。副猪嗜血杆菌对大环内酯类抗生素的耐药机制主要是甲基化酶修饰（如 *ermT*）及 23S rRNA 的点突变导致。目前，国内外有关副猪嗜血杆菌耐药性及其耐药基因的流行情况报道较少，为指导临床合理正确使用抗菌药物，仍需进一步加强对副猪嗜血杆菌耐药性的监测。

3. 胸膜肺炎放线杆菌

目前，应用酰胺醇类、四环素类和磺胺类等抗菌药物仍然是预防与治疗胸膜肺炎放线杆菌病的主要手段，但抗菌药的使用不可避免地会导致胸膜肺炎放线杆菌的耐药情况日益严重。该类病原菌耐药表型在此前第二章第二节已详细描述，本部分以药物分类为主线，针对胸膜肺炎放线杆菌常见的耐药基因进行阐述。

1）酰胺醇类药物耐药基因

目前仅发现 *floR* 是介导胸膜肺炎放线杆菌对氟苯尼考耐药的主要原因。Kucerova 等（2011）对捷克 2007～2009 年分离的 242 株胸膜肺炎放线杆菌进行检测，发现菌株对氟苯尼考的耐药率为 0.8%，且耐药菌株均携带 *floR*。Da 等（2017）在巴西东南部分离的胸膜肺炎放线杆菌中发现氟苯尼考耐药质粒 p518（3.9 kb），该质粒除了携带氟苯尼考耐药质粒均有的 *floR* 外，还携带了链霉素耐药基因 *strA* 和部分 *strB* 基因序列。Yoo 等（2014）

分析了韩国 2006～2010 年收集的 102 株猪胸膜肺炎放线杆菌的耐药情况，其中 *floR* 的检出率为 34%，且 *floR* 在种间转移频率为 5.7×10^{-3}。罗行炜等（2019）从河南、湖北、江西、山西、陕西、湖南和安徽等 7 个省份 206 份病死猪样本中分离到 28 株胸膜肺炎放线杆菌，其中 53.57% 菌株携带 *floR*，但仅有 4 株（14.29%）对氟苯尼考耐药，其他 11 株未表现氟苯尼考耐药表型；随机扩增多肽 DNA（RAPD）图谱分析发现，28 株分离株被分成亲缘关系较远的两大类（A 类和 B 类），携带 *floR* 的菌株主要集中在 A 类，菌株之间的同源性多为 40%～80%，表明来自不同省份的分离株间差异较大，提示 *floR* 阳性胸膜肺炎放线杆菌存在水平扩散的现象。

2）四环素类药物耐药基因

目前，国内外有关胸膜肺炎放线杆菌携带四环素类耐药基因的研究报道较少，但现有研究表明胸膜肺炎放线杆菌对四环素类耐药性比较严重。2006 年，Blanco 等（2006）对西班牙胸膜肺炎放线杆菌中四环素类耐药基因的携带情况进行检测，结果显示胸膜肺炎放线杆菌中 *tet*(B) 的检出率为 70%，其中有 30 株位于 5486 bp 的 p11745 质粒上；*tet*(O) 的检出率为 17%，还有 4% 的菌株携带 *tet*(H) 或 *tet*(L)。Yoo 等（2014）分析了 2006～2010 年韩国 102 株猪源胸膜肺炎放线杆菌，其中有 79 株（77.5%）胸膜肺炎放线杆菌携带四环素耐药基因，且在 11 种四环素耐药基因中，*tet*(B) 检出率为 79.7%，其次是 *tet*(H)（15.2%）和 *tet*(O)（10.1%），*tet*(B) 在种间转移的频率为 3.5×10^{-2}。Dayao 等（2016a）分析了澳大利亚 68 株猪源胸膜肺炎放线杆菌的耐药情况，发现 76% 的菌株对四环素耐药，*tet*(B) 的检出率最高达到 92.5%，1 株检测到 *tet*(H)，未检测到其他四环素耐药基因。

李海利等（2021）分析了 2013～2019 年分离的 85 株菌对四环素类抗菌药物的耐药情况，发现 9 种四环素类耐药基因 *tet*(A)、*tet*(B)、*tet*(C)、*tet*(D)、*tet*(E)、*tet*(G)、*tet*(H)、*tet*(1) 和 *tet*(L2) 的检出率分别为 78.8%、41.2%、15.3%、8.2%、21.2%、15.3%、43.5%、24.7% 和 30.6%。彭志锋等（2021）对河南分离的 5 株胸膜肺炎放线杆菌耐药情况分析发现，该 5 株菌均对四环素耐药，且均携带编码外排泵蛋白 Tet(B) 和 Tet(A)，但未检测到其他四环素耐药基因。国内外研究表明，不同地区胸膜肺炎放线杆菌对四环素类药物的耐药率都较高，主要流行的是外排泵类 *tet*(B) 基因；此外，其他外排泵基因 *tet*(A)、*tet*(H)，以及核糖体保护类耐药基因 *tet*(O) 等在国内外研究中也有报道。我国还在胸膜肺炎放线杆菌中检测到 *tet*(C)、*tet*(D)、*tet*(E)、*tet*(G) 和 *tet*(1) 等多种四环素类耐药基因。

3）磺胺类药物耐药基因

目前报道的胸膜肺炎放线杆菌对磺胺类抗菌药的耐药性主要是由 *sul1*、*sul2* 和 *sul3* 基因介导，该类基因编码的新二氢叶酸合成酶与磺胺类药物的亲和力较低，导致菌株对磺胺类药物的敏感性下降（彭志锋等，2021）。国外对胸膜肺炎放线杆菌磺胺类耐药基因 *sul2* 的研究较多。英国研究人员 Bosse 等（2015）对 1998～2011 年分离的 106 株胸膜肺炎放线杆菌进行检测，发现其中 16 株菌对甲氧苄啶（MIC>32 mg/L）和磺胺异噁唑（MIC≥256 mg/L）同时耐药，32 株菌对磺胺异噁唑（MIC≥256 mg/L）耐药，菌株均携

带 *dfrA14* 和 *sul2*。Archambault 等（2012）在加拿大分离的 8 株多重耐药胸膜肺炎放线杆菌中均检测出 *sul2*。Matte 等（2007）在瑞士某猪屠宰场分离的 83 株胸膜肺炎放线杆菌中，磺胺甲噁唑/甲氧苄啶（复方新诺明）耐药菌株的分离率为 40%，33 株耐药菌中有 5 株携带 *sul2*。我国相关报道较少，彭志锋等（2021）对河南及周边地区 49 个规模化猪场的肺脏和气管样品中分离的 79 株胸膜肺炎放线杆菌进行耐药性分析，结果显示胸膜肺炎放线杆菌对磺胺类药物的耐药率为 100%，*sul2* 的检出率为 100%，*sul1* 的检出率为 79.75%，*sul3* 的检出率为 89.87%，*sul1* 和 *sul2* 同时存在的菌株占 70.89%。

4）其他抗菌药物耐药基因

国内外的胸膜肺炎放线杆菌分离株中几乎未出现超广谱 β-内酰胺酶、头孢菌素酶和碳青霉烯酶等 β-内酰胺酶类耐药基因的报道，且对头孢菌素类敏感性较强，但对阿莫西林、氨苄西林等表现出不同程度耐药，已报道的相关基因也仅有普通 β-内酰胺基因 *bla*_{ROB-1}。在胸膜肺炎放线杆菌中，*bla*_{ROB-1} 基因通常位于小质粒上，且可进行自然转移（Chang et al.，2002；Li et al.，2018b）。Yoo 等（2014）分析了 2006～2010 年韩国 102 例猪胸膜肺炎放线杆菌的耐药情况，结果表明，β-内酰胺类耐药基因 *bla*_{ROB-1} 的检出率为 15.0%，且 *bla*_{ROB-1} 在种间转移频率为 3.5×10^{-2}。李海利等（2020）对河南及周边地区 56 个规模化猪场的 85 株胸膜肺炎放线杆菌对氨基糖苷类抗菌药物的耐药基因进行检测，发现 *aac(3)-IIc* 和 *aac(3)-IV* 的携带率分别为 57.6% 和 81.2%，未检测到 *ant(2)-Ia*。此外，有研究报道了胸膜肺炎放线杆菌分离株的一个质粒 pHB0503 同时携带 *sul2*、*catA3*、*aacC2*、*strA*、*bla*_{ROB-1}、*aph(3')-I* 和不完整的 *strB*，该菌株表现出对磺胺二甲嘧啶、庆大霉素、链霉素、氨苄西林和卡那霉素的多重耐药（Kang et al.，2009）。

综上所述，国内外胸膜肺炎放线杆菌耐药基因的携带情况大致相同，常见的耐药基因主要有 *floR*、*tet*(B)、*tet*(A)、*sul2* 和 *bla*_{ROB-1}。胸膜肺炎放线杆菌是引起猪肺炎的重要病原菌之一，尤其病毒感染导致猪只免疫力下降引起该菌继发感染会导致死亡率上升，严重危害养猪业的发展。但是目前国内关于胸膜肺炎放线杆菌耐药性的研究相对较少，流行和传播规律及其相关风险因素等尚不明确，因此，需进一步加强监测胸膜肺炎放线杆菌对各类抗菌药物的耐药情况及耐药基因的流行情况，为临床合理用药提供指导，保障养猪业健康良性发展。

4. 多杀性巴氏杆菌

大环内酯类和四环素类等是治疗多杀性巴氏杆菌病的主要抗菌药物，其耐药表型在此前第二章第二节已详细描述，本部分以药物分类为主线，针对多杀性巴氏杆菌常见的耐药基因进行阐述。

1）大环内酯类药物耐药基因

目前已报道的介导多杀性巴氏杆菌对大环内酯类药物耐药的基因主要有 23S rRNA 甲基化酶基因 *erm42*、大环内酯类转运酶基因 *msr*(E)、大环内酯类磷酸转移酶基因 *mph*(E)等。Olsen 等（2015）对 2010～2013 年收集的 3 株大环内酯类高度耐药的牛源多杀性巴氏杆菌进行研究，发现其 23S rRNA 均发生了 A2059G 突变。Desmolaize 等（2011）

从法国和美国不同地区分离到 4 株对大环内酯类及克林霉素耐药的牛源多杀性巴氏杆菌，质谱分析显示耐药菌株的 23S rRNA 的 A2058 位点发生甲基化，全基因组测序发现新型 *erm*，并命名为 *erm42*，其可编码 Erm 单甲基转移酶，并可在不同种属的细菌间转移。Petrocchi-Rilo 等（2020）在 2017～2019 年从西班牙猪场中分离得到 48 株多杀性巴氏杆菌，检测发现 41.7% 的分离株携带 *ermC*、16.7% 的分离株携带 *ermA*，但所有分离株均未检测到 *mph*(E)。Kadlec 等（2011）对 2005 年从美国内布拉斯加州分离的一株多重耐药牛源多杀性巴氏杆菌进行全基因组测序分析，发现其携带 *erm42*、*msr*(C) 和 *mph*(E)，且三种耐药基因经质粒转移至敏感菌后导致受体菌对大环内酯类抗生素耐药。Yeh 等（2017）于 2013～2015 年从中国台湾患病猪分离到 62 株多杀性巴氏杆菌，耐药性检测发现菌株中 *ermB*、*ermT* 和 *erm42* 的检出率分别为 50.0%、41.9% 和 45.2%。

2）四环素类药物耐药基因

目前有关多杀性巴氏杆菌携带四环素类耐药基因的流行现状报道较少。韩国研究人员 Oh 等分析了 2010～2016 年从猪场分离的 37 株四环素耐药多杀性巴氏杆菌，结果表明分别有 78.4%、16.2%、5.4% 和 2.7% 的菌株携带四环素耐药基因 *tet*(B)、*tet*(H)、*tet*(C) 和 *tet*(O)，这也是首次在猪源多杀性巴氏杆菌中发现 *tet*(C)（Oh，et al. 2019）。Petrocchi-Rilo 等在 2017～2019 年从西班牙猪场中分离得到 48 株多杀性巴氏杆菌，33 株菌（68.7%）对四环素耐药，19 株菌检出 *tet*(B)，6 株菌检出 *tet*(A)（Petrocchi-Rilo et al.，2020）。王羽等（2018）对 18 株不同宿主源（12 株牛源、6 株猪源）的多杀性巴氏杆菌进行耐药性检测，*tet*(B) 的检出率为 22.22%，*tet*(O) 的检出率为 5.56%，*tet*(K) 与 *tet*(Q) 的检出率均为 27.28%，*tet*(G) 的检出率为 100%。

3）其他抗菌药物耐药基因

有研究报道多杀性巴氏杆菌可对磺胺类、β-内酰胺类和氯霉素类药物产生耐药。陈红梅（2019a）等对分离自福建、广东和江西等地的 89 株鸭源多杀性巴氏杆菌进行了耐药性检测，33 株（37.1%）对磺胺甲噁唑/甲氧苄啶耐药，耐药菌株中 *sul1*、*sul2* 和 *sul3* 的检出率分别为 100%、97.0% 和 21.2%，97.0% 的菌株同时携带 *sul1* 和 *sul2*，21.2% 的菌株同时携带 *sul1*、*sul2* 和 *sul3*，所有磺胺类耐药菌株均为 ST129 型。Petrocchi-Rilo 等（2020）在 2017～2019 年从西班牙猪场中分离得到 48 株多杀性巴氏杆菌，其中 27.1% 的菌株为 *bla*_{ROB-1} 阳性，8.3% 的菌株为 *bla*_{TEM} 阳性，只有 1 株同时携带 *bla*_{ROB-1} 和 *bla*_{TEM}。陈红梅等（2019b）报道了福建、广东和江西等地区 113 株禽源多杀性巴氏杆菌对氟苯尼考的耐药情况，共检测到 31 株氟苯尼考耐药菌株，且均携带 *floR*。Michael 等（2012）对 2005 年从美国分离的一株牛源多杀性巴氏杆菌进行耐药性分析，发现该菌存在一个 82 kb 的整合子（命名为 ICEPmu1），整合子含有 11 个耐药基因，介导该菌对链霉素/壮观霉素（*aadA25*）、链霉素（*strA* 和 *strB*）、庆大霉素（*aadB*）、卡那霉素/新霉素（*aphA1*）、四环素 [*tet*(R)-*tet*(H)]、氯霉素/氟苯尼考（*floR*）、磺酰胺（*sul2*）、替米考星/克林霉素（*erm42*）或替米考星/图拉霉素 [*msr*(E)-*mph*(E)] 等抗菌药耐药；此外，该菌虽携带了完整的 *bla*_{OXA-2}，但菌株未出现对应的耐药表型。

综上所述，目前国内外对多杀性巴氏杆菌耐药性的研究主要集中在猪、牛源菌株上，禽类源菌株的报道较少。多杀性巴氏杆菌检出的耐药基因主要是 *ermB* 和 *erm42*（大环内酯类）、*tet*(B)（四环素类）、*sul1/sul2*（磺胺类）等。目前研究主要关注的是多杀性巴氏杆菌耐药表型，有关其耐药基因的流行病学调查仍然欠缺，尚缺乏多杀性巴氏杆菌耐药基因的传播规律与流行特征的相关研究，有待系统开展相关工作。

5. 产气荚膜梭菌

产气荚膜梭菌感染能引起鸡坏死性肠炎和猪梭菌性肠炎，我国过去批准部分抗生素可作为预防性药物使用，对该病的预防和控制起到一定作用。目前治疗产气荚膜梭菌感染效果较好的药物主要有青霉素、庆大霉素、四环素、氟苯尼考、泰乐菌素、林可霉素和杆菌肽等。同样，抗生素的使用不可避免地引起产气荚膜梭菌的耐药率不断升高，导致临床面临治疗失败的风险。目前，国内外关于产气荚膜梭菌耐药性的研究还主要停留在表型研究的阶段（详见第二章第二节），基于遗传或全基因组测序（whole-genome sequencing，WGS）的基因分型研究还十分有限。以下为动物源产气荚膜梭菌携带耐药基因情况的相关研究进展。

1）四环素类药物耐药基因

四环素类耐药是产气荚膜梭菌最常见的耐药表型（Jay et al.，2017；Chon et al.，2018；Hu et al.，2018）。研究发现，产气荚膜梭菌携带的四环素耐药质粒都含有相同的四环素耐药决定因子 Tet P。该因子编码两个部分重叠的基因：*tetA*(P)和 *tetB*(P)。其中，编码的 TetA(P)是主动外排蛋白，TetB(P)是核糖体保护蛋白（Sloan et al.，1994）。目前已报道的产气荚膜梭菌中的四环素类耐药基因主要包括 *tetA*(P)、*tetB*(P)、*tet*(K)、*tet*(L)和 *tet*(M)等。*tet*(K)、*tet*(L)和 *tetA*(P)编码的蛋白质功能基本相似，均为四环素外排泵蛋白；*tet*(M)与 *tetB*(P)功能相似，可编码核糖体保护蛋白（Burdett，1991）。

早在 1968 年，Johnstone 和 Cockcroft 就在 102 株产气荚膜梭菌中检测到 11 株四环素耐药菌株，耐药率为 10.8%，这是首次对四环素耐药产气荚膜梭菌的报道。澳大利亚研究者于 1985 年首次在猪粪便样本分离的 3 株产气荚膜梭菌中发现携带四环素抗性的质粒（Rood et al.，1985）。1996 年，有研究者对分离自美国、澳大利亚、比利时和日本等国家的 81 株人源和猪源的四环素耐药产气荚膜梭菌进行分析，发现均携带 *tetA*(P)（检出率：100%），分别有 53.0%和 40.0%的菌株携带 *tetB*(P)和 *tet*(M)（Lyras and Rood，1996）。之后的研究发现动物源产气荚膜梭菌中 *tetA*(P)的携带率均处于较高的水平。2004 年的一项研究表明，瑞典、挪威和丹麦的家禽分离的四环素类抗生素耐药产气荚膜梭菌中 *tetA*(P)和 *tetB*(P)共存的菌株达 80%，20%的菌株中仅检出 *tetA*(P)，未检出 *tet*(M)（Johansson et al.，2004）。2006 年美国的一项研究在 124 株犬源产气荚膜杆菌中发现 96%的菌株为 *tetA*(P)阳性［其中 77 株四环素耐药株均为 *tetA*(P)阳性］，41%的分离株同时携带 *tetA*(P)和 *tetB*(P)，未检测到单独携带 *tetB*(P)的分离株，也未检测到 *tet*(M)阳性菌株（Kather et al.，2006）。2009 年，在比利时的 26 株四环素耐药肉鸡源产气荚膜梭菌中也检测到 20 株 *tetB*(P)阳性菌株、1 株 *tet*(M)阳性菌株，另外还检测到 6 株 *tet*(K)和 1 株 *tet*(L)

阳性菌株（Gholamiandehkordi et al.，2009）。2017 年，英国研究者通过全基因组测序分析了 56 株不同来源（人、家禽、绵羊、犬和马驹）产气荚膜梭菌，发现 *tetA*(P)（75%）比 *tetB*(P)（42%）更为流行（Kiu et al.，2017）。2021 年，印度研究者也发现 75 株不同来源畜禽源产气荚膜梭菌 *tetA*(P) 的检出率（39%）高于 *tetB*(P) 的检出率（24%），该项研究中也未发现 *tet*(M)、*tet*(L) 或 *tet*(K)（Anju et al.，2021）。

国内的相关研究较少。2020 年，Li 等（2020a）通过全基因组测序和生物信息学分析发现北京和山西分离的 48 株鸡源和猪源产气荚膜梭菌中 *tetA*(P) 和 *tetB*(P) 的检出率分别为 93.8% 和 56.3%，还有 1 株（2.1%）为 *tet*(M) 阳性，结果与国外报道的相似。此外，首次在动物源产气荚膜梭菌中检出 *tet*(44)，检出率高达 52.1%。

2）大环内酯类药物耐药基因

多数细菌对大环内酯类抗生素耐药的主要机制是通过合成甲基化酶将 23S rRNA 甲基化（刘耀川，2012）。产气荚膜梭菌主要也是通过该途径产生对大环内酯类抗生素的耐药。目前在产气荚膜梭菌中检测到的大环内酯类耐药基因主要有 *ermB*、*ermQ* 和 *mef*(A)。1994 年，澳大利亚的研究人员在人源和动物源产气荚膜梭菌中首次发现 *ermQ* 及其接合型质粒，并认为 *ermQ* 是产气荚膜梭菌中最常见的红霉素耐药基因（Berryman et al.，1994；Berryman and Rood，1995）。2009 年，美国也从水、土壤和污水等环境样品分离的产气荚膜梭菌中检测到 *ermB*、*ermQ* 和 *mef*(A)，检出率分别为 26%、1% 和 18%（Soge et al.，2009）。2021 年，印度研究人员在畜禽源产气荚膜梭菌中发现 21 株分离株携带 *ermQ*（21/75，28%），7 株携带 *ermB*（7/75，9%），但并未检测到 *mef*(A) 基因（Anju et al.，2021）。国内也于 2020 年在动物源产气荚膜梭菌中检测到 *ermQ*（23/48，47.9%）、*mph*(B)（13/48，27.1%）、*ermG*（5/48，10.4%），*ermA*、*ermB*、*mef*(A) 和 *msr*(D) 各有 1 株菌检出（1/48，2.1%）（Li et al.，2020a）。目前来看，国内的大环内酯类耐药基因整体流行率略高于国外。

Johnstone 和 Cockcroft（1968）建议将青霉素作为治疗梭菌感染的首选药物，红霉素次之。但是近几年的研究表明，大环内酯类耐药基因已在产气荚膜梭菌中广泛存在，因此不建议将大环内酯类药物用于治疗产气荚膜梭菌感染（Slavic et al.，2011；Ngamwongsatit et al.，2016）。

3）林可胺类药物耐药基因

林可胺类被批准用于兽医临床，主要用于革兰氏阳性菌的感染，其对坏死性肠炎有较好的防治效果。目前也有 *lnu*(A)、*lnu*(B) 和 *lnu*(P) 等介导的林可胺类耐药菌株出现，*lnu* 基因家族编码的核苷酸转移酶可灭活林可霉素（董卫超等，2012）。2004 年，在比利时 31 株不同肉鸡养殖场中分离的产气荚膜梭菌中检测到 *lnu*(A) 或 *lnu*(B)，并发现林可霉素的耐药率由 1980 年的 49% 增加到 2004 年的 63%（Martel et al.，2004）。2009 年，澳大利亚研究者也在鸡源产气荚膜梭菌中发现位于质粒上的 *lnu*(P)，并能接合转移至其他产气荚膜梭菌分离株（Lyras et al.，2009）。但是，2021 年印度的一项研究显示未在畜禽源产气荚膜梭菌中检测到 *lnu*(A) 和 *lnu*(B)（Anju et al.，2021）。国内的相关研究也显示

未检测到 *lnu*(A)、*lnu*(B) 和 *lnu*(P)，但是 Li 等(2020a)通过 WGS 和生物信息学分析发现分离自北京和山西的 48 株鸡源和猪源产气荚膜梭菌中有 10 株（20.8%）携带 *lnu*(D)，1 株（2.1%）携带 *lnu*(C)。

近年来，国内外动物源产气荚膜梭菌对林可胺类药物呈现出较高水平耐药，但关于其耐药基因的报道较少，仅有的报道显示相关耐药基因的流行率在不同地区之间存在差异（Martel et al.，2004；Lyras et al.，2009；Li et al.，2020a；Anju et al.，2021）。另外，大环内酯类-林可胺类-链阳菌素 B 耐药相关基因 *ermB* 和 *ermQ* 也可能介导产气荚膜梭菌对林可胺类耐药（Anju et al.，2021）。

4）杆菌肽耐药基因

杆菌肽是一种用于治疗坏死性肠炎的抗菌药物（Prescott et al.，1978；Brennan et al.，2003）。欧盟于 1999 年禁止将其用作动物饲料中的促生长剂，但有些国家仍将其用作饲料添加剂（Ian，2007）。杆菌肽的大量使用导致耐杆菌肽产气荚膜梭菌产生（Dion et al.，2010；Charlebois et al.，2012）。目前对产气荚膜梭菌中杆菌肽耐药的分子机制知之甚少。2015 年，国内一项研究报道 *bcrRABD* 介导产气荚膜梭菌对杆菌肽耐药，该基因负责将杆菌肽外排出细胞，其中 *bcrA* 和 *bcrB* 对杆菌肽耐药至关重要（Han et al.，2015）。

5）其他抗菌药物耐药基因

20 世纪 80 年代，Rood 等通过杂交试验证实猪源产气荚膜梭菌中存在氯霉素耐药基因 *catP* 和 *catQ*（Rood et al.，1985）。2017 年，美国一项关于产气荚膜梭菌耐药性的 WGS 研究还发现多重耐药基因 *mepA* 和 *rpoB* 基因突变介导的利福平耐药（Charles et al.，2017）；同年，英国研究者对 56 株产气荚膜梭菌进行大规模 WGS 分析，发现 100%的菌株携带抗防御素基因 *mprF*，该基因可能与菌株对包括庆大霉素在内的多种药物的耐药有关。此外，该研究还发现氨基糖苷类耐药基因 *ant(6)-Ib*（Kiu et al.，2017）。2020 年，中国的一项研究显示，在鸡源和猪源产气荚膜梭菌中检出氨基糖苷类耐药基因 *ant(6)-Ia*（5/48，10.4%）、*ant(6)-Ib*（25/48，52.1%）和 *aac(6')-aph(2")*（8/48，16.7%）（Li et al.，2020a）。2021 年的一项研究显示在印度的一个火鸡样本中分离到 1 株携带庆大霉素耐药基因 *ant(300)-I* 的产气荚膜梭菌（Anju et al.，2021）。中国的另一项研究报道了产气荚膜梭菌中检出由质粒携带的 *optrA*，携带菌株对利奈唑胺和氯霉素耐药，这也是在梭菌属中首次发现可转移的 *optrA*（Zhou et al.，2020a）。

研究者还发现大部分产气荚膜梭菌携带一个或多个高度同源的质粒，这些质粒可同时携带多种耐药基因且能够进行高频转移，对耐药基因的水平传播和扩散具有重要的作用（Bannam et al.，2011；Li et al.，2013；Mehdizadeh et al.，2016）。产气荚膜梭菌中最常见的耐药质粒是四环素耐药质粒（Abraham and Rood，1987；Adams et al.，2014）。接合型质粒 pCW3 是 1978 年在人源 A 型分离株 CW92 中发现的，该质粒携带了 *tetA*(P) 和 *tetB*(P)（Rood et al.，1978）。大量研究表明，产气荚膜梭菌的质粒大都来源于 pCPF 质粒，并且均与 pCPW3 相同或高度同源（Bannam et al.，2006；Miyamoto et al.，2006）。这些质粒均有一个高度同源的、约 35 kb 的保守区，暗示这些产气荚膜梭菌质粒可能来源于同一个携带耐药基因的质粒。该保守区包含独特的复制基因（*rep*）、假定的分配区域 parMRC 和 *tcp* 结合位点（Bannam et al.，2006；Bannam et al.，2011；Li et al.，2013）。其中，*tcp* 位点包括 12 个基因（*tcpK*、*tcpM* 和 *tcpA-tcpJ*），以及位于 *tcpK* 和 *tcpM* 之间的转移起点（*oriT*）（Jessica and Julian，2017）。*tcpA*、*tcpD*、*tcpE*、*tcpF* 和 *tcpH* 已被证明是细菌接合转移所必需的基因簇（Jessica et al.，2016；Traore et al.，2018）。目前已确定的产气荚膜梭菌耐药质粒还有氯霉素、杆菌肽和林可霉素等耐药质粒（如 pPIP401、pJIR4150 和 pJIR2774 等），这些质粒均携带不同的可移动耐药元件，如以 Tn*4451* 为代表的氯霉素耐药可移动整合元件、以 ICECp1 为代表的杆菌肽耐药接合整合元件和以 tISCpe8 为代表的林可霉素耐药可转移插入序列等，且均为 pCPW3-like 可接合质粒（Adams et al.，2018）。

综上所述，目前国外已报道的动物源产气荚膜梭菌携带的耐药基因主要有：四环素耐药基因 *tetA*(P)、*tetB*(P)、*tet*(K)、*tet*(L) 和 *tet*(M)；大环内酯类耐药基因 *ermB*、*ermQ* 和 *mef*(A)；林可胺类耐药基因 *lnu*(A)、*lnu*(B) 和 *lnu*(P)。还有一些不太常见的耐药基因，如氯霉素耐药基因 *catP* 和 *catQ*、多重耐药基因 *mepA*、利福平耐药基因 *rpoB*、氨基糖苷类耐药基因 *ant(6)-Ib* 和庆大霉素耐药基因 *ant(300)-I*。虽然我国对动物源产气荚膜梭菌抗生素耐药性的检测数据较多，但是关于耐药基因的研究仍较少。已有的报道显示我国动物源产气荚膜梭菌的四环素耐药基因的流行情况与国外相似，大环内酯类耐药基因检出率较国外高，林可胺类耐药基因 *lnu*(A)、*lnu*(B) 和 *lnu*(P) 未在国内发现，但是检出了 *lnu*(D) 和 *lnu*(C)。此外，我国对产气荚膜梭菌中杆菌肽耐药基因 *bcrA* 和 *bcrB*、氨基糖苷类耐药基因 *ant(6)-Ia* 和 *aac(6')-aph(2'')*，以及利奈唑胺和氯霉素耐药基因 *optrA* 也有所报道。在前期研究基础上，我们应继续对产气荚膜梭菌耐药性进行监测，同时加强对其耐药机制的挖掘和解析，从而为耐药性的监测提供检测靶标和方法。

6. 鸭疫里默氏杆菌

目前虽存在鸭疫里默氏杆菌疫苗，但因该菌血清型众多，彼此之间无交叉保护，因此现阶段抗菌药物治疗仍是防控鸭疫里默氏杆菌的主要手段。同样，抗菌药物的使用导致临床上鸭疫里默氏杆菌耐药现象十分严重，目前关于鸭疫里默氏杆菌对常用抗生素的耐药机制尚未完全阐明。如上一章所述，国外对鸭疫里默氏杆菌的报道不多，关于其耐药基因的报道更是有限。养鸭业是我国的特色经济产业，养殖技术水平低下及大量使用抗菌药物导致我国鸭疫里默氏杆菌耐药水平远远高于国外，因此国内对该菌的关注度相对较高。氨基糖苷类、酰胺醇类、氟喹诺酮类和 β-内酰胺类等抗菌药物是治疗鸭疫里默氏杆菌最常见的药物。此外，鸭疫里默氏杆菌可通过自然转化整合外源 DNA，使其获得耐药基因的能力大大增强。本部分主要阐述鸭疫里默氏杆菌携带的耐药基因情况。

1）氨基糖苷类药物耐药基因

氨基糖苷类药物抗菌作用强、抗菌谱较广、活性较强，在临床上被频繁使用，导致鸭疫里默氏杆菌对氨基糖苷类药物具有较强的耐药性。细菌产生的钝化酶可通过水解或修饰作用破坏氨基糖苷类药物的活性基团，导致药物失效（刘可欣等，2020）。刘颖

（2005）采用 PCR 方法对全国各地 37 株氨基糖苷类耐药的鸭疫里默氏杆菌进行 9 种常见氨基糖苷类钝化酶基因的检测，其中一株 *ant(3″)-I* 基因呈阳性。蔡秀磊（2007）从浙江各地养殖场病死鸭分离的 22 株鸭疫里默氏杆菌中检测到编码核苷转移酶的 *aadA5*、*aadA1* 和编码酰基转移酶的 *aac6-II*，与其他细菌的 *aadA5*、*aadA1* 和 *aac6-II* 的同源性均在 95% 以上。Sun 等（2012）从华南地区分离的 103 株菌中检测到 6 种氨基糖苷类钝化酶，其中 *aac(6′)-Ib* 的检出率最高（65%），其次为 *aadA2*（34%）、*aadA1*（23%）、*aac(3′)-IV*（11%）、*aac(3′)-IIc*（4%）和 *aph(3′)-VII*（2%）。同年，杨芳芳（2013）在广东、福建、四川和山东临床死亡鸭病料中分离的 38 株菌也检出 *ant(3″)-Ia*、*aac(6′)-Ib* 和 *aph(3′)IIa*，检出率分别为 31.6%、89.5% 和 94.7%，且与大肠杆菌和沙门菌中相应的耐药基因的同源性极高。

外排泵也可介导鸭疫里默氏杆菌对氨基糖苷类抗生素耐药。Zhang 等（2017c）在鸭疫里默氏杆菌中鉴定出一个编码 RND 家族外排泵 RaeB 的基因 *B739_0873*，该基因缺失会增强鸭疫里默氏杆菌对氨基糖苷类药物的敏感性。李生斗（2019）在鸭疫里默氏杆菌中鉴定到一个编码 ABC 家族外排泵 MarB 亚基的基因 *RIA_1614*，该基因的缺失也会增强鸭疫里默氏杆菌对氨基糖苷类药物的敏感性。综上所述，国内研究表明鸭疫里默氏杆菌对氨基糖苷类的耐药主要是钝化酶的产生导致，此外也有外排泵介导的耐药。仍有部分菌株表现耐药但未能检测到耐药基因，在进行耐药检测的同时还要加强相关耐药机制的深入研究和探索。

2）酰胺醇类药物耐药基因

cat 基因编码的乙酰转移酶可催化乙酰基从乙酰辅酶 A 转移到氯霉素形成 1,3-二乙酸氯霉素，导致氯霉素失去抗菌活性（White et al.，1999）。蔡秀磊（2007）在临床分离的 22 株鸭疫里默氏杆菌中，首次检测到 *catB3* 基因。有关鸭疫里默氏杆菌质粒携带的氯霉素耐药基因的报道主要见于中国台湾地区。Chen 等（2010b）在中国台湾地区 2005～2009 年分离的鸭和鹅源病料的 74 株鸭疫里默氏杆菌中首次发现携带 *catB* 基因的质粒 pRA0511。Chen 等（2012）报道了中国台湾地区分离的 66 株鸭疫里默氏杆菌中检测到 *floR*（14%，9/66），确定其位于质粒 pRA0726 和 pRA0846，并证实与鸭疫里默氏杆菌对氯霉素和氟苯尼考的耐药性相关；此外，质粒 pRA0726 上还发现 *catB* 和 *bla*OXA-209。Huang 等（2017）采用 PCR 方法检测了 192 株鸭疫里默氏杆菌的氯霉素类相关耐药基因，发现有 69 株菌（36%）携带 *catB3*，其中 1 株携带有 2 个拷贝的 *catB3*（*G148_1769* 和 *G148_1772*），当 2 个拷贝的 *catB3* 同时缺失后，该菌对氯霉素的敏感性可增强 8 倍。因此，目前国内介导鸭疫里默氏杆菌对氯霉素类耐药的主要是 *catB* 基因，部分菌株中还携带有 *floR* 基因。

3）氟喹诺酮类药物耐药基因

鸭疫里默氏杆菌对氟喹诺酮类药物耐药主要因靶位突变导致。靶位突变可导致氟喹诺酮类抗菌药物与靶位的亲和力下降，从而使药效降低（George et al.，2006；Laubacher and Ades，2008）。2005 年，刘颖首次通过体外诱导鸭疫里默氏杆菌敏感菌株获得氟喹诺酮类耐药，进而分析菌株的 *gyrA* 喹诺酮类药物耐药决定区（quinolone resistance determinational region，QRDR），发现存在碱基突变导致 GyrA 空间构象发生变化，从而使其对喹诺酮类药物的敏感性降低（刘颖，2005）。孙亚妮（2008）对临床分离的 31 株鸭疫里默氏杆菌的 *gyrA* 序列进行分析，发现诺氟沙星耐药株均出现 *gyrA* 基因突变，突变位点主要是 QRDR 第 83 位和第 87 位氨基酸，环丙沙星耐药菌株的 *gyrA* 突变无明显规律。Sun 等（2012）研究发现，鸭疫里默氏杆菌 *gyrA* 第 83 位和第 87 位氨基酸同时突变后对氟喹诺酮类药物的耐药水平显著高于单个位点突变。该研究还发现鸭疫里默氏杆菌 *parC* 基因的 QRDR 存在 Arg120Glu 突变，*gyrA* 和 *parC* 菌发生突变的分离株比 *gyrA* 单突变株表现出更高的环丙沙星耐药性，因此作者推测该位点氨基酸的突变可能与环丙沙星耐药相关。有研究表明，主动外排泵系统也与鸭疫里默氏杆菌对大部分二代氟喹诺酮类抗菌药物的耐药性相关（金龙翔等，2014）。

4）β-内酰胺类药物耐药基因

目前发现主动外排泵或者膜孔蛋白缺失是导致鸭疫里默氏杆菌对 β-内酰胺类抗生素耐药的主要机制。仲崇岳等（2009）通过加入外排泵抑制剂羰基-氰-间氯苯腙（CCCP）前后，鸭疫里默氏杆菌对 β-内酰胺类抗菌药物敏感性的变化，探究鸭疫里默氏杆菌临床株是否存在跨膜质子梯度能驱动型外排泵，从而间接证明外排泵系统与鸭疫里默氏杆菌对 β-内酰胺类、氨基糖苷类和喹诺酮类药物的耐药性相关。仲崇岳等（2009）排除外排泵和 β-内酰胺酶介导鸭疫里默氏杆菌临床分离株 RA14、RA58 和 RA59 对苯唑西林、头孢吡肟、头孢噻肟和青霉素的耐药后，证实外膜蛋白缺失导致细胞膜通透性改变是引发这些耐药性改变的主要原因。

5）其他抗菌药物耐药基因

Luo 等（2015）在来自中国不同地区的 206 株鸭疫里默氏杆菌中检测到 64 株（31%）菌株携带有 *ermF* 基因，*ermF* 基因的缺失会增强鸭疫里默氏杆菌对林可胺类抗菌药物和大环内酯类抗菌药物的敏感性，使其对红霉素、阿奇霉素、泰乐菌素和林可霉素的 MIC 降低。Xing 等（2015）也证实由 *ermFU* 或 *ermF* 基因编码的甲基化酶是导致鸭疫里默氏杆菌对红霉素耐药的主要机制之一。

Li 等（2017c）利用转座子随机突变技术，证明编码氧化还原酶的 *M949_0459* 基因 [*tet*(X) 同源基因] 与鸭疫里默氏杆菌对替加环素的耐药性相关。此外，Zhu 等（2018）发现鸭疫里默氏杆菌中 *tet*(X) 基因存在水平转移现象，可使获得该基因的四环素敏感株变成耐药株。最近的一篇研究显示，鸭疫里默氏杆菌可能是替加环素耐药基因 *tet*(X) 的潜在储库（Cui et al.，2021）。

Luo 等（2017）首次证明鸭疫里默氏杆菌中 *lnu*(H) 基因所编码的蛋白质是一种新型的林可胺核苷酸转移酶，并通过体外动力学试验证明该蛋白质可以抑制林可胺类药物的抗菌活性，从而使鸭疫里默氏杆菌对该类药物产生高水平的耐药性。

综上，鸭疫里默氏杆菌存在对氨基糖苷类药物耐药的钝化酶基因 *aac(6′)-Ib*、对氯霉素类药物耐药的乙酰转移酶基因 *catB*、对喹诺酮类药物耐药的 *gyrA* 基因 QRDR 序列的碱基突变，对 β-内酰胺类药物耐药的主要机制是细胞膜通透性的改变。

7. 支原体

支原体感染的治疗主要依赖抗菌药物，但由于其结构和代谢特点，支原体对多种抗菌药物天然耐药。目前治疗常用药物为氟喹诺酮类、截短侧耳素类、大环内酯类、四环素类和林可胺类等。近年来，动物支原体对多种抗菌药物的敏感性显著降低，尤以大环内酯类和四环素类较为突出。支原体不含质粒，对各类药物的耐药主要由靶位突变所介导，少数机制与转座子有关。耐药突变体的产生不仅取决于支原体的种类，同时也与所使用的抗菌药物种类有关。有关支原体耐药表型相关内容在本书第二章第二节中已描述，本部分主要阐述支原体对各类药物耐药的突变机制和检出情况。

1）大环内酯类药物耐药突变

大环内酯类药物主要通过与 23S rRNA 第 V 结构域的 A2058 核苷酸、第 II 结构域的 G748 核苷酸及其周围区域以及 L4 蛋白和 L22 蛋白的表面产生相互作用，抑制肽链的合成过程，发挥抗菌效果。大多数对大环内酯类抗生素敏感性降低的支原体分离株均发现这些位点或者区域发生突变。国内外报道的耐药菌株在 23S rRNA、L4 和 L22 核糖体蛋白的突变见表 3-14（Novotny et al.，2004；Luo et al.，2018）。

表 3-14　耐大环内酯类药物动物源支原体的 23S rRNA 基因或 L4 和 L22 核糖体蛋白突变

	鸡毒支原体 （Wu et al.，2005； Ammar et al.，2016）	鸡滑液囊支原体 （Poehlsgaard et al.，2012）	猪肺炎支原体 （Stakenborg et al.，2005）	牛支原体 （Uri et al.，2014； Khalil et al.，2017）	无乳支原体 （Miranda et al.， 2017）
23S rRNA 的 II 结构域		G748A （*rrl3*、*rrl4*）		G748A（*rrl3*、*rrl4*）； C752T（*rrl4*）； G954A（*rrl3*）	
23S rRNA 的 V 结构域	G2057A； A2058G（*rrl3*、*rrl4*） A2059G（*rrl3*、*rrl4*）； A2503U； C2611G	G2057A； A2058G （*rrl3*、*rrl4*）； A2059G （*rrl3*、*rrl4*）	G2057A	A2058G（*rrl3*、*rrl4*） A2059G（*rrl3*、*rrl4*）； G2144A（*rrl3*） C2152（*rrl4*）； G2526A	A2058G （*rrl3*、*rrl4*）； A2059G （*rrl3*、*rrl4*）； C2611T
L4 蛋白		G64E		G185R/W； G185A/L/R/V/W； T186P	
L22 蛋白		Q90K/H		Q93K/H；Q90H	S89L；Q90K/H

Khalil 等（2017）比较了法国 2009 年以后和 1978～1979 年收集的牛支原体，发现其对大多数抗菌药物的敏感性降低，对大环内酯类药物泰乐菌素和替米考星的耐药性主要由 23S rRNA 的 II 结构域（G748A）和 V 结构域（A2058G）突变介导。Stakenborg 等（2005）从比利时大环内酯类耐药猪肺炎支原体中检测到 23S rRNA V 结构域的 G2057A 突变。Uri 等（2014）对来自以色列、匈牙利、立陶宛、德国和英国等不同国家的 54 株牛支原体研究发现，大环内酯类耐药支原体中分别检测到 23S rRNA 的 II 结构域、V 结构域突变，L4 和 L22 核糖体蛋白突变等。Ammar 等（2016）在埃及大环内酯类耐药鸡毒支原体中检测到 23S rRNA V 结构域突变。Miranda 等（2017）在西班牙大环内酯类耐药无乳支原体中检测到 23S rRNA V 结构域突变及 L22 核糖体蛋白突变。早在

2005 年，我国研究人员 Wu 等（2005）就通过体外诱导试验检测到了鸡毒支原体中由 23S rRNA V 结构域突变介导的大环内酯类耐药。

2）四环素类药物耐药突变

Amram 等（2015）对临床分离的牛支原体的研究发现，其耐药株在 16S rRNA（*rrs3* 和 *rrs4*）均存在 2～3 个位点的碱基突变，即 A965T、A967T/C 或 A965T、A967T/C 和 G1058A/C，但未发现介导四环素类抗生素耐药的相关基因，即编码核糖体保护蛋白的 *tet*(M)、*tet*(O)和 *tet*(L)。2017 年的一项研究表明，16S rRNA 的单个 *rrs* 等位基因中的 A967T 点突变对于牛支原体对土霉素的耐药性影响较小（Khalil et al.，2017）。

3）氟喹诺酮类药物耐药突变

氟喹诺酮类药物通过抑制 DNA 复制所需的拓扑异构酶 II 和 IV 的活性，导致 DNA 产生双链断裂实现抗菌效果。支原体对氟喹诺酮类药物的耐药性是由于氟喹诺酮类药物耐药决定区（QRDR）中 DNA 回旋酶亚基 GyrA 和 GyrB 或拓扑异构酶 IV 亚基 ParC 和 ParE 发生氨基酸突变（Redgrave et al.，2014）。表 3-15 列出了国内外研究者已报道的耐

表 3-15 国内外研究报道的耐氟喹诺酮类药物动物支原体的 DNA 促旋酶亚基 GyrA 和 GyrB 或拓扑异构酶 IV 亚基 ParC 和 ParE 氨基酸突变

蛋白名称	鸡毒支原体 (Reinhardt et al., 2002a; Reinhardt et al., 2002b; Lysnyansky et al., 2008)	鸡滑液囊支原体 (Lysnyansky et al., 2013)	猪肺炎支原体 (Le Carrou et al., 2006; Vicca et al., 2007)	牛支原体 (Khalil et al., 2016; Sulyok et al., 2017)	无乳支原体 (Juan et al., 2017)
GyrA	Thr58-Ile； His59-Tyr； Gly81-Ala； Ser83-Ile； Ser83-Asn； Ser83-Arg； Ala84-Pro； Glu87-Gly； Glu87-Lys	Asn87-Ser/Lys； Asn87-Lys	Ala83-Val	Asp82-Asn； Ser83-Phe； Ser83-Tyr； Glu87-Gly/Lys/Val	
GyrB	Asp426Asn； Asp437-Asn； Asn464-Asp； Glu465-Lys； Glu465-Gly	Ser401-Tyr； Ser402-Asn		Val320-Ala； Asp362-Asn； Ile423-Asn	Asn424-Lys
ParC	Ala64-Ser； Ser80-Leu； Ser80-Trp； Ser81-Pro； Glu84-Gly； Glu84-Gln； Glu84-Lys	Asp79-Asn； Thr80-Ala/Ile； Ser81-Pro； Asp84-Asn	Ser80-Phe； Ser80-Tyr； Asp84-Asn	Gly78-Cys； Ser80-Ile； Asp84-Asn； Asp84-Tyr/Gly； Thr98-Arg	Gly78-Cys； Asp79-Asn； Thr80-Ile； Asp84-Asn； Asp84-Tyr
ParE	Asp420-Asn； Asp420-Lys； Ser463-Leu； Cys467-Phe	Asp420-Asn			Gly429-Ser； Glu459-Lys

氟喹诺酮类药物支原体的 DNA 促旋酶亚基 GyrA 和 GyrB 或拓扑异构酶 IV 亚基 ParC 和 ParE 氨基酸突变。DNA 促旋酶亚基 GyrA 突变在鸡毒支原体、鸡滑液囊支原体、猪肺

炎支原体和牛支原体中均能检测到,上述支原体中除猪肺炎支原体外也都能检测到DNA促旋酶亚基 GyrB 的突变;此外,GyrA 突变还能在无乳支原体中检测到。在鸡毒支原体、鸡滑液囊支原体、猪肺炎支原体、牛支原体和无乳支原体中均检测出了拓扑异构酶 IV 亚基 ParC 的突变,但亚基 ParE 的突变只在鸡毒支原体、鸡滑液囊支原体和无乳支原体中检测到。

4)其他抗菌药物耐药突变

国内外学者发现,牛支原体对氨基糖苷类抗生素耐药与药物靶位点基因(16S rRNA、S5 核糖体蛋白和 S12 核糖体蛋白的编码基因)突变有关。Malin 等(2002)对牛支原体链霉素敏感株和耐药株进行了靶位突变分析,结果显示,临床分离耐药株的 16S rRNA(*rrs3* 和 *rrs4*)位点 T912 存在突变,但编码 S12 核糖体蛋白的基因未发现碱基突变。

截短侧耳素类药物通过与细菌 50S 核糖体亚基转移酶中心结合来抑制肽键的形成,从而抑制细菌蛋白质的合成(Yan et al.,2006)。23S rRNA 基因和 L3 蛋白中的点突变与细菌对截短侧耳素(泰妙菌素或沃尼妙林)的敏感性降低有关。2010 年的一项研究发现体外筛选的截短侧耳素耐药鸡毒支原体,在 23S rRNA 基因 *rrnA* 和/或 *rrnB*(第 V 结构域内)上存在点突变 A2058G、A2059G、G2061U、G2447A 和 A2503U,单位点突变的菌株表现出对泰妙菌素和沃尼妙林 MIC 增加,而发生 2~3 个位点突变的菌株则会导致菌株对上述抗菌药物的高水平耐药,但从中未发现 L3 蛋白的编码基因发生突变。另外,研究发现所有耐截短侧耳素突变体均表现出对林可霉素、氯霉素和氟苯尼考交叉耐药,而 A2058G 突变体和 A2059G 突变体表现出对大环内酯类抗菌药物(红霉素、替米考星和泰乐菌素)的交叉耐药(Li et al.,2010)。综上,支原体对大环内酯类、四环素类、氟喹诺酮类、氨基糖苷类和截短侧耳素类等抗菌药物的耐药性主要是因药物作用靶点突变导致,而且在不同支原体中这些突变也有一定的差异。目前,针对猪链球菌、副猪嗜血杆菌、胸膜肺炎放线杆菌、多杀性巴氏杆菌、产气荚膜梭菌、鸭疫里默氏杆菌和支原体等重要病原菌的治疗仍主要依赖抗菌药物,但随着抗菌药物的大量使用,这些病原菌逐渐对四环素类、大环内酯类、氨基糖苷类、喹诺酮类和酰胺醇类等抗菌药物产生耐药性,且表现出耐药性上升和多重耐药的现象。但是,关于这些重要病原菌耐药性的研究多属于耐药表型、耐药基因和突变位点的研究,且还有很多已知耐药表型但耐药机制不明的菌株,导致在生产中缺乏耐药性的检测靶标,后续在对这些重要病原菌耐药性监测的同时,还要加强耐药机制的挖掘。此外,目前有关上述病原菌及其携带耐药基因的流行病学调查仍然欠缺,尚缺乏有关耐药菌/耐药基因的传播规律与流行特征的相关研究,有待系统开展相关流行病学的调查,并深入探究重要病原菌耐药性传播的相关风险因素,为其耐药性评估和防控提供依据。

三、养殖环境及食物链中耐药菌/耐药基因的流行与传播

（一）养殖环境中的耐药菌/耐药基因

集约化养殖模式下，抗菌药物作为预防和治疗用药或促生长剂被大量用于动物养殖业，使得动物消化道成为耐药菌和耐药基因的重要储库。动物粪便携带的耐药菌和耐药基因随着排泄物进入农田、地下水、河流等各类环境介质中，造成耐药菌和耐药基因向环境的扩散。早在 2006 年，Pruden 等（2006）即提出耐药基因是一种新兴的环境污染物，对生态环境和人类健康均有潜在的危害。即使携带 ARG 的细菌死亡裂解，ARG 仍然可以在不同环境介质中长期留存和传播，因此不同环境介质均可成为 ARG 的天然储库（文汉卿等，2015）。养殖动物粪便中残留的抗菌药物和耐药菌/耐药基因随着畜禽粪便施用进入农田、土壤，或者随着养殖废水排放进入河流、湖泊，导致养殖场外的土壤环境、水环境及空气环境中抗菌药物和耐药菌/耐药基因的污染，同时这些动物源耐药菌还可与典型环境细菌进行耐药基因的交换（图 3-6）。

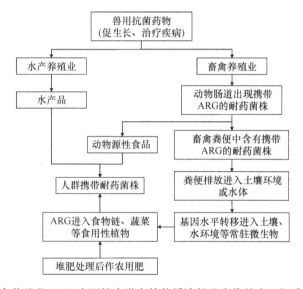

图 3-6　畜禽养殖业 ARG 在环境中潜在的传播途径及生物效应（邹威等，2014）

目前，养殖环境中耐药性的调查研究主要集中在猪场相关环境，其次是牛场和鸡场相关环境。养鸡场相对封闭，产生的粪便量低于猪场，产生的废水也相对较少，因而养鸡场对外周环境的影响较猪场、牛场，甚至水产养殖场都小。大量研究已对养殖场内的污染源头（粪便、废水等）、粪污处理单元（储污池、沼气池等），以及养殖场外的受纳环境（水、土等）中耐药基因进行了表征，发现畜禽常用抗菌药物的耐药基因，如四环素类耐药基因［*tet*(A)、*tet*(B)、*tet*(C)、*tet*(E)、*tet*(H)、*tet*(K)、*tet*(L)、*tet*(M)、*tet*(O)、*tet*(P)、*tet*(Q)、*tet*(S)、*tet*(T)、*tet*(W) 和 *tet*(X)］、磺胺类药物耐药基因（*sul1*、*sul2* 和 *sul3*）、氟苯尼考耐药基因（*floR*、*fexA*、*fexB*、*cfr* 和 *optrA* 等）、氟喹诺酮类耐药基因（*qnrD*、*qnrS* 和 *qepA* 等）、大环内酯类耐药基因（*ermA*、*ermB*、*ermC*、*ermF*、*ermT* 和 *ermX*）和 β-

内酰胺类耐药基因（TEM 家族、SHV 家族、CTX-M 家族和 OXA 家族等）在养殖环境中广泛流行。

1. 畜禽养殖场中耐药基因的污染情况

随着我国畜禽养殖业规模化进程的不断发展，畜禽废弃物的排放总量迅速增加。2020 年《第二次全国污染源普查公报》显示，2017 年我国规模化畜禽养殖场水污染排放量为化学需氧量 604.83 万 t、氨氮 7.50 万 t、总氮 37.00 万 t、总磷 8.04 万 t；水产养殖中，水污染排放量为化学需氧量 66.60 万 t、氨氮 2.23 万 t、总氮 9.91 万 t、总磷 1.61 万 t。养殖场粪污作为养殖环境耐药基因的源头，其携带的耐药菌和耐药基因的传播风险不容忽视。

Mu 等（2015）在 2014 年对中国北方地区集约化猪场、肉牛场和鸡场中耐药基因的分布情况进行了研究，发现大环内酯类耐药基因 *ermB* 和 *ermC* 的检出率为 100%，四环素类耐药基因 *tet*(C)、*tet*(G)、*tet*(H)、*tet*(S)、*tet*(T)和 *tet*(X)的检出率为 66.7%～97.4%；PMQR 基因 *oqxB*、磺胺类耐药基因 *sul1* 和 *sul2* 在粪便中的污染水平高于其他耐药基因，如鸡粪便中 *oqxB*、*sul1* 和 *sul2* 的相对丰度分别为（3.48±2.48）×10^{10}/g、（1.39±0.92）×10^{10}/g 和（7.53±4.26）×10^{9}/g；对比不同类型养殖场环境中耐药基因的污染水平，发现鸡场的最高，其次是猪场，肉牛场最低。Wang 等（2016）于 2015 年对江苏 16 个集约化养殖场（5 个猪场、6 个养鸡场和 5 个养牛场）中四环素类、磺胺类、氟喹诺酮类、氨基糖苷类和大环内酯类耐药基因的流行情况进行了调查，发现 *sul* 家族基因的流行最广，其次是 *tet* 家族和 *erm* 家族，其中编码核糖体保护蛋白的 *tet*(M)、*tet*(O)、*tet*(Q)、*tet*(T)和 *tet*(W)基因丰度均高于表达外排泵蛋白的 *tet*(A)、*tet*(C)、*tet*(E)和 *tet*(G)基因丰度；粪便样品中 *ermB*、*tet*(M)和 *sul2* 的相对丰度最高，检出率超过 90%；土壤样品中 *tet* 家族和 *sul* 家族的基因检出率较高，且 *sul2* 的污染水平最高。邹威等（2020）对河北、天津地区的鸡场和猪场中 ARG 进行了研究，发现 *tet*(H)、*tet*(L)、*tet*(M)、*tet*(O)和 *tet*(W)的检出率均为 100%，*sul1*、*sul2*、*ermB* 和 *ermC* 在所有养殖场中均有检出；鸡粪中 *sul* 和 *erm* 的相对丰度高于猪粪，*tet*(M)和 *tet*(O)在猪粪和鸡粪中的相对丰度无显著差异；不同养殖规模猪场粪便中耐药基因污染水平趋势为中型>大型>小型，不同规模养鸡场粪便中 ARG 相对丰度无显著性差异。赵琴（2016）对长期使用氟苯尼考的猪场土壤中氟苯尼考耐药基因（FRG）进行了定量检测，发现所有猪场土壤中均呈现不同程度的氟苯尼考耐药基因污染，*optrA* 在所有猪场土壤中均有检出；在氟苯尼考使用年限较长的猪场土壤中，*cfr*、*optrA* 和 *fexA* 的相对丰度明显高于使用年限较短的猪场土壤。Shi 等（2021）对北京、河南、山东、四川和浙江 5 个省份的 12 个猪场、11 个肉鸡场和 9 个蛋鸡场环境中的多黏菌素耐药基因 *mcr-1* 和 β-内酰胺酶基因的流行分布特征进行了研究，发现肉鸡场、蛋鸡场和猪场样本中 *mcr-1* 的检出率分别为 94.9%、80.8%和 81.8%；多数 β-内酰胺酶基因（*bla*NDM、*bla*CTX-M-9/15like、*bla*OXA 和 *bla*TEM）在肉鸡场、蛋鸡场和猪场中广泛流行，样本检出率均高于 80%；肉鸡场中 *mcr-1* 和 β-内酰胺酶基因污染水平高于蛋鸡场和猪场（Shi et al.，2021）。2020 年，Fu 等对辽宁、陕西、湖南和贵州 4 个省份的 157 个不同类型养殖场（猪、肉鸡、蛋鸡、肉牛和奶牛场）的粪便样本中替加环素耐药基因（TRG）及相关可移动遗传元件 IS*CR2* 和 IS*26* 进行定量检测，结果显示，IS*CR2* 和 IS*26* 在所有样本中相对丰度最高，*tet*(X4)基因是养殖环境中污染水平最高的 TRG；不同类型养殖场对比发现，在猪场中 *tet*(X1)是污染水平最高的 TRG，而鸡场中 *tet*(X4)是污染水平最高的 TRG，且鸡场粪便中 TRG 尤其是 *tet*(X4)和外排泵基因 *tmexCD1-toprJ1* 及相关可移动遗传元件 IS*CR2* 和 IS*26* 相对丰度高于猪场和牛场，提示 TRG 在鸡场中传播风险更大；此外，粪便中泰妙菌素和氟苯尼考残留量与 TRG、IS*CR2* 和 IS*26* 相对丰度间呈显著正相关，表明上面两种抗菌药物的使用可能会促进 TRG 的出现和传播（Fu et al.，2021）。我国不同地区养殖场内环境耐药基因检测情况如表 3-16 所示。

表 3-16　我国不同地区养殖场内环境耐药基因检测情况

年份	养殖场地区和类型	样本类型	养殖场环境基因丰度与特征	参考文献
2013	北京、浙江和福建猪场	粪便 土壤 水体	四环素类、氨基糖苷类、磺胺类和氟苯尼考耐药基因丰度最高	（Zhu et al.，2013）
2014	台湾猪场	污水处理系统	*tet*(A)、*tet*(W)、*sul1*、*sul2*、*bla*_{TEM}；磺胺类耐药基因平均相对丰度最高（$10^{-2}\sim10^{-1}$），其次是 *bla*_{TEM}（$10^{-3}\sim10^{-2}$），四环素类最低（$10^{-4}\sim10^{-3}$）	（Tao et al.，2014）
2015	北方猪、鸡和牛养殖场	粪便 土壤	氟喹诺酮类和磺胺类耐药基因污染最严重，大环内酯类耐药基因污染水平最低	（Mu et al.，2015）
2015	山东猪场	粪便 土壤 空气 水	主要检测了 ESBL 基因，CTX-M 基因是该区域的主要 ESBL 基因，*bla*_{CTX-M-14} 和 *bla*_{CTX-M-15} 最常见	（Mu et al.，2015）
2016	南方猪、鸡和牛养殖场	粪便 土壤 水体	*ermB*、*tet*(M)和 *sul2* 基因的相对丰度最高（10^9 copies/g）；土壤样品中 *sul2* 基因浓度最高（1.73×10^9 copies/g），其次是 *tet*(C)、*tet*(M)、*sul1*，浓度高于 10^8 copies/g	（Wang et al.，2016）
2016	河南猪场	土壤	主要检测了氟苯尼考类耐药基因，整体污染水平较高（$10^{-1}\sim10^{-3}$）；*floR* 平均相对丰度最高，其次是 *optrA*	（Zhao et al.，2016）
2016	广东（放养型）鸡场 湖南（室内型）鸡场	粪便 垫料	四环素类耐药基因、磺胺类基因及两个可移动元件（*int1*、*int2*）均有检出，*fexA*、*cfr*、*cmlA*、*sul1*、*sul2* 和 *int1* 检出率达 100%	（何良英，2016）
2020	北京、山东、河南、浙江和四川猪场，肉/蛋鸡场	粪便 土壤 固体堆肥	碳青霉烯类、超光谱 β-内酰胺类和黏菌素类耐药基因；耐药基因的丰度范围为 $10^{-6}\sim10^{-4}$，且 *mcr-1* 和 *bla*_{NDM} 在肉/蛋鸡粪便中的丰度高于猪粪便中的丰度	（Shi et al.，2021）
2020	广东湛江猪场	粪便 土壤	八大类耐药基因均有检出；粪便中 *clmA* 和 *gryB* 检出率最高；土壤中 *clmA* 检出率最高	（明月月，2020）

国外也针对养殖场环境中 ARG 的流行特征进行了大量的研究。Zhang 等（2013b）在美国牛粪收集池中检测出了四环素类耐药基因和磺胺类耐药基因。Joy 等（2014）对美国某猪场猪粪中金霉素、泰乐菌素及其相应耐药基因进行了检测，发现四环素耐药基因 *tet*(X)和 *tet*(Q)的丰度会随着金霉素的降解逐渐下降，但是 *ermB* 和 *ermF* 的相对丰度不会随着泰乐菌素的降解而减少，且 *ermB* 的相对丰度始终比 *ermF* 高一个数量级。Munk 等（2018）系统地研究了欧洲不同国家畜禽养殖场中 ARG 的流行情况，发现猪粪便中耐药基因丰度较高，而家禽粪便的 ARG 则更为多样化；*mcr-1* 和 *optrA* 等多种临床重要耐药基因在多个畜禽养殖场粪便中均有发现。

宏基因组分析方法常用于动物肠道和各类环境介质中微生物组及耐药组的研究，该分析方法可更全面、直观地解析复杂样本中耐药基因的分布特征及其潜在的传播风险。Zhu 等（2013）通过宏基因组测序技术对中国不同地区的三个大型猪场的粪便样本进行了分析，共检测到 149 种 ARG，与无抗生素粪便样本对比，猪场粪便中 ARG 的污染水平显著高于前者，个别 ARG 的丰度是前者的 28 000 倍。Wichmann 等（2014）通过构建 fosmid 宏基因组文库，分析了牛粪中的 β-内酰胺类、氯霉素类、氨基糖苷类和四环素类耐药基因，共检出 80 种 ARG，其中氨基糖苷类耐药基因有 42 种，同时 BLASTX 分析显示牛粪中的细菌携带了耐药基因簇，并能借助可移动遗传元件在不同菌株间传播。Li 等（2015a）利用宏基因组学和网络分析法研究了中国 10 个典型环境的 50 个样本中 ARG 的分布特征，共检测到 260 种 ARG，其中鸡粪中耐药基因最为丰富；环境中总 ARG 丰度的变化趋势与这些环境受到的人为影响程度呈正相关。Ma 等（2016）利用宏基因组测序技术对鸡粪、猪粪和人粪便中的耐药基因进行了分析，发现鸡粪中 ARG 污染水平显著高于猪粪和人粪，且证实大环内酯类耐药基因 *macA-macB* 广泛存在于鸡粪、猪粪及人肠道样品中。Xu 等（2020）利用宏基因组测序技术对不同养殖模式下养殖环境中耐药基因的分布特征进行了对比研究，结果显示，混合养殖模式（肉鸭-鱼、蛋鸭-鱼）养殖场环境样本中的耐药性明显高于单一养殖模式，具体表现为混合养殖模式的养殖环境样本中耐药基因和可移动遗传元件的相对丰度、多样性及耐药基因与可移动遗传元件相关网络复杂度均高于单一养殖模式，且多种临床重要耐药基因如多黏菌素耐药基因 *mcr* 和替加环素耐药基因 *tet*(X) 的污染水平也较单一养殖模式高。

综上所述，动物常用抗菌药物 β-内酰胺类、氨基糖苷类、大环内酯类、四环素类、林可霉素类、多肽类、氟喹诺酮类和磺胺类的 ARG 在畜禽养殖环境中均有检出，其中磺胺类和四环素类抗菌药物的 ARG 在畜禽粪便中的检出率偏高；对于四环素类耐药基因而言，核糖体保护蛋白基因的污染水平及其检出率一般高于外排泵基因和四环素灭活酶基因；*sul1* 和 *sul2* 为磺胺类药物耐药基因的优势基因，且 *sul1* 的污染程度普遍高于 *sul2*（表 3-16）。氟喹诺酮类、大环内酯类和氨基糖苷类抗菌药物的耐药基因在家禽、猪和牛等养殖场及其环境中广泛流行，但其污染水平在不同养殖场中差异较大。氟苯尼考类抗菌药物耐药基因 *floR* 和 *optrA* 相对丰度较高，污染较为严重。不同类型养殖场中 ARG 的流行特征对比发现，鸡场 ARG 的污染情况普遍比猪场和牛场严重。

2. 养殖场周边土壤中耐药基因的污染情况

前述研究显示动物粪便中含有大量耐药细菌（Antimicrobial-resistant bacteria，ARB）和 ARG，农田施用动物粪便或粪肥后，土壤中耐药基因的多样性及丰度均明显提高，且土壤的菌群结构也有明显的改变（Zhang et al.，2017f）。在各类畜禽养殖场中，关于猪场对周边土壤中 ARG 影响的研究较多。2012 年，Li 等（2012）对北京三个区（房山区、顺义区和大兴区）的猪场排出的废水中 PMQR 基因进行了检测，发现 *qnrD*、*qepA* 和 *oqxB* 为废水和土壤样品的优势 PMQR 基因，而 *qnrS* 和 *oqxA* 仅在废水样品中有检出。Zhu 等（2013）对北京、浙江和福建的三个规模化猪场周边土壤中耐药基因的分布特征进行了研究，发现施肥后土壤 ARG 和转座酶基因的污染水平均显著高于未施肥土壤。Wen 等（2019）对猪粪便、废水和周边环境（施肥后土壤）中大环内酯类、喹诺酮类和四环素类耐药基因进行了定量检测，结果显示，猪粪中耐药基因的相对丰度为 $3.01\times10^8\sim7.18\times10^{14}$/g，显著高于土壤和水样中耐药基因的相对丰度，进一步相关性分析显示，施肥后土壤中的四环素耐药基因 *tet*(Q) 和 *tet*(W) 及大环内酯类耐药基因 *ermB* 和 *ermF* 与猪粪便和废水中耐药基因的相对丰度呈显著相关关系，由此推测，猪场粪便和废水可能是猪场周边土壤中目标耐药基因的主要来源。Han 等（2021）对施用过猪粪的农田中耐药基因进行追踪调查研究，结果表明，磺胺类、喹诺酮类、大环内酯类和部分 β-内酰胺类耐药基因（*bla*OXA-1、*bla*TEM-1 和 *bla*ampC）在所有猪粪便和土壤样本中的检出率均高于 90%，不同季节施肥后农田土壤中耐药基因的平均相对丰度为 2.9×10^{-2}，是未施肥后农田土壤的 0.9～32.7 倍，由此表明，施用的猪粪中携带大量耐药基因，且施肥可促进耐药基因向土壤中传播。

除养猪场外，养鸡场和养牛场周围环境的 ARG 污染也较为严重（表 3-17）。Wang 等（2014a）对江苏家禽养殖场周围环境中土壤中磺胺类耐药基因进行了研究，发现在施用鸡粪的土壤中 *sul2* 的污染水平最高，而施用猪粪的土壤中则是 *sul1* 的污染水平最高。Chen 等（2016）在山东德州施用鸡粪和污泥的土壤中检测到 130 种 ARG 和 5 种可移动遗传元件，其中以 β-内酰胺类、四环素类及多重耐药基因居多；污水污泥或鸡粪的施用导致共 108 种 ARG 和 MGE（mobile genetic element）大量富集，其中 *mexF* 的富集量高达 3845 倍，推测是由于 *mexF* 通过水平转移而不断富集。Duan 等（2019）对陕西 10 个大型牧场（包括鸡、猪和牛场）周边土壤中的 ARG 进行定量检测，发现施用动物粪便的土壤样品中 ARG 的丰度比未施用粪便的农田土壤高 2.62 倍以上；农田土壤中的主要 ARG 为 *tet*(X)、*sul1*、*sul2* 和 *tet*(G)。

表 3-17 中国某些养殖场周围土壤中 ARG 检出情况

年份	地理位置	ARG 的检出情况	参考文献
2014	江苏家禽养殖场	施用鸡粪土壤中的丰度为 *sul2*>*sul1*>*sul3*；施用猪粪的土壤中的丰度为 *sul1*>*sul2*>*sul3*	（Wang et al., 2014a）
2015	北京、浙江和福建三座大型猪场	检测到的 ARG 以外排泵、抗生素失活和细胞保护耐药机制为主，氨基糖苷类、β-内酰胺类、MLS$_B$、四环素和万古霉素类耐药基因均有检出	（Zhu et al., 2013）
2016	河南 6 个集约化养殖场	氟苯尼考耐药基因 *cfr*、*optrA* 和 *fexA* 的相对丰度较高	（赵琴，2016）
2016	山东德州某集约化养鸡场	β-内酰胺类 ARG、四环素类 ARG 及多重耐药基因占主导地位	（Wang et al., 2014a）
2019	陕西 10 个鸡、猪和牛等大型饲养场堆肥覆盖的土壤	农田土壤中检出的主要 ARG 为 *tet*(X)、*sul1*、*sul2* 和 *tet*(G)	（Duan et al., 2019）

农田施用携带大量 ARG 的粪肥后，耐药基因可在土壤中长期持留，并导致动物源 ARG 进一步污染种植的蔬菜。何轮凯（2018）针对广东长期施用粪肥的土壤（某大型猪场粪肥浇灌的葱田）中耐药基因的消减规律进行了研究，发现长期施粪肥和未施肥土壤中均能够检出 I 类整合子（intI1）和 Tn*916* 两种移动元件，*aadA*、*floR*、*sul1*、*sul2* 和 *cmlA* 是施肥土壤中的优势基因，未施肥土壤中 *aadA* 是优势基因，可移动遗传元件与耐药基因间呈一定的正相关关系，可能会促进耐药基因的进一步传播。张毓森等（2019）

采用高通量荧光定量 PCR 技术对猪粪和铜施用后恢复 10 年的土壤中耐药基因多样性及丰度进行定量分析，发现猪粪处理土壤中检测到的耐药基因种类显著高于对照土壤，其中检出数最高的为多药耐药基因，其次为 β-内酰胺类耐药基因，*ycel*、*mdtH* 和 *cphA* 基因在猪粪处理中显著富集，富集倍数为 4.72～6.74 倍，停止施用猪粪以后土壤中抗生素耐药基因丰度仍然处于较高水平。Zhao 等（2019）研究了不同施肥年限的蔬菜土壤中 ARG 和 MGE 的多样性及丰度，发现四环素类 ARG 中，*tet*(M)具有最高的相对丰度，磺胺类 ARG 中 *sul1* 具有最高的相对丰度，可移动元件 *intI1* 和 *intI2* 基因的相对丰度与四环素耐药基因［*tet*(W)、*tet*(O)］和磺胺类耐药基因（*sul1* 和 *sul2*）的相对丰度具有显著正相关关系。Gao 等（2020）对有猪场村庄与附近无猪场村庄的农田土壤中耐药基因的分布特征进行了比较研究，在土壤样品中共检测了 17 种 ARG，其中在有猪场的村庄来源的土壤中磺胺类耐药基因 *sul1* 和 *sul2* 的相对丰度最高，其次是四环素类耐药基因、酰胺醇类耐药基因 *floR* 和链霉素耐药基因 *aadA*，而附近无猪场村庄来源的土壤中主要 ARG 是四环素耐药基因，且多数 ARG 未被检到；此外，在两个村庄的蔬菜根样品和蔬菜叶样品中分别检测到 16 种和 14 种亚型 ARG，且来源于有猪场村庄的一些蔬菜样品中的 ARG 相对丰度高于对照组。

在国外，也有大量关于养殖场周围土壤中耐药性的报道。早在 2009 年，有研究即在英国农田中检出以 *sul1*、*sul2* 和 *sul3* 为主的磺胺类抗菌药物 ARG，且部分 *sul1* 阳性分离菌株带有 *intI1* 基因（Byrne-Bailey et al.，2009）。Fahrenfeld 等（2014）对施用堆肥的某玉米田的土壤中菌株的耐药性进行了研究，发现耐药菌在土壤中的前两个月存活率较高，这段时间也是耐药基因由农田土壤传播到周边环境（如河流等）的最佳时机。Ben Said 等（2015）在突尼斯采集的 18 个不同农场的 109 份样品（蔬菜、土壤和灌溉水）中检出了 ESBL 基因，主要是 $bla_{CTX-M-1}$、$bla_{CTX-M-15}$、$bla_{CTX-M-14}$ 和 bla_{SHV-12}，且 $bla_{CTX-M-15}$ 阳性菌均携带介导氨基糖苷类和环丙沙星耐药的 *aac(6')1b-cr*。Kim 等（2016）首次在韩国的土壤中检测到了 24 种 *tet* 基因，其中 *tet*(G)、*tet*(H)、*tet*(K)、*tet*(Y)、*tet*(O)、*tet*(S)、*tet*(W)和 *tet*(Q)是土壤中的优势基因，且定期对土壤施肥（尤其是猪粪）可能是导致韩国农业土壤中四环素类耐药基因扩散和多样性增加的主要原因。Ruuskanen 等（2016）发现施肥后土壤中耐药基因的相对丰度增加了约 4 倍，且在所有研究的农场土壤中均检测到了碳青霉烯酶基因 bla_{OXA-58}。

综上所述，不同动物养殖场粪便中耐药基因对土壤的污染风险存在一定差异，其污染风险由高到低依次为鸡粪、鸡粪肥、猪粪、猪粪肥；动物粪便和粪肥的施用可导致耐药基因扩散至农田土壤，且耐药基因可在土壤中长期持留，并可能造成 ARG 向种植的蔬菜扩散，严重威胁公共卫生安全。

3. 养殖场周边水环境中耐药基因的污染情况

畜禽养殖场中大量动物粪便和尿液的冲洗废水会渗漏或直接排入周围的河流、池塘和地下水，废水中携带的 ARB 和 ARG 可直接污染周围水体，并通过径流、浸出等方式进一步污染其他水环境（Nnadozie and Odume，2019）。目前，养殖水环境中可检测到的 ARG 有 *sul1*、*sul2*、*tet*(A)、*tet*(B)、*tet*(C)、*tet*(O)、*tet*(W)、*aadA*、*qnrA*、*qnrS*、bla_{TEM}、

bla_{CTX-M}、bla_{SHV} 和 bla_{NDM} 等（表 3-18）。

表 3-18　淡水水体中 ARG 污染情况

年份	淡水水体类型	检测到的 ARG 类型与丰度	参考文献
2016 年	河流沉积物	bla_{TEM}、bla_{CTX-M}、bla_{SHV}、bla_{NDM} 和 $aadA$ 丰度为 $10^0 \sim 10^{6.4}$ / 16S rRNA 基因拷贝数	（Devarajan et al.，2016）
2015 年	湖底沉积物	bla_{TEM}、bla_{CTX-M}、bla_{SHV}、bla_{NDM} 和 $aadA$ 丰度为 $1.4 \times 10^{-6} \sim 8.9 \times 10^{-4}$/16S rRNA 基因拷贝数	（Devarajan et al.，2015）
2015 年	湖水	$sul1$ 和 $sul2$，丰度在 $1.5 \times 10^{-3} \sim 3.4 \times 10^{-3}$/16S rRNA 基因拷贝数	（Czekalski et al.，2015）
2017 年	沉积物和河水	bla_{TEM}、$qnrA$、$qnrS$、$mecA$、bla_{CTX-M}、bla_{SHV} 和 bla_{NDM}	（Piedra-Carrasco et al.，2017）
2018 年	地下水	$sul1$、$sul2$、$tet(A)$、$tet(C)$、$tet(O)$、$tet(W)$、bla_{SHV}、$floR$、$ermA$ 和 $mef(A)$ 丰度在 $6.61 \times 10^{-7} \sim 2.30 \times 10^{-1}$/16S rRNA 基因拷贝数	（Szekeres et al.，2018）

　　贾舒宇（2014）对江苏太湖流域某养猪场废水和受其污染的下游河流水体中耐药基因的分布特征进行研究，发现猪场废水及受其污染的河流下游水体样品中均检测到 12 种常见的四环素耐药基因，包括 $tet(B)$、$tet(C)$、$tet(E)$、$tet(D)$、$tet(G)$、$tet(M)$、$tet(L)$、$tet(O)$、$tet(Q)$、$tet(S)$、$tet(W)$ 和 $tet(X)$，且 4 种编码核糖体保护蛋白的四环素耐药基因 $tet(O)$、$tet(Q)$、$tet(M)$ 和 $tet(W)$ 的相对丰度随河水的流向而递减。Chen 等（2015）对江苏部分养殖场废水和地表水中 6 类抗菌药物的 22 种 ARG 进行了定量检测，共检测到 19 种基因，其中，$sul1$、$sul2$ 和 $tet(M)$ 最丰富；与地表水相比，废水中的 ARG 更为丰富，可能是地表水 ARG 的重要来源。Jia 等（2017）在生猪养殖场废水及废水排放的河道中检测到 14 类抗菌药物的 194 种 ARG，其中四环素和氨基糖苷类耐药基因占主导地位；废水中丰度较高的四环素类抗菌药物耐药基因 $tet(X)$、$tet(M)$、$tet(W)$、$tet(Q)$ 和 $tet(O)$，以及氨基糖苷耐药基因 $ant(6')-Ia$、$aac(6')-Ie$、$aph(3')-IIIa$ 和 $ant(3'')-Ia$ 在下游河水中的相对丰度也较高。

　　由此可见，畜禽养殖场粪污和废水的排放会导致养殖场周边的水环境中 ARG 的富集，但目前养殖场对水体环境中 ARG 影响的相关研究尚处于起步阶段，ARG 在水环境中的流行及养殖场在其中扮演的角色还需进一步明确，因此，加强对养殖场及周边水环境中耐药基因的传播模式和流行情况的监测，获得的数据对养殖场废物管理及其周边环境的治理具有重要的指导意义。

4. 养殖场周边空气环境中耐药基因的污染情况

　　空气也是细菌耐药性的传播重要媒介之一，因其具有流动性高的特征，因而传播风险更高（Pal et al.，2016）。养殖场空气颗粒物中微生物多样性要显著高于外界环境，微生物可与悬浮在空气中的固态或液态颗粒物相结合，形成相对稳定的胶体分散系，从而促进微生物在空气中稳定存在和长距离传播，因此，养殖场空气中耐药基因的流行及其潜在的传播风险不可忽视（苏建强等，2013）。多项研究表明，空气介质中蕴含的耐药基因比土壤、水和沉积物等其他环境介质中的种类更加丰富（贺小萌等，2014；Li and Yao，2018）（表 3-19）。

表 3-19 空气中检出的 ARG

基因	宿主菌	阳性样本来源
tet(A/C)	微生物菌落	养殖场
tet(M)	肠球菌、链球菌和金黄色葡萄球菌	大型养猪场、养鸡场
tet(K)	肠球菌、链球菌和葡萄球菌	大型养猪场、米兰街道上 PM10
tet(L)	肠球菌、链球菌	大型养猪场
tet(G)	微生物菌落	医院病房、养殖场
tet(X)	微生物菌落	密集型动物养殖场、诊所
tet(W)	微生物菌落	密集型动物养殖场、诊所
aac(6')-*aph*(2")	耐甲氧西林金黄色葡萄球菌、凝固酶阴性葡萄球菌	医院空气过滤器上的灰尘、养鸡场
ermA	耐甲氧西林金黄色葡萄球菌、凝固酶阴性葡萄球菌、肠球菌、链球菌和微生物菌落	医院空气过滤器上的灰尘、大型养猪场和养殖场
herm(B)	肠球菌、链球菌、凝固酶阴性葡萄球菌和微生物菌落	大型养猪场、养殖场
ermC	葡萄球菌属、凝固酶阴性葡萄球菌	米兰街道上 PM10、养鸡场
ermF	肠球菌、链球菌和微生物菌落	大型养猪场、医院病房
ermX	微生物菌落	医院病房
mefA	肠球菌、链球菌	大型养猪场
msrA	凝固酶阴性葡萄球菌	养殖场
vanA	葡萄球菌	米兰街道上 PM10
MecA	耐甲氧西林金黄色葡萄球菌、凝固酶阴性葡萄球菌	医院空气过滤器上的灰尘、与医院接触过的人的家中和养鸡场
bcrR	微生物菌落	养殖场

Gao 等（2017）的研究显示，在家禽养殖场内空气中携带的 ARG 的相对丰度显著高于城市大气环境。Zhai 等（2020）在河北某规模化肉鸡养殖场的鸡舍空气样本中分离出携带碳青霉烯类耐药基因 *bla*$_{NDM}$ 的大肠杆菌。Li 等（2019b）利用高通量测序技术对浙江宁波的多种场所的空气样本中耐药基因的分布特征进行了研究，共检测到 205 种 ARG，其中四环素类、β-内酰胺酶类、氨基糖苷类、氯霉素类、MLS$_B$ 和多药耐药基因表现出较高的丰度，且整合酶基因在农场空气样品中也很丰富。Zhou 等（2020c）的研究表明，空气污染物与耐药基因水平转移有密切的相关性，其可能的原因是空气中的 PM2.5 和 PM10 颗粒可通过增加活性氧浓度和细胞膜通透性，显著提高细菌间的接合频率。值得注意的是，ARG 在小粒径颗粒物上的相对丰度更高，这些小粒径颗粒物可以沉降在人体肺部，因此对人体健康造成的潜在风险较高（沙云菲，2020）。

在国外，有关畜禽养殖场空气中细菌耐药性的研究开始得较早。早在 2006 年，Sapkota 等（2006）即从美国中部的某大规模养猪场的舍内空气中分离到肠球菌属和链球菌属细菌，并检测到了多种 ARG，包括 *ermA*、*ermB*、*ermC*、*ermF* 和 *ermA* 等 MLS$_B$ 耐药基因，以及 *tet*(M)、*tet*(O)、*tet*(S)、*tet*(K) 和 *tet*(L) 等四环素耐药基因。Chapin 等（2005）也在规模化养猪场的空气中检出高水平多重耐药肠球菌。Schulz 等（2012）的研究显示，MRSA 菌株在猪舍的上风向和下风向的空气中均可分离到，且其在猪场附近空气中的传播和沉积主要受风向与季节的影响。Ferguson 等（2016）在一家猪场的场内空气和下风处空气中分离到的 MRSA 菌株与猪饲料中分离的 MRSA 菌株有相似的 *spa* （staphylococcal protein A）谱型。Dohmen 等（2017）从荷兰养猪场空气中分离到产 ESBL 的肠杆菌，并证明了耐药基因 $bla_{CTX-M-1}$ 可以从养殖场环境传播到周边环境。Luiken 等（2020）对欧洲 9 个国家的畜禽养殖场空气灰尘中的 ARG 分布特征进行了研究，发现空气中 ARG 种类与粪便中的较为相似，且其 ARG 的丰度高于动物粪便样本，由此推测，部分空气中的 ARG 可能直接来自于养殖场的粪便，同时还受到养殖场内其他环境因素影响。

上述研究显示养殖场空气中携带大量 ARG 和 ARB，ARG 和 ARB 既可在空气中 PM 颗粒上长期持留，又可通过降雨或降雪将大气颗粒带回地球表面，从而促进 ARG 向更远距离传播，同时还可能对养殖场周边社区人群细菌耐药性产生影响。由此可见，空气在耐药菌和耐药基因的传播中起着不可忽视的作用，应受到更多的关注。但目前该领域的研究多关注空气中 ARG 和 ARB 的流行特征，而其传播风险还需深入研究；此外，亟须研发智能化养殖场空气污染物检测设备、建立标准化的规模化养殖场空气质量监测系统、探究养殖场空气中 ARG 和 ARB 消减措施，以控制畜禽源 ARG 和 ARB 的传播。

5. 水产养殖业中的耐药菌/耐药基因

随着全球水产养殖业的迅速发展，水产养殖业中 ARG 和 ARB 的研究越来越受到重视。水产养殖主要包括单一养殖模式（仅水产动物）和混合养殖模式（陆生动物+水产动物）两种类型。拌料和直接加入水体是水产养殖两种主要的给药方式，因此水产养殖过程中使用的抗菌药物，不仅会造成抗菌药物在养殖水环境中蓄积，还会促进 ARG 和 ARB 的转移与传播。尤其是混合养殖模式中，常用陆生动物的粪便饲喂池塘中的鱼，其抗菌药物残留、ARG 和 ARB 的污染更加严重。

1）国内外淡水养殖动物及其养殖环境中耐药基因的分布和流行

（1）单一养殖模式中动物源耐药菌/耐药基因。

全球水产养殖业主要分布于亚洲国家，其中，中国水产养殖业规模约占全球水产养殖总体的 71%（Hishamunda and Subasinghe, 2003）。我国水产养殖业常见细菌疾病主要包括气单胞菌、弧菌、大肠杆菌等造成的感染性疾病。磺胺类、青霉素类、四环素类、氟苯尼考及氟喹诺酮类抗菌药物是水产养殖业防治细菌感染常用的抗菌药物，目前，研究发现这些抗菌药物的 ARG 和 ARB 在水产养殖业中的流行情况也较为严重。Deng 等（2014）在 1995～2012 年从珠江患病的淡水鱼（$n=68$）、乌龟（$n=26$）和淡水虾（$n=12$）样品中分离获得了 106 株气单胞菌（其中，嗜水气单胞菌占 54.7%，维氏气单胞菌占 19.8%，其他气单胞菌占 26.4%），其中 41 株（38.7%）为多重耐药菌株，分离菌株对氨苄西林的耐药率最高，达到 84.9%，其次为利福平耐药（56.6%）、链霉素耐药（50%）和萘啶酸耐药（43.3%）；PCR 检测结果显示，仅在 5 株（4.7%）气单胞菌中检测到 $qnrS2$ 和 $aac(6')$-Ib-cr，27 株四环素耐药气单胞菌中仅检测到 tet(A)，检出率为 37.0%（10/27），所有磺胺甲噁唑-甲氧苄啶耐药的菌株均由 $sul1$ 介导，2 株头孢噻肟耐药菌分别携带 bla_{TEM-1} 和 $bla_{CTX-M-3}$。2019 年，梁倩蓉等（2021）从浙江淡水养殖场的患病中华鳖和大口黑鲈体内分离获得了 143 株以气单胞菌（62.2%）为主的病原菌，药敏结果显示分离菌株对恩诺沙星、盐酸多西环素和硫酸新霉素等药物的耐受浓度较低（$MIC_{50} \leqslant 6.25\ \mu g/mL$），对磺胺类、氟甲喹和甲砜霉素等药物的耐药表型较高（$MIC_{50} \geqslant 12.5\ \mu g/mL$）。2019 年，朱凝瑜等（2020）从浙江 6 家乌鳢养殖场患病乌鳢中共分离到 18 株气单胞菌，均表现为多重耐药，其中甲氧嘧啶、复方新诺明和红霉素的耐药率分别为 100%、100% 和 88.89%，阿米卡星、四环素和强力霉素的耐药率分别为 55.56%、50% 和 33.3%，新霉素、氟苯尼考、环丙沙星、诺氟沙星和恩诺沙星的耐药率相对较低（均在 30% 以下）；检测的 4 种氟喹诺酮类耐药基因中，qnrS 最为流行（检出率为 44.4%），qnrA、qepA 次之（检出率均为 22.2%），未检出 qnrB；4 种氨基糖苷类耐药基因中，ant 检出率最高（为 50.0%），aac(3)-I 次之（为 22.2%），aph3、aac(6')-I 较低（均为 11.1%）；4 种氯霉素耐药基因中，cat1 较为流行（检出率为 38.9%），cmlA、floR 次之（分别为 22.2%、16.7%），catB 则未检出；3 种四环素类耐药基因检出率均不高，tet(M)、tet(A) 和 tet(C) 检出率分别为 22.2%、22.2% 和 11.1%。

2010 年，Jiang 等（2012）从广东 15 个鱼市的 300 条鱼的肠道样本分离获得了 218 株大肠杆菌，分离菌株对氨苄西林的耐药率最高（51.0%），其次是四环素（39%）、复方新诺明（42%）和环丙沙星（37%）；PCR 结果显示 73.8% 大肠杆菌携带 PMQR 基因，包括 qnrB、qnrS、qnrD 和 aac(6')-Ib-cr，17% 菌株携带 ESBL 基因，分别为 bla_{TEM}、bla_{SHV}、bla_{CTX-M} 和 bla_{LEN}。纪雪等（2018）在 2014~2016 年从长春地区某些市场及养殖场淡水鱼样品（322 份）中分离到 36 株（11.2%）大肠杆菌，药敏结果显示 36.11% 的菌株为多重耐药菌株，β-内酰胺类药物的耐药率最高（36%），其中 13 株产 ESBL 菌株均携带 bla_{CTX-M}，四环素耐药基因 tet(A) 的检出率则为 35%，氨基糖苷类、氯霉素类和喹诺酮类耐药率较低（均为 6%）。2018 年，朱凝瑜等（2018）从萧山某中华鳖规模化养殖场暴发白底板病的一只病鳖中分离到 1 株迟缓爱德华菌，药敏试验显示该菌株为多重耐药菌，对青霉素 G、氟苯尼考、四环素、多西环素、林可霉素、万古霉素和复方新诺明 7 种抗菌药物都耐药。

王高等（2020）对云南淡水鱼中副溶血性弧菌的污染情况和耐药性进行了调查，共分离获得 15 株副溶血性弧菌，分离率为 13.6%，药敏试验显示所有分离株对头孢唑林均耐药，46.7% 的分离株对氨苄西林耐药，26.7% 的分离株对头孢噻肟耐药，而对四环素、氯霉素、环丙沙星和庆大霉素表现为敏感。柴云美等（2021）从云南 4 个淡水鱼主产区的 110 份淡水鱼中分离获得 2 株单增李斯特菌，检出率为 1.82%，2 株菌均对复方新诺明耐药，1 株菌还对氨苄西林、青霉素耐药。

国外淡水养殖较少，因此相应的淡水动物源细菌耐药性研究仅有零星报道。2006 年，Jacobs 和 Chenia（2007）从南非淡水鱼（罗非鱼、鳟鱼和锦鲤）中分离获得 37 株气单胞菌，分离株对阿莫西林、奥格门汀、四环素和红霉素的耐药率较高，分别为 89.2%、86.5%、78.3% 和 67.6%；虽然 45.9% 分离株对萘啶酸表现为耐药，但大多数菌株对氟喹诺酮类药物敏感；四环素耐药菌株中分别有 27% 和 48.7% 携带单个或多个 A 类家族 Tet 决定簇，尤以 tet(A) 流行率最高；19 株气单胞菌检出可携带 ant(3')Ia、aac(6')Ia、dhfr1、oxa2a 和/或 pse1 耐药基因的 I 类整合子，同时发现 68.4% 携带质粒的菌株也携带整合子和 Tet 决定簇，因此分离株携带的耐药基因可能会通过水平转移的方式向其他淡水动物源细菌或人源病原体传播。Ramesh 和 Souissi（2018）从印度野鲮分离出 4 株菌，分别为雷氏普罗威登斯菌、维氏气单胞菌、简氏气单胞菌和肠源气单胞菌，各菌株对头孢氨苄、甲氧西林和利福平耐药，检出的耐药基因主要是四环素耐药基因 tet(A)，其次也检测到 $ant(3'')-Ia$、$aac(6')-Ia$、$dhfr1$、$oxa2a$、$pse1$ 等耐药基因。2020 年，Preena 等（2021）对淡水观赏鱼养殖场的患病金鱼和日本锦鲤的致病菌及其耐药性进行了调查，发现迟缓爱德华菌是患病观赏鱼的优势致病菌，药敏试验结果显示 57%金鱼源菌株对一代头孢菌素（头孢噻吩和头孢氨苄）、四环素、培氟沙星和万古霉素耐药，45%日本锦鲤源菌株对一代头孢菌素（头孢噻吩和头孢氨苄）、甲氧苄啶和杆菌肽耐药。Helsens 等（2020）利用 qPCR 对美国 2 个虹鳟鱼养殖场的鲜鱼片中 ARG 的流行情况进行了调查，发现至少 20%的鲜鱼片中含 11 种耐药基因，包括 tet(M)、tet(V)、bla_{DHA}、bla_{ACC}、$mphA$、$vanTG$、$vanWG$、$mdtE$、$mexF$、$vgaB$ 和 $msrA$，但相对基因丰度较低。

　　全球范围内，水禽养殖业也主要集中在亚洲，其次是欧洲。我国 2020 年水禽（鸭和鹅）的饲养规模位居世界第一（刘灵芝和侯水生，2020）。随着养殖规模的扩大和集约化养殖的快速发展，抗菌药物在水禽养殖业中的应用也日渐增加，水禽源细菌的耐药性问题也随之越来越受到关注。张林吉（2018）于 2014～2015 年采集了徐州及周边地区 6 个养鸭场的 380 份鸭肛拭子，分离到 26 株沙门菌，药敏试验显示多数菌株为多重耐药菌，对链霉素的耐药率最高（98.2%），其次是氨苄青霉素（94.6%）；对相关耐药基因进行检测发现，氨苄青霉素耐药菌株主要携带 bla_{TEM-1}；四环素耐药菌株仅检测到 tet(A) 和 tet(G)，其中 tet(A)的检出率最高；磺胺类耐药菌株中检测到 $sul1$、$sul2$ 和 $dfrXII$，其中 $sul2$ 为最流行的基因型。岑道机等（2019）收集了 2018～2019 年广东江门及阳江共 10 处鹅场的粪便样本和环境样品 199 份，分离到 196 株大肠杆菌，分离株对氨苄西林、多西环素、氟苯尼考和链霉素耐药率均超过 50%，三代头孢菌素耐药率为 10%～25%，其中头孢噻肟耐药菌有 49 株（24.6%），19 株携带 bla_{CTX-M}，包括 $bla_{CTX-M-55}$、$bla_{CTX-M-27}$ 和 $bla_{CTX-M-65}$，且所有 bla_{CTX-M} 阳性菌均为多重耐药。朱玲玲等（2023）从湖北鸭场采集的鸭传染性浆膜炎疑似病例肝脏中分离到 34 株鸭疫里默氏杆菌，药物敏感性试验表明，所有分离株均为多重耐药株，其中对氟苯尼考、新霉素、阿米卡星、环丙沙星、头孢噻肟、链霉素、大观霉素和诺氟沙星的耐药率为 100%，对阿莫西卡那霉素、多西环素及诺氟沙星的耐药率也较高（均高于 90%），进一步对氟苯尼考的 5 种耐药基因进行检测发现上述菌株仅携带 $floR$ 基因。

　　由此可见，水产养殖动物中细菌耐药性比较严重，多重耐药菌株检出率较高（36.1%～100%），对磺胺类、β-内酰胺类、四环素类和喹诺酮类抗菌药物的耐药率分别为 37.1%～100%、26.7%～94.6%、15%～78.3%和 6%～74.3%（表 3-20）。气单胞菌、沙门菌和多杀性巴氏杆菌对甲氧苄啶/磺胺甲噁唑耐药的主要机制是菌株携带 $sul1$ 或 $sul2$；β-内酰胺类耐药菌中 bla_{TEM} 和 bla_{CTX-M} 最流行，其中携带 bla_{CTX-M} 菌株多数为多重耐药菌；四环素耐药基因中最流行的是 tet(A)和 tet(M)。

　　（2）单一养殖模式中环境源耐药/耐药基因。

　　水产动物的给药途径主要是饵料口服和药浴浸泡。无论采用何种给药途径，均会造成水产养殖水体、底泥等环境介质中抗菌药物的大量残留，进而导致水产养殖环境中细

表 3-20 淡水和海水养殖动物中各抗菌药物耐药菌株分离率

养殖模式	菌属	多重耐药率	各抗菌药物耐药率
淡水单一	大肠杆菌	36.1%～100%	磺胺类：100% 四环素类：35%～74.3% 喹诺酮类：6%～74.3% β-内酰胺类：36%～94.6% 氨基糖苷类：98.2%
	气单胞菌	38.7%～100%	磺胺类：100% 四环素类：50%～78.3% 喹诺酮类：11%～45.9% β-内酰胺类：89.2%
	副溶血性弧菌	—	β-内酰胺类-头孢噻肟：26.7%
	多杀性巴氏杆菌	—	磺胺类：37.1%
	肠球菌	—	四环素类：15% 大环内酯类：27%
淡水混合	肠球菌	—	红霉素：91% 土霉素：68%
	肠杆菌科	37.9%～97%	磺胺类：6.2% 四环素类：69.7% β-内酰胺类：28.4%～84.9%
	不动杆菌	—	磺胺类：96% 四环素类：75%
海水养殖	气单胞菌属		磺胺类：82.6% 四环素类：16.7% β-内酰胺类：98.7% 利福平类：85.3% 氨基糖苷类：2.67% 大环内酯类：98.6% 氯霉素类：38%
	弧菌属	29%～96%	磺胺类：10.0% 四环素类：10.4%～26.0% 喹诺酮类：6%～25.6% β-内酰胺类：45%～64.8% 利福平类：3.4% 大环内酯类：>50.0% 氯霉素类：12.30% 万古霉素类：>50.0%
	艰难梭菌	—	喹诺酮类：10.6% 利福平类：8.8% 大环内酯类：22.0% 林可霉素：18.0%

菌耐药性的产生和持留。另外，水产动物的排泄物直接进入养殖水体和底泥，也会导致水产动物消化道携带的耐药菌/耐药基因向水环境中传播扩散，使得水产养殖环境中耐药菌/耐药基因污染问题凸显。水产养殖环境俨然已成为耐药菌/耐药基因的重要储库，水体的流动特性还可加速水产养殖环境中的耐药菌/耐药基因向周边环境的传播，给公共卫生安全和人类健康造成了巨大的威胁。

Xiong 等（2015）采用 qPCR 检测技术对广东 4 个鱼塘环境样本中 ARG 进行了定量分析，结果显示鱼塘水样和淤泥样本中 15 种耐药基因（3 种磺胺类耐药基因、7 种四环素耐药基因、5 种氟喹诺酮类耐药基因）的相对丰度在 $0～2.8×10^{-2}$ 范围内；所有样品中均检出磺胺类耐药基因 *sul1*、*sul2* 和 *sul3*，相对丰度在 $3.4 \times 10^{-4} \sim 1.1 \times 10^{-2}$ 范围内，但淤泥和水样中 *sul1*、*sul2* 和 *sul3* 的相对丰度无显著差异；所有样品中均检出四环素耐药基因 *tet*(B)/(P)，1 份样品中检出 *tet*(S)，不同样品中四环素耐药基因的相对丰度在 $2.1 \times 10^{-5} \sim 4.2 \times 10^{-3}$ 范围内，且多数淤泥样品中四环素耐药基因的污染水平显著高于水样；5 种 PMQR 基因的相对丰度在 $1.0 \times 10^{-4} \sim 1.9 \times 10^{-2}$ 范围内，但所有样品中均未检测到 *qepA*，淤泥和水样中的污染水平无显著差异。Zhao 等（2018b）采用宏基因测序方法对江苏的青虾养殖场内耐药情况进行调查，从虾肠道中共检测到 13 类抗菌药物的 60 种耐药基因，其中 *bacA*、*mexB* 和 *mexF* 在所有样本中均检出，多重耐药基因、β-内酰胺和杆菌肽耐药基因的污染水平较高；淤泥样品中的 ARG 主要为多重耐药基因、喹诺酮类、杆菌肽类和磺胺类抗菌药物耐药基因，其中丰度最高的耐药基因是 sme*E*，其次是 *mexF*、*hcA* 和 *mexB*；水样中最主要的两种耐药基因为杆菌肽类抗菌药物耐药基因和多重耐药基因，其丰度明显高于青虾肠道内容物和淤泥样本；此外，ARG 与可移动遗传元件（MGE）的相关性分析结果表明，该虾场中的耐药基因可能通过水平转移等方式向周围环境或社区传播（Zhao et al.，2018b）。余军楠（2020）基于宏基因组测序对江苏地区中华绒螯蟹、克氏原螯虾和罗氏沼虾养殖场水样和沉积物样本中 ARG 及 MGE 的多样性和丰度进行了研究，发现三种甲壳类动物养殖环境中的优势 ARG 均是杆菌肽、多重耐药、大环内酯-林可酰胺-链霉菌素和磺胺类抗菌药物耐药基因，同时 ARG 的相对丰度与 MGE 的相对丰度呈正比，暗示水产养殖环境中耐药基因可能通过水平转移的方式进行转移和传播。吴甘林（2020）采用普通 PCR 和荧光定量 PCR 检测方法对广东罗非鱼鱼塘及杂交鳢池塘的水样和底泥样本中 PMQR 基因进行了检测，PCR 结果显示 PMQR 基因在罗非鱼养殖池塘水样本中的检出率为 48.1%，仅 3 种 PMQR 基因被检测到，分别是 *qnrA1*、*qnrS*（*qnrS1*、*qnrS5*）和 *oqxA*，其检出率分别为 7.4%、33.3% 和 33.3%；55.6% 的杂交鳢池塘水样中检出 PMQR 基因，包括 *qnrB*（11.1%）、*qnrS*（55.6%）和 *oqxAB*（33.3%）；44.4% 底泥样品中检出 PMQR 基因，包括 *qnrS*（11.1%）和 *oqxAB*（33.3%）；定量分析发现底泥样品中 PMQR 基因丰度高于水样，其中 *qnrD* 基因的绝对丰度最高。

在国外，关于淡水养殖环境中耐药性的研究也有少量报道。Carvalho 等（2013）在 2007～2008 年从巴西淡水虾池塘水样和沉积物样本中分离获得了 30 株沙门菌，药敏试验显示仅 6 株为耐药菌，其中 3 株为多重耐药菌；四环素和土霉素的耐药率最高（为 16.67%），氨苄西林和呋喃妥因的较低（分别为 13.33% 和 10.00%），而所有菌株对庆大霉素、氯霉素、氟尼考、环丙沙星和萘啶酸均敏感。

水禽养殖环境中同样存在大量耐药菌/耐药基因，目前这方面的研究主要集中在养鸭场。2006 年，Ma 等（2012）评估了中国南部地区鸭场内水样中产 ESBL 大肠杆菌的流行情况，发现环境样本中头孢噻呋耐药大肠杆菌检出率为 46.7%（7/15），其中 3 株携带 $bla_{\text{CTX-M-27}}$、2 株携带 $bla_{\text{CTX-M-24e}}$、1 株携带 $bla_{\text{CTX-M-55}}$、1 株携带 $bla_{\text{CTX-M-105}}$。2008～2010 年，Sun 等（2012）对中国南方地区鸭场内鸭疫里默氏杆菌的耐药性进行调查，发现 103 株鸭疫里默氏杆菌对链霉素、卡那霉素、庆大霉素、安普霉素、阿米卡星、新霉素、萘啶酸和磺胺二甲嘧啶均表现为高水平耐药（31μg/mL 至 ≥128μg/mL），耐药基因检测

结果显示 *aac(6')-Ib* 检出率最高，*sul1*、*aadA2*、*cmlA*、*aadA1*、*aac(3')-IV* 和 *aac(30)-IIc* 的检出率较低，而 *aph(3')-VII*、*aac(3')-IIc*、*cat2*、*floR*、*tet*(A)、*tet*(B)、*tet*(C) 和 *sul2* 仅有零星检出。Wang 等（2021a）对中国东南沿海地区五大鸭养殖大省（广东、福建、浙江、江苏和山东）鸭场环境中 NDM 阳性菌的流行情况进行了调查，发现 NDM 阳性大肠杆菌在水样和土样中的检出率分别为 9.0% 和 11.2%，且 NDM 阳性大肠杆菌均为多重耐药菌株（10.15%），对头孢噻肟、头孢西丁、厄他培南、四环素、环丙沙星和磺胺甲氧苄氨嘧啶均表现为耐药。Niu 等（2020）对广东湛江养鸭场养殖环境中沙门菌耐药性进行了调查研究，共分离获得 92 株沙门菌，药敏试验结果显示所有菌株均为多重耐药菌，且对氨苄西林、林可霉素、土霉素、强力霉素、多黏菌素、甲硝唑、泰乐菌素、替米考星和磺胺二甲嘧啶均表现为耐药；对青霉素、新霉素、庆大霉素、氟苯尼考、利福平和阿米卡星的耐药率也较高，分别为 91.30%、89.13%、84.78%、66.30%、61.96% 和 53.26%；其次是乙酰喹（31.52%）、环丙沙星（33.70%）、恩诺沙星（46.74%）、头孢氨苄（48.91%）和左氧氟沙星（22.83%）；头孢曲松和头孢噻肟耐药率最低（分别为 10.87% 和 17.39%）。

磺胺类、四环素类、喹诺酮类、大环内酯类和酰胺醇类等抗菌药物的耐药基因在水产养殖环境中广泛流行，且其污染水平分别为 $3.4×10^{-4}$～$1.1×10^{-2}$ copies /g、$2.1×10^{-5}$～$4.2×10^{-3}$ copies /g、$1.0×10^{-4}$～$1.9×10^{-2}$ copies /g、0.001～3.77 copies/g 和 0.0256～0.839 copies/g。多数研究显示，水产养殖环境中多数耐药基因与可移动遗传元件（如Ⅰ类整合子、质粒）存在显著相关性，提示水产养殖环境中的耐药基因可通过水平转移向人群、其他动物和环境中扩散。此外，水禽养殖环境中耐药性问题更为严重，不仅常用抗菌药物相关耐药基因广泛流行，而且临床治疗严重革兰氏阴性菌感染的碳青霉烯类抗菌药物的耐药基因也存在较高的分离率，例如，NDM 阳性大肠杆菌及其相关耐药基因在鸭场环境中的分离率为 10.2%。

（3）混合养殖模式中动物源耐药菌/耐药基因。

水产养殖业一个重要的发展方向是"混养"，主要类型有：多种类鱼混养；鱼虾混养；鱼鳖混养；鱼蟹混养；鱼类与水禽同时饲养等。在混合饲养模式中，畜禽粪便常作为水产养殖动物的饲料直接排入鱼塘。混合饲养模式不仅能合理利用水体资源，也能充分利用饲料，发挥养殖动物之间的互利作用，提高社会效益和经济效益，是我国南方水产养殖的重要组成部分。

然而混合养殖模式会促进细菌耐药性的发展和耐药基因的传播，对食品安全与公共健康造成极大威胁。Su 等（2011）对广东中山的 4 个综合养鱼场分离的肠杆菌科细菌耐药性进行了调查，发现分离获得的 203 株肠杆菌科细菌的耐药率为 98.5%，其中氨苄西林的耐药率最高，环丙沙星和左氧氟沙星耐药率最低，37.9% 的菌株为多重耐药菌株；对比不同来源菌株的耐药谱发现，畜禽（猪和鸭）粪便中多重耐药菌株指数（multiple antibiotic resistance index，MARI，即细菌耐药的抗生素数量与抗生素总数的比值）最高，为 0.56，这一指数显著高于渔场土壤（0.24）和水样（0.12）；PCR 检测分离株的四环素类、磺胺类药物耐药基因和Ⅰ类整合子，发现 *tet*(A) 和 *tet*(C) 是 105 株四环素耐药肠杆菌中最常见的基因（检出率分别为 74.3% 和 62.9%），其次是 *tet*(B)（23.8%）和 *tet*(D)

（10.5%）；*sul2* 基因是磺胺类耐药株最流行的 *sul* 基因（89.4%），其次是 *sul1*（50%）和 *sul3*（3%）；170 株肠杆菌科分离株（83.7%）携带 1 类整合子，且其中 100 株同时携带基因盒。Zhang 等（2013a）对华南地区传统和综合水产养殖系统中分离的大肠杆菌进行了抗菌药物耐药表型和基因型的调查，发现所有大肠杆菌分离株至少对测试的 12 种抗菌药物中的一种表现为耐药，其中水样和粪便样品中分离的肠杆菌科细菌的耐药谱相似，即对四环素、氨苄西林、磺胺甲噁唑、甲氧苄啶、哌拉西林和链霉素的耐药率显著高于头孢他啶、庆大霉素、左氧氟沙星和环丙沙星；耐药基因检测结果显示在 10 种四环素耐药基因中，*tet*(A)、*tet*(W) 和 *tet*(B) 的流行最普遍，流行率分别为 69.7%，63.5% 和 21.9%；3 种磺胺类耐药基因中 *sul2* 的流行率最高（为 55.3%），其次是 *sul3*（28.2%）、*sul1*（6.2%）；4 种 ESBL 基因中，流行率分别为：*bla*$_{TEM}$（28.4%）、*bla*$_{OXA}$（9.7%）、*bla*$_{CTX}$（9.3%）、*bla*$_{CARB}$（5.2%）。钟晓霞等（2017）采用 PCR 和荧光定量 PCR 方法对广东地区典型的鸭-鱼混养场鸭粪中耐药基因进行调查，结果显示除 *tet*(B)、*tet*(T)、*bla*$_{SHV}$ 和 *cfr* 基因外，其他基因在粪便中的检出率均为 100%；定量 PCR 结果显示所有 β-内酰胺类耐药基因的平均相对丰度最高（0.001～3.77），其次是四环素（0.061～1.79）和磺胺类（0.099～1.90），酰胺醇类的最低（0.0256～0.839）。Shen 等（2019）收集了广东典型鸭-淡水鱼混合养殖产业链中鸭泄殖腔及鸭肉、池塘淤泥及水、鱼肠道内容物、超市鸭肉和鱼肉等共 250 份样本，并从每份样本中分离出一株肠杆菌科细菌，发现共有 143 株（57.2%）对多黏菌素耐药，其中有 56 株（22.4%）携带 *mcr-1* 基因，包括 54 株大肠杆菌和 2 株肺炎克雷伯菌；药敏试验结果表明，超过 90% 的 *mcr-1* 阳性大肠杆菌对氨苄西林、四环素和磺胺甲噁唑/甲氧苄啶耐药，但对碳青霉烯类药物和替加环素敏感；全基因组分析表明，IncHI2（29.6%）和 IncI2（27.8%）是该链条中携带 *mcr-1* 基因的主要质粒，并且发现鸭-淡水养殖产业链与人群的 *mcr-1* 阳性大肠杆菌亲缘关系十分相近，表明该菌可通过水产食物链在动物和人群之间相互传播，提示淡水养殖业是多黏菌素耐药菌的重要储库之一。

在国外，尤其是东南亚（包括印度、孟加拉国、印度尼西亚和越南等国家），混合淡水养殖模式同样也是一种非常普遍的水产养殖方式。Petersen 和 Dalsgaard（2003）从泰国综合和传统养鱼场分离获得了 410 株肠球菌，与传统养殖场相比，综合养殖场分离的肠球菌的耐药性明显更高，例如，综合养殖场分离株对红霉素和土霉素耐药率显著高于传统养殖场（红霉素：91%/27%，土霉素：68%/15%）；红霉素耐药菌株中 *ermB* 基因检出率最高（87%），土霉素耐药株 *tet*(M) 的流行率最高（95%）。Yvonne 和 Andreas（2007）对泰国某省的 4 个鸡-鱼综合养殖场和 3 个无抗菌药物使用史的养殖场的细菌耐药性进行了对比调查，发现分离获得的 222 株土霉素耐药不动杆菌属菌株对多种抗菌药物表现出耐药，其中分离自综合养殖场的菌株有 9～14 种不同的多重耐药谱型，而对照组养殖场仅有 2～7 种，由此说明，综合养殖场中耐药性较无抗菌药物使用的对照养殖模式更为复杂，耐药谱更广；PCR 结果显示四环素耐药菌株（*n*=222）中 *tet*(39) 的检出率最高（75%）；磺胺类耐药菌（*n*=134）中 *sul2* 的流行率最高（96%），其中有 19 株 *sul2* 为 I 类整合子的一部分。Hamza 等（2020）对埃及吉萨省的 4 个综合养殖场进行了耐药性监测，从 105 份鱼样品中分离获得 66 株肠杆菌科细菌，其中 64 株为耐药菌（97%），包括 34 株（52%）耐碳青霉烯和头孢菌素耐药菌、26 株（39%）仅耐碳青霉烯耐药菌，以及 4 株（6%）仅耐 1 或 2 种头孢菌素类抗菌药物耐药菌；耐药基因鉴定结果显示，所有耐碳青霉烯的菌株均携带 bla_{KPC}，部分菌株同时携带碳青霉烯酶基因（bla_{NDM} 和 bla_{OXA-48}）和 β-内酰胺酶基因（$bla_{CTX-M-15}$、bla_{SHV}、bla_{TEM} 和 bla_{PER-1}），且在所有分离株中均携带同源性较高的多重耐药质粒，提示上述耐药基因可能会通过质粒的水平转移而传播扩散。

（4）混合养殖模式中环境源耐药菌/耐药基因。

混合模式下，水产养殖环境中的细菌耐药性更为复杂。钟晓霞（2016）对广东地区典型鸭鱼混养型养殖场周边环境样品（土壤、底泥和水）的耐药性进行了监测，发现 3 种磺胺类耐药基因中的 sul1 和 sul3 在所有样品中均有检出，sul2 的检出率为 97.5%（$n=40$），其中以 sul1 基因丰度最高（$2.31×10^{-1} \sim 8.15×10^{-1}$）；5 种四环素耐药基因中 tet(W) 的检出率最高（95%），而 tet(M) 的污染水平最高（$8.09×10^{-3} \sim 5.26×10^{-2}$）；aac(6')-Ib 是检出率最高的氟喹诺酮类耐药基因（95%），也是污染水平最高的喹诺酮类药物耐药基因（$1.22×10^{-2} \sim 1.01×10^{-1}$）；$bla_{TEM}$ 在 3 种 β-内酰胺类抗菌药物耐药基因中的检出率最高（85%），也是污染水平最高（$5.11×10^{-3} \sim 6.56×10^{-2}$）的 β-内酰胺类药物耐药基因；5 种酰胺醇类耐药基因中 floR 的检出率（95%）和污染水平均为最高（$6.51×10^{-3} \sim 5.57×10^{-2}$）；总体而言，养殖场土壤中耐药基因的污染水平最高，其次是底泥，水样的最低。2017 年，黄禄（2017）对单一水产养殖场和混合水产养殖场环境中耐药基因的污染水平进行对比研究，发现四环素耐药基因[tet(A)、tet(B)、tet(C) 和 tet(G)]、磺胺类耐药基因（sul1 和 sul2）、β-内酰胺类耐药基因（bla_{FOX}）和 I 类整合子基因 intI1 在所有样品中均有检出；tet(A) 在环境中的污染水平最高（$10^6 \sim 10^9$ copies/μL DNA），磺胺类耐药基因 sul1 和 sul2 的污染水平仅次于 tet(A)，而 tet(E)、tet(L)、tet(A-P)、tet(M)、tet(O)、tet(S)、tet(W)、EBC 和 ermA 的污染较低；鱼鸭混合养殖场水体和沉积物中耐药基因的总相对丰度分别为 $3.686×10^7$ copies/mL 和 $4.574×10^8$/g，显著高于单一水产养殖场水样和沉积物中耐药基因的污染水平（分别为 0.5149 copies/mL 和 0.4919 copies/g）。Yuan 等（2019）对杭州湾典型河口水产养殖区水源、池塘水和沉积物中 ARG 污染状况进行了研究，11 种目标 ARG 中有 9 种在水源地水样中被检到，包括 3 种磺胺类药物耐药基因（sul1、sul2 和 sul3）、4 种四环素类药物耐药基因[tet(A)、tet(B)、tet(C) 和 tet(M)]、喹诺酮药物耐药基因 qnrS 和酰胺醇类药物耐药基因 floR，而 tet(H) 和 tet(O) 的检出率分别为 75.0% 和 66.7%；8 种目标耐药基因[sul1、sul2、tet(A)、tet(B)、tet(C)、tet(M)、qurS 和 floR]在所有池塘水样中均有检出，剩余 3 种耐药基因[tet(O)、tet(H) 和 sul3]的检出率分别为 50%、41.7% 和 25%；在所有耐药基因中 sul1 的丰度最高（$1.94×10^{-2}$），其次是喹诺酮耐药基因 qnrS（$9.97×10^{-3}$），而四环素耐药基因 tet(O) 的丰度最低（$4.42×10^{-5}$）；在沉积物样品中仅 6 种耐药基因[sul1、tet(A)、tet(C)、tet(M)、qurS 和 floR]的检出率为 100%，其他目标耐药基因[sul2、sul3、tet(B)、tet(H) 和 tet(O)]的检出率则分别为 62.5%、37.5%、16.7%、12.5% 和 4.2%；在所有目标耐药基因中，相对丰度最高的是 qnrS（$3.76×10^{-3}$），其次是 tet(A)（$3.71×10^{-3}$），而 tet(O) 的丰度最低（$1.25×10^{-6}$）。Xu 等（2020）对广东地区单一水产养殖场（鱼场和鸭场）和混合水产养殖场（鱼鸭混养场）的环境耐药性进行了对比研究，发现混合淡水养殖场样品中耐药基因的总数目和总相对丰度显著高于单一淡水养殖场，其中可转移的耐药基因［tet(X)、tet(X2)、tet(X3)和tet(X4)］的相对丰度的总和在混合淡水养殖场中高于单一淡水养殖场；同时，混合淡水养殖场中黏菌素可转移耐药基因（mcr-1.1、mcr-2.1、mcr-3.1、mcr-4.1、mcr-5.1、mcr-6.1、mcr-7.1、mcr-8.1和mcr-10.1）的相对丰度总和高于单一淡水养殖场；混合水产养殖场中β-内酰胺类耐药基因（bla_{KPC}、bla_{SHV}、bla_{VIM}、bla_{TEM}、bla_{OXA}、bla_{IMP}、bla_{CTX-M}、bla_{AIM}和bla_{CMY}）的相对丰度总和高于单一养鱼场；此外，混合淡水养殖场中酰胺醇类耐药基因$floR$的相对丰度显著高于单一淡水养殖场，且混合养殖场样品中万古霉素耐药基因（主要为$vanR$、$vanS$、$vanX$、$vanD$、$vanA$和$vanH$）的相对丰度总和显著高于单一养鱼场。

在国外，关于混合水产养殖环境中耐药性的研究也有少量报道。Shah等（2012）对巴基斯坦和坦桑尼亚综合养鱼场的环境中细菌耐药性进行调查，该研究共分离获得253株菌株，其中10%（26/253）对所有9种测试的抗菌药物耐药，其余所有分离株（n=221）对1~8种抗菌药物表现为耐药；耐阿莫西林分离株的优势β-内酰胺酶基因为bla_{TEM}；氟苯尼考/氯霉素抗性分离株仅检测到cat-1；对于耐红霉素分离株，仅在坦桑尼亚分离株中发现了$mefA$。Hamza等（2020）对埃及吉萨省的4个混合农业养殖环境中肠杆菌科细菌耐药性进行了调查研究，从鱼池塘进水口水样（n=30）、自来水（n=44）和出水口水样（n=26）中分离获得64株肠杆菌科细菌，其中36株为耐碳青霉烯肠杆菌科细菌（CRE），所有CRE分离株均携带bla_{KPC}，部分CRE同时携带bla_{OXA-48}（n=9）；剩余分离株（n=28）对头孢菌素均表现为耐药，且均携带bla_{CTX-M}，部分菌株同时携带多种ESBL基因（bla_{SHV}、bla_{TEM}和bla_{OXA-1}）。

总体而言，与单一养殖淡水养殖场相比，混合水产养殖系统表现出更高的耐药基因流行率和更为复杂的耐药性。目前的研究表明，该结果是多种因素共同作用导致的：首先，畜禽的粪便中携带大量的耐药菌/耐药基因，可直接对养殖环境和鱼虾等水产动物造成污染；其次，畜禽中使用的抗菌药物更为复杂，且其粪便中残留大量抗菌药物，从而使养殖环境和其他水产养殖动物肠道的菌群处于较高选择压力下，进一步促进了水产养殖动物及环境耐药菌/耐药基因的持留和传播。

2）国内外海水养殖动物及其养殖环境中耐药基因的分布和流行

（1）海水养殖中动物源耐药菌/耐药基因。

随着海水养殖规模化和集约化的发展，水产动物细菌性疾病也日渐频发，抗菌药物作为现阶段不可替代的治疗药物，其滥用和误用现象也十分普遍。海水养殖场中耐药菌和耐药基因的研究在国内外也被相继报道。兰欣（2013）对1999~2012年从山东、江苏、河北和天津等沿海地区养殖场发病鱼中分离到的菌株进行耐药表型和耐药基因的分析，发现分离到的230株病原菌中有83株属于弧菌属，为患病鱼的优势病原菌，其次为气单胞菌属细菌（n=11）；6种抗菌药物耐药性检测结果显示230株分离株对氨苄青霉素、呋喃唑酮、氯霉素、四环素、环丙沙星和利福平的耐药率分别为64.8%、47.8%、12.3%、10.2%、8.5%和3.4%；此外，多重PCR结果显示29株氯霉素抗性菌株中cat I、cat II和cat III基因阳性率分别为41.4%、38%和13.8%，未检测到cat IV基因；24株四环素抗性菌株中主要存在的 *tet* 基因是 *tet*(B)（75%）、*tet*(C)（16.7%）和 *tet*(E)（8.3%），有 1 株菌同时携带 *tet*(C) 和 *tet*(D)。孙永婵（2016）在 2013 年从广东和福建鲍养殖场内的鲍消化道中分离获得 266 株分离株，药敏试验显示分离株对青霉素 G、卡那霉素、庆大霉素和利福平表现出较高的耐药率，依次为 75.20%、74.41%、69.82% 和 58.74%，其中 55.69% 的分离株为多重耐药菌。赵姝等（2019）对 2014～2015 年从上海、山东、海南和江苏等地患病水产动物中分离获得的 121 株弧菌进行了耐药表型和基因型的分析，分离株对恩诺沙星、诺氟沙星和环丙沙星耐药率依次为 25.6%、17.4% 和 18.2%，且 5 种质粒介导的喹诺酮耐药基因中仅 *qnrA*、*qnrVC* 和 *oqxB* 被检出，检出率分别为 1.65%、24.8% 和 0.83%。靳晓敏等（2015）对 30 株从患病大菱鲆中分离获得的鳗弧菌的耐药表型和基因型进行了研究，发现所有菌株对青霉素 G、苯唑西林、氨苄西林、克林霉素、万古霉素和杆菌肽均表现为耐药，即所有菌株均为多重耐药菌；同时，所有菌株均携带 *bla*TEM、*ant(3″)-I* 和 *sul1*，而 *tet*(A) 基因未被检测到。毛灿（2020）在 2018 年 4～12 月对珠海市花鲈养殖区的花鲈样本进行流行病学调查，结果表明爱德华菌和气单胞菌为主要致病菌，经分离鉴定共获得 87 株杀鱼爱德华菌（*Edwardsiella piscicida*）和 75 株维气单胞菌（*Aeromonas veronii*）；耐药表型分析显示杀鱼爱德华菌对利福平（98.85%）、麦迪霉素（96.55%）和红霉素（95.40%）的耐药率较高，对复方新诺明（28.73%）、阿莫西林（21.83%）、庆大霉素（13.79%）、新霉素（10.34%）、呋喃唑酮（3.45%）、诺氟沙星（2.29%）、氯霉素（2.29%）、多西环素（2.29%）、土霉素（1.15%）、氟苯尼考（1.14%）和恩诺沙星（0%）较为敏感；维气单胞菌对麦迪霉素（98.67%）、阿莫西林（98.67%）、利福平（85.33%）、青霉素（84.00%）和磺胺甲噁唑（82.67%）的耐药率较高，而对庆大霉素（2.67%）、呋喃唑酮（1.33%）和新霉素（1.33%）较为敏感；杀鱼爱德华菌共有 32 种耐药谱型且均为多重耐药菌株，多重耐药指数为 0.423，而维气单胞菌共有 39 种耐药谱型且均为多重耐药菌株，多重耐药指数为 0.305。

2018 年，闫倩倩（2019）对山东主要刺参养殖区（*n*=6）幼参肠道抗菌药物耐药菌及耐药基因的分布流行特征进行了研究，共分离获得 98 株耐药菌，其中耐药率最高的是乙酰甲喹、萘啶酸和四环素耐药菌，分别为 0.05%～40.06%、2.16%～39.94% 和 0.06%～23.15%；氟苯尼考、庆大霉素和链霉素耐药菌的占比均较低，耐药率为 0.01%～4.15%；此外，*tet*(A)、*tet*(G)、*qnrA*、*qnrS*、*cmle3*、*floR* 和 *aadA* 在所有采样点均有检出。李炳（2020）收集了广西北部湾牡蛎养殖区不同死亡率地区（高死亡率、中死亡率和低死亡率）的牡蛎样本，并对样本中异养细菌和弧菌的分离情况及其耐药现状进行对比研究，发现在高死亡率养殖环境中牡蛎体内的异养细菌和弧菌分离率较高，耐药谱型较广。高死亡率养殖区的牡蛎体内分离的 64 株菌对青霉素、万古霉素、链霉素、阿莫西林和四环素耐药率分别为 81.3%、73.4%、45.3%、42.3% 和 43.3%，对红霉素、妥布霉素、诺氟沙星、庆大霉素、氯霉素、新霉素和多西环素的耐药率在 29.7%～21.9% 范围内，对恩诺沙星、氧氟沙星和环丙沙星的耐药率在 11% 以下。高死亡率养殖区分离的菌株中多重耐药菌株占 79.7%，MARI 为 0.31；中度死亡率养殖区的牡蛎体内分离的 68 个菌株对青霉素、万古霉素耐药率为 92.6%，对阿莫西林、四环素和多西环素的耐药率分别为 42.6%、32.3% 和 27.9%，对链霉素、庆大霉素、红霉素、新霉素、氯霉素、氟苯尼考、恩诺沙星、诺氟沙星、氧氟沙星和环丙沙星的耐药率均在 15%以下，中死亡率养殖区分离的菌株中多重耐药菌株占 66.2%，MARI 为 0.22；低死亡率养殖区分离的菌株中多重耐药菌株占 58.4%，MARI 为 0.28。Deng 等（2020）从中国南海患病海鱼中分离获得了 70 株弧菌，其中哈维弧菌为最流行的菌株，药敏试验显示 64.29%菌株对超过 3 种抗菌药物耐药，且菌株对万古霉素、阿莫西林、麦迪霉素和呋喃唑酮的耐药率都超过 50%，但所有菌株均对氟苯尼考、诺氟沙星和环丙沙星敏感。

在国外，关于海水养殖业耐药性问题的报道较少。2005～2006 年，Reboucas 等（2011）从巴西海虾养殖场虾肝样本中分离出 31 株弧菌，药敏试验显示，61.3%菌株为耐药菌，29%的分离株为多重耐药菌株，其中氨苄西林和土霉素耐药率较高（分别为 45%和 26%），头孢西汀、四环素、萘啶酸和磺胺甲噁唑/甲氧苄啶的耐药率较低（分别为 10%、13%、6%和 3.2%），而对氟苯尼考和呋喃妥因则均表现为敏感。2013 年，Mohamad 等（2019）从意大利海水养殖场鱼样本中分离获得弧菌（n=240），主要包括哈维氏弧菌（36.7%）、溶藻弧菌（33.3%），其中 96%的菌株表现出多重耐药，尤其对氨苄青霉素、阿莫西林、红霉素和磺胺嘧啶表现出严重耐药。2015 年 12 月至 2017 年 8 月，Agnoletti 等（2019）从贻贝、蛤蜊样本中共分离出 113 株艰难梭菌（*C. difficile*），其对红霉素、克林霉素、莫西沙星和利福平的耐药率分别为 22%、18%、10.6%和 8.8%。

海水养殖业中细菌耐药性的研究主要集中在弧菌属和气单胞菌属，其中弧菌属多重耐药率达 29%～96%，其对磺胺类、四环素类、喹诺酮类、β-内酰胺类、利福平类、大环内酯类、氯霉素类和万古霉素类抗菌药物的耐药率在 3.4%～64.8%范围内，多数抗菌药物耐药率低于淡水养殖动物源细菌的耐药率（表 3-20）。

（2）海水养殖中环境源耐药菌/耐药基因。

越来越多的研究显示，海水养殖环境中耐药菌/耐药基因的污染也日趋严重。张小霞（2008）对大连的 4 种室内海水养殖水体中耐药菌和耐药基因的流行情况进行了研究，共分离获得 286 株菌株，所有菌株均为耐药菌，分离株对氯霉素、土霉素、氨苄青霉素、链霉素、萘啶酸和红霉素的耐药率分别为 96%、99%、91%、34.2%、23%和 12%，且 42%的分离株为多重耐药菌；此外，耐药基因检测结果显示，9 种常见四环素耐药基因中有 5 种 [*tet*(A)、*tet*(B)、*tet*(D)、*tet*(E)和 *tet*(M)] 被检测到，其中 *tet*(B)、*tet*(D)和 *tet*(M) 三种基因的检出率最高，分别为 33.8%、42.5%和 41.3%；氯霉素耐药基因 *catII*、*catIV* 和氟苯尼考耐药基因 *floR* 的检出率分别为 37.5%、18.8%和 45.0%。李壹等（2016）对山东半岛 5 个海水养殖环境中四环素类、磺胺类、氟氯霉素类及喹诺酮类抗菌药物的 15 种耐药基因的污染水平进行了研究，结果显示，*sul1*、*sul2* 和 *dfra1* 在水样中丰度较高，相对拷贝数分别为 $1.0\times10^{-3}\sim3.0\times10^{-2}$、$6.7\times10^{-5}\sim5.0\times10^{-2}$ 和 $6.0\times10^{-6}\sim1.0\times10^{-2}$；5 种四环素耐药菌中 *tet*(G)的污染水平最高（$5.8\times10^{-5}\sim1.9\times10^{-2}$）；不同养殖场中 4 种氯霉素类药物的耐药基因相对丰度存在较大差异，其相对丰度变化范围为 $6.9\times10^{-8}\sim1.0\times10^{-2}$；多数养殖场中喹诺酮类耐药基因 *qnrA* 的相对丰度高于 *qnrS*。吴金军（2019）对海南主要海水养殖区环境中 3 类抗菌药物的 13 种耐药基因的污染状况进行了调查，发现 13 种耐药基因中除 *tet*(S)、*ermA* 和 *ermB* 外，其余均被检出，*sul1*、*tet*(B)和 *ermB* 分别为 *sul*、*tet* 和 *erm* 家族的优势基因，*sul* 家族基因丰度高于 *tet* 家族，*sul1*、*sul2* 和 *sul3*

在每个采样点均有检出，且这些耐药基因在捕捞期的丰度显著高于饲养期。曹佳雯（2019）采用荧光定量 PCR 对福建三沙湾海水养殖环境中的 5 类抗菌药物的 28 种耐药基因进行了调查，其中 11 种耐药基因在养殖环境中被检测到，且沉积物中耐药基因污染水平高于海水样本，磺胺类、四环素类、大环内酯类、喹诺酮类和氯霉素类耐药基因的丰度分别为 $2.19 \times 10^3 \sim 6.41 \times 10^4$ copies/mL 和 $5.06 \times 10^4 \sim 1.97 \times 10^6$ copies/mL、$1.16 \times 10^3 \sim 1.96 \times 10^4$ copies/mL 和 $1.79 \times 10^5 \sim 1.83 \times 10^6$ copies/mL、$1.37 \times 10^1 \sim 3.85 \times 10^2$ copies/ mL 和 $6.87 \times 10^3 \sim 1.40 \times 10^5$ copies/mL、$1.94 \sim 2.95 \times 10^1$ copies/mL 和 $0 \sim 6.49 \times 10^3$ copies/mL、$0 \sim 4.00 \times 10^2$ copies/mL 和 $0 \sim 4.85 \times 10^5$ copies/mL；此外，不同季节优势基因不同，tet(A)、tet(C)、$fexA$、$qnrA$ 和 $qnrC$ 为夏季海水样本中的优势基因，而 $sul2$、tet(G)、$cmlA$ 和 $ermB$ 则为冬季海水样本中的优势基因，且冬季水体中的耐药基因总丰度高于夏季。姜春霞等（2019）对海南东寨港滩涂养殖海水与沉积物中磺胺类（$sul1$、$sul2$ 和 $dfrA1$）、四环素类 [tet(A)、tet(C)、tet(G) 和 tet(M)]、氯霉素类（$cata1$、$cata2$、$cmle1$ 和 $cmle3$）和喹诺酮类（$qnrS$）的流行特征及污染水平进行了调查，同样发现沉积物中耐药基因的检出率和污染水平均高于海水样品，具体表现为上述耐药基因在所有沉积物中均有检出，而海水样品中耐药基因的检出率为 80%～100%；沉积物中耐药基因总相对丰度为 $1.57 \times 10^{-2} \sim 1.08 \times 10^{-1}$，而海水中的则为 $0 \sim 3.5 \times 10^{-2}$。

在国外，Muziasari 等（2014）对芬兰波罗海北部的水产养殖场中的 $sul1$、$sul2$ 和 $dfrA1$ 三种 ARG 和 $intI1$ 基因进行了定量分析，发现在 2006～2012 年的 6 年间，$sul1$、$sul2$ 和 $dfrA1$ 在波罗海养殖场沉积物中持续存在；此外，$sul1$ 和 $intI1$ 基因之间的拷贝数显著相关，表明 1 类整合子在农场沉积物中 $sul1$ 的流行方面发挥作用。Cesare 等（2012）对亚德里海养鱼场的沉积物中肠球菌的耐药性和样品中耐药基因的流行状况进行了调查研究，发现分离获得的所有菌株对四环素、红霉素、氨苄青霉素和庆大霉素均敏感，且样品中四环素耐药基因 [tet(M)、tet(L) 和 tet(O)] 和大环内酯耐药基因（$ermA$、$ermB$ 和 mef）均有检出。Jang 等（2016）对韩国某岛屿上海水池塘养殖水体中的耐药基因丰度及多样性进行调查，几乎所有待检耐药基因，包括 11 种四环素耐药基因 [tet(A)、tet(B)、tet(D)、tet(E)、tet(G)、tet(H)、tet(M)、tet(Q)、tet(X)、tet(Z) 和 tet(BP)]、2 种磺胺耐药基因（$sul1$ 和 $sul2$）、2 种喹诺酮耐药基因（$qnrD$ 和 $qnrS$）、2 种 β-内酰胺类耐药基因（bla_{TEM} 和 bla_{SHV}）、氟苯尼考耐药基因（$floR$）和多药耐药基因（$oqxA$）在所有采样点中均有检出；定量检测发现耐药基因总丰度在 $4.24 \times 10^{-3} \sim 1.46 \times 10^{-2}$ 范围内，其中 tet(B) 和 tet(D) 为优势耐药基因，占总耐药基因丰度的 74.8%～98.0%，1 类整合子基因 $intI1$ 与 tet(B)、tet(D)、tet(E)、tet(H)、tet(X)、tet(Z)、tet(Q) 及 $sul1$ 呈显著性正相关，表明 $intI1$ 对耐药基因的传播起到了重要作用。

海水养殖环境中耐药基因的污染也非常严重，尤其是磺胺类和四环素类，其检出率分别为 80%～100% 和 33.8%～41.3%（表 3-21）。这两类耐药基因和 Ⅰ 类整合子基因 $intI1$ 同样存在显著相关性，对这两类耐药基因的传播可能起到促进作用。长期的监测显示，海水养殖环境中耐药基因可持留较长时间，如 $sul2$ 可持留 1 年。此外，对比水样和底泥中耐药菌与耐药基因的污染情况发现，底泥中细菌耐药性较水样更为严重。由于海水养殖产生的水和底泥直接进入海洋中，对周围海洋环境可产生直接的污染，因此如何处理和控制海水养殖生产过程中产生的污水及底泥是控制其耐药性的重要环节。

表 3-21　淡水和海水养殖动物养殖环境各抗菌药物耐药基因检出率及其污染水平

养殖模式	常见耐药基因检出率	常见耐药基因污染水平
淡水单一	磺胺类（*sul1*、*sul2*、*sul3*）：100% 四环素类［*tet*(A)、*tet*(B)、*tet*(C)、 　*tet*(G)、*tet*(M)］：100% 喹诺酮类（*qnrA*、*qnrB*、*qnrS*、*gyrA*）： 　11.1%～100% β-内酰胺类（*bla*$_{OXA}$、*bla*$_{CTX-M}$、*bla*$_{KPC}$）： 　13.33%～100% 大环内酯类（*ermB*）：50.0% 酰胺醇类（*floR*）：100%	磺胺类：3.4×10^{-4}～1.1×10^{-2} 四环素类：2.1×10^{-5}～4.2×10^{-3} 喹诺酮类：1.0×10^{-4}～1.9×10^{-2} β-内酰胺类：0.001～3.77 copies/g 酰胺醇类（*floR*）：0.0256～0.839 copies/g
淡水混合	磺胺类（*sul1*、*sul2*、*sul3*）：97.5%～100% 四环素类［*tet*(A)、*tet*(B)、*tet*(C)、 　*tet*(G)、*tet*(M)、*tet*(W)］：95%～100% β-内酰胺类（*bla*$_{TEM}$、*bla*$_{FOX}$）：85%～100% 酰胺醇类（*floR*）：95%	磺胺类：1.94×10^{-2}～8.15×10^{-1}/0.099～1.90 copies/g 四环素类：4.42×10^{-5}～5.26×10^{-2}/0.061～1.79 copies/g β-内酰胺类：5.11×10^{-3}～6.56×10^{-2} 酰胺醇类：6.51×10^{-3}～5.57×10^{-2}/0.0256～0.839 copies/g
海水养殖	磺胺类（*sul1*、*sul2*、*sul3*）：80%～100% 四环素类［*tet*(B)、*tet*(D)、*tet*(M)］： 　33.8%～41.3%	磺胺类：6.0×10^{-6}～5.0×10^{-2}/2.19×10^{3}～1.97×10^{6} copies/mL 四环素类：5.8×10^{-5}～1.9×10^{-2}/1.16×10^{3}～1.83×10^{6} copies/mL 氯霉素类：6.9×10^{-8}～1.0×10^{-2}/0～4.85×10^{5} copies/mL 喹诺酮类：1.37×10^{1}～1.40×10^{5} copies/mL

（二）食品生产链中的耐药菌/耐药基因

1. 畜禽源性食品中的耐药菌/耐药基因的分布与流行现状

目前，美国食品药品监督管理局（US Food and Drug Administration，FDA）、美国农业部（US Department of Agriculture，USDA）、美国食品安全检验局（Food Safety and Inspection Service，FSIS）、美国疾病与预防控制中心（Centers for Disease Control and Prevention，CDC），以及美国国家糖尿病、消化和肾脏疾病研究所（National Institute of Diabetes and Digestive and Kidney Diseases，NIDDKD）与加拿大食品检验局（Canadian Food Inspection Agency，CFIA）等机构均关注常见食源性致病菌的耐药问题，主要包括沙门菌、大肠杆菌、弯曲菌、单增李斯特菌、产气荚膜梭菌和金黄色葡萄球菌等（FDA，2016）。这些食源性致病菌很容易通过食物链传递给人类，从而对人体健康造成威胁，故对这些食源性致病菌的耐药性进行监测和控制，对于保障人类健康和公共卫生安全有重大意义。本书以动物源细菌耐药性为主要内容，因此，本部分仅对国内外食源性致病菌耐药基因的流行状况进行简要介绍，其耐药表型流行现状已在第二章中阐述，旨在为耐药细菌的流行传播和防控提供数据参考和理论依据。

1）沙门菌耐药基因的流行与分布

美国每年约有 42 000 例沙门菌病报告，由于许多较轻的病例没有被诊断或报告，实际感染人数可能比报道病例高 29 倍甚至更多。据估计，美国每年有近 400 人死于急性沙门菌感染，其中一些菌株具有抗生素耐药性（FDA，2016）。White 等（2001）报道了美国华盛顿三家超市中肉类沙门菌的分离率及耐药情况，共采集肉样 200 份（鸡肉 51

份、牛肉 50 份、火鸡肉 50 份和猪肉 49 份），分离沙门氏菌 45 株，菌株所携带的耐药基因有 *aadA1*、*aadA2*、*dfrXII*、*bla*~PSE-1~ 和 *bla*~CMY-2~。Nhung 等（2018）对分离自越南猪肉、鸡肉和牛肉的沙门菌进行耐药分析发现，其对四环素类耐药率最高（66.4%～69.0%），其次是青霉素类（49.6%）、氯霉素类（47.8%）和叶酸途径抑制剂（30.1%～34.5%），对第一代/第二代头孢菌素和硝基呋喃的耐药率<10%，对第三代、第四代头孢菌素和氨基糖苷类耐药率均小于 4.5%，对环丙沙星（21.2%）、氧氟沙星（45.1%）、左氧氟沙星（20.3%）和氨苄西林/舒巴坦（8.0%）的耐药水平也较高。其中一株分离自猪肉的沙门菌对多黏菌素耐药（8 μg/mL），进一步检测发现其对多黏菌素的耐药性是由 *mcr-1* 介导的。Khan 等（2019）采集了 100 份来自巴基斯坦西北部不同超市的鸡肉样品，分离出 25 株沙门菌，这些菌株对林可霉素、阿莫西林、氨苄西林、四环素和链霉素耐药率高（>60%），对头孢曲松和加替沙星耐药率低（<10%）。其中检出的耐药基因有 *bla*~TEM~、*bla*~SHV~、*tet*(A)、*tet*(B)、*strA/strB* 和 *aadB*。

　　近年来，国内沙门菌污染畜禽源食品的事件也在不断增加。郭莉娟（2015）对 2013～2014 年分离自四川畜禽肉源的沙门菌进行了耐药基因检测，β-内酰胺类耐药基因有 *bla*~TEM~（43.21%）、*bla*~SHV~（32.10%）和 *bla*~CTX-M~（4.94%），四环素类耐药基因 *tet*(A)、*tet*(C)、*tet*(G)和 *tet*(B)检出率从高到低分别为 46.67%、34.81%、23.70%和 8.89%，氟喹诺酮类耐药基因检出率相对较高［依次是 *qnrA*（73.68%）、*qnrB*（5.26%）］，氨基糖苷类耐药基因检出率为 *aac(3)-IIa*（50%）、*aac(6')-Ib*（27.78%）和 *ant(3')-Ia*（22.22%），磺胺类耐药基因检出率则为 *sul1*（26.17%）、*sul2*（27.11%）和 *sul3*（22.43%）。2015～2016 年，吴科敏（2017）对分离自广西市售鲜肉的 166 株沙门菌进行分析发现，89.16%的菌株存在不同程度的耐药性，对四环素耐药率最高（72.29%），其次为氨苄西林（51.81%）、萘啶酸（46.39%）、阿莫西林（44.58%）、复方新诺明（40.36%）和阿米卡星（20.48%），90%的菌株对头孢菌素类药物敏感，大部分菌株存在多重耐药现象，最多可耐 10 种抗菌药物，且都有相应的耐药基因检出；β-内酰胺类药物耐药基因中 *bla*~TEM~ 检出率最高（53.01%），其次是 *bla*~CMY-2~（2.59%）和 *bla*~PSE-1~（1.72%）；磺胺类耐药基因检出率为 *sul1*（32.76%）、*sul2*（15.52%）和 *sul3*（30.17%）；氨基糖苷类中 *aadA1* 的检出率最高（30.17%），*aadB* 与 *strB* 的检出率较低（分别为 4.31%和 7.76%）；四环素类 *tet*(A)、*tet*(B)和 *tet*(G)检出率分别为 70.69%、26.72%和 0.86%。Ren 等（2017）对分离自长春零售猪肉和鸡肉的沙门菌分析发现，25%的沙门菌存在多重耐药现象，对头孢噻肟、庆大霉素、洛氟沙星和四环素耐药率分别为 25.00%、39.58%、16.67%和 87.5%，且携带 *tet*(A)、*qnrS*、*bla*~CTX-M-group1~、*bla*~CTX-M-2~、*bla*~CTX-M-group9~、*bla*~TEM~、*bla*~SHV~ 和 *aac(6)-Ib-cr* 等耐药基因。2016～2017 年，Yang 等（2020）对分离自上海畜禽肉类和奶制品的 147 株沙门菌进行分析，这些沙门菌大部分对磺胺异噁唑、复方新诺明、萘啶酸、链霉素和氨苄西林耐药，少部分对四环素、环丙沙星、氯霉素、庆大霉素、卡那霉素、氧氟沙星和磷霉素耐药。进一步分析发现，它们含有 *bla*~TEM-1~、*floR*、*cmlA*、*aac(6')-Ib*、*aadA*、*tet*(A)、*tet*(B)、*tet*(C)、*qnrS1*、*aac(6')-Ib-cr* 和 *oqxAB* 等耐药基因。

2）大肠杆菌耐药基因的流行与分布

近些年来，大肠杆菌污染动物性食品的现象在国内外屡见不鲜，可通过食物链传递给人类从而导致细菌感染。2007～2008年，Sheikh等（2012）对加拿大零售的鸡肉、货架肉、牛肉和猪肉中分离的422株大肠杆菌进行耐药基因研究，最常见的是strA/B（28.0%），其次是tet(A)（27.0%）和tet(B)（23.0%）、bla_{CMY-2}（14.7%）、bla_{TEM}（13.7%）、sul2（12.3%）和aadA（10.4%）。2010年，Ngaywa（2020）对肯尼亚分离自奶样的42株大肠杆菌进行分析，耐药基因bla_{SHV}和bla_{TEM}检出率为98%，tet(B)检出率为73.8%，tet(C)检出率为66.6%，bla_{CTX-M}检出率为16.7%。2015年12月至2016年4月，Messele等（2017）研究了埃塞俄比亚屠宰场生牛肉、山羊肉、鸡肉和羊肉中大肠杆菌的流行情况和耐药率，共分离出63株大肠杆菌，鸡肉、羊肉、山羊肉和牛肉的分离率分别为37.0%、23.3%、20.6%和5.5%，其中46%的菌株对至少三种抗生素耐药，最常见的多药耐药模式为同时对氨苄西林、四环素和红霉素耐药；耐药基因检出率最高的是bla_{CMY}（65.1%），其次是tet(A)（65.1%）和sul1（54.0%），而bla_{SHV}基因仅为4.8%，庆大霉素耐药基因aac(3)-IV也在14.3%的分离株中发现。2019年，Abass等（2020）从加纳东部城市博尔加坦加畜禽肉中共分离出大肠杆菌38株，其对替考拉宁、四环素、阿莫西林/克拉维酸和阿奇霉素的耐药率分别为96.77%、93.55%、70.97%和70.97%，其中93.55%的菌株对氯霉素敏感。

罗娟等（2016）对新疆的农贸市场肉类和乳制品进行大肠杆菌的分离，共分离出大肠杆菌43株，其主要携带耐药基因有bla_{TEM}、tet(A)、tet(B)、floR、strA、strB、sul2、aadAla和aadB。2016年，何祥祥（2017）对浙江市售冷鲜鸡进行大肠杆菌检测和耐药性分析，共分离出大肠杆菌133株，其耐药性主要集中在β-内酰胺类、头孢菌素类、氨基糖苷类、磺胺类和喹诺酮类药物；喹诺酮耐药基因qnrS、aac(6')-Ib、oqxA和oqxB检出率分别为56.4%、33.8%、25.6%和17.3%；超广谱β-内酰胺酶（ESBL）与头孢类耐药基因bla_{TEM}、$bla_{CTX-M-2}$、$bla_{CTX-M-9}$和$bla_{CTX-M-1}$检出率分别为41.4%、37.6%、27.8%和13.5%；氨基糖苷类检出为aphA30（63.2%）、aadA（47.4%）和aacC2（16.5%）；四环素类耐药基因检出率tet(C)（9.0%）、tet(M)（3.6%）、tet(X)（3.0%）和tet(O)（2.6%）；磺胺类耐药基因sul1和sul2检出率分别是77.4%和87.2%。

3）弯曲菌耐药基因的流行与分布

弯曲菌是一种常见的食源性致病菌，每年可在全世界造成4亿～5亿例腹泻病例（Ruiz-Palacios，2007）。Gleisz等（2006）对2001～2005年澳大利亚鸡肉和火鸡肉分离的261株弯曲菌进行耐药性研究，发现128株菌存在耐药现象，这128株菌耐药率较高的依次为环丙沙星（41%）、四环素（21%）、氨苄西林（17%）、链霉素（11%），携带tet(O)、bla_{TEM-1}、bla_{CMY-2}和bla_{PSE-1}耐药基因。2019年，Khan等（2020）报道了巴基斯坦鸡肉源弯曲菌的分离率及耐药情况，共分离出182株弯曲菌，耐药基因检出率从高到低依次为bla_{TEM}（93%）、tet(A)（82%）、sul2（75%）、bla_{SHV}（72%）、tet(C)（71%）、strA/strB（50%）、sul1（49%）、bla_{CMY2}和aadA（44%）、aac(3)IV（37%）、sul3（21%）

和 *aadb*（9%）。唐梦君等（2018）对 2016～2017 年我国江苏鸡肉产品中分离的弯曲菌进行耐药性研究和Ⅰ类整合子分析，药敏试验结果显示，这些菌株对环丙沙星、头孢噻肟、氧氟沙星、卡那霉素、氨苄西林、四环素、萘啶酸、阿莫西林、恩诺沙星、链霉素、妥普霉素和克林霉素均有一定程度的耐药性，对环丙沙星、头孢噻肟、卡那霉素、氨苄西林和氧氟沙星的耐药率达 60%以上，对磷霉素、氯霉素和美罗培南敏感；对Ⅰ类整合子可变区进行分析，显示该部分为氨基糖苷类链霉素耐药基因盒 *aadA1*，该基因盒还存在于大肠杆菌等菌的整合子当中（Kheiri and Akhtari, 2016），说明该耐药基因盒可在不同细菌间传播，从而加重畜禽源细菌耐药性问题。

4）金黄色葡萄球菌耐药基因

在荷兰的零售生肉（包括生牛肉、猪肉、羊肉、鸡肉和火鸡肉等）样本中分离到了耐甲氧西林金黄色葡萄球菌，大多数分离菌株为 ST398 型（De Boer et al., 2009）。Momtaz 等（2015）报道了 2011～2012 年伊朗鸡肉源金黄色葡萄球菌的耐药性，检测出的耐药基因包括 *mecA*、*msrA*、*msrB*、*aacA-D*、*tet*(M)和 *tet*(K)，检出率分别为 82.92%、34.14%、47.56%、39.02%、52.43%和 46.34%。吴天琪等（2015）对 2012～2014 年我国江苏生牛奶源金黄色葡萄球菌进行耐药基因研究，发现氨基糖苷类耐药基因 *aac(6')-aph(2")*、*aph(3')-III* 和 *ant(4', 4")* 检出率分别为 32.1%、20.5%和 41.0%，大环内酯类耐药基因 *ermA*、*ermC* 和 *msr*(A)检出率分别为 16.7%、44.9%和 12.8%，四环素类耐药基因 *tet*(M)和 *tet*(K)检出率为 29.5%和 28.2%。2017 年，宋方宇（2018）对山东泰安畜禽生鲜肉进行金黄色葡萄球菌的分离鉴定与耐药性研究，发现生鲜鸡肉、猪肉和牛肉中金黄色葡萄球菌的检出率分别为 26.4%、5%和 22.2%。耐药基因检出率最高的是 *aac(6')-aph(2")* 和 *aph(3')*，均为 47.6%，其次是 *mecA*（28.6%）、*tet*(K)（14.3%）和 *ermC*（9.5%）。2017～2018 年，李兵兵等（2019）对江苏淮安各大超市和农贸市场畜禽源金黄色葡萄球菌进行分离鉴定和耐药分析，发现不同禽畜肉源中金黄色葡萄球菌检出率由高到低依次为鸭肉（22.50%）、鸡肉（17.95%）、牛肉（15.38%）、猪肉（12.94%）和羊肉（10.00%）；耐药基因检出率由高到低分别是氨基糖苷类耐药基因 *ant(4', 4")*（83.33%）、β-内酰胺类耐药基因 *mecA*（13.33%）、糖肽类耐药基因 *vanA*（11.67%）和四环素类耐药基因 *tet*(M)（8.33%）。

2. 水产食品中耐药菌/耐药基因的分布与流行现状

根据 FAO 最新发布的《2018 年联合国粮农组织渔业和水产养殖统计年鉴》，2018 年，包括养殖和捕捞在内，全球水产动物产量为 17 852 万 t，其中中国（未统计港澳台数据）水产动物产量为 6220 万 t，占比为 34.8%。在水产动物养殖方面，2018 年，全球水产动物生产总量为 8209 万 t，其中中国（未统计港澳台数据）产量为 4755 万 t，占全球水产动物产量的 57.9%。同年，全球水产动物捕捞总量为 9643 万 t，其中中国（未统计港澳台数据）为 1464 万 t，占比 15.2%（FAO，2020）。此外，我国水产食品进出口贸易量也位居世界前列。荷兰合作银行（Rabobank）最新发布的全球海鲜贸易地图显示，2017 年，中国水产食品出口总量超过 400 万 t，出口额超过 200 亿美元，均位于世界首位。

而在进口方面，我国水产食品进口总量接近 500 万 t，居世界第二；进口额接近 150 亿美元，居世界第四（Robobank，2019）。此外，随着我国民众购买力逐渐提高，水产食品进口量将逐年增加。

然而，随着水产养殖密度逐渐加大，为防治细菌性疾病、促进水产动物生长，养殖过程中抗菌药物的使用量不断提高，直接导致了养殖动物体内耐药菌和耐药基因的产生与扩散。伴随水产养殖动物进入市场，这些耐药菌或耐药基因便具有传播至人群的风险。一旦养殖环境或养殖动物体内的耐药致病菌通过食物链感染人群，将严重威胁人类生命健康。因此，本部分将主要介绍国内外水产动物源食品中几种重要耐药菌，尤其是耐药食源性致病菌及其耐药基因的流行与分布情况（表 3-22）。

表 3-22　水产食品中耐药菌/耐药基因的分布与流行情况

菌属	代表菌种	菌株来源（国家或地区）	耐药表型	耐药基因	参考文献
弧菌	副溶血性弧菌、创伤弧菌等	牡蛎（美国）	氨苄西林	—	（Han et al.，2007）
		对虾（巴西）	氨苄西林、阿米卡星	—	（De Melo et al.，2011）
		生贝、海鱼（荷兰、挪威、意大利）	氨苄西林、链霉素	—	（Lopatek et al.，2018）
		虾（尼日利亚）	磺胺甲噁唑、头孢噻肟、多西环素、氯霉素和环丙沙星	—	（Beshiru et al.，2020）
		虾、鸟蛤（马来西亚）	氨苄西林、头孢氨苄和环丙沙星	sul2，strB，catB3	（Al-Othrubi，2014）
		鱼、虾（中国多地）	氨苄西林、庆大霉素、四环素、环丙沙星和左氧氟沙星	qnrA1，qnrD，qnrS1，qnrVC5	（Lei et al.，2020）
		虾（中国浙江）	链霉素、庆大霉素、妥布霉素、头孢唑林、头孢吡肟、氨曲南和四环素	—	（Pan et al.，2013）
		多种水产品（中国福建）	青霉素、苯唑西林、氨苄西林和万古霉素	bla$_{SHV}$，bla$_{CTX-M}$，gyrA，parC，strA，cat I，cat III，cat IV	（Hu et al.，2020）
气单胞菌	嗜水气单胞菌、杀鲑气单胞菌、豚鼠气单胞菌和维氏气单胞菌等	多种水产品（挪威）	氨苄西林、红霉素、氟苯尼考、噁喹酸、头孢噻肟、头孢曲松、亚胺培南和美罗培南	—	（Lee et al.，2021）
		鱼（印度）	氨苄西林、杆菌肽、头孢西丁、卡那霉素、新霉素、青霉素 G、链霉素、甲氧苄啶和环丙沙星	aadA，aph(3')-IIIa，bla$_{TEM}$，tet(A)	（Nagar et al.，2011；Naik et al.，2018）
		多种水产品（泰国）	氨苄西林、萘啶酸、链霉素和四环素	—	（Woodring et al.，2012）
		鱼（马来西亚）	羧苄西林、氯霉素	—	（Radu et al.，2003）
		扇贝（韩国）	氨苄西林、黏菌素、万古霉素、头孢噻吩、哌拉西林、克林霉素、红霉素、萘啶酸、亚胺培南、美罗培南、复方新诺明和利福平	—	（De Silva et al.，2019）
		多种水产品（中国浙江）	氨苄西林、利福平	—	（章乐怡等，2010）
		罗非鱼、非洲鲫、虾（中国广东）	磺胺、四环素、头孢噻肟和红霉素	sul1，sul2，int I，tet(E)，bla$_{TEM}$	（Ye et al.，2013）
		鱼（中国广东）	阿莫西林/克拉维酸、庆大霉素和黏菌素	tet(A)，bla$_{OXA-12}$，cphA7，eptAv7，eptAv3	（Liu et al.，2020a）

续表

菌属	代表菌种	菌株来源 （国家或地区）	耐药表型	耐药基因	参考文献
李斯特菌	单增李斯特菌、伊氏李斯特菌和英诺克李斯特菌等	鱼（美国）	头孢噻肟、克林霉素、四环素和土霉素	tet(M)	（Chen et al.，2010a）
		蟹（美国）	氨苄西林、氯霉素、环丙沙星、红霉素、庆大霉素、卡那霉素、青霉素、链霉素、复方新诺明和四环素	—	（Chen et al.，2010a）
		多种水产品（波兰）	苯唑西林、头孢曲松和克林霉素	—	（Lopatek et al.，2018）
		多种水产品（印度）	氨苄西林、青霉素和四环素	—	（Basha et al.，2019）
		鱼（伊朗）	头孢噻吩、链霉素	tet(M)，tet(A)，ampC，penA	（Jamali et al.，2015）
		多种水产品（韩国）	青霉素 G、克林霉素、苯唑西林、氨苄西林和四环素	—	（Lee et al.，2017）
		多种水产品（中国多地）	舒巴坦/氨苄西林、复方新诺明、红霉素和四环素	—	（Chen et al.，2018b）
沙门菌	鼠伤寒沙门菌、鸭肠炎沙门菌、科瓦利斯沙门菌和山夫登堡沙门菌等	罗非鱼、虾（美国）	第三代头孢菌素等	aadA2，strA，strB，bla_DHA-1，dfrA23，floR，qnrS1，qnrB4，sul1，sul2，tet(A)，mcr1.1	（Nguyen et al.，2016a）
		贻贝（西班牙）	氨苄西林、氯霉素、庆大霉素、萘啶酸、新霉素、链霉素、复方新诺明和四环素	—	（Martinez-Urtaza and Liebana，2005）
		鱼（印度）	四环素、氯霉素、萘啶酸、氨苄西林、复方新诺明和红霉素	tet(B)，catA1	（Martinez-Urtaza and Liebana，2005）
		鱼、虾（越南）	氨苄西林、四环素、卡那霉素、庆大霉素、氯霉素、环丙沙星、萘啶酸、复方新诺明、头孢噻肟和头孢他啶	—	（Nguyen et al.，2016a）
		鲶鱼、罗非鱼（马来西亚）	氯霉素、大观霉素、四环素、克林霉素和利福平	—	（Budiati et al.，2013）
		粗饰蚶、牡蛎（中国浙江）	—	bla_TEM-1	（Xu et al.，2009）
		鱼（中国广东）	青霉素、红霉素	—	（Broughton and Walker，2009）
		多种水产品（中国广东）	氨苄西林、头孢噻肟、阿莫西林/克拉维酸、四环素、氯霉素和复方新诺明	—	（侯水平等，2012）

1）弧菌

弧菌属细菌（*Vibrio* spp.）主要分布于河口、海湾、近岸水域和海洋动物体内，现已超过 100 个种；其中约 12 种弧菌可引起人类感染、发病，例如，霍乱弧菌（*Vibrio cholerae*）可引起霍乱，副溶血性弧菌（*Vibrio parahaemolyticus*）、创伤弧菌（*Vibrio vulnificus*）及溶藻弧菌（*Vibrio alginolyticus*）可引起弧菌病。人类主要通过生食受弧菌污染的海产品，或将伤口暴露于受污染水体而感染弧菌。其中，副溶血性弧菌在美国和诸多亚洲国家均是引起海产品相关细菌性胃肠炎的主要因素，而美国 95% 以上的海产品相关死亡病例均是由创伤弧菌引起。根据美国 CDC 对于弧菌病的治疗建议，常用多西环素、三代头孢菌素（如头孢他啶）、氟喹诺酮类药物（如左氧氟沙星、环丙沙星或加替沙星）及复方新诺明治疗创伤弧菌感染。弧菌耐药性的产生可能引起严重的公共卫生危机和经济损失，因此弧菌的耐药性问题应得到广泛关注。

副溶血性弧菌和创伤弧菌在美洲、欧洲、非洲和亚洲各国的水产食品中广泛分布。早在 1978 年，Joseph 等（1978）就在爪哇海捕捞的海产品中分离出耐氨苄西林的副溶血性弧菌。De Melo 等（2011）对 2005～2007 年购自巴西若干个超市或街边商贩的南美白对虾进行菌株分离鉴定，发现所得 10 株副溶血性弧菌中的 9 株对氨苄西林耐药，8 株对阿米卡星的敏感性下降。Lopatek 等（2018）从 2009～2015 年产自荷兰、挪威和意大利等欧洲国家的生贝和海鱼样本中分离出 104 株副溶血性弧菌，其对氨苄西林和链霉素的耐药率分别为 75.0% 和 68.3%。Al-Othrubi（2014）报道了从马来西亚雪兰莪州市场购买的虾和鸟蛤中分离的副溶血性弧菌的耐药情况，结果显示，65 株副溶血性弧菌对氨苄西林（63.1%）、头孢氨苄（35.4%）和环丙沙星（21.5%）均表现出耐药性；样本中耐药基因检测显示，磺胺类药物耐药基因 *sul2* 在所有弧菌中的检出率为 72.5%，链霉素耐药基因 *strB* 检出率为 78.3%，氯霉素耐药基因 *catB3* 检出率为 56.7%。Beshiru 等（2020）对 2016～2017 年于尼日利亚埃多州和三角州市场购买的 1440 份即食虾样本进行分析，从中分离出 120 株弧菌，包括 46 株副溶血性弧菌和 14 株创伤弧菌；其中，副溶血性弧菌对磺胺甲噁唑和头孢噻肟的耐药率均为 32.6%，对多西环素的耐药率为 41.3%；创伤弧菌对磺胺甲噁唑的耐药率为 50%，对氯霉素和环丙沙星的耐药率均为 28.6%。由此可见，耐药致病性弧菌在各个洲的主要海产品进出口国的水产食品中均可被检出，普遍对氨苄西林耐药，并且个别国家检出了对多西环素、头孢他啶等弧菌病治疗药物耐药的副溶血性弧菌或创伤弧菌（Sudha et al.，2014；Beshiru et al.，2020）。

在我国，副溶血性弧菌是引起细菌感染性腹泻和食源性食物中毒的最主要因素，而创伤弧菌也是一种重要的人类机会致病菌。一项涵盖全国 12 个地区的调查显示，2014～2015 年，副溶血性弧菌可在全国多地海鲜市场的市售鱼、虾中检出，对氨苄西林、庆大霉素、四环素、环丙沙星和左氧氟沙星具有一定的耐药性，同时检出了氟喹诺酮类药物耐药基因 *qnrA1*、*qnrD*、*qnrS1* 和 *qnrVC5*（Lei et al.，2020）。除此之外，我国针对耐药弧菌的研究主要集中在东部沿海地区。另一项对福建水产样本中弧菌耐药问题的研究显示，从 2018 年采集的水产样本中分离的 62 株副溶血性弧菌对青霉素（77.4%）、苯唑西林（71%）、氨苄西林（66.1%）和万古霉素（59.7%）表现出一定程度的耐药，71% 的菌株具有多药耐药特征，同时检出了 β-内酰胺类（*bla*SHV、*bla*CTX-M）、氨基糖苷类（*strA*）、氯霉素类（*cat I*、*cat III* 和 *cat IV*）药物耐药基因（Hu et al.，2020）。由此可见，国内副溶血性弧菌或创伤弧菌的耐药现状与国外相似，除普遍对氨苄西林耐药外，还对环丙沙星、左氧氟沙星等用于弧菌病治疗的氟喹诺酮类药物产生了耐药。

2）气单胞菌

气单胞菌属细菌（*Aeromonas* spp.）是一种常见的水生细菌，在淡水、咸水、海水和水生动物中广泛存在。国际上针对水产食品源耐药气单胞菌的报道主要集中在韩国、泰国、印度和马来西亚等亚洲国家;此外,美国、挪威等欧美国家也有耐药气单胞菌的研究。一项在印度开展的研究显示,2014~2015 年从孟买采集的市售海鱼中可分离出对卡那霉素、新霉素、青霉素 G、链霉素、甲氧苄啶和环丙沙星耐药的多药耐药维氏气单胞菌,并从中检出了 *aadA*、*aph(3')-IIIa*、*bla*TEM 和 *tet*(A)耐药基因(Nagar et al.,2011;Naik et al.,2018)。2018 年,De Silva 等(2019)从购买自韩国若干市场的新鲜扇贝中分离出包括嗜水气单胞菌、杀鲑气单胞菌和豚鼠气单胞菌等在内的 32 株气单胞菌,药物敏感实验结果显示,所有菌株均对氨苄西林、多黏菌素、万古霉素和头孢噻吩耐药,对哌拉西林、克林霉素、红霉素、萘啶酸、亚胺培南、美罗培南、复方新诺明和利福平具有一定程度的耐药性,其中 31 株对 10 种以上药物耐药。欧美国家也有耐药气单胞菌的报道,Lee 等(2021)在 2019 年从挪威特隆赫姆出售的即食水产品中分离出 43 株气单胞菌,均对氨苄西林和红霉素耐药,并对氟苯尼考、噁喹酸、头孢噻肟、头孢曲松、亚胺培南和美罗培南具有一定的耐药性,其中,98%的气单胞菌具有多药耐药特征。

国内对于耐药气单胞菌的研究主要集中在浙江、广东等东南沿海地区。章乐怡等(2010)在 2008~2009 年从浙江温州数个农贸市场、超市和饭店采集了 106 份水产样品,从中分离出耐氨苄西林和利福平的气单胞菌。Ye 等(2013)从广州当地市场采集了罗非鱼、非洲鲫和虾等水产样本,从中分离出耐磺胺类药物、四环素、头孢噻肟和红霉素的气单胞菌,同时检出了 *sul1*、*sul2*、*int I*、*tet*(E)和 *bla*TEM 等耐药基因。Liu 等(2020a)从广州市售鱼中分离到 1 株耐阿莫西林/克拉维酸、庆大霉素和黏菌素的简达气单胞菌(*Aeromonas jandaei*),从中检出了四环素类药物耐药基因 *tet*(A)、β-内酰胺类药物耐药基因 *bla*OXA-12、*cphA7*,并首次检出 2 个新型磷酸乙醇胺转移酶基因的变体 *eptAv7* 和 *eptAv3*。综上所述,耐药气单胞菌广泛分布于多个重要的水产食品进出口国,普遍对氨苄西林耐药,并存在对美罗培南、多黏菌素等"最后一道防线"药物耐药的现象。此外,菌株来源、环境因素及各地的抗菌药物使用模式均可能引起各个研究中气单胞菌耐药谱的差异。

3)单增李斯特菌

世界多地均有水产动物食品中耐药李斯特菌的报道,包括美国和波兰等欧美国家、埃塞俄比亚等非洲国家,以及伊朗、印度和韩国等亚洲国家。2008 年,Chen 等(2010a)从美国 3 个水产食品加工厂采集了 60 份生鱼片样本,从中分离出包括单增李斯特菌、伊氏李斯特菌在内的 107 株李斯特菌,发现所有菌株均对头孢噻肟和克林霉素耐药;此外,研究者还发现样本中的英诺克李斯特菌(*Listeria innocua*)对四环素和土霉素耐药,并从中检出了 *tet*(M)耐药基因。另一项对美国马里兰州若干水产品加工厂的研究显示,该加工厂于 2006~2007 年在处理的生蟹或生产的蟹肉中可分离出单增李斯特菌,这些菌株对红霉素(87.0%)、四环素(60.9%)、环丙沙星(59.4%)、氨苄西林(39.1%)、链霉素(33.3%)、卡那霉素(26.1%)、青霉素(26.1%)、氯霉素(17.4%)、复方新诺明(11.6%)和庆大霉素(5.8%)表现出不同程度的耐药性(Pagadala et al.,2012)。Wieczorek 和 Osek(2017)在 2014~2016 年从波兰当地市场购买了数份水产食品样本,从中分离出对苯唑西林(57.9%)、头孢曲松(31.6%)和克林霉素(8.8%)耐药的单增李斯特菌。一项在埃塞俄比亚开展的研究显示，从 2012～2013 年采集的 50 份市售鱼肉样本中分离出 13 株李斯特菌，并且其中 1 株李斯特菌具有多药耐药特征（Garedew et al.，2015）。Basha 等（2019）从 2015～2018 年采集的印度市售海鱼、贝类和即食鱼制品等水产品中分离出单增李斯特菌（2.7%）和英诺克李斯特菌（17.2%），其中，所有单增李斯特菌对氨苄西林、青霉素、红霉素、四环素和克林霉素耐药，部分单增李斯特菌对万古霉素（9%）、利福平（18%）和阿米卡星（18%）耐药。Jamali 等（2015）从 2012～2014 年采集于伊朗的生鱼样本中分离的单增李斯特菌对头孢噻吩和链霉素具有一定程度的耐药性，同时该团队从菌株中检测到四环素类耐药基因 *tet*(M)、*tet*(A) 及 β-内酰胺类耐药基因 *ampC*、*penA*（Jamali et al.，2015；Basha et al.，2019）。韩国的一项研究调查了从当地即食水产品样本分离的单增李斯特菌，发现 33 株菌均对青霉素 G、克林霉素和苯唑西林耐药，对氨苄西林和四环素的耐药率分别为 97% 和 18%，所有菌株均对 4 种以上药物耐药（Lee et al.，2017）。

国内关于耐药李斯特菌的研究主要集中在禽肉、家畜肉、蔬菜、米和面制品，对水产食品源耐药李斯特菌的系统性研究较少（赵悦等，2012）。其中，Chen 等（2018b）对 2011～2016 年在中国 43 个城市采集的水产食品进行了单增李斯特菌的分离并探究其耐药表型，结果显示，仅有极少数菌株对舒巴坦/氨苄西林、复方新诺明、红霉素和四环素耐药，所有菌株均对氨苄西林、庆大霉素、万古霉素等抗菌药物敏感。近年来，李斯特菌病在中国发达地区的发生率逐年攀升，尽管国内报道的水产食品源李斯特菌耐药率低于国外，但随着我国水产食品进口量逐渐加大，国内消费者仍有经由进口水产食品感染耐药李斯特菌的风险。同时，对青霉素、氨苄西林、庆大霉素和万古霉素等李斯特菌病治疗药物的耐药菌株已经产生并被发现，对公共卫生安全已构成一定的威胁。

4）沙门菌

国际上针对耐药沙门菌的研究主要集中在几大水产进出口国家，如美国、西班牙、印度、越南和马来西亚等。Karp 等（2020）从美国市售罗非鱼、虾等样本中分离出多药耐药的鸭肠炎沙门菌（*Salmonella enterica* serotype Anatum），检出了氨基糖苷类耐药基因 *aadA2*、*strA* 和 *strB*，以及 β-内酰胺类耐药基因 *bla*DHA-1，甲氧苄啶耐药基因 *dfrA23*，氟苯尼考耐药基因 *floR*，喹诺酮类耐药基因 *qnrB4*，磺胺类耐药基因 *sul1*、*sul2* 和四环素类耐药基因 *tet*(A)，并从罗非鱼样本中检测到 *mcr-1.1* 基因。Deekshit 等（2015）从印度东南沿海的鱼类样本中分离出一株多药耐药韦太夫雷登沙门菌（*Salmonella enterica* serovar Weltevreden），该菌株对四环素、氯霉素、萘啶酸、氨苄西林、复方新诺明和红霉素耐药；全基因组测序结果显示，该菌株具有 *tet*(B)、*catA1* 耐药基因及复方新诺明、氟苯尼考和萘啶酸耐药基因。Akiyama 和 Khan（2012）报道了从泰国和越南进口的水产品中分离出耐莫西沙星和诺氟沙星的科瓦利斯沙门菌（*Salmonella enterica* Corvallis）和鼠伤寒沙门菌（*Salmonella enterica* Typhimurium），并从中检测出耐药基因 *qnrS1*。

我国渔业产值较高的地区主要集中在浙江、广东等东南沿海地区，水产养殖过程中抗菌药物的过量使用促进了耐药沙门菌的产生和传播，因而耐药沙门菌的报道常见于东南沿海地区（董金和，2013）。许国章等（2009）从采集自浙江宁波某市场的粗饰蚶

和牡蛎中分离出含 bla_{TEM-1} 耐药基因的甲型副伤寒沙门菌（*Salmonella enterica* serovar Paratyphi A），可能存在经由食物链感染人群的风险。此外，Broughton 和 Walker（2009）于 2008 年从广东广州的数个市场采集了若干份活鱼样本，从中分离出对红霉素和青霉素耐药的沙门菌。另一项针对广东市售肉类食品中沙门菌污染情况的研究表明，从即食水产品和鲜冻水产品中均可检出对氨苄西林、头孢噻肟、阿莫西林/克拉维酸、四环素、氯霉素和复方新诺明具有耐药性的沙门菌（侯水平等，2012）。

总体而言，世界各地报道的水产食品源耐药沙门菌的血清型和耐药谱差异较大，这些差异可能与菌株来源、地理位置及用药情况的差异有关。值得注意的是，部分沙门菌已对环丙沙星、氨苄西林、氯霉素和复方新诺明等沙门菌病治疗药物产生耐药性。尽管耐药沙门菌主要分布在猪、牛和鸡等畜禽养殖动物中，但仍不能忽略人类通过生食水产品感染耐药沙门菌的可能性。因此，对于生食水产品，除了进行严格安全把控之外，还需进一步对水产食品中耐药沙门菌进行控制。

3. 食品生产链中耐药菌/耐药基因的传播

集约化养殖场是耐药菌/耐药基因的重要储存库，耐药菌/耐药基因可以在养殖场内蓄积，并通过运输、屠宰、加工和销售等环节逐步流向人群，进而威胁到人类的生命健康。目前仅有少数研究对完整畜禽生产链中的耐药菌/耐药基因传播进行了报道。

Wang 等（2017）于 2014～2015 年对山东地区肉鸡产业链中碳青霉烯和多黏菌素耐药菌进行监测，从肉鸡产业链、养殖场养殖环境及饲养人员中收集了 739 份样品，包括鸡源样品 548 份、人源样品 6 份、环境源样本 185 份，共分离到 245 株 bla_{NDM} 阳性肠杆菌科细菌，包括 161 株大肠杆菌、55 株克雷伯菌和 29 株阴沟肠杆菌，此外，还从中分离到 269 株 *mcr-1* 阳性大肠杆菌（张荣民，2017）。通过亲缘关系分析，发现携带多黏菌素耐药基因 *mcr-1* 的大肠杆菌能从种鸡场沿着肉鸡产业链传播到下游超市，而 bla_{NDM} 基因在种鸡场中并未发现，但在商品鸡场的鸡、家燕、犬、苍蝇甚至饲养员携带的大肠杆菌中阳性率较高，并且能传播至下游链条。此外，国内团队调查了深圳地区淡水养殖供应链，包括鸭鱼综合养殖场、屠宰场和销售市场，在各个生产环节采集的样本中均分离到 *mcr-1* 阳性的菌株，通过细菌的全基因组数据分析，证实携带 *mcr-1* 的大肠杆菌不仅在养殖场中可以进行场内传播，而且屠宰场中的动物之间存在相互污染的情况，并提供了证据表明 *mcr-1* 可以通过畜禽供应链在动物和人类的细菌之间转移（Shen et al.，2019）。另一项研究调查了山东某典型猪肉生产链条中养猪场、屠宰场、猪肉销售市场及周边城镇、农村社区中 MRSA 的流行特征和传播方式，从养殖场猪群（49%，146/298）、养殖工作人员（64%，9/14）及环境样本（16%，33/213）、屠宰场猪（8%，7/85）及环境样本（3.8%，1/26）、猪胴体（1%，1/98）、猪肉销售市场猪肉样品（14%，2/14）、猪肉生产链条周边城镇社区居民（7%，4/59）和农村社区人群（2%，13/753）中均检测出 MRSA 分离株。MRSA 分离株对头孢西丁、红霉素、克林霉素和庆大霉素均表现出较高的耐药率（分离株耐药率超过 50%）。spa 分型结果显示不同来源 MRSA 分离株主要流行克隆为 t899（93%，207/223）。核心基因组 SNP 进化树显示，LA-MRSA CC9 不仅可以沿产业链传播并污染最终肉类产品，还可以污染养殖工作人员及养殖场环境，但对屠宰加工人员及屠宰场环境影响不大，且猪肉产业链条中分离的 LA-MRSA CC9 未检出向周边城镇社区居民溢出传播的现象（Sun et al.，2019a）。

四、动物源耐药菌/耐药基因形成与流行的影响因素

严重的细菌耐药性问题已威胁到动物、环境和人类的和谐发展与安全，从本质上探究耐药菌/耐药基因形成与流行的成因才能有效控制其扩散。动物源耐药菌/耐药基因形成与流行的成因虽然复杂，但其实质是细菌寻求与外界环境压力达到平衡的演化过程。归根结底，药物压力促使细菌演化出抵抗药物的能力，产生的耐药菌/耐药基因再进一步传播扩散，这些过程受诸多方面影响，如养殖管理模式、药物使用和管控、环境媒介等。本节拟简单论述可能对耐药菌/耐药基因形成与流行产生影响的因素。

（一）养殖管理

1. 养殖数量

近年来，全球经济的快速发展推动了人们对动物性蛋白质需求量的增长。从 1960 年至 2013 年，亚洲成年人的粮食作物摄入量在日常饮食中的占比逐渐下降（Guo et al.，2000），而动物性蛋白质摄入量从人均 7g/d 增加到人均 25g/d（FAO，2018a）。2000～2018 年，我国肉类产量增长了 43.41%，奶类产量增长了 245.63%，禽蛋产量增长了 43.37%，动物源性食品消费量的增加促进了畜禽养殖规模的扩大。人类对于动物源性食品需求量的增加促进了全球性的畜禽养殖数量的增加，随之而来的是抗菌药物使用量的上升甚至抗菌药物滥用，从而导致动物源耐药菌/耐药基因的形成与快速传播。

2. 养殖模式

我国是畜禽养殖和消费大国，养殖模式多元化，主要有规模化养殖、散养、养殖场加农户和放养等模式。养殖规模和饲养管理水平参差不齐，可能是促使耐药菌/耐药基因产生及流行的因素之一。冯世文等（2019）对比广西地区不同养殖模式中动物源细菌耐药性的流行情况，发现大肠杆菌的耐药率在散养户中最高，中小规模化养殖场次之，大型集约化养殖场最低，并且 3 种模式的大肠杆菌均有严重的多重耐药情况，其中散养模式最为严重，对高达 13～23 种药物耐药。李基云（2019）对比了山东地区农户散养与集约化饲养模式养殖场，发现农户散养模式下碳青霉烯类耐药大肠杆菌的耐药谱型和分子分型更复杂。Banerjee 等（2019）比较了印度规模化和农户散养模式的养殖场动物源细菌中产 β-内酰胺酶肠杆菌的流行状况，结果表明产 β-内酰胺酶的肠杆菌科细菌在农户散养模式养殖场的检出率更高。He 等（2014）比较了不同肉鸡养殖环境中耐药基因的流行规律，发现室内肉鸡饲养场的饲料中磺胺类和四环素类耐药基因丰度比自由放养肉鸡饲养场的饲料中耐药基因丰度更低。

用饲养的猪、鸡、鸭粪便饲喂池塘淡水鱼的混合养殖模式是我国南方及东南亚地区的特色养殖模式，虽然废物利用能够提高经济效益，但在耐药性的产生和传播方面则展示出了不利的一面。Xu 等（2020）对比了广东地区单一水产养殖场（鱼场和鸭场）和

混合水产养殖场（鱼鸭混养场）的环境耐药性，发现混合养殖场的耐药性要显著高于单一养殖场。在巴基斯坦、坦桑尼亚及埃及等地的综合养鱼场环境中进行的细菌耐药性的调查研究同样表明，混合养殖场的耐药性要显著高于单一养殖场（Shah et al.，2012；Hamza et al.，2020）。

以上研究表明，农户散养模式养殖场的细菌耐药性问题较规模化养殖场更严重，该现象可能是散养户的饲养管理水平落后、卫生消毒措施不到位、养殖人员专业知识水平低等原因造成的。尽管规模化养殖模式有诸多利好，但其仍可能存在促使耐药菌/耐药基因产生和传播的因素。高效的规模化畜禽养殖场为了提高养殖效益，将大量的抗菌药物作为预防性用药或饲料添加剂使用（van Boeckel et al.，2015），并且由于养殖密度大，导致动物间的频繁接触，加剧了耐药菌/耐药基因在动物间及动物和环境间的传播。混合水产养殖模式作为一种特殊的养殖方式，对耐药性传播起到了促进作用，虽然其能够提高经济效益，但对公共卫生健康问题有所损害，因此，应当加强对该种养殖模式中细菌耐药性的监控和管理。另外，需要更全面的数据和研究来评估该种养殖方式的经济效益及公共卫生风险，以评价其合理性。

3. 屠宰加工及运输管理

动物在运输过程中接触的车辆、人员及到达屠宰厂后的处置情况都会影响耐药菌的传播。Ivbule 等（2017）通过研究不同屠宰厂中 MRSA 的流行情况，发现 MRSA 的流行率与屠宰厂的环境和基础设施有关。谢懋英等（2014）从上海某肉鸡屠宰加工企业采样，研究食源性病原沙门菌在肉鸡产业链中的流行情况及其耐药性现状，结果发现待宰肉鸡、屠宰胴体和市售鸡肉中沙门菌的分离率分别为 2.32%、17.5% 和 8.66%，屠宰胴体的分离率远高于待宰肉鸡，由此推测在肉鸡屠宰加工或运输的过程中存在耐药菌的传播或交叉污染。Savin 等（2020）从德国家禽屠宰厂中分离到产 β-内酰胺酶的大肠杆菌，主要基因型为 $bla_{CTX-M-1}$。以上研究均表明屠宰场中微生物污染严重，这会成为耐药菌/耐药基因重要的储藏站和传播中转站。因此，加强屠宰环节的综合管理和改善屠宰厂的卫生环境刻不容缓。

此外，动物及动物产品在运输过程中，由于运输方式、工具多样化及其生物安全防护不到位，也可能会导致耐药菌的流行和传播。邹孔桃等（2017）通过对不同运输工具运输的猪肉样品进行检测，发现相对于其他方式运输的猪肉，冷藏运输的猪肉中细菌污染率较低。邓立新等（2014）发现经过长途运输的肉牛更易被携带耐药基因的肠球菌污染。张利锋（2016）通过分析山东肉鸡产业链的肺炎克雷伯菌、大肠杆菌和变形杆菌的耐药情况，发现在养殖、屠宰和销售环节均存在携带 bla_{CTX-M} 的菌株，表明在运输、屠宰和销售过程中存在着耐药菌的传播。因此，采用合理、安全的运输管理方式，有利于缓解动物源性耐药菌的传播。

（二）抗菌药物

畜禽养殖业中抗菌药物主要用于治疗、预防疫病和作为促生长添加剂使用，其中促生长添加剂用量最大，主要通过混饲、混饮口服给药。此外，养殖场兽医往往缺乏合理用药意识，经验用药导致大量治疗用药物的不合理使用。药物进入动物肠道后不能完全被吸收，不仅在肠道内造成抗菌药物选择性压力，大部分还会通过排泄物进入环境造成环境中抗菌药物残留。残留在环境中的抗菌药物会对环境微生物产生选择压力，促进环境中细菌耐药性的传播（Sarmah et al.，2006）。Wu 等（2010）研究了猪场周边土壤中四环素类耐药基因分布特征，结果显示，四环素类耐药基因 *tet*(M)、*tet*(O)、*tet*(Q)和 *tet*(W)的总丰度与四环素残留量间存在一定的正相关关系。Chantziaras 等（2014）利用欧洲国家公开数据评估猪、牛和家禽肠道共生大肠杆菌的耐药性与抗菌药物使用量之间的相关性，结果表明大肠杆菌对相关药物的耐药性与抗菌药物的使用量密切相关。Vidovic 和 Vidovic（2020）证明了规模化养殖场中抗菌药物作为促生长饲料添加剂使用是导致动物源耐药菌出现和传播的主要原因。Ji 等（2012）开展了上海地区养殖场堆肥及养殖场周边农田土壤样品中耐药基因丰度与抗菌药物残留量之间的相关性研究，结果显示耐药基因 *sul1* 与磺胺嘧啶含量呈较强的正相关关系。Zhao 等（2016）对施用过鸡粪肥的农田土壤样品中耐药基因和耐药细菌的研究同样发现磺胺类耐药基因与磺胺醋酰的残留量间存在非常强的正相关关系。张俊等（2014）发现畜禽粪便中四环素残留量与土壤中四环素的耐药基因存在显著的正相关，提示畜禽粪便中残留的抗菌药物进入土壤后促进了相关耐药基因的流行；相反，减少抗菌药物的使用可有效地减少耐药菌的产生和流行。Tang 等（2017）通过对 179 项动物和 21 项人类抗菌药物耐药性研究的荟萃分析，发现减少抗菌药物的使用可使动物中耐药菌的流行率降低约 15%，使多重耐药菌造成的感染率降低 24%～32%。Scott 等（2018）通过对不同研究中动物种类、抗菌药物类别、干预措施和给药途径等因素的荟萃分析，提出限制食品动物养殖中抗菌药物的使用能够有效降低其耐药性。

鉴于动物源细菌耐药性的严重情况，我国农业农村部已于 2017 年 4 月禁止硫酸黏菌素作为饲料添加剂用于动物促生长（2428 号公告）。中国农业大学沈建忠团队等研究显示，2018 年我国多黏菌素预混剂产量较 2015 年下降了 91%（27 170 t vs. 2496.84 t），销量则下降了 89%（7147 万美元 vs. 804 万美元）；湖南、贵州、陕西和辽宁 4 省的 118 个猪、鸡和牛养殖场中多黏菌素残留量（7.48 μg/kg vs. 191.07 μg/kg）和 *mcr-1* 基因丰度（0.005 vs. 0.02）显著下降；23 个省份的猪源和鸡源大肠杆菌多黏菌素耐药率分别由 2015～2016 年的 34%和 18.1%下降至 2017～2018 年的 5.1%和 5.0%；24 个省份的健康人群肠道多黏菌素耐药大肠杆菌携带率由 2016 年的 14.3%下降至 2019 年的 6.3%；26 个省份的临床患者大肠杆菌多黏菌素耐药率由 2015～2016 年的 1.7%下降至 2018～2019 年的 1.3%（Wang et al.，2020）。这一研究结果提示，在养殖业严格控制并科学合理地使用抗菌药物，可有效减少动物源耐药菌/耐药基因的形成和流行，提高畜禽养殖效益，保障人类健康。此外，我国农业农村部于 2020 年 1 月起退出除中药外的所有促生长类药物饲料添加剂品种（194 号公告），这表明我国已在源头上采取了控制细菌耐药性的措施，这给其他国家提供了良好的范例。

（三）重金属与消毒剂

除抗菌药物外，在猪和家禽生产中通常使用含重金属化合物的饲料/药物，用来促进动物生长、抑制病原菌和治疗肠道疾病（Bernhoft et al.，2014）。饲料添加剂中 90% 的金属（铜和锌等）会随动物粪便、养殖污水进入土壤、水体和水体沉积物中，由于金属在自然环境中的降解速率十分缓慢，导致了其在环境中的蓄积（Medardus et al.，2014），同样可影响环境微生物的组成，以及耐药基因的丰度和传播。Knapp 等（2011）和 Zhou 等（2016）研究表明，铜、锌、镍、铁和铬等金属含量不仅与土壤中耐药基因的丰度呈正相关，还与养殖场环境中耐药基因的持留和传播密切关联。Song 等（2017）研究证明，在某些情况下，金属离子对耐药菌的选择压力甚至可能超过抗菌药物。Cu^{2+} 作为饲料和农药中的常见添加剂，通常会在农田土壤中产生富集，广泛富集的 Cu^{2+} 不仅能增强土壤细菌对 Cu^{2+} 的耐受性，而且能增强细菌对其他抗菌药物的耐药水平（Alonso et al.，2000；Berg et al.，2010）。De laIglesia 等（2010）研究认为，抗菌药物耐药基因的丰度与抗菌药物以及 As^{5+}[①]、Cu^{2+} 等金属离子污染程度显著相关，As^{5+}、Cu^{2+} 等重金属离子和抗菌药物的复合污染可以增加环境中耐药基因的丰度。同时，有很多研究发现抗菌药物耐药基因丰度随着重金属污染水平升高而增加（Icgen and Yilmaz，2014；Lu et al.，2015），如在 Cd^{2+} 金属离子的作用下，罗尔斯顿菌中的氨苄青霉素耐药基因出现富集的现象（Stepanauskas et al.，2006）。Bednorz 等（2013）研究了添加 2500 mg/kg 氧化锌饲料对大肠杆菌种群的影响，结果表明，与未添加高锌饲料的对照组相比，耐药菌株数量显著增加，表明锌的使用可促进耐药菌的增加。其他研究表明，动物饲料中锌和铜的使用增加了动物群中耐药菌的数量（Seiler and Berendonk，2012；Medardus et al.，2014；Yazdankhah et al.，2014），此外，活性污泥生物反应器中蓄积的锌还可以增加其微生物群落中的细菌耐药性（Peltier et al.，2010）。

抗菌药物和金属负荷高的环境（如畜禽及水产养殖环境）中，耐药基因和金属抗性基因共存现象十分常见（Seiler and Berendonk，2012；Zhu et al.，2013），例如，甲氧西林耐药基因与 Zn 抗性基因、四环素耐药基因与 Cu 抗性基因、多种耐药基因与 Hg 抗性基因等（Wales and Davies，2015；Di Cesare et al.，2016；Johnson et al.，2016）。Li 等（2017c）研究发现多种与金属抗性基因相关的耐药基因，其中 β-内酰胺类、卡那霉素、杆菌肽、氨基糖苷类、多黏菌素和四环素类耐药基因被认为是最有可能与金属抗性基因共存的 6 种耐药基因。He 等（2014）通过探究鸡场周围环境中四环素类、磺胺类和氯霉素类耐药基因与抗菌药物、重金属和环境因子之间的关系，发现氯霉素耐药基因在鸡场的粪便、土壤和池塘水中都有较高的丰度，耐药基因 [如 *fexA*、*cfr* 和 *tet*(O) 等] 与金属离子（Cu^{2+}、Zn^{2+} 和 As^{5+}）的相关性为 0.52～0.71（$P<0.01$），耐药基因与环境因子（TOC、TN 和 NH_3-N 等）的相关性为 0.53～0.87（$P<0.01$），表明耐药基因与抗菌药物、重金属和环境因子之间都存在关系。研究人员进一步在实验室中模拟自然环境中重金属富集对微生物的影响，发现微生物中某些耐药基因的出现频率随着重金属离子浓度的升高而提高，重金属对抗菌药物耐药性具有共选择作用（Pal et al.，2017）。有研究认为金属抗性基因产生的主要原因是环境中金属污染对细菌产生的选择压力，使金属抗性基因和耐药基因同时被富集，而耐药基因与金属抗性基因常共存于同一可移动遗传元件

---

① As 为非金属，由于其化合物具有金属性质，故此处将其归为金属。

上，增加了细菌对环境的适应性，从而加速耐药基因和金属抗性基因的扩散（Li et al.，2017c）。因此，动物肠道和环境中微量的重金属可能会提供一个正向选择压力，促进动物源耐药菌/耐药基因的流行和传播。

消毒剂可有效降低微生物污染，广泛用于养殖环境、医院环境、食品生产加工环节等微生物的消杀。特别是在非洲猪瘟和新冠疫情大流行的情况下，环境消毒变得越来越频繁和普遍，醇类、含氯类、季铵盐类等常用消毒剂的使用量也大幅增加。然而，消毒剂的大量使用可促进耐药基因的产生、富集和水平转移。消毒剂可促使细菌产生氧化应激反应而导致细菌 DNA 损伤，从而诱导基因突变产生耐药性，如三氯生诱导的氧化应激可导致 *fabI*、*frdD*、*marR*、*acrR* 和 *soxR* 发生基因突变，使多药外排泵基因 *acrA* 和 *acrB* 的表达增加而产生多重耐药性，同时 *frdD* 基因的突变可导致 β-内酰胺酶编码基因 *ampC* 的过表达，进而使细菌表现出高水平耐药表型（Lu et al.，2018）。消毒剂暴露诱导 RpoS 表达的上调，促进生物膜的形成，使细菌对抗生素的耐药性提升，如铜绿假单胞菌可以通过形成生物膜而增加对季铵盐类化合物（quaternary ammonium salt，QAC）的耐受及抗生素的抗性（Tandukar et al.，2013）。

此外，消毒剂/重金属抗性基因与耐药基因在细菌染色体或质粒上的共存是一种普遍现象，因此消毒剂的使用可导致耐药基因同时被筛选出来（Pal et al.，2015）。一项研究显示，使用含氯消毒剂后，自来水中耐药基因的相对丰度提高了约 17 倍（Xu et al.，2016）。大量的研究表明消毒剂可促进耐药基因的水平转移，其具体机制为：①被消毒剂杀死的耐药菌将其耐药基因释放至环境后可被环境中其他细菌捕获，从而导致耐药基因通过自然转化传播（Liu et al.，2018a）；②亚抑菌浓度消毒剂的暴露可诱导细菌 ROS（reaction oxygen species）水平升高，造成细菌细胞膜损伤，使细胞膜通透性增加，增强了细菌摄取游离耐药基因的能力，从而提高耐药基因的自然转化频率（Zhang et al.，2021）；③细菌 ROS 水平升高可提高接合转移相关基因的表达，包括整体接合转移基因水平的调控、Mpf（mating pair formation）系统相关基因、质粒转移和复制（Dtr）系统相关基因，进而促进基因接合重组和耐药基因的水平转移（Zhang et al.，2017d）。

（四）环境媒介

一般认为，细菌对抗菌药物产生多重耐药现象是随着抗菌药物在医药和农业上的大规模生产及使用而出现的。然而，越来越多的证据表明耐药基因出现较早（Bhullar et al.，2012；Perry et al.，2016）。抗菌药物通常是由土壤来源的细菌和真菌自然产生的，因此，抗菌药物生产者可充当耐药基因的潜在来源（Pal et al.，2017）。此外，其他来源细菌由于接触土壤生物产生的抗菌药物也产生了抗药性（Forsberg et al.，2012）。因此，这些天然耐药基因借助可转移元件很可能促成了细菌耐药性的出现和多重耐药性在短时间内的快速发展。

近年来，研究人员发现环境因子在耐药菌/耐药基因的传播中发挥着重要作用。环境源细菌可以作为耐药基因储库，其携带的耐药基因可水平转移至动物源和人源相关的致病菌中（Baquero et al.，2008）。土壤、水和空气等作为环境媒介，成为耐药菌和敏感菌基因交换的场所，增加了耐药基因扩散的风险。

1. 土壤

抗菌药物可以通过废水或再生水灌溉、粪便改良剂施用或淤泥填埋进入土壤，不同来源的土壤中抗菌药物的浓度差异很大，从 "μg/kg" 到 "mg/kg"（干重）不等（Ben et al.，2019）。研究表明，人工改良土壤中抗菌药物残留的浓度明显高于废水或再生水灌溉土壤，并且四环素类抗菌药物在土壤中的残留量高于喹诺酮类和磺胺类药物（Huang et al.，2013）。Ruuskanen 等（2016）发现堆肥的耐药基因丰度是新鲜粪便的 5 倍，并且施肥后土壤中耐药基因的丰度提高了 4 倍。长期施用粪肥的土壤中耐药基因绝对丰度远远高于长期施用化肥的土壤，超过了 10^9 copies/g，其中检出的 *tet*、*sul*、*aadA* 和 *cml* 等耐药基因的绝对丰度均大于 10^7 copies/g；而未施用粪肥的土壤中耐药基因丰度也超过了 10^8 copies/g（何轮凯等，2018）。由于不同地区抗菌药物的使用量不同，土壤中耐药基因残留量和丰度也不相同。例如，在中国、挪威和法国等，土壤中的耐药基因丰度超过了 10^7 copies/g，有的甚至超过了 $3.16×10^8$ copies/g；而在丹麦和英国，其土壤中的耐药基因丰度水平较低，耐药基因丰度范围在 $1.99×10^4$～$1.58×10^7$ copies/g 范围内（Patterson et al.，2010）。综上所述，使用粪便或养殖废水灌溉的土壤含有更高浓度的抗菌药物和耐药基因，而且耐药基因易在土壤剖面上出现富集和迁移。

2. 水

养殖户常将动物的粪便作为肥料，粪便中的耐药菌/耐药基因可通过灌溉施肥进入河流导致环境污染。研究表明，广东 3 个养猪场附近的河流均检测出了针对四环素、氯霉素、大环内酯和磺胺类等药物的多种耐药基因（He et al.，2016）。研究报道，废水、地表水和饮用水中普遍存在多种抗菌药物的耐药基因（Zhang et al.，2009）。城市污水处理厂、动物饲料厂、抗菌药物原料药生产厂、医院、垃圾中转站和垃圾填埋场等是抗菌药物与重金属的重要污染源，也是耐药菌/耐药基因出现的高发区（Michael et al.，2013；Bondarczuk et al.，2016）。医院废水中不动杆菌（*Acinetobacter* spp.）的单药耐药率高达51.3%，多重耐药率为 6.3%；制药废水中单药耐药率可达 28.1%，多重耐药率为 63.2%，均明显高于污水排放口上游河水中的细菌耐药率（Guardabassi et al.，1998；1999）。南普拉特河流域上游的动物饲养场和污水处理厂影响河流中磺胺耐药基因 *sul1* 的丰度（Pruden et al.，2012），山东某村镇养殖废水中 *mcr-1* 阳性率达到 23.5%，推测废水是 *mcr-1* 基因传播的源头（姬祥，2019）。从我国城市污水处理厂水中分离的革兰氏阴性菌（气单胞菌、肠杆菌、志贺菌和克雷伯菌）对氯霉素、青霉素、头孢菌素、氨苄青霉素、利福平和四环素的耐药率分别为 69%、63%、55%、47%、11% 和 2.6%（Huang et al.，2012）。除耐药基因外，环境中还含有各种抗菌药物的残留。研究表明，地表水和废水中经常检测到抗菌药物，浓度一般为 0.01～1.0 μg/L（Huang et al.，2012）。Zhang 等（2015）研究发现，我国污水处理厂在向环境排放前并未处理掉抗菌药物，估计我国向环境中排放的 36 种抗菌药物的总量为 53 800 t，其中 46% 来自水，54% 来自土壤，且不同流域间抗菌药物排放量存在较大差异。Ben 等（2019）根据现有数据分析，发现广州自来水中的抗菌药物残留浓度为 7.9～679.7 ng/L，高于全国 42 个城市。Yi 等（2010）研究发现在饮用水中检出的抗菌药物以喹诺酮类、氯霉素类、磺胺类和大环内酯类检出率最高，其中环丙沙星的检出浓度高达 679.7 ng/L。He 等（2016）调查了 22 个常见耐药基因在集约化猪场粪便、污水中的含量水平和分布特征，探讨影响耐药基因归趋的因素，结果发现猪场废水的排放不仅将各种耐药基因输入受纳环境，还促进了耐药基因的富集和多样化，对地表水的微生物生态产生影响。

3. 空气

与其他环境媒介相比，空气介质中蕴含的耐药基因种类更为丰富，且可以附着在空气颗粒物上进行扩散（李菁和要茂盛，2018）。空气为养殖场和环境之间污染物的传播提供了有效途径（Letourneau et al.，2010；Mceachran et al.，2015）。养殖场空气中的抗菌药物和耐药菌不仅危害动物和人类健康，还会对周边空气环境造成生态风险（Hong et al.，2012）。张兰河等（2016）发现北京周边肉鸡和生猪舍内空气中的红霉素和四环素耐药菌丰度分别高达 10^3 CFU/m^3 和 10^4 CFU/m^3。Angen 等（2017）发现在养猪场内工作的志愿者鼻腔内的 MRSA 浓度与养猪场内空气中的 MRSA 浓度呈显著正相关。Laube 等（2014）在德国肉鸡场的肉鸡、土壤、空气和养殖场下风向 50m 处的空气中均检测到了基因型完全相同的产 ESBL/AmpC 酶大肠杆菌。Navajas-Benito 等（2017）通过对西班牙奶牛养殖场和其周边的空气样本进行采样检测，发现了基因型相同的多重耐药大肠杆菌。此外，越来越多的研究证实耐药菌/耐药基因可以通过空气进行扩散，并能够在一定时间内保持活性。McEachran 等（2015）研究发现牛养殖场下风向空气颗粒物样本中的耐药基因丰度均显著高出上风向样本 100～4000 倍（$P<0.002$），证明耐药基因可以附着在颗粒物上进行传播。Ling 等（2013）在美国科罗拉多州的猪养殖场和奶牛养殖场的空气中均检测到四环素类耐药基因 tet(X) 和 tet(W)。Gao 等（2017）在蛋鸡养殖场和肉鸡养殖场的空气中分别检测到了四环素类耐药基因 tet(W) 和 tet(L)。此外，耐药菌/耐药基因还可以通过候鸟、苍蝇等多种生物媒介污染环境（Sun et al.，2017；Wang et al.，2017；Yang et al.，2019a）。

第四节 动物源细菌耐药性风险评估

一、概述

风险分析（risk analysis）作为一种工具用于客观、可重复和文件化地对可能存在的风险进行评估、交流和管理，旨在回答"什么会造成问题""出现问题的可能性有多大""出现的问题会引发什么后果""可以通过何种手段来降低问题出现的可能性或后果"等方面的问题。风险评估（risk assessment）作为风险分析的组成部分，用以解决"出现问题的可能性有多大""出现的问题会引发什么后果"两个问题（Macdiarmid and Pharo，2003）。

在兽医公共卫生学领域，风险分析主要用于制定国际贸易中的食品贸易标准（Hathaway，1997）。除此之外，风险分析同样适用于细菌耐药性领域，如分析动物源耐药菌对人类健康造成的危害。Swann 等（1969）报道了"家畜养殖中使用抗生素的行为对人类和动物健康构成一定危害"的细菌耐药性现象；该团队建议应将抗生素分为"饲料性"和"治疗性"两种类别，同时应禁止在饲料中使用青霉素类和四环素类抗生素。自此以后，兽用抗生素的使用问题备受公众关注，兽用抗生素的使用对人类健康的影响问题也被激烈讨论（Kirchhelle，2018）。已有多项研究利用风险评估方法对"兽用抗菌药物使用"与"人类耐药细菌出现"之间的相关程度进行估算（Berends et al.，2001；Cox et al.，2009；DVFA，2014）。传统上，细菌耐药性风险评估主要关注已经批准使用的兽药（Cox，2005；Cox and Popken，2006）。但近年来，一些国家或地区将风险评估同样运用于对新兽药审批前的安全评估，如美国食品药品监督管理局兽医中心（FDA Center for Veterinary Medicine，FDA-CVM）（Cvm 2003-10-23）。由于细菌耐药性风险评估可以为政府政策和指南的制定提供帮助，因此评估时研究人员一般需要利用最科学、最可靠的方法以一种透明的方式进行，而且评估完成后还需要接受同行评审，以保证其方法的科学性和结果的客观性（Committee，2009）。

食品法典委员会（Codex Alimentarius Commission，CAC）和世界动物卫生组织（World Organisation for Animal Health，WOAH）均针对细菌耐药性风险评估制定了相关政策。根据食品法典委员会的定义，风险分析由三个部分组成：风险管理（risk management）、风险传播（risk communication）和风险评估（risk assessment）。其中，风险评估又包含四个部分：危害鉴定（hazard identification）、危害特征描述（hazard characterization）、暴露评估（exposure assessment）和风险特征描述（risk characterization）（1999）。WOAH 对于风险管理和风险传播的定义与 CAC 基本相似。但在风险评估方面，WOAH 认为风险评估应包括释放评估（release assessment）、暴露评估（exposure assessment）、后果评估（consequence assessment）和风险估算（risk estimation）四部分。此外，WOAH 对于危害鉴定的描述与 CAC 略有不同。CAC 将其归为风险评估的一部分，而 WOAH 认为危害鉴定应独立存在于风险分析中（Vose et al.，2001）。

另一方面，由于细菌耐药性风险评估在实际开展过程中面临的状况较为复杂，尤其是那些基于人类健康监测数据所设计的"自上而下"的评估框架（Vose et al.，2000），通常在开展相关研究时不能严格遵循 CAC 或 WOAH 的框架来进行。

二、风险评估框架

（一）根据食品法典委员会制定的框架

根据食品法典委员会的定义，风险评估被分为危害鉴定、危害特征描述、暴露评估和风险特征描述（FAO，2018b）。

1. 危害鉴定

危害鉴定是风险评估的第一步，目的是定性地识别可能存在于某一特定食品或一组食品中的、能够对健康造成不利影响的生物、化学和物理因子（FAO，2018b）。这些危害因子可以从公开的信息中进行选择，如出版的文献、流行病学研究报道和食源性疾病报告等。在选择相关目标后，对与其有关的病原体、食品和宿主信息进行记录（Lammerding and Fazil，2000）。

细菌耐药性风险评估通常从细菌层面和耐药基因层面两个方面进行。细菌层面较为重要的危害因子是指一些对某种或某类药物具有获得性耐药的细菌，如耐截短侧耳素的肠球菌属（Alban et al.，2017）或耐氟喹诺酮类药物的弯曲菌（Vose et al.，2000；Anderson et al.，2001）。在耐药基因层面，由于耐药基因尤其是质粒介导的耐药基因可以在细菌之间水平转移，其危害极大，因此对相关基因的识别和检测显得尤其重要。

2. 危害特征描述

危害特征描述用于定性和（或）定量地评价食品暴露于某些危害因子后所导致的后果（Vose et al.，2001；Alban et al.，2017）。食品卫生安全与人类健康关系紧密，食品源耐药细菌可能通过食品生成加工链感染人体，或将耐药基因转移给人体病原菌，造成人用抗菌药疗效下降甚至失效。为了确定这种感染或患病的风险，食源性疾病研究常运用剂量-效应关系模型（dose-response）对相关临床数据或流行病学信息进行描述性分析。微生物剂量-效应关系模型是将特定人群暴露于特定病原体（或其毒素）后引起特定反应的概率描述为摄入剂量的函数，其生物学基础来自感染性疾病发生的主要过程：暴露、感染、发病和转归（康复、后遗症或死亡）（Boobis et al.，2013）。

对于食源性微生物，危害特征描述综合考虑了危害（hazard）、食物基质（food matrix）和宿主（host）三个方面的特性，以便确定人类在暴露于该危害时患病的概率。此外，对于食源性耐药菌的危害特征还包括获得耐药性的特征，用于评估当人类接触耐药菌时可能产生的额外后果，如疾病的发生率增高、疾病的严重程度增加甚至导致治疗失败，以及其他并发症的发生（CAC，2011）。

危害特征描述的方法应基于提出的风险问题和风险管理者的需求进行选择。食源性耐药菌的危害特征在适当情况下可以参考非耐药菌，但还应考虑耐药菌在感染之后导致的一系列附加后果。危险特征的描述首先是估计感染的概率，然后根据感染的条件估计发病的概率，还应考虑感染耐药微生物而产生的其他后果。危害特征描述的结果（包括剂量-效应关系）有助于将暴露水平转换为负面的健康影响或其他负面结果发生的可能性（CAC，2011）。

3. 暴露评估

暴露评估作为风险评估中最复杂的步骤，对食源性微生物、化学和物理危害因子的接触风险进行定性和（或）定量地评估，涉及完整的农场到消费的生产途径。暴露评估的目的是估计人类接触到危害的频率和程度，因此在整个暴露途径中都应考虑这些危害因子。暴露评估的基本活动应包括：①对暴露途径的清晰描述或描绘；②说明基于暴露途径的必要数据要求；③汇总数据（CAC，2011）。

微生物的暴露评估包括实际暴露的评估，以及人类暴露于微生物病原体或微生物毒素的预测，即在食品消费链不同环节中的不确定性评估（CAC，1999）。

从定性的角度看，微生物的暴露评估可以根据食物被污染的可能性进行分类，或者运用数学模型对微生物的生长、存活或死亡进行预测（Vose et al.，2000）。

在定量评估方面，主要通过以剂量-效应模型为主的数学模型探究食品从原料到产出各步骤所携带的危害因子与对人类健康造成的后果之间的函数关系。此外，还需要考虑流行率和微生物载量等问题以提供更多的控制选项。例如，当难以控制动物种群中的感染情况时，减少食物或其他媒介物中的微生物载量是更有效的风险管理选择（Vose et al.，2000）。

4. 风险特征描述

风险特征描述是将危害鉴定、危害特征描述和暴露评估得到的所有关键定性或定量信息汇集在一起，评估针对特定人群的风险。根据风险管理要求的不同，评估采用的风险表征形式及其输出的结果也会有所不同（FAO，2018b）。

（二）世界动物卫生组织制定的框架

WOAH 认为风险分析应分为危害鉴定、风险评估、风险管理和风险沟通四个阶段，它包括了对风险的评估和管理，以及风险评估员、利益相关者和风险管理者之间的所有适当沟通。风险评估则被用以评估病原体在进口国领土范围内的入侵、发展和传播对生物学及经济学领域产生影响的可能性（Vose et al.，2001）。

1. 释放评估

根据 WOAH 的定义，释放评估被用来描述动物使用抗菌药物后将耐药细菌或耐药决定簇释放到特定环境中所必需的生物途径，并定性或定量地评估整个过程发生的可能性。释放评估描述了每种潜在危害在每组特定条件下的释放概率，包括释放量和释放时间，以及由于各种行动、事件或措施而可能发生的变化（Vose et al.，2001）。

2. 暴露评估

WOAH 认为暴露评估是用来定性或定量地描述动物和人类暴露于给定来源、给定生物途径的危害的发生概率。暴露评估包括描述人类暴露于动物体内耐药细菌或耐药决定簇产生所必需的生物途径，以及定性或定量地估计暴露发生的概率。在规定的暴露条件下，根据暴露量、暴露开始时间、暴露发生频率、暴露持续时间、暴露途径，以及暴露人群的数量、种族和其他特征，估计暴露于已识别危害的概率（Vose et al.，2001）。

3. 后果评估

后果评估的目的是描述暴露于特定生物制剂与暴露产生的后果之间的关系。后果评估用来描述暴露后可能对人类健康、环境和社会经济造成的危害，并定性或定量地估算这些危害发生的概率（Vose et al.，2001）。

4. 风险估算

风险估算是将释放评估、暴露评估和后果评估的结果加以整合，产生与最初确定的危害相关的整体风险衡量标准，是对危害鉴定到后果评估的整个风险评估环节结果的整体评价（Vose et al.，2001）。

三、风险评估流程

（一）风险问题的提出

风险评估的过程是通过不断迭代进行的（图 3-7）。对于风险评估项目，首先需要确定所要评估的风险问题是什么。在食源性耐药菌风险评估中，通常是某（几）种动物使用某种或某类抗菌药物而对人类健康造成的危害，例如，食品动物中使用大环内酯类药物引起人类发生耐大环内酯类弯曲菌感染的风险（Hurd and Malladi，2008）。

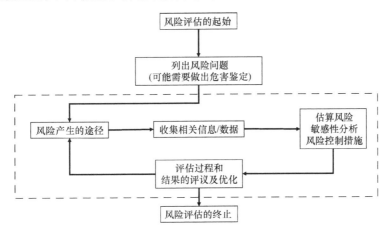

图 3-7　风险评估流程（马立才，2014）

风险问题也可以是针对特定的危害[如对氟喹诺酮耐药的弯曲菌（Vose et al.，2000）]或多种潜在的危害 [如肉制品中的耐药沙门菌（Doménech et al.，2015）]。这意味着风险评估人员和决策管理人员必须熟知研究中所关注的危害及危害所引起的结果 [例如，耐甲氧西林金黄色葡萄球菌引起的人类疾病（Andreoletti et al.，2009）]。

作为整个项目中的关键步骤，风险问题的确定直接影响了风险评估的结构框架。因此，在评估项目开展初期，负责风险评估的相关人员需要与相关领域的决策管理者保持沟通，以确保方案的一致性，确定决策管理人员希望调查的因素（如时间段、感兴趣的国家和任何控制选项）。

（二）信息和数据的收集

信息和数据的收集是风险评估过程的重要阶段，一份完整可信的数据是进行风险评估的基础。首先，可通过风险的来源途径确定数据需求；其次，可通过查阅相关资料（监测项目、与耐药微生物相关流行病学调查、临床研究和各个国家或地区食源性微生物治疗指南等方面）进行筛选和搜集。如果缺乏特定抗菌药物的数据，可参考同一类别中相似的药物。对于无法搜索到的数据，可以使用专家意见替代，但需综合多位专家的意见（CAC，2011）。

（三）评估过程

一旦确定了风险途径并收集整理好数据和信息，就可以开始进入风险的评估环节。风险评估可采用定性、半定量或定量三种方法进行，模型的选择则应考虑到所要研究的风险问题和所收集的数据特点（CAC，2011）。在评估了整体风险之后，就可以进行其他分析，例如，可以使用"假想"场景来调查风险管理控制措施的影响（Opatowski et al.，2020）。

（四）结果评审

评审需要结合微生物学、流行病学和风险建模等领域的研究团队共同进行，对方案和研究结果进行反复审查与修订。

评审的内容需要考虑风险评估方法及数据和假设是否合理，因为所有这些因素都会影响到模型的质量，从而影响最终风险估计的可信度。当采用定量评估时，模型的数学原理应尽可能清晰明了。同时，风险评估所收集的数据源也需要公开透明。

四、风险评估常用方法

在进行风险评估时，需要首先解决两类与数据相关的问题：不确定性（uncertainty）和可变性（variability）（Boobis et al.，2013）。不确定性是指缺乏了解的程度，即缺乏关于建模对象的相关参数知识，如在释放评估部分，由于缺乏相关论文和数据作为参考导致的高不确定性（Alban et al.，2017），这个问题可以通过进一步的研究测量或咨询相关领域的专家来解决。可变性是指偶然性的影响，这是通过研究或进一步测量仍无法将其还原的部分，代表了种群中真实存在的不均一性，是种群所固有的（Rai et al.，2008）。

风险评估可通过定性、半定量和定量的方法进行。值得注意的是，无论采用哪种方法，风险评估的过程是保持不变的，即选择一个风险问题，确定风险来源路径，收集数据并评估风险，最后对风险报告进行评审。

（一）定性风险评估

定性风险评估是通过估计风险的大小和影响风险的因素对收集的信息进行描述性分析（Hurd and Malladi，2008）。但是实际上，由于分析复杂性的不断提高及对数据量化的需求，定性分析仍需要借助定量数据进行（如"半定量"）（Lammerding，2007）。

定性风险评估是对结果的可能性或后果程度用定性术语表示，如"高、中、低或可忽略不计"。定性风险评估主要讨论风险发生的必要步骤，哪些途径是可行的，哪些在逻辑上有所欠缺。例如，在食品动物生产过程中使用特定抗菌药物对人类健康影响的风险评估中，风险因素包括抗菌药物的使用模式、暴露细菌的耐药性获得率、耐药细菌的生态学信息、耐药细菌与人类病原菌之间耐药性转移途径及治疗人类感染的药物开发速率等（Vose et al.，2001）。

需要注意的是，无论后续是否进行半定量或定量评估，通常都会先进行定性风险评估作为初步评估，以确定研究范围（Vose et al.，2001）。建立定性的细菌耐药性风险评估，便于对潜在的风险大小有所了解，并明确是否需要进行更详细的分析以便更好地理解风险问题。此外，逐步采用更加量化的方法可以提高决策的灵活性、可接受性、客观性和力量性（Lammerding，2007）。

（二）半定量风险评估

半定量风险评估是通过特定评分机制，以半定量的形式对结果的可能性和后果程度进行评估（Vose et al.，2001）。当所考虑的风险缺乏适当的数据或者无法进行量化时，通过半定量风险评估可以对一系列风险问题进行有效管理而不需规避。

半定量风险评估的原则是用不同的分级来估算风险途径中后果发生的概率大小，然后使用特定的评分系统将这些估计值转换为风险的严重程度分数。与定性评估相比，半定量评估的结果可划分为更多的风险等级。与定量风险评估模型相比，半定量评估的一个优势在于其需要较少的时间和数据资源（Coleman and Marks，1999）。

半定量风险评估在食源性耐药菌中主要用于风险的排序。例如，Presi 等（2009）开发了一个半定量模型，对不同肉类（鸡肉、猪肉、牛肉和小牛肉）受到污染后导致的潜在公共健康风险进行排序［详见七、（四）］。Collineau 等（2018）运用多准则决策分析的方法，结合暴露评估和危害特征的数据，对可能存在风险的肉类-抗菌药物-耐药细菌组合进行加权评分，通过最终的综合评级来对这些可能对瑞士公共卫生构成风险的组合进行排序。

（三）定量风险评估

定量风险评估是通过数值来表示评估的结果。定量风险评估的目的是对与风险问题相关的概率和影响进行数值评估（Vose et al.，2001）。目前针对食源性耐药菌的风险评估，定量风险评估的应用量远超过定性风险评估（Caffrey et al.，2019）。

定量风险评估最常见的方法是使用蒙特卡罗（Monte Carlo）模拟模型来描述风险事件（危害实际发生时的影响）及其不确定性和可变性；另一种方法是使用概率论的方法来构建风险事件的公式化模型。由于蒙特卡罗模拟模型执行起来更为简单，并可借用软件实现，因此比代数方法更受欢迎（Caffrey et al.，2019）。目前最常用的风险评估软件 @risk 就是一款基于 Excel 的蒙特卡罗模拟软件，它可用来描述整个"从农场到餐桌"的路径以及微生物对人体健康的危害（Alban et al.，2008；赵格等，2016），但对模型构建的要求较高，需要一定的时间成本、人力成本和费用；此外，还有一些简单的快速微生物定量风险评估软件如 sQMRA，近年来受到广泛关注（Evers and Chardon，2010）。

定量风险评估的模型根据其对随机性和概率的处理方法，又可分为确定性模型（deterministic model）和随机性模型（stochastic model）。确定性模型的输出值是一个确定的值，只要定义了输入和输出间的关系便可以得到确定的结果。相反，随机模型由于考虑到自然本身固有的随机性，更倾向于表示自然系统中的规律（CAC，2011）。

根据风险评估研究时的顺序，又可以把风险评估模型分为"自下而上"和"自上而下"，详见六、（三）和六、（四）（Gkogka et al.，2013；Lindqvist et al.，2020）。"自下而上"通常指"从农场到餐桌"的模型,而"自上而下"一般为基于流行病学研究的回溯性建模分析。

与选择定性、半定量或定量类型的风险评估一样,选择确定性模型还是随机性模型,选择"自下而上"还是"自上而下"的方法进行分析没有绝对的规则。每种方法的优缺点都需要针对当前的问题进行仔细考虑,并与风险评估的管理者进行讨论。

1. 确定性模型

传统的确定性风险评估模型使用确定的数值来描述风险途径,通过点估计得出一个数值(可能包括置信区间)作为风险评估的结果。对于确定性模型,只要确定了模型中各个因素及相互之间的关系,就能相对容易地计算出风险结果。在某种程度上,点估计描述了风险分布上的一个点,从而可以准确地描述处于分布点上的那部分人群的潜在风险。但是,即使考虑了置信区间,也很难准确描述一个群体的潜在风险(Anderson and Yuhas,1996)。

确定性模型只生成单个值(点估计),在建模时通常使用"最坏情况"(例如,当数字不确定时,使用更保守或更高风险的估计)(Hurd et al.,2004)或平均值进行估算(Giaccone and Ferri,2005)。但是这两种选择都存在一定的偏差。将"最坏情况"作为输入进行评估时,输出结果会偏向极端情况,如得到的风险评估结果偏高(Hurd et al.,2004)。当使用平均值进行评估时,会得出一个较为"平均"的风险评估结果,而这种结果往往又忽略了可能很重要的极端或不常见但后果严重的情况。确定性风险评估的结果可以看成是一个相对风险评估的指标,为风险管理活动提供重点,而不能进行更精确的风险估计(Boobis et al.,2013)。

2. 随机性模型

随机性模型将风险暴露在人群中的范围或统计分布作为输入,而不是简单地使用平均值或典型值。因此,进行随机性模型分析时需要获取变量的统计分布规律(分布曲线的形状及其参数)(Richardson,1996)。随机性模型最大的优点是其输出为潜在风险的分布,这是对事实更准确的描述。该评估考虑到了系统本身固有的可变性及输入参数的不确定性(Anderson and Yuhas,1996)。

五、风险评估数据收集

(一)动物源细菌耐药性风险评估中数据收集的原则

风险评估中数据收集的完整性和精确性直接影响了风险评估结果的准确性和可信性。同时,风险评估中的数据不足还会导致评估结果不确定性的增加(Alban et al.,2017)。食品源细菌耐药性风险评估任务的数据收集相较其他微生物风险评估更为复杂,还需考虑与抗菌药物相关的因素。

在生产链层面,需要考虑养殖场是否使用了评估的抗菌药物、使用药物的情况和抗性选择压力。在消费者方面,需要考虑消费者习惯和人类易感性等问题。在耐药菌层面,不仅要考虑细菌是否存在及存在的数量，还要考虑细菌是否对所要评估的抗菌药物具有耐药性、耐药菌的流行情况、耐药性的机制，以及耐药性发展和传播的情况。此外，对于所要评估的抗菌药物，还需要清楚其药代动力学等药理知识及其对于人类疾病治疗的重要性。

（二）不同评估阶段的数据需求

数据的详细程度可因具体情况而异。在实际使用中，应根据风险问题和风险管理者的具体要求进行选择与增添。

1. 基于食品法典委员会的风险评估模型的数据需求

1）危害鉴定

危害鉴定环节需要的信息：①确定所关注的危害，即食源性耐药微生物和（或）耐药性决定因素；②微生物与耐药性相关信息，包括在非人类宿主中获得耐药性的潜在人类病原体、带有耐药基因决定簇的病原体与它们感染人类的能力、耐药性的机制、耐药菌的流行情况、交叉耐药情况、共同耐药性情况，以及耐药性与致病性和毒力之间的关系等；③抗菌药物及其性能，如抗菌药物的类别、抗菌谱、药代动力学和用途。

2）暴露评估

暴露评估环节所需的信息：①抗性选择压力，包括群体（例如，在规定的时间段内接触抗菌药物的动物数量、使用抗菌药物的农场数量和分布情况，以及抗菌药物未来的使用趋势）和个体（例如，药物的给药方式和使用时间、动物体内的药代动力学和药效学、在规定的时间内使用其他抗菌药物的累积效果）层面上抗菌药物的使用特点；②影响耐药性发展和传播的微生物因素，如耐药菌流行率的时间和季节变化规律、耐药机制和微生物间的耐药性转移情况；③与食品动物相关因素，如动物的管理情况和耐药菌在动物间的传播情况；④食品相关因素，包括食品的初始污染水平、食品加工因素、消费者对食品的处理方式，以及微生物的生长、生存和耐药性传递的能力。

3）危害特征描述

危害特征描述环节所需的信息：①与人类感染相关的因素，如易感人群、感染和疾病的性质、流行病学模式（暴发或散发）、抗菌药物在人类医学中的重要性、感染和治疗失败频率的增加、感染严重程度增加（包括病程延长、血液感染频率增加、住院次数增加和死亡率增加）和危害在人类中的持久性；②影响微生物胃肠道中生存能力的食物基质相关因素；③剂量-效应关系，即暴露与负面结果（如感染、疾病和治疗失败）之间的数学关系。

2. 基于《OIE 法典》的风险评估模型

1）释放评估

在释放评估方面需要的信息：①抗菌药物的使用情况，如使用抗菌药物处理的动物种类、动物数量和动物的地理分布；②抗菌药物的选择压力，如产品的预期使用范围、给药方案及给药途径；③抗性决定因素的出现和转移速度，如体外或体内的耐药性发展速度和程度、耐药性的直接或间接转移机制、耐药性转移能力（染色体、质粒），以及与其他抗菌药物的交叉耐药性和（或）共耐药性；④抗菌药物的 PK/PD（药代动力学/药效学）；⑤动物、动物产品和废物产品是否存在耐药细菌。

2）暴露评估

暴露评估方面需要的信息：①人类对目标物种食品的消费模式，如食物的烹饪方式；②食物和（或）动物以及动物饲料受耐药细菌污染的情况，包括农产品加工（包括屠宰、加工、储存、运输和零售）过程中耐药菌的生存能力和再分布情况；③进食时受污染食物的微生物含量；④细菌中抗菌药物耐药性的流行情况；⑤人类直接接触的概率，如在饲养过程、屠宰和加工中接触动物的人数及参观农场的人数；⑥耐药菌在人体肠道菌群中的定植能力、耐药菌将耐药性转移给人类的能力，以及耐药菌在人与人之间的传播情况。

3）后果评估

后果评估方面需要的信息：①抗菌药物对人类医学的相对重要性，如是否存在替代药物；②剂量-效应关系；③人类感染耐药菌的情况，如每年报告的人类感染病例数、归因于动物源性食品和（或）动物接触的病例数量和（或）比例、疾病严重程度、人类分离株中抗菌药物耐药性的流行情况、对于一线治疗的影响及人群的易感性；④由于对食品安全失去信心以及任何相关的二次风险，导致食品消费模式发生变化的可能性。

（三）存在的问题

细菌耐药性风险评估在数据分析中常遇到数据缺口、缺陷等问题，这与用于鉴定细菌、用于药敏试验分析的方法本身存在的时间和区域差异有关。由于这种方法上的差异，使得想要合并不同研究数据的操作变得十分困难，因此，迫切需要对国家内部、国家之间，以及在兽医和人类医学之间使用的采样及处理等方法进行统一和规范化，包括对药物敏感性数据的解释（Snary et al.，2004）。

此外，需要评估数据在研究情况下的代表性，因为缺乏确切代表性的数据将导致结果的不确定性。例如，在某些情况下，不同评估的数据来源不同，这意味着因素的实际价值存在不确定性，这种不确定性通常比可变性更难量化。最后，需要对数据源（透明度）有一个良好的描述，包括对风险因素和决策的讨论，明确这些假设及其潜在的影响。

六、风险评估常用模型

食源性耐药菌定量风险评估中所需的许多建模原则与微生物食品安全风险评估中使用的原则相似。定量细菌耐药性风险评估需要数学模型和辅助数据来描述食品生产与加工过程中食品微生物污染水平的动态变化以及对人类健康的影响。剂量-效应模型从人类感染疾病的概率角度描述了暴露于食源性耐药菌的后果。而在危害特征描述中，我们常使用生长模型和失活模型（Boobis et al.，2013）。"从农场到餐桌"和"自上而下"的模型是食源性耐药菌风险评估中两种常见的建模思路，两者各有千秋，风险评估人员可以根据实际风险问题进行抉择。

（一）剂量-效应模型

剂量-效应关系描述了摄入一定剂量的动物源性食品后导致感染（或引起不同程度的疾病甚至死亡）的可能性。对于每个个体来说，剂量-效应关系都不相同，这是因为感染的概率与接触者的年龄、体型、健康等状况，以及与摄入事件相关的情况（例如，这些细菌在摄入的那一刻处于什么状态、这个人最近有没有接受过抗菌药物治疗等）有关（Vose et al.，2000）。因此，剂量-效应关系模型的成功开发依赖于对单个病原体相关致病机制（包括各种病原体、宿主和食物基质因素如何影响致病性的相关知识）的正确理解（Buchanan et al.，2000）。

指数剂量-效应模型（指数计量反应关系公式）是一种较为常用的、用来描述食物中摄入的细菌数量和疾病发生概率之间关系的模型（Cox et al.，2018）。

$$r(x) = \Pr(\text{illness} \mid \text{ingest microbial load} = x\ \text{CFU}) = 1 - e^{-\lambda x}$$

该模型用于评估摄入 x 个菌落单位（CFU）的病原菌后疾病发生的概率。其中，$r(x)$ 表示该概率结果并绘制成一条剂量-效应曲线；λ 反映由于暴露而引发疾病的可能，例如，敏感亚群的 λ 值会高于一般群体（Cox et al.，2018）。

然而，开发特定的病原菌株（包括耐药细菌）的剂量-效应模型仍然存在问题。在远低于观测数据范围剂量下的剂量-效应关系很大程度上取决于所假设的具体模型，因此对于特定的病原体菌株，剂量-效应模型可能是高度不确定的，基于它们的风险预测也可能非常不确定（Cox et al.，2018）。

（二）生长模型与失活模型

预测模型是预测微生物生存情况的模型，由初级、二级和三级模型所组成。初级模型描述生长或失活曲线及生长概率；次级模型根据环境条件描述初级模型的动力学参数；三级模型将微生物对其环境反应的所有方面的数据整合到专家系统或决策支持系统中。通过这种方式，可以有效地评估食品源微生物安全性（Cox et al.，2018）。

1. 生长模型

食源性感染的风险评估在很大程度上取决于食用时食物中存在的微生物数量。由于这些数据很少能直接获得，作为推断消费时暴露的一种手段，预测微生物学引起了广泛的关注。目前虽已开发了很多模拟食品中微生物生长的预测模型，但是在狭窄的置信区间内对绝对微生物风险进行定量估计还不现实（Ross and Mcmeekin，2003）。

2. 失活模型

失活曲线可以被认为是单个细菌失活时间的累积分布。微生物群体成员失活时间分布的详细信息可作为随机失活模型的基础，以便开发或改进食品加工或净化程序，并有助于提高风险评估模型的准确性（Aspridou and Koutsoumanis，2020）。

（三）"从农场到餐桌"的风险模拟模型

风险传播的途径是微生物风险模型的支柱，一种常见的基于风险途径的建模方法是对导致风险的因果链（casual chain）中的所有事件进行显式建模（explicitly model），该方法从危害的源头开始，以造成的负面影响结束，这种方法也称为"自下而上"式模型（Gkogka et al.，2013）。在食品安全风险评估中，"从农场到餐桌"的链条研究方式就是遵循了这种"自下而上"的概念。这里的因果链（即风险路径）通常从农场中存在的危害开始，以消费者接触的"剂量"或通过剂量-效应模型得到的人类疾病病例数结束（Smid et al.，2010）。值得注意的是，模型建立的源头不一定是农场，这种方法主要强调的是从根源开始沿着传播链进行研究。

"自下而上"方法的优势在于可以分析不同管理干预措施对相关风险的影响。风险管理行为可以改变食品中耐药细菌对人类健康造成的危害程度，这种改变可以通过该管理行为所在步骤的细菌微生物载量来量化。通过串联代表食品生产过程中各个阶段的多个连续步骤，可以构建一个"从农场到餐桌"的模拟模型。每一步骤都会收到来自前一步的微生物载量。给定进入某一步骤的微生物量，并给定所应用的控制（如使用抗生素喷雾剂、冷藏等），如果可以估算离开每个步骤后（如屠宰、运输、加工和储存等）微生物载量的条件频率分布，那么就可以量化和比较风险管理政策对微生物载量的影响（Cox et al.，2018）。例如，Collineau 等（2020a）采用"从农场到餐桌"的定量风险评估模型，评估加拿大肉鸡产品中第三代头孢菌素耐药的海德堡沙门菌对公众健康的危害。他们发现在农业食品链的不同阶段，采用结构化方法评估和实施有效干预以降低耐头孢噻呋海德堡菌株相关风险。

但是，这种模型的构建需要考虑到整个食品链中各个阶段病原菌的流行情况和菌落数目，耗时耗力。同时，由于风险路径中许多步骤存在数据的缺乏及需要假设的部分，该模型常常存在高度不确定性，不能够稳定地进行量化。

"从农场到餐桌"的方法是数据密集型（data-intensive）方法，需要诸如剂量-效应关系等数据，更适于分析不同风险管理措施的相对益处，而不能准确地估计风险的上限。例如，Nauta 等（2009）发现，与基于流行病学数据的评估相比，"从农场到餐桌"的风险评估高估了 10 倍以上的风险。

（四）"自上而下"模型

与"自下而上"相反的是"自上而下"的方法。该方法的特点是回溯性地进行建模，即使用流行病学数据而不是剂量-效应研究来评估暴露情况（Cox and Popken，2004）。这种方法首先从疾病系统中收集目标人群病例信息，并使用流行病学数据分析方法获取目标人群的病例比例（Lindqvist et al.，2020）。这种方法非常简单，其主要优点是避免了对"从农场到餐桌"过程中很多不确定性过程的建模，如肉类的加工过程。

在食源性耐药菌风险评估中，"自上而下"的模型起源于 2000 年美国 FDA-CVM 对鸡肉中的氟喹诺酮耐药弯曲菌的风险评估模型（Vose et al., 2000）。基于此模型，Bartholomew 等（2005）提出了一种回溯性方法，利用流行病学研究中相关人群归因分数（population attributable fractions，PAF），从人类感染总数中反推特定肉类消费（如食用鸡肉）引起的感染人数。

与 Bartholomew 不同，Hurd 等认为预防分数（preventable fraction，PF）更适用于风险评估。PF 是指特定的风险因素被移除后，可以预防的人类病例的比例（Cox and Sanders，2006）。Hurd 等认为预防分数对政策制定具有更高的参考价值，因为它体现了当假定的因素被移除时，问题可能会消失多少。预防分数虽然很难准确地确定，但可以通过流行病学等方法估计其上限。

利用回溯性线性方法，Hurd 等（2004）先建立了一个确定性风险评估模型，评估在家禽、猪和肉牛生产中使用大环内酯类药物给人类健康所带来的风险。结果显示，由于食品动物使用大环内酯类药物而导致治疗结果受损的最小风险不到千万分之一。在此基础上，Hurd 和 Malladi（2008）通过考虑参数估计中的不确定性，采用更加复杂的模型对耐药性的发展规律进行拟合，结合各种方法估计可预防的部分来改进早期确定性评估。风险评估结果与确定性模型得到的结果一致，耐药弯曲菌对人类健康构成的风险很低：来源于猪的结肠弯曲菌对人类感染治疗的影响概率仅为 1/8200 万；家禽或牛肉中空肠弯曲菌对人类健康造成的风险更小。

相较于"自下而上"的方法，"自上而下"所需的数据量和时间都大大减少。但是该方法存在一些缺陷，包括流行病学数据可能带来的不确定性和偏差，其难点在于将耐药性感染归因于特定种类的食品动物。同时，将暴露归因于可疑来源时（特别是对于零星感染）可能具有高度的主观性。因此，"自上而下"方法的主要缺点之一是不适合进行风险管理控制方面的调查；同时，其也不符合 CAC 和 OIE 所提供的风险评估框架。

七、实际应用范例

（一）亚洲地区的风险评估系统

亚洲地区（以日本为代表）在 20 世纪 90 年代（1999 年）便建立了兽用抗菌药耐药性监测系统（The Japanese Veterinary Antimicrobial Resistance Monitoring System，JVARM），该系统主要对食源性动物如猪、鸡和牛中所携带的大肠杆菌、沙门菌等细菌的耐药性进行监测（Asai et al.，2014；安博宇等，2021）。

此外，日本食品安全委员会（Food Safety Commission，FSC）自 2003 年成立以来，一直根据《食品安全基本法》对食品中的抗菌药物耐药性进行风险评估（Asai et al., 2014）。同年，日本农业林业渔业部（Japanese Ministry of Agriculture，Forestey and Fisheries，JMAFF）要求 FSC 定性评估由于饲料添加剂或兽用抗菌药物的使用而产生的耐药菌对人类健康的潜在危害和影响程度。FSC 同时提出了一个风险排名系统，包括"可忽略"、"低"、"中"和"高"四个等级，用于评估食品源耐药细菌通过食物链对人类健康所造成危害的程度。2004 年 9 月，FSC 根据 OIE 的抗菌药耐药性指南及 CAC 和 FDA 的指南，制定了一份评估畜牧业生产中因使用抗菌药物而产生耐药细菌风险的指南（Food Safety Commission，2004）。

FSC 的指南包括两个部分：危害鉴定和风险评估，风险评估又包括释放评估、暴露评估、后果评估和风险估算。其中，释放评估、暴露评估、后果评估根据相关评判标准给予"可忽略不计"、"低"、"中"和"高"四个等级并获得相应得分。随后将得分通过制定的风险估算规则进行汇总，得到最终的风险评估结果（表 3-23）。

表 3-23　风险估算得分表

风险评估组成部分的结果			总分（风险）
释放评估（得分）	暴露评估（得分）	后果评估（得分）	
高（3）	高（3）	高（3）	总分：8～9（高）
中（2）	中（2）	中（2）	总分：5～7（中）
低（1）	低（1）	低（1）	总分：2～4（低）
可忽略不计（0）	可忽略不计（0）	可忽略不计（0）	总分：0～1（可忽略不计）

依照该风险评估标准，在奶牛中使用吡利霉素（2013 年 2 月）（食品安全委员会，2008b）、在牛和猪中使用硫酸胆碱（2021 年 2 月）会给人类健康带来低风险的威胁（食品安全委员会，2020）；而在牛和猪中使用氟喹诺酮类药物（2010 年 3 月）（食品安全委员会，2004）、硫酸头孢喹诺（2016 年 7 月）（食品安全委员会，2008a），在猪中使用大环内酯类抗生素泰拉霉素（2012 年 9 月）（食品安全委员会，2009）和加米霉素（2017 年 7 月）（食品安全委员会，2016），则会给人类健康带来中等风险的威胁。

在我国，围绕食源性细菌耐药性风险评估的研究较少。李乾学等在 2013 年曾尝试分别通过体外接合转移和建立动物传播感染模型等试验对鸡沙门菌恩诺沙星的耐药性问题进行释放评估和暴露评估，相关结果表明，耐药基因可通过接合的方式在细菌间进行转移，并且细菌耐药性可在动物、环境之间转移，存在扩散的风险（李乾学等，2013）。同时，也有研究团队通过对虾源副溶血性弧菌中耐药基因的流行情况、多重耐药的表型及不同耐药副溶血性弧菌的生长异质性来综合评估该细菌的暴露风险（牛丽，2018）。相似的研究方法也被其他研究团队运用于对双歧杆菌的耐药基因转移风险评估中，通过对双歧杆菌耐药基因与耐药表型进行分析、建立耐药基因转移小鼠模型，认为双歧杆菌菌株中四环素的选择压力对 *tet*(W)基因横向转移频率没有影响，且不能在双歧杆菌与粪肠球菌间进行传播和转移（赵芳，2020）。

（二）欧洲地区的风险评估系统

欧盟兽用抗菌药耐药性管理工作主要由欧洲药品管理局（European Medical Agency，EMA）下设的兽用药品委员会（Committee for Medicinal Products for Veterinary Use，CVMP）负责（安博宇等，2021）。

欧洲食品安全局（European Food Safty Authority，EFSA）生物危害科学小组于 2004 年定性评估了使用抗菌药物来控制家禽沙门菌后对人体健康可能造成的风险。对于每一种情况，群体中出现或传播耐药性的概率从可忽略的（+）到低（++）、中（+++）或高（++++）（表 3-24）。结果表明，在家禽中使用抗菌药物来控制沙门菌，会增加与耐药性的发展、选择和传播有关的公共健康风险（Authority，2004）。

表 3-24　使用抗菌药物控制禽沙门菌后细菌耐药性出现和传播的可能性

处理组	临床感染的禽群		预防沙门菌感染的禽群		无临床症状的感染禽群	
发生概率	1*	2*	1*	2*	1*	2*
耐药性的出现（突变）	++	+	+++	+	++++	+
耐药性的获得（可转移）	+	+++	+	++	+	+++
耐药菌株的筛选	+++	+++	+++	+++	++++	++++
耐药菌株的传播	++++	++++	+++	+++	+++	+++
耐药基因的传播：						
对病原体（沙门菌）	+	++++	+	++	+	+++
对病原体（弯曲菌）	+	++	+	++	+	++
对非病原体（共生体）	+	++++	+	++	+	+++
交叉耐药：						
相关抗菌药物	++++	++++	++++	++++	++++	+++
非相关抗菌药物	+	++++	+	++	+	++

1*：促进不可转移耐药性（染色体）的抗菌药物（如喹诺酮类）；
2*：促进可转移耐药性的抗菌药物（如氨基糖苷类）；
+表示是否有可能性；概率等级分为可忽略（+）、低（++）、中（+++）和高（++++）。

该小组在 2009 年还回顾性地描述了耐甲氧西林金黄色葡萄球菌（MRSA）的生物学、遗传学、毒素、毒力因子和抗菌药物耐药性等基本情况，概述了其在欧盟人群、动物、食品和环境中出现的情况，总结其传播载体和传播途径等。同时，根据欧盟不同国家的情况定性地描述了：①MRSA CC398 和其他 MRSA 从农场动物传播给人类的风险；②通过食物处理或消费而引起人类疾病的风险；③人类通过接触伴侣动物和马而引起感染的风险；④未来出现新的人兽共患 MRSA 类型的风险（Andreoletti et al.，2009）。

（三）美国地区的风险评估系统

美国国家抗菌药物耐药性监测系统（National Antimicrobial Resistance Monitoring System for Enteric Bacteria，NARMS）成立于 1996 年，由 FDA-CVM、CDC 和美国农业部（United States Department of Agriculture，USDA）合作建立，旨在追踪人类、零售肉类和食品动物中食源性细菌耐药性。NARMS 计划通过对人类、零售肉类和动物中特定肠道细菌的监测，了解对人类和兽医重要的各种抗菌药物的耐药性变化（Food and Drug Administration's Center for Veterinary Medicine et al.，2016）。NARMS 的主要内容包含以下几个方面。

（1）监测人类、零售肉类和动物肠道细菌的耐药性趋势。

（2）及时向美国和其他国家的利益相关人员汇报细菌耐药性的相关信息，促进解决食源性细菌耐药性问题的干预措施的制定。

（3）进行研究以更好地了解细菌耐药性的出现、持续和传播问题，并提供数据以协助美国食品药品监督管理局做出与批准安全有效的动物用抗菌药物相关的决策。

自 21 世纪初以来已有多份定量风险评估的报告发表，其中包括美国对鸡肉中的氟喹诺酮耐药弯曲菌做出的高风险评估（Vose et al.，2000），这最终促使美国食品药品监督管理局提议撤回对家禽使用氟喹诺酮的新动物药物申请的批准，禁止了在美国的鸡肉和火鸡中使用氟喹诺酮类药物。

（四）利用风险评分对肉类或肉制品中细菌耐药性问题的优先级别进行评估（瑞士）

由于肉类和肉类加工后的产品往往携带不同种属细菌，而这些细菌可能同时具备对多种类型抗菌药物的抗性，因此，Presi 等（2009）通过建立一种半定量评估模型来评估消费者由于接触不同肉类（鸡肉、猪肉、牛肉和小牛肉）及相关肉制品（鲜肉、冻肉、生肉干和熟肉制品）中所携带的耐药细菌而带来的公共卫生健康风险，进而制定在处理肉类细菌耐药性问题时的优先级别。

肉类及其加工产品中的耐药细菌对人类健康的威胁主要取决于：耐药细菌的流行和污染情况；由于感染了特定耐药细菌而对人类健康造成的影响；特定产品的消费水平。耐药细菌的流行和污染情况可通过调查耐药细菌在养殖场、屠宰环节（细菌交叉污染阶段，以及细菌和细菌负载量减少阶段）、加工环节（鲜肉、冻肉、生肉干和熟肉制品加工的阶段）和零售环节的流行情况进行风险评估。同时，进口肉类中耐药菌的流行情况、不同细菌和抗菌药物对人健康的影响、肉类和肉制品消费量也被纳入该模型。

模型通过评估每种风险的"高"、"中"或"低"水平，最终汇总成标准化的人类健康风险值表（表 3-25）。将每种组合中的高风险百分比得分进行加和，最终结果用来评估不同肉类的风险大小。结果提示了鸡肉相较于其他肉类，其耐药细菌对人类健康影响的风险水平更高，猪肉的生干制品也具有较高的风险，而所有经过热处理的肉制品均处于低风险水平（Presi et al.，2009）。

表 3-25　人类健康风险值

肉品种类	新鲜			冷冻			热处理			生干			总的高风险值
	高	中	低	高	中	低	高	中	低	高	中	低	
鸡	3.1	—	5.1	3.6	1.0	4.3	—	—	1.7	—	—	—	6.7
猪	1.5	1.5	10.3	0.5	0.5	3.5	—	—	19.6	2.0	2.0	13.9	4.0
牛	—	—	9.8	—	—	1.8	—	—	2.0	0.4	0.2	5.8	0.4
小牛	0.1	0.9	3.6	—	0.1	0.2	—	—	1.0	—	—	—	0.1
总值	4.7	2.4	28.8	4.1	1.6	9.8	—	—	24.3	2.4	2.2	19.7	

注：对于每种肉品种类和加工类型，该值根据高、中或低风险下的产品消费量给出了细菌种类和抗菌药物组合的比例；所有值之和为 100%。

（五）海德堡沙门菌在肉鸡群内的传播模型建立（加拿大）

如前文所述，通过建立模型来模拟真实的情况也是风险评估常用的一种方法。以 Collineau 为首的团队开发了海德堡沙门菌在典型加拿大商业肉鸡群中传播的室间模型，并将该模型作为耐第三代头孢菌素海德堡沙门菌定量微生物风险评估模型的一部分。该模型用于预测屠宰前鸡群内海德堡沙门菌流行率和鸡舍环境中的细菌浓度，并评估选定的控制措施的效果（Collineau et al.，2020b）。

研究通过模拟一批 0～36 天全进全出模式的加拿大商业鸡生产链，开发了一个密度依赖的分区模型。在该模型中，鸡群被分为相互独立的健康状态：易感 S（消化道内无海德堡沙门菌）；受感染-非传染性 E（潜在性状态，海德堡沙门菌已在肠道或身体部位定植但尚未排出）；感染-传染性 I（海德堡沙门菌在肠道和全身部位定植并开始向外排出）；恢复和免疫 R（即清除细菌并获得对海德尔堡沙门菌感染的免疫）。同时，每天分别对鸡舍环境中的海德堡沙门菌种群 C（CFU 数）和粪便量 D（克数）的变化进行监测（图 3-8）。

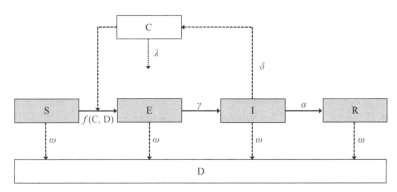

γ: 传染率
α: 回收率
δ: 粪便中细菌的排泄率
ω: 鸟在环境中随机排出的粪便量
λ: 谷仓环境中海德堡沙门菌的死亡率

图 3-8　海德堡沙门菌在肉鸡群中的传播流程图（改自 Collineau et al.，2020b）

研究团队通过构建该模型探究了不同健康状态鸡群中海德堡沙门菌的数量分布规律、不同控制措施下鸡群内细菌的流行情况，以及不同控制措施下鸡舍环境中细菌随时间的变化规律。总的来说，鸡群内海德堡沙门菌的流行情况呈现快速感染、快速增殖、持续时间长和下降缓慢等特点，为后续针对耐药细菌定量风险评估提供了基础数据。

八、展望

从背景知识、理论框架及研究进展等方面对食品源耐药细菌的风险评估进行了系统总结，强调了食品源耐药细菌风险评估对于保障人类生命健康安全的重要性，是国家和相关管理机构（单位）制定动物源食品生产链条中耐药细菌监督标准时需要着重参考的指标。

自 20 世纪以来，国内外的多个研究团队均围绕细菌耐药性的风险评估问题进行了不同方面的研究。正如前文所述，国外研究团队及政府机构对养殖场细菌传播模型构建（Collineau et al.，2020b）、食品源耐药细菌对人类健康的影响（Andreoletti et al.，

2009)，以及细菌耐药性在养殖业-消费链条中的风险（Presi et al.，2009）等方面的研究进行了尝试。

针对耐药细菌的风险评估研究，我国总体上呈现起步晚、研究浅、研究少的境况。现有研究关注的重点主要在于养殖业中一些易致病的食源性细菌［如鸡沙门菌（李乾学等，2013）、虾源副溶血性弧菌（牛丽，2018）等］或肠道益生菌［如双歧杆菌（赵芳，2020）等］。通常采取一些较为基础的耐药性统计学分析（如耐药率的高低）及分子生物学相关的描述性分析（如含有什么耐药基因），或简单的动物传播感染模型来对所考虑的风险进行更偏于描述性的评估。总的来说，养殖业对于耐药细菌风险评估的关注角度更倾向于致病菌本身，而弱化了耐药基因的存在或传播带来的潜在风险。然而，由于耐药基因的存在导致临床抗菌药物的无效化现象和传播造成的可能危害同样值得关注。

人医领域关于耐药细菌的风险评估研究以行政管理方案制定和科普宣传方面为主（丁梦媛等，2020）。与多重耐药细菌感染相关的风险评估也仅通过流行病学分析对简单的风险因素展开研究（刘玉岭等，2014）。

目前对于食源性耐药菌的监测主要基于分离菌株的表型特征。然而，这种方法提供的关于耐药性的驱动机制或耐药基因存在和传播的信息非常有限。病原菌全基因组测序是一种可用于流行病学监测、暴发检测和感染控制的有力工具（Likotrafiti et al.，2018）。目前的研究表明，全基因组测序（whole genome sequencing，WGS）将很快取代传统的表型鉴定方法，用于食源性细菌耐药性的常规检测。因 WGS 可以更好地了解耐药细菌和耐药基因在整个食物链中的传播，预计将改善耐药性监测，从而支持风险评估活动。但是，目前将 WGS 数据整合到定量微生物风险评估模型中还面临很多困难，有待进一步的探索（Collineau et al.，2019）。

另一方面，随着大数据时代的到来，计算机科学能够被用来解决更多、更复杂的问题。在动物源食品耐药细菌风险评估领域，利用计算机科学整合相关生物学、流行病学大数据进行分析，或许能够获得预料之外的结果。因此，还可以尝试更多较为先进的机器学习模型［例如，用于分类的朴素贝叶斯模型（Murphy，2006），用于分类与回归的随机森林模型（Breiman，2001），用于降维和聚类的主成分分析模型（Karamizadeh et al.，2013），t-SNE 模型（Laurens and Hinton，2008），深度学习模型如前馈神经网络模型（Svozil et al.，1997）和循环神经网络模型（Mikolov，2010）］，为风险评估提供更多元化、多层次的数据信息支持。综上所述，目前国内外虽然围绕食品源耐药细菌的风险评估均进行了研究，但主要是基于一些简单的统计学、流行病学方法，这样的方法在针对暴露评估等方面的研究中能够比较客观地描述风险的大小，但无法合理解释数据内部或之间的潜在逻辑关系。同时，大多数研究缺乏对链条式（养殖场-消费者）和全局式（食品-致病细菌-耐药基因-人）传播的评估。换句话说，由于实际操作的困难性，现有研究大多仅针对风险评估的一两个点（如暴露评估）进行。因此，想要实现多角度、系统性的风险评估研究，除了需要更为先进的算法支持外，还需要大量人力及各部门之间的紧密配合。

更重要的是，风险评估最终的目的仍然是为了制定相关管理政策，保障人类健康。如上文所述，这将是一个多领域团队相互配合才能完成的任务。这要求进行风险评估的团队能对可能的风险进行专业评估，管理层团队能根据评估结果制定合理且严格的控制预防策略，生产团队能严格遵守制定的策略进行生产销售，消费者能学会鉴别风险危害及如何预防。

第五节　存在问题与思考

细菌耐药性产生和传播涉及的机制具有一定的复杂性、多样性和多变性，因此必须持久开展相关研究，这样才能够掌握更多细菌耐药性的传播规律，挖掘出更多潜在的药物作用靶点，有助于我们从多角度思考针对耐药菌的综合防控策略，以应对由耐药菌引发的公共卫生问题。因此，本节基于上述国内外动物源细菌耐药性研究已有的重要进展，主要从细菌耐药性形成机制、细菌耐药性检测技术、细菌耐药性流行病学研究手段、细菌耐药性传播机制和细菌耐药性风险评估五个方面凝练总结了该领域目前尚待阐明和解决的科学与技术问题，以及今后拟开展的研究方向。

一、细菌耐药性形成机制方面

抗生素的发现拯救了无数生命，但其不合理的使用加速了细菌耐药性形成的进程。尽管科技的发展提升了抗菌药的研发效率，但其始终落后于细菌耐药性产生的速度。抗菌药物与细菌间的竞争就像是"猫鼠游戏"，新药上市之初（甚至在研发时）即有相应的耐药菌产生。青霉素发现者亚历山大·弗莱明早在 1945 年诺贝尔颁奖典礼上便向众人发出警告："青霉素将来很可能会由于细菌耐药而变得无效"。临床医学和畜禽养殖业中的细菌耐药问题同样严重，人们普遍认为农业中抗菌药的使用，尤其是畜禽养殖业中抗菌药作为预防用药或饲料添加剂的大量使用，是造成细菌耐药形成和扩散的重要原因之一。典型案例之一是革兰氏阴性菌对硫酸黏杆菌素耐药性的产生及扩散。硫酸黏杆菌素曾作为饲料添加剂在国内外畜禽养殖业中广泛使用，我国动物源细菌耐药监测数据显示，畜禽源大肠杆菌对其耐药率自 2008 年起突然出现，随后逐年快速升高（Liu et al., 2016c；Shen et al., 2016），但原因未明。直至 2016 年年初，中国农业大学沈建忠院士团队和华南农业大学刘健华教授团队合作发现了可转移多黏菌素耐药新基因 *mcr-1*，才揭示了上述现象背后的原因（Liu et al., 2016c）。为防止该耐药性沿食物链/养殖环境传播扩散，保障多黏菌素类药物作为医学临床"最后一道防线"药物的有效性，2016 年 7 月，农业农村部颁布了禁止硫酸黏菌素作为抗菌促生长饲料添加剂的第 2428 号公告。该政策实施后，我国动物源和人源大肠杆菌对多黏菌素的耐药性在短期内快速下降（Wang et al., 2020）。另一案例是阿伏帕星（avoparcin）在欧洲动物养殖业中的使用导致了畜禽源肠球菌对医学临床重要药物万古霉素耐药。因此，1997 年欧盟禁止了阿伏帕星在动物养殖业中的使用，万古霉素耐药肠球菌（VRE）随之显著下降（Ferber, 2002；Johnsen et al., 2009）。然而，尽管禁止了多黏菌素、阿伏帕星等药物作为畜禽养殖业促生长剂使用，动物源细菌中仍存在少量的黏菌素耐药肠杆菌、VRE 等（其流行情况详见本章第三节）。另外，碳青霉烯类药物和替加环素仅在医学临床使用，但动物源碳青霉烯类药物耐药肠杆菌科细菌和替加环素耐药细菌却在动物养殖业中大量出现（其流行情况详见第三章第三节），推测其原因可能是 β-内酰胺类和四环素类药物在动物养殖业中的大量使用，伴随苍蝇、候鸟、水、土壤和空气等环境媒介的传播，导致了上述两类耐药细菌的广泛存在及扩散。即便如此，抗菌药物压力是否是促进其耐药菌形成、传播及持续存在的决定因素尚缺乏有力的证据，仍需进一步研究。

现有研究表明，部分耐药基因的存在远早于抗菌药物发现的时间，并且少数耐药基因本身既是细菌生长繁殖的必需基因，同时也叠加了抵抗抗菌药物作用的功能。此外，细菌自发的碱基突变是其耐药产生的原因之一（Christaki et al.，2020），但是有关碱基突变的诱发因素及其触发突变并选择突变方向的机制尚不清楚。学界普遍认为抗菌药物使用造成的选择压力一方面加速了耐药菌的筛选，另一方面提高了不同介质细菌间耐药基因交换的概率，导致耐药菌的广泛流行。例如，质粒介导的喹诺酮类耐药基因最早发现于水生细菌，水产养殖业中抗菌药物的大量使用促使其在水生细菌和鱼类甚至人类致病菌间水平转移，进而导致质粒介导喹诺酮类耐药菌存在于不同介质中（Cabello et al.，2013）。因此，细菌产生耐药的实质是其力求与外界环境压力达到平衡的演化过程，药物压力可加速细菌演化的速度并筛选细菌演化的方向，但细菌演化过程及其参与耐药性形成所涉及的分子机制仍需深入探讨。

近些年来，细菌耐受和持留引起细菌对抗菌药物敏感性下降的现象受到广泛关注。细菌耐受是指细菌通过遗传突变或调控的方式改变其生理代谢状态从而影响抗菌药物的杀菌效率，是细菌长期演化过程中产生的对抗药物压力的一种生存机制（Levin and Rozen，2006）。细菌耐受也逐渐被认为是细菌发展为耐药的前一阶段，是导致持续性感染疾病反复发作而难以治愈的重要原因之一（Cohen et al.，2013）。已有研究表明，细菌生理代谢相关的转录调控基因突变可促使细菌对抗菌药物耐受，活性氧自由基、严紧反应（stringent response）和SOS应答均能提高细菌突变频率进而导致细菌耐药，但相关调控机制尚待明确。持留是细菌耐受的一种极端表现，最早由Bigger提出，是不可遗传的表型变异而导致细菌群体中部分细菌亚群可耐受致死浓度的抗菌药物，该现象在细菌及真菌群体中广泛存在（崔鹏等，2016）。持留菌在抗菌药物环境下通过转入休眠状态以逃逸抗菌药物的杀伤作用，待抗菌药物被代谢清除后，持留菌则又恢复其生长能力，导致临床治疗失败或感染复发。持留菌仅是一种耐药表型变化，其基因型与敏感性群体一致（Wiuff et al.，2005）。持留菌数量虽不及细菌群体数量的0.1%，但在遭遇外界压力时，持留菌可作为"幸存者"而成为保证细菌种群生存的重要策略（Kussell and Leibler，2005）。有关持留菌形成机制尚无定论，但普遍认为与环境压力诱导产生的应激相关反应有紧密联系（Balaban et al.，2013）。营养缺乏、代谢产物蓄积、全局转录调节因子、群体感应系统（quorum sensing，QS）、SOS应激响应机制、毒素-抗毒素系统（toxin-antitoxin module，TA）和毒素蛋白的过量表达等均可引发持留菌的形成（Levin and Rozen，2006）。持留现象不仅可保证细菌在高浓度抗菌药环境下得以存活，持留菌本身还可作为细菌演化的一种中间状态，进而通过特定的共同通路向耐药菌转化（Fridman et al.，2014；Levin-Reisman et al.，2017）。目前对持留菌的研究仍处于初始阶段，有许多问题亟待解决，例如，持留菌为多通路共同参与形成，多通路之间的网络联系如何？持留菌向耐药菌转化的驱动机制是什么？持留菌是通过何种机制从休眠状态复苏，继而与宿主相互作用造成感染？耐药、耐受和持留之间存在怎样的复杂联系？深入研究细菌不同阶段的特征、形成机制以及相互之间的关系，有助于全面认识细菌与外界环境压力的互作机理，为研发控制耐受、持留菌的新型抗菌药物提供理论依据。

由此可见，细菌耐药性形成机制存在着激发因素不清、持留耐受机制不明的问题，下述问题尚待阐明：①抗菌药物压力促进耐药性形成、筛选细菌演化方向、维持细菌耐药性在不同介质中持久存在（tenacity）的作用与机制；②细菌耐受、持留的形成机制及作用通路之间的网络联系；③耐受菌、持留菌向耐药菌演化的驱动机制及其相互影响因素。

二、细菌耐药性检测技术方面

分子检测技术是耐药性检测的重要组成部分，如 PCR 技术可对病原菌携带的耐药基因进行特异性检测，基于多重 PCR、实时荧光定量 PCR 等技术可以对耐药基因多靶点进行检测，这些方法虽然特异性强、灵敏度高，但是检测范围狭窄，仅仅针对已知的耐药基因。高通量测序技术的快速发展，为耐药菌鉴定提供了新方法，通过对一个细菌群体进行 16S rRNA 扩增子测序，分析细菌群落组成成分，能够鉴定出病原菌（Schlaberg，2020），但是高通量 16S rRNA 测序不能鉴定病原菌所携带的耐药基因。基于高通量测序的鸟枪法宏基因组技术通过对样品中整个基因组进行随机测序，能够明确样品中微生物种类、数量构成，以及其耐药基因、毒力基因等整个基因集分布特征（Gu et al.，2021），且节省了对目的检测样本基因组靶向扩增的时间，但对于复杂的宏基因组检测样品，耐药基因和菌属信息的归类与关联面临巨大的挑战。同时，针对单菌基因组分析，耐药基因和耐药表型的关联分析也存在巨大的挑战，耐药基因的检出并不代表细菌具有耐药表型，相关的模型分析与数据库支持十分匮乏（Piddock，2016）。上述方法虽然都能够实现对病原菌耐药表型或者耐药基因的检测，但是这些技术在检测范围或检测速度方面尚存在不足，亟待开发与完善快速、准确鉴定病原菌及耐药基因的技术及相关数据库。

新型测序技术的革新，给耐药菌的实时快速检测带来了新的机遇与挑战。其中，牛津纳米孔单分子测序技术具备实时、便捷及快速等特点，正在成为耐药病原菌的快速鉴定工具（Greninger et al.，2015）。近期的一项研究利用纳米孔宏基因组测序成功鉴定出早期细菌性下呼吸道感染的病原，并快速解析出耐药基因分布，极大地提高了疾病的诊断和治疗效率（Charalampous et al.，2019）。越来越多的临床实例肯定了其快速、高效的特点（Cao et al.，2019），但是多数的检测流程还处于探索阶段，耐药菌及耐药基因快速检测技术的开发仍面临分析方法单一、数据库匮乏等问题。更为重要的是，目前国内并没有成熟的纳米孔测序技术平台，且检测成本较高，相关应用未来存在受制于人的风险，因此亟须开发相关测序技术，使纳米孔测序技术在未来耐药菌和耐药基因的快速检测方面得到广泛应用。

总体来说，在耐药基因的快检技术方面，目前存在着时效性严重滞后、精准度亟待提高、关键技术缺乏的问题，主要表现在以下几个方面：①尚待完善和改进耐药基因的快速鉴定技术，如耐药酶快速鉴定试纸条；另外，相关设备的国产化进程需加快；②缺乏不同病原菌的耐药基因型与耐药表型的关联分析方法，尚需建立与完善相关预测模型及数据库，包括基于宏基因组学数据病原菌与耐药基因的关联分析技术；③新型测序技术在耐药病原菌的实时现场快速检测、相关测序技术与分析流程的标准化与应用方面仍需加强，包括新型单分子纳米孔测序技术的国产化等。

三、细菌耐药性研究方法方面

流行病学是研究特定人群（动物群）中疾病、健康状况的分布及其决定因素，并研究防治疾病、促进健康策略和措施的科学。随着分子生物学理论和技术的发展，在传统流行病学的基础上应用先进的技术测量生物学标志的分布情况，结合流行病学现场研究方法，从分子水平阐明疾病的病因及其相关的致病过程，逐渐发展形成了分子流行病学。由于细菌耐药性主要是由靶位点突变或菌株携带的相关耐药基因所决定的，因此研究者常采用分子流行病学手段监测耐药菌/耐药基因的发生发展、分布流行情况，并分析与之相关的风险因素。分子流行病学研究至关重要的一点即是采用科学的研究方法，但是我们在开展相关研究时，尚缺乏科学的设计和系统的研究。

目前，动物源耐药菌/耐药基因的分布和流行现状研究多为便利采样和现状调查（详见本章第三节），缺点是缺乏科学的设计，主要存在以下问题。①研究的样本量太小：样本量的选择没有经过流行病学公式计算，仅依靠经验选择，造成样本量小、不具代表性而导致耐药菌/耐药基因检出率失真。例如，一项来自捷克的研究显示，17 份火鸡肉中 *mcr-1* 基因的阳性率为 70.6%，极有可能是由于样本量太小而偏离了真实的阳性率（Gelbicova et al.，2020）。根据研究目的合理设计样本量大小从而获得真实阳性率是分子流行病学研究的必要环节，Fosgate（2009）详尽综述了用于监测和诊断等不同目的的调查研究的样本量大小计算原理和实用工具，可供我们学习和借鉴。②缺乏采样时间和空间的多样性：较多研究仅为单一时间点、单一养殖场的瞬时调查研究，因缺乏持续动态的跟踪研究且样本局限于单一养殖场缺乏代表性，因此不能很好地反映某种耐药菌/耐药基因在该场或者该地区的实际流行趋势。③缺乏标准的检测方法和结果的判断标准：常见的耐药菌/耐药基因检测方法有两种，一种是直接将样本培养于特定培养基后随机挑选菌株进行鉴定；另一种是先将样本中特定细菌进行增菌培养，然后提取样本总 DNA 对相应耐药基因进行检测，阳性样本再通过含药培养基培养后分离纯化进行二次鉴定。使用这两种方法检测出的耐药菌/耐药基因流行率常常存在差异，少数研究已显示第二种方法能够得到较高的分离率（Wang et al.，2017；Shen et al.，2018；Tong et al.，2018）。检测方法的不同造成不同研究间难以进行横向比较，也不利于对综合数据进行整体分析。④调查研究中缺乏完善的抗菌药物使用情况或药物残留数据，大多数研究仅局限于耐药菌/耐药基因的流行情况，无法获得耐药性形成与抗菌药物使用相关的直接证据，故研究结果难以指导相关部门对抗菌药物的科学管理。

动物源细菌耐药性不仅危害养殖业，也是危害环境、食品和人类健康的重要生物因素之一，同时耐药菌/耐药基因可以在"动物-环境-食品-人群"这一链条中传播，因此需要基于"One Health"理念，系统研究各个环节中耐药菌/耐药基因的流行分布及相互间的关联性（Walsh，2018），这样便于寻找关键控制点，为政府部门药物管理政策的制定和科普宣传等提供科学依据。现有的大多数研究尚缺乏不同环节间的联系，仅少数研究将一至两个不同环节联系起来，因此总体上还缺乏系统性的分子流行病学研究。例如，中国农业大学沈建忠院士团队对我国山东地区某一肉鸡养殖链（从孵化场到零售肉）中的 NDM 和 *mcr-1* 阳性菌进行了研究，但却缺乏人群和环境的相关数据（Wang et al.，2017）；该团队对我国广东地区水产养殖链 *mcr-1* 阳性菌的传播进行了研究，虽然通过对屠宰场的定位追溯了上游养殖场和下游超市，但缺乏相应消费人群和环境的数据（Shen et al.，2019）。上述研究体现了全链条样本收集存在一定难度，结果也有一定的局限性，仅靠部分学科的研究者收集的样本只能反映部分领域的流行特点和规律，难以实现系统的分子流行病学研究，因此对于一个完整的、基于"One Health"理念的研究需要不同部门共同协调、合理设计才能够全面完成。目前在研究设计方面仍存在许多问题值得探讨，例如：①如何科学确定样本的代表性；②如何确保各环节间样本的来源属于真实的同一链条；③建立标准方法和判断标准以评估耐药菌/耐药基因的流行率；④如何最小化时间、空间或其他因素造成的影响；⑤如何将流行病学数据（药物使用或残留量、动物养殖量、动物源性食品消费等因素）与耐药菌/耐药基因的流行相关联。

四、细菌耐药性传播机制方面

耐药性的传播包括耐药菌的垂直传播和耐药基因的水平传播，其中可移动元件介导的耐药基因的水平传播在耐药性发展过程中发挥了关键作用（Partridge et al.，2018）。畜禽养殖环节中产生的耐药菌/耐药基因不仅可通过垂直传播或水平转移方式在养殖动物间及环境中进一步传播，还有可能通过食物链等途径跨宿主/介质传播到人（Walsh，2018）。尽管养殖业来源的大部分耐药菌株为条件致病菌，但其耐药基因存在向致病菌传递的风险，故对宿主健康会造成潜在危害。另外，有些耐药菌的质粒、转座子、整合子和噬菌体等可移动元件除携带耐药基因以外，还会携带不同功能的毒力基因，该类基因不仅能够提高细菌对生态位的竞争能力，而且能产生对宿主有害的毒素，给人和动物的健康造成极大的威胁（Croxen and Finlay，2010）。因此，阐明耐药菌/耐药基因在动物、环境和跨宿主/介质的传播机制及其驱动因素，对减少和正确评估动物源耐药菌的危害、全面遏制细菌耐药性的发展至关重要。

尽管全球已开展了大量耐药菌/基因传播机制的研究，且已明确许多介导耐药基因转移的可移动元件，但细菌耐药性传播机制复杂，可移动元件丰富多样，相关机制并未完全阐明，新的可移动元件仍不断出现。此外，研究发现不同菌种存在各自的优势传播载体，说明不同耐药传播载体与宿主菌间存在适应和共进化，但其分子基础不清，有待深入研究。

耐药菌/耐药基因在动物间或动物和环境间的传播通常离不开环境媒介（包括非生物环境媒介和生物环境媒介）。动物养殖场是耐药菌/耐药基因的重要储库，动物排放的粪污中携带有耐药菌/耐药基因，动物可通过直接接触粪污污染的环境或吸入耐药菌/耐药基因形成的气溶胶获得耐药菌/耐药基因，造成动物污染环境、环境影响动物的恶性循环。

此外，动物-淡水鱼混合养殖模式是我国南方及东南亚国家较为流行的一种养殖模式，动物粪便排向水体饲喂淡水鱼，可达到降低成本、提高经济效益的目的。已有研究表明该种养殖模式导致了耐药菌/耐药基因在动物、淡水鱼和水体间的污染，加速了耐药菌/耐药基因的蓄积和传播（Dang et al.，2011；Shah et al.，2012；Shen et al.，2019；Xu et al.，2020）。除此之外，人们逐渐意识到生物媒介在细菌耐药性传播中也起到关键作用，如苍蝇和候鸟等生物媒介可介导产 NDM 型碳青霉烯酶大肠杆菌在不同动物和人群间的传播（Wang et al.，2017）。另外，耐药菌/耐药基因还可通过食品动物运输、屠宰、加工和销售等环节污染食物链，导致人摄入污染食品，尤其是被多重耐药沙门菌、弯曲菌、金黄色葡萄球菌和产志贺毒素大肠杆菌等食源性致病菌污染的食品，从而引发疾病。2019 年，美国疾病预防控制中心报告显示耐药沙门菌、耐药弯曲菌和 MRSA 每年造成数十万人感染和数亿美元的经济损失，已将这三类细菌列为"Serious"级别（CDC，2019）。

抗菌药在动物养殖业中的大量使用被认为是导致耐药菌/耐药基因在动物养殖业及其环境中存在和扩散的重要因素之一。研究表明，在猪饲料中添加金霉素、磺胺二甲嗪和青霉素后，粪便内氨基糖苷类耐药基因的丰度显著增加，治疗剂量金霉素可增加肉鸡养殖过程中四环素耐药基因 [tet(A)和 tet(W)] 的丰度（Khardori，2012）。多项研究已经证实抗菌药物的使用不仅可以改变动物肠道菌群和耐药基因的组成，还可引起药物在养殖场周边环境蓄积，进而导致耐药基因富集和环境微生物耐药性增强。抗菌药物除了利于筛选出耐药克隆株，还可以加速细菌耐药基因通过可移动元件发生水平转移，这也是导致动物养殖场环境中耐药基因丰度显著高于其他环境的主要原因之一（Zhu et al.，2013；Li et al.，2015a；He et al.，2016a）。除抗菌药外，环境中的金属离子对环境微生物的组成及耐药基因的丰度也产生影响，如饲料和农药中的 Cu^{2+} 在土壤中残留富集后，不仅会增强土壤菌对 Cu^{2+} 的耐受性，还可增强土壤菌对抗菌药物的耐药水平，进而促进动物源耐药菌/耐药基因的产生和流行（Lu et al.，2015；Pal et al.，2017）。长期的 Cu^{2+} 污染可以改变环境中耐药基因的种类、丰度及其潜在的移动性（Hu et al.，2016），环境中存在的纳米氧化铝颗粒可以促进多重耐药 RP4 质粒的接合转移（Qiu et al.，2012）。因此，养殖业及其环境中存在的金属离子是否会影响动物肠道和环境微生物结构的改变，进而影响耐药菌/耐药基因的定植和传播，值得进一步研究。

此外，目前细菌耐药性研究主要集中在可培养细菌上，包括革兰氏阳性菌的葡萄球菌属、肠球菌属及链球菌和革兰氏阴性菌的肠杆菌科细菌等（详见第三章第三节）。然而，受现有实验培养条件的限制，自然界中仅有不到1%的微生物可通过传统分离培养技术获得。不可培养微生物一方面是由于菌群丰度较低，另一方面是由于酸碱度、培养温度、氧利用率及营养来源等生长因素的限制。当前对不可培养微生物中的耐药性研究较少，虽然 16S rRNA 和宏基因组技术可以在基因序列层面分析出不可培养微生物的菌群组成和功能，但并不能具体关联细菌与特定功能基因，只有细菌的分离培养才能分析具体表型与基因型之间的关联。已有研究表明，肠道样本携带耐药基因的阳性率显著高于菌株的分离率，因而将未分离到阳性菌株的样本称为"幻影耐药组"（Wang et al.，2017）。至于该类耐药基因是否真的分布于不可培养微生物中，则需要进一步的研究。此外，肠道营养丰富、温度适宜，有利于耐药基因的水平转移，耐药基因是否能转移到不可培养微生物中，或者从不可培养微生物中转移到可培养微生物中，同时不可培养微生物在耐药性传播过程中究竟起到什么作用，均值得深入探究。

由此可知，耐药菌/耐药基因的传播具有多样性和复杂性，虽然我们已了解了部分耐药性传播机制，但仍有许多科学问题值得深入挖掘。例如：①耐药基因的水平转移机制，可移动元件的特征及其在传播耐药基因中的作用和机制，耐药质粒与宿主菌的互作和适应性演化机制；②不同环境介质中耐药菌/耐药基因是如何进行交流的，耐药菌/耐药基因在环境中持续存留和迁移的特征和机制是什么，对人类的危害风险有多大；③生物媒介在耐药菌/耐药基因传播过程中的作用仅通过接触传播，还是有其他的方式；④除了抗菌药物和重金属离子是驱动耐药菌/耐药基因传播的重要因素之外，是否还存在其他因素、可能的机制是什么；⑤不可培养微生物在细菌耐药性传播过程中扮演了怎样的角色；⑥新的微生物培养技术或肠道耐药菌耐药基因共定位技术有待进一步研发。

五、细菌耐药性风险评估方面

细菌耐药性风险分析框架由 WHO 定义，包括风险评估、风险管理和风险交流三部分，风险评估又包括释放评估、暴露评估、后果评估和风险估算。风险评估是一种评价、管理和控制动物源细菌耐药性的重要工具，开展动物源细菌耐药性的监测和耐药机制的研究都是为耐药性风险评估服务的。"从农场到餐桌"是细菌耐药性风险评估常用的方法，常用以研究畜牧养殖业中抗菌药物的使用与医学临床上细菌耐药性之间的关系。然而，"从农场到餐桌"的风险评估方法对数据的要求通常很高，包括病原菌在食品链各阶段的流行情况及菌落数目等都需要描述，因此，系统的风险评估工作开展较少。一般来说，只有在评估风险管理措施的效果时，才需要使评估模型尽可能系统，也就是说，一般情况下没必要建立完整的"从农场到餐桌"模型。目前，动物源细菌耐药性风险评估主要是由一些发达国家组织开展的，包括美国、英国、丹麦、澳大利亚和欧盟等。例如，美国 FDA 于 2000 年根据风险评估结果及相关调查研究，禁止在肉鸡养殖中使用恩诺沙星（Crawford，2005）。全球开展的动物源细菌耐药性风险评估关注的对象主要为耐氟喹诺酮类或大环内酯类药物的弯曲菌，动物包括肉鸡、猪和牛（Hurd et al.，2004），还包括肉鸡中链阳菌素耐药肠球菌（Cox and Popken，2004）、食品动物中氨苄西林耐药的屎肠球菌等（Cox et al.，2009）。我国动物源细菌耐药性风险评估工作正处于起步阶段，风险评估理论知识和风险评估人才的储备都很欠缺。尽管如此，国内已有少数单位开展了耐药性的风险评估工作，例如，国内学者基于 OIE 风险分析框架并结合我国细菌耐药风险评估的现状，首次探索建立了肉鸡源细菌耐药性定性及定量风险评估模型，并利用该模型评估了我国肉鸡源氟喹诺酮类耐药弯曲菌对消费者健康造成的影响（马立才，2014），但该模型的适用性还有待进一步完善。

参 考 文 献

安博宇, 胡蔓, 徐向月, 等. 2021. 兽用抗菌药耐药性风险评估研究进展[J]. 中国抗生素杂志, 46(1): 27-33.

蔡田, 罗行炜, 徐引第, 等. 2019. 猪链球菌对大环内酯类抗生素的耐药性研究[J]. 河南农业大学学报,

53(1): 73-81.

蔡秀磊. 2007. 鸭疫里默氏杆菌耐药性与耐药基因研究[D]. 泰安: 山东农业大学硕士学位论文.

曹佳雯. 2019. 三沙湾海水养殖环境中抗生素抗性基因的时空分布特征研究[D]. 厦门: 厦门大学硕士学位论文.

曹堃, 王元兰, 刘宗梁, 等. 2015. 实时荧光定量 PCR 检测沙门菌 flor 基因和 sul2 基因方法的建立.[J]. 中国抗生素杂志, 40(7): 531-537.

曹敏. 2016. 天然 β-内酰胺酶抑制剂的筛选研究[D]. 贵阳: 贵州大学硕士学位论文.

崔鹏, 许涛, 张文宏, 等. 2016. 细菌持留与抗生素表型耐药机制. 遗传, 38(10): 859-871.

岑道机, 麦嘉琳, 周毓源, 等. 2019. 广东鹅场大肠杆菌耐药状况及 bla$_{CTX-M}$ 基因的传播特征[J]. 中国畜牧兽医, 47(5): 1571-1582.

柴云美, 王高, 王淼, 等. 2021. 云南淡水鱼中单增李斯特氏菌污染状况及耐药性分析[J]. 食品安全质量检测学报, 12(4): 1468-1474.

车瑞香. 2020. 黑龙江省部分猪场 S. suis 耐药监测及 CysM 在 S. suis 多重耐药性中的作用[D]. 哈尔滨: 东北农业大学博士学位论文.

陈红梅, 程龙飞, 邓辉, 等. 2019a. 鸭源多杀性巴氏杆菌对磺胺类药物的耐药性检测及耐药基因分析[J]. 中国畜牧兽医, 46(1): 223-230.

陈红梅, 程龙飞, 邓辉, 等. 2019b. 禽源多杀性巴氏杆菌耐药性分析及氟苯尼考耐药基因 floR 分布[J]. 畜牧与兽医, 51(3): 93-96.

陈品. 2011. 副猪嗜血杆菌耐药性分子机制研究[D]. 武汉: 华中农业大学博士学位论文.

程谦, 吴疆, 王岱. 2019. 细菌外膜囊泡与抗生素相关的研究进展[J]. 中国抗生素杂志, 44(10): 1119-1124.

戴婷婷, 陆辰晨, 郑小波. 2015. 环介导等温扩增技术在病原物检测上的应用研究进展[J]. 南京农业大学学报, 38(5): 695-703.

邓立新, 金铖, 王冲, 等. 2014. 肉牛运输前后牛源肠球菌的分离鉴定及其耐药基因检测[J]. 中国兽医学报, 34(9): 1461-1465.

丁梦媛, 李文进, 耿苗苗, 等. 2020. 耐药菌医院感染风险评估与管理研究进展[J]. 中国卫生资源, 23(4): 378-383.

董金和. 2013. 中国渔业统计年鉴[M]. 北京: 中国农业出版社.

董卫超, 刘凌, 杜向党, 等. 2012. 动物源产气荚膜梭菌耐药性的研究进展[J]. 中国人兽共患病学报, 28(11): 1130-1132, 1154.

杜安定, 谭艾娟, 陈婷, 等. 2017. 贵州两市猪源大肠杆菌产超广谱 β-内酰胺酶的检测[J]. 猪业科学, 34(8): 82-83.

杜金泽. 2019. 长春地区鸡粪产 ESBLs 大肠杆菌分离鉴定及主要耐药基因的分析[D]. 长春: 吉林农业大学硕士学位论文.

方云, 王起, 柏长青, 等. 2019. 鲍曼不动杆菌异质性耐药研究进展[J]. 中国感染控制杂志, 18(8): 791-796.

冯建昆. 2013. 鸭源大肠杆菌 CTX-M 型 ESBLs 的基因亚型检测及基因环境研究[D]. 郑州: 河南农业大学硕士学位论文.

冯世文, 李军, 潘艳, 等. 2019. 广西不同养殖模式猪源大肠杆菌耐药性和耐药基因检测分析[J]. 畜牧与兽医, 51(11): 73-80.

顾觉奋. 2020. 外排泵抑制剂研究进展[J]. 国外医药(抗生素分册), 41(1): 1-10.

顾欣, 商军, 张文刚, 等. 2017. 猪源分离粪肠球菌的耐药性及基因型分析[J]. 中国抗生素杂志, 42(3): 225-229.

郭莉娟. 2015. 动物性食品源沙门氏菌对抗生素和消毒剂的耐药性研究[D]. 雅安: 四川农业大学硕士学位论文.

何俊佳. 2019. 北京地区宠物感染样本中碳青霉烯耐药基因的现状调查与风险分析[D]. 北京: 中国农

业大学硕士学位论文.

何良英. 2016. 典型畜禽养殖环境中抗生素耐药基因的污染特征与扩散机理研究[D]. 广州: 中国科学院研究生院(广州地球化学研究所)博士学位论文.

何轮凯, 张敏, 刘有胜, 等. 2018. 长期施用粪肥的土壤中抗生素耐药基因的消减规律[J]. 华南师范大学学报: 自然科学版, 50(1): 1-10.

何轮凯. 2018. 粪肥施用农田土壤中抗生素与耐药基因污染特征与归趋研究[D]. 广州: 中国科学院大学(中国科学院广州地球化学研究所)硕士学位论文.

何祥祥. 2017. 浙江省市售冷鲜鸡微生物污染及大肠杆菌耐药性评估与分子基础分析[D]. 杨凌: 西北农林科技大学硕士学位论文.

贺小萌, 曹罡, 邵明非, 等. 2014. 空气中抗性基因(ARGs)的研究方法及研究进展[J]. 环境化学, 33(5): 739-747.

侯琦. 2003. 细菌的异质性耐药[J]. 临床输血与检验, (3): 238-240.

侯水平, 胡玉山, 周勇, 等. 2012. 广州市市售食品沙门菌污染状况及耐药性分析[J]. 热带医学杂志, 12(3): 332-335.

黄国秋, 童桂香, 韦信贤, 等. 2017. 三重荧光定量 PCR 检测水产动物源细菌磺胺类耐药基因[J]. 湖南农业大学学报(自然科学版), 43(1): 64-70.

黄禄. 2017. 淡水养殖环境中微生物耐药性及典型抗性基因污染研究[D]. 广州: 广东工业大学硕士学位论文.

姬祥. 2019. 家庭式养殖地区多环境介质中携带 mcr-1 大肠埃希菌的流行特征[D]. 济南: 山东大学硕士学位论文.

纪雪, 邢新月, 梁冰, 等. 2018. 淡水养殖鱼大肠埃希菌分离鉴定与耐药性研究[J]. 动物医学进展, 39(12): 80-84.

贾舒宇. 2014. 养殖废水受纳河流中四环素耐药基因衰减与菌群结构更替[D]. 南京: 南京大学硕士学位论文.

姜成刚. 2006. 猪链球菌对大环内酯类药物耐药机制研究[D]. 哈尔滨: 东北农业大学博士学位论文.

姜春霞, 黎平, 李森楠, 等. 2019. 海南东寨港海水和沉积物中抗生素抗性基因污染特征研究[J]. 生态环境学报, 28(1): 128-135.

金龙翔, 程龙飞, 陈红梅, 等. 2014. 鸭疫里默氏菌对氟喹诺酮药物的主动外排作用[J]. 福建农业学报, 29(5): 413-416.

靳晓敏, 葛慕湘, 张艳英, 等. 2015. 大菱鲆源鳗弧菌耐药表型及耐药基因检测[J]. 水产科学, 34(8): 510-514.

兰欣. 2013. 海水养殖病鱼分离菌株的分类和抗生素抗性及抗性基因检测[D]. 青岛: 中国科学院海洋研究所硕士学位论文.

李兵兵, 刘靓, 李双姝, 等. 2019. 淮安市禽畜肉中金黄色葡萄球菌污染及其病原学特征分析[J]. 中国食品卫生杂志, 31(3): 217-221.

李炳, 王瑞旋, 张立, 等. 2020. 北部湾养殖牡蛎体内异养细菌数量及其耐药性研究[J]. 热带海洋学报, 40(4): 70-83.

李超. 2017. 致犊牛腹泻耐万古霉素粪肠球菌的分离鉴定及部分生物学特性研究[D]. 石河子: 石河子大学硕士学位论文.

李海利, 冯丽丽, 王英华, 等. 2020. 猪传染性胸膜肺炎放线杆菌氨基糖苷类抗生素耐药基因的检测[J]. 河南农业科学, 49(11): 141-146.

李海利, 朱文豪, 张青娴, 等. 2021. 胸膜肺炎放线杆菌对四环素类抗生素的耐药分析及相关基因检测[J]. 畜牧与兽医, 53(1): 121-124.

李基云. 2019. 农户散养和集约化饲养猪源碳青霉烯耐药肠杆菌科细菌的流行特征及传播机制研究[D]. 北京: 中国农业大学硕士学位论文.

李菁, 要茂盛. 2018. 空气介质中耐药细菌和耐药基因的研究进展[J]. 中华预防医学杂志, 52(4): 440-445.

李孟, 李金磊, 申水莹, 等. 2019. 猪源大肠杆菌 *floR*、CTX-M、*mcr-1* 耐药基因多重 PCR 检测方法的建立[J]. 中国兽药杂志, 53(7): 1-7.

李乾学, 王大成, 吴永魁, 等. 2013. 鸡沙门菌恩诺沙星耐药性风险评估[J]. 中国兽医学报, 33(2): 254-258.

李生斗. 2019. 鸭疫里默氏杆菌 ABC 外排泵的 *RIA_1614* 基因功能研究[D]. 北京: 中国农业科学院硕士学位论文.

李晓云, 苑青艳, 闫明, 等. 2008. 猪链球菌对大环内酯类药物耐药性研究进展[J]. 动物医学进展, (6): 80-83.

李壹, 曲凌云, 朱鹏飞, 等. 2016. 山东地区海水养殖区常见抗生素耐药菌及耐药基因分布特征[J]. 海洋环境科学, 35(1): 55-62.

李英霞. 2009. 猪链球菌对大环内酯类药物的耐药机制及 MefA-MsrD 基因的全序列分析[D]. 南京: 南京农业大学硕士学位论文.

梁倩蓉, 朱凝瑜, 郑晓叶, 等. 2021. 2019 年浙江省水生动物病原菌耐药情况分析[J]. 安徽农业科学, 49(3): 95-99.

刘德俊. 2017. 携带 ermS 基因畜禽源弯曲菌的流行及适应性机制的研究[D]. 北京: 中国农业大学博士学位论文.

刘军河, 李娜, 魏湘璎. 2016. 淄博地区猪源产 ESBL 大肠杆菌的多重耐药分析[J]. 山东畜牧兽医, 37(10): 4-5.

刘可欣, 周焱洪, 雍燕, 等. 2020. 氨基糖苷类抗生素耐药机制及其对抗策略的研究进展[J]. 动物医学进展, 41(10): 102-106.

刘灵芝, 侯水生. 2020. 2019 年水禽产业现状、未来发展趋势与建议[J]. 中国畜牧杂志, 56(3): 130-135.

刘日昂. 2017. 大肠杆菌超广谱 β-内酰胺酶种类及相关基因检测[D]. 贵阳: 贵州大学硕士学位论文.

刘耀川, 李凤元, 张德显, 等. 2015. 多药外排基因 cmeABC 的研究进展[J]. 中国预防兽医学报, 37(8): 647-650.

刘耀川. 2012. 细菌对大环内酯类药物耐药机制简介[J]. 现代畜牧兽医, (10): 52-53.

刘颖. 2005. 鸭疫里默氏菌耐药性监测与分析[D]. 北京: 中国农业大学硕士学位论文.

刘玉岭, 史广鸿, 田真, 等. 2014. 多药耐药菌感染临床分布风险评估与干预对策[J]. 中华医院感染学杂志, 24(21): 5267-5268.

吕鲁超. 2018. 食品动物源大肠杆菌中 *bla*NDM 基因的传播机制研究[D]. 广州: 华南农业大学博士学位论文.

吕小月. 2017. 中国六市宠物源产碳青霉烯酶大肠杆菌的耐药性初步研究[D]. 广州: 华南农业大学硕士学位论文.

罗娟, 姬华, 王庆玲, 等. 2016. 新疆部分地区食源性大肠杆菌耐药性的研究[J]. 现代食品科技, 32(8): 271-277, 321.

罗行炜, 孙华润, 魏单单, 等. 2019. 猪传染性胸膜肺炎放线杆菌分离鉴定及 *floR* 基因检测[J]. 江苏农业科学, 47(21): 228-232.

马立才. 2014. 典型肉鸡生产链中弯曲菌耐药性调查及风险评估研究[D]. 北京: 中国农业大学博士学位论文.

马馨, 刘一飞, 王志宇, 等. 2019. 鸡源大肠杆菌分离鉴定及 ESBLs 与 AmpC 酶基因型检测及耐药性分析[J]. 中国畜牧兽医, 46(9): 2715-2725.

毛灿. 2020. 珠海养殖花鲈流行病学及细菌生态调查[D]. 上海: 上海海洋大学硕士学位论文.

孟鑫, 尚德静. 2016. 铜绿假单胞菌产生耐药性的机制[J]. 中国生化药物杂志, 36(12): 200-204.

明月月. 2020. 湛江地区猪场环境中耐药基因检测 fexB 基因传播方式的研究[D]. 湛江: 广东海洋大学

硕士学位论文.

牛丽. 2018. 市售虾中副溶血性弧菌耐药性的监测与暴露评估[D]. 上海: 上海海洋大学硕士学位论文.

彭志锋, 黄慧, 张晓战, 等. 2021. 猪胸膜肺炎放线杆菌河南株的分离鉴定与药物敏感性分析[J]. 河南农业科学, 50(1): 158-163.

屈素洁, 施开创, 尹彦文, 等. 2020. 超级细菌 bla_(NDM-1)和 mcr-1 基因双重 TaqMan 荧光定量 PCR 检测方法的建立[J]. 中国动物传染病学报, 28(5): 23-30.

沙代提古力·米吉提. 2018. 乌鲁木齐地区鲍曼不动杆菌氨基糖苷类修饰酶基因的研究[D]. 乌鲁木齐: 新疆医科大学硕士学位论文.

沙云菲. 2020. 动物粪便堆肥过程中逸散抗生素抗性基因污染特征研究[D]. 哈尔滨: 东北林业大学硕士学位论文.

商军, 顾欣, 张文刚, 等. 2017. 猪、鸡源分离粪肠球菌的核糖体分型及耐药性分析[J]. 中国抗生素杂志, 42(3): 230-236.

商艳红. 2019. 耐药基因 optrA 和 lsa(E)在猪源肠球菌和链球菌中流行及传播机制的研究[D]. 杨凌: 西北农林科技大学博士学位论文.

宋方宇. 2018. 生鲜肉中金黄色葡萄球菌的分离鉴定及其耐药性研究[D]. 泰安: 山东农业大学硕士学位论文.

宋倩华. 2018. 鸡源产 NDM 型碳青霉烯酶大肠杆菌的分子特征研究[D]. 广州: 华南农业大学硕士学位论文.

苏建强, 黄福义, 朱永官, 等. 2013. 环境抗生素抗性基因研究进展[J]. 生物多样性, 21(4): 481-487.

孙亚妮. 2008. GN52 株鸭疫里默氏杆菌的传代培养和鸭疫里默氏杆菌分离株耐药性的研究[D]. 泰安: 山东农业大学硕士学位论文.

孙永婵. 2016. 鲍消化道及养殖环境中异养菌的耐药性调查与耐药机制研究[D]. 广州: 广东海洋大学硕士学位论文.

谈忠鸣. 2015. 江苏省猪链球菌血清 2 型菌株耐药性与分子特征研究[D]. 南京: 东南大学硕士学位论文.

唐梦君, 周倩, 张小燕, 等. 2018. 江苏省鸡肉产品中弯曲菌耐药特征及 I 型整合子分析[J]. 现代食品科技, 34(2): 117-122, 168.

汪德会, 李攀, 李能章, 等. 2020. 革兰阴性菌孔蛋白结构、功能和应用的研究进展[J]. 中国预防兽医学报, 42(2): 200-206.

王登峰, 段新华, 吴建勇, 等. 2011. 牛源金黄色葡萄球菌耐药性及甲氧西林敏感和耐甲氧西林菌株演化相关性研究[J]. 畜牧兽医学报, 42(10): 1416-1425.

王高, 王淼, 柴云美, 等. 2020. 云南淡水鱼中副溶血性弧菌的污染情况及耐药性分析[J]. 食品安全质量检测学报, 11(9): 2779-2784.

王豪举. 2019. 重庆地区畜禽大肠埃希菌耐药性与 ESBLs 基因分析[D]. 北京: 中国农业大学博士学位论文.

王秀敏, 邵敏华, 卢大儒, 等. 2007. 应用高通量实时荧光定量 PCR 方法筛选 FL 细胞对低剂量微囊藻毒素 LR 暴露的应答基因[J]. 水生生物学报, 31(6): 909-911.

王羽, 董文龙, 王巍, 等. 2018. 18 株不同源多杀性巴氏杆菌耐药性分析[J]. 中国兽医杂志, 54(1): 91-94.

王志浩, 颜硕, 王昱璎, 等. 2019. 山东地区鸡源大肠杆菌中超广谱 β-内酰胺酶和磷霉素耐药基因的流行性研究[J]. 中国兽医杂志, 55(7): 91-94.

魏海林, 付丹, 王正皓, 等. 2018. 四川省副猪嗜血杆菌分离株 β-内酰胺类药物药敏特性及质粒介导耐药基因检测研究[J]. 中国预防兽医学报, 40(3): 186-189.

文汉卿, 史俊, 寻昊, 等. 2015. 抗生素抗性基因在水环境中的分布、传播扩散与去除研究进展[J]. 应用生态学报, 26(2): 625-635.

吴甘林. 2020. 喹诺酮类耐药菌及耐药基因在罗非鱼和杂交鳢养殖中的分布特征[D]. 上海: 上海海洋

大学硕士学位论文.

吴金军. 2019. 华南海水鱼类网箱养殖区耐药菌和耐药基因研究[D]. 上海: 上海海洋大学硕士学位论文.

吴科敏. 2017. 南宁市售鲜肉中四种食源菌的监测及沙门氏菌致病性和耐药性的研究[D]. 南宁: 广西大学硕士学位论文.

吴天琪, 吴艳涛, 张小荣. 2015. 牛奶源金黄色葡萄球菌耐药基因分布特征的研究[J]. 畜牧与兽医, 47(11): 88-90.

谢懋英, 赖婧, 马立才, 等. 2014. 肉鸡产业链中沙门菌流行情况及其耐药性[J]. 中国兽医学报, 34(11): 1790-1794.

徐成刚, 郭莉莉, 张建民, 等. 2011. 华南地区副猪嗜血杆菌的耐药性特点及四环素耐药基因携带情况[J]. 中国农业科学, 44(22): 4721-4727.

许国章, 徐景野, 周爱明, 等. 2009. 宁波市 1988-2007 年伤寒副伤寒流行病学和病原学研究[J]. 中华流行病学杂志, (3): 252-256.

许晓燕. 2011. 猪链球菌对四环素耐药机制的研究及耐药基因三重 PCR 检测方法的建立[D]. 泰安: 山东农业大学硕士学位论文.

闫倩倩. 2019. 刺参耐药菌和耐药基因调查及弧菌在抗生素干预下耐药形成的生物学机制[D]. 上海: 上海海洋大学硕士学位论文.

闫清波, 苑青艳, 赵志惠, 等. 2007. 常用抗菌药物对东北地区猪源链球菌的体外抗菌活性研究[J]. 中国预防兽医学报, (12): 977-980.

杨保伟. 2010. 食源性沙门氏菌特性及耐药机制研究[D]. 杨凌: 西北农林科技大学博士学位论文.

杨承霖, 舒刚, 赵小玲, 等. 2020. 2010-2016 年四川省食品动物源大肠杆菌的耐药性研究[J]. 西北农林科技大学学报(自然科学版), 48(9): 24-30, 36.

杨芳芳. 2013. 鸭疫里默氏杆菌氨基糖苷类和喹诺酮类耐药基因的检测与序列分析[D]. 泰安: 山东农业大学硕士学位论文.

杨开杰. 2018. 副猪嗜血杆菌耐药性调查及其对氟苯尼考耐药分子特征研究[D]. 广州: 华南农业大学硕士学位论文.

杨守深, 孙坚, 范克伟, 等. 2016a. 副猪嗜血杆菌同一质粒携带 bla_{ROB-1} 和 $aacA-aphD$ 耐药基因[J]. 中国兽医杂志, 52(12): 75-77.

杨守深, 孙坚, 范克伟, 等. 2016b. 广东地区副猪嗜血杆菌的耐药性调查及遗传相关性分析[J]. 中国兽医科学, 46(7): 858-864.

杨守深, 王佳慧, 林敏, 等. 2019a. 宠物源大肠杆菌产 ESBLs 流行性调查与耐药机制研究[J]. 中国人兽共患病学报, 35(12): 1110-1116.

杨守深, 曾雪花, 林敏, 等. 2019b. 猪源大肠杆菌耐药性及超广谱 β-内酰胺酶流行性分析[J]. 中国人兽共患病学报, 35(1): 45-50.

尹兵. 2009. 动物源和水源肠球菌万古霉素耐药表型、基因型检测及同源性研究[D]. 福州: 福建农林大学硕士学位论文.

余军楠. 2020. 江苏三种典型甲壳类动物水产养殖环境中抗生素及抗性基因污染特征研究[D]. 南京: 南京信息工程大学硕士学位论文.

袁慕云, 张旺, 卓锦雪, 等. 2014. 基于 TaqMan 探针三重荧光 PCR 检测 MRSA[J]. 中国卫生检验杂志, 24(2): 239-241, 252.

张俊, 罗方园, 熊浩徽, 等. 2014. 环境因素对土壤中几种典型四环素抗性基因形成的影响[J]. 环境科学, 35(11): 4267-4274.

张兰河, 贺雨伟, 陈默, 等. 2016. 畜禽养殖场空气中可培养抗生素耐药菌污染特点研究[J]. 环境科学, 37(12): 4531-4537.

张利锋. 2016. 山东商品鸡养殖, 屠宰, 销售环节中细菌耐药性传播规律研究[D]. 北京: 中国疾病预防控制中心硕士学位论文.

张林吉. 2018. 徐州地区鸭源沙门菌分离鉴定、耐药性检测、LAMP 检测方法建立及中药防治研究[D]. 扬州: 扬州大学博士学位论文.

张强. 2015. 副猪嗜血杆菌喹诺酮耐药分子特征及猪链球菌多重耐药机制研究[D]. 武汉: 华中农业大学博士学位论文.

张青娴, 徐引弟, 王治方, 等. 2018. 河南省猪源大肠杆菌 ESBLs 基因型检测及耐药性分析[J]. 山西农业科学, 46(12): 2087-2093.

张荣民. 2017. 肉鸡产业链 NDM 和 MCR-1 阳性大肠杆菌分子流行病学研究[D]. 北京: 中国农业大学博士学位论文.

张石磊, 翟向和, 王春光, 等. 2020. 应用高通量实时荧光定量 PCR 方法检测小檗碱对多药耐药大肠杆菌耐药基因的影响[J]. 中国兽医学报, 40(9): 1737-1745.

张小霞. 2008. 海洋养殖水体抗药性细菌种类及其抗药性基因携带情况的研究[D]. 青岛: 中国海洋大学硕士学位论文.

张耀东, 朱红, Aptre A D J, 等. 2020. 常见耐药基因多重 PCR 方法的建立及用于禽致病性大肠杆菌耐药性监测[J]. 畜牧兽医学报, 51(12): 3193-3198.

张毓森, 叶军, 苏建强, 等. 2019. 粪肥与铜一次性施用对农田土壤抗生素抗性基因的长期影响[J]. 应用与环境生物学报, 25(2): 328-332.

张卓然, 张凤民, 夏梦岩. 2017. 微生物耐药的基础与临床[M]. 北京: 人民卫生出版社.

章乐怡, 李毅, 马雪莲, 等. 2010. 食品中气单胞菌的检测及其毒力与耐药性分析[J]. 中国卫生检验杂志, (12): 3470-3474.

赵芳. 2020. 双歧杆菌抗生素耐药性分析及转移风险评估[D]. 无锡: 江南大学硕士学位论文.

赵凤菊, 曹东, 李井春, 等. 2017. 猪源大肠埃希菌超广谱 β-内酰胺酶的检测及其耐药性分析[J]. 河南农业科学, 46(2): 111-115.

赵格, 王玉东, 王君玮. 2016. 畜禽产品中病原微生物定量风险评估研究现状及问题分析[J]. 农产品质量与安全, (6): 41-46.

赵琴. 2016. 猪场环境土壤中氟苯尼考耐药基因污染的研究[D]. 北京: 中国农业大学博士学位论文.

赵姝, 李健, 马立才, 等. 2019. 海水养殖动物源弧菌喹诺酮类药物耐药表型与基因型分析[J]. 海洋渔业, 41(4): 463-471.

赵相胜. 2014. 犬源大肠杆菌耐药性及分子流行病学初步研究[D]. 长春: 吉林农业大学硕士学位论文.

赵悦, 付萍, 裴晓燕, 等. 2012. 中国食源性单核细胞增生李斯特菌耐药特征分析[J]. 中国食品卫生杂志, 24(1): 5-8.

钟晓霞, 高上吉, 孙静, 等. 2017. 广东地区鸭-鱼混养场鸭粪中耐药基因的污染现状[J]. 中国兽医学报, 37(11): 2156-2162.

钟晓霞. 2016. 鸭-鱼混养场养殖环境抗菌药物耐药基因污染及微生物群落特征[D]. 广州: 华南农业大学硕士学位论文.

仲崇岳, 程安春, 汪铭书, 等. 2009. 介导鸭疫里默氏杆菌耐 β-内酰胺类药物发生的研究[J]. 中国兽医科学, 39(12): 1066-1073.

仲崇岳. 2009. 鸭疫里默氏杆菌基因分型及耐药机理的研究[D]. 雅安: 四川农业大学博士学位论文.

朱玲玲, 孙敏华, 胡怡, 等. 2023. 湖北省鸭疫里默氏杆菌的分离鉴定及耐药性分析[J]. 中国动物传染病学报, 31(3): 41-45.

朱凝瑜, 贝亦江, 郑晓叶, 等. 2020. 乌鳢源气单胞菌的耐药表型与耐药基因研究[J]. 水产科技情报, 47(3): 145-149.

朱凝瑜, 曹飞飞, 郑晓叶, 等. 2018. 中华鳖(*Pelodiscus sinensis*)迟缓爱德华氏菌(*Edwardsiella tarda*)的分离鉴定与药物敏感性分析[J]. 中国渔业质量与标准, 8(4): 65-71.

邹孔桃, 覃廷玉, 冯波, 等. 2017. 猪肉排酸处理前后与不同运输工具细菌污染情况检测[J]. 贵州畜牧兽医, 41(2): 14-16.

邹威, 金彩霞, 魏闪, 等. 2020. 华北地区不同规模畜禽养殖场粪便中抗生素抗性基因污染特征[J]. 农业环境科学学报, 39(11): 2640-2652.

邹威, 罗义, 周启星, 等. 2014. 畜禽粪便中抗生素抗性基因(ARGs)污染问题及环境调控[J]. 农业环境科学学报, 33(12): 2281-2287.

Rehman M U. 2018. 青藏高原牦牛大肠埃希氏菌的耐药性, 致病性和基因特性研究[D]. 武汉: 华中农业大学博士学位论文.

ThermoFisher. 2014. 实时荧光定量 PCR 手册[Z]: 1-68.

食品安全委員会. 2004. 牛及び豚に使用するフルオロキノロン系抗菌性物質製剤に係る薬剤耐性菌に関する食品健康影響評価 [Z].

食品安全委員会. 2008b. 動物用医薬品評価書: 塩酸ピルリマイシンを有効成分とする乳房注入剤(ピルスー)[Z].

食品安全委員会. 2008a. 動物用医薬品評価書: 硫酸セフキノムを有効成分とする牛の注射剤(コバクタン / セファガード) の再審査に係る食品健康影響評価について [Z].

食品安全委員会. 2009. ツラスロマイシンを有効成分とする豚の注射剤(ドラクシン) の承認に係る薬剤耐性菌に関する食品健康影響評価 [Z].

食品安全委員会. 2016. 動物用医薬品評価書: ガミスロマイシンを有効成分とする豚の注射剤(ザクトラン メリアル)[Z].

食品安全委員会. 2020. 家畜に使用する硫酸コリスチンに係る薬剤耐性菌に関する食品健康影響評価(第 2 版)[Z].

Abass A, Adzitey F, Huda N. 2020. *Escherichia coli* of Ready-to-Eat (RTE) meats origin showed resistance to antibiotics used by farmers[J]. Antibiotics (Basel), 9(12): 869.

Abbas G, Khan I, Mohsin M, et al. 2019. High rates of CTX-M group-1 extended-spectrum beta-lactamases producing *Escherichia coli* from pets and their owners in Faisalabad, Pakistan[J]. Infect Drug Resist, 12: 571-578.

Abraham E P, Chain E. 1988. 1940. An Enzyme from bacteria able to destroy penicillin. Nature,146: 837.

Abraham L J, Rood J I. 1987. Identification of Tn*4451* and Tn*4452*, chloramphenicol resistance transposons from *Clostridium perfringens*[J]. J Bacteriol, 169(4): 1579-1584.

Abraham S, O'dea M, Trott D J, et al. 2016. Isolation and plasmid characterization of carbapenemase (IMP-4) producing *Salmonella enterica* Typhimurium from cats[J]. Sci Rep, 6: 35527.

Abuoun M, Stubberfield E J, Duggett N A, et al. 2018. *mcr-1* and *mcr-2* (*mcr-6.1*) variant genes identified in *Moraxella* species isolated from pigs in Great Britain from 2014 to 2015[J]. J Antimicrob Chemother, 73(10): 2904.

Adams M D, Goglin K, Molyneaux N, et al. 2008. Comparative genome sequence analysis of multidrug-resistant *Acinetobacter baumannii*[J]. J Bacteriol, 190(24): 8053-8064.

Adams V, Han X, Lyras D, et al. 2018. Antibiotic resistance plasmids and mobile genetic elements of *Clostridium perfringens*[J]. Plasmid, 99: 32-39.

Adams V, Li J, Wisniewski J A, et al. 2014. Virulence plasmids of spore-forming bacteria[J]. Microbiol Spectr, 2(6): 2-6.

Afema J A, Ahmed S, Besser T E, et al. 2018. Molecular epidemiology of dairy cattle-associated *Escherichia coli* carrying bla (CTX-M) genes in Washington State[J]. Appl Environ Microbiol, 84(6): e02430-02417.

Agnoletti F, Arcangeli G, Barbanti F, et al. 2019. Survey, characterization and antimicrobial susceptibility of *Clostridium difficile* from marine bivalve shellfish of North Adriatic Sea[J]. Int J Food Microbiol, 298: 74-80.

Ahmed Z S, Elshafiee E A, Khalefa H S, et al. 2019. Evidence of colistin resistance genes (*mcr-1* and *mcr-2*) in wild birds and its public health implication in Egypt[J]. Antimicrob Resist Infect Control, 8: 197.

Akiyama T, Khan A A. 2012. Isolation and characterization of small *qnrS1*-carrying plasmids from imported seafood isolates of *Salmonella enteric t*hat are highly similar to plasmids of clinical isolates[J]. FEMS Immunol Med Microbiol, 64(3): 429-432.

Alba P, Leekitcharoenphon P, Franco A, et al. 2018. Molecular epidemiology of mcr-Encoded colistin resistance in *Enterobacteriaceae* from food-producing animals in Italy revealed through the EU harmonized antimicrobial resistance monitoring[J]. Front Microbiol, 9: 1217.

Alban L, Ellis-Iversen J, Andreasen M, et al. 2017. Assessment of the risk to public health due to use of antimicrobials in pigs-an example of pleuromutilins in Denmark[J]. Front Vet Sci, 4: 74.

Alban L, Nielsen E O, Dahl J. 2008. A human health risk assessment for macrolide-resistant *Campylobacter* associated with the use of macrolides in Danish pig production[J]. Prev Vet Med, 83(2): 115-129.

Alcock B P, Raphenya A R, Lau T T Y, et al. 2020. CARD 2020: antibiotic resistome surveillance with the comprehensive antibiotic resistance database[J]. Nucleic Acids Res, 48(D1): D517-D525.

Alderliesten J B, Duxbury S J N, Zwart M P, et al. 2020. Effect of donor-recipient relatedness on the plasmid conjugation frequency: a meta-analysis[J]. BMC Microbiol, 20(1): 135.

Alekseeva M G, Boyko K M, Nikolaeva A Y, et al. 2019. Identification, functional and structural characterization of novel aminoglycoside phosphotransferase APH(3″)-Id from *Streptomyces rimosus* subsp. *rimosus* ATCC 10970[J]. Arch Biochem Biophys, 671: 111-122.

Alexander H E, Leidy G. 1947. Mode of action of streptomycin on type b *Hemophilus influenzae*: II. nature of resistant variants[J]. J Exp Med, 85(6): 607-621.

Alonso A, Sanchez P, Martinez J L. 2000. *Stenotrophomonas maltophilia* D457R contains a cluster of genes from gram-positive bacteria involved in antibiotic and heavy metal resistance[J]. Antimicrob Agents Chemother, 44(7): 1778-1782.

Al-Othrubi S M Y. 2014. Antibiotic resistance of *Vibrio parahaemolyticus* isolated from cockles and shrimp sea food marketed in Selangor, Malaysia[J]. Clin Microbiol, 3(3): 148.

Alt K, Fetsch A, Schroeter A, et al. 2011. Factors associated with the occurrence of MRSA CC398 in herds of fattening pigs in Germany[J]. BMC Vet Res, 7: 69.

Ambler R P, Coulson A F, Frere J M, et al. 1991. A standard numbering scheme for the class A beta-lactamases[J]. Biochem J, 276(Pt 1): 269-270.

Ammar A M, Abd El-Aziz N K, Gharib A A, et al. 2016. Mutations of domain V in 23S ribosomal RNA of macrolide-resistant *Mycoplasma gallisepticum* isolates in Egypt[J]. J Infect Dev Ctries, 10(8): 807-813.

Amram E, Mikula I, Schnee C, et al. 2015. 16S rRNA gene mutations associated with decreased susceptibility to tetracycline in *Mycoplasma bovis*[J]. Antimicrob Agents Chemother, 59(2): 796-802.

Anampa D, Benites C, Lazaro C, et al. 2020. Detection of the *ermB* gene associated with macrolide resistance in *Campylobacter* strains isolated from chickens marketed in Lima[J]. Rev Panam Salud Publica, 44: e60.

Andrea D C, M E E, S D U, et al. 2016. Co-occurrence of integrase 1, antibiotic and heavy metal resistance genes in municipal wastewater treatment plants [J]. Water Research, 94: 208-214.

Anderl J N, Franklin M J, Stewart P S. 2000. Role of antibiotic penetration limitation in *Klebsiella pneumoniae* biofilm resistance to ampicillin and ciprofloxacin[J]. Antimicrob Agents Chemother, 44(7): 1818-1824.

Anderson E S, Datta N. 1965. Resistance to penicillins and its transfer in *Enterobacteriaceae*[J]. Lancet, 1(7382): 407-409.

Anderson P D, Yuhas A L. 1996. Improving risk management by characterizing reality: A benefit of probabilistic risk assessment[J]. Hum Ecol Risk Assess, 2(1): 55-58.

Anderson S A, Woo R W Y, Crawford L M. 2001. Risk assessment of the impact on human health of resistant *Campylobacter jejuni* from fluoroquinolone use in beef cattle[J]. Food Control, 12(1): 13-25.

Andersson D I, Hughes D. 2014. Microbiological effects of sublethal levels of antibiotics[J]. Nat Rev Microbiol, 12(7): 465-478.

Andreoletti O, Budka H, Buncic S, et al. 2009. Assessment of the Public Health significance of meticillin resistant *Staphylococcus aureus* (MRSA) in animals and foods[J]. EFSA J, 7(3): 1-73.

Angen O, Feld L, Larsen J, et al. 2017. Transmission of methicillin-resistant *Staphylococcus aureus* to human volunteers visiting a swine farm[J]. Appl Environ Microbiol, 83(23): e01489-01417.

Anju K, Karthik K, Divya V, et al. 2021. Toxinotyping and molecular characterization of antimicrobial resistance in *Clostridium perfringens* isolated from different sources of livestock and poultry[J]. Anaerobe, 67: 102298.

Anjum M F, Duggett N A, Abuoun M, et al. 2016. Colistin resistance in *Salmonella* and *Escherichia coli* isolates from a pig farm in Great Britain[J]. J Antimicrob Chemother, 71(8): 2306-2313.

Antonelli A, D'andrea M M, Brenciani A, et al. 2018. Characterization of *poxtA*, a novel phenicol-oxazolidinone-tetracycline resistance gene from an MRSA of clinical origin[J]. J Antimicrob Chemother, 73(7): 1763-1769.

Anukool U, O'neill C E, Butr-Indr B, et al. 2011. Meticillin-resistant *Staphylococcus aureus* in pigs from Thailand[J]. Int J Antimicrob Agents, 38(1): 86-87.

Archambault M, Harel J, Goure J, et al. 2012. Antimicrobial susceptibilities and resistance genes of Canadian isolates of *Actinobacillus pleuropneumoniae*[J]. Microb Drug Resist, 18(2): 198-206.

Argudin M A, Tenhagen B A, Fetsch A, et al. 2011. Virulence and resistance determinants of German *Staphylococcus aureus* ST398 isolates from nonhuman sources[J]. Appl Environ Microbiol, 77(9): 3052-3060.

Argudin M A, Vanderhaeghen W, Butaye P. 2015. Diversity of antimicrobial resistance and virulence genes in methicillin-resistant non-*Staphylococcus aureus* staphylococci from veal calves[J]. Res Vet Sci, 99: 10-16.

Arriola C S, Guere M E, Larsen J, et al. 2011. Presence of methicillin-resistant *Staphylococcus aureus* in pigs in Peru[J]. PLoS One, 6(12): e28529.

Asai T, Hiki M, Ozawa M, et al. 2014. Control of the development and prevalence of antimicrobial resistance in bacteria of food animal origin in Japan: a new approach for risk management of antimicrobial veterinary medicinal products in Japan[J]. Foodborne Pathog Dis, 11(3): 171-176.

Aslantas O, Yilmaz E S. 2017. Prevalence and molecular characterization of extended-spectrum beta-lactamase (ESBL) and plasmidic AmpC beta-lactamase (pAmpC) producing *Escherichia coli* in dogs[J]. J Vet Med Sci, 79(6): 1024-1030.

Aspridou Z, Koutsoumanis K. 2020. Variability in microbial inactivation: from deterministic Bigelow model to probability distribution of single cell inactivation times[J]. Food Res Int, 137: 109579.

Aubry-Damon H, Grenet K, Sall-Ndiaye P, et al. 2004. Antimicrobial resistance in commensal flora of pig farmers[J]. Emerg Infect Dis, 10(5): 873-879.

Authority E F S. 2004. Opinion of the Scientific Panel on biological hazards (BIOHAZ) related to the use of antimicrobials for the control of *Salmonella* in poultry[J]. EFSA J, 2(15): 115.

Baba K, Ishihara K, Ozawa M, et al. 2010. Isolation of meticillin-resistant *Staphylococcus aureus* (MRSA) from swine in Japan[J]. Int J Antimicrob Agents, 36(4): 352-354.

Bachiri T, Bakour S, Lalaoui R, et al. 2018. Occurrence of carbapenemase-producing *Enterobacteriaceae* isolates in the wildlife: first report of OXA-48 in wild boars in Algeria[J]. Microb Drug Resist, 24(3): 337-345.

Bagel S, Hullen V, Wiedemann B, et al. 1999. Impact of *gyrA* and *parC* mutations on quinolone resistance, doubling time, and supercoiling degree of *Escherichia coli*[J]. Antimicrob Agents Chemother, 43(4): 868-875.

Bai L, Du P, Du Y, et al. 2019. Detection of plasmid-mediated tigecycline-resistant gene tet(X4) in *Escherichia coli* from pork, Sichuan and Shandong Provinces, China, February 2019[J]. Euro Surveill, 24(25): 1900340.

Balaban N Q, Gerdes K, Lewis K, et al. 2013. A problem of persistence: still more questions than answers?[J]. Nat Rev Microbiol, 11(8): 587-591.

Banerjee A, Bardhan R, Chowdhury M, et al. 2019. Characterization of beta-lactamase and biofilm producing *Enterobacteriaceae* isolated from organized and backyard farm ducks[J]. Lett Appl Microbiol, 69(2): 110-115.

Bannam T L, Teng W L, Bulach D, et al. 2006. Functional identification of conjugation and replication regions of the tetracycline resistance plasmid pCW3 from *Clostridium perfringens*[J]. J Bacteriol, 188(13): 4942-4951.

Bannam T L, Yan X X, Harrison P F, et al. 2011. Necrotic enteritis-derived *Clostridium perfringens* strain with three closely related independently conjugative toxin and antibiotic resistance plasmids[J]. mBio, 2(5): e00190-00111.

Baquero F, Martinez J L, Canton R. 2008. Antibiotics and antibiotic resistance in water environments[J]. Curr Opin Biotechnol, 19(3): 260-265.

Barthelemy M, Peduzzi J, Labia R. 1987. N-terminal amino acid sequence of PIT-2 beta-lactamase (SHV-1)[J]. J Antimicrob Chemother, 19(6): 839-841.

Bartholomew M J, Vose D J, Tollefson L R, et al. 2005. A linear model for managing the risk of antimicrobial resistance originating in food animals[J]. Risk Anal, 25(1): 99-108.

Basha K A, Kumar N R, Das V, et al. 2019. Prevalence, molecular characterization, genetic heterogeneity and antimicrobial resistance of *Listeria monocytogenes* associated with fish and fishery environment in Kerala, India[J]. Lett Appl Microbiol, 69(4): 286-293.

Bauernfeind A, Chong Y, Schweighart S. 1989. Extended broad spectrum beta-lactamase in *Klebsiella pneumoniae* including resistance to cephamycins[J]. Infection, 17(5): 316-321.

Bauernfeind A, Grimm H, Schweighart S. 1990. A new plasmidic cefotaximase in a clinical isolate of *Escherichia coli*[J]. Infection, 18(5): 294-298.

Beabout K, Hammerstrom T G, Perez A M, et al. 2015. The ribosomal S10 protein is a general target for decreased tigecycline susceptibility[J]. Antimicrob Agents Chemother, 59(9): 5561-5566.

Bedenic B. 2005. Beta-lactamases and their role in resistance. PART 2: beta-lactamases in 21st century[J]. Lijec Vjesn, 127(1-2): 12-21.

Bednorz C, Oelgeschlager K, Kinnemann B, et al. 2013. The broader context of antibiotic resistance: zinc feed supplementation of piglets increases the proportion of multi-resistant *Escherichia coli* in vivo[J]. Int J Med Microbiol, 303(6-7): 396-403.

Beketskaia M S, Bay D C, Turner R J. 2014. Outer membrane protein OmpW participates with small multidrug resistance protein member EmrE in quaternary cationic compound efflux[J]. J Bacteriol, 196(10): 1908-1914.

Belaynehe K M, Shin S W, Park K Y, et al. 2018. Emergence of *mcr-1* and *mcr-3* variants coding for plasmid-mediated colistin resistance in *Escherichia coli* isolates from food- producing animals in South Korea[J]. Int J Infect Dis, 72: 22-24.

Ben Said L, Jouini A, Klibi N, et al. 2015. Detection of extended-spectrum beta-lactamase (ESBL)-producing *Enterobacteriaceae* in vegetables, soil and water of the farm environment in Tunisia[J]. Int J Food Microbiol, 203: 86-92.

Ben Y, Fu C, Hu M, et al. 2019. Human health risk assessment of antibiotic resistance associated with antibiotic residues in the environment: A review[J]. Environ Res, 169: 483-493.

Berends B R, Van Den Bogaard A E, Van Knapen F, et al. 2001. Human health hazards associated with the administration of antimicrobials to slaughter animals. Part I. An assessment of the risks of residues of tetracyclines in pork[J]. Vet Q, 23(1): 2-10.

Berg J, Tom-Petersen A, Nybroe O. 2010. Copper amendment of agricultural soil selects for bacterial antibiotic resistance in the field[J]. Lett Appl Microbiol, 40(2): 146-151.

Bernhoft A, Amundsen C E, Källqvist T, et al. 2014. Zinc and Copper in pig and poultry production—fate and effects in the food chain and the environment[R]. Oslo: Norwegian Scientific Committee for Food Safety.

Berryman D I, Lyristis M, Rood J I. 1994. Cloning and sequence analysis of *ermQ*, the predominant macrolide-lincosamide-streptogramin B resistance gene in *Clostridium perfringens*[J]. Antimicrob Agents Chemother, 38(5): 1041-1046.

Berryman D I, Rood J I. 1995. The closely related *ermB-ermAM* genes from *Clostridium perfringens*, *Enterococcus faecalis* (pAM β1), and *Streptococcus agalactiae* (pIP501) are flanked by variants of a directly repeated sequence[J]. Antimicrob Agents Chemother, 39(8): 1830-1834.

Beshiru A, Okareh O T, Okoh A I, et al. 2020. Detection of antibiotic resistance and virulence genes of *Vibrio* strains isolated from ready-to-eat at shrimps in Delta and Edo States, Nigeria[J]. J Appl Microbiol, 129(1): 17-36.

Bevan E R, Jones A M, Hawkey P M. 2017. Global epidemiology of CTX-M beta-lactamases: temporal and geographical shifts in genotype[J]. J Antimicrob Chemother, 72(8): 2145-2155.

Bhullar K, Waglechner N, Pawlowski A, et al. 2012. Antibiotic resistance is prevalent in an isolated cave microbiome[J]. PLoS One, 7(4): e34953.

Blahova J, Kralikova K, Krcmery V, et al. 2000. Low-Frequency transduction of imipenem resistance and high-frequency transduction of ceftazidime and aztreonam resistance by the bacteriophage AP-151 isolated from a *Pseudomonas aeruginosa* strain[J]. J Chemother, 12(6): 482-486.

Blanco M, Gutierrez-Martin C B, Rodriguez-Ferri E F, et al. 2006. Distribution of tetracycline resistance genes in *Actinobacillus pleuropneumoniae* isolates from Spain[J]. Antimicrob Agents Chemother, 50(2): 702-708.

Boehmer T, Vogler A J, Thomas A, et al. 2018. Phenotypic characterization and whole genome analysis of extended-spectrum beta-lactamase-producing bacteria isolated from dogs in Germany[J]. PLoS One, 13(10): e0206252.

Bojarska A, Molska E, Janas K, et al. 2016. *Streptococcus suis* in invasive human infections in Poland: clonality and determinants of virulence and antimicrobial resistance[J]. Eur J Clin Microbiol Infect Dis, 35(6): 917-925.

Bondarczuk K, Markowicz A, Piotrowska-Seget Z. 2016. The urgent need for risk assessment on the antibiotic resistance spread via sewage sludge land application[J]. Environ Int, 87: 49-55.

Bonomo R A. 2017. beta-Lactamases: a focus on current challenges[J]. Cold Spring Harb Perspect Med, 7(1): a025239.

Boobis A, Chiodini A, Hoekstra J, et al. 2013. Critical appraisal of the assessment of benefits and risks for foods, 'BRAFO Consensus Working Group'[J]. Food Chem Toxicol, 55: 659-675.

Börjesson S, Greko C, Myrenas M, et al. 2020. A link between the newly described colistin resistance gene *mcr-9* and clinical *Enterobacteriaceae* isolates carrying bla$_{SHV-12}$ from horses in Sweden[J]. J Glob Antimicrob Resist, 20: 285-289.

Bos M E, Graveland H, Portengen L, et al. 2012. Livestock-associated MRSA prevalence in veal calf production is associated with farm hygiene, use of antimicrobials, and age of the calves[J]. Prev Vet Med, 105(1-2): 155-159.

Bosse J T, Li Y, Walker S, et al. 2015. Identification of *dfrA14* in two distinct plasmids conferring trimethoprim resistance in *Actinobacillus pleuropneumoniae*[J]. J Antimicrob Chemother, 70(8): 2217-2222.

Boyd D A, Peters G A, Ng L, et al. 2000. Partial characterization of a genomic island associated with the multidrug resistance region of *Salmonella enterica* Typhymurium DT104[J]. FEMS Microbiol Lett, 189(2): 285-291.

Braun S D, Ahmed M F, El-Adawy H, et al. 2016. Surveillance of extended-spectrum beta-lactamase-producing *Escherichia coli* in dairy cattle farms in the Nile Delta, Egypt[J]. Front Microbiol, 7: 1020.

Breiman L. 2001. Random forests[J]. Mach Learn, 45(1): 5-32.

Brenciani A, Fioriti S, Morroni G, et al. 2019. Detection in Italy of a porcine *Enterococcus faecium* isolate carrying the novel phenicol-oxazolidinone-tetracycline resistance gene poxtA[J]. J Antimicrob Chemother, 74(3): 817-818.

Brennan E, Martins M, Mccusker M P, et al. 2016. Multidrug-resistant *Escherichia coli* in bovine animals, europe[J]. Emerg Infect Dis, 22(9): 1650-1652.

Brennan J, Skinner J, Barnum D A, et al. 2003. The efficacy of bacitracin methylene disalicylate when fed in combination with narasin in the management of necrotic enteritis in broiler chickens[J]. Poultry Sci, 82(3): 360-363.

Broens E M, Graat E A, Van Der Wolf P J, et al. 2011. Prevalence and risk factor analysis of livestock associated MRSA-positive pig herds in The Netherlands[J]. Prev Vet Med, 102(1): 41-49.

Broughton E I, Walker D G. 2009. Prevalence of antibiotic-resistant *Salmonella* in fish in Guangdong, China[J]. Foodborne Pathog Dis, 6(4): 519-521.

Brower C H, Mandal S, Hayer S, et al. 2017. The Prevalence of extended-spectrum beta-lactamase-producing multidrug-resistant *Escherichia coli* in poultry chickens and variation according to farming practices in Punjab, India[J]. Environ Health Perspect, 125(7): 077015.

Brown M H, Paulsen I T, Skurray R A. 1999. The multidrug efflux protein NorM is a prototype of a new family of transporters[J]. Mol Microbiol, 31(1): 394-395.

Brussow H, Canchaya C, Hardt W D. 2004. Phages and the evolution of bacterial pathogens: from genomic rearrangements to lysogenic conversion[J]. Microbiol Mol Biol Rev, 68(3): 560-602.

Buchanan R L, Smith J L, Long W. 2000. Microbial risk assessment: dose-response relations and risk characterization[J]. Int J Food Microbiol, 58(3): 159-172.

Budiati T, Rusul G, Wan-Abdullah W N, et al. 2013. Prevalence, antibiotic resistance and plasmid profiling of *Salmonella* in catfish (*Clarias gariepinus*) and tilapia (*Tilapia mossambica*) obtained from wet markets and ponds in Malaysia[J]. Aquaculture, 372: 127-132.

Burdett V. 1991. Purification and characterization of Tet (M), a protein that renders ribosomes resistant to tetracycline[J]. J Biol Chem, 266(5): 2872-2877.

Bush K, Jacoby G A. 2010. Updated functional classification of beta-lactamases[J]. Antimicrob Agents Chemother, 54(3): 969-976.

Bush K, Singer S B. 1989. Biochemical characteristics of extended broad spectrum beta-lactamases[J]. Infection, 17(6): 429-433.

Byrne-Bailey K G, Gaze W H, Kay P, et al. 2009. Prevalence of sulfonamide resistance genes in bacterial isolates from manured agricultural soils and pig slurry in the United Kingdom[J]. Antimicrob Agents Chemother, 53(2): 696-702.

Cabello F C, Godfrey H P, Tomova A, et al. 2013. Antimicrobial use in aquaculture re-examined: its relevance to antimicrobial resistance and to animal and human health[J]. Environ Microbiol, 15(7): 1917-1942.

CAC. 2011. CAC/Gl 77-2011, Guidelines for risk analysis of foodborne antimicrobial resistance[S].

CAC. 1999. CAC/Gl-30, Guidelines for the conduct of microbiological risk assessment[S].

Caffrey N, Invik J, Waldner C L, et al. 2019. Risk assessments evaluating foodborne antimicrobial resistance in humans: A scoping review[J]. Microbial Risk Anal, 11: 31-46.

Cameron A D, Redfield R J. 2006. Non-canonical CRP sites control competence regulons in *Escherichia coli* and many other gamma-proteobacteria[J]. Nucleic Acids Res, 34(20): 6001-6014.

Canchaya C, Proux C, Fournous G, et al. 2003. Prophage genomics[J]. Microbiol Mol Biol Rev, 67(2): 238-276.

Cao J, Wang J, Wang Y, et al. 2020. Tigecycline resistance tet(X3) gene is going wild[J]. Biosaf Health, 2(1): 9-11.

Cao Q, Feng F, Wang H, et al. 2018. *Haemophilus parasuis* CpxRA two-component system confers bacterial tolerance to environmental stresses and macrolide resistance[J]. Microbiol Res, 206: 177-185.

Cao Y, Li J, Chu X, et al. 2019. Nanopore sequencing: a rapid solution for infectious disease epidemics[J]. Sci China Life Sci, 62(8): 1101-1103.

Carattoli A, Lovari S, Franco A, et al. 2005. Extended-spectrum beta-lactamases in *Escherichia coli* isolated from dogs and cats in Rome, Italy, from 2001 to 2003[J]. Antimicrob Agents Chemother, 49(2): 833-835.

Carattoli A, Villa L, Feudi C, et al. 2017. Novel plasmid-mediated colistin resistance *mcr-4* gene in *Salmonella* and *Escherichia coli*, Italy 2013, Spain and Belgium, 2015 to 2016[J]. Euro Surveill, 22(31): 30589.

Carvalho F C, Sousa O V, Carvalho E M, et al. 2013. Antibiotic resistance of *Salmonella* spp. isolated from shrimp farming freshwater environment in Northeast Region of Brazil[J]. J Pathog, 2013: 685193.

Castanheira M, Deshpande L M, Mathai D, et al. 2011. Early dissemination of NDM-1- and OXA-181-producing Enterobacteriaceae in Indian hospitals: report from the SENTRY Antimicrobial Surveillance Program, 2006-2007[J]. Antimicrob Agents Chemother, 55(3): 1274-1278.

Cavaco L M, Bernal J F, Zankari E, et al. 2017. Detection of linezolid resistance due to the *optrA* gene in *Enterococcus faecalis* from poultry meat from the American continent (Colombia)[J]. J Antimicrob Chemother, 72(3): 678-683.

CDC. 2019. Antibiotic resistance threats in the United States[R]. Atlanta: U.S. Department of Health and Human Services.

Ceccarelli D, Kant A, van Essen-Zandbergen A, et al. 2019. Diversity of plasmids and genes encoding resistance to extended spectrum cephalosporins in commensal *Escherichia coli* from dutch livestock in 2007-

2017[J]. Front Microbiol, 10: 76.

Ceccarelli D, van Essen-Zandbergen A, Veldman K T, et al. 2017. Chromosome-Based bla_{OXA-48}-like variants in shewanella species isolates from food-producing animals, fish, and the aquatic environment[J]. Antimicrob Agents Chemother, 61(2): e01013-01016.

Cen T, Zhang X, Xie S, et al. 2020. Preservatives accelerate the horizontal transfer of plasmid-mediated antimicrobial resistance genes via differential mechanisms[J]. Environ Int, 138: 105544.

Cesare A D, Eckert E M, D'urso S, et al. 2016. Co-occurrence of integrase 1, antibiotic and heavy metal resistance genes in municipal wastewater treatment plants[J]. Water Research, 94: 208-214.

Cesare A D, Luna G M, Vignaroli C, et al. 2012. Aquaculture can promote the presence and spread of antibiotic-resistant *Enterococci* in marine sediments[J]. PLoS One, 8(4): e62838.

Chabou S, Leangapichart T, Okdah L, et al. 2016. Real-time quantitative PCR assay with Taqman® probe for rapid detection of MCR-1 plasmid-mediated colistin resistance[J]. New Microbes New Infect, 13: 71-74.

Chanchaithong P, Perreten V, Am-In N, et al. 2019. Molecular characterization and antimicrobial resistance of livestock-associated methicillin-resistant staphylococcus aureus isolates from pigs and swine workers in Central Thailand[J]. Microb Drug Resist, 25(9): 1382-1389.

Chander Y, Oliveira S R, Goyal S M. 2011. Identification of the *tet*(B) resistance gene in *Streptococcus suis*[J]. Vet J, 189(3): 359-360.

Chang C F, Yeh T M, Chou C C, et al. 2002. Antimicrobial susceptibility and plasmid analysis of *Actinobacillus pleuropneumoniae* isolated in Taiwan[J]. Vet Microbiol, 84(1-2): 169-177.

Chantziaras I, Boyen F, Callens B, et al. 2014. Correlation between veterinary antimicrobial use and antimicrobial resistance in food-producing animals: a report on seven countries[J]. J Antimicrob Chemother, 69(3): 827-834.

Chapin A, Rule A, Gibson K, et al. 2005. Airborne multidrug-resistant bacteria isolated from a concentrated swine feeding operation[J]. Environ Health Perspect, 113(2): 137-142.

Charalampous T, Kay G L, Richardson H, et al. 2019. Nanopore metagenomics enables rapid clinical diagnosis of bacterial lower respiratory infection[J]. Nat Biotechnol, 37(7): 783-792.

Charlebois A, Jalbert L A, Harel J, et al. 2012. Characterization of genes encoding for acquired bacitracin resistance in *Clostridium perfringens*[J]. PLoS One, 7(9): e44449.

Charles L, Xianghe Y, Hyun S L. 2017. Complete genome sequence of *Clostridium perfringens* LLY_N11, a necrotic enteritis-inducing strain isolated from a healthy chicken intestine[J]. Genome Announc, 5(44): e01225-01217.

Charpentier X, Polard P, Claverys J P. 2012. Induction of competence for genetic transformation by antibiotics: convergent evolution of stress responses in distant bacterial species lacking SOS?[J]. Curr Opin Microbiol, 15(5): 570-576.

Chaves J, Ladona M G, Segura C, et al. 2001. SHV-1 beta-lactamase is mainly a chromosomally encoded species-specific enzyme in *Klebsiella pneumoniae*[J]. Antimicrob Agents Chemother, 45(10): 2856-2861.

Chen B Y, Pyla R, Kim T J, et al. 2010a. Antibiotic resistance in *Listeria* species isolated from catfish fillets and processing environment[J]. Lett Appl Microbiol, 50(6): 626-632.

Chen B, Hao L, Guo X, et al. 2015. Prevalence of antibiotic resistance genes of wastewater and surface water in livestock farms of Jiangsu Province, China[J]. Environ Sci Pollut Res Int, 22(18): 13950-13959.

Chen C H, Xu X G. 2015. Genetic characteristics of vancomycin resistance gene cluster in *Enterococcus* spp.[J]. Yi Chuan, 37(5): 452-457.

Chen C, Cui C Y, Wu X T, et al. 2021. Spread of tet(X5) and tet(X6) genes in multidrug-resistant *Acinetobacter baumannii* strains of animal origin[J]. Vet Microbiol, 253: 108954.

Chen C, Cui C Y, Zhang Y, et al. 2019a. Emergence of mobile tigecycline resistance mechanism in *Escherichia coli* strains from migratory birds in China[J]. Emerg Microbes Infect, 8(1): 1219-1222.

Chen C, Wu X T, He Q, et al. 2019b. Complete sequence of a tet(X4)-harboring IncX1 plasmid, pYY76-1-2, in *Escherichia coli* from a cattle sample in China[J]. Antimicrob Agents Chemother, 63(12): e01373-01319.

Chen J, Kuroda T, Huda M N, et al. 2003. An RND-type multidrug efflux pump SdeXY from *Serratia marcescens*[J]. J Antimicrob Chemother, 52(2): 176-179.

Chen L, Han D, Tang Z, et al. 2020. Co-existence of the oxazolidinone resistance genes *cfr* and *optrA* on two transferable multi-resistance plasmids in one *Enterococcus faecalis* isolate from swine[J]. Int J Antimicrob Agents, 56(1): 105993.

Chen L, Zhang J, Wang J, et al. 2018a. Newly identified colistin resistance genes, *mcr-4* and *mcr-5*, from upper and lower alimentary tract of pigs and poultry in China[J]. PLoS One, 13(3): e0193957.

Chen M, Cheng J, Wu Q, et al. 2018b. Occurrence, antibiotic resistance, and population diversity of listeria monocytogenes isolated from fresh aquatic products in China[J]. Front Microbiol, 9: 2215.

Chen Q, An X, Li H, et al. 2016. Long-term field application of sewage sludge increases the abundance of antibiotic resistance genes in soil[J]. Environ Int, 92-93: 1-10.

Chen X, Zhao X, Che J, et al. 2017. Detection and dissemination of the colistin resistance gene, mcr-1, from isolates and faecal samples in China[J]. J Med Microbiol, 66(2): 119-125.

Chen Y P, Lee S H, Chou C H, et al. 2012. Detection of florfenicol resistance genes in *Riemerella anatipestifer* isolated from ducks and geese[J]. Vet Microbiol, 154(3-4): 325-331.

Chen Y P, Tsao M Y, Lee S H, et al. 2010b. Prevalence and molecular characterization of chloramphenicol resistance in *Riemerella anatipestifer* isolated from ducks and geese in Taiwan[J]. Avian Pathol, 39(5): 333-338.

Chen Y, Liu Z, Zhang Y, et al. 2019c. Increasing prevalence of ESBL-producing multidrug resistance *Escherichia coli* from diseased pets in Beijing, China From 2012 to 2017[J]. Front Microbiol, 10: 2852.

Cheng Y, Zhang W, Lu Q, et al. 2020. Point Deletion or insertion in cmeR-box, A2075G substitution in 23S rRNA, and presence of erm(B) are key factors of erythromycin resistance in *Campylobacter jejuni* and *Campylobacter coli* isolated from central China[J]. Front Microbiol, 11: 203.

Chittum H S, Champney W S. 1994. Ribosomal protein gene sequence changes in erythromycin-resistant mutants of *Escherichia coli*[J]. J Bacteriol, 176(20): 6192-6198.

Choi S C. 2016. On the study of microbial transcriptomes using second- and third-generation sequencing technologies[J]. J Microbiol, 54(8): 527-536.

Chon J, Seo K, Bae D, et al. 2018. Prevalence, toxin gene profile, antibiotic resistance, and molecular characterization of *Clostridium perfringens* from diarrheic and non-diarrheic dogs in South Korea[J]. J Vet Sci, 19(3): 368-374.

Christaki E, Marcou M, Tofarides A. 2020. Antimicrobial resistance in bacteria: mechanisms, evolution, and persistence[J]. J Mol Evol, 88(1): 26-40.

Cloeckaert A, Baucheron S, Chaslus-Dancla E. 2001. Nonenzymatic chloramphenicol resistance mediated by IncC plasmid R55 is encoded by a floR gene variant[J]. Antimicrob Agents Chemother, 45(8): 2381-2382.

Cloeckaert A, Baucheron S, Flaujac G, et al. 2000. Plasmid-mediated florfenicol resistance encoded by the *floR* gene in *Escherichia coli* isolated from cattle[J]. Antimicrob Agents Chemother, 44(10): 2858-2860.

Codjoe F S, Donkor E S. 2017. Carbapenem resistance: a review[J]. Med Sci (Basel), 6(1): 1.

Coelho C, Torres C, Radhouani H, et al. 2011. Molecular detection and characterization of methicillin-resistant *Staphylococcus aureus* (MRSA) isolates from dogs in Portugal[J]. Microb Drug Resist, 17(2): 333-337.

Cohen E, Davidovich M, Rokney A, et al. 2020. Emergence of new variants of antibiotic resistance genomic islands among multidrug-resistant *Salmonella enterica* in poultry[J]. Environ Microbiol, 22(1): 413-432.

Cohen N R, Lobritz M A, Collins J J. 2013. Microbial persistence and the road to drug resistance[J]. Cell Host Microbe, 13(6): 632-642.

Cole S D, Peak L, Tyson G H, et al. 2020. New delhi metallo-beta-lactamase-5-producing *Escherichia coli* in companion animals, United States[J]. Emerg Infect Dis, 26(2): 381-383.

Coleman M E, Marks H M. 1999. Qualitative and quantitative risk assessment[J]. Food Control, 10(4-5): 289-297.

Collineau L, Boerlin P, Carson C A, et al. 2019. Integrating whole-genome sequencing data into quantitative risk assessment of foodborne antimicrobial resistance: a review of opportunities and challenges[J]. Front Microbiol, 10: 1107.

Collineau L, Carmo L P, Endimiani A, et al. 2018. Risk ranking of antimicrobial resistant hazards found in meat in Switzerland[J]. Risk Anal, 38(5): 1070-1084.

Collineau L, Chapman B, Bao X, et al. 2020a. A farm-to-fork quantitative risk assessment model for salmonella Heidelberg resistant to third-generation cephalosporins in broiler chickens in Canada[J]. Int J Food Microbiol, 330: 108559.

Collineau L, Phillips C, Chapman B, et al. 2020b. A within-flock model of salmonella heidelberg transmission in broiler chickens[J]. Prev Vet Med, 174: 104823.

Committee E S. 2009. Guidance of the scientific committee on transparency in the scientific aspects of risk assessments carried out by EFSA. Part 2: general principles[J]. EFSA J, 7(5): 1051.

Connell S R, Tracz D M, Nierhaus K H, et al. 2003a. Ribosomal protection proteins and their mechanism of tetracycline resistance[J]. Antimicrob Agents Chemother, 47(12): 3675-3681.

Connell S R, Trieber C A, Dinos G P, et al. 2003b. Mechanism of Tet(O)-mediated tetracycline resistance[J]. Embo J, 22(4): 945-953.

Conrad C C, Stanford K, Narvaez-Bravo C, et al. 2018. Zoonotic fecal pathogens and antimicrobial resistance in Canadian petting zoos[J]. Microorganisms, 6(3): 70.

Corbett K D, Schoeffler A J, Thomsen N D, et al. 2005. The structural basis for substrate specificity in DNA topoisomerase IV[J]. J Mol Biol, 351(3): 545-561.

Cormier A, Zhang P L C, Chalmers G, et al. 2019. Diversity of CTX-M-positive *Escherichia coli* recovered from animals in Canada[J]. Vet Microbiol, 231: 71-75.

Costa D, Poeta P, Brinas L, et al. 2004. Detection of CTX-M-1 and TEM-52 beta-lactamases in *Escherichia coli* strains from healthy pets in Portugal[J]. J Antimicrob Chemother, 54(5): 960-961.

Couto N, Belas A, Rodrigues C, et al. 2016. Acquisition of the *fexA* and *cfr* genes in *Staphylococcus pseudintermedius* during florfenicol treatment of canine pyoderma[J]. J Glob Antimicrob Resist, 7: 126-127.

Cox Jr L A. 2005. Potential human health benefits of antibiotics used in food animals: a case study of virginiamycin[J]. Environ Int, 31(4): 549-563.

Cox Jr L A, Popken D A. 2004. Quantifying human health risks from virginiamycin used in chickens[J]. Risk Anal, 24(1): 271-288.

Cox Jr L A, Popken D A. 2006. Quantifying potential human health impacts of animal antibiotic use: enrofloxacin and macrolides in chickens[J]. Risk Anal, 26(1): 135-146.

Cox Jr L A, Popken D A, Mathers J J. 2009. Human health risk assessment of penicillin/aminopenicillin resistance in *Enterococci* due to penicillin use in food animals[J]. Risk Anal, 29(6): 796-805.

Cox Jr L A, Popken D A, Sun R X. 2018. How large are human health risks caused by antibiotics used in food animals?[M] // Causal Analytics for Applied Risk Analysis. International Series in Operations Research & Management Science, vol 270. Cham.: Springer.

Cox Jr L A, Sanders E. 2006. Estimating preventable fractions of disease caused by a specified biological mechanism: PAHs in smoking lung cancers as an example[J]. Risk Anal, 26(4): 881-892.

Crawford L M. 2005. Enrofloxacin for Poultry; Final Decision on Withdrawal of New Animal Drug Application Following Formal Evidentiary Public Hearing; Availability [R]. Food and Drug Administration.

Croxen M A, Finlay B B. 2010. Molecular mechanisms of *Escherichia coli* pathogenicity[J]. Nat Rev Microbiol, 8(1): 26-38.

Cui C Y, Chen C, Liu B T, et al. 2020. Co-occurrence of plasmid-mediated tigecycline and carbapenem resistance in *Acinetobacter* spp. from waterfowls and their neighboring environment[J]. Antimicrob Agents Chemother, 64(5): e02502-02519.

Cui C Y, He Q, Jia Q L, et al. 2021. Evolutionary trajectory of the Tet(X) family: critical residue changes towards High-Level tigecycline resistance[J]. mSystems, 6(3): e00050-00021.

Cui L, Lei L, Lv Y, et al. 2018. bla$_{NDM-1}$-producing multidrug-resistant *Escherichia coli* isolated from a companion dog in China[J]. J Glob Antimicrob Resist, 13: 24-27.

Cui S, Li J, Hu C, et al. 2009. Isolation and characterization of methicillin-resistant *Staphylococcus aureus* from swine and workers in China[J]. J Antimicrob Chemother, 64(4): 680-683.

Cuny C, Arnold P, Hermes J, et al. 2017. Occurrence of cfr-mediated multiresistance in staphylococci from veal calves and pigs, from humans at the corresponding farms, and from veterinarians and their family members[J]. Vet Microbiol, 200: 88-94.

Cuny C, Strommenger B, Witte W, et al. 2008. Clusters of infections in horses with MRSA ST1, ST254, and ST398 in a veterinary hospital[J]. Microb Drug Resist, 14(4): 307-310.

Czekalski N, Sigdel R, Birtel J, et al. 2015. Does human activity impact the natural antibiotic resistance background? Abundance of antibiotic resistance genes in 21 Swiss lakes[J]. Environ Int, 81: 45-55.

Da Re S, Garnier F, Guerin E, et al. 2009. The SOS response promotes *qnrB* quinolone-resistance determinant expression[J]. Embo Rep, 10(8): 929-933.

Da Silva G C, Rossi C C, Santana M F, et al. 2017. p518, a small *floR* plasmid from a South American isolate of *Actinobacillus pleuropneumoniae*[J]. Vet Microbiol, 204: 129-132.

Dahmen S, Haenni M, Chatre P, et al. 2013. Characterization of blaCTX-M IncFII plasmids and clones of *Escherichia coli* from pets in France[J]. J Antimicrob Chemother, 68(12): 2797-2801.

Daly M M, Doktor S, Flamm R, et al. 2004. Characterization and prevalence of *MefA*, *MefE*, and the associated *msr*(D) gene in *Streptococcus pneumoniae* clinical isolates[J]. J Clin Microbiol, 42(8): 3570-3574.

Damborg P, Morsing M K, Petersen T, et al. 2015. CTX-M-1 and CTX-M-15-producing *Escherichia coli* in dog faeces from public gardens[J]. Acta Vet Scand, 57: 83.

Dandachi I, Fayad E, El-Bazzal B, et al. 2019. Prevalence of extended-spectrum beta-lactamase-producing gram-negative bacilli and emergence of *mcr-1* colistin resistance gene in lebanese swine farms[J]. Microb Drug Resist, 25(2): 233-240.

Dang S T, Petersen A, Van T D, et al. 2011. Impact of medicated feed on the development of antimicrobial resistance in bacteria at integrated pig-fish farms in Vietnam[J]. Appl Environ Microbiol, 77(13): 4494-4498.

Daniels J B, Chen L, Grooters S V, et al. 2018. Enterobacter cloacae complex sequence type 171 isolates expressing KPC-4 carbapenemase recovered from canine patients in Ohio[J]. Antimicrob Agents Chemother, 62(12): e01161-01118.

Datta N, Kontomichalou P. 1965. Penicillinase synthesis controlled by infectious R factors in Enterobacteria-ceae[J]. Nature, 208(5007): 239-241.

Davies R H, Dalziel R, Gibbens J C, et al. 2004. National survey for Salmonella in pigs, cattle and sheep at slaughter in Great Britain (1999-2000)[J]. J Appl Microbiol, 96(4): 750-760.

Day M J, Rodriguez I, van Essen-Zandbergen A, et al. 2016. Diversity of STs, plasmids and ESBL genes among *Escherichia coli* from humans, animals and food in Germany, the Netherlands and the UK[J]. J Antimicrob Chemother, 71(5): 1178-1182.

Dayao D A, Seddon J M, Gibson J S, et al. 2016b. Whole genome sequence analysis of pig respiratory bacterial pathogens with elevated minimum inhibitory concentrations for macrolides[J]. Microb Drug Resist, 22(7): 531-537.

Dayao D, Gibson J S, Blackall P J, et al. 2016a. Antimicrobial resistance genes in *Actinobacillus pleuropneumoniae*, *Haemophilus parasuis* and *Pasteurella multocida* isolated from Australian pigs[J]. Aust Vet J, 94(7): 227-231.

De Boer E, Zwartkruis-Nahuis J T M, Wit B, et al. 2009. Prevalence of methicillin-resistant *Staphylococcus aureus* in meat[J]. Int J Food Microbiol, 134(1-2): 52-56.

De la Iglesia R, Valenzuela-Heredia D, Pavissich J P, et al. 2010. Novel polymerase chain reaction primers for the specific detection of bacterial copper P-type ATPases gene sequences in environmental isolates and metagenomic DNA[J]. Lett Appl Microbiol, 50(6): 552-562.

De Melo L M, Almeida D, Hofer E, et al. 2011. Antibiotic resistance of Vibrio parahaemolyticus isolated from pond-reared *Litopenaeus vannamei* marketed in Natal, Brazil[J]. Braz J Microbiol, 42(4): 1463-1469.

De Silva B C J, Hossain S, Dahanayake P S, et al. 2019. *Aeromonas* spp. from marketed Yesso scallop (*Patinopecten yessoensis*): molecular characterization, phylogenetic analysis, virulence properties and antimicrobial susceptibility[J]. J Appl Microbiol, 126(1): 288-299.

Dean A C. 1971. Adaptive drug resistance in Gram-negative bacteria[J]. Proc R Soc Med, 64(5): 534-537.

Deekshit V K, Ballamoole K K, Rai P, et al. 2015. Draft genome sequence of multidrug resistant *Salmonella enterica* serovar Weltevreden isolated from seafood[J]. J Genomics, 3: 57-58.

Deng Y T, Wu Y L, Tan A P, et al. 2014. Analysis of antimicrobial resistance genes in *Aeromonas* spp. isolated from cultured freshwater animals in China[J]. Microb Drug Resist, 20(4): 350-356.

Deng Y, Xu L, Chen H, et al. 2020. Prevalence, virulence genes, and antimicrobial resistance of *Vibrio* species isolated from diseased marine fish in South China[J]. Sci Rep, 10(1): 14329.

Department of Health and Human Services (US), Food and Drug Administration, Center for Veterinary Medicine. 2003. Guidance for industry #152: evaluating the safety of antimicrobial new animal drugs with regard to their microbiological effects on bacteria of human health concern[Z].

Deshpande L M, Ashcraft D S, Kahn H P, et al. 2015. Detection of a New *cfr*-Like gene, *cfr*(B), in *Enterococcus faecium* isolates recovered from human specimens in the United States as Part of the SENTRY Antimicrobial Surveillance Program[J]. Antimicrob Agents Chemother, 59(10): 6256-6261.

Desmolaize B, Rose S, Warrass R, et al. 2011. A novel Erm monomethyltransferase in antibiotic-resistant isolates of *Mannheimia haemolytica* and *Pasteurella multocida*[J]. Mol Microbiol, 80(1): 184-194.

Devarajan N, Laffite A, Graham N D, et al. 2015. Accumulation of clinically relevant antibiotic-resistance genes, bacterial load, and metals in freshwater lake sediments in Central Europe[J]. Environ Sci Technol, 49(11): 6528-6537.

Devarajan N, Laffite A, Mulaji C K, et al. 2016. Occurrence of antibiotic resistance genes and bacterial markers in a tropical river receiving hospital and urban wastewaters[J]. PLoS One, 11(2): e0149211.

Devriese L A, Van Damme L R, Fameree L. 1972. Methicillin (cloxacillin)-resistant *Staphylococcus aureus* strains isolated from bovine mastitis cases[J]. Zentralbl Veterinarmed B, 19(7): 598-605.

Dhup V, Kearns A M, Pichon B, et al. 2015. First report of identification of livestock-associated MRSA ST9 in retail meat in England[J]. Epidemiol Infect, 143(14): 2989-2992.

Di Cesare A, Eckert EM, D'Urso S, et al. 2016. Co-occurrence of integrase 1, antibiotic and heavy metal resistance genes in municipal wastewater treatment plants [J]. Water Research, 94: 208-214.

Dion L, Bryan R, Valeria R P, et al. 2010. Identification of novel pathogenicity loci in *Clostridium perfringens* strains that cause avian necrotic enteritis[J]. PLoS One, 5(5): e10795.

Do K H, Park H E, Byun J W, et al. 2020. Virulence and antimicrobial resistance profiles of *Escherichia coli* encoding mcr gene from diarrhoeic weaned piglets in Korea during 2007-2016[J]. J Glob Antimicrob Resist, 20: 324-327.

Dohmen W, Schmitt H, Bonten M, et al. 2017. Air exposure as a possible route for ESBL in pig farmers[J]. Environ Res, 155: 359-364.

Dolejska M, Masarikova M, Dobiasova H, et al. 2016. High prevalence of *Salmonella* and IMP-4-producing Enterobacteriaceae in the silver gull on Five Islands, Australia[J]. J Antimicrob Chemother, 71(1): 63-70.

Doménech E, Jiménez B A, Pérez R, et al. 2015. Risk characterization of antimicrobial resistance of *Salmonella* in meat products[J]. Food Control, 57: 18-23.

Donhofer A, Franckenberg S, Wickles S, et al. 2012. Structural basis for TetM-mediated tetracycline resistance[J]. Proc Natl Acad Sci U S A, 109(42): 16900-16905.

Doublet B, Butaye P, Imberechts H, et al. 2004. *Salmonella* genomic island 1 multidrug resistance gene clusters in *Salmonella enterica* serovar Agona isolated in Belgium in 1992 to 2002[J]. Antimicrob Agents Chemother, 48(7): 2510-2517.

Doublet B, Lailler R, Meunier D, et al. 2003. Variant *Salmonella* genomic island 1 antibiotic resistance gene cluster in *Salmonella enterica* serovar Albany[J]. Emerg Infect Dis, 9(5): 585-591.

Doumith M, Godbole G, Ashton P, et al. 2016. Detection of the plasmid-mediated mcr-1 gene conferring colistin resistance in human and food isolates of *Salmonella enterica* and *Escherichia coli* in England and Wales[J]. J Antimicrob Chemother, 71(8): 2300-2305.

Douthwaite S. 1992. Functional interactions within 23S rRNA involving the peptidyltransferase center[J]. J Bacteriol, 174(4): 1333-1338.

Duan M, Gu J, Wang X, et al. 2019. Factors that affect the occurrence and distribution of antibiotic resistance genes in soils from livestock and poultry farms[J]. Ecotoxicol Environ Saf, 180: 114-122.

Dupouy V, Abdelli M, Moyano G, et al. 2019. Prevalence of beta-lactam and quinolone/fluoroquinolone resistance in enterobacteriaceae from dogs in france and spain-characterization of ESBL/pAmpC isolates, genes, and conjugative plasmids[J]. Front Vet Sci, 6: 279.

Ebner P, Garner K, Mathew A. 2004. Class 1 integrons in various *Salmonella enterica* serovars isolated from animals and identification of genomic island SGI1 in *Salmonella enterica* var. Meleagridis[J]. J Antimicrob Chemother, 53(6): 1004-1009.

Egawa R, Sawai T, Mitsuhashi S. 1967. Drug resistance of enteric bacteria XII. unique substrate specificity of penicillinase produced by R factor[J]. Jpn J Microbial, 11(3): 173-178.

Eichhorn I, Feudi C, Wang Y, et al. 2018. Identification of novel variants of the colistin resistance gene mcr-3 in *Aeromonas* spp. from the national resistance monitoring programme GERM-Vet and from diagnostic submissions[J]. J Antimicrob Chemother, 73(5): 1217-1221.

Elghaieb H, Freitas A R, Abbassi M S, et al. 2019. Dispersal of linezolid-resistant enterococci carrying *poxtA* or *optrA* in retail meat and food-producing animals from Tunisia[J]. J Antimicrob Chemother, 74(10): 2865-2869.

Ellington M J, Ekelund O, Aarestrup F M, et al. 2017. The role of whole genome sequencing in antimicrobial susceptibility testing of bacteria: report from the EUCAST Subcommittee[J]. Clin Microbiol Infect, 23(1): 2-22.

Eriksen K R. 1961. "Celbenin"-resistant staphylococci[J]. Ugeskr Laeger, 123(5219): 384-386.

Escudero J A, Loot C, Nivina A, et al. 2015. The integron: adaptation on demand[J]. Microbiol Spectr, 3(2): MDNA3-0019-2014.

Evers E G, Chardon J E. 2010. A swift quantitative microbiological risk assessment (sQMRA) tool[J]. Food Control, 21(3): 319-330.

Ewers C, Bethe A, Semmler T, et al. 2012. Extended-spectrum beta-lactamase-producing and AmpC-producing *Escherichia coli* from livestock and companion animals, and their putative impact on public health: a global perspective[J]. Clin Microbiol Infect, 18(7): 646-655.

Fahrenfeld N, Knowlton K, Krometis L A, et al. 2014. Effect of manure application on abundance of antibiotic resistance genes and their attenuation rates in soil: field-scale mass balance approach[J]. Environ Sci Technol, 48(5): 2643-2650.

Fan R, Li D, Fessler A T, et al. 2017. Distribution of *optrA* and *cfr* in florfenicol-resistant *Staphylococcus sciuri* of pig origin[J]. Vet Microbiol, 210: 43-48.

Fan R, Li D, Wang Y, et al. 2016. Presence of the *optrA* gene in methicillin-resistant *Staphylococcus sciuri* of Porcine Origin[J]. Antimicrob Agents Chemother, 60(12): 7200-7205.

Fang H W, Chiang P H, Huang Y C. 2014. Livestock-associated methicillin-resistant *Staphylococcus aureus* ST9 in pigs and related personnel in Taiwan[J]. PLoS One, 9(2): e88826.

Fang L X, Chen C, Yu D L, et al. 2019. Complete nucleotide sequence of a novel plasmid bearing the high-level tigecycline resistance gene *tet*(X4)[J]. Antimicrob Agents Chemother, 63(11): e01373-19.

Fang L X, Duan J H, Chen M Y, et al. 2018. Prevalence of *cfr* in Enterococcus faecalis strains isolated from swine farms in China: Predominated *cfr*-carrying pCPPF5-like plasmids conferring "non-linezolid resistance" phenotype[J]. Infect Genet Evol, 62: 188-192.

Feltrin F, Alba P, Kraushaar B, et al. 2016. A Livestock-associated, multidrug-resistant, methicillin-resistant *Staphylococcus aureus* clonal complex 97 lineage spreading in dairy cattle and pigs in Italy[J]. Appl Environ Microbiol, 82(3): 816-821.

Ferber D. 2002. Antibiotic resistance. Livestock feed ban preserves drugs' power[J]. Science, 295(5552): 27-28.

Ferguson D D, Smith T C, Hanson B M, et al. 2016. Detection of airborne methicillin-resistant *Staphylococcus aureus* inside and downwind of a swine building, and in animal feed: potential occupational, animal health, and environmental implications[J]. J Agromedicine, 21(2): 149-153.

Fernandez L, Breidenstein E B, Hancock R E. 2011. Creeping baselines and adaptive resistance to antibiotics[J]. Drug Resist Updat, 14(1): 1-21.

Fessler A T, Wang Y, Wu C, et al. 2018. Mobile lincosamide resistance genes in staphylococci[J]. Plasmid, 99: 22-31.

Fessler A, Scott C, Kadlec K, et al. 2010. Characterization of methicillin-resistant *Staphylococcus aureus* ST398 from cases of bovine mastitis[J]. J Antimicrob Chemother, 65(4): 619-625.

Filsner P, De Almeida L M, Moreno M, et al. 2017. Identification of the *cfr* methyltransferase gene in *Enterococcus faecalis* isolated from swine: First report in Brazil[J]. J Glob Antimicrob Resist, 8: 192-193.

Fischer J, Rodriguez I, Schmoger S, et al. 2012. *Escherichia coli* producing VIM-1 carbapenemase isolated on a pig farm[J]. J Antimicrob Chemother, 67(7): 1793-1795.

Fischer J, Rodriguez I, Schmoger S, et al. 2013. *Salmonella enterica* subsp. *enterica* producing VIM-1 carbapenemase isolated from livestock farms[J]. J Antimicrob Chemother, 68(2): 478-480.

Florez-Cuadrado D, Ugarte-Ruiz M, Meric G, et al. 2017. Genome comparison of erythromycin resistant campylobacter from turkeys identifies hosts and pathways for horizontal spread of *erm* (B) Genes[J]. Front Microbiol, 8: 2240.

Fontana R, Aldegheri M, Ligozzi M, et al. 1994. Overproduction of a low-affinity penicillin-binding protein and high-level ampicillin resistance in *Enterococcus faecium*[J]. Antimicrob Agents Chemother, 38(9): 1980-1983.

Food and Agriculture Organization of the United Nations (FAO). 2018a. Fishery and Aquaculture Statistics 2018[Z].

Food and Agriculture Organization of the United Nations (FAO). 2020. Fishery and Aquaculture Statistics 2018[Z].

Food and Agriculture Organization of the United Nations. 2018b. Procedural Manual of the Codex Alimentarius Commission 26th edition[Z].

Food and Drug Administration's Center for Veterinary Medicine, U.S. Department of Agriculture Food Safety Inspection Service, Centers for Disease Control and Prevention. 2016. The National Antimicrobial Resistance Monitoring System manual of laboratory methods[Z].

Food Safety Commission. 2004. Assessment guideline for the effect of food on human health regarding antimicrobial-resistant bacteria selected by antimicrobial use in food animals[Z].

Ford R C, Beis K. 2019. Learning the ABCs one at a time: structure and mechanism of ABC transporters[J]. Biochem Soc Trans, 47(1): 23-36.

Forsberg K J, Reyes A, Wang B, et al. 2012. The shared antibiotic resistome of soil bacteria and human pathogens[J]. Science, 337(6098): 1107-1111.

Fosgate G T. 2009. Practical sample size calculations for surveillance and diagnostic investigations[J]. J Vet Diagn Invest, 21(1): 3-14.

Fournier C, Aires-De-Sousa M, Nordmann P, et al. 2020. Occurrence of CTX-M-15- and MCR-1-producing Enterobacterales in pigs in Portugal: Evidence of direct links with antibiotic selective pressure[J]. Int J Antimicrob Agents, 55(2): 105802.

Freitas A R, Coque T M, Novais C, et al. 2011. Human and swine hosts share vancomycin-resistant *Enterococcus faecium* CC17 and CC5 and *Enterococcus faecalis* CC2 clonal clusters harboring Tn*1546* on indistinguishable plasmids[J]. J Clin Microbiol, 49(3): 925-931.

Frere J M, Sauvage E, Kerff F. 2016. From "An enzyme able to destroy penicillin" to carbapenemases: 70 years of beta-lactamase misbehaviour[J]. Curr Drug Targets, 17(9): 974-982.

Fridman O, Goldberg A, Ronin I, et al. 2014. Optimization of lag time underlies antibiotic tolerance in evolved bacterial populations[J]. Nature, 513(7518): 418-421.

Friese A, Schulz J, Laube H, et al. 2013. Faecal occurrence and emissions of livestock-associated methicillin-resistant *Staphylococcus aureus* (laMRSA) and ESbl/AmpC-producing *E. coli* from animal farms in Germany[J]. Berl Munch Tierarztl Wochenschr, 126(3-4): 175-180.

Frye J G, Lindsey R L, Rondeau G, et al. 2010. Development of a DNA microarray to detect antimicrobial resistance genes identified in the National Center for Biotechnology Information database[J]. Microb Drug Resist, 16(1): 9-19.

Fu Y, Chen Y, Liu D, et al. 2021. Abundance of tigecycline resistance genes and association with antibiotic residues in Chinese livestock farms[J]. J Hazard Mater, 409: 124921.

Fu Y, Liu D, Song H, et al. 2020. Development of a multiplex real-Time PCR assay for rapid detection of tigecycline resistance gene tet(X) variants from bacterial, fecal, and environmental samples[J]. Antimicrob

Agents Chemother, 64(4): e02292-02219.

Fukuda A, Sato T, Shinagawa M, et al. 2018. High prevalence of *mcr-1*, *mcr-3* and *mcr-5* in *Escherichia coli* derived from diseased pigs in Japan[J]. Int J Antimicrob Agents, 51(1): 163-164.

Fulsundar S, Harms K, Flaten G E, et al. 2014. Gene transfer potential of outer membrane vesicles of *Acinetobacter baylyi* and effects of stress on vesiculation[J]. Appl Environ Microbiol, 80(11): 3469-3483.

Gao F Z, He L Y, He L X, et al. 2020. Untreated swine wastes changed antibiotic resistance and microbial community in the soils and impacted abundances of antibiotic resistance genes in the vegetables[J]. Sci Total Environ, 741: 140482.

Gao L, Tan Y, Zhang X, et al. 2015. Emissions of *Escherichia coli* carrying extended-spectrum beta-lactamase resistance from pig farms to the surrounding environment[J]. Int J Environ Res Public Health, 12(4): 4203-4213.

Gao M, Jia R, Qiu T, et al. 2017. Size-related bacterial diversity and tetracycline resistance gene abundance in the air of concentrated poultry feeding operations[J]. Environ Pollut, 220(Pt B): 1342-1348.

Garcia-Graells C, Antoine J, Larsen J, et al. 2012. Livestock veterinarians at high risk of acquiring methicillin-resistant *Staphylococcus aureus* ST398[J]. Epidemiol Infect, 140(3): 383-389.

Garcia-Graells C, De Keersmaecker S C J, Vanneste K, et al. 2018. Detection of plasmid-mediated colistin resistance, *mcr-1* and *mcr-2* genes, in *Salmonella* spp. Isolated from food at retail in Belgium from 2012 to 2015[J]. Foodborne Pathog Dis, 15(2): 114-117.

Garcia-Menino I, Diaz-Jimenez D, Garcia V, et al. 2019. Genomic characterization of prevalent *mcr-1*, *mcr-4*, and *mcr-5* *Escherichia coli* within swine enteric colibacillosis in Spain[J]. Front Microbiol, 10: 2469.

Gardete S, Tomasz A. 2014. Mechanisms of vancomycin resistance in *Staphylococcus aureus*[J]. J Clin Invest, 124(7): 2836-2840.

Garedew L, Taddese A, Biru T, et al. 2015. Prevalence and antimicrobial susceptibility profile of listeria species from ready-to-eat foods of animal origin in Gondar Town, Ethiopia[J]. BMC Microbiol, 15(1): 100.

Gelbicova T, Kolackova I, Krutova M, et al. 2020. The emergence of *mcr-1*-mediated colistin-resistant *Escherichia coli* and *Klebsiella pneumoniae* in domestic and imported turkey meat in the Czech Republic 2017-2018[J]. Folia Microbiol (Praha), 65(1): 211-216.

George G Z, Xi W, Kim N, et al. 2006. Molecular characterisation of Canadian paediatric multidrug-resistant *Streptococcus pneumoniae* from 1998–2004[J]. Int J Antimicrob Agents, 28(5): 465-471.

Geser N, Stephan R, Hachler H. 2012. Occurrence and characteristics of extended-spectrum beta-lactamase (ESBL) producing Enterobacteriaceae in food producing animals, minced meat and raw milk[J]. BMC Vet Res, 8: 21.

Ghafur A, Shankar C, Gnanasoundari P, et al. 2019. Detection of chromosomal and plasmid-mediated mechanisms of colistin resistance in *Escherichia coli* and *Klebsiella pneumoniae* from Indian food samples[J]. J Glob Antimicrob Resist, 16: 48-52.

Ghoddusi A, Nayeri Fasaei B, Zahraei Salehi T, et al. 2019. Prevalence and characterization of multidrug resistance and variant *Salmonella* genomic island 1 in *Salmonella* isolates from cattle, poultry and humans in Iran[J]. Zoonoses Public Health, 66(6): 587-596.

Gholamiandehkordi A, Eeckhaut V, Lanckriet A, et al. 2009. Antimicrobial resistance in *Clostridium perfringens* isolates from broilers in Belgium[J]. Vet Res Commun, 33(8): 1031-1037.

Giaccone V, Ferri M. 2005. Microbiological quantitative risk assessment and food safety: an update[J]. Vet Res Commun, 29 (Suppl 2): 101-106.

Ginsberg A M. 2010. Drugs in development for tuberculosis[J]. Drugs, 70(17): 2201-2214.

Girgis H S, Hottes A K, Tavazoie S. 2009. Genetic architecture of intrinsic antibiotic susceptibility[J]. PLoS One, 4(5): e5629.

Gkogka E, Reij M W, Gorris L G M, et al. 2013. The application of the Appropriate Level of Protection (ALOP) and Food Safety Objective (FSO) concepts in food safety management, using *Listeria monocytogenes* in deli meats as a case study[J]. Food Control, 29(2): 382-393.

Gleisz B, Sofka D, Hilbert F. 2006. Antibiotic resistance genes in thermophilic *Campylobacter* spp. isolated from chicken and turkey meat[C]. Verona, Italy, EPC 2006-12th European Poultry Conference. 10-14.

Gonzalez-Torralba A, Oteo J, Asenjo A, et al. 2016. Survey of carbapenemase-producing enterobacteriaceae in companion dogs in Madrid, Spain[J]. Antimicrob Agents Chemother, 60(4): 2499-2501.

Grami R, Mansour W, Mehri W, et al. 2016. Impact of food animal trade on the spread of mcr-1-mediated colistin resistance, Tunisia, July 2015[J]. Euro Surveill, 21(8): 30144.

Grant S S, Hung D T. 2013. Persistent bacterial infections, antibiotic tolerance, and the oxidative stress response[J]. Virulence, 4(4): 273-283.

Graveland H, Wagenaar J A, Bergs K, et al. 2011. Persistence of livestock associated MRSA CC398 in humans is dependent on intensity of animal contact[J]. PLoS One, 6(2): e16830.

Greninger A L, Naccache S N, Federman S, et al. 2015. Rapid metagenomic identification of viral pathogens in clinical samples by real-time nanopore sequencing analysis[J]. Genome Med, 7(1): 99.

Gronthal T, Osterblad M, Eklund M, et al. 2018. Sharing more than friendship-transmission of NDM-5 ST167 and CTX-M-9 ST69 *Escherichia coli* between dogs and humans in a family, Finland, 2015[J]. Euro Surveill, 23(27): 1700497.

Groves M D, Crouch B, Coombs G W, et al. 2016. Molecular epidemiology of methicillin-resistant *Staphylococcus aureus* isolated from Australian Veterinarians[J]. PLoS One, 11(1): e0146034.

Gu W, Deng X, Lee M, et al. 2021. Rapid pathogen detection by metagenomic next-generation sequencing of infected body fluids[J]. Nat Med, 27(1): 115-124.

Guardabassi L, Dalsgaard A, Olsen J E. 1999. Phenotypic characterization and antibiotic resistance of *Acinetobacter* spp. isolated from aquatic sources[J]. J Appl Microbiol, 87(5): 659-667.

Guardabassi L, Petersen A, Olsen J E, et al. 1998. Antibiotic resistance in *Acinetobacter* spp. isolated from sewers receiving waste effluent from a hospital and a pharmaceutical plant[J]. Appl Environ Microbiol, 64(9): 3499-3502.

Guardabassi L, Stegger M, Skov R. 2007. Retrospective detection of methicillin resistant and susceptible *Staphylococcus aureus* ST398 in Danish slaughter pigs[J]. Vet Microbiol, 122(3-4): 384-386.

Guerin F, Sassi M, Dejoies L, et al. 2020. Molecular and functional analysis of the novel cfr(D) linezolid resistance gene identified in *Enterococcus faecium*[J]. J Antimicrob Chemother, 75(7): 1699-1703.

Gundran R S, Cardenio P A, Salvador R T, et al. 2020. Prevalence, antibiogram, and resistance profile of extended-spectrum beta-lactamase-producing *Escherichia coli* isolates from pig farms in Luzon, Philippines[J]. Microb Drug Resist, 26(2): 160-168.

Guo D, Liu Y, Han C, et al. 2018. Phenotypic and molecular characteristics of methicillin-resistant and methicillin-susceptible *Staphylococcus aureus* isolated from pigs: implication for livestock-association markers and vaccine strategies[J]. Infect Drug Resist, 11: 1299-1307.

Guo L L, Zhang J M, Xu C G, et al. 2012. Detection and characterization of ?-lactam resistance in *Haemophilus parasuis* strains from pigs in South China[J]. J Integr Agric, 11(1): 116-121.

Guo L, Zhang J, Xu C, et al. 2011. Molecular characterization of fluoroquinolone resistance in *Haemophilus parasuis* isolated from pigs in South China[J]. J Antimicrob Chemother, 66(3): 539-542.

Guo X G, Mroz T A, Popkin B M, et al. 2000. Structural change in the impact of income on food consumption in China, 1989-1993[J]. Econ Dev Cult Change, 48(4): 737-760.

Gurung M, Tamang M D, Moon D C, et al. 2015. Molecular basis of resistance to selected antimicrobial agents in the emerging zoonotic pathogen *Streptococcus suis*[J]. J Clin Microbiol, 53(7): 2332-2336.

Haenni M, Beyrouthy R, Lupo A, et al. 2018. Epidemic spread of *Escherichia coli* ST744 isolates carrying mcr-3 and $bla_{CTX-M-55}$ in cattle in France[J]. J Antimicrob Chemother, 73(2): 533-536.

Haenni M, Metayer V, Gay E, et al. 2016. Increasing trends in mcr-1 prevalence among extended-spectrum-beta-lactamase-producing *Escherichia coli* isolates from French calves despite decreasing exposure to colistin[J]. Antimicrob Agents Chemother, 60(10): 6433-6434.

Hakenbeck R, Tarpay M, Tomasz A. 1980. Multiple changes of penicillin-binding proteins in penicillin-resistant clinical isolates of *Streptococcus pneumoniae*[J]. Antimicrob Agents Chemother, 17(3): 364-371.

Hammerl J A, Borowiak M, Schmoger S, et al. 2018. mcr-5 and a novel mcr-5.2 variant in *Escherichia coli* isolates from food and food-producing animals, Germany, 2010 to 2017[J]. J Antimicrob Chemother, 73(5): 1433-1435.

Hamza D, Dorgham S, Ismael E, et al. 2020. Emergence of β-lactamase- and carbapenemase- producing *Enterobacteriaceae* at integrated fish farms[J]. Antimicrob Resist Infect Control, 9(1): 67.

Han B, Yang F, Tian X, et al. 2021. Tracking antibiotic resistance gene transfer at all seasons from swine waste to receiving environments[J]. Ecotoxicol Environ Saf, 219: 112335.

Han F, Walker R D, Janes M E, et al. 2007. Antimicrobial susceptibilities of *Vibrio parahaemolyticus* and *Vibrio vulnificus* isolates from Louisiana Gulf and retail raw oysters[J]. Appl Environ Microbiol, 73(21): 7096-7098.

Han X, Du X D, Southey L, et al. 2015. Functional analysis of a bacitracin resistance determinant located on ICECp1, a novel Tn*916*-like element from a conjugative plasmid in *Clostridium perfringens*[J]. Antimicrob Agents Chemother, 59(11): 6855-6865.

Hansen L H, Johannesen E, Burmolle M, et al. 2004. Plasmid-encoded multidrug efflux pump conferring resistance to olaquindox in *Escherichia coli*[J]. Antimicrob Agents Chemother, 48(9): 3332-3337.

Hao W, Shan X, Li D, et al. 2019. Analysis of a *poxtA*- and *optrA*-co-carrying conjugative multiresistance plasmid from *Enterococcus faecalis*[J]. J Antimicrob Chemother, 74(7): 1771-1775.

Hartman B J, Tomasz A. 1984. Low-affinity penicillin-binding protein associated with beta-lactam resistance in *Staphylococcus aureus*[J]. J Bacteriol, 158(2): 513-516.

Hassen B, Saloua B, Abbassi M S, et al. 2019. Mcr-1 encoding colistin resistance in CTX-M-1/CTX-M-15- producing *Escherichia coli* isolates of bovine and caprine origins in Tunisia. First report of CTX-M-15- ST394/D *E. coli* from goats[J]. Comp Immunol Microbiol Infect Dis, 67: 101366.

Hata E, Katsuda K, Kobayashi H, et al. 2010. Genetic variation among *Staphylococcus aureus* strains from bovine milk and their relevance to methicillin-resistant isolates from humans[J]. J Clin Microbiol, 48(6): 2130-2139.

Hathaway S C. 1997. Development of food safety risk assessment guidelines for foods of animal origin in international trade (dagger)[J]. J Food Prot, 60(11): 1432-1438.

He D, Wang L, Zhao S, et al. 2020. A novel tigecycline resistance gene, *tet*(X6), on an SXT/R391 integrative and conjugative element in a *Proteus genomospecies* 6 isolate of retail meat origin[J]. J Antimicrob Chemother, 75(5): 1159-1164.

He L Y, Liu Y S, Su H C, et al. 2014. Dissemination of antibiotic resistance genes in representative broiler feedlots environments: identification of indicator ARGs and correlations with environmental variables[J]. Environ Sci Technol, 48(22): 13120-13129.

He L Y, Ying G G, Liu Y S, et al. 2016a. Discharge of swine wastes risks water quality and food safety: Antibiotics and antibiotic resistance genes from swine sources to the receiving environments[J]. Environ Int, 92-93(Jul.-Aug.): 210-219.

He T, Shen Y, Schwarz S, et al. 2016b. Genetic environment of the transferable oxazolidinone/phenicol resistance gene optrA in *Enterococcus faecalis* isolates of human and animal origin[J]. J Antimicrob Chemother, 71(6): 1466-1473.

He T, Wang R, Liu D, et al. 2019. Emergence of plasmid-mediated high-level tigecycline resistance genes in animals and humans[J]. Nat Microbiol, 4(9): 1450-1456.

He T, Wang Y, Sun L, et al. 2017a. Occurrence and characterization of bla_{NDM-5}-positive *Klebsiella pneumoniae* isolates from dairy cows in Jiangsu, China[J]. J Antimicrob Chemother, 72(1): 90-94.

He T, Wei R, Zhang L, et al. 2017b. Characterization of NDM-5-positive extensively resistant *Escherichia coli* isolates from dairy cows[J]. Vet Microbiol, 207: 153-158.

Helsens N, Calvez S, Prevost H, et al. 2020. Antibiotic resistance genes and bacterial communities of farmed *Rainbow Trout* fillets (*Oncorhynchus mykiss*)[J]. Front Microbiol, 11: 590902.

Hernandez M, Iglesias M R, Rodriguez-Lazaro D, et al. 2017. Co-occurrence of colistin-resistance genes mcr-1 and mcr-3 among multidrug-resistant *Escherichia coli* isolated from cattle, Spain, September 2015[J]. Euro Surveill, 22(31): 30586.

Hiroi M, Yamazaki F, Harada T, et al. 2012. Prevalence of extended-spectrum beta-lactamase-producing *Escherichia coli* and *Klebsiella pneumoniae* in food-producing animals[J]. J Vet Med Sci, 74(2): 189-195.

Hishamunda N, Subasinghe R P. 2003. Aquaculture development in China: the role of public sector policies[R].

Food and Agriculture Organization of the United Nations.

Ho P L, Chow K H, Lai E L, et al. 2012. Clonality and antimicrobial susceptibility of *Staphylococcus aureus* and methicillin-resistant *S. aureus* isolates from food animals and other animals[J]. J Clin Microbiol, 50(11): 3735-3737.

Ho P L, Wang Y, Liu M C, et al. 2018. IncX3 epidemic plasmid carrying *bla*$_{NDM-5}$ in *Escherichia coli* from swine in multiple geographic areas in China[J]. Antimicrob Agents Chemother, 62(3): e02295- 02217.

Hochhut B, Lotfi Y, Mazel D, et al. 2001. Molecular analysis of antibiotic resistance gene clusters in vibrio cholerae O139 and O1 SXT constins[J]. Antimicrob Agents Chemother, 45(11): 2991-3000.

Hong J S, Song W, Jeong S H. 2020. Molecular characteristics of NDM-5-Producing *Escherichia coli* from a cat and a dog in South Korea[J]. Microb Drug Resist, 26(8): 1005-1008.

Hong P Y, Li X, Yang X, et al. 2012. Monitoring airborne biotic contaminants in the indoor environment of pig and poultry confinement buildings[J]. Environ Microbiol, 14(6): 1420-1431.

Horton R A, Duncan D, Randall L P, et al. 2016. Longitudinal study of CTX-M ESBL-producing *E. coli* strains on a UK dairy farm[J]. Res Vet Sci, 109: 107-113.

Hu H W, Wang J T, Li J, et al. 2016. Field-based evidence for copper contamination induced changes of antibiotic resistance in agricultural soils[J]. Environ Microbiol, 18(11): 3896-3909.

Hu M, Nandi S, Davies C, et al. 2005. High-level chromosomally mediated tetracycline resistance in *Neisseria gonorrhoeae* results from a point mutation in the *rpsJ* gene encoding ribosomal protein S10 in combination with the *mtrR* and *penB* resistance determinants[J]. Antimicrob Agents Chemother, 49(10): 4327-4334.

Hu W S, Kim H, Koo O K. 2018. Molecular genotyping, biofilm formation and antibiotic resistance of enterotoxigenic *Clostridium perfringens* isolated from meat supplied to school cafeterias in South Korea[J]. Anaerobe, 52: 115-121.

Hu Y, Li F, Zheng Y, et al. 2020. Isolation, molecular characterization and antibiotic susceptibility pattern of vibrio parahaemolyticus from aquatic products in the Southern Fujian Coast, China[J]. J Microbiol Biotechnol, 30(6): 856-867.

Huang J J, Hu H Y, Lu S Q, et al. 2012. Monitoring and evaluation of antibiotic-resistant bacteria at a municipal wastewater treatment plant in China[J]. Environ Int, 42: 31-36.

Huang J, Sun J, Wu Y, et al. 2019. Identification and pathogenicity of an XDR *Streptococcus suis* isolate that harbours the phenicol-oxazolidinone resistance genes *optrA* and *cfr*, and the bacitracin resistance locus *bcrABDR*[J]. Int J Antimicrob Agents, 54(1): 43-48.

Huang K, Zhang Q, Song Y, et al. 2016. Characterization of spectinomycin resistance in *Streptococcus suis* leads to two novel insights into drug resistance formation and dissemination mechanism[J]. Antimicrob Agents Chemother, 60(10): 6390-6392.

Huang L, Yuan H, Liu M F, et al. 2017. Type B Chloramphenicol acetyltransferases are responsible for chloramphenicol resistance in *Riemerella anatipestifer*, China[J]. Front Microbiol, 8: 297.

Huang X, Liu C, Li K, et al. 2013. Occurrence and distribution of veterinary antibiotics and tetracycline resistance genes in farmland soils around swine feedlots in Fujian Province, China[J]. Environ Sci Pollut Res Int, 20(12): 9066-9074.

Huletsky A, Knox J R, Levesque R C. 1993. Role of Ser-238 and Lys-240 in the hydrolysis of third-generation cephalosporins by SHV-type beta-lactamases probed by site-directed mutagenesis and three-dimensional modeling[J]. J Biol Chem, 268(5): 3690-3697.

Hurd H S, Doores S, Hayes D, et al. 2004. Public health consequences of macrolide use in food animals: a deterministic risk assessment[J]. J Food Prot, 67(5): 980-992.

Hurd H S, Malladi S. 2008. A stochastic assessment of the public health risks of the use of macrolide antibiotics in food animals[J]. Risk Anal, 28(3): 695-710.

Ian P. 2007. Withdrawal of growth-promoting antibiotics in Europe and its effects in relation to human health[J]. Int J Antimicrob Agents, 30(2): 101-107.

Ibrahim D R, Dodd C E, Stekel D J, et al. 2016. Multidrug resistant, extended spectrum beta-lactamase (ESBL)-producing *Escherichia coli* isolated from a dairy farm[J]. FEMS Microbiol Ecol, 92(4): fiw013.

Icgen B, Yilmaz F. 2014. Co-occurrence of antibiotic and heavy metal resistance in Kzlrmak River Isolates[J].

Bull Environ Contam Toxicol, 93(6): 735-743.

Ichikawa T, Oshima M, Yamagishi J, et al. 2020. Changes in antimicrobial resistance phenotypes and genotypes in *Streptococcus suis* strains isolated from pigs in the Tokai area of Japan[J]. J Vet Med Sci, 82(1): 9-13.

Irrgang A, Roschanski N, Tenhagen B A, et al. 2016. Prevalence of mcr-1 in *E. coli* from livestock and food in Germany, 2010-2015[J]. PLoS One, 11(7): e0159863.

Ivbule M, Miklasevics E, Cupane L, et al. 2017. Presence of methicillin-resistant *Staphylococcus aureus* in slaughterhouse environment, pigs, carcasses, and workers[J]. J Vet Res, 61(3): 267-277.

Jacobs L, Chenia H Y. 2007. Characterization of integrons and tetracycline resistance determinants in *Aeromonas* spp. isolated from South African aquaculture systems[J]. Int J Food Microbiol, 114(3): 295-306.

Jamali H, Paydar M, Ismail S, et al. 2015. Prevalence, antimicrobial susceptibility and virulotyping of *Listeria* species and *Listeria monocytogenes* isolated from open-air fish markets[J]. BMC Microbiol, 15(1): 144.

Janecko N, Martz S L, Avery B P, et al. 2016. Carbapenem-resistant *Enterobacter* spp. in Retail seafood imported from Southeast Asia to Canada[J]. Emerg Infect Dis, 22(9): 1675-1677.

Jang H M, Kim Y B, Choi S, et al. 2016. Prevalence of antibiotic resistance genes from effluent of coastal aquaculture, South Korea[J]. Environ Pollut, 233: 1049-1057.

Japan F S C O. 2014. Fluoroquinolone antimicrobials for chickens[J]. Food Safety, 2(4): 171-175.

Jay P Y, Suresh C D, Pankaj D, et al. 2017. Molecular characterization and antimicrobial resistance profile of *Clostridium perfringens* type A isolates from humans, animals, fish and their environment[J]. Anaerobe, 47: 120-124.

Jessica A W, Daouda A T, Trudi L B, et al. 2016. TcpM: a novel relaxase that mediates transfer of large conjugative plasmids from *Clostridium perfringens*[J]. Mol Microbiol, 99(5): 884-896.

Jessica A W, Julian I R. 2017. The Tcp conjugation system of *Clostridium perfringens*[J]. Plasmid, 91: 28-36.

Ji X, Shen Q, Liu F, et al. 2012. Antibiotic resistance gene abundances associated with antibiotics and heavy metals in animal manures and agricultural soils adjacent to feedlots in Shanghai, China[J]. J Hazard Mater, 235-236(OCT.15): 178-185.

Jia S, Zhang X X, Miao Y, et al. 2017. Fate of antibiotic resistance genes and their associations with bacterial community in livestock breeding wastewater and its receiving river water[J]. Water Res, 124: 259-268.

Jiang H X, Tang D, Liu Y H, et al. 2012. Prevalence and characteristics of beta-lactamase and plasmid-mediated quinolone resistance genes in *Escherichia coli* isolated from farmed fish in China[J]. J Antimicrob Chemother, 67(10): 2350-2353.

Johansson A, Greko C, Engstrom B E, et al. 2004. Antimicrobial susceptibility of Swedish, Norwegian and Danish isolates of *Clostridium perfringens* from poultry, and distribution of tetracycline resistance genes[J]. Vet Microbiol, 99(3-4): 251-257.

Johnsen P J, Townsend J P, Bohn T, et al. 2009. Factors affecting the reversal of antimicrobial-drug resistance[J]. Lancet Infect Dis, 9(6): 357-364.

Johnson T A, Stedtfeld R D, Wang Q, et al. 2016. Clusters of antibiotic resistance genes enriched together stay together in Swine Agriculture[J]. mBio, 7(2): e02214-02215.

Johnstone F R, Cockcroft W H. 1968. *Clostridium welchii* resistance to tetracycline[J]. Lancet, 291(7544): 660-661.

Jordan D, Simon J, Fury S, et al. 2011. Carriage of methicillin-resistant *Staphylococcus aureus* by veterinarians in Australia[J]. Aust Vet J, 89(5): 152-159.

Joseph S W, Debell R M, Brown W P. 1978. In vitro response to chloramphenicol, tetracycline, ampicillin, gentamicin, and beta-lactamase production by halophilic vibrios from human and environmental sources[J]. Antimicrob Agents Chemother, 13(2): 244-248.

Joy S R, Li X, Snow D D, et al. 2014. Fate of antimicrobials and antimicrobial resistance genes in simulated swine manure storage[J]. Sci Total Environ, 481: 69-74.

Juan T D, Miranda P V D H, Christian D L F, et al. 2017. Mutations in the quinolone resistance determining region conferring resistance to fluoroquinolones in *Mycoplasma agalactiae*[J]. Vet Microbiol, 207: 63-68.

Jutkina J, Rutgersson C, Flach C F, et al. 2016. An assay for determining minimal concentrations of antibiotics that drive horizontal transfer of resistance[J]. Sci Total Environ, 548-549: 131-138.

Kaczmarek F M, Dib-Hajj F, Shang W, et al. 2006. High-level carbapenem resistance in a *Klebsiella pneumoniae* clinical isolate is due to the combination of bla_{ACT-1} beta-lactamase production, porin OmpK35/36 insertional inactivation, and down-regulation of the phosphate transport porin phoe[J]. Antimicrob Agents Chemother, 50(10): 3396-3406.

Kadlec K, Brenner Michael G, Sweeney M T, et al. 2011. Molecular basis of macrolide, triamilide, and lincosamide resistance in *Pasteurella multocida* from bovine respiratory disease[J]. Antimicrob Agents Chemother, 55(5): 2475-2477.

Kahn L H. 2017. Antimicrobial resistance: a one health perspective[J]. Trans R Soc Trop Med Hyg, 111(6): 255-260.

Kang M, Zhou R, Liu L, et al. 2009. Analysis of an *Actinobacillus pleuropneumoniae* multi-resistance plasmid, pHB0503[J]. Plasmid, 61(2): 135-139.

Kang Z Z, Lei C W, Kong L H, et al. 2019. Detection of transferable oxazolidinone resistance determinants in *Enterococcus faecalis* and *Enterococcus faecium* of swine origin in Sichuan Province, China[J]. J Glob Antimicrob Resist, 19: 333-337.

Karamizadeh S, Abdullah S M, Manaf A A, et al. 2013. An overview of principal component analysis[J]. JSIP, 4(3B): 173-175.

Karp B E, Leeper M M, Chen J C, et al. 2020. Multidrug-resistant salmonella serotype anatum in travelers and seafood from Asia, United States[J]. Emerg Infect Dis, 26(5): 1030-1033.

Kather E J, Marks S L, Foley J E. 2006. Determination of the prevalence of antimicrobial resistance genes in canine *Clostridium perfringens* isolates[J]. Vet Microbiol, 113(1-2): 97-101.

Kawanishi M, Abo H, Ozawa M, et al. 2017. Prevalence of colistin resistance gene *mcr-1* and absence of *mcr-2* in *Escherichia coli* isolated from healthy food-producing animals in Japan[J]. Antimicrob Agents Chemother, 61(1): e02057-02016.

Kehrenberg C, Schwarz S. 2005. Florfenicol-chloramphenicol exporter gene *fexA* is part of the novel transposon Tn*558*[J]. Antimicrob Agents Chemother, 49(2): 813-815.

Khalifa H O, Oreiby A F, Abd El-Hafeez A A, et al. 2020. First report of multidrug-resistant carbapenemase-producing bacteria coharboring *mcr-9* associated with respiratory disease complex in pets: potential of animal-human transmission[J]. Antimicrob Agents Chemother, 65(1): e01890-01820.

Khalil D, Becker C A M, Tardy F. 2016. Alterations in the quinolone resistance-determining regions and fluoroquinolone resistance in clinical isolates and laboratory-derived mutants of *Mycoplasma bovis*: not All genotypes may be equal[J]. Appl Environ Microbiol, 82(4): 1060-1068.

Khalil D, Becker C A M, Tardy F. 2017. Monitoring the decrease in susceptibility to ribosomal RNAs targeting antimicrobials and its molecular basis in clinical *Mycoplasma bovis* isolates over time[J]. Microb Drug Resist, 23(6): 799-811.

Khan S B, Khan M A, Ahmad I, et al. 2019. Phentotypic, gentotypic antimicrobial resistance and pathogenicity of *Salmonella* enterica serovars *Typimurium* and *Enteriditis* in poultry and poultry products[J]. Microb Pathog, 129: 118-124.

Khan S B, Khan M A, Khan H U, et al. 2020. Distribution of antibiotic resistance and antibiotic resistant genes in *Campylobacter jejuni* isolated from poultry in North West of Pakistan[J]. Pak J Zool, 53: 79-85.

Khanna T, Friendship R, Dewey C, et al. 2008. Methicillin resistant *Staphylococcus aureus* colonization in pigs and pig farmers[J]. Vet Microbiol, 128(3-4): 298-303.

Kheiri R, Akhtari L. 2016. Antimicrobial resistance and integron gene cassette arrays in commensal *Escherichia coli* from human and animal sources in IRI[J]. Gut Pathog, 8(1): 40.

Kieffer N, Aires-De-Sousa M, Nordmann P, et al. 2017. High rate of MCR-1-producing *Escherichia coli* and *Klebsiella pneumoniae* among pigs, Portugal[J]. Emerg Infect Dis, 23(12): 2023-2029.

Kieffer N, Nordmann P, Moreno A M, et al. 2018. Genetic and functional characterization of an MCR-3-like enzyme-producing *Escherichia coli* isolate recovered from swine in Brazil[J]. Antimicrob Agents Chemother, 62(7): e00278-00218.

Kim S Y, Kuppusamy S, Kim J H, et al. 2016. Occurrence and diversity of tetracycline resistance genes in the agricultural soils of South Korea[J]. Environ Sci Pollut Res Int, 23(21): 22190-22196.

Kim Y B, Seo K W, Son S H, et al. 2019. Genetic characterization of high-level aminoglycoside-resistant *Enterococcus faecalis* and *Enterococcus faecium* isolated from retail chicken meat[J]. Poult Sci, 98(11): 5981-5988.

King D, Strynadka N. 2011. Crystal structure of new delhi metallo-beta-lactamase reveals molecular basis for antibiotic resistance[J]. Protein Sci, 20(9): 1484-1491.

Kirchhelle C. 2018. Pharming animals: a global history of antibiotics in food production (1935–2017)[J]. Palgrave Commun, 4(1): 1-13.

Kiu R, Caim S, Alexander S, et al. 2017. Probing genomic aspects of the multi-host pathogen clostridium perfringens reveals significant pangenome diversity, and a diverse array of virulence factors[J]. Front Microbiol, 8: 2485.

Klare I, Badstubner D, Konstabel C, et al. 1999. Decreased incidence of VanA-type vancomycin-resistant enterococci isolated from poultry meat and from fecal samples of humans in the community after discontinuation of avoparcin usage in animal husbandry[J]. Microb Drug Resist, 5(1): 45-52.

Knapp C W, Mccluskey S, Singh B K, et al. 2011. Antibiotic resistance gene abundances correlate with metal and geochemical conditions in archived Scottish soils[J]. PLoS One, 6(11): e27300.

Knothe H, Shah P, Krcmery V, et al. 1983. Transferable resistance to cefotaxime, cefoxitin, cefamandole and cefuroxime in clinical isolates of *Klebsiella pneumoniae* and *Serratia marcescens*[J]. Infection, 11(6): 315-317.

Kock R, Daniels-Haardt I, Becker K, et al. 2018. Carbapenem-resistant *Enterobacteriaceae* in wildlife, food-producing, and companion animals: a systematic review[J]. Clin Microbiol Infect, 24(12): 1241-1250.

Kohanski M A, Dwyer D J, Collins J J. 2010. How antibiotics kill bacteria: from targets to networks[J]. Nat Rev Microbiol, 8(6): 423-435.

Kong L H, Lei C W, Ma S Z, et al. 2017. Various sequence types of *Escherichia coli* isolates coharboring bla_{NDM-5} and *mcr-1* genes from a commercial swine farm in China[J]. Antimicrob Agents Chemother, 61(3): e02167-02116.

Koren J, Vaculikova A. 2006. Development of beta-lactamase resistance in enterobacteria[J]. Klin Mikrobiol Infekc Lek, 12(3): 103-107.

Kourtesi C, Ball A R, Huang Y Y, et al. 2013. Microbial efflux systems and inhibitors: approaches to drug discovery and the challenge of clinical implementation[J]. Open Microbiol J, 7: 34-52.

Krahn T, Wibberg D, Maus I, et al. 2016. Intraspecies transfer of the chromosomal acinetobacter baumannii blaNDM-1 carbapenemase gene[J]. Antimicrob Agents Chemother, 60(5): 3032-3040.

Kucerova Z, Hradecka H, Nechvatalova K, et al. 2011. Antimicrobial susceptibility of *Actinobacillus pleurop-neumoniae* isolates from clinical outbreaks of porcine respiratory diseases[J]. Vet Microbiol, 150(1-2): 203-206.

Kuroda T, Tsuchiya T. 2009. Multidrug efflux transporters in the MATE family[J]. Biochim Biophys Acta, 1794(5): 763-768.

Kussell E, Leibler S. 2005. Phenotypic diversity, population growth, and information in fluctuating environments[J]. Science, 309(5743): 2075-2078.

Kusumoto M, Ogura Y, Gotoh Y, et al. 2016. Colistin-Resistant *mcr-1*-positive pathogenic *Escherichia coli* in swine, Japan, 2007-2014[J]. Emerg Infect Dis, 22(7): 1315-1317.

Lammerding A M, Fazil A. 2000. Hazard identification and exposure assessment for microbial food safety risk assessment[J]. Int J Food Microbiol, 58(3): 147-157.

Lammerding A. 2007. Using microbiological risk assessment (MRA) in food safety: Summary report of a workshop in Prague, Czech Republic. Prague, Czech Republic: ILSI Europe Report Series[R]. ILSI Europe.

Lancashire J F, Terry T D, Blackall P J, et al. 2005. Plasmid-encoded Tet B tetracycline resistance in *Haemophilus parasuis*[J]. Antimicrob Agents Chemother, 49(5): 1927-1931.

Larsen J, Imanishi M, Hinjoy S, et al. 2012. Methicillin-resistant *Staphylococcus aureus* ST9 in pigs in Thailand[J]. PLoS One, 7(2): e31245.

Larsen M V, Cosentino S, Lukjancenko O, et al. 2014. Benchmarking of methods for genomic taxonomy[J]. J

Clin Microbiol, 52(5): 1529-1539.

Laubacher M E, Ades S E. 2008. The Rcs phosphorelay is a cell envelope stress response activated by peptidoglycan stress and contributes to intrinsic antibiotic resistance[J]. J Bacteriol, 190(6): 2065-2074.

Laube H, Friese A, Von Salviati C, et al. 2014. Transmission of ESBL/AmpC-producing *Escherichia coli* from broiler chicken farms to surrounding areas[J]. Vet Microbiol, 172(3-4): 519-527.

Laurens V D M, Hinton G. 2008. Visualizing Data using t-SNE[J]. J Mach Learn Res, 9(2605): 2579-2605.

Lauretti L, Riccio M L, Mazzariol A, et al. 1999. Cloning and characterization of blaVIM, a new integron-borne metallo-beta-lactamase gene from a *Pseudomonas aeruginosa* clinical isolate[J]. Antimicrob Agents Chemother, 43(7): 1584-1590.

Lavigne J P, Sotto A, Nicolas-Chanoine M H, et al. 2013. An adaptive response of *Enterobacter aerogenes* to imipenem: regulation of porin balance in clinical isolates[J]. Int J Antimicrob Agents, 41(2): 130-136.

Le Carrou J, Laurentie M, Kobisch M, et al. 2006. Persistence of *Mycoplasma hyopneumoniae* in experimentally infected pigs after marbofloxacin treatment and detection of mutations in the *parC* gene[J]. Antimicrob Agents Chemother, 50(6): 1959-1966.

Lee D Y, Ha J H, Lee M K, et al. 2017. Antimicrobial susceptibility and serotyping of *Listeria monocytogenes* isolated from ready-to-eat seafood and food processing environments in Korea[J]. Food Sci Biotechnol, 26(1): 287-291.

Lee E W, Chen J, Huda M N, et al. 2003. Functional cloning and expression of *emeA*, and characterization of EmeA, a multidrug efflux pump from *Enterococcus faecalis*[J]. Biol Pharm Bull, 26(2): 266-270.

Lee H J, Hoel S, Lunestad B T, et al. 2021. *Aeromonas* spp. isolated from ready-to-eat seafood on the Norwegian market: prevalence, putative virulence factors and antimicrobial resistance[J]. J Appl Microbiol, 130(4): 1380-1393.

Lee S, Teng L, Dilorenzo N, et al. 2019. Prevalence and molecular characteristics of extended-spectrum and ampC beta-Lactamase producing *Escherichia coli* in Grazing Beef Cattle[J]. Front Microbiol, 10: 3076.

Lei C W, Kang Z Z, Wu S K, et al. 2019. Detection of the phenicol-oxazolidinone-tetracycline resistance gene poxtA in *Enterococcus faecium* and *Enterococcus faecalis* of food-producing animal origin in China[J]. J Antimicrob Chemother, 74(8): 2459-2461.

Lei L, Wang Y, Schwarz S, et al. 2017. mcr-1 in Enterobacteriaceae from companion animals, Beijing, China, 2012-2016[J]. Emerg Infect Dis, 23(4): 710-711.

Lei T, Jiang F, He M, et al. 2020. Prevalence, virulence, antimicrobial resistance, and molecular characterization of fluoroquinolone resistance of *Vibrio parahaemolyticus* from different types of food samples in China[J]. Int J Food Microbiol, 317: 108461.

Lentz S A, De Lima-Morales D, Cuppertino V M, et al. 2016. Letter to the editor: *Escherichia coli* harbouring mcr-1 gene isolated from poultry not exposed to polymyxins in Brazil[J]. Euro Surveill, 21(26): 30267.

Letourneau V, Nehme B, Meriaux A, et al. 2010. Human pathogens and tetracycline-resistant bacteria in bioaerosols of swine confinement buildings and in nasal flora of hog producers[J]. Int J Hyg Environ Health, 213(6): 444-449.

Levin B R, Rozen D E. 2006. Non-inherited antibiotic resistance[J]. Nat Rev Microbiol, 4(7): 556-562.

Levin-Reisman I, Ronin I, Gefen O, et al. 2017. Antibiotic tolerance facilitates the evolution of resistance[J]. Science, 355(6327): 826-830.

Li B B, Shen J Z, Cao X Y, et al. 2010. Mutations in 23S rRNA gene associated with decreased susceptibility to tiamulin and valnemulin in *Mycoplasma gallisepticum*[J]. FEMS Microbiol Lett, 308(2): 144-149.

Li B, Yang Y, Ma L, et al. 2015a. Metagenomic and network analysis reveal wide distribution and co-occurrence of environmental antibiotic resistance genes[J]. ISME J, 9(11): 2490-2502.

Li B, Zhang Y, Wei J, et al. 2015b. Characterization of a novel small plasmid carrying the florfenicol resistance gene floR in *Haemophilus parasuis*[J]. J Antimicrob Chemother, 70(11): 3159-3161.

Li D, Wang Y, Schwarz S, et al. 2016a. Co-location of the oxazolidinone resistance genes *optrA* and *cfr* on a multiresistance plasmid from *Staphylococcus sciuri*[J]. J Antimicrob Chemother, 71(6): 1474-1478.

Li D, Wu C, Wang Y, et al. 2015c. Identification of multiresistance gene *cfr* in methicillin-resistant *Staphylococcus aureus* from pigs: plasmid location and integration into a staphylococcal cassette chromosome mec complex[J]. Antimicrob Agents Chemother, 59(6): 3641-3644.

Li J, Adams V, Bannam T L, et al. 2013. Toxin plasmids of *Clostridium perfringens*[J]. Microbiol Mol Biol Rev, 77(2): 208-233.

Li J, Bi Z, Ma S, et al. 2019a. Inter-host transmission of carbapenemase-producing *Escherichia coli* among humans and backyard animals[J]. Environ Health Perspect, 127(10): 107009.

Li J, Jiang N, Ke Y, et al. 2017a. Characterization of pig-associated methicillin-resistant *Staphylococcus aureus*[J]. Vet Microbiol, 201: 183-187.

Li J, Shi X, Yin W, et al. 2017b. A multiplex SYBR green real-time PCR assay for the detection of three colistin resistance genes from cultured bacteria, feces, and environment samples[J]. Front Microbiol, 8: 2078.

Li J, Wang T, Shao B, et al. 2012. Plasmid-mediated quinolone resistance genes and antibiotic residues in wastewater and soil adjacent to swine feedlots: potential transfer to agricultural lands[J]. Environ Health Perspect, 120(8): 1144-1149.

Li J, Yao M S. 2018. State-of-the-art status on airborne antibiotic resistant bacteria and antibiotic resistance genes[J]. Chi J Pre Med, 52(4): 440-445.

Li J, Zhou Y, Yang D, et al. 2020a. Prevalence and antimicrobial susceptibility of *Clostridium perfringens* in chickens and pigs from Beijing and Shanxi, China[J]. Vet Microbiol, 252: 108932.

Li L G, Xia Y, Zhang T. 2017c. Co-occurrence of antibiotic and metal resistance genes revealed in complete genome collection[J]. ISME J, 11(3): 651-662.

Li L, Zhou L, Wang L, et al. 2015d. Characterization of methicillin-resistant and -susceptible staphylococcal isolates from bovine milk in northwestern China[J]. PLoS One, 10(3): e0116699.

Li R, Peng K, Li Y, et al. 2020b. Exploring tet(X)-bearing tigecycline-resistant bacteria of swine farming environments[J]. Sci Total Environ, 733: 139306.

Li S M, Zhou Y F, Li L, et al. 2018a. Characterization of the multi-drug resistance gene *cfr* in methicillin-resistant *Staphylococcus aureus* (MRSA) strains isolated from animals and humans in China[J]. Front Microbiol, 9: 2925.

Li S, Liu J, Zhou Y, et al. 2017d. Characterization of ESBL-producing *Escherichia coli* recovered from companion dogs in Tai'an, China[J]. J Infect Dev Ctries, 11(3): 282-286.

Li S, Zhao M, Liu J, et al. 2016b. Prevalence and antibiotic resistance profiles of extended-spectrum beta-lactamase-producing *Escherichia coli* isolated from healthy broilers in Shandong Province, China[J]. J Food Prot, 79(7): 1169-1173.

Li T, Shan M, He J, et al. 2017e. *Riemerella anatipestifer* M949_0459 gene is responsible for the bacterial resistance to tigecycline[J]. Oncotarget, 8(57): 96615.

Li X P, Fang L X, Jiang P, et al. 2017f. Emergence of the colistin resistance gene *mcr-1* in *Citrobacter freundii*[J]. Int J Antimicrob Agents, 49(6): 786-787.

Li X P, Fang L X, Song J Q, et al. 2016c. Clonal spread of *mcr-1* in PMQR-carrying ST34 *Salmonella* isolates from animals in China[J]. Sci Rep, 6: 38511.

Li X Z, Nikaido H, Poole K. 1995. Role of MexA-MexB-OprM in antibiotic efflux in *Pseudomonas aeruginosa*[J]. Antimicrob Agents Chemother, 39(9): 1948-1953.

Li Y, Da Silva G C, Li Y, et al. 2018b. Evidence of illegitimate recombination between two pasteurellaceae plasmids resulting in a novel multi-resistance replicon, pM3362MDR, in *Actinobacillus pleuropneumoniae*[J]. Front Microbiol, 9: 2489.

Li Y, Liao H, Yao H. 2019b. Prevalence of antibiotic resistance genes in air-conditioning systems in hospitals, farms, and residences[J]. Int J Environ Res Public Health, 16(5): 683.

Li Y, Shen Z, Ding S, et al. 2020c. A TaqMan-based multiplex real-time PCR assay for the rapid detection of tigecycline resistance genes from bacteria, faeces and environmental samples[J]. BMC Microbiol, 20(1): 174.

Liao X P, Liu B T, Yang Q E, et al. 2013. Comparison of plasmids coharboring 16S rRna methylase and extended-spectrum beta-lactamase genes among *Escherichia coli* isolates from pets and poultry[J]. J Food Prot, 76(12): 2018-2023.

Lifshitz Z, Sturlesi N, Parizade M, et al. 2018. Distinctiveness and similarities between extended-spectrum beta-lactamase-producing *Escherichia coli* isolated from cattle and the community in Israel[J]. Microb Drug Resist, 24(6): 868-875.

Likotrafiti E, Oniciuc E A, Prieto M, et al. 2018. Risk assessment of antimicrobial resistance along the food chain through culture-independent methodologies[J]. EFSA J, 16: e160811.

Lim S K, Nam H M, Jang G C, et al. 2012. The first detection of methicillin-resistant *Staphylococcus aureus* ST398 in pigs in Korea[J]. Vet Microbiol, 155(1): 88-92.

Lima Barbieri N, Nielsen D W, Wannemuehler Y, et al. 2017. mcr-1 identified in avian pathogenic *Escherichia coli* (APEC)[J]. PLoS One, 12(3): e0172997.

Lima D F, Cohen R W, Rocha G A, et al. 2017. Genomic information on multidrug-resistant livestock-associated methicillin-resistant *Staphylococcus aureus* ST398 isolated from a Brazilian patient with cystic fibrosis[J]. Mem Inst Oswaldo Cruz, 112(1): 79-80.

Lin J, Michel L O, Zhang Q. 2002. CmeABC functions as a multidrug efflux system in *Campylobacter jejuni*[J]. Antimicrob Agents Chemother, 46(7): 2124-2131.

Lin Y, Barker E, Kislow J, et al. 2011. Evidence of multiple virulence subtypes in nosocomial and community-associated MRSA genotypes in companion animals from the upper midwestern and northeastern United States[J]. Clin Med Res, 9(1): 7-16.

Lindqvist R, Langerholc T, Ranta J, et al. 2020. A common approach for ranking of microbiological and chemical hazards in foods based on risk assessment-useful but is it possible?[J]. Crit Rev Food Sci Nutr, 60(20): 3461-3474.

Ling A L, Pace N R, Hernandez M T, et al. 2013. Tetracycline resistance and Class 1 integron genes associated with indoor and outdoor aerosols[J]. Environ Sci Technol, 47(9): 4046-4052.

Ling Z, Yin W, Shen Z, et al. 2020. Epidemiology of mobile colistin resistance genes *mcr-1* to *mcr-9*[J]. J Antimicrob Chemother, 75(11): 3087-3095.

Linkevicius M, Sandegren L, Andersson D I. 2016. Potential of tetracycline resistance proteins to evolve tigecycline resistance[J]. Antimicrob Agents Chemother, 60(2): 789-796.

Liu B T, Song F J, Zou M, et al. 2017a. Emergence of colistin resistance gene mcr-1 in *Cronobacter sakazakii* producing NDM-9 and in *Escherichia coli* from the same animal[J]. Antimicrob Agents Chemother, 61(2): e01444-01416.

Liu B T, Song F J, Zou M, et al. 2017b. High incidence of *Escherichia coli* strains coharboring mcr-1 and bla (NDM) from chickens[J]. Antimicrob Agents Chemother, 61(3): e02347-02316.

Liu D, Deng F, Gao Y, et al. 2017c. Dissemination of *erm*(B) and its associated multidrug-resistance genomic islands in *Campylobacter* from 2013 to 2015[J]. Vet Microbiol, 204: 20-24.

Liu D, Li X, Liu W, et al. 2019a. Characterization of multiresistance gene *cfr*(C) variants in *Campylobacter* from China[J]. J Antimicrob Chemother, 74(8): 2166-2170.

Liu D, Liu W, Lv Z, et al. 2019b. Emerging erm(B)-mediated macrolide resistance associated with novel multidrug resistance genomic islands in *Campylobacter*[J]. Antimicrob Agents Chemother, 63(7): e00153-00119.

Liu D, Song H, Ke Y, et al. 2020a. Co-existence of two novel phosphoethanolamine transferase gene variants in *Aeromonas jandaei* from retail fish[J]. Int J Antimicrob Agents, 55(1): 105856.

Liu D, Zhai W, Song H, et al. 2020b. Identification of the novel tigecycline resistance gene tet(X6) and its variants in *Myroides*, *Acinetobacter* and *Proteus* of food animal origin[J]. J Antimicrob Chemother, 75(6): 1428-1431.

Liu D J, Liu W W, Li X, et al. 2020c. Presence and antimicrobial susceptibility of RE-*cmeABC*-positive *Campylobacter* isolated from food-producing animals, 2014-2016[J]. Engineering, 6(1): 34-39.

Liu G, Ali T, Gao J, et al. 2020c. Co-Occurrence of plasmid-mediated colistin resistance (mcr-1) and extended-spectrum beta-lactamase encoding genes in *Escherichia coli* from bovine mastitic milk in China[J]. Microb Drug Resist, 26(6): 685-696.

Liu H, Wang Y, Wu C, et al. 2012a. A novel phenicol exporter gene, *fexB*, found in enterococci of animal origin[J]. J Antimicrob Chemother, 67(2): 322-325.

Liu S S, Qu H M, Yang D, et al. 2018a. Chlorine disinfection increases both intracellular and extracellular antibiotic resistance genes in a full-scale wastewater treatment plant[J]. Water Res, 136: 131-136.

Liu X, Li R, Zheng Z, et al. 2017d. Molecular characterization of *Escherichia coli* isolates carrying *mcr-1*, *fosA3*, and extended-spectrum-beta-lactamase genes from food samples in China[J]. Antimicrob Agents Chemother, 61(6): e00064-00017.

Liu X, Liu H, Li Y, et al. 2016a. High prevalence of beta-lactamase and plasmid-mediated quinolone resistance genes in extended-spectrum cephalosporin-resistant *Escherichia coli* from dogs in Shaanxi, China[J]. Front Microbiol, 7: 1843.

Liu X, Liu H, Wang L, et al. 2018b. Molecular characterization of extended-spectrum beta-lactamase-producing multidrug resistant *Escherichia coli* from swine in Northwest China[J]. Front Microbiol, 9: 1756.

Liu X, Thungrat K, Boothe D M. 2016b. Occurrence of OXA-48 carbapenemase and other beta-lactamase genes in ESBL-producing multidrug resistant *Escherichia coli* from dogs and cats in the United States, 2009-2013[J]. Front Microbiol, 7: 1057.

Liu Y Y, Wang Y, Walsh T R, et al. 2016c. Emergence of plasmid-mediated colistin resistance mechanism MCR-1 in animals and human beings in China: a microbiological and molecular biological study[J]. Lancet Infect Dis, 16(2): 161-168.

Liu Y, Wang Y, Dai L, et al. 2014a. First report of multiresistance gene *cfr* in *Enterococcus* species casseliflavus and gallinarum of swine origin[J]. Vet Microbiol, 170(3-4): 352-357.

Liu Y, Wang Y, Schwarz S, et al. 2013. Transferable multiresistance plasmids carrying *cfr* in *Enterococcus* spp. from swine and farm environment[J]. Antimicrob Agents Chemother, 57(1): 42-48.

Liu Y, Wang Y, Schwarz S, et al. 2014b. Investigation of a multiresistance gene *cfr* that fails to mediate resistance to phenicols and oxazolidinones in *Enterococcus faecalis*[J]. J Antimicrob Chemother, 69(4): 892-898.

Liu Y, Wang Y, Wu C, et al. 2012b. First report of the multidrug resistance gene *cfr* in *Enterococcus faecalis* of animal origin[J]. Antimicrob Agents Chemother, 56(3): 1650-1654.

Llosa M, Gomis-Ruth F X, Coll M, et al. 2002. Bacterial conjugation: a two-step mechanism for DNA transport[J]. Mol Microbiol, 45(1): 1-8.

Lo Y P, Wan M T, Chen M M, et al. 2012. Molecular characterization and clonal genetic diversity of methicillin-resistant *Staphylococcus aureus* of pig origin in Taiwan[J]. Comp Immunol Microbiol Infect Dis, 35(6): 513-521.

Loeffler A, Kearns A M, Ellington M J, et al. 2009. First isolation of MRSA ST398 from UK animals: a new challenge for infection control teams?[J]. J Hosp Infect, 72(3): 269-271.

Long K S, Poehlsgaard J, Hansen L H, et al. 2009. Single 23S rRNA mutations at the ribosomal peptidyl transferase centre confer resistance to valnemulin and other antibiotics in *Mycobacterium smegmatis* by perturbation of the drug binding pocket[J]. Mol Microbiol, 71(5): 1218-1227.

Long K S, Poehlsgaard J, Kehrenberg C, et al. 2006. The Cfr rRNA methyltransferase confers resistance to phenicols, lincosamides, oxazolidinones, pleuromutilins, and streptogramin a antibiotics[J]. Antimicrob Agents Chemother, 50(7): 2500-2505.

Looft T, Johnson T A, Allen H K, et al. 2012. In-feed antibiotic effects on the swine intestinal microbiome. Proc Natl Acad Sci U S A, 109(5): 1691-1696.

Lopatek M, Wieczorek K, Osek J. 2018. Antimicrobial resistance, virulence factors, and genetic profiles of vibrio parahaemolyticus from seafood[J]. Appl Environ Microbiol, 84(16): e00537-00518.

Lopatkin A J, Bening S C, Manson A L, et al. 2021. Clinically relevant mutations in core metabolic genes confer antibiotic resistance[J]. Science, 371(6531): eaba0862.

Lozano C, Gharsa H, Ben Slama K, et al. 2016. *Staphylococcus aureus* in animals and food: methicillin resistance, prevalence and population structure. a review in the african continent[J]. Microorganisms, 4(1): 12.

Lu J, Jin M, Nguyen S H, et al. 2018. Non-antibiotic antimicrobial triclosan induces multiple antibiotic resistance through genetic mutation[J]. Environ Int, 118: 257-265.

Lu N, Hu Y, Zhu L, et al. 2014. DNA microarray analysis reveals that antibiotic resistance-gene diversity in human gut microbiota is age related[J]. Sci Rep, 4: 4302.

Lu Z, Na G, Gao H, et al. 2015. Fate of sulfonamide resistance genes in estuary environment and effect of anthropogenic activities[J]. Sci Total Environ, 527-528(sep.15): 429-438.

Luiken R E C, Van Gompel L, Bossers A, et al. 2020. Farm dust resistomes and bacterial microbiomes in European poultry and pig farms[J]. Environ Int, 143: 105971.

Luo H Y, Liu M F, Wang M S, et al. 2017. A novel resistance gene, *lnu*(H), conferring resistance to lincosamides in *Riemerella anatipestifer* CH-2[J]. Int J Antimicrob Agents, 51(1): 136-139.

Luo H, Liu M, Wang L, et al. 2015. Identification of ribosomal RNA methyltransferase gene *ermF* in *Riemerella anatipestifer*[J]. Avian Pathol, 44(3): 162-168.

Lv L, Wan M, Wang C, et al. 2020. Emergence of a plasmid-encoded resistance-nodulation-division efflux pump conferring resistance to multiple drugs, including tigecycline, in *Klebsiella pneumoniae*[J]. mBio, 11(2): 02930-02919.

Lyras D, Adams V, Ballard S A, et al. 2009. tIS*Cpe8*, an IS*1595*-family lincomycin resistance element located on a conjugative plasmid in *Clostridium perfringens*[J]. J Bacteriol, 191(20): 6345-6351.

Lyras D, Rood J I. 1996. Genetic organization and distribution of tetracycline resistance determinants in *Clostridium perfringens*[J]. Antimicrob Agents Chemother, 40(11): 2500-2504.

Lysnyansky I, Gerchman I, Mikula I, et al. 2013. Molecular characterization of acquired enrofloxacin resistance in *Mycoplasma synoviae* field isolates[J]. Antimicrob Agents Chemother, 57(7): 3072-3077.

Lysnyansky I, Gerchman I, Perk S, et al. 2008. Molecular characterization and typing of enrofloxacin-resistant clinical isolates of *Mycoplasma gallisepticum*[J]. Avian Dis, 52(4): 685-689.

Ma F, Shen C, Zheng X, et al. 2019. Identification of a novel plasmid carrying mcr-4.3 in an *Acinetobacter baumannii* strain in China[J]. Antimicrob Agents Chemother, 63(6): e00133-00119.

Ma J, Liu J H, Lv L, et al. 2012. Characterization of extended-spectrum beta-lactamase genes found among *Escherichia coli* isolates from duck and environmental samples obtained on a duck farm[J]. Appl Environ Microbiol, 78(10): 3668-3673.

Ma J, Wang J, Feng J, et al. 2020. Characterization of three porcine *Acinetobacter towneri* strains Co-harboring *tet*(X3) and *bla*$_{OXA-58}$[J]. Front Cell Infect Microbiol, 10: 586507.

Ma L, Xia Y, Li B, et al. 2016. Metagenomic assembly reveals hosts of antibiotic resistance genes and the shared resistome in pig, chicken, and human feces[J]. Environ Sci Technol, 50(1): 420-427.

Ma S, Sun C, Hulth A, et al. 2018. Mobile colistin resistance gene *mcr-5* in porcine *Aeromonas hydrophila*[J]. J Antimicrob Chemother, 73(7): 1777-1780.

Maamar E, Hammami S, Alonso C A, et al. 2016. High prevalence of extended-spectrum and plasmidic AmpC beta-lactamase-producing *Escherichia coli* from poultry in Tunisia[J]. Int J Food Microbiol, 231: 69-75.

Macdiarmid S C, Pharo H J. 2003. Risk analysis: assessment, management and communication[J]. Rev Sci Tech, 22(2): 397-408.

Madoshi B P, Mtambo M M A, Muhairwa A P, et al. 2018. Isolation of vancomycin-resistant *Enterococcus* from apparently healthy human animal attendants, cattle and cattle wastes in Tanzania[J]. J Appl Microbiol, 124(5): 1303-1310.

Mai-Siyama I B, Okon K O, Adamu N B, et al. 2014. Methicillin-resistant *Staphylococcus aureus* (MRSA) colonization rate among ruminant animals slaughtered for human consumption and contact persons in Maiduguri, Nigeria[J]. Afr J Microbiol Res, 8(27): 2643-2649.

Malik S, Coombs G W, O'brien F G, et al. 2006. Molecular typing of methicillin-resistant staphylococci isolated from cats and dogs[J]. J Antimicrob Chemother, 58(2): 428-431.

Malin H K, Göran B, Karl-Erik J. 2002. Intraspecific variation in the 16S rRNA gene sequences of *Mycoplasma agalactiae* and *Mycoplasma bovis* strains[J]. Vet Microbiol, 85(3): 209-220.

Malloy A M, Campos J M. 2011. Extended-spectrum beta-lactamases: a brief clinical update[J]. Pediatr Infect Dis J, 30(12): 1092-1093.

Marcade G, Deschamps C, Boyd A, et al. 2009. Replicon typing of plasmids in *Escherichia coli* producing extended-spectrum beta-lactamases[J]. J Antimicrob Chemother, 63(1): 67-71.

Marques C, Belas A, Franco A, et al. 2018. Increase in antimicrobial resistance and emergence of major international high-risk clonal lineages in dogs and cats with urinary tract infection: 16 year retrospective study[J]. J Antimicrob Chemother, 73(2): 377-384.

Martel A, Baele M, Devriese L A, et al. 2001. Prevalence and mechanism of resistance against macrolides and lincosamides in *Streptococcus suis* isolates[J]. Vet Microbiol, 83(3): 287-297.

Martel A, Devriese LA, Cauwerts K, et al. 2004. Susceptibility of *Clostridium perfringens* strains from broiler chickens to antibiotics and anticoccidials[J]. Avian Pathol, 33(1): 3-7.

Martinez-Urtaza J, Liebana E. 2005. Use of pulsed-field gel electrophoresis to characterize the genetic diversity and clonal persistence of *Salmonella senftenberg* in mussel processing facilities[J]. Int J Food Microbiol, 105(2): 153-163.

Masi M, Pages J M. 2013. Structure, function and regulation of outer membrane proteins involved in drug transport in enterobactericeae: the OmpF/C-TolC case[J]. Open Microbiol J, 7: 22-33.

Maslanova I, Stribna S, Doskar J, et al. 2016. Efficient plasmid transduction to *Staphylococcus aureus* strains insensitive to the lytic action of transducing phage[J]. FEMS Microbiol Lett, 363(19): nw211.

Matilla M A, Salmond G P. 2014. Bacteriophage varphiMAM1, a viunalikevirus, is a broad-host-range, high-efficiency generalized transducer that infects environmental and clinical isolates of the enterobacterial genera *Serratia* and *Kluyvera*[J]. Appl Environ Microbiol, 80(20): 6446-6457.

Matsumoto Y, Ikeda F, Kamimura T, et al. 1988. Novel plasmid-mediated beta-lactamase from *Escherichia coli* that inactivates oxyimino-cephalosporins[J]. Antimicrob Agents Chemother, 32(8): 1243-1246.

Matter D, Rossano A, Limat S, et al. 2007. Antimicrobial resistance profile of *Actinobacillus pleuropneumoniae* and *Actinobacillus porcitonsillarum*[J]. Vet Microbiol, 122(1-2): 146-156.

Matthew M, Hedges R W, Smith J T. 1979. Types of beta-lactamase determined by plasmids in gram-negative bacteria[J]. J Bacteriol, 138(3): 657-662.

Mawer S L, Greenwood D. 1978. Specific and non-specific resistance to aminoglycosides in *Escherichia coli*[J]. J Clin Pathol, 31(1): 12-15.

Mceachran A D, Blackwell B R, Hanson J D, et al. 2015. Antibiotics, bacteria, and antibiotic resistance genes: aerial transport from cattle feed yards via particulate matter[J]. Environ Health Perspect, 123(4): 337-343.

Medardus J J, Molla B Z, Nicol M, et al. 2014. In-feed use of heavy metal micronutrients in US swine production systems and its role in persistence of multidrug-resistant salmonellae[J]. Appl Environ Microbiol, 80(7): 2317-2325.

Mehdizadeh G I, Parreira V R, Timoney J F, et al. 2016. NetF-positive *Clostridium perfringens* in neonatal foal necrotising enteritis in Kentucky[J]. Vet Rec, 178(9): 216.

Meinersmann R J, Ladely S R, Plumblee J R, et al. 2017. Prevalence of *mcr-1* in the cecal contents of food animals in the United States[J]. Antimicrob Agents Chemother, 61(2): e02244-02216.

Melo L C, Boisson M N, Saras E, et al. 2017. OXA-48-producing ST372 *Escherichia coli* in a French dog[J]. J Antimicrob Chemother, 72(4): 1256-1258.

Melo L C, Oresco C, Leigue L, et al. 2018. Prevalence and molecular features of ESBL/pAmpC-producing Enterobacteriaceae in healthy and diseased companion animals in Brazil[J]. Vet Microbiol, 221: 59-66.

Messele Y E, Abdi R D, Yalew S T, et al. 2017. Molecular determination of antimicrobial resistance in *Escherichia coli* isolated from raw meat in Addis Ababa and Bishoftu, Ethiopia[J]. Ann Clin Microbiol Antimicrob, 16(1): 55.

Meynell E, Datta N. 1966. The relation of resistance transfer factors to the F-factor (sex-factor) of *Escherichia coli* K12[J]. Genet Res, 7(1): 134-140.

Michael G B, Kadlec K, Sweeney M T, et al. 2012. ICE*Pmu1*, an integrative conjugative element (ICE) of *Pasteurella multocida*: analysis of the regions that comprise 12 antimicrobial resistance genes[J]. J Antimicrob Chemother, 67(1): 84-90.

Michael G B, Kaspar H, Siqueira A K, et al. 2017. Extended-spectrum beta-lactamase (ESBL)-producing *Escherichia coli* isolates collected from diseased food-producing animals in the GERM-Vet monitoring program 2008-2014[J]. Vet Microbiol, 200: 142-150.

Michael I, Rizzo L, Mcardell C S, et al. 2013. Urban wastewater treatment plants as hotspots for the release of antibiotics in the environment: a review[J]. Water Res, 47(3): 957-995.

Mikolov T. 2010. Recurrent neural network based language model[Z]. Eleventh annual conference of the international speech communication association.

Miranda P V D H, Juan T D, Christian D L F, et al. 2017. Molecular resistance mechanisms of *Mycoplasma agalactiae* to macrolides and lincomycin[J]. Vet Microbiol, 211: 135-140.

Miyamoto K, Fisher D J, Li J, et al. 2006. Complete sequencing and diversity analysis of the enterotoxin-encoding plasmids in *Clostridium perfringens* type A non-food-borne human gastrointestinal disease isolates[J]. J Bacteriol, 188(4): 1585-1598.

Moawad A A, Hotzel H, Awad O, et al. 2019. Evolution of antibiotic resistance of coagulase-negative staphylococci isolated from healthy turkeys in Egypt: first report of linezolid resistance[J]. Microorganisms, 7(10): 476.

Mohamad N, Amal M N A, Saad M Z, et al. 2019. Virulence-associated genes and antibiotic resistance patterns of *Vibrio* spp. isolated from cultured marine fishes in Malaysia[J]. BMC Vet Res, 15(1): 176.

Moleres J, Santos-Lopez A, Lazaro I, et al. 2015. Novel bla_{ROB-1}-bearing plasmid conferring resistance to beta-lactams in *Haemophilus parasuis* isolates from healthy weaning pigs[J]. Appl Environ Microbiol, 81(9): 3255-3267.

Mollenkopf D F, Stull J W, Mathys D A, et al. 2017. Carbapenemase-producing enterobacteriaceae recovered from the environment of a swine farrow-to-finish operation in the United States[J]. Antimicrob Agents Chmother, 61(2): e01298-01216.

Momtaz H, Dehkordi F S, Rahimi E, et al. 2015. Virulence genes and antimicrobial resistance profiles of *Staphylococcus aureus* isolated from chicken meat in Isfahan province, Iran[J]. J Appl Poul Res, 22(4): 913-921.

Moon D C, Mechesso A F, Kang H Y, et al. 2020. First report of an *Escherichia coli* strain carrying the colistin resistance determinant *mcr-1* from a dog in South Korea[J]. Antibiotics, 9(11): 768.

Moon D C, Tamang M D, Nam H M, et al. 2015. Identification of livestock-associated methicillin-resistant *Staphylococcus aureus* isolates in Korea and molecular comparison between isolates from animal carcasses and slaughterhouse workers[J]. Foodborne Pathog Dis, 12(4): 327-334.

Morrison B J, Rubin J E. 2015. Carbapenemase producing bacteria in the food supply escaping detection[J]. PLoS One, 10(5): e0126717.

Mu Q, Li J, Sun Y, et al. 2015. Occurrence of sulfonamide-, tetracycline-, plasmid-mediated quinolone- and macrolide-resistance genes in livestock feedlots in Northern China[J]. Environ Sci Pollut Res Int, 22(9): 6932-6940.

Mulders M N, Haenen A P, Geenen P L, et al. 2010. Prevalence of livestock-associated MRSA in broiler flocks and risk factors for slaughterhouse personnel in The Netherlands[J]. Epidemiol Infect, 138(5): 743-755.

Munk P, Knudsen B E, Lukjancenko O, et al. 2018. Abundance and diversity of the faecal resistome in slaughter pigs and broilers in nine European countries[J]. Nat Microbiol, 3(8): 898-908.

Murphy K P. 2006. Naive bayes classifiers[J]. University of British Columbia, 18(60): 1-8.

Muziasari W I, Managaki S, Pärnänen K, et al. 2014. Sulphonamide and trimethoprim resistance genes persist in sediments at Baltic Sea aquaculture farms but are not detected in the surrounding environment[J]. PLoS One, 9(3): e92702.

Na S H, Moon D C, Choi M J, et al. 2019a. Detection of oxazolidinone and phenicol resistant enterococcal isolates from duck feces and carcasses[J]. Int J Food Microbiol, 293: 53-59.

Na S H, Moon D C, Choi M J, et al. 2019b. Antimicrobial resistance and molecular characterization of extended-spectrum beta-lactamase-producing *Escherichia coli* isolated from ducks in South Korea[J]. Foodborne Pathog Dis, 16(12): 799-806.

Nagar V, Shashidhar R, Bandekar J R. 2011. Prevalence, characterization, and antimicrobial resistance of *Aeromonas* strains from various retail food products in Mumbai, India[J]. J Food Sci, 76(7): M486-M492.

Naik O A, Shashidhar R, Rath D, et al. 2018. Characterization of multiple antibiotic resistance of culturable microorganisms and metagenomic analysis of total microbial diversity of marine fish sold in retail shops in Mumbai, India[J]. Environ Sci Pollut Res Int, 25(7): 6228-6239.

Nam H M, Lee A L, Jung S C, et al. 2011. Antimicrobial susceptibility of *Staphylococcus aureus* and characterization of methicillin-resistant *Staphylococcus aureus* isolated from bovine mastitis in Korea[J]. Foodborne Pathog Dis, 8(2): 231-238.

National Antimicrobial Resistance Monitoring System—Enteric Bacteria (U.S.), Center for Veterinary Medicine (U.S.), United States. Food Safety and Inspection Service.; Centers for Disease Control and Prevention (U.S.). 2016. The National Antimicrobial Resistance Monitoring System manual of laboratory methods[Z].

Nauta M, Hill A, Rosenquist H, et al. 2009. A comparison of risk assessments on *Campylobacter* in broiler meat[J]. Int J Food Microbiol, 129(2): 107-123.

Navajas-Benito E V, Alonso C A, Sanz S, et al. 2017. Molecular characterization of antibiotic resistance in *Escherichia coli* strains from a dairy cattle farm and its surroundings[J]. J Sci Food Agric, 97(1): 362-365.

Neela V, Mohd Zafrul A, Mariana N S, et al. 2009. Prevalence of ST9 methicillin-resistant *Staphylococcus aureus* among pigs and pig handlers in Malaysia[J]. J Clin Microbiol, 47(12): 4138-4140.

Nemati M, Hermans K, Lipinska U, et al. 2008. Antimicrobial resistance of old and recent *Staphylococcus aureus* isolates from poultry: first detection of livestock-associated methicillin-resistant strain ST398[J]. Antimicrob Agents Chemother, 52(10): 3817-3819.

Ngamwongsatit B, Tanomsridachchai W, Suthienkul O, et al. 2016. Multidrug resistance in *Clostridium perfringens* isolated from diarrheal neonatal piglets in Thailand[J]. Anaerobe, 38: 88-93.

Ngaywa C A C. 2020. Molecular identification, virulence characterization and antimicrobial resistance profiles of *Escherichia coli* in milk intended for human consumption in isiolo county, Northern Kenya[D]. Kenya, master: University of Nairobi.

Nguyen D T, Kanki M, Nguyen P D, et al. 2016a. Prevalence, antibiotic resistance, and extended-spectrum and AmpC beta-lactamase productivity of *Salmonella* isolates from raw meat and seafood samples in Ho Chi Minh City, Vietnam[J]. Int J Food Microbiol, 236: 115-122.

Nguyen N T, Nguyen H M, Nguyen C V, et al. 2016b. Use of colistin and other critical antimicrobials on pig and chicken farms in Southern Vietnam and its association with resistance in commensal *Escherichia coli* bacteria[J]. Appl Environ Microbiol, 82(13): 3727-3735.

Nhung N T, Van N T B, Cuong N V, et al. 2018. Antimicrobial residues and resistance against critically important antimicrobials in non-typhoidal *Salmonella* from meat sold at wet markets and supermarkets in Vietnam[J]. Int J Food Microbiol, 266: 301-309.

Nichols W W, Evans M J, Slack M P E, et al. 1989. The penetration of antibiotics into aggregates of mucoid and non-mucoid pseudomonas-aeruginosa[J]. J Gen Microbiol, 135: 1291-1303.

Nigg A, Brilhante M, Dazio V, et al. 2019. Shedding of OXA-181 carbapenemase-producing *Escherichia coli* from companion animals after hospitalisation in Switzerland: an outbreak in 2018[J]. Euro Surveill, 24(39): 1900071.

Niu J L, Peng J J, Ming Y Y, et al. 2020. Identification of drug resistance genes and drug resistance analysis of *Salmonella* in the duck farm environment of Zhanjiang, China[J]. Environ Sci Pollut Res Int, 27(20): 24999-25008.

Nnadozie C F, Odume O N. 2019. Freshwater environments as reservoirs of antibiotic resistant bacteria and their role in the dissemination of antibiotic resistance genes[J]. Environ Pollut, 254(Pt B): 113067.

Nonaka L, Suzuki S. 2002. New Mg^{2+}-dependent oxytetracycline resistance determinant *tet* 34 in *Vibrio* isolates from marine fish intestinal contents[J]. Antimicrob Agents Chemother, 46(5): 1550-1552.

Norizuki C, Kawamura K, Wachino J I, et al. 2018. Detection of *Escherichia coli* producing CTX-M-1-group extended-spectrum beta-lactamases from pigs in Aichi Prefecture, Japan, between 2015 and 2016[J]. Jpn J Infect Dis, 71(1): 33-38.

Novotny G W, Jakobsen L, Andersen N M, et al. 2004. Ketolide antimicrobial activity persists after disruption of interactions with domain II of 23S rRNA[J]. Antimicrob Agents Chemother, 48(10): 3677-3683.

Oh Y H, Moon D C, Lee Y J, et al. 2019. Genetic and phenotypic characterization of tetracycline-resistant *Pasteurella multocida* isolated from pigs[J]. Vet Microbiol, 233: 159-163.

Okpara E O, Ojo O E, Awoyomi O J, et al. 2018. Antimicrobial usage and presence of extended-spectrum beta-lactamase-producing Enterobacteriaceae in animal-rearing households of selected rural and peri-urban communities[J]. Vet Microbiol, 218: 31-39.

Ola Ojo M. 1972. Bacteriophage types and antibiotic sensitivity of *Staphylococcus aureus* isolated from swabs of the noses and skins of dogs[J]. Vet Rec, 91(6): 152-153.

Olsen A S, Warrass R, Douthwaite S. 2015. Macrolide resistance conferred by rRNA mutations in field isolates of *Mannheimia haemolytica* and *Pasteurella multocida*[J]. J Antimicrob Chemother, 70(2): 420-423.

Opatowski L, Opatowski M, Vong S, et al. 2020. A one-health quantitative model to assess the risk of antibiotic resistance acquisition in Asian populations: impact of exposure through food, water, livestock and humans[J]. Risk Anal, 41(8): 1427-1446.

Ortega-Paredes D, Haro M, Leoro-Garzon P, et al. 2019. Multidrug-resistant *Escherichia coli* isolated from canine faeces in a public park in Quito, Ecuador[J]. J Glob Antimicrob Resist, 18: 263-268.

Osman K M, Amer A M, Badr J M, et al. 2016. Antimicrobial resistance, biofilm formation and mecA characterization of methicillin-susceptible *S. aureus* and non-*S. aureus* of beef meat origin in Egypt[J]. Front Microbiol, 7: 222.

Pagadala S, Parveen S, Rippen T, et al. 2012. Prevalence, characterization and sources of *Listeria monocytogenes* in blue crab (*Callinectus sapidus*) meat and blue crab processing plants[J]. Food Microbiol, 31(2): 263-270.

Pal C, Asiani K, Arya S, et al. 2017. Metal resistance and its association with antibiotic resistance[J]. Adv Microb Physiol, 70: 261-313.

Pal C, Bengtsson-Palme J, Kristiansson E, et al. 2015. Co-occurrence of resistance genes to antibiotics, biocides and metals reveals novel insights into their co-selection potential[J]. BMC Genomics, 16: 964.

Pal C, Bengtsson-Palme J, Kristiansson E, et al. 2016. The structure and diversity of human, animal and environmental resistomes[J]. Microbiome, 4(1): 54.

Palchevskiy V, Finkel S E. 2006. *Escherichia coli* competence gene homologs are essential for competitive fitness and the use of DNA as a nutrient[J]. J Bacteriol, 188(11): 3902-3910.

Palmeira J D, Haenni M, Metayer V, et al. 2020. Epidemic spread of IncI1/pST113 plasmid carrying the extended-spectrum beta-Lactamase (ESBL) *bla*$_{\text{CTX-M-8}}$ gene in *Escherichia coli* of Brazilian cattle[J]. Vet Microbiol, 243: 108629.

Palmieri C, Varaldo P E, Facinelli B. 2011. *Streptococcus suis*, an emerging drug-resistant animal and human pathogen[J]. Front Microbiol, 2: 235.

Pan J, Zhang Y, Jin D, et al. 2013. Molecular characterization and antibiotic susceptibility of *Vibrio vulnificus* in retail shrimps in Hangzhou, People's Republic of China[J]. J Food Prot, 76(12): 2063-2068.

Papanicolaou G A, Medeiros A A, Jacoby G A. 1990. Novel plasmid-mediated beta-lactamase (MIR-1) conferring resistance to oxyimino- and alpha-methoxy beta-lactams in clinical isolates of *Klebsiella pneumoniae*[J]. Antimicrob Agents Chemother, 34(11): 2200-2209.

Partridge S R, Kwong S M, Firth N, et al. 2018. Mobile genetic elements associated with antimicrobial resistance[J]. Clin Microbiol Rev, 31(4): e00088-00017.

Paton R, Miles R S, Hood J, et al. 1993. ARI 1: beta-lactamase-mediated imipenem resistance in *Acinetobacter baumannii*[J]. Int J Antimicrob Agents, 2(2): 81-87.

Patterson A J, Colangeli R, Spigaglia P, et al. 2010. Distribution of specific tetracycline and erythromycin resistance genes in environmental samples assessed by macroarray detection[J]. Environ Microbiol, 9(3): 703-715.

Paulsen I T, Brown M H, Skurray R A. 1996. Proton-dependent multidrug efflux systems[J]. Microbiol Rev, 60(4): 575-608.

Peeters L E, Argudin M A, Azadikhah S, et al. 2015. Antimicrobial resistance and population structure of *Staphylococcus aureus* recovered from pigs farms[J]. Vet Microbiol, 180(1-2): 151-156.

Peltier E, Vincent J, Finn C, et al. 2010. Zinc-induced antibiotic resistance in activated sludge bioreactors[J]. Water Res, 44(13): 3829-3836.

Perreten V, Strauss C, Collaud A, et al. 2016. Colistin resistance gene *mcr-1* in avian-pathogenic *Escherichia coli* in South Africa[J]. Antimicrob Agents Chemother, 60(7): 4414-4415.

Perry J, Waglechner N, Wright G. 2016. The prehistory of antibiotic resistance[J]. Cold Spring Harb Perspect Med, 6(6): a025197.

Peterhans S, Stevens M J A, Nuesch-Inderbinen M, et al. 2018. First report of a bla$_{NDM-5}$-harbouring *Escherichia coli* ST167 isolated from a wound infection in a dog in Switzerland[J]. J Glob Antimicrob Resist, 15: 226-227.

Petersen A, Dalsgaard A. 2003. Species composition and antimicrobial resistance genes of *Enterococcus* spp. isolated from integrated and traditional fish farms in Thailand[J]. Environ Microbiol, 5(5): 395-402.

Petrocchi-Rilo M, Gutierrez-Martin C B, Perez-Fernandez E, et al. 2020. Antimicrobial resistance genes in porcine pasteurella multocida are not associated with its antimicrobial susceptibility pattern[J]. Antibiotics (Basel), 9(9): 614.

Philippe N, Maigre L, Santini S, et al. 2015. In vivo evolution of bacterial resistance in two cases of enterobacter aerogenes infections during treatment with imipenem[J]. PLoS One, 10(9): e0138828.

Philippon A, Arlet G. 2006. Beta-lactamases of Gram negative bacteria: never-ending clockwork![J]. Ann Biol Clin (Paris), 64(1): 37-51.

Piddock L J. 2016. Assess drug-resistance phenotypes, not just genotypes[J]. Nat Microbiol, 1(8): 1-2.

Piedra-Carrasco N, Fabrega A, Calero-Caceres W, et al. 2017. Carbapenemase-producing enterobacteriaceae recovered from a Spanish river ecosystem[J]. PLoS One, 12(4): e0175246.

Pitton J S. 1972. Mechanisms of bacterial resistance to antibiotics[J]. Ergeb Physiol, 65: 15-93.

Pletinckx L J, Verhegghe M, Dewulf J, et al. 2011. Screening of poultry-pig farms for methicillin-resistant *Staphylococcus aureus*: sampling methodology and within herd prevalence in broiler flocks and pigs[J]. Infect Genet Evol, 11(8): 2133-2137.

Poehlsgaard J, Andersen N M, Warrass R, et al. 2012. Visualizing the 16-membered ring macrolides tildipirosin and tilmicosin bound to their ribosomal site[J]. Acs Chemical Biology, 7(8): 1351-1355.

Poirel L, Heritier C, Tolun V, et al. 2004. Emergence of oxacillinase-mediated resistance to imipenem in *Klebsiella pneumoniae*[J]. Antimicrob Agents Chemother, 48(1): 15-22.

Poole K. 2000. Efflux-mediated resistance to fluoroquinolones in gram-positive bacteria and the mycobacteria[J]. Antimicrob Agents Chemother, 44(10): 2595-2599.

Preena P G, Dharmaratnam A, Raj N S, et al. 2021. Antibiotic-resistant Enterobacteriaceae from diseased freshwater goldfish[J]. Arch Microbiol, 203(1): 219-231.

Prescott J F, Sivendra R, Barnum D A. 1978. The use of bacitracin in the prevention and treatment of experimentally-induced necrotic enteritis in the chicken[J]. Can Vet J, 19(7): 181-183.

Presi P, Stark K D, Stephan R, et al. 2009. Risk scoring for setting priorities in a monitoring of antimicrobial resistance in meat and meat products[J]. Int J Food Microbiol, 130(2): 94-100.

Proctor R A, Von Eiff C, Kahl B C, et al. 2006. Small colony variants: a pathogenic form of bacteria that facilitates persistent and recurrent infections[J]. Nat Rev Microbiol, 4(4): 295-305.

Pruden A, Arabi M, Storteboom H N. 2012. Correlation between upstream human activities and riverine antibiotic resistance genes[J]. Environ Sci Technol, 46(21): 11541-11549.

Pruden A, Pei R T, Storteboom H, et al. 2006. Antibiotic resistance genes as emerging contaminants: Studies in northern Colorado[J]. Environ Sci Technol, 40(23): 7445-7450.

Prudhomme M, Attaiech L, Sanchez G, et al. 2006. Antibiotic stress induces genetic transformability in the human pathogen *Streptococcus pneumoniae*[J]. Science, 313(5783): 89-92.

Pruthvishree B S, Vinodh Kumar O R, Sinha D K, et al. 2017. Spatial molecular epidemiology of carbapenem-resistant and New Delhi metallo beta-lactamase bla$_{NDM}$-producing *Escherichia coli* in the piglets of organized farms in India[J]. J Appl Microbiol, 122(6): 1537-1546.

Pulss S, Semmler T, Prenger-Berninghoff E, et al. 2017. First report of an *Escherichia coli* strain from swine carrying an OXA-181 carbapenemase and the colistin resistance determinant MCR-1[J]. Int J Antimicrob Agents, 50(2): 232-236.

Pulss S, Stolle I, Stamm I, et al. 2018. Multispecies and clonal dissemination of OXA-48 carbapenemase in Enterobacteriaceae from companion animals in Germany, 2009-2016[J]. Front Microbiol, 9: 1265.

Qiao J, Zhang Q, Alali W Q, et al. 2017. Characterization of extended-spectrum beta-lactamases (ESBLs)-producing *Salmonella* in retail raw chicken carcasses[J]. Int J Food Microbiol, 248: 72-81.

Qin S, Wang Y, Zhang Q, et al. 2012. Identification of a novel genomic island conferring resistance to multiple aminoglycoside antibiotics in *Campylobacter coli*[J]. Antimicrob Agents Chemother, 56(10): 5332-5339.

Qin S, Wang Y, Zhang Q, et al. 2014. Report of ribosomal RNA methylase gene *erm*(B) in multidrug-resistant *Campylobacter coli*[J]. J Antimicrob Chemother, 69(4): 964-968.

Qiu Z, Yu Y, Chen Z, et al. 2012. Nanoalumina promotes the horizontal transfer of multiresistance genes mediated by plasmids across genera[J]. Proc Natl Acad Sci U S A, 109(13): 4944-4949.

Queenan A M, Bush K. 2007. Carbapenemases: the versatile beta-lactamases[J]. Clin Microbiol Rev, 20(3): 440-458.

Queenan A M, Torres-Viera C, Gold H S, et al. 2000. SME-type carbapenem-hydrolyzing class a beta-lactamases from geographically diverse *Serratia marcescens* strains[J]. Antimicrob Agents Chemother, 44(11): 3035-3039.

Radu S, Ahmad N, Ling F H, et al. 2003. Prevalence and resistance to antibiotics for *Aeromonas* species from retail fish in Malaysia[J]. Int J Food Microbiol, 81(3): 261-266.

Rai S N, Krewski D, Bartlett S. 2008. A general framework for the analysis of uncertainty and variability in risk assessment[J]. Hum Ecol Risk Assess, 2(4): 972-989.

Ramadan H, Gupta S K, Sharma P, et al. 2020. Circulation of emerging NDM-5-producing *Escherichia coli* among humans and dogs in Egypt[J]. Zoonoses Public Health, 67(3): 324-329.

Ramesh D, Souissi S. 2018. Antibiotic resistance and virulence traits of bacterial pathogens from infected freshwater fish, *Labeo rohita*[J]. Microb Pathog, 116: 113-119.

Ramirez M S, Tolmasky M E. 2010. Aminoglycoside modifying enzymes[J]. Drug Resist Updat, 13(6): 151-171.

Rammelkamp C H, Maxon T. 1942. Resistance of *Staphylococcus aureus* to the action of penicillin[J]. P Soc Exp Biol Med, 51(3): 386-389.

Rebelo A R, Bortolaia V, Kjeldgaard J S, et al. 2018. Multiplex PCR for detection of plasmid-mediated colistin resistance determinants, *mcr-1*, *mcr-2*, *mcr-3*, *mcr-4* and *mcr-5* for surveillance purposes[J]. Euro Surveill, 23(6): 29-39.

Reboucas R H, De Sousa O V, Lima A S, et al. 2011. Antimicrobial resistance profile of *Vibrio* species isolated from marine shrimp farming environments (*Litopenaeus vannamei*) at Ceará, Brazil[J]. Environ Res, 111(1): 21-24.

Recacha E, Machuca J, Diaz-Diaz S, et al. 2019. Suppression of the SOS response modifies spatiotemporal evolution, post-antibiotic effect, bacterial fitness and biofilm formation in quinolone-resistant *Escherichia coli*[J]. J Antimicrob Chemother, 74(1): 66-73.

Redgrave L S, Sutton S B, Webber M A, et al. 2014. Fluoroquinolone resistance: mechanisms, impact on bacteria, and role in evolutionary success[J]. Trends Microbiol, 22(8): 438-445.

Reinhardt A K, Bebear C M, Kobisch M, et al. 2002a. Characterization of mutations in DNA gyrase and topoisomerase IV involved in quinolone resistance of *Mycoplasma gallisepticum* mutants obtained in vitro[J]. Antimicrob Agents Chemother, 46(2): 590-593.

Reinhardt A K, Kempf I, Kobisch M, et al. 2002b. Fluoroquinolone resistance in *Mycoplasma gallisepticum*: DNA gyrase as primary target of enrofloxacin and impact of mutations in topoisomerases on resistance level[J]. J Antimicrob Chemother, 50(4): 589-592.

Ren D Y, Chen P, Wang Y, et al. 2017. Phenotypes and antimicrobial resistance genes in *Salmonella* isolated from retail chicken and pork in Changchun, China[J]. J Food Safety, 37(2): e12314.

Reynolds M E, Phan H T T, George S, et al. 2019. Occurrence and characterization of *Escherichia coli* ST410 co-harbouring *bla*NDM-5, *bla*CMY-42 and *bla*TEM-190 in a dog from the UK[J]. J Antimicrob Chemother, 74(5): 1207-1211.

Rhouma M, Theriault W, Rabhi N, et al. 2019. First identification of *mcr-1*/*mcr-2* genes in the fecal microbiota of Canadian commercial pigs during the growing and finishing period[J]. Vet Med (Auckl), 10: 65-67.

Richardson G M. 1996. Deterministic versus probabilistic risk assessment: strengths and weaknesses in a regulatory context[J]. Hum Ecol Risk Assess, 2(1): 44-54.

Roberts M C. 2004. Resistance to macrolide, lincosamide, streptogramin, ketolide, and oxazolidinone antibiotics[J]. Mol Biotechnol, 28(1): 47-62.

Roberts M C. 2005. Update on acquired tetracycline resistance genes[J]. FEMS Microbiol Lett, 245(2): 195-203.

Robobank. 2019. World Seafood Map 2019: Value Growth in the Global Seafood Trade Continues[Z].

Rocha F R, Pinto V P, Barbosa F C. 2016. The spread of CTX-M-type extended-spectrum beta-lactamases in Brazil: a systematic review[J]. Microb Drug Resist, 22(4): 301-311.

Rood J I, Buddle J R, Wales A J, et al. 1985. The occurrence of antibiotic resistance in *Clostridium perfringens* from Pigs[J]. Aust Vet J, 62(8): 276-279.

Rood J I, Scott V N, Duncan C L. 1978. Identification of a transferable tetracycline resistance plasmid (pCW3) from *Clostridium perfringens*[J]. Plasmid, 1(4): 563-570.

Roschanski N, Falgenhauer L, Grobbel M, et al. 2017a. Retrospective survey of *mcr-1* and *mcr-2* in German pig-fattening farms, 2011-2012[J]. Int J Antimicrob Agents, 50(2): 266-271.

Roschanski N, Friese A, Von Salviati-Claudius C, et al. 2017b. Prevalence of carbapenemase producing Enterobacteriaceae isolated from German pig-fattening farms during the years 2011-2013[J]. Vet Microbiol, 200: 124-129.

Roschanski N, Guenther S, Vu T T T, et al. 2017c. VIM-1 carbapenemase-producing *Escherichia coli* isolated from retail seafood, Germany 2016[J]. Euro Surveill, 22(43): 17-00032.

Ross J I, Eady E A, Cove J H, et al. 1990. Inducible erythromycin resistance in *Staphylococci* is encoded by a member of the ATP-binding transport super-gene family[J]. Mol Microbiol, 4(7): 1207-1214.

Ross T, Mcmeekin T A. 2003. Modeling microbial growth within food safety risk assessments[J]. Risk Anal, 23(1): 179-197.

Rubin J E, Pitout J D. 2014. Extended-spectrum beta-lactamase, carbapenemase and AmpC producing Entero-bacteriaceae in companion animals[J]. Vet Microbiol, 170(1-2): 10-18.

Ruiz-Palacios G M. 2007. The health burden of Campylobacter infection and the impact of antimicrobial resistance: playing chicken[J]. Clin Infect Dis, 44(5): 701-703.

Rumbo C, Fernandez-Moreira E, Merino M, et al. 2011. Horizontal transfer of the OXA-24 carbapenemase gene via outer membrane vesicles: a new mechanism of dissemination of carbapenem resistance genes in *Acinetobacter baumannii*[J]. Antimicrob Agents Chemother, 55(7): 3084-3090.

Rumi M V, Mas J, Elena A, et al. 2019. Co-occurrence of clinically relevant beta-lactamases and MCR-1 encoding genes in *Escherichia coli* from companion animals in Argentina[J]. Vet Microbiol, 230: 228-234.

Ruuskanen M, Muurinen J, Meierjohan A, et al. 2016. Fertilizing with animal manure disseminates antibiotic resistance genes to the farm environment[J]. J Environ Qual, 45(2): 488-493.

Sadha S, Mridula C, Silvester R, et al. 2014. Prevalence and antibiotic resistance of pathogenic *Vibrios* in shellfishes from Cochin market[J]. Indian J Geo-Mar Sci, 43(5): 815-824.

Sahibzada S, Abraham S, Coombs G W, et al. 2017. Transmission of highly virulent community-associated MRSA ST93 and livestock-associated MRSA ST398 between humans and pigs in Australia[J]. Sci Rep, 7(1): 5273.

Sallem R B, Gharsa H, Slama K B, et al. 2013. First detection of CTX-M-1, CMY-2, and QnrB19 resistance mechanisms in fecal *Escherichia coli* isolates from healthy pets in Tunisia[J]. Vector Borne Zoonotic Dis, 13(2): 98-102.

San Millan A, Escudero J A, Catalan A, et al. 2007. Beta-lactam resistance in Haemophilus parasuis is mediated by plasmid pB1000 bearing *bla*ROB-1[J]. Antimicrob Agents Chemother, 51(6): 2260-2264.

Sanjit Singh A, Lekshmi M, Prakasan S, et al. 2017. Multiple antibiotic-resistant, extended spectrum-beta-lactamase (ESBL)-producing enterobacteria in fresh seafood[J]. Microorganisms, 5(3): 53.

Sanjukta R K, Surmani H, Mandakini R K, et al. 2019. Characterization of MDR and ESBL-producing E. coli strains from healthy swine herds of north-eastern India[J]. Indian J Anim Sci, 89(6): 625-631.

Sapkota A R, Ojo K K, Roberts M C, et al. 2006. Antibiotic resistance genes in multidrug-resistant *Enterococcus* spp. and *Streptococcus* spp. recovered from the indoor air of a large-scale swine-feeding operation[J]. Lett Appl Microbiol, 43(5): 534-540.

Sarmah A K, Meyer M T, Boxall A B. 2006. A global perspective on the use, sales, exposure pathways, occurrence, fate and effects of veterinary antibiotics (VAs) in the environment[J]. Chemosphere, 65(5): 725-759.

Savin M, Bierbaum G, Hammerl J A, et al. 2020. ESKAPE bacteria and extended-spectrum-beta-lactamase-producing *Escherichia coli* isolated from wastewater and process water from German Poultry Slaughter-houses[J]. Appl Environ Microbiol, 86(8): e02748-02719.

Schaar V, Nordstrom T, Morgelin M, et al. 2011. Moraxella catarrhalis outer membrane vesicles carry beta-lactamase and promote survival of *Streptococcus pneumoniae* and *Haemophilus influenzae* by inactivating amoxicillin[J]. Antimicrob Agents Chemother, 55(8): 3845-3853.

Schaufler K, Bethe A, Lubke-Becker A, et al. 2015. Putative connection between zoonotic multiresistant extended-spectrum beta-lactamase (ESBL)-producing *Escherichia coli* in dog feces from a veterinary campus and clinical isolates from dogs[J]. Infect Ecol Epidemiol, 5: 25334.

Schlaberg R. 2020. Microbiome Diagnostics[J]. Clin Chem, 66(1): 68-76.

Schmiedel J, Falgenhauer L, Domann E, et al. 2014. Multiresistant extended-spectrum beta-lactamase-producing Enterobacteriaceae from humans, companion animals and horses in central Hesse, Germany[J]. BMC Microbiol, 14: 187.

Schoenfelder S M, Dong Y, Fessler A T, et al. 2017. Antibiotic resistance profiles of coagulase-negative *Staphylococci* in livestock environments[J]. Vet Microbiol, 200: 79-87.

Schrauwen E J A, Huizinga P, Van Spreuwel N, et al. 2017. High prevalence of the mcr-1 gene in retail chicken meat in the Netherlands in 2015[J]. Antimicrob Resist Infect Control, 6: 83.

Schulz J, Friese A, Klees S, et al. 2012. Longitudinal study of the contamination of air and of soil surfaces in the vicinity of pig barns by livestock-associated methicillin-resistant *Staphylococcus aureus*[J]. Appl Environ Microbiol, 78(16): 5666-5671.

Schurch A C, Van Schaik W. 2017. Challenges and opportunities for whole-genome sequencing-based surveillance of antibiotic resistance[J]. Ann N Y Acad Sci, 1388(1): 108-120.

Schwarz S, Kehrenberg C, Doublet B, et al. 2004. Molecular basis of bacterial resistance to chloramphenicol and florfenicol[J]. FEMS Microbiol Rev, 28(5): 519-542.

Schwarz S, Werckenthin C, Kehrenberg C. 2000. Identification of a plasmid-borne chloramphenicol-florfenicol resistance gene in *Staphylococcus sciuri*[J]. Antimicrob Agents Chemother, 44(9): 2530-2533.

Scott A M, Beller E, Glasziou P, et al. 2018. Is antimicrobial administration to food animals a direct threat to human health? A rapid systematic review[J]. Int J Antimicrob Agents, 52(3): 316- 323.

Seiler C, Berendonk T U. 2012. Heavy metal driven co-selection of antibiotic resistance in soil and water bodies impacted by agriculture and aquaculture[J]. Front Microbiol, 3: 399.

Sellera F P, Fuga B, Fontana H, et al. 2021. Detection of IncN-pST15 one-health plasmid harbouring bla_{KPC-2} in a hypermucoviscous *Klebsiella pneumoniae* CG258 isolated from an infected dog, Brazil[J]. Transbound Emerg Dis, 68(6): 3083-3088.

Sergio D M B, Koh T H, Hsu L Y, et al. 2007. Investigation of meticillin-resistant *Staphylococcus aureus* in pigs used for research[J]. J Med Microbiol, 56(Pt 8): 1107-1109.

Sghaier S, Abbassi M S, Pascual A, et al. 2019. Extended-spectrum beta-lactamase-producing Enterobacteriaceae from animal origin and wastewater in Tunisia: first detection of O25b-B2(3)-CTX-M-27-ST131 *Escherichia coli* and CTX-M-15/OXA-204-producing Citrobacter freundii from wastewater[J]. J Glob Antimicrob Resist, 17: 189-194.

Shabana, I, Al-Enazi A T. 2020. Investigation of plasmid-mediated resistance in *E. coli* isolated from healthy and diarrheic sheep and goats[J]. Saudi J Biol Sci, 27(3): 788-796.

Shah S Q, Colquhoun D J, Nikuli H L, et al. 2012. Prevalence of antibiotic resistance genes in the bacterial flora of integrated fish farming environments of Pakistan and Tanzania[J]. Environ Sci Technol, 46(16): 8672-8679.

Shaheen B W, Nayak R, Boothe D M. 2013. Emergence of a new delhi metallo-beta-lactamase (NDM-1)-encoding gene in clinical *Escherichia coli* isolates recovered from companion animals in the United States[J]. Antimicrob Agents Chemother, 57(6): 2902-2903.

Shaheen B W, Nayak R, Foley S L, et al. 2011. Molecular characterization of resistance to extended-spectrum cephalosporins in clinical *Escherichia coli* isolates from companion animals in the United States[J].

Antimicrob Agents Chemother, 55(12): 5666-5675.

Shang Y, Li D, Hao W, et al. 2019. A prophage and two ICE*Sa2603*-family integrative and conjugative elements (ICEs) carrying *optrA* in *Streptococcus suis*[J]. J Antimicrob Chemother, 74(10): 2876-2879.

Sharkey L K, Edwards T A, O'neill A J. 2016. ABC-F proteins mediate antibiotic resistance through ribosomal protection[J]. mBio, 7(2): e01975.

Sheikh A A, Checkley S, Avery B, et al. 2012. Antimicrobial resistance and resistance genes in *Escherichia coli* isolated from retail meat purchased in Alberta, Canada[J]. Foodborne Pathog Dis, 9(7): 625-631.

Shen Y B, Lv Z Q, Yang L, et al. 2019. Integrated aquaculture contributes to the transfer of *mcr-1* between animals and humans via the aquaculture supply chain[J]. Environ Int, 130: 104708.

Shen Y, Zhang R, Schwarz S, et al. 2020. Farm animals and aquaculture: significant reservoirs of mobile colistin resistance genes[J]. Environ Microbiol, 22(7): 2469-2484.

Shen Y, Zhou H, Xu J, et al. 2018. Anthropogenic and environmental factors associated with high incidence of *mcr-1* carriage in humans across China[J]. Nat Microbiol, 3(9): 1054-1062.

Shen Z, Wang Y, Shen Y, et al. 2016. Early emergence of mcr-1 in *Escherichia coli* from food-producing animals[J]. Lancet Infect Dis, 16(3): 293.

Shi X, Li Y, Yang Y, et al. 2021. High prevalence and persistence of carbapenem and colistin resistance in livestock farm environments in China[J]. J Hazard Mater, 406: 124298.

Siguier P, Perochon J, Lestrade L, et al. 2006. ISfinder: the reference centre for bacterial insertion sequences[J]. Nucleic Acids Res, 34(Database issue): D32-36.

Singh R, Ledesma K R, Chang K T, et al. 2010. Impact of *recA* on levofloxacin exposure-related resistance development[J]. Antimicrob Agents Chemother, 54(10): 4262-4268.

Singh R, Sahore S, Kaur P, et al. 2016. Penetration barrier contributes to bacterial biofilm-associated resistance against only select antibiotics, and exhibits genus-, strain- and antibiotic-specific differences[J]. Pathog Dis, 74(6): ftw056.

Sirot D, Sirot J, Labia R, et al. 1987. Transferable resistance to third-generation cephalosporins in clinical isolates of *Klebsiella pneumoniae*: identification of CTX-1, a novel beta-lactamase[J]. J Antimicrob Chemother, 20(3): 323-334.

Slavic D, Boerlin P, Fabri M, et al. 2011. Antimicrobial susceptibility of *Clostridium perfringens* isolates of bovine, chicken, porcine, and turkey origin from Ontario[J]. Can J Vet Res, 75(2): 89-97.

Sloan J, Mcmurry L M, Lyras D, et al. 1994. The Clostridium perfringens Tet P determinant comprises two overlapping genes: *tetA*(P), which mediates active tetracycline efflux, and *tetB*(P), which is related to the ribosomal protection family of tetracycline-resistance determinants[J]. Mol Microbiol, 11(2): 403-415.

Smid J H, Verloo D, Barker G C, et al. 2010. Strengths and weaknesses of Monte Carlo simulation models and Bayesian belief networks in microbial risk assessment[J]. Int J Food Microbiol, 139: S57-63.

Smith C A, Toth M, Bhattacharya M, et al. 2014. Structure of the phosphotransferase domain of the bifunctional aminoglycoside-resistance enzyme *AAC(6')-Ie-APH(2")-Ia*[J]. Acta Crystallogr D Biol Crystallogr, 70(Pt 6): 1561-1571.

Smith T C, Male M J, Harper A L, et al. 2009. Methicillin-resistant *Staphylococcus aureus* (MRSA) strain ST398 is present in midwestern U.S. swine and swine workers[J]. PLoS One, 4(1): e4258.

Smith T C. 2015. Livestock-associated Staphylococcus aureus: the United States experience[J]. PLoS Pathog, 11(2): e1004564.

Snary E L, Kelly L A, Davison H C, et al. 2004. Antimicrobial resistance: a microbial risk assessment perspective[J]. J Antimicrob Chemother, 53(6): 906-917.

Soge O O, Tivoli L D, Meschke J S, et al. 2009. A conjugative macrolide resistance gene, *mef*(A), in environmental *Clostridium perfringens* carrying multiple macrolide and/or tetracycline resistance genes[J]. J Appl Microbiol, 106(1): 34-40.

Song H, Liu D, Li R, et al. 2020. Polymorphism existence of mobile tigecycline resistance gene tet(X4) in *Escherichia coli*[J]. Antimicrob Agents Chemother, 64(2): e01825-01819.

Song J, Rensing C, Holm P E, et al. 2017. Comparison of metals and tetracycline as selective agents for development of tetracycline resistant bacterial communities in agricultural soil[J]. Environ Sci Technol, 51(5):

3040-3047.

Spaic A, Seinige D, Muller A, et al. 2019. First report of tetracycline resistance mediated by the *tet*(O) gene in *Haemophilus parasuis*[J]. J Glob Antimicrob Resist, 17: 21-22.

Speer B S, Salyers A A. 1988. Characterization of a novel tetracycline resistance that functions only in aerobically grown *Escherichia coli*[J]. J Bacteriol, 170(4): 1423-1429.

Stakenborg T, Vicca J, Butaye P, et al. 2005. Characterization of in vivo acquired resistance of Mycoplasma hyopneumoniae to macrolides and lincosamides[J]. Microb Drug Resist, 11(3): 290-294.

Stepanauskas R, Glenn T C, Jagoe C H, et al. 2006. Coselection for microbial resistance to metals and antibiotics in freshwater microcosms[J]. Environ Microbiol, 8(9): 1510-1514.

Stolle I, Prenger-Berninghoff E, Stamm I, et al. 2013. Emergence of OXA-48 carbapenemase-producing *Escherichia coli* and *Klebsiella pneumoniae* in dogs[J]. J Antimicrob Chemother, 68(12): 2802-2808.

Stubberfield E, Abuoun M, Sayers E, et al. 2019. Use of whole genome sequencing of commensal *Escherichia coli* in pigs for antimicrobial resistance surveillance, United Kingdom, 2018[J]. Euro Surveill, 24(50): 32-41.

Su H C, Ying G G, Tao R, et al. 2011. Occurrence of antibiotic resistance and characterization of resistance genes and integrons in Enterobacteriaceae isolated from integrated fish farms in South China[J]. J Environ Monit, 13(11): 3229-3236.

Sudha S, Mridula C, Silvester R. 2014. Prevalence and antibiotic resistance of pathogenic Vibrios in shellfishes from Cochin market[J]. Indian Journal of Geo-Marine Sciences, 43(5): 815-824.

Sulyok K M, Kreizinger Z, Wehmann E, et al. 2017. Mutations associated with decreased susceptibility to seven antimicrobial families in field and laboratory-derived *Mycoplasma bovis* strains[J]. Antimicrob Agents Chemother, 61(2): e01983-01916.

Sun C, Chen B, Hulth A, et al. 2019a. Genomic analysis of *Staphylococcus aureus* along a pork production chain and in the community, Shandong Province, China[J]. Int J Antimicrob Agents, 54(1): 8-15.

Sun C, Cui M, Zhang S, et al. 2019b. Plasmid-mediated tigecycline-resistant gene *tet*(X4) in *Escherichia coli* from food-producing animals, China, 2008-2018[J]. Emerg Microbes Infect, 8(1): 1524-1527.

Sun C, Zhang P, Ji X, et al. 2018. Presence and molecular characteristics of oxazolidinone resistance in *Staphylococci* from household animals in rural China[J]. J Antimicrob Chemother, 73(5): 1194-1200.

Sun J, Chen C, Cui C Y, et al. 2019c. Plasmid-encoded *tet*(X) genes that confer high-level tigecycline resistance in *Escherichia coli*[J]. Nat Microbiol, 4(9): 1457-1464.

Sun J, Huang T, Chen C, et al. 2017. Comparison of fecal microbial composition and antibiotic resistance genes from swine, farm workers and the surrounding villagers[J]. Sci Rep, 7(1): 4965.

Sun J, Yang R S, Zhang Q, et al. 2016. Co-transfer of bla_{NDM-5} and *mcr-1* by an IncX3-X4 hybrid plasmid in *Escherichia coli*[J]. Nat Microbiol, 1: 16176.

Sun N, Liu J H, Yang F, et al. 2012. Molecular characterization of the antimicrobial resistance of *Riemerella anatipestifer* isolated from ducks[J]. Vet Microbiol, 158(3-4): 376-383.

Svozil D, Kvasnicka V, Pospichal J. 1997. Introduction to multi-layer feed-forward neural networks[J]. Chemometr Intell Lab Syst, 39(1): 43-62.

Swann M, Kl F H, Howie J W, et al. 1969. Joint committee on the use of antibiotics in animal husbandry and veterinary medicine[J]. Her Majesty's Statio: 1-42.

Sykes R B, Matthew M. 1976. The beta-lactamases of gram-negative bacteria and their role in resistance to beta-lactam antibiotics[J]. J Antimicrob Chemother, 2(2): 115-157.

Szekeres E, Chiriac C M, Baricz A, et al. 2018. Investigating antibiotics, antibiotic resistance genes, and microbial contaminants in groundwater in relation to the proximity of urban areas[J]. Environ Pollut, 236: 734-744.

Tandukar M, Oh S, Tezel U, et al. 2013. Long-term exposure to benzalkonium chloride disinfectants results in change of microbial community structure and increased antimicrobial resistance[J]. Environ Sci Technol, 47(17): 9730-9738.

Tang B, Yang H, Jia X, et al. 2021. Coexistence and characterization of Tet(X5) and NDM-3 in the MDR-Acinetobacter indicus of duck origin[J]. Microb Pathog, 150: 104697.

Tang K L, Caffrey N P, Nobrega D B, et al. 2017. Restricting the use of antibiotics in food-producing animals and its associations with antibiotic resistance in food-producing animals and human beings: a systematic review and meta-analysis[J]. Lancet Planet Health, 1(8): e316-e327.

Tansawai U, Walsh T R, Niumsup P R. 2019. Extended spectrum ss-lactamase-producing *Escherichia coli* among backyard poultry farms, farmers, and environments in Thailand[J]. Poult Sci, 98(6): 2622-2631.

Tao C W, Hsu B M, Ji W T, et al. 2014. Evaluation of five antibiotic resistance genes in wastewater treatment systems of swine farms by real-time PCR[J]. Sci Total Environ, 496: 116-121.

Team E E. 2012. The European Union Summary Report on antimicrobial resistance in zoonotic and indicator bacteria from humans, animals and food in 2010[J]. Eurosurveillance, 17(11): 2598.

Team E E. 2013. The European Union Summary Report on antimicrobial resistance in zoonotic and indicator bacteria from humans, animals and food in 2011[J]. Eurosurveillance, 11(5): 3196.

Team E E. 2015. The European Union Summary Report on antimicrobial resistance in zoonotic and indicator bacteria from humans, animals and food in 2013[J]. Eurosurveillance, 13(2): 4036.

The Danish Veterinary and Food Administration (DVFA). 2014. MARS risk assessment[Z].

Threlfall E J. 2000. Epidemic *Salmonella typhimurium* DT 104—a truly international multiresistant clone[J]. J Antimicrob Chemother, 46(1): 7-10.

Tian Y, Aarestrup F M, Lu C P. 2004. Characterization of *Streptococcus suis* serotype 7 isolates from diseased pigs in Denmark[J]. Vet Microbiol, 103(1-2): 55-62.

Tijet N, Richardson D, Macmullin G, et al. 2015. Characterization of multiple NDM-1-producing Enterobacteriaceae isolates from the same patient[J]. Antimicrob Agents Chemother, 59(6): 3648-3651.

Tokateloff N, Manning S T, Weese J S, et al. 2009. Prevalence of methicillin-resistant *Staphylococcus aureus* colonization in horses in Saskatchewan, Alberta, and British Columbia[J]. Can Vet J, 50(11): 1177-1180.

Tong H, Liu J, Yao X, et al. 2018. High carriage rate of *mcr-1* and antimicrobial resistance profiles of *mcr-1*-positive *Escherichia coli* isolates in swine faecal samples collected from eighteen provinces in China[J]. Vet Microbiol, 225: 53-57.

Tong P, Sun Y, Ji X, et al. 2015. Characterization of antimicrobial resistance and extended-spectrum beta-lactamase genes in *Escherichia coli* isolated from chickens[J]. Foodborne Pathog Dis, 12(4): 345-352.

Tran J H, Jacoby G A, Hooper D C. 2005. Interaction of the plasmid-encoded quinolone resistance protein QnrA with *Escherichia coli* topoisomerase IV[J]. Antimicrob Agents Chemother, 49(7): 3050-3052.

Traore D a K, Wisniewski J A, Flanigan S F, et al. 2018. Crystal structure of TcpK in complex with *ori*TDNA of the antibiotic resistance plasmid pCW3[J]. Nat Commun, 9(1): 1-11.

Trieber C A, Taylor D E. 2002. Mutations in the 16S rRNA genes of *Helicobacter pylori* mediate resistance to tetracycline[J]. J Bacteriol, 184(8): 2131-2140.

Trung N V, Matamoros S, Carrique-Mas J J, et al. 2017. Zoonotic transmission of mcr-1 colistin resistance gene from small-scale poultry farms, Vietnam[J]. Emerg Infect Dis, 23(3): 529-532.

Tsai H Y, Liao C H, Cheng A, et al. 2012. Isolation of meticillin-resistant *Staphylococcus aureus* sequence type 9 in pigs in Taiwan[J]. Int J Antimicrob Agents, 39(5): 449-451.

Tyson G H, Sabo J L, Hoffmann M, et al. 2018. Novel linezolid resistance plasmids in *Enterococcus* from food animals in the USA[J]. J Antimicrob Chemother, 73(12): 3254-3258.

Tzouvelekis L S, Tzelepi E, Tassios P T, et al. 2000. CTX-M-type beta-lactamases: an emerging group of extended-spectrum enzymes[J]. Int J Antimicrob Agents, 14(2): 137-142.

Ubukata K, Nonoguchi R, Matsuhashi M, et al. 1989. Expression and inducibility in *Staphylococcus aureus* of the mecA gene, which encodes a methicillin-resistant *S. aureus*-specific penicillin-binding protein[J]. J Bacteriol, 171(5): 2882-2885.

Umeda K, Hase A, Matsuo M, et al. 2019. Prevalence and genetic characterization of cephalosporin-resistant Enterobacteriaceae among dogs and cats in an animal shelter[J]. J Med Microbiol, 68(3): 339-345.

Uri L, Eytan A, Roger D A, et al. 2014. Acquired resistance to the 16-membered macrolides tylosin and tilmicosin by *Mycoplasma bovis*[J]. Vet Microbiol, 168(2-4): 365-371.

US Food and Drug Administration (FDA). 2016. Bacteria are the largest group of problematic foodborne pathogens[Z].

Uttley A H, Collins C H, Naidoo J, et al. 1988. Vancomycin-resistant enterococci[J]. Lancet, 1(8575-6): 57-58.

Valentin L, Sharp H, Hille K, et al. 2014. Subgrouping of ESBL-producing *Escherichia coli* from animal and human sources: an approach to quantify the distribution of ESBL types between different reservoirs[J]. Int J Med Microbiol, 304(7): 805-816.

Van Boeckel T P, Brower C, Gilbert M, et al. 2015. Global trends in antimicrobial use in food animals[J]. Proc Natl Acad Sci U S A, 112(18): 5649-5654.

Van C N, Zhang L J, Thanh T V T, et al. 2020. Association between the phenotypes and genotypes of antimicrobial resistance in *Haemophilus parasuis* isolates from swine in Quang Binh and Thua Thien Hue Provinces, Vietnam[J]. Engineering, 6(1): 40-48.

Van Duijkeren E, Schink A K, Roberts M C, et al. 2018. Mechanisms of bacterial resistance to antimicrobial agents[J]. Microbiol Spectr, 6(2).

Vandenesch F, Naimi T, Enright M C, et al. 2003. Community-acquired methicillin-resistant *Staphylococcus aureus* carrying Panton-Valentine leukocidin genes: worldwide emergence[J]. Emerg Infect Dis, 9(8): 978-984.

Vanderhaeghen W, Cerpentier T, Adriaensen C, et al. 2010. Methicillin-resistant *Staphylococcus aureus* (MRSA) ST398 associated with clinical and subclinical mastitis in Belgian cows[J]. Vet Microbiol, 144(1-2): 166-171.

Vernikos G S, Parkhill J. 2006. Interpolated variable order motifs for identification of horizontally acquired DNA: revisiting the *Salmonella pathogenicity* islands[J]. Bioinformatics, 22(18): 2196-2203.

Vester B, Douthwaite S. 2001. Macrolide resistance conferred by base substitutions in 23S rRNA[J]. Antimicrob Agents Chemother, 45(1): 1-12.

Vester B. 2018. The *cfr* and cfr-like multiple resistance genes[J]. Res Microbiol, 169(2): 61-66.

Vetting M W, Hegde S S, Javid-Majd F, et al. 2002. Aminoglycoside 2′-N-acetyltransferase from *Mycobacterium tuberculosis* in complex with coenzyme A and aminoglycoside substrates[J]. Nat Struct Biol, 9(9): 653-658.

Vicca J, Maes D, Stakenborg T, et al. 2007. Resistance mechanism against fluoroquinolones in *Mycoplasma hyopneumoniae* field isolates[J]. Microb Drug Resist, 13(3): 166-170.

Vidovic N, Vidovic S. 2020. Antimicrobial resistance and food animals: influence of livestock environment on the emergence and dissemination of antimicrobial resistance[J]. Antibiotics (Basel), 9(2): 52.

Vo A T, Van Duijkeren E, Fluit A C, et al. 2007. A novel *Salmonella* genomic island 1 and rare integron types in *Salmonella typhimurium* isolates from horses in The Netherlands[J]. J Antimicrob Chemother, 59(4): 594-599.

Vo A T, Van Duijkeren E, Gaastra W, et al. 2010. Antimicrobial resistance, class 1 integrons, and genomic island 1 in *Salmonella* isolates from Vietnam[J]. PLoS One, 5(2): e9440.

Vose D, Acar J, Anthony F, et al. 2001. Antimicrobial resistance: risk analysis methodology for the potential impact on public health of antimicrobial resistant bacteria of animal origin[J]. Rev Sci Tech, 20(3): 811-827.

Vose D, Hollinger K, Bartholomew M. 2000. Human health impact of fluoroquinolone resistant *Campylobacter* attributed to the consumption of chicken[R]. Washington, DC: US Food and Drug Administration Center for Veterinary Medicine.

Voss A, Loeffen F, Bakker J, et al. 2005. Methicillin-resistant *Staphylococcus aureus* in pig farming[J]. Emerg Infect Dis, 11(12): 1965-1966.

Vossenkuhl B, Brandt J, Fetsch A, et al. 2014. Comparison of spa types, SCCmec types and antimicrobial resistance profiles of MRSA isolated from turkeys at farm, slaughter and from retail meat indicates transmission along the production chain[J]. PLoS One, 9(5): e96308.

Wagenaar J A, Yue H, Pritchard J, et al. 2009. Unexpected sequence types in livestock associated methicillin-resistant *Staphylococcus aureus* (MRSA): MRSA ST9 and a single locus variant of ST9 in pig farming in China[J]. Vet Microbiol, 139(3-4): 405-409.

Wales A D, Davies R H. 2015. Co-Selection of resistance to antibiotics, biocides and heavy metals, and its relevance to foodborne pathogens[J]. Antibiotics (Basel), 4(4): 567-604.

Walsh T R. 2018. A one-health approach to antimicrobial resistance[J]. Nat Microbiol, 3(8): 854-855.

Walters III M C, Roe F, Bugnicourt A, et al. 2003. Contributions of antibiotic penetration, oxygen limitation, and low metabolic activity to tolerance of *Pseudomonas aeruginosa* biofilms to ciprofloxacin and tobramycin[J]. Antimicrob Agents Chemother, 47(1): 317-323.

Walther-Rasmussen J, Hoiby N. 2006. OXA-type carbapenemases[J]. J Antimicrob Chemother, 57(3): 373-383.

Wan M T, Fu S Y, Lo Y P, et al. 2012. Heterogeneity and phylogenetic relationships of community-associated methicillin-sensitive/resistant *Staphylococcus aureus* isolates in healthy dogs, cats and their owners[J]. J Appl Microbiol, 112(1): 205-213.

Wang J, Huang X Y, Xia Y B, et al. 2018a. Clonal spread of *Escherichia coli* ST93 carrying *mcr-1*-harboring IncN1-IncHI2/ST3 plasmid among companion animals, China[J]. Front Microbiol, 9: 2989.

Wang L, Liu D, Lv Y, et al. 2019a. Novel plasmid-mediated tet(X5) gene conferring resistance to tigecycline, eravacycline, and omadacycline in a clinical *Acinetobacter baumannii* isolate[J]. Antimicrob Agents Chemother, 64(1): e01326-01319.

Wang M G, Zhang R M, Wang L L, et al. 2021a. Molecular epidemiology of carbapenemase-producing *Escherichia coli* from duck farms in south-east coastal China[J]. J Antimicrob Chemother, 76(2): 322-329.

Wang N, Guo X, Yan Z, et al. 2016. A comprehensive analysis on spread and distribution characteristic of antibiotic resistance genes in livestock farms of Southeastern China[J]. PLoS One, 11(7): e0156889.

Wang N, Yang X, Jiao S, et al. 2014a. Sulfonamide-resistant bacteria and their resistance genes in soils fertilized with manures from Jiangsu Province, Southeastern China[J]. PLoS One, 9(11): e112626.

Wang W, Baloch Z, Zou M, et al. 2018b. Complete genomic analysis of a *Salmonella enterica* serovar typhimurium isolate cultured from ready-to-eat pork in China carrying one large plasmid containing *mcr-1*[J]. Front Microbiol, 9: 616.

Wang X, Wang Y, Zhou Y, et al. 2019b. Emergence of colistin resistance gene *mcr-8* and its variant in *Raoultella ornithinolytica*[J]. Front Microbiol, 10: 228.

Wang Y, Li D, Song L, et al. 2013. First report of the multiresistance gene *cfr* in *Streptococcus suis*[J]. Antimicrob Agents Chemother, 57(8): 4061-4063.

Wang Y, Lu J, Mao L, et al. 2019c. Antiepileptic drug carbamazepine promotes horizontal transfer of plasmid-borne multi-antibiotic resistance genes within and across bacterial genera[J]. ISME J, 13(2): 509-522.

Wang Y, Lu J, Zhang S, et al. 2021b. Non-antibiotic pharmaceuticals promote the transmission of multidrug resistance plasmids through intra- and intergenera conjugation[J]. ISME J, 15(9): 2493-2508.

Wang Y, Lv Y, Cai J, et al. 2015. A novel gene, optrA, that confers transferable resistance to oxazolidinones and phenicols and its presence in *Enterococcus faecalis* and *Enterococcus faecium* of human and animal origin[J]. J Antimicrob Chemother, 70(8): 2182-2190.

Wang Y, Wu C, Zhang Q, et al. 2012a. Identification of New Delhi metallo-beta-lactamase 1 in *Acinetobacter lwoffii* of food animal origin[J]. PLoS One, 7(5): e37152.

Wang Y, Xu C, Zhang R, et al. 2020. Changes in colistin resistance and *mcr-1* abundance in *Escherichia coli* of animal and human origins following the ban of colistin-positive additives in China: an epidemiological comparative study[J]. Lancet Infect Dis, 20(10): 1161-1171.

Wang Y, Zhang M, Deng F, et al. 2014b. Emergence of multidrug-resistant *Campylobacter* species isolates with a horizontally acquired rRNA methylase[J]. Antimicrob Agents Chemother, 58(9): 5405-5412.

Wang Y, Zhang R, Li J, et al. 2017. Comprehensive resistome analysis reveals the prevalence of NDM and MCR-1 in Chinese poultry production[J]. Nat Microbiol, 2: 16260.

Wang Y, Zhang W, Wang J, et al. 2012b. Distribution of the multidrug resistance gene *cfr* in *Staphylococcus* species isolates from swine farms in China[J]. Antimicrob Agents Chemother, 56(3): 1485-1490.

Wang Z, Fu Y, Du X D, et al. 2018c. Potential transferability of *mcr-3* via IS26-mediated homologous recombination in *Escherichia coli*[J]. Emerg Microbes Infect, 7(1): 55.

Warburton P J, Amodeo N, Roberts A P. 2016. Mosaic tetracycline resistance genes encoding ribosomal protection proteins[J]. J Antimicrob Chemother, 71(12): 3333-3339.

Wasteson Y, Hoie S, Roberts M C. 1994. Characterization of antibiotic resistance in *Streptococcus suis*[J]. Vet

Microbiol, 41(1-2): 41-49.

Watanabe M, Iyobe S, Inoue M, et al. 1991. Transferable imipenem resistance in *Pseudomonas aeruginosa*[J]. Antimicrob Agents Chemother, 35(1): 147-151.

Webb H E, Bugarel M, Den Bakker H C, et al. 2016. Carbapenem-resistant bacteria recovered from faeces of dairy cattle in the High Plains Region of the USA[J]. PLoS One, 11(1): e0147363.

Wedley A L, Dawson S, Maddox T W, et al. 2014. Carriage of *Staphylococcus* species in the veterinary visiting dog population in mainland UK: molecular characterisation of resistance and virulence[J]. Vet Microbiol, 170(1-2): 81-88.

Weisblum B. 1995. Erythromycin resistance by ribosome modification[J]. Antimicrob Agents Chemother, 39(3): 577-585.

Weiss K, Guilbault C, Cortes L, et al. 2002. Genotypic characterization of macrolide-resistant strains of *Streptococcus pneumoniae* isolated in Quebec, Canada, and in vitro activity of ABT-773 and telithromycin[J]. J Antimicrob Chemother, 50(3): 403-406.

Wen X, Mi J, Wang Y, et al. 2019. Occurrence and contamination profiles of antibiotic resistance genes from swine manure to receiving environments in Guangdong Province southern China[J]. Ecotoxicol Environ Saf, 173: 96-102.

Weston N, Sharma P, Ricci V, et al. 2018. Regulation of the AcrAB-TolC efflux pump in Enterobacteriaceae[J]. Res Microbiol, 169(7-8): 425-431.

White D G, Zhao S, Sudler R, et al. 2001. The isolation of antibiotic-resistant salmonella from retail ground meats[J]. N Engl J Med, 345(16): 1147-1154.

White P A, Stokes H W, Bunny K L, et al. 1999. Characterisation of a chloramphenicol acetyltransferase determinant found in the chromosome of *Pseudomonas aeruginosa*[J]. FEMS Microbiol Lett, 175(1): 27-35.

Whittle G, Hund B D, Shoemaker N B, et al. 2001. Characterization of the 13-kilobase *ermF* region of the *Bacteroides* conjugative transposon CTnDOT[J]. Appl Environ Microbiol, 67(8): 3488-3495.

WHO. 2019. Critically important antimicrobials for human medicine 6th version[Z].

Wichmann F, Udikovic-Kolic N, Andrew S, et al. 2014. Diverse antibiotic resistance genes in dairy cow manure[J]. mBio, 5(2): e01017.

Wieczorek K, Osek J. 2017. Prevalence, genetic diversity and antimicrobial resistance of *Listeria monocytogenes* isolated from fresh and smoked fish in Poland[J]. Food Microbiol, 64: 164-171.

Wienke M, Pfeifer Y, Weissgerber P, et al. 2012. In vitro activity of tigecycline and molecular characterization of extended-spectrum beta-lactamase-producing *Escherichia coli* and *Klebsiella pneumoniae* isolates from a university hospital in south-western Germany[J]. Chemotherapy, 58(3): 241-248.

Williamson D A, Bakker S, Coombs G W, et al. 2014. Emergence and molecular characterization of clonal complex 398 (CC398) methicillin-resistant *Staphylococcus aureus* (MRSA) in New Zealand[J]. J Antimicrob Chemother, 69(5): 1428-1430.

Witte W, Strommenger B, Stanek C, et al. 2007. Methicillin-resistant *Staphylococcus aureus* ST398 in humans and animals, Central Europe[J]. Emerg Infect Dis, 13(2): 255-258.

Wittmann H G, Stoffler G, Apirion D, et al. 1973. Biochemical and genetic studies on two different types of erythromycin resistant mutants of *Escherichia coli* with altered ribosomal proteins[J]. Mol Gen Genet, 127(2): 175-189.

Wiuff C, Zappala R M, Regoes R R, et al. 2005. Phenotypic tolerance: antibiotic enrichment of noninherited resistance in bacterial populations[J]. Antimicrob Agents Chemother, 49(4): 1483-1494.

Woodring J, Srijan A, Puripunyakom P, et al. 2012. Prevalence and antimicrobial susceptibilities of *Vibrio*, *Salmonella*, and *Aeromonas* isolates from various uncooked seafoods in Thailand[J]. J Food Prot, 75(1): 41-47.

Wright G D, Thompson P R. 1999. Aminoglycoside phosphotransferases: proteins, structure, and mechanism[J]. Front Biosci, 4: D9-21.

Wu C M, Wu H M, Ning Y B, et al. 2005. Induction of macrolide resistance in *Mycoplasma gallisepticum* in vitro and its resistance-related mutations within domain V of 23S rRNA[J]. FEMS Microbiol Lett,

247(2): 199-205.

Wu C, Wang Y, Shi X, et al. 2018. Rapid rise of the ESBL and *mcr-1* genes in *Escherichia coli* of chicken origin in China, 2008-2014[J]. Emerg Microbes Infect, 7(1): 30.

Wu N, Qiao M, Zhang B, et al. 2010. Abundance and diversity of tetracycline resistance genes in soils adjacent to representative swine feedlots in China[J]. Environ Sci Technol, 44(18): 6933-6939.

Wu W, Feng Y, Tang G, et al. 2019a. NDM Metallo-beta-Lactamases and their bacterial producers in health care settings[J]. Clin Microbiol Rev, 32(2): 10-1128.

Wu Y, Fan R, Wang Y, et al. 2019b. Analysis of combined resistance to oxazolidinones and phenicols among bacteria from dogs fed with raw meat/vegetables and the respective food items[J]. Sci Rep, 9(1): 15500.

Xavier B B, Lammens C, Ruhal R, et al. 2016. Identification of a novel plasmid-mediated colistin-resistance gene, mcr-2, in *Escherichia coli*, Belgium, June 2016[J]. Euro Surveill, 21(27): 30280.

Xing L, Yu H, Qi J, et al. 2015. *ErmF* and *ereD* are responsible for erythromycin resistance in *Riemerella anatipestifer*[J]. PLoS One, 10(6): e0131078.

Xiong W, Sun Y, Zhang T, et al. 2015. Antibiotics, antibiotic resistance genes, and bacterial community composition in fresh water aquaculture environment in China[J]. Microb Ecol, 70(2): 425-432.

Xiong X, Bromley E H, Oelschlaeger P, et al. 2011. Structural insights into quinolone antibiotic resistance mediated by pentapeptide repeat proteins: conserved surface loops direct the activity of a Qnr protein from a gram-negative bacterium[J]. Nucleic Acids Res, 39(9): 3917-3927.

Xu C, Lv Z, Shen Y, et al. 2020. Metagenomic insights into differences in environmental resistome profiles between integrated and monoculture aquaculture farms in China[J]. Environ Int, 144: 106005.

Xu G Z, Xu J Y, Zhou A M, et al. 2009. Epidemiological and etiological characteristics of typhoid and paratyphoid fever in Ningbo during 1988-2007[J]. Chinese Journal of Epidemiology, 30(3): 252-256.

Xu G, An W, Wang H, et al. 2015. Prevalence and characteristics of extended-spectrum beta-lactamase genes in *Escherichia coli* isolated from piglets with post-weaning diarrhea in Heilongjiang province, China[J]. Front Microbiol, 6: 1103.

Xu L, Ouyang W, Qian Y, et al. 2016. High-throughput profiling of antibiotic resistance genes in drinking water treatment plants and distribution systems[J]. Environ Pollut, 213: 119-126.

Yaici L, Haenni M, Saras E, et al. 2016. blaNDM-5-carrying IncX3 plasmid in *Escherichia coli* ST1284 isolated from raw milk collected in a dairy farm in Algeria[J]. J Antimicrob Chemother, 71(9): 2671-2672.

Yamaguchi T, Kawahara R, Harada K, et al. 2018. The presence of colistin resistance gene mcr-1 and -3 in ESBL producing *Escherichia coli* isolated from food in Ho Chi Minh City, Vietnam[J]. FEMS Microbiol Lett, 365(11): fny100.

Yan K, Madden L, Choudhry A E, et al. 2006. Biochemical characterization of the interactions of the novel pleuromutilin derivative retapamulin with bacterial ribosomes[J]. Antimicrob Agents Chemother, 50(11): 3875-3881.

Yang J, Zhang Z, Zhou X, et al. 2020. Prevalence and characterization of antimicrobial resistance in *Salmonella enterica* isolates from retail foods in Shanghai, China[J]. Foodborne Pathog Dis, 17(1): 35-43.

Yang Q E, Tansawai U, Andrey D O, et al. 2019a. Environmental dissemination of *mcr-1* positive Enterobacteriaceae by *Chrysomya* spp. (common blowfly): an increasing public health risk[J]. Environ Int, 122: 281-290.

Yang Q, Wang H, Sun H, et al. 2010. Phenotypic and genotypic characterization of Enterobacteriaceae with decreased susceptibility to carbapenems: results from large hospital-based surveillance studies in China[J]. Antimicrob Agents Chemother, 54(1): 573-577.

Yang S S, Sun J, Liao X P, et al. 2013. Co-location of the *erm*(T) gene and bla_{ROB-1} gene on a small plasmid in *Haemophilus parasuis* of pig origin[J]. J Antimicrob Chemother, 68(8): 1930-1932.

Yang W, Moore I F, Koteva K P, et al. 2004. TetX is a flavin-dependent monooxygenase conferring resistance to tetracycline antibiotics[J]. J Biol Chem, 279(50): 52346-52352.

Yang X, Liu L, Wang Z, et al. 2019b. Emergence of mcr-8.2-bearing *Klebsiella quasipneumoniae* of animal origin[J]. J Antimicrob Chemother, 74(9): 2814-2817.

Yang Y J, Wu P J, Livermore D M. 1990. Biochemical characterization of a beta-lactamase that hydrolyzes penems and carbapenems from two *Serratia marcescens* isolates[J]. Antimicrob Agents Chemother, 34(5): 755-758.

Yang Y Q, Li Y X, Lei C W, et al. 2018. Novel plasmid-mediated colistin resistance gene mcr-7.1 in *Klebsiella pneumoniae*[J]. J Antimicrob Chemother, 73(7): 1791-1795.

Yang Y Q, Li Y X, Song T, et al. 2017. Colistin resistance gene *mcr-1* and its variant in *Escherichia coli* isolates from chickens in China[J]. Antimicrob Agents Chemother, 61(5): e01204-01216.

Yao H, Qin S, Chen S, et al. 2018. Emergence of carbapenem-resistant hypervirulent *Klebsiella pneumoniae*[J]. Lancet Infect Dis, 18(1): 25.

Yao H, Shen Z, Wang Y, et al. 2016. Emergence of a potent multidrug efflux pump variant that enhances campylobacter resistance to multiple antibiotics[J]. mBio, 7(5): e01543-01516.

Yao H, Zhao W, Jiao D, et al. 2021. Global distribution, dissemination and overexpression of potent multidrug efflux pump RE-CmeABC in *Campylobacter jejuni*[J]. J Antimicrob Chemother, 76(3): 596-600.

Yazdankhah S, Rudi K, Bernhoft A. 2014. Zinc and copper in animal feed—development of resistance and co-resistance to antimicrobial agents in bacteria of animal origin[J]. Microb Ecol Health Dis, 25(1): 25862.

Ye L, Lu Z, Li X, et al. 2013. Antibiotic-resistant bacteria associated with retail aquaculture products from Guangzhou, China[J]. J Food Prot, 76(2): 295-301.

Yeh J C, Lo D Y, Chang S K, et al. 2017. Antimicrobial susceptibility, serotypes and genotypes of *Pasteurella multocida* isolates associated with swine pneumonia in Taiwan[J]. Vet Rec, 181(12): 323.

Yeom J, Imlay J A, Park W. 2010. Iron homeostasis affects antibiotic-mediated cell death in *Pseudomonas species*[J]. J Biol Chem, 285(29): 22689-22695.

Yeung A T, Bains M, Hancock R E. 2011. The sensor kinase CbrA is a global regulator that modulates metabolism, virulence, and antibiotic resistance in *Pseudomonas aeruginosa*[J]. J Bacteriol, 193(4): 918-931.

Yi L, Jin M, Li J, et al. 2020. Antibiotic resistance related to biofilm formation in *Streptococcus suis*[J]. Appl Microbiol Biotechnol, 104(20): 8649-8660.

Yi L, Wang J, Gao Y, et al. 2017. mcr-1-Harboring salmonella enterica serovar typhimurium sequence type 34 in pigs, China[J]. Emerg Infect Dis, 23(2): 291-295.

Yi R H, Wang Q J, Mo C H, et al. 2010. Determination of four fluoroquinolone antibiotics in tap water in Guangzhou and Macao[J]. Environ Pollut, 158(7): 2350-2358.

Yigit H, Queenan A M, Anderson G J, et al. 2001. Novel carbapenem-hydrolyzing beta-lactamase, KPC-1, from a carbapenem-resistant strain of *Klebsiella pneumoniae*[J]. Antimicrob Agents Chemother, 45(4): 1151-1161.

Yong D, Toleman M A, Giske C G, et al. 2009. Characterization of a new metallo-beta-lactamase gene, bla(NDM-1), and a novel erythromycin esterase gene carried on a unique genetic structure in *Klebsiella pneumoniae* sequence type 14 from India[J]. Antimicrob Agents Chemother, 53(12): 5046-5054.

Yoo A N, Cha S B, Shin M K, et al. 2014. Serotypes and antimicrobial resistance patterns of the recent Korean *Actinobacillus pleuropneumoniae* isolates[J]. Vet Rec, 174(9): 223.

Yousfi M, Mairi A, Touati A, et al. 2016a. Extended spectrum beta-lactamase and plasmid mediated quinolone resistance in *Escherichia coli* fecal isolates from healthy companion animals in Algeria[J]. J Infect Chemother, 22(7): 431-435.

Yousfi M, Touati A, Mairi A, et al. 2016b. Emergence of carbapenemase-producing *Escherichia coli* isolated from companion animals in Algeria[J]. Microb Drug Resist, 22(4): 342-346.

Yousfi M, Touati A, Muggeo A, et al. 2018. Clonal dissemination of OXA-48-producing Enterobacter cloacae isolates from companion animals in Algeria[J]. J Glob Antimicrob Resist, 12: 187-191.

Yuan J, Ni M, Liu M, et al. 2019. Occurrence of antibiotics and antibiotic resistance genes in a typical estuary aquaculture region of Hangzhou Bay, China[J]. Mar Pollut Bull, 138: 376-384.

Yvonne A, Andreas P. 2007. The tetracycline resistance determinant Tet 39 and the sulphonamide resistance gene sulII are common among resistant *Acinetobacter* spp. isolated from integrated fish farms in Thailand[J]. J Antimicrob Chemother, 59(1): 23-27.

Zeman M, Maslanova I, Indrakova A, et al. 2017. *Staphylococcus sciuri* bacteriophages double-convert for staphylokinase and phospholipase, mediate interspecies plasmid transduction, and package *mecA* gene[J].

Sci Rep, 7(1): 46319.

Zeng Z L, Wei H K, Wang J, et al. 2014. High prevalence of Cfr-producing *Staphylococcus* species in retail meat in Guangzhou, China[J]. BMC Microbiol, 14: 151.

Zhai R, Fu B, Shi X, et al. 2020. Contaminated in-house environment contributes to the persistence and transmission of NDM-producing bacteria in a Chinese poultry farm[J]. Environ Int, 139: 105715.

Zhang A, Song L, Liang H, et al. 2016a. Molecular subtyping and erythromycin resistance of *Campylobacter* in China[J]. J Appl Microbiol, 121(1): 287-293.

Zhang C Y, Liu L, Zhang P, et al. 2022. Characterization of a novel gene, *srpA*, conferring resistance to streptogramin A, pleuromutilins, and lincosamides in *Streptococcus suis*[J]. Engineering, 9: 85-94.

Zhang C, Feng Y, Liu F, et al. 2017a. A Phage-Like IncY plasmid carrying the *mcr-1* gene in *Escherichia coli* from a pig farm in China[J]. Antimicrob Agents Chemother, 61(3): e02035-16.

Zhang C, Ning Y, Zhang Z, et al. 2008. In vitro antimicrobial susceptibility of *Streptococcus suis* strains isolated from clinically healthy sows in China[J]. Vet Microbiol, 131(3-4): 386-392.

Zhang H, Zhai Z, Li Q, et al. 2016b. Characterization of extended-Spectrum beta-lactamase-producing *Escherichia coli* isolates from pigs and farm workers[J]. J Food Prot, 79(9): 1630-1634.

Zhang J, Chen L, Wang J, et al. 2018a. Molecular detection of colistin resistance genes (*mcr-1*, *mcr-2* and *mcr-3*) in nasal/oropharyngeal and anal/cloacal swabs from pigs and poultry[J]. Sci Rep, 8(1): 3705.

Zhang Q Q, Ying G G, Pan C G, et al. 2015. Comprehensive evaluation of antibiotics emission and fate in the river basins of China: source analysis, multimedia modeling, and linkage to bacterial resistance[J]. Environ Sci Technol, 49(11): 6772-6782.

Zhang R Q, Ying G G, Su H C, et al. 2013a. Antibiotic resistance and genetic diversity of *Escherichia coli* isolates from traditional and integrated aquaculture in South China[J]. J Environ Sci Health B, 48(11): 999-1013.

Zhang R, Dong N, Huang Y, et al. 2018b. Evolution of tigecycline- and colistin-resistant CRKP (carbapenem-resistant *Klebsiella pneumoniae*) in vivo and its persistence in the GI tract[J]. Emerg Microbes Infect, 7(1): 127.

Zhang R, Dong N, Zeng Y, et al. 2020. Chromosomal and plasmid-borne tigecycline resistance genes *tet*(X3) and *tet*(X4) in dairy cows on a Chinese Farm[J]. Antimicrob Agents Chemother, 64(11): e00674-00620.

Zhang R, Liu Z, Li J, et al. 2017b. Presence of VIM-positive pseudomonas species in chickens and their surrounding environment[J]. Antimicrob Agents Chemother, 61(7): 10-1128.

Zhang S, Wang Y, Lu J, et al. 2021. Chlorine disinfection facilitates natural transformation through ROS-mediated oxidative stress[J]. ISME J, 15(10): 2969-2985.

Zhang W, Hao Z, Wang Y, et al. 2011. Molecular characterization of methicillin-resistant *Staphylococcus aureus* strains from pet animals and veterinary staff in China[J]. Vet J, 190(2): e125-e129.

Zhang W, Zhu Y, Wang C, et al. 2019. Characterization of a multidrug-resistant porcine *Klebsiella pneumoniae* sequence type 11 strain coharboring *bla*KPC-2 and *fosA3* on two novel hybrid plasmids[J]. mSphere, 4(5): e00590-00519.

Zhang X X, Zhang T, Fang H H. 2009. Antibiotic resistance genes in water environment[J]. Appl Microbiol Biotechnol, 82(3): 397-414.

Zhang X, Wang M S, Liu M F, et al. 2017c. Contribution of RaeB, a putative RND-type transporter to aminoglycoside and detergent resistance in *Riemerella anatipestifer*[J]. Front Microbiol, 8: 2435.

Zhang Y J, Hu H W, Gou M, et al. 2017f. Temporal succession of soil antibiotic resistance genes following application of swine, cattle and poultry manures spiked with or without antibiotics[J]. Environ Pollut, 231(Pt 2): 1621-1632.

Zhang Y, Gu A Z, He M, et al. 2017d. Subinhibitory concentrations of disinfectants promote the horizontal transfer of multidrug resistance genes within and across genera[J]. Environ Sci Technol, 51(1): 570-580.

Zhang Y, Kashikar A, Bush K. 2017e. In vitro activity of plazomicin against beta-lactamase-producing carbapenem-resistant Enterobacteriaceae (CRE)[J]. J Antimicrob Chemother, 72(10): 2792-2795.

Zhang Y, Wang Q, Yin Y, et al. 2018c. Epidemiology of carbapenem-resistant Enterobacteriaceae infections: report from the China CRE network[J]. Antimicrob Agents Chemother, 62(2): e01882-01817.

Zhang Y, Zhang C, Parker D B, et al. 2013b. Occurrence of antimicrobials and antimicrobial resistance genes in beef cattle storage ponds and swine treatment lagoons[J]. Sci Total Environ, 463-464: 631-638.

Zhao Q, Wang Y, Wang S, et al. 2016. Prevalence and abundance of florfenicol and linezolid resistance genes in soils adjacent to swine feedlots[J]. Sci Rep, 6(1): 32192.

Zhao X, Wang J, Zhu L, et al. 2019. Field-based evidence for enrichment of antibiotic resistance genes and mobile genetic elements in manure-amended vegetable soils[J]. Sci Total Environ, 654: 906-913.

Zhao X, Zhao H, Zhou Z, et al. 2022. Characterization of extended-spectrum beta-lactamase-producing *Escherichia coli* isolates that cause diarrhea in sheep in Northwest China[J]. Microbiol Spectr, 10(4): e0159522.

Zhao Y, Guo L, Li J, et al. 2018a. Characterization of antimicrobial resistance genes in *Haemophilus parasuis* isolated from pigs in China[J]. Peer J, 6: e4613.

Zhao Y, Zhang X X, Zhao Z, et al. 2018b. Metagenomic analysis revealed the prevalence of antibiotic resistance genes in the gut and living environment of freshwater shrimp[J]. J Hazard Mater, 350: 10-18.

Zheng H, Zeng Z, Chen S, et al. 2012. Prevalence and characterisation of CTX-M beta-lactamases amongst *Escherichia coli* isolates from healthy food animals in China[J]. Int J Antimicrob Agents, 39(4): 305-310.

Zhou B, Wang C, Zhao Q, et al. 2016. Prevalence and dissemination of antibiotic resistance genes and coselection of heavy metals in Chinese dairy farms[J]. J Hazard Mater, 320: 10-17.

Zhou X Y, Bordon F, Sirot D, et al. 1994. Emergence of clinical isolates of *Escherichia coli* producing TEM-1 derivatives or an OXA-1 beta-lactamase conferring resistance to beta-lactamase inhibitors[J]. Antimicrob Agents Chemother, 38(5): 1085-1089.

Zhou Y C, He S M, Wen Z L, et al. 2020b. A rapid and accurate detection approach for multidrug-resistant tuberculosis based on PCR-ELISA microplate hybridization assay[J]. Lab Med, 51(6): 606-613.

Zhou Y, Li J, Schwarz S, et al. 2020a. Mobile oxazolidinone/phenicol resistance gene *optrA* in chicken *Clostridium perfringens*[J]. J Antimicrob Chemother, 75(10): 3067-3069.

Zhou Z C, Shuai X Y, Lin Z J, et al. 2021. Prevalence of multi-resistant plasmids in hospital inhalable particulate matter (PM) and its impact on horizontal gene transfer. Environ Pollut, 270: 116296.

Zhu D K, Luo H Y, Liu M F, et al. 2018. Various profiles of tet genes addition to *tet*(X) in *Riemerella anatipestifer* isolates from ducks in China[J]. Front Microbiol, 9: 585.

Zhu Y G, Johnson T A, Su J Q, et al. 2013. Diverse and abundant antibiotic resistance genes in Chinese swine farms[J]. Proc Natl Acad Sci U S A, 110(9): 3435-3440.

Zogg A L, Zurfluh K, Schmitt S, et al. 2018. Antimicrobial resistance, multilocus sequence types and virulence profiles of ESBL producing and non-ESBL producing uropathogenic *Escherichia coli* isolated from cats and dogs in Switzerland[J]. Vet Microbiol, 216: 79-84.

第四章 动物源细菌耐药性控制技术研究进展

抗菌药物历经 80 多年的发展，已拯救了无数人的生命，但由于抗菌药物的大量使用，导致了细菌耐药性的产生。耐药菌株的出现速度之快令人措手不及，反观新药研发速度缓慢，使得细菌耐药性成为 21 世纪人类健康问题的重大威胁之一，联合国也召开会议讨论抗菌药物耐药性问题，将其视为最大和最紧迫的全球风险。因此，李静等（2021）认为应当重新审视抗菌药物的开发策略，寻找创新突破点，有效遏制细菌耐药性问题。

对于耐药性控制技术研究而言，国内外的研究重点集中在以下几个方面。①在新型药物研发方面，针对耐药靶标，建立新型抗菌药物研发模型，开展抗菌活性化合物的筛选；对已有的抗菌药物进行结构改造，同时运用药物及分子筛选平台，筛选海洋细菌、植物等含有天然小分子化合物等抗菌药物前体，并阐明其抗菌活性与化学结构；运用合成生物学对底盘细胞进行工程化改造，实现微生物天然产物的高效生产。②根据细菌耐药性的机制及其与抗菌药物的结构关系，寻找和研制针对耐药菌产生钝化酶的有效酶抑制剂，改变药物对细菌的作用靶位，提高药物对灭活酶的稳定性；增强药物对外膜的通透性，抑制细菌外排泵，阻断耐药性的发生；从基因水平上研究细菌耐药性的抑制消除剂，研究破坏耐药基因以恢复细菌对抗菌药物的敏感性。③合理用药技术方面，通过联合用药来恢复已有抗菌药物对细菌的抗菌活性，寻找可增强耐药细菌敏感性的中药单体、植物提取物等能够通过协同增强抗菌药物疗效，减轻抗菌药物毒性的物质；运用新的制剂和递送技术，通过增强药物稳定性、提高药物生物利用度，从而降低抗菌药物用量，提高抗菌药物疗效；运用 PK/PD 同步模型及防耐药突变机理等制订精准化用药方案，提高抗菌药物的疗效，减少抗菌药物的使用。④抗菌药物替代物研发方面，研发新型中兽药，增加饲用植物及其提取物的使用；研发更多的特异性抗菌疫苗、生物制剂，预防和控制细菌感染性疾病；开发可调节机体免疫系统、刺激免疫细胞活化的饲用微生物，以及特异性高、催化效果好、安全无毒的酶制剂，以有效提高体内抗体水平；开发基于噬菌体疗法的耐药基因定向消除技术，扩大其普适性并充分评估噬菌体疗法的安全性；同时，寻找多种具有增强机体免疫调节功能和提高生长性能的替抗产品，如抗菌肽、酸化剂、多糖和寡糖、微量元素等。⑤环境中耐药性消除方面，选用紫外线、膜生物反应器等消毒方法，加强消毒力度，尽可能消灭存在于环境和污水中的耐药菌/耐药基因；运用强化水解预处理和堆肥化处理技术，加强粪污无害化处理，降低病原微生物的传播风险，同时，开发其他环境耐药性消减技术，从源头上控制疫病的发生。

第一节 新型抗菌药物及耐药逆转剂

随着抗菌药物在临床和非临床上的大量应用，造成了耐药性的发生、发展和传播，严重威胁着人类的生命健康，因此，遏制细菌耐药性刻不容缓，需要多管齐下。其中，不断研发出新型抗菌药物是防控细菌耐药性的主要手段和方法，从而减少细菌耐药性的产生。对于动物源细菌耐药性问题，需要研发动物专用的抗菌药物。除此之外，细菌耐药逆转剂作为一种新的策略来减缓耐药性细菌的传播或降低细菌耐药性，已成为一个新的研究热点。曹珍等（2020）研究表明，耐药逆转剂与抗菌药物联合使用，能有效增强现有抗菌药物对耐药菌的抗菌活性，提高杀菌效果，减少细菌耐药性。

一、新型抗菌药物

加快新药研发速度、寻找新型抗菌药物是解决日益严重的耐药性问题的重要手段。新型抗菌药物的研发思路主要包括：基于化学结构修饰的新药研发；基于不同筛选模型的新药研发；基于抗体-抗菌药物偶联策略的新药研发；基于新作用靶点的新药研发；基于新化学结构的新药研发；基于合成生物学的新药研发。

1. 基于化学结构修饰的新药研发

针对细菌耐药机制进行药物设计、对已有的抗菌药物进行结构改造，是研发抗耐药菌药物的快捷途径，由此成功开发出了多种抗耐药菌的新药。例如，对β-内酰胺酶稳定的新抗生素氯唑西林、奈夫西林等；能克服钝化酶作用的地贝卡星、阿米卡星等；与药物作用靶点具有更大亲和力、活性更高的新一代利福平药物 Rafalazil 和新喹诺酮类药物等；具有更大亲脂性、外排泵难以泵出的药物，如喹诺酮类药物亲脂性衍生物和米诺环素亲脂性衍生物等。这些药物的成功开发，缓解了耐药菌带来的威胁，为临床治疗耐药菌感染提供了可选药物。围绕传统药物的结构修饰开发新药，具有方便快捷、风险小的优势，尤其是组合化学的发展，进一步加速了这类新药的开发进程，对已知具有抗菌活性的化合物引入基团进行修饰、改善其性质，可以增加其抗菌活性。肖春玲和姚天爵（2004）认为通过结构修饰获得的新药，常常会有一定的局限性，难以克服同类药物间的交叉耐药性，如新一代利福平药物 Rafalazil，对利福霉素低水平耐药株有效，对高度耐药株没有活性。

据张宝华等（2020）报道，以γ-聚谷氨酸为原料，通过替米考星与γ-聚谷氨酸成盐反应，将替米考星连接到γ-聚谷氨酸分子上制备γ-聚谷氨酸-替米考星复合物（图 4-1），对金黄色葡萄球菌、链球菌、大肠杆菌、沙门菌的抑制活性均优于替米考星，γ-聚谷氨酸-替米考星复合物具备代替替米考星成为新型抗菌兽药的价值。新型氟喹诺酮类似物通过氢解、偶联及浓盐酸脱保护方式合成了 10 种新型的氟喹诺酮衍生物，显著增强了对大肠杆菌、金黄色葡萄球菌和四联球菌的抗菌活性。

在新型抗菌剂炔基苯噻唑的亲脂侧链上引入环胺甲基哌啶/硫代喹啉基团（图 4-2，图 4-3），提高了新化合物的水溶性，药动学特征显著增加，且对耐甲氧西林金黄色葡萄球菌（MRSA）具有杀菌作用。Mancy 等（2020）研究表明，该化合物在破坏 MRSA 成熟生物膜方面的效果明显优于万古霉素，在 MRSA 连续传代 14 次后不容易产生耐药性，更加有利于耐药性防控。

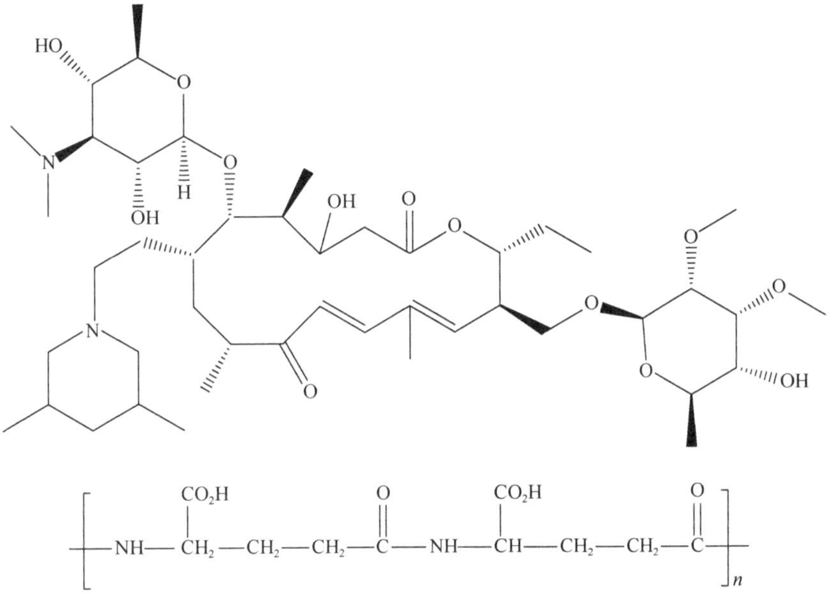

图 4-1　γ-聚谷氨酸-替米考星复合物结构式

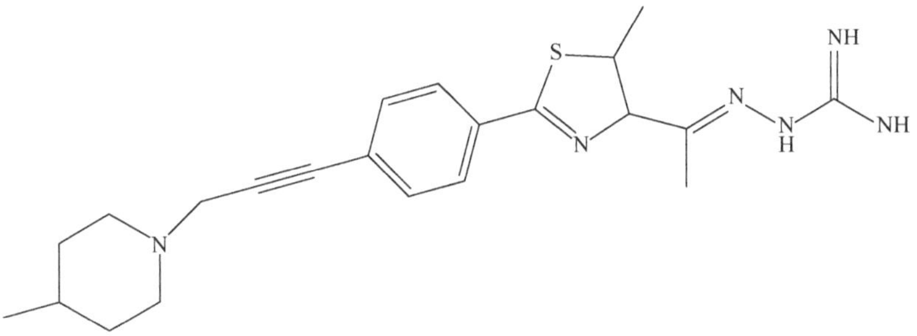

图 4-2　引入环胺甲基哌啶的炔基苯噻唑化合物结构式

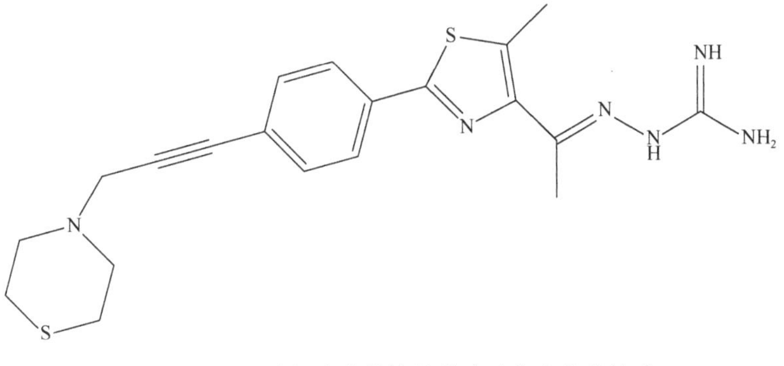

图 4-3　引入硫代喹啉的炔基苯噻唑化合物结构式

　　此外，根据药效团杂交概念，基于双配体或多配体合成的药物设计方法可以生产出比单一靶向药物临床效果更好的化合物。Li 等（2021）通过化学键连接不同的药效团来制备杂化分子，在二酯结构的基础上通过亚甲基桥连接合成了阿莫西林和苯甲酸衍生物杂化分子，提高了阿莫西林对沙门菌属和 MRSA 的活性，且对 MRSA 的抗菌活性更好。

Chu 等（2018）通过模拟阳离子抗菌肽的基本特性开发了一系列含有阳离子残基的查耳酮衍生物，可以识别细菌外膜，杀菌速度快，对革兰氏阳性菌和革兰氏阴性菌表现出强大的抗菌活性。阳离子查耳酮衍生物主要通过细胞膜去极化和透化，导致细菌迅速死亡而发挥抗菌作用，是未来治疗细菌感染的潜在治疗剂。同样，Flaherty 等（2021）设计、合成的取代哌嗪底物的新型截短侧耳素衍生物，对金黄色葡萄球菌和表皮葡萄球菌具有较强的抑制作用。此外，Blasco 等（2021）利用 6-(1-取代吡咯-2-基)-S-三嗪类化合物对抗菌药物进行修饰，也可有效抑制耐药金黄色葡萄球菌的生长。

四环素很早就被证明是安全、有效的抗生素，但迄今为止所有被批准的四环素类抗生素都是通过发酵产物的化学修饰得到的，这大大限制了抗菌药物的开发。在 20 世纪 50 年代后期，Karpiuk 和 Tyski（2015）确立了 3~4 步化学反应方案以去除土霉素和 6-去甲基四环素中的不稳定 6-羟基取代基，由此产生的脱氧产物成为更稳定的四环素类化合物，并保留了良好的抗菌活性。替加环素由 Frank Tally 发现，是在四环素 D 环的 C9 位引入第 2 个氮原子，并且在这个氮原子上连接了一个 N-叔丁基甘氨酸侧链，使替加环素对细菌核糖体具有更大的亲和力，对许多已经对其他四环素类抗生素产生耐药性的致病菌更有效。替加环素通过静脉注射给药，在 2005 年被批准用于治疗复杂性腹腔内感染（cIAI）、复杂性皮肤和软组织感染（cSSTI）及社区获得性肺炎（CAP）（Bai et al., 2018）。

基于替加环素对革兰氏阴性菌的作用效果，其现已成为治疗由多重耐药的革兰氏阴性菌引发感染的最后治疗手段。此外，也有研究将其单独或与其他抗生素联合用于治疗心内膜炎、布鲁菌病和艰难梭菌感染。Wright 等（2014）建立的"对映体选择汇聚"合成路线，获得了结构多样的 6-脱氧四环素类抗生素。在随后的 10 年中，已经合成了数以几千计的四环素类衍生物，其中 eravacycline 展现了具有广谱抗耐药菌的效果，已经进行 III 期临床研究。Seiple 等（2016）通过合成简单的大环内酯抗生素分子"砌块"，再进行"汇聚装配"的合成路线，合成了 300 多个利用传统的半合成方法难以获得的大环内酯衍生物，也已经进行 III 期临床研究。

壮观霉素（spectinomycin）是结构类似于氨基糖苷类的抗生素，但是由于外排泵 Rv 1258c 对壮观霉素的大量外排，导致壮观霉素抗结核分枝杆菌（$M.\ tuberculosis$，Mtb）的活性远不如氨基糖苷类。Lee 等（2014）利用各种酰胺羰基连接的官能团取代糖上的酮基，设计了一系列壮观霉素类似物（spectinamide），试图避免细菌的主动外排，其中吡咯和哌啶环，特别是卤素取代的哌啶类似物表现出优异的抗分枝杆菌和抑制外排泵的活性。

2. 基于不同筛选模型的新药研发

迄今为止，临床使用的所有微生物来源的抗菌药物及其先导化合物都是通过传统的全细胞筛选技术获得的，但这种方式存在着三点不足：第一，随着越来越多的代谢产物被分离，许多在天然产物样品中含量非常低的抗生素无法被探测到；第二，许多已知的抗生素类物质频繁出现于被研究过的微生物发酵产物中，极大地干扰了新抗生素的发现；第三，不能排除筛选获得物质的"活性"是由于细胞毒作用还是靶标作用，可能出现特异性差和敏感性低的现象。近年来，殷瑜等（2013）开发了各种新的特异性筛选模型用来发现微生物代谢产物中的新抗菌物质，如针对不同耐药机制构建的抑制剂筛选模型、基于基因沉默技术的超敏全细胞抗生素筛选模型、多点抗性排除已知抗生素的全细胞筛选模型、基于基因敲除技术的增效剂筛选模型，以及基于基因组挖掘技术发现天然产物等。

针对细菌的不同耐药机制，定向筛选新型抗耐药菌药物，是解决耐药菌问题的重要途径。大肠埃希菌 BW25113 是一株用于筛选金属 β-内酰胺酶（MBL）抑制剂的工程菌株，该菌株敲除了负责编码细胞外膜渗透蛋白的基因 $bamB$ 和编码外排泵蛋白的基因 $tolC$，使得待筛选的微量物质能够有效地进入胞内；同时，在这一工程菌中插入了 NDM-β-内酰胺酶基因 bla_{NDM-1}。随后利用这一模型，King（2014）等对近 500 个微生物发酵提取物进行了筛选，结果发现了一个已知的真菌代谢产物 AMA（aspergillomarasmine），其能够快速、有效地抑制 NDM-1，以及与临床相关的 MBL 和 VIM-耐药酶，该化合物能够在体内外有效地增强美罗培南抗 NDM-1 阳性肺炎克雷伯菌的能力。

Sandanayaka 和 Prashad（2002）通过 β-内酰胺酶抑制剂筛选模型筛选的 β-内酰胺酶抑制剂——棒酸是一个典型的例子，棒酸本身几乎没有抗菌活性，但它可以使产生水解酶的耐药菌重新对 β-内酰胺类抗生素敏感。通过建立细菌改变细胞外膜渗透性模型，以筛选高渗透性的药物，并提高药物的渗透能力，有助于增加外膜通透性，从而克服这类耐药菌的感染。程巧梅等（1997）使用亚胺培南耐药株和敏感株，建立了作用于细菌外膜的抗药菌药物筛选模型，筛选得到了具有增加外膜通透作用的活性物质，有希望发展成为克服这类耐药机制的新型药物。除此之外，左联和姚天爵（1998）通过分子生物学方法，建立了作用于绿脓杆菌外排系统的高通量药物筛选模型，并从微生物代谢产物中筛选得到了具有抑制外排作用的发酵液。

陈代杰（2017）认为，尽管基于分子靶标的体外筛选方法对小分子化合物的筛选起到了重要的作用，但也存在两个方面的不足：一是由于微生物代谢产物的复杂性导致产生假阳性或假阴性；二是难以辨别药物能否进入细胞的可能性。同时，Bode 等（2022）在 20 世纪末就提出了"一株菌多种刺激代谢产物（OSMAC）"的理论，即通过环境和培养条件的改变，某一菌株可产出多样的天然产物。但是，Scherlach 和 Hertweck（2009）认为，由于难以深入洞悉这些菌株的生理生态特性，因此其潜在的活性代谢产物往往在实验室条件下难以被发现，而传统的新化合物发现大都是以生物活性为导向的开发策略，这种方式易导致已存在化合物的重复发现，事倍功半。

3. 基于抗体-抗菌药物偶联策略的新药研发

单克隆抗体的靶向性、高效性及其在疾病治疗领域获得的巨大成功，使其成为最有前景的研发方向之一，目前已经成功开发了抗体偶联药物（antibody-drug conjugate，ADC）。Mariathasan 和 Tan（2017）将单克隆抗体与抗生素类抗菌药物偶联获得抗体偶联抗菌药物（antibody-antibiotic conjugate，AAC），能够充分发挥单克隆抗体特异性高、安全性好、半衰期长等优势，同时具有结合小分子药物作用力强、机制明确的特点，是非常有前景的一类抗耐药菌感染的新型药物。

　　单克隆抗体是抗体偶联药物发挥靶向作用的核心部件，它所识别、结合的靶标是抗体偶联药物开发的关键因素（路慧丽等，2018）。根据已有的 ADC 药物经验，Badescu 等（2014）认为，靶标选择一般应满足以下几个方面的特征。①特异性：特异性是最核心的原则，为了避免药物投送到正常组织，AAC 应该被限制在靶向于细菌特异性抗原上。②亲和力：一方面，抗体与耐药菌的靶标抗原需具有足够的亲和力，亲和常数 K_d 值至少在 μmol/L 级水平；另一方面，靶标在耐药菌上需有足够高水平的表达。③内化：药物在细胞内发挥作用时，靶抗原应有效地运转 AAC 至细胞内，防止弥散到靶组织以外而产生副作用。

　　Bagnoli（2017）针对金黄色葡萄球菌感染，开发了靶向 α-毒素的单克隆抗体 MEDI4893，目前均已进入 II 期临床试验。Horn 等（2010）认为，在铜绿假单胞菌感染治疗方面，开发的 panobacumab（KBPA101）是靶向脂多糖 O11 亚型的 IgM 抗体，体内试验评估表明，在小鼠烧伤的伤口败血症模型中，可以保护小鼠免受全身感染。此外，在小鼠急性肺部感染模型中，KBPA101 在保护小鼠免受局部呼吸道感染方面效果很好。同时，对人体组织、兔子和小鼠的临床前毒理学评估中没有发现 KBPA101 的任何毒性。在后续的一项 II 期临床试验中，Que 等（2014）评估了 panobacumab 在治疗鼻腔肺炎方面的潜在临床疗效，结果显示，针对 LPS O11 亚型的被动免疫疗法可能是治疗鼻腔内铜绿假单胞菌肺炎的一种补充策略。此外，Med Immune 公司开发的 MEDI3902 是一种双特异性抗体，可以同时靶向假单胞菌 Psl 和 Pcr V（Thanabalasuriar et al.，2017；Sawa et al.，2014；Digiandomenico et al.，2014）。

　　但是，抗体类药物单独用于细菌感染的治疗也存在其局限性。由于细菌门类繁多，抗体抗原识别的特异性可能会限制靶标的筛选，因此，获得具有广谱抗菌作用的产品较为困难。Gautam 等（2016）发现细菌的某些细胞壁成分，如金黄色葡萄球菌的细胞壁磷壁酸，也会阻碍抗体与细胞膜上的抗原相结合，从而影响药效的发挥。因此，在治疗性单克隆抗体的研发方面，需充分考虑以上因素的影响，将单克隆抗体与抗生素偶联，以便同时解决抗体药物与抗生素药物的一些难题。Lehar 等（2015）制备的针对 MRSA 的 AAC 药物，通过筛选获得了高效靶向细胞壁磷壁酸的 IgG1 抗体，在轻链上添加 thiomab 连接位点。AAC 分子靶向结合到 MRSA 菌体形成复合物，药效学研究证实该复合物能够提高巨噬细胞的内吞作用，AAC 最终进入巨噬细胞的溶酶体，在其酸性环境下酶解释放活性抗生素，从而起到胞内杀灭细菌的作用。

4. 基于新作用靶点的新药研发

　　开展新型抗菌药物靶标研究，发现和确认新的抗菌药物靶标，对于研发新的抗革兰氏阴性菌药物，应对临床日益严重的细菌耐药问题具有重要的理论和实践意义。碳酸酐酶（CA）是存在于所有生命体内的金属酶，这类酶主要催化二氧化碳转化为重碳酸盐阴离子和质子，该反应对原核生物和真核生物中发生的各种生物过程极其重要。乙唑胺等经典 CA 抑制剂（CAI）在体外可以杀死胃病原体幽门螺杆菌，而乙酰唑胺和其他一些更亲脂的衍生物还对耐万古霉素肠球菌属有效，且效果优于迄今为止唯一可用于临床的药物利奈唑胺。因此，Miller 等（2021）发现金属酶碳酸酐酶（CA）设计的抗生素与现有的抗生素作用机制不同，CA 对病原体的生命周期至关重要，会干扰 pH 调节和以 CO_2 或碳酸氢盐为底物的生物合成过程，被视为抗生素设计的新靶标。Chow 等（2020）研究发现达托霉素中非蛋白原氨基酸犬尿氨酸的甲基化可导致抗菌活性的显著增强，这种新型抗生素被称为"kynomycin"，比达托霉素具有更高的抗菌活性，能够彻底消除 MRSA 和耐万古霉素肠球菌（VRE）感染，包括达托霉素耐药菌株，具有开发下一代达托霉素抗生素的前景。

细菌内膜固有的肽聚糖 （peptidoglycan，PG） 是理想的抗菌新靶点，Song 等（2021）设计并合成了靶向 PG 的亲水型先导化合物 SLAP-S25 及疏水型聚集诱导发光分子 TPB，为抗菌活性分子筛选和新型抗菌药物开发提供了新思路。基于前期发现并确证的抗菌新靶点 PG，建立了热力学模型辅助的药物分子设计方法，以植物中富含的黄酮类化合物为母核结构（骨架为 C6-C3-C6），通过构效关系分析，深入探究了具有膜靶向作用的异戊烯基修饰对抗菌活性的影响，获得了多种黄酮类的抗菌先导化合物，如 α-倒捻子素（AMG）和异补骨脂查耳酮（IBC）。研究结果揭示了黄酮类化合物具有多靶点特性，可以通过不同的杀菌机制靶向细菌质膜以对抗耐药原菌。因此，天然植物可以作为挖掘新型抗菌分子的资源宝库，拓展了新型抗菌药物筛选的来源，为治疗多重耐药菌感染提供了新策略。

烯酰-酰基载体蛋白（烯酰-ACP）还原酶（FabI）是细菌脂肪酸生物合成中必需的酶，其对反式-2-烯酰-ACP 还原为酰基-ACP（细菌脂肪酸生物合成中每次延伸循环的最后步骤）具有催化作用，是选择性抗菌治疗中的一个重要靶点。Karlowsky 等（2007）报道了一种 FabI 抑制剂 API-1252，对葡萄球菌属表现出较好的抗菌活性，其对多种多重耐药金黄色葡萄球菌和表皮葡萄球菌组成的混合菌群的 MIC_{90} 为 0.015 μg/mL。根据 Kiratisin 等（2008）报道，CG4004462 和 CG400549 对 FabI 也具有潜在的抑制作用，二者对敏感及多重耐药金黄色葡萄球菌的 MIC_{90} 为 0.5～1 μg/mL。王菊仙等（2010）研究也表明，CG4004462（皮下给药）对感染 MRSA 的小鼠具有潜在的保护作用。

甲硫氨酰-tRNA 合成酶是存在于革兰氏阳性菌中的一个特定作用靶点。Critchley 和 Ochsner（2008）通过高通量筛选方法得到了该靶点的一种强力抑制剂 REP8839。据报道，REP8839 虽然对革兰氏阴性菌没有活性，但对包括 MRSA、耐莫匹罗星和耐万古霉素菌株在内的金黄色葡萄球菌和酿脓链球菌等重要的皮肤致病菌具有很好的体外抑制活性。耐药性试验结果显示，虽然 REP8839 相对较易出现耐药性，但在局部治疗中对莫匹罗星耐药金黄色葡萄球菌仍在有效范围内。Critchley 和 Ochsner（2008）认为 REP8839 的突出特点是与临床常用的局部用抗生素药物莫匹罗星（其耐药性逐年增加）之间不存在交叉耐药性。

谷氨酸消旋酶（Mur I）是幽门螺杆菌中肽聚糖生物合成所必需的酶。Geng 等（2009）针对 Mur I 并利用高通量筛选方法得到了一种 Pyridodiazepine amines 化合物。这类化合物是幽门螺杆菌 Mur I 的选择性抑制剂，可以和 Mur I 中的一个变构位点连接从而发挥抑制作用。Geng 等（2009）研究发现这类化合物对幽门螺杆菌的杀菌速率较慢，而对所试验的其他细菌没有活性。对 1 株 Mur I 过度表达菌株的试验结果显示发现，这类化合物的 MIC 值有所增大，但幽门螺杆菌外排系统的过度表达并不影响其 MIC 值。

5. 基于新化学结构的新药研发

Vuorinen 和 Schuster（2015）认为药物筛选旨在鉴定含有不同骨架的化合物，它们特定的 3D 结构可以与靶标产生相互作用，因此，当前药效团的研究可以基于候选化合物的生物活性构象，将结合位点信息也并入药效团模型中。常用的自动药效团生成程序包括 Discovery Studio、PHASE、LigandScout 和 MOE 等，已经广泛运用到药物筛选中，一个典型的例子是 Eissa 等（2017）对所合成的一系列新的丙酰胺衍生物进行潜在抗菌活性探索，通过使用 Discovery Studio 2.5 软件进行药效团生成，用于指导构建 3D-QSAR 药效团模型来预测化合物活性。根据相似受体可以与类似配体结合的概念，3D 药效团可以使用同源模型和 3D 晶体结构来检测蛋白质家族中配体生物分子识别的共同序列基序，并创建单一特征药效团数据库。例如，Koseki 等（2017）基于药效团的 VS 方法，使用 MOE 软件构建了含有 461 383 种化合物的虚拟库（化合物信息来自 ChemBridge 数据库），通过对候选化合物 KTP3 的结构进行相似性搜索和筛选，鉴定了 2 种具有显著活性的化合物——KTPS1 和 KTPS2，它们对耻垢分枝杆菌的半数最大抑制浓度分别为 8.04 μmol/L 和 17.1 μmol/L，这些化学物质的结构和生物学信息可能有助于开发用于治疗结核病的新型抗菌药物。虽然药效团模型也有其局限性，但这对于有限或没有受体和配体信息的药物靶标是具有吸引力的技术。

Mitcheltree 等（2021）基于成分合成和结构导向设计的抗生素发现平台，采用刚性氧杂环丙烷脯氨酸支架结构导向设计，与克林霉素的氨基八糖残基连接，合成了一种具有特殊效力和活性谱的抗生素 iboxamycin，它对 ESKAPE 病原体有效，包括表达 Erm 和 Cfr 核糖体 RNA 甲基转移酶的菌株，这些酶是对所有针对大核糖体亚基的临床相关抗生素产生耐药性的基因产物，即大环内酯类、林可沙酰胺类、酚类、噁唑烷酮、胸膜实用素和链球菌素。同时，动物试验证明，iboxamycin 在治疗小鼠革兰氏阳性和革兰氏阴性细菌感染方面具有良好的口服生物利用度、安全性和有效性。

Mohammad 等（2017）在开发化合物库过程中得到的芳基-异腈化合物（图 4-4）可以在 2～4 μmol/L 时抑制 MRSA 临床分离株的生长。在小鼠皮肤伤口模型中，该化合物显著降低了伤口中 MRSA 的数量，类似于抗生素夫西地酸。在 10 次连续传代后，MRSA 对该化合物没有观察到抗性形成，推测其不易产生耐药性，被鉴定为新的芳基-异腈化合物，具备进一步开发为一种新型抗菌剂的价值。

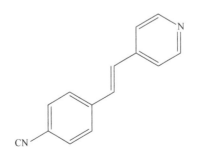

图 4-4　芳基-异腈化合物

Mohammad 等（2017）研究考察了两种合成的二苯基脲化合物 1 和 2（图 4-5，图 4-6），它们是 MRSA 和耐万古霉素金黄色葡萄球菌（VRSA）生长的有效抑制剂，这两种化合物的耐药性试验发现，其导致 MRSA 突变体在重复传代后也不能分离出耐药菌株，表明出现快速抗药性的可能性较低。对二苯脲作用机理的深入研究表明，二苯脲是通过干扰细菌细胞壁合成发挥抗菌作用。有趣的是，这两种化合物能够使 VRSA 对万古霉素的作用再次敏感，后续可将其作为治疗耐药葡萄球菌感染的新型抗菌剂。张鹤营（2021）研究发现新型喹噁啉-N^1,N^4-二氧化物对 DNA 聚合酶 I 表现出显著的抑制活性，如喹多辛和替拉扎明在 128 μg/mL 时对 DNA 聚合酶 I 的抑制率较高。

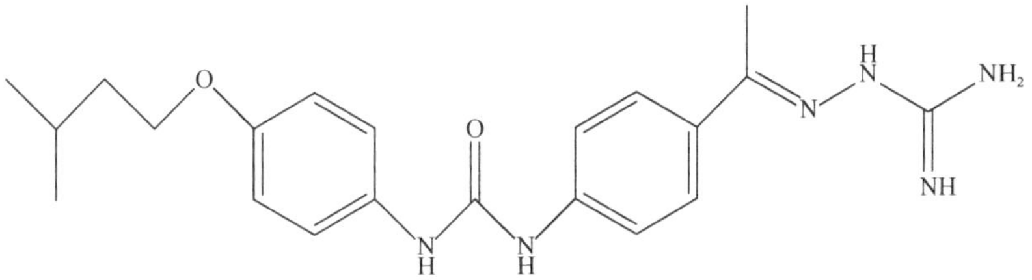

图 4-5　二苯基脲化合物 1 结构式

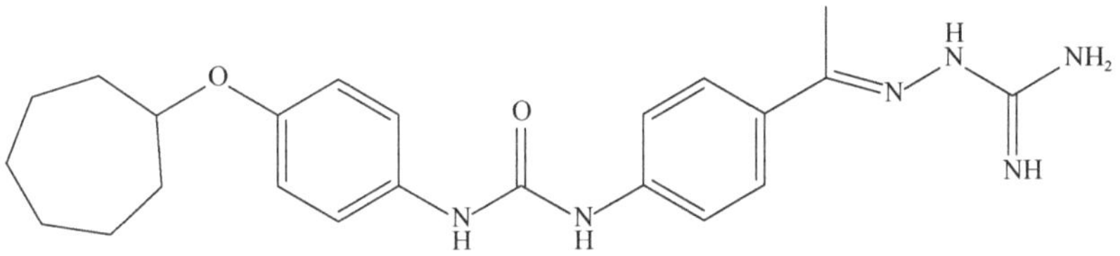

图 4-6　二苯基脲化合物 2 结构式

Kern（2006）介绍达托霉素是一种作用方式不同于其他抗生素的、具有环状结构的脂肽类抗生素。其通过结合细菌的细胞膜，改变细胞膜电位，导致快速去极化，从而阻断细胞膜输送氨基酸，抑制细菌 DNA、RNA 和蛋白质的合成。其对革兰氏阳性菌，包括 MRSA、万古霉素中度耐药性金黄色葡萄球菌（hVISA）和耐万古霉素肠球菌（VRE）有抗菌活性，临床上主要用于革兰氏阳性菌皮肤感染、血流感染和右侧心内膜炎等。2019 年年底批准的非达米星，其作用机理主要是通过抑制细菌的 RNA 聚合酶而产生迅速的抗难治梭状芽孢杆菌感染（CDI）作用。

唑烷酮属于全合成抗生素，对几乎所有的革兰氏阳性菌，包括耐药菌都具有很强的抑制活性，其作用机制是在核糖体靠近 30S 小亚基处特异性结合于 50S 大亚基，使蛋白质的合成受阻，从而起到抑菌的作用。S-6123 是 1978 年报道的第一个全合成的唑烷酮类抗生素，随后又报道了对革兰氏阳性菌有活性的 DUP105 和 DUP721。1995 年，美国 Pharmacia & Upjohn 公司以 DUP721 为先导化合物合成了依哌唑胺（eperzolid）和利奈唑酮（linezolid），后者成为美国 FDA 批准的首个应用于临床的噁唑烷酮类抗生素。尽管利奈唑酮抗革兰氏阳性菌感染的作用显著，但在长期应用中会产生骨髓抑制和周围神经病变等严重的毒副作用。

奈诺沙星是非氟的喹诺酮类药物，可选择性抑制细菌 DNA 拓扑异构酶，对革兰氏阳性菌、革兰氏阴性菌及非典型病原体具有广泛活性，包括 MRSA 和万古霉素耐药肠球菌（vancomycin-resistant *Enterococci*，VRE）。2020 年 10 月，奈诺沙星注射液在中国台湾上市，2016 年 6 月，国家药品监督管理局批准奈诺沙星注射液用于治疗医院获得性肺炎（HAP）。郝敏和秦晓华（2018）研究表明奈诺沙星对革兰氏阴性菌的抗菌活性与左氧氟沙星相似，体外对肺炎链球菌、甲氧西林敏感金黄色葡萄球菌（MSSA）、MRSA、甲氧西林敏感的表皮葡萄球菌、耐甲氧西林表皮葡萄球菌（MRSE）和粪肠球菌等革兰阳性球菌的抗菌活性均高于左氧氟沙星。

头孢洛林（teflaro）是第五代头孢菌素类抗生素，于 2012 年 10 月上市，用于治疗社区获得性细菌性肺炎（CABP）、急性细菌性皮肤和皮肤结构感染（ABSSSI），对 MRSA 具有明显的活性。袁晓庆等（2020）进行的 III 期临床试验证明，头孢洛林对 CABP 的活性相当于对照药头孢曲松钠，对复杂皮肤感染的治疗作用和万古霉素与氨曲南联合用药的治疗作用相当。头孢吡普（ceftobiprole，BAI 9141）也是第五代头孢菌素类抗生素，对 MRSA、MSSA、VRSA、MRSE、青霉素敏感的肺炎链球菌（PSSP）、耐青霉素肺炎链球菌（PRSP）和氨苄西林敏感肠球菌（ASE）均具有较强的抗菌活性，与青霉素结合蛋白 2a 具有极强的结合力；其对 MRSA 的最低抑菌浓度（MIC）不受该菌对苯唑西林、头孢西丁或万古霉素敏感或耐药的影响，也不受具有青霉素结合蛋白（SCCmec）细菌的影响。朱俊泰等（2015）在治疗社区获得性 MRSA 的临床前研究中发现，头孢吡普对该菌的 MIC 明显低于万古霉素。

泰利霉素（telithromycin）是半合成大环内酯-林可酰胺-链阳菌素 B（mLSB）家族中的第一个抗菌药物，属酮内酯类抗生素，具有广谱抗菌活性、较低的选择性耐药性和与其他酮类抗生素的交叉耐药性。但从 FDA 报道泰利霉素有严重肝损害的不良反应后，其应用受到严格限制。喹红霉素（cethromycin）和索利霉素（solithromycin）是两个正在开发的新型酮内酯类药物，其中喹红霉素被 FDA 批准作为治疗炭疽和鼠疫的"孤儿药"。这两个药物对革兰氏阳性菌和部分革兰氏阴性菌有效；索利霉素的体外活性表明，它可能对皮肤、软组织感染和社区获得性肺炎有疗效；在 III 期临床试验中对社区获得性肺炎的活性与克拉霉素相当（邵莉萍和张继瑜，2002）。

海洋细菌是海洋微生物中的优势类群，同时具有产生生物活性物质的巨大潜力，成为药物筛选的重要来源。海洋微生物和陆地微生物具有不同的代谢和防御体系，特别是从海洋微生物中提取的生物活性物质，常常具有新颖的化学结构和特殊的生理功能。王书锦等（2002）对分离得到的 5608 株海洋细菌研究表明，约有 25%左右的海洋细菌具有不同程度的抗病原真菌、病原细菌的能力。刘全永等（2002）从海洋细菌 LUB02 中分离得到广谱抗真菌活性物质，对人体病原真菌白色念珠菌（*Candida albicans*）有较强的抑菌作用。虽然海洋放线菌不是主要的海洋微生物区系，但近年来研究表明海洋放线菌代谢产物却是寻找新抗菌药物的重要来源。头孢菌素、硫酸小诺霉素就是由海洋放线菌分泌产生并已得到临床应用的抗生素（徐怀恕和张晓华，1998）。黄维真和方金瑞（1991）从福建沿海海泥中分离到一株海洋放线菌——鲁特格斯链霉菌鼓浪屿亚种（*streptomyces rutgersensis* subsp. *gulangyunensis*），能够产生广谱、低毒性的抗菌物质 minobiosamine 和肌醇胺霉素等，对绿脓杆菌和一些耐药性革兰氏阴性菌具有较强的活性。

6. 基于合成生物学的新药研发

合成生物学概念与相关技术的快速崛起，使得科学家们可以通过高通量分析、预测未知化合物的骨架结构，也可以设计和改造合适的底盘细胞，从而提高已知化合物的产量以及获得更多结构修饰的新化合物（饶聪等，2020）。

近年来，核苷类抗生素生物合成领域取得了多项突破，为通过合成生物学针对性地制造人工设计的核苷类药物铺平了道路。Qi 等（2016）发现并解析了多氧霉素（polyoxin）中氨甲酰基聚草氨酸（carbamoyl poly-oxamic acid，CPOAA）的生物合成途径（图 4-7），并在体外进行重构，丰富了核苷类抗生素可编辑的合成元件。氨甲酰基聚草氨酸生物合成过程中存在一个不寻常的乙酰化循环，该循环与串联还原和顺序-羟基化步骤有关，这些发现扩展了非蛋白源性氨基酸的新型酶反应的生化库。同时，Chen 等（2016）解析了多氧霉素核苷骨架 C5 特殊的甲基化修饰；Wu 等（2017）介绍了喷司他丁（pentostatin，PTN）以及维达拉滨（vidarabine，Ara-A）C2 羟基的异构化，为核苷类抗生素的体外改造提供了参考；Zhang 等（2020b）解析了间型甲霉素（formycin A，FOR-A）和吡唑呋啉（pyrazofurin A，PRF-A）等嘌呤相关的 C-核苷类抗生素核糖与吡唑衍生物的碱基 C-糖苷键的催化基础；Liu 等（2018）阐明了结核菌素（tubercidin，TBN）等核苷类似物嘌呤与糖苷的 N-糖苷键连接途径。这些核苷类抗生素的组装逻辑的阐明不仅为进一步了解相关核苷类抗生素的生物合成提供了酶学基础，而且有助于通过合成生物学策略合理设计更多的杂合核苷类抗生素。

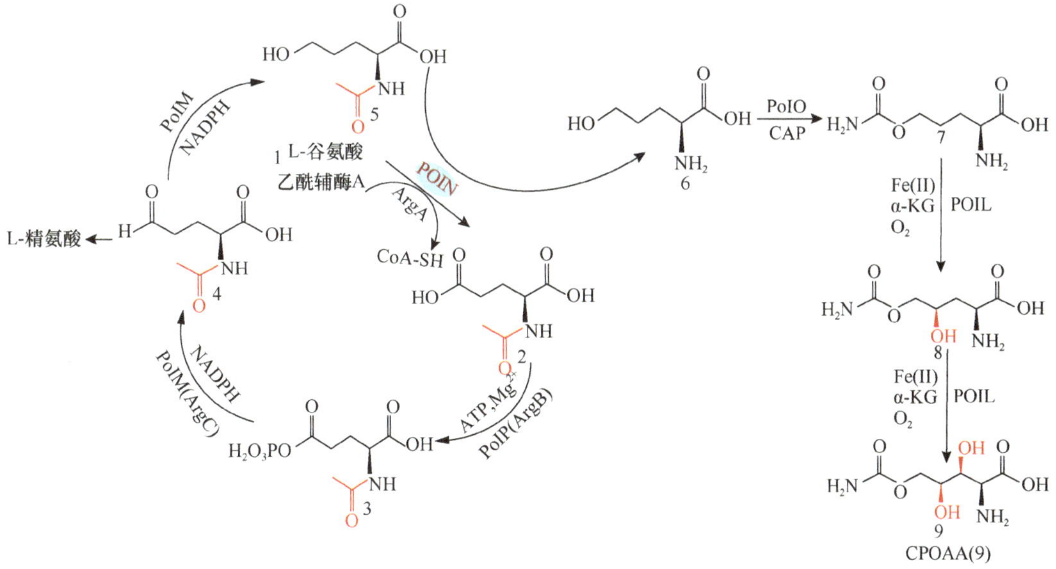

图 4-7　氨甲酰基聚草氨酸生物合成过程

合成生物学可以对底盘细胞进行工程化改造，实现微生物天然产物的高效生产，采用较小基因组作为底盘细胞进行异源表达，可减少其他不必要的本底路径对底物、能量、还原力的消耗，并降低异源化合物的检测和纯化难度，提高目标产物产量。微生物底盘细胞复杂的生长分化过程以及与之相关的初级和次级代谢网络，伴随着多种调控因子的调控，其中既有全局性调控因子，也有只参与某个特定产物合成的途径专一性调控因子。把这些调控因子进行精确的改造，如敲除、替换和点突变等，可使原有的生物合成基因簇沉默，消除本底代谢产物的影响，从而提高目标化合物产量。利用合成生物学技术，还可以增加前体化合物的产生，通过合成生物学工程化改造的方法改变宿主的代谢途径以适应异源表达的需求（王文方和钟建江，2019）。通过改变前体供应代谢流来提高聚酮类药物发酵产量的例子是红霉素。红霉素的生物合成通常是以丙酰辅酶 A 为直接前体，但丙酰辅酶 A 的过量供应会导致高丙酰化引起的反馈抑制，从而影响红霉素的发酵。为解决这一问题，Xu 等（2018a，2018b）开发了一种能解除丙酰基转移酶引起的反馈抑制来提高细胞中丙酰辅酶 A 供应的策略（图 4-8），通过提高前体（丙酰辅酶 A）的供应，绕过丙酰化引起的反馈抑制，删除丙酰转移酶 AcuA 和过表达 SACE_1780，从而构建高产红霉素的 ΔacuA 菌株。You 等（2019a）研究结果显示，基因工程菌株中红霉素产量比工业高产菌株高 22%。这项发现揭示了蛋白质酰化在抗生素合成前体供应中的作用，并为应用合成生物学提升次级代谢产物产量提供了有效的翻译后修饰策略。

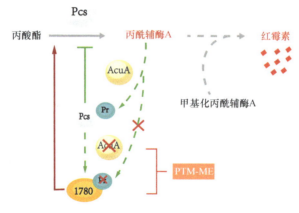

图 4-8 高产红霉素基因工程菌株原理示意图

二、细菌耐药逆转剂

细菌耐药逆转剂主要包括耐药酶抑制剂、外排泵抑制剂和耐药质粒消除剂等。目前已发现较多物质可作为细菌耐药逆转剂，这些物质与抗菌药物联用呈现协同或部分协同作用，其可以通过抑制耐药酶的活性、抑制细菌外排泵活性、改变细菌膜的通透性、改变抗生素的靶标和抑制抗生素水解等作用机制来增强抗生素的抗菌活性（曹珍等，2020）。

1. 耐药酶抑制剂

耐药酶通过多种途径削弱抗生素活性，如抗生素水解或修饰、抗生素靶点修饰等（图 4-9）。Yuan 等（2018）认为抑制酶介导的耐药已被证明是一种临床成功的方案，可恢复特定抗生素的活性，其中最成功的例子是 β-内酰胺酶抑制剂（β-lactamase inhibitor）（Bush and Bradford，2019）。

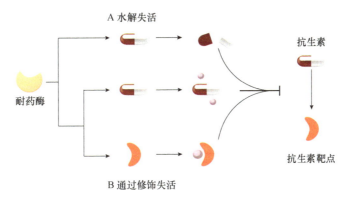

图 4-9　细菌耐药酶介导的抗生素耐药机制研究

A. 耐药酶水解抗生素并产生耐药性；B. 耐药酶修饰抗生素或抗生素靶标的结构而产生耐药性

β-内酰胺类抗生素是临床使用最为广泛的抗生素，而 β-内酰胺酶致使一些药物 β-内酰胺环水解而失活，是病原菌对一些常见的 β-内酰胺类抗生素（青霉素类、头孢菌素类）耐药的主要方式。朱致熹等（2022）认为 β-内酰胺类抗生素与 β-内酰胺酶抑制剂的复方制剂是治疗耐药菌感染的有效方法。Elder 等（2016）也认为 β-内酰胺酶抑制剂抑制细菌 β-内酰胺酶活性，可使细菌重新对 β-内酰胺类抗生素敏感。在 20 世纪 80 年代初，随着 β-内酰胺酶抑制剂克拉维酸的发现及其与阿莫西林的联合使用，使得药物组合得到重视，从而产生了第一个高效的抗菌药物与非抗菌药物活性化合物的组合，称为阿莫西林/克拉维酸钾。克拉维酸几乎没有抗菌活性，但在表达 β-内酰胺酶的细菌中与阿莫西林具有协同作用，这一发现引发了其他几种 β-内酰胺抗菌药物和 β-内酰胺酶抑制剂的组合开发，代表性药物有阿莫西林/克拉维酸、哌拉西林/他唑巴坦和头孢他啶/阿维巴坦等。但它们均用于治疗表达丝氨酸 β-内酰胺酶（seine-β-lactamases，SBL）耐药菌引起的感染，而对金属 β-内酰胺酶（metallo-β-lactamases，MBL）引发的耐药性感染无效。相较于 SBL 抑制剂的开发与临床应用，MBL 抑制剂的开发起步较晚。Entenza 等（2010）通过对达托霉素与阿莫西林/克拉维酸、氨苄西林、庆大霉素或利福平联合使用是否可以在体外预防金黄色葡萄球菌或肠球菌对达托霉素耐药性产生的研究中发现，在达托霉素中加入阿莫西林/克拉维酸或氨苄西林可防止或大大延迟达托霉素体外耐药，表明与 β-内酰胺酶抑制剂组合或联合使用可降低耐药性产生频率。

依据对 MBL 抑制机制的不同，MBL 抑制剂主要包括变构抑制剂、共价抑制剂、金属配体类抑制剂、螯合剂类抑制剂等（Bahr et al., 2021）。其中，螯合剂类 MBL 抑制剂是最早进行开发的一类 MBL 抑制剂，已有多个结构类型的化合物，其对临床常见的 MBL 的半数抑制浓度（IC$_{50}$）或抑制常数（K_i）低至微摩尔浓度甚至纳摩尔浓度级别。其中部分化合物在体外与体内实验中可以有效恢复碳青霉烯类抗生素对产 MBL 耐药菌的抗菌效力，展现出与抗生素协同抗菌作用。Sychantha 等（2021）和 Chen 等（2017）认为螯合剂类 MBL 抑制剂对 MBL 的抑制机制主要有两种：①通过螯合作用剥离或隔绝 MBL 活性中心 Zn^{2+}，使 MBL 失活或降解；②进入 MBL 活性中心，形成稳定的三元复合体 MBL：Zn（II），从而抑制 MBL 活性。

随着碳青霉烯类耐药菌的流行，具有抑制碳青霉烯酶活性的新型 β-内酰胺酶抑制剂成为抗菌药物研发的热点，目前已有数个复方产品上市，包括头孢他啶/阿维巴坦（ceftazidime/avibactam）、亚胺培南/西司他丁/瑞来巴坦（imipenem/cilastatin/relebactam）、美罗培南/法硼巴坦（meropenem/vaborbactam）和头孢洛扎/他唑巴坦（ceftolozane/tazobactam）（斯日古楞等，2022）。

2015 年，美国食品药品监督管理局（Food and Drug Administration，FDA）批准了用于治疗由革兰氏阴性菌引起的复杂性腹腔感染（complicated intra-abdominal infection，cIAI）和复杂性尿路感染（complicated urinary tract infection，cUTI）的头孢他啶/阿维巴坦。阿维巴坦是一种二氮杂双环辛烷非 β-内酰胺类药物，可与 β-内酰胺酶共价和可逆结合。这种可逆性是一个独特的特征，允许阿维巴坦进行再循环以灭活另一种 β-内酰胺酶（Ehmann et al.，2012）。Stachyra 等（2009）认为阿维巴坦的关键优势在于能够抑制 ESBL、AmpC β-内酰胺酶（在铜绿假单胞菌和肠杆菌科中表达）及肺炎克雷伯菌碳青霉烯酶（KPC 和 OXA-48）家族的 A 类碳青霉烯酶。B 类碳青霉烯酶的活性位点上含有金属离子，又称为金属酶，阿维巴坦对属于 B 类金属酶的耐碳青霉烯酶无效。阿维巴坦本身不具有抗菌活性，但可增强头孢他啶对产 β-内酰胺酶肠杆菌科细菌的抗菌活性。阿维巴坦可大幅降低头孢他啶对产 β-内酰胺酶肠杆菌科细菌的 MIC，使产 KPC 菌株和产 A 类 ESBL 菌株的 MIC 大幅降低。同时，阿维巴坦与其他 β-内酰胺酶抑制剂相比，抑酶作用显著增强，且所需抑酶浓度更低，阿维巴坦抑制 1 个 β-内酰胺酶分子仅需 1～5 个阿维巴坦分子，他唑巴坦和克拉维酸则需要 55～214 个分子（Zhanel et al.，2014）。杨帆和王明华（2013）研究表明阿维巴坦比其他 β-内酰胺酶抑制剂效价高 10～100 倍，阿维巴坦对于碳青霉烯酶 KPC-2 和 C 类酶的抑制作用显著优于其他酶抑制剂。

2019 年 7 月，美国 FDA 批准亚胺培南/西司他丁/瑞来巴坦复方制剂（500 mg/500 mg/250 mg）用于治疗多重耐药的革兰氏阴性菌引起的 cUTI、cIAI 及 VAP。研究表明，瑞来巴坦对金属 β-内酰胺酶无活性，对 A 类和 C 类碳青霉烯酶具有活性。瑞来巴坦与亚胺培南体内代谢过程相似，单次给药后瑞来巴坦半衰期（half-life time，$t_{1/2}$）为 1.4～1.6 h，亚胺培南 $t_{1/2}$ 为 1.0～1.2 h。Bradley 等（2021）研究表明瑞来巴坦在肺上皮衬液中总 AUC_{0-t} 为 22.25 μmol/L，血清中 AUC_{0-t} 为 64.86 μmol/L（肺上皮衬液 AUC_{0-t} 是血清 AUC_{0-t} 的 34.3%）。瑞来巴坦可增强亚胺培南活性，使耐碳青霉烯铜绿假单胞菌和肠杆菌的敏感性恢复，并降低亚胺培南敏感分离株的 MIC，从 1 μg/mL 提高到 0.5 μg/mL 的菌株比例由 76% 增至 98%（Hilbert et al.，2021）。

根据 Ambler 分类法，他唑巴坦可抑制的 β-内酰胺酶主要为 A 类（如 TEM、SHV、CTX-M）、C 类（质粒介导的产 AmpC 的头孢菌素酶）、D 类（如 OXA），而对 B 类如金属 β-内酰胺酶（MBL）、肺炎克雷伯菌碳青霉烯酶（K. Pneumoniae carbapenemase，KPC）等无抑制作用。2015 年由美国 FDA 批准上市的头孢洛扎/他唑巴坦，可用于治疗包括由多重耐药铜绿假单胞菌、奇异变形杆菌和肠杆菌科细菌（如大肠埃希菌、肺炎克雷伯菌）引起的感染。头孢洛扎是第三代头孢类抗菌药物，通过与青霉素结合蛋白特异性结合，干扰细菌细胞壁的肽聚糖交叉连接，从而破坏细菌细胞壁的合成，最终导致细菌细胞裂解而发挥抗感染作用。他唑巴坦为 β-内酰胺酶抑制剂，主要通过与染色体和质

粒介导的细菌 β-内酰胺酶共价结合，保护头孢洛扎避免被此类酶水解，从而增加对产ESBL 的肠杆菌属的覆盖，但并不会增强头孢洛扎对铜绿假单胞菌的抗菌活性（Cabot et al.，2014；Soon et al.，2016）。

法硼巴坦是 Rempex 公司设计的一种含硼基的新型 Ambler A 类和 C 类 β-内酰胺酶抑制剂，用于治疗产 KPC 酶肺炎克雷伯菌感染。美国 FDA 于 2017 年批准了该药用于治疗 cUTI，其中主要包括由耐碳青霉烯大肠埃希菌、肺炎克雷伯菌和阴沟肠杆菌复合体引起的肾盂肾炎（pyelonephritis）等（殷晔和张秀红，2022）。

2. 外排泵抑制剂

细菌通过外排泵主动将抗生素外排，是抗生素治疗失效的重要原因之一（Bambeke et al.，2003）。Malléa 等（2003）研究发现外排泵抑制剂主要通过两种方式来影响细菌外排泵外排抗生素。第一种方式是直接破坏外排泵结构，例如，喹啉衍生物 7-硝基-8-甲基-4-2′-(哌啶乙基)-氨基喹啉对大肠杆菌 AcrAB 外排泵具有较高的抑制活性。当该衍生物与氯霉素联合使用时，可以观察到氯霉素在细胞内的积累增加，该衍生物抑制流出泵的一个可能解释是基于大肠杆菌的 TolC 外排泵结构，该结构显示了一个直径为 35Å 的内部通道，由于烷基氨基喹啉的直径为 20Å，对泵的抑制可能发生在内膜的载体上或泵的内部与外部通道交界处，破坏了泵的结构。另一种方式是抑制编码外排泵的基因的表达。Salaheen 等（2017）探究了酚类蓝莓（*Vaccinium corymbosum*）和黑莓（*Rubus fruticosus*）果渣提取物（BPE）对 MRSA 的治疗作用及其机制，研究表明 BPE 中原儿茶酸、香豆酸、香草酸、咖啡酸、没食子酸等 5 种主要酚酸以及粗品 BPE 完全抑制了MRSA 体外生长，探究其作用机制发现 BPE 通过下调金黄色葡萄球菌外排泵（*norA*、*norB*、*norC*、*mdeA*、*sdrM* 和 *sepA*）基因的表达恢复了甲氧西林对 MRSA 的作用。Shi 等（2022）指出，杜洛西汀与氯霉素联用后促进了大肠杆菌的多重耐药性，其中包括外排泵活性的增加。因此，对外排泵相关基因的抑制作用无法确保细菌在长期抗生素压力的情况仍能维持一定药物敏感性。

第一个被确证的外排泵抑制剂是 PAβN，它通过与外排泵底物结合位点结合，避免抗菌药物的外排；与喹诺酮类抗菌药物联合使用时，PAβN 通过抑制铜绿假单胞菌上的MexCD-OprJ 和 MexEF OprN 增加细菌对药物的敏感性（Askoura et al.，2011）。此外，对外排泵的抑制可以通过不同的机制实现（图 4-10），例如，干扰外排泵表达所需的调节步骤，破坏外排泵组件的组装，通过使用其他化合物的竞争性或非竞争性结合抑制底物和封锁负责抗生素化合物外排的最外层孔隙等。Kalle 和 Rizvi（2011）研究表明金黄色葡萄球菌 MFS 家族 NorA 外排泵的抑制剂有天然植物如生物碱、利血平、类黄酮等，以及合成化合物塞来昔布及其衍生物。姚姗姗等（2020）使用转录组测序方法分析亚抑菌浓度绿原酸消除大肠杆菌耐药性的分子机制，结果发现绿原酸使耐药逆转菌株对左氧氟沙星的 MIC 由 16 μg/mL 降低至 4～8 μg/mL，差异表达基因分布可以看出，绿原酸通过抑制细菌 DNA 重组、使细菌抗逆性减弱和抑制耐药基因活性达到抑菌及耐药消除的目的。

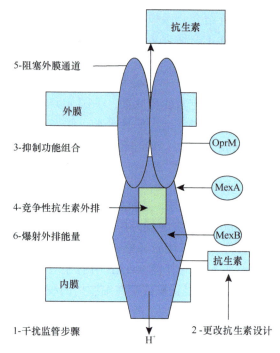

图 4-10　外排泵抑制的一般机制和可能受到影响的目标

　　利血平（reserpine，RES）是经典的外排泵抑制剂，也是被广泛用于治疗轻度或中度高血压的吲哚生物碱，且具有镇静作用。Pasca 等（2005）研究表明，RES 可以抑制 MRSA 的四环素外排泵 Tet(K)，并使四环素对 MRSA 的 MIC 从 128 mg/mL 降低至 32 mg/mL；针对多重耐药性革兰氏阳性菌，RES 显示的 EPI 活性涵盖了 ABC 超家族和主要促进剂超家族（MFS）。

　　维拉帕米（verapami，VER）是 L-型电压依赖型钙通道阻断剂，近年来多被用于治疗高血压、心绞痛、心律失常等。Singh 等（2014）认为 VER 可阻断结核分枝杆菌（Mtb）的外排泵，能够降低各种抗分枝杆菌药物的 MIC。目前，VER 的原核外排泵抑制机制尚未完全阐明，部分研究认为维拉帕米与外排泵有直接相互作用。Chen 等（2018）研究则提出，VER 在生理 pH 下是质子化的两亲性分子（pK_a 9.68），可使 VER 溶解在脂质双分子层中，其蓄积可增加细菌细胞膜通透性并干扰膜蛋白的功能；类似膜活性剂，VER 可破坏膜功能并诱导膜应激反应，从而与抗结核杆菌药物如利福平或贝达喹啉产生协同作用。Adams 等（2014）研究表明，R-verapamil、去甲-VER（Norverapamil）和 VER 对于降低感染巨噬细胞模型中巨噬细胞诱导的药物耐受性同样有效，提示其逆转耐药性的机制与 VER 及其类似物的钙通道阻断活性并不直接相关，而可能是抑制了细胞膜上的外排泵逆转了耐药，该研究同时也合成了一系列 VER 类似物并计算了部分抑制浓度指数（FICI），以评估这些化合物与利福平对实验菌株 H37Rv 是否有协同活性，发现其中某个化合物显示出最好的协同活性（FICI=0.3），其中 VER 作为对照药物，FICI 为 0.5。

　　吩噻嗪类（phenothiazines）化合物在临床上具有抗精神病、抗组胺活性。抗胆碱能活性、止吐等广泛的治疗作用。除此之外，吩噻嗪类对各种类型细胞均有抗增殖作用，且已经被证实与各种化疗剂有协同作用。吩噻嗪类除了能增强巨噬细胞的细胞内杀伤作用或直接作用于分枝杆菌外，还能作用于病原体外排泵，从而增加药物在细胞内的积累，增强抗结核杆菌药物的治疗效果。Keijzer 等（2016）研究显示，吩噻嗪类可通过减少主动外排所需的能量而间接抑制外排泵的活性，而且其对分枝杆菌的作用也会引起膜介导的外排泵抑制。

羰基氰化物间氯苯腙（CCCP）、2,4-二硝基苯酚（DNP）和缬氨霉素（VLM）作为质子载体，通过降低跨膜电位来抑制外排泵的活性。崔小蝶等（2020）为了分析外排泵抑制剂 CCCP 对不同耐药机制的沙门菌多黏菌素耐药性的逆转作用，随机选择 4 株 *mcr-1* 阳性菌株和 4 株双组分信号转导系统 *PhoPQ* 和 *PmrAB* 相关基因突变菌株，研究结果发现在加入 CCCP 后，多黏菌素 MIC 大幅度降低，CCCP 对质粒介导和染色体双组分信号转导系统介导的沙门菌多黏菌素耐药性均有逆转效果。律海峡等（2010）发现利血平存在时可使 ESBL 阳性鸡大肠杆菌对氨苄西林、头孢曲松、头孢噻肟、磷霉素抗菌药物耐药率下降 7.7%～30.7%，CCCP 使头孢曲松、头孢噻肟、阿米卡星、磷霉素抗菌药物耐药率下降 15.4%～46.12%。此外，Milano 等（2009）研究表明，CCCP 可通过抑制 RND 家族 Mmp S5-Mmp L5 外排泵而降低 BCG 菌株对唑类的耐药性。

胡椒碱（piperine）是广泛存在于辣椒植物果实中的一种生物碱，具有解毒、增强中药的吸收和生物利用度等功效。Meghwal 等（2003）发现胡椒碱可以非竞争性方式抑制 P-糖蛋白活性，通过影响药物的吸收、代谢，从而提高药物及辅助药物的生物利用度。Sharma 等（2010）针对利福平抗性的 Mtb（H37Rv 菌株）和临床分离菌株的研究发现，胡椒碱可以通过抑制外排泵 Rv1258c 的过表达来降低利福平的 MIC，有效增强利福平在时间杀菌实验中的杀菌活性，并且显著延长了利福平的抗生素后效应（PAE）。Jin 等（2011）研究发现，对于耻垢分枝杆菌，胡椒碱（32 mg/mL）可通过对外排泵的抑制，使溴化乙锭在细胞中的积聚增加，并将溴化乙锭的 MIC 降低 2 倍。另外，Sharma 等（2014）发现在感染 Mtb 的小鼠中，胡椒碱可以促进 T 细胞和 B 细胞的生长，提高 Th-1 细胞因子和巨噬细胞的活性，还能诱导 Th-1 亚型 $CD4^+/CD8^+$ T 细胞的分化并增加干扰素-γ（IFN-γ）和白细胞介素-2（IL-2）的分泌。

小檗碱（berberine）与胡椒碱结构有许多相似性，具有微弱的抗微生物活性，是广泛存在于小檗属植物中的两亲性异喹啉生物碱，也是目前公认的外排泵底物。与抗生素共同使用时，随着小檗碱的细胞内浓度增加，其自身的抗菌效果会增强，而类似地，由于小檗碱竞争性抑制细菌细胞膜上的外排泵，使得抗生素的抑菌效应也有所增强（Wojtyczka et al.，2014）。Yamasaki 等（2013）通过晶体学研究证实，小檗碱可以结合 Nor A 和 Ram R 外排泵，抑制多重耐药金黄色葡萄球菌甚至 Mtb 的生长。然而，小檗碱的口服生物利用度较低，口服给药后由于胃肠道内吸收差，加之严重的首过效应及 P-糖蛋白介导的外排作用，导致血浆药物浓度较低，因此对小檗碱进行结构改造仍有待深入。

粉防己碱（tetrandrine）是来源于植物粉防己块根中的双苄基异喹啉类生物碱，主要用于治疗支气管哮喘。与 VER 类似，粉防己碱是 L-型钙通道和 P-糖蛋白的抑制剂，因此，很可能与 VER 通过相似的机制来调节 Mtb 外排泵的活性。Zhang 等（2015）发现粉防己碱可降低异烟肼（INH）和乙胺丁醇（EMB）对多重耐药 Mtb 的 MIC，有效率高达 82%，并且认为将 INH 或 EMB 与粉防己碱联合使用不仅可提高抗结核效果，而且有助于减少药物剂量和副作用。

槲皮素（quercetin）属于类黄酮，存在于许多蔬菜、水果、叶片和谷物中。Suriyanarayanan 等（2015）使用蛋白质结合位点分子模型的研究表明，槲皮素可与 Mtb 的 Mmr 和大肠埃希菌中 Emr E 外排泵稳定结合，且槲皮素和外排泵之间的分子相互作用比 VER、RES 及氯丙嗪更加稳定。Dey 等（2015）的研究还进一步证实，槲皮素对多种能产生 β-内酰胺酶的 Mtb 和肺炎克雷伯菌均具有抗菌作用，这意味着槲皮素可减少药物外排，有望成为结核病辅助治疗中潜在的非抗生素类药物。

3. 耐药质粒消除剂

质粒是位于细菌染色体外的遗传物质，可随宿主菌株分裂传给子代菌株。耐药质粒携带的耐药基因使细菌产生耐药；耐药质粒可以通过转化、转导、接合方式在菌株之间传播，导致大范围内不同种属菌株的耐药性普遍升高（李栋，2015）。冯俊等（2013）认为十二烷基磺酸钠（SDS）能够消除细菌耐药质粒，消除机制为：SDS 可溶解菌株内膜蛋白，破坏细胞膜完整性，改变质粒在细胞膜上的结合位点，导致耐药质粒因不能完成正常的复制及分配到子代细胞中而达到消除目的。一些抗菌药物在浓度较高时起到抗菌作用，而在亚抑菌浓度时有消除细菌耐药质粒的作用。目前研究较多的是头孢菌素类和喹诺酮类抗菌药物对细菌质粒的消除作用。溴化乙锭、吖啶黄、吖啶橙等可通过抑制质粒 DNA 的合成来达到消除耐药质粒的目的。此外，苯甲酸酯、结晶紫也具有消除耐药质粒的作用，可能是通过影响细胞膜通透性、DNA 复制所需酶的合成及代谢来发挥质粒消除作用。杨春梅等（2000）研究发现溴化乙锭对痢疾杆菌耐药质粒的消除效果最好，按照连续培养的方法，溴化乙锭作用 48 h 后消除率为 20%，作用 120 h 后消除率达 85%，消除效果显著提高。

相关资料显示，中草药具有消除耐药质粒的作用。自 20 世纪 80 年代以来，中草药用于消除细菌耐药性质粒的报道越来越多，中药消除剂以黄连、射干等清热解毒、清热燥湿类居多。目前关于单味中草药消除耐药质粒的研究较多，对中药复方的研究相对较少。根据已有的报道可知，中药的消除率并不稳定，不同研究者报道的结果往往有很大的差异，可能与所用药材的采集地、制备方法或者菌株分离地、菌种等不同有关。杨奇等（2014）以 8 种单味中药水煎剂为质粒消除剂，对大肠埃希菌、金黄色葡萄球菌、沙门菌耐药质粒的消除进行研究，结果显示，单味中药对 3 种菌株耐药质粒消除作用不同，消除率均在 0.4%～5.0% 范围内，以黄连的消除效果最佳，平均消除率达到 2.9%。郑乐怡（2016）的研究结果显示，大叶桉挥发油能够明显抑制 MRSA 生长，且具有消除其耐药质粒的作用，其中 24 h 质粒消除率为 38.6%，48 h 质粒消除率为 62.0%。刘彦晶等（2017）的研究结果显示，黄芩醇提剂、水煎剂均有消除细菌耐药质粒的作用，其中醇提剂消除率最高可达 61.27%，水煎剂消除率只能达到 49.78%。周平轩和胡艳丽（2017）通过试验证实了五倍子水提物对大肠埃希菌庆大霉素耐药性消除率明显优于 SDS 的消除效果。王晓琴和文英（2018）利用中药+高温的方法消除大肠埃希菌耐药质粒，结果显示耐药质粒消除率明显优于高温法的消除率。张文波等（2012）在一株鸡源致病性大肠埃希菌的耐药质粒上定位到耐环丙沙星、青霉素、氧氟沙星、诺氟沙星、林可霉素和复方新诺明的基因，并考察了艾叶水煮液对耐药质粒的消除情况，研究结果表明艾叶水煮液对该菌的耐药质粒消除率可达 60%，而且质粒消除后该菌恢复了对原来耐药的抗生素的敏感性。杜银忠（2009）测定了黄芩、黄连和鱼腥草中药原液对 2 株产 β-内酰胺酶金黄色葡萄球菌的最小抑菌浓度，并进一步进行了其对 R 质粒的消除作用的研究，结果表明，黄芩、黄连和鱼腥草对这两株金黄色葡萄球菌耐药质粒具有不同程度的消除作用，消除率分别达到 15.27%、14.58%、6.25% 及 5.56%、0.00%、3.47%。牛艺儒等（2010）研究了鱼腥草提取液对仔猪副伤寒沙门菌的耐药质粒消除效果，结果表明鱼腥草提取液能够成功消除仔猪副伤寒沙门菌对恩诺沙星和庆大霉素的耐药性，耐药质粒的消除率最高达 11%，并且随着时间的延长，耐药质粒的消除率会逐渐升高。苗强等（2006）研究了白头翁提取液对铜绿假单胞菌 R 质粒的消除作用，试验结果表明，白头翁提取液体外作用 24 h、48 h、72 h 后，R 质粒消除率分别为 0、1.8%、3.4%，效果略优于 SDS 对照组；白头翁提取液在体内作用 24 h、48 h、72 h 后，R 质粒消除率分别为 0、2%、12.8%，而 SDS 对照组的对应值均为零，这表明白头翁提取液对铜绿假单胞菌的耐药质粒在体外及体内均具有消除作用，且体内消除作用强于体外。

一般认为复方中草药对耐药质粒的消除效果会优于单方，但因为复方中药的作用更复杂，所以对复方中草药的研究相对较少。陈群等（1998）用携带 R 质粒的多重耐药性大肠埃希菌为靶细菌，进行了黄芩和止痢灵（主要成分为白头翁、黄柏和苦参）的体外 R 质粒消除研究，试验结果表明，黄芩和止痢灵单用时均对大肠埃希菌携带的 R 质粒具有消除作用，消除率分别为 2.42% 和 2.14%，但黄芩和止痢灵联合应用后，质粒消除率可提高至 18.14%。该结果表明中药配伍使用能明显增强其消除 R 质粒的作用；此外，中药配伍与单用相比能明显提高多重耐药性的消除率。项裕财（2011）的研究证实大蒜和芦荟混合液能够有效消除大肠埃希菌耐氯霉素 R 质粒和痢疾杆菌耐氯霉素 R 质粒，说明大蒜和芦荟混合液有预防肠道细菌耐药性的作用。Schelz 等（2006）的研究也表明不同浓度的薄荷醇（0.250~0.375 mg/mL）与固定浓度的异丙嗪（0.02 mg/mL）、不同浓度的异丙嗪（0.02~0.10 mg/mL）与固定浓度的薄荷醇（0.10 mg/mL）复方对大肠埃希菌耐药质粒消除具有协同作用，以上不同复方中，质粒消除率最高分别可达 100% 和 96.4%。

中药有效成分同样对耐药质粒具有一定的清除作用。王小平等（2006）以松萝酸为质粒消除剂、以临床分离的多重耐药金黄色葡萄球菌为靶细菌进行了耐药质粒的体外消除试验，用质粒 DNA 抽提与琼脂糖凝胶电泳方法观察松萝酸对该耐药菌株质粒的影响。试验结果显示，松萝酸对金黄色葡萄球菌耐药质粒具有消除作用，作用 24 h 后其消除率为 5.2%，延长作用时间至 48 h 的消除率可达 14.6%。Schelz 等（2006）分别测定了陈皮油、桉树油、小茴香油、迷迭香油、老鹳草油和百里香油等 10 种植物挥发油对大肠埃希菌、表皮葡萄球菌及 2 种不同酵母菌的抑菌能力，还重点研究了这些挥发油对大肠埃希菌耐药质粒的消除作用，研究结果表明薄荷油具有最佳的质粒消除效果，消除率高达 37.5%，桉树油和迷迭香油仅有微弱的质粒消除作用，消除率分别为 0.2%~0.5% 和 3.1%；除此之外还深入研究了薄荷醇的质粒消除作用，结果表明薄荷醇是薄荷油中起质粒消除作用的最主要因素。

到目前为止，中药消除耐药质粒的作用机理尚不清楚，而选择中药作为消除剂主要依据其抑菌活性，且以清热、解毒或者清热燥湿类药物为主。国内外研究表明，败酱草、苍术、黄连、金银花、鱼腥草、黄芩、黄柏等具有直接消除细菌耐药质粒和抑制细菌耐药性的作用。中药成分复杂，如生物碱、醌类化合物、鞣质等，能够对细菌产生一定的影响（王洁等，2014）。陈群等（1998）认为黄连有效成分中的小檗碱可以选择性地抑制细菌 DNA 的复制和蛋白质的合成，进而达到消除细菌耐药质粒的目的。郑丽莎（2004）的研究表明，五倍子中的鞣质能够与蛋白质发生化学反应，进而导致蛋白质发生变性，最终使细菌的耐药质粒得以消除。李叶等（2008）的研究表明，黄芩中的黄酮类化合物能够选择性地抑制细菌 DNA、RNA 和蛋白质的合成，最终破坏细胞壁及细胞膜的完整性，达到消除细菌耐药质粒的目的。陈小英（1985）认为中草药消除耐药质粒是通过影响细菌细胞 DNA 合成来实现的，也可能是由于中草药能够作用于细胞膜使DNA 的复制受到影响。

因此，无论是中草药、西药抗菌药物还是其他方法，对细菌的耐药质粒都具有一定的消除作用，但是研究发现一些化学物质和物理方法在消除细菌耐药质粒的同时，对宿主机体也会产生一定的危害，不适合应用于临床上。中草药来源广泛、价格低廉，且安全可靠，毒副作用小甚至无毒副作用等，以其作为耐药质粒消除剂，具有较强的先天优势和良好的发展前景。

4. 其他逆转剂

大多数抗生素在细胞内发挥作用，这需要它们通过细胞膜渗透到细菌细胞内。疏水性抗生素通过脂质双分子层扩散，而亲水性抗生素仅通过细菌孔进入（Delcour，2009）。因此，膜组成、膜脂和膜孔都影响膜的通透性，并影响细菌对抗生素的敏感性。止泻药洛哌丁胺被确定为半合成四环素类抗生素米诺环素的一种佐剂。Ejim 等（2011）通过实验证明，洛哌丁胺降低了质子动力（PMF）的电组分（$\Delta\Psi$），而为了对抗这种影响并维持 ATP 合成水平，细菌增加了内膜的 pH 梯度（ΔpH），这又反过来促进了细菌对米诺环素的摄取。

部分逆转剂也可通过调控相关膜蛋白基因的方式增加细胞膜的通透性，促进抗生素在细胞内的积累，从而提高抗生素的作用效果。例如，Dhara 和 Tripathi（2020）通过研究肉桂醛与头孢他啶联合对大肠杆菌细胞膜结构的影响，发现联合作用 6 h 后细菌细胞质膜破裂、细胞质流失；通过检测孔蛋白基因（*ompC*、*ompF*、*ompK35* 和 *ompK36*）的转录水平发现，肉桂醛提高了孔蛋白基因转录水平，从而提高了细菌细胞膜的渗透性，促进抗生素流入细胞内，因此呈现出明显的协同抗菌作用。

近年来报道的抗生物被膜分子主要包括植物活性化合物、螯合剂、多肽抗生素及合成化合物等，其可阻止生物被膜形成，从而达到清除病原菌的效果（Roy et al.，2018）。Kalia 和 Purohit（2011）研究发现，一些群体感应淬灭酶和抑制剂，通过抑制群体感应（QS）信号分子合成、促进 QS 信号分子的降解、降低转录调节蛋白等，阻断 QS 系统的功能，防止细菌受 QS 系统调控；针对细菌形成生物被膜产生屏蔽耐药的机制，筛选生物被膜的主要成分——藻酸盐合成酶抑制剂和藻酸盐裂解酶激活剂，或是筛选具有超强渗透性的药物，有可能杀灭形成生物被膜的耐药菌。

外源性丙氨酸或葡萄糖恢复了耐多药迟发杆菌对卡那霉素杀伤的敏感性，展示了一种杀死多重耐药细菌的方法。这种方法的机制是外源性葡萄糖或丙氨酸通过底物活化促进 TCA 循环，这反过来又增加了 NADH 和质子动力的产生并刺激抗生素的摄取。其他革兰氏阴性菌（副溶血性弧菌、肺炎克雷伯菌、铜绿假单胞菌）和革兰氏阳性菌（金黄色葡萄球菌）也获得了类似的结果，并且在尿路感染小鼠模型中也重现了结果（Peng et al.，2015）。

针对细菌致病力的药物（即抗毒力药）可通过干扰细菌对人宿主细胞的主动感染能力使致病菌变为惰性而对宿主细胞无害，可从根本上解决细菌的耐药性问题（Yi et al.，2017）。以细菌致病相关因子为靶标开发致病力抑制剂，不仅可有效控制致病性耐药菌感染，而且对其选择压力较小。耐药菌致病力抑制剂主要有细菌毒力抑制剂，如低浓度查耳酮可抑制金黄色葡萄球菌及单增李斯特菌分选酶 A 的活性，可作为潜在的抗其感染的先导化合物（Li et al.，2016）。Bender 等（2015）针对合成艰难梭菌毒力因子 TcdB 的半胱氨酸蛋白酶结构域（CPD），筛选获得了一种已知的含硒小分子化合物依布硒啉（ebselen），能够有效地抑制 TcdA 和 TcdB 合成，进而发现了其在体内外对艰难梭菌的良好活性。Gustafsson 等（2016）设计的依布硒啉结构修饰物，能够抑制炭疽杆菌产生硫氧还蛋白还原酶，并且对金黄色葡萄球菌和分支结核杆菌具有显著的抗菌活性。

此外，还有研究通过构建宿主非依赖性的共轭质粒，并使用工程化的 CRISPR/Cas9 系统从细菌中去除了含有 *mcr-1* 的质粒。如图 4-11 所示，携带 oriTRP4 和 CRISPR/Cas 构建物的质粒可以通过大肠杆菌 S17-1 传递到受体细胞，从而使受体细胞中包含目标序列的质粒被 Cas9/sgRNA 复合物破坏。Dong 等（2019）合成的偶联质粒不仅可以作为去除耐药质粒并使受体细菌对抗生素敏感的新工具，还可以使受体细胞获得对 *mcr-1* 的免疫力，也为耐药性消除提供了一种新策略。

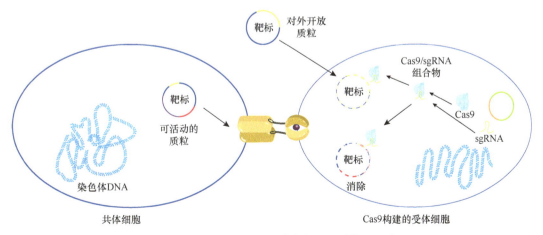

图 4-11　共轭 CRISPR/Cas 质粒介导的质粒固化过程

第二节　合理用药技术

为防治细菌耐药性，除了寻找新型抗菌药物及合理使用已有抗菌药物外，通过联合用药即寻求新的用药组合或新的用药手段来恢复已有抗菌药物对细菌的抗菌活性已成为当前的研究热点。同时，新型制剂、递送技术和基于 PK/PD 的临床用药方案，不仅可以增强药物稳定性、提高药物生物利用度、减少耐药突变，而且可以降低抗菌药物用量、提高抗菌药物疗效、延缓细菌耐药性发生，为临床提供更多的用药组合与策略，已成为目前防控细菌耐药性的重要手段。

一、减毒、增效、抗耐药联合用药技术

大量研究表明，当感染未知细菌急需快速治疗的情况下，使用两种抗菌药物组合以达到广谱覆盖是最佳的方法。兽医临床细菌性感染、混合感染十分严重，联合抗菌治疗是应对细菌性感染、混合感染尤其是耐药菌感染的有效方案。国内外已有许多关于中药或中药成分与抗菌药物联合使用增强抗菌药物对耐药菌活性的报道，因此需要寻找可增强耐药细菌对抗菌药物敏感性的中药单体、植物提取物等，能够协同增加抗菌药物疗效，减轻抗菌药物毒性，降低抗菌药物的防突变浓度，从而减缓细菌耐药性的发生；同时缩小耐药突变选择窗，减少耐药菌的产生。

（一）抗菌药物联合抗菌药物增效

Moellering 等（1983）报道青霉素与链霉素联合使用可用于治疗肠球菌感染，利福平-异烟肼-吡嗪酰胺的组合可用于治疗结核病；同时，MacNair 等（2018）的研究发现在 *mcr-1* 介导的多黏菌素耐药的情况下，这种组合可以克服耐药性。杨艳等（2017）发现氨基糖苷类抗菌药物与替加环素组合，可以有效解除氨基糖苷类抗菌药物耐药性的产生；蒙光义等（2017）补充说明了替加环素通过与核糖体 30S 亚基的结合，可阻断转运核糖核酸进入核糖体 A 位点，进而抑制氨基酸残基肽链形成，阻断蛋白质翻译，从而抑制细菌蛋白形成。目前已经确定剂量的抗菌药物组合有：磺胺甲基异噁唑，由甲氧苄啶和磺胺甲噁唑按照 1∶5 的质量比搭配，在市场上以复方磺胺甲噁唑销售；达福普汀，是链球菌素类抗菌药物的一种协同组合，由奎宁普列汀和达尔福普里辛组成，质量比为 3∶7（Johnston et al.，2002）。这些抗菌药物组合实现了对革兰氏阳性和革兰氏阴性病原体的广谱覆盖。

在使用两种抗菌药物的组合时，需要注意组合之间的使用风险。两种抗菌药物的组合，不仅具有协同作用和相加作用，还有拮抗作用和无关作用，有的甚至会产生毒副作用等。例如，李耿等（2018）认为某些头孢菌素与氨基糖苷类联合使用会产生肾毒性；若在服用环孢菌素 A 的情况下服用氨基糖苷类、林可酰胺类药物，会增加患者肾功能损害，还会降低药物的免疫抑制作用，从而引起排斥反应。所以，选择抗菌药物组合时，不仅要考虑有效性，还要注意该组合对生物体是否具有危害性。

阿莫西林和硫酸黏菌素、头孢氨苄和硫酸黏菌素、氨苄西林与硫酸黏菌素和地塞米松、氨苄西林和硫酸黏菌素等复方联合相加增效，季铵盐类成分和戊二醛进行高效配比相加增效。其中，部分抗生素联用在兽医临床养殖应用中已经获得肯定，例如，林可霉素与大观霉素联用对革兰氏阳性菌有较强的抗菌作用；磺胺增效剂与四环素、庆大霉素合用时可显著增强抗生素的抗菌效果。杨幸等（2018）发现将阿莫西林和硫酸黏菌素联用后对 20 株奶牛乳腺炎大肠杆菌、金黄色葡萄球菌和链球菌 FIC 平均值分别为 0.91、0.85、1.25，表明阿莫西林与硫酸黏菌素联用后，对 3 种受试菌均呈现相加增效作用。董春柳（2018）发现沃尼妙林等截短侧耳素类药物与多西环素联合使用，对多重耐药的 MRSA 菌株具有很好的抗菌活性；沃尼妙林添加 1/2 MIC 浓度的多西环素后，MIC 值可下降 3/4～31/32。蒋公建等（2021）通过微量肉汤稀释法、棋盘稀释法研究了氟苯尼考和磺胺间甲氧嘧啶对大肠杆菌、沙门菌、金黄色葡萄球菌三种常见病原菌的体外抑制效果，结果表明，氟苯尼考和磺胺间甲氧嘧啶单独使用时对三株菌的 MIC 分别为 5 μg/mL 和 160 μg/mL，二者联用后的部分抑菌指数（FIC）大于 0.5 且小于等于 1，表现为相加作用，证明二者在临床上配伍具有一定的合理性。

多黏菌素可联合多种抗菌药物治疗耐药鲍曼不动杆菌（XDRAB）感染，例如，多黏菌素与碳青霉烯类抗生素联合应用具有显著的协同作用，时间杀伤试验的荟萃分析表明多黏菌素 B 联合美罗培南的协同率可达 98.3%（Jiang et al.，2018b）。Oleksiuk 等（2014）等发现多黏菌素 B 与多利培南联合应用，在体外试验中对 XDRAB 表现出明显的协同作用，协同率为 89%，同时加入舒巴坦可以增强多黏菌素 B 和多利培南对 XDRAB 的抗菌活性，包括多黏菌素 B 联合多利培南治疗无效的分离株。除此之外，多黏菌素与其他抗生素包括利福平、四环素、糖肽类、磷霉素、西他沙星等抗生素联合也有显著的协同抗菌作用（Bai et al.，2015；Liang et al.，2011；Gordon et al.，2010；Nwabor et al.，2021；Dong et al.，2015）。然而，多黏菌素与喹诺酮类、氨基糖苷类、大环内酯类抗菌药物联合应用的研究较少，这些抗菌药物组合的抗菌作用如何仍需更多研究证实。

β-内酰胺类与氟喹诺酮类抗菌药物联合应用在治疗很多感染性疾病时疗效良好，特别是下呼吸道感染。β-内酰胺类与氟喹诺酮类抗菌药物联合对铜绿假单胞菌、幽门螺旋杆菌、金黄色葡萄球菌、肺炎链球菌和肺炎支原体等菌株具有显著的抑制作用（杨启文等，2006；麦赞健等，2012）。β-内酰胺类抗生素杀菌作用主要是与细菌细胞内膜上的靶位蛋白即青霉素结合蛋白（PBP）相结合，PBP 是细菌细胞壁合成过程中不可缺少的蛋白质，结合后使细菌不能维持正常形态和正常分裂繁殖而出现溶菌死亡；氟喹诺酮类药物主要是通过抑制 DNA 旋转酶和拓扑异构酶的活性，阻断了细菌 DNA 的转录、复制，导致 DNA 合成受阻，从而达到杀灭细菌的作用；对于革兰氏阴性菌来说，主要是通过抑制 DNA 螺旋酶起到抑制感染的作用（王兴中，2010）。对于革兰氏阳性菌，主要是通过抑制拓扑异构酶，从而起到抑制感染的作用，氟喹诺酮类药物对于静止期和活跃期的细菌均具有杀灭作用。这两类药物抗菌机制不同，分别作用于细菌 DNA 螺旋酶和细菌的细胞壁，达到多靶点协同杀菌的目的，从而提高抗菌活性，同时也能减少耐药菌的产生（张文晋，2012）。

（二）植物活性成分联合抗菌药物增效

植物活性成分联合抗菌药物能够抵抗耐药菌或加强已有抗菌药物的抗菌活性，目前已有良好的发展趋势。活性单体及其衍生物一直作为抗菌药物的合成来源或者替代品，联合抗菌药物可以降低耐药靶点活性提高抗菌药物的抗菌效果，具备广泛的应用前景。目前国内外相关研究显示，在多重耐药病原菌的防控技术上，植物活性成分可以辅助抗菌药物起到了杀灭多重耐药病原菌的作用，从而达到消减病原菌耐药的效果。

1. 黄酮类物质与抗菌药物联合

邱家章（2012）的研究结果显示，黄芩苷本身对 MRSA 菌株的抗菌活性不强，但可通过抑制金黄色葡萄球菌株 α-溶血素编码基因 hla 的转录，降低 α-溶血素的表达。此外，黄芩苷还直接作用于 α-溶血素，进而抑制 MRSA 的溶血活性，对由细菌毒理因子 α-溶血素介导的细胞损伤起到一定的保护作用。基于以上研究，王婷婷等（2019）提出紫檀芪有效成分中包括黄芩苷、黄芩素、汉黄芩素、黄芩新素等在内的黄酮类化合物不仅本身具有一定的抗菌活性，其与 β-内酰胺类抗生素联用对 MRSA 也具有协同抗菌作用。此外，国外也有相关研究报道，Rondevaldova 等（2015）发现黄芩苷能够增加四环素、土霉素对 MRSA 和四环素耐药性金黄色葡萄球菌（tetracycline-resistance *S. auerus*，TRSA）菌株的抗菌作用。An 等（2011）也发现具有黄酮结构的 taxifolin-7-*O*-α-l-rhamnopyranoside 与氨苄西林、左氧氟沙星、头孢他啶和阿奇霉素联合应用后，对临床的 MRSA 菌株具有协同抑制作用。Eumkeb 等（2010）从高良姜（*Alpinia officinarum*）中提取的高良姜素（galanga）与 β-内酰胺类抗生素（包括甲氧西林、氨苄西林、阿莫西林、氯唑西林、青霉素 G 和头孢他啶）联用，对金黄色葡萄球菌具有明显的协同抗菌作用。刘超怡等（2021）报道，黄藤素可增强耐药金黄色葡萄球菌对青霉素、红霉素、万古霉素、四环素、庆大霉素的敏感性，黄藤素与抗菌药物联合后，3 株临床耐药菌株对 5 种抗生素的药物敏感性有不同程度的增高，抑菌圈直径增幅从 1.04 mm 到 27.13 mm不等，其中与青霉素联用的抑菌圈直径增幅最大，与四环素联用次之，但是与克林霉素联用抑菌圈直径没有任何变化。针对耐药金黄色葡萄球菌，黄藤素与青霉素、红霉素、万古霉素、四环素、庆大霉素联用比单独使用抗生素抑菌效果好，这为减少抗生素滥用、防控禽源耐药金黄色葡萄球菌提供了新的思路。Wang 等（2020e）对异甘草素进行了研究，这是一种 NDM-1 酶的新型特异性抑制剂，可恢复碳青霉烯对产生 NDM-1 的大肠杆菌分离株和肺炎克雷伯菌分离株的活性，而不影响细菌的生长。美罗培南和异甘草素对 NDM-1 阳性大肠杆菌和肺炎克雷伯菌的 FIC 指数均小于 0.5。因此，异甘草素是一种潜在的辅助治疗药物，可增强碳青霉烯类抗生素如美罗培南对 NDM-1 阳性肠杆菌的抗菌作用，为后续临床试验奠定基础。

2. 多酚类物质与抗菌药物联合

葛春梅等（2016）研究发现，绿茶浸出液及其主要成分茶多酚、茶多糖、茶黄素对10 株 MRSA 均有抑制作用，氨苄西林、苯唑西林、头孢他啶、红霉素与绿茶提取物联用的抑菌圈均大于单独使用抗菌药物，茶多酚与苯唑西林或头孢他啶联合应用效果显著。钟灵（2020）的研究也发现，茶黄素与β-内酰胺类抗生素联合同样具有协同抗 MRSA 作用，与头孢噻呋、头孢西丁、拉氧头孢、头孢他啶、头孢吡肟、苯唑西林、氨苄西林、青霉素 G 联用的 FIC 指数为 0.1875～0.3125，具有明显的协同抑制 MRSA 的作用。除此之外，Zhang 等（2020a）报道了茶多酚对 20 株多重耐药肺炎克雷伯菌的 MIC 为 1024 μg/mL，可与亚胺培南、哌拉西林、哌拉西林/他唑巴坦、头孢吡肟、头孢噻肟、头孢他啶联合用于抗多药耐药肺炎克雷伯菌，具有协同杀菌作用，并且影响细菌外膜的形成和胞外黏液样物质的产生。

3. 生物碱类物质与抗菌药物联合

黄连素即小檗碱能够明显降低氨苄西林和苯唑西林对 MRSA 的 MIC，与氨苄西林表现为相加作用，与苯唑西林则呈现协同作用（Yu et al.，2005）。Zuo 等（2011）研究发现，阿朴啡类生物碱、汉防己甲素（tetrandrine）和汉防己乙素（demethyl tetrandrine）具有增强头孢唑林对 MRSA 临床菌株的抗菌活性，但两者的协同抗菌机制有待进一步研究。Pourahmad 等（2022）报道了蜂蜜、苦豆子总生物碱和苦参碱单独以及与抗生素联合对铜绿假单胞菌分离株的体外活性，FIC 指数表明苦参碱和苦豆子总生物碱与环丙沙星组合对所有测试分离株均有协同抑制作用。Wang 等（2021）发现白屈菜红碱对 7 种革兰氏阳性菌有抑菌作用，最低抑菌浓度 MIC 为 2～4 μg/mL，与常见抗生素有协同或相加效应。白屈菜红碱恢复了抗生素对耐甲氧西林金黄色葡萄球菌和产超广谱 β-内酰胺酶大肠杆菌的抗菌功效。

4. 其他类植物活性成分与抗菌药物联合

除黄酮类、多酚类、生物碱外，其他一些天然物质也具有协同抗 MRSA 的作用。Jenkins 等（2012）认为卢卡蜂蜜本身的抗菌作用很弱（MIC 为 60 000 μg/mL），但却能够逆转 MRSA 对苯唑西林的耐药性，MIC 由 64 μg/mL 降至 0.075～0.25 μg/mL，FIC 为 0.001，其机制可能与卢卡蜂蜜使 *MecR1* 下调有关。同时，Zuo 等（2012）从传统中药地耳草提取分离的异巴西红厚壳素（isojacareubin）与头孢他啶、阿奇霉素、氨苄西林联用，对 MRSA 具有明显的协同抗菌作用，分数抑制浓度指数分别为 0.25、0.37 和 0.37。蒋为薇（2011）利用动态生长曲线法研究了青蒿琥酯和 β-内酰胺类抗生素联合使用对 MRSA WHO-2 菌株的体外协同抗菌作用，结果显示青蒿琥酯可增强 β-内酰胺类抗生素对 MRSA 的抗菌活性，并对由 MRSA 感染引起的脓毒症模型小鼠具有保护作用。

El Atki 等（2019）研究表明将肉桂精油与氨苄青霉素或氯霉素组合，对抑制金黄色葡萄球菌具有协同作用，与氯霉素组合对抑制大肠杆菌有协同作用，与链霉素联用对大肠杆菌、金黄色葡萄球菌、铜绿假单胞菌均有加性作用。Rosato 等（2010）研究表明，玫瑰花精油和天竺葵精油与庆大霉素联用对大肠杆菌、金黄色葡萄球菌等均有协同作用。Gupta 等（2017）研究发现柠檬醛对临床分离的金黄色葡萄球菌有效，MIC 值范围为 75～150 μg/mL，表现出抑菌活性。当柠檬醛与诺氟沙星联用时具有协同作用，FICI≤0.5，可以将诺氟沙星的 MIC 降低 31/32，进一步研究表明，柠檬醛不影响细胞壁，但会破坏细菌细胞膜，抑制外排泵，影响膜电位，从而发挥抑菌作用。

Wang 等（2018c）发现丁香酚能够与多黏菌素联用起到协同抑菌作用，显著下调*mcr-1*基因的表达，从而增强多黏菌素对耐多黏菌素大肠杆菌的抗菌作用。Dai 等（2020）也发现姜黄素与多黏菌素联用对革兰氏阳性菌（肠球菌、金黄色葡萄球菌和链球菌）和革兰氏阴性菌（鲍曼不动杆菌、大肠杆菌、铜绿假单胞菌和嗜麦芽链球菌）均有较好的协同抑制作用。王丹阳等（2021）研究表明，硒化甘草多糖不仅能够对金黄色葡萄球菌和大肠杆菌起抑制作用，还能与头孢噻呋钠、卡那霉素联合起到相加抑菌作用，同时能够增加小鼠血清细胞因子含量，提高机体免疫力。

Cai 等（2016）通过对 16 株细菌，包括 15 株头孢噻肟耐药肺炎克雷伯菌和 1 株超广谱β-内酰胺酶阳性标准菌株的研究发现，头孢噻肟与黄芩素、苦参碱和克拉维酸的协同抑菌效率分别为 56.3%、0% 和 100%，并进一步说明黄芩素与头孢噻肟联合使用时，是通过抑制 *CTX-M-1* 基因的表达与肺炎克雷伯菌产生协同作用。卢娜等（2019）研究显示，丹皮酚在单独使用不抑菌的浓度下与多黏菌素 B 联用，其 MIC 值从 32 μg/mL 降到 4 μg/mL，而多黏菌素 B 在单独使用对细菌生长几乎没有抑制效果的情况下，与丹皮酚联合使用 3 h 后细菌几乎全部被杀灭，这表明多黏菌素 B 和丹皮酚能够很好地协同抑制耐多黏菌素 *mcr-1* 阳性肠杆菌。

在大量研究报道基础上，目前我国已经在研发黄芩素-阿莫西林、绿原酸-多黏菌素等复方新药，除了中药单体与抗菌药物联用之外，兽药与多种中药复配也成了一个新的研究趋势。例如，兽药阿昔洛韦与金银花、金莲花、板蓝根、黄芩、连翘等中药配伍形成的复方制剂，对沙门菌、大肠杆菌也有很好的抑菌作用（胡喜兰等，2004）。

（三）植物活性成分联合抗菌药物减毒

针对耐药性病原菌引起的感染性疾病，增加药物的使用剂量是一种有效的防治策略，可以获得更好的临床疗效；然而，加大抗菌药物的剂量可能会产生严重的毒性，通过联合用药提高抗菌药物的疗效或者研发针对特定抗菌药物毒性的保护剂，在保证抗菌药物疗效的情况下可减少抗菌药物的毒性，从而起到减毒增效的功能。近年来，多种成分被证明具有减轻不同抗菌药物所引起毒性的作用，具有开发利用的巨大潜力（Rolain et al.，2016）。

1. 联合用药减少多黏菌素类抗生素毒性

多黏菌素类抗生素是目前临床用于治疗难治性革兰氏阴性菌的一种重要药物，主要包括黏菌素（多黏菌素 E）和硫酸黏菌素（多黏菌素 B），但是由于药物本身具有一定的肾毒性和神经毒性，其使用一直受到限制，其中硫酸黏菌素被列入中国《兽用处方药品种目录（第二批）》，因此开发针对多黏菌素肾毒性和神经毒性的保护剂可以扩大多黏菌素的使用，有助于控制耐药细菌。Edrees 等（2018）研究发现，在使用黏菌素的大鼠中施用姜黄素可部分恢复多黏菌素造成的生化（血清肌酐、尿素和尿酸水平以及脑 GABA 浓度）、抗氧化（CAT、GSH 等）、炎症（TNF-α、IL-6）和凋亡（Bcl-2）标记物改变，姜黄素联合治疗也减轻了肾脏和脑组织的组织病理学变化，因此姜黄素可能是预防多黏菌素引起的肾毒性和神经毒性的良好药物。Hanedan 等（2018）报道了橙皮苷和白杨素通过其抗氧化及抗炎作用减轻了多黏菌素诱导的肾毒性，在肾脏近端小管中的 Cystatin C（可用于早期预测急性肾损伤的有效生物标志物）的免疫阳性率增加，表明橙皮苷和白杨素在该区域均具有保护作用。Zhang 等（2019a）分析了植物提取物三七总皂苷的成分，发现三七总皂苷通过减轻氧化应激和抑制细胞线粒体凋亡来降低多黏菌素诱导的肾脏毒性。此外，Dai 等（2015）发现番茄红素与多黏菌素共同给药可以预防多黏菌素诱导的小鼠肾毒性，这种作用也可能归因于番茄红素的抗氧化特性及其激活 Nrf2/HO-1 信号通路的能力，一定程度上揭示了多黏菌素肾毒性保护作用的潜在机制。Dai 等（2017）还发现黄芩素可以通过上调 Nrf2/HO-1 信号通路并下调 NF-κB 信号通路以减轻肾脏组织的氧化/硝化应激、凋亡和炎症反应，从而对多黏菌素诱导的肾毒性发挥保护作用。Lee 等（2019）发现黑蒜提取物可能会降低氧化应激和蛋白质氧化，从而通过间接减轻炎症或直接增加抗炎能力，改善多黏菌素诱导的大鼠急性肾损伤。Dumludag 等（2022）使用水飞蓟素缓解黏菌素肾毒性，发现它对肾小管坏死有改善作用，且对抗氧化分子如 SOD 和 GSH-Px 具有增强作用。Worakajit 等（2022）研究发现植物活性单体 Panduratin A 可改善 ROS 产生、线粒体损伤和肾小管细胞凋亡，对于多黏菌素诱导的肾毒性具有很好的治疗潜力，可以在不损害其抗菌活性的情况下，在体内和体外模型中减轻多黏菌素诱导的肾毒性。

对于多黏菌素的神经毒性，Lu 等（2017）研究发现红景天苷可以减轻多黏菌素诱导的 RSC96 细胞的神经毒性，红景天苷的保护作用与其抑制氧化应激以减少损伤和调节 PI3K/Akt/线粒体信号转导以增加细胞耐受性密切相关。Dai 等（2018）在体外试验中发现姜黄素可以保护多黏菌素引起的神经细胞损伤，通过下调涉及炎症和凋亡的 NF-κB 基因来减轻多黏菌素诱导的 N2a 细胞神经毒性。Dai 等（2020b）通过小鼠体内试验也证明口服姜黄素对多黏菌素诱导的周围神经毒性的保护作用与 NGF/Akt 和 Nrf2/HO-1 信号通路的激活及氧化应激的抑制有关。此外，Celik 等（2020）研究表明芦丁可以减轻多黏菌素诱导的大鼠神经毒性，这与芦丁在脑组织中的抗氧化、抗凋亡和抗炎作用有关。

此外，有研究发现使用多黏菌素治疗会导致大鼠精子质量降低，并提高 Caspase-3 和 LC3B 表达水平，而白杨素与多黏菌素联用，通过减少睾丸氧化应激来改善多黏菌素引起的生殖损伤、细胞凋亡和自噬，显著减轻多黏菌素导致的大鼠精子活力下降和精子异常增加，表明白杨素有益于缓解多黏菌素所引起的生殖毒性。

2. 联合用药减少大环内酯类抗生素毒性

目前对于兽用大环内酯类抗生素毒性的研究多聚焦于替米考星。替米考星属于中国《兽用处方药品种目录（第一批）》，Farag 等（2019）研究报道，注射替米考星会在动物中引起急性心脏毒性，除此以外，高剂量的替米考星也可引起肝毒性。Ibrahim 等（2015）研究表明，经替米考星治疗的动物会出现心脏损伤生物标志物（乳酸脱氢酶，肌酸激酶等）及心脏脂质过氧化物酶的显著增加，而螺旋藻可以降低心脏损伤生物标志物的血清水平，并以剂量依赖性方式减少了替米考星诱导的脂质过氧化和氧化应激，结果表明螺旋藻可以通过自由基清除和有效的抗氧化活性减弱替米考星引起的心脏毒性。另一项研究表明，黄芪多糖可以减轻替米考星诱导的心脏毒性作用，通过增强抗氧化系统抵御 ROS 引起的氧化损伤，减少凋亡细胞死亡。Khalil 等（2020）研究发现辣木叶乙醇提取物通过改善抗氧化状态而保护心脏免受 ROS 介导的氧化损伤，并调节凋亡通路 mRNA 表达，提高抗氧化系统的保护活性，延迟或减慢替米考星注射引起的心脏毒性的病理发展。Abou-Zeid 等（2021）研究也发现辣木乙醇提取物缓解替米考星肾毒性可以通过改善血清生化标志物、氧化和抗氧化状态、炎症反应及肌间线蛋白、巢蛋白和波形蛋白的表达来实现，然而仍需要进一步的研究来确定辣木乙醇提取物肾保护作用的确切机制。

替米考星诱导的应激和肝毒性主要归因于 ROS 的产生，以及与炎性细胞因子和 NO 的产生增加以及 Nrf2 抗氧化调节反应的阻断有关；黄芪多糖则显示出强大的抗氧化、抗炎和抗应激活性，并成功地缓解了替米考星引起的毒性作用。以上研究展示了替米考星和不同成分联合应用以减轻其多器官毒性的应用前景。

3. 联合用药减少四环素类抗生素毒性

对四环素药物的毒性而言，在高血药浓度下，四环素会产生危及生命的不良反应，包括肝脏和肾脏损伤。大鼠口服四环素会引起严重的肝肾损害，表现为血清中肝标志物酶的显著变化，并且伴有组织病理学变化。四环素诱导的肝脂肪变性过程涉及内质网应激，并引起肝细胞凋亡。双环醇对四环素诱导的脂肪肝具有保护作用，且其肝保护作用主要与其降低小鼠肝脏内质网应激（IRE-1α、ATF6、CHOP 和 GRP78）和细胞凋亡的能力有关（Yao et al.，2016）。

4. 联合用药减少氨基糖苷类抗生素毒性

氨基糖苷类抗生素会引起明显的肾脏病理损害，尤其是对肾近曲小管，还有可能会导致不可逆的听力损害（Mahi-Birjand et al.，2020；Zada et al.，2020）。庆大霉素是最典型的氨基糖苷类抗生素之一，同样属于中国兽用处方药品种目录。

许多研究证明，多种不同成分可以通过其抗氧化、抗炎、抗凋亡等活性，减轻庆大霉素引起的肾毒性。天然产物可以减轻庆大霉素引起的氧化应激，如松属素和猕猴桃汁可以减少 Nrf2 的核易位，从而对庆大霉素诱导的肾毒性具有保护作用，可能原因是使用这些具有抗氧化作用的天然产物降低了活性氧的产生，并减弱了氧化应激，从而能够改善肾功能（Promsan et al.，2016；Mahmoud et al.，2017）。芥子酸预处理与庆大霉素联用可恢复肾脏功能，上调抗氧化水平，并下调脂质过氧化和 NO 水平，从而显著降低氧化应激和亚硝化应激。庆大霉素可促进肾脏细胞因子（TNF-α 和 IL-6）的上调，芥子酸预处理后，NF-κB（p65）核表达、NF-κB-DNA 结合活性和 MPO 活性均显著下调，同时可以抑制 Caspase3 和 Bax 蛋白表达，并上调 Bcl-2 蛋白表达，还可以减少肾小管的中性粒细胞的浸润。因此，芥子酸预处理通过抑制肾脏的氧化应激、减轻炎症反应和细胞凋亡来缓解肾脏损害和结构损伤（Ansari et al.，2016）。El-Ashmawy 等（2018）研究表明，鱼油和阿魏酸均可以上调肾组织中 PPAR-γ 基因的表达，介导两种天然产物的抗炎反应，从而对肾脏产生保护作用。Han 等（2020）研究表明，庆大霉素可通过激活 p38 MAPK/ ATF2 信号通路，引发一系列导致肾脏损伤的炎症级联反应，从而促进炎症因子 TNF-α、IL-1β 和 IL-6 的产生，而黄精多糖可以抑制 p38 MAPK/ATF2 信号通路的激活和炎症因子的产生，对庆大霉素诱导的急性肾损伤大鼠具有积极的干预作用。Salama 等（2018）研究表明，曲克芦丁对庆大霉素诱导的急性肾损伤的改善作用，可能是通过调节 p38 MAPK 信号转导，以及抗氧化、抗炎和抗凋亡活性实现的。庆大霉素可以通过线粒体途径诱导肾小管细胞凋亡，而使用红参提取物或鞣花酸处理后与凋亡相关的调控因子如细胞色素 c（Cyt-C）、Bax 和 cleaved-Caspase3 的表达均减少，而 Bcl-2 的表达增加，因此这可能部分归因于其抗凋亡特性，从而减弱庆大霉素诱导的肾毒性（Shin et al.，2014；Sepand et al.，2016）。Kandemir 等（2015）研究表明芦丁具有抗氧化、抗炎、抗凋亡和抗自噬作用，可以通过抑制 iNOS、cleaved-Caspase3 和 LC3B 并增加抗氧化活性以减轻庆大霉素对大鼠的肾毒性。Bayomy 等（2017）研究表明，单用或联合使用迷迭香酸和番茄红素，可以抑制肾脏的氧化应激、自噬和细胞凋亡，从而对庆大霉素引起的肾脏损害起到有益作用，且迷迭香酸和番茄红素的联合使用显示出比相应的单一疗法更有益的预防作用。Hassanein 等（2021）发现伞形酮可以显著缓解庆大霉素诱导的肾脏损伤，这可能与其抑制 TLR4/NF-κB p65/NLRP3 炎症小体和 JAK1/STAT-3 通路激活的能力有关。

庆大霉素具有耳毒性，Sagit 等（2015）发现槲皮素作为一种强大的抗氧化剂，可以降低平均听觉脑干反应阈值和凋亡细胞数，减轻庆大霉素诱导的大鼠耳毒性和耳蜗组织病理学损害。Draz 等（2015）发现水飞蓟素具有有效的神经营养和抗氧化活性，可缓解庆大霉素的耳毒性。Jia 等（2018）发现牛磺熊去氧胆酸可以减轻庆大霉素诱导的小鼠耳蜗毛细胞（HEI-OC1）细胞损伤，与单独使用庆大霉素相比，牛磺熊去氧胆酸通过降低 Bax/Bcl-2 的比例减轻了庆大霉素诱导的细胞凋亡。此外，牛磺熊去氧胆酸通过调节 Bip、CHOP 和 Caspase3 的表达水平，抑制了庆大霉素诱导的内质网应激，这说明牛磺熊去氧胆酸通过抑制蛋白硝化激活和内质网应激，减轻了庆大霉素诱导的耳蜗毛细胞死亡。

除了肾毒性和耳毒性以外，还有研究证明庆大霉素可以以治疗剂量诱导人白细胞和大鼠全血中的氧化应激。Bustos 等（2016）认为槲皮素可能会对这种氧化应激具有保护作用，并且基本不改变庆大霉素对大肠杆菌菌株的抗菌活性，而且槲皮素有助于庆大霉素抵抗金黄色葡萄球菌。Hegazy 等（2018）研究表明，庆大霉素的使用还可能会引起肝脏的损伤，而迷迭香和百里香提取物都具有清除自由基的能力，二者共同给药显著缓解了庆大霉素对肝脏的损害作用。Yarijani 等（2019）研究表明，锦葵提取物对庆大霉素引起的肝、肾毒性均具有一定的保护作用，其作用机制是通过减少氧化应激，减少炎症，舒张血管，从而增加组织总抗氧化能力。Abdeen 等（2021）研究表明，枣椰树果实可以以剂量依赖性方式缓解庆大霉素诱导的肝脏和肾脏组织中的氧化损伤，其作用可能归因于它的抗氧化和抗炎成分。Aly（2019）发现庆大霉素还可能会引起睾丸毒性，通过线粒体功能障碍诱导氧化应激和细胞凋亡，降低大鼠睾丸重量并抑制精子发生，而番茄红素可以恢复抑制精子发生，从而发挥有利作用。

综上所述，不同药物都可以缓解庆大霉素肾毒性，但是更重要的是，在减轻肾毒性的同时不应该损害庆大霉素的抗菌活性。Bustos 等（2016）报道，槲皮素和庆大霉素联用可以减轻庆大霉素诱导的肾毒性，同时增加庆大霉素在体外对金黄色葡萄球菌的抗菌活性。Santos 等（2020）发现 DVL（dioclea violacea lectin）不仅保护肾脏免受庆大霉素诱导的毒性，而且增强了庆大霉素对多重耐药金黄色葡萄球菌和大肠杆菌的活性。

对于同属兽用处方药品种目录中的新霉素而言，其可以通过活化线粒体凋亡途径以及激活 ERK 信号通路来促进活性氧生成，从而诱导毛细胞损伤。Yu 等（2018）发现芍药苷作为抗氧化剂和抗凋亡剂，可以降低活性氧水平，抑制 ERK 信号转导，从而保护毛细胞免受新霉素伤害，以减轻新霉素引起的听力损伤。Pham 等（2018）研究表明，鳄梨油提取物可通过直接或间接的抗氧化途径，抑制炎症基因表达和自噬激活，保护听觉毛细胞免受新霉素诱导的损伤。Zhang 等（2019b）研究表明，法舒地尔可以在体外和体内预防新霉素诱导的毛细胞损伤和听力下降，这种预防作用是通过抑制 Rho 信号通路，从而减少了活性氧的积累，并可以在毛细胞中维持线粒体功能，提高了毛细胞的生存能力。对于链霉素而言，川芎嗪可以降低链霉素诱导的 HSP70 和 Caspase3 的表达升高，HSP70 表达与听觉脑干反应阈值呈正相关，表明川芎嗪对听力功能的保护作用可能与其可以减轻应激反应和抑制细胞凋亡有关（Cui et al.，2015）。

二、精准用药技术

精准用药是解决耐药问题的重要途径，主要通过制剂新技术制备稳定性强、生物利用度高的优势剂型，减少抗菌药物使用剂量或者次数，通过递送系统在临床合理治疗耐药菌的给药方案下，将药物在必要的时间、以必要的量递送到必要的靶部位，最大限度地发挥药物的作用，通过防耐药突变理论及临床应用，实现节约用药、提升防效、减轻污染和残留的兽医临床兽药合理使用技术。

（一）制剂技术

近年来，中国兽药产业得到快速发展，现有兽药剂型不再限于水针剂、针剂、颗粒剂和粉剂等，随着制剂技术的发展，兽药研发创新能力愈渐增强，新药品种数量明显增多，并且临床用药需求也在逐年增多，因此，兽用制剂新技术的研究越来越受到关注。新制剂技术不但对药物的理化性质、质量、稳定性、疗效和生物利用度等起到关键作用，还能避免药物性状改变、提高溶解度、增加稳定性和改善适口性等。利用制剂新技术制备的优势剂型，可以通过增强药物稳定性、提高药物生物利用度、提高抗菌药物疗效，从而降低抗菌药物用量。

1. 固体分散体技术

固体分散体为改善难溶性药物的溶解度与生物利用度等问题提供了一种有效的技术方法，其历经近 60 年的创新发展和应用，到现在已有 26 个药物制剂品种先后获得 FDA 批准上市。随着固体分散体制备技术不断创新与发展，涌现出了静电纺丝法、超临界流体法及喷雾冷冻干燥法等新技术。现有的抗菌药物有很大一部分都属于难溶性药物，这使其在临床上的应用十分有限；尤其是在制备成口服制剂时，存在用药量大、生物利用度低、易导致细出现菌耐药性等问题。因此，使用固体分散体技术可以有效解决上述问题。

替米考星（tilmicosin）是一种大环内酯类畜禽专用抗生素，对革兰氏阳性菌和部分革兰氏阴性菌、支原体、螺旋体等均有良好的抑制作用，且与临床常用抗生素无交叉耐药性。然而，替米考星在水中极难溶解，具有较强的苦味，口服对胃黏膜有刺激，生物利用度较低，导致其在兽医临床上的推广应用受到限制。巴娟等（2019）选用 PEG6000 和 P188 联合载体制备的替米考星固体分散体在提高溶出速率的同时，还能降低经济成本，使替米考星固体分散体易溶于水，方便饮水给药，减少了用药量，给养殖业带来更大的方便及利益。此外，用静电纺丝法制备的姜黄素固体分散体，累积溶出率及溶出速率均显著升高。采用热熔挤出技术制备的氟苯尼考固体分散体的体外溶出度在短时间内接近 100%，显著高于氟苯尼考原药。

2. 包合物制备技术

包合物（inclusion complex）是将一种药物分子（客分子）完全或部分包合到另一种分子（主分子）的空穴结构内而形成的独特形式的复合物。包合物不仅能增加药物的溶解度和稳定性，还具有使液体药物粉末化、防止挥发性成分挥发、掩盖不良气味、提高生物利用度、降低毒副作用等功效。包合物制备技术对包合物的形成有较大的影响，要制得含量和收率都高且稳定的包合物，在确定主分子和客分子的基础上，可依据药物性质选择合适的包合物制备技术。常用的包合技术有共沉淀法、研磨法、超声波法、冷冻干燥法和喷雾干燥法。目前在制剂中常用的包合材料以环糊精及其衍生物为主，而淀粉、胆酸、纤维素等受自身材料属性的限制，只能在特定条件下应用。例如，顾佳丽等（2020）采用共沉淀法制备的芬苯达唑-β-环糊精包合物，比芬苯达唑的水溶性增加了约 10 倍，显著降低了芬苯达唑的用药量。

杨宝亭等（2017）采用胶体磨和喷雾干燥技术制备氟苯尼考-羟丙基-β-环糊精包合物，其包合率可达到 83.74%，产率达 98.48%，氟苯尼考溶解度由原来的 1.25 mg/mL 提高到了 40.76 mg/mL，极大地改善了氟苯尼考在水中的溶解度，扩大了其在兽药领域中的应用。

3. 透皮制剂技术

透皮制剂是指可使药物以恒定速度（或接近恒定速度）通过皮肤各层，进入体循环产生全身或局部治疗作用的新剂型。浇泼剂作为一种常见的抗寄生虫透皮制剂，在家畜上已被广泛应用。作为一种借鉴，兽药研发人员已开始了抗菌药物透皮制剂的研究工作。不同于传统透皮制剂，现阶段透皮制剂的研究方向主要为纳米脂质体水凝胶贴剂和微针贴剂两种剂型。其中，纳米脂质体水凝胶贴剂可显著提高药物透皮渗透性，且药物进入体内后还具有一定的靶向性，如黄藤素柔性纳米脂质体水凝胶贴剂在治疗奶牛的乳腺炎方面就具有吸收效率高、疗效好等优点。此外，微针作为一种新型的给药技术，可大幅提高水溶性药物（包括纳米药物）的透皮吸收及皮层靶向，还能够避过胃肠道消化作用及肝脏首过效应。目前用海藻酸钠做成的可溶性抗菌微针在抗菌方面有着非常好的效果。

4. 缓控释制剂技术

缓控释制剂通过膜控技术、骨架阻滞技术和包衣技术等来控制释药速度，从而实现定时、定速释放微囊和微球，属于第 3 代剂型。缓控释制剂能延长有效血药浓度和提高用药安全度，可在小剂量的情况下达到最大疗效，减少用药量。早期的缓控释制剂只是在药片外部有一层半透膜；随着制剂技术的提高，以及越来越严重的细菌耐药性，缓控释制剂的要求也变得更严格。

制备的缓控释制剂中有用于治疗畜禽呼吸道疾病的替米考星微囊和沙拉沙星/β-环糊精包合物，在减少药物用量的同时，显著提高了药物溶解度和生物利用度。由于水凝胶对低分子溶质具有良好的透过性，且其自身具有优良的生物相容性和生物可降解性，容易合成，当外界条件（pH、离子强度、温度等）改变时，经过化学修饰的水凝胶可随之发生相应的变化。因此，人们现在多以水凝胶作为载体，研制出了控释、脉冲释放、触发式释放等新型缓控释制剂，从而实现了对一些化学药物的定位释放。例如，将阿莫西林与果胶钙、蛋白酶抑制剂及其他辅料相混合压成果胶钙单层片，能延缓药物的释放，提高抗菌效果。

5. 微粒分散系的制备技术

采用纳米乳化技术、脂质体制备技术、微型包囊和微型成球技术，使药物包被在载体中，有助于提高药物的溶解度和生物利用度，改善药物在体内外的稳定性，属于第 4 代制剂新技术。由于微粒分散系具有粒径小、分散度大、载药量小、缓释作用明显、易浓集于靶点等优势，已成为抗菌药物给药制剂技术的热门选择。王加才等（2021）采用纳米乳化技术制备的替米考星纳米乳对鸡毒支原体病的治疗效果均优于替米考星溶液相应剂量组，不仅提高了药物溶解性、掩盖了其不良气味，还提高了替米考星在水溶液中的稳定性。李伟泽等（2016）采用薄膜分散法制备的黄藤素柔性纳米脂质体水凝胶贴剂，不仅提高了药物的稳定性，还将黄藤素的包封率提高到 79%。所制备的膏体柔软、平整光洁，药物吸收效率高、黏附性良好，可 48 h 黏附于奶牛乳房而不脱落，使药物在皮肤组织的滞留量和起效时间显著提高。以聚丙烯酸树脂Ⅳ为囊材，通过乳化溶剂挥发法制备的四环素微囊，其载药量（69.58%）和包封率（48.10%）均显著提高（鲍光明等，2019），不仅掩盖了药物的气味，还具有良好的 pH 敏感性，在近中性（pH 6.6）介质中，四环素从微囊中的释放比例得到有效抑制，而在胃酸（pH 1.0）介质中 2 h 可释放出总药量的 80% 以上。此外，还有以复凝聚法制备的氟苯尼考明胶微球和单凝聚法制备的左旋氧氟沙星白蛋白纳米球，均具有明显的体内靶向性，显著提高了抗菌药物的治疗效果。Bulboaca 等（2022）研究表明，脂质体表没食子儿茶素没食子酸酯（EGCG）表现出优于普通 EGCG 的保肝作用，通过降低血清转氨酶、一氧化氮、TNF-α、MMP-2、MMP-9 和提高过氧化氢酶水平来降低庆大霉素诱导的肝毒性效果更好，提示纳米制剂可能具有更好的效果。

（二）递送技术

细菌病原体耐药性已对公共医疗构成严重威胁，药物递送技术的研究不仅可以弥补药物本身的缺陷、提高治疗效果，而且其创新成本远低于新药研制的成本。药物递送技术可有效提升抗菌药物的治疗效果、减少细菌耐药的发生，是应对细菌耐药难题的有效替代策略。

1. 缓控释递送技术

缓控释递送技术又可称为刺激响应递送技术，通过将递送技术与刺激反应物释放方法偶联，设计控制抗菌剂释放的药物递送系统，进一步提高抗菌剂递送潜力。刺激响应递送技术优先识别感染部位的独特环境（内源性刺激），并对外源性刺激产生反应。这种策略避免了抗菌剂不合时宜的释放，并加强了它们向感染部位的运输。因此，控释递送技术克服了抗菌剂特别是抗生素典型配方的局限性。不同类型的刺激响应系统包括pH 响应、酶响应、温度响应、光响应、超声波响应、磁响应等（图 4-12）。例如，Algharib 等（2020）利用 pH 敏感材料壳聚糖制备的负载利福平的壳聚糖纳米凝胶，可在感染部位的酸性 pH 条件下释放抗生素；纤维蛋白原修饰的负载万古霉素的 PLGA 微球，借助金黄色葡萄球菌分泌的纤维蛋白酶，可促进 PLGA 微球中抗生素的释放，以达到选择性识别并杀死细菌的目的。除此之外，Qu 等（2020）表示还可以借助温度敏感的材料、磁性材料或光敏感材料，设计制备负载抗菌剂响应释放的递送载体。

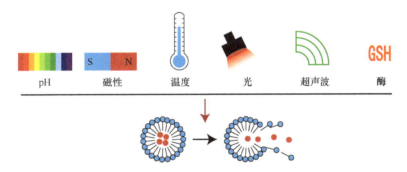

图 4-12 可用于介导靶位点药物载体释放抗菌剂的各种类型刺激

2. 靶向递送技术

靶向给药可选择性地将药物转运到感兴趣的部位，从而最大限度地减少非目标部位的相对药物浓度。靶向抗生素递送可以通过提高其有效性、减少潜在副作用和克服细菌耐药来发挥市售抗生素的价值。针对药物的靶向递送技术，主要通过纳米载体实现其高效的靶向递送，这些载体可以负载抗生素或多种治疗药物在感染部位提供可控的药物释放，甚至将药物递送至细胞内。这些纳米载体包括脂质体（Nicolosi et al.，2010）、胶束（Guo et al.，2020）、聚合物纳米颗粒（Scolari et al.，2020）、金属纳米颗粒（Pradeepa et al.，2016）、碳纳米管（Khazi-Syed et al.，2019）、二氧化硅纳米颗粒（Clemens et al.，2012）、量子点或碳量子点（Li et al.，2020b）等。除了纳米载体应用于靶向递送技术之外，还有抗生素偶联物递送技术（Cheng et al.，2019）和生物载体用于抗生素的递送（Zou et al.，2020；Wroe et al.，2020）。

抗生素复杂的化学结构为偶联物的结合提供了位点。偶联物的选择很多，抗生素可以与铁载体偶联以增强抗生素对细菌生物膜的渗透性，抗生素与肽的偶联可增强抗生素在细菌细胞壁上的渗透，抗生素与抗体的偶联可以提高抗生素对细胞内感染的治疗效果（图 4-13）（Lehar et al.，2015；Zeiders and Chmielewski，2021；Mislin and Schalk，2014）。

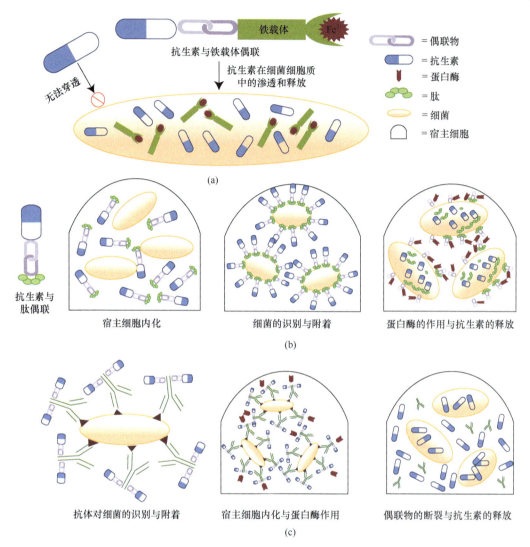

图 4-13　抗生素与不同偶联物作用示意图
（a）抗生素与铁载体偶联；（b）抗生素与肽偶联；（c）抗生素与抗体偶联

　　不同于抗生素偶联技术或纳米载体，生物载体具有其独特的优势，例如，利用噬菌体作为载体，借助细菌有极强的选择性，可有效实现抗生素的靶向递送（Vaks and Benhar，2011）。Angsantikul 等（2018）利用细胞膜作为抗菌剂载体（图 4-14），可有效逃避免疫系统的识别，获得更高的靶向效率；此外，利用细胞膜作为载体可有效将抗菌剂递送至同源细胞内，实现胞内细菌感染的治疗。

3. 多药递送技术

　　面对多药耐药细菌病原体及复杂感染情况，常规的单一抗生素治疗难以达到治疗效果，需要多种药物的协同治疗。但是多种药物联合治疗，需要解决不同药物不同途径给药。设计合理的联合递送系统，同时负载多种抗菌剂，以一种方式完成多药递送，在到达协同治疗的同时，减少多途径给药带来的操作不便。目前，关于联合药物递送技术

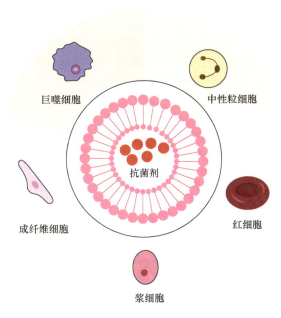

图 4-14　不同细胞的细胞膜作为抗菌剂载体

研究的报道有抗生素与抗生素联合递送、抗生素与中药单体联合递送、抗生素与其他抗菌剂联合递送、非抗生素类抗菌剂联合递送和抗生素联合其他疗法的药物递送。Zhang 等（2022a）将氨苄西林、氯霉素和万古霉素封装在具有葡萄糖基化表面的口服正电荷聚合物纳米颗粒中，有效消除感染的同时，可减少共生细菌中已知抗生素耐药基因的积累。Guo 等（2021b）将黄芩素和环丙沙星共同负载到两亲性聚合物中制备的纳米颗粒，可有效改善铜绿假单胞菌和金黄色葡萄球菌造成的伤口感染。除了中药单体具备抗菌效果外，还有许多物质同样具备优异的抗菌效果，如金属离子、碳量子点、抗菌肽、溶菌酶、噬菌体等。Baig 等（2022）认为，同时负载脱氧核糖核酸酶（DNase）和万古霉素（Vanc）的新型多层磁性纳米颗粒（DNase/Vanc/Ag-Fe$_3$O$_4$@MoS$_2$ MNPs）可以创建穿透生物膜的纳米通道，金属离子充当纳米酶可干扰细菌代谢和增殖并破坏生物膜完整性，万古霉素的持续释放使得协同杀菌效果达到96%～100%（图4-15）。此外，水凝胶作为载体同时负载姜黄素和 Gu^{2+}，可实现非抗生素类抗菌剂联合递送，加替沙星和光热外壳（Fe^{3+}与单宁酸络合）的纳米颗粒（FeTGNP）实现了抗生素联合其他疗法的药物递送（Duan et al.，2022；Zhang et al.，2022c）。

（三）防耐药突变理论及临床应用

临床用药方案的优化有利于临床合理用药，减少细菌耐药性的产生。Mouton 等（2011）认为临床用药方案的优化主要通过合理的用药配伍、精准的用法用量、最佳的给药方式、准确的适应证等几个方面实现，近年来在用药方案优化方面主要开展的研究工作大多围绕药动学/药效学（PK/PD）同步模型和最佳临床用药有效折点等展开。PK/PD 模型可以描述药物对微生物的效力、药物暴露与药物效应三者之间的关系，有助于药物给药方案的调整和优化。PK 模型描述的是药物进入机体后药物浓度随时间变化的动态

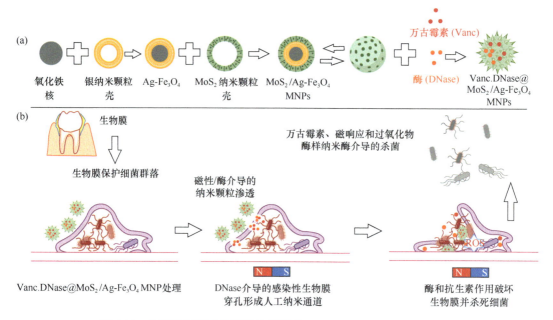

图 4-15　负载脱氧核糖核酸酶/古霉素的 Ag-Fe$_3$O$_4$@MoS$_2$ MNPs（a）
及 Ag-Fe$_3$O$_4$@MoS$_2$ MNPs 的抗菌机制（b）

过程，主要包括四个过程，即药物的吸收、分布、生物转化及排泄。赵刚等（2005）认为 PK 模型研究主要有房室模型、统计矩模型及生理模型，而大多采用房室模型拟合 PK-PD 模型，能够较为容易地建立药物-效应关系，从而准确地记录药物浓度和效应与时间关系曲线。而 PD 模型描述的是体内药物随浓度变化而产生的效应动力学过程，研究的主要是动物患病部位或健康动物靶部位的药物浓度与效应的关系。PD 模型分为最大效应模型、线性和对数线性模型等。其中，S 型最大效应模型又称希尔（Hill）方程，是最大效应模型的一种特殊情况。杨亚军等（2011）认为 PD 模型选择的主要依据是药物效应与浓度曲线的线性程度、最大可能效应的潜力，以及给药后观察到的效应。因此，根据 PK/PD 可将临床常用的抗菌药物分为 3 类，即浓度依赖性抗菌药、时间依赖性且抗生素后效应（PAE）短或无的抗菌药、时间依赖性且 PAE 较长的抗菌药，需要应用 PK/PD 理论制定合理的给药方案，指导临床合理治疗耐药菌。

Ahmad 等（2016）表示抗菌药物在兽医临床使用过程中，可通过 PK/PD 研究为兽医临床上提供药物选择，缩小或关闭突变窗，减少药物落入耐药突变选择窗（mutant selection window，MSW）的情况，制订最佳治疗方案，减少耐药性的产生。

1. PK/PD-MSW 同步模型应用

传统的 PK/PD 治疗策略以治愈疾病而不是以阻止耐药为目标，以体外测定的抑制敏感细菌的 MIC 值作为衡量抗菌药抗菌活性的指标。随着抗菌药物耐药的日益严重，PD 参数显得越来越重要。PK 参数与 MIC 结合产生了量化抗菌药抗菌活性的 PK/PD 参数，如 AUC/MIC、C_{max}/MIC、T>MIC，可以评价抗菌药物对敏感细菌的累积杀伤力，用于预测抗菌药物的剂量。T>MIC 是指药物浓度高于 MIC 的时间，常用于时间依赖性抗生素效果评价。与浓度依赖性抗菌药物杀菌活力有关的 PK/PD 主要参数,分别为 AUC/MIC (AUIC,又称 AUC$_{0\sim24\,h}$/MIC)和 C_{max}/MIC。AUIC 是指 24 h 药物浓度时间曲线下面积/MIC,C_{max}/MIC 是血药峰浓度与 MIC 的比值。这些指标已被广泛用于氨基糖苷类、氟喹诺酮类、β-内酰胺类等抗生素抗菌效果的预测,如 β-内酰胺类抗菌药物的 T>MIC 需要超过给药间歇的 40%,喹诺酮类 AUIC 必须高于 125,氨基糖苷类 C_{max}/MIC 最好在 10 以上。

PK/PD 同步模型真实地反映了动物体-抗菌药-细菌之间的动态相互变化关系,是抗菌药物合理用药的重要研究工具。沈爱宗等(2019)研究认为,PK/PD 模型是抗菌药物药效发挥最大且毒副作用、耐药性等降到最低的重要基础,也是合理用药的基础。通过 PK/PD 模型的研究能够更准确地反映抗菌药物的作用时间过程;根据 PK/PD 原理制定给药方案,能提高清除病原菌能力,改善临床治疗效果,减少细菌耐药性的产生。

浓度依赖性抗菌药物包括氨基糖苷类、喹诺酮类、甲硝唑、多黏菌素和利福霉素。浓度依赖性抗菌药物的抗菌活性随着药物浓度的增加而增加,最大浓度即最佳的药效预测指标。其中,氨基糖苷类对革兰氏阳性球菌的抗菌药物后效应较小,对革兰氏阴性杆菌的抗菌药物后效应较大,具有首次接触效应和明显的药物依赖效应。抗菌药物后效应持续的时间长短与初始剂量呈正相关,给药后不同的 AUC 与抗菌药物后效应呈正相关。如使 C_{max}/MIC 值维持在 8~10 h,可达到最大杀菌效率。氨基糖苷类的杀菌作用与 C_{max} 正相关。区林华和李斌(2010)在日剂量不变的情况下,单次给药可以获得比每天多次给药更大的 C_{max},从而明显提高疗效,减少不良反应。日剂量单次给药还可降低适应性耐药。因此,氨基糖苷类药物采用每天 1 次的给药方案比多次给药方案具有更大的有效性和安全性。

Dorey 等(2017)认为,马波沙星属于喹诺酮类,在评估其对多杀性巴氏杆菌的体内活性时使用组织笼模型基于猪体内的时间杀灭数据进行评估浓度-时间曲线下最小抑菌浓度与其体内抗菌效果相关的最佳 PK/PD 指数(R^2=0.9279)。根据抑制性乙状结肠 E_{max} 模型计算,实现减少 log10^{-1} CFU/mL 和减少 log10^{-3}CFU/mL(最大响应的 90%)所需的 AUIC 分别为 13.48 h 和 57.70 h。对于时间依赖性的抗菌药物,PK/PD 指数与给药间隔内药物浓度保持在 MIC 以上的时间(药效)相关。

时间依赖性抗菌药物包括 β-内酰胺类、大环内酯类、克林霉素和万古霉素,我们可以通过增加给药频率、延长输注、持续输注和优化两步点滴法等方法优化给药。Craig (1996)认为,时间依赖性的药物对于抑制革兰氏阳性和阴性病原菌的活性没有差异,根据每次给药的时间间隔,可以优化给药剂量,使药物浓度保持在目标菌的 MIC 以上。其中,对于不同的 β-内酰胺类药物,给药浓度应高于 MIC 不同比例,如碳青霉烯类(15%~25%)、青霉素(30%~40%)、头孢菌素类(40%~50%)。

Ahmad 等(2015)认为,头孢喹肟是一种时间依赖性的抗菌药物,在治疗犊牛金黄色葡萄球菌感染中,决定该药效的主要 PK/PD 指标是药物浓度高于 MIC 的时间。例如,青霉素类、红霉素等大环内酯类,为了提高 T>MIC 的百分数,崔兰卿和吕媛(2018)采用每 8 h 或 6 h 给药一次的方案,疗效较好。对于头孢哌酮舒巴坦,方案如下:每 8 h 给药一次、每次 1.5 g;每 6 h 给药一次、每次 1.5g;每 8 h 给药 1 次、每次 3 g;每 6 h

给药一次、每次 3 g 的静脉滴注方案，药效学指标达标（$T>MIC$ 超过 40%）的概率分别为 37.57%、61.93%、60.34% 和 90.69%，李帅等（2018）发现给药频率对于提高药物 $T>MIC$ 的百分比具有较好的效果。持续输注或延长输注抗菌类药物对细菌的清除效果明显优于间断治疗，有效地清除了细菌，且安全性较好。沈惠峰（2012）通过两步点滴法对美罗培南给药进行优化，0.5 h/250 mg+2.5 h/750 mg 的点滴方法比 0.5 h/500 mg+2.5 h/ 500 mg 的点滴方法 C_{max}/ MIC 小，但实验组 $T>MIC$ 大于对照组，两组的达标概率都为 100%。

Zhang 等（2022b）通过将舒巴坦、美罗培南和多黏菌素 B 联合使用以减少单个抗生素对 *Acinetobacter baumannii* 突变体（OXA-23）选择窗口（MSW）的距离。在 11 个临床分离株中获得了单独使用和联合使用三种抗菌剂（美罗培南/多黏菌素 B 或美罗培南/多黏菌素 B/舒巴坦）的 MIC，并在 11 个分离株中测定了 4 个突变预防浓度。将美罗培南和多黏菌素 B 与舒巴坦联合或不联合使用，均可产生协同杀菌活性。药代动力学（PK）模拟血液和上皮中的药物浓度，并结合药动力学（PD）评估显示，在 MSW 以内（fT<MSW）和 MPC（fT>MPC）以上的游离药物浓度，在 24 h 内的时间分数通过联合治疗得到优化。结果说明，舒巴坦/美罗培南/多黏菌素 B 联合抗生素对 OXA-23 突变型的鲍曼拟单胞菌具有潜在疗效，并减少了细菌进一步产生耐药性的机会。本研究为抗生素联合给药时耐药突变抑制的药效学评估搭建了框架。Lu 等（2022）基于 PK/PD 模型，探讨了异丙氧苯胍（IBG）对产气荚膜梭菌（*C. perfringens*）的抑菌活性。以产气荚膜梭菌感染肉仔鸡为试验对象，分别以 2 mg/kg、30 mg/kg、60 mg/kg 体重剂量口服，测定血浆和回肠内容物中 IBG 的 PK 参数。在口服剂量为 2～60 mg/kg 的情况下进行体内 PD 研究，采用抑制性 I_{max} 模型进行 PK/PD 建模。结果表明，IBG 对产气荚膜梭菌的 MIC 为 0.5～32 mg/L；口服 IBG 后，肉仔鸡回肠内容物的峰值浓度（C_{max}）、最大浓度时间（T_{max}）和浓度-时间曲线下面积（AUC）分别为 10.97～1036.64 mg/L、2.394.27 h 和 38.31～4266.77（mg·h）/L。综合 PK 和 PD 数据后，抑菌、杀菌活性和根除细菌所需的 AUC_{0-24h}/MIC 分别为 4.00 h、240.74 h 和 476.98 h。IBG 显示出对产气荚膜梭菌的有效抑制作用。

有部分药物既有浓度依赖性，又有时间依赖性，包括四环素类、喹诺酮类、糖肽类等。Zhang 等（2018c）通过鼻内接种猪体内的微生物建立感染模型，并通过临床特征、血液生化和显微镜检查确认后，在 PK/PD 整合模型的基础上，确定抗副猪嗜血杆菌的强力霉素（dox）的最佳剂量。离体生长抑制数据表明，阿霉素（doxorubicin, ADR）表现出浓度依赖性的杀伤机制。根据感染副猪嗜血杆菌猪的 PK/PD 数据得到的 AUIC 值，预测阿霉素作用副猪嗜血杆菌 24 h 产生抑菌、杀菌和消除作用的 50% 目标达成率（target achievement rate, TAR）的剂量分别为 5.25 mg/kg、8.55 mg/kg 和 10.37 mg/kg，90% TAR 的分别为 7.26 mg/kg、13.82 mg/kg 和 18.17 mg/kg。这项研究为阿霉素的临床使用提供了更优化的替代方法，并证明了肌肉内给药剂量 20 mg/kg 的 ADR，对副猪嗜血杆菌具有有效的杀菌活性。

综上，PK/PD 模型对于抗菌药物给药方案的决策至关重要。根据 PK/PD 模型优化给药方案，不仅要与细菌体外药敏结果相结合，也应当考虑临床结果。目前，关于兽药领域 PK/PD 的研究有以下几个主要方向：①通过软件程序确定 PK/PD 指数；②与微分析和超滤相关的现代技术可用于获得准确的药物浓度估算值；③使用适当的免疫抑制剂来抑制动物的免疫反应，从而使 PK/PD 模型能够评估受到高度刺激的自然感染；④分别确定多靶标和多组分药物的 PK/PD 参数指标；⑤为现有和新型抗菌剂建立其他 PK/PD 模型。此外，还需要考虑畜禽的种类，并根据感染部位和病原菌的不同，结合相应的 PK/PD 动物模型和数学计算，给出针对性的用药剂量，以达到治疗和防控细菌耐药产生、优化给药方案的目的。

2. MPC 和 MSW 的临床应用

防耐药突变浓度（mutant prevention concentration，MPC）和细菌突变选择窗（mutant selection window，MSW）理论的核心思想是将 MPC 作为评价抗菌药物药效学的指标，MSW 是耐药突变株富集扩增的药物浓度范围。李松林和王进（2007）认为在 MIC 与 MPC 之间的浓度范围，耐药菌株可以被选择性富集，该浓度范围被称为耐药选择窗（MSW），MSW 越宽，细菌越容易出现耐药菌。要避免细菌耐药，就必须使 MSW 关闭，耐药选择窗越小，细菌耐药可能性就越小。

Caron 和 Mousa（2010）认为突变预防浓度（MPC）可以用来尽量减少耐药性的出现。在给药间隔期，药物浓度保持在 MPC 以上可以防止细菌产生耐药性，从而通过更短的给药间隔和更高的剂量来实现。在 PK/PD 参数中，AUC/MIC、AUC/MPC、C_{max}/MIC、C_{max}/MPC、T>MPC 与耐药发生相关，T>MIC 与耐药发生无关。当 AUC/MIC 位于 20～150 h 时，容易发生耐药，且概率为 91.6%。崔俊昌等（2007）认为当 AUC/MPC>25 h 时，可以限制耐药突变株的产生。MPC 与细菌耐药非常相关，且 MPC>MIC，当血药浓度介于 MPC 和 MIC 之间时，药物有一定的抗菌效果，但容易引起菌株的突变；当血药浓度超过 MPC 时，抗菌效果很好，而且菌株无突变。所以，第一次给药时，要使药物快速达到峰浓度，同时使治疗时间保持在 MPC 之上。马攀（2021）认为喹诺酮类药物属于浓度依赖性抗菌药物，在考察其抗菌效果时，应考察的 PK/PD 是 AUC_{0-24}/MIC，但在优化喹诺酮类药物疗效中，还需要考虑抗菌药物的防耐药突变浓度 MPC，因其在兼顾感染控制的同时可显示更有效地限制耐药突变体选择的能力。美罗培南基于 MPC 优化其给药方式，静脉滴注的给药方案既能杀灭敏感鲍曼不动杆菌菌株，又能抑制耐药突变菌株的富集生长。王林（2013）认为当美罗培南对敏感鲍曼不动杆菌的 TMPC≥18.75 时，可抑制鲍曼不动杆菌产生耐菌突变。当恩诺沙星浓度高于 MPC 时，应尽可能延长治疗时间，使浓度处于突变体选择窗口期的时间最小化。

MPC 研究中涉及的细菌有金黄色葡萄球菌、肺炎链球菌、表皮葡萄球菌、肠球菌、铜绿假单胞菌、鲍曼不动杆菌、耐甲氧西林的金黄色葡萄球菌、肺炎克雷伯菌、阴沟肠杆菌、结核分枝杆菌、大肠埃希菌等。研究发现，每种药物的防耐药突变能力是不同的。崔俊昌等（2004）研究提示莫西沙星和加替沙星限制金黄色葡萄球菌耐药突变株选择的能力优于帕珠沙星和环丙沙星。聂大平等（2008）认为对于铜绿假单胞菌，环丙沙星较其他氟喹诺酮类药物的防耐药突变能力强。李朝霞等（2007）研究左氧氟沙星、万古霉素、利福平、氯霉素、妥布霉素、阿奇霉素在不同浓度时对金黄色葡萄球菌 ATCC 29213 耐药突变株选择的影响结果显示，6 种抗菌药物-金黄色葡萄球菌组合的 MSW 差异很大，药物浓度对金黄色葡萄球菌恢复生长的耐药突变株菌落数有明显影响。邢茂等（2009）测定罗红霉素和阿奇霉素对金黄色葡萄球菌 ATCC 29213 的 MPC 分别是 0.24 mg/L 和 0.18 mg/L，不同药物筛选出的耐药突变株中可扩增出 $ermA$ 和 $ermC$ 基因。

Firsov 等（2003）和 Zinner 等（2003）利用体外药效学模型，分别以氟喹诺酮药物对金黄色葡萄球菌和肺炎链球菌的作用为例，验证了 MSW 理论。结果显示，4 种氟喹诺酮类药物（莫西沙星、加替沙星、左氧氟沙星和环丙沙星）对甲氧西林耐药的金黄色葡萄球菌的 AUC/MIC 为 25～60 h；莫西沙星对肺炎链球菌的 AUC/MIC 在 24～47 h，易筛选出耐药突变株；当 AUC/MIC<10 h 或>100 h 时，耐药突变株不会选择性地富集扩增。

崔俊昌等（2007）首次成功建立了金黄色葡萄球菌感染的家兔组织笼模型，用于 MPC 的研究，由此证明药物浓度落在 MSW 时，耐药突变株会被选择性富集扩增，同时动物体内 MSW 的上、下限分别为 $AUC_{24}/MPC=25$ h 和 $AUC_{24}/MIC=20$ h。Homma 等（2007）建立了喹诺酮类药物预防肺炎链球菌耐药突变株产生的体外药效学模型研究，发现 $AUC_{0\sim24h}/MPC$、C_{max}/MPC 是预防耐药突变株出现的重要药效学参数，它们的数值与抗菌药物的疗效成正比，TMSW 不如 AUC/MIC、AUC/MPC 的值准确。Firsov 等（2008）利用体外药效学模型研究口服和连续静脉给药后耐药突变株的富集情况，发现给药模式不影响金黄色葡萄球菌的耐药突变株富集扩增，AUC/MPC 比 AUC/MIC 能更好地预测耐药突变株的产生。

抗菌药物折点的建立和重新评估是抗菌药物给药的关键，目前制定药物敏感性标准的机构主要有美国临床和实验室标准协会（Clinical and Laboratory Standards Institute，CLSI）和欧洲药敏试验委员会（European Committee on Antimicrobial Susceptibility Testing，EUCAST），考量折点时用到的 PK/PD 标准包括体外数据、动物模型、临床数据，以及静态与动态杀菌效应等。CLSI 规定的折点中，同样需要 PK-PD 数据，如阿莫西林/克拉维酸对犬、猫（皮肤、软组织）感染菌（大肠杆菌等）的折点制定是根据阿莫西林的 PK/PD 数据。氟苯尼考对猪链球菌的折点为 1 μg/mL，头孢喹肟对副猪嗜血杆菌的折点为 0.06 μg/mL，马波沙星对副猪嗜血杆菌的折点为 0.5 μg/mL。Zhou 等（2020a）研究发现，在体外试验测得的加米霉素对 192 种临床副猪嗜血杆菌的加米霉素的 MIC 范围为 0.008～128 mg/L，在血清中得到的对副猪嗜血杆菌的杀菌 AUC_{24h}/MIC 值为 30.3。根据 PK 参数、嗜血杆菌培养基中每种可能的 MIC 以及达到杀菌效果的 AUC_{24h}/MIC 值，经蒙特卡罗模拟计算，加米霉素对副猪嗜血杆菌的 PK/PD 临界值（COPD 值）为 0.25 mg/L。流行病学临界值为 0.125 μg/mL。Park 等（2021）研究建立了以多黏菌素为基础的 MPC 和 MSW 抗禽致病性大肠杆菌（APEC）耐药模型，确定 MSW 以获得多黏菌素诱导的耐药细菌。多黏菌素对 APEC 耐药菌株的最低抑菌浓度（MIC）为 8～16 μg/mL。为了确定多黏菌素对耐药菌株的抑制活性，研究了 72 h 的 MPC，并通过时间杀伤曲线测定单剂量和多剂量多黏菌素对 APEC 菌株的抑制活性。另外，多黏菌素诱导的耐药株生长速度较易感株慢。

药效学研究结果表明，胸膜肺炎放线杆菌血清型 1（BW39）在体外和离体的 MIC 分别为 0.5 μg/mL 和 1 μg/mL。头孢噻呋对 BW39 的时间杀伤曲线呈时间依赖性，部分呈浓度依赖性。基于抑制性 sigmoid E_{max} 模型，健康猪血清中抑菌、杀菌和消除作用的

AUC_{24h}/MIC 值分别为 45.73 h、63.83 h 和 69.04 h。Sun 等（2020）根据蒙特卡罗模拟，计算得到 COPD 为 2 μg/mL，头孢噻呋对胸膜肺炎放线杆菌作用 24 h 达到 50%目标达成率（TAR）的抑菌、杀菌和消除效果的最佳给药方案为 2.13 mg/kg、2.97 mg/kg 和 3.42 mg/kg，90% TAR 分别为 2.47 mg/kg、3.21 mg/kg 和 3.70 mg/kg。确定的临界值和基于 PK/PD 的剂量预测在对抗菌药物的耐药性监测中有重要意义，并将成为建立最佳剂量方案和临床折点的重要步骤。

第三节　减抗替抗产品

目前，各国均禁止在饲料中添加用于促生长的抗生素。我国农业农村部已颁布公告，自 2020 年 7 月 1 日起，饲料生产企业停止生产含有促生长类药物饲料添加剂（中药类除外）的商品饲料。但这并不意味着用于治疗感染的"抗生素"将退出历史，相反，面对突出的细菌耐药性问题，抗菌药物的创新需求越来越迫切，寻找有效替抗产品已经成为行业的研究热点。用中兽药等产品减少治疗用抗生素的使用量成为未来的一个重要研究方向，即所谓的"减抗"。除此之外，饲用抗生素替代品成为饲料禁抗后的开发热点。目前常见的减抗替抗产品主要包括中兽药、饲用植物及其提取物、细菌疫苗及免疫刺激剂、饲用微生物、噬菌体及其裂解酶和饲用酶制剂等几大类。

一、中兽药

为应对细菌耐药性问题，使用中兽药减少治疗用抗生素的使用量成为未来的一个重要研究方向。中兽药治未病的本质是通过增强机体免疫力、改善肠道健康、缓解应激与抗炎、防治畜禽疾病从而达到促生长的目的，是重要的饲用替抗产品。在当前兽医临床细菌病多发、混发、频发的情况下，中兽药的应用成为减少抗菌药物使用，从而直接或间接减少耐药的重要选择。中兽药用于兽医临床防病治病历史悠久，从野生动物驯化为家畜时就已开始使用中兽医药，多年来随着规模化、标准化养殖的需要，应用中兽药仍然是实现健康养殖、疾病防治非常重要的手段（曾建国等，2022）。

基于中兽药在养殖业疾病防治方面的有效性及应用前景与需求，新中兽药的申报也在加快推进中。近十年来获批用于防病治病的百余种新中兽药，具有良好的临床效果，《中华人民共和国兽药典（2020 版）》二部共收录成方和单味制剂 195 个，含散剂 153 个、合剂（口服液）7 个、注射液 5 个、颗粒剂 5 个、片剂 8 个、酊剂 12 个、丸剂 1 个、膏剂 2 个、锭剂 1 个、灌注剂 1 个。中兽药以散剂为主的剂型已不能满足当前的养殖需求，近十年来我国批准的中兽药有 114 个，其中批准了 4 个可长期添加到商品饲料中的中兽药新药，客观上作为饲用抗生素替代产品来使用，成为临床防病治病、促生长、提高机体免疫力的重要手段。

中兽药具有多组分、抗菌活性广泛和低残毒的特点，通常作用于多靶点来发挥抗菌或协同作用效果。据王雅丽等（2021）报道，中药抑制大肠埃希菌耐药性机制研究主要集中在消除耐药质粒、改变细胞膜通透性、抑制酶（灭活酶或钝化酶）活性、多药外排泵和生物被膜形成等方面。黄卫红（2018）发现根黄分散片能显著降低鸡传染性喉气管炎的炎症水平。魏永义和王玉堃（2016）考察了中兽药"优净"对鸡感染传染性支气管炎的防治效果，结果表明，"优净"有提高鸡血清 IFN-γ 的作用，对鸡传染性支气管炎具有预防和治疗作用。冯静波和王涛（2022）发现，以饮水给药麻杏石甘汤的方式治疗鸡传染性支气管炎，临床疗效总有效率为 97.22%。

李俊朋等（2020）提出，麻杏石甘散治疗肺热咳喘时，若高热不退，可以联用板青颗粒、双黄连、银黄之类清上焦热兽药，咳喘严重时可联用定喘散、止咳散、清肺散等，在临床应用中均有较好的减轻咳喘、恢复体温的作用。彭密军等（2017）发现甘草颗粒可减轻呼吸道炎性反应，保护气管和咽喉，还可发挥有效的祛痰、止咳效果，在治疗猪咳喘病方面有较好效果；此外，大青叶注射液对猪传染性胸膜肺炎有较好的治疗效果。

中兽药在治疗湿热泻痢等肠道疾病方面有较好作用。连梅止痢口服液对仔猪湿热泻痢的治愈率高达 50% 以上，有效率达到 100%。在体外对致病性大肠杆菌也有良好的抑菌效果，同时能促进小肠绒毛的恢复，提示连梅止痢口服液能有效防治夏季仔猪湿热泻痢。Chen 等（2020a）在饮食中添加小建中汤，能有效降低仔猪的腹泻率，促进仔猪的生长，同时改善肠道环境，提高营养物质消化率，减轻结肠炎症，改善盲肠微生物组成。Liu 等（2017）研究发现哺乳仔猪的肠道微生物群的结构受到了参苓白术散的调控，可能直接或间接地影响哺乳仔猪的生长过程，通过直接或间接作用于肠道，从而达到肠道保护作用，减缓腹泻过程。

有研究表明，扶正止泻散对仔猪细菌性腹泻治疗效果显著，与抗菌药物效果基本相当。中药方剂白头翁汤加味（白头翁 17 g、黄柏 13 g、黄连 6 g、地榆 10 g、白术 14 g、秦皮 12 g、厚朴 10 g、茯苓 12 g、甘草 6 g）和中成药保济丸喂饲产前、产后母猪及患有黄、白痢疾病的仔猪，可显著降低患病仔猪数。李四山等（2018）用苍朴口服液开展白蒲镇和江安镇哺乳仔猪腹泻试验，结果表明，苍朴口服液对 20 日龄以内哺乳仔猪腹泻有较好的治疗效果。葛根芩连汤治疗奶牛湿热下痢具有较好疗效，能够减轻奶牛腹泻程度，可以通过诱导肠道微生物群结构的改变，增加 SCFA 的水平，缓解黏膜炎症和腹泻（Liu et al., 2019）。李继昌等（2011）研究发现，乌连颗粒剂对细菌性犊牛腹泻有良好的治疗效果，高剂量的乌连颗粒效果好于环丙沙星注射液。

连蒲双清颗粒（散）具有清热解毒、燥湿止痢的作用，在治疗肠炎痢疾方面具有明显的效果。付海宁等（2017）对其主要成分黄连和蒲公英在体内的抗菌及抗炎作用进行了研究，发现其对志贺杆菌、伤寒杆菌、副伤寒杆菌、霍乱弧菌、大肠杆菌、变形杆菌、炭疽杆菌、绿脓杆菌、枯草杆菌、丹毒杆菌、人结核杆菌（H37）、葡萄球菌、α 溶血性链球菌、β 溶血性链球菌、肺炎双球菌、脑膜炎球菌、百日咳杆菌等均有较强的抑制作用。徐道修（2016）用郁金散水煎剂治疗仔猪黄痢，分为高剂量组（2 g/kg）、中剂量组（1 g/kg）、低剂量组（0.5 g/kg）和恩诺沙星对照组，结果显示郁金散高、中剂量组治疗仔猪黄痢有效率为 95%，与恩诺沙星组的有效率一致，而且郁金散高剂量组的治愈率高于恩诺沙星组（90%），为后期临床治疗仔猪黄痢提供了科学依据。

在中兽药治疗乳房炎方面，钟英杰等（2018）发现芪草乳康散可显著提高隐性乳腺炎奶牛乳脂肪、乳糖、乳蛋白含量以及乳密度和日均产奶量，同时对乳腺炎有治疗作用。

张行等（2019）研究证明乳黄消散对临床型奶牛乳腺炎治疗效果明显。刘桂兰（2017）研究发现厚朴乳房注入剂在降低体细胞数量的速度上比头孢噻呋稍慢，但经过 5 天治疗后，治愈效率与盐酸头孢噻呋乳房注入剂相当。黄芩-红花-蒲公英-金银花提取液（HHPJE）对金黄色葡萄球菌、大肠杆菌、乳链球菌的抗菌作用具有剂量依赖性，同时，药效学和急性毒性试验表明，HHPJE 具有显著的抑菌、镇痛、抗炎和解热作用，安全性良好。此外，紫锥菊新兽药被报道具有广泛的治病防病作用。钱淼（2014）通过平板法研究了紫锥菊多糖对导致奶牛乳腺炎的 2 种主要致病菌——大肠埃希菌和金黄色葡萄球菌的抑制效果，表明 20 mg/mL 的紫锥菊多糖对大肠埃希菌及金黄色葡萄球菌有抑制效果，对大肠埃希菌的抑制作用较强，最小抑菌浓度为 5 mg/mL，而对金黄色葡萄球菌则为 10 mg/mL。

二、饲用植物及其提取物

2006 年至今，随着全球遏制耐药性计划的展开，以及欧盟、日本、美国等国家和地区限制或全面禁止饲用抗菌药物在饲料中长期添加，尤其是中国从 2020 年开始实施严格的限抗禁抗政策之后，寻找饲用抗菌药物替代品迫在眉睫。饲用植物及其提取物具有绿色、安全、无残留、无污染、毒副作用小等特点，已成为替抗领域关注的焦点。近年来，基于饲用植物及其提取物的活性功能而将其作为养殖投入品的研究应用愈加受到关注。一些研究表明，增加饲用植物及其提取物的使用可以在一定程度上减少抗菌药物的使用，甚至替代抗菌药物，从而减少耐药性的产生。

饲用植物及其提取物在保障动物机体健康、减少疾病发生等方面发挥了重要作用，其在饲料生产中的应用主要聚焦在两个方面。

一方面，饲用植物及其提取物可以提高动物免疫力和抗病力，产生这种作用的活性成分主要有多糖、皂苷、生物碱、精油和有机酸等。饲用植物提取物调节免疫的机制是多方面的，可以通过影响免疫细胞、细胞因子的产生和活性，发挥免疫调节作用。甘利平等（2015）发现天然植物饲料添加剂对免疫系统的影响往往受机体因素及用药剂量的影响，呈双向调节作用，这也是植物提取物免疫机理的复杂之处。Raheem 等（2021）从姜科、天南星科等植物的根茎中提取的姜黄素与黑种草（*Nigella damascena*）籽，可以作为肉鸡的免疫增强剂以抵御多杀巴斯德杆菌（*Pasteurella multocida*）引起的疾病。闫戈等（2021）研究发现，芡实提取物可以提高克氏原螯虾抗氧化和非特异免疫能力，同时对嗜水气单胞菌、温和气单胞菌等多种致病菌具有明显的抑菌效果。Yousefi 等（2021）研究发现，牛至提取物可抑制气单胞菌败血症期间的鲤鱼死亡率，是一种适合鲤鱼的饲料添加剂。断奶仔猪日粮中添加杜仲叶提取物和金霉素可以达到同等的生长性能，且杜仲叶提取物可提高仔猪肝脏的抗炎症和抗氧化应激能力。Paraskeuas 等（2017）向饲粮中添加以薄荷醇、茴香脑和丁子香酚为主要成分的植物饲料添加剂，可以改善肉鸡生长性能，提高消化率，增加血浆总抗氧化能力并降低脾脏中的细胞因子 IL-18 水平，这种植物饲料添加剂可以作为天然生长促进剂促进肉鸡的生长发育。

另一方面，饲用植物及其提取物可以从以下四个方面促进动物生长、提高生长性能（甘利平等，2015）。第一，植物提取物可以改善饲料适口性，增加动物采食量。第二，植物提取物能够提高内源酶的分泌量，增强其活性，调节肠道微生物菌群，提高饲料养分利用率。李改英（2010）向奶牛饲料中添加具有良好适口性、易消化吸收的甜菜、甘蔗等制糖后的副产品糖蜜，瘤胃微生物可随时利用其产生丰富的发酵代谢能，有利于降低能量负平衡发生的概率。Guo 等（2021d）在雪峰乌骨鸡的日粮中添加抗菌药物潜在替代品马齿苋提取物 200 mg/kg，可调节肠道微生物群，增加乳酸杆菌等有益细菌，当添加 100 mg/kg 马齿苋提取物时，空肠和回肠的细菌群落多样性及相对丰度提高，但对盲肠微生物多样性没有影响。杜仲叶提取物显著提高了断奶仔猪的日增重，降低了料重比和腹泻率，能显著降低隐窝深度，增加绒毛高度与隐窝深度之比，提高仔猪空肠 *claudin-3* mRNA 转录水平及 VFA、Chao1、ACE 含量。对仔猪的肠道菌群研究发现，杜仲叶提取物的添加使得 Shannon 值和 Simpson 值也升高，在门水平上表现出拟杆菌门数量减少和厚壁菌门数量增加；在属水平上，普氏菌的丰度增加。总的来说，在日粮中添加杜仲叶提取物可改善断奶仔猪生长性能、空肠形态和功能，改变结肠微生物组成和多样性（Peng et al.，2019）。第三，植物提取物影响营养物质吸收后在体内的转化利用，提高能量利用率用于生长的转化。骆雪和俞伟辉（2021）发现在仔猪日粮内添加博落回提取物，可以提升仔猪的平均日增重、平均日采食量和饲料转化，缓解断奶应激现象，增强仔猪的生长性能，且效果优于金霉素，具有减抗替抗的功效。Guo 等（2021）向断奶仔猪的饲料中添加甘草、苦木植物提取物，可以降低仔猪腹泻率、死淘率、料肉比，提高平均日采食量和平均日增重，促进断奶仔猪生长发育。第四，植物提取物调控与生长相关的激素分泌，促进动物生产性能的提高。王志强等（2018）研究发现，向母猪和哺乳仔猪的基础饲粮中添加有效成分主要为发酵黄芪、发酵淫羊藿、甘露寡糖等的复方黄藿提取物，可以提高母猪产仔数、产活仔数，降低分娩早产率、滞产率，显著改善母猪泌乳质量，显著提高初乳中 IgG 含量以及乳蛋白、乳糖、乳脂，提高母猪断奶体况，提高断奶后 7 天内的发情率；同时，还可提高哺乳仔猪 23 日龄断奶窝重和断奶窝增重，降低断奶仔猪腹泻指数，增强皮毛发育，改善仔猪的健康状况，提高育成率；母猪断奶后血清促卵泡素、促黄体素、雌二醇水平均有所提高，同时可提高血清 IgG 含量、总过氧化物歧化酶含量和总抗氧化能力。因此，在饲料中添加复方黄藿提取物能够改善和提升母猪生殖内分泌机能和机体免疫机能，不同程度地提高了母猪和哺乳仔猪的生产性能及健康状况。

目前，中国已经批准在猪饲料中使用的天然植物提取物饲料添加剂主要品种有杜仲叶提取物、苜蓿提取物、淫羊藿提取物、紫苏籽提取物、植物甾醇、糖萜素、茶多酚、牛至香酚、植物炭黑、大豆黄酮、甜菜碱、天然类固醇萨洒皂角苷（源自丝兰）、大蒜素，其中，杜仲叶提取物和植物甾醇仅允许用于生长育肥猪的饲料中，植物炭黑仅允许用于仔猪的饲料中。

杜仲叶提取物的有效成分为绿原酸、杜仲多糖、杜仲黄酮，刘祝英等（2021）研究表明，以牛膝、杜仲和玄参三种药用多糖配伍得到的复合多糖，能够显著提高生长育肥猪肌肉肉色评分、大理石纹评分、熟肉率，提高瘦肉率和肉品质。Zhou 等（2016b）发现向饲料中添加杜仲叶多酚提取物，可提高终体重、平均日增重，降低料重比，改善生长育肥猪的肉品质，调节肌纤维类型组成。文贵辉等（2019）研究发现，向饲粮中添加紫花苜蓿多糖可显著改善仔猪小肠形态，促进其生长发育。王文静等（2017）研究发现在饲粮中添加苜蓿皂苷可显著提高仔猪肝脏和肾脏中谷胱甘肽过氧化物酶（GSH-Px）和过氧化氢酶（CAT）活性，并显著提高仔猪肝脏和空肠中 *GSH-Px* mRNA 转录水平及十二指肠和回肠中 *CAT* mRNA 转录水平，提高断奶仔猪生长性能，增强其组织抗氧化能力并有效改善其肠道菌群。邵谱等（2020）通过向妊娠母猪饲料中添加 1000 g/t 的有效成分为淫羊藿苷的淫羊藿提取物，发现淫羊藿提取物可以改善母猪的生产性能，提高仔猪初生重。在生长育肥猪日粮中添加 30 mg/kg 普通的或者乳化的植物甾醇均可改善养分消化率，调节血脂和蛋白质代谢，从血清白蛋白含量和粗脂肪消化率来看，乳化植物甾醇的作用效果优于普通植物甾醇（程业飞等，2017）。张勇等（2017）研究表明，向从江香猪仔猪基础日粮中添加紫苏籽提取物，可以降低料重比、尿素氮，提高总蛋白、白蛋白、球蛋白、免疫球蛋白水平，改善从江香猪仔猪免疫性能，具有增加仔猪生长发育和饲料代谢的功效。刘宗新等（2017）研究表明，在饲粮中添加糖萜素能提高断奶仔猪的平均日增重水平、采食量，降低料重比，降低肠道中大肠杆菌的数量，使断奶仔猪肠道内的微生物尽快达到良好的平衡状态，进而减少断奶仔猪腹泻的发生。孙晓蛟等（2020）研究发现，向"杜×长×大"断奶仔猪日粮中添加博落回散（450 mg/kg）+无水甜菜碱（800 mg/kg），能够降低断奶仔猪的料重比，提高抗氧化性能，减少腹泻，效果优于抗菌药物组合（基础日粮+75 mg/kg 金霉素+40 mg/kg 杆菌肽锌+100 mg/kg 喹乙醇），可作为抗菌药物替代品在仔猪饲料中使用。Sun 等（2020）研究发现，向生长育肥猪的日粮中添加大豆黄酮，能够增加平均日增重，提高血清胰岛素样生长因子-1 和睾酮浓度，而且还提高了超氧化物歧化酶活性和总抗氧化能力，增加了肌内脂肪含量，降低了肝脏中的脂肪含量，也降低了滴水损失和剪切力。Chen 等（2021）研究发现，在妊娠晚期和哺乳期母猪日粮中添加丝兰提取物（主要成分中皂角苷含量>10.5%、白藜芦醇含量>318 mg/kg），可以改善母猪和产仔性能、养分消化率，并减少储存期间母猪粪便中的氮损失。Fan 等（2021）研究表明，向断奶仔猪日粮中添加丝兰提取物（含30%的皂苷、酚类和多糖）可以减少断奶仔猪后肠 NH$_3$-N 的产生，调节断奶仔猪远端肠道的微生物群结构和挥发性脂肪酸含量，这可能与增加营养利用和肠道屏障功能有关。向饲料中添加植物炭黑，可以吸附饲料中的玉米赤霉烯酮。吴杰等（2021）在脱氧雪腐镰刀菌烯醇（DON）污染的饲粮中添加 0.1%植物炭黑，可以显著提高断奶仔猪的平均日采食量，缓解 DON 引起的不良影响，且向正常饲粮中添加植物炭黑，对断奶仔猪生长性能、血常规指标、血清抗氧化指标和小肠二糖酶活性均无负面影响。

中国已经批准在家禽饲料中使用的天然植物提取物主要有天然叶黄素、苜蓿提取物、淫羊藿提取物、紫苏籽提取物、植物甾醇、茶多酚、姜黄素、糖萜素、牛至香酚、甜菜碱、辣椒红、β-胡萝卜素、大蒜素、大豆黄酮（4,7-二羟基异黄酮）等。

李守学等（2016，2017）研究发现，万寿菊提取物（主要成分为叶黄素）、辣椒红素两种天然色素均能提高蛋黄的罗氏比色值（Roche color fan，RCF），而对蛋鸡的生产性能、蛋品质均无明显的影响。刘鑫等（2016）发现，在日粮中添加苜草素可以提高产蛋高峰期蛋鸡产蛋率、蛋质量、蛋壳强度、蛋白高度、哈氏单位，提高蛋鸡的能量、粗蛋白和钙的表观代谢率，说明苜草素具有提高产蛋高峰期蛋鸡生产性能、改善蛋品质和养分利用效率的作用。在罗曼粉蛋种鸡产蛋高峰后期的日粮中添加紫苏籽提取物，能提高蛋种鸡的产蛋率和日均产蛋量，提高蛋种鸡种蛋合格率、种蛋受精率和孵化率，降低死淘率和蛋鸡血清中睾酮含量，提高蛋种鸡血清中孕酮（第 20 天）和雌二醇（第 20、40 天）的含量。在蛋种鸡产蛋高峰后期日粮中添加紫苏籽提取物，能够提高蛋种鸡的生产性能和繁殖性能（乔利敏等，2017）。5%植物甾醇能增加母鸡卵子和血清中胆汁酸（BA）的沉积量，改变母鸡和雄鸡后代的胰岛素及葡萄糖水平，增加体重、肌纤维密度，通过激活雌性（而不是雄性）后代的胆汁酸受体，表达肌生成素和肌生成决定因子（myoD），这些结果说明 5%植物甾醇通过调节胆汁酸的沉积促进蛋鸡肌肉的发育，并可能与胆汁酸受体的激活有关（Wang et al.，2020d）。Wang 等（2018b）向生产后期的海兰褐蛋鸡日粮中添加茶多酚，发现茶多酚可以提高产蛋量、饲料转化率，改善老年母鸡的生产性能、蛋白品质和肉质形态，比同等浓度的儿茶素更能改善蛋鸡的健康状况。Liu 等（2020）向鸡饲料中添加姜黄素可显著提高热应激海兰褐种鸡产蛋量，降低料蛋比，提高产蛋性能和蛋品质，使血清超氧化物歧化酶、谷胱甘肽过氧化物酶活性显著升高，丙二醛水平显著降低，卵泡刺激素、黄体生成素、雌二醇、IgG、IgA、补体 C-3 活性显著升高。在 140 日龄罗曼褐商品蛋鸡的基础日粮中添加乳酸菌-糖萜素复合剂，鸡蛋品质有所提高，料蛋比和破蛋率相应降低，而且在试验期间鸡舍的氨气质量浓度显著降低，说明饲喂乳酸菌-糖萜素复合制剂可提高蛋鸡生产性能及鸡蛋品质，同时还可以有效改善蛋鸡的养殖环境（黄凤梅等，2017）。刘元元等（2016）研究发现，向罗斯 308 肉仔公雏的日粮中添加天然牛至香酚预混剂颗粒剂（NZY-K）、粉剂（NZY-F）及进口牛至油预混剂颗粒剂、粉剂时，天然牛至香酚预混剂在肉鸡抗病性方面与进口产品相当，在促进肉鸡的生产性能方面明显高于同类进口产品，因此 NZY-K 和 NZY-F 预混剂作为进口牛至油饲料添加剂的替代品，在畜牧业推广使用中具有更大的优势。Wen 等（2019）研究发现，日粮中添加甜菜碱具有逆转热应激引起的肉鸡增重和采食量下降的趋势，甜菜碱可以使肉鸡胸肌中谷胱甘肽含量、超氧化物歧化酶和谷胱甘肽过氧化物酶活性升高，降低丙二醛含量，减轻热应激对肉鸡某些肉质性状和氧化状态的负面影响。刘霞和郭春玲（2021）发现向肉鸡日粮中添加富含 β-胡萝卜素的芒果渣，可以显著提高 21 日龄肉鸡体重、1～21 日龄平均日增重，提高十二指肠绒毛高度和绒毛高度与隐窝深度比值，增加脾脏、法氏囊相对重量，提高空肠黏膜 IgA 和 sIgA 浓度，即提高肉鸡小肠绒毛形态及免疫功能，进而改善肉鸡生长前期的体重和饲料效率。纪丽丽等（2018）发现在肉鸡日粮中添加 0.1%金花菊、大蒜素、百里香和 3 种植物混合物，与添加 15 mg/kg 维吉霉素相比，日粮中添加大蒜素可以达到与添加抗生素一致的效果，提高肉鸡料重比，大蒜素和金花菊可以改善免疫性能，降低血清甘油三酯含量和肠道大肠杆菌含量。王钱保等（2016）发现在肉种鸡饲粮中添加大豆黄酮（4,7-二羟基异黄酮），可以显著提高产蛋率，降低料蛋比，提高受精率、孵化率和健雏率，即显著影响肉种鸡的产蛋和繁殖性能。

　　中国已经批准在反刍动物饲料中使用的天然植物提取物主要有甜菜碱、茶多酚、大蒜素等。杨占涛等（2021）发现在饲粮中添加甜菜碱与烟酰胺复合制剂，可以提高热应激奶牛的干物质采食量、产奶量，改善乳品质及部分血清生化指标，有助于缓解奶牛热应激，且 30 g/d 为适宜添加量。李美发等（2020）研究发现，在锦江黄牛的日粮中添加一定比例的甜菜碱，有助于改善体外干物质消化，且有增加氨态氮、微生物蛋白、挥发性脂肪酸含量的趋势。综合各个指标及实际生产中的经济因素，生产实践中添加 8 mg/g 的甜菜碱较为适当。肖正中等（2016）研究发现，在热应激状态下于日粮中添加甜菜碱，可明显提高娟姗奶牛牛奶中的乳蛋白和乳糖含量，同时能提高血清热激蛋白 70 含量，从而提高娟姗奶牛的抗热应激能力。肖红艳等（2021）研究发现，在奶山羊的饲粮中添加茶多酚能降低乳中体细胞数，提高奶山羊的抗氧化功能。Ma 等（2016）研究发现，在绵羊日粮中添加大蒜素可有效提高母羊对有机质、氮、中性洗涤纤维和酸性洗涤纤维的消化率，减少每日甲烷排放量（L/kg BW$^{0.75}$），可能是因为减少了瘤胃原生动物和产甲烷菌的数量。赵健康等（2016）研究发现，在湖羊日粮中添加大蒜素可以显著提高湖羊的平均日增重和经济效益，降低湖羊的腹泻率且效果明显，可以作为新型、安全、无残留、无污染的饲料添加剂应用于湖羊生产中，从而更好地提高湖羊产品品质，保证食品安全。

中国已经批准在水产养殖动物饲料中使用的天然植物提取物饲料添加剂主要有天然叶黄素、杜仲叶提取物、紫苏籽提取物、姜黄素、虾青素。

林城丽等（2017）研究发现，在饲料中添加万寿菊粉（主要成分为叶黄素）能够显著提高黄金锦鲤的增重率、蛋白质效率、抗氧化水平（超氧化物歧化酶、过氧化氢酶、谷胱甘肽、谷胱甘肽过氧化物酶），降低饲料系数，有效提高了黄金锦鲤生长性能和抗氧化能力。张宝龙等（2018）研究发现，在饲料中添加杜仲叶提取物能有效提高凡纳滨对虾的生长性能和免疫酶活性，并增加肝胰腺中具分泌功能的消化酶细胞，具有替代抗菌药物的潜能，实际生产中的最适添加量为 0.3 g/kg。庞小磊等（2019）研究表明，在黄河鲤幼鱼的饲料中添加不同比例的花生油和紫苏籽油（其 n-3/n-6 多不饱和脂肪酸的比例也不同）在一定程度上可以提高鱼体的增重率，影响血清中生长激素的含量，也会对不同部位肌肉中生长激素/胰岛素样生长因子促生长轴生长相关基因的水平产生影响。李四山等（2018）发现，在饲料中添加姜黄素可促进草鱼幼鱼的生长，降低饲料系数，提高鱼体抗氧化应激能力。在饲料中添加天然虾青素对棘颊雀鲷、大鳞副泥鳅的生长性能有促进作用，并可有效改善其体色（姜巨峰等，2021；姚金明等，2019）。

目前国内外已批准了饲用植物提取物、植物源饲料添加剂（含香料）等系列产品在饲料中添加使用。在《饲料添加剂品种目录（2013）》（表 4-1）中列出了杜仲叶提取物、苜蓿提取物、淫羊藿提取物等 18 种植物提取物产品。在 2012～2024 年农业农村部发布的《饲料原料目录》及增补版（表 4-2）中，已经列出了 118 种药食同源的可饲用天然植物。此外，通过对 2016 年至今国内外已批准的饲用植物及其提取物产品情况的统计发现，中国批准的 118 种可饲用植物原料产品，除了直接使用外，更主要的是以植物提取物产品形式体现，但目前缺乏有关质控标准，未来有必要在各层面推动相关标准的建立，进一步完善饲用植物提取物饲料添加剂的质量管理体系，强化质量意识，提高产业的发展潜力。

表 4-1　我国《饲料添加剂品种目录（2013）》中植物提取物类饲料添加剂

目录分类	通用名称	适用范围	功能
维生素及 类维生素	甜菜碱	养殖动物	提高畜禽免疫力，调节脂类代谢，提高产蛋率

续表

目录分类	通用名称		适用范围	功能
抗氧化剂	茶多酚		养殖动物	提高生长性能，改善肉、蛋品质，增强抗氧化功能
	甘草抗氧化物		犬、猫	增强抗氧化功能
	姜黄素		淡水鱼类、肉仔鸡	增强抗氧化功能，改善肉品质，提高生长性能
	迷迭香提取物		宠物	增强抗氧化功能，提高生长性能
着色剂	辣椒红		家禽	提高蛋黄色泽
	β-胡萝卜素		家禽、犬、猫	提高生长性能，提高蛋黄色泽
	天然叶黄素（源自万寿菊）		家禽、水产养殖动物、犬、猫	提高蛋黄色泽，提高生长性能，增强抗氧化功能
	虾青素		水产养殖动物、观赏鱼、犬、猫	提高生长性能，增强抗氧化功能，改善体色
调味和诱食物质	香味物质	食品用香料、牛至香酚	养殖动物	提高生长性能，改善肉品质和风味，提高免疫力
	其他	大蒜素	养殖动物	提高生产性能，提高免疫力，提高抗氧化能力
其他	天然类固醇萨洒皂角苷（源自丝兰）		养殖动物	改善生长性能
	糖萜素（源自山茶籽饼）		猪和家禽	改善生长性能，提高免疫力，提高母猪繁殖性能
	苜蓿提取物（有效成分为苜蓿多糖、苜蓿黄酮、苜蓿皂甙）		仔猪、生长育肥猪、肉鸡、犬、猫	提高生产性能，提高抗氧化能力，提高免疫力
	杜仲叶提取物（有效成分为绿原酸、杜仲多糖、杜仲黄酮）		生长育肥猪、鱼、虾	改善肉、蛋品质，提高抗氧化能力，保护仔猪断奶应激
	淫羊藿提取物（有效成分为淫羊藿苷）		鸡、猪、绵羊、奶牛	改善母猪生产性能，促进生长发育
	4,7-二羟基异黄酮（大豆黄酮）		猪、产蛋家禽	改善母猪生产性能，促进生长发育，提高抗氧化能力，提高免疫功能，调节肉品质
	紫苏籽提取物（有效成分为α-亚油酸、亚麻酸、黄酮）		猪、肉鸡、鱼、犬、猫	促进生长发育，改善屠宰性能和肉品质
	绿原酸（源自山银花，原植物为灰毡毛忍冬）		肉仔鸡	改善生长性能，提高抗氧化能力，提高免疫力
	植物甾醇（源于大豆油/菜籽油，有效成分为β-谷甾醇、菜油甾醇、豆甾醇）		家禽、生长育肥猪、犬、猫	促进生长发育，提高抗氧化能力，提高生产性能，提高免疫功能

来源：农业部公告第 2045 号。

表 4-2　我国《饲料原料目录》中 118 种植物性饲料原料

原料编号	原料名称	特征描述
7.6		其他可饲用天然植物（仅指所称植物或植物的特定部位经干燥或干燥、粉碎获得的产品）
7.6.1	八角茴香	木兰科八角属植物八角（*Illicium verum* Hook.）的干燥成熟果实
7.6.2	白扁豆	豆科扁豆属（*Lablab* Adans.）植物的干燥成熟种子
7.6.3	百合	百合科百合属植物卷丹（*Lilium lancifolium* Thunb.）、百合（*Lilium brownii* F.E. Brown var. *viridulum* Baker）或细叶百合（*Lilium pumilum* DC.）的干燥肉质鳞叶
7.6.4	白芍	毛茛科芍药亚科芍药属植物芍药（*Paeonia lactiflora* Pall.）的干燥根
7.6.5	白术	菊科苍术属植物白术（*Atrctylodes macrocephala* Koidz.）的干燥根茎
7.6.6	柏子仁	柏科侧柏属植物侧柏 [*Platycladus orientalis* (L.) Franco] 的干燥成熟种仁

续表

原料编号	原料名称	特征描述
7.6.7	薄荷	唇形科薄荷属植物薄荷（*Mentha haplocalyx* Briq.）的干燥地上部分
7.6.8	补骨脂	豆科补骨脂属植物补骨脂（*Psoralea corylifolia* L.）的干燥成熟果实
7.6.9	苍术	菊科苍术属植物苍术 [*Atractylodes lancea* (Thunb.) DC.] 或北苍术 [*Atractylodes chinensis* (DC.) Koidz] 的干燥根茎
7.6.10	侧柏叶	柏科侧柏属植物侧柏 [*Platycladus orientalis* (L.) Franco] 的干燥枝梢和叶
7.6.11	车前草	车前科车前属植物车前（*Plantago asiatica* L.）或平车前（*Plantago depressa* Willd.）的干燥全草
7.6.12	车前子	车前科车前属植物车前（*Plantago asiatica* L.）或平车前（*Plantago depressa* Willd.）的干燥成熟种子
7.6.13	赤芍	毛茛科芍药亚科芍药属植物芍药（*Paeonia lactiflora* Pall.）或川赤芍（*Paeonia veitchii* Lynch）的干燥根
7.6.14	川芎	伞形科藁本属植物川芎（*Ligusticum chuanxiong* Hort.）的干燥根茎
7.6.15	刺五加	五加科五加属植物刺五加 [*Acanthopanax senticosus* (Rupr. et Maxim.) Harms] 的干燥根和根茎或茎
7.6.16	大蓟	菊科蓟属植物蓟（*Cirsium japonicum* Fisch. ex DC.）的干燥地上部分
7.6.17	淡豆豉	豆科大豆属植物大豆 [*Glycine max* (L.) Merr.] 的成熟种子的发酵加工品
7.6.18	淡竹叶	禾本科淡竹叶属植物淡竹叶（*Lophatherum gracile* Brongn.）的干燥茎叶
7.6.19	当归	伞形科当归属植物当归 [*Angelica sinensis* (Oliv.) Diels] 的干燥根
7.6.20	党参	桔梗科党参属植物党参 [*Codonopsis pilosula* (Franch.) Nannf.]、素花党参 [*Codonopsis pilosula* Nannf. var. *modesta* (Nannf.) L. T. Shen] 或川党参（*Codonopsis tangshen* Oliv.）的干燥根
7.6.21	地骨皮	茄科枸杞属植物枸杞（*Lycium chinense* Mill.）或宁夏枸杞（*Lycium barbarum* L.）的干燥根皮
7.6.22	丁香	桃金娘科蒲桃属植物丁香 [*Syzygium aromaticum* (L.) Merr. et Perry] 的干燥花蕾
7.6.23	杜仲	杜仲科杜仲属植物杜仲（*Eucommia ulmoides* Oliv.）的干燥树皮
7.6.24	杜仲叶	杜仲科杜仲属植物杜仲（*Eucommia ulmoides* Oliv.）的干燥叶
7.6.25	榧子	红豆杉科榧树属植物榧树（*Torreya grandis* Fort.）的干燥成熟种子
7.6.26	佛手	芸香科柑橘属植物佛手 [*Citrus medica* L. var. *sarcodactylis* (Noot.) Swingle] 的干燥果实
7.6.27	茯苓	多孔菌科茯苓属真菌茯苓 [*Poria cocos* (Schw.) Wolf] 的干燥菌核
7.6.28	甘草	豆科甘草属植物甘草（*Glycyrrhiza uralensis* Fisch.）、胀果甘草（*Glycyrrhiza inflata* Batal.）或洋甘草（*Glycyrrhiza glabra* L.）的干燥根和根茎
7.6.29	干姜	姜科姜属植物姜（*Zingiber officinale* Rosc.）的干燥根茎
7.6.30	高良姜	姜科山姜属植物高良姜（*Alpinia officinarum* Hance）的干燥根茎
7.6.31	葛根	豆科葛属植物葛 [*Pueraria lobata* (Willd.) Ohwi] 的干燥根
7.6.32	枸杞子	茄科枸杞属植物枸杞（*Lycium chinense* Mill.）或宁夏枸杞（*Lycium barbarum* L.）的干燥成熟果实
7.6.33	骨碎补	骨碎补科骨碎补属植物骨碎补（*Davallia mariesii* Moore ex Bak.）的干燥根茎
7.6.34	荷叶	睡莲科莲亚科莲属植物莲（*Nelumbo nucifera* Gaertn.）的干燥叶
7.6.35	诃子	使君子科诃子属植物诃子（*Terminalia chebula* Retz.）或微毛诃子 [*Terminalia chebula* Retz. var. *tomentella* (Kurz) C. B. Clarke] 的干燥成熟果实

原料编号	原料名称	特征描述
7.6.36	黑芝麻	胡麻科胡麻属植物芝麻（*Sesamum indicum* L.）的干燥成熟种子
7.6.37	红景天	景天科红景天属植物大花红景天 [*Rhodiola crenulata* (Hook. F. et Thoms.) H. Ohba] 的干燥根和根茎
7.6.38	厚朴	木兰科木兰属植物厚朴（*Magnolia officinalis* Rehd. et Wils.）或凹叶厚朴 [*Magnolia officinalis* subsp. *Biloba* (Rehd. et Wils.) Cheng.] 的干燥干皮、根皮和枝皮
7.6.39	厚朴花	木兰科木兰属植物厚朴（*Magnolia officinalis* Rehd. et Wils.）或凹叶厚朴 [*Magnolia officinalis* subsp. *Biloba* (Rehd. et Wils.) Cheng.] 的干燥花蕾
7.6.40	胡芦巴	豆科植物胡芦巴（*Trigonella foenum-graecum* L.）的干燥成熟种子
7.6.41	花椒	芸香科花椒属植物青花椒（*Zanthoxylum schinifolium* Sieb. et Zucc.）或花椒（*Zanthoxylum bungeanum* Maxim）的干燥成熟果皮
7.6.42	槐角[槐实]	豆科槐属植物槐（*Sophora japonica* L.）的干燥成熟果实
7.6.43	黄精	百合科黄精属植物滇黄精（*Polygonatum kingianum* Coll. et Hemsl.）、黄精（*Polygonatum sibiricum* Delar.）或多花黄精（*Polygonatum cyrtonema* Hua）的干燥根茎
7.6.44	黄芪	豆科植物蒙古黄芪 [*Astragalus membranaceus* (Fisch.) Bge. var. *Mongholicus* (Bge.) Hsiao] 或膜荚黄芪 [*Astragalus membranaceus* (Fisch.) Bge.] 的干燥根
7.6.45	藿香	唇形科藿香属植物藿香 [*Agastache rugosa* (Fisch. et Mey.) O. Ktze] 的干燥地上部分
7.6.46	积雪草	伞形科积雪草属植物积雪草 [*Centella asiatica* (L.) Urb.] 的干燥全草
7.6.47	姜黄	姜科姜黄属植物姜黄（*Curcuma longa* L.）的干燥根茎
7.6.48	绞股蓝	葫芦科绞股蓝属（*Gynostemma* Bl.）植物
7.6.49	桔梗	桔梗科桔梗属植物桔梗 [*Platycodon grandiflorus* (Jacq.) A. DC.] 的干燥根
7.6.50	金荞麦	蓼科荞麦属植物金荞麦 [*Fagopyrum dibotrys* (D. Don) Hara] 的干燥根茎
7.6.51	金银花	忍冬科忍冬属植物忍冬（*Lonicera japonica* Thunb.）的干燥花蕾或带初开的花
7.6.52	金樱子	蔷薇科蔷薇属植物金樱子（*Rosa laevigata* Michx.）的干燥成熟果实
7.6.53	韭菜子	百合科葱属植物韭菜（*Allium tuberosum* Rottl. ex Spreng.）的干燥成熟种子
7.6.54	菊花	菊科菊属植物菊花 [*Dendranthema morifolium* (Ramat.) Tzvel.] 的干燥头状花序
7.6.55	橘皮	芸香科柑橘属植物橘（*Citrus Reticulata* Blanco）及其栽培变种的成熟果皮
7.6.56	决明子	豆科决明属植物决明（*Cassia tora* L.）的干燥成熟种子
7.6.57	莱菔子	十字花科萝卜属植物萝卜（*Raphanus sativus* L.）的干燥成熟种子
7.6.58	莲子	睡莲科莲亚科莲属植物莲（*Nelumbo nucifera* Gaertn.）的干燥成熟种子
7.6.59	芦荟	百合科芦荟属植物库拉索芦荟（*Aloe barbadensis* Miller）叶。也称"老芦荟"
7.6.60	罗汉果	葫芦科罗汉果属植物罗汉果 [*Siraitia grosvenorii* (Swingle) C. Jeffrey ex Lu et Z.Y. Zhang] 的干燥果实
7.6.61	马齿苋	马齿苋科马齿苋属植物马齿苋（*Portulaca oleracea* L.）的干燥地上部分
7.6.62	麦冬[麦门冬]	百合科沿阶草属植物麦冬 [*Ophiopogon japonicus* (L.f) Ker-Gawl.] 的干燥块根
7.6.63	玫瑰花	蔷薇科蔷薇属植物玫瑰（*Rosa rugosa* Thunb.）的干燥花蕾
7.6.64	木瓜	蔷薇科木瓜属植物皱皮木瓜 [*Chaenomeles speciosa* (Sweet) Nakai.] 的干燥近成熟果实
7.6.65	木香	菊科川木香属植物川木香 [*Dolomiaea souliei* (Franch.) Shih] 的干燥根

原料编号	原料名称	特征描述
7.6.66	牛蒡子	菊科牛蒡属植物牛蒡（*Arctium lappa* L.）的干燥成熟果实
7.6.67	女贞子	木犀科女贞属植物女贞（*Ligustrum lucidum* Ait.）的干燥成熟果实
7.6.68	蒲公英	菊科植物蒲公英（*Taraxacum mongolicum* Hand. Mazz.）、碱地蒲公英（*Taraxacum borealisinense* Kitam.）或同属数种植物的干燥全草
7.6.69	蒲黄	香蒲科植物水烛香蒲（*Typha angustifolia* L.）、东方香蒲（*Typha orientalis* Presl）或同属植物的干燥花粉
7.6.70	茜草	茜草科茜草属植物茜草（*Rubia cordifolia* L.）的干燥根及根茎
7.6.71	青皮	芸香科柑橘属植物橘（*Citrus reticulata* Blanco）及其栽培变种的干燥幼果或未成熟果实的果皮
7.6.72	人参	五加科人参属植物人参（*Panax ginseng* C. A. Mey.）的干燥根及根茎
7.6.73	人参叶	五加科人参属植物人参（*Panax ginseng* C. A. Mey.）的干燥叶
7.6.74	肉豆蔻	肉豆蔻科肉豆蔻属植物肉豆蔻（*Myristica fragrans* Houtt.）的干燥种仁
7.6.75	桑白皮	桑科桑属植物桑（*Morus alba* L.）的干燥根皮
7.6.76	桑椹	桑科桑属植物桑（*Morus alba* L.）的干燥果穗
7.6.77	桑叶	桑科桑属植物桑（*Morus alba* L.）的干燥叶
7.6.78	桑枝	桑科桑属植物桑（*Morus alba* L.）的干燥嫩枝
7.6.79	沙棘	胡颓子科沙棘属植物沙棘（*Hippophae rhamnoides* L.）的干燥成熟果实
7.6.80	山药	薯蓣科薯蓣属植物薯蓣（*Dioscorea opposita* Thunb.）的干燥根茎
7.6.81	山楂	蔷薇科山楂属植物山里红（*Crataegus pinnatifida* Bge. var. *major* N. E. Br.）或山楂（*Crataegus pinnatifida* Bge.）的干燥成熟果实
7.6.82	山茱萸	山茱萸科山茱萸属植物山茱萸（*Cornus officinalis* Sieb. et Zucc.）的干燥成熟果肉
7.6.83	生姜	姜科姜属植物姜（*Zingiber officinale* Rosc.）的新鲜根茎
7.6.84	升麻	毛茛科升麻属植物大三叶升麻（*Cimicifuga heracleifolia* Kom.）、兴安升麻 [*Cimicifuga dahurica* (Turcz.) Maxim.] 或升麻（*Cimicifuga foetida* L.）的干燥根茎
7.6.85	首乌藤	蓼科何首乌属植物何首乌 [*Fallopia multiflora* (Thunb.) Harald.] 的干燥藤茎
7.6.86	酸角	豆科酸豆属植物酸豆（*Tamarindus indica* L.）的果实
7.6.87	酸枣仁	鼠李科枣属植物酸枣 [*Ziziphus jujuba* Mill. var. *spinosa* (Bunge) Hu ex H. F. Chow] 的干燥成熟种子
7.6.88	天冬[天门冬]	百合科天门冬属植物天门冬 [*Asparagus cochinchinensis* (Lour.) Merr.] 的干燥块根
7.6.89	土茯苓	百合科菝葜属植物土茯苓（*Smilax glabra* Roxb.）的干燥根茎
7.6.90	菟丝子	旋花科菟丝子属植物南方菟丝子（*Cuscuta australis* R. Br.）或菟丝子（*Cuscuta chinensis* Lam.）的干燥成熟种子
7.6.91	五加皮	五加科五加属植物五加（*Acanthopanax gracilistylus* W.W. Smith）的干燥根皮
7.6.92	乌梅	蔷薇科杏属植物梅（*Armeniaca mume* Sieb.）的干燥近成熟果实
7.6.93	五味子	木兰科五味子属植物五味子 [*Schisandra chinensis* (Turcz.) Baill.] 的干燥成熟果实
7.6.94	鲜白茅根	禾本科白茅属植物白茅 [*Imperata cylindrical* (L.) Beauv.] 的新鲜根茎
7.6.95	香附	莎草科莎草属植物香附子（*Cyperus rotundus* L.）的干燥根茎

续表

原料编号	原料名称	特征描述
7.6.96	香薷	唇形科石荠苎属植物石香薷（*Mosla chinensis* Maxim.）或江香薷（*Mosla chinensis* 'Jiangxiangru'）的干燥地上部分
7.6.97	小蓟	菊科蓟属植物刺儿菜 [*Cirsium setosum* (Willd.) MB.] 的干燥地上部分
7.6.98	薤白	百合葱属植物薤白（*Allium macrostemon* Bunge.）或藠头（*Allium chinense* G. Don）的干燥鳞茎
7.6.99	洋槐花	豆科刺槐属植物刺槐（*Robinia pseudoacacia* L.）的花，可经干燥、粉碎
7.6.100	杨树花	杨柳科杨属（*Populus* L.）植物的花，可经干燥、粉碎
7.6.101	野菊花	菊科菊属植物野菊（*Dendranthema indicum* L.）的干燥头状花序
7.6.102	益母草	唇形科益母草属植物益母草 [*Leonurus artemisia* (Lour.) S. Y. Hu] 的新鲜或干燥地上部分
7.6.103	薏苡仁	禾本科薏苡属植物薏苡（*Coix lacryma-jobi* L.）的干燥成熟种仁
7.6.104	益智[益智仁]	姜科山姜属植物益智（*Alpinia oxyphylla* Miq.）的干燥成熟果实
7.6.105	银杏叶	银杏科银杏属植物银杏（*Ginkgo biloba* L.）的干燥叶
7.6.106	鱼腥草	三白草科蕺菜属植物蕺菜（*Houttuynia cordata* Thunb.）的新鲜全草或干燥地上部分
7.6.107	玉竹	百合科黄精属植物玉竹 [*Polygonatum odoratum* (Mill.) Druce] 的干燥根茎
7.6.108	远志	远志科远志属植物远志（*Polygala tenuifolia* Willd.）或西伯利亚远志（*Polygala sibirica* L.）的干燥根
7.6.109	越橘	杜鹃花科越橘属（*Vaccinium* L.）植物的果实或叶
7.6.110	泽兰	唇形科地笋属植物硬毛地笋（*Lycopus lucidus* Turcz. var. *hirtus* Regel）的干燥地上部分
7.6.111	泽泻	泽泻科泽泻属植物东方泽泻 [*Alisma orinentale* (Samuel.) Juz.] 的干燥块茎
7.6.112	制何首乌	何首乌 [*Fallopia multiflora* (Thunb.) Harald.] 的炮制加工品
7.6.113	枳壳	芸香科柑橘属植物酸橙（*Citrus aurantium* L.）及其栽培变种的干燥未成熟果实
7.6.114	知母	百合科知母属植物知母（*Anemarrhena asphodeloides* Bge.）的干燥根茎
7.6.115	紫苏叶	唇形科紫苏属植物紫苏 [*Perilla frutescens* (L.) Britt.] 的干燥叶（或带嫩枝）
7.6.116	绿茶	以茶树的新叶或芽为原料，未经发酵，经杀青、整形、烘干等工序制成的产品
7.6.117	迷迭香	唇形科迷迭香属植物迷迭香（*Rosmarinus officinalis* L.）的干燥茎叶或花
7.6.118	栀子	茜草科栀子属植物栀子(*Gardenia jasminoides* Ellis)的干燥成熟果实

资料来源：农业部公告第 1773 号、农业农村部公告第 22 号、农业农村部公告第 744 号。

三、细菌疫苗与免疫刺激剂

细菌疫苗是预防和控制细菌（包括耐药细菌）感染的有效手段之一，接种疫苗可以减少细菌的感染，从而减少治疗用抗菌药物的使用。近年来为了控制细菌耐药性，细菌疫苗的开发对象主要集中在危害大、感染频繁、易产生耐药性的病原菌。细菌疫苗主要包括全菌灭活疫苗、减毒活疫苗、亚单位疫苗（如荚膜多糖）和其他工程疫苗等。全菌灭活疫苗安全性好，但免疫保护性较弱、毒副作用较大；减毒活疫苗免疫效果好，但毒副作用较大且存在生物安全问题；亚单位疫苗安全有效，但不是所有病原菌均可产生能用于制备亚单位疫苗的组分。目前的基因工程疫苗主要是以单一重组蛋白为抗原的疫苗，抗原成分明确且无明显的毒副作用，但免疫效果不甚理想。细菌抗原构造复杂多样，往往需要多靶点攻击才能奏效，故单一抗原的基因工程疫苗预防细菌感染效果较差（孙爱华等，2013）。目前的细菌疫苗研究以更全的血清型覆盖、更长的免疫保护周期、更轻的免疫刺激反应，以及更灵活的多菌种、病毒联合施用为目标，同时以细菌感染机制、免疫逃避机制、宿主免疫途径等领域的研究结果为基础不断发展。

人用细菌疫苗在针对高致病性与高传染性的细菌防治研究方面已经取得进展（Orenstein et al.，2022），例如，百白破三联苗，极大程度上降低了因百日咳杆菌、白喉杆菌与破伤风梭菌导致的新生儿死亡，是世界卫生组织建议的儿童常规免疫，该疫苗已经成为我国儿童计划免疫中的重要一环。在对危害较重的细菌进行研究与控制的过程中，由抗生素使用带来的细菌耐药问题也逐渐凸显。由各类机会致病菌与共生菌耐药产生的反复感染、院内感染问题成为当今人类健康的重大威胁之一，故近几年细菌疫苗的开发逐渐将目光集中到了机会致病菌及易产生多重耐药的细菌上。

金黄色葡萄球菌是引起人类和动物感染的重要病原菌，严重危害人类和动物健康，但目前尚无有效的、可用于临床的疫苗问世。中国科学家邹全明和曾浩（2019）已研制出国际首个靶标最多、效果最佳的金黄色葡萄球菌疫苗，正在开展Ⅱ期临床试验。该疫苗为国际上抗原组分最多、最有效的 5 价金黄色葡萄球菌疫苗，其免疫攻毒保护率（85%～100%）显著高于国际同类疫苗，是中国第一个自主研发的超级细菌疫苗。

肺炎克雷伯菌作为一种人兽共患的病原菌，广泛分布于自然界，是人和动物呼吸道、肠道的致病菌。目前，张璐璐等（2020）制备的 K2 血清型糖蛋白能够刺激小鼠产生较高的抗体效价，保护 75%的小鼠免于致死剂量的攻击，有望成为针对肺炎克雷伯菌的新型候选疫苗。由于血清型众多，高价荚膜多糖疫苗依然难以实现高血清型覆盖，目前吴广喜等（2018）在尝试使用脂多糖、鞭毛蛋白、外膜蛋白等细菌组分构建疫苗。

铜绿假单胞菌疫苗最初多以细菌脂多糖（LPS）作为抗原，如国外某公司研发的 7 价脂多糖疫苗，分别在肿瘤、烧伤、急性白血病和囊性纤维化患者中完成了Ⅲ期临床试验。但多糖结合疫苗免疫原性不足，无明显保护效果（Sainz-Mejias et al.，2020）。另一个完成Ⅲ期临床试验的多糖疫苗为 Lang 等（2004）提到的 8 价脂多糖-外毒素 A 的结合疫苗，由于保护效果有限等原因未获批上市。目前还有 4 种疫苗正处于Ⅰ/Ⅱ期临床试验阶段，结果值得期待。

艰难梭菌疫苗研究主要靶向艰难梭菌的毒素 A 和 B。一个基于 Tcd A 和 Tcd B 的中和表位疫苗在 50 岁以上人群中完成了Ⅱ期临床试验，Principi 等（2020）研究结果显示，该疫苗针对 2 种毒素抗体的阳转率高达 83%，但目前尚无相关 Ⅲ 期临床试验（NCT02316470）的报道。此外，还有针对细菌芽孢形成和组装关键蛋白 Bcl A1、Cde M、Cot A 的候选疫苗等，目前仍处于实验动物评价阶段。

随着动物养殖的规模化与集中化，高密度养殖环境中细菌疾病成为动物养殖工作的一大难点。尤其在动物养殖也遭遇细菌耐药问题后，细菌疫苗得到了更多的关注。禽大肠杆菌病是由禽致病性大肠杆菌引起鸡、火鸡及其他禽类急性、全身性肠外感染的总称。在过去的数十年间，试验了多种不同类型的疫苗用于该病的控制。目前根据疫苗的抗原组分及制苗方法，可将预防禽大肠杆菌病的疫苗分为灭活疫苗、弱毒疫苗、亚单位疫苗、广谱疫苗及未来疫苗 5 类，其中未来疫苗包括活载体疫苗和可饲植物疫苗。由于大肠杆菌血清型众多且不同血清型甚至不同菌株之间缺乏交叉免疫，故开发具有交叉保护的广谱疫苗是防控该病的趋势。目前欧盟批准 Poulvac® *E. coli* 疫苗用于鸡和火鸡。Poulvac® *E. coli*（Zoetis）疫苗包括血清型 O78:80 和 ST23 菌株的 *aroA* 突变体，但保护不限于这种特定的血清型和序列类型。*aroA* 突变减弱了菌株的毒力，并导致对芳香族氨基酸的需求，从而导致菌株在鸡和环境中的存活率降低。该疫苗在一项多中心现场研究中进行了测试，与未经治疗的对照组相比，使用疫苗可降低死亡率并减少结肠炎样病变（Christensen et al.，2021）。Koutsianos 等（2020）研究显示，将减毒活大肠杆菌疫苗与自体疫苗相结合接种，可能获得协同保护。

尤建嵩等（2003）发现产肠毒素大肠杆菌（ETEC）感染的对象主要是仔猪、犊牛、羔羊等幼龄动物，给养殖业尤其是养猪业造成巨大的经济损失。目前实验中和商品化 ETEC 疫苗主要有 Elanco 生产的商用疫苗，由 4 种 ETEC 疫苗（F4、F5、F6 和 F41 菌株）的混合物组成。Vencofarma 开发的商用疫苗抗原包含灭活的 F4、F5、F41 和 987P 菌株（Pereira et al.，2016）。从参与仔猪感染的主要 ETEC 菌株（F4 和 F18 血清型）中获得的外膜囊泡（OMV）被包封在涂有 Gantrez®AN-甘露糖胺缀合物的玉米醇溶蛋白纳米颗粒中，对小鼠和妊娠母猪进行口服免疫，结果表明，相对于游离口服给药，纳米颗粒诱导 IL-2、IL-4 和 IFN-γ 水平升高，而且后代哺乳仔猪在血清中呈现特异性 IgG，说明这种新型口服亚单位疫苗具有良好的感染保护能力（Matiasj et al.，2020）。Coliprotec®F4 和二价 F4/F18 疫苗是为免疫断奶仔猪腹泻而设计的弱毒疫苗（Fairbrother et al.，2017；Nadeau et al.，2017）。弱毒疫苗使用的弱毒株是活的生命体，易通过胃酸环境进入小肠并定植在肠上皮细胞，引发机体黏膜免疫，有着较好的免疫效果，但弱毒株的毒力在传代过程中有毒力返强的风险，存在一定的安全问题。

鲍曼不动杆菌是水产养殖动物的病原菌，也是医院感染病原菌中常见的一种，它通常会引起菌血症、肺炎、脑膜炎、腹膜炎、心内膜炎及泌尿道和皮肤感染。目前关于鲍曼不动杆菌疫苗的研究较多，近几年多集中于细菌天然产物，如灭活全菌疫苗、细菌外膜复合物、外膜囊泡疫苗等，但目前都处于实验研究阶段，国际上尚无成功研制的鲍曼不动杆菌疫苗（李笋等，2020）。

多杀巴氏杆菌是一种人兽共患病原菌，可感染牛、羊、猪、禽等多种养殖动物，引起出血性败血症和传染性肺炎。目前，多杀巴氏杆菌多采用减毒活疫苗和灭活苗对养殖动物进行防治，但暂无人用疫苗。目前对多杀巴氏杆菌疫苗研究集中于荚膜、脂多糖、膜蛋白三种免疫原性成分，以亚单位疫苗与表位疫苗的研究为主（赵梦坡等，2022）。

猪链球菌是人兽共患病原菌，是由猪携带的机会致病菌，会导致人脑膜炎，曾在我国有过两次暴发。目前尚无用于猪养殖、屠宰及生猪相关产业链从业人员的猪链球菌疫苗（黄敏，2020）。目前已有多种兽用猪链球菌疫苗，以灭活疫苗为主，研究工作多集中于猪链球菌各组分的免疫原性研究及基因工程苗的开发。

副猪嗜血杆菌是猪养殖过程中常见的细菌病之一，主要引起猪的全身性炎症。由于目前对副猪嗜血杆菌致病机制的了解有限，预防措施不能完全控制该病的发生。目前销售的副猪嗜血杆菌疫苗以灭活苗为主，在使用过程中有明显的血清型覆盖度不足、保护周期短等问题。目前的研究多集中在亚单位疫苗、减毒活疫苗与菌影疫苗（王静等，2020）。

胸膜肺炎放线杆菌是猪养殖过程中常见的细菌疾病之一，以坏死性肺炎与纤维性出血性肺炎为主要症状。目前市面流通的疫苗主要是灭活苗与亚单位苗，但防治的血清型依旧有限。胸膜肺炎放线杆菌的疫苗开发主要集中在毒素上，也有部分其他免疫原性成分如膜蛋白与脂多糖、荚膜多糖的研究（Nahar et al.，2021）。

猪劳森菌是一种胞内寄生菌，主要引起猪的回肠炎。劳森菌在猪群中具有很高的感染率，影响育肥猪生长，且导致猪腹泻、血痢甚至猝死。目前该病的预防主要采用弱毒活疫苗，但效果有限（蒋增艳等，2008）。目前的研究主要集中于劳森菌感染机制的研究，以及更加安全的亚单位疫苗的开发。

产气荚膜梭菌是一种常见的共生菌，广泛存在于动物的肠道与土壤中。动物养殖过程中，牛、猪等动物都会发生产气荚膜梭菌感染，常导致动物猝死，发病迅速难以救治；污染的动物制品也会导致人的食源性中毒。目前产气荚膜梭菌疫苗为灭活苗及亚单位疫苗（朱波等，2019）。由于产气荚膜梭菌的亚单位疫苗多建立在毒素改造与表达的基础上，目前的研究多集中于产气荚膜梭菌各毒素蛋白的研究与不同毒素型梭菌的联合防治。

支原体也是畜禽养殖行业常见的致病微生物。支原体无细胞壁，可用于治疗支原体感染的抗菌药物是有限的，并且大量报告表明，支原体对抗菌药物的耐药性正在逐年上升。迫切需要通过接种疫苗的手段预防、控制，甚至净化支原体。杨铭伟等（2016）研究表明，支原体新疆分离株制备的灭活疫苗能够产生良好的免疫应答反应，并能抵抗牛支原体感染所致的肺脏病变作用。Zhang等（2014）认为支原体的弱毒活疫苗也正在研发当中。支原体疫苗的研究已经进行了很多年，其疫苗已进入临床试验阶段，截至目前尚未完成注册上市。

对多种抗生素具有耐药性的"超级细菌"，即多重耐药性细菌。国际上多家知名医药公司正在针对"超级细菌"开展广泛的疫苗研究，已经有多个"超级细菌疫苗"进入临床阶段，包括默沙东（Merck）、辉瑞（Pfizer）、诺华（Novartis）、葛兰素史克（GSK）等 7 家国际著名的生物医药公司开发的 9 个 MRSA 疫苗，其中，Pfizer 公司和 GSK 公司研发的两种四组分 MRSA 疫苗在Ⅰ期临床研究中表现良好，在安全性、免疫后抗体效价和细胞免疫应答方面均表现出色。与此同时，德国 Behringwerke 公司等开发了多个铜绿假单胞菌多糖蛋白结合疫苗，Ⅰ、Ⅱ、Ⅲ期临床研究结果显示，其在健康志愿者中安全性和免疫原性良好，具有较好的免疫保护效力。2000 年以来，欧美各国研究的 9 种金黄色葡萄球菌疫苗、4 种铜绿假单胞菌疫苗在进入Ⅱ、Ⅲ期临床试验后均宣布失败。到目前为止，国际上尚无研制成功的超级细菌疫苗（Inoue et al.，2018；Missiakas and Schneewind，2016；Westritschnig et al.，2014）。

免疫刺激剂是指能够调节动物免疫系统并激活免疫功能，增强机体对细菌和病毒等传染性病原体抵抗力的一类物质。免疫刺激剂用于水产养殖动物传染性疾病预防较多，其主要目的是预防使用化学药物难以奏效的水产养殖动物的病毒和细菌性疾病。随着对食品安全重视的程度增加，大量自然免疫刺激剂被开发成饲料添加剂或药物来减少化疗药物在动物生产中的使用，从而减少耐药细菌的发展。根据免疫刺激剂来源，大致可以将其分为来自细菌的肽聚糖和 LPS、放线菌的短肽、酵母菌和海藻的 β-1,3-葡聚糖及 β-1,6-葡聚糖，以及来自甲壳动物外壳的甲壳质和壳多糖等具有免疫刺激活性的物质。

CpG-ODN 是指含一个或多个非甲基化 CpG 基序的寡聚脱氧核苷酸，根据其结构及生物学活性的不同，分为 A、B、C、P 四种类型。目前在家禽疾病防控方面的研究主要以 B 型 CpG-ODN 为主，CpG-ODN 通过与鸡 TLR-21 受体结合发挥其免疫刺激活性，可用于防控鸡常见细菌性感染、病毒性感染及球虫感染等（苏胖等，2020）。最近有研究使用 3 种类型的 CpG-ODN 对鱼进行了免疫，并评估其对嗜水气单胞菌的抗菌效果。研究表明，随着 YBX1 的显著上调，CpG-B 达到最佳抗菌效果，通过检测 YBX1 下游效应器证实，CpG-B 是通过调节 NLRP3（Caspase-A/-B）、IL-1β、IL-12 和 IFN-γ 诱导 YBX1 介导的嗜水气单胞菌发生 Th1 定向反应。在冷应激下，CpG-B 可以通过 YBX1 激活 NLRP3 和 NF-κB 通路，YBX1 是 CpG-B 免疫中抗嗜水气单胞菌的关键介质。这项研究证明了 CpG-B 对低温感染的保护作用及其与 YBX1 的相互作用，为 CpG-ODN 在养殖行业中的应用提供了新的途径（Zhao et al.，2021）。

此外，很多天然中药植物提取物也可作为免疫刺激剂。绿藻细胞壁中的硫酸多糖提取物具有重要的免疫调节和免疫刺激功能，可以作为一种有应用前景且可以提高家畜抵抗传染性疾病能力的预防性添加剂。有研究评价了石莼绿藻提取物 MSP 对母源免疫力在母猪和仔猪间传递的调节作用，任淑静等（2020）证明了在母猪日粮中添加硫酸多糖提取物可提高仔猪体内的母源免疫力。Feng 等（2020）研究发现，口服地黄多糖（RGP-1）可提高鲤鱼的非特异性免疫力、抗氧化活性和抗嗜水气单胞菌活性，可作为一种安全、有效的水产养殖饲料添加剂。

每一种免疫刺激剂的有效剂量都存在使用上限和下限，只有在投量和方法正确的前提下，免疫刺激剂才能正常地发挥作用。

四、饲用微生物

饲用微生物一般是指活菌制剂（益生菌），具有以下功能：①有助于畜禽消化吸收；②改善受损肠道组织，修复动物肠道的形态结构；③通过分泌细菌素调节胃肠道微生物区系，抑制有害菌的生长或定植；④调节机体免疫系统，刺激免疫细胞活化，有效提高体内抗体水平，减少畜禽疾病的发生。因此，饲用微生物被视为比较理想的抗菌药物替代品之一。

益生菌可将不易消化的食物转化为更易吸收的营养成分，从而提高饲料的利用价值。益生菌可以通过产生水解酶（植酸酶、脂肪酶、淀粉酶或蛋白酶）和刺激宿主增加消化酶的分泌来提高饲料中营养物质的消化吸收效率（Flint et al.，2012；Hmani et al.，2017）。Wealleans 等（2017）的研究表明，益生菌还可以通过生产维生素、胞外多糖和抗氧化剂来增加饲料的营养价值，有些也可以通过调节胆固醇代谢的方式发挥作用。Neveling 等（2020）的研究表明，解淀粉芽孢杆菌可以产生细胞外淀粉酶和抗菌脂肽。淀粉酶是一种增加淀粉降解的酶，具有改善家禽生长性能的潜力。解淀粉芽孢杆菌和粪肠球菌能够产生植酸酶，植酸酶是一种可以增加饲料中营养可用性的酶，从而改善家禽的生长性能。此外，研究中使用的卷曲乳杆菌和粪肠球菌产生了胆汁盐水解酶，具有间接降低胆固醇的作用。

很多研究表明益生菌有效提高了肠道绒毛高度，降低了隐窝深度，增大了绒毛表面积；有效修复热应激导致的肉鸡十二指肠和回肠形态受损；改善肠道形态结构，促进肠道健康。Neveling 等（2021）研究发现添加到肉鸡饲料中的益生菌控制了许多细菌感染。粪肠球菌、乳酸链球菌、动物芽孢杆菌、唾液乳杆菌和罗伊氏乳杆菌的组合减少了空肠弯曲菌及肠炎沙门菌在肉鸡胃肠道（GIT）中的定植，刺激免疫系统并抑制空肠弯曲菌、大肠杆菌和明尼苏达沙门菌的定植。唾液乳杆菌和细小葡萄球菌改善了体重增加、骨骼特征、肠道形态和免疫反应，并减少了肠炎链球菌的定植。脆乳杆菌、唾液乳杆菌、鸡乳杆菌、约翰松乳杆菌、粪肠球菌和解淀粉芽孢杆菌降低了沙门菌的数量，并导致溶菌酶和 T 淋巴细胞的增加。Hernandez-Patlan 等（2019）研究表明，益生菌通过调节紧密连接蛋白来调节上皮通透性，从而抑制病原体定植，调节细胞增殖和凋亡，并控制黏蛋白的产生。Wang 等（2018a）发现上皮通透性增加导致黏膜屏障功能障碍，但是益生菌可以使紧密连接蛋白的表达和定位正常化，恢复屏障完整性。此外，Neveling 和 Dicks（2021）认为益生菌可以通过调节细胞增殖和凋亡的稳态来调节细胞动力学，细胞增殖后，细胞凋亡的增加导致对致病性感染的易感性增加。Yan 等（2007）认为益生菌通过蛋白质 p75 和 p40 调节细胞因子和氧化剂诱导的上皮细胞凋亡，其以磷脂酰肌醇-3′-激酶（PI3K）依赖性方式激活抗凋亡 Akt 并抑制促凋亡 p38/MAPK 激活，从而改善屏障完整性并增加对细菌侵袭的抵抗力。益生菌还可通过调节黏蛋白的产生来维护肠道屏障的完整性，研究表明，益生菌可以调整黏蛋白单糖组成、黏液层厚度和黏蛋白基因表达，通过恢复黏液层使肠道完整性正常化。Majidi-Mosleh 等（2017）研究发现，黏蛋白的结构和功能特性会影响细菌黏附到黏膜表面。

Hemarajata 和 Versalovic（2013）认为除了对机体本身的作用之外，很多研究也证实，益生菌通过抑制病原体和促进有益细菌的生长来恢复微生物群的稳态。益生菌及其代谢产物会导致微生物群组成发生变化，从主要的致病微生物群转变为更有益的微生物群，研究已经证明益生菌可以针对畜禽养殖常见的沙门菌、弯曲菌、大肠杆菌、产气荚膜梭状芽孢杆菌等食源性病原体发挥抗菌活性（Mortada et al.，2020；Ramlucken et al.，2020；El Jeni et al.，2021）。Neveling 和 Dicks（2021）认为这种情况主要是通过竞争性地将病原体从黏膜表面排除，竞争营养物质，生产胞外多糖和抗菌化合物，如 SCFA、H_2O_2 和抗菌肽。Rios-Covian 等（2016）研究发现乳酸菌（LAB）等益生菌能产生 SCFA（乳酸、乙酸、异戊酸、丁酸和丙酸），穿透易感细菌的细胞壁，降低细胞质的 pH，导致生理反应中断，使蛋白质、酶和核酸变性，随后导致细胞死亡。Linley 等（2012）研究发现，益生菌产生的过氧化氢与易感原核细胞细胞质中的细胞成分发生反应，导致细胞凋亡和细胞膜破坏。Daneshmand 等（2019）、Ustundag 和 Ozdogan（2019）认为一些益生菌产生的细菌素调节微生物群的组成，细菌素是由细菌产生的小肽，具有抗菌活性，可以在肠道中对机体起到保护作用。一些细菌素也可作为"定植肽"，促进生产菌株进入已占据的生态位并占据优势，作为调节微生物群组成的生长促进剂，或作为与其他细菌或宿主细胞通信的信号分子。Neveling 和 Dicks（2021）认为在革兰氏阴性菌中，（N-

酰基）高丝氨酸内酯通常用作信号分子，而在革兰氏阳性菌中，包括一些细菌素在内的肽被用作信号分子。

益生菌可以产生非特异性免疫调节因子，刺激动物产生干扰素（王绪海等，2019），提高巨噬细胞活性，促进淋巴细胞增殖和成熟，提高 T 和 B 淋巴细胞活力及血清抗体水平（Wang et al.，2019），并提高动物体内 IgA、IgG、IgM 水平（张硕等，2020），增强动物机体免疫功能（吴晶等，20118）。黄金华等（2019）研究发现，益生菌还可以降低血清中丙二醛含量及谷草转氨酶活性，提高其总抗氧化能力。

目前，农业农村部公布的《饲料添加剂品种目录（2013）》及增补版本中可作为饲料添加剂的微生物有植物乳杆菌等 30 余种用于猪、牛、肉鸡、肉鸭及等水产养殖动物。自《进口饲料和饲料添加剂登记管理办法》（2017 年 11 月 30 日农业部令 2017 年第 8 号修订）实施以来，农业部登记在册的（含）微生物饲料添加剂产品就有近 50 种，其中应用最广泛的微生物是芽孢杆菌、酵母菌、乳酸菌。

五、噬菌体及其裂解酶

噬菌体治疗对于防控细菌抗生素耐药性展现出了许多优势，它们能够高度特异性靶向宿主细菌而不影响其他微生物群，因此被认为是非常有潜力替代抗生素的一种安全、有效的抗菌方式。

噬菌体感染细菌后，能够利用细菌的"机器"进行复制，最终导致细菌裂解死亡。基于噬菌体"建造新部件"的抗菌治疗方法，其基本原理是通过对噬菌体建造新的基因，如装载对某种细菌具有特异性识别能力的报告蛋白基因，以及产生能够杀死细菌的毒素蛋白和抗菌肽基因等，能够达到诊断和治疗细菌感染的效果。同时，研究发现通过噬菌体生物学的挖掘，有助于鉴别新的抗菌肽和一些细菌生长必需的基因靶标等（Floss et al.，2006）。

Clavijo 等（2019）研究了在家禽生产系统中大规模使用沙门菌噬菌体的效果，结果表明在饮用水中多次施用噬菌体制剂（Salmo FREE®）是安全的，并且不会影响鸡的行为或其生产性能。在周期结束时（第 33 天），泄殖腔拭子中的沙门菌减少到 0。Tawakol 等（2019）证明，噬菌体通过气管内接种可以显著降低禽致病性大肠杆菌（APEC）的数量，可以降低个体感染 APEC 后临床症状的严重程度和死亡率。Richards 等 （2019）使用噬菌体疗法，可以有效靶向干预肉鸡体内的有害细菌，而对肠道微生物群无害。与对照组相比，CP30A 和 CP20 组成的噬菌体鸡尾酒在 5 天内显著减少了肉鸡肠道中空肠弯曲菌种群数量，并且不影响盲肠和回肠中微生物群的 α 多样性和丰富度。其中，空肠弯曲菌在盲肠中减少得最多。使用该疗法治疗由致病性大肠杆菌引起新生犊牛腹泻时得到了相似的结果，在 6 次直肠给药含有 $10^7 \sim 10^9$ PFU/mL 大肠杆菌噬菌体鸡尾酒的栓剂后，由大肠杆菌引起腹泻症状的新生犊牛的健康状况显著改善。结果显示，这种栓剂具有显著的治疗效果，首次应用噬菌体后 24 h 或 48 h 内直肠温度下降，腹泻减轻或完全消除。除此之外，在使用栓剂后的 3 周内，未在犊牛体内发现致病性大肠杆菌菌株。Guo 等（2021a）从奶牛场的污水中分离出三种裂解性噬菌体并用于治疗患有乳腺炎的奶牛，结果显示噬菌体鸡尾酒显著减少了细菌和炎症因子的数量，缓解了牛乳腺炎的症状，并达到了与抗生素治疗相同的效果。

Seo 等（2018）研究发现噬菌体可以用于治疗感染鼠伤寒沙门菌的断奶仔猪，在用含有 8 种噬菌体（SEP-1、SGP-1、STP-1、SS3eP-1、STP-2、SChP-1、SAP-1 和 SAP-2）且滴度≥10^9 PFU/mL 的噬菌体鸡尾酒处理后，研究人员观察到这种鸡尾酒制剂对沙门菌 ATCC 140281 标准菌株和临床分离菌株分别具有 100% 和 92.5% 的裂解活性；研究结果还证实，在控制猪的细菌感染方面，噬菌体鸡尾酒比单一噬菌体更有效。同时，Svircev 等（2018）研究发现，添加针对沙门菌、大肠杆菌、金黄色葡萄球菌和产气荚膜梭菌等病原体的噬菌体鸡尾酒作为抗生素生长促进剂的替代品，可显著改善生长猪的生长性能。Hosseindoust 等（2017）研究结果也显示，在仔猪饲料中添加噬菌体可以增加猪回肠乳杆菌和盲肠双歧杆菌，减少回肠和盲肠中的梭状杆菌及大肠杆菌，促进仔猪增重。

此外，Heo 等（2018）评估了噬菌体和细菌素联合使用的效果。他们观察到了两种裂解噬菌体 P4、A3 与一种猪肠链球菌细菌素联合使用对从鸡和猪体内分离的产气荚膜梭菌具有协同作用，与单独使用噬菌体或细菌素相比，噬菌体和细菌素的联合治疗显著减少了细菌数量，这表明将噬菌体与细菌素联合使用可能是控制产气荚膜梭菌的一种潜在选择。

目前，噬菌体作为商业化产品正被用于饲料添加剂或消除动物源性食品（肉和肉制品、牛奶和奶制品）中的病原体。Dec 等（2020）研究发现，这些制剂大多已在美国、加拿大、以色列、澳大利亚和一些欧洲国家获得官方批准。例如，美国食品药品监督管理局（FDA）批准了三种噬菌体制剂 List Shield™、Eco Shield™ 和 Salmo Fresh™ 作为减少各种食品细菌污染的有效产品。此外，美国的食品安全指南确认了几种噬菌体制剂可用于肉、禽和蛋制品的生产。例如，美国食品安全检验局（FSIS）允许在屠宰前使用噬菌体清除牲畜皮肤表面的大肠杆菌 O157:H7，也允许在食品中使用噬菌体。目前我国也有一些企业研发噬菌体的相关产品，这些产品可以控制环境中的葡萄球菌、大肠杆菌、绿脓杆菌和沙门菌引起的感染及病禽器官内的大肠杆菌和沙门菌感染，从而减少畜禽乳腺炎、子宫内膜炎、腹泻等疾病的发生，但仍处于研发之中，尚未批准使用。

除了上述噬菌体制剂外，噬菌体编码的蛋白质，如内溶素、外溶素和解聚酶也显示出良好的抗菌活性。内溶素可以从细菌内部裂解细胞壁肽聚糖（PG）。目前已证明内溶素有能力直接杀死革兰氏阳性菌，如产气荚膜梭菌、金黄色葡萄球菌和链球菌等。Swift 等（2018）对产气荚膜梭菌噬菌体 Cp10 和 Cp41 编码的内溶素进行表达纯化，这两种酶对 75 株来自于家禽、猪和牛的产气荚膜梭菌都具有裂解活性，展现出极大的应用潜力。Jun 等（2014）对 MRSA 感染小鼠模型静脉注射内溶素的研究结果显示，静脉注射后可降低血流中的金黄色葡萄球菌数量，并延长小鼠存活时间。Briers 等（2014）认为由于革兰氏阴性菌有一个高度不渗透的外膜（OM），因此大多数内溶素需要聚阳离子剂和螯合剂作为 OM 破坏剂，或者通过基因工程改变内溶素结构才能进入细菌内部。但也有研究表明一些内溶素具有两亲性或高阳离子区域，它们与脂多糖相互作用从而穿过 OM，如沙门菌噬菌体内溶素 SPN9CC（Lim et al.，2014）。

外溶素与内溶素不同，可以从细菌外部降解 PG。金黄色葡萄球菌噬菌体的外溶素 HydH5 截短衍生物和融合蛋白与亲本酶相比表现出对金黄色葡萄球菌的高裂解活性，并显示出与内溶素 LysH5 的抗菌协同作用（Rodriguez-Rubio et al.，2012）。相似的，由噬菌体 K 的尾部相关胞壁裂解酶和溶葡萄球菌蛋白酶 SH3 细胞壁靶向结构域组成的嵌合外溶素 P128 在体外表现出很强的葡萄球菌裂解活性，减少了 MRSA 在大鼠鼻腔的定植（Paul et al.，2011）。

解聚酶能消化细菌细胞壁的多糖。Mushtaq 等（2005）研究结果表明，给大鼠注射具有内唾液酸酶活性的解聚酶可裂解细菌的荚膜多糖，从而抑制大肠杆菌感染。Chen 等（2020b）在使用 Dep6 和 PHB19 治疗的小鼠感染产志贺毒素大肠杆菌模型时还发现，解聚酶不仅能提高小鼠的存活率，还可以显著降低促炎细胞因子水平。Waseh 等（2010）证明，口服具有内啡肽酶活性的尾刺蛋白可减少沙门菌在鸡体内的定植。这可能是由于该种酶与 O 抗原结合，破坏了 LPS 的结构，从而降低了细菌的感染力和致病性。与噬菌体制剂相似，噬菌体溶解酶的商业化产品非常稀少，且主要用于清除食品中的致病菌。目前美国 FDA 只批准了 Nomad Bioscience GmbH 公司研发的一种名为 ENDOLYSIN 的内溶素用于清除熟肉、家禽、肉汁和其他食品中的产气荚膜梭菌。

六、饲用酶制剂

酶制剂是一种生物催化剂，可随着饲料进入动物消化道发挥助消化（蛋白酶等）、杀菌（溶菌酶等）等作用，以提高动物机体免疫力而达到替代抗生素的目的。酶制剂具有特异性高、催化效果好、安全无毒害等优点。饲用酶已在世界许多国家/地区广泛使用，被列为最受欢迎的三种抗生素替代品之一（Waseh et al.，2010）。

目前已有 20 多种酶应用于饲料中，主要包含植酸酶、纤维素酶、蛋白酶、淀粉酶、果胶酶、脂肪酶、溶菌酶等（方程和张佩华，2018）。《饲料添加剂品种目录（2013）》中收录的饲用酶制剂已有 19 种。不同种类的酶制剂在 5 个领域的作用机理具有替代抗生素的潜力：①通过提高日粮消化率，代替抗生素营养代谢功能；②通过降低日粮黏性，代替抗生素减少有害微生物繁殖；③通过直接杀灭细菌，代替抗生素抑制病原菌；④通过降低日粮免疫原性，代替抗生素减少肠道病变坏死；⑤通过产生功能性寡糖和寡肽，代替抗生素控制有害微生物。在这些酶制剂中，选择有针对性的酶制剂进行搭配组合，特别是在传统的复合酶配制的基础上，应用组合酶和配合酶的理论，可以代替过去使用的饲用抗生素在日粮中应用。

1. 饲用酶制剂促生长作用

饲料中添加溶菌酶能够保护动物胃肠道屏障功能，改善动物肠道健康，从而改善生产性能，增强免疫力，提高饲料利用率。例如，Young 等（2012）研究表明，在青贮时添加蛋白酶可以在玉米青贮饲料中获得高瘤胃淀粉消化率。Tanvir 等（2019）选用蛋白酶、淀粉酶、非淀粉多糖酶、类酶（纤维素酶、果胶酶、木聚糖酶、β-葡聚糖酶和 α-半乳糖苷酶）、葡萄糖氧化酶、阿魏酸酯酶和阿拉伯呋喃糖苷酶，总计 10 种酶，组成复合酶制剂，对仔猪日粮进行酶解处理，结果显示酶解后的饲粮，其可利用的营养物质含量提高，抗营养因子含量降低，并可以抑制有害菌的生长。同时，对于基础日粮中部分难降解的纤维导致的饲料利用率下降，可以通过添加植酸酶从而提高其饲料中磷的利用率。郝永胜等（2021）研究发现，在低非植酸磷水平日粮中添加植酸酶可以减少肉鸭饲料中含磷类矿物质饲料的使用，降低非植酸磷水平不足对肉鸭生长的抑制作用。范秋丽等（2019）的研究表明，植酸酶可以水解植酸，释放有机磷，从而提高肉鸡生产性能，提高胫骨密度。

　　饲用酶制剂可分为单一酶制剂和复合酶制剂。单一酶制剂一般均是采用微生物液态发酵法生产的纯酶制剂。复合酶制剂分为两种：一种是通过复配方法，按照不同畜禽生长需求将单一酶制剂进行配制；另一种是通过固态发酵法将单菌株或混合菌接种在固态物料培养基上发酵获得。单一酶制剂在家禽中作用有限，因此研制复合酶产品成为目前的研究热点。例如，Mok 等（2013）评价了不同来源的植酸酶，发现它们作为复合酶饲料添加剂在畜禽上具有更高的效率。刘伟等（2019）研究表明，一种复合酶制剂（低温淀粉酶、蛋白酶、纤维素酶、葡聚糖酶、木聚糖酶、β-甘露聚糖酶、α-半乳糖苷酶、果胶酶和植酸酶）能促进肉鸡肠道发育，增强消化酶活性，提高饲料转化率，并达到改善血清生化指标的效果。谭权和孙得发（2018）选用 50 周龄海兰褐蛋鸡，向饲粮中分别添加 50 g/t、100 g/t、250 g/t 蛋白酶 CIBENZA DP100，结果表明，各加酶处理组的产蛋成本均低于阴性对照组，经济效益均高于阴性对照组；随着蛋白酶 DP100 添加量的增加，料蛋比降低，产蛋成本进一步降低，经济效益进一步提高。

　　酶制剂在畜牧养殖中发挥重要作用。随着研究的不断深入，新型酶制剂产品在畜禽生产中的开发研究逐渐增多，随之国内外此类产品也逐渐增多，应用范围也越来越广泛。例如，Wang 等（2020b）研究发现，低剂量溶菌酶负载丁香酚包封的酪蛋白纳米粒子对革兰氏阳性菌的抑菌效果具有协同作用。肖再利等（2020）选用 40 周龄产蛋率相近的'京粉 1 号'蛋鸡，在基础饲粮中分别添加 200 mg/kg、350 mg/kg 或 500 mg/kg 溶菌酶（酶活力 3110 U/mg）。结果表明，饲粮添加溶菌酶可显著降低蛋鸡平均日采食量，且蛋鸡饲粮中添加 200 mg/kg 溶菌酶效果较好，可降低平均日采食量和料蛋比，提高养殖经济效益。研究表明，补充葡萄糖氧化酶可改善被大肠杆菌 O88 感染的鸭子的生长性能、免疫功能和肠屏障。李向群和李哲（2019）选用 1 日龄健康的肉仔鸡，分别在基础日粮中添加 1000 U/g、2000 U/g、4000 U/g 的葡萄糖氧化酶，结果显示，在日粮中添加葡萄糖氧化酶可以增加肉仔鸡的平均日增重，降低平均日采食量和料重比，提高饲料中粗蛋白质、粗脂肪、有机物的利用率。此外，葡萄糖氧化酶的添加酶还提高了肉仔鸡的生长性能和免疫机能，为新型饲料添加剂的开发提供参考。

　　欧盟食品安全署（EFSA）2020 年 2 月批准了 Avizyme®1505，此产品由木聚糖酶、枯草杆菌蛋白酶和淀粉酶复合，被授权用于鸡和火鸡的育肥，以及鸭和蛋鸡的饲养；此外还有比利时某公司开发的英威 02CS 复合酶（可以作用于单胃动物）、丹尼斯克公司推出的家禽用复合酶制剂爱维生，以及德国 AB 酶制剂公司推出的木聚糖酶+葡聚糖酶复合酶等多类产品。我国企业目前也正在开发一系列产品，如溢多利组合淀粉酶 X-5002，通过先进的微生物发酵技术、体外模拟技术、协同组合等技术生产的酶制剂，具有提高淀粉消化率、控制血糖、提高采食量、缓解热应激等作用；赛乐植酸酶，可提高磷的利用率，替代饲料中部分无机磷，降低饲料成本，提高淀粉、蛋白质、氨基酸、微量元素等营养物质的利用率。

2. 饲用酶制剂抗菌作用

在饲料中添加的酶制剂（包括植酸酶在内），95%以上属于提高饲料原料消化利用率类型，未来饲用酶制剂的研究方向朝着杀菌抑菌等功能性酶制剂方向发展。目前研究较多的酶制剂包括溶菌酶、葡萄糖氧化酶、耐高温 SOD 酶、群体感应淬灭酶等。肽聚糖水解酶、几丁质酶、β-1,3-葡聚糖酶、甘露聚糖酶等溶菌酶可以专门作用于细菌细胞壁，能够破坏细胞壁、细胞膜，抑制或直接杀死细菌。

Arsenault 等（2017）通过激酶组学分析发现在肉鸡日粮中额外添加 β-甘露聚糖能激活多个免疫相关的信号通路，而 β-甘露聚糖酶能消除对应的免疫信号。Du 和 Guo（2021）研究表明，溶菌酶可降低患有坏死性肠炎的肉鸡的死亡率并改善其肠道完整性。Xu等（2020）在母猪日粮中添加 300 mg/kg 溶菌酶，发现在哺乳期间，肠道拟杆菌、放线菌、螺旋体等减少，乳酸杆菌增加。Xiong 等（2019b）研究发现，日粮中添加 1.0 g/kg溶菌酶可以促进肠道菌群中有益菌的生长，调节与甘油、丙酸和丙酮酸代谢相关的微生物代谢功能。Zhao 等（2018）研究发现，在肉鸡的小麦型日粮中添加木聚糖酶，可以提高试验肉鸡肠道中有益菌的数量，降低致病菌的数量。同时，葡萄糖氧化酶、寡糖氧化酶等所产生的过氧化氢可以间接杀死或抑制病原菌。

虽然上述酶制剂在禽类及猪养殖中研究比较多，但在反刍动物、鱼类、毛皮动物和宠物等其他动物方面仍处于探索阶段。一些功能性酶类可以替代抗菌药物消除饲料原料中病原菌的污染。功能性酶制剂具有改善肠道内微生物区系、参与动物内分泌调节以及提高家禽体内激素代谢水平等优势。然而，若要全面应用于除畜禽以外的其他动物生产中，还需要进一步开发出不同动物生产专用的酶制剂配方，以更好地提高畜牧生产性能，替代抗菌药物。

七、其他减抗替抗产品

抗菌肽是多细胞生物免疫防御的重要组成部分，在动物、植物、微生物等生物体内广泛存在，可以从天然来源中提取或者通过化学方法合成（Gan et al.，2021）。抗菌肽的分类方法有很多，其中，根据生物合成机制，抗菌肽可分为核糖体抗菌肽和非核糖体抗菌肽（Koehbach et al.，2021）。目前设计与优化抗菌肽的方法包括传统化学改造和修饰策略、计算机辅助设计等，高通量肽合成和筛选技术加快了该领域的研究进展。我国抗菌肽产品的研究、开发和应用主要集中于动物养殖和保健方面。吴金梅和胡迎利（2018）研究发现，抗菌肽作为饲料添加剂添加到畜禽饲料中，既能有效防止饲料霉变、延长饲料保质期，又能提高动物的抗病能力和饲料利用率。目前，抗菌肽与传统抗生素相比还有很大差距，主要原因是抗菌肽活性还不够理想，且生产成本高、生产方法有待突破、安全性评价需深入研究，尚无资料证明抗菌肽长期使用后病原菌是否可能会产生耐药性。除此之外，抗菌肽结构、作用机制和生物功效的关系有待进一步深入研究。

抗菌肽大多数可迅速产生作用，在细胞膜上发挥功能，激活宿主免疫系统且无残留，提高畜禽及水产动物的生产性能及其免疫功能，对水产品的存活、家禽体内的菌群平衡有着积极作用（董冀欣，2019）。例如，熊海涛等（2019）进行了在哺乳仔猪和保育仔猪无抗日粮中添加肠杆菌肽的研究，结果发现，在无抗日粮中添加 300 mg/kg 肠杆菌肽，可以使哺乳仔猪和保育仔猪的平均日增重出现明显提高，保育仔猪的耗料增重比降低。由此可见，无抗日粮中添加肠杆菌肽具有减少仔猪腹泻、提高生长性能等疗效。李波和韩文瑜（2014）通过研究在断奶仔猪的日粮中添加一定量天蚕素抗菌肽，结果发现，和对照组相比，添加抗菌肽组明显降低了日均采食量，配伍组（基础日粮+250mg/kg 天蚕素抗菌肽+50mg/kg 喹乙醇+200mg/kg 10%硫酸抗敌素）显著降低了日均增重，其料重比和腹泻率同样大幅度降低，表明适宜水平天蚕素抗菌肽能够部分替代抗生素。

抗菌肽可提高鸡的生长性能、消化能力，改善肉品质和产蛋性能。Ma 等（2020）通过往肉鸡日粮中添加一定比例的抗菌肽，发现在基础饲粮中添加抗菌肽可不同程度地提高肉仔鸡的平均日增重，并降低平均日采食量、料重比、发病率及死亡率。同时，抗菌肽还可通过促进免疫器官发育来提高机体免疫功能。抗菌肽 Sublancin 作为抗生素替代物用于肉鸡饲粮中具有潜在的价值。刘莉如等（2012）添加 350 mg/kg 的天蚕素抗菌肽于蛋用鸡基础日粮中，结果显示，蛋用鸡的 IL-6 和 TNF-α mRNA 的相对表达水平有所下降，免疫器官指数和生长性能得到明显提高，从而有效地减轻了蛋鸡肠道炎症的发生，提高了产蛋性能，同时也减少了抗生素的使用。

国外针对抗菌肽的医用医药价值不断开展深入研究，而针对水产业的应用报道较少，尤其是源于海洋生物的抗菌肽基因工程的产品。吴一桂等（2020）研究发现，在饲料中添加 10～30 mg/kg 抗菌肽可以显著提高黄颡鱼的过氧化氢酶活性；添加量不超过 60 mg/kg 抗菌肽能够促进鱼的生长。闫春梅等（2021）使用 84 U/mL 抗菌肽浸泡虹鳟仔鱼 10 次，浸泡第 4 天，试验组免疫相关酶水平明显高于无肽组；浸泡第 15 天，试验组免疫相关酶水平仍高于无肽组健康鱼，抗菌肽组虹鳟存活率高达 95.1%。

酸化剂作为一种饲料添加剂，可用于预防畜禽幼崽的腹泻、促进蛋白质消化、改善动物胃肠道环境、提高动物生长性能、增强机体免疫能力等，以及用于养殖场的饮水消毒和饲料防霉，在一定程度上减少动物疾病的发生率和抗生素的使用（Xiong et al., 2019a）。此外，酸化剂通过降低 pH 以达到广谱杀菌性，并具有调节肠道菌群平衡、促进肠道发育、提高消化酶活性、促进营养物质的吸收和利用、提高动物的生长性能、改善胃肠道微生物区系、增强机体抗应激能力等功效（Nowak et al., 2021）。目前，农业农村部公布的《饲料添加剂品种目录（2013）》及增补版本中可作为饲料添加剂的酸化剂有甲酸、甲酸铵、乙酸等近 20 种。酸化剂成分主要分为有机型酸化剂（柠檬酸、延胡索酸等）与无机型酸化剂（磷酸、盐酸等）的两大类。

酸化剂在单一酸化剂发展的基础上向复合酸化剂发展，复合酸化剂由几种有机酸与无机酸复合而成，充分克服了有机酸化剂的添加剂量大和经济成本高、无机酸化剂功能单一和腐蚀性强的缺陷，既降低了成本，又保证了酸化剂的作用效果，优质的复合催化剂中各成分能很好地协同，其效果远大于单一催化剂的效果（Ahmed et al., 2014）。目前应用比较广泛的是以磷酸为核心的磷酸型、以柠檬酸为核心的柠檬酸型和以乳酸为核心的乳酸型酸化剂。

李忠浩等（2020）研究表明，多糖及寡糖可增强机体的免疫能力，提高畜禽的生长性能，同时在减少药物残留和预防疾病方面效果优良。饲用寡糖及多糖可作为无抗替代品的生物学功能主要有三点：①对肠道微生物的生长和繁殖有调节功能，可促进有益菌繁殖，抑制有害菌的生长或定植；②可调节机体免疫系统，提高畜禽抗病能力，减少畜禽疾病的发生；③改善动物肠道的形态结构，有助于畜禽肠道的发育，有效降低病原菌对畜禽肠道的危害。

2019年，中国出口多糖和寡糖饲料添加剂就高达 10 000 t，生产多糖和寡糖达 7464 t，其中，生产饲料添加剂中多糖和寡糖 3161 t，生产混合型饲料添加剂中多糖和寡糖 4303 t（刘杰和徐丽，2020）。目前，农业农村部公布的《饲料添加剂品种目录（2013）》及增补版本中可作为饲料添加剂的多糖及寡糖有低聚木糖、半乳甘露寡糖等近十余种，2021年国内具备上述饲料添加剂生产许可证的企业共计四十余家。自《进口饲料和饲料添加剂登记管理办法》（2017年11月30日农业部令2017年第8号修订）实施以来，农业部（现为农业农村部）登记在册的（含）多糖及寡糖的进口饲料添加剂产品就有14种。

随着禁用抗生素饲料添加剂政策的实施，寡糖和多糖以其增强免疫和提高生长性能的功效、来源广泛和安全无毒等优点，成为饲料添加剂中抗生素替代物的选择之一。但目前多糖和寡糖在饲料中添加的纯度，以及在不同种属、不同年龄畜禽的饲料中的最优添加量还需要逐渐探索和完善。

有机微量元素是有机配体和金属原子通过整合形成的微量元素螯合物（Pellissery et al.，2019）。添加饲用有机微量元素可促生长、减少疾病发生、增强抗菌能力，同时提高家畜的生长、繁殖和健康状况。在动物饲养中使用的常见有机微量元素包括铁、铜、锌、锰、铬和硒，但是不恰当地使用高剂量微量元素，不仅会对动物健康和生产性能产生不利影响，而且对环境的危害也会直接成为影响人体健康和畜牧业发展的障碍。

第四节　环境耐药性消减技术

众所周知，不合理使用抗生素会导致细菌对抗菌药物的抵抗力增强，但环境在抗菌药物耐药性产生和传播中所起的作用却很少被关注。2017年联合国环境规划署指出，抗生素耐药性对环境的影响已成为全球六大环境新兴问题之一。环境耐药性，即来自尿液、粪便、制药厂家、农业等多途径的抗菌化合物被释放到土壤、水及空气中，进而直接接触天然细菌群落，产生更多的抗生素耐药细菌（antibiotic resistant bacteria，ARB），随着耐药性的传播导致大量的抗生素耐药基因（antibiotic resistance gene，ARG）在环境细菌中积累，从而将耐药性转移到环境中普遍存在的病原体或直接产生新的病原体，严重危害人类健康（Lin et al.，2021）。因此，杜绝抗菌药物的随意使用和处置，避免抗菌药物、相关污染物和耐药细菌被释放到环境中，才能有效抑制新型和更危险的耐药细菌的产生。为了解决水生环境和土壤环境中 ARB 和 ARG 的污染问题，Apreja 等（2022）提出一系列治理策略，包括物理法（紫外消毒、沉淀、膜过滤和吸附）、化学法（氯化、臭氧化、光催化等）和生物法（堆肥化技术、膜生物反应器）。下文将对各类消减技术进行概述。

一、物理法

抗生素耐药细菌和耐药基因在动物液体排泄物和粪便（Pruden et al.，2006；Mckinney et al.，2010）、地表水及相关沉积物（Pruden et al.，2006；Czekalski et al.，2012；Pei et al.，2006）、饮用水处理和分配系统（Pruden et al.，2006；Xi et al.，2009；Ma et al.，2017）等水生环境中广泛存在。紫外线（ultraviolet，UV）是一种波长在 10~400 nm 范围内的不可见光线，是针对环境微生物污染最常用的物理消毒处理方式之一。

紫外消毒可以通过直接和间接作用灭活细菌。杨超等（2020）研究发现，紫外线强度、细菌种属、细胞结构和基因组等因素均能影响紫外灭菌的效果。Chang 等（2017）发现直接作用即短波紫外线能穿过细胞壁、细胞膜和细胞质，直接被核酸吸收，导致相邻的胞嘧啶或胸腺嘧啶形成二聚体使细菌死亡。Dodd 等（2012）发现间接作用即紫外线被细菌胞内或胞外的光敏物质吸收后产生活性氧，氧化细胞膜、蛋白质、核酸和其他细胞物质灭活细菌，其中嘧啶碱基比嘌呤碱基更容易形成破坏核酸活性的物质。Sanganyado 和 Gwenzi（2019）发现紫外线可以穿透细菌细胞膜，直接作用于 DNA。在 315~400 nm（UV-A）范围内，UV 照射可能会促进活性氧化物质的形成，从而对 ARB 和 ARG 造成氧化损伤；200~280 nm（UV-C）的 UV 照射会促进 DNA 中环丁烷嘧啶二聚体的形成，从而抑制 DNA 复制和灭活抗生素耐药细菌。Nihemaiti 等（2020）研究发现，UV 消毒过程可以降解细胞外的 ARG（e-ARG），从而导致基因转化活性的丧失，但在对于细胞内的 ARG（i-ARG）方面消除效率较低，例如，Yoon 等（2017）发现 UV 照射对大肠杆菌 *ampR* 和 *kanR* 的 i-ARG 损伤比 e-ARG 损伤要慢很多。

Childress 等（2014）评估了美国得克萨斯州废水处理厂的废水样品在紫外线处理前后四环素耐药细菌的差异，结果发现紫外消毒后对四环素耐药的大肠杆菌存活率显著降低，表现出对紫外线处理的特殊敏感性，且所有细菌种群的光复活和暗修复效果相当。Guo 等（2013a）对城市污水处理厂废水中抗生素耐药异养细菌及其相关基因的紫外消毒效果进行了评估，结果发现紫外线可以有效降低废水中红霉素和四环素耐药基因的抗生素耐药性。

紫外线对各种 ARB 有显著的灭活作用，但这种作用是选择性的。Guo 等（2013b）研究发现，紫外消毒可以降低水中红霉素、头孢氨苄、庆大霉素和环丙沙星抗性细菌的数量，但会使利福平、磺胺嘧啶、万古霉素、四环素和氯霉素抗性细菌比例增加。Wang 等（2020a）研究发现，紫外消毒并不能完全杀死细菌，由紫外线诱导的处于"有活力但不可培养"的细菌，即一类具有某些生物学活性但不能用常规的培养方法使其生长繁殖和形成菌落的细菌，被认为仍然可以通过光复活或暗修复来重新获得活性，使得经过紫外消毒之后的水仍然存在一定的安全隐患（Manaia et al.，2016；Mcconnell et al.，2018；Becerra-castro et al.，2017）。Wang 等（2020c）研究了紫外消毒对水中耐万古霉素粪肠杆菌（*E. faecalis*）的有效性、光复活和暗修复的影响灭活机制，结果发现紫外消毒可快速灭活耐万古霉素粪肠杆菌，对细胞膜造成损伤，诱导三磷酸腺苷（ATP）含量和超氧化物歧化酶（SOD）活性显著降低。

McKinney 等（2012）检测了紫外消毒对污水处理厂中 4 种 ARG［*mecA*、*vanA*、*tet*(A)

和 *ampC*] 的损害能力，这四种 ARG 以细胞外形式存在于宿主 ARB [耐甲氧西林金黄色葡萄球菌（MRSA）、耐万古霉素屎肠球菌（VRE）、大肠杆菌中大肠杆菌 SMS-3-5 和铜绿假单胞菌] 中，结果发现，两种革兰氏阳性 ARB（MRSA 和 VRE）比两种革兰氏阴性 ARB [大肠杆菌 SMS-3-5 和铜绿假单胞菌] 对紫外消毒的抵抗力更强。这两种革兰氏阳性菌具有较小的总基因组大小，这也可能降低它们对紫外线的敏感性。上述结果表明，紫外线对 ARG 的影响有限，应探索其他消毒技术。

Zhou 等（2020）开发了一种用于去除二级废水中的 ARB 和 ARG 的紫外活化过硫酸盐（UV/PS）技术，结果表明，UV/PS 对大环内酯类耐药菌（MRB）、磺胺类耐药菌、四环素类耐药菌和喹诺酮类耐药菌的灭活效率分别为 96.6%、94.7%、98.0% 和 99.9%。UV/PS 中总 ARG 的减少量达到 3.84 个数量级，比 UV 中的减少量多 0.56 log。

二、化学法

环境耐药性消减的化学方法是指化学消毒药物作用于抗生素或抗生素耐药基因等新型污染物后，蛋白质发生变性，从而失去正常功能，进而产生耐药性消减作用的一类技术，具有高效、广谱、安全等特点。常用的化学消减技术有氯消毒、臭氧消毒、光催化消毒和电化学消毒。

1. 氯消毒

Mckinney 和 Pruden（2012）研究发现含氯消毒剂可在水中生成氧化能力更强的自由氯（free available chlorine，FAC），包括次氯酸（HOCl）和次氯酸根（OCl⁻），称为氯消毒。氯消毒是国内水消毒领域应用最多的消毒技术（范峻雨等，2018）。目前，污水消毒采用的氯化物主要有液氯、二氧化氯和次氯酸盐 3 种（Carvajal et al.，2017；Van et al.，2017；Romanucci et al.，2020）。Michael-Kordatou 等（2018）指出，次氯酸的中性小分子特点使其能扩散到带负电荷的微生物表面，渗透到微生物内部并破坏细菌的磷酸脱氢酶系统导致糖代谢失调，致使细菌死亡，从而减少耐药细菌和耐药基因。同时，自由氯也可以与蛋白质发生氧化作用，对耐药基因和耐药细菌产生一定的削减作用，与此同时，氯消毒去除耐药细菌和耐药基因的效果受多种因素影响，如细菌种类、pH 和含氯消毒剂用量等（Bouki et al.，2013；Pak et al.，2016；Furukawa et al.，2017）。

Akhlaghi 等（2018）通过比较二氧化氯和液氯对乳品废水的消毒效果发现，二氧化氯在水环境中的残留比液氯的残留更为活跃。Furukawa 等（2017）探究了氯化消毒法对万古霉素耐药肠球菌（VRE）的抗生素耐药基因的灭活效果，将 VRE 添加到磷酸盐缓冲液或废水处理厂消毒二级出水中制备成 VRE 悬浮液，在不同的氯浓度和搅拌时间下进行了灭活实验，通过测定肠球菌浓度和抗生素耐药基因含量，发现肠球菌浓度随着氯浓度和搅拌次数的增加而降低。在二级出水悬浮 VRE 的灭活实验中，可培养肠球菌比悬浮 VRE 需要更高的氯浓度和更长的处理时间才能完全杀灭。然而，在 VRE 的所有氯化悬浮液中都检测到抗生素耐药基因。因此，目前氯气消毒虽然能灭活和减少 ARB 的数量，但不能破坏耐药基因。

2. 臭氧消毒

臭氧消毒是一种广泛应用于饮用水或再生水中灭活病原体的消毒技术（Xi et al.，2017）。Zhuang 等（2015）发现臭氧消毒主要利用臭氧与有机分子进行选择性反应并能在水中发生部分分解，生成氧化能力更强的羟基自由基（·OH）来灭活微生物。Zheng 等（2017）认为臭氧可以通过破坏细胞壁和细胞膜进入细胞，通过氧化分解葡萄糖所需的酶类物质或直接破坏细胞器及遗传物质等手段，达到去除耐药细菌和耐药基因的目的。臭氧消毒效果受到多种因素影响。①pH：随着 pH 升高，臭氧分解为·OH 的程度越高，由于·OH 具有无选择性的氧化能力，因此，在一定范围内 pH 的升高有利于抗生素耐药细菌的去除。②臭氧浓度：低臭氧浓度可以灭活大部分细菌，但耐药基因会以游离 DNA 形式进入环境中。因此，Czekalski 等（2016）认为，可以施加较高浓度的臭氧，更加有效地削减耐药基因。③臭氧剂量：若臭氧剂量不足会在水中产生副产物，部分灭活的抗生素耐药细菌复活，危害人体健康（Michael-Kordatou et al.，2017）。

由于含氯消毒剂在水处理中的广泛应用，水中出现了抗氯细菌，严重威胁了公众健康。对此，Ding 等（2019）探究了臭氧消毒法对 7 株饮用水中耐氯细菌和孢子的灭活效果，结果发现，臭氧浓度为 1.5 mg/L 时，细菌（*Aeromonas jandaei*<*Vogesella perlucida*<*Pelomonas*<*Bacillus cereus*<*Aeromonas sobria*）对臭氧的抗性低于孢子（*Bacillus alvei*<*Lysinibacillus fusiformis*<*Bacillus cereus*），随着臭氧浓度和处理时间的增加，耐氯芽孢杆菌灭活率大于 99.9%。此外，耐氯芽孢杆菌的 DNA 含量急剧下降，但仍有约 1/4 的目的基因存在。臭氧处理后，孢子结构呈现收缩和折叠，损伤了细胞结构和基因片段，因此臭氧消毒是一种很有前途的饮用水中抗氯细菌和芽孢的灭活方法。

3. 光催化消毒

近年来，光催化消毒技术引起了人们的极大关注。考虑到可见光占太阳光谱的很大一部分，You 等（2019b）认为发展可见光活性（visible light-active，VLA）光催化剂来处理水污染势在必行，一些新型光催化材料和系统已成为水消毒的理想选择。

Wang 等（2020）制备了高效、可回收、可磁选的 $Ag/AgCl/Fe_3O_4$ 纳米颗粒，并对其进行了综合表征，其作为大肠杆菌 K-12（*E. coli* K-12）的光催化消毒剂，在可见光照射下对大肠杆菌 K-12 具有良好的杀菌性能，$Ag/AgCl$ 和 Fe_3O_4 的协同作用也有助于提高光稳定性和细菌灭活的可重复利用性。该体系潜在的消毒机理始于细胞壁的破坏和细胞组分的渗漏，最终导致细菌细胞的死亡。Zheng 等（2018）以噬菌体 f2 及其宿主 *E. coil* 285 为模型微生物，研究了制备的 $Cu-TiO_2$ 纳米纤维在可见光下的消毒性能，结果表明，所制备的 $Cu-TiO_2$ 纳米纤维在可见光下对噬菌体 f2 和 *E. coil* 285 具有很好的去除能力。初始 pH 对光催化杀菌性能没有显著影响，但在一定范围内，噬菌体 f2 的去除率随催化剂用量、光照强度和温度的增加而增加，随初始病毒浓度的增加而降低。Zhang 等（2018a）创新性地将高效铒-铝-氧化锌光催化燃料电池（photocatalytic fuel cell，PFC）应用于污水处理厂出水处理，实现了有机物的同步高级去除、细菌消毒和污水发电。在所构建的可见光驱动 PFC 系统中，可溶性微生物产物明显减少，细菌总数和大肠杆菌（*E. coli*）计数均显示出 99% 的消除效率。但是，光催化技术还存在着催化剂失活与回收难、光利用率低和消除成本相对较高等问题。

4. 电化学消毒

电化学技术适用于民用和生活污水的消毒与净化。在活性电极材料和非活性电极材料方面，提出了高级氧化法和消毒法等三级处理工艺。陈蕾和王志鹏（2019）研究发现电化学高级氧化技术不仅可以高效去除难降解有机污染物，还可以应用于污水消毒领域，因此电化学消毒已成为一种有效的病毒和细菌灭活技术（Wen et al.，2017）。Li 等（2020a）采用实验室规模的电化学（electrochemical，EC）消毒方法，对 8 类抗生素的 23 个耐药基因的去除效果及其对存活细菌的耐药性进行了评估，结果发现，EC 消毒不仅降低了 ARG 的相对丰度，而且降低了存活细菌的耐药性。因此，电化学是一种很有前途的控制抗生素耐药性传播的消毒方法。Lei 等（2020）建立了一种同时进行固液分离（同时保护电极免受污染）和污水消毒的电化学动态膜过滤（electrochemical dynamic membrane filtration，EDMF）系统，该系统具有高效的消毒效果，可发挥其对废水处理和消毒的潜力。

三、生物法

生物法去除抗生素或抗生素耐药基因主要是通过微生物或植物将环境中的抗生素吸收到体内，再从环境中去除（Zhou et al.，2018）。大多数情况下，被吸收到体内的抗生素还能通过自身的代谢完成消耗。生物法在应用于水体中抗生素的去除时，存在着运行成本低等优势，但李博（2021）认为其也受处理周期较长、微生物生存条件严苛和占地面积广等缺点的限制。

1. 堆肥化技术

堆肥化技术是多种微生物在高温环境下发酵，将有机物矿质化、腐殖化和无害化处理变成腐熟肥料。畜禽在规模化养殖过程中产生大量的粪尿排泄物，给环境造成巨大的压力。2010 年，中国畜禽粪便年排放量约 19 亿 t，其中总污染量达到 2.27 亿 t；2011 年，中国畜禽粪便当量 25.45 亿 t；2017 年，中国畜禽粪污排放总量约 38 亿 t（仇焕广等，2013；朱建春等，2014；范建华等，2018；王小彬等，2021）。

Sarmah 等（2006）认为大部分抗菌药物在肠道内的吸收度低，会以原型形式随粪便和尿液一起排出，因此动物粪肥中可能会含有较高浓度的抗菌药物。这是制约规模化养殖场健康、可持续发展的一个难题。将动物粪便作为肥料施用到农田土壤中，是一种古老又有效的处理方式。武冬（2018）认为这些含有未经代谢的抗菌药物及耐药菌的畜禽粪尿填埋处理有可能造成粪污渗滤液泄漏，导致周边土壤环境耐药性的产生，最终经食物链转移到人类身上，所以新鲜粪便必须要经过处理才能施用到农田土壤中。

据王小彬等（2021）和 Li 等（2018）报道，四环素类（四环素、土霉素等）、喹诺酮类（恩诺沙星、环丙沙星等）、磺胺类、大环内酯类和 β-内酰胺类抗菌药物都已在畜禽粪便中被检出，其中四环素类和喹诺酮类检出浓度较高。这些残留的抗菌药物会造成 ARB 和 ARG 积累与暴发。据 Sardar 等（2021）报道，在新鲜猪粪中，ARG 的绝对丰度（absolute abundance，AA）高达 $10^{11} \sim 10^{13}$/g 干重。

堆肥化是指在人为控制下，将需要堆腐的物质按照一定有机质含量、碳氮比混合，在一定的温度、含水率下，利用自然界存在的微生物（细菌、真菌、放线菌等）和原生动物（蚯蚓、线虫等）将其降解为可溶性养分、腐殖质的生物化学过程。Rebollido 等（2008）认为堆肥化与堆肥是两个不同的概念，堆肥是堆肥化的产物，堆肥化是一个生物化学的反应过程。Franke-Whittle 等（2005）认为在堆肥化过程中，热量会快速积累（温度高达 60～70℃）。范长征（2015）和鲁伦慧（2014）认为堆肥化产生的高温可抑制和杀死堆肥原料中的虫卵、抗菌药物、ARB、ARG 和杂草种子，从而达到无害化的目的。Kim 等（2012）研究发现超过 90% 的四环素类、磺胺类和大环内酯类经过堆肥处理后都会降解。Lu 等（2019）研究表明，当厌氧堆肥时间 30 天、温度 50℃、含水量 50%、pH 9.0 时，可有效降低猪粪便中 ARG、抗生素和重金属的复合污染，堆肥化处理使重金属含量下降 34.7%～57.1%，抗生素水平下降 28.8%～77.8%，但是堆肥化处理并不是对所有的 ARG 都有效。Wang 等（2016）研究发现，四环素类耐药基因 tet(X)、磺胺类耐药基因 sul1 和 sul2 在堆肥发酵过程中消除效果并不明显，其中 tet(X) 的丰度还出现了上升现象。Youngquist 等（2016）认为，由于 ARG 种类繁多，一种处理方法往往仅对某几类 ARG 有效，所以需要提高几种不同处理方式对 ARG 的消除效率，这是当前亟须解决的问题。

鲁伦慧（2014）和 Smet 等（1999）认为，根据微生物对氧气需求不同，堆肥化可分为好氧堆肥化和厌氧堆肥化（厌氧沼气发酵）。好氧堆肥是在通气好、氧气充足的条件下，利用环境微生物或人为添加菌剂对有机固体废弃物进行吸收、氧化和分解的过程。好氧堆肥化过程中起主导作用的微生物是绝对好氧菌和兼性菌。好氧堆肥温度一般在 55～65℃，有时可达 80℃，故又称高温堆肥化。基于堆体温度的变化，典型的好氧堆肥化过程大体可划分为中温期、高温期和腐熟期三个阶段。①中温阶段，亦称产热阶段，堆体温度在 40～45℃范围内。中温性、嗜温性微生物最为活跃，微生物迅速利用堆体中各种可溶性有机物进行新陈代谢，释放出热能，导致堆体温度不断上升，此阶段以需氧型微生物为主。②高温阶段，温度能达到 50℃以上，一般维持 1 周。嗜温性微生物受高温影响，其活性受到抑制，而嗜热性真菌、细菌和放线菌等微生物大量繁殖。堆肥中的水溶性有机质被大量利用，如木质纤维素类开始被剧烈分解。③腐熟阶段，在微生物的内源呼吸后期，较难降解的有机质和堆置过程中产生的腐殖质被降解，此时由于易降解物质的减少，导致微生物活跃度下降，从而使堆体温度降低。在腐熟阶段，嗜热微生物由于不能适应中温环境，数量逐渐减少，嗜温微生物活性增加，继续分解残余的难降解有机质，腐殖质在这一阶段不断累积，此时堆肥基本达到腐熟。Kang 等（2017）发现在 60℃堆肥化处理 96 h 时，猪粪便中 ARG 去除率增加 1 log。Qian 等（2016）在 55℃堆肥化处理 40 d，发现持续高温堆肥化导致 ARG 和两个整合子显著下降，尤其是

tet(C)、*tet*(G)、*tet*(Q)和 *int*(L1)。

Hu 等（2017）研究发现，好氧堆肥化只能处理干燥的粪便，不能处理粪尿混合物，因为粪尿混合物中含有较多的水分，在堆肥化的过程中容易产生厌氧的环境，不利于堆肥化进程。因此，在这种情况下，主要采用厌氧堆肥化（厌氧沼气发酵）处理。

鲁伦慧（2014）发现其堆肥的过程主要分为产酸和产甲烷两个阶段，沼气发酵处理能够消化养殖场大量的排泄物，有效地解决了养殖场的排泄物处理难题。厌氧沼气发酵处理法可以处理污水和粪尿混合物，在缺氧或无氧条件下，利用厌氧微生物进行有机质腐败发酵的分解方法，是养殖场使用最广泛的排泄物处理模式。该方法在处理废物的同时，除了可以产生沼气（H_2S、NH_3、CH_4、CO_2、CO 等）外，还有其他有机酸等还原性产物。厌氧堆肥由于消耗有机质速度慢，所需的时间比好氧堆肥长，完全腐熟通常需要几个月。

厌氧沼气发酵对不同种类抗菌药物的去除率存在差异，对 β-内酰胺和四环素的效率相对较高。据 Gurmessa 等（2020）报道，一些磺胺类药物、氟喹诺酮类药物和大环内酯类药物具有高度持久性，去除率可低至零；相同种类抗菌药物间去除率存在差异，例如，对磺胺甲噁唑和红霉素的降解效果较差（只有不到 40% 的药物被降解）。Youngquist 等（2016）发现厌氧沼气发酵对其他磺胺类药物如磺胺嘧啶、磺胺甲嘧啶、氟苯尼考和泰乐菌素的消除效果则可以达到 99%。

人们根据需要去除的污染物的不同类型，采取不同的堆肥化前处理方法，如根据处理的化学物质（抗菌药物和激素）、药物种类（如四环素与磺胺）的不同，采用不同的方法以达到提高沼气的生产和降解粪便污染物的目的。例如，微波预处理活性炭能去除 87%～95% 的 ARG；Jiang 等（2018a）发现酒生物炭对猪粪便中的磺胺嘧啶和泰乐菌素的去除率分别为 83.76% 和 77.34%；高级厌氧消化和固态厌氧消化能降低与磺胺类、大环内酯类和四环素类药物相关的各种 ARG。此外，在中温厌氧消化之前，用高温预处理能大大减少激素药物的含量。因此，好氧堆肥化和厌氧堆肥化处理都能有效地降低粪便中的抗菌药物、ARB 和 ARG，从而降低或者阻断 ARB/ARG 在动物-环境-人之间的传播。刘元望（2020）通过室内堆肥和大田试验，重点分析了 GFR 堆肥过程中庆大霉素、重金属、抗生素抗性基因（ARG）、重金属抗性基因（MRG）的变化规律和相关机制，结果发现堆肥能够有效降低 GFR 中庆大霉素的含量，降低部分重金属活性，堆肥产物的大田施用也不会对作物生长产生抑制作用，但是菌渣中庆大霉素残留和 ARG 扩散风险并不能完全消除。华北制药集团开发的"利用菌渣、青霉素菌渣生产有机肥料技术"是利用菌渣、青霉素菌渣进行混合发酵，通过微生物使残留的青霉素失去活性、制成有机肥料，经田间实验发现这种肥料对人和动物没有危害且可以增产，还能提高土壤肥力、保证农产品品质。

2. 膜生物反应器

膜生物反应器（membrane bioreactor，MBR）是一种由膜分离单元与生物处理单元相结合的新型处理技术，具有占地面积小、污泥产量低等特点，被广泛应用于生活废水、高浓度有机废水（制药等行业）和畜禽污水中。例如，MBR 对污水处理厂污水中氧氟沙星、磺胺甲噁唑、红霉素的去除率分别为 60.5%、67.5% 和 94.0%，相应传统活性污泥法（conventional activated sludge，CAS）的去除率仅为 23.8%、55.6% 和 23.8%（Sahar et al.，2011）。对甲氧苄啶、磺胺二甲嘧啶、罗红霉素、红霉素和克拉霉素的去除率也都在 60% 以上。Radjenovic 等（2017）研究也发现膜生物反应器对甲氧苄啶去除率高达 99%，与 CAS 相比提高 15%~42%。与 CAS 相比，程雪婷等（2016）和 Le 等（2018）认为 MBR 可将磺胺类和大环内酯类抗生素的去除率提升至 50.0%~90.0%，对 CAS 和 MBR 原始进水口和不同处理阶段 19 种抗生素、10 种抗生素耐药菌和 15 种 ARG 变化情况综合分析发现，CAS 处理抗生素残留超过 70%，ARB 为 5log 去除值（LRV），ARG 为 4.2log LRV，MBR 处理可完全去除 ARB，更有效降低 ARG（4.8 LRV），MBR 在消除 ARB、ARG 和大多数靶向抗生素方面的效果优于 CAS。因此，MBR 在污水处理上具有很大的发展潜力。

MBR 处理含有 ARB 和 ARG 的废水时，主要影响因素为温度、污泥停留时间（sludge retention time，SRT）和水力停留时间（hydraulic retention time，HRT）等。温度主要影响工艺中微生物的活性，低温条件下微生物的活性较弱，ARB 和 ARG 的去除效率降低；适当延长 SRT，会使体系中的污泥浓度升高，增加污泥的吸附性，提高微生物的活性，从而使总体的生物降解能力增强，有助于降低 ARG 绝对丰度（丁佳丽，2015）。Zhang 等（2018）的研究表明，当 SRT 为 50 天时，总 ARG 相对于 16S rDNA 的丰度是 SRT 为 25 天的 2.2 倍。同时，研究发现 HRT 为 40 h 时，不仅总异养菌与肠球菌的去除效果更佳，肠球菌耐药率及携带的 ARG 检出率也更低，且覃彩霞等（2015）研究也发现 MBR 对废水中的 *ermB*、*ermF*、*ermX*、*mefA*、*ereA*、*mphB* 和转移元件 ISCR1、Tn*916/1545* 的相对丰度有较好的消减效果。

四、其他新型方法

1. 强化水解预处理技术

强化水解作为一种新出现的抗生素生产废水处理技术，因其高效性和选择性受到越来越多研究者及环境从业者的关注。一般情况下，一些抗菌药物很难被水解，水解半衰期从几天到几十天不等，所以不能直接用于废水的处理。通过优化水解反应环境，如加入水解催化剂等优化酸、碱反应环境可以加速抗菌药物的水解进程，因此优化水解环境具有实际应用价值。研究发现，优化水解环境可以显著加速四环素和土霉素的水解进程，同时降低废水中的抗菌药物效价。基于以上研究，张昱等（2018）开发了强化催化水解等预处理技术，选择性控制废水中的抗菌药物和耐药基因。同时，针对制药废水中抗生素的强化水解去除，构建了发酵类抗生素的强化水解效能预测模型，发现抗生素分子的能隙值是决定强化水解效能的关键因素之一。Tang 等（2019）将强化水解技术在土霉素生产企业的废水处理系统进行了工程示范。这项研究为发酵类抗生素制药行业废水中抗生素的高效去除技术开发和应用提供了科学基础。杨文（2018）针对螺旋霉素生产废水，采用三种体系的固体酸对其进行强化水解预处理，以期降低废水的浓度并降低其生物有效性及效价。结果表明，可通过优化固体酸的制备条件提高其酸性特性和水解活性，也可通过优化水解条件提高水解速率和水解效能，最终实现对抗生素浓度、效价和产甲烷抑制性的降低。本研究为抗生素生产废水的预处理提供了一种有效的物化处理方法，可为抗生素生产废水的实际处理提供有效的技术支撑。螺旋霉素是临床上广泛使用的一类大环内酯类抗生素，在其生产环节会产生大量含高浓度螺旋霉素的废水。针对螺旋霉素生产废水，固体酸水解是一种有效的处理技术，具有高效率、高选择性等特点。陈政（2019）以螺旋霉素为目标物，在不同的强化手段下研究固体酸水解螺旋霉素的效能，评价其水解产物的抗菌效价，解析螺旋霉素在酸性环境下的水解机制。评价该预处理技术对实际抗生素废水的处理效果，使用氨基磺酸强化杂多酸水解螺旋霉素，优化确定了氨基磺酸的投加量和水解温度。当氨基磺酸投量为 0.3 g/L、杂多酸投量为 1.0 g/L、温度为 35℃时，三种杂多酸与氨基磺酸联合，在 40 min 内均能实现对 20 mg/L 螺旋霉素的有效水解。硅钨酸与氨基磺酸联合时，螺旋霉素及其抗菌效价的去除率均能达到 100%。针对浓度为 433 mg/L 的螺旋霉素生产废水，当杂多酸投加量为 20 g/L、氨基磺酸投加量为 6 g/L 时，40 min 内即可实现螺旋霉素的完全去除及其生物效价显著降低。使用微波强化杂多酸水解螺旋霉素，优选了硅钨酸作为最佳的固体酸。当硅钨酸投加量为 1.0 g/L、微波功率为 200 W 时，在 8 min 时 100 mg/L 螺旋霉素被完全去除，其生物效价去除率达到 98%。总之，所采用的固体酸能够在短时间内有效地处理高浓度螺旋霉素生产废水，初步建立了用于螺旋霉素生产废水快速、高效预处理的技术。

在催化强化水解技术方面，Tang 等（2019）的研究表明 CaO/MgO 固体碱催化剂强化水解抗生素废水中链霉素具有良好的效果，在抗生素生产废水的预处理中表现出良好的应用前景。在强化水解实际工程优化应用及其对 ARG 控制效果方面，采用两个并联运行的上流式厌氧污泥床反应器，用于评估土霉素对厌氧消化和抗性发展的影响，以及增强水解预处理对消除不良反应的有效性。He 等（2020）研究发现，通过采用增强的水解预处理，可以在上流式厌氧污泥床（up-flow anaerobic sludge bed，UASB）反应器中同时实现常规污染物和 ARG 的控制。此外，Yi 等（2016）通过优化温度和 pH 条件，建立了增强水解工艺对四环素生产废水进行预处理的方法，可作为抗生素生产废水的预处理技术。

2. 噬菌体技术

噬菌体能够通过溶原裂解机制，实现对活体宿主细菌的专性"捕食"。噬菌体疗法是指通过分离、筛选制备专属于抗性宿主耐药菌的烈性噬菌体，而后通过向污染环境中投放经培养的噬菌体菌剂，定向侵染并灭活 ARB，从而消除 ARG 的技术方式。Pirnay 等（2018）认为由于噬菌体具有种类多、分布广、对宿主有高度特异性、指数增殖、无残留和副产物等优势，越来越多的人开始研究其在污水中实现耐药细菌去除和控制的可能性。烈性噬菌体可以直接感染并靶向裂解抗生素耐药菌，使得耐药菌体内的抗生素抗性基因释放到环境介质中，并加速自然降解。噬菌体疗法相较于传统的生化、物化修复技术而言，具有靶向性（噬菌体与高度同源性耐药宿主间特有的侵染关系，使得污染环境中健康细菌所受影响较小）、自限性（噬菌体丰度随环境中宿主丰度降低而下降，同时保持对目标致病细菌的持续灭活压力）和所需初始接种量低（噬菌体能够在宿主体内按照指数倍增殖并释放子代噬菌体，子代噬菌体将继续裂解 ARB）等优点。Ye 等（2022）研究发现，多价噬菌体和生物炭联用能够实现农业土壤-植物系统中高丰度的 ARB 的定向失活，进而促进土壤-植物系统中 ARG 的消减，以此证明噬菌体疗法的可行性。Zhang 等（2013）为进一步提高噬菌体技术对耐压细菌和耐药基因的去除效果，其与氯消毒的联合使用可以有效提高污水过滤系统中铜绿假单胞菌的去除率。Li 等（2017）认为与磁性纳米颗粒簇结合可以有效穿透并控制生物膜污染，6 h 对生物膜的去除率为（88.7±2.8）%。虽然噬菌体技术对污水中耐药细菌的去除具有很多优势，但是从环境中分离得到的噬菌体对宿主菌具有高度的专一性，此外，协同进化中细菌产生噬菌体抗性等问题，限制了噬菌体技术的应用。同时，噬菌体可以通过特异性或普遍性转导促进耐药基因转移，存在一定的环境风险。

第五节　存在问题与思考

一、新型兽用抗菌药物创制

加强新药研发力度，创新开发策略以研发新型抗菌药物，是解决细菌耐药性问题的首要方法，同时也将为动物和人类疾病提供突破性的治疗方案，从而带来巨大的经济效益和社会效益。自 21 世纪初以来，在各国政策引导下，新药研发投入有所增加，新上市抗生素数量和质量都有所提升。开发新型抗生素已不再依赖于大规模、低效率的简单筛选模式，利用新兴计算机模拟和人工智能技术可有效提高药物研发的效率。与国际相比，目前我国新型抗菌药物研究依然存在效果不佳、数量少、来源少、种类少、机制研究匮乏等问题。为此，国家在 2016 年发布的《遏制细菌耐药国家行动计划（2016—2020 年）》中指出，支持和鼓励新型抗菌药物的研发是抗击细菌耐药问题的一项重要举措。"十三五"期间，我国在"重大新药创制"国家科技重大专项、国家重点研发计划"食品安全关键技术研究""中医药现代化研究"重点专项、国家自然科学基金等国家科技计划中，对抗菌药物相关领域的研发和研究给予了持续支持。2022 年发布的《遏制微生物耐药国家行动计划（2022—2025 年）》也将研发上市全新抗微生物药物列为 2025 年前需要完成的主要量化指标之一，同时，推动新型抗微生物药物、诊断工具、疫苗、抗微生物药物替代品等研发与转化应用也是行动计划中的主要任务之一。

探索药物新靶点是研发新型抗生素最关键的步骤。传统小分子抗菌药物的作用靶标通常基于细菌生长繁殖过程中的重要生命过程，因而细菌极易进化，产生作用标靶的突变进而出现耐药性。因此，开发不易产生耐药性的新型抗生素药物是学界探索的一个重要方向。随着生命科学和生物技术的不断发展，抗菌药物的研发模式正在发生变革，除了传统新药研发策略外，一些新型抗菌药物和治疗方式呈现出强劲的发展态势，也应成为兽医领域应对动物源细菌耐药性的重要研究方向，例如，阻断细菌侵袭（毒力）因子的新药、抗体-抗菌药物偶联策略的新药、纳米剂型的新抗菌药物、合成生物学与新型抗生素（治疗方式）的发现、基因挖掘出的新抗生素以及新型化学合成思路的新抗菌药物等。未来我们应继续拓展药源分子库，建立全基因组及宿主导向的人工智能筛选天然抗菌活性分子挖掘技术；从抗菌靶点出发，绕开现有抗菌药物已知的靶点，针对动物源耐药菌特有靶点，开展耐药病原菌中新靶点介导的分子抗菌机制研究，确定潜在靶点的核心物质基础和作用机制，开发具有新型抗菌靶点的化合物，创制新型兽用抗菌药物。

此外，开发新型抗生素佐剂也是治疗耐药细菌感染的重要手段。抗生素佐剂的使用可以尽可能保护既有抗生素，同时也能治疗耐药细菌感染，为延长现有抗生素药物的寿命提供了直接途径，主要应用于抗生素与非抗生素之间的联合用药。抗生素佐剂可分为以下两类。①Ⅰ类佐剂作用于细菌代谢或生理活动。Ⅰ类佐剂可进一步分为直接阻断抗药性的化合物（Ⅰa类抑制剂），如β-内酰胺酶抑制剂，以及通过间接机制增强抗生素作用的化合物（Ⅰb类增效剂），如磺胺增效剂甲氧苄啶。He 等（2019）研究发现，细菌耐药机制多是通过表达特定酶来实现，如通过表达 tet(X)酶对四环素类药物进行修饰；Yong 等（2009）认为通过表达 NDM 酶对碳青霉烯类药物进行水解；Liu 等（2016）认为通过表达 MCR 酶对细菌 LPS 上的脂质 A 进行修饰，导致多黏菌素耐药。因此，筛选或设计针对特定耐药酶的抑制剂，通过抑制这些酶的活性，维持药物的抗菌效果，具有良好的开发前景。Ⅰb 类佐剂通过规避内源性抗性机制来增强抗生素活性，如文献报道的一种新型线性短链广谱抗菌增效剂先导化合物 SLAP-S25，通过与细菌外膜脂多糖（LPS）和细胞质膜磷脂酰甘油（PG）结合引起细胞膜损伤。Song 等（2020）通过协同策略增强多种临床常用抗菌药物对多重耐药革兰氏阴性菌的抗菌效果。②Ⅱ类佐剂通过改变宿主生物学过程增强抗生素功效。Ⅱ类佐剂的作用是增强宿主的防御机制，不直接影响细菌，而是对宿主特性起作用以增强抗生素作用。Chandra 等（2016）认为如在微生物天然产物提取物的筛选中鉴定出一种天然产物链霉唑啉，它能够通过磷脂酰肌醇信号转导途径诱导 NF-κB 的产生，并同时释放抗感染细胞因子，刺激肺炎链球菌的巨噬细胞的杀伤功能。这类方法将抗生素与在宿主免疫系统中以多种方式起作用的化合物结合，提供了尚未开发的靶标前景，对药物联用策略控制细菌感染具有重大意义。

二、兽药给药方案优化

相对于兽药新剂型/新工艺，还可以在优化现有抗菌药物的给药方案、提升抗菌药物抑菌/杀菌效果的同时，降低各类抗生素的使用量，从而降低细菌耐药性的产生。例如，联合用药技术可以发挥药物间的协同作用，增加疗效、扩大抗菌范围、降低毒副作用、延缓或减少抗药性的产生等。如果联合用药不合理，不仅不能达到上述目的，反而会增加不良反应率，易产生二重感染、耐药菌株增多，延误治疗。因此，加强兽药联合用药基础研究、优化兽药给药方案是解决细菌耐药性问题的有效手段之一。目前，联合用药技术可从多个方向开展探索。①抗生素+抗生素：可根据耐药突变选择窗理论，优化不同药物的最佳联合给药方案，降低单一药物的突变选择窗，减少细菌耐药性的产生。李淑梅等（2013）研究报道，环丙沙星、左氧沙星、氨苄西林及卡那霉素联合使用治疗猪沙门菌感染时，各单一药物的突变选择窗可以被大大缩小，甚至关闭，有效避免了细菌耐药性的产生；此外，通过提升某种药物的浓度，也可进行联合用药，如革兰氏阴性菌致密的外膜组织是阻止各类革兰氏阳性菌抗菌药物进入细胞内部发挥作用的关键，而多黏菌素破坏革兰氏阴性菌细胞外膜，使各类革兰氏阳性菌抗菌药物进入细胞内部，进而发挥抑菌/杀菌作用。因此，Stokes 等（2017）认为多黏菌素和各类革兰氏阳性菌抗菌剂的联用可有效抑制多黏菌素耐药革兰氏阴性菌的产生。②抗生素+小分子化合物：通过研究各类抗菌药物的不同作用靶点，筛选联合药物作用于细菌生命过程中的不同环节，以实现抗菌药物的协同增效作用，如β-内酰胺类药物与β-内酰胺酶抑制剂的联合使用。③抗生素+中兽药：筛选与现有抗生素联合使用时具有协同作用的中兽药或其他兽药也是当前优化现有抗菌药物给药方案的重要研究方向。任亚林（2020）研究报道，中药百里香酚与新霉素联合使用可协同抑制嗜水气单胞菌等水生动物常见致病菌，有效降低了单一抗生素的使用量及其在水环境中的残留量，避免细菌耐药性的产生。

我国兽药产业起步较晚，药物剂型研发水平及制备技术较为落后，且兽药制剂以粉剂、散剂及预混剂等常规剂型为主。以纳米制剂、微囊化剂型等为代表的新型高效靶向给药系统、载体给药系统和缓控释给药系统等，可显著提高各类兽用抗生素和中药抗菌药物的给药水平，降低抗生素等化学药物的使用量，具有提高药物靶向性、增加药物体内稳定性、提高药物疗效、降低药物毒性、降低化学药物使用量等优点，是目前兽药新剂型/新工艺的发展方向，也将成为对抗当前严重细菌耐药性的重要手段。以纳米制剂为例，原有兽药经纳米化处理后，其靶向性、溶解性和缓释性明显提高，在保证药效的前提下，其给药剂量可大大减少，从而显著减小或避免药物残留及耐药性的产生。除了药物的纳米化，微囊化同样能有效提高药物的稳定性、靶向性及有效性，从而避免细菌耐药性的产生。微囊化技术在中兽药领域的应用能有效解决传统中兽药的诸多局限性，被认为是我国中兽药发展的重要方向。为对抗细菌耐药性，中药抗菌制剂被视为潜在的抗生素替代品，能对抗细菌耐药性。中药抗菌制剂通常以散剂、丸剂、粉剂、汤剂等原始剂型居多，在使用和药效方面具有较大的局限性。将中兽药微囊化，不仅可有效保护中药活性成分，提高产品保存、运输和使用过程中的稳定性，还可以通过缓释及控释，提高药物的靶向性和有效性。

然而，目前兽药新剂型/新工艺还存在诸多技术难点，例如，微囊化剂型的成囊工艺复杂，难以获得粒径分布均匀、囊形饱满、包封率稳定的药物微囊，导致微囊载药率不高。此外，微囊靶位释药速率不易掌控，难以建立相应质量监控指标及评价方法。因此，加强兽药新剂型/新工艺、给药新方案的研发力度，逐一解决兽药新剂型/新工艺的技术难点，发展兽药新剂型/新工艺，提升给药水平，是对抗当前严重细菌耐药性的重要手段。

三、减抗替抗技术及产品开发

相对新型（兽用）抗菌药物研发所需要的技术、时间和资金投入，开发中药抗菌剂、微生态制剂、噬菌体与噬菌体溶解酶、抗菌肽、疫苗与免疫刺激剂、饲用酶制剂、酸化剂、饲用多糖和寡糖、饲用生物活性肽、饲用有机微量元素等各类替抗产品，具有生产周期短、开发成本低、抗菌效果优良等特点，有广阔的发展前景。理想的替抗产品应具备无毒副作用、易被机体清除、无环境残留、不产生耐药性、饲料中稳定、消化道内稳定、对动物适口性无不良影响、不破坏肠道正常菌群、杀灭致病菌、提高动物抗病力、改善饲料转化效率、促进动物生长等功能特征，这也是目前开发各类替抗产品所追求的目标。然而，各类替抗产品仍存在各种缺点，需要进一步加强研究。①中药抗菌剂的研究可以运用生物信息学等新技术扩大中药单体的筛选范围；针对中药未知成分与复方药剂的相互作用进行研究；进一步优化中药提取方式，增强抑菌效果；开展动物体内试验以验证中药在体内的实际抑菌效果等。②饲用微生物研究可聚焦于菌株进入肠道的定植效果，培育优势菌种；改进生产工艺，优化菌株保藏手段，提高活菌存活率；研究饲用微生物耐药性问题，加强饲用微生物的耐药性风险评估，防止活菌制剂本身造成的耐药性污染。③噬菌体与噬菌体溶解酶研究应进一步完善其安全性评价，尤其是揭示免疫系统对噬菌体的应答反应，探明噬菌体能否感染机体正常细胞、在裂解宿主菌时是否会释放大量内毒素，以及释放的内毒素对机体的影响、是否会导致内毒血症等科学问题；研究杀菌谱更广的噬菌体鸡尾酒制剂，克服噬菌体高特异性的问题；制定正确的噬菌体制剂给药剂量、给药方式和给药时间，达到杀菌效果的同时避免噬菌体抗性的产生。④抗菌肽研究需致力于优化分离纯化或化学合成方法以降低生产成本；开展生物安全评估检测，以验证其安全性与活性问题。⑤疫苗与免疫刺激剂研究需特异性针对多重耐药细菌。⑥饲用酶制剂研究应关注酶活性的维持及合理混饲方法。⑦酸化剂研究应注意消除其与饲料中其他成分的相互影响。⑧饲用多糖和寡糖研究应探明不同糖类组合方式的营养特性及其对动物肠道微生态环境的影响机理。⑨饲用生物活性肽研究应进一步发掘新型活性肽，阐明免疫活性肽构效关系，完善免疫活性肽的制备技术。⑩饲用有机微量元素研究应进一步改进生产工艺、降低产品价格等。

四、耐药菌/耐药基因环境污染治理

大规模不合理使用抗菌药物，导致抗菌药物在畜禽产品和养殖环境中大量残留，使病原菌频繁暴露在抗菌药物环境中，导致耐药菌日益增多（肖祖飞，2019）。耐药菌及其携带的可转移性耐药基因在环境、动物和人之间相互流行传播，最终将导致临床中抗菌药物治疗失效，为临床抗感染治疗带来极大挑战，全球应秉承"One Health"的健康理念，致力于实现人类和动物健康及保障生存环境的安全无污染。因此，针对 ARB 和 ARG 引发的环境污染问题，出现了一系列治理策略，如紫外线、光催化消毒、膜生物反应器、堆肥化等处理技术等（Alekshun and Levy，2007；Allcock et al.，2017；Mcewen et al.，2018）。

畜禽在规模化养殖过程中产生大量的粪尿排泄物，因而对环境造成的压力与日俱增。Sarmah 等（2016）研究表明，大部分抗菌药物在肠道内的吸收度低，会以原型形式随粪便和尿液一起排出，因此动物粪肥中可能会含有较高浓度的抗菌药物。武冬（2018）研究发现，这些含有未经代谢的抗菌药物及耐药菌的畜禽粪尿经填埋处理可能造成菌渣渗滤液泄漏，造成周边土壤环境耐药性的产生，最终通过食物链转移到人类身上，导致 ARB 和 ARG 积累与暴发。此外，大部分抗菌药物生产程序复杂，导致原料药利用率低，大量的原药、硫酸盐及其抗菌药物相关物质残留在废水中。例如，在生产过程中，土霉素的残留含量高达 500～1000 mg/L。虽然目前关于抗菌污染、ARB 和 ARG 等方面的研究较多，但这些技术并不能保证完全去除 ARB 和 ARG 污染。此外，对不同耐药菌/基因的迁移机制研究不够深入，特别是关于畜禽养殖场、废弃物、物流链和食物链等环境研究较少。抗菌药物的选择性压力加速耐药菌的出现和扩散，耐药菌在环境中可产生补偿性进化，积累或者产生其他突变来改善适应性代价，致使在抗菌药物的选择压力降低时，耐药菌依旧保持较高的竞争优势。耐药菌会沿着养殖链条发展和传播，给畜禽养殖业造成巨大经济损失，且其流行特点在畜禽养殖环境中的进化特征尚未被探明，因此畜牧业的研究在以下方面仍有待加强。①畜禽养殖中产生的废弃物是耐药菌储存库，对其未能标准化处理会加速耐药菌的传播，因此，废弃物中耐药菌的监测对养殖场的生物安全至关重要，必须采用合理的消杀措施保障安全生产。②畜牧业引起的环境生态系统 ARB/ARG 污染的动力学变化、传播途径及影响因素尤为复杂，生态风险评价难度较大。由于成本的限制和目前生物领域无法克服的技术问题，微生物培养法、qPCR、16S rDNA 测序甚至宏基因组测序均具有一定的意义，但不能完全解释 ARG 的产生和维持机制。③目前对 ARB/ARG 污染类型和机制的了解还只是冰山一角，还有许多知识空白有待探索。转录组学和多组学将有助于提高对 ARB/ARG 生态风险的认识和提供全面的评估。未来应当运用元基因组学等多组学方法对畜牧业造成的有害微生物污染进行更全面的分析和评估，并朝着减少和修复畜牧业造成的生态系统破坏目标迈进。因此，基于"One Health"理念，加强对 ARB/ARG 环境污染的治理，阻断抗生素、抗药基因向环境中释放，在源头控制抗生素的污染，是实现人类、家畜、野生动物、植物和环境健康的重要措施。

参 考 文 献

巴娟, 张勇军, 邓桦, 等. 2019. 替米考星固体分散体的制备与物相鉴定[J]. 中国兽药杂志, 53(1): 44-49.

鲍光明, 王子芳, 林埴, 等. 2019. 四环素胃溶微囊的制备工艺及其体外释放性能研究[J]. 动物医学进展, 40(12): 54-57.

曹珍, 薛璇玑, 张新新, 等. 2020. 临床常见耐药细菌及其天然抗生素增效剂的研究进展[J]. 中草药, 51(22): 5868-5876.

陈代杰. 2017. 新世纪以来全球新型抗菌药物研发及前沿研究进展[J]. 中国抗生素杂志, 42(3): 161-168.

陈蕾, 王志鹏. 2019. 电化学高级氧化技术处理难降解有机废水的影响因素[J]. 应用化工, 48(1): 164-168.

陈鹏, 杨在宾, 黄丽波, 等. 2017. 八角和杜仲叶提取物对断奶仔猪生长性能、血清酶活性及肝脏肿瘤坏死因子-α 分布和表达的影响[J]. 动物营养学报, 29(3): 874-881.

陈群, 陈南菊, 王胜春. 1998. 黄连对大肠杆菌 R 质粒消除作用的实验研究[J]. 广东医学院学报, (Z1): 180-181.

陈群, 王胜春. 1998. 黄芩与止痢灵对大肠杆菌 R 质粒消除作用的研究[J]. 中国微生态学杂志, 2: 18-20.

陈小英. 1985. 大黄素对金黄色葡萄球菌抗生素耐药质粒的消除作用[J]. 南京药学院学报, (2): 48-52.

陈政. 2019. 固体酸强化水解抗生素生产废水中螺旋霉素的研究[D]. 北京: 北京林业大学硕士学位论文.

程巧梅, 王以光, 高美英. 1997. 铜绿假单胞菌临床分离株中外膜蛋白与耐药性的关系研究[J]. 中国抗生素杂志, (6): 44-48.

程雪婷, 杨殿海. 2016. 膜生物反应器处理抗生素废水研究进展[J]. 安徽农业科学, 44(23): 60-66.

程业飞, 胡琴, 王春梅, 等. 2017. 普通和乳化植物甾醇对育肥猪生长性能、血清生化指标和养分消化率的影响[J]. 中国粮油学报, 32(4): 98-102.

崔俊昌, 刘又宁, 王睿, 等. 2004. 4 种氟喹诺酮类药物对金黄色葡萄球菌的防耐药变异浓度[J]. 中华医学杂志, (22): 19-22.

崔俊昌, 刘又宁, 王睿, 等. 2007. 左氧氟沙星药代动力学/药效动力学参数与金黄色葡萄球菌耐药的相关性研究[J]. 中国临床药理学与治疗学, (9): 989-992.

崔兰卿, 吕媛. 2018. 药物代谢动力学/药物效应动力学理论优化 β-内酰胺类抗菌药物抗感染治疗的研究现状[J]. 中国临床药理学杂志, 34(16): 2004-2007.

崔小蝶, 易开放, 杨影影, 等. 2020. 外排泵抑制剂 CCCP 对不同耐药机制介导的沙门菌黏菌素耐药性的逆转作用[J]. 河南农业科学, 49(12): 124-129.

邓名贵, 徐广健, 陈俊文, 等. 2020. 泰利霉素体外抗金黄色葡萄球菌生物膜活性研究[J]. 深圳中西医结合杂志, 30(12): 1-5.

丁佳丽. 2015. 间歇曝气式膜生物反应器对养猪沼液中兽用抗生素去除途径和特性的研究[D]. 上海: 上海师范大学硕士学位论文.

董春柳. 2018. 截短侧耳素类药物与四环素联用对金黄色葡萄球菌抑菌机制研究[D]. 广州: 华南农业大学博士学位论文.

董冀欣. 2019. 抗菌肽及其功能研究[J]. 山西农经, (7): 128.

杜银忠. 2009. 3 种中药对产酶菌 R 质粒消除作用的研究[J]. 青海大学学报(自然科学版), 27(1): 78-81.

范长征. 2015. 堆肥过程中木质素降解及甲烷排放相关功能基因研究[D]. 长沙: 湖南大学博士学位论文.

范建华, 金波, 顾华兵, 等. 2018. 我国部分地区畜禽粪污资源化利用现状调查[J]. 中国家禽, 40(14): 69-72.

范峻雨, 丁昭霞, 赵志伟, 等. 2018. 医院废水消毒技术研究进展[J]. 当代化工, 47(9): 1932-1935, 1941.

范秋丽, 蒋守群, 苟钟勇, 等. 2019. 低钙、磷水平饲粮添加高剂量植酸酶对 1～42 日龄黄羽肉鸡生长性能、胫骨指标和钙磷代谢的影响[J]. 动物营养学报, 31(4): 1743-1753.

方程, 张佩华. 2018. 饲用酶制应用研究进展[J]. 湖南饲料, (2): 30-32, 38.

冯静波, 王涛. 2022. 麻杏石甘口服液防治鸡传染性支气管炎的应用试验[J]. 中国动物保健, 24(2): 117, 122.

冯俊, 张伟, 宋存江. 2013. 细菌内源质粒消除研究进展[J]. 微生物学报, 53(11): 1142-1148.

付海宁, 蒋贻海, 孙亚磊, 等. 2017-11-24. 防治鸡大肠杆菌病的中药组合物、制备方法及应用: 中国, CN201710685814.7 [P/OL].

甘利平, 杨维仁, 张崇玉, 等. 2015. 植物提取物的生物学功能及其作用机理[J]. 动物营养学报, 27(9): 2667-2675.

葛春梅, 蔡悦, 夏潇潇, 等. 2016. 绿茶及其主要化学成分对 MRSA 的抗菌实验研究[J]. 中药材, 39(5): 1163-1165.

顾佳丽, 赵恒, 刘璐, 等. 2020. 芬苯达唑与 β-环糊精包合物的制备及表征[J]. 化学研究与应用, 32(5): 808-812.

国家卫生计生委, 国家发展改革委, 教育部, 等. 2016. 关于印发遏制细菌耐药国家行动计划(2016—2020 年)的通知[Z]. 中华人民共和国国家卫生和计划生育委员会公报: 14-17.

郝敏, 秦晓华. 2018. 无氟喹诺酮类抗菌新药——奈诺沙星[J]. 中国感染与化疗杂志, 18(6): 663-671.

郝永胜, 申仲健, 侯水生, 等. 2021. 植酸酶在肉鸭低非植酸磷水平饲粮中的应用[J]. 动物营养学报,

33(6): 3091-3096.

胡喜兰, 买生, 王新兵, 等. 2004. 兽药阿昔洛韦复方制剂工艺研究及药效评价[J]. 石河子大学学报(自然科学版), (5): 419-421.

黄凤梅, 姜源明, 莫少春, 等. 2017. 乳酸—糖萜素对蛋鸡性能、蛋品质和环境的影响[J]. 中国畜禽种业, 13(2): 134-136.

黄金华, 奚玉莲, 宁国信, 等. 2019. 微生态制剂对生长猪生产性能和血清生化指标的影响[J]. 饲料研究, 42(12): 10-13.

黄敏. 2020. 猪链球菌疫苗分类及特点[J]. 畜牧兽医科学, (11): 40-41.

黄维真, 方金瑞. 1991. 福建沿海底栖放线菌及其产生的抗菌物质[J]. 中国海洋药物, 10(3): 1-6.

黄卫红. 2018. 根黄分散片治疗鸡传染性喉气管炎临床疗效试验[J]. 中兽医医药杂志, 37(3): 38-39.

纪丽丽, 祁根兄, 王传宝, 等. 2018. 中草药提取物对肉鸡生长性能、器官发育、免疫功能及肠道菌群的影响[J]. 中国饲料, (22): 32-36.

姜巨峰, 韩现芹, 周勇, 等. 2021. 饲料中添加天然虾青素对棘颊雀鲷生长性能及体色的影响[J]. 饲料研究, 44(20): 38-42.

蒋公建, 魏世军, 骆世军, 等. 2021. 氟苯尼考与磺胺间甲氧嘧啶配伍后的体外抗菌作用研究[J]. 四川畜牧兽医, 48(7): 22-24.

蒋为薇. 2011. 青蒿琥酯增强 β-内酰胺类抗生素对耐甲氧西林金黄色葡萄球菌(MRSA)脓毒症模型小鼠的保护作用及机制研究[D]. 重庆: 第三军医大学博士学位论文.

蒋增艳, 方树河, 王爱国, 等. 2008. 应用恩特瑞猪回肠炎活疫苗控制回肠炎的报告[C]//中国畜牧兽医学会生物制品学分会, 中国微生物学会兽医微生物学专业委员会——首届中国兽药大会——兽医生物制品学、兽医微生物学学术论坛论文集(2008). 天津: 418-423.

李波, 韩文瑜. 2014. 日粮中添加天蚕素抗菌肽对断奶仔猪生产性能、免疫性能及血清生化指标的影响[J]. 中国畜牧兽医, 41(7): 99-103.

李博. 2021. BiVO_4/PDIsa 无机-有机 Z 型光催化剂的构建及其光催化降解四环素的机理研究[D]. 长沙: 湖南大学硕士学位论文.

李朝霞, 刘又宁, 王睿, 等. 2007. 几种抗菌药物在不同浓度时对金黄色葡萄球菌耐药突变株选择的影响[J]. 中国临床药理学与治疗学, (2): 163-167.

李栋. 2015. 禽源大肠杆菌质粒介导氟喹诺酮类耐药基因的检测及中药消除耐药性研究[D]. 扬州: 扬州大学硕士学位论文.

李改英, 傅彤, 廉红霞, 等. 2010. 糖蜜在反刍动物生产及青贮饲料中的应用研究[J]. 中国畜牧兽医, 37(3): 32-34.

李耿, 刘晓志, 高健, 等. 2018. 新型抗生素的研发进展[J]. 中国抗生素杂志, 43(12): 1463-1468.

李继昌, 于文会, 张秀英, 等. 2011. 乌连颗粒剂对细菌性犊牛腹泻的临床疗效观察[J]. 中国奶牛, (8): 46-48.

李静, 杨靖亚, 杨怡, 等. 2021. 联合用药: 未来抗菌药物研发的趋势[J]. 中国抗生素杂志, 46(7): 633-637.

李俊朋, 陈秋鹏, 孙胜军. 2020. 麻杏石甘散在猪呼吸系统疾病中的应用[J]. 中国动物保健, 22(8): 21.

李美发, 辛均平, 丁鹏举, 等. 2020. 日粮添加甜菜碱对锦江黄牛瘤胃体外发酵特性的影响[J]. 饲料工业, 41(11): 18-21.

李守学, 胡喜军, 张治刚, 等. 2016. 两种天然色素对小麦-豆粕型饲粮蛋鸡蛋品质影响的研究[J]. 饲料工业, 37(22): 10-14.

李守学, 胡喜军, 张治刚, 等. 2017. 不同比例的两种天然色素对蛋鸡蛋黄颜色、生产性能及蛋品质的影响[J]. 饲料工业, 38(6): 12-15.

李淑梅, 郝海玲, 齐永华, 等. 2013. 2 种喹诺酮药物单用及联合氨苄西林或卡那霉素对猪源沙门菌耐药突变选择窗的研究[J]. 中国兽医杂志, 49(8): 32-35.

李帅, 朱金玉, 任旭. 2018. 碳青霉烯类抗菌药物延长或持续输注给药对患者严重感染的临床疗效与安全性及其对细菌清除的影响[J]. 抗感染药学, 15(10): 1713-1715.

李四山, 杜方均, 徐洪滨, 等. 2018. 中兽药制剂"牧可利"哺乳仔猪腹泻治疗试验报告[J]. 中国畜牧兽医文摘, 34(4): 249-250, 203.

李松林, 王进. 2007. 耐药变异预防浓度——抗菌药物耐药研究的新指标[J]. 中国医院药学杂志, (9): 1290-1292.

李笋, 张卫军, 陈大群, 等. 2020. 鲍曼不动杆菌外膜蛋白疫苗的制备及其保护作用评价[J]. 免疫学杂志, 36(2): 93-101.

李伟泽, 韩文霞, 赵宁, 等. 2016. 黄藤素柔性纳米脂质体水凝胶贴剂的制备及体外透皮给药研究[J]. 中国兽药杂志, 50(2): 46-50.

李向群, 李哲. 2019. 葡萄糖氧化酶对肉仔鸡生长性能及免疫机能的影响[J]. 饲料研究, 42(12): 37-40.

李晓, 魏悦, 王学方, 等. 2021. 板蓝根多糖防治鸡传染性支气管炎的试验研究[J]. 中兽医医药杂志, 40(3): 78-82.

李叶, 唐浩国, 刘建学. 2008. 黄酮类化合物抑菌作用的研究进展[J]. 农产品加工(学刊), (12): 53-55, 69.

李忠浩, 王鹏, 褚海义, 等. 2020. 功能性寡糖对肉仔鸡免疫器官指数影响的 Meta 分析[J]. 西南农业学报, 33(7): 1587-1592.

林城丽, 张宝龙, 白东清, 等. 2017. 万寿菊粉对锦鲤生长及抗氧化能力的影响[J]. 中国饲料, (12): 37-41.

刘超怡, 王宇泊, 赵一霖, 等. 2021. 黄藤素与 6 种抗生素联用对禽源耐药金黄色葡萄球菌的体外抗菌作用[J]. 中国兽医杂志, 57(10): 34-37.

刘峰, 邓贵新, 李雪芹, 等. 2019. 蒙特卡洛模拟评价和优化 ICU 鲍曼不动杆菌感染给药方案[J]. 中国新药杂志, 28(22): 2790-2794.

刘桂兰. 2017. 厚朴乳房注入剂(泌乳期)的制剂研究及临床评价[D]. 长春: 吉林大学博士学位论文.

刘杰, 徐丽. 2020. 2019 年我国饲料添加剂概况[J]. 中国饲料, (15): 4-7.

刘莉如, 杨开伦, 滑静, 等. 2012. 抗菌肽对蛋用仔公鸡生长性能、免疫指标及空肠组织相关细胞因子基因 mRNA 表达的影响[J]. 动物营养学报, 24(7): 1345-1351.

刘全永, 胡江春, 薛德林, 等. 2002. 海洋微生物生物活性物质研究[J]. 应用生态学报, (7): 901-905.

刘伟, 夏磊, 王江水, 等. 2019. 饲用复合酶制剂对肉鸡生长性能、血清生化指标及肠道形态和消化酶活性的影响[J]. 中国畜牧杂志, 55(10): 98-102.

刘霞, 郭春玲. 2021. 日粮添加富含 β-胡萝卜素果渣对肉鸡生长性能、肠道形态及免疫功能的影响[J]. 中国饲料, (18): 109-112.

刘鑫, 李宁, 曲正祥, 等. 2016. 苜草素对产蛋高峰期蛋鸡生产性能与饲料养分利用率的影响[J]. 西北农业学报, 25(5): 652-658.

刘彦晶, 张雅洁, 纪雪, 等. 2017. 中药黄芩对 NDM-1 乙酸钙不动杆菌的抑菌及质粒消除的研究[J]. 中国药学杂志, 52(12): 1018-1022.

刘元望. 2020. 庆大霉素菌渣堆肥化处理机制及风险评估[D]. 北京: 中国农业科学院博士学位论文.

刘元元, 王英俊, 张浩, 等. 2016. 天然牛至香酚预混剂对肉鸡生产性能的影响[J]. 畜牧与兽医, 48(2): 57-60.

刘祝英, 王小龙, 秦茂, 等. 2021. 复合多糖对育肥猪生长性能和胴体品质的影响[J]. 猪业科学, 38(4): 32-35.

刘宗新, 潘庆伟, 林凌. 2017. 日粮中添加不同浓度糖萜素对断奶仔猪生产性能及肠道主要菌群的影响[J]. 安徽农学通报, 23(12): 150-152.

卢娜, 邓旭明, 邱家章. 2019. 丹皮酚恢复多粘菌素 b 对产 mcr-1 细菌的抗菌活性[C]//中国畜牧兽医学会兽医药理毒理学分会. 中国畜牧兽医学会兽医药理毒理学分会第十五次学术讨论会论文集. 兰州:

91-92.

鲁伦慧. 2014. 农业废物堆肥中木质素降解功能微生物群落结构研究[D]. 长沙: 湖南大学博士学位论文.

路慧丽, 孙占奎, 赵博, 等. 2018. 抗体偶联抗菌药物的研究进展[J]. 中国抗生素杂志, 43: 932-938.

律海峡, 刘建华, 潘玉善, 等. 2010. 外排泵抑制剂对鸡源大肠杆菌抗菌药物的外排表型特征的影响[J]. 福建农业学报, 25(1): 27-32.

骆雪, 俞伟辉. 2021. 博落回提取物对断奶仔猪生长性能的影响[J]. 畜禽业, 32(3): 19-20.

马超, 李玉峰, 孙尧德, 等. 2018. 中药制剂"扶正止泻散"对仔猪细菌性腹泻的防治试验[J]. 中兽医学杂志, (3): 8-9.

马攀. 2021. 基于左氧氟沙星 pk/Pd 特性的仿制药质量和疗效一致性评价研究[D]. 重庆: 重庆医科大学硕士学位论文.

麦赞健. 2012. 左氧氟沙星、阿莫西林单用及联合用药对幽门螺杆菌的防耐药变异浓度研究[J]. 当代医学, 18(10): 35-36.

蒙光义, 彭评志, 冯桂湘. 2017. 替加环素治疗鲍曼不动杆菌感染的研究进展[J]. 临床合理用药杂志, 10(18): 163-165.

苗强, 肖洋, 何中勤. 2006. 白头翁提取液对铜绿假单胞菌 R 质粒的消除作用[J]. 中药新药与临床药理, (4): 258-9.

聂大平, 高小平, 董枫. 2008. 喹诺酮药物对环丙沙星敏感铜绿假单胞菌防变异浓度[J]. 中国抗生素杂志, (5): 314-316.

牛艺儒, 刘雁军, 宋燕. 2010. 鱼腥草对仔猪副伤寒沙门氏菌耐药质粒消除作用的研究[J]. 饲料广角, (15): 37-38, 50.

庞小磊, 田雪, 王良炎, 等. 2019. 饲料中 n-3/n-6 多不饱和脂肪酸水平对黄河鲤幼鱼生长性能及生长相关基因 mRNA 表达的影响[J]. 水产学报, 43(2): 492-504.

彭密军, 王翔, 彭胜. 2017. 植物提取物在健康养殖中替代抗生素作用研究进展[J]. 天然产物研究与开发, 29(10): 1797-1804.

彭忠, 林盛裕, 韦庭江, 等. 2017. 中草药提取物对广西麻鸡后备母鸡生产性能的影响[J]. 饲料博览, (3): 34-37.

钱淼. 2014. 紫锥菊多糖对奶牛乳房炎主要致病菌的体外抑菌作用[J]. 兽医导刊, (10): 114-114.

乔利敏, 关文怡, 杨久仙, 等. 2017. 紫苏籽提取物对蛋种鸡产蛋高峰后期生产性能、激素水平及繁殖性能的影响[J]. 中国畜牧杂志, 53(4): 88-92.

邱家章. 2012. 黄芩苷抗金黄色葡萄球菌 α-溶血素作用靶位的确证[D]. 长春: 吉林大学博士学位论文.

仇焕广, 廖绍攀, 井月, 等. 2013. 我国畜禽粪便污染的区域差异与发展趋势分析[J]. 环境科学, 34(7): 2766-2674.

区林华, 李斌. 2010. 依据 pk/Pd 参数优化抗菌药物给药方案[J]. 临床合理用药杂志, 3(8): 121-122.

饶聪, 云轩, 虞沂, 等. 2020. 微生物药物的合成生物学研究进展[J]. 合成生物学, 1(1): 92-102.

任淑静, 罗静如, Bussy F, 等. 2020. 石莼绿藻提取物能够增强仔猪的抗病能力[J]. 国外畜牧学(猪与禽), 40(9): 82-87.

任亚林. 2020. 联合用药对水产品中嗜水气单胞菌耐药性的影响研究[D]. 北京: 中国农业科学院硕士学位论文.

邵莉萍, 张继瑜. 2017. 酮内酯类抗生素的研究进展[J]. 黑龙江畜牧兽医, (1): 78-83, 301.

邵谱, 郭立佳, 张娜, 等. 2020. 淫羊藿提取物内控方法初探及初步饲喂试验[J]. 黑龙江畜牧兽医, (9): 140-143.

沈爱宗, 张圣雨, 陈泳伍, 等. 2019. 抗菌药物 PK/PD 理论及其临床应用研究进展[J]. 药学进展, 43(11): 880.

沈惠峰. 2012. 美罗培南优化两步点滴法中不同点滴模型药代动力学/药效动力学参数比较[D]. 苏州: 苏州大学硕士学位论文.

斯日古楞, 刘欢欢, 乌日汗, 等. 2022. 新型抗菌药物及其治疗方式的研究进展[J]. 世界临床药物, 43(9): 1078-1086.

苏胖, 武力, 李美娣, 等. 2020. 免疫刺激剂 CpG ODN 在家禽疾病防控中的研究进展[J]. 中国家禽, 42(10): 94-99.

孙爱华, 方佳琪, 严杰. 2013. 病原菌耐药信号传导机制及多抗原肽疫苗研究进展与发展趋势[J]. 浙江大学学报(医学版), 42(2): 125-130.

孙晓蛟, 金海峰, 闫研, 等. 2020. 不同抗生素替代品组合对断奶仔猪生长性能、腹泻及抗氧化能力的影响[J]. 中国畜牧兽医, 47(2): 460-468.

覃彩霞, 张俊亚, 佟娟, 等. 2015. Mbr工艺处理螺旋霉素制药废水过程中抗生素耐药菌与抗性基因的研究[J]. 生态毒理学报, 10(5): 100-107.

谭权, 孙得发. 2018. 外源蛋白酶对蛋鸡生产性能及经济效益的影响[J]. 中国畜牧杂志, 54(3): 83-86.

王丹阳, 朱晓庆, 谷新利, 等. 2021. 硒化甘草多糖联合抗生素体外抑菌作用及体内免疫调节作用研究[J]. 中国兽医科学, 51(1): 126-134.

王加才, 王成森, 朱术会, 等. 2021. 替米考星纳米乳对人工感染鸡毒支原体病的治疗效果研究[J]. 中国家禽, 43(9): 44-48.

王洁, 朱俊豪, 张斌, 等. 2014. 能逆转细菌耐药性的中药的筛选[J]. 中国药学杂志, 49(21): 1892-1896.

王静, 周媛媛, 张学谅, 等. 2020. 副猪嗜血杆菌疫苗研究进展[J]. 动物医学进展, 41(3): 92-96.

王菊仙, 冯连顺, 刘明亮. 2010. 抗菌药物研发进展[J]. 国外医药(抗生素分册), 31(1): 13-18, 41.

王林. 2013. 基于MPC的美罗培南不同给药方案抑制鲍曼不动杆菌耐药突变的研究[D]. 长沙: 中南大学硕士学位论文.

王钱保, 黎寿丰, 赵振华, 等. 2016. 大豆黄酮对肉种鸡产蛋和繁殖性能的影响[J]. 动物营养学报, 28(2): 593-597.

王书锦, 胡江春, 薛德林, 等. 2001. 中国黄、渤海、辽宁近海地区海洋微生物资源的研究[J]. 锦州师范学院学报(自然科学版), (1): 1-5.

王婷婷, 邓旭明, 邱家章. 2019. MCR-1抑制剂与粘菌素联合治疗MCR-1阳性克雷伯菌肺炎的作用[C]// 中国畜牧兽医学会兽医药理毒理学分会. 中国畜牧兽医学会兽医药理毒理学分会第十五次学术讨论会论文集. 兰州: 86.

王文方, 钟建江. 2019. 合成生物学驱动的智能生物制造研究进展[J].生命科学, 31(4): 413-422.

王文静, 刘伯帅, 陈要鹏, 等. 2017. 苜蓿皂苷对断奶仔猪生长性能、肠道菌群、组织抗氧化能力及相关酶 mRNA 表达的影响[J]. 动物营养学报, 29(12): 4469-4476.

王小彬, 闫湘, 李秀英. 2021. 畜禽粪污厌氧发酵沼液农用之环境安全风险[J]. 中国农业科学, 54(1): 110-139.

王小平, 刘海江, 甄蕾, 等. 2006. 松萝酸对金黄色葡萄球菌耐药质粒的消除作用[J]. 中药材, (1): 36-39.

王晓琴, 文英. 2018. 多重耐药大肠杆菌耐药性与质粒相关性研究[J]. 黑龙江畜牧兽医, (5): 135-138.

王兴中. 2010. β-内酰胺类抗生素的合理应用[J]. 山西医药杂志(下半月刊), 39(3): 214-216.

王绪海, 陶有伦, 杨梅, 等. 2019. "替抗"时代几种饲料添加剂的比较[J]. 中国畜牧业, (19): 85-87.

王雅丽, 张灵枝, 李志君, 等. 2021. 动物源大肠埃希氏菌耐药机制及中药对其耐药性消减的研究进展[J]. 动物医学进展, 42(2): 92-96.

王志强, 周超, 曾勇庆, 等. 2018. 复方黄藿提取物对母仔猪生产性能及健康影响的研究[J]. 养猪, (2): 9-12.

魏永义, 王玉堃. 2016. 中兽药"优净"对鸡传染性支气管炎的防治作用[J]. 山东畜牧兽医, 37(12): 13-14.

文贵辉, 杨海, 刘增再. 2019. 紫花苜蓿多糖对仔猪生长性能及小肠形态的影响[J]. 中国饲料, (16): 40-43.

吴广喜, 石学银, 何斌. 2018. 肺炎克雷伯菌疫苗的研制进展[J]. 上海交通大学学报(医学版), 38(4): 458-462.

吴杰, 邓波, 陈雪颖, 等. 2021. 植物炭黑对饲喂脱氧雪腐镰刀菌烯醇污染饲粮断奶仔猪生长性能、血清抗氧化指标和肠道二糖酶活性的影响[J]. 动物营养学报, 33(10): 5917-5926.

吴金梅, 胡迎利. 2018. 抗菌肽的生产方法与产业化分析[J]. 现代牧业, 2(1): 22-26.

吴晶, 孙强, 彭克高. 2011. 有益微生物在动物营养与保健中的应用[J]. 云南大学学报(自然科学版), 33(S2): 444-447.

吴一桂, 马华威, 杨明伟, 等. 2020. 养殖密度和抗菌肽含量对网箱养殖的黄颡鱼生长性能的影响[J]. 水产学杂志, 33(3): 66-71.

武冬. 2018. 城市固体废弃物卫生填埋处理体系中抗生素抗性基因传播机理与控制研究[D]. 上海: 华东师范大学博士学位论文.

项裕财. 2011. 大蒜芦荟液消除R质粒的实验研究[J]. 皖南医学院学报, 30(6): 447-449.

肖传明, 王蕾, 黄远荣, 等. 2016. 常见植物提取物在饲料中的主要应用研究进展[J]. 广东饲料, 25(12): 29-31.

肖春玲, 姚天爵. 2004. 细菌耐药性与新抗菌药物的研究[J]. 中国医学科学院学报, (4): 351-353.

肖红艳, 屈金涛, 凌浩, 等. 2021. 茶多酚对奶山羊生产性能、血液指标和抗氧化功能的影响[J]. 动物营养学报, 33(8): 4533-4540.

肖再利, 谭清甜, 陈家烙, 等. 2020. 饲粮中添加溶菌酶对蛋鸡生产性能、蛋品质和血清生化指标的影响[J]. 饲料工业, 41(19): 54-59.

肖正中, 周晓情, 黄光云, 等. 2016. 不同添加剂对娟姗奶牛产奶性能及血清hsp70的影响[J]. 黑龙江畜牧兽医, (14): 63-65, 292.

肖祖飞. 2019. 制药污泥的堆肥化对抗生素降解及ARGs转移的影响机制研究[D]. 苏州: 苏州科技大学硕士学位论文.

邢茂, 刘同华, 王琴. 2009. 罗红霉素和阿奇霉素对金黄色葡萄球菌的防耐药突变浓度的研究[J]. 第四军医大学学报, 30(8): 757-760.

熊海涛, 刘扬科, 张志华, 等. 2019. 无抗日粮中添加肠杆菌肽对仔猪生长性能和粪便微生物的影响[J]. 中国畜牧杂志, 55(2): 118-121.

徐道修. 2016. 郁金散水煎剂治疗仔猪黄痢的安全性和有效性研究[D]. 长春: 吉林大学硕士学位论文.

徐怀恕, 张晓华. 1998. 海洋微生物技术[J]. 青岛海洋大学学报(自然科学版), (4): 62-70.

闫春梅, 郑伟, 肖志国, 等. 2021. 抗菌肽不同处理方式对虹鳟免疫指标的影响[J]. 上海海洋大学学报, 30(1): 65-73.

闫戈. 2021. 芡实提取物对克氏原螯虾免疫功能的影响[D]. 扬州: 扬州大学硕士学位论文.

杨宝亭, 王庚南, 黄康东, 等. 2017. 氟苯尼考-羟丙基-β-环糊精包合物的研制[J]. 中国畜牧兽医, 44(6): 1854-1860.

杨超, 马丽丽, 余明, 等. 2020. 污水中耐药细菌及耐药基因去除技术研究进展[J]. 环境科学与技术, 43(8): 43-51.

杨春梅, 马治平, 王志鹏, 等. 2000. 黄连素、溴化乙锭、十二烷基硫酸钠对痢疾杆菌耐药质粒的消除作用[J]. 西北药学杂志, (2): 64-65.

杨帆, 王明华. 2013. 值得期待的新β内酰胺酶抑制剂阿维巴坦及其复合制剂[J]. 第三军医大学学报, 35(23): 2498-2501.

杨铭伟, 剡根强, 王静梅, 等. 2016. 牛支原体(新疆株)灭活疫苗的制备及犊牛免疫保护性评价[J]. 中国动物传染病学报, 24(4): 52-58.

杨奇, 舒刚, 马驰, 等. 2014. 单味中药对3种细菌R质粒消除作用的研究[J]. 黑龙江畜牧兽医(上半月), (19): 154-157.

杨启文, 王辉, 徐英春, 等. 2006. 环丙沙星或阿米卡星联合β-内酰胺类抗生素对多重耐药铜绿假单胞菌的体外联合抑菌效应研究[J]. 中国实用内科杂志, (9): 685-687.

杨文. 2018. 合成固体酸强化水解螺旋霉素效能及机制研究[D]. 北京: 北京林业大学硕士学位论文.

杨幸, 陈婷婷, 肖希龙. 2018. 阿莫西林和硫酸黏菌素对奶牛乳房炎病原菌的体外抑菌试验[J]. 中国兽医杂志, 54(3): 66-69.

杨亚军, 李剑勇, 李冰. 2011. 药动学-药效学结合模型及其在兽用抗菌药物中的应用[J]. 湖北农业科学, 50(1): 114-117, 121.

杨艳, 王厚照, 张玲. 2017. 多重耐药鲍曼不动杆菌氨基糖苷类修饰酶与 16S rRNA 甲基化酶基因的研究[J]. 微生物学杂志, 37(4): 28-33.

杨占涛, 孔凡林, 王吉东, 等. 2021. 甜菜碱与烟酰胺复合制剂对热应激奶牛生产性能、乳品质及血清生化指标的影响[J]. 动物营养学报, 33(6): 3323-3333.

姚金明, 陈秀梅, 刘明哲, 等. 2019. 饲料中添加虾青素对大鳞副泥鳅生长和体色的影响[J]. 饲料工业, 40(8): 46-51.

姚姗姗, 张石磊, 梁存军, 等. 2020. 基于转录组学技术分析绿原酸对鸡源大肠杆菌抑菌及耐药消除的作用机制[J]. 中国畜牧兽医, 47(12): 4156-4165.

殷晔, 张秀红. 2022. 美罗培南法硼巴坦的研究进展[J]. 中国新药与临床杂志, 41(3): 129-133.

殷瑜, 戈梅, 陈代杰. 2013. 新方法新技术与新型抗生素发现[J]. 微生物学通报, 40(10): 1874-1884.

尤建嵩, 徐永平, 牛冬燕, 等. 2003. 鸡卵黄抗体在防治家畜疾病中的应用[J]. 中国饲料, (19): 8-9, 11.

袁晓庆, 王秀颖, 李明, 等. 2020. 头孢洛林治疗金黄色葡萄球菌社区获得性肺炎的研究进展[J]. 临床肺科杂志, 25(5): 782-785.

曾建国. 2022. 饲用替抗产品应用与开发进展[J]. 饲料工业, 43(9): 1-6.

张宝华, 史兰香, 刘斯婕, 等. 2020-06-16. 一种水溶性 γ-聚谷氨酸-替米考星复合物及其制备方法: 中国, CN202010080317.6[P/OL].

张宝龙, 曲木, 赵国营, 等. 2018. 饲料中添加不同含量的万寿菊粉对黄颡鱼生长、肉质及抗氧化能力的影响[J]. 今日畜牧兽医, 34(9): 1-4.

张鹤营. 2021. 具有抗菌活性的新型喹噁啉-N1,N4-二氧化物的设计、合成和作用机制研究[D]. 武汉: 华中农业大学博士学位论文.

张璐璐, 潘超, 冯尔玲, 等. 2020. O2 血清型肺炎克雷伯氏菌多糖结合疫苗的生物合成[J]. 生物工程学报, 36(9): 1899-1907.

张硕, 孟庆翔, 吴浩, 等. 2020. 微生物发酵饲料在反刍动物生产中的应用研究进展[J]. 中国畜牧杂志, 56(1): 25-29.

张文波, 李宏睿, 邓舜洲, 等. 2012. 鸡源大肠杆菌强毒株耐药基因的定位及耐药质粒消除[J]. 中国畜牧兽医, 39(5): 48-51.

张文晋. 2012. 氟喹诺酮类药物的临床应用进展[J]. 临床合理用药杂志, 5(3): 152-153.

张行, 李新圃, 杨峰, 等. 2019. "乳黄消散"对临床型奶牛乳房炎治疗效果[J]. 西北农业学报, 28(7): 1031-1036.

张勇, 张雄, 陆静, 等. 2017. 两种中草药添加剂对从江香猪仔猪生长性能及血清免疫指标的影响[J]. 中国畜牧杂志, 53(2): 127-131.

张昱, 唐妹, 田哲, 等. 2018. 制药废水中抗生素的去除技术研究进展[J]. 环境工程学报, 12(1): 11-14.

赵刚, 田长青, 李静. 2005. 药动学-药效学结合模型的研究进展[J]. 中国临床药理学与治疗学, (5): 361-366.

赵健康, 杨开伦, 张琦智, 等. 2016. 大蒜素对生长期湖羊增重和腹泻率的影响[J]. 黑龙江畜牧兽医, (12): 154-155, 158.

赵梦坡, 朱志森, 黄育浩, 等. 2022. 多杀性巴氏杆菌疫苗研究进展[J]. 广东畜牧兽医科技, 47(6): 45-51.

郑乐怡. 2016. 大叶桉挥发油对耐甲氧西林金黄色葡萄球菌体外抑制及质粒消除作用[J]. 广东医学院学报, 34(2): 149-151.

郑丽莎. 2004. 罗布麻纤维抗菌性能及机理研究[D]. 青岛: 青岛大学硕士学位论文.

钟灵. 2020. 茶黄素与 β-内酰胺类抗生素协同抗 MRSA 作用及机制的初步研究[D]. 长春: 吉林大学硕士学位论文.

钟英杰, 张会梅, 庞云露, 等. 2018. 芪草乳康散治疗奶牛隐性乳房炎的临床疗效试验[J]. 黑龙江畜牧兽医, (23): 165-168.

周平轩, 胡艳丽. 2017. 五倍子降低大肠杆菌耐药性的效果观察[J]. 临床合理用药杂志, 10(4): 107-108.

朱波, 张梅梅, 祖新政, 等. 2019. 家畜产气荚膜梭菌病的诊断与防治[J]. 草食家畜, (4): 46-51.

朱建春, 张增强, 樊志民, 等. 2014. 中国畜禽粪便的能源潜力与氮磷耕地负荷及总量控制[J]. 农业环境科学学报, 33(3): 435-445.

朱俊泰, 刘宗英, 李卓荣. 2015. 抗耐药菌药物研究进展[J]. 中国医药生物技术, 10(2): 161-166.

朱致熹, 张洁琳, 陈依军. 2022. 螯合剂类金属 β-内酰胺酶抑制剂的研究进展[J]. 中国药科大学学报, 53(4): 410-422.

邹全明, 曾浩. 2019. 超级细菌疫苗研究的挑战与策略[J]. 第三军医大学学报, 41(19): 1823-1825, 1827.

左联、姚天爵. 1998. 铜绿假单胞菌外膜通透性与耐药性的关系[J]. 中国抗生素杂志, (4): 4-8, 77..

Abdeen A, Samir A, Elkomy A, et al. 2021. The potential antioxidant bioactivity of date palm fruit against gentamicin-mediated hepato-renal injury in male albino rats[J]. Biomed Pharmacother, 143: 112154.

Abou-Zeid S M, Ahmed A I, Awad A, et al. 2021. Moringa oleifera ethanolic extract attenuates tilmicosin-induced renal damage in male rats via suppression of oxidative stress, inflammatory injury, and intermediate filament proteins mRNA expression[J]. Biomed Pharmacother, 133: 110997.

Adams K N, Szumowski J D, Ramakrishnan L. 2014. Verapamil, and its metabolite norverapamil, inhibit macrophage-induced, bacterial efflux pump-mediated tolerance to multiple anti-tubercular drugs[J]. J Infect Dis, 210(3): 456-466.

Ahmad I, Hao H H, Huang L L, et al. 2015. Integration of PK/PD for dose optimization of cefquinome against *Staphylococcus aureus* causing septicemia in cattle[J]. Front Microbiol, 6: 588.

Ahmad I, Huang L, Hao H, et al. 2016. Application of PK/PD modeling in veterinary field: Dose optimization and drug resistance prediction[J]. Biomed Res Int, 2016: 5465678.

Ahmed S T, Hwang J A, Hoon J, et al. 2014. Comparison of single and blend acidifiers as alternative to antibiotics on growth performance, fecal microflora, and humoral immunity in weaned piglets[J]. Asian Austral J Anim, 27: 93-100.

Akhlaghi M, Dorost A, Karimyan K, et al. 2018. Data for comparison of chlorine dioxide and chlorine disinfection power in a real dairy wastewater effluent[J]. Data in Brief, 18: 886-890.

Aksu E H, Kandemir F M, Kucukler S, et al. 2018. Improvement in colistin-induced reproductive damage, apoptosis, and autophagy in testes via reducing oxidative stress by chrysin[J]. J Biochem Mol Toxicol, 32(11): e22201.

Alekshun M N, Levy S B. 2007. Molecular mechanisms of antibacterial multidrug resistance[J]. Cell, 128(6): 1037-1050.

Algharib S A, Dawood A, Zhou K, et al. 2020. Designing, structural determination and biological effects of rifaximin loaded chitosan- carboxymethyl chitosan nanogel[J]. Carbohydr Polym, 248: 116782.

Allcock S, Young E H, Holmes M, et al. 2017. Antimicrobial resistance in human populations: challenges and opportunities[J]. Glob Health Epidemiol Genom, 2: e4.

Aly H. 2019. Testicular toxicity of gentamicin in adult rats: Ameliorative effect of lycopene[J]. Hum Exp Toxicol, 38(11): 1302-1313.

An J, Zuo G Y, Hao X Y, et al. 2011. Antibacterial and synergy of a flavanonol rhamnoside with antibiotics against clinical isolates of methicillin-resistant *Staphylococcus aureus* (MRSA)[J]. Phytomedicine, 18(11): 990-993.

Angsantikul P, Thamphiwatana S, Zhang Q, et al. 2018. Coating nanoparticles with gastric epithelial cell membrane for targeted antibiotic delivery against *Helicobacter pylori* infection[J]. Adv Ther (Weinh), 1(2): 1800016.

Ansari M A, Raish M, Ahmad A, et al. 2016. Sinapic acid mitigates gentamicin-induced nephrotoxicity and associated oxidative/nitrosative stress, apoptosis, and inflammation in rats[J]. Life Sci, 165: 1-8.

Apreja M, Sharma A, Balda S, et al. 2022. Antibiotic residues in environment: antimicrobial resistance development, ecological risks, and bioremediation[J]. Environ Sci Pollut Res Int, 29(3): 3355-3371.

Arsenault R J, Lee J T, Latham R, et al. 2017. Changes in immune and metabolic gut response in broilers fed β-mannanase in β-mannan-containing diets[J]. Poult Sci, 96(12): 4307-4316.

Askoura M, Mottawea W, Abujamel T, et al. 2011. Efflux pump inhibitors (EPIs) as new antimicrobial agents against *Pseudomonas aeruginosa*[J]. Libyan J Med, 6(1): 5870.

Awad A, Khalil S R, Hendam B M, et al. 2020. Protective potency of astragalus polysaccharides against tilmicosin- induced cardiac injury via targeting oxidative stress and cell apoptosis-encoding pathways in rat[J]. Environ Sci Pollut Res Int, 27(17): 20861-20875.

Badescu G, Bryant P, Bird M, et al. 2014. Bridging disulfides for stable and defined antibody drug conjugates[J]. Bioconjug Chem, 25(6), 1124-1136.

Bagnoli F. 2017. *Staphylococcus aureus* toxin antibodies: Good companions of antibiotics and vaccines[J]. Virulence, 8(7): 1037-1042.

Bahr G, González L J, Vila A J. 2021. Metallo-β-lactamases in the age of multidrug resistance: from structure and mechanism to evolution, dissemination, and inhibitor design[J]. Chem Rev, 121(13): 7957-8094.

Bai X-R, Liu J-M, Jiang D-C, et al. 2018. Efficacy and safety of tigecycline monotherapy versus combination therapy for the treatment of hospital-acquired pneumonia (HAP): a meta-analysis of cohort studies.[J]. J Chemotherapy, 30(3): 172-178.

Bai Y, Liu B, Wang T, et al. 2015. In vitro activities of combinations of rifampin with other antimicrobials against multidrug-resistant *Acinetobacter baumannii*[J]. Antimicrob Agents Chemother, 59(3): 1466-1471.

Baig M, Fatima A, Gao X, et al. 2022. Disrupting biofilm and eradicating bacteria by Ag-Fe$_3$O$_4$@MoS$_2$ MNPs nanocomposite carrying enzyme and antibiotics[J]. J Control Release, 352: 98-120.

Bambeke F V, Glupczynski Y, Plésiat P, et al. 2003. Antibiotic efflux pumps in prokaryotic cells: occurrence, impact on resistance and strategies for the future of antimicrobial therapy[J]. J Antimicrob Chemoth, 51(5): 1055-1065.

Bayomy N A, Elbakary R H, Ibrahim M A A, et al. 2017. Effect of lycopene and rosmarinic acid on gentamicin induced renal cortical oxidative stress, apoptosis, and autophagy in adult male albino Rat[J]. Anat Rec (Hoboken), 300(6): 1137-1149.

Becerra-Castro C, Lopes A R, Teixeira S, et al. 2017. Characterization of bacterial communities from masseiras, a unique portuguese greenhouse agricultural system[J]. Anton Leeuw Int J G, 110(5): 665-676.

Bender K O, Garland M, Ferreyra J A, et al. 2015. A small-molecule antivirulence agent for treating *Clostridium difficile* infection[J]. Sci Transl Med, 7(306): 306ra148.

Blasco P, Zhang C L, Chow H Y, et al. 2021. An atomic perspective on improving daptomycin's activity[J]. Biochim Biophys Acta Gen Subj, 1865(8): 129918.

Bode H B, Bethe B, Hofs R, et al. 2002. Big effects from small changes: Possible ways to explore nature's chemical diversity[J]. Chembiochem, 3(7): 619-627.

Bouki C, Venieri D, Diamadopoulos E. 2013. Detection and fate of antibiotic resistant bacteria in wastewater treatment plants: A review[J]. Ecotox Environ Safe, 91: 1-9.

Bradley J S, Makieieva N, Tøndel C, et al. 2021. Pharmacokinetics, safety, and tolerability of imipenem/cilastatin/relebactam in pediatric participants with confirmed or suspected gram-negative bacterial infections: A Phase 1b, open-label, single-dose clinical trial[J]. Open Forum Infect Di, 8(1): S671.

Briers Y, Walmagh M, Van Puyenbroeck V, et al. 2014. Engineered endolysin-based "Artilysins" to combat multidrug-resistant gram-negative pathogens[J]. mBio, 5(4): e01379-14.

Bulboaca A E, Porfire A S, Rus V, et al. 2022. Protective effect of liposomal epigallocatechin-gallate in experimental gentamicin-induced hepatotoxicity[J]. Antioxidants (Basel), 11(2): 412.

Bush K, Bradford P A. 2019. Interplay between β-lactamases and new β-lactamase inhibitors[J]. Nat Rev Microbiol, 17(5): 295-306.

Bustos P S, Deza-Ponzio R, Paez P L, et al. 2016. Protective effect of quercetin in gentamicin-induced oxidative stress in vitro and in vivo in blood cells. Effect on gentamicin antimicrobial activity[J]. Environ Toxicol Pharmacol, 48: 253-264.

Cabot G, Bruchmann S, Mulet X, et al. 2014. Pseudomonas aeruginosa ceftolozane-tazobactam resistance development requires multiple mutations leading to overexpression and structural modification of AmpC[J]. Antimicrob Agents Chemother, 58(6): 3091-3099.

Cai W H, Fu Y M, Zhang W L, et al. 2016. Synergistic effects of baicalein with cefotaxime against *Klebsiella pneumoniae* through inhibiting CTX-M-1 gene expression[J]. BMC Microbiol, 16(1): 181.

Caron W P, Mousa S A. 2010. Prevention strategies for antimicrobial resistance: a systematic review of the literature[J]. Infect Drug Resist, 3: 25-33.

Carvajal G, Roser D J, Sisson S A, et al. 2017. Bayesian belief network modelling of chlorine disinfection for human pathogenic viruses in municipal wastewater[J]. Water Res, 109: 144-154.

Celik H, Kandemir F M, Caglayan C, et al. 2020. Neuroprotective effect of rutin against colistin-induced oxidative stress, inflammation and apoptosis in rat brain associated with the CREB/BDNF expressions[J]. Mol Biol Rep, 47(3): 2023-2034.

Chandrasekaran S, Cokol-Cakmak M, Sahin N, et al. 2016. Chemogenomics and orthology-based design of antibiotic combination therapies[J]. Mol Syst Biol, 12(5): 872.

Chang P H, Juhrend B, Olson T M, et al. 2017. Degradation of extracellular antibiotic resistance genes with UV254 treatment[J]. Environ Sci Technol, 51(11): 6185-6192.

Chen A Y, Thomas P W, Stewart A C, et al. 2017. Dipicolinic acid derivatives as inhibitors of new delhi metallo-β-lactamase-1[J]. J Med Chem, 60(17): 7267-7283.

Chen C, Gardete S, Jansen R S, et al. 2018. Verapamil targets membrane energetics in *Mycobacterium tuberculosis*[J]. Antimicrob Agents Chemother, 62(5): e02107-17.

Chen F, Lv Y T, Zhu P W, et al. 2021. Dietary *Yucca schidigera* extract supplementation during late gestating and lactating sows improves animal performance, nutrient digestibility, and manure ammonia emission[J]. Front Vet Sci, 8: 676324.

Chen J, Mao Y Q, Xing C H, et al. 2020a. Traditional Chinese medicine prescriptions decrease diarrhea rate by relieving colonic inflammation and ameliorating caecum microbiota in piglets[J]. Evid-Based Compl Alt, 2020: 3647525.

Chen Wenqing, Li Yan, Li Jie, et al. 2016. An unusual UMP C-5 methylase in nucleoside antibiotic polyoxin biosynthesis[J]. Protein Cell, 7(9): 673-683.

Chen Y, Li X, Wang S, et al. 2020. A novel tail-associated O91-specific polysaccharide depolymerase from a podophage reveals lytic efficacy of shiga toxin-producing *Escherichia coli*[J]. Appl Environ Microbiol, 86(9): e00145-20.

Cheng A V, Wuest W M. 2019. Signed, sealed, delivered: Conjugate and prodrug strategies as targeted delivery vectors for antibiotics[J]. Acs Infect Dis, 5(6): 816-828.

Childress H, Sullivan B, Kaur J, et al. 2014. Effects of ultraviolet light disinfection on tetracycline-resistant bacteria in wastewater effluents[J]. J Water Health, 12(3): 404-409.

Chow H Y, Po K H L, Gao P, et al. 2020. Methylation of daptomycin leading to the discovery of kynomycin, a cyclic lipodepsipeptide active against resistant pathogens[J]. J Med Chem, 63(6): 3161-3171.

Christensen H, Bachmeier J, Bisgaard M. 2021. New strategies to prevent and control avian pathogenic *Escherichia coli* (APEC)[J]. Avian Pathol, 50(5): 370-381.

Chu W C, Bai P Y, Yang Z Q, et al. 2018. Synthesis and antibacterial evaluation of novel cationic chalcone derivatives possessing broad spectrum antibacterial activity[J]. Eur J Med Chem, 143: 905-921.

Clavijo V, Baquero D, Hernandez S, et al. 2019. Phage cocktail SalmoFREE® reduces salmonella on a commercial broiler farm[J]. Poultry Sci, 98(10): 5054-5063.

Clemens D L, Lee B Y, Xue M, et al. 2012. Targeted intracellular delivery of antituberculosis drugs to *Mycobacterium tuberculosis*-infected macrophages via functionalized mesoporous silica nanoparticles[J]. Antimicrob Agents Chemother, 56(5): 2535-2545.

Craig W A. 1996. Antimicrobial resistance issues of the future[J]. Diagn Micr Infec Dis, 25(4): 213-217.

Critchley I A, Ochsner U A. 2008. Recent advances in the preclinical evaluation of the topical antibacterial agent REP8839[J]. Curr Opin Chem Biol, 12(4): 409-417.

Cui C, Liu D, Qin X. 2015. Attenuation of streptomycin ototoxicity by tetramethylpyrazine in guinea pig cochlea[J]. Otolaryngol Head Neck Surg, 152(5): 904-911.

Czekalski N, Berthold T, Caucci S, et al. 2012. Increased levels of multiresistant bacteria and resistance genes after wastewater treatment and their dissemination into Lake Geneva, Switzerland[J]. Front Microbiol, 3: 106.

Czekalski N, Imminger S, Salhi E, et al. 2016. Inactivation of antibiotic resistant bacteria and resistance genes by ozone: From laboratory experiments to full-sscale wastewater treatment[J]. Environ Sci Technol, 50(21): 11862-11871.

Dai C S, Ciccotosto G D, Cappai R, et al. 2018. Curcumin attenuates colistin-induced neurotoxicity in N2a cells via anti-inflammatory activity, suppression of oxidative stress, and apoptosis[J]. Mol Neurobiol, 55(1): 421-434.

Dai C S, Tang S S, Deng S J, et al. 2015. Lycopene attenuates colistin-induced nephrotoxicity in mice via activation of the Nrf2/HO-1 pathway[J]. Antimicrob Agents Chemother, 59(1): 579-585.

Dai C S, Tang S S, Wang Y, et al. 2017. Baicalein acts as a nephroprotectant that ameliorates colistin-induced nephrotoxicity by activating the antioxidant defence mechanism of the kidneys and down-regulating the inflammatory response[J]. J Antimicrob Chemoth, 72(9): 2562-2569.

Dai C S, Xiao X L, Zhang Y, et al. 2020b. Curcumin attenuates colistin-induced peripheral neurotoxicity in mice[J]. Acs Infect Dis, 6(4): 715-724.

Dai C, Wang Y, Sharma G, et al. 2020a. Polymyxins-curcumin combination antimicrobial therapy: safety implications and efficacy for infection treatment[J]. Antioxidants (Basel), 9(6): 506.

Daneshmand A, Kermanshahi H, Sekhavati M H, et al. 2019. Antimicrobial peptide, cLF36, affects performance and intestinal morphology, microflora, junctional proteins, and immune cells in broilers challenged with *E. coli*[J]. Sci Rep, 9(1): 14176.

Dec M, Wernicki A, Urban-Chmiel R. 2020. Efficacy of experimental phage therapies in livestock[J]. Anim Health Res Rev, 21(1): 69-83.

Delcour A H. 2009. Outer membrane permeability and antibiotic resistance[J]. Biochim Biophys Acta, 1794(5): 808-816.

Dey D, Ray R, Hazra B. 2015. Antimicrobial activity of pomegranate fruit constituents against drug-resistant *Mycobacterium tuberculosis* and β-lactamase producing *Klebsiella pneumoniae*[J]. Pharm Biol, 53(10): 1474-80.

Dhara L, Tripathi A. 2020. Cinnamaldehyde: a compound with antimicrobial and synergistic activity against ESBL-producing quinolone-resistant pathogenic enterobacteriaceae[J]. Eur J Clin Microbiol, 39(1): 65-73.

DiGiandomenico A, Keller A E, Gao C, et al. 2014. A multifunctional bispecific antibody protects against *Pseudomonas aeruginosa*[J]. Sci Transl Med, 6(262): 262ra155.

Ding W Q, Jin W B, Cao S, et al. 2019. Ozone disinfection of chlorine-resistant bacteria in drinking water[J]. Water Res, 160: 339-349.

Dodd M C. 2012. Potential impacts of disinfection processes on elimination and deactivation of antibiotic resistance genes during water and wastewater treatment[J]. JEM, 14(7): 1754-1771.

Dong H, Xiang H, Mu D, et al. 2019. Exploiting a conjugative CRISPR/Cas9 system to eliminate plasmid harbouring the mcr-1 gene from *Escherichia coli*[J]. Int J Antimicrob Agents, 53(1): 1-8.

Dong X, Chen F, Zhang Y, et al. 2015. In vitro activities of sitafloxacin tested alone and in combination with rifampin, colistin, sulbactam, and tigecycline against extensively drug-resistant *Acinetobacter baumannii*[J]. Int J Clin Exp Med, 8(5): 8135-8140.

Dong Y, Zhao X, Domagala J, et al. 1999. Effect of fluoroquinolone concentration on selection of resistant mutants of *Mycobacterium* bovis BCG and *Staphylococcus aureus*[J]. AAC, 43(7): 1756-1758.

Dorey L, Pelligand L, Lees P. 2017. Prediction of marbofloxacin dosage for the pig pneumonia pathogens *Actinobacillus pleuropneumoniae* and *Pasteurella multocida* by pharmacokinetic/pharmacodynamic modelling[J]. BMC Vet Res, 13(1): 209.

Draz E I, Abdin A A, Sarhan N I, et al. 2015. Neurotrophic and antioxidant effects of silymarin comparable to 4-methylcatechol in protection against gentamicin-induced ototoxicity in guinea pigs[J]. Pharmacol Rep, 67(2): 317-325.

Du E C, Guo Y M. 2021. Dietary supplementation of essential oils and lysozyme reduces mortality and improves intestinal integrity of broiler chickens with necrotic enteritis[J]. Anim Sci J, 92(1): e13499.

Duan W, Liu X, Zhao J, et al. 2022. Porous silicon carrier endowed with photothermal and therapeutic effects for synergistic wound disinfection[J]. ACS Appl Mater Interfaces, 14(43): 48368-48383.

Dumludag B, Derici M K, Sutcuoglu O, et al. 2022. Role of silymarin (*Silybum marianum*) in the prevention of colistin-induced acute nephrotoxicity in rats[J]. Drug Chem Toxicol, 45(2): 568-575.

Edrees N E, Galal A A A, Abdel Monaem A R, et al. 2018. Curcumin alleviates colistin-induced nephrotoxicity and neurotoxicity in rats via attenuation of oxidative stress, inflammation and apoptosis[J]. Chem Biol Interact, 294: 56-64.

Ehmann D E, Jahić H, Ross P L, et al. 2012. Avibactam is a covalent, reversible, non-β-lactam β-lactamase inhibitor[J]. P Natl Acad Sci USA, 109(29): 11663-11668.

Eissa S I, Farrag A M, Shawer T Z, et al. 2017. Design, synthesis, 3D pharmacophore, QSAR, and docking studies of some new (6-methoxy-2-naphthyl) propanamide derivatives with expected anti-bacterial activity as FABI inhibitor[J]. Med Chem Res, 26(10): 2375-2398.

Ejim L, Farha M A, Falconer S B, et al. 2011. Combinations of antibiotics and nonantibiotic drugs enhance antimicrobial efficacy[J]. Nat Chem Biol, 7(6): 348-350.

El-Ashmawy N E, Khedr N F, El-Bahrawy H A, et al. 2018. Upregulation of PPAR-gamma mediates the renoprotective effect of omega-3 PUFA and ferulic acid in gentamicin-intoxicated rats[J]. Biomed Pharmacother, 99: 504-510.

El Atki Y, Aouam I, El Kamari F, et al. 2019. Antibacterial activity of cinnamon essential oils and their synergistic potential with antibiotics[J]. J Adv Pharm Technol Res, 10(2): 63-67.

El Jeni R, Dittoe D K, Olson E G, et al. 2021. Probiotics and potential applications for alternative poultry production systems[J]. Poultry Sci, 100(7): 101156.

Elder D P, Kuentz M, Holm R. 2016. Antibiotic resistance: The need for a global strategy[J]. J Pharm Sci, 105(8): 2278-2287.

Entenza J M, Giddey M, Vouillamoz J, et al. 2010. In vitro prevention of the emergence of daptomycin resistance in *Staphylococcus aureus* and *Enterococci* following combination with amoxicillin/clavulanic acid or ampicillin[J]. Int J Antimicrob Agents, 35(5): 451-456.

Eumkeb G, Sakdarat S, Siriwong S. 2010. Reversing beta-lactam antibiotic resistance of *Staphylococcus aureus* with galangin from *Alpinia officinarum* hance and synergism with ceftazidime[J]. Phytomedicine, 18(1): 40-45.

Fairbrother J M, Nadeau E, Belanger L, et al. 2017. Immunogenicity and protective efficacy of a single-dose live non-pathogenic *Escherichia coli* oral vaccine against F4-positive enterotoxigenic *Escherichia coli* challenge in pigs[J]. Vaccine, 35(2): 353-360.

Fan X Q, Xiao X J, Chen D W, et al. 2021. *Yucca schidigera* extract decreases nitrogen emission via improving nutrient utilisation and gut barrier function in weaned piglets[J]. J Anim Physiol Anim Nutr (Berl), 106(5): 1036-1045.

Farag M R, Elhady W M, Ahmed S Y A, et al. 2019. Astragalus polysaccharides alleviate tilmicosin-induced toxicity in rats by inhibiting oxidative damage and modulating the expressions of HSP70, NF-κB and Nrf2/HO-1 pathway[J]. Res Vet Sci, 124: 137-148.

Feng J C, Cai Z L, Zhang X P, et al. 2020. The effects of oral *Rehmannia glutinosa* polysaccharide administration on immune responses, antioxidant activity and resistance against aeromonas hydrophila in the common carp, *Cyprinus carpio* L.[J]. Front Immunol, 11: 904.

Firsov A A, Smirnova M V, Strukova E N, et al. 2008. Enrichment of resistant *Staphylococcus aureus* at ciprofloxacin concentrations simulated within the mutant selection window: bolus versus continuous infusion[J]. Int J Antimicrob Ag, 32(6): 488-493.

Firsov A A, Vostrov S N, Lubenko I Y, et al. 2003. In vitro pharmacodynamic evaluation of the mutant selection window hypothesis using four fluoroquinolones against *Staphylococcus aureus*[J]. Antimicrob Agents Chemother, 47(5): 1604-1613.

Flaherty D P, Seleem M N, Supuran C T. 2021. Bacterial carbonic anhydrases: underexploited antibacterial therapeutic targets[J]. Future Med Chem, 13(19): 1619-1622.

Flint H J, Scott K P, Duncan S H, et al. 2012. Microbial degradation of complex carbohydrates in the gut[J]. Gut Microbes, 3(4): 289-306.

Floss H G. 2006. Combinatorial biosynthesis—potential and problems[J]. J Biotechnol, 124(1): 242-257.

Franke-Whittle I H, Klammer S H, Insam H. 2005. Design and application of an oligonucleotide microarray for the investigation of compost microbial communities[J]. J Microbiol Meth, 62(1): 37-56.

Furukawa T, Jikumaru A, Ueno T, et al. 2017. Inactivation effect of antibiotic-resistant gene using chlorine disinfection[J]. Water, 9(7): 547.

Gan B H, Gaynord J, Rowe S M, et al. 2021. The multifaceted nature of antimicrobial peptides: current synthetic chemistry approaches and future directions[J]. Chem Soc Rev, 50(13): 7820-7280.

Gautam S, Kim T, Lester E, et al. 2016. Wall teichoic acids prevent antibody binding to epitopes within the cell wall of *Staphylococcus aureus*[J]. Acs Chemical Biology, 11(1): 25-30.

Geng B, Basarab G, Comita-Prevoir J, et al. 2009. Potent and selective inhibitors of *Helicobacter pylori* glutamate racemase (MurI): Pyridodiazepine amines[J]. Bioorg Med Chem Lett, 19(9): 930-936.

Gordon N C, Png K, Wareham D W. 2010. Potent synergy and sustained bactericidal activity of a vancomycin-colistin combination versus multidrug-resistant strains of *Acinetobacter baumannii*[J]. Antimicrob Agents Chemother, 54(12): 5316-5322.

Guo M T, Gao Y, Xue Y B, et al. 2021a. Bacteriophage cocktails protect dairy cows against mastitis caused by drug resistant *Escherichia coli* infection[J]. Front Cell Infect Microbiol, 11: 690377.

Guo M T, Yuan Q B, Yang J. 2013a. Microbial selectivity of UV treatment on antibiotic-resistant heterotrophic bacteria in secondary effluents of a municipal wastewater treatment plant[J]. Water Res, 47(16): 6388-6394.

Guo M T, Yuan Q B, Yang J. 2013b. Ultraviolet reduction of erythromycin and tetracycline resistant heterotrophic bacteria and their resistance genes in municipal wastewater[J]. Chemosphere, 93(11): 2864-2868.

Guo Q, Guo H, Lan T, et al. 2021b. Co-delivery of antibiotic and baicalein by using different polymeric nanoparticle cargos with enhanced synergistic antibacterial activity[J]. Int J Pharm, 599: 120419.

Guo R, Li K, Qin J, et al. 2020. Development of polycationic micelles as an efficient delivery system of antibiotics for overcoming the biological barriers to reverse multidrug resistance in *Escherichia coli*[J]. Nanoscale, 12(20): 11251-11266.

Guo S C, Lei J X, Liu L L, et al. 2021c. Effects of *Macleaya cordata* extract on laying performance, egg quality, and serum indices in Xuefeng black-bone chicken[J]. Poultry Sci, 100(4): 101031.

Guo S C, Liu L L, Lei J X, et al. 2021d. Modulation of intestinal morphology and microbiota by dietary *Macleaya cordata* extract supplementation in Xuefeng black-boned chicken[J]. Animal, 15(12): 100399.

Guo S, Li X, Li Y, et al. 2022. Sitafloxacin pharmacokinetics/pharmacodynamics against multidrug-resistant bacteria in a dynamic urinary tract infection in vitro model[J]. J Antimicrob Chemother, 78(1): 141-149.

Gupta P, Patel D K, Gupta V K, et al. 2017. Citral, a monoterpenoid aldehyde interacts synergistically with norfloxacin against methicillin resistant *Staphylococcus aureus*[J]. Phytomedicine, 34: 85-96.

Gurmessa B, Pedretti E F, Cocco S, et al. 2020. Manure anaerobic digestion effects and the role of pre- and post-treatments on veterinary antibiotics and antibiotic resistance genes removal efficiency[J]. Sci Total Environ, 721: 137532.

Gustafsson T N, Osman H, Werngren J, et al. 2016. Ebselen and analogs as inhibitors of bacillus anthracis thioredoxin reductase and bactericidal antibacterials targeting bacillus species, *Staphylococcus aureus* and *Mycobacterium tuberculosis*[J]. Biochim Biophys Acta, 1860(6): 1265-1271.

Han C, Sun T, Liu Y, et al. 2020. Protective effect of *Polygonatum sibiricum* polysaccharides on gentamicin-induced acute kidney injury in rats via inhibiting p38 MAPK/ATF2 pathway[J]. Int J Biol Macromol, 151: 595-601.

Hanedan B, Ozkaraca M, Kirbas A, et al. 2018. Investigation of the effects of hesperidin and chrysin on renal injury induced by colistin in rats[J]. Biomed Pharmacother, 108: 1607-16.

Hassanein E H M, Ali F E M, Kozman M R, et al. 2021. Umbelliferone attenuates gentamicin-induced renal toxicity by suppression of TLR-4/NF-κB-p65/NLRP-3 and JAK1/STAT-3 signaling pathways[J]. Environ Sci Pollut Res Int, 28(9): 11558-11571.

He T, Wang R, Liu D, et al. 2019. Emergence of plasmid-mediated high-level tigecycline resistance genes in animals and humans[J]. Nat Microbiol, 4(9): 1450-1456.

He Y P, Tian Z, Yi Q Z, et al. 2020. Impact of oxytetracycline on anaerobic wastewater treatment and mitigation using enhanced hydrolysis pretreatment[J]. Water Res, 187: 116408.

Hegazy A M, Abdel-Azeem A S, Zeidan H M, et al. 2018. Hypolipidemic and hepatoprotective activities of rosemary and thyme in gentamicin-treated rats[J]. Hum Exp Toxicol, 37(4): 420-430.

Hemarajata P, Versalovic J. 2013. Effects of probiotics on gut microbiota: mechanisms of intestinal immuno-modulation and neuromodulation[J]. Ther Adv Gastroenter, 6(1): 39-51.

Heo S, Kim M G, Kwon M, et al. 2018. Inhibition of clostridium perfringens using bacteriophages and bacteriocin producing strains[J]. Korean J Food Sci An, 38(1): 88-98.

Hernandez-Patlan D, Solis-Cruz B, Pontin K P, et al. 2019. Impact of a bacillus direct-fed microbial on growth performance, intestinal barrier integrity, necrotic enteritis lesions, and ileal microbiota in broiler chickens using a laboratory challenge model[J]. Front Vet Sci, 6: 108.

Hilbert D W, DeRyke C A, Losada M C, et al. 2021. Relebactam increases imipenem activity against imipenem-nonsusceptible and -susceptible *Pseudomonas aeruginosa* and Enterobacterales: Assessment of isolates from RESTORE-IMI 2[J]. Open Forum Infect Di, 8(1): S631-S632.

Hmani H, Daoud L, Jlidi M, et al. 2017. A *Bacillus subtilis* strain as probiotic in poultry: Selection based on in vitro functional properties and enzymatic potentialities[J]. J Ind Microbiol Biot, 44(8): 1157-1166.

Homma T, Hori T, Sugimori G, et al. 2007. Pharmacodynamic assessment based on mutant prevention concentrations of fluoroquinolones to prevent the emergence of resistant mutants of *Streptococcus pneumoniae*[J]. Antimicrob Agents Chemother, 51(11): 3810-3815.

Horn M P, Zuercher A W, Imboden M A, et al. 2010. Preclinical in vitro and in vivo characterization of the fully human monoclonal IgM antibody KBPA101 specific for *Pseudomonas aeruginosa* serotype IATS-O11[J]. Antimicrob Agents Chemother, 54(6): 2338-2344.

Hosseindoust A R, Lee S H, Kim J S, et al. 2017. Productive performance of weanling piglets was improved by administration of a mixture of bacteriophages, targeted to control *Coliforms* and *Clostridium* spp. shedding in a challenging environment[J]. J Anim Physiol Anim Nutr (Berl), 101(5): e98-e107.

Hu Y A, Cheng H F, Tao S. 2017. Environmental and human health challenges of industrial livestock and poultry farming in China and their mitigation[J]. Environ Int, 107: 111-130.

Ibrahim A E, Abdel-Daim M M. 2015. Modulating effects of *Spirulina platensis* against tilmicosin-induced cardiotoxicity in mice[J]. Cell J, 17(1): 137-144.

Inoue M, Yonemura T, Baber J, et al. 2018. Safety, tolerability, and immunogenicity of a novel 4-antigen *Staphylococcus aureus* vaccine (SA4Ag) in healthy Japanese adults[J]. Hum Vaccin Immunother, 14(11): 2682-2691.

Jenkins R E, Cooper R. 2012. Synergy between oxacillin and manuka honey sensitizes methicillin-resistant *Staphylococcus aureus* to oxacillin[J]. J Antimicrob Chemoth, 67(6): 1405-1407.

Jia Z, He Q, Shan C, et al. 2018. Tauroursodeoxycholic acid attenuates gentamicin-induced cochlear hair cell death in vitro[J]. Toxicol Lett, 294: 20-26.

Jiang B N, Lin Y Q, Mbog J C. 2018a. Biochar derived from swine manure digestate and applied on the removals of heavy metals and antibiotics[J]. Bioresource Technol, 270: 603-611.

Jiang Z, He X, Li J. 2018b. Synergy effect of meropenem-based combinations against *Acinetobacter baumannii*: A systematic review and meta-analysis[J]. Infect Drug Resist, 11: 1083-1095.

Jin J, Zhang J, Guo N, et al. 2011. The plant alkaloid piperine as a potential inhibitor of ethidium bromide efflux in *Mycobacterium smegmatis*[J]. J Med Microbiol, 60(Pt 2): 223-229.

Johnston N J, Mukhtar T A, Wright G D. 2002. Streptogramin antibiotics: Mode of action and resistance[J]. Curr Drug Targets, 3(4): 335-344.

Jun S Y, Jung G M, Yoon S J, et al. 2014. Preclinical safety evaluation of intravenously administered SAL200 containing the recombinant phage endolysin SAL-1 as a pharmaceutical ingredient[J]. Antimicrob Agents Chemother, 58(4): 2084-2088.

Kalia V C, Purohit H J. 2011. Quenching the quorum sensing system: potential antibacterial drug targets[J]. Crit Rev Microbiol, 37(2): 121-140.

Kalle A M, Rizvi A. 2011. Inhibition of bacterial multidrug resistance by celecoxib, a cyclooxygenase-2 inhibitor[J]. Antimicrob Agents Chemother, 55(1): 439-442.

Kandemir F M, Ozkaraca M, Yildirim B A, et al. 2015. Rutin attenuates gentamicin-induced renal damage by reducing oxidative stress, inflammation, apoptosis, and autophagy in rats[J]. Ren Fail, 37(3): 518- 525.

Kang Y J, Li Q, Xia D, et al. 2017. Short-term thermophilic treatment cannot remove tetracycline resistance genes in pig manures but exhibits controlling effects on their accumulation and spread in soil[J]. J Hazard Mater, 340: 213-220.

Karlowsky J A, Laing N M, Baudry T, et al. 2007. In vitro activity of API-1252, a novel FabI inhibitor, against clinical isolates of *Staphylococcus aureus* and *Staphylococcus epidermidis*[J]. Antimicrob Agents Chemother, 51(4): 1580-1581.

Karpiuk I, Tyski S. 2015. Looking for new preparations for antibacterial therapy. IV. New antimicrobial agents from the aminoglycoside, macrolide and tetracycline groups in clinical trials[J]. Przegl Epidemiol, 69(4): 723-729, 865-870.

Keijzer J d, Mulder A, Haas P E, et al. 2016. Thioridazine alters the cell-envelope permeability of *Mycobacterium tuberculosis*[J]. J Proteome Res, 15(6): 1776-1786.

Kern W V. 2006. Daptomycin: first in a new class of antibiotics for complicated skin and soft-tissue infections[J]. Int J Clin Pract, 60(3): 370-378.

Khalil S R, Abdel-Motal S M, Abd-Elsalam M, et al. 2020. Restoring strategy of ethanolic extract of *Moringa oleifera* leaves against tilmicosin-induced cardiac injury in rats: Targeting cell apoptosis-mediated pathways[J]. Gene, 730: 144272.

Khazi-Syed A, Hasan M T, Campbell E, et al. 2019. Single-walled carbon nanotube-assisted antibiotic delivery and imaging in *S. epidermidis* strains addressing antibiotic resistance[J]. Nanomaterials (Basel), 9(12): 1685.

Kim K R, Owens G, Ok Y S, et al. 2012. Decline in extractable antibiotics in manure-based composts during composting[J]. Waste Manage, 32(1): 110-116.

King A M, Reid-Yu S A, Wang W, et al. 2014. Aspergillomarasmine a overcomes metallo-beta-lactamase antibiotic resistance[J]. Nature, 510(7506): 503-506.

Kiratisin P, Apisarnthanarak A, Laesripa C, et al. 2008. Molecular characterization and epidemiology of extended-spectrum-beta-lactamase-producing *Escherichia coli* and *Klebsiella pneumoniae* isolates causing health care-associated infection in Thailand, where the CTX-M family is endemic[J]. Antimicrob Agents Chemother, 52(8): 2818-2824.

Koehbach J, Craik D J. 2019. The vast structural diversity of antimicrobial peptides[J]. Trends Pharmacol Sci, 40(7): 517-528.

Koseki Y, Kanetaka H, Tsunosaki J, et al. 2017. Tetrahydro-2-furanyl-2, 4(1H, 3H)-pyrimidinedione derivatives as novel antibacterial compounds against *Mycobacterium*[J]. Int J Mycobact, 6(1): 61-69.

Koutsianos D, Gantelet H, Franzo G, et al. 2020. An assessment of the level of protection against colibacillosis conferred by several autogenous and/or commercial vaccination programs in conventional pullets upon experimental challenge[J]. Vet Sci, 7(3): E80.

Lang A B, Rudeberg A, Schoni M H, et al. 2004. Vaccination of cystic fibrosis patients against *Pseudomonas aeruginosa* reduces the proportion of patients infected and delays time to infection[J]. Pediatr Infect Dis

J, 23(6): 504-510.

Le T H, Ng C, Tran N H, et al. 2018. Removal of antibiotic residues, antibiotic resistant bacteria and antibiotic resistance genes in municipal wastewater by membrane bioreactor systems[J]. Water Res, 145: 498-508.

Lee R E, Hurdle J G, Liu J, et al. 2014. Spectinamides: A new class of semisynthetic antituberculosis agents that overcome native drug efflux[J]. Nat Med, 20(2): 152-158.

Lee T W, Bae E, Kim J H, et al. 2019. The aqueous extract of aged black garlic ameliorates colistin-induced acute kidney injury in rats[J]. Ren Fail, 41(1): 24-33.

Lehar S M, Pillow T, Xu M, et al. 2015. Novel antibody-antibiotic conjugate eliminates intracellular *S. aureus*[J]. Nature, 527(7578): 323-328.

Lei Q, Zheng J, Ma J, et al. 2020. Simultaneous solid-liquid separation and wastewater disinfection using an electrochemical dynamic membrane filtration system[J]. Environ Res, 180: 108861.

Li H N, Zhang Z G, Duan J T, et al. 2020a. Electrochemical disinfection of secondary effluent from a wastewater treatment plant: Removal efficiency of ARGs and variation of antibiotic resistance in surviving bacteria[J]. Chem Eng J, 392: 123674.

Li H, Chen Y, Zhang B, et al. 2016. Inhibition of sortase a by chalcone prevents *Listeria monocytogenes* infection[J]. Biochem Pharmacol, 106: 19-29.

Li L L, Yu P F, Wang X F, et al. 2017. Enhanced biofilm penetration for microbial control by polyvalent phages conjugated with magnetic colloidal nanoparticle clusters (CNCs)[J]. Environ Sci-Nano, 4(9): 1817-1826.

Li P, Liu S, Cao W, et al. 2020b. Low-toxicity carbon quantum dots derived from gentamicin sulfate to combat antibiotic resistance and eradicate mature biofilms[J]. Chem Commun (Camb), 56(15): 2316-9.

Li S, Shi W Z, Liu W, et al. 2018. A duodecennial national synthesis of antibiotics in china's major rivers and seas (2005-2016)[J]. Sci Total Environ, 615: 906-917.

Li Z L, Lin H, Zhou J W, et al. 2021. Synthesis and antimicrobial activity of the hybrid molecules between amoxicillin and derivatives of benzoic acid[J]. Drug Develop Res, 82(2): 198-206.

Liang W, Liu X-F, Huang J, et al. 2011. Activities of colistin- and minocycline-based combinations against extensive drug resistant *Acinetobacter baumannii* isolates from intensive care unit patients[J]. BMC Infectious Diseases, 11: 109.

Lim J A, Shin H, Heu S, et al. 2014. Exogenous lytic activity of SPN9CC endolysin against gram-negative bacteria[J]. J Microbiol Biotechnol, 24(6): 803-811.

Lin Z B, Yuan T, Zhou L, et al. 2021. Impact factors of the accumulation, migration and spread of antibiotic resistance in the environment[J]. Environ Geochem Hlth, 43(5): 1741-1758.

Linley E, Denyer S P, McDonnell G, et al. 2012. Use of hydrogen peroxide as a biocide: new consideration of its mechanisms of biocidal action[J]. J Antimicrob Chemoth, 67(7): 1589-1596.

Liu C S, Liang X, Wei X H, et al. 2019. Gegen qinlian decoction treats diarrhea in piglets by modulating gut microbiota and short-chain fatty acids[J]. Front Microbiol, 10: 825.

Liu C, Zhang C, Lv W J, et al. 2017. Structural modulation of gut microbiota during alleviation of suckling piglets diarrhoea with herbal formula[J]. Evid-Based Compl Alt, 2017: 8358151.

Liu M J, Lu Y L, Gao P, et al. 2020. Effect of curcumin on laying performance, egg quality, endocrine hormones, and immune activity in heat-stressed hens[J]. Poultry Sci, 99(4): 2196-2202.

Liu Y Y, Wang Y, Walsh T R, et al. 2016. Emergence of plasmid-mediated colistin resistance mechanism MCR-1 in animals and human beings in China: a microbiological and molecular biological study[J]. Lancet Infect Dis, 16(2): 161-168.

Liu Y, Gong R, Liu X, et al. 2018. Discovery and characterization of the tubercidin biosynthetic pathway from *Streptomyces tubercidicus* NBRC 13090[J]. Microb Cell Fact, 17(1): 131.

Lu X M, Lu P Z. 2019. Synergistic effects of key parameters on the fate of antibiotic resistance genes during swine manure composting[J]. Environ Pollut, 252: 1277-1287.

Lu Y, Yang L, Zhang W, et al. 2022. Pharmacokinetics and pharmacodynamics of isopropoxy benzene guanidine against *Clostridium perfringens* in an intestinal infection model[J]. Front Vet Sci, 9: 1004248.

Lu Z Y, Jiang G Z, Chen Y, et al. 2017. Salidroside attenuates colistin-induced neurotoxicity in RSC96 Schwann cells through PI3K/Akt pathway[J]. Chem-Biol Interact, 271: 67-78.

Ma J L, Zhao L H, Sun D D, et al. 2020. Effects of dietary supplementation of recombinant plectasin on growth performance, intestinal health and innate immunity response in broilers[J]. Probiotics Antimicro Proteins, 12(1): 214-223.

Ma L P, Li B, Jiang X T, et al. 2017. Catalogue of antibiotic resistome and host-tracking in drinking water deciphered by a large scale survey[J]. Microbiome, 5(1): 154.

Ma T, Chen D D, Tu Y, et al. 2016. Effect of supplementation of allicin on methanogenesis and ruminal microbial flora in dorper crossbred ewes[J]. J Anim Sci Biotechno, 7: 1.

MacNair C R, Stokes J M, Carfrae L A, et al. 2018. Overcoming mcr-1 mediated colistin resistance with colistin in combination with other antibiotics[J]. Nat Commun, 9(1): 458.

Mahi-Birjand M, Yaghoubi S, Abdollahpour-Alitappeh M, et al. 2020. Protective effects of pharmacological agents against aminoglycoside-induced nephrotoxicity: A systematic review[J]. Expert Opin Drug Saf, 19(2): 167-186.

Mahmoud Y I. 2017. Kiwi fruit (*Actinidia deliciosa*) ameliorates gentamicin-induced nephrotoxicity in albino mice via the activation of Nrf2 and the inhibition of NF-κB (Kiwi & gentamicin-induced nephrotoxicity)[J]. Biomed Pharmacother, 94: 206-218.

Majidi-Mosleh A, Sadeghi A A, Mousavi S N, et al. 2017. Effects of In Ovo infusion of *Probiotic Strains* on performance parameters, jejunal bacterial Population and Mucin Gene Expression in Broiler Chicken[J]. Braz J Poultry Sci, 19: 97-102.

Malléa M, Mahamoud A, Chevalier J, et al. 2003. Alkylaminoquinolines inhibit the bacterial antibiotic efflux pump in multidrug-resistant clinical isolates[J]. Biochem J, 376(Pt 3): 801-805.

Manaia C M, Macedo G, Fatta-Kassinos D, et al. 2016. Antibiotic resistance in urban aquatic environments: can it be controlled?[J]. Appl Microbiol Biotechnol, 100(4): 1543-1557.

Mancy A, Abutaleb N S, Elsebaei M M, et al. 2020. Balancing physicochemical properties of phenylthiazole compounds with antibacterial potency by modifying the lipophilic side chain[J]. Acs Infect Dis, 6(1): 80-90.

Mariathasan S, Tan M W. 2017. Antibody-antibiotic conjugates: A novel therapeutic platform against bacterial infections[J]. Trends Mol Med, 23(2): 135-149.

Matias J, Brotons A, Cenoz S, et al. 2020. Oral immunogenicity in mice and sows of enterotoxigenic *Escherichia coli* outer-membrane vesicles incorporated into zein-based nanoparticles[J]. Vaccines (Basel), 8(1): 11.

McConnell M M, Hansen L T, Jamieson R C, et al. 2018. Removal of antibiotic resistance genes in two tertiary level municipal wastewater treatment plants[J]. Sci Total Environ, 643: 292-300.

McEwen S A, Collignon P J. 2018. Antimicrobial Resistance: A one health perspective[J]. Microbiol Spectr, 6(2).

McKinney C W, Loftin K A, Meyer M T, et al. 2010. Tet and sul antibiotic resistance genes in livestock lagoons of various operation type, configuration, and antibiotic occurrence[J]. Environ Sci Technol, 44(16): 6102-6109.

McKinney C W, Pruden A. 2012. Ultraviolet disinfection of antibiotic resistant bacteria and their antibiotic resistance genes in water and wastewater[J]. Environ Sci Technol, 46(24): 13393-13400.

Meghwal M, Goswami T K. 2013. Piper nigrum and piperine: An update[J]. Phytother Res, 27(8): 1121-1130.

Michael-Kordatou I, Andreou R, Iacovou M, et al. 2017. On the capacity of ozonation to remove antimicrobial compounds, resistant bacteria and toxicity from urban wastewater effluents[J]. J Hazard Mater, 323: 414-425.

Michael-Kordatou I, Karaolia P, Fatta-Kassinos D. 2018. The role of operating parameters and oxidative damage mechanisms of advanced chemical oxidation processes in the combat against antibiotic-resistant bacteria and resistance genes present in urban wastewater[J]. Water Res, 129: 208-230.

Milano A, Pasca M R, Provvedi R, et al. 2009. Azole resistance in *Mycobacterium tuberculosis* is mediated by the MmpS5–MmpL5 efflux system[J]. Tuberculosis, 89(1): 84-90.

Miller R A, Salmon P, Sharkey M. 2021. Approaches to developing judicious uses of veterinary antibacterial drugs[J]. J Vet Pharmacol Ther, 44(2): 201-206.

Mislin G L A, Schalk I J. 2014. Siderophore-dependent iron uptake systems as gates for antibiotic trojan horse strategies against *Pseudomonas aeruginosa*[J]. Metallomics, 6(3): 408-420.

Missiakas D, Schneewind O. 2016. *Staphylococcus aureus* vaccines: Deviating from the carol[J]. J Exp Med, 213(9): 1645-1653.

Mitcheltree M J, Pisipati A, Syroegin E A, et al. 2021. A synthetic antibiotic class overcoming bacterial multidrug resistance[J]. Nature, 599(7885): 507-512.

Moellering R C. 1983. Rationale for use of antimicrobial combinations[J]. Am J Med, 75(2A): 4-8.

Mohammad H, Kyei-Baffour K, Abutaleb N S, et al. 2019. An aryl isonitrile compound with an improved physicochemical profile that is effective in two mouse models of multidrug-resistant *Staphylococcus aureus* infection[J]. J Glob Antimicrob Re, 19: 1-7.

Mohammad H, Younis W, Ezzat H G, et al. 2017. Bacteriological profiling of diphenylureas as a novel class of antibiotics against methicillin-resistant *Staphylococcus aureus*[J]. PLoS One, 12(8): e0182821.

Mok C H, Lee J H, Kim B G. 2013. Effects of exogenous phytase and p-mannanase on ileal and total tract digestibility of energy and nutrient in palm kernel expeller-containing diets fed to growing pigs[J]. Anim Feed Sci Tech, 186(3-4): 209-213.

Mortada M, Cosby D E, Shanmugasundaram R, et al. 2020. In vivo and in vitro assessment of commercial probiotic and organic acid feed additives in broilers challenged with *Campylobacter coli*[J]. J Appl Poultry Res, 29(2): 435-446.

Mouton J W, Ambrose P G, Canton R, et al. 2011. Conserving antibiotics for the future: New ways to use old and new drugs from a pharmacokinetic and pharmacodynamic perspective[J]. Drug Resist Update, 14(2): 107-117.

Mushtaq N, Redpath M B, Luzio J P, et al. 2005. Treatment of experimental *Escherichia coli* infection with recombinant bacteriophage-derived capsule depolymerase[J]. J Antimicrob Chemother, 56(1): 160-165.

Nadeau E, Fairbrother J M, Zentek J, et al. 2017. Efficacy of a single oral dose of a live bivalent *E.coli* vaccine against post-weaning diarrhea due to F4 and F18-positive enterotoxigenic *E.coli*[J]. Vet J, 226: 32-39.

Nahar N, Turni C, Tram G, et al. 2021. Actinobacillus pleuropneumoniae: The molecular determinants of virulence and pathogenesis[J]. Adv Microb Physiol, 78: 179-216.

Nazli A, He D L, Liao D, et al. 2022. Strategies and progresses for enhancing targeted antibiotic delivery[J]. Adv Drug Deliv Rev, 189: 114502.

Neveling D P, Ahire J J, Laubscher W, et al. 2020. Genetic and phenotypic characteristics of a multi-strain probiotic for broilers[J]. Curr Microbiol, 77(3): 369-387.

Neveling D P, Dicks L M T. 2021. Probiotics: An antibiotic replacement strategy for healthy broilers and productive rearing[J]. Probiotics Antimicro Proteins, 13(1): 1-11.

Nicolosi D, Scalia M, Nicolosi V M, et al. 2010. Encapsulation in fusogenic liposomes broadens the spectrum of action of vancomycin against gram-negative bacteria[J]. Int J Antimicrob Agents, 35(6): 553-558.

Nihemaiti M, Yoon Y, He H, et al. 2020. Degradation and deactivation of a plasmid-encoded extracellular antibiotic resistance gene during separate and combined exposures to UV254 and radicals[J]. Water Res, 182: 115921.

Nowak P, Zaworska-Zakrzewska A, Frankiewicz A, et al. 2021. The effects and mechanisms of acids on the health of piglets and weaners -a review[J]. Ann Anim Sci, 21(2): 433-455.

Nwabor O F, Terbtothakun P, Voravuthikunchai S P, et al. 2021. Evaluation of the synergistic antibacterial effects of fosfomycin in combination with selected antibiotics against carbapenem-resistant *Acinetobacter baumannii*[J]. Pharmaceuticals (Basel), 14(3): 185.

Oleksiuk L M, Nguyen M H, Press E G, et al. 2014. In vitro responses of *Acinetobacter baumannii* to two- and three-drug combinations following exposure to colistin and doripenem[J]. Antimicrob Agents Chemother, 58(2): 1195-1199.

Orenstein W A, Offit P A, Edwards K M, et al. 2022. Plotkin's Vaccines[M]. USA: Elsevier.

Pak G, Salcedo D E, Lee H, et al. 2016. Comparison of antibiotic resistance removal efficiencies using ozone disinfection under different pH and suspended solids and humic substance concentrations[J]. Environ Sci Technol, 50(14): 7590-7600.

Paraskeuas V, Fegeros K, Palamidi I, et al. 2017. Growth performance, nutrient digestibility, antioxidant capacity, blood biochemical biomarkers and cytokines expression in broiler chickens fed different phytogenic levels[J]. Anim Nutr, 3(2): 114-120.

Park N H, Lee S J, Lee E B, et al. 2021. Colistin induces resistance through biofilm formation, via increased phoQ expression, in avian pathogenic *Escherichia coli*[J]. Pathogens, 10(11): 1525.

Pasca M R, Guglierame P, Rossi E D, et al. 2005. mmpL7 gene of *Mycobacterium tuberculosis* is responsible for isoniazid efflux in *Mycobacterium smegmatis*[J]. Antimicrob Agents Chemother, 49(11): 4775-4777.

Paul V D, Rajagopalan S S, Sundarrajan S, et al. 2011. A novel bacteriophage tail-associated muralytic enzyme (TAME) from phage K and its development into a potent antistaphylococcal protein[J]. BMC Microbiol, 11: 226.

Pei R T, Kim S C, Carlson K H, et al. 2006. Effect of river landscape on the sediment concentrations of antibiotics and corresponding antibiotic resistance genes (ARG)[J]. Water Res, 40(12): 2427-2435.

Pellissery A J, Vinayamohan P G, Yin H B, et al. 2019. In vitro efficacy of sodium selenite in reducing toxin production, spore outgrowth and antibiotic resistance in hypervirulent *Clostridium difficile*[J]. J Med Microbiol, 68(7): 1118-1128.

Peng B, Su Y B, Li H, et al. 2015. Exogenous alanine and/or glucose plus kanamycin kills antibiotic-resistant bacteria[J]. Cell Metab, 21(2): 249-261.

Peng M, Wang Z, Peng S, et al. 2019. Dietary supplementation with the extract from *Eucommia ulmoides* leaves changed epithelial restitution and gut microbial community and composition of weanling piglets[J]. PLoS One, 14(9): e0223002.

Pereira D A, Vidotto M C, Nascimento K A, et al. 2016. Virulence factors of *Escherichia coli* in relation to the importance of vaccination in pigs[J]. Ciênc Rural, 46(8): 1430-1437.

Pham T N M, Jeong S Y, Kim D H, et al. 2020. Protective mechanisms of avocado oil extract against ototoxicity[J]. Nutrients, 12(4): 947.

Pirnay J P, Merabishvili M, Van Raemdonck H, et al. 2018. Bacteriophage production in compliance with regulatory requirements[J]. Methods Mol Biol, 1693: 233-252.

Pourahmad Jaktaji R, Koochaki S. 2022. In vitro activity of honey, total alkaloids of *Sophora alopecuroides* and matrine alone and in combination with antibiotics against multidrug-resistant *Pseudomonas aeruginosa* isolates[J]. Lett Appl Microbiol, 75(1): 70-80.

Pradeepa, Vidya S M, Mutalik S, et al. 2016. Preparation of gold nanoparticles by novel bacterial exopolysac-charide for antibiotic delivery[J]. Life Sci, 153: 171-179.

Principi N, Gnocchi M, Gagliardi M, et al. 2020. Prevention of *Clostridium difficile* infection and associated diarrhea: An unsolved problem[J]. Microorganisms, 8(11): 1640.

Promsan S, Jaikumkao K, Pongchaidecha A, et al. 2016. Pinocembrin attenuates gentamicin-induced nephrotoxicity in rats[J]. Can J Physiol Pharm, 94(8): 808-818.

Pruden A, Pei R T, Storteboom H, et al. 2006. Antibiotic resistance genes as emerging contaminants: Studies in northern Colorado[J]. Environ Sci Technol, 40(23): 7445-7450.

Qi J, Wan D, Ma H, et al. 2016. Deciphering carbamoylpolyoxamic acid biosynthesis reveals unusual acetylation cycle associated with tandem reduction and sequential hydroxylation[J]. Cell Chem Biol, 23(8), 935-944.

Qian X, Sun W, Gu J, et al. 2016. Reducing antibiotic resistance genes, integrons, and pathogens in dairy manure by continuous thermophilic composting[J]. Bioresource Technol, 220: 425-432.

Qu S Q, Liu Y, Hu Q, et al. 2020. Programmable antibiotic delivery to combat methicillin-resistant *Staphylococcus aureus* through precision therapy[J]. J Control Release, 321: 710-717.

Que Y-A, Lazar H, Wolff M, et al. 2014. Assessment of panobacumab as adjunctive immunotherapy for the treatment of nosocomial *Pseudomonas aeruginosa* pneumoniae[J]. Eur J Clin Microbiol, 33(10): 1861-1867.

Radjenovic J, Petrovic M, Barcelo D. 2007. Analysis of pharmaceuticals in wastewater and removal using a membrane bioreactor[J]. Anal Bioanal Chem, 387(4): 1365-1377.

Raheem M A, Hu J G, Yin D D, et al. 2021. Response of lymphatic tissues to natural feed additives, curcumin (*Curcuma longa*) and black cumin seeds (*Nigella sativa*), in broilers against *Pasteurella multocida*[J]. Poultry Sci, 100(5): 101005.

Ramlucken U, Ramchuran S O, Moonsamy G, et al. 2020. A novel *Bacillus* based multi-strain probiotic improves growth performance and intestinal properties of *Clostridium perfringens* challenged broilers[J]. Poultry Sci, 99(1): 331-341.

Rebollido R, Martinez J, Aguilera Y, et al. 2008. Microbial populations during composting process of organic fraction of municipal solid waste[J]. Appl Ecol Env Res, 6(3): 61-67.

Richards P J, Connerton P L, Connerton I F. 2019. Phage biocontrol of *Campylobacter jejuni* in chickens does not produce collateral effects on the gut microbiota[J]. Front Microbiol, 10: 476.

Rios-Covian D, Ruas-Madiedo P, Margolles A, et al. 2016. Intestinal short chain fatty acids and their link with diet and human health[J]. Front Microbiol, 7: 00185.

Rodriguez-Rubio L, Martinez B, Rodriguez A, et al. 2012. Enhanced staphylolytic activity of the *Staphylococcus aureus* bacteriophage vB_SauS-phiIPLA88 HydH5 virion-associated peptidoglycan hydrolase: fusions, deletions, and synergy with LysH5[J]. Appl Environ Microbiol, 78(7): 2241-2248.

Rolain J M, Baquero F. 2016. The refusal of the Society to accept antibiotic toxicity: missing opportunities for therapy of severe infections[J]. Clin Microbiol Infect, 22(5): 423-427.

Romanucci V, Siciliano A, Guida M, et al. 2020. Disinfection by-products and ecotoxic risk associated with hypochlorite treatment of irbesartan[J]. Sci Total Environ, 712: 135625.

Rondevaldova J, Novy P, Kokoska L. 2015. In vitro combinatory antimicrobial effect of plumbagin with oxacillin and tetracycline against *Staphylococcus aureus*[J]. Phytother Res, 29(1): 144-147.

Rosato A, Piarulli M, Corbo F, et al. 2010. In vitro synergistic antibacterial action of certain combinations of gentamicin and essential oils[J]. Curr Med Chem, 17(28): 3289-3295.

Roy R, Tiwari M, Donelli G, et al. 2018. Strategies for combating bacterial biofilms: A focus on anti-biofilm agents and their mechanisms of action[J]. Virulence, 9(1): 522-554.

Sabath L D, Abraham E P. 1966. Zinc as a cofactor for cephalospori-nase from *Bacillus cereus* 569[J]. Biochem J, 98(1): 11C-3C.

Sagit M, Korkmaz F, Gurgen S G, et al. 2015. Quercetine attenuates the gentamicin-induced ototoxicity in a rat model[J]. Int J Pediatr Otorhinolaryngol, 79(12): 2109-2114.

Sahar E, Messalem R, Cikurel H, et al. 2011. Fate of antibiotics in activated sludge followed by ultrafiltration (CAS-UF) and in a membrane bioreactor (MBR)[J]. Water Res, 45(16): 4827-4836.

Sainz-Mejias M, Jurado-Martin I, McClean S. 2020. Understanding *Pseudomonas aeruginosa*-Host interactions: the ongoing quest for an efficacious vaccine[J]. Cells, 9(12): 2617.

Salaheen S, Peng M, Joo J, et al. 2017. Eradication and sensitization of methicillin resistant *Staphylococcus aureus* to methicillin with bioactive extracts of berry pomace[J]. Front Microbiol, 8: 253.

Salama S A, Arab H H, Maghrabi I A. 2018. Troxerutin down-regulates KIM-1, modulates p38 MAPK signaling, and enhances renal regenerative capacity in a rat model of gentamycin-induced acute kidney injury[J]. Food Funct, 9(12): 6632-6642.

Sandanayaka V P, Prashad A S. 2002. Resistance to beta-lactam antibiotics: Structure and mechanism based design of beta-lactamase inhibitors[J]. Curr Med Chem, 9(12): 1145-1165.

Sanganyado E, Gwenzi W. 2019. Antibiotic resistance in drinking water systems: Occurrence, removal, and human health risks[J]. Sci Total Environ, 669: 785-797.

Santos V F, Araujo A C J, Silva A L F, et al. 2020. *Dioclea violacea* lectin modulates the gentamicin activity against multi-resistant strains and induces nefroprotection during antibiotic exposure[J]. Int J Biol Macromol, 146: 841-852.

Sardar M F, Zhu C X, Geng B, et al. 2021. The fate of antibiotic resistance genes in cow manure composting: shaped by temperature-controlled composting stages[J]. Bioresource Technol, 320: 124403.

Sarmah A K, Meyer M T, Boxall A B. 2006. A global perspective on the use, sales, exposure pathways, occurrence, fate and effects of veterinary antibiotics (VAs) in the environment[J]. Chemosphere, 65(5): 725-759.

Sawa T, Ito E, Nguyen V H, et al. 2014. Anti-PcrV antibody strategies against virulent *Pseudomonas aeruginosa*[J]. Hum Vacc Immunother, 10(10): 2843-2852.

Schelz Z, Molnar J, Hohmann J. 2006. Antimicrobial and antiplasmid activities of essential oils[J]. Fitoterapia, 77(4): 279-285.

Scherlach K, Hertweck C. 2009. Triggering cryptic natural product biosynthesis in microorganisms[J]. Org Biomol Chem, 7(9): 1753-1760.

Scolari I R, Paez P L, Musri M M, et al. 2020. Rifampicin loaded in alginate/chitosan nanoparticles as a promising pulmonary carrier against *Staphylococcus aureus*[J]. Drug Deliv Transl Re, 10(5): 1403-1417.

Seiple I B, Zhang Z, Jakubec P, et al. 2016. A platform for the discovery of new macrolide antibiotics[J]. Nature, 533(7603): 338-345.

Seo B J, Song E T, Lee K, et al. 2018. Evaluation of the broad-spectrum lytic capability of bacteriophage cocktails against various *Salmonella* serovars and their effects on weaned pigs infected with *Salmonella typhimurium*[J]. J Vet Med Sci, 80(6): 851-860.

Sepand M R, Ghahremani M H, Razavi-Azarkhiavi K, et al. 2016. Ellagic acid confers protection against gentamicin-induced oxidative damage, mitochondrial dysfunction and apoptosis-related nephrotoxicity[J]. J Pharm Pharmacol, 68(9): 1222-1232.

Sharma S, Kalia N P, Suden P, et al. 2014. Protective efficacy of piperine against *Mycobacterium tuberculosis*[J]. Tuberculosis, 94(4): 389-396.

Sharma S, Kumar M, Sharma S, et al. 2010. Piperine as an inhibitor of Rv1258c, a putative multidrug efflux pump of *Mycobacterium tuberculosis*[J]. J Antimicrob Chemoth, 65(8): 1694-1701.

Shi D, Hao H, Wei Z, et al. 2022. Combined exposure to non-antibiotic pharmaceutics and antibiotics in the gut synergistically promote the development of multi-drug-resistance in *Escherichia coli*[J]. Gut Microbes, 14(1): 2018901.

Shin H S, Yu M, Kim M, et al. 2014. Renoprotective effect of red ginseng in gentamicin-induced acute kidney injury[J]. Lab Invest, 94(10): 1147-1160.

Singh K, Kumar M, Pavadai E, et al. 2014. Synthesis of new verapamil analogues and their evaluation in combination with rifampicin against *Mycobacterium tuberculosis* and molecular docking studies in the binding site of efflux protein Rv1258c[J]. Bioorg Med Chem Lett, 24(14): 2985-2890.

Smet E, Van Langenhove H, De Bo I. 1999. The emission of volatile compounds during the aerobic and the combined anaerobic/aerobic composting of biowaste[J]. Atmos Environ, 33(8): 1295-1303.

Song M, Liu Y, Huang X, et al. 2020. A broad-spectrum antibiotic adjuvant reverses multidrug-resistant gram-negative pathogens[J]. Nat Microbiol, 5(8): 1040-1050.

Song M, Liu. Y, Li. T, et al. 2021. Plant natural flavonoids against multidrug resistant pathogens[J]. Adv Sci, 8(15): e2100749.

Soon R L, Lenhard J R, Bulman Z P, et al. 2016. Combinatorial pharmacodynamics of ceftolozane-tazobactam against genotypically defined β-lactamase-producing *Escherichia coli*: Insights into the pharmacokinetics/pharmacodynamics of β-lactam-β-lactamase inhibitor combinations[J]. Antimicrob Agents Chemother, 60(4): 1967-1973.

Stachyra T, Levasseur P, Péchereau M C, et al. 2009. In vitro activity of the β-lactamase inhibitor NXL104 against KPC-2 carbapenemase and Enterobacteriaceae expressing KPC carbapenemases[J]. J Antimicrob Chemoth, 64(2): 326-329.

Stokes J M, MacNair C R, Ilyas B, et al. 2017. Pentamidine sensitizes Gram-negative pathogens to antibiotics and overcomes acquired colistin resistance[J]. Nat Microbiol, 2: 17028.

Sun D, Mi K, Hao H H, et al. 2020a. Optimal regimens based on PK/PD cutoff evaluation of ceftiofur against *Actinobacillus pleuropneumoniae* in swine[J]. BMC Vet Res, 16(1): 366.

Sun Z W, Li D F, Li Y, et al. 2020b. Effects of dietary daidzein supplementation on growth performance, carcass characteristics, and meat quality in growing-finishing pigs[J]. Anim Feed Sci Tech, 268: 114591.

Suriyanarayanan B, Santhosh R S. 2015. Docking analysis insights quercetin can be a non-antibiotic adjuvant by inhibiting Mmr drug efflux pump in *Mycobacterium* sp. and its homologue EmrE in *Escherichia coli*[J]. J Biomol Struct Dyn, 33(8): 1819-1834.

Svircev A, Roach D, Castle A. 2018. Framing the future with bacteriophages in agriculture[J]. Viruses (Basel), 10(5): 218.

Swift S M, Waters J J, Rowley D T, et al. 2018. Characterization of two glycosyl hydrolases, putative prophage endolysins, that target *Clostridium perfringens*[J]. Fems Microbiol Lett, 365(16): fny179.

Sychantha D, Rotondo C M, Tehrani K H M E, et al. 2021. Aspergillomarasmine A inhibits metallo-β-lactamases by selectively sequestering Zn_2[J]. JBC, 297(2): 100918.

Tang M, Dou X M, Tian Z, et al. 2019. Enhanced hydrolysis of streptomycin from production wastewater using CaO/MgO solid base catalysts[J]. Chem Eng J, 355: 586-593.

Tang M, Gu Y, Wei D B, et al. 2020. Enhanced hydrolysis of fermentative antibiotics in production wastewater: Hydrolysis potential prediction and engineering application[J]. Chem Eng J, 391: 123626.

Tanvir E M, Hasan M A, Nayan S I, et al. 2019. Ameliorative effects of ethanolic constituents of bangladeshi propolis against tetracycline-induced hepatic and renal toxicity in rats[J]. J Food Biochem, 43(8): e12958.

Tawakol M M, Nabil N M, Samy A. 2019. Evaluation of bacteriophage efficacy in reducing the impact of single and mixed infections with *Escherichia coli* and infectious bronchitis in chickens[J]. Infect Ecol Epidemiol, 9(1): 1686822.

Thanabalasuriar A, Surewaard B G, Willson M E, et al. 2017. Bispecific antibody targets multiple *Pseudomonas aeruginosa* evasion mechanisms in the lung vasculature[J]. J Clin Invest, 127(6), 2249-2261.

Ustundag A O, Ozdogan M. 2019. Effects of bacteriocin and organic acid on growth performance, small intestine histomorphology, and microbiology in Japanese quails (*Coturnix coturnix japonica*)[J]. Trop Anim Health Pro, 51(8): 2187-2192.

Vaks L, Benhar I. 2011. In vivo characteristics of targeted drug-carrying filamentous bacteriophage nanomedicines[J]. J Nanobiotechnology, 9: 58.

Van Haute S, Tryland I, Escudero C, et al. 2017. Chlorine dioxide as water disinfectant during fresh-cut iceberg lettuce washing: Disinfectant demand, disinfection efficiency, and chlorite formation[J]. LWT-Food Sci Technol, 75: 301-304.

Vuorinen A, Schuster D. 2015. Methods for generating and applying pharmacophore models as virtual screening filters and for bioactivity profiling[J]. Methods, 71: 113-134.

Wang G Z, Li L, Wang X K, et al. 2019. Hypericin enhances beta-lactam antibiotics activity by inhibiting sarA expression in methicillin-resistant *Staphylococcus aureus*[J]. Acta Pharm Sin B, 9(6): 1174-1182.

Wang H C, Wang J, Li S M, et al. 2020a. Synergistic effect of UV/chlorine in bacterial inactivation, resistance gene removal, and gene conjugative transfer blocking[J]. Water Res, 185: 116290.

Wang H L, Shi H X, Li H S, et al. 2020b. Decoration of Fe_3O_4 base material with Ag/AgCl nanoparticle as recyclable visible-light driven photocatalysts for highly-efficient photocatalytic disinfection of *Escherichia coli*[J]. Solid State Sci, 102: 106159.

Wang H S, Ni X Q, Qing X D, et al. 2017. Live probiotic lactobacillus johnsonii BS15 promotes growth performance and lowers fat deposition by improving lipid metabolism, intestinal development, and gut microflora in broilers[J]. Front Microbiol, 8: 1073.

Wang J Y, Sui M H, Li H W, et al. 2020c. The effects of ultraviolet disinfection on vancomycin-resistant *Enterococcus faecalis*[J]. Environ Sci Process Impacts, 22(2): 418-429.

Wang J, Ben W W, Yang M, et al. 2016. Dissemination of veterinary antibiotics and corresponding resistance genes from a concentrated swine feedlot along the waste treatment paths[J]. Environ Int, 92-93: 317-323.

Wang L H, Li L, Lv Y, et al. 2018a. *Lactobacillus plantarum* restores intestinal permeability disrupted by salmonella infection in newly-hatched chicks[J]. Sci Rep, 8(1): 2229.

Wang L, Zuo X, Zhao W, et al. 2020d. Effect of maternal dietary supplementation with phytosterol esters on muscle development of broiler offspring[J]. Acta Biochim Pol, 67(1): 135-141.

Wang M Z, Ma B, Ni Y F, et al. 2021. Restoration of the antibiotic susceptibility of methicillin-resistant

Staphylococcus aureus and extended-spectrum beta-lactamases *Escherichia coli* through combination with chelerythrine[J]. Microb Drug Resist, 27(3): 337-341.

Wang X C, Wang X H, Wang J, et al. 2018b. Dietary tea polyphenol supplementation improved egg production performance, albumen quality, and magnum morphology of Hy-line brown hens during the late laying period[J]. J Anim Sci, 96(1): 225-235.

Wang Y L, Sun X D, Kong F R, et al. 2020e. Specific NDM-1 inhibitor of isoliquiritin enhances the activity of meropenem against NDM-1-positive enterobacteriaceae in vitro[J]. Int J Env Res Pub He, 17(6): 2162.

Wang Y M, Kong L C, Liu J, et al. 2018c. Synergistic effect of eugenol with colistin against clinical isolated colistin-resistant *Escherichia coli* strains[J]. Antimicrob Resist Infect Control, 7: 17.

Waseh S, Hanifi-Moghaddam P, Coleman R, et al. 2010. Orally administered P22 phage tailspike protein reduces salmonella colonization in chickens: prospects of a novel therapy against bacterial infections[J]. PLoS One, 5(11): e13904.

Wealleans A L, Walsh M C, Romero L F, et al. 2017. Comparative effects of two multi-enzyme combinations and a *Bacillus probiotic* on growth performance, digestibility of energy and nutrients, disappearance of non-starch polysaccharides, and gut microflora in broiler chickens[J]. Poult Sci, 96(12): 4287-4297.

Wen C, Chen Y, Leng Z, et al. 2019. Dietary betaine improves meat quality and oxidative status of broilers under heat stress[J]. J Sci Food Agric, 99(2): 620-623.

Wen J, Tan X, Hu Y, et al. 2017. Filtration and electrochemical disinfection performance of PAN/PANI/AgNWs-CC composite nanofiber membrane[J]. Environ Sci Technol, 51(11): 6395-6403.

Westritschnig K, Hochreiter R, Wallner G, et al. 2014. A randomized, placebo-controlled phase I study assessing the safety and immunogenicity of a *Pseudomonas aeruginosa* hybrid outer membrane protein OprE/I vaccine (IC43) in healthy volunteers[J]. Hum Vacc Immunother, 10(1): 170-183.

Wojtyczka R D, Dziedzic A, Kępa M, et al. 2014. Berberine enhances the antibacterial activity of selected antibiotics against coagulase-negative *Staphylococcus* strains in vitro[J]. Molecules, 19(5), 6583-6596.

Worakajit N, Thipboonchoo N, Chaturongakul S, et al. 2022. Nephroprotective potential of panduratin a against colistin-induced renal injury via attenuating mitochondrial dysfunction and cell apoptosis[J]. Biomed Pharmacother, 148: 112732.

Wright P M, Seiple I B, Myers A G. 2014. The evolving role of chemical synthesis in antibacterial drug discovery[J]. Angew Chem Int Edit, 53(34): 8840-8869.

Wroe J A, Johnson C T, Garcia A J. 2020. Bacteriophage delivering hydrogels reduce biofilm formation in vitro and infection in vivo[J]. J Biomed Mater Res A, 108(1): 39-49.

Wu P, Wan D, Xu G, et al. 2017. An unusual protector-protégé strategy for the biosynthesis of purine nucleoside antibiotics[J]. Cell Chem Biol, 24(2): 171-181.

Xi C W, Zhang Y L, Marrs C F, et al. 2009. Prevalence of antibiotic resistance in drinking water treatment and distribution systems[J]. Appl Environ Microbiol, 75(17): 5714-5718.

Xi J Y, Zhang F, Lu Y, et al. 2017. A novel model simulating reclaimed water disinfection by ozonation[J]. Sep Purif Technol, 179: 45-52.

Xiong X, Tan B, Song M, et al. 2019a. Nutritional intervention for the intestinal development and health of weaned pigs[J]. Front Vet Sci, 6: 46.

Xiong X, Zhou J, Liu H N, et al. 2019b. Dietary lysozyme supplementation contributes to enhanced intestinal functions and gut microflora of piglets[J]. Food Funct, 10(3): 1696-1706.

Xu G, Kong L, Gong R, et al. 2018. Coordinated biosynthesis of the purine nucleoside antibiotics aristeromycin and coformycin in actinomycetes[J]. Appl Environ Microbiol, 84(22): e01860-18.

Xu J Y, Xu Y, Chu X, et al. 2018. Protein acylation affects the artificial biosynthetic pathway for pinosylvin production in engineered *E. coli*[J]. ACS Chem Biol, 13(5): 1200-1208.

Xu J Y, Xu Y, Xu Z, et al. 2018. Protein Acylation is a general regulatory mechanism in biosynthetic pathway of Acyl-CoA-derived natural products[J]. Cell Chem Biol, 25(8): 984-995.

Xu S Y, Shi J K, Dong Y P, et al. 2020. Fecal bacteria and metabolite responses to dietary lysozyme in a sow model from late gestation until lactation[J]. Sci Rep, 10(1): 3210.

Yamasaki S, Nikaido E, Nakashima R, et al. 2013. The crystal structure of multidrug-resistance regulator RamR with multiple drugs[J]. Nat Commun, 4: 2078.

Yan F, Cao H W, Cover T L, et al. 2007. Soluble proteins produced by probiotic bacteria regulate intestinal epithelial cell survival and growth[J]. Gastroenterology, 132(2): 562-575.

Yao X M, Li Y, Li H W, et al. 2016. Bicyclol attenuates tetracycline-induced fatty liver associated with inhibition of hepatic ER stress and apoptosis in mice[J]. Can J Physiol Pharm, 94(1): 1-8.

Yarijani Z M, Najafi H, Shackebaei D, et al. 2019. Amelioration of renal and hepatic function, oxidative stress, inflammation and histopathologic damages by *Malva sylvestris* extract in gentamicin induced renal toxicity[J]. Biomed Pharmacother, 112: 108635.

Ye M, Su J Q, An X L, et al. 2022. Silencing the silent pandemic: eliminating antimicrobial resistance by using bacteriophages[J]. Sci China Life Sci, 65(9): 1890-1893.

Yi Q Z, Gao Y X, Zhang H, et al. 2016. Establishment of a pretreatment method for tetracycline production wastewater using enhanced hydrolysis[J]. Chem Eng J, 300: 139-145.

Yong D, Toleman M A, Giske C G, et al. 2009. Characterization of a new metallo-beta-lactamase gene, bla (NDM-1), and a novel erythromycin esterase gene carried on a unique genetic structure in *Klebsiella pneumoniae* sequence type 14 from India[J]. Antimicrob Agents Chemother, 53(12): 5046-5054.

Yoon Y, Chung H J, Wen Di D Y, et al. 2017. Inactivation efficiency of plasmid-encoded antibiotic resistance genes during water treatment with chlorine, UV, and UV/H(2)O(2)[J]. Water Res, 123: 783-793.

You D, Wang M M, Yin B C, et al. 2019a. Precursor supply for erythromycin biosynthesis: engineering of propionate assimilation pathway based on propionylation modification[J]. Acs Synth Biol, 8(2): 371-380.

You J H, Guo Y Z, Guo R, et al. 2019b. A review of visible light-active photocatalysts for water disinfection: Features and prospects[J]. Chem Eng J, 373: 624-641.

Young K M, Lim J M, Bedrosian M C D, et al. 2012. Effect of exogenous protease enzymes on the fermentation and nutritive value of corn silage[J]. J Dairy Sci, 95(11): 6687-6694.

Youngquist C P, Mitchell S M, Cogger C G. 2016. Fate of antibiotics and antibiotic resistance during digestion and composting: A review[J]. J Environ Qual, 45(2): 537-545.

Yousefi M, Ghafarifarsani H, Hoseinifar S H, et al. 2021. Effects of dietary marjoram, *Origanum majorana* extract on growth performance, hematological, antioxidant, humoral and mucosal immune responses, and resistance of common carp, *Cyprinus carpio* against *Aeromonas hydrophila*[J]. Fish Shellfish Immunol, 108: 127-133.

Yu H H, Kim K J, Cha J D, et al. 2005. Antimicrobial activity of berberine alone and in combination with ampicillin or oxacillin against methicillin-resistant *Staphylococcus aureus*[J]. J Med Food, 8(4): 454-461.

Yu X, Fan Z, Han Y, et al. 2018. Paeoniflorin reduces neomycin-induced ototoxicity in hair cells by suppression of reactive oxygen species generation and extracellularly regulated kinase signalization[J]. Toxicol Lett, 285: 9-19.

Yuan Liu, Ruichao Li, Xia Xiao, et al. 2018. Molecules that inhibit bacterial resistance enzymes[J]. Molecules, 24(1): 43.

Zada S L, Ben Baruch B, Simhaev L, et al. 2020. Chemical modifications reduce auditory cell damage induced by aminoglycoside antibiotics[J]. J Am Chem Soc, 142(6): 3077-3087.

Zeiders S M, Chmielewski J. 2021. Antibiotic-cell-penetrating peptide conjugates targeting challenging drug-resistant and intracellular pathogenic bacteria[J]. Chem Biol Drug Des, 98(5): 762-778.

Zhanel G G, Chung P, Adam H, et al. 2014. Ceftolozane/tazobactam: a novel cephalosporin/β-lactamase inhibitor combination with activity against multidrug-resistant gram-negative bacilli[J]. Drugs, 74(1): 31-51.

Zhang B, Teng Z, Li X, et al. 2017. Chalcone attenuates *Staphylococcus aureus* virulence by targeting sortase A and alpha-hemolysin[J]. Front Microbiol, 8: 1715.

Zhang G R, Wang Q, Tao W Y, et al. 2022a. Glucosylated nanoparticles for the oral delivery of antibiotics to the proximal small intestine protect mice from gut dysbiosis[J]. Nat Biomed Eng, 6(7): 867-881.

Zhang J Y, Yang M, Zhong H, et al. 2018b. Deciphering the factors influencing the discrepant fate of antibiotic resistance genes in sludge and water phases during municipal wastewater treatment[J]. Bioresource Technol,

265: 310-319.

Zhang J, Diao S, Liu Y, et al. 2022b. The combination effect of meropenem/sulbactam/polymyxin-B on the pharmacodynamic parameters for mutant selection windows against carbapenem-resistant *Acinetobacter baumannii*[J]. Front Microbiol, 13: 1024702.

Zhang J, Dong S S, Zhang X Y, et al. 2018a. Photocatalytic removal organic matter and bacteria simultaneously from real WWTP effluent with power generation concomitantly: Using an Er-Al-ZnO photo-anode[J]. Sep Purif Technol, 191: 101-107.

Zhang L, Li Y, Wang Y, et al. 2018c. Integration of pharmacokinetic-pharmacodynamic for dose optimization of doxycycline against *Haemophilus parasuis* in pigs[J]. J Vet Pharmacol Ther, 41(5): 706-718.

Zhang M, Zhang P, Xu G, et al. 2020b. Comparative investigation into formycin A and pyrazofurin A biosynthesis reveals branch pathways for the construction of C-nucleoside scaffolds[J]. Appl Environ Microbiol, 86(2): e01971-19.

Zhang N, Liu W G, Qian K J. 2020a. In-vitro antibacterial effect of tea polyphenols combined with common antibiotics on multidrug-resistant *Klebsiella pneumoniae*[J]. Minerva Med, 111(6): 536-543.

Zhang R, Han X, Chen Y, et al. 2014. Attenuated *Mycoplasma bovis* strains provide protection against virulent infection in calves[J]. Vaccine, 32(25): 3107-3114.

Zhang Y Y, Hu Z Q. 2013. Combined treatment of pseudomonas aeruginosa biofilms with bacteriophages and chlorine[J]. Biotechnol Bioeng, 110(1): 286-295.

Zhang Y, Chi X, Wang Z, et al. 2019a. Protective effects of *Panax notoginseng* saponins on PME-Induced nephrotoxicity in mice[J]. Biomed Pharmacother, 116: 108970.

Zhang Y, Li W, He Z, et al. 2019b. Pre-treatment with fasudil prevents neomycin-induced hair cell damage by reducing the accumulation of reactive oxygen species[J]. Front Mol Neurosc, 12: 264.

Zhang Y, Wang D, Liu F, et al. 2022c. Enhancing the drug sensitivity of antibiotics on drug-resistant bacteria via the photothermal effect of FeTGNPs[J]. J Control Release, 341: 51-59.

Zhang Z, Yan J, Xu K, et al. 2015. Tetrandrine reverses drug resistance in isoniazid and ethambutol dual drug-resistant *Mycobacterium tuberculosis* clinical isolates[J]. BMC Infect Dis, 15: 153.

Zhao X H, Liu N, Shang N, et al. 2018. Three UDP-xylose transporters participate in xylan biosynthesis by conveying cytosolic UDP-xylose into the Golgi lumen in *Arabidopsis*[J]. J Exp Bot, 69(5): 1125-1134.

Zhao Z J, He R X, Chu P P, et al. 2021. YBX has functional roles in CpG-ODN against cold stress and bacterial infection of *Misgurnus anguillicaudatus*[J]. Fish Shellfish Immunol, 118: 72-84.

Zheng J, Su C, Zhou J W, et al. 2017. Effects and mechanisms of ultraviolet, chlorination, and ozone disinfection on antibiotic resistance genes in secondary effluents of municipal wastewater treatment plants[J]. Chem Eng J, 317: 309-316.

Zheng X, Shen Z P, Cheng C, et al. 2018. Photocatalytic disinfection performance in virus and virus/bacteria system by Cu-TiO$_2$ nanofibers under visible light[J]. Environ Pollut, 237: 452-459.

Zhou C S, Wu J W, Dong L L, et al. 2020a. Removal of antibiotic resistant bacteria and antibiotic resistance genes in wastewater effluent by UV-activated persulfate[J]. J Hazard Mater, 388: 122070.

Zhou C, Lehar S, Gutierrez J, et al. 2016. Pharmacokinetics and pharmacodynamics of DSTA4637A: a novel THIOMAB antibody antibiotic conjugate against *Staphylococcus aureus* in mice[J]. Mabs, 8(8): 1612-1619.

Zhou Y F, Bu M X, Liu P, et al. 2020b. Epidemiological and PK/PD cutoff values determination and PK/PD-based dose assessment of gamithromycin against *Haemophilus parasuis* in piglets[J]. BMC Vet Res, 16(1): 81.

Zhou Y, Ruan Z, Li X L, et al. 2016. Eucommia ulmoides oliver leaf polyphenol supplementation improves meat quality and regulates myofiber type in finishing pigs[J]. J Anim Sci, 94(3): 164-1648.

Zhou Y, Zhu N, Guo W, et al. 2018. Simultaneous electricity production and antibiotics removal by microbial fuel cells[J]. J Environ Manage, 217: 565-572.

Zhuang Y, Ren H Q, Geng J J, et al. 2015. Inactivation of antibiotic resistance genes in municipal wastewater by chlorination, ultraviolet, and ozonation disinfection[J]. Environ Sci Pollut Res Int, 22(9): 7037-7044.

Zinner S H, Lubenko I Y, Gilbert D, et al. 2003. Emergence of resistant *Streptococcus pneumoniae* in an in vitro dynamic model that simulates moxifloxacin concentrations inside and outside the mutant selection window: related changes in susceptibility, resistance frequency and bacterial killing[J]. J Antimicrob Chemoth, 52(4): 616-622.

Zou S, Wang B, Wang C, et al. 2020. Cell membrane-coated nanoparticles: research advances[J]. Nanomedicine (Lond), 15(6): 625-641.

Zuo G Y, An J, Han J, et al. 2012. Isojacareubin from the Chinese herb *Hypericum japonicum*: potent antibacterial and synergistic effects on clinical methicillin-resistant *Staphylococcus aureus* (MRSA)[J]. Int J Mol Sci, 13(7): 8210-8218.

Zuo G Y, Li Y, Wang T, et al. 2011. Synergistic antibacterial and antibiotic effects of bisbenzylisoquinoline alkaloids on clinical isolates of methicillin-resistant *Staphylococcus aureus* (MRSA)[J]. Molecules, 16(12): 9819-9826.

第五章 动物源细菌耐药性的防控策略与措施

抗菌药物的使用为畜禽养殖业可持续发展保驾护航。合理使用抗菌药物可以有效降低动物的发病率与死亡率、提高饲料利用率、促进动物生长、改善畜禽产品品质，但不合理及滥用抗菌药物会增加细菌的选择性压力，加速细菌耐药性的产生与传播，导致药效降低、动物死亡率升高，严重制约了畜牧业的健康发展，对公共卫生安全造成巨大威胁。同时，细菌耐药性的增加进一步加剧了抗菌药物的不合理使用，进而导致动物源食品中抗菌药物残留超标、威胁人类健康、破坏生态环境等一系列严重后果。因此，加强动物源细菌耐药性防控迫在眉睫。

动物（包括食品动物、伴侣动物和野生动物）与人和环境之间密不可分的联系导致应对细菌耐药性挑战愈加严峻。因此，动物源细菌耐药性的防控需要综合考虑多方面因素，如细菌耐药性流行传播特征、病原菌种属、抗菌药物种类及用药方案等。全面贯彻"One Health"理念、实施动物源细菌耐药性防控战略是应对耐药性的重要手段。"One Health"理念整合了社会、政治、经济、环境和生物等多方面资源以应对抗菌药物耐药性（antimicrobial resistance，AMR），在解决耐药性危机中发挥着举足轻重的作用。

在应对动物源细菌耐药性这一全球共同关注的难题中，为了防控耐药性的流行并减缓耐药性产生，多个国际组织积极制定法律法规、采取相应的防控措施。同时，各国也积极响应国际组织号召，统筹兼顾、互相协调，共同努力应对细菌耐药性危机。本章通过概述国际组织、欧美发达国家及我国在动物源细菌耐药性防控方面的相关法律法规、防控策略和措施，以期为动物源细菌耐药性的防控、临床合理用药及相关基础研究开展提供参考（图5-1）。

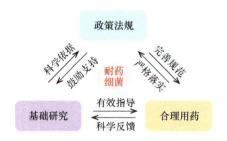

图 5-1 细菌耐药性防控政策法规与基础研究及合理用药的密切联系

第一节 国际组织细菌耐药性防控策略与措施

自 1943 年青霉素问世后，人类基本进入细菌感染控制期，抗菌药物成为抵抗细菌感染性疾病最有效的手段。随着畜禽养殖向规模化与集约化发展，抗菌药物的不合理使用导致细菌耐药性全面暴发，动物源细菌耐药性成为全人类共同面对的难题。2016 年，由英国 Jim O' Neill 勋爵组织编写的《在全球范围内应对耐药性感染：最终报告和建议》（Tackling Drug-resistant Infections Globally：Final Report and Recommendations）中就指出"如果不采取任何措施，到 2050 年，每年将有 1000 万人死于耐药细菌感染"。因此，多个国际组织和各国政府都在积极制定细菌耐药性防控的法律法规并采取相应策略，减缓细菌耐药性的产生和蔓延，为新型抗菌药物研发争取更多时间（Struwe，2008）。

一、兽用抗菌药物管理政策

动物源细菌耐药性的广泛流行与传播已严重制约了养殖业可持续发展并威胁人类健康，有效遏制细菌耐药性迫在眉睫。近年来，多个国际组织率先发布开发新型抗菌药物、合理使用现有抗菌药物、开发减抗替抗新技术等一系列防控政策，全面贯彻"One Health"理念，呼吁全球共同努力减少抗菌药物使用、减缓动物源细菌耐药性的产生及传播。以下内容将简述各国际组织针对兽用抗菌药物使用的相关政策。

（一）世界卫生组织

世界卫生组织（World Health Organization，WHO）长期关注人类和动物源细菌耐药性防控工作，协助各成员国制定抗菌药物使用政策并提供统一的国际标准，以最大限度地提高全球人类的健康水平。早在 1998 年，WHO 便在 WHA51/9 和 WHA51.17《新出现和其他传染病：抗菌药物耐药性》（Emerging and Other Communicable Diseases：Antimicrobial Resistance）文件中明确指出：解决细菌对抗菌药物耐药性的问题，一方面需要监管部门收集各种耐药性数据，以评估在食品动物养殖生产中使用抗菌药物对人类健康的潜在风险；另一方面需要监管部门加强监测，以确定不同病原体在不同人群中的耐药程度，及时调整治疗策略和国家药物政策。值得注意的是，WHO 敦促各成员国在食品动物养殖生产中减少抗菌药物的使用，共同制定合理的、面向人类医学和食品动物养殖生产的抗菌药物使用政策。

2000 年，WHO 与联合国粮食及农业组织（Food and Agriculture Organization of the United Nations，FAO）和世界动物卫生组织（OIE，2022 年 5 月 31 日更名为 WOAH，World Organization for Animal Health）共同发布了《世界卫生组织遏制食品动物抗菌药物耐药性的全球原则》（WHO Global Principles for the Containment of Antimicrobial Resistance in Animals Intended for Food），其主要目标是尽量减少在食品动物生产中使用抗菌药物，以及减少抗菌药物对公共健康产生的负面影响。同时，为进一步规范抗菌药物在食品动物上的使用，该文件制定了如下原则：①药物使用前后的核准原则；②药物质量及加工原则；③药物分配、出售及营销原则；④禁止抗菌药物作为动物促生长剂使用；⑤加大抗菌药物使用及耐药性监控；⑥药物谨慎使用原则；⑦细化兽医及药物生产商的责任；⑧严格限制预防性使用抗菌药物，不得用其代替良好的动物健康管理；⑨加强各种从业人员的培训及教育；⑩重视动物源细菌耐药性的相关研究。这些原则为兽医安全和有效使用抗菌药物提供了具体指导。

自 2005 年以来，WHO 每两年审查一次对人类医学极为重要（critically important）、高度重要（highly important）和重要（important）的抗菌药物清单，其目的是保持抗菌药物的有效性，并帮助各国制定风险评估和风险管理策略，以遏制耐药性通过食物链的传播。该清单的第六次修订于 2019 年完成，旨在进一步评估耐药性的影响，帮助监管机构和利益相关方了解抗菌药物类型并管理抗菌药物的使用，以尽量减缓具有医疗重要性的抗菌药物的耐药性产生。

2011 年，WHO 在世界卫生日发布的《减少抗菌药物在食品动物上的使用》（Reduce Use of Antimicrobials in Food-producing Animals）文件中继续呼吁各国政府部门加强对抗菌药物的监管。为此，各国积极采取各种措施来减少在食品动物养殖生产中使用抗菌药物，并提出了一系列政策以应对耐药性，促进抗菌药物在包括畜牧业在内的各行业中得到合理使用，确保患病动物能获得适当的护理并提供有效的政策保障（肖永红，2011）。该文件也详细阐述了如何在食品动物生产中减少抗菌药物使用，并提出了 5 点具体行动：①提供针对抗菌药物耐药性的国家级领导团队，促进各部门之间的合作；②创建一个可用的抗菌药物耐药性监管框架并监督其运行；③敦促相关部门加强监管；④推进在食品动物生产上正确使用抗菌药物的相关教育和培训的落实；⑤推进畜牧业良性发展以减少对抗菌药物的需求。这些行动对抗菌药物的监管和减少抗菌药物的使用提出了更高要求。

为了进一步遏制耐药性发展，WHO 在 2015 年发布文件 WHA68.7《抗菌药物耐药性的全球行动计划》（Global Action Plan on Antimicrobial Resistance），提出各国政府部门应加大兽用抗菌药物的分配、质量和使用监管，减少抗菌药物在动物上的非治疗性使用（包括疾病预防及促生长目的）；呼吁各国开发有效、快速、低成本的诊断工具，以确保疾病治疗中抗菌药物的合理使用；鼓励开展耐药性研究和新药研发。为了实现这些目标，WHO 与 FAO 和 OIE 紧密合作、统一行动，为各成员国提供支持，确保只有具备质量保证、安全和有效的抗菌产品才能接触到人和动物。这些支持方法一方面包括制定行业技术准则和标准，帮助成员国获得并正确使用抗菌药物；另一方面包括帮助完善国家和区域的药品监管制度，规范和宣传使用抗菌药物的最佳做法。为了加强新型抗菌药物的监管，WHO 秘书处还将参与成员国和制药业协会之间的磋商，以确保药物的有效性和全球供应，并将根据已掌握的数据对环境中存在的抗菌药物及其残留物检测标准的制定提供指导意见。

为进一步加强国际合作，2016 年联合国大会在《抗微生物药物耐药性问题高级别会议政治宣言》中呼吁 WHO、FAO 和 OIE 三方共同完成全球发展和管理框架，并于 2018 年 10 月 1 日至 2 日与联合国环境规划署（UNEP），与各成员国、有关国际组织和非国家机构举行了第二次磋商，讨论并提出了该框架的目标、形式、结构和内容。基于 WHO 之前通过的行动计划 WHA68.7，这次磋商主要提出三点目标：①研究与开发，支持开发新的抗菌药物、诊断工具、疫苗，以及其他用于检测、预防和控制抗菌药物耐药性的干预措施；②促进这些研究及开发的新型干预措施可以被真正推广使用；③通过加强管理，采取科学措施优化抗菌药物的控制、分配及使用，从而保护抗菌药物的有效性。该框架为新型抗菌药物的研发提供动力，为保护抗菌药物的有效性提供新思路。此外，2018 年，WHO 发布了《解决抗菌药物耐药性的全球进展监测：2018 年关于抗菌药物耐药性的国家自评调查的第二轮结果分析报告》（Monitoring Global Progress on Addressing Antimicrobial Resistance：Analysis Report of the Second Round of Results of AMR Country

Self-assessment Survey 2018）。WHO 中 194 个成员国中已有 154 个国家对这一行动计划做出了答复。针对全球计划中优化抗菌药物在人类和动物上的使用这一目标，成员国中有 123 个国家已经出台相关政策，要求在给人类使用抗菌药物时应由医疗人员开具处方，有 64 个国家提出将限制抗菌药物用于促进动物生长，这一结果彰显了各国对动物源细菌耐药性问题的重视，有助于进一步减少抗菌药物的使用。

在联合国举行抗菌药物耐药性问题高级别会议后，联合国秘书长设立了抗菌药物耐药性问题机构间协调小组。该小组在 2019 年提交给联合国秘书长的报告中特别指出：①需要确保所有成员国公平获得可负担的、有质量保障的抗菌药物或替代药物、疫苗和诊断工具，确保人类、动植物卫生领域的专业人员能够负责任且谨慎地使用这些药物；②呼吁所有成员国根据三方机构（WHO、FAO 和 OIE）以及食品法典委员会（CAC）的指导意见，逐步停止将抗菌药物作为动物促生长剂，尤其是《世界卫生组织对人类健康极为重要的抗菌药物清单》中所列的最优先和极为重要的抗菌药物，成员国应立即停止将这些药物用于促进动物生长。该报告为解决抗菌药物耐药、实现可持续发展提供了明确规划，提升了细菌耐药性防控工作的系统性。

2022 年 5 月，WHO 发布了《世界卫生组织抗微生物药物耐药性战略重点》（WHO Strategic Priorities on Antimicrobial Resistance），该文件指出 WHO 对抗菌药物耐药性的反应基于 4 个战略优先领域：加强对抗菌药物耐药性响应的领导；在各国实施公共卫生举措以应对抗菌药物耐药性；更好地预防和治疗抗菌药物耐药性并进行研究与开发；监测抗菌药物耐药性情况及全球应对抗菌药物耐药性的反应。该战略重点将有助于 WHO 确定、推进、促进、监测、预防、减少和减轻耐药性感染的综合政策及战略，这将在全球层面对微生物耐药性全球行动计划产生切实影响，推动实现可持续发展目标，保障人类健康。总之，WHO 发布的一系列文件为成员国提供了参考标准，减缓并遏制了动物源细菌耐药性的产生，降低了抗菌药物耐药性对公共卫生的威胁。

（二）世界动物卫生组织

世界动物卫生组织于 1924 年成立，其宗旨在于帮助控制流行病传播、维护公共卫生安全、促进兽医服务、保障食品安全和动物福利。作为动物健康标准的制定组织，OIE 于 2003 年首次发布了针对陆生动物抗菌药物耐药性的国际标准，随后将该标准更新并扩展到水生动物。《陆地动物卫生法》及《水生动物卫生法》的发布为成员国抗菌药物的使用、耐药性监管、风险评估等提供了指导。2015 年，OIE 再次更新了《陆地动物卫生法》及《水生动物卫生法》，这为进一步控制抗菌药物耐药性、保证抗菌药物在未来的可用性和有效性奠定了基础。

此后，OIE 制定了一份具有兽医学重要意义的抗菌药物清单，与 WHO 制定的人类药物清单并行，第一版本的清单在 2007 年大会期间提交给第七十五届国际委员会并获得通过。2016 年，OIE 发布了《世界动物卫生组织抗菌药物耐药性及抗菌药物谨慎使用策略》（OIE Strategy on Antimicrobial Resistance and the Prudent Use of Antimicrobials），概述了 OIE 为支持成员国应对抗菌药物耐药性制定的 4 个目标和策略：①提高成员国兽医、农民、利益相关方及普通民众对抗菌药物耐药性的认识和理解，并在此过程中支持制定和执行关乎动物健康及福利的政策；②优先开发用于统计动物抗菌药物使用情况的全球数据库，基于这个数据库，OIE 可加强对抗菌药物耐药性的监视及研究；③帮助制定和执行对抗抗菌药物耐药性的国家行动计划，强调药物谨慎使用原则并推动畜牧业良好发展；④OIE 现行的标准为监管和谨慎使用抗菌药物、风险评估等提供了一致的全球标准，OIE 将不遗余力地在成员国中推动这些标准的执行。该战略与 WHO 全球行动计划一致，有助于推进"One Health"理念在人类和动物健康、农业及环境领域的发展。

2018 年，OIE 的特设小组对抗菌药物清单进行了进一步技术审查，以提高 WHO 和 OIE 分别制定的两个清单在抗菌药物分类术语方面的一致性。该特设小组制定了与人类药物清单并行的兽用抗菌药物清单——《OIE 重要兽用抗菌药物清单》（OIE List of Antimicrobial Agents of Veterinary Importance）（图 5-2）。该清单将兽用抗菌药物分为

图 5-2　OIE 重要兽用抗菌药物清单

极为重要、高度重要和重要三种级别。OIE 清单中被标注为"极为重要"的抗菌药物可能对人类健康也十分重要，如氟喹诺酮类药物、第三代和第四代头孢菌素及多黏菌素 E，这些药物已于 2016 年被归纳至 WHO 人类药物清单中的"极为重要"药物类别中。为了防控对这些药物具有抗性的动物源细菌产生及传播，OIE 详细规定了这几种药物的使用范围：①不得作为预防性药物使用；②非特殊情况不得用作一线治疗药物，在细菌学试验结果基础上可用作二线治疗药物；③在没有可替代治疗方法时可限制性地使用这些药物；④绝对禁止将其用作动物促生长剂。OIE 制定的兽用抗菌药物清单及详细规定使用范围，为保护人类医学抗菌药物的有效性和遏制动物源细菌耐药的产生及传播做出了重大贡献。

（三）联合国粮食及农业组织

联合国粮食及农业组织（Food and Agriculture Organization of the United Nations，FAO）作为 WHO、WOAH 之外的另一重要国际组织，是施行"One Health"策略不可缺少的重要一员。FAO 与前两者共同采取行动来应对细菌耐药性的发生与传播，并提出了如下政策。

FAO 在第三十九届会议通过了关于抗菌药物耐药性的第 4/2015 号决议，提出抗菌药物耐药性已对公共健康和可持续性粮食生产构成了威胁。为了应对这种威胁，FAO 帮助成员国搭建耐药性监管框架，并为养殖行业提供具体方法以减少抗菌药物使用。由于许多国家将抗菌药物用作食品动物促生长剂，FAO 出版的《评估动物饲料的质量和安全性》（Assessing Quality and Safety of Animal Feeds）文件，倡导成员国通过开发抗菌替代品及提升动物健康水平来减少抗菌药物使用。此外，通过在饲料中添加消化酶、益生菌或使用包括疫苗在内的感染控制措施，改善饲养环境以提高饲料转化率，从而实现与抗菌药物类似的促生长目的。2004 年，FAO 在《兽药管制立法》（Legislation for Veterinary Drugs Control）中表达了对抗菌药物过度使用的担忧。FAO 指出，在动物上使用青霉素等抗菌药物会增强耐青霉素细菌的存活与繁殖，从而可能导致该类药物在未来对人类感染的治疗效果变差。同时，该文件强调包含抗菌药物在内的兽药需要明确规范其使用范围，加强标签外使用情况的监管力度，严格管控抗菌药物的供应，以保障未来抗菌药物的可用性和有效性。

FAO 在 2005 年出版的《食品立法的观点和指导方针与新的食品法示范》（Perspectives and Guidelines on Food Legislation，With a New Model Food Law）中指出，由于在动物饲料中添加抗菌药物，或因治疗不当而产生的抗菌药物残留，加速了细菌耐药性的产生和传播。耐药细菌引起的感染常常会使抗菌药物的治疗效果变差，严重威胁动物及人类健康。然而，一些国家目前仍存在立法许可的、用以促生长、改善动物健康或提高动物源食品质量的抗菌药物类添加剂。因此，FAO 强烈建议监管机构对这些添加剂的使用提供必要的规范指导。2010 年，FAO 在联合国际饲料工业联合会（IFIF）发布的《饲料行业的良好做法》（Good Practices for the Feed Industry）中进一步明确提出，监管部门应限制养殖从业人员使用标签外用抗菌药物，并对食品动物源样本进行定期采集和检测；使用抗菌药物需同时参考耐药性检测结果及临床经验；禁止在未完成风险分析的情况下将抗菌药物作为促生长剂。FAO 期望通过规范抗菌药物的合理使用，实现减缓耐药性产生的目标。

2018 年，FAO 在发布的《抗菌药物耐药性政策审查和发展框架》文件中提出了 4 点意见。①认知：提高利益相关方、专业人员和公众对抗菌药物耐药性的认知，针对不同的受众提供相应内容。②证据：在全国范围内了解抗菌药物耐药性和抗菌药物使用的相关数据，确定风险管理目标并评估其有效性。③实践：从食品动物养殖角度出发，提供良好的营养及居住条件，提供正确的管理及生物安全措施以减少抗菌药物的使用。根据行业标准制定抗菌药物制造和废水排放标准，以减少和限制抗菌药物耐药性在环境中的传播。④管理：明确政府部门推动、影响并指导国家层面抗菌药物耐药性防控战略的管理办法。该文件全面贯彻"One Health"理念，针对食品动物生产中出现的抗菌药物耐药性和抗菌药物使用问题，为各国行政部门起草和实施相关政策提供了参考与指导。

为实现 FAO 提出的《2016—2020 年抗菌药物耐药性行动计划》所规定的内容、支持 WHO 提出的全球行动计划及贯彻"One Health"理念，FAO 在 2019 年发布了《在猪和家禽养殖业中谨慎且有效地使用抗菌药物》文件。该文件提出：首先，可以将使用生物安全措施或疫苗而非抗菌药物作为有效的疾病预防措施；其次，在动物出现疾病症状时应做好诊断和实验室检测，这些数据将用于评判是否需要抗菌药物介入以及何时使用何种抗菌药物；最后指出，应禁止在动物上使用 WHO 列出的对人类极为重要的抗菌药物。此外，FAO 还于 2019 年发布了《关于在水产养殖中谨慎和负责地使用兽药的建议》。该文件给出的建议与其他控制耐药性文件较为类似，即要求政府部门加强立法执法，加大监管力度，对从业人员要提供相应教育及培训，改善养殖基础设施，从而有效遏制细菌耐药性的传播。

（四）食品法典委员会

食品法典委员会（Codex Alimentarius Commission，CAC）是 1963 年设立的政府间国际组织，负责协调国家间的食品安全标准，旨在建立一套完整的食品国际标准体系。针对食品动物源细菌耐药性问题，CAC 先后颁布多个法典以规范并减少抗菌药物在养殖业中的使用。最先出台的法典为 2004 年的《良好的动物饲养行为守则》（Code of Practice on Good Animal Feeding），呼吁各成员国应禁止将抗菌药物作为促生长剂使用。2005 年颁布的《减少和遏制抗菌药物耐药性行为守则》（Code of Practice to Minimize and Contain Antimicrobial Resistance）详细阐明了监管部门、兽药企业、批发零售商、兽医及养殖人员的责任，指导食物生产链中的抗菌药物使用，并且着重对兽医和养殖人员的职责进行了具体阐述。首先，兽医必须明确需要使用抗菌药物的动物数量、体量及合适的用量来开具处方，处方上必须准确地标明治疗方案，包括抗菌药物的剂量、用药间隔、治疗持续时间、停药期和交付的药品数量；其次，兽医需结合临床经验，综合流行病学史、初步治疗结果和预后等信息进行抗菌药物选择；最后，兽医需在熟练掌握药物抗菌谱、给药途径和药代动力学特征的基础上选择药物，这对科学调整治疗方案及减少抗菌药物使用至关重要。另外，对于养殖人员，该法典要求：①只在必要时使用抗菌药物，不能用抗菌药物替代良好的饲养管理，不能使用抗菌药物预防疾病；②需根据处方、药品标签或有经验兽医的建议使用抗菌药物；③人员接触接受治疗的动物时需做好卫生防护；④保证严格的休药期；⑤详细记录用药情况和实验室检测数据等。这些法典为应对全球性抗菌药物耐药性危机提供了可靠的理论指导。

除以上两部法典外，CAC 还发布了一些指导性文件。2011 年出台的《食源性抗菌药物耐药性风险分析指南》（Guidelines for Risk Analysis of Foodborne Antimicrobial Resistance）旨在评估食品和动物饲料（包括水产养殖）中耐药细菌的存在以及这些耐药菌传播对人类健康产生的风险，这将有助于为风险管理提供建议并降低相关风险。CAC 还于 2018 年更新了残留限量标准，即《食品中兽药最大残留限量和风险管理建议》（Maximum Residue Limits and Risk Management Recommendations for Residues of Veterinary Drugs in Foods），该文件详细归纳了各种抗菌药物在陆生和水生动物中的残留限量以保障食品安全；2021 年出台的《食源性抗菌药物耐药性的综合监督监控指南》（Guidelines on Integrated Monitoring and Surveillance of Foodborne Antimicrobial Resistance）旨在协助政府设计并执行综合性的食源性抗菌药物耐药性监控方案，并分析相关数据以衡量风险管理措施带来的影响。

二、细菌耐药性监测与风险评估法规政策

积极监测动物源细菌耐药性的发生及动物抗菌药物的使用情况，对于耐药性风险评估、探究耐药性发展趋势及指导合理用药等十分必要。为限制动物源细菌耐药性的产生和传播，WHO、FAO、WOAH 等国际组织召开了数次研讨会并建立一系列细菌耐药性监测体系；1997 年召开会议讨论"食品动物用抗菌药物对人类医疗的影响"，指出食品动物中的耐药菌会引起人类感染率增加并导致治疗失败；随后召开了多次联合会议，讨论了关于食品动物使用抗菌药物加速细菌耐药产生的风险评估等问题，并就如何高效防控动物源细菌耐药性问题进行深入探讨。2014 年，WHO 在瑞士日内瓦举行新闻发布会，公布了首份全球 114 个国家抗菌药物耐药的监测报告数据，并于 2015 年启动全球抗菌药物耐药性监测系统（The Global Antimicrobial Resistance and Use Surveillance System，GLASS），主要监测人源病原菌耐药数据，其中动物源细菌耐药性数据仅占小部分。GLASS 为各国和各地区收集、分析、解释、分享耐药性数据提供了一种标准化方法。与此同时，GLASS 还可监督各国耐药监测系统的状况，以保证整个监测系统正常运转。GLASS 通过鼓励更多国家建立可靠的抗菌药物耐药性趋势监测系统，促进抗菌药物耐药性数据在全球范围内的共享。

GLASS 目前含有 5 个技术模块，包括基于随机收集数据的常规监测和基于特定目标获取信息的集中监测。截至 2020 年，已有 92 个国家或地区加入了 GLASS，此数量较 2017 年提升了一倍。然而，已建立的细菌耐药性监控体系尚不完善，在监测动物源耐药性及抗菌药物使用量方面仍缺乏系统性和连续性的全球监测系统。尽管存在少量的动物源耐药性监测系统，但其主要目标是监测食品动物耐药细菌，忽视了对作为耐药细菌储存库重要组成部分的伴侣动物和野生动物中细菌耐药情况的监测（图 5-3）。因此，实现食品动物、伴侣动物和野生动物的全面细菌耐药性监测及风险评估是保障人类健康的重要一环。

图 5-3　耐药细菌在食品动物、伴侣动物和野生动物之间的传播

（一）食品动物

食品动物是供人食用或其产品供人食用的动物，它们与人类的生活密切相关，从农场到餐桌，食品动物源细菌都可能影响人类健康。近年来，耐药性问题层出不穷，各国际组织针对食源性细菌耐药性的监测开始采取一系列措施。食源性细菌中抗菌药物耐药性的综合监测能够监控抗菌药物耐药性的发展并提供抗菌药物的使用数据，为更好地了解感染源和传播途径提供科学依据。在监测食源性细菌方面，WHO于 2000 年建立了全球食源性细菌感染的耐药网络（Global Foodborne Infections Network，GFN），用以加强成员国对从农场到餐桌的食源性细菌和肠道细菌的综合监测能力。GFN 于 2017 年发布了最新版《食源性细菌抗菌药物耐药性综合监测指南》（Integrated Surveillance of Antimicrobial Resistance in Foodborne Bacteria），其目的是协助 WHO 成员国和其他利益相关方建立及发展食源性细菌抗菌药物耐药性综合监测体系。该指南将"食源性细菌中抗菌药物耐药性综合监测"定义为：收集、验证、分析和报告来自人类的食源性细菌中抗菌药物耐药性的相关微生物学和流行病学数据。因此，GFN 不仅实现了食源性细菌抗菌药物耐药性综合监测，还有效促进了人类健康、兽医和食品相关学科之间的合作与交流。

OIE 在兽用抗菌药物合理使用领域制定了一系列的国际标准，为动物中谨慎使用抗菌药物、监测动物源细菌耐药性和抗菌药物使用数量提供了准则。OIE 提倡在陆生和水生动物中谨慎使用抗菌药物，以保障治疗效果并延长其在动物和人类中的使用时间。其中，OIE 在《陆生动物卫生法典》中提出了《统一国家抗菌药物耐药性监测规划》（Harmonisation of National Antimicrobial Resistance Surveillance and Monitoring Programmes），为各国食品动物和动物源产品中抗菌药物耐药性监测提供了标准方法。同时，提出了《食品动物抗菌药物的用量及使用模式监测方法》（Monitoring of the Quantities and Usage Patterns of Antimicrobial Agents used in Food-producing Animals），为食品动物抗菌药物使用数量监测提供了标准化流程。为配合 WHO 发布的《抗菌药物耐药性全球行动计划》，OIE 于 2016 年同时推出了《OIE 关于抗菌药物耐药性以及谨慎使用抗菌剂的策略》（The OIE Strategy on Antimicrobial Resistance and the Prudent Use of Antimicrobials）。OIE 通过加强动物源细菌耐药性和抗菌药物使用数量的监测，指导抗菌药物的合理使用，达到减缓抗菌药物耐药性产生的目的，最终保障人畜健康和可持续发展。

FAO 在动物源细菌耐药性监测中也发挥了重要作用。2015 年，FAO 第三十九届会议通过了关于抗菌药物耐药性第 4/2015 号决议，明确指出抗菌药物耐药性对公共卫生和可持续粮食生产构成日益严重的威胁，并倡导政府和社会的所有部门都应该采取有效的应对措施。随后 FAO 于 2016 年发布《抗菌药物耐药性行动计划》（The FAO Action Plan on Antimicrobial Resistance 2016—2020），该计划强烈呼吁增强对食品动物及农业生产中的抗菌药物用量和耐药性情况的监测。为了评估各个国家关于动物源性细菌耐药性监测计划的进展，WHO、FAO 和 OIE 共同制定问卷以确定需要进一步支持和援助的领域。FAO 根据问卷结果发布了《2018 年第二轮抗菌药物耐药性国家自我评估调查结果分析报告》（Analysis Report of the Second Round of Results of AMR Country Self-assessment Survey 2018），报告中指出，在鸡肉、猪肉和牛肉生产量排名前十的国家中，大多数国家已经至少制定了一项国家行动计划。此外，在 154 个填写了问卷调查的 WHO 成员国中，只有 64 个国家（41.6%）已限制极其重要的抗菌药物使用以减少滥用抗菌药物造成的危害。因此，加快推动各国对抗菌药物的限制使用，是抗菌药物耐药性防控的关键步骤。

一直以来，国际组织在抗菌药物使用情况调查和耐药性监测等活动中仍将重心放在人源细菌上，因而迫切需要动物和食品相关部门提高对食品动物源细菌的重视程度并采取更多行动。2019 年，FAO 发布了《食源性细菌抗菌药物耐药性的监测指南，区域抗菌药物耐药性监测指南：第 1 卷》（Monitoring and Surveillance of Antimicrobial Resistance in Bacteria from Healthy Food Animals Intended for Consumption，Regional Antimicrobial Resistance Monitoring and Surveillance Guidelines – Volume 1），强调在本区域现状下应标准化动物源性抗菌药物耐药性数据的生成、整理和结果报告等关键要素，并提供了将抗菌药物敏感性监测和以实验室为基础的抗菌药物耐药性监测统一的方案，为制定食源性细菌抗菌药物耐药性监测计划提供科学指导。

（二）伴侣动物

伴侣动物也称陪伴动物或宠物，是人类在进化中驯化的、进入家庭与人类形成牢固伙伴关系且需人类饲养的动物。伴侣动物行业在发达国家已有百余年的历史，目前已具有相对成熟的市场。发展中国家的伴侣动物行业虽起步较晚,但在近二十年发展良好,尤其是中国的伴侣动物行业发展迅猛。随着经济发展和社会进步,伴侣动物数量逐年增加,它们与人类的接触也更为频繁和密切,携带的人兽共患病原菌对于宠物主人健康的威胁日益增大,且伴侣动物与食品动物在用药上存在一定差别。因此,必须重视伴侣动物抗菌药物的合理应用,严格评估伴侣动物源细菌抗菌药物耐药风险以保护动物和人类的健康。

美国是全球最大的宠物饲养和相关产品消费国,根据美国宠物行业协会(American Pet Products Association,APPA)发布的数据,从 2010 年到 2019 年,美国始终有超过 60%的家庭养有宠物。在这些宠物家庭中,养犬和养猫的家庭占据了绝大多数,分别占所有养宠物家庭的 75%和 50%。而根据 2021 至 2022 年的 APPA 全国宠物主人调查,大约 70%的美国家庭拥有至少一种宠物,这个比例高于 2019 至 2020 年调查结果的 67%。即使在新冠疫情大流行期间,仍有 14%的受访者(宠物主人和非宠物主人)饲养了新宠物,并且至少 1/4 的新宠物主人表示他们最近购买的宠物受到了新冠疫情的影响,其中包括海鱼(60%)、犬(47%)、鸟类(46%)、小型动物(46%)、猫(40%)、淡水鱼(34%)、爬行动物(27%)和马(27%)。欧洲宠物食品工业联合会(European Pet Food Industry Federation,FEDIAF)发布的 2020 年欧洲宠物行业统计数据报告显示,8800 万家庭(38%)拥有宠物,包括 1.1 亿只猫、9000 万只犬、5200 万只鸟、3000 万只小型哺乳动物、1500 只水獭和 900 万只爬行动物。目前,我国宠物行业处于快速发展阶段,据《2020 年中国宠物行业白皮书》调查统计,2020 年国内养宠物人群达 6294 万人,犬猫总数量超过 1 亿。《2021 年中国宠物行业白皮书》的数据显示,2021 年我国城镇宠物(犬猫)消费市场规模达到 2490 亿元,比 2020 年增长了 20.58%,增速已恢复至疫情前水平,2012~2021 年复合增长率为 24.88%。除 2020 年疫情影响外,2012 年至今,市场规模年增长率大部分都维持在 10%以上。据估计,伴侣动物数量仍将保持较大幅度的增长。根据 WHO 报道,抗菌药物耐药性在全球范围内快速蔓延,新的耐药机制不断被发现,这严重威胁到我们治疗常见传染病的能力,表现在携带抗菌药物耐药性的细菌对人类和伴侣动物都构成重大健康威胁。抗菌药物耐药性在伴侣动物诊所中传播降低了抗菌药物治疗动物细菌感染的功效。同时,伴侣动物也可作为抗菌药物耐药性细菌的载体,宠物主人从动物身上感染耐药菌可能会导致治疗失败的情况。感染耐药菌的伴侣动物使兽医、兽医护士、技术人员、实习学生和诊所的其他动物也存在感染风险(Gurdabassi et al.,2004)。"One Health"理念让我们深刻认识到人类和动物健康之间的密切联系,为保护动物和人类的健康,人们必须充分重视评估伴侣动物源细菌抗菌药物耐药风险。

为有效防控细菌耐药性,包括 WHO、FAO、OIE、CAC 在内的各国际组织均出台多个政策和法规,为规范化使用和管理现有抗菌药物指明方向,并为新抗菌药物研发带来更多发展空间。例如,WHO、FAO、OIE 就"农业部门针对抗菌药物耐药性能做什么"发出联合倡议,指出农业部门应保证动物(包括食品动物和伴侣动物)在兽医监督下使用抗菌药物且抗菌药物只能用于控制或治疗传染病。然而,这些政策法规均未强调伴侣动物的用药及耐药细菌的防控,相关内容仅笼统地涵盖在动物或环境监测内容中。根据欧盟第 2019/6 号法规,将从 2029 年开始强制监测犬猫上抗菌药物的使用情况。日本于

2016 年发布的《抗菌药物耐药性国家行动计划》建议加强伴侣动物抗菌药物耐药性的监测。同年，日本通过的《抗微生物药物耐药性国家行动计划》涵盖了对伴侣动物的抗菌药物耐药性监测。2017 年，伴侣动物中的抗菌药物耐药菌纳入日本兽医抗菌药物耐药性监测（JVARM）系统。JVARM 系统主要监测制药公司销售兽用抗菌药物的情况，以及向伴侣动物（犬和猫）诊所销售人类药物的情况（Makita et al.，2021）。

（三）野生动物

野生动物是指非驯养动物，它包括了除单纯生活在野外，也可能由人工繁育和饲养的野生动物。野生动物交易市场庞大复杂，耐药细菌和耐药基因甚至可跨越地理、物种或生态边界传播。从 2012～2016 年全球合法野生动物交易数据可以看出，爬行类动物在野生动物市场交易的数量最多，其次为鸟类和两栖类。哺乳动物的进出口贸易总量为数十万只，其中灵长类占 94.8%（Can et al.，2019）。此外，随着人类社会的发展，野生动物自然栖息地逐渐支离破碎，迫使野生动物与人类及牲畜产生更多接触，最终增加了野生动物与人群之间细菌耐药性传播的机会，这就导致野生动物虽然不直接接触抗菌药物，但耐药菌和耐药基因仍可在其中广泛传播（Jones et al.，2008）。一个地区或物种出现细菌耐药性后，可通过食品、水、动物或人类活动快速扩散至另一地区或另一物种（Ashbolt et al.，2013），上述变化使得野生动物在野外环境中形成耐药基因库，耐药基因在其中的水平转移加速了耐药性的广泛传播，最终威胁人类健康。

近年来各国际组织建立了一系列抗菌药物使用和细菌耐药性监测网络，但这些系统侧重于食品动物和伴侣动物，尚无野生动物监测数据，这将成为细菌耐药性防控工作中的重大隐患。目前仅在 OIE 发布的《陆地动物卫生法》第 6.11 节中提出了《动物中使用抗微生物制剂导致耐药性的风险分析》，指出动物卫生风险评估应包括野生动物暴露于耐药细菌的情况。由于相关监测体系与法规政策的缺乏，野生动物群体抗菌药物使用及耐药情况的数据寥寥无几，导致相关风险评估无法正常进行。因此，野生动物源细菌耐药性监测数据的空缺是耐药性防控工作的重要漏洞。

三、国际合作

21 世纪以来，抗菌药物耐药性问题日益严重，WHO、FAO 和 WOAH 决定采取集体行动以减少抗菌药物耐药性的产生和蔓延。三方合作的主要目标包括：①确保抗菌药物在治疗人类和动物疾病时长期有效；②提倡谨慎使用抗菌药物；③确保全球各成员国都能获得高质量药品。首次三方协商于 2000 年在日内瓦举行，会议以"用于食品动物治疗的抗菌药物会对公共卫生及人类健康产生何种影响"为重点讨论方向，为全球联合防控抗菌药物耐药性奠定基础，拉开了全球共同应对抗菌药物耐药性危机的序幕。

自 2000 年后，WHO、FAO 和 OIE 一直在努力推动各国在陆地和水生动物以及植物生产中抗菌药物的适当使用。在 2003 年和 2004 年，WHO、FAO 和 OIE 联合通过了两个文件《FAO、OIE 和 WHO 关于非人类用途的抗菌药物使用和耐药性的联合专家讨论会：科学评估》（Joint FAO/OIE/WHO Expert Workshop on Non-human Antimicrobial Usage and Antimicrobial Resistance：Scientific Assessment）和《FAO、OIE 和 WHO 关于非人类用途的抗菌药物使用和耐药性的联合专家讨论会：管理选择》（Second joint FAO/OIE/WHO Expert Workshop on Non-human Antimicrobial Usage and Antimicrobial Resistance：Management Options），并提出多条建议以敦促成员国加强对食品动物源细菌耐药性的控制，具体内容包括：①为非人医用途的抗菌药物的使用建立国家级监管方案；②建立国家级食品源和动物源细菌耐药性监测体系，实施关键防控策略，以防止耐药细菌通过食物链从动物传播到人类；③执行 WHO 提出的遏制抗菌药物耐药性全球性原则，遵循 OIE 提出的关于谨慎使用抗菌药物的指导方针；④加强对人类极为重要的抗菌药物管理，防止耐药细菌在食品动物上出现和传播；⑤对动物源细菌耐药性实施必要的风险评估，支持发展中国家提高抗菌药物使用和耐药性监测的能力；⑥加强国际领域针对抗菌药物耐药性的风险管理。除此之外，会议明确了 WHO 应制定一份对人类极为重要的抗菌药物清单，以便在非人医使用药物的情况下能够对这些抗菌药物采取具体的耐药性预防行动。会议还要求 OIE 确定在兽医中极为重要的抗菌药物，以补充人医使用这些抗菌药物的认知，从而有力推动在陆地和水生动物以及植物生产中合理使用抗菌药物。

由于水生环境中的细菌可以在水体中形成耐药基因库，耐药基因经水平转移到其他细菌并最终威胁到人类健康。因此，水产养殖亟须开展必要的风险评估。2006 年，WHO、FAO 和 OIE 三方在韩国首尔就水产养殖中抗菌药物的使用举办了《FAO、OIE 和 WHO 关于水产养殖中抗菌药物使用和耐药性的联合专家讨论会》（Joint FAO/OIE/WHO Expert Consultation on Antimicrobial Use in Aquaculture and Antimicrobial Resistance），重点建议包括：①制定国家级条例，细化可在水产养殖中使用的抗菌药物，建议实行必需的休药期；②加强推广小规模水产养殖，提供相应的技术咨询和援助；③政府部门必须加强监管并提供基本的诊断服务；④构建国家数据库收集水产养殖中的耐药性数据并进行相关的风险性分析，强调兽医、兽医助理、养鱼户、医疗人员和相关部门应定期了解耐药性监测结果和趋势；⑤培训水产养殖人员，加大养殖设备研发，提高养殖能力及小农经济存活能力以减少抗菌药物使用；⑥推进疫苗的开发及大范围接种。此次研讨会为水产养殖中抗菌药物合理使用提出了更加明确的要求。

针对 2003 年和 2004 年两次专家研讨会上的提议，WHO 在 2005 年发布了第一版对人类医学高度重要的抗菌药物清单，而 OIE 在 2007 年的一般性会议也通过了第一版完善的兽医重要抗菌药物清单。针对发布的这两个清单，WHO、FAO 和 OIE 专家组在进行评审讨论后出台了《FAO、OIE 和 WHO 重要抗菌药物专家会议》（Joint FAO/WHO/OIE Expert Meeting on Critically Important Antimicrobials）。该文件重点提出：①平衡动物健康与公共卫生，考虑这两个清单的重叠部分；②探究这种重叠对公共卫生可能造成的危害；③确定人类病原体、抗菌药物使用、动物物种三者的组合，且这种组合应由监管部门优先进行风险评估；④综合目前的管理策略和选择，以保证对人和动物极为重要的抗菌药物的有效性；⑤针对三方今后的活动开展提供建议。2010 年，WHO、FAO 和 OIE 还商定了一份关于后续三方合作的概念说明，强调了加强三个组织协作的重要性，并将抗菌药物耐药性确定为合作主题之一。三个组织于 2014 年加强的合作领域包括：收集关于食品动物使用抗菌药物数据；对抗菌药物耐药性进行综合监测；开设培训讲习班、成立国家试点项目以及编写联合宣传材料。这充分调动了各国抗菌药物耐药性防控的积极性，是加强国际合作、加快耐药性防控进程的重要保障。

为了应对抗菌药物耐药性造成的严重公共卫生问题，WHO 在 2015 年通过了一项关于抗菌药物耐药性的全球行动计划。应世界卫生大会（WHA）的要求，2016 年 WHO 联合 FAO 及 OIE 共同编写了《抗菌药物耐药性：制定国家行动计划的手册》（Antimicrobial Resistance：A Manual for Developing National Action Plans），以协助各国在全球行动计划初始阶段，按照计划中的战略目标制定新的或完善现有的国家行动计划。该文件提出，各成员国可根据具体需要、情况和现有资源调整行动计划；人类和动物卫生、农业及粮食生产部门应共同努力实现"One Health"来遏制抗菌药物耐药性传播。该手册不仅详细描述了制订国家行动计划各个阶段的步骤，而且提出了实现"One Health"所需要素，在全球抗菌药物耐药性防控中举足轻重。总之，国际组织对于兽用抗菌药物的政策指令始终保持与时俱进，在规范兽用抗菌药物的使用、细菌耐药防控工作、未来抗菌药物研发方向和畜牧生产可持续发展等方面具重要意义，为人类健康保驾护航。

分析国际组织防控动物源细菌耐药性的先进策略与措施，进一步挖掘其成功的秘诀，探讨其在发展中暴露的不足，将对我国乃至全球动物源细菌耐药性防控工作提供有益启示。国际组织全面贯彻"One Health"理念，通过合理使用抗菌药物，以期达到有效防控动物源细菌耐药性的目的。在动物源细菌耐药性和抗菌药物使用量监测结果的指导下、在抗菌药物分类管理和禁止抗菌药物用于促生长政策的要求下，动物源细菌耐药性防控工作正有条不紊地推进。尽管如此，动物源细菌耐药性监测与风险评估工作主要关注食品动物，忽视了伴侣动物和野生动物在加速耐药细菌传播中的重要作用。因此，动物源细菌耐药性防控工作应增加防控对象，加大防控力度，最终实现"One Health"的发展目标（Kahn，2017）。

第二节　发达国家细菌耐药性防控策略与措施

动物源细菌感染所致疾病的发病率和死亡率逐年升高，已严重威胁到公共卫生健康。防控动物源细菌耐药性已成为保障人类公共健康的关键步骤。为了响应"One Health"号召、应对多药耐药菌的产生与传播，部分国家已针对抗菌药物的使用、监测及管理提出了相应的政策规划。欧盟及美国、澳大利亚、加拿大等国家和地区均已开展抗菌药物耐药性行动计划，制定了抗菌药物管理政策并进行耐药性监测，通过及时公布统计数据并采取相应措施，以控制细菌耐药性的传播，实现食品安全和人类健康。

一、兽用抗菌药物管理政策

发达国家强调"自下而上"的抗菌药物管理政策，即由各医疗机构实施不同的抗菌药物管理措施，在临床实践中运用成熟后转交政府或专业组织、协会统一颁布法规或指南在全行业推广。20 世纪末，欧洲发达国家开始启动细菌耐药及抗菌药物使用情况监测网，如统一成员国管理法规和标准、协定行业发展方针、建立一体化市场等。美国等其他发达国家也意识到抗菌药物耐药性对世界公共卫生健康造成严重威胁，陆续加入延缓抗菌药物耐药性行动，根据国情制定各项政策以限制抗菌药物的使用并建立细菌耐药监控网络。

（一）欧盟

欧盟兽药管理的高度法制化使兽药行政管理程序日趋透明化，欧盟制定和修改药品管理法规及技术指导原则也逐渐程序化，有利于应对细菌耐药性挑战。自 1999 年以来，欧盟委员会在 AMR 研究方面已经投资超过 13 亿欧元，使得欧洲在该领域成为佼佼者。欧洲药品管理局（European Medical Agency，EMA）、欧洲疾病预防控制中心（European Centre for Diease Prevention and Control，ECDC）和欧洲食品安全委员会（European Food Safety Authority，EFSA）共同负责欧盟抗菌药物事务。EMA 主要负责欧盟各种药品的评价、监察和预警，抗菌药物耐药性带来的威胁已被 EMA 定为欧洲药品监管网络的优先监测目标。EMA 下设兽用药品委员会（CVMP），专门负责兽用抗菌药物耐药性管理工作和兽药注册审评中科学及技术相关的所有问题，并设有专门的抗菌药物工作组（Antimicrobials Working Party，AWP），负责对兽用抗菌药物的使用问题提出建议并参与制定抗菌药物耐药性相关指南。ECDC 则主要负责监控人源细菌耐药性数据，其建立的欧洲耐药性监测系统（European Antimicrobial Resistance Surveillance Network，EARS-Net）及欧洲抗菌药物用量监测系统（European Surveillance of Antimicrobial Consumption Network，ESAC-Net）是欧洲最大的、公共资助的抗菌药物耐药性及使用量监测系统。EFSA 主要负责食品与饲料安全风险评价，它为所有食品和饲料安全事务提供独立的科学支持和建议，是欧盟监测和控制耐药性的重要组织。除上述组织外，健康与消费者保护总理事会（Health and Consumer Protection Directorate-General，DG-SANCO）及一些相关团体也参与了耐药性管理研究的工作。欧盟兽药管理机构以"直线职能制"为组织模式实施垂直管理（图 5-4），加强多部门协作，积极有效地推动耐药性防控的工作，共同应对动物源细菌耐药性挑战。

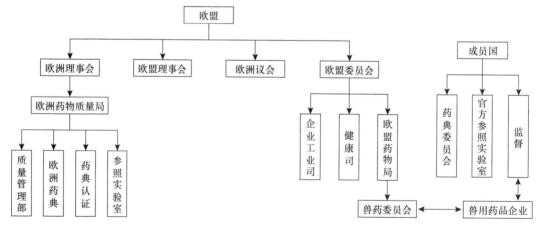

图 5-4 欧盟药品管理机构图

　　欧盟通过标准化的法律制度来约束各成员国，出台了有关抗菌药物处方监管、使用监测、畜牧业合理用药、宣传教育等一系列政策措施，制定了抗菌药物耐药性五年行动计划，敦促并指导各成员国应对日趋严峻的细菌耐药危机。1969 年，当英国议会向 WHO 建议"人用抗菌药物不应用于食品动物促生长"时，丹麦政府意识到动物源细菌耐药性的问题，并宣布所有兽用抗菌药物均需凭兽医处方使用，保证人用抗菌药物不得用于动物、兽用抗菌药物不得用于动物疾病预防。瑞典是世界上第一个禁止使用抗菌药物促进动物生长的国家（Wierup et al.，2021），1980 年瑞典农民联合会（the Federation of Swedish Farmers）通过了在动物上严格控制使用抗菌药物的相关政策，并在 1986 年实施了对畜禽饲料中添加的抗菌药物全面禁止的法令，成为世界上首个禁止将抗菌药物作为畜禽促生长剂的国家。从 2006 年起，欧盟规定全面禁止使用抗菌药作为促生长剂，抗菌药仅用于动物疾病治疗；从 2007 年起，所有兽用药都作为处方药使用和管理。2015 年，欧盟印发了《谨慎使用兽用抗菌药物的指导原则》，帮助各成员国开发实施兽用抗菌药的谨慎使用策略。2016 年，在欧盟的要求下，欧洲药品管理局（EMA）和欧洲食品安全委员会（EFSA）综合科学知识，专门研究推出减少欧盟畜牧业使用抗菌药的措施。

　　限制抗菌药物在动物上的使用无法完全控制细菌耐药性的产生与传播，合理有效的耐药性监测措施才能及时发现并遏制耐药性的快速传播。20 世纪 90 年代初期，耐青霉素肺炎球菌和耐甲氧西林金黄色葡萄球菌（methicillin-resistant *Staphylococcus aureus*，MRSA）被发现，欧洲国家开始监控细菌耐药及抗菌药物使用情况。1994 年，为进一步应对耐药性问题，避免细菌耐药性超过临界阈值水平，瑞典政府启动控制细菌耐药战略项目（The Swedish Strategic Program Against Antibiotic Resistance，STRAMA）。STRAMA 于 1995 年正式实施，涉及动物保健、环境卫生、公共卫生等部门，建立了多部门合作、跨部门协作、多学科联合的综合治理体系，创建了全国性细菌耐药与抗菌药物应用监测网，通过监测细菌耐药及抗菌药物使用情况来了解抗菌药物整体使用情况和不同地区细菌耐药流行情况，以便及时调整细菌耐药防控政策以减缓细菌耐药。STRAMA 也加入了欧洲地区的监测体系，为整个欧洲细菌耐药性防控做出重要贡献。同年，丹麦逐步禁止抗菌药物用作饲料添加剂，规定向畜禽养殖用抗菌药物收税，并开始监测食品动物中抗菌药物的使用情况，发布丹麦抗菌药物耐药性监测和研究综合计划（Danish Integrated Anti-Microbial Resistance Monitoring and Research Programme，DANMAP）（Anette et al.，2007）。DANMAP 主要负责收集动物、食品和人源细菌耐药性的数据，每年发布细菌耐药性检测报告，将药物使用情况和细菌耐药趋势进行比较分析。

　　1997 年，欧盟发现在食品动物中使用阿伏霉素会促进万古霉素耐药性基因簇（*vanA*、*vanB*、*vanD*、*vanE*、*vanG*）的出现和传播。随后，欧盟委员会禁止所有成员国使用阿伏霉素、泰乐霉素、螺旋霉素、杆菌肽和维吉尼亚霉素等作为饲料添加剂（2006 年欧盟全面禁止将抗菌药物用于促生长使用）。这项举措直接减少了整个欧盟抗菌药物的使用量及万古霉素耐药基因在动物和人中的传播。同年，英国卫生署凯尼斯·卡门爵士要求美国医疗咨询委员会（Standing Medical Advisory Committee，SMAC）深入探讨抗菌药物耐药性与临床应用之间的关系。SMAC 成立工作小组，发布了一项名为"The Path of Least Resistance"的报告，该报告针对医院及社区医院处方、抗菌药物相关知识的宣传教育、抗菌药物耐药性监测、感染控制及交叉感染、国际性共同协作等方面提出具体指导意见。1998 年，丹麦禁止促进生长的抗菌药物用于肉鸡和育肥猪，并在第二年禁止促进生长的抗菌药物用于断奶仔猪。瑞典同样在 1998 年通过了关于"慎重使用抗菌药物"的政策，并于 1999 年加入欧洲抗菌药物耐药监测系统（European Antimicrobial Resistance Surveilance System，EARSS），每年收集肺炎链球菌、金黄色葡萄球菌、粪肠球菌等具有侵袭性的临床分离株，将其药敏试验数据公布于 EARSS 和 STRAMA。

步入 21 世纪，抗菌药物耐药性问题日益严重，欧盟及其成员国进一步制定政策规范、监控兽用抗菌药物的使用、成立兽用抗菌药物耐药监测体系，以期从源头遏制耐药细菌的产生。2000 年，欧盟 EMA/CVMP 根据 1999 年发布的定性风险评估报告，提出《通过兽药审批控制抗菌药物耐药性的风险管理策略计划》（EMA/CVMP/818/99-Final），包括确保抗菌药物经程序审批以促进合理使用、收集准确的统计资料进行有效的风险评估，以及经外部交流促进抗菌药物的有效使用。为进一步完善抗菌药物审批制，CVMP 首先提出了《兽用抗菌产品有效性证明指南》（EMA/CVMP/627/01-Final）和《抗菌产品特征概要（SPC）指南》（EMA/CVMP/612/01-Final）。这两个指南详细规定了除乳腺给药外的其他所有给药途径和剂型，并要求提交药物信息，如药动学、药效学、临床试验和耐药性等，且从药物生产到使用需要提供一致的信息，确保良好的治疗效果，最大限度地降低耐药性产生。

同年，丹麦和瑞典也建立了本国兽用抗菌药物的监测体系。丹麦粮食、农业和渔业部资助建立了收集畜禽药物使用信息的监测系统-兽药统计数据库（VETSTAT），该系统的数据来源于药店、兽医诊所和饲料厂，详细记录了畜群的用药情况。DANMAP 也将 VETSTAT 作为兽用药物的主要信息来源，该系统可有效地记录丹麦全国所有养殖场的抗菌药物使用情况，还能对不同养殖场之间的抗菌药物使用情况进行比较。瑞典政府成立兽用抗菌药物耐药监测体系（Swedish Veterinary Antimicrobial Resistance Monitoring，SVARM）以便收集兽药及耐药性相关资料，并资助 STRAMA 与瑞典国家卫生与福利委员会（The National Board of Health and Welfare）密切合作，制定《防止抗菌药物耐药性和健康保健相关感染的战略》的国家行动计划，以监测并遏制兽医、食品和环境相关细菌耐药性问题，该行动计划于 2005 年被批准为国家立法（瑞典 2005 年 50 号法案）。STRAMA 项目的启动为控制细菌耐药提供了丰富的早期经验。2000 年，欧盟立法要求各成员国密切监控病原菌耐药性以及抗菌药物使用情况；2011 年，欧盟抗菌药物使用量监测网（European Surveillance of Antimicrobial Resistance Consumption，ESAC）成立，形成抗菌药物使用量网络数据库，为有关机构的研究提供长期数据支持。欧洲兽医抗菌药物消费监测（ESVAC）项目收集有关欧盟（EU）动物如何使用抗菌药物的信息。这些信息连同来自 EFSA 和 ECDC 的数据构成了联合机构间抗菌药物的基础消耗和耐药性分析（JIACRA）报告，该报告突出了人类和动物抗菌药物消耗与抗微生物耐药性（AMR）发生之间的关键趋势。

2005 年欧盟开始为抗菌药物耐药性问题制定年度战略计划，CVMP 提出了《2006—2010 年抗菌药物战略计划》（EMA/CVMP/353297/2005），该文件强调了兽药行业重要任务之一是提升抗菌药物有效性和降低耐药性产生。随后，在 2007 年发布的文件中表示所有的兽用抗菌药物都要作为处方药使用，该项决策降低了抗菌药物残留量，以期从源头遏制细菌耐药性的发生和发展，在减缓细菌耐药性发生的同时避免人类健康受到威胁。与此同时，英国也开始重视抗菌药物耐药性问题，于 2000 年建立了针对梭状芽孢杆菌感染（*Clostridium difficile* infection，CDI）和 MRSA 菌血症感染的监测体系，并在国家层面建立抗菌药物耐药性和卫生保健相关感染专家咨询委员会（Advisory Committee on Antimicrobial Resistance and Healthcare Associated Infection，ARHAI）。2008 年修订的《卫生和社会保障法案》中增加了有关预防感染的章节，从立法角度为优化抗菌药物合理使用、减少抗菌药物耐药性问题提供规范意见。2013 年，英国制定《应对抗菌药物耐药性五年国家战略计划 2013—2018》（UK Five Year Antimicrobial Resistance Strategy 2013 to 2018），并组建了跨部门高级督导小组（HLSG）以推进战略实施。

2014 年，欧盟组建了抗菌药物咨询特设专家组（Antimicrobial Advice Ad-Hoc Expert Group，AMEG），根据人类医学的需求及耐药性传播风险将抗菌药物划分为三类。第一类兽用抗菌药物的公共健康风险等级较低或有限，第二类兽用抗菌药物的公共健康风险等级较高，第三类兽用抗菌药物不被批准使用于动物。2019 年，在欧盟委员会要求下，AMEG 更新了兽用抗菌药物分类建议。新的抗菌药物分类建议（EMA/CVMP/CHMP/682198/2017）将抗菌药物细分为 A、B、C、D 四级，如表 5-1 所示。A 类（避免使用）药物对应 AMEG 第一份报告中第三类药物，包括欧盟在兽药中未授权但在人医中授权使用的抗菌药物；B 类（限制使用）药物对应 AMEG 第一份报告中第二类药物，包括被世界卫生组织列为最高优先类别的抗菌药物，但大环内酯类和 A 类抗菌药物除外；增加 C 类（小心使用）药物作为中间类别，以提高兽用抗菌药物分类作为风险管理工具的效力，避免过多抗菌药物被置于较高风险类别；D 类（审慎使用）是最低的风险类别，此类药物为兽医常用且对公众风险较低，但被世界卫生组织列为"极为重要"的抗菌药物（如氨苄青霉素、天然青霉素和异噁唑青霉素）。兽用抗菌药物分类为科学管理抗菌药物提供了参考。

表 5-1　EMA 针对兽用抗菌药物的管理分类

类别	抗菌药物类型	举例
A "避免使用"	氨基青霉素类	美西林，匹美西林
	碳青霉烯类	美罗培南，多利培南
	其他头孢菌素和青霉素类 （包括三代头孢菌素和 β-内酰胺酶抑制剂联合应用）	头孢洛林，法罗培南 头孢唑烷-他唑巴坦
	糖肽类	万古霉素
	甘氨环素类	替加环素
	酮内酯类	泰利霉素
	脂肽类	达托霉素
	单环-β 内酰胺类	氨曲南
	噁唑烷酮类	利奈唑胺
	青霉素类（羧青霉素和脲醛青霉素，以及它们与 β-内酰胺酶 抑制剂联合应用）	哌拉西林-他唑巴坦

续表

类别	抗菌药物类型	举例
A "避免使用"	磷酸衍生物类	磷霉素
	假单胞菌酸类	莫比罗星
	利福霉素类（除利福昔明外）	利福平
	链霉类	普那霉素，维及霉素
	砜类	氨苯砜
	限于治疗肺结核或其他分枝杆菌的药物	异烟肼，乙胺丁醇，乙硫酰胺
B "限制使用"	头孢菌素类（包括第三代和第四代，除与β-内酰胺酶抑制剂联合应用）	头孢噻呋，头孢韦星，头孢喹肟
	多黏菌素类	多黏菌素，多黏菌素 B
	喹诺酮类（包括氟喹诺酮和其他喹诺酮类）	恩诺沙星，环丙沙星，草酸
C "小心使用"	氨基糖苷类（除奇霉素外）	链霉素，庆大霉素
	与β-内酰胺酶抑制剂联合应用的氨基青霉素类	阿莫西林/克拉维酸
	酰胺醇类	氟苯尼考，甲砜霉素
D "审慎使用"	头孢菌素类（包括第一代和第二代以及头霉素类）	头孢氨苄，头孢哌林
	大环内酯类（除酮内酯类外）	泰乐菌素，图拉霉素
	林可酰胺类	克林霉素，林可霉素
	截短侧耳素类	泰妙菌素，沃尼妙林
	利福霉素类（仅限利福昔明）	利福昔明
	不含β-内酰胺酶抑制剂氨基青霉素	阿莫西林，氨苄西林
	环肽类	杆菌肽
	硝基呋喃衍生物类	呋喃唑酮
	硝基咪唑类	甲硝唑
	青霉素类（包括抗β-内酰胺酶的青霉素）	氯西林
	青霉素类（包括对β-内酰胺酶敏感的青霉素）	苄青霉素，苯氧甲基青霉素
	氨基糖苷类（仅限奇霉素）	奇霉素
	类固醇抗菌剂	夫西地酸
	磺酰胺，以及其与二氢叶酸还原酶抑制剂联合应用	磺胺嘧啶，甲氧苄啶
	四环素类	金霉素，土霉素，强力霉素

2015 年，瑞典将 WHO 成员国通过的《抗菌药物耐药性全球行动计划》列为国家首要任务，为后续深入开展抗菌药物耐药性工作奠定了坚实基础；2016 年发布的《瑞典抗击抗菌药物耐药性战略》《Swedish Strategy to Combat Antibiotic Resistance》，重点提出抗菌药物耐药性防控措施、加强细菌耐药性的监测控制和抗菌药物的谨慎使用，深入开展抗菌药物耐药性等相关工作。2020 年，瑞典卫生和社会事务部发布了《瑞典 2020—2023 年抗击细菌耐药性战略》（Swedish Strategy to Combat Antibiotic Resistance 2020–2023），再次强调了细菌耐药性在人、动物和环境之间传播的复杂性，该战略既侧重医疗和兽医、农业和环境等多部门之间的合作，又加强了 EU、WHO、FAO、OIE 和世界经济合作与发展组织（Organization for Economic Co-Operation and Development，OECD）之间

的合作（Eriksen et al., 2021），具有典型的"One Health"理念特色。

欧盟各国通过制定兽药相关管理政策及耐药性监测体系，使得兽药使用量与动物源细菌耐药性的控制已初见成效。在"禁抗"初期，欧盟各国养殖业出现动物疫病增多、经济损失严重等问题，但从长远来看，"全面禁抗"后的欧盟兽用抗菌药物使用量显著降低，成功地控制了抗菌药物用量。数据显示，自 1995 年丹麦禁用阿伏霉素以来，猪肉中检测出的抗菌药物残留的比例低于 0.05%，并且从未发现农药、激素和多氯联苯残留超标的情况；猪源耐万古霉素肠球菌水平显著下降，且对大环内酯类、阿维拉霉素的耐药性也有所降低。自 2009 年丹麦养殖户自愿停止使用头孢菌素后，2011 年统计数据显示，猪源耐药菌的耐药水平显著下降，随着丹麦农场内抗菌药物使用量的减少，人源细菌耐药性也逐渐降低（Levy, 2014）。瑞典通过实行一系列的细菌耐药性防控策略与措施，已成为欧盟国家中 MRSA 流行率最低和食品动物抗菌药物使用水平最低的国家。ESBL-CARBA（extended-spectrum β-lactamases — carbapenemase-associated resistance breakpoints）超级细菌在动物中尚未被检出，且在人类病例中很少出现；兽用抗菌药物的销售量在过去的 30 年里也稳步下降。2018 年，瑞典兽用抗菌药物活性物质销售量为 10 042 kg，与 20 世纪 80 年代初相比减少了近 70%。

2022 年 11 月发布的 ESVAC 报告显示，自 2011 年以来，欧洲用于食用动物的抗菌药物销售量大幅下降。在 2011～2021 年期间连续提供销售数据的 25 个国家中，销售额在此期间下降了 47%。AMEG B 类抗菌剂的销售额下降尤其急剧，该类抗菌剂也被世界卫生组织归类为对人类医学至关重要：第三代和第四代头孢菌素类药物下降了 38%；多黏菌素类下降了 80%；氟喹诺酮类下降了 14%，其他喹诺酮类药物下降了 83%；从 2011 年起，22 个国家销售额下降在 5%～65% 范围内，也有个别国家增加 5% 左右。欧盟"从农场到餐桌"战略的目标是，到 2030 年使养殖动物和水产养殖抗菌剂的总销售额比 2018 年减少 50%；截至 2021 年，欧盟成员国已经实现该目标的 1/3 左右。总体而言，欧盟各国在减少食用动物使用抗微生物药物方面已取得了成功，动物源细菌耐药性问题逐步改善，耐药性防控工作取得显著成效，为全球细菌耐药性工作提供了重要借鉴。

（二）美国及其他发达国家

相较于欧洲国家，美国及其他发达国家对抗菌药耐药性问题的防控措施开始较晚，参考欧洲发达国家对抗菌药耐药性制定的政策方针。美国及其他发达国家在 20 世纪末已建立起针对抗菌药物耐药性问题的监测体系。

1. 美国兽用抗菌药耐药性管理机构

美国参与兽药管理的联邦机构主要有美国食品药品监督管理局（Food and Drug Administration，FDA）、美国疾病预防控制中心（Centers for Disease Control and Prevention，CDC）、美国农业部（United States Department of Agriculture，USDA）和美国环境保护局（Environmental Protection Agency，EPA）。CDC 与 FDA 同属人类卫生服务部，负责收集相关传染病信息，进行传染病的检测，旨在通过预防与控制疾病来提高人类健康水平及生活质量。CDC 不直接参与抗菌药耐药性的管理工作，主要负责建立食源性疾病监测网络（FoodNet）和细菌基因图谱国家电子网络（Pulse Net）及食源性疾病暴发的快速反应与监控体系。USDA 在美国兽用抗菌药耐药性工作中起宏观调控作用，主要由其下设的美国农业研究局（ARS）、美国动植物健康检疫局（APHIS）和美国食品安全检验局（FSIS）共同承担，积极配合。APHIS 不直接参与耐药性的管理，但可通过规范兽药的使用来降低耐药性的产生和蔓延，如动物护理和兽医服务方面等；FSIS 主要负责保证美国国内生产和进口消费的动物性食品的供给安全。抗菌药耐药性问题与动物健康、动物流行病学和抗菌药使用存在必然联系。因此，APHIS、ARS 和 FSIS 联合成立动物健康和食品安全流行病学合作组（CAHFSE），主要监测农场动植物细菌在食品安全中的危害，提供食品动物重大疾病常规监测的方法，并着重强调相关细菌的抗菌药耐药性问题。EPA 要求兽药的生产、包装和运输等都必须遵守《国家环境政策法》，不能对环境造成危害。美国兽药中心（CVM）是专门负责兽药管理的机构，包括管理动物药品的审批、生产、经营和使用。CVM 负责鉴定新抗菌药使用的危险性，通过评价来追踪饲用抗菌药的危险性，并具有调控责任以保证食品动物用抗菌药不能对人类健康造成影响。减少动物体内耐药菌的产生和传播是一个复杂问题，CVM 要求多方面共同协调努力，把限制措施作为一个危险管理的方法，包括限制销售、分配特定的药物剂量范围以最大限度地降低耐药病原体的出现、指定药物的使用条件和适当地限制标签外用药等。其他管理机构还包括各州药事委员会、美国兽医协会（AVMA）和美国动物健康学会（AHI）等，各州药事委员会与联邦政府在必要时进行合作来实施国家计划活动，如《动物源性食品兽药残留监控系统》和《滥用抗菌药的监控计划》等；AVMA 则成立了抗菌药耐药性指导委员会，负责制定慎用指南，宣传慎用抗菌药，积极开展国家应对抗菌药耐药性活动的辅助工作。

2. 美国抗菌药耐药性指导文件

20 世纪 70 年代以来，美国政府逐步开始评价抗菌新兽药对人类健康的影响，包括使用抗菌新兽药后，动物肠道耐药菌数量（耐药性）以及动物肠道中引起人患病的肠道菌数量的变化（致病菌的荷载量）。1998 年 11 月，美国联邦公报（FR）发布了指导草案《食品动物用抗菌新兽药的微生物作用对人类健康影响的评价》（Docket No.98D-0969）。这是政府考虑抗菌新兽药用于食品动物相关问题的第一步。1999 年，FDA-CVM 发布了《食品动物用抗菌新兽药的微生物效应对人类健康影响的考虑》（Guidance for Industry，GFI#78）。2003 年 10 月，FDA-CVM 公布《抗菌新兽药对人类健康相关细菌微生物学影响的安全性评价》（Guidance for Industry，GFI#152）指导原则，提出了抗菌新兽药对非目标菌的潜在影响评价程序将作为新兽药报批的一部分，包括对微生物危害特点、风险评估和风险管理等方面进行评价。2004 年 4 月，FDA-CVM 发布《用于食品动物的抗菌新兽药耐药性预审资料指南》（Guidance for Industry，GFI#144）（VICH GL27），主要对申报者提交的食品动物在拟使用条件下使用抗菌药可能导致耐药性产生的资料提供指导。1999 年，FR 出台了《关于评价抗菌新兽药对人类微生物的安全影响和确保新的抗菌药物在食品动物使用的安全框架》，美国政府认为食品动物用抗菌药耐药性的产生对人类健康的影响应从在人医上的重要性和人类对由食品动物获得的耐药菌的暴露两方面进行评估，并把抗菌新兽药先按其在人医上的重要性进行分类，再按人类对耐药菌的直接或间接暴露进行亚分类。

步入 21 世纪后，美国及其他发达国家也在持续制定、更新抗菌药耐药性相关政策。为减少耐药性对人类公共卫生的危害，2000 年 6 月，美国机构间抗菌药耐药性联邦工作组（TFAR）提出《对抗耐药性公共卫生工作计划》草案，强调国内抗菌药耐药性问题和全球问题，在监测、预防和控制、研究、产品研发中不断发展，致力于制定实施国家抗菌药耐药性监测系统、制定抗菌药使用指导原则，并合理使用抗菌药、加强研究体系推动检测方法研究、加大力度支持新药的研发等。美国兽药协会制定《慎用抗菌药治疗原则》，向公众宣传抗菌药耐药性，用于指导兽医治疗动物疾病的临床用药。2000 年 12 月，FDA-CVM 发布了《食品动物用抗菌药临界值的建立方法》，通过调控临界值来抑制食源性病原体耐药性的产生。该文件提出建立人类健康临界值和耐药临界值，耐药临界值的建立促进了抗菌药耐药性的监测工作。2003 年，美国建立了《评估抗菌药物耐药性风险的行业指南》（CVM GFI #152），确定了《新兽药定性风险评估方法》（FR Doc No：03-27113）。美国国立卫生研究院（National Institutes of Health，NIH）、CDC 及 FDA 共同召集成立跨部门工作小组，制定《对抗微生物耐药性的公共卫生行动计划》（Public Health Action Plan to Combat Antimicrobial Resistance）。2012 年，美国发布了《食品动物谨慎使用医学重要抗菌药物的工业指南》（CVM GFI #209），并在 2014 年宣布禁止 16 种抗菌药物在食品动物养殖中的使用。

在欧盟提出抗菌药物战略计划后，美国及其他发达国家也相继制定抗菌药物年度战略计划。2015 年，美国发布了抗击细菌耐药的国家行动计划和兽用抗菌药物管理过程中的"5R"指导性原则，即"责任、减少、更换、改进和审查"。解决动物源细菌耐药性问题是抗击细菌耐药国家行动计划的关键目标之一。CVMP 进一步提出了《2016—2020 年 CVMP 抗菌药物战略计划》（EMA/CVMP/209189/2015），内容包括：①倡导加强抗菌药物风险管理措施，监测分析兽用产品销售，使用及动物源病原菌药物敏感性变化；②积极开发新型兽用抗菌药物及替代品，确保经批准抗菌药物的持续可用；③在"One Health"背景下，关注动物用抗菌药物对公共健康的潜在风险，平衡相关潜在风险与保护动物健康之间的关系，监察耐药基因的传播路径；④倡导欧盟及成员国、国际监管机构、人类和动物健康组织以及制药和畜牧业之间相互合作。

在抗菌药耐药性日益严重的情况下，2016 年美国白宫发布实施抗菌药物管理方案，要求到 2020 年抗菌药物的不当使用情况要显著改善。与 2007 年发布的管理指南相比，该方案更注重个体化干预。2020 年，美国再次发布了《抗击细菌耐药的国家行动计划》，在减缓抗菌药物耐药性发展方面取得了一定的成功；考虑到抗菌药物耐药性对人类及动物的健康、福利、食品生产带来严重的社会和经济负担，CVMP 在《2021—2025 年 CVMP 抗菌药物战略计划》（EMA/CVMP/179874/2020）中提出将对有效抗菌药物及产品的使用授权提供意见，该战略计划为合理、负责地使用抗菌药物提供了科学指导。

3. 美国风险评估模型及耐药性监测系统

为了更好地评估动物用抗菌药对人类健康的影响，CVM 建立了定量风险评估模型，主要评价抗菌药因用于食品动物而产生耐药的食源性病原菌对人类健康的危害。第一个风险评估模型是评估耐氟喹诺酮类药物的弯曲菌对人类健康的影响与氟喹诺酮类药物用在家禽的联系。自美国批准氟喹诺酮类用于家禽后，至 2004 年 3 月，通过风险评估模型对病例数定量化分析后，禁止了恩氟沙星用于家禽细菌感染的治疗（Docket No.2000N-1571）。第二个模型是通过评价人类屎肠球菌对链阳菌素的耐药性和食品动物用链阳菌素之间的关系，用以解释耐药菌的获得和耐药决定因子从食品动物细菌到人类细菌的转移。

1995 年，美国开始重视抗菌药物耐药性问题，美国微生物学会（American Society for Microbiology，ASM）成立工作小组，针对抗菌药耐药性问题采取监测措施，并在 1996 年由美国食品药品监督管理局（Food and Drug Administration，FDA）、美国农业部（United States Department of Agriculture，USDA）和美国疾病控制与预防中心（Centers for Disease Control and Prevention，CDC）共同成立美国国家抗菌药物耐药性监测系统（National Antimicrobial Resistance Monitoring System，NARMS），主要任务为监测人、动物和动物食品源细菌对抗菌药的敏感性，定期向公众公布监测结果，为抗菌药物耐药性研究交流提供平台。NARMS 的主要目的是：提供抗菌药对肠道菌敏感性趋势的描述性数据；鉴别抗菌药耐药性在人类、动物及肉品的情况；及时为兽医师和医师提供信息；提供不易获得的肠道菌分离株，用于诊断方法的建立，以发现新的耐药基因和耐药性产生的分子机制；促进合理用药，最终延长药物的生命期。用于监测的抗菌药是基于药物在人医的重要性而选择的，监测动物主要包括牛、猪、鸡等。随着实际情况的改变，监测的抗菌药种类、细菌种类及样品等都在扩大。所有样本的分离菌均需要进行抗菌药敏感性检测；对于具有较高最小抑菌浓度（minimum inhibitory concentration，MIC）的抗菌药，每年会由 FDA、CDC 和 USDA 进行评估，并做出相应限制措施。国家会定期召开公众会议，报告 NARMS 的监测结果，并在全球范围内共享耐药病原体扩散的信息，与其他国家的抗菌药耐药性监测系统合作。

4. 其他发达国家

日本于 1999 年建立了关于食品、农业和农村领域的基本法律。随着该法律的颁布，日本兽用抗菌药耐药监控系统（JVARM）随之建立。JVARM 主要包括用于动物的抗菌药监测、从健康动物中分离的人兽共患菌和指示菌耐药性的监测，以及从患病动物中分离的致病菌耐药性监测。抗菌药消费量由制药公司提供生产数据等，且不断对收集的细菌进行耐药性检测。JVARM 系统由不同部门密切配合，同时对实验室进行质量控制，通过 MAFF 周报"动物卫生新闻"和 NVAL 网页公布数据。2013 年，日本农林渔业部、国家兽医分析实验室联合发布了日本兽用抗菌药耐药性监控系统报告。日本对来自猪、牛和鸡等的大肠杆菌、沙门菌进行了耐药性监控，结果表明，来自猪和肉鸡的大肠杆菌耐药率最高，沙门菌对除恩诺沙星和环丙沙星外的大部分测试药物均有耐药性，总体来说，猪的沙门菌耐药率最高。日本将用于治疗和生长促进剂的抗菌药通过不同部门进行管理，抗菌药进入市场有严格的要求和规定，且上市后还需要对药品再检验、再评价。日本还建立了细菌耐药性风险评估机构，特别是对人兽共患菌产生耐药性的风险评估，制定风险管理指南以减少抗菌剂的使用。

1997年5月,加拿大疾病控制中心实验室和传染病学会(Canadian Infectious Disease Society,CIDS)合作邀请专家学者组成11人工作小组,针对"改善抗菌药物的使用、监测抗菌药物耐药性、合作及执行"4项内容讨论并提出具体建议,以开展有效管理抗菌药物的执行计划,并联合召开"控制抗菌药物耐药性:加拿大综合行动计划"的全国共识会议,正式建议成立国家监测系统,以监测抗菌药物耐药性在农业食品和农业部门的使用情况以及耐药性对人类健康的影响。1999年,加拿大政府成立了动物用抗菌药物耐药性和人类健康影响咨询委员会,负责考察和讨论科学文献,与国际专家交流,最终向加拿大卫生部提供建议。2002年成立了加拿大抗微生物药物耐药性监测综合项目组(Canadian Integrated Program for Antimicrobial Resistance Surveillance,CIPARS),能够综合性地搜集来自全国各地的信息并以年报形式发布,其中包括加拿大动物健康研究所、加拿大渔业和海洋局、加拿大卫生部害虫管理局等,为政策制定者和其他政府或非政府相关人员提供科学的信息和建议,使他们能够根据流行病学情况制定基础政策,提出遏制耐药菌传播的措施以控制抗菌药物使用、延长抗菌药物效力,从而减少或消除农产品、食品、水产品和兽药中的耐药菌,保障人类健康。

澳大利亚也建立了相关的机构进行耐药风险评估,主要对大肠埃希菌和沙门菌等常见的食源性细菌进行兽医抗菌药物的监测及风险评估。澳大利亚还建立了AMR整合监测系统,了解动物和公共健康相关的食源性病原菌及共生菌耐药性流行情况,定期分析监测结果。2015年,澳大利亚政府发布了首份《2015~2019年国家抗菌药物耐药性战略》(简称《2015年战略》),它与世界卫生组织的《抗菌药物耐药性全球行动计划》密切配合,为协调跨部门对抗细菌耐药性造成的威胁提供了框架。2018年,澳大利亚发布第二个抗菌药物耐药性战略,该战略侧重于全健康检测系统。该体系的完成主要通过复杂的人类监测,以及动物部门定期和有序的样品采集。第二个国家抗菌药物耐药性战略的通过,有助于协调动物部门增加对这一监测系统的投入。2020年,澳大利亚政府委员会(Council of Australian Governments,COAG)在原有《2015年战略》的基础上制定了《2020年战略》,将范围扩大到食品、环境和其他类别的抗微生物药物,如抗真菌药物和抗病毒药物,承认对抗抗菌药物耐药性是一个国家的重要问题,需要澳大利亚所有政府以及私营部门、相关行业、专业人士采取协调行动,并需要研究团体和公众承诺继续支持、全球及各区域共同努力来应对抗菌药物耐药性的威胁。

20世纪80年代,一些发达国家提出抗菌药物导向计划(Antimicrobial Stewardship Program,ASP),其目的在于减少不必要的抗菌药物使用、优化抗菌药物使用策略、遏制细菌耐药性,主要技术措施包括抗菌药物轮换使用(cycling)、转换治疗(switching)、降阶梯治疗(de-escalating)、联合用药(combining)、策略性换药(strategy replacement)、多样性用药(diversity)等,其核心内容为抗菌药物分级管理(antibiotic formulary restriction,AFR)。ASP主要通过优化最佳抗菌药物的治疗方案、剂量、治疗时间及给药途径等方式促进抗菌药物的合理使用,最大限度地提高了治疗的安全有效性,限制抗菌药物耐药性的传播。此外,发达国家也提出一系列策略控制感染源以减少抗菌药物的临床使用量,如改善饲养环境、加强动物福利、开发新的病原体快速诊断方法、精准给药和研发高效疫苗等。同时，发达国家非常重视开发新的抗菌疗法，包括研发新型化药疗法、抗体疫苗、生物疗法等（Theuretzbacher et al.，2020）。这一系列的政策和策略在一定程度上缓解了动物源细菌耐药性的发生。

二、细菌耐药性监测与风险评估法规政策

全面监测病原体耐药性发展趋势是控制动物源细菌耐药性传播的重要措施。许多国际组织和国家已经创建耐药性监测系统并投入使用。建立监测体系可用于指导和评估政策、监管措施及抗菌管理计划的科学性，旨在保持药物有效性。

（一）食品动物

在发达国家中，丹麦是最早建立人类与动物抗菌药物耐药性监测及风险评估系统的国家，为其他国家和地区提供了范式与参考。1995 年，丹麦的畜牧业及卫生保健相关人员与政府合作，为促进抗菌药物合理使用，以立法和政府禁令等形式对畜牧业抗菌药物的使用进行管控，建立了抗菌药物耐药性监测方案，形成了丹麦抗菌药物耐药性监测和研究综合计划（DANMAP）。此监测系统对从动物、食品和人肠道分离出的细菌进行鉴定，持续监测耐药菌，监测目标菌种包括人类和动物病原体、人兽共患病细菌和指示菌以及抗菌药物消耗量。自 1996 年起，DANMAP 每年发布相关监测报告来调整政策，该系统为评估动物和人类的耐药性水平提供了基础数据，并与食物的耐药性水平进行比较，评估耐药性从动物经食物传播到人的程度以及存在的问题。2013 年，DANMAP 监测结果使猪源多重耐药细菌 LA-MRSA CC398 受到了关注。2007～2014 年，LA-MRSA CC398 导致感染性疾病的报告病例也从 12 例增加到 1000 多例（Muendlein et al.，2020）。在 2012～2015 年，有 5 人死亡与 LA-MRSA CC398 直接相关（Wang et al.，2020a），为此丹麦采取了相关措施控制 MRSA 在动物与人之间的传播（Ploug et al.，2015；Karp and Engberg，2004）。2017 年，随着截短侧耳素类抗菌药物被批准应用于生猪饲养，经风险评估后，截短侧耳素耐药性 MRSA CC398 被认为是低风险且具有不确定性低（Alban et al.，2017）。

1996 年，美国成立美国国家抗菌药物耐药性监测系统（NARMS），主要监测人、零售肉类和食品动物肠道菌对重要抗菌剂的耐药性变化，耐药性检测标准根据"CLSI"执行。NARMS 于 1997 年、1998 年和 2000 年分别将沙门菌、弯曲菌和大肠杆菌列为监测目标，2003 年扩展到鸡胴体中的肠球菌，主要监测鸡、火鸡、牛和猪（表 5-2）（Grass et al.，2019），并在 2013 年开始了盲肠采样计划。美国兽药管理主要由美国食品药品监督管理局（FDA）和美国农业部（USDA）负责。FDA 监测零售肉类中细菌耐药性，CDC 监测人类食源性致病菌耐药性，USDA 监测农场动物耐药性趋势。FDA 需对根据病原体减少危害分析和关键控制点（PR/HACCP）计划以及盲肠采样计划采集的各沙门菌和弯曲菌分离株进行全基因组测序。这些数据用于对肠道沙门菌耐药性、毒力基因的产生及进化进行研究（Li et al.，2021）。

截至 2017 年和 2018 年，美国 FDA 的兽医实验室调查和响应网络（Vet-LIRN）与 USDA 的国家动物健康实验室网络（NAHLN）分别收集了来自不同动物宿主（包括伴侣

表 5-2　美国抗菌药物耐药性监测系统

	人类	零售肉类	食品动物
联邦机构	CDC	FDA	USDA
覆盖范围	全国	14 个州	全国
样本来源	患者	食品店的鸡肉、火鸡、牛肉和猪排	屠宰厂的鸡、火鸡、牛和猪
监测菌株	非伤寒沙门菌 弯曲菌 大肠杆菌 O157:H7 伤寒沙门菌 志贺氏菌 弧菌	非伤寒沙门菌 弯曲菌 大肠杆菌 肠球菌	非伤寒沙门菌 弯曲菌 大肠杆菌 肠球菌
开始年份	1996 年	2002 年	1997 年

动物）的临床相关细菌分离株的抗菌药物敏感性试验（AST）数据。2018 年，Vet-LIRN 继续在 20 个"源"实验室进行试点项目，对犬的伪中间链球菌、大肠杆菌和任何宿主的肠道沙门菌进行抗菌药物敏感性试验。同时，NAHLN 启动了 NAHLN AMR 试点项目，19 个实验室向 NAHLN 提供了 AST 数据，包括来自 4 种家畜（牛、猪、家禽和马）和 2 种伴侣动物（犬和猫）的微生物学数据。调查的细菌分离株为大肠杆菌（动物物种）、肠炎沙门菌（所有物种）、溶血曼海姆氏菌（牛）和中间葡萄球菌（犬和猫）（Zhu et al.，2020）。此外，NARMS 发布在线监测报告、交互式图表和可下载的菌株级别数据，向提交样品数据的卫生机构公布人类样品分离检测结果，与外国科学家合作，为国际监测和疫情调查提供咨询和培训。同时，NARMS 服务国际咨询小组和工作组，并与标准制定组织共享数据，共同建立或修订标准。NARMS 数据与公共卫生政策密切相关，可为抗菌药物使用相关的监管政策和评估公共卫生措施提供参考（Karp et al.，2017）。针对抗菌药物耐药问题，美国制定的监测策略符合其本国细菌耐药特点，从重要细菌出发，逐渐扩大检测范围，覆盖全国，监测数据直接为公共卫生政策提供参考。

1996 年，澳大利亚成立联邦农林渔业部（Department of Agriculture，Fisheries and Forestry，DAFF）制定农林渔业领域的政策，卫生和老龄部（Australian Government Department of Health and Ageing，DoHA）下设的食品和健康部负责动物源食品监测工作（马苏，2015）。2001 年，澳大利亚成立了耐药性专门咨询组（Expert Advisory Group on Antimicrobial Resistance，EAGAR），负责耐药性的监测等工作。2003 年，澳大利亚正式提出了动物源细菌耐药性监测的策略。该策略分为三个阶段：第一阶段为监测策略的讨论、计划与实施，第二阶段是改进资料收集系统，第三阶段为评估及计划下一步，每一阶段都覆盖动物源食品及抗菌药物使用。EAGAR 进一步提出了建立抗菌药物使用监测和抗菌药物耐受整合监测系统，以更好地通过监测程序了解医院获得性病原体、社区获得性病原体、食源性病原菌和共生菌的耐药情况。监测的细菌中，被列入耐药性监测优先考虑目录的有：多重耐药（包括氟喹诺酮、第三代头孢菌素）沙门菌、耐环丙沙星弯曲菌及耐庆大霉素、复方新诺明大肠杆菌（张苗苗等，2013）。此外，澳大利亚药品监测体系中的 APVMA 每年都会发布年度报告，在 2019～2020 年的报告中，提出微生物药物耐药性总体数量虽较低，但仍在增加，且多种抗微生物药物耐药性持续增加，这使常见抗菌药物对重度和多药耐药性感染的有效性降低，特别是对头孢曲松和氟喹诺酮类药物耐药的大肠杆菌、产生碳青霉烯酶的耐药肠杆菌，以及耐万古霉素粪肠球菌。

1999 年，加拿大卫生部成立兽用抗菌药物耐药性产生及人类健康影响咨询委员会（Advisory Commit on Animal Uses of Antimicrobials and Impact on Resistance and Human Health）。2003 年，加拿大各相关部门共同制定加拿大抗菌药物耐药性整合监测计划（CIPARS），负责监测抗菌药物使用及食品源细菌耐药趋势（马苏和沈建忠，2016）。据加拿大动物卫生所（Canadian Animal Health Institute）报道，2014 年，加拿大 82%抗菌药物用于食品动物，18%用于人、伴侣动物及农作物，其中用于食品动物的抗菌药物大部分与人用的抗菌药物种类相同（Ebrahim et al.，2016）；2017～2018 年，加拿大全国动物（包括食品动物和伴侣动物）的抗菌药物使用量上涨了 5%，并在健康鸡群、患病鸡群及商店购买的鸡肉中首次分离出对萘啶酮酸耐药的肠炎沙门菌，人和动物中高耐药性（对 6 种及以上抗菌药物耐药）沙门菌株的数量也逐渐增加。为了控制 I 类抗菌药物（由加拿大卫生部兽药管理局规定的对人类健康非常重要的抗菌药物）的使用，加拿大家禽养殖业已禁止使用第三代头孢菌素类抗菌药物，这一措施对减缓细菌耐药性有一定作用，例如，相比于 2014 年开始执行措施时，从患者体内分离出的沙门菌对第三代头孢菌素的耐药性有所降低，在屠宰场的鸡肉和商店里的肉类中分离的沙门菌及大肠杆菌也是如此。

2005 年，瑞典批准《瑞典控制抗生素耐药性战略计划》（Swedish Strategic Programme Against Antibiotic Resistance，STRAMA）并立法，对细菌耐药及抗菌药物使用进行监测以阻止耐药性广泛传播（Molstad and Cars，1999）。STRAMA 由瑞典国家领导小组、秘书处和分布在各个地区的 STRAMA 小组组成，组成成员包括微生物学专家、传染病学专家、全科医生和药剂师。耐药数据由瑞典全国约 30 个临床微生物实验室提供，抗菌药物敏感性试验标准由这些实验室与瑞典抗菌药物方法学委员会（Swedish Reference Group of Antibiotics–subcommittee on Methodology，SRGA-M）共同制定（Struwe，2008）。瑞典的另一项政策是淘汰代替治疗感染耐青霉素金黄色葡萄球菌的奶牛，经过这项措施，瑞典耐青霉素金黄色葡萄球菌的发生率从 1985 年的 10%降到近年来的 1%。2019 年，瑞典政府公布数据显示动物消耗的抗菌药物中超过 90%用于个体动物的治疗，且其中58%为窄谱苄基青霉素，控制抗菌药物的使用在瑞典取得了良好效果。

英国由农业部下属兽药总署（Veterinary Medicines Directorate，VMD）监测耐药性，同时负责兽药管理及制定国家药残监控计划。英国监测沙门菌已经超过 30 年，分离菌株主要来自兽医临床、动物屠宰调查和符合人兽共患病实验要求的私人实验室。在英格兰和威尔士，兽医病原体监测系统（APHA）提供来自患病动物的抗菌药物耐药性数据，涵盖所有相关的细菌和动物物种；在苏格兰，由苏格兰农村学院兽医服务机构和资本诊断机构（SRUC）执行的监测系统收集临床动物的分离样本；在北爱尔兰，由农业食品生物科学研究所（AFBI）负责抗菌药物耐药性系统的监测（De Jong et al.，2018）。

（二）伴侣动物

伴侣动物长期与人陪伴，其携带的病原菌特别是耐药细菌可能会传染给人类，并在人群中广泛传播，给人类公共健康造成威胁（Weese，2006）。加强伴侣动物源细菌耐药及耐药性发展趋势的监测十分必要。

1. 伴侣动物抗菌药物使用策略

发达国家的伴侣动物行业存在百余年，现已相对成熟。美国作为宠物行业领域的全世界第一大国，宠物家庭比例在 2010～2019 年均在 60%以上。近年来，美国开始关注伴侣动物的抗菌药物合理用药并将伴侣动物纳入抗菌药物耐药监测系统和国家动物实验室健康网络。2019 年美国公布并实施了 2019～2023 年促进兽医抗菌药物管理的监管改革方案，规定抗菌药物使用与兽用抗菌药物管理的原则需保持一致，提出加强兽用抗菌药物管理检测，对伴侣动物抗菌药物使用数据进行分析及深入研究，以开发长期有效的抗菌药物。同时，美国兽医协会颁布了《抗菌药物管理定义和核心原则》，提出通过实施各种预防和管理策略来预防常见疾病，从而维护动物健康和福利；在决定使用抗菌药物时使用循证方法，明智、谨慎地使用抗菌药物并持续评估治疗结果，尊重患者的可用资源。美国猫科医师协会/美国动物医院协会修订了《2022 年 AAFP/AAHA 抗菌管理指南》（https://www.aaha.org），该指南为兽医提供抗菌药物推荐框架，帮助执业兽医选择适当的抗菌药物进行治疗，更好地为患者服务，尽量减少抗菌药物耐药性和其他不良反应的发生。美国颁布的多项伴侣动物抗菌药物使用相关法律法规，使得美国动物医院对伴侣动物的治疗过程变得更加专业化，减少了抗菌药物的使用频率和使用剂量；此外，还提供了伴侣动物预防疾病的策略，如改善伴侣动物的环境卫生、加强犬猫常规健康监测和疫苗接种等。近年来，美国伴侣动物使用抗菌药物受到很好的监管，与欧盟和世界其他地区的许多国家相比，美国在伴侣动物中使用抗菌药物的比例相对减少，伴侣动物病原菌的耐药性也明显降低。

加拿大宠物行业兴盛，养宠物人群持续增长，特别是养猫和犬的家庭数量与日俱增。加拿大政府及相关组织部门也日益关注和重视伴侣动物抗菌药物使用与细菌耐药性问题。2002 年 2 月 22 日，为了促进医疗保健专业人员和消费者合理使用抗菌药物，加拿大卫生部颁布了用于伴侣动物的皮肤杀虫剂标签改进计划，标签要求明确注明伴侣动物类型，明确药物对伴侣动物的有效性和安全性数据，同时注明产品的使用量和使用方法、动物的最小使用年龄等。2006 年 10 月，在加拿大卫生部科学论坛上，加拿大卫生部兽药局的研究人员展示了主题为"来自食物和伴侣动物的超广谱 β-内酰胺酶生产细菌：一个新兴问题"的海报，表明加拿大对伴侣动物合理用药及携带耐药细菌的关注。为了更好地维持及促进伴侣动物和食用动物的健康、减少对抗菌药物的使用，2017 年 11 月 13 日，加拿大发布伴侣动物和食用动物低风险兽医保健产品清单，并在 2021 年 4 月 21 日对该清单进行修订，期望通过使用保健产品以减少抗菌药物的使用。

在过去十年中，其他国家也先后制定了抗菌药物使用指南，明确了包括伴侣动物在内的动物常见细菌感染性疾病的诊断标准和推荐疗法，用以指导兽医合理使用抗菌药物。瑞典兽医协会于 2002 年通过《犬猫抗菌药物治疗指南》（Guidelines for Antibiotic Use in the Treatment of Dogs and Cats），要求在犬和猫的管理与治疗中，将此政策用作指南。

该指南包括了抗菌药物使用政策、围手术期抗菌药物的使用、有关抗菌药物替代品的信息及可用的抗菌药物,主要目标是使选择的治疗方法尽可能有效,并将任何不良副作用保持在最低限度。2016 年,丹麦出版了《伴侣动物抗菌药物使用指南(第二版)》,该指南以小册子的形式分发给丹麦小动物协会(DSAVA)的所有成员,对当地兽医关于抗菌药物使用习惯产生明显的影响(Jessen et al.,2017)。该指南明确规定了伴侣动物合理使用抗菌药物的一般原则。为了更合理地了解和应用抗菌药物,2021 年欧洲食品安全署动物健康和福利小组(包括丹麦)发布了关于伴侣动物病原菌对抗菌药物产生耐药性的评估报告(Nielsen et al.,2021),报告指出,当给定抗菌药物有很多类别时,应考虑每个抗菌药物类别和细菌病原菌的优先顺序。

在抗菌药物的选择和使用上,兽医和宠物主人也发挥着关键作用。兽医需确保在有效的兽医-客户患者关系范围内开具并管理正确的抗菌药物和剂量,以治疗动物疾病。研究人员通过 809 项调查发现,在影响宠物主人对抗菌药物使用的因素中,抗菌药物成本占犬主人偏好的 47%,其次是给药方法(31%)和药物在人类医学中的重要性(22%)(Stein et al.,2021),所有主人都更倾向于通过注射给药且只给药一次的低成本药物。大多数受访者(86%)表示,了解抗菌药物耐药性在人类医学中很重要,但仅有 29% 的受访者认为在宠物中使用抗菌药物会给人类带来抗菌药物耐药性的风险。加强宠物主人对抗菌药物的认识和了解、对抗菌药物合理使用,也是预防控制细菌耐药性需要考虑的重要因素。

2. 伴侣动物耐药性情况监测

伴侣动物抗菌药物使用情况监测,对控制耐药细菌的产生和传播极为重要。欧盟和美国等多个发达国家均积极开展了伴侣动物细菌的耐药性监测。高级动物健康研究中心(CEESA)发起了欧盟的《伴侣动物病原体监测计划》,该计划主要研究伴侣动物(犬和猫)中的四种主要感染类型的细菌病原体,以监测这些病原体对抗菌药物的敏感性。第一期伴侣动物源病原体监测计划的结果显示,2008~2010 年间收集的猫或犬呼吸道感染厌氧病原体(除四环素外)的耐药性相当低(Morrissey et al.,2016;De Jong et al.,2013),此外,2013~2014 年期间,在 12 个欧洲国家从未经治疗的犬和猫身上发现的主要需氧病原体的耐药性较低(De Jong et al.,2020)。但上述结果并不能说明伴侣动物与人类的接触是安全的,2014~2019 年,Swedres-Svarm 发表的报告中报道了来自犬的假中间葡萄球菌(*S. pseudintermedius*)、施氏葡萄球菌(*S. schleiferi*)和铜绿假单胞菌(*P. aeruginosa*),以及来自犬和猫的大肠杆菌对几种抗菌药物的耐药性监测数据(Health et al.,2021)。从皮肤样本中得到的伪中间葡萄球菌显示出对大多数抗菌药物如氟喹诺酮类(恩诺沙星)、林可酰胺类、磺胺类和四环素类药物的稳定耐药水平,其中,四环素和夫西地酸的耐药性(>15%~20%)始终高于恩诺沙星、庆大霉素和苯唑西林,而克林霉素和磺胺类药物-TMP 的数据则更为多变(近两年呈下降趋势)。不同来源的样本分离株对四环素、夫西地酸、克林霉素和磺胺类药物-TMP 均可观察到更高的耐药水平。从犬、猫中分离到的多数病原体对抗菌药物的敏感性始终在变化,因此,必须坚决执行伴侣动物源病原体监测计划,实时监测更新其耐药性情况,为合理的经验性预防和治疗提供科学帮助。

　　近年来，丹麦抗菌药物管理局通过监测犬猫抗菌药物的使用情况，发现在国家发布伴侣动物使用抗菌药物相关指南后，伴侣动物抗菌药物的使用种类和使用量发生了一定变化。自 2011～2019 年以来，犬猫抗菌药物使用总体呈下降趋势，其中头孢菌素的使用量明显减少。然而，仍然有一些重要的抗菌药物在伴侣动物上使用，如所有氟喹诺酮类药物和大多数头孢菌素都用于犬和猫的处方药。因此，丹麦将它们归入重点关注的抗菌药物，其中头孢菌素类和碳青霉烯类仅在医院使用。2019 年，这三类药物的消耗总量占宠物医院总消耗量的 18%，低于前一年的 20%，也低于 2010 年的 31%。2021 年，丹麦国家兽医研究所及国家食品研究所对动物使用抗菌药物的情况进行了监测（Health et al.，2021），发现丹麦动物的抗菌药物消费量从 2015 年起持续下降，当年动物和伴侣动物的抗菌药物总消费量比上一年减少了 5%，其中伴侣动物抗菌药物整体消费量下降 15%。

　　2015 年 3 月，美国发布了《控制抗菌药物耐药性细菌的国家行动计划（CARB）》，旨在指导政府、公共卫生、医疗保健和兽医合作伙伴应对抗菌药物耐药性威胁的活动和行动，并责成 FDA 的兽医实验室调查反应网络（Vet-LIRN）和美国农业部的国家动物健康实验室网络（NAHLN）监测动物病原体中新出现的耐药性，以加强对抗菌药物的管理。截至 2017 年和 2018 年，Vet-LIRN 和 NAHLN 收集了来自伴侣动物的不同动物宿主临床相关细菌分离株的抗菌药物敏感性检测数据（Cleven et al.，2018）。通过这些实验室开发的数据收集及报告流程，可以监测抗菌药物耐药的表型及基因型，从而识别新的或新出现的耐药性图谱，帮助监测抗菌药物的持续使用情况，并向相关部门提供细菌对抗菌药物耐药的相关信息。NAHLN 启动的 NAHLN AMR 试点项目也包括两种宠物（猫和犬）的 AST 数据。

　　2015 年 3 月，加拿大公共卫生署（PHAC）启动了加拿大抗菌药物耐药性监测系统（CARSS），该系统包括加拿大抗菌药物耐药性监测综合计划（CIPARS）和加拿大医院感染监测计划（CNISP）。虽然加拿大监测系统对动物的抗菌药物耐药性监测数据仅限于特定牲畜（如牛、家禽和猪）中的特定细菌生物体（如沙门菌），而没有收集伴侣动物的数据，但加拿大卫生署与其他研究机构合作，对伴侣动物抗菌药物耐药性进行了调查研究。2008 年，CIPARS 年度报告中展示了 CPARS 附属研究项目，对安大略省的猫和犬体内细菌抗菌药物耐药性情况进行调查，结果显示，即便在未接受过抗菌药物治疗的健康犬和猫的粪便中也能检测到抗菌药物耐药大肠杆菌（Murphy et al.，2009）。有研究评估了安大略省南部社区兽医医院中大肠杆菌和其他选定的兽医及人兽共患病原体对环境的污染情况，研究发现兽医医院存在病原体的环境储备库，需要进一步研究来表征包括环境在内的、与伴侣动物医院获得性感染相关的风险因素。科学家越来越多地认识到医院感染控制在兽医学中的重要性，而诊所环境在医院获得性感染中的作用在很大程度上是未知的。

　　现有数据表明，抗性细菌出现在伴侣动物中，且一些多重耐药致病菌在伴侣动物和人类之间共享。这些生物在动物和人类之间传播，尽管转移的方向往往难以证明。在伴侣动物中使用抗菌剂意味着耐药性的选择和潜在传播，威胁公共卫生和健康。因此，通过分析伴侣动物抗菌药物使用情况并对耐药性情况进行监测，不仅可以预测未来抗菌药物在实践中的变化，还可以支持伴侣动物在兽医实践中抗菌药物使用情况的持续监测，为应对抗菌药物耐药性提供保障。

3. 流浪动物耐药性情况监测

伴侣动物一旦走失或被遗弃，其与后代组成的类群便成为流浪动物，其中以流浪犬猫最常见。流浪动物居无定所，无法定期清洁、免疫和驱虫，其携带致病微生物的概率远高于伴侣动物，这极大地增加了人兽共患病的流行风险。有国家研究发现，与宠物犬相比，从流浪犬来源的细菌具有更多的β-内酰胺酶基因（赋予青霉素和头孢菌素抗性的基因）（Worsley-Tonks et al.，2020），耐药沙门菌也可以从犬传播到人类。

对于流浪动物的关注、管理及耐药菌的监测势在必行。1990 年，世界动物保护协会（WSPA）和世界卫生组织（WHO）制定的流浪犬猫控制计划便包括对流浪犬猫群体进行正确评估，确保宠物主人负责任，建立宠物主人长期责任制的销售渠道并教育公众参与到流浪动物管理的工作中等。对于流浪动物，我们应给予更多关注，制定管理政策，加强监测其耐药菌，以保证公共健康。目前，不论从动物福利还是"One Health"方面，各国均采取措施以减少流浪动物产生。

（三）野生动物

目前，各发达国家建立的动物源细菌耐药性监测与风险评估政策主要侧重食品动物和伴侣动物，对于野生动物细菌耐药性监测的政策法规仍欠缺，但许多科研人员对其进行了多方面研究。自 2006 年以来，已有多个研究报道了耐头孢噻肟肠杆菌科细菌在野生动物群体中具有较高的流行率（Wang et al.，2017；Costa et al.，2006），且在各种野生动物中发现了具有高度临床相关性的多重耐药优势克隆（Nicolas-Chanoine et al.，2014）。在野生动物中也分离出产生碳青霉烯酶或携带质粒编码 *mcr* 基因的细菌（Madec et al.，2017；Ruzauskas and Vaskeviciute，2016），以及多重耐药肠杆菌科分离株（Manala et al.，2016），极大地增加了潜在的耐药性传播风险。这些研究一定程度上揭示了耐药细菌具有从野生动物传向人类的风险。

目前，野生动物被认为是重要的次级宿主和耐药基因的潜在载体，具有储存和传播耐药基因的潜力（Arnold et al.，2016），但我们对这类细菌的了解仍然有限。人们普遍认为，从生活在人类附近的野生动物群体中分离的细菌表现出更高的耐药性：在英格兰农村啮齿动物中分离到的细菌里至少有 95% 都对一种抗菌药物耐药（Gilliver et al.，1999），而芬兰的驼鹿、鹿和田鼠等自然群体中分离到的细菌几乎没有耐药性（Osterblad et al.，2001）；另有来自美国的研究报道称，在人类居住区和农场附近觅食的物种含有大量的抗菌药物耐药细菌（Pesapane et al.，2013）。从以上研究可以看出，与人类或农业区密切接触的野生动物种群对抗菌药物表现出较高的耐药性（Furness et al.，2017；Bondo et al.，2016；Sanchez-Vizcaino，2013；Allen et al.，2011），接触靠近人类环境可以增强野生动物与耐药细菌之间的接触和传播，反之亦然。研究报道了野生动物可能构成 *mecC* MRSA 储存库这一假设（Gilbert et al.，2007）。显然，野生动物是人类-牲畜-野生动物链中耐药细菌的潜在储存库和传播器（Sanchez-Vizcaino，2013；Alban et al.，2008），是自然和人类之间主要的流行病学联系，是对人类健康的额外挑战，并影响着人类对野生动物的管理。

三、风险评估

风险评估是监测、评价和管理动物源性细菌耐药的一项重要技术手段。对动物细菌耐药性进行监测，可以使各国政府及管理部门获得及时准确的细菌耐药情况，而风险评估能帮助评价、管理和控制动物源细菌耐药性，两者结合有助于更加科学地制定政策措施，为畜牧养殖业抗菌药物的使用提供指南，给公共卫生安全提供保障。抗菌药物风险评估的缺失会影响抗菌药物应用产生的耐药性风险的有效预测和控制。WHO 等国际组织以及丹麦、美国、澳大利亚等发达国家均制定风险指南以评估兽用抗菌药物使用造成的细菌耐药性，并取得了一定成效。

2001 年 9 月，WHO 在挪威奥斯陆召开了《关于控制在食用动物中使用抗菌药物的兽医专家咨询会》，随后 WHO、FAO 和 OIE 决定根据食品法典委员会的风险分析原则，成立 2 个风险评估小组，即科学评估小组和管理选择小组。科学评估小组于 2003 年 12 月在日内瓦正式组建，负责界定对人体有"极为重要"抗菌药物的名单；管理选择小组于 2004 年 3 月在奥斯陆正式组建。2005 年 2 月，WHO、FAO 和 OIE 在澳大利亚召开抗生素国际专家起草会，在会议上发表了《用于人类医药的极为重要抗菌药物和用于动物使用的极为重要抗菌药物的风险管理策略》报告，并在 2006 年 6 月再次召开议题为"通过风险分析方法评估其对人类健康的潜在影响，从而提出在国家和国际层面应采取的措施来控制目前存在的风险"的国际专家顾问会议。2007 年 10 月，国际食品法典委员会在韩国召开"加强政府间抗菌药物耐药控制合作专职工作"会议，会议强调目前急需建立一个国际范围的食品中抗菌药物耐药性微生物的风险评估指南。2008 年 10 月，国际食品法典委员会再次在韩国召开食源性细菌耐药性政府间专家工作组会议，决定制订国际范围内的《食源性抗菌剂耐药性风险评估指南》，该指南内容包括：基于科学的耐药性微生物食品污染的风险评估；包括耐药性微生物食品污染在内的风险管理；关于耐药性微生物所引起的食品污染的风险简介；根据风险分析原则及国际 WHO、FAO 和 OIE 组织关于人和兽用抗菌药物的使用规定，综合提供抗菌药物耐药微生物控制方法学和操作程序上的指导。该指南确定的抗菌药物耐药性风险评估范围和各要素之间的关系如图 5-5 所示。

在兽医公共卫生领域，食源性风险分析的框架由食品法典委员会界定，目前主要的风险评估系统有 Codex 系统和 OIE 系统两种。Codex 系统最开始用于评价暴露于人体的化学物质对人类及动物机体造成的风险，之后 Codex 将此系统用于食品安全性评价，该系统认为风险分析由风险评估、风险管理和风险交流三个部分组成。风险评估包括危害鉴定、危害特征、暴露评估和风险表征四个方面。OIE 系统最开始用于评价潜在的、不易发掘的危害因素引起的对各种事物广泛、大量的风险，在 OIE 系统中风险评估包括释放评估、暴露评估、后果评估和风险估算四个部分。在具体的实践中，大多数风险评估研究人员并不仅仅是严格地在一个既定的框架内工作，然而，无论是在食品法典委员会还是 OIE 所规定的风险分析框架中，风险评估都是核心的组成部分。

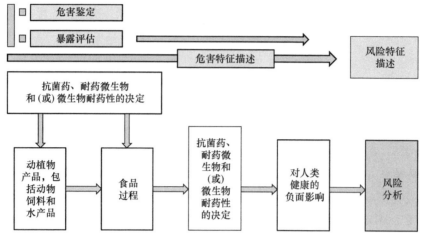

图 5-5　耐药性风险评估的范围和要素间的关系

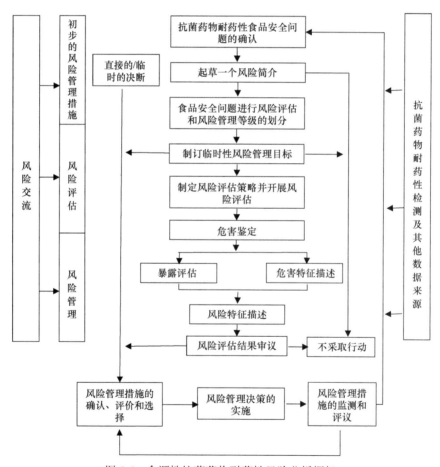

图 5-6　食源性抗菌药物耐药性风险分析框架

对于抗菌药物耐药性的风险评估，主要有三种方法，包括定性风险评估、半定量风险评估和定量风险评估。其中，定量风险评估又分为确定性风险评估和随机性风险评估，在食品安全领域的微生物学风险评估中更常使用的是随机性风险评估。开展细菌耐药性风险评估需要首先明确相关模型参数的两个重要特征，即不确定性和变异性。所有用于风险评估的数据都需要经过严格审查；对于定量风险评估来说，还必须采用模型参数，利用仿真分析、贝叶斯分析及经典统计学技术对不确定性进行模拟。定性风险评估相对于定量风险评估来说，更加省时省力，因此也更有利于在发展中国家开展细菌耐药性风险评估。不过，对于风险评估方式的选取，食品法典委员会和 OIE 并没有给出统一的标准，对需要实际进行风险评估的工作者而言，选择风险评估方法最重要的标准就是能够达到评估的要求和目的。

发达国家在建立抗菌药物耐药性监测网络后，就陆续开展了对兽用抗菌药物耐药性风险评估工作。1995 年，丹麦开展了兽用抗菌药物耐药性风险评估工作，是世界上最早开展动物抗菌药物风险评估的国家。欧盟的风险管理主要由四个步骤组成：①程序启动；②由药物警戒风险评估委员（Pharmacovigilance Risk Assessment Committee，PRAC）提供建议；③由人用药品委员会（Committee for Medicinal Products for Human Use，CHMP）提出意见；④欧盟委员会决定，并且欧盟制定的 GVP（药物警戒管理规范）中第五个单元是关于风险管理系统详细的介绍，详述了欧盟对于药品风险管理计划的要求。欧洲药品管理局于 2015 年发布了《关于抗菌药物耐药性从伴侣动物转移风险的思考文件》（Reflection Paper on the Risk of Antimicrobial Resistance Transfer from Companion Animals），该文件关注在伴侣动物中使用抗微生物药物、伴侣动物中受关注的耐药细菌、伴侣动物携带耐药细菌的风险因素，以及抗微生物药物耐药性在动物和人类之间传播（细菌和/或抗性决定因素）的问题。伴侣动物和主人之间的密切接触为病原体交换创造了机会，大量研究报告称伴侣动物一旦被具有临床相关抗菌药物耐药机制的细菌或属于人类高危克隆谱系的细菌感染，该耐药细菌传播给人的风险将大大提高。

美国药监系统对药物安全和药品监测及风险管理十分重视。FDA、美国环境保护局及 CDC 等多个政府部门联合建立了抗菌药物耐药性监测系统（Gilbert et al.，2007），该系统多年来一直对动物源性沙门菌、弯曲菌、大肠埃希菌等食源性细菌和伴侣动物携带的多种病原菌进行耐药性风险评估。2003 年，美国 FDA 下设兽医指导中心建立了评估抗菌药物耐药性风险的行业指南（CVM GFI #152），对食用动物使用抗菌药物相关的人类感染治疗失败进行风险评估；2007 年，进一步建立风险评估与减轻策略（Risk Evaluation and Mitigation Strategy，REMS）（表 5-3），以确保患者能够在有效监控已知或潜在风险的情况下，继续获得相对安全且临床无其他可替代药品的使用。

表 5-3　国际主要风险评估指南

年份	风险评估指南	国际组织/国家
2003	《抗菌药物耐药性风险评估行业指南》（CVM GFI #152）	美国
2003	《风险评估政策框架草案》（VDD，2003）	加拿大
2005	《用于人类医药的极为重要抗菌药物和用于动物使用的极为重要抗菌药物的风险管理策略》	WHO、FAO 和 OIE
2007	《风险评估与减轻策略》（REMS）	美国
2008	《食源性抗菌剂耐药性风险评估指南》	国际食品法典委员会
2012	《细菌耐药风险管理指南》	日本
2012	《药物警戒实践指南》（GVP）	欧盟

　　澳大利亚和加拿大等发达国家也分别在本国建立了耐药性风险评估相关机构，根据 OIE 标准提出的原则对本国兽用抗菌药物进行风险评估，主要通过对动物常见沙门菌、大肠杆菌及金黄色葡萄球菌等常见食源性细菌的临床分离株进行耐药性检测，进而进行风险评估。1998 年，澳大利亚 DOHA 和 DAFF 联合成立抗菌药物耐药性联合专家技术咨询委员会（Joint Expert Technical Advisory Committee on Antibiotic Resistance，JETACAR），负责评估食品动物抗菌药物使用以及耐药菌产生和转移，为制定风险管理策略提供建议和参考。2001 年，耐药性专门咨询组（EAGAR）成立后将风险评估分为危害鉴定、暴露、影响及风险鉴定（图 5-7）。危害鉴定分为危害Ⅰ和危害Ⅱ，危害Ⅰ指应用兽用抗菌药物，危害Ⅱ指动物使用抗菌药物后产生的耐药菌或耐药基因。暴露分为暴露Ⅰ和暴露Ⅱ，暴露Ⅰ指动物肠道菌群暴露于抗菌药物的程度，暴露Ⅱ指人暴露在动物源性耐药菌或相关基因的程度。易感者由动物源性耐药菌导致的感染，由低到高可分为忽略不计、低、中、高和不可评估。2003 年，加拿大在制定抗菌药物耐药性整合监测计划（CIPARS）的同时起草了"风险评估政策框架草案"［加拿大兽药局（VDD），2003］，指出风险问题包括抗菌药物的使用，以及耐药性的产生对人类健康、环境、医疗系统、动物健康和福利、国际贸易等造成的影响，优先考虑动物抗菌药物使用导致耐药性产生及对人类健康的影响。参照 OIE 的标准实施风险评估，加拿大风险评估分为 3 个部分：抗菌药物风险评估（化学风险评估）、耐药有机体风险评估（微生物风险评估）、耐药基因风险评估（基因风险评估）。风险管理选项包括：教育、考察和更新慎用指南来降低耐药性风险、经济激励政策、限制抗菌药物的使用；考察许可证授权。

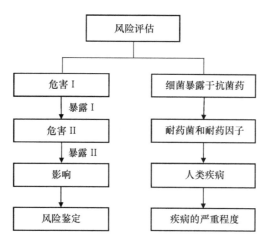

图 5-7　澳大利亚动物源细菌耐药性风险评估

　　动物源细菌耐药是世界范围的公共卫生问题，对抗菌药物耐药性的监测和风险评估需要全球每个国家共同努力，团结各国力量共同遏制耐药性的传播和发展。因此，发达国家也在积极寻求与 WHO 等国际组织合作：瑞典在 WHO、FAO、OIE、世界经济合作与发展组织（OECD）以及联合国会议中都将抗菌药物滥用导致的抗菌药物耐药性问题提上全球议程，并积极推动欧盟于 2006 年颁布禁止将抗菌药物作为促生长剂用于畜禽饲料的政策。同时，瑞典倡导各国加入 JPIAMR（Joint Programming Initiative on Antimicrobial Resistance）国际合作研究，开发全球耐药性监测系统，并协助支持 WHO 制订《控制细菌耐药性全球行动计划》。自 2009 年起，瑞典卫生部通过 STRAMA 战略计划与中国开展细菌耐药性防控合作，并在教育、培训、监测和研究等方面开展广泛交流与协作。澳大利亚积极参与 WHO 的全球抗微生物药物耐药性监测系统（GLASS），加入世界动物健康组织（OIE）关于在动物中使用抗菌剂的全球数据库平台的开发。澳大利亚还积极参与东南亚和太平洋地区对抗菌药物耐药性的倡议，加强动物卫生系统，为抗菌药物管理提供技术支持。美国和欧盟在 2009 年的美欧峰会上成立了跨大西洋抗菌药物耐药性特别工作组（TATFAR），以提高欧盟和美国在兽医抗菌药物方面的沟通、协调与合作水平；2015 年，加拿大和挪威也加入到 TATFAR 计划中。在美国，2015 年和 2020 年发布的对抗细菌耐药国家行动计划中，均提及增强与 WHO、FAO 和 OIE 等国际组织的合作、共同面对细菌耐药性的问题。

发达国家高度重视细菌耐药性的防控，在食品动物、伴侣动物和野生动物方面建立起监测与风险评估系统，同时建立健全监控兽用抗菌药物使用相关的法律法规，严格规定兽用抗菌药物残留限量标准，倡导国际合作以应对细菌耐药性的发生发展，保障动物和人类健康。总体而言，发达国家防控动物源细菌耐药性的措施法律基础明确、检测高效准确、结果处理得当，可为我国提供良好的参考。

第三节　我国细菌耐药性防控策略与措施

欧盟、美国等西方发达国家和地区的动物源细菌耐药性监测及风险评估发展较早，在 20 世纪末已启动了细菌耐药性监测计划如 EARSS 和 NARMS 等，并发布了第一份定性风险评估报告（EMA/CVMP/342/99-Final）。但世界不同国家的经济发展状况、养殖模式及人民消费偏好不同，导致各地区抗菌药物使用模式及细菌耐药性分布存在显著差异，一味照搬他国策略不仅不能解决本国问题，还可能因国情不同而造成严重后果。这就要求我们在掌握当前国内外防控策略的前提下，适当借鉴他国成功经验，同时结合中国国情，制定有效、可持续发展的动物源细菌耐药性防控策略。

我国正围绕兽药管理、养殖优化和监测预警网络构建，发展动物源细菌耐药性的全面防控监测体系。在兽药管理上，我国主张"用好药"、"少用药"，逐年修改《兽药管理条例》，并实施兽用抗菌药物处方药管理和分级管理制度，以《食品动物用兽用抗菌药物临床应用分级管理目录》为标准，积极开展《全国兽用抗菌药使用减量化行动方案（2021—2025 年）》及《遏制微生物耐药国家行动计划》（2022—2025），实行动物源细菌耐药性年度监测计划。农业农村部于 2021 年 12 月印发《"十四五"全国畜牧兽医行业发展规划》，明确规定要推动兽药产业转型升级，完善兽药质量检验体系，推进兽用抗菌药减量使用。在养殖卫生与饲养管理上，卫生和感染预防是防控细菌耐药性发展及传播的重要措施，我国先后发布了《畜禽规模养殖污染防治条例》等法律法规，明确了标准化和健康的养殖模式，引入以绿色发展为理念的现代畜牧业发展模式。在耐药性监测上，相较于欧美国家的多部门联合、跨学科监测系统，我国采用自上至下的监测体系,增加人力、物力和财力等因素的投入,改善国内动物源耐药性监测范围较窄、仅侧重监测养殖动物的弊端,积极、有序地发展涵盖"养殖-食品-环境-人群"全链条的全面防控监测体系(吴聪明和沈建忠,2018)。在耐药性研究中,目前关于动物和环境中耐药菌/耐药基因的流行现状已开展了大量研究,但缺少系统性、回顾性研究及分子流行病学研究,耐药性的检测和控制技术尚显薄弱。总之,在耐药性防控方面,我国尚未建立起系统的动物源细菌耐药性风险评价和风险预警机制,未形成一套完整的动物源细菌耐药性控制技术及耐药性防控指南。

面对日益严峻的动物源细菌耐药性形势,我国仍需不断发展和完善动物源细菌耐药性防控监测体系,强化兽用抗菌药全链条监管,加强兽用抗菌药使用风险控制,支持兽用抗菌药替代产品应用,加强兽用抗菌药使用减量化技术指导服务,构建兽用抗菌药使用减量化激励机制,彻底遏制兽用抗菌药物滥用及不合理使用,保障兽医公共卫生安全。

一、兽用抗菌药物管理政策

(一)法律法规

我国是畜禽养殖大国,也是兽用抗菌药物生产和使用大国。基于《兽药管理条例》,针对动物源细菌耐药性问题,我国制定了一系列的政策条例和行动方案(表 5-4),主要从以下 4 个方面开展行动:①组织开展兽用抗菌药物的专项整治;②持续加强对兽药产品质量的追溯管理;③对兽用抗菌药物的使用进行有效规范;④开展兽用抗菌药使用减量化行动。

表 5-4 我国兽用抗菌药物政策制定时间及主要内容(自 2000 年后)

年份	部门	政策	主要内容
2001	农业部	第 168 号公告	发布《饲料药物添加剂使用规范》,根据药物的使用情况将饲料药物添加剂分为两类
2002	农业部	第 176 号公告	发布《禁止在饲料和动物饮用水中使用的药物品种目录》
2002	农业部	第 193 号公告	发布《食品动物禁用的兽药及其它化合物清单》
2004	中华人民共和国中央人民政府	国务院令第 404 号	发布《兽药管理条例》
2005	农业部	第 560 号公告	发布《兽药地方标准废止目录》
2010	农业部	第 1519 号公告	发布《禁止在饲料和动物饮水中使用的物质》,禁止在饲料生产、经营、使用和动物饮水中违禁添加苯乙醇胺 A 等物质
2013	农业部	第 1997 号公告	发布《兽用处方药品种目录》(第一批),将抗菌药物纳入兽用处方药管理
2014	农业部	第 2069 号公告	发布《乡村兽医基本用药目录》
2015	农业部	第 2292 号公告	食品动物中停止使用洛美沙星、培氟沙星、氧氟沙星、诺氟沙星 4 种兽药

年份	部门	政策	主要内容
2015	农业部	《全国兽药（抗菌药）综合治理五年行动方案（2015—2019 年）》	提出将用 5 年时间开展系统、全面的兽用抗菌药滥用及非法兽药综合治理行动
2016	农业部	第 2428 号公告	停止硫酸黏菌素用于动物促生长
2016	农业部	第 2471 号公告	发布了《兽用处方药品种目录》（第二批）
2017	农业部	《全国遏制动物源细菌耐药性行动计划（2017—2020 年）》	推动促生长用抗菌药物逐步退出，强化兽用抗菌药物监督管理
2017	农业部	第 2583 号公告	禁止非泼罗尼及相关制剂用于食品动物
2018	农业部	第 2638 号公告	停止喹乙醇、氨苯胂酸、洛克沙胂用于食品动物
2018	农业农村部	《兽用抗菌药使用减量化行动试点工作方案（2018—2021 年）》	力争用 3 年时间减少使用抗菌药物类药物饲料添加剂，兽用抗菌药使用量实现"零增长"
2019	农业农村部	第 194 号公告	发布药物饲料添加剂退出计划和相关管理政策，退出除中药外的所有促生长类药物饲料添加剂品种
2019	农业农村部	第 246 号公告	废止部分药物饲料添加剂，注销相关兽药产品批准文号和进口兽药注册证书目录；发布金霉素预混剂等 15 个兽药产品，以及拉沙洛西钠预混剂等 5 个进口兽药产品质量标准和标签、说明书样稿
2020	农业农村部	《中国兽药典（2020 年版）》	主要对兽药品种提供兽医临床所需的资料，以逐步达到科学、合理用药并保证动物性食品安全的目的，是兽药生产、经营、检验和监督管理等的法定技术依据
2020	农业农村部	《2020 年海水贝类产品卫生监测和生产区域划型计划》《2020 年水产养殖用兽药及其他投入品安全隐患排查计划》	加强水产养殖用兽药及其他投入品使用的监督管理，提升养殖水产品质量安全水平，加快推进水产养殖业绿色发展
2020	农业农村部	第 3 号令	修订发布了《兽药生产质量管理规范》
2020	农业农村部	第 307 号公告	规范养殖者自行配制饲料的行为，保障动物产品质量安全
2021	全国人民代表大会常务委员会	中华人民共和国主席令第五十六号	通过《中华人民共和国生物安全法》
2021	农业农村部	《兽药生产许可管理和兽药 GMP 检查验收有关细化要求》	加强兽药 GMP 检察员管理，保障兽药 GMP 检查验收等工作经费需求，不断加快新版兽药 GMP 实施步伐
2021	农业农村部	《全国兽用抗菌药使用减量化行动方案（2021—2025 年）》	有效遏制动物源细菌耐药、整治兽药残留超标，全面提升畜禽绿色健康养殖水平，促进畜牧业高质量发展，有力维护畜牧业生产安全、动物源性食品安全、公共卫生安全和生物安全
2021	农业农村部	《"十四五"全国畜牧兽医行业发展规划》	完善兽药质量标准体系，完善兽药质量检验体系，推进兽用抗菌药减量使用，合理布局全国动物源细菌耐药性监测点
2022	农业农村部	《2022 年兽药质量监督抽检和风险监测计划》	加强兽药产品质量监管，重点抽检国家强制免疫用疫苗、人兽共患病疫苗、非洲猪瘟病毒诊断制品、上年度监督抽检通报不合格产品，以及未开展过监督抽检的品种。监测范围覆盖全国主要畜禽养殖大省
2022	国家卫生健康委、教育部、科技部、工业和信息化等 13 部委联合	《遏制微生物耐药国家行动计划（2022—2025 年）》	坚持预防为主、防治结合、综合施策的原则，聚焦微生物耐药存在的突出问题，加强兽用抗微生物药物监督管理

为了更好地规范兽药行业，我国不断完善兽药行业的行政法规，强化药品监管以确保药品质量，建立了兽药管理条例和饲料药物添加剂使用规范制度。2004 年国务院发布《兽药管理条例》，对我国兽药的研发、生产、经营、进出口、使用、监督等进行规定，并于 2014 年、2016 年和 2020 年对其进行修订；2005 年国务院发布《兽药地方标准废止目录》，并于 2020 年对行政法规进行修订，其中有 5 项与兽药密切相关。这些不断修订和完善的兽药管理条例体现了国家对兽药行业规范管理的高度重视。《2020 年中国兽用抗菌药使用情况报告》指出，中国兽用抗菌药物主要用于促进动物生长和治疗疾病，其中用于促生长的抗菌药物使用量达到了 9403.21t，占比 28.69%；混合饲料途径给药是兽用抗菌药物的主要给药方式，占比 40.23%。为防止饲料药物添加剂的滥用，农业部（2018 年更名为农业农村部）2001 年发布了《饲料药物添加剂使用规范》，规定了 33 种可在饲料中长期添加的"药添字"产品和 24 种仅能混饲给药的"兽药字"产品；2002 年发布《禁止在饲料和动物饮用水中使用的药物品种目录》（2010 年更新为《禁止在饲料和动物饮水中使用的物质》，增加 6 种违禁药物）、《食品动物禁用的兽药及其他化合物清单》及《动物性食品中兽药最高残留限量》；2019 年，农业农村部发布《兽药管理条例》和《饲料和饲料添加剂管理条例》，限制促生长类饲料添加剂（中药除外）的可流通时间，更新促生长类饲料添加剂名单，将部分"兽药添字"饲料添加剂的批准文号更改为"兽药字"，废除部分政策，增加养殖场运营相关规定并规定新研发的饲料和饲料添加剂必须通过有关部门的安全有效性及环境影响评审。

针对动物源细菌耐药性蔓延的问题，制定了一系列政策条例和行动方案来限制及规范抗菌药物在养殖业中的使用。2015 年，农业部发布公告禁止部分抗菌药物在食品动物中的使用，启动《全国兽药（抗菌药）综合治理五年行动方案（2015—2019 年）》，整治抗菌药物滥用及非法兽药使用行为。2016 年，我国十四部委联合发布《遏制细菌耐药国家行动计划（2016—2020 年）》，强调对兽用抗菌药物研发、生产等方面的监管及耐药性监测；同年，农业部发布公告停止抗菌药物硫酸黏菌素用于动物促生长。2017 年，我国成立"全国兽药残留与耐药性控制专家委员会"，为控制兽药残留和动物源细菌耐药性防控工作提供技术支持；同年，农业部发布公告禁止非泼罗尼及相关制剂用于食品动物，并出台《全国遏制动物源细菌耐药性行动计划（2017—2020 年）》，督促养殖环节合理用药，保障公共卫生健康。2018 年，农业农村部发布第 2638 号公告禁止喹乙醇、氨苯胂酸、洛克沙胂等 3 种促生长用兽药在食品动物中使用。2019 年，农业农村部发布《食品动物中禁止使用的药品及其他化合物清单》，为养殖行业的用药划出了"红线"和"硬杠杆"，列出负面清单，有利于管理人员准确把握政策需求，并为有效实施兽药执法监督工作提供有力支持。2021 年开展的《全国兽用抗菌药使用减量化行动方案（2021—2025 年）》及 2022 年开展的《遏制微生物耐药国家行动计划（2022—2025 年）》均体现了我国大力规范养殖业抗菌药物的合理使用及遏制细菌耐药性的决心和信心。2020 年中国农业大学沈建忠团队发表在《柳叶刀-传染病》上的研究结果显示，随着国家禁抗措施的不断实行，兽用多黏菌素使用量显著下降，动物源和人源细菌多黏菌素耐药性明显减少（Wang et al.，2020a），这表明我国养殖业禁抗政策成果得到国际社会和行业内外的广泛认可。

为落实兽用抗菌药物减量的目的，农业农村部与国务院食安办等 5 个部门开展了畜禽水产品抗菌药物、兽药残留超标治理专项整治行动，严肃处理养殖环节违法违规使用原料药、人用药品等行为。2021 年农业农村部启动《2021 年国家产地水产品兽药残留监控计划》，2022 年农业农村部先后印发《2022 年畜禽及畜禽产品兽药残留监控计划》和《2022 年国家产地水产品兽药残留监控计划》，启动全国范围的畜禽养殖和水产养殖用兽药的监管工作，不断提高养殖质量与规范用药水平，保障公共卫生安全与人类健康。

为了推进兽医临床合理用药，我国已形成较为完善的兽用处方药管理系统，对兽用药物进行风险评价，及时淘汰存在安全隐患的药品。近年来，各地畜牧兽医部门不断强化兽用药物的使用管理规范，加强管理与服务并重，不断提升养殖相关人员的合理、规范用药意识。根据《兽药管理条例》和《兽用处方药和非处方药管理办法》，我国兽药分为兽用处方药和非处方药。农业部在 2013 年发布《兽用处方药品种目录》（第一批），将抗菌药物列为兽用处方药，随后在 2016 年和 2019 年发布了第二批、第三批兽用处方药种类。此外，2014 年农业部组织制定了《乡村兽医基本用药目录》，规范乡村兽医安全用药。2018 年，农业农村部发布了《兽用抗菌药兽医临床使用指导原则（征求意见稿）》。对感染性疾病中细菌性感染的抗菌治疗原则、抗菌药物治疗和预防应用指征以及合理给药方案的制订原则做出详尽建议，并列出常用抗菌药物的适应证及注意事项，各种动物常见细菌性感染的病原治疗，以期提高我国动物感染性疾病的抗菌治疗水平，减缓细菌耐药性的蔓延，保障动物源性食品安全和公共卫生安全。在此基础上，我国不断建立健全兽用处方药管理体系，在兽用处方药的购买使用、处方笺的具体内容等方面均做出了相应规定，从源头把好兽药安全使用关。

随着宠物行业的快速发展，我国也在不断出台完善针对宠物用抗菌药物的相关政策。2007 年 8 月 30 日出台的《中华人民共和国动物防疫法》，标志着我国开始重视宠物健康问题。2010 年 8 月 3 日，农业部制定了 17 个蜂药、蚕药、宠物用药试验技术指导原则，为宠物外用药的药效评价提供了理论依据和技术支持。2016 年 4 月 26 日出台的《农业部关于促进兽药产业健康发展的指导意见》提出了加快宠物专用药发展和上市的目标。为进一步适应我国宠物用药需要，农业部于 2017 年 4 月 7 日颁布的《宠物用兽药说明书范本》指出，与通用说明书相比，宠物用说明书主要为宠物适用的内容。农业农村部组织制订了注射用头孢噻呋钠（宠物用）等 8 种兽药产品质量标准和说明书样稿，发布农业农村部第 56 号公告。此外，为了推动宠物用药物的创新、满足宠物临床用药需求，2020 年 1 月 21 日，农业农村部发布了第 261 号《宠物用化学药品注册临床资料要求》公告。2020 年 9 月 7 日，农业农村部研究制定了农业农村部公告第 330 号《人用化学药品转宠物用化学药品注册资料要求》公告，以加快推进宠物用兽药注册工作，合理利用现有药物资源，促进技术创新，更好地满足预防、治疗动物疾病需求。与此同时，2020 年版《中华人民共和国兽药典》新增并收录兽药新品种，自 2021 年 7 月 1 日起实施。

（二）质量监督

我国坚持贯彻兽药质量监督相关政策与行动，逐年制定并执行《兽药质量监督抽检计划》，确保对兽药进行持续监测，对兽药违法行为依法进行严肃处理，完善法规标准体系，为兽药监管提供法治保障。经过几十年的建设，我国建立了以《兽药管理条例》为核心，《兽药注册管理办法》《兽药生产质量管理规范》《兽药经营质量管理规范》《兽药产品批准文号管理办法》《兽用处方药和非处方药管理办法》等制度规章完备的兽用抗菌药物监管法规体系，极大地保障了动物性食品安全和临床用药需求。

1. 管理过程的质量监督

为不断提高兽药产品质量，我国制定并施行了兽药相关管理法规，建立了与国际和出口国标准相一致的兽药质量标准体系。国务院于 1987 年发布了《兽药管理条例》（后文简称《管理条例》），对我国兽药的研制、生产、经营、使用、进出口、监督管理等方面进行了相关规定，确定了兽药注册制度、处方药和非处方药管理制度以及不良反应报告制度。该条例的颁布标志着我国兽药管理基本法规的建立。2004 年，《管理条例》由国务院令第 404 号公布的新《兽药管理条例》代替，并于 2014 年、2016 年、2020 年分别对其进行修订，为中华人民共和国境内兽药的研制、生产、经营、进出口、使用和监督管理提供了更加全面的法律依据，从源头上规范了兽药使用。此外，为了从司法角度强化《兽药管理条例》的可操作性，2021 年我国发布《关于进一步做好新版兽药 GMP 实施工作的通知》，进一步充实了《兽药管理条例》，推动了兽药监管的法制化进程。

为充分发挥社会各界对兽药质量的监督作用，我国于 2013 年建成"国家兽药基础信息查询系统"并不断完善。目前该系统共包含 12 个数据库，存储数据信息已达 30 余万条，能够满足绝大多数业内企业及人员的信息需求。此外，我国于 2014 年试点实施《兽药二维码追溯体系建设规定》《兽药严重违法行为从重处罚情形规定》等相关规定。群众可使用"国家兽药产品追溯系统"对兽药产品及市场进行实时监督，一旦发现违法行为，可拍照取证后向相关部门投诉举报，进一步减少兽用抗菌药物不合格产品的出现。

此外，农业农村部一直在完善制度建设，强化养殖者主体责任，重点做好以下工作：①推进兽用抗菌药物的二维码溯源，建设和完善兽药基础信息平台，建立对经营单位的追溯监管；②强化监管执法，严格控制饲养过程中的兽用抗菌药物，高压严打违禁药品、原料药、超量用药、超范围用药等现象；③继续支持和鼓励养殖者减少使用抗菌药物，引导各类养殖主体科学使用抗菌药物；④以中兽药、微生态制剂等安全、高效、低残留的产品为重点，引导养殖者抗菌药物替代使用。同时，为提高监督管理有效性，近年来农业农村部实施兽药智慧监管，推行"兽药信息管理系统"，努力实现"源头可查、去向可追"的目标。

2. 研发过程的质量监督

随着现代畜牧业向集约化发展，畜禽疾病整体呈现由烈性传染病转为慢性传染病、中毒病、营养代谢病和遗传病的趋势。在养殖过程中，为了防控疾病的发生及传播，养殖场大量使用兽药以有效降低动物发病率。21 世纪，随着人口和对食品需求的持续增长，兽药产业也蓬勃发展。据《2020—2026 年中国新兽药行业市场前景规划及发展战略研究报告》显示，全球动保行业起始于 20 世纪 60 年代，2016 年的销售规模达 2009 年的 1.5 倍，年复合增长率高达 6.58%。在市场占有率方面，全球前五大动保巨头的市场占有率约为51%,市场集中度高。我国动物保护产业的规模也在持续扩大,尽管2018年受非洲猪瘟影响有所下降,但市场随非洲猪瘟的有效控制而逐渐回暖。此外,农业农村部依照《兽药管理条例》发布了对兽药违法行为进行从重处罚的通知,加强市场监督管理,打击违法行为,增加了正规兽药市场的需求,保证整体向上的趋势。综合以上,市场对于兽药的需求日益增加,急需加快新兽药的研发进程。只有将新兽药创制的知识产权牢牢把握在自己手里,才能促进我国畜牧业可持续发展,保障公共卫生安全。

兽药研发作为推动兽药产业发展的前端基础环节,是推动兽药产业发展的基础。近年来,我国兽药产业获得迅猛发展,但同时也应看到与欧美国家之间仍然存在着很大的差距。了解与借鉴发达国家兽药产业发展的成功做法,有助于我国新兽药研发过程的顺利进行。我国兽药研发过程中遇到的主要问题在于:研发能力较弱,缺少创新性,具有自主知识产权的产品较少;原料药物开发较少,主要以仿制药物为主;制剂水平有限;剂型不全面;中草药开发力度较低等。根据我国2015~2021年新兽药注册统计数据显示,截至2021年,我国每年申请的新兽药中虽然三类兽药仍然占据主要地位,可喜的是,一类兽药的申报比例仍在逐渐增加(图5-8)。

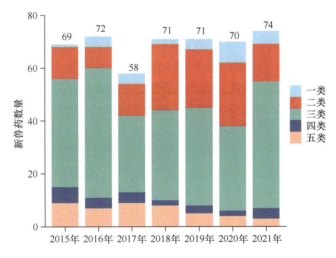

图5-8 新兽药申报的种类和数量(2015~2021年)

我国新兽药研发起步较晚,但国家对其十分重视。1989年,我国在《新兽药及兽药制剂管理办法》和《兽用新生物制品管理办法》中提出鼓励新兽药研发。近年来,国家加强了动物药品的研发、生产、经营和使用等方面的管理工作,包括在政策上鼓励新型兽用抗菌药物研发,加强新兽药研发的管理,严格把控新型抗菌药物的质量,加强新型抗菌药物知识产权保护和简化新兽药化药和中兽药注册流程。自2011年开始,农业农村部连续7年在全国范围内组织开展兽用抗菌药物专项整治工作,鼓励研制新型兽用抗菌药物来对抗动物源细菌耐药性。2015年,农业农村部启动实施《全国兽药(抗菌药)综合治理五年行动方案》,提出各地要强化科技支撑,加大兽用抗菌药物替代药物的研发力度,鼓励和支持新兽药研发,提高评审效率,加强相关新产品、新技术储备,及时将安全有效的产品纳入允许使用范围。2019 年 10 月，农业农村部将多项新兽药研制合成技术列入鼓励类目录。

为鼓励企业研发新型兽用抗菌药物，我国颁布了一系列管理条例以加强对新型抗菌药物知识产权的保护。新兽药研发需要的成本巨大，先进的设备、技术以及足够的资金投入缺一不可，这些投入及所取得的科研成果需要法律法规的保护，以保障和激励企业及科研人员的研发热情。我国《兽药管理条例》《药品注册办法》及农业农村部第 442 号公告都针对新兽药专利保护制定了相应措施，全力维护兽药企业的利益（董艳娇等，2020）。兽药研发和科技创新发展要求及时掌握最前沿的行业信息，因此 2018 年我国农业农村部开发了农业农村部兽药评审系统，实现了兽药注册网上申报、网上评审、沟通交流和数据分析与共享。

2019 年，国务院决定将新兽药临床试验审批改为备案管理。2020 年修订的《兽药管理条例》中将"申请"研制新兽药修改为向相关部门"备案"研制新兽药，从"申请"到"备案"，这一修订在一定程度上节省了申请审批时间。这些政策都简化了新兽药审批的流程，显著提高了新兽药审批的效率（杨佳颖，2019）。

3. 生产过程的质量监督

为进一步规范兽药的生产及经营等相关过程，农业农村部先后颁布了一系列管理规范。首先，农业部于 1982 年第一次颁布了《兽药生产质量管理规范（试行）》，于 1988 年正式发布了《兽药生产质量管理规范》（GMP），并于 1992 年、1998 年、2010 年及 2020 年分别进行了四次修订，该制度的确立开启了我国兽药监管向国际标准靠拢的进程。2001 年，为进一步加快推进我国进入兽药 GMP 监管时代，农业部成立兽药工作委员会。此外，国家发布一系列政策配套 GMP 制度，例如，1990 年《中华人民共和国兽药典》中的批准文号制度，2008 年《农产品质量安全法》中的兽药技术标准制度，2017 年制定的《兽药生产企业飞行检查管理办法》，2021 年 9 月农业农村部制定的《兽药生产许可管理和兽药 GMP 检查验收有关细化要求》。上述政策补充并完善了兽药生产管理制度，进一步完善了兽药质量监控体系，使兽药产品质量问题得到有效控制。同时，为推进兽药安全性评价工作进程、确保新兽药的安全性与有效性，农业部于 2005 年颁布了《兽药非临床研究质量管理规范》（GLP）和《兽药临床试验质量管理规范》（GCP），并于 2020 年修订了《兽药生产质量管理规范》（GMP）等有关政策法规。

此外，农业部出台了《畜牧业国家标准和行业标准建设规划（2004—2010 年）》。2005 年，为保证生产环节的规范性，农业部出台了《新兽药研制管理办法》。2010 年，为保证兽药市场的健康发展，农业部施行了《兽药经营质量管理规范》（GSP）（4G 质量规范），并于 2017 年对该规定的"兽药电子追溯管理相关设备"、"兽药产品追溯管理制度"等内容进行了修订。这些法规保证了兽药的质量可靠性和使用规范性。

为了保证新型兽用抗菌药物的安全高效，国家不断颁布并完善现有政策来保障新型兽药的生产质量管理。我国第一部《兽药生产质量管理规范》于 2002 年 3 月正式发布并从 2006 年 1 月 1 日起开始强制实施，实行市场准入制度，明确企业兽药生产条件，规范兽药生产。除 GMP 外，我国同样颁布了多项管理规范保证新兽药的质量，如兽药 GLP、兽药 GCP、《食品安全国家标准 食品中 41 种兽药最大残留限量》和《兽药质量监督抽样规定》，并由兽药管理行政机构和监察机构进行监管（董义春，2008）。2014 年年初，农业部发布第 2071 号公告，对兽药违法行为从重处罚。2015 年，在对十二届全国人大三次会议第 8341 号建议的答复中提出，要加强新型兽用抗菌药质量监管，严把兽用抗菌药物生产和销售关，对影响兽药质量的违法行为从重处理，以保障兽药质量，保证 GMP 和兽药 GSP 在兽药生产、经营企业中的执行，并持续实施兽药质量监督抽检计划。2016 年，农业部在对十二届全国人大四次会议第 6464 号建议的答复中提到，实施兽药"二维码"制度，推进兽药产品追溯系统建设，逐步实现兽药生产、经营和使用环节全程可追溯监管。

（三）抗菌药物减量化行动

兽用抗菌药物是养殖业的一把"双刃剑"，盲目和不规范用药会造成兽药残留超标、耐药基因传播等问题，严重危害动物和人类的健康。近几年，我国兽药行业遵循党中央、国务院关于农业绿色发展的总体要求，围绕乡村振兴战略，持续组织开展兽用抗菌药使用减量化行动。

随着"禁抗"的呼声愈发高涨，从 1986 年瑞典率先禁用抗菌药物作为生长促进剂、2000 年丹麦全面禁用促生长类抗菌药物添加剂在畜禽饲料中的使用开始，国外逐渐走上"禁抗"的道路。我国农业部在 2017 年 6 月 22 日印发了关于《全国遏制动物源细菌耐药行动计划（2017—2020 年）》，提出推进兽用抗菌药物减量化使用、优化兽用抗菌药物品种结构及提升养殖环节科学用药水平等行动目标，重点任务之一为实施"退出行动"，推动促生长用抗菌药物逐步退出。2018 年，我国农业农村部公布《兽用抗菌药使用减量化行动试点工作方案（2018—2021 年）》，并在第十六届中国畜牧业博览会暨 2018 年中国国际畜牧业博览会上宣布正式启动全国兽用抗菌药使用减量化行动，鼓励各养殖企业积极推动兽用抗菌药使用减量化工作，同时每年组织百余家养殖企业参加试点，以主要畜禽品种为重点，逐步实现全国范围内的兽用抗菌药使用"零增长"。2019 年，为贯彻落实《国家遏制细菌耐药行动计划（2016—2020 年）》和《全国遏制动物源细菌耐药行动计划（2017—2020 年）》，农业农村部畜牧兽医局组织对药物添加剂退出问题进行研讨，基于研讨结果并结合我国实际情况发出《药物饲料添加剂退出计划（征求意见稿）》。同年，农业农村部发布第 194 号公告，实施药物饲料添加剂退出行动，停止生产含有促生长类药物饲料添加剂（中药类除外）的商品饲料，并在 2019 年第 246 号公告中废止仅有促生长用途的药物饲料添加剂等品种质量标准，注销相关兽药产品批准文号和注册证书。此外，农业农村部还发布了《推进养殖业兽用抗菌药使用减量化倡议书》，引导全体从业人员"产好药"、"用好药"、"少用药"。同时，政府鼓励全国积极研发绿色高效的抗菌药物替代物，引导养殖场等使用抗菌药物替代物，减少抗菌药物的使用，切实保障畜禽产品质量安全。2021 年，我国继续贯彻《全国兽用抗菌药使用减量化行动方案（2021—2025 年）》，进一步遏制动物源细菌的耐药性，不断推进畜禽的绿色、健康养殖，切实保障动物源性食品安全、公共卫生和生物安全。

为更好地促进抗菌药物减量化进程，国内外积极进行兽用抗菌药物安全使用的教育宣传与整治行动。2016 年，农业部与欧盟驻华代表团在京联合举办了第三次中欧兽用抗菌药物耐药性研讨会，就中欧兽用抗菌药物管理方面进行交流讨论。2018 年 6 月 22 日，农业部兽医局与 FAO 联合发起了"关注动物卫生，合理使用抗生素"的公益宣传，呼吁大家积极参与到兽用抗菌药物的规范合理使用中。2021 年 11 月 18 日至 24 日，国家卫健委组织开展"扩大认知，遏制耐药"宣传活动，提高社会公众对耐药危机的认识。我国在制定和更新法规的同时，不断加强兽用抗菌药物安全使用的教育宣传，并开展整治行动，提升养殖户合理用药的意识，规范使用抗菌药物。2022 年的《遏制细菌耐药国家行动计划（2016—2020 年）》中明确指出，要对全国医务人员、养殖一线兽医和养殖业从业人员完成抗菌药物合理应用培训。

在教育层面，2018 年，教育部发布《普通高等学校本科专业类教学质量国家标准》，对动物医学类专业人才培养提出明确要求。目前全国有 90 所高校开设了动物医学类本科专业，包含动物医学、动物药学、动植物检疫、实验动物学、中兽医学及兽医公共卫生，2019 年遴选确定了动物医学类 19 个国家级一流专业建设点。教育部在对十三届全国人大三次会议第 7400 号建议的答复中，对加强科技创新引领平台、设立兽医公共卫生专业、加强兽医公共卫生人才培养的建议表示高度重视并响应。

除了高等教育方面，我国对兽药安全的社会普及工作也在有序展开。自 2016 年起，兽药产品的生产进口全程强制使用兽药产品电子追溯码（二维码）标识。农业农村部公告在对十三届全国人大一次会议第 2075 号建议的答复中指出，在二维码全覆盖的基础上，积极推动兽药经营企业入网全覆盖。同时，我国对"国家兽药基础数据库"和"国家兽药综合查询"APP 进行升级，确保兽药管理信息的准确性、及时性。2016~2017 年，农业部开展"科学使用兽用抗菌药"百千万接力公益行动，举办了一千多场科普活动，覆盖两万多养殖场户，吸引国内外 25 家著名企业参加。同时相关部门也逐渐重视新媒体的宣传能力，充分利用"中国兽医发布"、"兽药规范使用"等微信公众号开展"兽药安全使用小百科"知识宣传，被多个互联网媒体转发，全网点击量超 400 万，加速了乡镇兽药 GSP 的推进。2018 年，中华人民共和国农业农村部第 97 号公告再度强调要积极宣传安全用药，普及兽药辨伪知识，将科学、合理、规范使用兽用抗菌药物落实到每个养殖户。

二、动物源细菌耐药性监测措施

动物源细菌耐药性问题是公共卫生和食品安全领域面临的重大挑战。控制耐药性的方法主要体现在三个方面，即监测、科学合理应用抗菌药物和感染控制，其中监测最为重要。耐药性监测的目的在于获取数据并用于人类和动物的风险分析，检测新出现的抗菌药物耐药性，确定某个动物种群对某种抗菌药物敏感率（或耐药率）的变化趋势，为动物卫生及公共卫生的政策性建议提供支持并确定是否需要可能的干预措施，为开具兽医处方和谨慎使用抗菌药物的建议提供帮助信息等。耐药性监测在一定意义上可充当早期预警系统，即使是轻微的敏感性变化，也可在早期被识别，然后可采取干预措施限制细菌耐药性的蔓延（White et al., 2001）。因此，对动物源细菌耐药性情况进行及时监测记录，将为合理使用和研发抗菌药物提供相应的数据支持，维护人类健康和公共卫生安全。

动物源细菌耐药性已引起了 WHO、OIE 等国际组织的高度关注。WHO 在 2011 年提出"遏制耐药——今天不采取行动，明天将无药可用"的倡议，并于 2014 年发布《控制细菌耐药全球行动计划（草案）》，号召并督促各国建立控制耐药性相关措施和计划。我国积极响应号召，为加强动物源耐药性监测工作，推动养殖环节合理使用抗菌药物，相继出台一系列政策。自 2008 年起，我国每年制定动物源细菌耐药性监测计划，及时掌握和了解动物源细菌耐药情况。2019 年，农业农村部颁布第 194 号公告，严格规定了抗菌药物的停用政策。自 2015 年起，农业部及多部委发布兽药（抗菌药物）综合治理五年行动方案及遏制微生物耐药国家行动计划，进一步加强兽用抗菌药（包括水产用抗菌药物）的监管，提高兽用抗菌药物的科学规范使用水平。虽然我国耐药性监测工作相对于发达国家起步较晚，监测网络尚不完善，但一直力求建立更为严密的生物安全风险监测预警网络，能快速感知识别微生物耐药性风险因素，从而不断加强兽用抗菌药物的综合治理，遏制动物源细菌耐药，提高养殖业绿色发展水平。

（一）法律法规

为了减少细菌耐药性的产生和广泛传播，促进养殖环节科学合理用药，保障动物源性食品安全和公共卫生安全，国家近年来先后制定了一系列政策和法规（表 5-5），加强动物源细菌耐药性监测和防控等工作。

表 5-5　细菌耐药性监测法规政策大事记

年份	部门	政策	主要内容
2009	农业部	《2008 年度动物源细菌抗菌剂耐药性监测计划》	我国动物源细菌耐药性监测计划起始文件
2009	农业部	《2009 年度动物源细菌耐药性监测计划》	自 2009 年起，建立动物源细菌耐药性监测数据库运行机制，实行检测结果以电子版和纸质并行的上报方式
2011	农业部	《2011 年动物源细菌耐药性监测计划》	2011～2013 年，增加了对弯曲菌和肠球菌的耐药性监测；2011 年由中国兽医药品监察所牵头，首次建立了动物源细菌耐药性监测数据库和菌种库，以及大肠杆菌、沙门菌、猪链球菌、葡萄球菌和空肠弯曲菌耐药性检测技术平台
2012	农业部	《2012 年动物源细菌耐药性监测计划》	
2013	农业部	《2013 年动物源细菌耐药性监测计划》	
2013	农业部	《兽用处方药品种目录（第一批）（农业部公告第 1997 号）》	规定了兽用处方抗微生物药、抗寄生虫药、中枢神经系统药物、外周神经系统药物、抗炎药、泌尿生殖系统药物、抗过敏药、局部用药物和解毒药的目录
2015	农业部	《中华人民共和国农业部公告第 2292 号》	禁止在食品动物中使用洛美沙星、培氟沙星、氧氟沙星、诺氟沙星 4 种原料药的各种盐、酯及其各种制剂
2015	农业部	《全国兽药（抗菌药）综合治理五年行动方案（2015—2019 年）》	用五年时间开展系统、全面的兽用抗菌药滥用及非法兽药综合治理行动
2016	14 部委联合	《遏制细菌耐药国家行动计划》（2016—2020 年）	加强兽用抗菌药物的研发、生产、流通、应用的监管和耐药性监测
2017	农业部	《全国遏制动物源细菌耐药性行动计划（2017—2020 年）》	应对动物源细菌耐药带来的风险挑战
2017	农业部	《2017 年动物源细菌耐药性监测计划》	将新疆、宁夏、贵州等地纳入监测地区，使检测范围再次扩大

续表

年份	部门	政策	主要内容
2018	农业农村部	《2018年动物源细菌耐药性监测计划》	从2018年起增加了对魏氏梭菌的耐药性监测
2018	农业农村部	《兽用抗菌药使用减量化行动试点工作方案（2018—2021年）》	力争通过三年时间减少使用抗菌药物类药物饲料添加剂，兽用抗菌药使用量实现零增长
2019	农业农村部	《2019年动物源细菌耐药性监测计划》	增加了2019年全国兽用抗菌药使用减量化行动试点养殖场作为定点监测场，并要求继续跟踪监测2018年全国兽用抗菌药使用减量化行动试点养殖场和监测网中长期定点监测的养殖场，还需随机监测责任区域内的至少3个地区，每市至少3个养殖场或屠宰场
2020	农业农村部	《2020年饲料兽药生鲜乳质量安全监测计划》	计划包括《2020年全国饲料质量安全监督抽查计划》《2020年动物及动物产品兽药残留监控计划》《2020年动物源细菌耐药性监测计划》《2020年生鲜乳质量安全监测计划》四大部分。强化饲料、兽药合生鲜乳质量安全监管，加强兽药残留和细菌耐药性监控
2021	农业农村部	《2021年动物及动物产品兽药残留监控计划》《2021年动物源细菌耐药性监测计划》	指导制定畜禽（蜜蜂）及其产品兽药残留监控和动物源细菌耐药性监测工作，规定动物源细菌的样品来源应从动物养殖和屠宰环节抽取
2021	全国人民代表大会常务委员会	中华人民共和国主席令第五十六号	通过《中华人民共和国生物安全法》
2021	农业农村部	《全国兽用抗菌药使用减量化行动方案（2021—2025年）》	有效遏制动物源细菌耐药、整治兽药残留超标，全面提升畜禽绿色健康养殖水平，促进畜牧业高质量发展，有力维护畜牧业生产安全、动物源性食品安全、公共卫生安全和生物安全
2021	农业农村部	《"十四五"全国畜牧兽医行业发展规划》	完善兽药质量标准体系，完善兽药质量检验体系，推进兽用抗菌药减量使用，合理布局全国动物源细菌耐药性监测点
2022	农业农村部	《2022年动物源细菌耐药性监测计划》	制定实施动物源细菌耐药性监测计划，强化动物源细菌耐药性监测计划中经费保障、用药监督及信息报送
2022	农业农村部	《2022年畜禽及畜禽产品兽药残留监控计划》	制定实施畜禽及畜禽产品兽药残留监控计划，强化兽药残留监控计划中经费保障、用药监督及信息报送
2022	国家卫生健康委、教育部、科技部、工业和信息化部等13部委联合	《遏制微生物耐药国家行动计划》（2022—2025年）	坚持预防为主、防治结合、综合施策的原则，聚焦微生物耐药存在的突出问题，加强兽用抗微生物药物监督管理

　　我国动物源细菌耐药性监测始于20世纪90年代，以中国农业大学为代表的几所农林类高校联合中国兽医药品监察所调查了养殖区的动物源细菌耐药情况。近年来，细菌耐药性的快速发展和传播导致对动物源细菌耐药性的监控需求越来越迫切。自2008年，农业部开始实施动物源细菌耐药性监测，启动例行年度监测计划。整个监测计划由农业农村部兽医局组织协调和监督管理，省级畜牧兽医主管部门负责制定并组织实施，中国兽医药品监察所负责技术指导、数据汇总分析和数据库建立与管理。监测计划不断修订完善，以期不断跟进并完善解决兽药残留等所引发的细菌耐药性等重大问题。2020年10月，《中华人民共和国生物安全法》正式通过，明确了生物安全风险监测预警机制，将应对微生物耐

药性列为生物安全八大领域之一，并向各级政府部门提出了相应的要求。2021年，国家卫生健康委员会医政医管局和农业农村部畜牧兽医局联合召开了"世界提高抗微生物药物认识周"启动会，向社会发出了关于"2021年提高抗微生物药物认识"的倡议书，并以视频方式公布2020年"三网"（即全国抗菌药物临床应用监测网、全国细菌耐药监测网、全国真菌病监测网）监测结果，逐步将遏制微生物耐药问题上升至国家安全和重大战略的高度。2022年，为积极应对微生物耐药带来的挑战，贯彻落实《中华人民共和国生物安全法》，更好地保护人民健康，国家卫生健康委等13部门联合制定了《遏制微生物耐药国家行动计划（2022—2025年）》，提出进一步完善监测评价体系，包括完善抗微生物药物临床监测系统，建立健全动物诊疗、养殖领域监测网络，实现不同领域监测结果的综合应用，建立健全微生物耐药风险监测、评估和预警制度。行动计划提出推动建立健全兽用抗微生物药物应用监测网和动物源微生物耐药监测网，完善动物源细菌耐药监测网，监测面逐步覆盖养殖场、动物医院、动物诊所和畜禽屠宰场所，以进一步获得兽用抗微生物药物使用数据和动物源微生物耐药数据。同时，积极开展普遍监测、主动监测和目标监测工作，关注动物重点病原体、人兽共患和相关共生分离菌，加强监测实验室质量控制标准。此外，实施"监测行动"加强抗菌药物的使用管理和完善动物源细菌耐药性监测网络的指导意见，并要求掌握细菌耐药性的原因、发展和流行传播趋势及特征，为合理使用抗菌药物、制定耐药防控策略及研发新药物和新技术提供科学依据。

自动物源细菌耐药性监测计划实施以来，我国的动物源细菌耐药性监测体系发展迅速，不仅建立了动物源细菌耐药性监测技术标准和方法，还建立了动物源耐药性细菌资源库和动物源细菌耐药性数据库，在一定程度上掌握了我国各地区的动物源细菌耐药情况，推动了耐药性防控工作的展开，对遏制细菌耐药性的发展具有重要意义。

（二）监测计划与内容

我国畜禽养殖业正在经历从散养到集约化养殖的转变过程，养殖过程中用药正趋于合理化和规范化，但集约化养殖比散养更加注重在饲料中添加兽药和抗菌药物用以预防疾病的发生。为更好地服务于我国养殖业、促进养殖环节科学合理用药、保障动物源性食品安全和公共卫生安全，自2008年起，我国农业部成立了国家兽药安全评价（耐药性监测）实验室，并发布年度耐药性监测计划，开始开展对动物源细菌的耐药性监测工作。

我国农业农村部兽医局负责组织开展全国动物源细菌耐药性监测工作，制定发布年度监测计划，分析和应用监测结果。由中国兽医药品监察所领头，联合其他5家检测机构共同建立动物源细菌耐药性监测网络，并承担农业农村部每年发布的《动物源细菌耐药性监测计划》任务，中国兽医药品监察所负责全国动物源细菌耐药性监测的技术指导、数据库建设与维护工作、药敏试验板的设计与质量控制、监测结果的汇总分析。省级畜牧兽医行政管理部门负责协助完成国家监测计划相关任务，协助监测任务承担单位做好采样工作。监测任务承担单位为农业农村部部属有关单位，以及可承接政府购买服务的高等院校、科研院所、省级兽药检验机构和第三方检测机构等，这些单位共同承担动物源细菌耐药性监测任务，负责实施耐药性监测工作。自2009年起，《动物源细菌耐药性监测计划》实行监测结果以电子版和纸质版上报的方式，并建立了初步的动物源细菌耐药性监测数据库运行机制。

自 2008 年我国启动《动物源细菌耐药性监测计划》以来，经过十多年的不懈努力，我们已经明确了监测的菌株和药物，同时不断拓展监测的范围和地区，取得了显著的进步。目前监测范围覆盖全国 30 个省（自治区、直辖市），监测的细菌种类主要有大肠杆菌、沙门菌、肠球菌、金黄色葡萄球菌、弯曲菌等，样品主要来自鸡、鸭、猪、羊、牛等养殖场及其屠宰场。执行计划的各监测任务承担单位要按照相关要求，从全国各地的养殖场（包括养鸡场、养鸭场、养猪场、养羊场、奶牛场）或屠宰场采集样品。其中，规模化养殖场和小型养殖场各占 50%。对比分析十余年来监测工作进展情况发现：①样品抽取范围扩大，最初只在养鸡场、养猪场、养牛场抽取样品检测，随后增加了对屠宰场、孵化场、养鸭场、养羊场及奶牛场等地的样本采集工作；同时，将 2019 年全国兽用抗菌药物使用减量化行动试点养殖场作为定点监测场；此外，2022 年部分地区也增加了动物医院样品采集；②监测范围逐渐扩大，最初的监测范围只涉及我国部分省份和地区，目前已覆盖北京、天津、河北、山西、内蒙古、辽宁、吉林、黑龙江、上海、江苏、浙江、安徽、福建、江西、山东、河南、湖北、湖南、广东、广西、海南、重庆、四川、贵州、云南、陕西、甘肃、青海、宁夏、新疆等 30 个省（自治区、直辖市）。

按照 WHO 等相关组织的要求，大部分国家监测的细菌都包括致病菌和指示菌两大类。2008 年，我国监测的细菌类型包括食源性病原菌沙门菌和指示菌大肠杆菌。2010 年开始增加对牛奶中金黄色葡萄球菌的耐药性监测；2011～2013 年，增加了对弯曲菌（分为空肠弯曲菌和结肠弯曲菌）和肠球菌（分为屎肠球菌和粪肠球菌）的耐药性监测，建立了动物源细菌耐药性监测数据库和菌种库，以及大肠杆菌、沙门菌、猪链球菌、葡萄球菌和空肠弯曲菌耐药性检测技术平台。自 2018 年起又增加了对产气荚膜梭菌的耐药性监测并开展了动物致病菌（包括副猪嗜血杆菌、伪结核棒状杆菌等）的耐药性监测工作。截至 2022 年，监测细菌种类由 3 种扩增至 8 种，具体见表 5-6。

表 5-6　我国动物源细菌耐药性监测增加菌种

年份	监测细菌
2008	沙门菌 大肠杆菌
2010	金黄色葡萄球菌
2011	弯曲菌
2013	肠球菌
2018～2022	产气荚膜梭菌 副猪嗜血杆菌 伪结核棒状杆菌

监测的抗菌药物种类有 38 种。对于大肠杆菌、沙门菌和副猪嗜血杆菌等 3 种细菌所监测的抗菌药物相同，包括 11 类 16 种抗菌药物；对于肠球菌、金黄色葡萄球菌、产气荚膜梭菌和伪结核棒状杆菌等 4 种细菌所监测的抗菌药物相同，包括 14 类 18 种抗菌药物；对于弯曲菌的监测药物有 7 类 9 种。此外，还监测了肠球菌和产气荚膜梭菌对 9 种（四环素、吉他霉素、黄霉素、恩拉霉素、喹烯酮、那西肽、阿维拉霉素、维吉尼亚霉素、杆菌肽）促生长药物的耐药性，具体见表 5-7。

表 5-7　目前我国细菌耐药性监测的抗菌药物类型

药物类别	主要作用机制	不同细菌类型		
		大肠杆菌/沙门菌/副猪嗜血杆菌	肠球菌/金黄色葡萄球菌/产气荚膜梭菌/伪结核棒状杆菌	弯曲菌
β-内酰胺/β-内酰胺酶抑制剂	抑制细菌细胞壁的合成	阿莫西林/克拉维酸	阿莫西林/克拉维酸	
青霉素类		氨苄西林	青霉素 苯唑西林	
头孢菌素类		头孢噻呋 头孢他啶	头孢噻呋	
头霉素类			头孢西丁	
碳青霉烯类		美罗培南		
糖肽类			万古霉素	
多肽类	与细胞膜相互作用	多黏菌素		
大环内酯类	抑制或干扰细菌蛋白质合成		红霉素 替米考星	红霉素 阿奇霉素
噁唑烷酮类			利奈唑胺	
四环素类		四环素	多西环素	四环素
氨基糖苷类		庆大霉素 大观霉素 安普霉素	庆大霉素	庆大霉素
酰胺醇类		氟苯尼考	氟苯尼考	氟苯尼考
林可胺类			克林霉素	克林霉素
酮内酯类				泰利霉素
截短侧耳素类			泰妙菌素	
喹诺酮类	抑制或影响核酸代谢	恩诺沙星 氧氟沙星	恩诺沙星 氧氟沙星	萘啶酸 环丙沙星
磺胺类	影响叶酸合成	磺胺异噁唑 甲氧苄啶/磺胺异噁唑	磺胺异噁唑 甲氧苄啶/磺胺异噁唑	
喹噁啉类	其他	乙酰甲喹		

我国每年主要以农业农村部发布的《动物源细菌耐药性监测采样和检测技术要点》为依据开展动物源细菌耐药性监测工作。各监测机构从全国不同地区的养殖场或屠宰厂，以定点采样和随机采样相结合的方法，将采样前动物使用抗菌药物情况详细记录。各监测单位按照《动物源细菌耐药性监测计划》所规定的方法对目标菌群进行分离鉴定，通常采用微量肉汤稀释法测定动物源细菌对抗菌药物的最小抑菌浓度值（MIC）（张纯萍等，2017），基因水平的检测包括 PCR 鉴定和 DNA 测序等（李有志等，2019）。中国兽医药品监察所为各监测单位提供耐药性检测板，并要求各监测单位在检测前必须用质控菌株进行耐药性检测，以确保结果的可信性和过程的可控性。各耐药性监测单位将采样信息及耐药性检测结果录入动物源细菌耐药性数据库，依靠数据库的分析功能对结果进行处理汇总和数据溯源，提高数据分析的准确性和结果报告的规范性。

（三）监测网络的构建与发展

我国动物源细菌耐药性监测工作已经进行了十余年，细菌耐药监测工作的长期稳定发展为国家相关部门掌握我国抗菌药物使用和细菌耐药变化形势的实时动态、研究制定切合实际的管理政策和有效措施提供了科学依据。早在 20 世纪 90 年代，我国便开始对动物源性细菌耐药性进行研究。中国兽医药品监察所在 2000 年承担了"兽医临床常用抗菌药物耐药背景调查计划"课题，2001 年又继续承担了国家"十五"科技攻关计划"大肠杆菌、沙门菌耐药性测定和耐药谱系调查研究"课题。2005 年 8 月，卫生部正式发文成立了全国"抗菌药物临床应用监测网"（Center for Antibacterial Surveillance）和"细菌耐药监测网"（China Antimicrobial Resistance Surveillance System，CARSS）。此后，"两网"成为我国细菌耐药监测的基础网。2006 年，中国农业大学沈建忠带领细菌耐药性团队在国家"十一五"科技支撑计划"抗生素残留引起细菌耐药性安全评价技术研究"的资助下，调查了一些重点畜牧养殖区动物源性大肠杆菌、沙门菌、金黄色葡萄球菌、链球菌的耐药现状，探索耐药菌及其耐药基因传播扩散的分子机制。2007 年，国家投资建设了国家兽药安全评价实验室体系，农业部先后批准建立了 6 个国家级兽药耐药性监测实验室，分别是中国兽医药品监察所、中国动物卫生与流行病学中心、辽宁省兽药饲料畜产品质量安全检测中心、上海市兽药饲料检测所、广东省兽药饲料质量检验所和四川省兽药监察所，即最初的参与单位。该监测网络负责农业部每年发布《动物源细菌耐药性监测计划》的实施。自 2009 年起，中国兽医药品监察所开发建立动物源细菌耐药性监测数据库运行机制，实行电子版与纸质版检测报告并行上报的方式，实现了我国动物源细菌耐药性监测数据及时上报、网络共享，以及数据统计分析的同步化、标准化和系统化。此平台包含 2008 年至今万余株菌株的耐药性情况信息，可综合分析及预测细菌耐药性的未来发展趋势，从而对临床用药做出指导和调整。该数据库的设计原理是根据 B/S 体系构架，通过互联网实时传输监测数据，及时、准确地把握细菌耐药性变化趋势。2013～2015 年，又有 4 个单位的耐药性监测实验室加入，分别是中国动物疫病预防控制中心、河南省兽药饲料监察所、湖南省兽药饲料监察所和陕西省兽药监测所，构建了以国家实验室、区域实验室、省级实验室为主体，以高等院校、科研院所等实验室为补充的较为完善的动物源细菌耐药性监测网。截至 2022 年，统计数据显示，共有 23 个单位加入其中，针对动物源细菌耐药性监测的分工更细致、目标更明确，监测技术手段和细菌耐药性鉴定方法也在不断优化，从而使各承担单位能更高效、更合理、更严格地完成检测任务。

我国农业农村部已建立覆盖全国 30 个省（自治区、直辖市）的动物源细菌耐药性监测系统，并对 2018～2020 年全国兽用抗菌药物使用减量化行动试点的养殖场和定点监测养殖场进行监测。设立全国兽用抗菌药物应用监测中心和区域分中心，依托兽用抗菌药物生产经营企业、重点养殖企业等形成监测网络，覆盖不同领域、不同养殖方式、不同品种的养殖场（户）和有代表性的畜禽水产品流通市场，建立了兽医与卫生部门抗菌药物合理使用、细菌耐药性监控网络互联互通机制，实现了两者之间的信息资源共享。部分地区也积极推动本地区的基层监测网络构建，加快地区性动物源细菌耐药性监测实验室建设，扩大本地区动物源细菌耐药性的监测能力，在上海等地建立了城市级的动物源细菌耐药性监测实验室。

另外，我国逐渐完善了国家、省、市、县四级兽药残留监测体系，并建立了养殖场废弃兽药回收和无害化处理制度，实施兽用抗菌药物环境危害性评估工作。2017 年，为加强兽用抗菌药物管理，保障我国动物源性食品安全和公共卫生安全，根据《兽药管理条例》，农业部在全国兽药残留专家委员会的基础上，成立全国兽药残留与耐药性控制专家委员会。该委员会在农业部领导下，承担有关兽药残留、动物源细菌耐药性控制及兽用抗菌药物控制方面的技术支持工作。我国动物源细菌耐药性监测网络的持续强化加强了兽用抗菌药物的科学合理使用，推动了相关政策的不断调整。例如，中国农业大学发现停用多黏菌素作为养殖药物添加剂可遏制细菌耐药性的传播，这为停止多黏菌素作为动物生长促进剂的相关政策实施提供了数据支持和科学依据。

现阶段依据我国国情逐步建立并健全了国家兽用抗菌药物生产质量监控体系、兽用抗菌药物科学使用监管体系、兽用抗菌药物动物及动物产品残留监测体系、兽用抗菌药物环境残留监测体系，且取得了动物源细菌耐药性监测工作的长足进步，但仍存在不足之处，如尚未健全法律法规、监测网络不够发达、监测标准亟待完善、检测实力有待提升、未能充分利用大数据、监控环节困难重重等，监测体系的完善及控制耐药性传播等方面还有待进步。此外，尚未形成书面性的动物源细菌耐药性风险评估指南性文件，该领域的风险评估仍需进一步研究、落实。风险评估模型的建立将有助于形成针对性的政策并极大程度上实现对动物源细菌耐药性的监测，降低人类受环境耐药菌影响的风险。

三、存在的问题与思考

2014 年，WHO 发布的首份全球抗菌药物耐药性监测报告指出，如不立刻采取全球范围内的遏制耐药性行动，全世界即将进入普通感染也能够造成死亡的后抗生素时代。为此，世界卫生大会在 2015 年 5 月通过了一项抗微生物药物耐药性全球行动计划，概述了在"One Health"框架下多部门共同开展应对细菌耐药性的主要目标，并要求成员国尽快制定各自的国家行动计划。我国高度重视细菌耐药性问题，2016 年由国家卫生健康委等 14 部门联合发布了我国首个《遏制细菌耐药国家行动计划（2016—2020 年）》；2021 年我国颁布了《中华人民共和国生物安全法》，第一次将微生物耐药性上升为国家安全问题，其中"应对微生物耐药"成为八项主要内容之一。2022 年，国家卫生健康委在总结过去几年经验的基础上，联合 13 个部门再次印发了《遏制微生物耐药国家行动计划（2022—2025 年）》。上述行动计划均强调了基于"One Health"理念，涉及协调众多国际部门和组织，包括人类医学和兽医学、农业、财政、环境及充分知情的消费者。兽医学科是"One Health"理念下应对细菌耐药性问题的重要组成环节，面对日益严峻的动物源细菌耐药性形势，需要从事兽医学相关领域的科研、基层及政府工作者相互协作和科学谋划，以探寻有效的应对策略，共同应对动物源细菌耐药性问题。本节基于我国在畜禽养殖、抗菌药物使用，以及细菌耐药性产生、传播和控制中存在的问题，提出我国动物源细菌耐药性应对策略，以期为有效防控我国动物源细菌耐药性的发生发展提供思路。

（一）整体思路

耐药菌和耐药基因可通过食物链及环境在动物与人群间进行广泛传播，是重要的公共卫生安全问题，涉及动物、食品、环境、临床等多个领域，需要更新理念，建立具有统筹全局、立足长远、一体化思考的防控理念和战略规划。

1. "One Health" 理念下协同协作

"One Health" 是指针对人类、动物和环境卫生保健各个方面的一个跨学科协作和交流的全球拓展战略，由 Schwabe 等人于 20 世纪提出的 "One-Medicine" 概念发展而来，其初衷是倡导将人类、动物和传染病疾病监测联系到一起（Zinsstag et al.，2011），而后逐渐扩展为建立一种包括人类、动物和环境乃至生态系统的整体健康观。"One Health" 理念指出，人类卫生保健的提供者、公共卫生专业人员和兽医之间需要交叉协作，共同应对现有和新发传染病以及环境变化等重要挑战。当前，"One Health" 理念已成为全球各国应对新发传染病，尤其是人兽共患传染病等重要公共卫生问题所遵循的准则，受到多个国际组织、国家管理层和越来越多的国家专业团队青睐（Zinsstag et al.，2012）。2022 年 10 月，联合国粮食及农业组织（FAO）、联合国环境规划署（UNEP）、世界卫生组织（WHO）和世界动物卫生组织（OIE）共同发起一项新的 "One Health 联合行动计划"，第一次制定了基于 "One Health" 框架下的五年联合计划。"联合行动计划" 的重点是支持和扩大六个领域："One Health" 下的卫生协作、新发和再现的人兽共患病、地方性人兽共患病、被忽视的热带和病媒传播疾病、食品安全风险、抗菌药物耐药性和环境耐药性。"联合行动计划" 旨在创建一个框架来整合多方能力和资源，能够更好地预防、预测、检测和应对健康威胁。通过采用一种系统的方法，解决人类—动物—植物—环境层面上的关键健康挑战，以减少人类、动物、植物和环境所面临的健康威胁，并助力实现可持续发展及改善生态系统管理。

遏制抗菌药物耐药性大流行是 "联合行动计划" 的主要目标之一，其内容包括：采取联合行动，保护抗菌药物的有效性，确保可持续和公平地获取抗菌药物，以便在人、动物和植物健康方面谨慎科学使用；加强各国的能力和知识，以确定优先次序并实施针对具体情况的协作；加强全球和区域举措和方案，以影响和支持一项针对抗菌药物耐药性的卫生对策。"联合行动计划" 强调了跨部门、学科与区域的多方协作，以应对抗菌药物耐药性等问题。

在 "One Health" 理念下，制定符合各国国情的国家行动计划，并在此框架下整合多部门共同协作、整体规划，已成为遏制细菌耐药性的有效措施。当前，世界多个国家已通过上述方法的积极治理取得了突出的成效。

瑞典是全球最早运用 "One Health" 理念应对细菌耐药性问题的国家之一（刘跃华等，2019）。1995 年，瑞典实施了抗击细菌耐药性的国家行动计划——瑞典抗生素耐药性应对战略（STRAMA）。STRAMA 联合公共卫生、环境卫生等相关的政府部门以及社会团体，于 2012 年形成了完善的跨部门协作、多学科联合的细菌耐药性综合治理体系。其在机构设置上分为国家机构层面和地方机构层面，自上而下管理全国动物和人群的抗生素使用及细菌耐药问题。国家层面由国家政府相关部门组成，其主要职责是负责国家政策制定，分析全国抗菌药物的使用和耐药性监测数据，制定临床用药指南，指导地方开展细菌耐药性应对措施，协调部门间的信息交流等工作；地方层面由地方疾控部门、医生和基层传染病防控人员组成，负责所属区域抗菌药物使用监测，细化用药指南和科普宣传等。在 STRAMA 治理体系下，瑞典动物和人群的抗菌药物使用量及耐药性水平连年下降，是欧盟中耐药性防控形势最好的国家，被认为是欧洲最成功的典范之一（Molstad et al.，2008）。

　　1995 年，美国微生物学会（ASM）组建工作小组，建议针对抗菌药物耐药性问题采取监测措施。1996 年，美国农业部和疾病控制中心合作建立了美国国家抗菌药物耐药性监测系统（NARMS），以监测动物和人群肠道细菌对抗菌药物的敏感性。2013 年，美国疾病控制与预防中心发布了《抗菌药物耐药性威胁》报告，指出美国正面临细菌耐药性的威胁。2015 年，白宫发布了《遏制耐药菌国家行动计划》，正式将遏制细菌耐药性提升到国家战略高度。美国采取设立特别小组的形式，由美国卫生与公众服务部部长、农业部部长和国防部部长共同负责，美国国务院、司法部、退伍军人事务署、国土安全部、环境保护署、国际开发署、行政管理和预算局、国内政策委员会、国家安全委员会、科技政策办公室、国家科学基金会等部门作为联席主席参与制定"抗击耐药细菌五年国家行动计划"。

　　英国于 2000 年在国家层面建立了细菌耐药性专家咨询委员会，并于 2013 年公布了应对抗生素耐药性五年国家战略（2013—2018 年），同时从国家层面组建了跨部门高级督导小组（High-level Supervision Group，HLSG），构建了涉及公共卫生、动物保健、环境卫生等领域政府部门与团体的跨部门协作、多学科联合的细菌耐药性综合治理体系。HLSG 与私营部门和行业组织合作，负责发布关于细菌耐药性研究进展和产出年度报告，并制定下一年度工作计划。HLSG 的主要参与部门包括：英国卫生部，英国环境、食品和农村事务部，英国国家医疗服务体系，英国国家卫生和临床优化研究所，英国健康教育、药物及保健产品监管局等（刘跃华等，2018）。

　　从发达国家的治理经验来看，仅靠一个国家或部门几乎不可能解决细菌耐药问题，各国在面对细菌耐药问题的过程中均经历了由各部门独立应对逐步发展到"One Health"理念下的跨学科、多部门合作机制，并由国家组建高级别行动小组进行整体规划，形成了从动物到人群全链条覆盖的管理模式，取得了事半功倍的成效。此外，WHO、FAO、OIE 先后于 2015 年和 2016 年发布了抗微生物药物耐药性全球行动计划，并由联合国牵头成立了关于抗微生物药物耐药性问题的国际协调小组，旨在积极帮助成员国采取多部门和多学科对策制订国家行动计划。当前，多数发展中国家均制订了本国的耐药性国家治理计划，仅非洲地区就有超 20 个国家制订了应对细菌耐药性的国家行动计划。这充分表明基于"One Health"理念整合多部门的资源协同谋划、共同应对，是控制细菌耐药性蔓延，保障动物、环境和人类健康的最有效方法。

2. 联防联控，多措并举

　　在 WHO、FAO、WOAH 及其他合作伙伴的支持下，当前已有超过 100 个国家制订了多部门抗微生物药物耐药性国家行动计划。国家行动计划的核心策略之一是全链条布局以及多部门的联防联控与多措并举。例如，瑞典的 STRAMA 包含了公共卫生、动物保健、食品及环境等 25 个机构和组织的多学科交叉、跨部门合作体系，并制定了一系列综合防控措施：①瑞典国家制药公司负责抗菌药物使用监测，国家健康与福利局建立登记注册制度；②国家直接负责细菌耐药性变化趋势的监测，并与欧洲细菌耐药性监测网络、欧洲疾病预防控制中心和 WHO 耐药性监测系统资源共享；③传染病控制研究所与医疗产品局制定和推广临床用药指南；④医疗机构设定抗菌药物处方量上限；⑤政府与畜牧业团队合作，规范畜牧业中抗菌药物的使用；⑥国家向公众进行科普宣传等。

与瑞典的 STRAMA 不同的是，美国的特别小组工作的基本原则是法案可与相应法律合作，但法案不得影响相关人士或机构的行政权力，也不得为任何人士或机构提供便利与权力。小组开展的主要内容包括：①监测细菌耐药性趋势；②预测耐药菌的危害，快速响应耐药菌疫情的暴发；③与各部门展开合作；④成立耐药菌治理总统顾问委员会；⑤加强抗菌药物使用管控；⑥推广新型抗菌药物和诊疗方式；⑦加强国际合作等。

我国于 2016 年由国家卫生健康委等 14 部门联合发布了首个《遏制细菌耐药国家行动计划（2016—2020 年）》。该计划明确了 2016～2020 年国家在各环节领域遏制细菌耐药性的具体措施，同样强调了多部门多领域的协同谋划、共同应对。例如，发挥联防联控优势，履行部门职责；加大抗菌药物相关研发力度；加强抗菌药物供应保障管理；加强抗菌药物应用和耐药控制体系建设；完善抗菌药物应用和细菌耐药监测体系；提高专业人员细菌耐药防控能力；加强抗菌药物环境污染防治；广泛开展国际交流与合作等。然而，各部门在五年行动计划的实施过程中虽取得了较为突出的成果，但没有进行充分的沟通共享，多数情况下仍处于各自为战、独立应对的状态，多部门联防联控的全链条管理体系也未形成，与发达国家仍存在较大差距，这也是大多数发展中国家实施国家行动计划过程中面临的主要问题。

为积极应对微生物耐药带来的挑战，贯彻落实《中华人民共和国生物安全法》，在总结了先前应对耐药性问题的经验后，2022 年国家卫生健康委等 13 部门联合制定了《遏制微生物耐药国家行动计划（2022—2025 年）》（以下称《行动计划 2022—2025》）。《行动计划 2022—2025》肯定了前期国家在采取遏制耐药综合治理策略上取得的积极成效，也指出了目前仍面临的严峻形势，如部分常见微生物耐药问题仍在加剧、地区和机构之间耐药防控水平存在差异等。同第一个行动计划相比，《行动计划 2022—2025》具有更加明确的总体要求、能够量化的主要指标、具体可行的主要任务以及更为充分的保障措施。《行动计划 2022—2025》根据当前形势和问题形成了 8 项主要任务，并明确了每项任务的责任部门：一是坚持预防为主，降低感染发生率；二是加强公众健康教育，提高耐药认识水平；三是加强培养培训，提高专业人员防控能力；四是强化行业监管，合理应用抗微生物药物；五是完善监测评价体系，为科学决策提供依据；六是加强相关药物器械的供应保障；七是加强微生物耐药防控的科技研发；八是广泛开展国际交流与合作。值得关注的是，《行动计划 2022—2025》进一步强调了动物源细菌耐药性的重要性，并将控制动物源主要病原微生物耐药形势同控制人类病原微生物的耐药性放在了相同地位。此外，《行动计划 2022—2025》还重点要求加强组织领导和监测评估，建立完善应对微生物耐药有关部门间的协调联系机制。相信在实施过程中，我国将逐步构建起适合实际国情的细菌耐药性综合防控体系，进一步完善多部门联防联控的综合治理体系，真正实现"One Health"理念下的协同谋划、共同应对，以遏制细菌耐药性的蔓延。

（二）具体对策和建议

"One Health"理念强调在同一个框架或系统下跨领域、多部门的多方合作。当前大部分发展中国家仍面临流于表面或仅在口头上互相支持的现状，只有在政府的统一协调下，切实加强职能部门、科研领域、行业从业者及社会大众的共同合作与努力，才能从根本上把握细菌耐药面临的关键问题，建立细菌耐药性的综合防控体系。

动物作为耐药细菌和耐药基因的重要储库，是耐药细菌/基因在"动物、食品、环境和人群"链条内流通的重要组成部分。在动物源细菌耐药性防控过程中，不仅要坚持切实可行的细菌耐药性监测方法，更要深入落实细菌耐药性防控措施，同时在实践过程中把源头控制（抗菌药物的合理使用）、过程工艺（耐药性的削减技术）与末端保障（废弃物的深度处理）的多级屏障策略作为研究重点不断加以修正和完善，真正做到理论与实践相结合。我国动物源细菌耐药性防控工作起步较晚，现阶段可以从管理监控层面、科学研究层面、科普宣传和交流合作层面等对我国动物源细菌耐药性防控加以提高和发展。

1. 管理监控层面

目前，我国国家动物源细菌耐药性风险评估和防控体系仍不健全，国务院各政府部门联系不够紧密，兽用抗菌药物市场秩序尚需完善。此外，还存在抗菌药物使用不合理、从业人员科学用药意识薄弱、公众对细菌耐药性认知度较低等问题，上述原因均直接或间接推动了细菌耐药性的快速发展。要遏制动物源细菌耐药性发展，必须深入贯彻落实动物源细菌耐药性防控工作，即细化落实兽用抗菌药物监督管理、完善动物源细菌耐药性监测体系、加强兽用抗菌药物残留监控、加强相关从业人员培训等，以加强动物源细菌耐药性的防控能力。

1）成立多部门、多学科的联合工作小组

借鉴发达国家的成功经验，结合我国的基本国情，建议由政府牵头，基于"全链条设计、一体化部署"的理念，成立可统筹协调的细菌耐药性防控工作小组。工作小组应为涵盖农业、畜牧兽医、食品、环境、公共卫生、制药、医学临床等多领域，以及教育、科技、财政、信息、传媒、外交等多部门的独立机构。机构应成立由各部门领导人组成的常务理事会、各领域权威专家组成的顾问委员会，以及涵盖日常工作职能的工作委员会，负责政策计划制定、研究方向规划、数据监测收集、动态报告发布、国际交流合作、社会宣传教育等工作。通过工作组的统一领导与部署，协调各部门人力、物力和财力，打破信息孤岛，实现数据融合共享，建立跨领域和部门的合作机制，构建遏制细菌耐药性的综合防控体系。工作组应统筹协调各部门资源，部署"遏制细菌耐药国家行动计划"，制定里程碑式目标管理方式，在各领域建立长期、中期和短期目标，制定各领域的行动方案，纳入国家五年规划。其主要任务包括：①制定多层次抗菌药物使

用指南与法规；②建立兽用及人用抗生素生产、销售与使用的监测体系；③构建动物、食品及人群多位一体的兽药残留与细菌耐药性监测网络；④构建系统的细菌耐药性风险评估及预测预警体系；⑤加强细菌耐药性产生、传播和控制相关的基础与应用研究；⑥加强对环境污染的治理；⑦加强对社会公众的宣传与教育；⑧加强国际交流合作等。

2）细化落实兽用抗菌药物监督管理

抗菌药物使用与监管制度的不完善是造成抗菌药物滥用现象的主要原因。欧洲及其他发达国家很早就意识到抗菌药物过度使用带来的严重后果，近年来一直致力于兽用抗菌药物管理，并取得了不错的进展。在借鉴参考其他国家的抗菌药物管理政策时，需结合我国国情，开辟一条符合国情的兽用抗菌药物管理道路。

2015年7月，我国制定发布了《全国兽药（抗菌药）综合治理五年行动方案（2015—2019年）》，拟用5年时间对兽用抗菌药物残留和动物源细菌耐药问题进行综合治理，保障人类健康和动物食品安全，促进畜牧业健康可持续发展。2017年6月，农业农村部制定实施了《全国遏制动物源细菌耐药行动计划（2017—2020年）》。这是继2015年《全国兽药（抗菌药）综合治理五年行动方案》之后，又一项措施更具体、目标更明确、更具有针对性的兽用抗菌药物治理顶层设计。该计划明确了今后一个时期的行动目标、主要任务、技术路线和关键措施，着力推动实施促生长兽用抗菌药物逐步退出等六大行动。上述一系列管理规定的发布均旨在提高兽用抗菌药物的使用标准，控制抗生素的使用量。近几年国家采取的抗菌药物管理措施对兽用抗菌药物的使用约束已初见成效，并呈现转好的趋势，但对兽用抗菌药物的管理仍不能有一丝松懈，不断提高兽用抗菌药物科学管理水平是实现养殖业健康发展的必要条件。因此，我们仍要坚持以下几点：①加强政府干预，实施监管可溯源化，完善兽用抗菌药物购买登记制度，建立兽用抗菌药物监督管理档案，发现问题要求监督整改到位，做到监管有依据、可溯源、规范化，结合兽药残留和耐药性监测，构建生产、销售、使用、兽药残留及耐药性监测多位一体的监测网络，实现全流程过程化监管；②建立健全兽用抗菌药物管理的相关法律法规，确保有法可依、有法必依、执法必严和违法必究，加大对使用违禁抗菌药物等违法行为的处罚力度；③坚持对兽用抗菌药物实行分级管理，科学系统地评价抗生素类药物的治疗结果，不断优化抗菌药物管理计划；④依法精准用药、减少用药。建立规范用药、兽用处方药管理和休药期等兽药安全使用制度，做好真实完整的用药记录，详细记录用药的商品名称、通用名称、生产厂家、生产日期、有效期、休药期等（孙明等，2020），严格遵守《中华人民共和国动物防疫法》《兽药管理条例》《兽用抗菌药临床使用指南》《兽用处方药和非处方药管理办法》等法律法规规章等（王须亮，2020）；⑤持续加强兽药风险评估和安全再评价工作力度，严格禁用违规抗菌药物，逐步全面禁止抗菌药物用于饲料添加促生长剂，支持并鼓励新型兽药的研发、推广，努力研发抗菌药物替代品；⑥扩展宣传途径、加大公共教育，加强抗菌药物合理使用知识普及力度，特别是加强对农村地区及中西部地区的宣传力度；⑦扩大执业兽医队伍，推动畜禽养殖和兽药经营者配备执业兽医师，规范使用兽用处方药。

3）完善兽药残留和动物源细菌耐药性监测体系及风险评估体系

加强兽药残留与动物源细菌耐药监测与风险评估，可为制定评估耐药性的防控策略提供数据支撑。建立完善的兽药残留与动物源细菌耐药性监测网络，是获得耐药性基础数据的前提，也是耐药性风险评估以及防控的科学依据。

在兽药残留监控方面，欧美国家于20世纪70年代就开展了食品药物残留监控工作，已形成了非常完善的监控体系。而我国起步较晚，20世纪90年代，我国出口的动物性食品屡屡受阻，促使农业部和国家质检总局于1999年制定了《中华人民共和国动物及动物源食品中残留物质监控计划》（牛纪元，2009），每年由农业部下达监控任务，主要针对我国禁用兽药和常用兽药品种进行监测。但是，我国的兽药残留监控仍存在法律法规体系建设滞后、各部门协调机制不健全等问题。因此，应重点加强法律体系与标准体系建设，不断健全兽药残留监控体系。

在动物源细菌耐药性监测方面，2008年，我国由中国兽医药品监察所牵头组建了动物源细菌耐药性监测网络。与我国人医临床的CHINET、CARSS等系统相比，动物源细菌耐药性监测网络仍存在起步晚、监测体系和检测能力弱、许多地区微生物检测设备不齐全、专业技术人员缺乏等问题；同时，动物源细菌耐药性监测中还存在相关法规制度不完善、监测种类不全面、监测目标更新不及时、数据运用不充分、工作经费不充足等问题。未来应根据我国的基本国情，借鉴国内外成熟的耐药性监测系统，从以下几个方面进一步完善我国的动物源细菌耐药性监测网络：①明确我国动物源细菌耐药性监测和管理组织机构，建立健全的耐药性监测法规制度；落实管理与监测职能，提高相应的检测能力；②制定科学的监测计划，扩大监测网络，依托兽用抗菌药物生产经营企业、重点养殖企业等形成完善的监测网络，监测兽用抗菌药物临床应用种类、数量、流向等情况，分析变化趋势，加强各个监测网之间的数据共享，根据我国基本国情设定针对各地不同的监测计划等；③持续开展并做好动物源细菌的耐药性监测、耐药趋势的追踪和报告，正确运用检测结果，为兽医临床提供及时、准确的细菌耐药资料，以指导临床合理选择抗菌药物，控制耐药菌的扩散和传播。

值得注意的是，我国兽药残留监控与动物源细菌耐药性监测分属两个独立的监测网络，两个监测网在抽样时间、抽样对象等方面均无交集，导致无法得到完整的兽药残留-细菌耐药性监测链条，严重限制了后续风险评估工作的开展。而我国动物源细菌耐药性监测体系对耐药基因、细菌种类、抗菌药物监测领域划分不够全面，对监测目标的更新不够及时，因此我们应根据监控结果不断调整监控抗菌药物、细菌种类和监测动物，不断完善监控措施和推进监测工作。近年来，国内外均报道了大量新型耐药基因的出现，数量逐渐增加，如动物、食品和临床中新发现的可转移替加环素高水平耐药基因 $tet(X3)$ 和 $tet(X4)$。在监测细菌种类方面，我们应学习发达国家的细菌监测经验，增加耐药性监测的细菌类型，将致病菌和指示菌两大类纳入监测范畴。例如，丹麦抗菌药物耐药性监测国家系统将监测的细菌种类分为三类：人类病原菌和动物病原菌、人兽共患病原菌以及指示菌。在抗菌药物监测方面，每年应根据实际情况增加抗菌药物监测，保证耐药性监测与预警的及时性。例如，美国国家耐药性监测系统每年会根据具体调查情况及时调整监测抗菌药物种类。近年来，我国不断扩充需要监测的抗菌药物名单，在《2022年动物源细菌耐药性监测计划》中，我国对大肠杆菌、沙门菌和副猪嗜血杆菌等革兰氏阴性菌对氨苄西林、阿莫西林/克拉维酸、庆大霉素等16种抗菌药的耐药性进行了监测。

此外，应增加细菌耐药性监测采样动物及采样场地，完善采样途径以保证耐药性监测工作更加全面可靠。我国动物源细菌耐药性监测动物主要包含猪、牛、鸡，采样场地主要在养殖场，而发达国家的国家耐药性监测系统监测动物种类和采集场地更多。因此，未来在国家细菌耐药性防控工作小组的整体规划下，农业农村部应将现有的兽药残留监控体系与动物源细菌耐药性监测网络进行内部数据对接，同时协调与对接食品、临床等全国性细菌耐药性监测网络，并在监测数据的广度、精度与深度上继续完善。例如，在广度上扩大监测范围，将伴侣动物、水产、动物养殖以及相关环境的兽药残留与耐药性纳入监测范围，结合食品与临床的监测数据形成地区内/间的完整监测链条；在精度上加强兽药残留与细菌耐药性检测技术体系和外部质量保证体系建设，保障数据的可靠性；在深度上加强耐药数据库的建设，提高数据的分析与应用能力，以达到全流程的标准化操作、统一化管理、可视化发布。

在强化兽药残留与动物源细菌耐药监测的同时，还要加强对兽用抗菌药物及细菌耐药性的风险评估。兽用抗菌药物的风险评估可以通过科学的评估方法，有效地鉴别药物对动物及人类健康产生危害的因素，帮助相关部门更好地预防耐药性的产生。而耐药性风险评估有助于为抗菌药物耐药性给人类和动物带来的潜在健康安全隐患监管决策提供信息（Claycamp and Hooberman，2004）。缺乏耐药风险评估程序时，由于无法有效预测药物产生的耐药性风险，可能会导致耐药性的产生与广泛传播，给人类和动物健康造成不利影响。科学的风险评估可以帮助我们找出污染的风险所在。

目前我国动物源耐药性的风险评估手段还处于起步阶段，现有的耐药性风险评估手段仍存在一些问题。①风险评估对象范围小。目前耐药性风险评估范围仍围绕食品动物开展，未来应扩大范围至伴侣动物及野生动物（Grein，2012）。②风险评估中存在不确定性和可变性。可变性涉及的是实数分布，不确定性是定量风险评估和政策分析的重要组成部分。对于危险的识别，需要考虑包括微生物群落、基因组和耐药转移在内更广的因素（Lathers，2002）。更重要的是，由于当前风险评估模型的不足、数据的缺乏以及耐药基因在环境中分布的复杂性，难以建立有效的模型来应用于环境风险评估（吴聪明和沈建忠，2018）。

随着我国养殖业的快速发展，抗菌药物的大量使用将使我国动物源性细菌耐药性形势愈加严峻，对抗菌药物和细菌耐药的风险评估可以作为一种科学工具用于评估暴露水平，以及对人类健康造成的潜在风险。完善我国抗菌药物和细菌耐药风险评估模型，有助于科学调查我国食品及动物养殖业的相关风险，为制定耐药性控制策略提供科学依据。因此，未来我国应在以下几个方面完善兽用抗菌药物及细菌耐药性的风险评估体系：①掌握完整的风险分析技术与方法，参照国际组织相关指南，制定适合我国国情的兽用抗菌药物耐药性风险评估规程；②加强多部门之间的协作研究，确定人体暴露于动物源耐药菌/耐药基因的生物学途径并评估其发生概率，促进耐药性风险评估的全面开展；③构建适合不同地区、动物及环境的风险评估模型，完善风险评估体系的建设；④加强数学、生物统计学、微生物学、畜牧学、兽医学、公共卫生学、化学等跨学科领域人才的培养等。

4）提高饲养管理水平

随着社会的进步和发展，人们对肉、蛋、奶和水产品的需求量剧增。虽然现代科技在动物养殖领域的快速发展使生产力大幅度提升，但传统养殖模式在我国的动物养殖领域仍占据较大的比重。传统养殖模式生产效率低下，不仅影响畜牧产品的质量安全，导致动物疾病频频发生（吴聪明和沈建忠，2018），还会对生态环境造成严重破坏，不利于社会经济的发展（路延豪，2020）。而现代化养殖模式具有生产效率高、产品质量好、经济效益大、环境污染小等优点，是未来现代化农业发展的必然趋势。因此，加快养殖模式的转型升级，发展绿色、健康、智能的现代化养殖模式，是提高动物养殖和管理水平的必要条件。而要实现这一目标，应着力于以下几点的研究与应用。

（1）构建养殖场生物安全综合防控体系。

2018 年的非洲猪瘟疫情使我们认识到生物安全的重要性，生物安全是以保持并改善动物健康水平为重点、防止引入新病原和阻止病原传播与扩散的重要举措，是疫病防控的第一道防线。控制疾病的关键是控制疾病发生的三要素，即传染源、传播途径和易感动物。当前，许多养殖场为追求利益最大化，普遍存在饲养密度过大、布局不合理、饲养管理不科学、卫生消毒不彻底、防疫措施不到位等问题，为疫病的传播与流行创造了条件。因此，做好养殖场的生物安全防控是消灭传染源、切断传播途径的最有效措施。构建养殖场的生物安全综合防控体系，是提高饲养管理水平的最有效方法，具体措施包括：①科学的养殖场选址与布局；②加强人员管理；③开展科学的免疫工作；④强化清洁消毒；⑤健全疫病监测与检疫系统；⑥科学饲养动物；⑦正确科学用药等。

（2）发展适度规模化、集团化养殖模式。

加强对规模化养殖场的管理和约束，因地制宜发展规模化养殖，引导养殖场的升级和转型，适度扩大养殖规模，提升标准化养殖水平，规范养殖场的管理，减少抗菌药物使用。对农村个体养殖户，推进散养户与农村养殖专业合作社及大型养殖企业的合作发展（毛志忠，2020），鼓励其以技术、品牌、资本和人工为枢纽，开展全方位的合作经营，推动制定标准饲养管理规范，提高散养户可持续发展意识。对大型集团化企业，建立集研发、生产、加工、运输、销售、服务于一体的全产业链系统，通过对产品质量进行全程控制，实现食品安全可追溯，实现"从农田到餐桌"的全产业链贯通。

（3）注重提质增效，提倡绿色、生态养殖。

推行绿色养殖和生态养殖模式，改善养殖环境，减少疾病侵害。以生态循环、质量安全、集约高效、节能减排为导向，集成和示范推广一批用药量少、质量可控、操作简便、适宜推广的用药减量技术模式，示范推广先进养殖模式，提升养殖业的提质增效、防病减抗水平。

（4）重视科技创新，提升养殖自动化、智能化水平。

大型养殖场的机械化水平较高，能够很好地应用自动化生产、粪污处理和工程防疫设备，但中小养殖场的机械化水平较低，多数仍以传统养殖模式进行生产。推进我国主要畜禽品种养殖加快向规模化、标准化发展，意味着对机械化的高度依赖，迫切需要设施装备支持。2020 年年初，农业农村部印发了《关于加快畜牧业机械化发展的意见》，提出推动畜牧机械装备科技创新，推进主要畜种规模化养殖全程机械化，加强绿色高效新装备新技术示范推广，推进机械化信息化融合。因此，应加快推进养殖业的自动化和智能化升级，如建立基于 5G 的数字化智能牧场、开展远程诊断与智能健康评估等，均是推动养殖场转型升级的可行方案，也是提升我国畜牧渔业综合生产能力的必然选择。

2. 科学研究层面

1）加强基础研究

控制细菌耐药性蔓延的关键是探明耐药性的产生和传播规律。加强动物源细菌耐药性的基础研究可为耐药性风险评估提供数据支撑，为耐药性的防控策略提供科学依据。此外，还需提高新型抗菌药物的发现水平，发掘新骨架、新靶点的抗菌药物，加强合理用药的技术指导并深入挖掘耐药菌/基因在环境中的迁移机制。发掘新骨架、新靶点的抗菌药物可以增加临床上抗菌药物的使用轮换频率，减少细菌长期暴露于同一类抗菌药物的风险，从而降低耐药性的产生概率。在开发新型抗菌药物的同时，提高现有抗菌药物的使用效率不仅能节省成本，而且安全高效。还可以通过筛选新型抗菌药物增效剂，提高现有抗菌药物的使用效率，恢复耐药细菌对抗菌药物的敏感性，降低现有抗菌药物使用剂量，也是预防和控制耐药细菌发展的重要策略。

（1）加强动物源细菌耐药性产生机制的研究。

研究表明，在抗菌药物使用不久之后便会出现相应的耐药细菌（Maclean and SanMillan，2019）。随着科学技术及研究手段的不断进步，我们已经发现和阐明了多种重要的耐药机制，如对碳青霉烯类、多黏菌素类、替加环素类及噁唑烷酮类的耐药机制等。然而，细菌耐药性形成机制复杂多样，在人和动物源细菌中仍有许多未知的耐药机制亟待我们发现阐明。因此，我们应加强动物源细菌耐药性监测，紧密关注动物源细菌中新型耐药机制的出现；重点关注动物病原菌、人兽共患病原菌及指示菌等对兽用常用抗菌药物以及人医临床上重要抗菌药物的药物耐药性变化趋势，阐明动物源细菌耐受与持留的形成机制，探明新型耐药机制与调控机制。此外，还应着重研究细菌通过靶向改变、酶活性改变、外排能力增加等方式改变细菌耐药性特性；研究细菌多重耐药的形成机制，重点研究多重耐药基因岛和杂合耐药质粒的形成机制，以及与宿主的互作机制；研究细菌获得耐药机制后，对其他药物交叉耐药及交替敏感机制等。

（2）系统开展动物源细菌耐药性的传播规律研究。

在全球化背景下，耐药细菌随着人和货物等媒介在各地频繁地交流，人类和动物都面临着严重的全球耐药性危机。动物肠道和养殖环境已成为耐药细菌/耐药基因的重要储库。在单一生态位（动物肠道、水环境、土壤环境等）中，耐药细菌除通过垂直克隆传播外，更多情况下是通过质粒、移动元件等方式在细菌种内和种间进行水平转移。这类传播途径十分复杂，其在动物肠道内跨宿主、在环境中跨介质的传播机制尚不明确。复杂生态位中，耐药菌/耐药基因可沿食物生产链（包括鸡肉、水产产业链等）传播至人群，并受人为因素的影响。数据显示，人体病原 60% 以上来源于动物，每 5 例耐药细菌感染中就有 1 例来源于食品和动物，凸显了耐药细菌/耐药基因在链条中传递的危害，但具体的传播机制及驱动传播的因素仍未知。同时，由于缺乏科学系统的分子流行病学研究，我国目前对细菌耐药性传播规律的研究不深入，对细菌耐药的危害评估不足，且没有公开发表的权威数据能够全面揭示细菌耐药对我国公共健康和经济增长的具体危害，因此难以准确评估耐药致病菌引发的疾病和经济负担，使得政策制定缺少可靠的证据支持。因此，应加强对动物源细菌耐药性的分子流行病学和耐药机制研究，特别是应掌握我国动物、动物性食品、环境中耐药菌和耐药基因的时空分布特征、传播途径及方式、迁移规律及其影响因素，在此基础上开展耐药性风险评估，为制定防控策略提供科学依据，为开发养殖领域新型耐药性控制技术提供思路。

（3）发掘新骨架、新靶点的抗菌药物。

加强新药研发力度、创新开发策略以研发新型抗菌药物，是解决细菌耐药性问题的首要方法，同时也将为动物和人类疾病提供突破性的治疗方案，带来巨大的经济效益和社会效益。我国于 2016 年发布的《遏制细菌耐药国家行动计划（2016—2020 年）》中指出，明确指出要支持新型抗感染药物研发，特别是具有不同作用机制与分子结构的创新药物研发。"十三五"期间，我国在"重大新药创制"国家科技重大专项、国家重点研发计划"食品安全关键技术研发""中医药现代化研究"重点专项、国家自然科学基金等国家科技计划中，对抗菌药物相关领域的研发和研究给予了持续支持。《行动计划 2022—2025》也将研发上市全新抗微生物药物列为 2025 年前需要完成的主要量化指标之一。同时，推动新型抗微生物药物、诊断工具、疫苗、抗微生物药物替代品等研发与转化应用也是行动计划中的主要任务。

研发新型抗菌药物，最关键的是探索药物新靶点。传统小分子抗菌药物的作用靶标通常基于细菌生长繁殖过程中的重要生命过程，因而细菌极易进化，产生作用靶标的突变进而出现耐药性。因此，开发不易产生耐药性的新型抗菌药物成为学界探索的一个重要方向。随着生命科学和生物技术的不断发展，抗菌药物的研发模式正在发生变革。除了传统新药研发策略外，一些新型抗菌药物和治疗方式呈现出强劲的发展态势，也应成为兽医领域应对动物源细菌耐药性的重要研究方向，如阻断细菌侵袭（毒力）因子的新药、抗体-抗菌药物偶联的新药、纳米剂型的新抗菌药物、合成生物学与新型抗生素（治疗方式）的发现、基因挖掘出的新抗生素以及新型化学合成思路的新抗菌药物等。未来我们应继续拓展药源分子库，建立全基因组及宿主导向的人工智能筛选天然抗菌活性分子挖掘技术；从抗菌靶点出发，绕开现有抗菌药物已知的靶点，针对动物源耐药菌特有靶点，开展耐药病原菌中新靶点介导的分子抗菌机制研究，确证潜在靶点的核心物质基础和作用机制，开发具有新型抗菌靶点的化合物，创制新型兽用抗菌药物。

目前正在进行临床前研究的具有直接抗菌作用的小分子化合物中，有 72%的化合物作用于新靶点，仅 19%作用于旧靶点，研发作用新靶点化合物占据主流市场（Ding et al.，2019）。我国对于新型抗菌化合物，特别是作用新靶点化合物的开发处于严重落后状态。发现新的抗菌靶点并设计新型抗菌药物、进一步阐明潜在抗菌机制，是亟待研究和解决的重大科学问题。但是，目前基于新靶点的药物分子设计技术尚不成熟，如何利用人工智能高效筛选的优势以及利用应用组学大数据快速设计出新型抗菌药物均亟待突破。此外，目前新型抗菌药物来源比较单一，如何高效发现更多来源的抗菌药物亦是亟待解决的关键科学问题。我国自主研发的新型短肽广谱抗菌增效剂 SLAP-S25，通过选择性作用于细菌质膜上的磷脂酰甘油（PG），可增效多类临床常用抗菌药物，填补我国兽药临床新靶点创制的空缺，为新靶点研发提供思路和启示。

（4）研发兽药新剂型/新工艺。

我国兽药产业起步较晚，药物剂型研发水平及制备技术较为落后，且兽药制剂以粉剂、散剂及预混剂等常规剂型为主。以纳米制剂、微囊化剂型等为代表的新型高效靶向给药系统、载体给药系统及缓控释给药系统等，可显著提高各类兽用抗菌药物和中药抗菌药物的给药水平，降低抗菌药物的使用量，具有提高药物靶向性、增加药物体内稳定性、提高药物疗效、降低药物毒性、降低化学药物使用量等优点，是目前兽药新剂型/新工艺的发展方向，也有望成为对抗当前严重细菌耐药性的重要手段。以纳米制剂为例，原有兽药经纳米化处理后，其靶向性、溶解性和缓释性明显提高，在保证药效的前提下其给药剂量大大减少，从而可明显减小或避免药物残留及耐药性的产生。除了药物的纳米化，微囊化同样能有效提高药物的稳定性、靶向性及有效性，从而避免细菌耐药性的产生。当前，中药抗菌制剂通常以散剂、丸剂、粉剂、汤剂等原始剂型居多，在使用和药效方面具有较大的局限性。将中兽药微囊化，不仅可有效保护中药活性成分，提高产品保存、运输和使用过程中的稳定性，还可以通过缓释及控释，提高药物的靶向性和有效性。微囊化技术在中兽药领域的应用能有效解决传统中兽药的诸多局限性，被认为是我国中兽药发展的重要方向。

然而，目前新剂型/新工艺还存在诸多技术难点，例如，微囊化剂型的成囊工艺复杂，难以获得粒径分布均匀、囊形饱满、包封率稳定的药物微囊，导致微囊载药率不高。此外，微囊靶位释药速率不易掌控，难以建立相应质量监控指标及评价方法。因此，加强兽药新剂型/新工艺、给药新方案的研发力度，逐一解决兽药新剂型/新工艺的技术难点，发展兽药新剂型/新工艺，提升给药水平，是对抗当前严重细菌耐药性的重要手段。

2）优化兽药给药方案

相对于兽药新剂型/新工艺，优化现有抗菌药物的给药方案，通过减少药物毒性，降低各类抗生素的使用量，提升抗菌药物的疗效，进而降低细菌耐药性的产生更为重要。理想的用药方案既能达到最佳抗菌效果，又能最大限度地抑制耐药菌株出现。目前，联合用药技术可从多个方向开展探索。①抗菌药物联合抗菌药物：可根据耐药突变选择窗理论，优化不同药物的最佳联合给药方案，降低单一药物的突变选择窗，减少细菌耐药性的产生。有研究报道，环丙沙星、左氧沙星、氨苄西林及卡那霉素联合使用治疗猪沙门菌感染时，各单一药物的突变选择窗可以被大大缩小，甚至关闭，有效避免了细菌耐药性的产生（李淑梅等，2013）；此外，通过提升某种药物的浓度也可实现联合用药效果，如革兰氏阴性菌致密的外膜组织是阻止各类革兰氏阳性菌抗菌药物进入细胞内部发挥作用的关键，而多黏菌素对革兰氏阴性菌细胞外膜的破坏使得各类革兰氏阳性菌抗菌药物能够进入细胞内部，进而发挥抑菌/杀菌作用。因此，多黏菌素和各类革兰氏阳性菌抗菌剂的联用可有效抑制多黏菌素耐药革兰氏阴性菌（Stokes et al.，2017）。②小分子化合物联合抗菌药物：通过研究各类抗菌药物的不同作用靶点，筛选联合药物作用于细菌生命过程中的不同环节，以实现抗菌药物的协同增效作用。③中兽药联合抗菌药物：

筛选与现有抗菌药物联合使用时具有协同作用的中兽药或其他兽药，也是当前优化现有抗菌药物给药方案的重要研究方向。有研究报道，中药百里香酚与新霉素的联合使用可显著协同抑制嗜水气单胞菌这类水生动物常见致病菌（任亚林，2020），有效降低了单一抗菌药物的使用量及其在水环境中的残留量，避免细菌耐药性的产生。

3）开发减抗替抗技术及产品

相对新型（兽用）抗菌药物研发所需要的技术、时间和资金投入，开发中药抗菌剂、微生态制剂、噬菌体与噬菌体溶解酶、抗菌肽、疫苗与免疫刺激剂、饲用酶制剂、酸化剂、饲用多糖和寡糖、饲用生物活性肽、饲用有机微量元素等各类替抗产品，具有生产周期短、开发成本低、抗菌效果优良的特点，有广阔的发展前景。理想的替抗产品应具备无毒副作用、易被机体清除、无环境残留、不产生耐药性、饲料中稳定、消化道内稳定、对动物适口性无不良影响、不破坏肠道正常菌群、杀灭致病菌、提高动物抗病力、改善饲料转化效率、促进动物生长等特征，这也是目前开发各类替抗产品所追求的目标。然而，各类替抗产品仍存在各种缺点，需要进一步加强研究。以下是针对各类替抗产品提出的改善建议。①中药抗菌剂的研究可以运用生物信息学等新技术扩大中药单体的筛选范围；针对中药中的未知成分与复方药剂的相互作用开展研究；进一步优化中药提取方式，增强抑菌效果；开展动物体内试验以验证中药实际的体内抑菌作用等。②饲用微生物研究可聚焦于菌株进入肠道的定植效果，培育优势菌种；改进生产工艺，优化菌株保藏手段，提高活菌存活率；研究饲用微生物耐药性问题，加强饲用微生物的耐药性风险评估，防止活菌制剂本身造成的耐药性污染。③噬菌体与噬菌体溶解酶研究应进一步完善其安全性评价，尤其是揭示免疫系统对噬菌体的应答反应，探明噬菌体能否感染机体正常细胞、在裂解宿主菌时是否会释放大量内毒素以及释放的内毒素对机体的影响、是否会导致内毒血症等科学问题；研究杀菌谱更广的噬菌体鸡尾酒制剂，克服噬菌体高特异性的问题；制定正确的噬菌体制剂给药剂量、给药方式和给药时间，达到杀菌效果的同时，避免噬菌体抗性的产生。④抗菌肽研究需致力于优化分离纯化或化学合成方法以降低生产成本；开展生物安全评估检测，以验证其安全性与活性问题。⑤疫苗与免疫刺激剂研究需特异性针对多重耐药细菌。⑥饲用酶制剂研究应关注酶活性的维持及合理混饲方法。⑦酸化剂研究应注意消除其与饲料中其他成分的相互影响。⑧饲用多糖和寡糖研究应探明不同糖类组合方式的营养特性及其对动物肠道微生态环境的影响机理。⑨饲用生物活性肽研究应进一步发掘新型活性肽，阐明免疫活性肽构效关系，完善免疫活性肽的制备技术。⑩饲用有机微量元素研究应进一步改进生产工艺、降低产品价格等。

4）开发病原菌及其耐药性检测技术

应用准确率高、灵敏度好、特异性强的细菌耐药性检测技术是开展细菌耐药性基础与应用研究，以及细菌耐药性监测的前提。《行动计划2022—2025》明确鼓励研发耐药菌感染快速诊断设备和试剂，支持开发价廉、易推广的药物浓度监测技术，并将"研发新型微生物诊断仪器设备和试剂5-10项"列为2025年需完成的主要指标之一。耐药性检测技术的主要对象为耐药细菌与耐药基因，其最终目的是获取细菌的种属及其对药物的敏感情况，以指导临床用药。国标法是最传统的检测方法，虽然可确保准确率，但存在步骤烦琐、耗时长、严重依赖实验室仪器与设备等缺陷。当前，已有基于微流控、分子技术、免疫层析技术、比色法、成像法、比浊法、MALDI-TOF 质谱、流式细胞术、化学发光和生物发光、微流体和细菌裂解等原理建立的多种细菌耐药性检测技术，各种方法均具有商业化广泛应用的前景，但多数方法仍存在普适性差、成本高、依赖设备仪器、产业化困难及无法快速检测等缺点。未来应继续补齐现有检测技术的短板，鼓励尝试运用新原理、新方法探索细菌耐药性检测技术；同时对于先进、成熟的检测技术，应尽快制定相应的国家标准以用于细菌耐药性研究与监测。

此外，在某些特定场景，如兽医或人医临床上发生急性细菌感染需要尽快采取抗菌药物治疗时，若采用常规的耐药性检测手段可能会错过最佳的治疗时机，严重影响治疗效果。因此，细菌耐药性快速检测技术也成为当前研究的热点。然而，由于细菌菌属及耐药机制的复杂性，细菌耐药性快速检测技术一直是全球面临的一大技术难题。其技术难点主要在于目标菌株的识别、提纯、培养与鉴定，上文提到的检测方法均不能达到快速检测的要求。因此，未来在研发耐药性快速检测技术的过程中，应探寻能加速或略过菌株培养环节的方法，如纳米孔单分子测序技术，快速、直接地获取样本的全基因序列，而后通过数据分析获悉可能的感染致病菌及相关的耐药基因，大大提高疾病的诊断治疗效率，具有一定的应用前景（任亚林，2020）。未来国家应进一步鼓励对耐药性快速检测技术原创性的探索研究，创新快速检测技术方法并优化细节、降低成本，以实现商业化的广泛应用。

3. 科普宣传和交流合作层面

做好动物源细菌耐药性教育与宣传工作，开展动物源细菌耐药性防控国际合作与交流，有利于提高社会对细菌耐药性的认知与重视程度，从而更好地遏制细菌耐药性的蔓延。

1）加强从业人员教育与培训

农业农村部《全国遏制动物源细菌耐药行动计划（2017—2020 年）》明确提出实施"宣教行动"，强化兽医等从业人员教育，将兽用抗菌药物使用规范纳入新型职业农民培育项目课程体系，鼓励有条件的大中专院校开设抗菌药物合理使用相关课程，加强从业人员科学合理用药培训等。因此，开展动物源细菌耐药性相关培训和再教育、提升从业人员业务水平，可从以下三个方面开展工作。

（1）加强一线兽医人才的培养。

我国是养殖大国，生猪、家禽、水产品等饲养量均为世界第一，但一线兽医的缺口十分巨大，且收入水平与社会地位仍然处于较低水平，使很多有志于此的人望而却步。一线兽医是参与动物疫病防控、保障动物及人类健康的中坚力量，因此国家需要加强对兽医学科的宣传，重视一线兽医人才的培养。农业农村部《执业兽医管理办法》和《乡村兽医管理办法》指出，需借助并完善已建立的全国兽医人员培训体系，设置并加强动物源细菌耐药性相关的培训和再教育内容。通过业务知识培训，提高兽医疾病防治及安全用药业务水平；定期开展法律法规培训，解读兽医和兽药相关政策法规，普及《中华人民共和国动物防疫法》《中华人民共和国生物安全法》《中华人民共和国畜牧法》《兽药管理条例》及地方相关管理法规，提高兽医应对耐药性问题的意识。在具体措施上，可参考以下几点：①从制度建设上进一步拓宽执业兽医的从业渠道，提升兽医行业收入和地位，提高执业兽医资格证书的"含金量"，激发兽医服务队伍的活力；②加大对基层兽医学习的支持，或建立一个可供全国兽医诊疗人员交流和学习的平台，或安排农村的基层兽医到城市的动物诊疗机构学习和交流，让他们了解到世界兽医诊疗行业的最新动态，了解最新的疾病与相关的治疗方法；③加强对基层兽医的专业诊疗培训，邀请动物疾病防治领域专业人士开展讲座，使其在交流与讨论中提升疾病防治技能。在动物疾病严重时，请专业人士到现场进行病情诊断与治疗，使基层兽医在交流与实践中将理论知识与实践相结合，通过反思、改进和经验积累建立起自己的治疗体系，从而提升专业技能（徐光辉，2018）。

（2）加强新式养殖人才培养。

提升养殖业一线饲养管理人员养殖技能和养殖业管理人员管理水平，采用合理、科学的养殖方法，从源头上有效减少抗菌药物的使用，遏制耐药性的产生与传播。国家应加强对新式养殖人才的培养，注重培养养殖能手和科学养殖带头人，通过养殖能手的经验，带动周边地区动物养殖产业技术革新。在细菌耐药性方面，着重培训养殖人员配合全国兽用抗菌药物使用减量化行动，加快实施养殖业减抗、替抗、无抗战略，减少动物预防和治疗过程抗菌药物的用量；严格执行农业农村部第 194 号和第 246 号公告，降低养殖环境抗菌药物残留量，防控动物源细菌耐药性产生等。

（3）加强兽医学等相关专业的人才培养。

兽医专业是农业院校的传统专业，一直以来为我国畜牧业的发展培养了大批专业人才。随着时代的发展，现代兽医学范畴也在不断拓展，人兽共患病、细菌耐药性、动物源性食品安全等问题均是当前面临的严峻挑战，而解决这些重要的公共卫生问题不仅需要掌握传统的兽医学专业知识，还要具有一定的数学、统计学、物理学、化学、分子生物学、生物信息学等专业背景。未来国家应当注重培养具有综合素质的高等兽医人才。在细菌耐药性领域，可加强对动物药学等相关专业学生培养，鼓励有条件的院校开设抗微生物药物合理使用相关课程，针对我国耐药性风险评估、兽医流行病学等薄弱环节，重点培养跨学科领域的专业人才。

2）加强公众科普与宣传

提高公众对细菌耐药性的认知是防控细菌耐药性的有力保障。2015 年，WHO 将每年 11 月的第三周定为"世界提高抗微生物药物认识周"，其目标是提高全球对抗菌药物耐药问题的认识，避免细菌耐药性问题的继续发生和扩大。虽然每年 WHO 等国际组织以及我国政府均开展了不同规模的科普宣传活动，但相较于艾滋病等重大疫病，细菌耐药性仍因为其隐蔽性而不受人们重视。因此，对于细菌耐药性的科普与宣传，应探索出适合细菌耐药性本身特点的宣传形式，达到增强公众对抗菌药物科学使用的理念和意识，提高全社会对细菌耐药性的认知水平。

在宣传内容上，可由浅及深，充分突出细菌耐药性的广泛传播性、隐蔽性、复杂性及严重性等特征；突出滥用抗菌药物对细菌耐药性形成与传播的促进作用，突出细菌耐药性在动物、食品、环境、人群以及整个生态环境中潜移默化的传播能力，突出细菌耐药性可导致临床治疗失败的后果等。在宣传力度上，在国家和地方两个层面全面扩大细菌耐药性的科普宣传。在国家层面，政府可充分利用国家科普体系和多种宣传媒介，包括广播、电视等传统媒体和互联网、微博、微信、短视频等新媒体，普及耐药性的危害和合理用药的知识；创新科普和宣传方式，提高趣味性，避免流于形式；接轨国际科普活动，与 WHO 同步开展"世界提高抗微生物药物认识周"活动；立足长远，开展中小学抗菌药物合理用药与细菌耐药科普教育与宣传活动，从小树立抗菌药物合理应用的观念。在地方层面，可将耐药性宣传科普纳入地方疾病预防控制中心的年度任务，将科普宣传深入社区基层，在立足科学性的基础上，广泛深入地开展群众性、社会性、经常性的科普活动。例如，将合理应用抗菌药物与社会主义新农村建设和文化、科技、卫生"三下乡"等支农惠农活动相结合，持续举办"科学使用兽用抗菌药物"百千万接力公益行动等。

3）加强国际合作与交流

2015～2016 年，WHO、FAO、OIE 等国际组织相继发布了共同遏制细菌耐药的全球行动计划，指出解决耐药性问题需基于"One Health"理念，采取全球行动、共同应对。积极开展国际间的合作交流，有利于共享与吸纳不同国家和地区的成果及教训，学习成功的经验以进一步提高与完善自身的耐药性防控水平。

（1）积极开展国际科学研究合作交流。

针对遏制细菌耐药的关键科技问题，结合中国科技发展的特点和优势，以联合举办国际会议、共同开展临床研究、联合研发、技术推广、人才培养、共建实验室或研究机构等方式继续推进中美、中英、中澳等国家的双边和多边科技合作；积极参与包括 WHO、FAO、WOAH 等国际组织开展的相关工作，提高我国在细菌耐药性研究领域的国际地位。

（2）建立国家战略合作发展模式。

细菌耐药性防控涉及国计民生，是亟待解决的全球性问题之一，因此建立国际合作发展模式至关重要。目前，我国已经建立了多种细菌耐药性交流与研究的国际合作发展模式。①开展"一带一路"共建国家卫生领域高层互访，推动与"一带一路"共建国家特别是周边国家签署卫生合作协议。目前已在传染病防控、能力建设与人才培养、传统医药等八大重点领域与"一带一路"共建国家开展了 38 项重点项目。②参加二十国集团 G20 卫生部长会议，同各国加强卫生健康政策交流和信息共享，推动创新研发合作，促进健康服务公平，推动实现健康相关的 2030 年可持续发展目标。2016 年在《G20 杭州峰会公报》中首次将细菌耐药性纳入卫生议题，2017 年《G20 卫生部长柏林宣言》提出要关注全球卫生挑战、强化卫生体系、抗菌药物耐药性等重要议题，加强抗生素耐药性的研究，并加强成员国之间的信息沟通。③通过金砖国家抗微生物耐药合作交流平台，加强金砖国家间对微生物耐药方面的科技创新与开放合作。2017 年 7 月，第 7 届金砖国家卫生部长会暨传统医药高级别会议通过了《天津公报》，公报指出，各国要认识到细菌耐药性问题会严重威胁公共健康和经济增长。④开展中国-中东欧国家卫生合作，与中东欧国家共同发布了《第四届中国-中东欧国家卫生部长论坛索非亚宣言》，以进一步推动中国-中东欧国家关于抗菌药物耐药性传播及新型耐药病原体等领域的卫生合作。⑤同 WHO、FAO 和 OIE 及其他合作伙伴建立了关于抗微生物药物耐药性问题的国际协调小组，积极帮助成员国，采取多部门和多学科对策，以监测和研究为参考，通过强有力治理加以协调，加强其管理粮食和农业部门抗微生物药物耐药性风险的能力。未来我国要继续加强与拓展国家战略合作发展模式，积极参与或主导应对细菌耐药性防控的国际合作与交流，推动全球治理体系的变革，为保障动物、环境与人类健康做出贡献。

参 考 文 献

董艳娇, 王建华, 李天泉. 2020. 我国兽药产业的现状与发展对策[J]. 中兽医医药杂志, 39(2): 101-104.

董义春. 2008. 中美两国兽药管理比较研究[D]. 武汉: 华中农业大学博士学位论文.

李淑梅, 郝海玲, 齐永华, 等. 2013. 2 种喹诺酮药物单用及联合氨苄西林或卡那霉素对猪源沙门菌耐药突变选择窗的研究[J]. 中国兽医杂志, 49(8): 32-35.

李有志, 冯涛, 魏茂莲, 等. 2019. 山东省动物源细菌耐药性的现状、问题及应对措施[J]. 山东农业科学, 51(3): 140-146.

刘跃华, 韩萌, 冉素平, 等. 2019. 欧洲应对抗生素耐药问题的治理框架及行动方案[J]. 中国医院药学杂志, 39(3): 219-223.

刘跃华, 韩萌, 朱留宝, 等. 2018. 英国应对抗生素耐药性问题的国家治理战略及启示[J]. 卫生经济研究, 8: 49-52.

路延豪. 2020. 浅谈绿色畜牧养殖技术推广及应用[J]. 新农民, 28: 1.

马苏. 2015. 我国动物源细菌耐药性监测的现状及趋势[D]. 北京: 中国农业大学博士学位论文.

马苏, 沈建忠. 2016. 动物源细菌耐药性监测国内外比较[J]. 中国兽医杂志, 52(9): 121-123.

毛志忠. 2020. 农村养殖专业合作社发展分析[J]. 甘肃畜牧兽医, 50(3): 24-25.

牛纪元. 2009. 我国兽药残留监控体系现状与发展对策[J]. 中国动物检疫, 26(12): 23-24.

任亚林. 2020. 联合用药对水产品中嗜水气单胞菌耐药性的影响研究[D]. 北京: 中国农业科学院硕士学位论文.

孙明, 张英鹏, 薄录吉, 等. 2020. 畜禽粪污资源化利用的技术措施[J]. 养殖与饲料, 19(10): 6-7.

王须亮. 2020. 畜禽养殖粪污处理利用方式与思路[J]. 畜牧业环境, 12: 20.

吴聪明, 沈建忠. 2018. 动物源细菌耐药: 现状、问题与对策[J]. 中华预防医学杂志, 52(4): 340-343.

肖永红. 2011. 瑞典控制细菌耐药战略项目介绍[J]. 中国执业药师, 8(6): 42-44.

徐光辉. 2018. 简析畜牧养殖中的动物疾病病因及防控对策[J]. 农家参谋, 9: 131.

杨佳颖. 2019. 进口兽用生物制品加快了, 化药和中兽药注册也加快了[J]. 中国动物保健, 21(4): 18.

张纯萍, 宋立, 吴辰斌, 等. 2017. 我国动物源细菌耐药性监测系统简介[J]. 中国动物检疫, 34(3): 34-38.

张苗苗, 戴梦红, 黄玲丽, 等. 2013. 澳大利亚兽用抗菌药耐药性管理[J]. 中国兽医杂志, 49(9): 71-72.

Alban L, Ellis-Iversen J, Andreasen M, et al. 2017. Assessment of the risk to public health due to use of antimicrobials in pigs-an example of pleuromutilins in Denmark[J]. Front Vet Sci, 4: 74.

Allen S E, Boerlin P, Janecko N, et al. 2011. Antimicrobial resistance in generic *Escherichia coli* isolates from wild small mammals living in swine farm, residential, landfill, and natural environments in southern Ontario, Canada[J]. Appl Environ Microbiol, 77(3): 882-888.

Anette M H O, Hanne-Dorthe E H, Line E, et al. 2007. Danish integrated antimicrobial resistance monitoring and research program[J]. Emerg Infect Dis, 13(11): 1632-1639.

Arnold K E, Wiliams N J, Bennett M. 2016. 'Disperse abroad in the land': the role of wildlife in the dissemination of antimicrobial resistance[J]. Biol Lett, 12(8): 20160137.

Ashbolt N J, Amezquita A, Backhaus T, et al. 2013. Human health risk assessment (HHRA) for environmental development and transfer of antibiotic resistance[J]. Environ Health Perspecti, 121(9): 993-1001.

Bondo K J, Pearl D L, Janecko N, et al. 2016. Epidemiology of antimicrobial resistance in *Escherichia coli* isolates from raccoons (*Procyon lotor*) and the environment on swine farms and conservation areas in southern ontario[J]. PLoS One, 11(11): e0165303.

Can Ö E, D'cruze N, Macdonald D W. 2019. Dealing in deadly pathogens: taking stock of the legal trade in live wildlife and potential risks to human health[J]. Glob Ecol Conserv, 17: e00515.

Claycamp H G, Hooberman B H. 2004. Antimicrobial resistance risk assessment in food safety[J]. J Food Prot, 67(9): 2063-2071.

Cleven A V, Sarrazin S, Rooster H D, et al. 2018. Antimicrobial prescribing behaviour in dogs and cats by Belgian veterinarians[J]. Vet Rec, 182(11): 324.

Costa D, Poeta P, Saenz Y, et al. 2006. Detection of *Escherichia coli* harbouring extended-spectrum beta-lactamases of the CTX-M, TEM and SHV classes in faecal samples of wild animals in Portugal[J]. J Antimicrob Chemother, 58(6): 1311-1312.

De Jong A, Muggeo A, El Garch F, et al. 2018. Characterization of quinolone resistance mechanisms in Enterobacteriaceae isolated from companion animals in Europe (CoMPath II study)[J]. Vet Microbiol, 216: 159-167.

De Jong A, Thomas V, Klein U, et al. 2013. Antimicrobial susceptibility monitoring of bacterial pathogens isolated from respiratory tract infections in of food-producing and companion animals[J]. Int J Antimicrob Agents, 41(5): 403-409.

De Jong A, Youala M, El Garch F, et al. 2020. Antimicrobial susceptibility monitoring of canine and feline skin and ear pathogens isolated from European veterinary clinics: results of the ComPath Surveillance programme[J]. Vet Dermatol, 31(6): 431-e114.

Ding X, Wang A, Tong W, et al. 2019. Biodegradable antibacterial polymeric nanosystems: A new hope to cope with multidrug-resistant bacteria[J]. Small, 15(20): e1900999.

Ebrahim M, Gravel D, Thabet C, et al. 2016. Antimicrobial use and antimicrobial resistance trends in Canada: 2014[J]. Can Commun Dis Rep, 42(11): 227-231.

Eriksen J, Björkman I, Röing M, et al. 2021. Exploring the One Health perspective in Sweden's policies for containing antibiotic resistance[J]. Antibiotics, 10(5): 526.

Furness L E, Campbell A, Zhang L H, et al. 2017. Wild small mammals as sentinels for the environmental transmission of antimicrobial resistance[J]. Environ Res, 154: 28-34.

Gilbert J M, White D G, Mcdermott P F. 2007. The US national antimicrobial resistance monitoring system[J]. Future Microbiol, 2(5): 493-500.

Gilliver M A, Bennett M, Begon M, et al. 1999. Enterobacteria-antibiotic resistance found in wild rodents[J]. Nature, 401(6750): 233-234.

Grass J E, Kim S, Huang J Y, et al. 2019. Quinolone nonsusceptibility among enteric pathogens isolated from international travelers-foodborne diseases active surveillance network (FoodNet) and national antimicrobial monitoring system (NARMS), 2004-2014[J]. PLoS One, 14(12): e0225800.

Grein K. 2012. Responsibilities of regulatory agencies in the marketing of antimicrobials[J]. Rev Sci Tech, 31(1): 289-298.

Greninger A L, Naccahe S N, Federman S, et al. 2015. Rapid metagenomic identification of viral pathogens in clinical samples by real-time nanopore sequencing analysis[J]. Genome Med, 7: 99.

Gurdabassi L, Schwarz S, Lloyd D H. 2004. Pet animals as reservoirs of antimicrobial-resistant bacteria[J]. J Antimicrob Chemother, 54(2): 321-332.

Health E P O A, Welfare, Nielsen S S, et al. 2021. Assessment of animal diseases caused by bacteria resistant to antimicrobials: Dogs and cats[J]. EFSA J, 19(6): e06680.

Jessen L R, Sørensen T M L, Lilja Z L, et al. 2017. Cross-sectional survey on the use and impact of the Danish national antibiotic use guidelines for companion animal practice[J]. Acta Vet Scand, 59(1): 81.

Jones K E, Patel N G, Levy M A, et al. 2008. Global trends in emerging infectious diseases[J]. Nature, 451(7181): 990-993.

Kahn LH. 2017. Antimicrobial resistance: A One Health perspective[J]. Trans R Soc Trop Med Hyg. 111(6): 255-260.

Karp B E, Engberg J. 2004. Comment on: Does the use of antibiotics in food animals pose a risk to human health? A critical review of published data[J]. J Antimicrob Chemoth, 54(1): 273-274.

Karp B E, Tate H, Plumblee J R, et al. 2017. National antimicrobial resistance monitoring system: two decades of advancing public health through integrated surveillance of antimicrobial resistance[J]. Foodborne Pathog Dis, 14(10): 545-557.

Lathers C M. 2002. Risk assessment in regulatory policy making for human and veterinary public health[J]. J Clin Pharmacol, 42(8): 846-866.

Levy S. 2014. Reduced antibiotic use in livestock: How Denmark tackled resistance[J]. Environ Health Perspect, 122(6): A160-165.

Li C, Tyson G H, Hsu C H, et al. 2021. Long-read sequencing reveals evolution and acquisition of antimicrobial resistance and virulence genes in *Salmonella enterica*[J]. Front Microbiol, 12: 777817.

Maclean R C, San Millan A. 2019. The evolution of antibiotic resistance[J]. Science, 365(6458): 1082-1083.

Madec J Y, Haenni M, Nordmann P, et al. 2017. Extended-spectrum beta-lactamase/AmpC- and carbapenemase-producing Enterobacteriaceae in animals: a threat for humans?[J]. Clin Microbiol Infect, 23(11): 826-833.

Makita K, Sugahara N, Nakamura K, et al. 2021. Current status of antimicrobial drug use in Japanese companion animal clinics and the factors associated with their use[J]. Front Vet Sci, 8: 705648.

Manala C M, Macedo G, Fatta-Kassinos D, et al. 2016. Antibiotic resistance in urban aquatic environments: can it be controlled?[J]. Appl Microbiol Biotechnol, 100(4): 1543-1557.

Molstad S, Cars O. 1999. Major change in the use of antibiotics following a national programme: Swedish strategic programme for the rational use of antimicrobial agents and surveillance of resistance (STRAMA)[J]. Scand J Infect Dis, 31(2): 191-195.

Molstad S, Eentell M, Hanberger H, et al. 2008. Sustained reduction of antibiotic use and low bacterial resistance: 10-year follow-up of the Swedish strama programme[J]. Lancet Infect Dis, 8(2): 125-132.

Morrissey I, Moyaert H, De Jong A, et al. 2016. Antimicrobial susceptibility monitoring of bacterial pathogens isolated from respiratory tract infections in dogs and cats across Europe: ComPath results[J]. Vet Microbiol, 191: 44-51.

Muendlein H I, Jetton D, Connolly W M, et al. 2020. cFLIP(L) protects macrophages from LPS-induced pyroptosis via inhibition of complex II formation[J]. Science, 367(6484): 1379-1384.

Murphy C, Reid-Smith R J, Prescott J F, et al. 2009. Occurrence of antimicrobial resistant bacteria in healthy dogs and cats presented to private veterinary hospitals in southern Ontario: A preliminary study[J]. Can Vet J, 50(10): 1047-1053.

Nicolas-Chanoine M H, Bertrand X, Madec J Y. 2014. *Escherichia coli* ST131, an intriguing clonal group[J]. Clin Microbiol Rev, 27(3): 543-574.

Nielsen S S, Bicout D J, Calistri P, et al. 2021. Ad hoc method for the assessment of animal diseases caused by bacteria resistant to antimicrobials[J]. EFSA J, 19(6): e06645.

Osterblad M, Norrdahl K, Korpimaki E, et al. 2001. Antibiotic resistance - How wild are wild mammals?[J]. Nature, 409(6816): 37-38.

Pesapane R, Ponder M, Alexander K A. 2013. Tracking pathogen transmission at the human-wildlife interface: Banded mongoose and *Escherichia coli*[J]. Ecohealth, 10(2): 115-128.

Ploug T, Holm S, Gjerris M. 2015. The stigmatization dilemma in public health policy-the case of MRSA in Denmark[J]. BMC Public Health, 15: 640.

Priestnall S L, Mitchell A, Walker C A, et al. 2014. New and emerging pathogens in canine infectious respiratory disease. (Special Issue: Infectious diseases of domestic animals.)[J]. Vet Pathol, 51(2): 492-504.

Ruzauskas M, Vaskeviciute L. 2016. Detection of the *mcr-1* gene in *Escherichia coli* prevalent in the migratory bird species *Larus argentatus*[J]. J Antimicrob Chemother, 71(8): 2333-2334.

Sanchez-Vizcaino J M. 2013. One world, one health, one virology[J]. Vet Microbiol, 165(1-2): 1.

Stein M R, Evason M D, Stull J W, et al. 2021. Knowledge, attitudes and influencers of North American dog-owners surrounding antimicrobials and antimicrobial stewardship[J]. J Small Anim Pract, 62(6): 442-449.

Stokes J M, Macnair C R, Ilyas B, et al. 2017. Pentamidine sensitizes gram-negative pathogens to antibiotics and overcomes acquired colistin resistance[J]. Nat Microbiol, 2: 17028.

Struwe J. 2008. Fighting antibiotic resistance in Sweden-past, present and future[J]. Wiener Klinische Wochenschrift, 120(9-10): 268-279.

Theuretzbacher U, Outterson K, Engel A, et al. 2020. The global preclinical antibacterial pipeline[J]. Nat Rev Microbiol, 18(5): 275-285.

Wang J, Ma Z B, Zeng Z L, et al. 2017. The role of wildlife (wild birds) in the global transmission of antimicrobial resistance genes[J]. Zool Res, 38(2): 55-80.

Wang X F, Lin L Y, Lan B, et al. 2020a. IGF2R-initiated proton rechanneling dictates an anti-inflammatory property in macrophages[J]. Sci Adv, 6(48): eabb7389.

Wang Y, Xu C, Zhang R, et al. 2020b. Changes in colistin resistance and *mcr-1* abundance in *Escherichia coli* of animal and human origins following the ban of colistin-positive additives in China: an epidemiological comparative study[J]. Lancet Infect Dis, 20(10): 1161-1171.

Weese J S. 2006. Investigation of antimicrobial use and the impact of antimicrobial use guidelines in a small animal veterinary teaching hospital: 1995-2004[J]. J Am Vet Med Assoc, 228(4): 553-558.

White D G, Acar J, Anthony F, et al. 2001. Antimicrobial resistance: standardisation and harmonisation of laboratory methodologies for the detection and quantification of antimicrobial resistance[J]. Rev Sci Tech, 20(3): 849-858.

Wierup M, Wahlsteröm H, Bengtsson B. 2021. Successful prevention of antimicrobial resistance in animals-a retrospective country case study of Sweden[J]. Antibiotics, 10(2): 129.

Worsley-Tonks K E L, Miller E A, Gehrt S D, et al. 2020. Characterization of antimicrobial resistance genes in Enterobacteriaceae carried by suburban mesocarnivores and locally owned and stray dogs[J]. Zoonoses Public Health, 67(4): 460-466.

Zhu W H, Lonnblom E, Forster M, et al. 2020. Natural polymorphism of Ym1 regulates pneumonitis through alternative activation of macrophages[J]. Sci Adv, 6(43): eaba9337.

Zinsstag J, Mackenzie J S, Jeggo M, et al. 2012. Mainstreaming one health[J]. Ecohealth, 9(2): 107-110.

Zinsstag J, Schelling E, Waltner-Toews D, et al. 2011. From "one medicine" to "one health" and systemic approaches to health and well-being[J]. Prev Vet Med, 101(3-4): 148-156.

索　引